BURTON
Microbiologia
para as **Ciências da Saúde**

O GEN | Grupo Editorial Nacional – maior plataforma editorial brasileira no segmento científico, técnico e profissional – publica conteúdos nas áreas de ciências da saúde, exatas, humanas, jurídicas e sociais aplicadas, além de prover serviços direcionados à educação continuada e à preparação para concursos.

As editoras que integram o GEN, das mais respeitadas no mercado editorial, construíram catálogos inigualáveis, com obras decisivas para a formação acadêmica e o aperfeiçoamento de várias gerações de profissionais e estudantes, tendo se tornado sinônimo de qualidade e seriedade.

A missão do GEN e dos núcleos de conteúdo que o compõem é prover a melhor informação científica e distribuí-la de maneira flexível e conveniente, a preços justos, gerando benefícios e servindo a autores, docentes, livreiros, funcionários, colaboradores e acionistas.

Nosso comportamento ético incondicional e nossa responsabilidade social e ambiental são reforçados pela natureza educacional de nossa atividade e dão sustentabilidade ao crescimento contínuo e à rentabilidade do grupo.

BURTON
Microbiologia
para as **Ciências da Saúde**

Robert C. Fader, PhD, D(ABMM)

Section Chief
Microbiology
Baylor Scott & White Health
Baylor Scott & White Medical Center – Temple
Temple, Texas

Paul G. Engelkirk, PhD, MT(ASCP), SM(NRCM)

Microbiology Consultant and Cofounder
Biomedical Educational Services (Biomed Ed)
Round Rock, Texas

Janet Duben-Engelkirk, EdD, MT(ASCP)

Biotechnology/Education Consultant and Cofounder
Biomedical Educational Services (Biomed Ed)
Round Rock, Texas

Revisão Técnica
Nathalie Henriques Silva Canedo

Graduação em Medicina pela Universidade Federal do Rio de Janeiro (UFRJ).
Doutorado em Ciência pelo Instituto de Biofísica Carlos Chagas Filho da UFRJ.
Residência em Patologia pela Universidade Federal Fluminense (UFF). Especialização
em Patologia pela Associação Médica Brasileira. Professora Associada do Departamento
de Patologia da Faculdade de Medicina da UFRJ.

Tradução
Patricia Lydie Voeux

Décima primeira edição

GUANABARA
KOOGAN

- **Atendimento ao cliente: (11) 5080-0751 | faleconosco@grupogen.com.br**

- Traduzido de:
BURTON'S MICROBIOLOGY FOR THE HEALTH SCIENCES, ELEVENTH EDITION
Copyright © 2019 Wolters Kluwer.
© 2015 Wolters Kluwer Health, © 2011 Lippincott Williams & Wilkins, a Wolters Kluwer business, © 2007 Lippincott
Williams & Wilkins, © 2004 Lippincott Williams & Wilkins, © 2000 Lippincott Williams & Wilkins, © 1996 Lippincott-Raven, © 1992, 1988, 1983, 1979 JB Lippincott Co.
All rights reserved.
2001 Market Street
Philadelphia, PA 19103 USA
LWW.com
Published by arrangement with Lippincott Williams & Wilkins, Inc., USA.
Lippincott Williams & Wilkins/Wolters Kluwer Health did not participate in the translation of this title.
ISBN: 9781496380463

- Direitos exclusivos para a língua portuguesa
Copyright © 2021 by
EDITORA GUANABARA KOOGAN LTDA.
Uma editora integrante do GEN | Grupo Editorial Nacional
Travessa do Ouvidor, 11
Rio de Janeiro – RJ – CEP 20040-040
www.grupogen.com.br

- Capa: Bruno Sales

- Imagem da capa: Ca-ssis

- Editoração eletrônica: Anthares

- Ficha catalográfica

CIP-BRASIL. CATALOGAÇÃO NA PUBLICAÇÃO
SINDICATO NACIONAL DOS EDITORES DE LIVROS, RJ

F131b
11. ed.

Fader, Robert C.
  Burton microbiologia para as ciências da saúde / Robert C. Fader, Paul G. Engelkirk, Janet Duben-Engelkirk ; revisão técnica Nathalie Henriques Silva Canedo ; tradução Patricia Lydie Voeux. - 11. ed. - Rio de Janeiro : Guanabara Koogan, 2021.
  28 cm.

  Tradução de: Burton's microbiology for the health sciences
  Apêndice
  Inclui índice
  ISBN 978-85-277-3708-1

  1. Microbiologia. 2. Microbiologia médica. 3. Paramédicos. I. Engelkirk, Paul G. II. Duben-Engelkirk, Janet. III. Canedo, Nathalie. IV. Voeux, Patricia Lydie. V. Título.

20-67376   CDD: 616.9041
                            CDU: 579.61:616-078

Leandra Felix da Cruz Candido - Bibliotecária - CRB-7/6135

Respeite o direito autoral

Dedicado a nossos pais, cônjuges, professores,

mentores, colegas e amigos, que nos incentivaram

e ajudaram a realizar nossos sonhos.

Robert C. Fader, PhD, D(ABMM) é chefe do setor de microbiologia do Baylor Scott & White Medical Center – em Temple, Texas, EUA, onde dirigiu o laboratório de microbiologia clínica desde setembro de 1999. Antes de assumir esse cargo, era diretor científico do laboratório clínico de microbiologia do Spectrum Health em Grand Rapids, Michigan, EUA.

Dr. Fader recebeu seu diploma de bacharel em ciências da Grand Valley State University em Allendale, Michigan, e seu PhD em microbiologia pela University of Texas Medical Branch, Galveston, Texas. Continuou seus estudos com uma bolsa de pós-doutorado em microbiologia clínica na University of Texas Medical Branch. Desde 1992 é diplomado pelo American Board of Medical Microbiology.

Durante a sua carreira, Dr. Fader ensinou microbiologia em várias faculdades, incluindo estudantes de ciências laboratoriais clínicas, acadêmicos de medicina, residentes de patologia e colegas especialistas em doenças infecciosas. Foi homenageado com inúmeros prêmios como professor. É também ex-presidente da Southwestern Association of Clinical Microbiologists.

Paul G. Engelkirk, PhD, MT(ASCP), SM(NRCM), é professor aposentado de ciências biológicas pelo departamento de ciências do Central Texas College em Killeen, Texas, onde lecionou introdução à microbiologia médica durante 12 anos. Antes de trabalhar no Central Texas College, era professor associado na University of Texas Health Science Center, em Houston, Texas, onde ensinou microbiologia diagnóstica a estudantes de biomedicina durante 8 anos. Antes de sua carreira como professor, Dr. Engelkirk serviu por 22 anos como oficial no departamento médico do exército norte-americano, supervisionando vários laboratórios de imunologia, patologia clínicos e microbiologia na Alemanha, no Vietnã e nos EUA. Sua última missão no exército foi como supervisor de pesquisa em microbiologia médica no Fitzsimons Army Medical Center em Denver,

Colorado. Ele se aposentou do exército com a patente de tenente-coronel.

Dr. Engelkirk se graduou como bacharel em biologia na New York University e concluiu seu mestrado e doutorado (ambos em microbiologia e saúde pública) na Michigan State University. Realizou, ainda, treinamento adicional em tecnologia médica e medicina tropical no Walter Reed Army Hospital em Washington, DC, bem como treinamento especializado em bacteriologia anaeróbica, micobacteriologia e virologia nos Centers for Disease Control and Prevention em Atlanta, Geórgia, EUA.

Dr. Engelkirk é autor de quatro livros didáticos de microbiologia, de 10 capítulos em outros livros, cinco cursos de autoestudo orientados para laboratórios de análises clínicas e muitos artigos científicos. Também atuou por 14 anos como coeditor de quatro boletins informativos diferentes para profissionais de laboratório de microbiologia clínica. Além disso, esteve envolvido em vários aspectos da microbiologia clínica por mais de 50 anos e é ex-presidente da Rocky Mountain Branch da American Society for Microbiology. Com a esposa, Janet, atualmente oferece serviços educacionais em biomedicina por meio de sua empresa de consultoria, Biomedical Educational Services (Biomed Ed), localizada em Round Rock, Texas, EUA. Os *hobbies* de Dr. Engelkirk incluem viajar, fazer caminhadas, fotografar a natureza, escrever e observar a paisagem natural de sua varanda.

Janet Duben-Engelkirk, EdD, MT(ASCP), tem mais de 40 anos de experiência em ensino de ciências laboratoriais clínicas e educação em nível superior. Recebeu seu diploma de bacharel em biologia e tecnologia médica e seu mestrado em educação técnica da University of Akron. Obteve o doutorado em educação e administração de saúde de um programa combinado da University of Houston e do Baylor College of Medicine em Houston, Texas.

Dra. Duben-Engelkirk iniciou a sua carreira na educação em laboratório clínico ensinando estudantes "na bancada", em um hospital do centro médico em Akron, Ohio. Em seguida, tornou-se coordenadora pedagógica e professora associada do Clinical Laboratory Science Program da University of Texas Health Science Center em Houston, onde lecionou, por 12 anos, química clínica e temas relacionados. Em 1992, assumiu o cargo de diretora da Allied Health and Clinical Laboratory Science Education at Scott no White Hospital, em Temple, Texas, onde suas responsabilidades incluíam o ensino da microbiologia e da química clínica. Em 2006, Dra. Duben-Engelkirk assumiu o cargo de presidente do departamento de biotecnologia do Texas Bioscience Institute e do Temple College, onde era responsável pela elaboração de currículos e administração dos programas de graduação em biotecnologia. Como resultado de seu empenho, a faculdade recebeu o prestigiado prêmio Bellwether pelos programas ou práticas inovadoras. Ela e o marido, Paul, são atualmente coproprietários de uma empresa de consultoria de educação em biomedicina.

Dra. Duben-Engelkirk foi coeditora de um livro de química clínica amplamente utilizado e coautora de três livros de microbiologia com Paul (bacteriologia anaeróbica clínica, diagnóstico laboratorial de doenças infecciosas e este livro). É autora e coautora de diversos capítulos de livros, artigos de jornais, cursos de autoestudo, boletins informativos e outros materiais educacionais ao longo de sua carreira.

Dra. Duben-Engelkirk recebeu muitos prêmios durante a sua carreira, incluindo o Outstanding Young Leader em Allied Health, o prêmio Omicron Sigma da American Society for Clinical Laboratory Science's, pelo seu excelente serviço, e premiações de excelência de ensino. Seus interesses profissionais incluem tecnologia instrucional, instrução baseada em computadores e educação a distância. Dra. Duben-Engelkirk gosta de viajar, ler, escrever, ouvir música, praticar ioga, ir ao cinema, fazer caminhadas e fotografar.

PREFÁCIO

A microbiologia – o estudo dos micróbios – é um assunto fascinante que influencia de diversas maneiras nossas vidas. Os micróbios vivem na superfície e no interior de nosso corpo e estão praticamente em toda parte. São vitais em muitas indústrias e essenciais para a produção e a reciclagem de determinados elementos, como carbono, oxigênio e nitrogênio, além de fornecerem a maior parte do oxigênio em nossa atmosfera. Assim como são utilizados micróbios para remover resíduos tóxicos, eles também são empregados em engenharia genética e na terapia gênica. E, naturalmente, muitos micróbios causam doenças. Nos últimos anos, o público tem sido bombardeado por notícias sobre problemas médicos associados a micróbios, como gripe suína, gripe aviária, síndrome do desconforto respiratório agudo (SDRA), síndrome respiratória do Oriente Médio (MERS, do inglês *Middle East respiratory syndrome*), síndrome pulmonar por hantavírus, fasciíte necrosante, doença da vaca louca, bactérias multirresistentes, surtos de vírus do Oeste do Nilo, vírus chikungunya, vírus Zica e vírus Ebola, ameaças de bioterrorismo, recolhimento de alimentos em consequência de contaminação por *Escherichia coli* e *Salmonella*, bem como epidemias de meningite, hepatite, influenza, tuberculose, coqueluche e doenças diarreicas.

ELABORADO PARA PROFISSIONAIS DE SAÚDE

Burton Microbiologia para as Ciências da Saúde foi escrito basicamente para enfermeiros e outros profissionais de saúde. Este livro fornece aos estudantes dessas profissões informações vitais sobre microbiologia, que facilitarão seu desempenho profissional de maneira orientada, segura e eficiente, bem como sua proteção e a de seus pacientes de doenças infecciosas. É apropriado para qualquer curso de introdução à microbiologia, visto que contém todos os conceitos e tópicos recomendados pela American Society for Microbiology para cursos desse tipo. Diferentemente de muitos dos volumosos livros de introdução à microbiologia existentes no mercado, *todo* o material desta obra pode ser ministrado em um semestre de nível universitário.

Os capítulos de especial importância para os estudantes da área de saúde incluem os que tratam de desinfecção e esterilização (Capítulo 8); antibióticos e outros agentes antimicrobianos (Capítulo 9); epidemiologia e saúde pública (Capítulo 11); infecções associadas à assistência à saúde e controle de infecção (Capítulo 12); como as doenças infecciosas são diagnosticadas (Capítulo 13); como os micróbios causam doenças (Capítulo 14); como o nosso corpo nos protege dos patógenos e das doenças infecciosas (Capítulos 15 e 16); e as principais doenças causadas por vírus, bactérias, fungos e parasitas nos seres humanos (Capítulos 17 a 21).

NOVIDADES DA 11ª EDIÇÃO

A 11ª edição contém novas informações acerca da importância do microbioma humano na saúde e desenvolvimento humanos, uma ampla cobertura das infecções relacionadas com a assistência à saúde causadas por microrganismos multirresistentes e o aparecimento de arbovírus, como chikungunya, dengue e Zica, nas Américas. O livro está dividido em oito partes principais, que contém 21 capítulos ao todo. Cada capítulo apresenta um sumário, objetivos de aprendizagem, exercícios de autoavaliação e informações sobre o conteúdo. Informações históricas importantes, fornecidas na forma de "Nota histórica" são encontradas em todo o livro e apresentadas em capítulos apropriados. Foram acrescentadas mais questões de autoavaliação, que se encontram no material suplementar *online*.

AGRADÁVEL PARA O ESTUDANTE

Os autores envidaram todos os esforços para elaborar um livro de uso agradável para o leitor, que possa ser utilizado por todos os tipos de estudantes, incluindo aqueles com pouca ou nenhuma base em ciência e aqueles mais experientes que estão retornando ao estudo após vários anos de ausência. O livro foi escrito de de modo claro e conciso. Contém mais de 50 boxes de apoio ao estudo, que explicam conceitos difíceis e termos de sonoridade semelhante. Os aspectos-chave são destacados. Novos termos são definidos no texto e foram incluídos no Glossário, no fim do livro.

As respostas dos exercícios de autoavaliação oferecidos no livro podem ser encontradas no Apêndice A. O Apêndice B contém as respostas das questões dos estudos de caso. O Apêndice C contém fórmulas úteis para conversão de um tipo de unidade em outro (p. ex., Fahrenheit em Celsius, e vice-versa). Como as letras gregas são utilizadas em microbiologia, o alfabeto grego pode ser encontrado no Apêndice D.

AOS NOSSOS LEITORES

Como você descobrirá, a natureza concisa deste livro torna cada frase significativa. Assim, você será intelectualmente desafiado a aprender cada novo conceito à medida que for apresentado. Esperamos que aproveite seu estudo de microbiologia e fique motivado a explorar mais detalhadamente esse campo fascinante, sobretudo no que se refere à sua ocupação. Muitos estudantes que utilizaram este livro em seu curso de introdução à microbiologia tornaram-se enfermeiros especializados no controle de infecção, epidemiologistas, biomédicos e microbiologistas.

NOSSOS AGRADECIMENTOS

Somos profundamente gratos à falecida **Gwen Burton, PhD** – única autora das primeiras quatro edições deste livro e coautora das quatro seguintes. Seu espírito vive nas páginas desta 11ª edição. Apenas podemos ter esperança de que ela ficaria tão orgulhosa quanto nós dos frutos de sua criação. Somos também gratos a todas as pessoas da Wolters Kluwer que ajudaram na edição e na publicação deste livro, incluindo Tim Rinehart, coordenador editorial; Jonathan Joyce, editor de aquisição; Shauna Kelley, gerente de marketing; Bridgett Dougherty, gerente de projeto de produção; e Joan Wendt, designer.

Robert C. Fader
Paul G. Engelkirk
Janet Duben-Engelkirk

Nas carreiras atuais da área da saúde, é mais importante do que nunca adquirir compreensão profunda sobre a microbiologia. A 11ª edição de *Burton Microbiologia para as Ciências da Saúde* não apenas fornece o conhecimento conceitual necessário mas também ensina como aplicá-lo.

Este guia do usuário apresenta as características e as ferramentas desse livro inovador. Cada recurso é especificamente projetado para ampliar a sua experiência de aprendizagem, preparando-o para uma carreira de sucesso como profissional da área da saúde.

APRESENTAÇÕES NA ABERTURA DO CAPÍTULO

As apresentações que abrem cada capítulo fornecem uma introdução para orientá-lo pelo restante da lição.

Sumário do capítulo

É um roteiro para o material que será apresentado.

Objetivos de aprendizagem

Ressaltam conceitos importantes – ajudando-o a organizar e priorizar a aprendizagem.

Introdução

Tem como finalidade familiarizá-lo com o conteúdo apresentado no capítulo.

CARACTERÍSTICAS DO CAPÍTULO

As seguintes características aparecem em todos os capítulos. Esses recursos foram planejados para aperfeiçoar as habilidades de raciocínio e julgamento, construir proficiência clínica e promover compreensão e retenção do conteúdo.

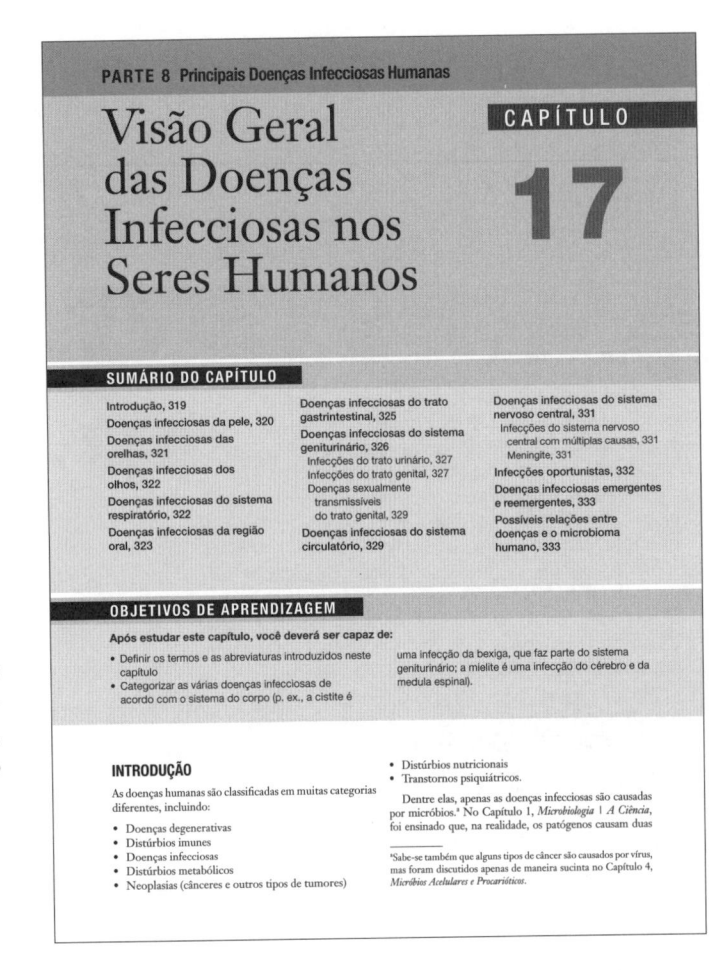

PARTE 8 Principais Doenças Infecciosas Humanas

Visão Geral das Doenças Infecciosas nos Seres Humanos

CAPÍTULO 17

SUMÁRIO DO CAPÍTULO

OBJETIVOS DE APRENDIZAGEM

Após estudar este capítulo, você deverá ser capaz de:

- Definir os termos e as abreviaturas introduzidos neste capítulo
- Categorizar as várias doenças infecciosas de acordo com o sistema do corpo (p. ex., a cistite é uma infecção da bexiga, que faz parte do sistema geniturinário; a mielite é uma infecção do cérebro e da medula espinal).

INTRODUÇÃO

As doenças humanas são classificadas em muitas categorias diferentes, incluindo:

- Doenças degenerativas
- Distúrbios imunes
- Doenças infecciosas
- Distúrbios metabólicos
- Neoplasias (cânceres e outros tipos de tumores)
- Distúrbios nutricionais
- Transtornos psiquiátricos.

Dentre elas, apenas as doenças infecciosas são causadas por micróbios.* No Capítulo 1, *Microbiologia | A Ciência*, foi ensinado que, na realidade, os patógenos causam duas

*Sabe-se também que alguns tipos de câncer são causados por vírus, mas foram discutidos apenas de maneira sucinta no Capítulo 4, *Micróbios Acelulares e Procarióticos*.

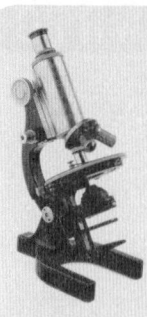

Nota histórica

Cultura de bactérias no laboratório

As primeiras tentativas bem-sucedidas de cultivo de microrganismos em ambiente laboratorial foram feitas por Ferdinand Cohn (1872), Joseph Schroeter (1875) e Oscar Brefeld (1875). Robert Koch descreveu suas técnicas de cultura em 1881. Inicialmente, Koch utilizou fatias de batatas cozidas sobre as quais cultivava bactérias; entretanto, posteriormente, ele desenvolveu meios artificiais líquidos e sólidos. A gelatina foi utilizada primeiramente como agente solidificante nos meios de cultura de Koch; contudo, em 1882, Fanny Hesse, a esposa do Dr. Walther Hesse (um dos assistentes de Koch), sugeriu o uso do ágar. Frau Hesse (como era mais comumente chamada) vinha utilizando, há muitos anos, o ágar em sua cozinha como agente solidificante em geleias de frutas e vegetais. Outro assistente de Koch, Richard Julius Petri, inventou a placa de Petri de vidro em 1887, para ser utilizada como recipiente para meios de cultura sólidos e culturas bacterianas. As placas de Petri utilizadas hoje são praticamente idênticas ao *design* original, exceto que a maioria dos laboratórios atuais utiliza placas de Petri de plástico, pré-esterilizadas e descartáveis. Em 1878, Joseph Lister foi o primeiro a obter uma cultura pura de uma bactéria (*Streptococcus lactis*) em meio líquido. Em consequência de sua capacidade de obter culturas bacterianas puras em seus laboratórios, Louis Pasteur e Robert Koch fizeram importantes contribuições para a teoria germinal das doenças.

Boxes "Nota histórica"

Esclarecem a história e o desenvolvimento da microbiologia e dos cuidados de saúde.

Foco na carreira

Epidemiologistas

Os epidemiologistas são cientistas que se especializam no estudo dos padrões de doença e lesão (padrões de incidência e de distribuição) nas populações, bem como nas maneiras de prevenir ou controlar essas doenças e lesões. Eles estudam praticamente todos os tipos de doenças, incluindo cardíacas, hereditárias, transmissíveis e zoonóticas, além do câncer. De certo modo, os epidemiologistas são como detetives de doenças, que reúnem e integram pistas para estabelecer o que causa determinada enfermidade, por que ela só ocorre em dadas ocasiões e por que certas pessoas de uma população a adquirem, enquanto outras não. Com muita frequência, os epidemiologistas são requisitados para rastrear a causa de epidemias e planejar como detê-las. A coleta de dados e a sua análise estatística estão entre as numerosas tarefas deles.

Boxes "Foco na carreira"

Constituem uma nova característica que trata das carreiras na área de saúde.

Boxes "Pense nisso"

Contêm informações que estimulam os estudantes a refletir sobre possibilidades interessantes.

Pense nisso

"Inicialmente aclamados como 'balas mágicas', [os antibióticos] são agora utilizados com tanta frequência que o sucesso ameaça a sua utilidade duradoura. Infelizmente, a mutabilidade natural dos micróbios possibilita aos patógenos desenvolver blindagens 'à prova de balas', que tornam os tratamentos com antibióticos cada vez mais ineficazes. A nossa incapacidade de solucionar adequadamente os problemas de resistência poderá finalmente fazer com que o controle das doenças infecciosas retroceda à era que antecedeu a descoberta da penicilina." (De Drlica K, Perlin DS. *Antibiotic resistance: understanding and responding to an emerging crisis*. Upper Saddle River, NJ: Pearson Education, Inc; 2011.)

Auxílio ao estudo

Cuidado com a palavra "*Bacillus*"

A palavra *Bacillus*, com inicial maiúscula e sublinhada ou em itálico, refere-se a um gênero particular de bactérias em forma de bastonete. Entretanto, se ela não estiver com inicial maiúscula, nem sublinhada ou em itálico, refere-se a qualquer bactéria em forma de bastonete.

Boxes "Auxílio ao estudo"

Fornecem um resumo das informações essenciais, explicam conceitos difíceis e diferenciam termos de sonoridade semelhante.

Pontos-chave

Notas que ajudam a destacar as principais ideias do texto.

Os protozoários flagelados (ou flagelados), como espécies de *Trypanosoma*, *Trichomonas* e *Giardia*, movem-se por meio de flagelos semelhantes a chicotes.

Alguns flagelados são patogênicos. Por exemplo, o *Trypanosoma brucei*, transmitido pela mosca tsé-tsé, causa a doença do sono africana em seres humanos; o *Trypanosoma cruzi* é responsável pela tripanossomíase americana (doença de Chagas); o *Trichomonas vaginalis* causa infecções sexualmente transmissíveis (tricomoníase) persistentes nos tratos genitais masculino e feminino; e a *Giardia intestinalis*, também conhecida como *Giardia lamblia* e *Giardia duodenalis*, causa uma doença diarreica persistente (giardíase; Figura 5.7).

Exercícios de autoavaliação

Após estudar este capítulo, responda às seguintes questões de múltipla escolha:

1. Qual dos seguintes indivíduos é considerado o "pai da microbiologia"?
   a. Anton van Leeuwenhoek
   b. Louis Pasteur
   c. Robert Koch
   d. Rudolf Virchow

2. Os micróbios que habitualmente vivem na superfície ou dentro de um indivíduo são coletivamente designados como:
   a. Germes
   b. Microbiota normal ou endógena
   c. Agentes não patogênicos
   d. Patógenos oportunistas

Exercícios de autoavaliação

Ajudam a avaliar o seu conhecimento sobre o que aprendeu.

REVISORES

Camilla T. Ambivero, PhD
Assistant Professor
Burnett School of Biomedical Sciences
University of Central Florida College of Medicine
University of Central Florida
Orlando, Florida

April Anderson, AA, CST
Surgical Technology Program Director
Presentation College
Aberdeen, South Dakota

Benjie Blair, PhD
Professor of Biology
Jacksonville State University
Jacksonville, Alabama

Roger S. Greenwell Jr, PhD
Assistant Professor
Biology Department
Worcester State University
Worcester, Massachusetts

Sanhita Gupta, PhD
Assistant Professor
Biology
Kent State University
Kent, Ohio

Karen Huffman, PhD
Associate Professor of Biology
Genesee Community College
Batavia, New York

Lauren B. King, PhD
Assistant Professor of Biology
Columbus State University
Columbus, Georgia

Jeffery Tessem, PhD
Assistant Professor
Department of Nutrition, Dietetics and Food Science
Brigham Young University
Provo, Utah

Nichole Warwick, MS
Instructor
Clatsop Community College
Astoria, Oregon

Richard Watkins
Professor
Department of Biology
Jacksonville State University
Jacksonville, Florida

Este livro conta com o seguinte material suplementar:

- Exercícios adicionais de autoavaliação
- Apêndice 1: Intoxicações Microbianas
- Apêndice 2: Filos e Gêneros de Importância Médica Dentro do Domínio *Bacteria*
- Apêndice 3: Conceitos de Química Básica
- Apêndice 4: Responsabilidades do Laboratório de Microbiologia Clínica
- Apêndice 5: Procedimentos de Microbiologia Clínica
- Apêndice 6: Preparando Soluções e Diluições.

O acesso ao material suplementar é gratuito. Basta que o leitor se cadastre e faça seu *login* em nosso *site* (www.grupogen.com.br), clicando em GEN-IO, no *menu* superior do lado direito.

O acesso ao material suplementar online fica disponível até seis meses após a edição do livro ser retirada do mercado.

Caso haja alguma mudança no sistema ou dificuldade de acesso,entre em contato conosco (gendigital@grupogen.com.br).

GEN | Informação Online

GEN-IO (GEN | Informação Online) é o ambiente virtual de aprendizagem do GEN | Grupo Editorial Nacional

SUMÁRIO

BURTON
Microbiologia
para as Ciências da Saúde

Encarte

Figura 1.6 Os furos ("olhos") no queijo suíço são causados por gases produzidos por várias espécies de bactérias. As veias azuis observadas no queijo azul são produzidas por um bolor do gênero *Penicillium*.

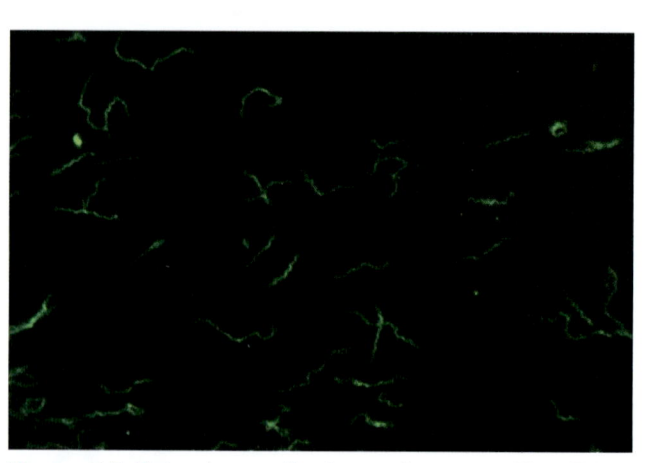

Figura 2.7 Fotomicrografia das espiroquetas *T. pallidum* utilizando a imunofluorescência. Um corante fluorescente é inicialmente fixado a anticorpos para *T. pallidum*, os quais, em seguida, se ligam à superfície das bactérias. Quando examinados sob luz UV, o corante fluorescente emite uma luz esverdeada. (Disponibilizada por Russell e CDC.)

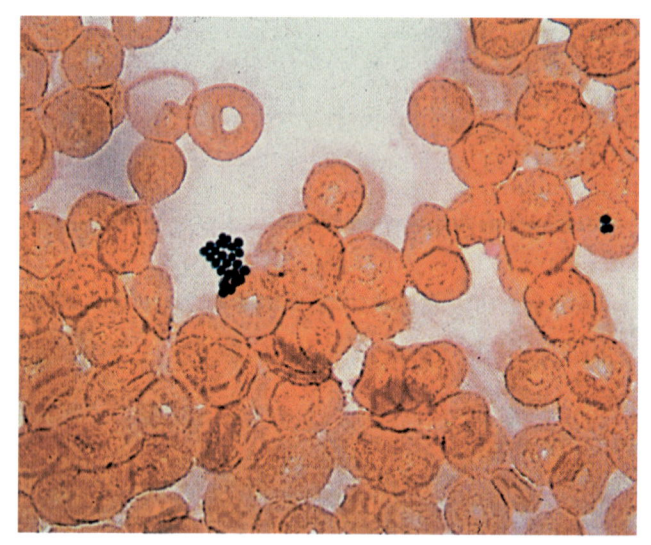

Figura 2.12 Agregado de bactérias *Staphylococcus aureus* de coloração azul, semelhante a um cacho, e eritrócitos observados ao microscópio óptico. (Fonte: Marler LM *et al. Direct Smear Atlas*. Philadelphia, PA: Lippincott Williams & Wilkins; 2001.)

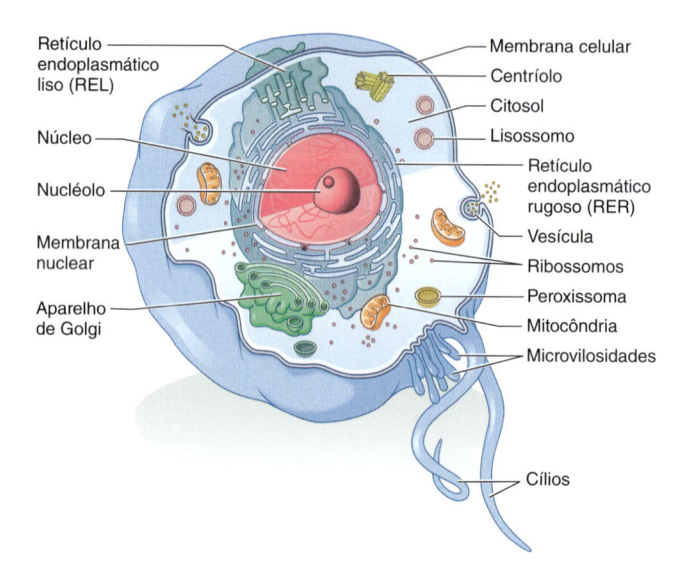

Figura 3.2 Célula animal eucariótica típica. (Redesenhada de Cohen BJ. *Memmler's The Human Body in Health and Disease*. 11th ed. Philadelphia, PA: Lippincott Williams & Wilkins; 2009.)

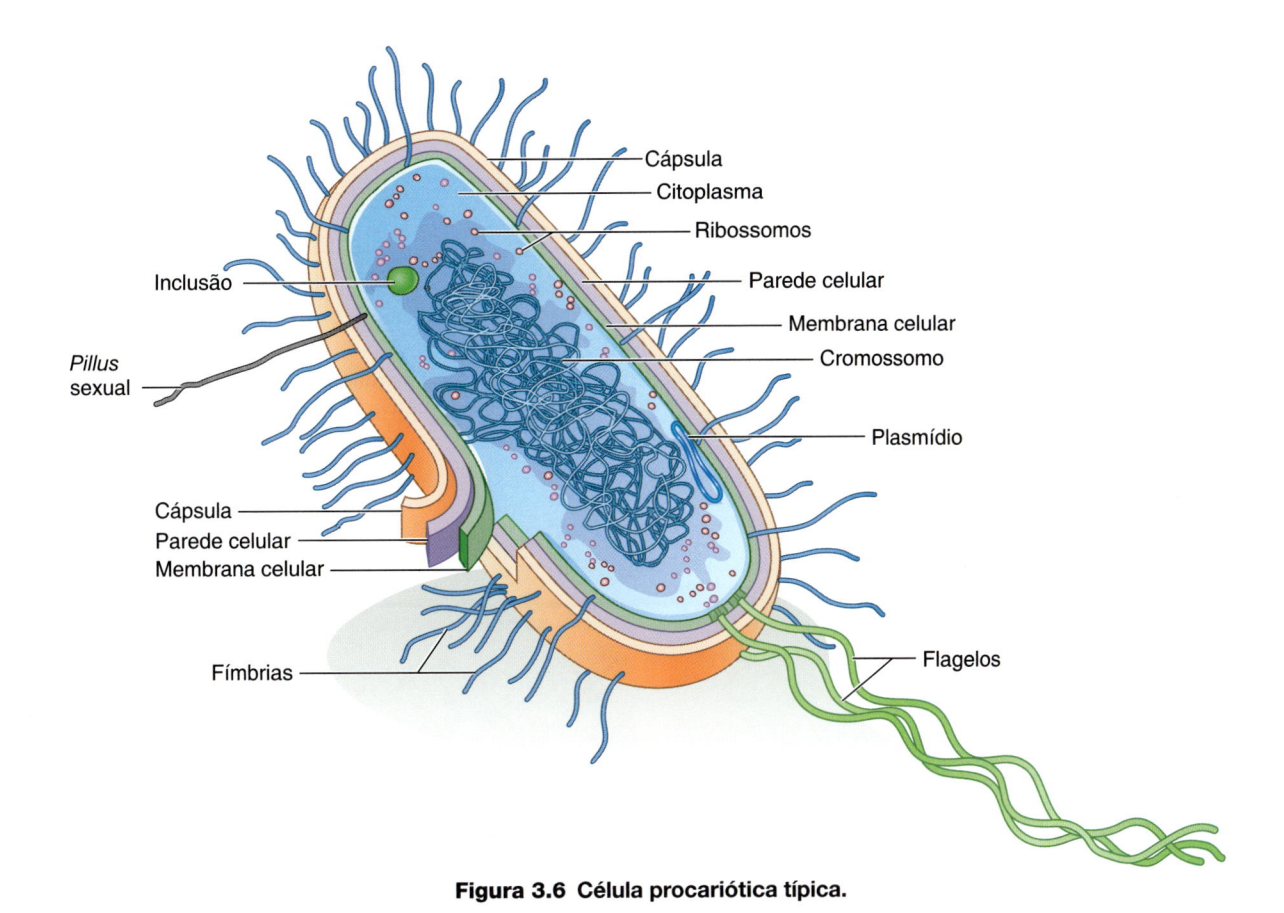

Figura 3.6 Célula procariótica típica.

Labels: Cápsula, Citoplasma, Ribossomos, Parede celular, Membrana celular, Cromossomo, Plasmídio, Flagelos, Fímbrias, Membrana celular, Parede celular, Cápsula, *Pillus* sexual, Inclusão

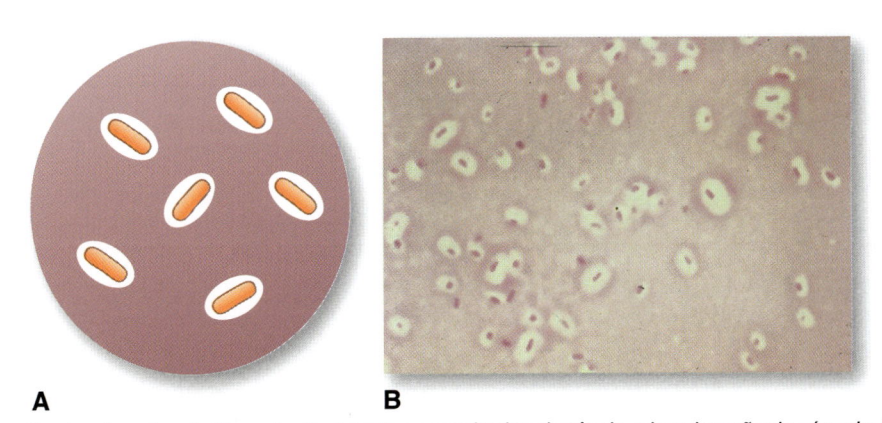

A   B

Figura 3.10 Coloração da cápsula. A. Desenho ilustrando os resultados da técnica de coloração de cápsula. **B.** Fotomicrografia de bactérias encapsuladas que foram coradas utilizando a técnica de coloração da cápsula, que é um exemplo de coloração negativa. Observe que as células bacterianas e o fundo se coram, mas não as cápsulas. Elas são observadas como "halos" não corados ao redor das células bacterianas. ([**B**] Fonte: Winn WC Jr. *et al. Koneman's color atlas and textbook of diagnostic microbiology*. 6th ed. Philadelphia, PA: Lippincott Williams & Wilkins; 2006.)

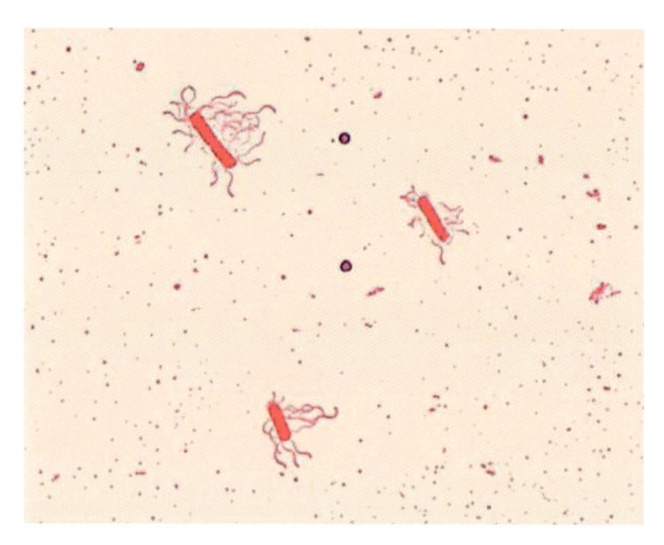

Figura 3.12 Células de *Bacillus*, um gênero de bactéria, mostrando os flagelos peritríquios. As células foram coradas utilizando um corante de flagelos especial. (Disponibilizada pelo Dr. William A. Clark e pelo CDC.)

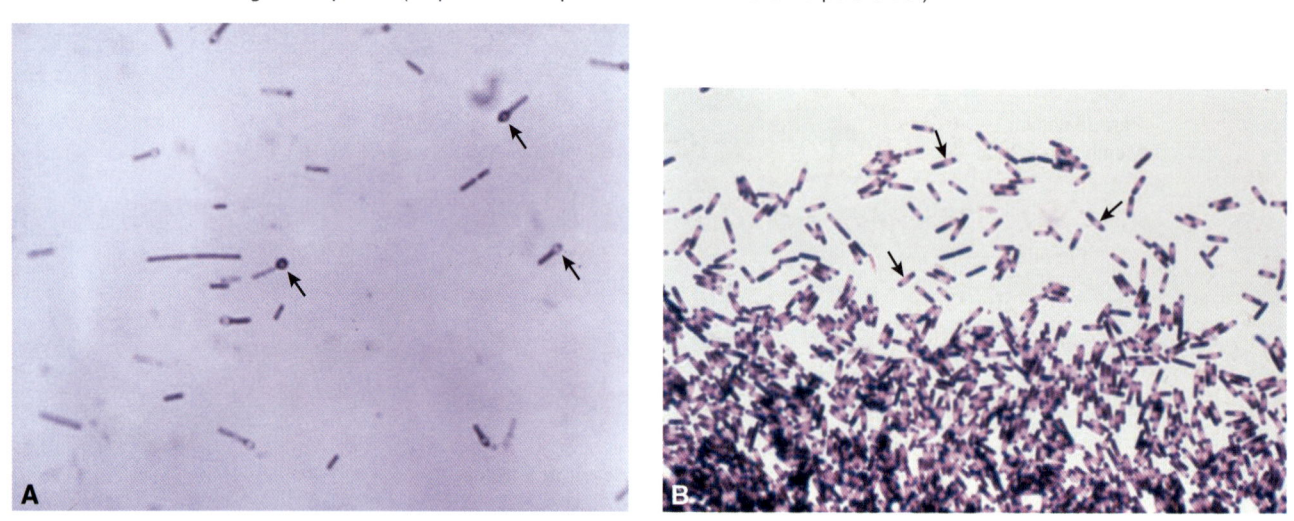

Figura 3.14 Esporos terminais e subterminais. A. Bactérias da espécie *Clostridium tetani* coradas pelo método de Gram, revelando a presença de esporos terminais (*setas*). O *C. tetani* é causador da doença conhecida como tétano. **B.** Bactérias da espécie *Clostridium difficile* coradas pelo método de Gram, revelando esporos subterminais (*setas*). *C. difficile* causa uma doença diarreica. (Disponibilizada pela Dra. Gilda Jones e pelo CDC; Cortesia de Dr. Holdeman e CDC.)

Árvore da vida filogenética

Bacteria **Archaea** **Eukarya**

- Bactérias verdes filamentosas
- Espiroquetas
- Gram-positivas
- Proteobactérias
- Cianobactérias
- *Planctomyces*
- *Bacteroides Cytophaga*
- *Thermotoga*
- *Aquifex*
- *Methanosarcina*
- *Methanobacterium*
- *Methanococcus*
- *T. celer*
- *Thermoproteus*
- *Pyrodicticum*
- Halophiles
- Mycomycota
- Entamoebae
- Animais
- Fungos
- Plantas
- Ciliados
- Flagelados
- Trichomonadidas
- Microsporidia
- Diplomonadidas

Figura 3.18 Versão simplificada da árvore da vida filogenética. As relações exatas entre os três domínios continuam sendo debatidas, assim como a posição da raiz da árvore. Uma discussão de todos os vários ramos da árvore da vida está além do propósito deste livro. (Disponibilizada pela NASA e pela Wikimedia.)

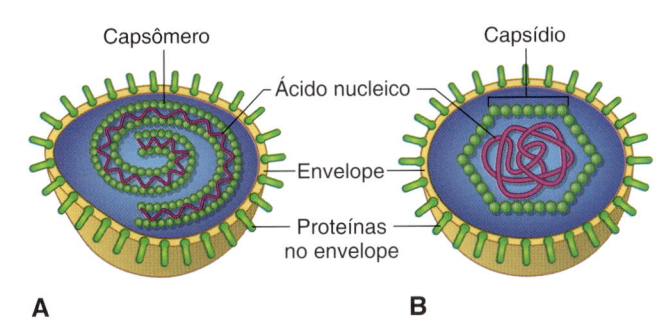

A   **B**

Figura 4.3 Vírus envelopado. A. Vírus helicoidal envelopado. **B.** Vírus icosaédrico envelopado. (Redesenhada de Harvey RA *et al. Lippincott's illustrated reviews: microbiology*. 3rd ed. Philadelphia, PA: Lippincott Williams & Wilkins; 2013.)

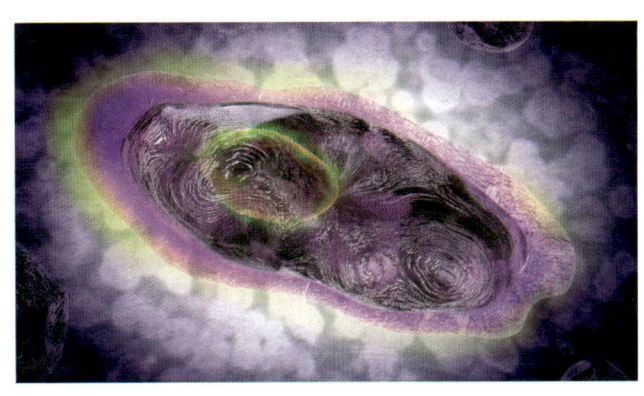

Figura 4.17 Pandoravírus digitalmente colorido. (Foto de Giovanni Cancemi.)

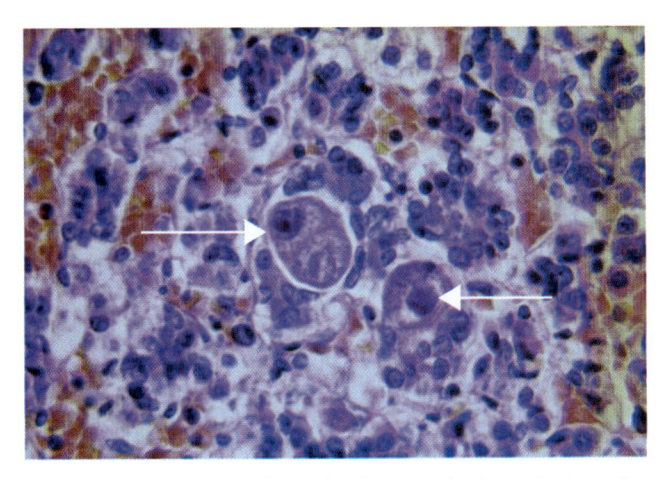

Figura 4.10 Inclusões virais do citomegalovírus, designadas como "olhos de coruja" (*setas*). (Cortesia de Rosalie B. Haraszti e de CDC Public Health Image Library.)

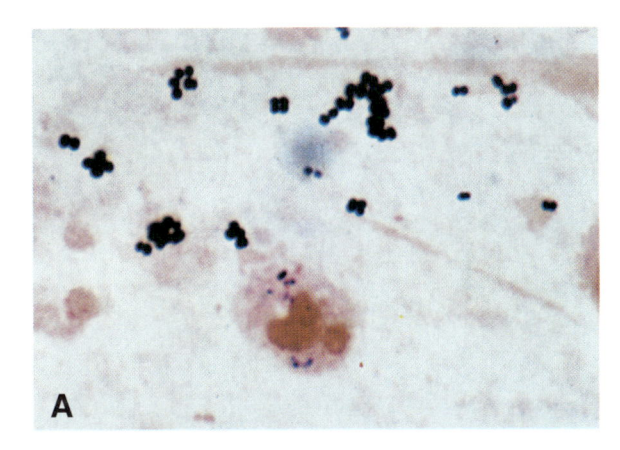

Figura 4.20 Arranjos morfológicos de cocos. A. Fotomicrografia de *Staphylococcus aureus* corado pelo método de Gram, ilustrando cocos gram-positivos (*em azul*) agrupados em cachos de uva. Pode-se observar também um leucócito de coloração rosada na parte inferior da fotomicrografia. (Fonte: [**A**] Winn WC Jr *et al. Koneman's color atlas and textbook of diagnostic microbiology*. 6th ed. Philadelphia, PA: Lippincott Williams & Wilkins; 2006.

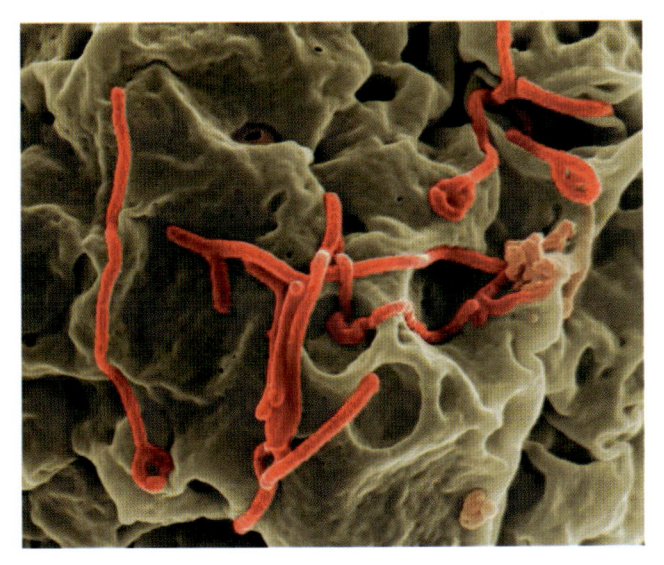

Figura 4.12 Micrografia eletrônica de varredura digitalmente colorida do vírus Ebola, a causa da febre hemorrágica de Ebola. Os vírus Ebola, que estão em vermelho, apresentam forma cilíndrica, e seu comprimento pode alcançar 800 a 1.000 nm ou mais. (Cortesia do National Institute of Allergy and Infectious Diseases e pelo CDC.)

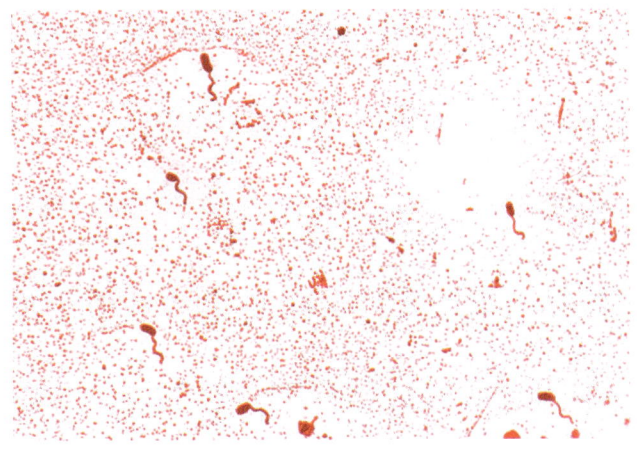

Figura 4.21 *Vibrio cholerae* (agente etiológico da cólera) corado com corante especial para flagelos. Essas bactérias curvas têm um único flagelo polar. (Disponibilizada pelo Dr. William A. Clark e pelo CDC.)

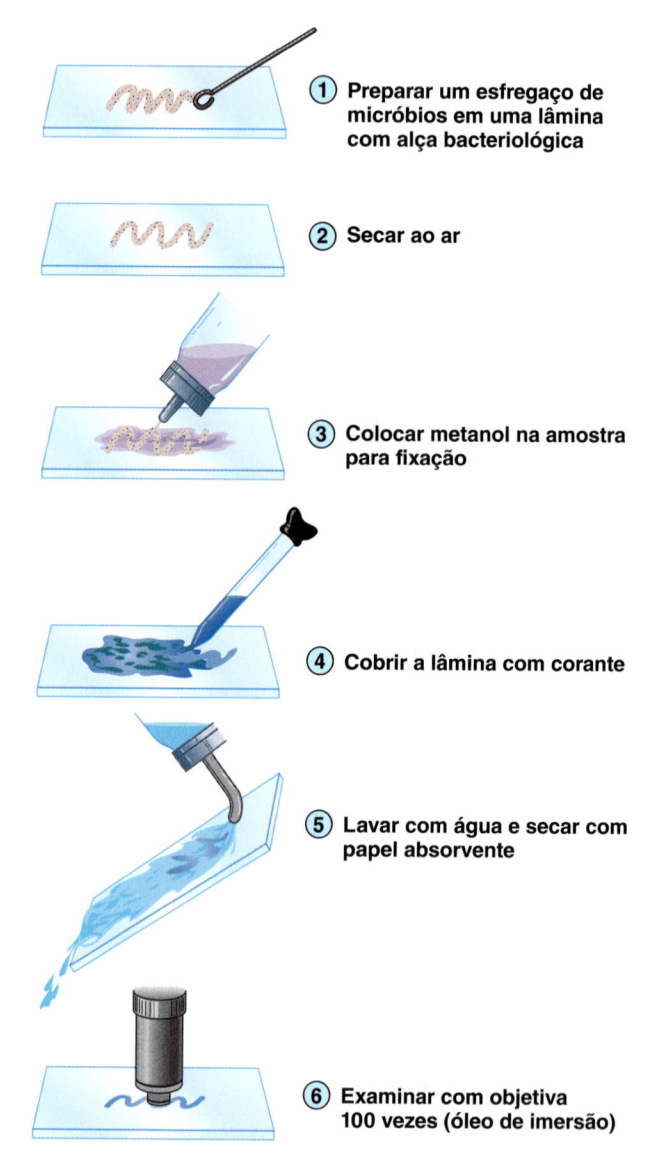

① Preparar um esfregaço de micróbios em uma lâmina com alça bacteriológica

② Secar ao ar

③ Colocar metanol na amostra para fixação

④ Cobrir a lâmina com corante

⑤ Lavar com água e secar com papel absorvente

⑥ Examinar com objetiva 100 vezes (óleo de imersão)

Figura 4.24 Técnica de coloração simples para bactérias. 1. Com uma alça bacteriológica flambada, preparar em uma lâmina um esfregaço com suspensão de bactérias em caldo ou em água. **2.** Deixar a lâmina secar ao ar. **3.** Fixar o esfregaço com metanol absoluto (100%). **4.** Cobrir a lâmina com corante. **5.** Lavar com água e secar levemente com papel absorvente ou papel-toalha. **6.** Examinar a lâmina ao microscópio com objetiva de 100 vezes, utilizando uma gota de óleo de imersão diretamente sobre o esfregaço.

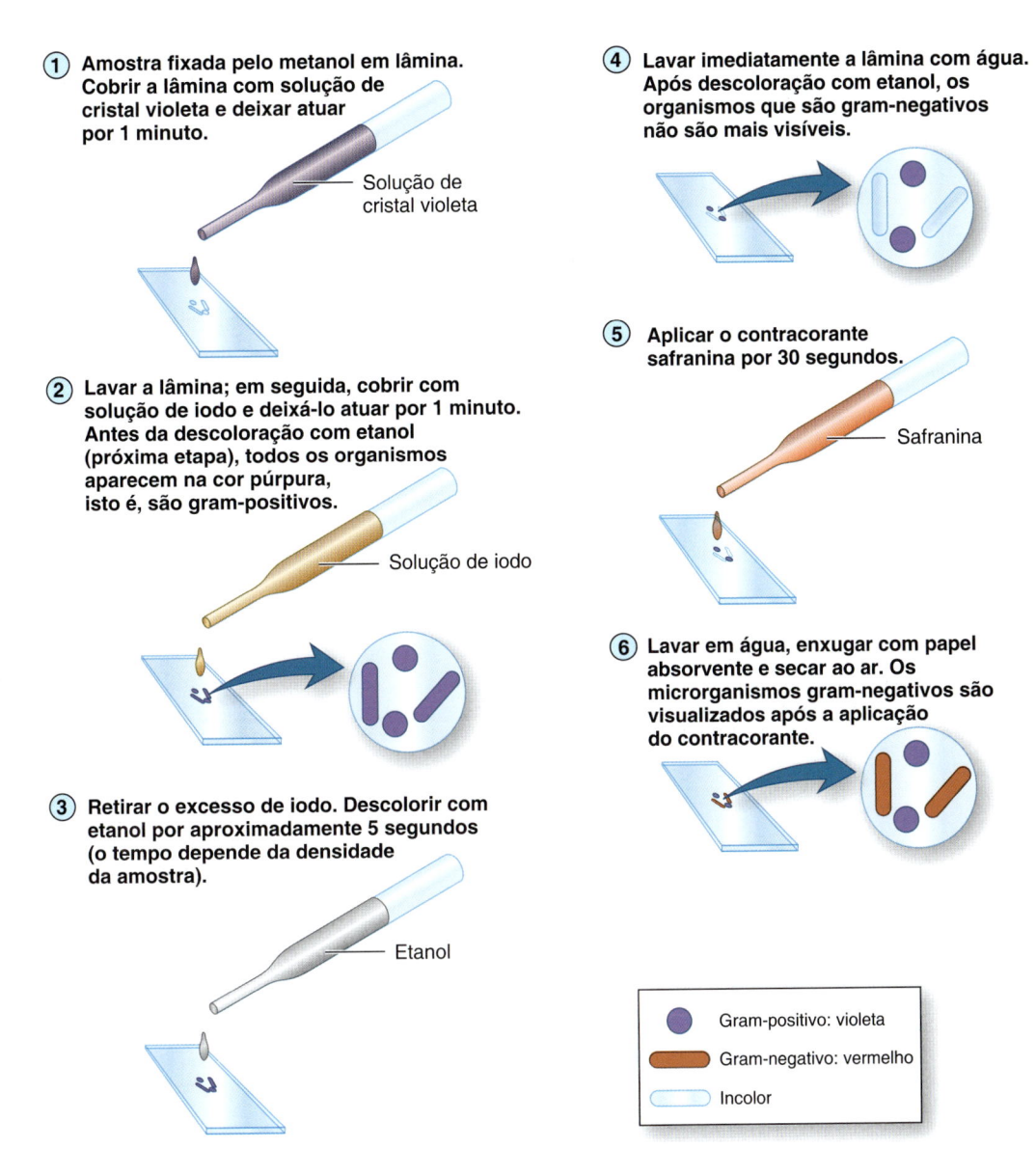

① **Amostra fixada pelo metanol em lâmina. Cobrir a lâmina com solução de cristal violeta e deixar atuar por 1 minuto.**

Solução de cristal violeta

② **Lavar a lâmina; em seguida, cobrir com solução de iodo e deixá-lo atuar por 1 minuto. Antes da descoloração com etanol (próxima etapa), todos os organismos aparecem na cor púrpura, isto é, são gram-positivos.**

Solução de iodo

③ **Retirar o excesso de iodo. Descolorir com etanol por aproximadamente 5 segundos (o tempo depende da densidade da amostra).**

Etanol

④ **Lavar imediatamente a lâmina com água. Após descoloração com etanol, os organismos que são gram-negativos não são mais visíveis.**

⑤ **Aplicar o contracorante safranina por 30 segundos.**

Safranina

⑥ **Lavar em água, enxugar com papel absorvente e secar ao ar. Os microrganismos gram-negativos são visualizados após a aplicação do contracorante.**

- Gram-positivo: violeta
- Gram-negativo: vermelho
- Incolor

Figura 4.25 Etapas da técnica de coloração de Gram. (Redesenhada de Harvey RA *et al. Lippincott's illustrated reviews: microbiology*. 3rd ed. Philadelphia, PA: Lippincott Williams & Wilkins; 2013.)

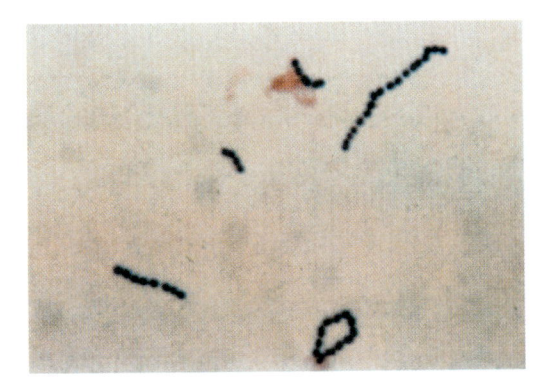

Figura 4.26 Cadeias de estreptococos gram-positivos em um esfregaço de cultura em caldo corado pelo método de Gram. (Fonte: Winn WC Jr *et al. Koneman's color atlas and textbook of diagnostic microbiology*. 6th ed. Philadelphia, PA: Lippincott Williams & Wilkins; 2006.)

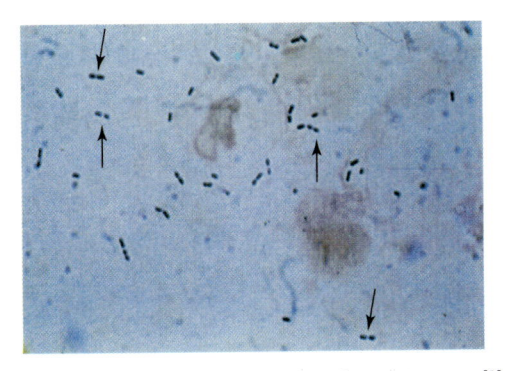

Figura 4.27 *Streptococcus pneumoniae* gram-positivo em esfregaço de hemocultura corado pelo método de Gram. Observe os pares de cocos, conhecidos como diplococos (*setas*) (Fonte: Winn WC Jr *et al. Koneman's color atlas and textbook of diagnostic microbiology*. 6th ed. Philadelphia, PA: Lippincott Williams & Wilkins; 2006.)

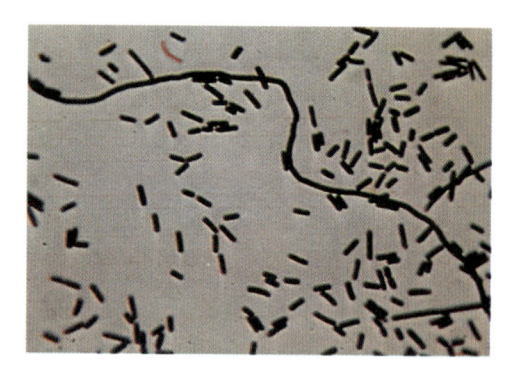

Figura 4.28 Bacilos gram-positivos (*Clostridium perfringens*) em um esfregaço corado pelo método de Gram, preparado a partir de cultura em caldo. Podem ser observados bacilos individuais e cadeias de bacilos (estreptobacilos) (Fonte: Winn WC Jr *et al. Koneman's color atlas and textbook of diagnostic microbiology*. 6th ed. Philadelphia, PA: Lippincott Williams & Wilkins; 2006.)

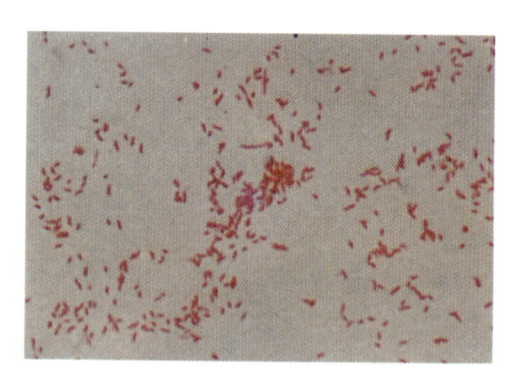

Figura 4.31 Bacilos gram-negativos em esfregaço preparado a partir de uma colônia bacteriana, corado pelo método de Gram. Podem ser observados bacilos individuais e algumas cadeias curtas de bacilos. (Fonte: Koneman E *et al. Color atlas and textbook of diagnostic microbiology*. 5th ed. Philadelphia, PA: Lippincott Williams & Wilkins; 1997.)

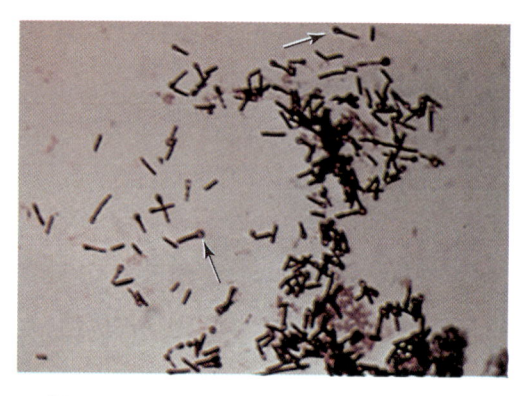

Figura 4.29 Bacilos gram-positivos (*Clostridium tetani*) em um esfregaço de cultura em caldo corado pelo método de Gram. Podem-se observar esporos terminais em algumas das células (*setas*). (Fonte: Winn WC Jr *et al. Koneman's color atlas and textbook of diagnostic microbiology*. 6th ed. Philadelphia, PA: Lippincott Williams & Wilkins; 2006.)

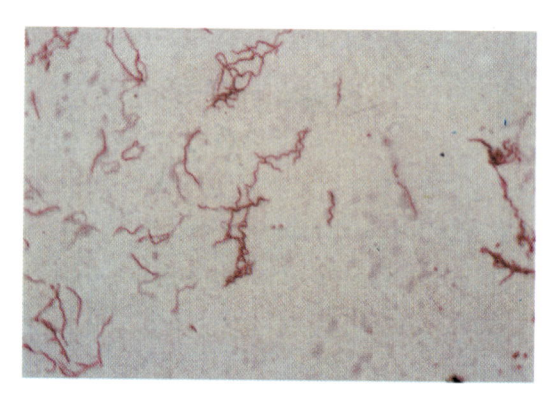

Figura 4.32 Espiroquetas gram-negativas frouxamente espiraladas. *Borrelia burgdorferi*, mostrada aqui, é o agente etiológico (causa) da doença de Lyme. (Fonte: Winn WC Jr *et al. Koneman's color atlas and textbook of diagnostic microbiology*. 6th ed. Philadelphia, PA: Lippincott Williams & Wilkins; 2006.)

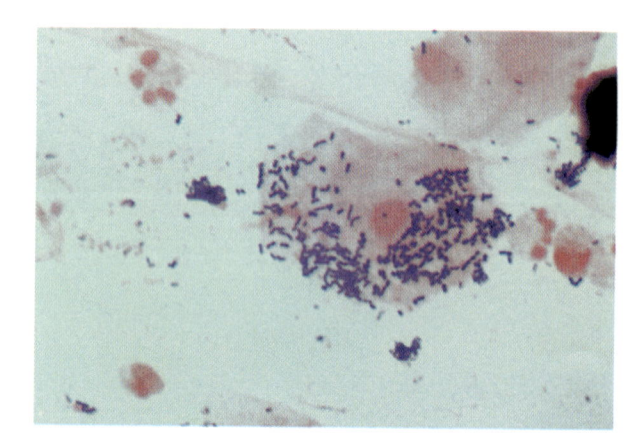

Figura 4.30 Muitas bactérias gram-positivas podem ser vistas na superfície de uma célula epitelial de coloração rosada nessa amostra de escarro corada pelo método de Gram. Vários leucócitos polimorfonucleares menores de coloração rosada também podem ser observados. (Fonte: Winn WC Jr *et al. Koneman's color atlas and textbook of diagnostic microbiology*. 6th ed. Philadelphia, PA: Lippincott Williams & Wilkins; 2006.)

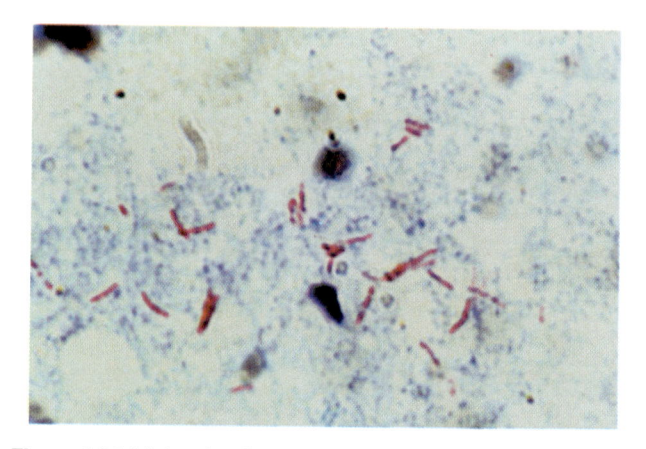

Figura 4.34 Muitos bacilos álcool-acidorresistentes vermelhos (*Mycobacterium tuberculosis*) podem ser observados nesse concentrado de coloração álcool-acidorresistente de uma amostra de escarro digerido. (Fonte: Koneman E *et al. Color atlas and textbook of diagnostic microbiology*. 5th ed. Philadelphia, PA: Lippincott Williams & Wilkins; 1997.)

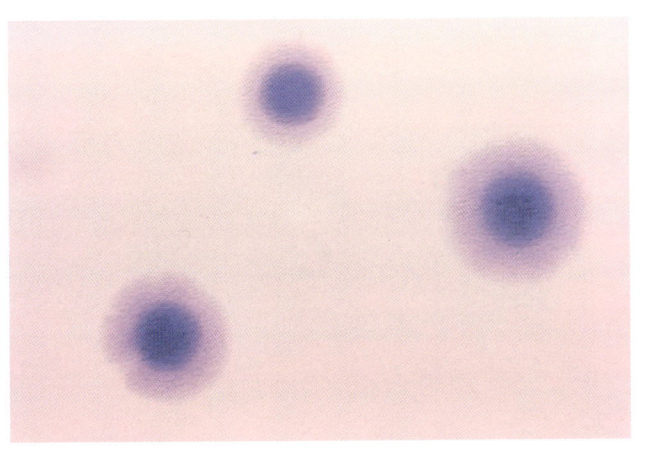

Figura 4.40 Aparência de "ovo estrelado" das colônias de *Mycoplasma* em meio ágar. (Disponibilizada pelo Dr. E. Arum, Dr. N. Jacobs e pelo CDC.)

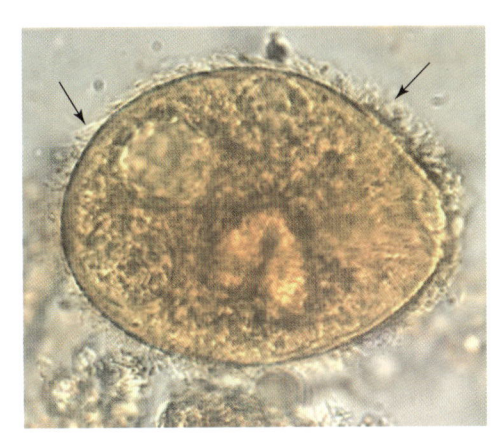

Figura 5.6 Fotomicrografia de *Balantidium coli*, o único protozoário ciliado que causa doença em seres humanos. *B. coli* provoca uma doença diarreica, denominada balantidíase. Observe os numerosos cílios curtos (*setas*) ao redor da periferia da célula. (Disponibilizada pelo Oregon Public Health Laboratory and the Division of Parasitic Diseases, CDC.)

Figura 5.3 Algas verdes crescendo em rochas na margem de um lago de água doce no Texas. (Disponibilizada por Biomed Ed, Round Rock, TX.)

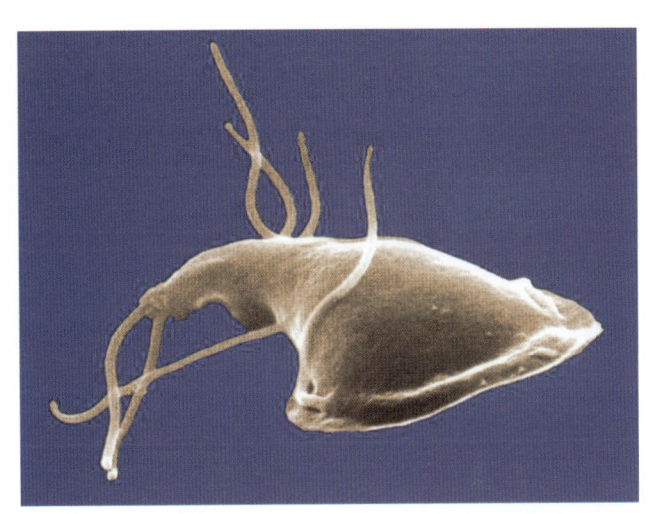

Figura 5.7 Micrografia eletrônica de varredura digitalmente colorida de *Giardia lamblia*, um protozoário flagelado que causa uma doença diarreica em seres humanos, conhecida como giardíase. (Disponibilizada pelo Dr. Stan Erlandsen, Dr. Dennis Feely e pelo CDC.)

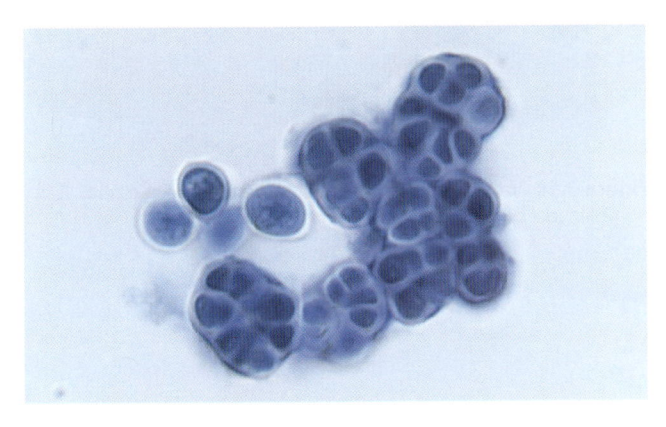

Figura 5.4 Aspecto microscópico de células de *Prototheca* em uma amostra de tecido corada. (Disponibilizada pelos CDC.)

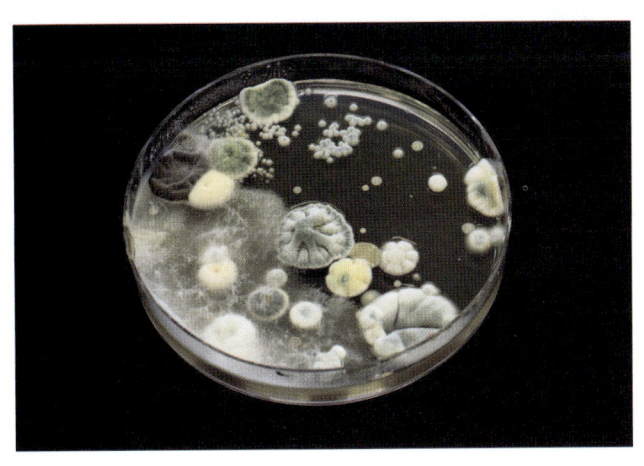

Figura 5.8 Uma variedade de colônias de fungos (micélios) crescendo em uma placa de Petri.

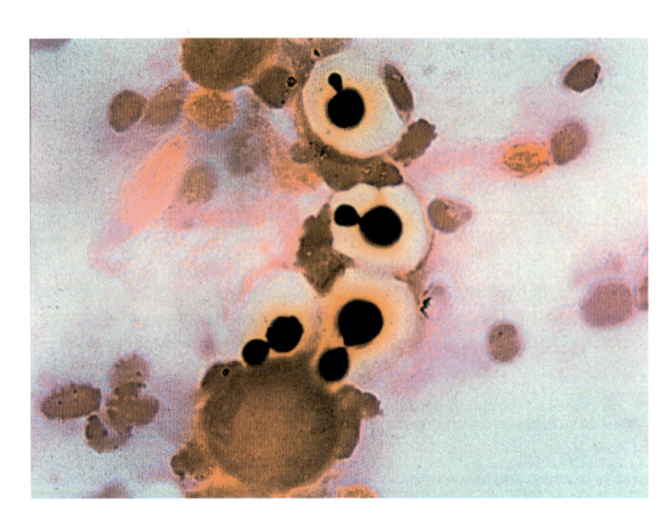

Figura 5.12 Amostra de lavado broncoalveolar corada pelo método de Gram, contendo quatro leveduras em brotamento, de colo estreito e densamente coradas, sugestivas de uma espécie de *Cryptococcus*. Os halos de coloração negativa ao redor das células de levedura consistem em cápsulas densas de polissacarídeo. (Fonte: Marler LM *et al*. *Direct smear atlas*. Philadelphia, PA: Lippincott Williams & Wilkins; 2001.)

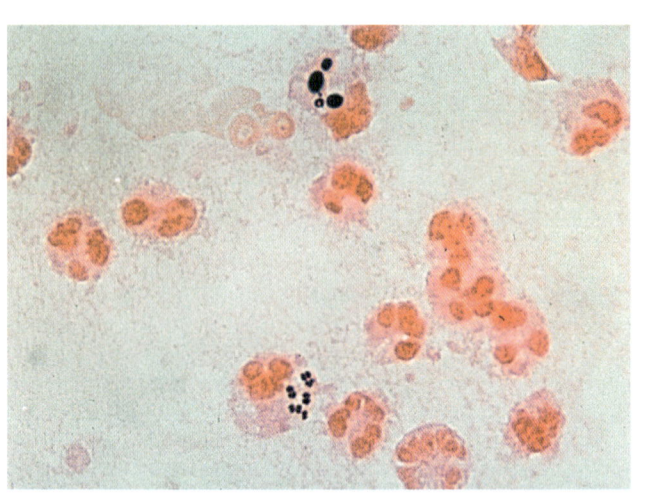

Figura 5.15 Fotomicrografia de aspirado de ferida corado pelo método de Gram, ilustrando as diferenças de tamanho entre leveduras, bactérias e leucócitos. Nesta imagem, estão incluídos numerosos leucócitos (*em vermelho*), duas células de levedura em brotamento de coloração azul (*parte superior, no centro*) e vários cocos gram-positivos (*pequenas esferas azuis na parte inferior*). As células de levedura e de bactéria foram fagocitadas pelos leucócitos. (Fonte: Marler LM *et al*. *Direct smear atlas*. Philadelphia, PA: Lippincott Williams & Wilkins; 2001.)

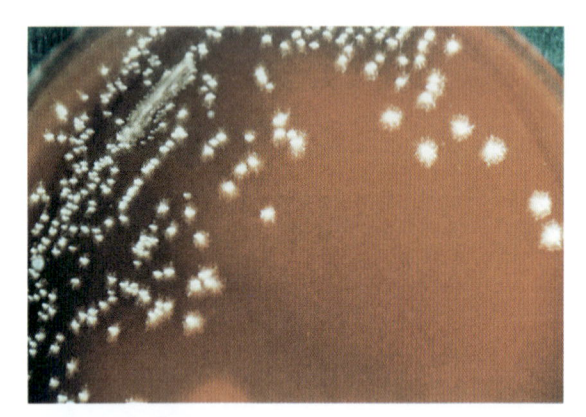

Figura 5.14 Colônias da levedura *C. albicans* em placa de ágar-sangue. Ao exame com uma lupa, podem-se observar as extensões semelhantes a pés a partir das margens das colônias, que são típicas dessa espécie. (Fonte: Winn WC Jr *et al*. *Koneman's color atlas and textbook of diagnostic microbiology*. 6th ed. Philadelphia, PA: Lippincott Williams & Wilkins; 2006.)

Figura 5.16 Variedade de bolores crescendo sobre o pão. (Disponibilizada por Biomed Ed, Round Rock, TX.)

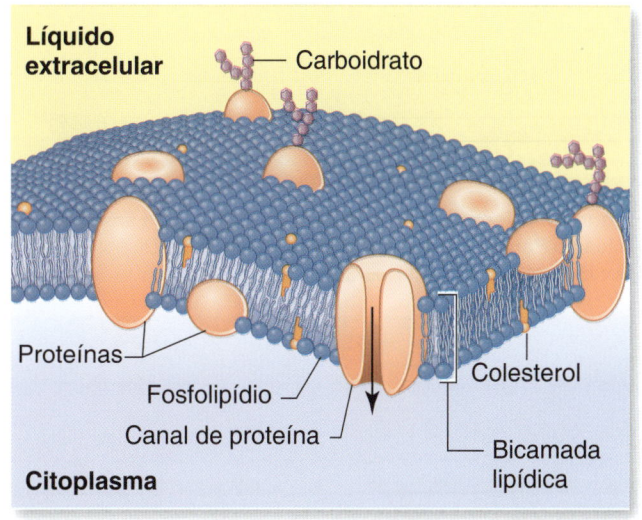

Figura 5.19 Fungos carnosos crescendo no solo de uma floresta. As toxinas produzidas por alguns fungos carnosos, como as espécies de *Amanita* mostradas aqui, podem causar doença em seres humanos. (Disponibilizada por Biomed Ed, Round Rock, TX.)

Figura 6.10 Estrutura em bicamada lipídica das membranas celulares, mostrando as cabeças hidrofílicas e as extremidades (caudas) hidrofóbicas das moléculas de fosfolipídios (*azul*). As membranas celulares também contêm moléculas de proteínas (*rosa*), que foram descritas como semelhantes a "*icebergs* flutuando em um mar de lipídios". (Redesenhada de Cohen BJ. *Memmler's the human body in health and disease*. 11th ed. Philadelphia, PA: Lippincott Williams & Wilkins; 2009.)

Figura 5.20 Líquen folioso no Colorado. (Disponibilizada por Biomed Ed, Round Rock, TX.)

Figura 7.1 Decomposição de uma árvore caída no Parque Nacional das Montanhas Rochosas, CO. (Disponibilizada por Biomed Ed, Round Rock, TX.)

Figura 8.1 Termófilos coloridos vivendo em uma área geotérmica no Parque Nacional de Yellowstone, WY. (Disponibilizada por Biomed Ed, Round Rock, TX.)

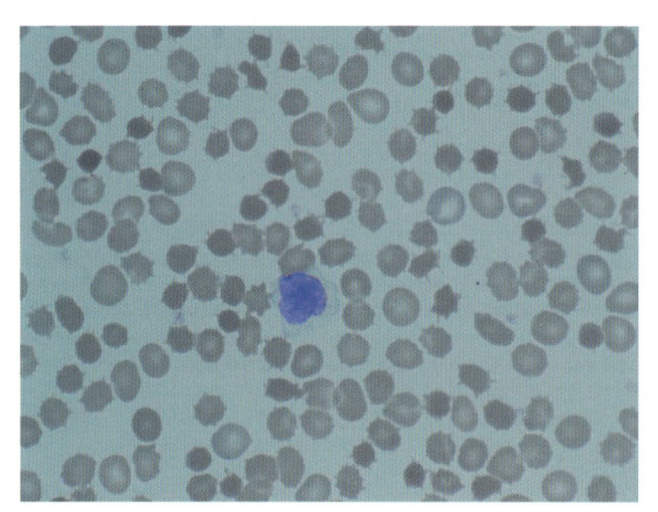

Figura 8.2 Esfregaço de sangue periférico corado mostrando numerosos eritrócitos crenados, também conhecidos como acantócitos. Eles desenvolvem várias projeções da membrana celular, conferindo às células uma aparência espiculada ou "espinhosa". A acantocitose – formação de acantócitos – pode indicar a presença de vários processos mórbidos hematológicos. A célula maior de coloração púrpura no centro da fotomicrografia é um leucócito. (Disponibilizada por Zamel, R. Khan, RL Pollex, RA Hegele e Wikimedia Commons.)

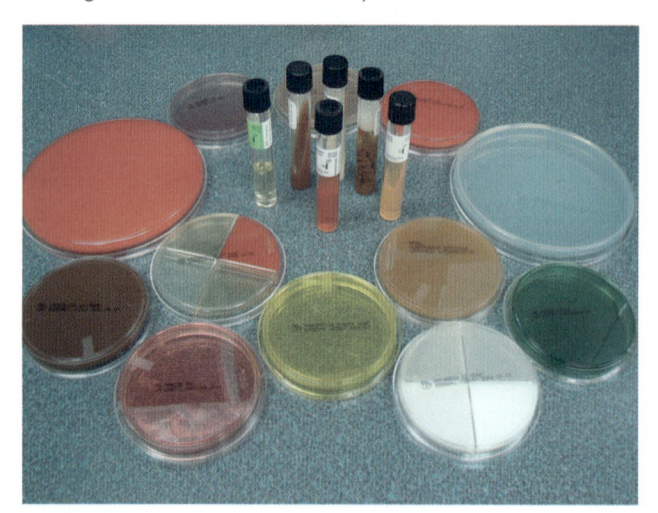

Figura 8.5 Exemplos de meios de cultura sólidos e líquidos utilizados no laboratório de microbiologia clínica. (Disponibilizada pelo Dr. Robert Fader e por Biomed Ed, Round Rock, TX.)

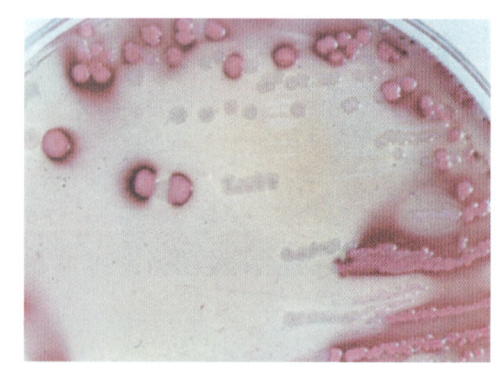

Figura 8.6 Colônias bacterianas em ágar MacConkey, que é um meio de cultura seletivo e diferencial. Trata-se de um meio seletivo para as bactérias gram-negativas, o que significa que apenas estas crescerão ali. Podem ser observadas colônias de bactérias que fermentam a lactose (colônias rosa) e que não a fermentam (colônias claras). (De Winn WC Jr *et al*. *Koneman's color atlas and textbook of diagnostic microbiology*. 6th ed. Philadelphia, PA: Lippincott Williams & Wilkins; 2006.)

Figura 8.7 Ágar manitol salgado (MSA), um meio seletivo e diferencial utilizado para a identificação do *Staphylococcus aureus*. Qualquer bactéria capaz de crescer em uma concentração de cloreto de sódio de 7,5% crescerá nesse meio; entretanto, *S. aureus* torna o meio amarelo, em virtude de sua capacidade de fermentar o manitol presente. O microrganismo que cresce na parte superior da placa é incapaz de fermentar o manitol, enquanto aqueles que crescem na parte inferior são fermentadores de manitol. (De Koneman E *et al*. *Color atlas and textbook of diagnostic microbiology*. 5th ed. Philadelphia, PA: Lippincott Williams & Wilkins; 1997.)

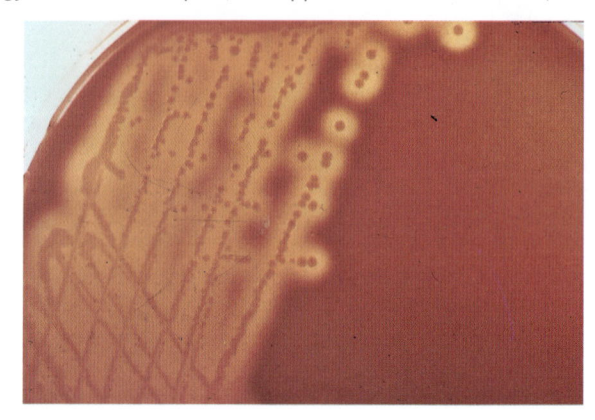

Figura 8.8 Colônias de *Streptococcus pyogenes* hemolítico em uma placa de ágar-sangue beta-hemolítica. As zonas claras (β-hemólise) ao redor das colônias são produzidas por enzimas que lisam os eritrócitos no ágar (hemolisinas). Informações sobre o alfabeto grego podem ser encontradas no Apêndice D, *Alfabeto Grego*. (De Winn WC Jr *et al*. *Koneman's color atlas and textbook of diagnostic microbiology*. 6th ed. Philadelphia, PA: Lippincott Williams & Wilkins; 2006.)

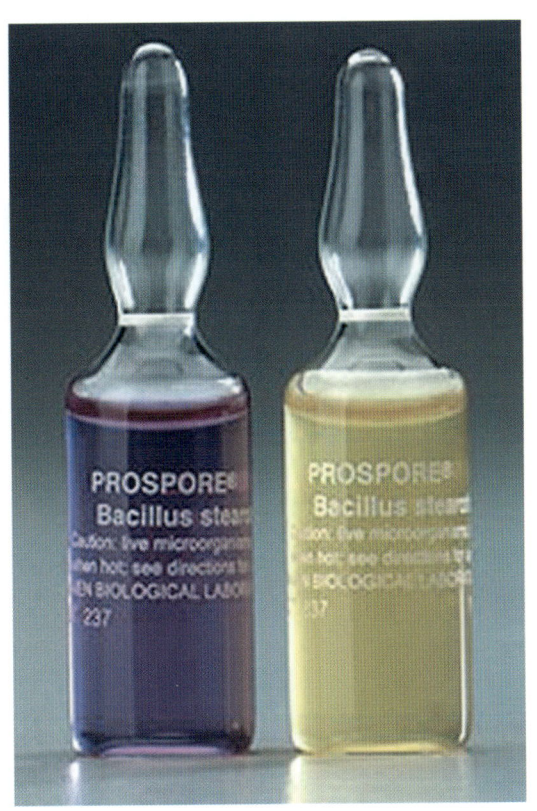

Figura 8.16 Indicador biológico utilizado para monitorar a efetividade da autoclavagem. Ampolas lacradas contendo esporos bacterianos suspensos em um meio de cultura são colocadas junto com o material a ser esterilizado. Após a esterilização, elas são incubadas a 35°C. Se os esporos estiverem mortos, não haverá nenhuma mudança na cor do meio, que permanecerá púrpura. Se os esporos não estiverem mortos, ocorrerá germinação, e a produção de ácido pelas bactérias causará uma mudança de cor do indicador de pH no meio de púrpura para amarelo. (Disponibilizada por Fisher Scientific.)

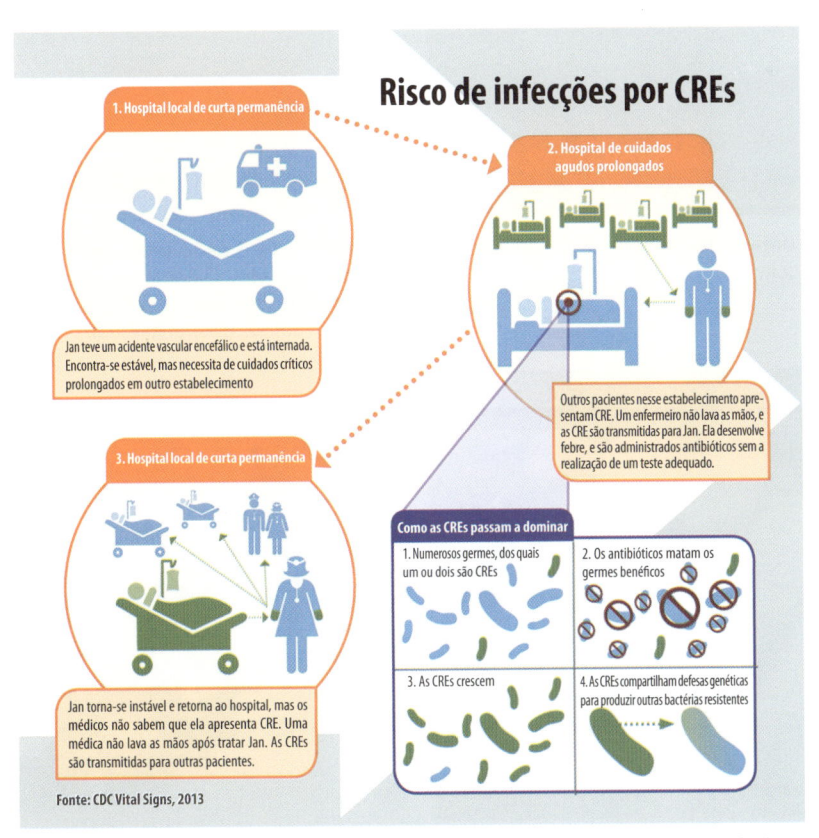

Figura 9.5 Risco de infecções por Enterobacteriaceae resistentes aos carbapenéns (CREs). (Disponibilizada pelos CDC.)

Figura 9.6 Placa de cuidado fictícia. Ela adverte às pessoas que entrarão nos hospitais que eles são abrigos notórios de micróbios resistentes a múltiplos fármacos ("superbactérias"). (Disponibilizada pelo Dr. Pat Hidy e Biomed Ed, Round Rock, TX.)

Figura 11.7 Macho do carrapato da madeira das Montanhas Rochosas, *Dermacentor andersoni*. Agente etiológico da riquetsiose com febre maculosa; é um vetor conhecido da *Rickettsia rickettsii*. (Disponibilizada pelo Dr. Christopher Paddock e pelos CDC.)

Figura 10.2 Liquens em uma rocha no Maine. (Disponibilizada por Biomed Ed, Round Rock, TX.)

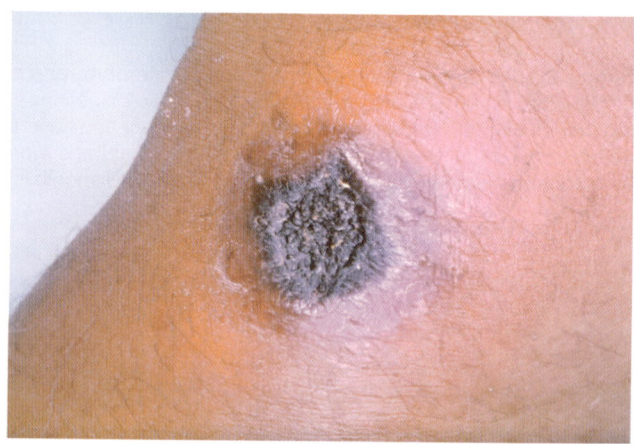

Figura 11.11 Lesão preta (escara) de antraz no antebraço de um paciente. O nome da doença origina-se da palavra grega *anthrax*, que significa "carvão", para referir-se às lesões cutâneas pretas do antraz. (Disponibilizada por James H. Steele e pelo CDC.)

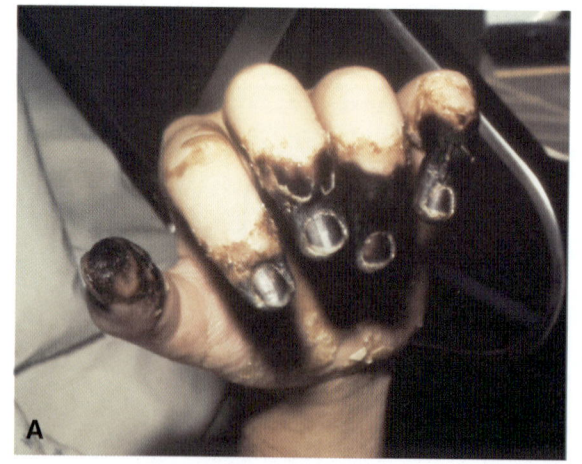

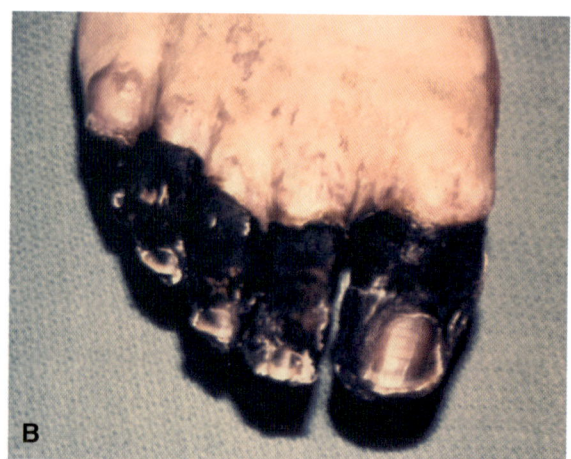

Figura 11.14 Mão (A) e pé (B) gangrenosos de pacientes com peste. [A] Disponibilizada pelo Dr. Jack Poland e pelos CDC. [B] Disponibilizada por William Archibald e CDC.)

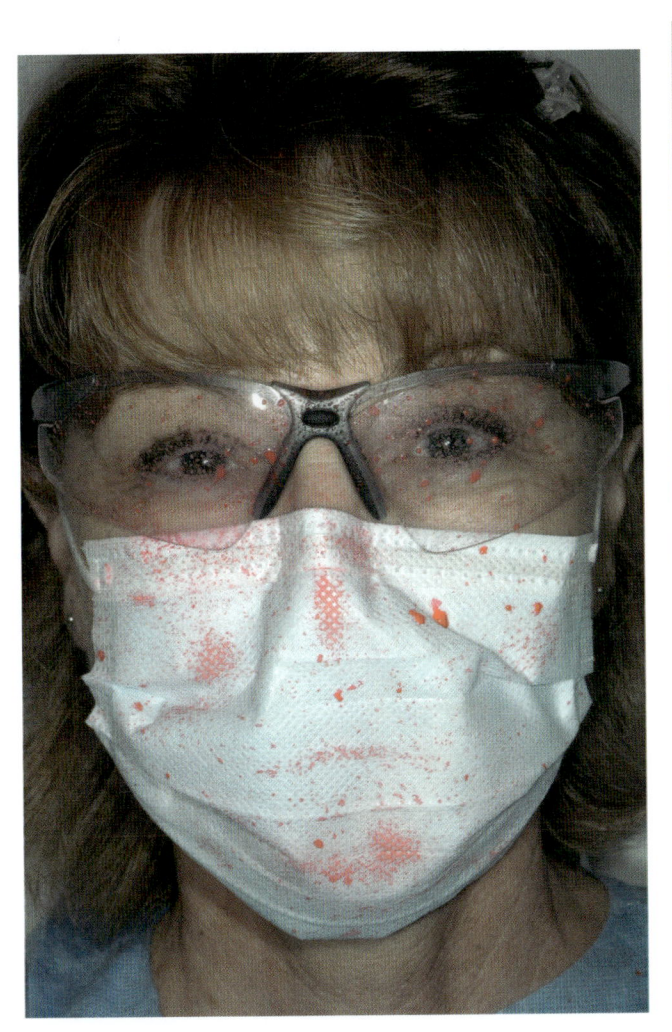

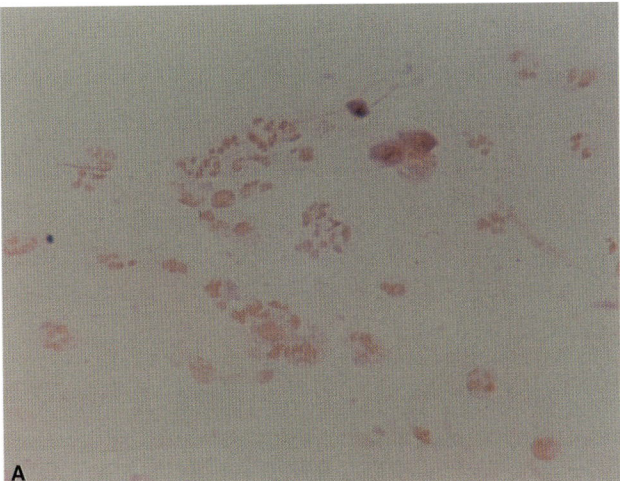

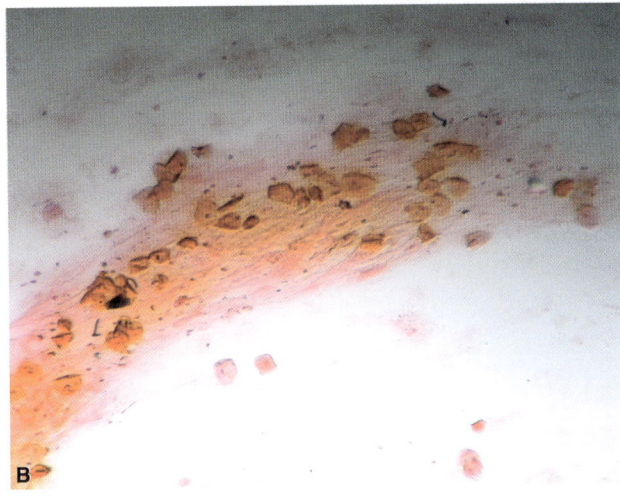

Figura 12.18 Higienista dental utilizando um equipamento protetor individual apropriado. Foi usado um corante vermelho para simular a saliva do paciente, que pode alcançar a face, a máscara e os óculos protetores da higienista durante um procedimento de polimento. (De Molinari JA, Harte JA. *Cotton's practical infection control in dentistry*. 3rd ed. Philadelphia, PA: Lippincott Williams & Wilkins; 2010.)

Figura 13.8 Coloração de escarro expectorado pelo método de Gram, mostrando uma amostra que deveria ser apropriada para cultura, com fundo de leucócitos (A), e outra contendo muitas células epiteliais escamosas, que não seria útil para cultura (B). (Disponibilizada pelo Dr. Robert Fader.)

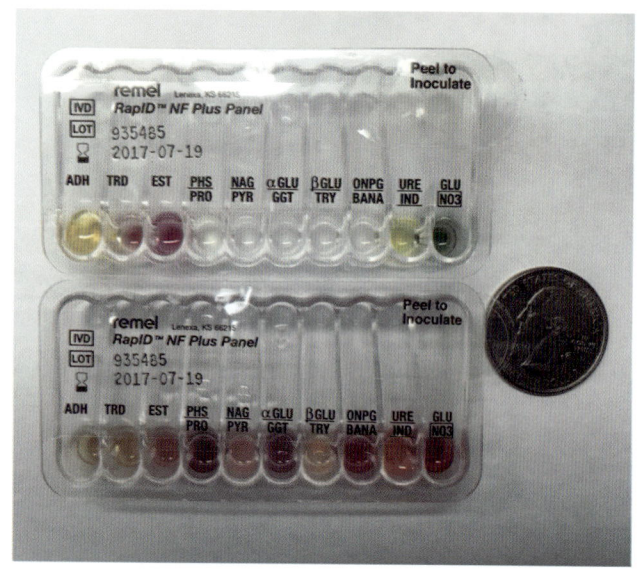

Figura 13.14 Exemplo de um sistema de teste bioquímico miniaturizado (minissistema). O minissistema ilustrado aqui, denominado RapID NF, é utilizado principalmente para a identificação de bacilos gram-negativos que não sejam membros da família Enterobacteriaceae (ele é vendido pela REMEL, Lenexa, KS). Cada cúpula contém um substrato diferente. A tira superior mostra a cor de cada cúpula imediatamente após inoculação. Depois de 4 horas de incubação, as cores nos compartimentos (tira inferior) são interpretadas como resultados positivos ou negativos. Com base no padrão de reações positivas e negativas, calcula-se um número de biotipo de seis dígitos. Na maioria dos casos, ele é específico para determinada espécie bacteriana. (Disponibilizada pelo Dr. Robert Fader.)

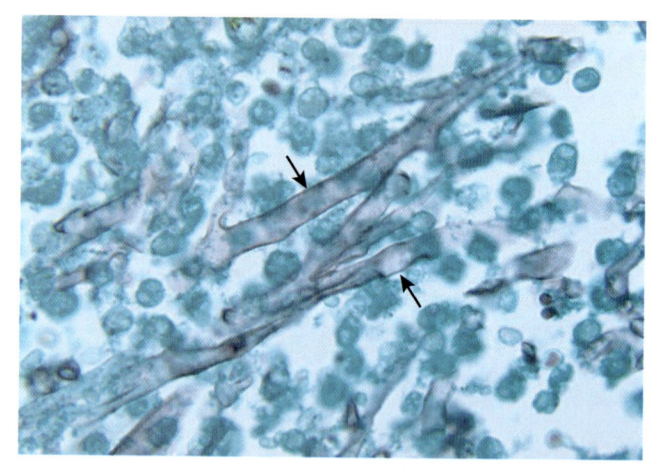

Figura 13.16 Hifas fúngicas (*setas*) em uma amostra de valva cardíaca corada de um paciente com zigomicose. (Disponibilizada pelo Dr. Libero Ajello e CDC.)

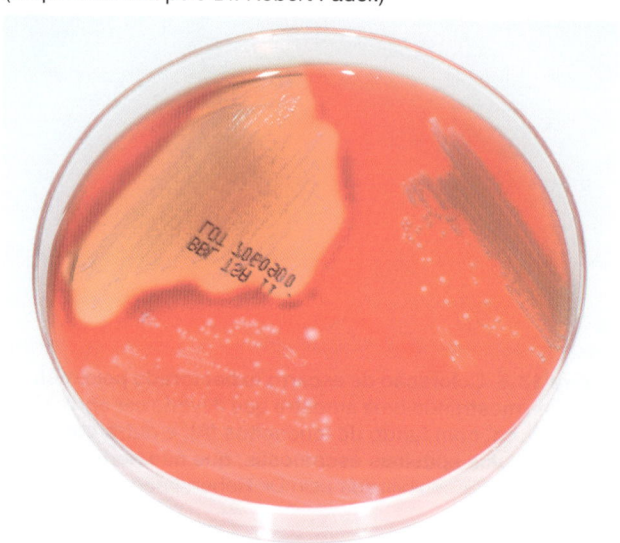

Figura 13.15 Fotografia mostrando os três tipos de hemólise que podem ser observados em uma placa de ágar-sangue. A α-hemólise é uma zona verde ao redor da colônia bacteriana (*parte superior, à direita*). As bactérias α-hemolíticas produzem uma enzima que provoca quebra parcial da hemoglobina nos eritrócitos do meio, resultando em coloração verde (algumas vezes sutil). A β-hemólise é uma zona clara ao redor da colônia bacteriana (*parte superior, à esquerda*). As bactérias beta-hemolíticas produzem uma enzima que destrói (lisa) completamente os eritrócitos, produzindo, assim, uma zona clara muito distinta. A γ-hemólise não consiste em hemólise (não há uma zona verde nem uma zona clara ao redor da colônia bacteriana). As bactérias γ-hemolíticas (também designadas como não hemolíticas) não produzem essas enzimas e, portanto, não causam mudança nos eritrócitos (*fundo da placa*).

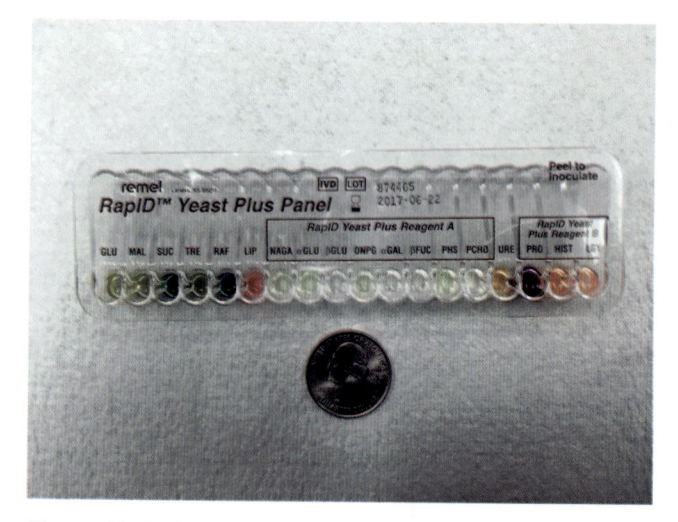

Figura 13.17 Minissistema para a identificação de leveduras (vendido pela REMEL, Lenexa, KS). (Disponibilizada pelo Dr. Robert Fader.)

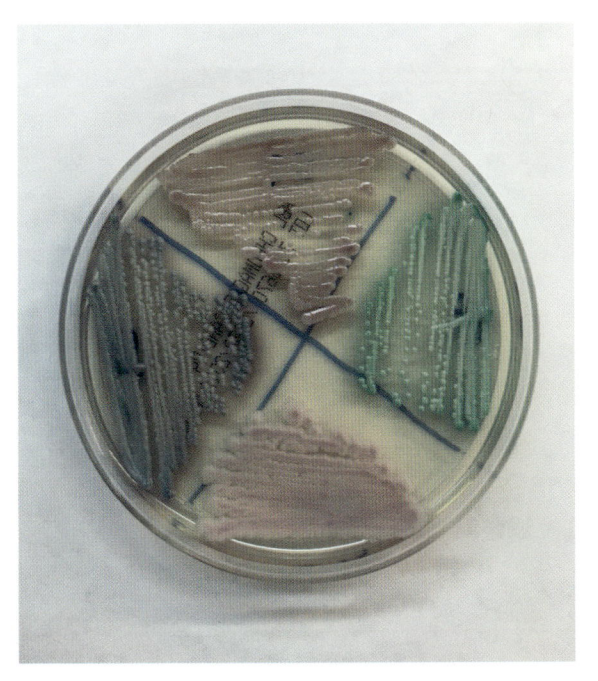

Figura 13.18 CHROMagar *Candida*. Substâncias cromogênicas são incorporadas no ágar e produzem diferentes colônias coloridas. As verdes consistem em *Candida albicans*; as azuis, em *Candida tropicalis*; as cor de malva e franjadas são identificadas como *Candida krusei*; e as pequenas colônias lisas cor de malva são *Candida glabrata* (CHROMagar *Candida* é vendido por Becton Dickinson e Co. Sparks, MD). (Disponibilizada pelo Dr. Robert Fader.)

Figura 13.20 Colônias (micélios) de uma espécie de *Penicillium*. Embora a penicilina seja derivada do *Penicillium*, várias espécies desse gênero também podem causar infecções pulmonares, hepáticas e cutâneas em pacientes imunossuprimidos. (De Winn WC Jr *et al*. *Koneman's color atlas and textbook of diagnostic microbiology*. 6th ed. Philadelphia, PA: Lippincott Williams & Wilkins; 2006.)

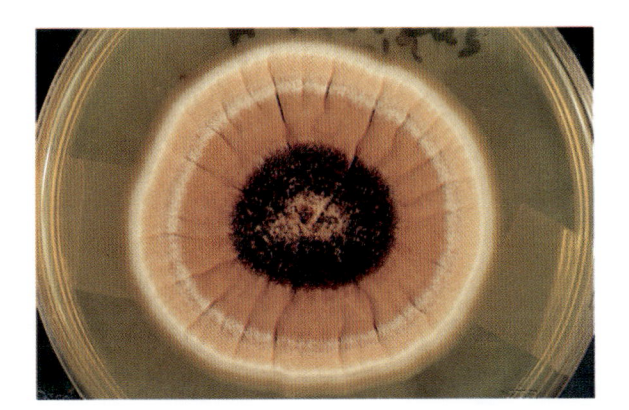

Figura 13.19 Colônia (micélio) de uma espécie de *Aspergillus*. Os fungos filamentosos do gênero *Aspergillus* podem causar sinusite, infecções do trato respiratório inferior e infecções oculares, cardíacas, renais, cutâneas e de outros órgãos, mais comumente em pacientes imunossuprimidos. (De Winn WC Jr *et al*. *Koneman's color atlas and textbook of diagnostic microbiology*. 6th ed. Philadelphia, PA: Lippincott Williams & Wilkins; 2006.)

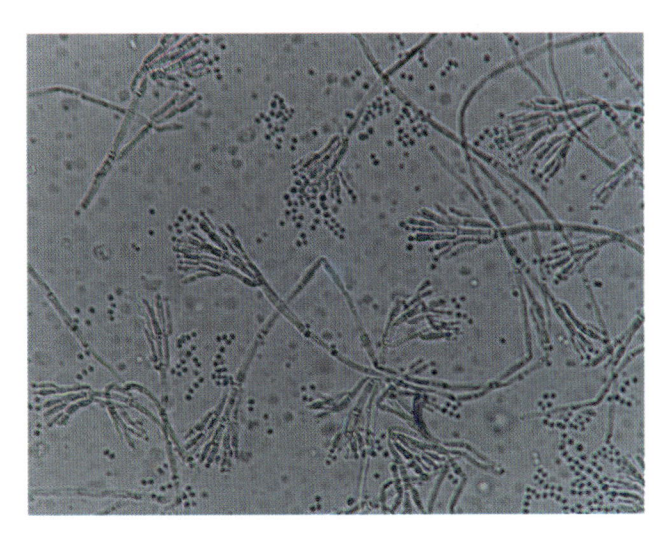

Figura 13.21 Preparação de um micélio de *Penicillium* com fita adesiva. (Disponibilizada pelo Dr. Robert Fader.)

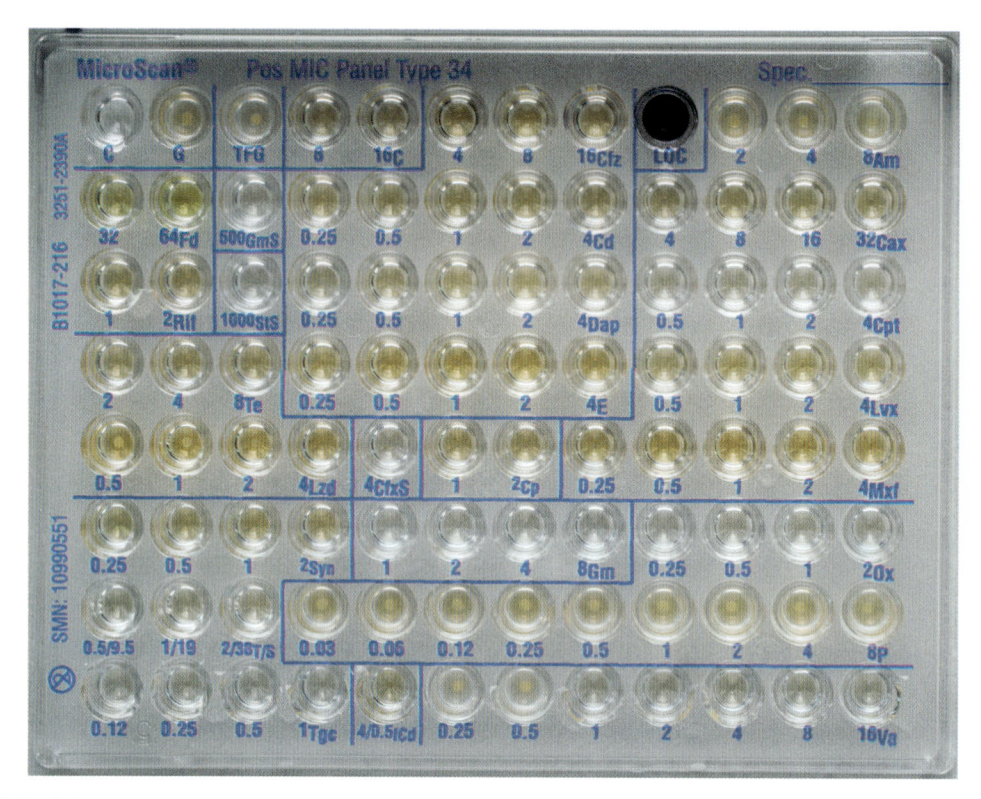

Figura 13.25 Painel de microdiluição em caldo para teste de sensibilidade a antibióticos. Muitos antibióticos diferentes podem ser simultaneamente testados contra um microrganismo. O crescimento na presença do antibiótico é observado pela formação de um botão de células no fundo das cavidades. O microrganismo mostrado aqui é resistente à ampicilina (Am; *parte superior à direita*) e à penicilina (P; *segunda fileira a partir da base, à direita*). A CIM para a vancomicina (Va; *fileira da base, à direita*) seria interpretada como 1 µg/mℓ. O painel MicroScan PM34 MIC mostrado aqui é vendido por Beckman Coulter Inc, Brea, CA. (Disponibilizada pelo Dr. Robert Fader.)

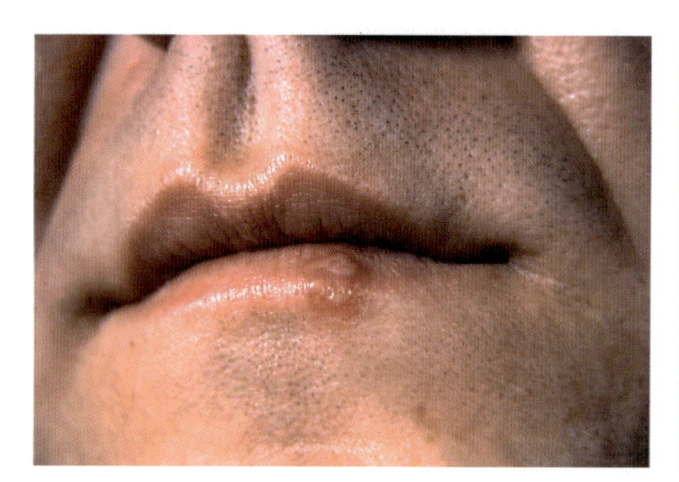

Figura 14.2 Herpes labial causada pelo herpes-vírus simples. (Disponibilizada pelo Dr. Hermann e CDC.)

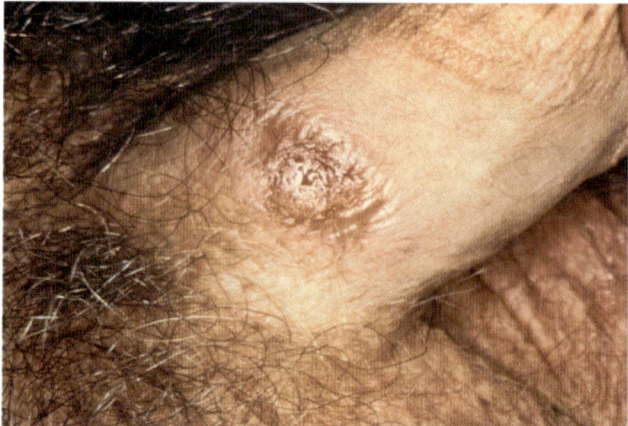

Figura 14.4 Cancro da sífilis no corpo do pênis. (Disponibilizada pelo Dr. Gavin Hart, Dr. NJ Fiumara e CDC.)

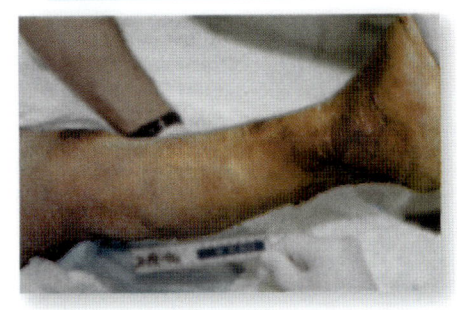

(1) Dia 0: A região inferior da perna direita estava edemaciada, com área eritematosa abaixo do joelho.

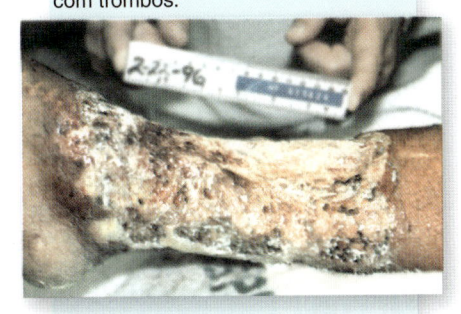

(2) Dia 2: O desbridamento inicial revelou a presença de tecido necrótico, com muitas camadas de vasos sanguíneos com trombos.

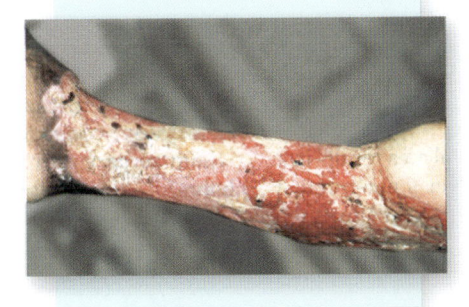

(3) Dia 6: Foi realizado um desbridamento radical, visto que o processo infeccioso estava progredindo em direção ao joelho. Enxertos de pele subsequentes (não mostrados) tiveram sucesso, e o ferimento cicatrizou sem complicações.

Figura 14.8 Progressão da doença conhecida como fasciite necrosante. *Edematoso* significa "intumescido"; *eritematoso* quer dizer "avermelhado"; *desbridamento* refere-se à "retirada do tecido danificado"; e *trombosado* significa "coagulado". (De Harvey RA et al. *Lippincott's illustrated reviews: microbiology*. 3rd ed. Philadelphia, PA: Lippincott Williams & Wilkins; 2013.)

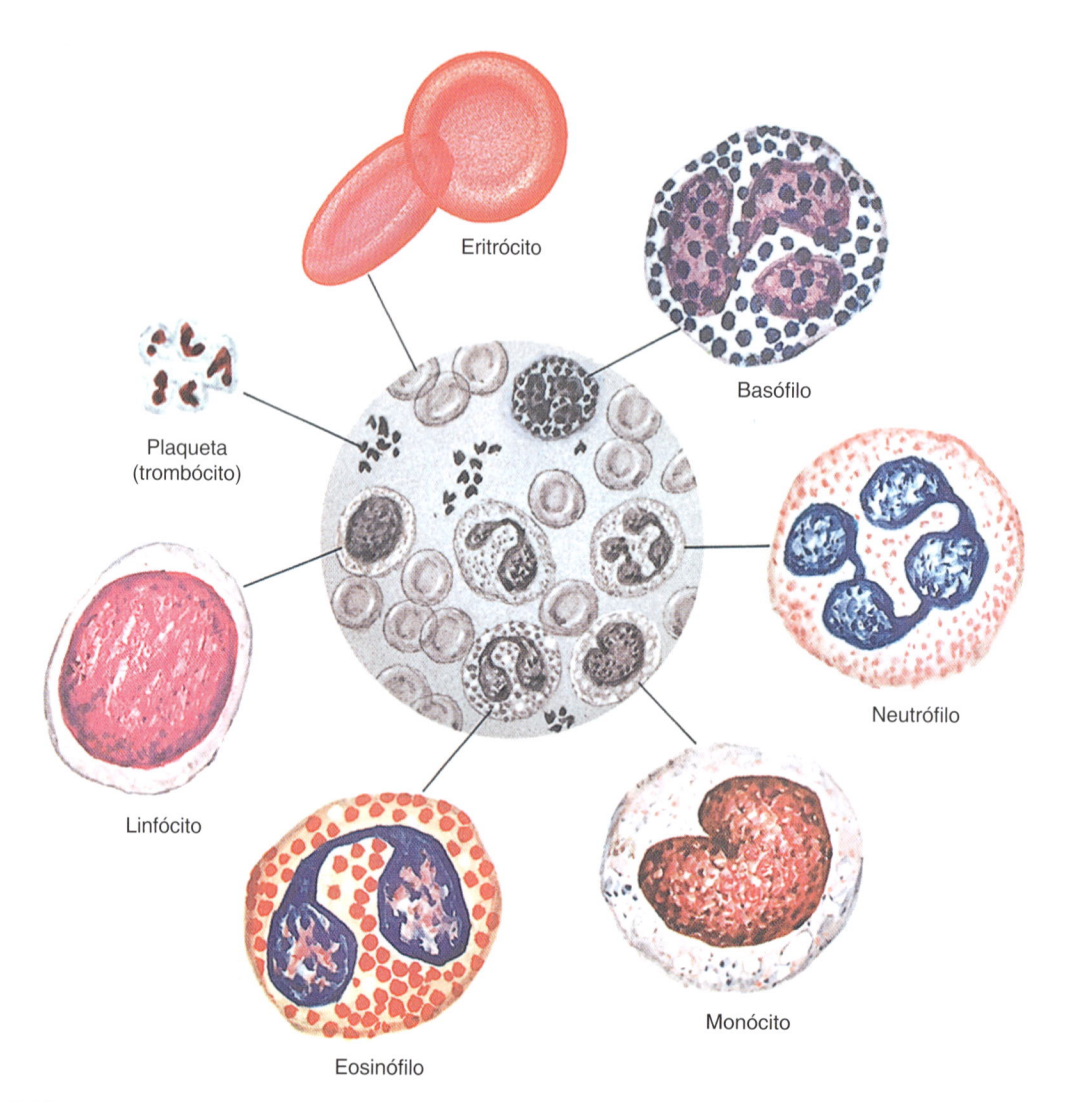

Eritrócito

Basófilo

Plaqueta
(trombócito)

Neutrófilo

Linfócito

Eosinófilo

Monócito

Figura 15.5 Elementos celulares do sangue quando observados em um esfregaço de sangue periférico corado pelo método de Wright. A coloração de Wright contém dois corantes: a eosina (um corante ácido laranja-avermelhado, que cora as substâncias alcalinas) e o azul de metileno (um corante azul-escuro, que cora as substâncias ácidas). Os grânulos dos eosinófilos coram-se de laranja-avermelhado, visto que seu conteúdo é ácido, atraindo, portanto, o corante ácido. Os grânulos dos basófilos coram-se de azul--escuro, visto que seu conteúdo é ácido, atraindo, portanto, o corante alcalino. O conteúdo dos grânulos dos neutrófilos é neutro (nem alcalino nem ácido) e, consequentemente, não atrai o corante ácido nem o alcalino. (De McCall RE, Tankersley CM. *Phlebotomy essentials*. 2nd ed. Philadelphia, PA: Lippincott-Raven Publishers; 1998.)

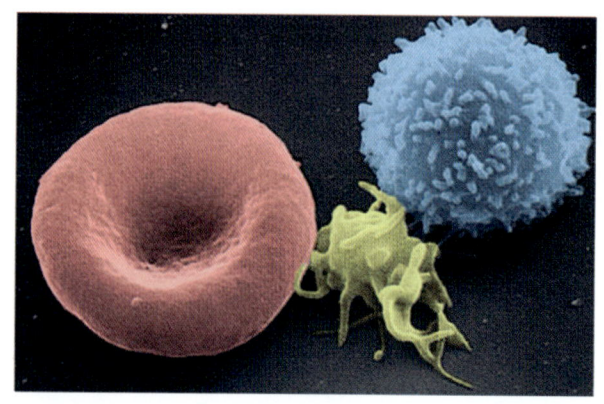

Figura 15.6 Micrografia eletrônica de varredura colorida digitalmente (*da esquerda para a direita*) de um eritrócito, uma plaqueta e um linfócito. (Disponibilizada pelo National Cancer Institute and Wikimedia Commons.)

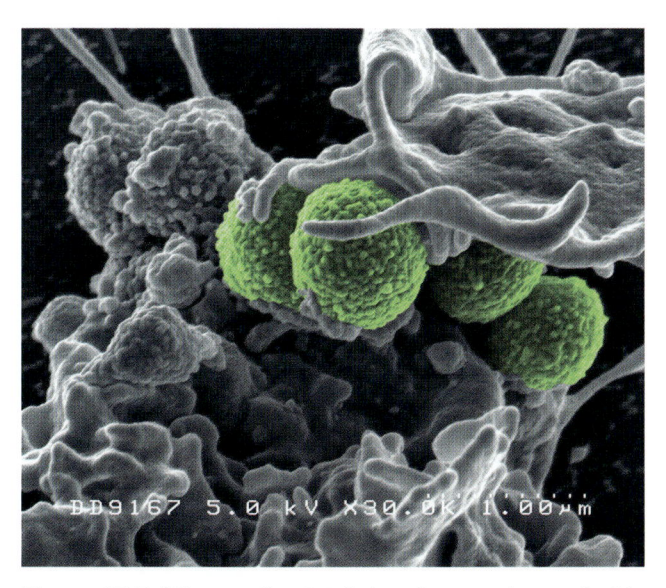

Figura 15.7 Micrografia eletrônica de varredura colorida digitalmente, mostrando o *Staphylococcus aureus* resistente à meticilina (MRSA), de coloração verde, sendo fagocitado por um leucócito humano. (Disponibilizada pelo National Institute of Allergy and Infectious Diseases e CDC.)

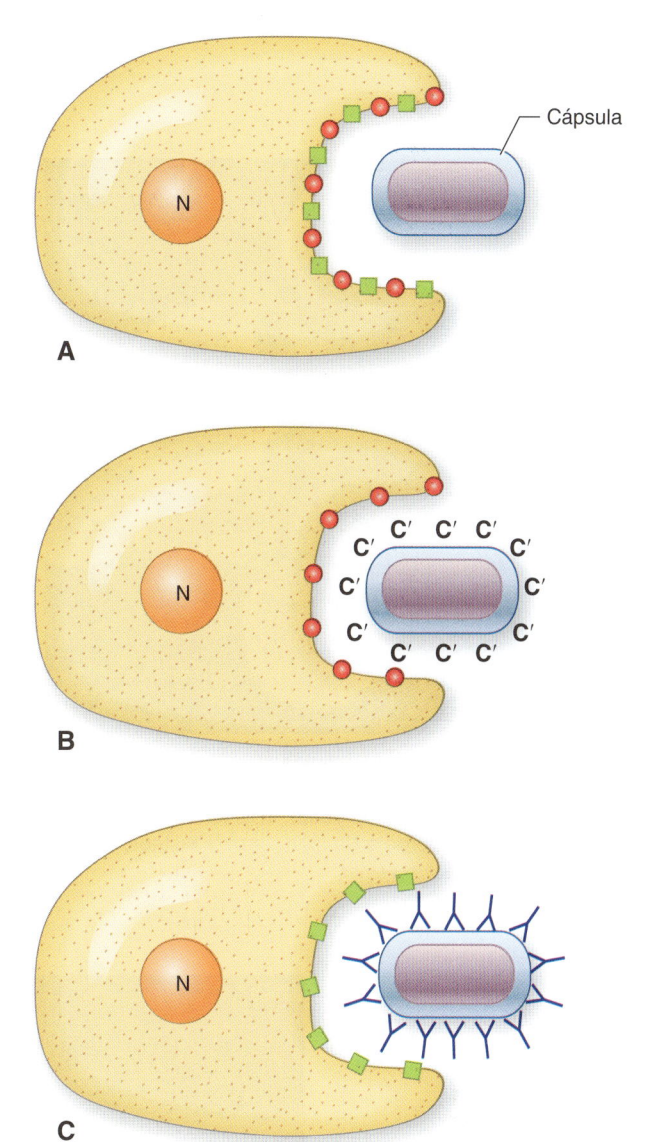

Figura 15.8 Opsonização. A. O fagócito mostrado é incapaz de se fixar à bactéria encapsulada, visto que não há moléculas (receptores) em sua superfície que possam reconhecer a cápsula de polissacarídeo ou aderir a ela. **B.** Fragmentos do complemento (representados pelo símbolo *C'*) foram depositados na superfície da cápsula (nesse exemplo, as opsoninas são fragmentos do complemento.) Agora, o fagócito pode aderir à bactéria, visto que existem receptores (representados por *círculos vermelhos*) em sua superfície, os quais podem reconhecer os fragmentos do complemento e ligar-se a eles. **C.** Anticorpos (moléculas em forma de Y) ligaram-se à cápsula (nesse exemplo, as opsoninas são anticorpos). Agora, o fagócito pode fixar-se à bactéria, visto que existem receptores (representados por *quadrados verdes*) em sua superfície, os quais podem reconhecer a região F_c das moléculas de anticorpos e ligar-se a ela. N, núcleo.

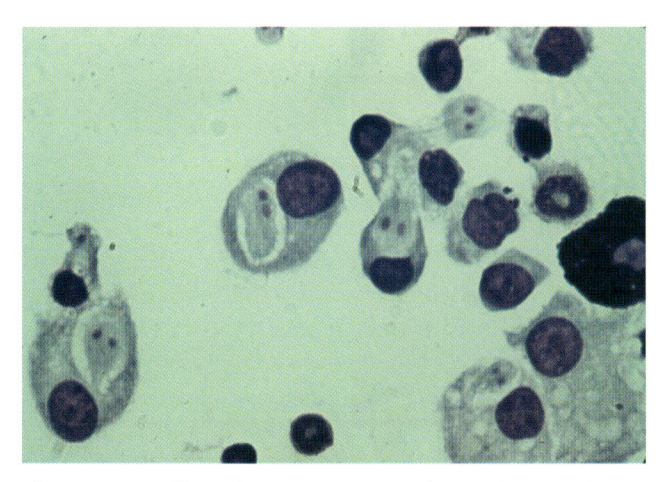

Figura 15.11 Fotomicrografia de leucócitos de rato, alguns dos quais contêm trofozoítos de *Giardia* fagocitados. A fagocitose ocorreu em condições experimentais em um laboratório de pesquisa. Cada trofozoíto de *Giardia* contém dois núcleos de coloração escura, dando a aparência de olhos. (Disponibilizada por Biomed Ed, Round Rock, TX.)

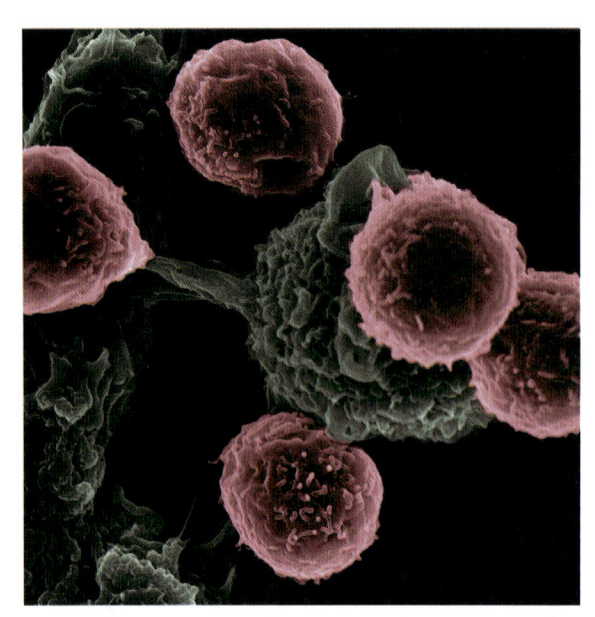

Figura 16.4 Micrografia eletrônica de varredura colorida digitalmente, mostrando células dendríticas (*cinza-esverdeado*) interagindo com células T (*rosa*). (Disponibilizada por Victor Segura Ibarra, Rita Serda e National Cancer Institute.)

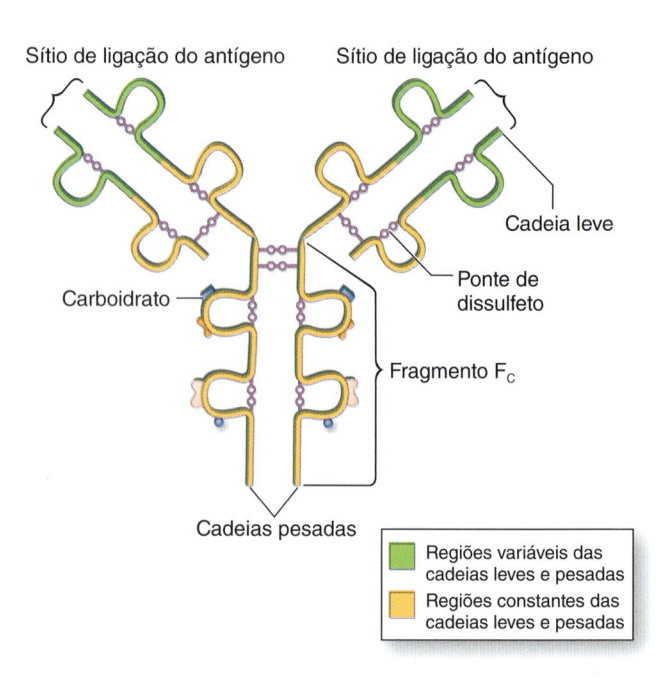

Sítio de ligação do antígeno   Sítio de ligação do antígeno

Cadeia leve

Carboidrato

Ponte de dissulfeto

Fragmento F_C

Cadeias pesadas

Regiões variáveis das cadeias leves e pesadas

Regiões constantes das cadeias leves e pesadas

Figura 16.6 Estrutura básica de uma molécula de imunoglobulina monomérica. Essa molécula contém duas cadeias leves, duas cadeias pesadas, uma região de fragmento cristalizável (F_c) e dois sítios de ligação do antígeno.

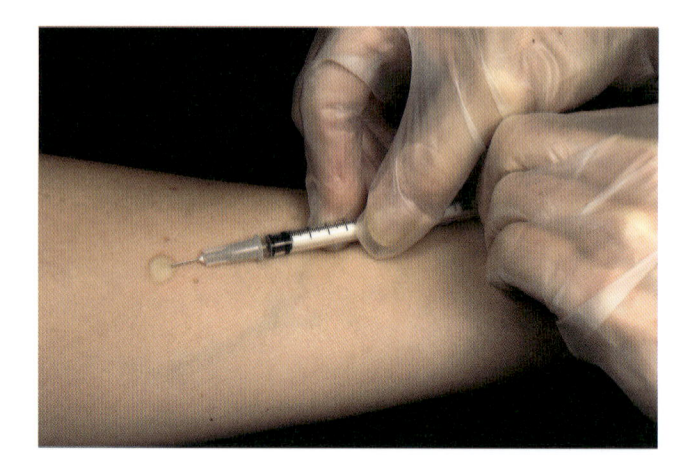

Figura 16.12 Prova cutânea de Mantoux. Esse teste consiste na injeção intradérmica de 0,1 mℓ de tuberculina ou PPD e na observação dos resultados dentro de 48 a 72 horas. Se o indivíduo tiver sido exposto às micobactérias no passado, ocorrerão vermelhidão e edema no local da injeção; isso constitui um resultado positivo do teste cutâneo para TB. O diâmetro da induração (área elevada e endurecida ao toque, e não a área de eritema) é medido, e os resultados são interpretados utilizando critérios padronizados. PPD, derivado proteico purificado; TB, tuberculose. (Disponibilizada por Gabrielle Benenson, Greg Knobloch e pelos CDC.)

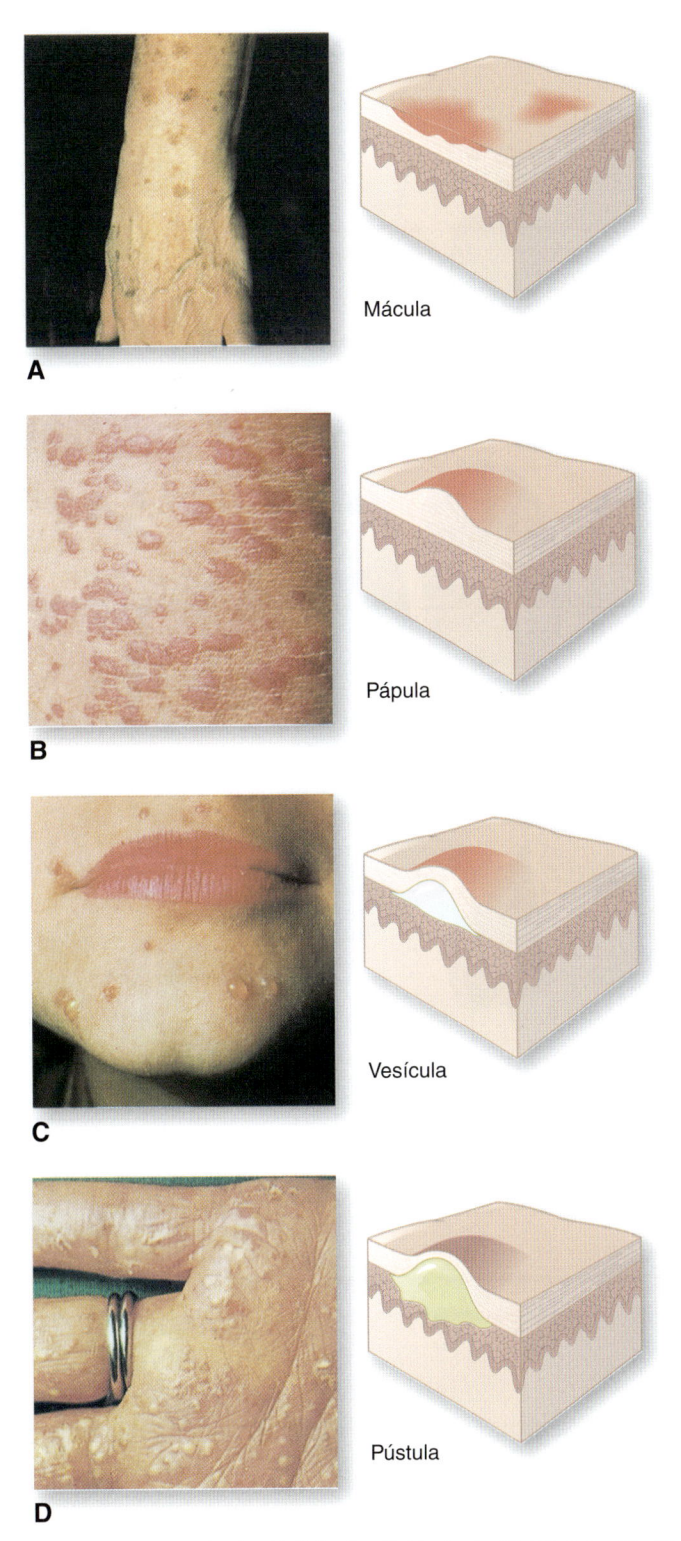

Figura 17.2 Tipos de lesões superficiais. A. Mácula. **B.** Pápula. **C.** Vesícula. **D.** Pústula. (De Cohen BJ. *Memmler's the human body in health and disease*. 11th ed. Philadelphia, PA: Lippincott Williams & Wilkins; 2009.)

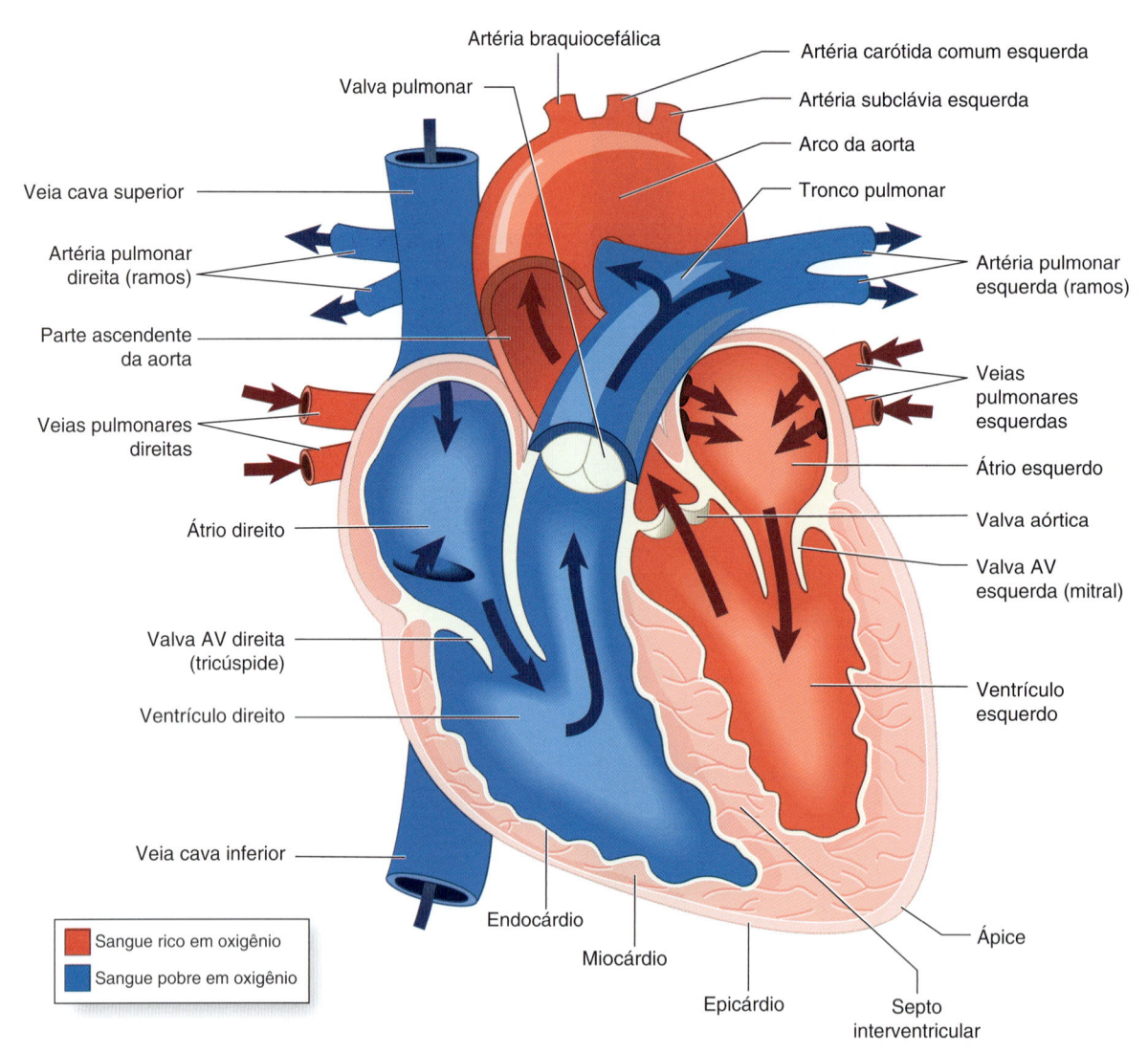

Figura 17.10 Anatomia do coração. AV, atrioventricular. (De Cohen BJ. *Memmler's the human body in health and disease*. 11th ed. Philadelphia, PA: Lippincott Williams & Wilkins; 2009.)

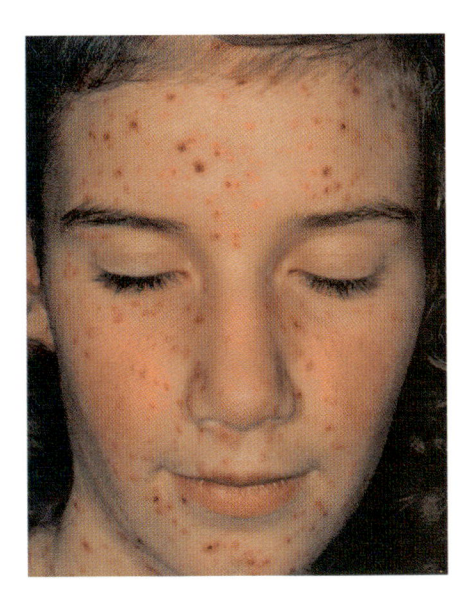

Figura 18.1 Varicela com lesões em todos os estágios de desenvolvimento. (De Harvey RA *et al. Lippincott's illustrated reviews: microbiology*. 3rd ed. Philadelphia, PA: Lippincott Williams & Wilkins; 2013.)

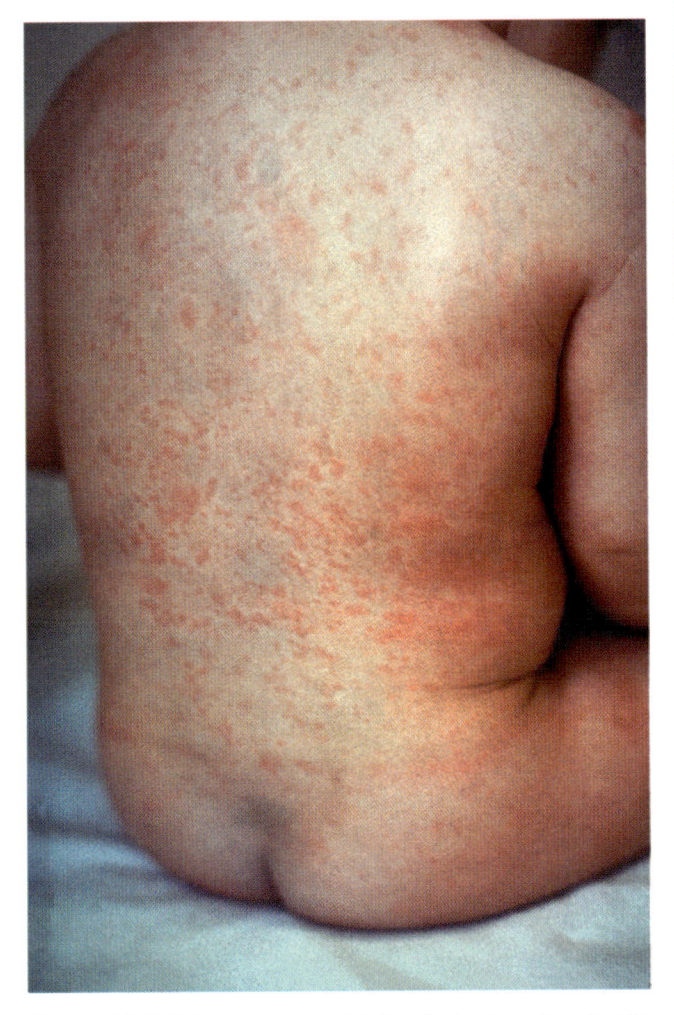

Figura 18.2 Criança com rubéola. As lesões não são tão intensamente vermelhas quanto as do sarampo. (Disponibilizada pelos CDC.)

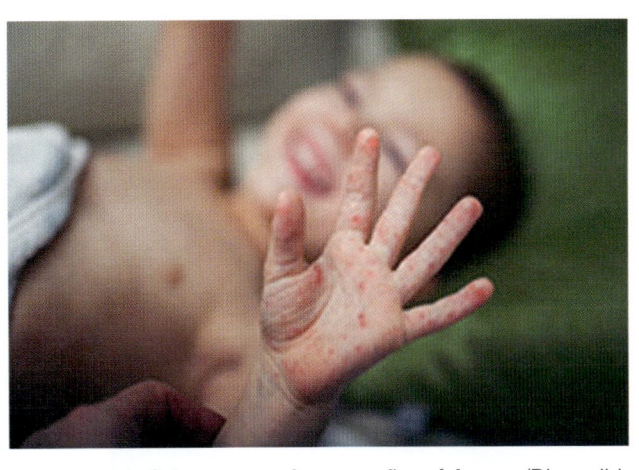

Figura 18.3 Criança com doença mão-pé-boca. (Disponibilizada pelos CDC.)

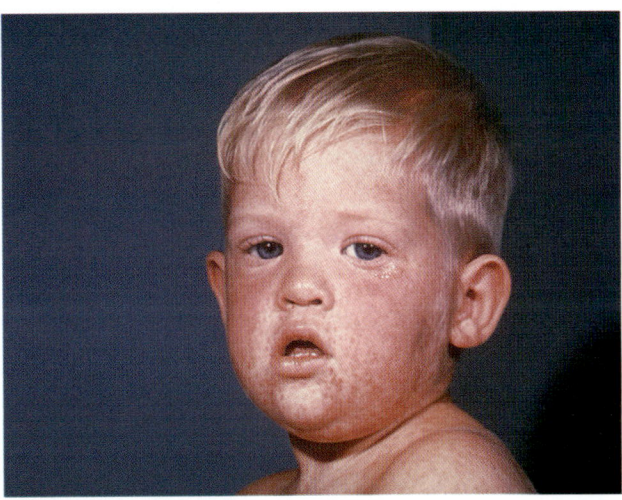

Figura 18.4 Criança com sarampo. (Disponibilizada pelos DCD.)

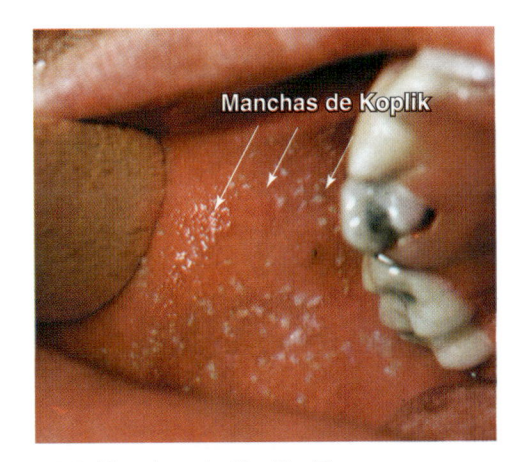

Manchas de Koplik

Figura 18.5 Manchas de Koplik. Elas aparecem na mucosa interna da bochecha e constituem um sinal inicial de sarampo; em geral, aparecem antes do início do exantema cutâneo. As manchas de Koplik, de formato irregular, são manchas vermelhas brilhantes que frequentemente apresentam um ponto central branco azulado. (De Harvey RA *et al. Lippincott's illustrated reviews: microbiology*. 2nd ed. Philadelphia, PA: Lippincott Williams & Wilkins; 2007.)

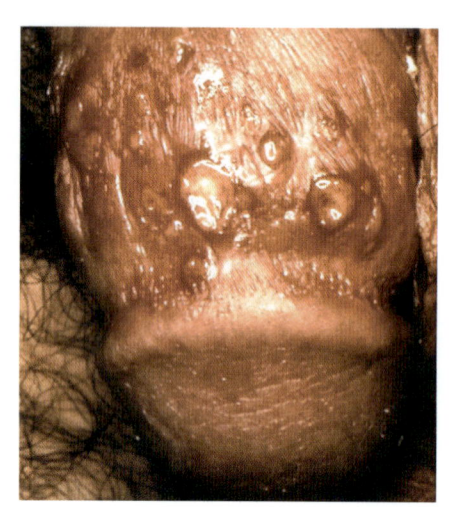

Figura 18.7 Lesões por herpes simples no corpo do pênis. (De Harvey RA *et al*. *Lippincott's illustrated reviews: microbiology*. 3rd ed. Philadelphia, PA: Lippincott Williams & Wilkins; 2013.)

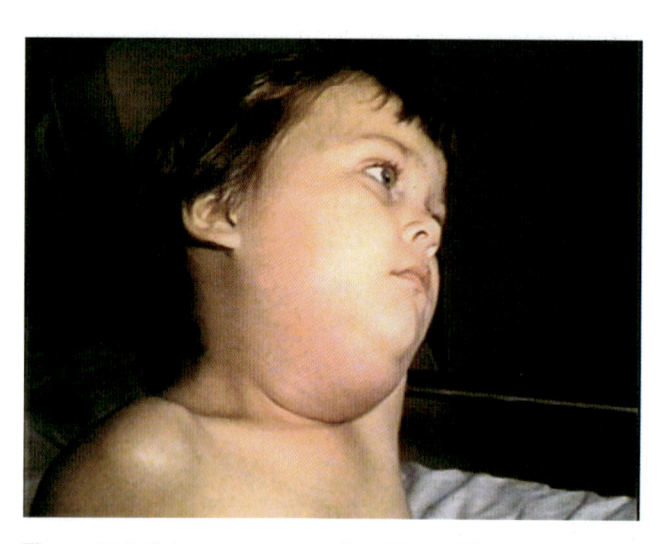

Figura 18.9 Criança com caxumba. (Disponibilizada por Barbara Rice, National Immunization Program e pelos CDC.)

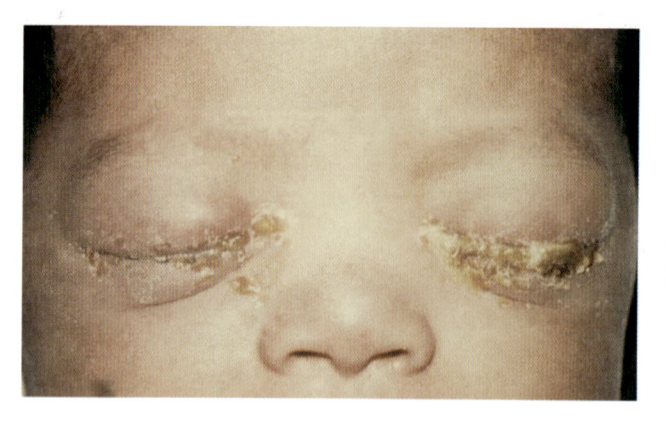

Figura 19.4 Oftalmia gonocócica neonatal. (Disponibilizada por J. Pledger e CDC.)

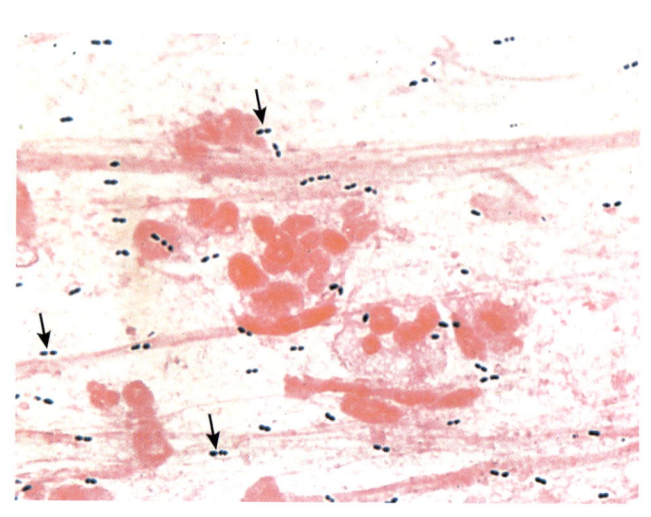

Figura 19.5 *Streptococcus pneumonia* gram-positivo (*setas*) em esfregaço corado pelo método de Gram de amostra de escarro purulento (contendo pus) de um paciente com pneumonia pneumocócica. Observar a disposição típica em diplococo dessa bactéria. Além disso, podem ser observados vários neutrófilos polimorfonucleares (PMN) maiores, de coloração rosada. Os PMN coram-se de rosa pelo método de Gram. (De Engleberg NC *et al*. *Schaechter's mechanisms of microbial disease*. 5th ed. Philadelphia, PA: Lippincott Williams & Wilkins; 2013.)

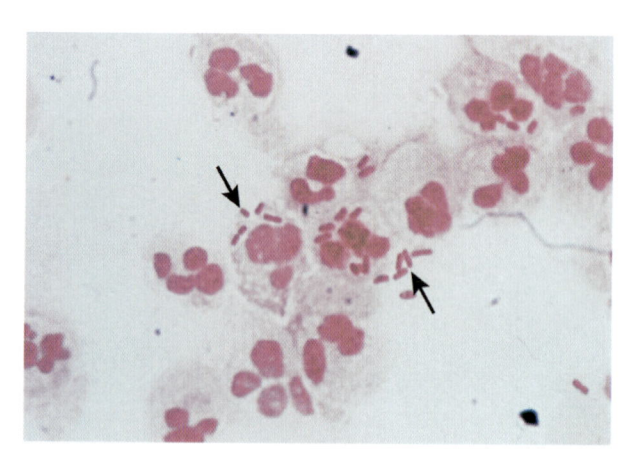

Figura 19.6 Podem-se observar muitos bacilos gram-negativos (*setas*) e muitos neutrófilos polimorfonucleares corados de rosa nesse sedimento urinário, corado pelo método de Gram, de um paciente com cistite (infecção da bexiga urinária). (De Winn WC Jr *et al*. *Koneman's color atlas and textbook of diagnostic microbiology*. 6th ed. Philadelphia, PA: Lippincott Williams & Wilkins; 2006.)

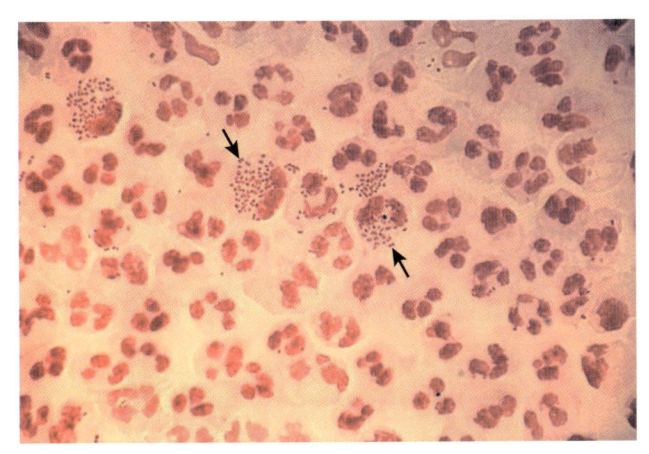

Figura 19.7 Exsudato uretral de um homem com uretrite gonocócica, corado pelo método de Gram. Os grandes objetos de coloração rosa são neutrófilos polimorfonucleares, alguns dos quais contêm diplococos fagocitados de *Neisseria gonorrhoeae* gram-negativa (*setas*). (Disponibilizada por Joe Millar e pelos CDC.)

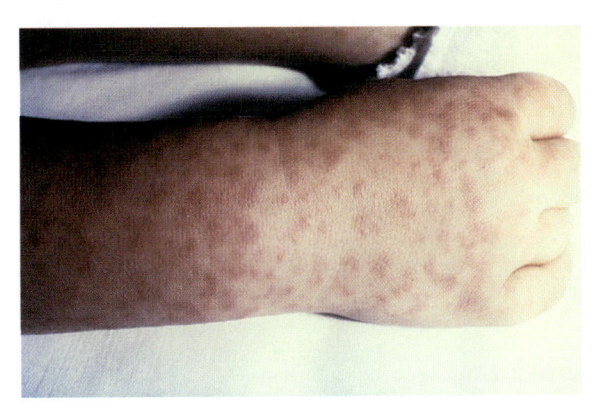

Figura 19.8 Exantema da riquetsiose com febre maculosa (anteriormente denominada febre maculosa das Montanhas Rochosas). (Disponibilizada pelos CDC.)

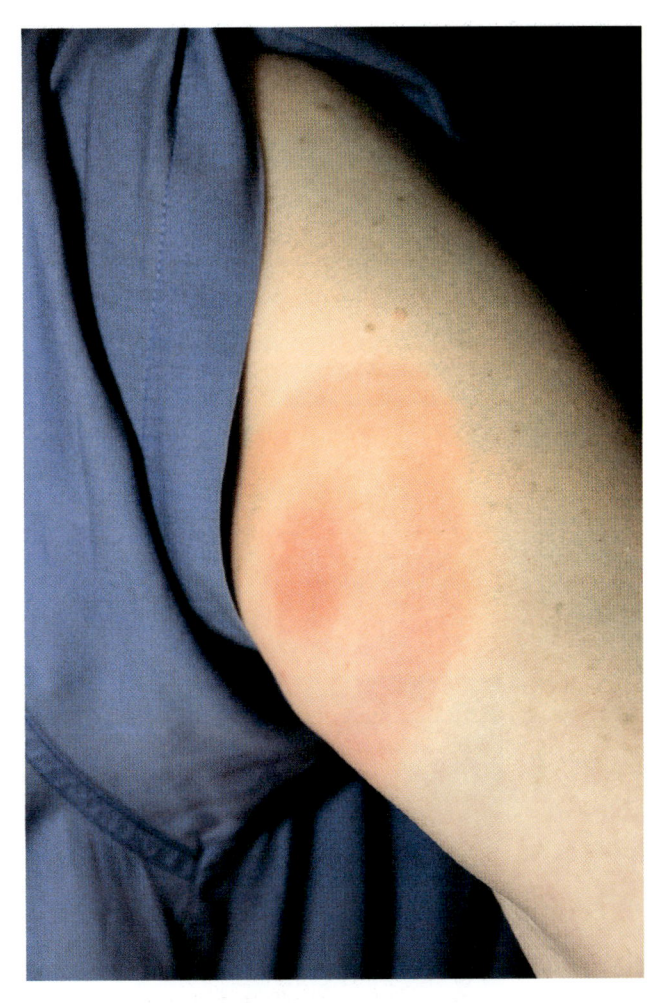

Figura 19.9 Exantema em "olho de touro" da doença de Lyme, tecnicamente conhecido como eritema migratório. O reconhecimento desse exantema característico constitui o componente essencial no diagnóstico precoce da doença de Lyme. (Disponibilizada por James Gathany e pelos CDC.)

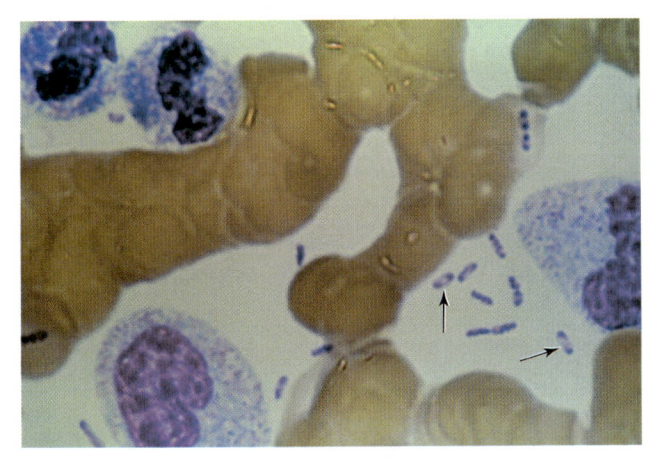

Figura 19.10 *Yersinia pestis*, **o agente etiológico da peste, em um esfregaço de sangue corado pelo método de Wright.** Observe a aparência das células bacterianas em alfinete de segurança, que resulta de sua coloração bipolar (*setas*). (Disponibilizada pelos CDC.)

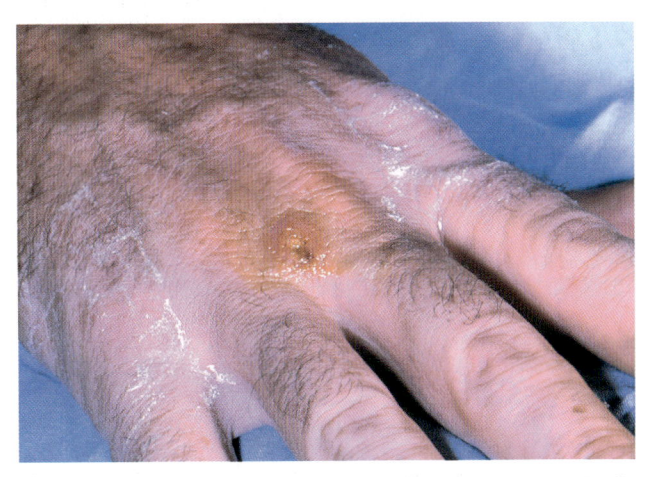

Figura 19.11 Lesão da tularemia causada pela *Francisella tularensis*. (Disponibilizada pelo Dr. Brachman e CDC.)

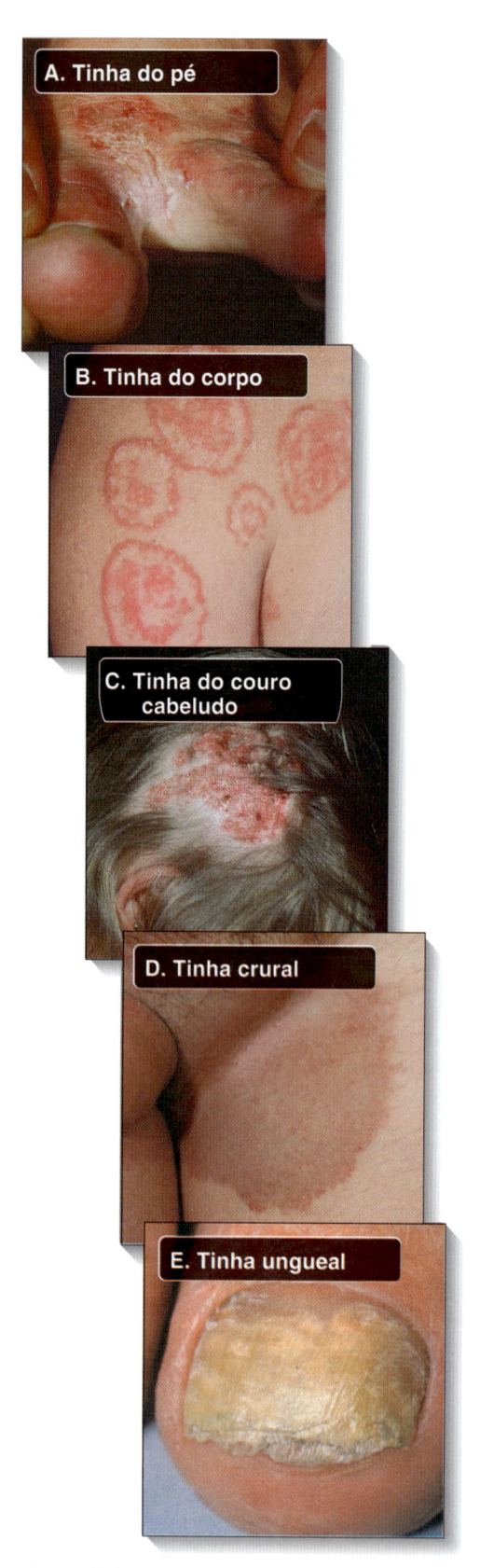

Figura 20.1 Vários tipos de infecções por tinha. A. Tinha do pé (pé de atleta). **B.** Tinha do corpo (dermatófito do tronco, mostrado aqui no ombro). **C.** Tinha do couro cabeludo (dermatófito do couro cabeludo). **D.** Tinha crural (dermatófito da virilha). **E.** Tinha ungueal (dermatófito das unhas). (De Harvey RA *et al. Lippincott's illustrated reviews: microbiology*. 3rd ed. Philadelphia, PA: Lippincott Williams & Wilkins; 2013.)

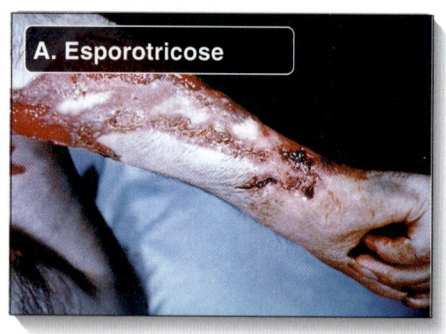

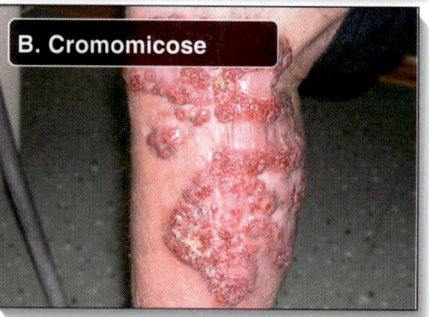

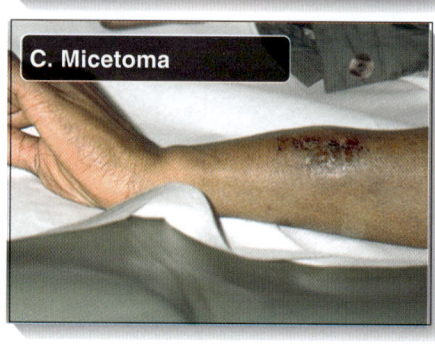

Figura 20.2 Micoses subcutâneas. A. Forma cutânea linfática da esporotricose no braço de um paciente. **B.** Cromomicose na perna de um paciente. **C.** Micetoma no braço de um paciente. (De Harvey RA *et al. Lippincott's illustrated reviews: microbiology*. 3rd ed. Philadelphia, PA: Lippincott Williams & Wilkins; 2013.)

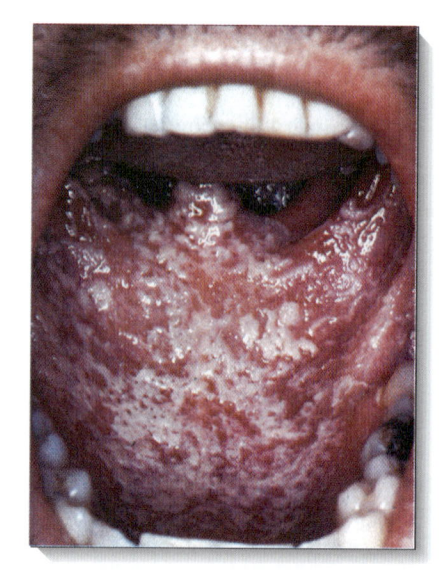

Figura 20.6 Candidíase oral (sapinho). (De Harvey RA *et al. Lippincott's illustrated reviews: microbiology*. 3rd ed. Philadelphia, PA: Lippincott Williams & Wilkins; 2013.)

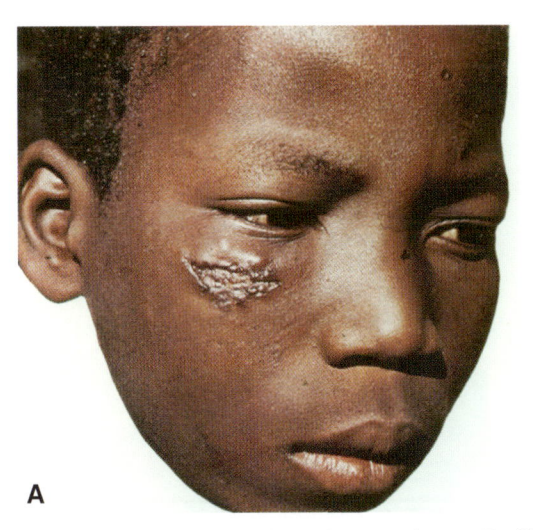

A

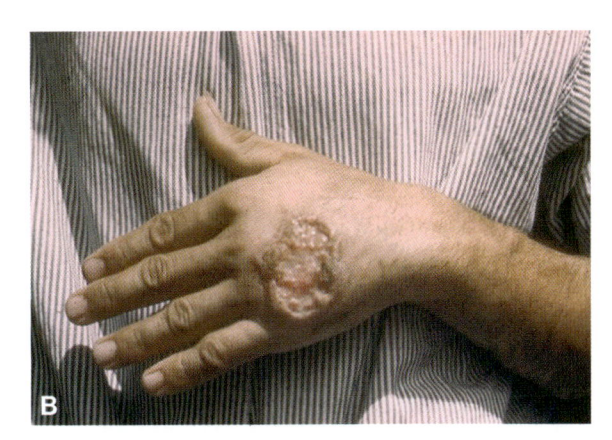

B

Figura 21.1 Pacientes com leishmaniose cutânea. (De [**A**] Binford CH, Connor DH. *Pathology of tropical and extraordinary diseases*. v. 1. Washington, DC: Armed Forces Institute of Pathology; 1976. [**B**] Disponibilizada pelo Dr. DS Martin e CDC.)

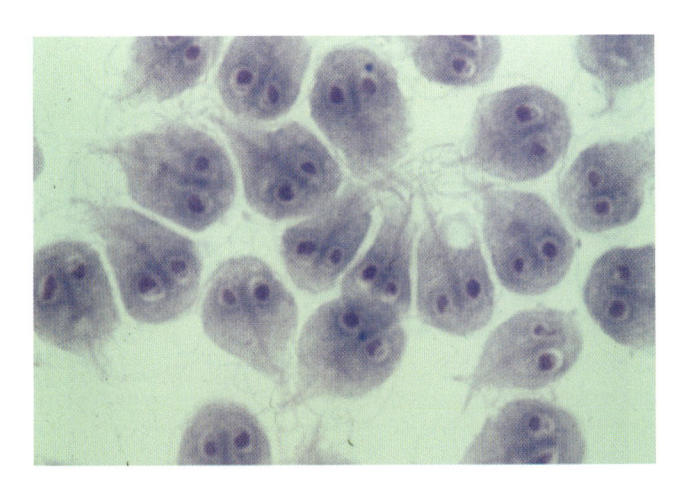

Figura 21.3 Trofozoítas corados de *Giardia lamblia*, cultivados em um laboratório de pesquisa. Esses trofozoítas, que medem 10 a 20 μm de comprimento por 5 a 15 μm de largura, são identificados com facilidade em amostras de fezes examinadas ao microscópio. Seus dois núcleos ovais se assemelham a olhos. Ao se observar um trofozoíta de *Giardia* ao microscópio, parece que está olhando para o observador. (Disponibilizada por Biomed Ed., Round Rock, TX.)

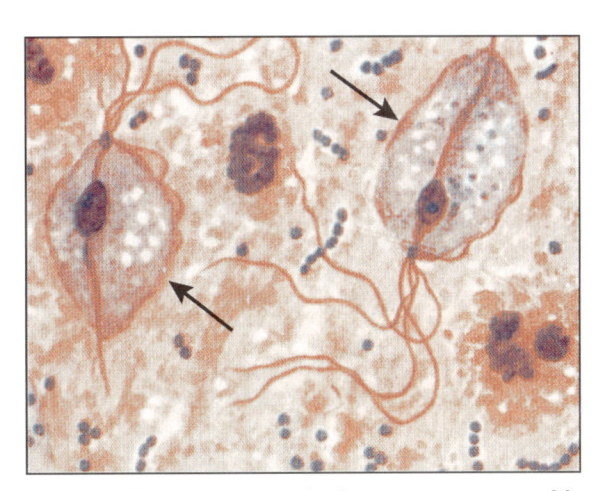

Figura 21.4 *Trichomonas vaginalis* e cocos gram-positivos, para comparação de tamanho. Os trofozoítas de *T. vaginalis* (*setas*) são fáceis de reconhecer em uma preparação a fresco em solução salina de uma amostra recém-coletada, pois seus flagelos e a membrana ondulante fazem com que eles estejam em constante movimento. Entretanto, quando morrem, tornam-se esféricos e não podem ser diferenciados dos leucócitos. (De Harvey RA *et al*. *Lippincott's illustrated reviews: microbiology*. 3rd ed. Philadelphia, PA: Lippincott Williams & Wilkins; 2013.)

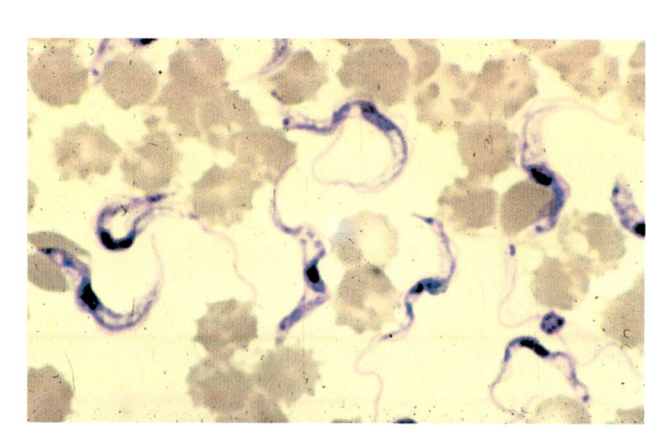

Figura 21.5 Tripomastigotas do *Trypanosoma brucei* em um esfregaço de sangue periférico corado de um paciente com tripanossomíase africana. Os tripomastigotas do *T. brucei* medem 14 a 33 μm de comprimento por 1,5 a 3,5 μm de largura. (De Procop G *et al. Koneman's color atlas and textbook of diagnostic microbiology*. 7th ed. Philadelphia, PA: Wolters Kluwer; 2017.)

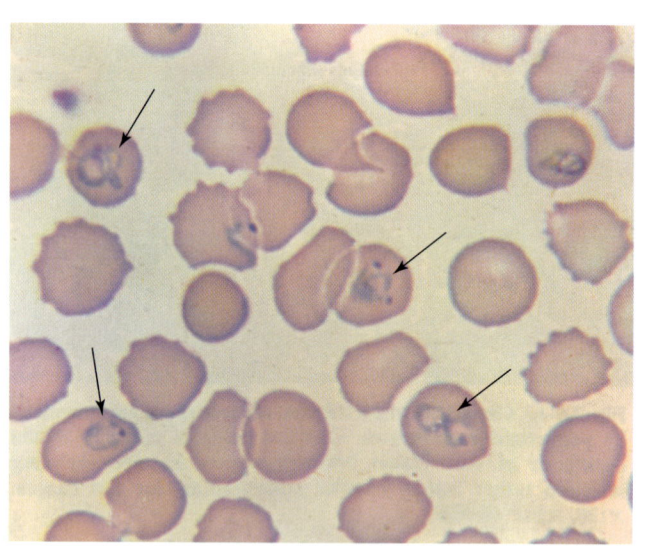

Figura 21.8 Esfregaço de sangue periférico corado pelo método de Giemsa, mostrando trofozoítas do *Plasmodium falciparum* (*setas*) no interior dos eritrócitos. (De Binford CH, Connor DH. *Pathology of tropical and extraordinary diseases*. v. 1. Washington, DC: Armed Forces Institute of Pathology; 1976.)

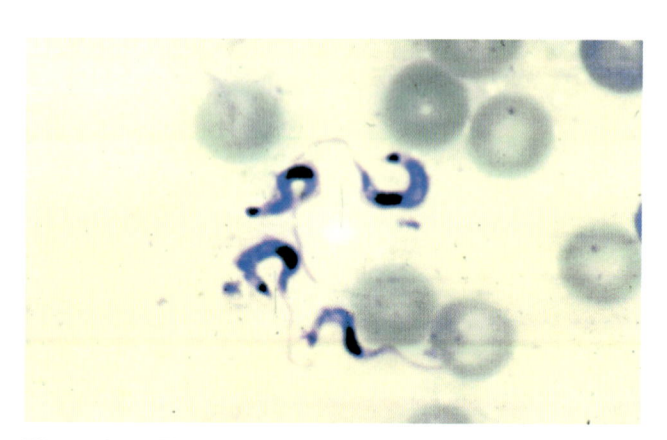

Figura 21.6 Tripomastigotas do *Trypanosoma cruzi* em um esfregaço de sangue periférico corado de um paciente com tripanossomíase americana (doença de Chagas). Entre os eritrócitos, podem-se observar vários tripomastigotas de *T. cruzi*, com a sua forma típica em "C". (De Procop G *et al. Koneman's color atlas and textbook of diagnostic microbiology*. 7th ed. Philadelphia, PA: Wolters Kluwer; 2017.)

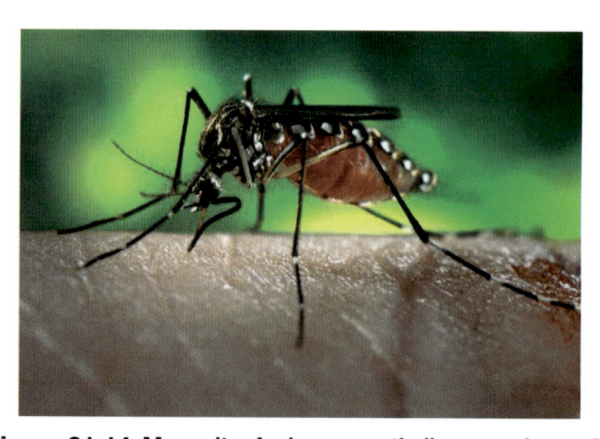

Figura 21.14 Mosquito *Aedes aegypti* alimentando-se de sangue. Essa espécie de mosquito tem a capacidade de transmitir uma variedade de doenças virais, incluindo Chikungunya, dengue, febre amarela e doença pelo vírus Zika.

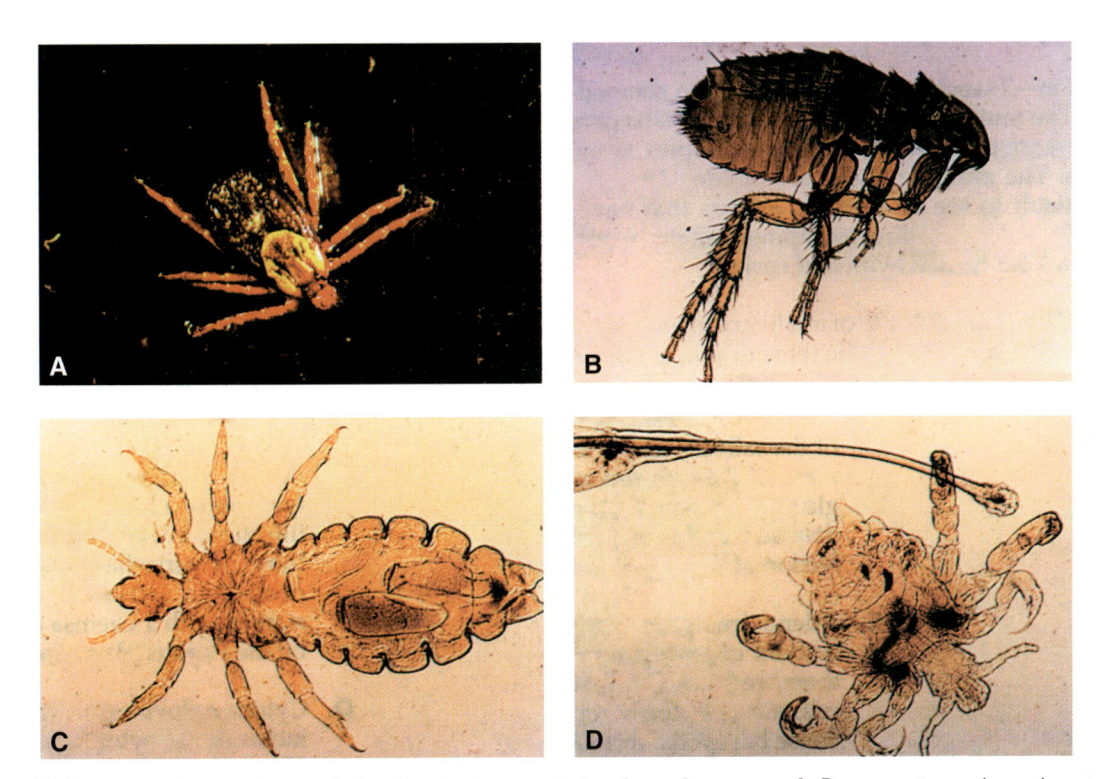

Figura 21.15 Ectoparasitas e vetores artrópodes de doenças infecciosas humanas. A. *Dermacentor andersoni*, o carrapato da madeira; um dos carrapatos vetores da riquetsiose com febre maculosa (anteriormente denominada febre maculosa das Montanhas Rochosas) **B.** *Xenopsylla cheopis*, a pulga oriental do rato; o vetor da peste e do tifo endêmico. Ectoparasitas e vetores artrópodes de doenças infecciosas humanas. **C.** *Pediculus humanus*, o piolho do corpo humano; um vetor do tipo endêmico. **D.** *Phthirus pubis*, o piolho do púbis; em virtude de sua aparência, é também conhecido como "chato". (De Winn WC Jr *et al. Koneman's color atlas and textbook of diagnostic microbiology*. 6th ed. Philadelphia, PA: Lippincott Williams & Wilkins; 2006.)

Microbiologia | A Ciência

1

SUMÁRIO DO CAPÍTULO

OBJETIVOS DE APRENDIZAGEM

Após estudar este capítulo, você deverá ser capaz de:

- Definir microbiologia, patógeno, microrganismo não patogênico e patógeno oportunista
- Diferenciar os micróbios acelulares dos microrganismos e citar alguns exemplos de cada um deles
- Listar alguns motivos pelos quais os micróbios são importantes (p. ex., como fonte de antibióticos)
- Explicar a relação existente entre micróbios e doenças infecciosas
- Diferenciar as doenças infecciosas das intoxicações microbianas

- Citar algumas das contribuições de Leeuwenhoek, Pasteur e Koch para a microbiologia
- Distinguir entre biogênese e abiogênese
- Explicar a teoria germinal das doenças
- Delinear os postulados de Koch e citar algumas circunstâncias nas quais os postulados não podem ser aplicados
- Discutir dois campos da microbiologia relacionados na medicina.

INTRODUÇÃO

Bem-vindo ao fascinante mundo da microbiologia, no qual você aprenderá sobre criaturas tão pequenas que a maioria não pode ser vista a olho nu. Neste capítulo, você descobrirá os efeitos que esses minúsculos seres exercem em nossa vida diária, nos ecossistemas e no ambiente em que vivemos, bem como por que conhecê-los é de suma importância para os profissionais de saúde. Você também aprenderá que alguns deles são nossos "amigos", enquanto outros são "inimigos". Embarque agora em uma excitante jornada e desfrute dessa aventura!

O QUE É MICROBIOLOGIA?

O estudo da microbiologia é essencialmente um curso avançado de biologia; por isso, o ideal é que os estudantes que farão o curso de microbiologia tenham alguma base em biologia. Embora esta seja o estudo dos organismos *vivos* (de *bios*, que significa "organismos vivos", e *logia*, que significa "o estudo de"), aquela inclui o estudo de determinadas entidades não vivas, bem como de certos organismos vivos. Em seu conjunto, tais entidades e organismos são denominados micróbios. *Micro* significa "muito pequeno", algo tão minúsculo que precisa ser visualizado com um microscópio (instrumento óptico utilizado para observar objetos muito pequenos). Por conseguinte, a microbiologia pode ser definida como o *estudo dos micróbios*. Com apenas raras exceções (descritas no Capítulo 4, *Micróbios Acelulares e Procarióticos*), os micróbios individualizados só podem ser observados com o uso dos vários tipos de microscópios. Além disso, eles são considerados *onipresentes*, ou seja, podem ser encontrados em praticamente todos os lugares.

> A microbiologia é o estudo dos micróbios. Com apenas raras exceções, os individualizados só podem ser observados com o uso dos vários tipos de microscópios.

As diversas categorias de micróbios incluem vírus, bactérias, Archaea, protozoários e determinados tipos de algas e fungos (Figura 1.1). Elas serão discutidas de modo detalhado no Capítulo 4, *Micróbios Acelulares e Procarióticos*, e no Capítulo 5, *Micróbios Eucarióticos*. Como a maioria dos cientistas não considera os vírus como organismos vivos, eles são frequentemente designados como "micróbios acelulares" ou "partículas infecciosas", em vez de microrganismos.

> As duas principais categorias de micróbios são denominadas micróbios acelulares (também designados como partículas infecciosas) e micróbios celulares (também denominados microrganismos). Os acelulares incluem os vírus e os príons; os celulares englobam todas as bactérias, todas as Archaea, todos os protozoários e algumas algas e fungos.

A primeira vez que alguém ouve falar de micróbios pode ser quando sua mãe o adverte sobre a existência dos "germes" (Figura 1.2). Apesar de não ser um termo científico, eles são os micróbios que causam doenças, e as mães se preocupam com a possibilidade de infecção por esses tipos de micróbios. Os microrganismos causadores de doenças são tecnicamente conhecidos como patógenos, mas também são designados como agentes infecciosos (Tabela 1.1). Na verdade, apenas cerca de 3% dos micróbios conhecidos são capazes de causar doença (*i. e.*, apenas cerca de 3% são patogênicos). Dessa maneira, em sua maioria, são não patogênicos, ou seja, não provocam doença. Alguns agentes microbianos não patogênicos são benéficos para o ser humano, enquanto outros não têm nenhum efeito. Na mídia em geral, leem-se e ouvem-se mais notícias sobre patógenos do que

> Os micróbios que causam doença são conhecidos como patógenos. Os que não causam doença são denominados microrganismos não patogênicos.

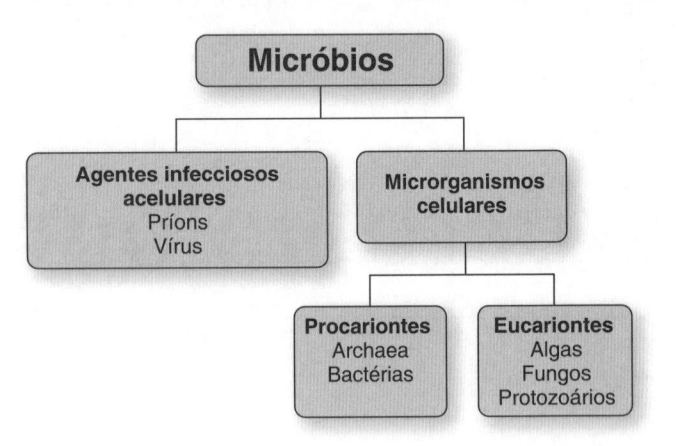

Figura 1.1 Micróbios acelulares e celulares. Os acelulares, também conhecidos como partículas infecciosas, incluem os príons e os vírus. Os celulares englobam os **procariontes** menos complexos (organismos compostos de células que não têm um núcleo verdadeiro, como as Archaea e as bactérias) e os **eucariontes** mais complexos (organismos constituídos por células que contêm um núcleo verdadeiro, como as algas, os protozoários e os fungos). Os procariontes e os eucariontes serão discutidos de modo mais detalhado no Capítulo 3, *Estrutura Celular e Taxonomia*.

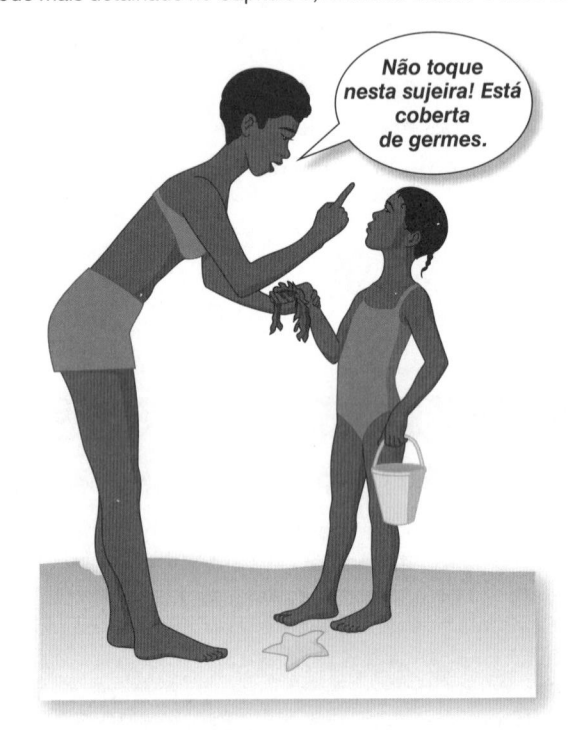

Figura 1.2 "Germes". Com toda certeza, as mães são as primeiras instrutoras de microbiologia. Elas não apenas alertam para o fato de que existem, no mundo, criaturas "invisíveis" capazes de prejudicar o organismo, mas também ensinam os fundamentos da higiene, como lavar as mãos.

sobre não patógenos; entretanto, neste livro, serão abordadas as duas categorias: os micróbios que ajudam ("micróbios aliados") e os que prejudicam ("micróbios inimigos").

POR QUE ESTUDAR MICROBIOLOGIA?

Embora sejam muito pequenos, os micróbios desempenham papéis significativos na vida do ser humano. A seguir, são

Tabela 1.1 Patógenos.	
Categoria	**Exemplos de doenças que eles causam**
Algas	Causa muito rara de infecções, podem provocar intoxicações, que resultam da ingestão de toxinas
Bactérias	Antraz, botulismo, cólera, diarreia, difteria, infecções dos olhos e dos ouvidos, intoxicação alimentar, gangrena gasosa, gonorreia, síndrome hemolítico-urêmica, intoxicações, doença dos legionários (legionelose), hanseníase, doença de Lyme, meningite, peste, pneumonia, febre maculosa, escarlatina, riquetsioses, infecções estafilocócicas, faringite, sífilis, tétano, tuberculose, tularemia, febre tifoide, tifo, uretrite, infecções do trato urinário, coqueluche
Fungos	Alergias, criptococose, histoplasmose, intoxicações, meningite, pneumonia, candidíase, dermatofitoses (tinea), vaginite por levedura
Protozoários	Doença do sono africana, disenteria amebiana, babesiose, doença de Chagas, criptosporidiose, diarreia, giardíase, malária, meningoencefalite, toxoplasmose, tricomoníase
Vírus	AIDS, "gripe aviária", determinados tipos de câncer, varicela, chicungunha, herpes, resfriado comum, dengue, diarreia, encefalite, infecção por herpes genital, rubéola, síndrome pulmonar por hantavírus, febres hemorrágicas, hepatite, mononucleose infecciosa, influenza, sarampo, meningite, varíola, símia, caxumba, pneumonia, poliomielite, raiva, síndrome respiratória aguda grave, zóster, varíola, "gripe suína", verrugas, febre amarela, Zika

AIDS, síndrome da imunodeficiência adquirida.

citadas algumas das muitas razões para se fazer um curso de microbiologia e aprender sobre os micróbios:

- Na superfície e no interior do corpo humano (p. ex., na pele, na boca e no trato intestinal) vivem aproximadamente 10 vezes mais micróbios do que a quantidade total de células (epiteliais, nervosas, musculares) que o constitui (10 trilhões de células × 10 = 100 trilhões de micróbios). Foi estimado que talvez até 500 a 1.000 espécies diferentes de micróbios vivem na superfície ou no interior do corpo. Em conjunto, são conhecidas como microbiota normal ou endógena (microbioma humano)[a] e, em sua maior parte, são benéficas para a espécie humana. Exemplo disso é que a microbiota normal inibe o crescimento de patógenos em áreas do corpo onde ela vive, ocupando o espaço, diminuindo o suprimento de alimentos e secretando materiais passíveis de impedir ou reduzir o crescimento de patógenos (produtos de degradação, toxinas, antibióticos etc.). A microbiota normal ou endógena será discutida de modo mais detalhado no Capítulo 10, *Ecologia e Biotecnologia Microbianas*

> Os micróbios que vivem na superfície ou no interior do corpo humano são designados como microbiota endógena ou normal.

- Alguns dos micróbios que colonizam (habitam) o corpo humano são conhecidos como patógenos oportunistas. Embora, geralmente, não causem nenhum problema, eles têm o potencial de provocar infecções se tiverem acesso a uma parte da anatomia em que normalmente não residem. Por exemplo, uma bactéria denominada *Escherichia coli* vive no trato intestinal. Esse organismo

> Em condições habituais, os patógenos oportunistas não causam doenças; entretanto, eles têm o potencial de provocá-las se surgir a oportunidade.

não provoca nenhum prejuízo enquanto permanece lá; entretanto, pode causar doença se tiver acesso à bexiga, à corrente sanguínea ou a uma ferida. Outros patógenos oportunistas atacam quando o indivíduo está exausto, estressado ou debilitado (enfraquecido) em consequência de alguma doença ou condição. Desse modo, os patógenos oportunistas podem ser considerados como micróbios que aguardam a oportunidade de causar doença

- Como se sabe, os micróbios são essenciais para a vida no planeta. Alguns, por exemplo, produzem oxigênio pelo processo conhecido como fotossíntese (discutida no Capítulo 7, *Fisiologia e Genética Microbianas*). Na verdade, os micróbios contribuem com mais oxigênio para a atmosfera do que as plantas; por isso, os organismos que necessitam dele, como os seres humanos, têm uma dívida de gratidão com as algas e as cianobactérias (um grupo de bactérias fotossintéticas), que produzem oxigênio
- Muitos micróbios estão envolvidos na decomposição dos organismos mortos e produtos de degradação dos organismos vivos. Em conjunto, eles são denominados decompositores ou saprófitas. A decomposição refere-se ao processo pelo qual substâncias são decompostas em formas mais simples de matéria. Assim, por definição, um saprófita é um organismo que vive em matéria orgânica morta ou em decomposição. Viver em um mundo sem decompositores não é um pensamento agradável, pois eles ajudam na fertilização, devolvendo ao solo nutrientes inorgânicos. Isso porque eles degradam os materiais orgânicos mortos ou em decomposição (plantas e animais) em nitratos, fosfatos e outras substâncias químicas necessárias para o crescimento das plantas (Figura 1.3)
- Alguns micróbios são capazes de decompor restos industriais (p. ex., derramamento de óleo). Dessa maneira, podem ser utilizados (aqueles produzidos por engenharia genética, em alguns casos) para proceder a uma limpeza posterior. A utilização dos micróbios para esse fim é denominada biorremediação, um assunto que será

---

[a]O emprego dos termos mais antigos "flora normal" e "microflora endógena" é desencorajado, visto que "flora" se refere a plantas, e os micróbios não são plantas.

discutido de modo mais detalhado no Capítulo 10, *Ecologia e Biotecnologia Microbianas*. A engenharia genética será abordada de maneira sucinta mais adiante, e com mais detalhes no Capítulo 7, *Fisiologia e Genética Microbianas*

• Muitos micróbios estão envolvidos em ciclos elementares, como os do carbono, do nitrogênio, do oxigênio, do enxofre e do fósforo. No ciclo do nitrogênio, determinadas bactérias convertem o gás nitrogênio do ar em amônia no solo. Em seguida, outras bactérias do solo convertem a amônia em nitritos e nitratos. Outras bactérias ainda convertem o nitrogênio dos nitratos em gás nitrogênio, completando, assim, o ciclo (Figura 1.4). O conhecimento desses micróbios é importante para fazendeiros que praticam a rotação de culturas a fim de repor os nutrientes em seus campos, bem como para jardineiros que praticam a compostagem como fonte de fertilizante natural. Em ambos os casos, o material orgânico morto é degradado em nutrientes inorgânicos (p. ex., nitratos e fosfatos) pelos micróbios. O estudo das relações entre os micróbios e o meio ambiente é denominado ecologia microbiana. Esta e o ciclo do nitrogênio serão discutidos de modo mais detalhado no Capítulo 10, *Ecologia e Biotecnologia Microbianas*

• As algas e as bactérias servem de alimento para animais minúsculos. Em seguida, os de maior porte ingerem as criaturas menores, e assim por diante. Dessa maneira, os micróbios servem como importantes elementos de ligação nas cadeias alimentares (Figura 1.5). Os organismos microscópicos no oceano, coletivamente denominados plâncton, servem como ponto inicial de muitas cadeias alimentares. Os vegetais marinhos minúsculos e as algas são designados como fitoplâncton, enquanto os animais marinhos minúsculos são conhecidos como zooplâncton

• Alguns micróbios vivem no trato intestinal de animais, onde ajudam na digestão do alimento e, em alguns casos, produzem substâncias valiosas para o hospedeiro animal. Por exemplo, a bactéria *E. coli*, que vive no trato intestinal humano, produz as vitaminas K e B_1, que são absorvidas e utilizadas pelo corpo. Já os cupins, embora se alimentem de madeira, não são capazes de digeri-la. Assim, felizmente para eles, há em seu trato intestinal protozoários que se alimentam de celulose e que decompõem a madeira consumida em moléculas menores, as quais então podem ser utilizadas como nutrientes

• Muitos micróbios são essenciais em várias indústrias de alimentos e bebidas, enquanto outros são utilizados na produção de determinadas enzimas e substâncias químicas (Tabela 1.2). A utilização de organismos vivos ou seus derivados para formar ou modificar produtos ou processos úteis é denominada biotecnologia, um tópico muito interessante e atual que será discutido de modo mais detalhado no Capítulo 10, *Ecologia e Biotecnologia Microbianas*

• Algumas bactérias e fungos produzem antibióticos, que são utilizados no tratamento de pacientes com doenças infecciosas. Por definição, um antibiótico é uma substância produzida por um micróbio, que é efetiva para matar outros micróbios ou para inibir o seu crescimento. A utilização de micróbios na indústria dos antibióticos constitui um exemplo de biotecnologia. A produção de antibióticos por micróbios será discutida no Capítulo 9, *Uso de Agentes Antimicrobianos para Inibir o Crescimento de Patógenos* In Vivo

• Os micróbios são essenciais no campo da engenharia genética, em que um gene ou genes de determinado organismo (p. ex., de uma bactéria, de um ser humano, de um animal ou de uma planta) é/são inserido(s) dentro

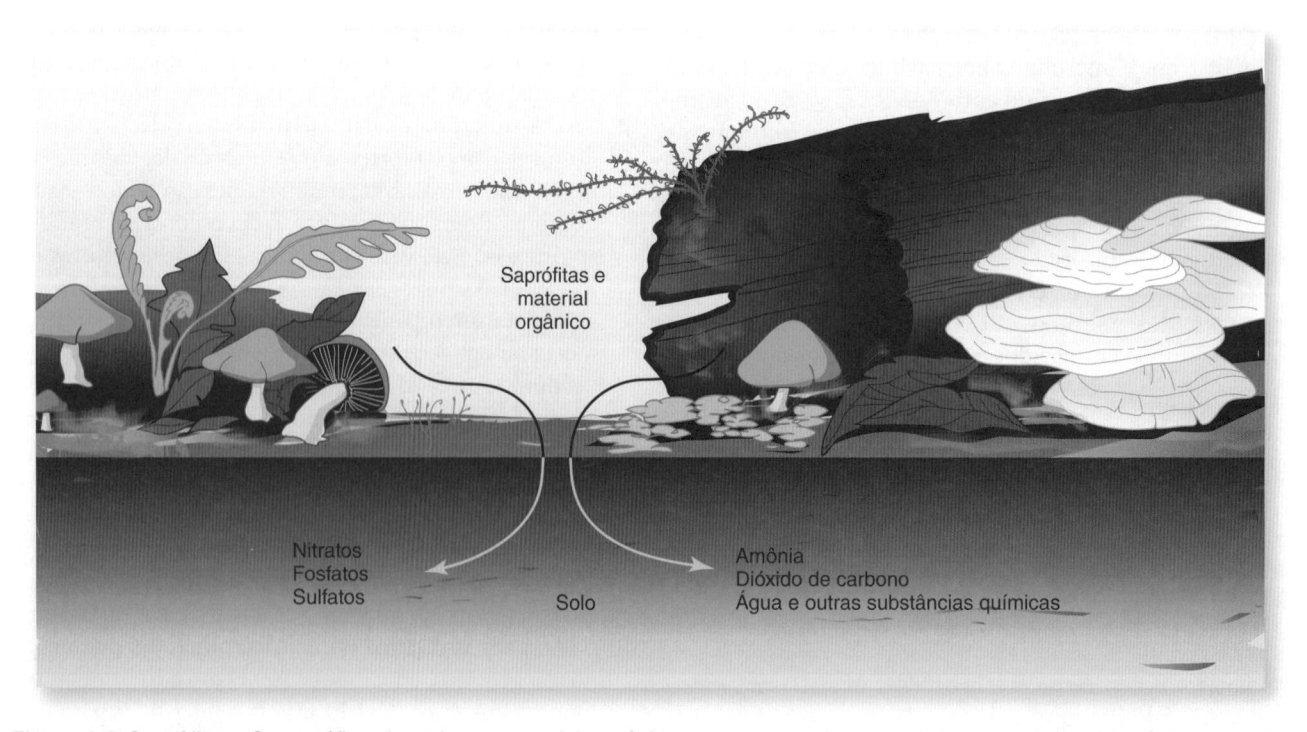

Figura 1.3 Saprófitas. Os saprófitas degradam os materiais orgânicos mortos e em decomposição em nutrientes inorgânicos no solo.

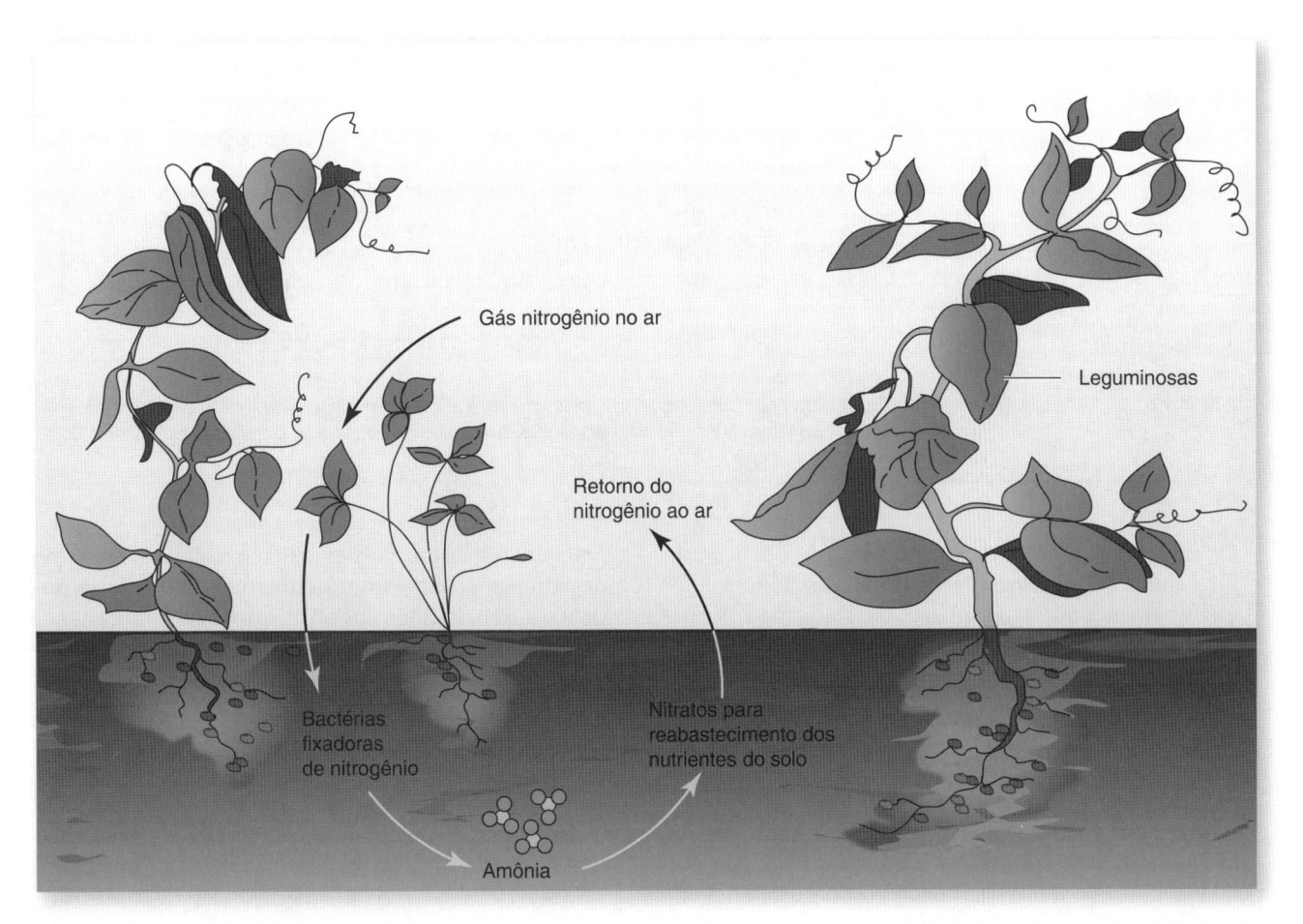

Figura 1.4 Fixação do nitrogênio. As bactérias fixadoras de nitrogênio que vivem nas raízes de leguminosas ou próximo a elas convertem o nitrogênio livre do ar em amônia no solo. Em seguida, as bactérias nitrificantes convertem a amônia em nitritos e nitratos, que são nutrientes utilizados pelas plantas.

Figura 1.5 Cadeia alimentar. Organismos vivos minúsculos, como bactérias, algas, vegetais aquáticos microscópicos (fitoplâncton) e animais aquáticos microscópicos (zooplâncton) são ingeridos por animais maiores, os quais, por sua vez, são consumidos por animais de porte ainda maior, até que um animal da cadeia seja consumido por um ser humano. Os seres humanos encontram-se no ápice da cadeia alimentar.

de uma célula bacteriana ou de levedura. Como um gene contém as instruções necessárias para a produção de um produto gênico (geralmente uma proteína), a célula que recebe o novo gene pode então produzir qualquer produto codificado por esse gene específico; essa capacidade também pode ser observada em todas as células que surgem da célula original. Os microbiologistas têm utilizado a engenharia genética em bactérias e leveduras para produzir uma variedade de substâncias úteis, como a insulina, vários tipos de hormônios do crescimento, interferonas e materiais para uso em vacinas. A engenharia genética será discutida de modo mais detalhado no Capítulo 7, *Fisiologia e Genética Microbianas*

• Durante muitos anos, os micróbios foram usados como "modelos celulares". Quanto mais os cientistas aprendiam sobre a estrutura e as funções das células microbianas, mais compreendiam sobre as células

> Os patógenos causam dois tipos principais de doenças: as infecciosas e as intoxicações microbianas.

em geral. A bactéria intestinal *E. coli* é, entre todos os micróbios, a que foi mais estudada. Os cientistas, ao estudarem-na, entenderam muito sobre a composição e o funcionamento interno das células, incluindo as células humanas

Tabela 1.2 Produtos que exigem uma participação microbiana no processo de fabricação.

Categorias	Exemplos
Alimentos	Leite acidófilo, pão, manteiga, leitelho, chocolate, café, molho de peixe, azeitonas verdes, *kimchi* (de repolho), produtos derivados da carne (p. ex., presunto curado, salame), picles, poi (raiz de taro fermentada), chucrute, creme azedo, pão de fermentação natural, molho de soja, vários tipos de queijo (p. ex., queijo *cottage*, queijo cremoso, *cheddar*, suíço, *limburger*, *camembert*, *roquefort* e outros queijos azuis), vinagre, iogurte (Figura 1.6)
Bebidas alcoólicas	Cerveja do tipo Ale, cerveja comum, conhaque, saquê (vinho de arroz), rum, vinho xerez, vodca, uísque, vinho
Substâncias químicas	Ácido acético, acetona, butanol, ácido cítrico, etanol, ácido fórmico, glicerol, isopropanol, ácido láctico
Antibióticos	Anfotericina B, bacitracina, cefalosporinas, cloranfenicol, cicloexamida, ciclosserina, eritromicina, griseofulvina, canamicina, lincomicina, neomicina, novobiocina, nistatina, penicilina, polimixina B, estreptomicina, tetraciclina

• Os micróbios causam duas categorias de doenças: as infecciosas e as intoxicações microbianas (Figura 1.7). Ocorre doença infecciosa quando um patógeno coloniza o corpo e, subsequentemente, causa a patologia. Há intoxicação microbiana quando um indivíduo ingerir uma *toxina* (substância venenosa) que foi produzida por um micróbio. Das duas categorias, as doenças infecciosas causam muito mais problemas e mortes. Por isso, elas constituem a principal causa de óbito no mundo e a terceira nos EUA (depois das doenças cardíacas e do câncer). Em todo o planeta, são responsáveis por cerca de 50.000 mortes por dia, cuja maioria ocorre em países em desenvolvimento. Toda pessoa que exerce uma profissão na área de saúde precisa estar atenta para as doenças infecciosas, os patógenos que as causam, as fontes, como elas são transmitidas e como se proteger e proteger os pacientes. Os auxiliares de médicos, enfermeiros, técnicos cirúrgicos, auxiliares de dentistas, cientistas de laboratório, terapeutas ocupacionais, fisioterapeutas e fisioterapeutas respiratórios, assistentes, ajudantes de enfermagem e todas as outras pessoas que estejam em contato com pacientes e que forneçam cuidados a eles

precisam tomar precauções para impedir a disseminação de patógenos. Isso porque os micróbios prejudiciais podem ser transmitidos dos profissionais de saúde para os pacientes, de um paciente para o outro, de dispositivos mecânicos, instrumentos e seringas contaminados para o doente, de roupas de cama, roupas pessoais, pratos e alimentos contaminados para pacientes, e de pacientes para profissionais de saúde, visitantes e outros indivíduos suscetíveis. Para limitar essa disseminação, são utilizadas técnicas estéreis, assépticas e antissépticas (discutidas no Capítulo 12, *Epidemiologia na Área de Assistência à*

Figura 1.6 Os furos ("olhos") no queijo suíço são causados por gases produzidos por várias espécies de bactérias. As veias azuis observadas no queijo azul são produzidas por um bolor do gênero *Penicillium*. (Esta figura encontra-se reproduzida em cores no Encarte.)

Figura 1.7 As duas categorias de doenças causadas por patógenos. Ocorrem doenças infecciosas quando um patógeno coloniza (habita) o corpo e, subsequentemente, causa doença. Ocorrem intoxicações microbianas quando uma pessoa ingere uma toxina (substância venenosa) que foi produzida por um patógeno *in vitro* (fora do corpo). MRSA, *Staphylococcus aureus* resistente à meticilina.

Saúde e Prevenção e Controle das Infecções) em todas as áreas de hospitais, casas de repouso, centros cirúrgicos e laboratórios. Além disso, as atividades de bioterrorismo nesses últimos anos servem para lembrar que qualquer pessoa precisa ter algum conhecimento dos agentes (patógenos) que estão envolvidos e como se proteger de uma possível infecção. O bioterrorismo e os agentes utilizados na guerra biológica serão discutidos no Capítulo 11, *Epidemiologia e Saúde Pública*. Informações adicionais sobre intoxicações microbianas podem ser encontradas no Apêndice 1, "Intoxicações Microbianas", disponível no material suplementar *online*.

PRIMEIROS MICRORGANISMOS NA TERRA

Talvez já tenham se perguntado há quanto tempo os micróbios existem na Terra. Os cientistas dizem que o planeta foi formado há cerca de 4,5 bilhões de anos e que, nos primeiros 800 milhões a 1 bilhão, não havia nenhuma vida. Os fósseis dos micróbios primitivos (até 11 tipos diferentes) encontrados em formações de arenito antigas no noroeste da Austrália datam de cerca de 3,5 bilhões de anos. Assim, em uma comparação, os animais e os seres humanos são relativamente recém-chegados. Os animais apareceram na Terra entre 900 e 650 milhões de anos atrás (há uma certa discordância na comunidade científica quanto à data exata), e, em sua forma atual, os seres humanos (*Homo sapiens*) passaram a existir há apenas 100.000 anos. Os candidatos aos primeiros micróbios existentes na Terra são Archaea e cianobactérias, que serão discutidos no Capítulo 4, *Micróbios Acelulares e Procarióticos*.

AS MAIS ANTIGAS DOENÇAS INFECCIOSAS CONHECIDAS

Com toda probabilidade, as doenças infecciosas de seres humanos e animais existem desde que eles passaram a habitar o planeta. Sabe-se que os patógenos humanos existem há milhares de anos devido à observação dos danos causados por eles nos ossos e órgãos internos de múmias e de antigos fósseis humanos. Ao estudar as múmias, os cientistas aprenderam que as doenças bacterianas (como a tuberculose, a hanseníase e a sífilis), a malária, a hepatite e as infecções por vermes parasitas, como a esquistossomose, a dracunculíase (infecção pelo verme-da-guiné), e por ancilóstomos, trematódeos e cestódeos já ocorriam há milhares de anos.

O mais antigo relato conhecido de "pestilência" foi encontrado no Egito, em cerca de 3180 a.C. Esse relato pode representar a primeira epidemia registrada, embora os termos *pestilência* e *peste* fossem utilizados sem nenhuma definição nos escritos mais antigos. Próximo ao fim da Guerra de Troia, o exército grego foi dizimado por uma epidemia que se acredita tenha sido peste bubônica. O papiro de Ebers, que descreve febres epidêmicas, foi descoberto em uma tumba em Tebas, no Egito; foi escrito por volta de 1500 a.C. Uma doença que se acredita ter sido a varíola ocorreu na China em torno de 1122 a.C. Ocorreram epidemias de peste em Roma em 790, 710 e 640 a.C. e na Grécia por volta de 430 a.C.

Além das doenças já mencionadas, existem antigos relatos de raiva, antraz, disenteria, varíola, ergotismo, botulismo, sarampo, febre tifoide, tifo, difteria e sífilis. A história da sífilis é muito interessante. Ela apareceu pela primeira vez na Europa, em 1493, e muitas pessoas acreditam que tenha sido transportada até a Europa por nativos americanos que foram levados para Portugal por Cristóvão Colombo. Os franceses chamavam a sífilis de *doença napolitana*; os italianos, de *doença francesa* ou *espanhola*; e os ingleses a designavam como *pústula francesa*. Outros nomes para a sífilis eram pústula espanhola, alemã, polonesa e turca. O nome "sífilis" só foi conferido à doença em 1530.

PIONEIROS NA CIÊNCIA DA MICROBIOLOGIA

As bactérias e os protozoários foram os primeiros micróbios a serem observados pelos seres humanos, e foram necessários cerca de 200 anos para estabelecer uma conexão entre os microrganismos e as doenças infecciosas. Entre os acontecimentos mais significativos nos primórdios da história da microbiologia, destacam-se o desenvolvimento dos microscópios, os métodos de coloração das bactérias, as técnicas que possibilitaram a cultura (crescimento) dos microrganismos em laboratório e as etapas que provaram que micróbios específicos eram responsáveis por doenças infecciosas específicas.

No decorrer dos últimos 400 anos, muitos indivíduos contribuíram para o atual conhecimento dos micróbios; porém, neste capítulo, são discutidos três microbiologistas pioneiros; outros serão apresentados em ocasiões apropriadas neste livro.

Anton van Leeuwenhoek (1632-1723)

Como Anton van Leeuwenhoek foi a primeira pessoa a observar bactérias e protozoários vivos, algumas vezes ele é chamado como "pai da microbiologia", "pai da bacteriologia" e "pai da protozoologia."[b] É interessante assinalar que Leeuwenhoek não era cientista formado. Durante a sua vida, foi comerciante de tecidos, inspetor, provador de vinhos e funcionário público em Delft, na Holanda. Como passatempo, ele polia lentes de vidro minúsculas que montava em pequenas armações de metal, criando, assim, o que hoje se conhece como **microscópio de lente simples** ou microscópio simples. Durante a sua vida, construiu mais de 500 desses aparelhos. A arte de Leeuwenhoek de polir lentes capazes de ampliar um objeto até 200 a 300 vezes o seu tamanho foi perdida com a sua morte, visto que ele não ensinou essa habilidade a ninguém durante a sua vida. Em uma das centenas de cartas que enviou à Sociedade Real de Londres, ele escreveu:

---

[b]Embora Leeuwenhoek provavelmente tenha sido a primeira pessoa a observar protozoários vivos, ele pode não ter sido o primeiro a observar protozoários. Muitos acadêmicos acreditam que Robert Hooke (1635-1703), um médico inglês, tenha sido o primeiro a observar e descrever os micróbios, incluindo um protozoário fossilizado e duas espécies de fungos microscópicos vivos.

Eu não ensino a ninguém o meu método de observar animalículos extremamente pequenos, nem como observar muitos desses animalículos ao mesmo tempo. Isso eu guardo só para mim.

Aparentemente, Leeuwenhoek era dotado de uma insaciável curiosidade, visto que utilizava seus microscópios para examinar quase tudo que podia pegar em suas mãos (Figura 1.8). Ele examinava raspados de seus dentes, água de valas e lagos, água na qual tinha deixado de molho pimentas em grão, sangue, espermatozoides e até mesmo as próprias fezes diarreicas. Em muitas dessas amostras, ele observou várias criaturas vivas minúsculas, às quais deu o nome de "animalículos". Leeuwenhoek registrou suas observações em cartas dirigidas à Sociedade Real de Londres. A seguinte passagem é um trecho de uma delas (*Milestones in Microbiology*, editado por Thomas Brock. American Society for Microbiology, Washington, DC, 1961):

Mantenho meus dentes habitualmente muito limpos; entretanto, quando os vejo em uma lente de aumento, descubro que entre eles cresce uma pequena massa branca tão espessa quanto farinha umedecida... Assim, aspirei parte dessa massa e a misturei... com água de chuva pura, na qual não há animais e, em seguida, para minha grande surpresa, percebi que o material continha numerosos animais vivos e pequenos, que se agitavam de maneira extravagante... o número desses animais na crosta de um dente humano é tão grande que acredito que exceda o número de seres humanos no reino. Ao examinar uma pequena porção desse material, não mais espesso do que um pelo de cavalo, encontrei tantos animais vivos que acredito que possam ter sido 1.000 em uma quantidade de matéria não maior do que 1/100 parte de um grão de areia.

Figura 1.8 Retrato de Anton van Leeuwenhoek por Jan Verkolje. (Disponibilizada pela Wikipedia.)

As cartas de Leeuwenhoek finalmente convenceram os cientistas do fim do século XVII sobre a existência de micróbios; entretanto, ele nunca especulou a origem desses microrganismos, tampouco os associou a causa de doenças. Essas relações só foram estabelecidas com os trabalhos de Louis Pasteur e de Robert Koch, no fim do século XIX.

A seguinte citação é do livro de Paul de Kruif, *Microbe Hunters*, Harcourt Brace, 1926:

[Leeuwenhoek] invadiu e espreitou um fantástico mundo invisível de pequenas coisas, criaturas que viveram, alimentaram-se, lutaram e morreram totalmente ocultas e desconhecidas de todos os homens desde o princípio dos tempos. Esses monstros eram de um tipo que devastava e aniquilava raças inteiras de homens dez milhões de vezes maiores do que eles próprios. Esses seres eram mais terríveis do que dragões cuspindo fogo ou do que monstros com cabeça de hidra. Eram assassinos silenciosos que matavam bebês em berços acolhedores e reis em locais protegidos. Foi esse mundo invisível, insignificante, porém implacável – e algumas vezes amigável –, que Leeuwenhoek olhou pela primeira vez antes de todas as pessoas do mundo.

Uma vez convencidos da existência dessas minúsculas criaturas que não podiam ser observadas a olho nu, os estudiosos começaram a especular a sua origem. Assim, com base em observações, muitos dos cientistas daquela época acreditaram que a vida podia se desenvolver de modo espontâneo a partir de substâncias inanimadas, como cadáveres em decomposição, solo e gases de pântanos. A ideia de que a vida poderia surgir espontaneamente a partir de material não vivo foi denominada *teoria da geração espontânea* ou *abiogênese*. Por mais de dois séculos, de 1650 a 1850, essa teoria foi debatida e testada. Após o trabalho de outros pesquisadores, Louis Pasteur (discutido mais adiante) e John Tyndall (abordado no Capítulo 3, *Estrutura Celular e Taxonomia*) refutaram finalmente a teoria da geração espontânea e provaram que a vida só pode surgir a partir de vida preexistente. Essa teoria, denominada teoria da biogênese, foi inicialmente proposta por um cientista alemão, Rudolf Virchow, em 1858. No entanto, ela não especula a *origem* da vida, um assunto que vem sendo debatido há centenas de anos.

Louis Pasteur (1822-1895)

Louis Pasteur (Figura 1.9), um químico francês, fez inúmeras contribuições para o campo recém-emergente da microbiologia, e, de fato, suas contribuições são consideradas por muitas pessoas como o fundamento da ciência da microbiologia e um dos pilares da medicina moderna. A seguir, são citadas algumas de suas contribuições mais importantes:

• Enquanto procurava descobrir por que o vinho se torna contaminado com substâncias indesejáveis, Pasteur observou o que acontece durante a fermentação alcoólica (discutida no Capítulo 7, *Fisiologia e Genética Microbianas*). Ele também demonstrou que diferentes tipos de micróbios produzem diversos produtos de fermentação.

Figura 1.9 Pasteur em seu laboratório. Gravura em madeira de 1925 por Timothy Cole. (De Zigrosser C. *Medicine and the artist* [Ars Medica]. New York: Dover Publications, Inc.; 1970. Com autorização do Philadelphia Museum of Art.)

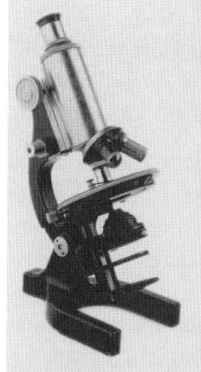

Nota histórica

Um dilema ético para Louis Pasteur

Em julho de 1885, enquanto estava desenvolvendo uma vacina que evitaria a raiva em cães, Louis Pasteur deparou-se com uma decisão ética. Um menino de 9 anos de idade, chamado Joseph Meister, tinha sido mordido 14 vezes nas pernas e nas mãos por um cão raivoso. Naquela ocasião, afirmava-se que praticamente qualquer pessoa que fosse mordida por um animal raivoso morreria. A mãe de Meister implorou a Pasteur que utilizasse a sua vacina para salvar o filho. Pasteur era químico, mas não médico, e, portanto, não tinha autorização para tratar seres humanos. Além disso, sua vacina experimental nunca tinha sido administrada a seres humanos. Entretanto, 2 dias após o menino ter sido mordido, Pasteur injetou a vacina em Meister na tentativa de salvar-lhe a vida. O menino sobreviveu, e Pasteur deduziu que ele tinha desenvolvido uma vacina contra raiva que podia ser administrada a uma pessoa após ter sido infectada pelo vírus da raiva.

Por exemplo, as leveduras convertem a glicose das uvas em álcool etílico (etanol) por fermentação; entretanto, certas bactérias contaminantes, como *Acetobacter*, convertem a glicose em ácido acético (vinagre) também por fermentação, arruinando, assim, o sabor do vinho

- Por meio de seus experimentos, Pasteur desferiu o golpe fatal à teoria da geração espontânea
- Descobriu formas de vida que podiam existir na ausência de oxigênio, introduzindo os termos "aeróbios" (organismos que necessitam de oxigênio) e "anaeróbios" (organismos que não necessitam de oxigênio)
- Desenvolveu um processo (hoje conhecido como pasteurização) para matar micróbios que causavam deterioração do vinho – um problema econômico para a indústria de vinhos da França. A pasteurização pode ser utilizada para matar patógenos em muitos tipos de líquidos. O processo de Pasteur envolvia o aquecimento do vinho a 55°C[c] e a sua manutenção nessa temperatura por vários minutos. Hoje em dia, a pasteurização é realizada pelo aquecimento dos líquidos a 63 a 65°C durante 30 minutos, ou a 73 a 75°C por 15 segundos. Convém assinalar que a pasteurização não mata *todos* os micróbios presentes em líquidos, apenas os patogênicos
- Descobriu os agentes infecciosos que causavam doenças no bicho-da-seda, as quais representavam um problema para a indústria da seda na França. Ele também descobriu como evitar essas doenças

- Fez importantes contribuições para a teoria germinal das doenças, segundo a qual micróbios específicos causam doenças infecciosas específicas. Por exemplo, o antraz é causado por uma bactéria específica (*Bacillus anthracis*), enquanto a tuberculose é provocada por uma bactéria diferente (*Mycobacterium tuberculosis*)
- Promoveu mudanças nas práticas hospitalares para minimizar a disseminação de doenças causadas por patógenos
- Desenvolveu vacinas para evitar a cólera aviária, o antraz e a erisipela suína (uma doença cutânea), o que o tornou famoso na França. Antes das vacinas, essas doenças dizimavam galinhas, ovinos, gado bovino e suínos naquele país, representando um sério problema econômico
- Desenvolveu uma vacina para prevenir a raiva em cães e a utilizou com sucesso para o tratamento da raiva humana (ver boxe "Nota histórica: Um dilema ético para Louis Pasteur").

Para homenagear Pasteur e continuar o seu trabalho, particularmente no que se refere ao desenvolvimento de uma vacina antirrábica, foi criado o Instituto Pasteur em Paris, em 1888. Esse instituto se tornou uma clínica para o tratamento da raiva, um centro de pesquisa para doenças infecciosas e um centro de ensino. Muitos cientistas que estudaram com Pasteur fizeram importantes descobertas e criaram uma vasta rede internacional de Institutos Pasteur. O primeiro dos institutos estrangeiros foi fundado em Saigon, no Vietnã, também conhecida como Ho chi Minh City (Cidade de Ho Chi Minh). Um dos seus diretores foi Alexandre Emile Jean Yersin, um antigo aluno de Robert Koch e Louis Pasteur, que, em 1894, descobriu a bactéria que causa a peste.

---

[c]O símbolo "C", que também se refere a centígrado, é usado preferencialmente como abreviação de Celsius. As fórmulas de conversão de Celsius para Fahrenheit, e vice-versa, estão no Apêndice C, *Conversões Úteis.*

Robert Koch (1843-1910)

Robert Koch (Figura 1.10), um médico alemão, fez numerosas contribuições para a ciência da microbiologia. Algumas delas estão listadas a seguir:

- Koch fez muitas contribuições importantes para a teoria germinal das doenças. Por exemplo, provou que o bacilo do antraz (*B. anthracis*), que tinha sido anteriormente descoberto por outros cientistas, era de fato o agente causador do antraz. Essa constatação foi obtida por meio de uma série de etapas científicas desenvolvidas por ele e seus colaboradores; posteriormente, essas etapas ficaram conhecidas como Postulados de Koch (descritos adiante neste capítulo)
- Descobriu que o *B. anthracis* produz esporos, que são capazes de resistir a condições adversas
- Desenvolveu métodos para a fixação, a coloração e a obtenção de fotografias das bactérias
- Desenvolveu métodos de cultura para bactérias em meios sólidos. Um de seus colegas, R. J. Petri, inventou um prato de vidro plano (atualmente conhecido como placa de Petri) para a cultura de bactérias em meio sólido. Foi Frau Hesse, a esposa de outro colaborador de Koch, que sugeriu a utilização do ágar (um polissacarídeo obtido de algas marinhas) como agente solidificante. Esses métodos possibilitaram a Koch obter culturas puras de bactérias. O termo "cultura pura" refere-se a uma condição em que apenas um tipo de organismo cresce em um meio de cultura sólido ou em meio de cultura líquido no laboratório; nenhum outro tipo de organismo está presente. As placas de Petri contendo ágar ainda são utilizadas para a cultura de bactérias e fungos em laboratórios
- Descobriu a bactéria que causa tuberculose (*M. tuberculosis*) e a que provoca cólera (*Vibrio cholerae*)
- O trabalho de Koch com a tuberculina (uma proteína derivada da *M. tuberculosis*) levou finalmente ao desenvolvimento de um teste cutâneo valioso no diagnóstico da tuberculose.

Postulados de Koch

De meados ao fim da década de 1800, Koch e seus colaboradores estabeleceram um procedimento experimental para provar que um micróbio específico era responsável por uma doença infecciosa específica. Esse procedimento científico, publicado em 1884, tornou-se conhecido como postulados de Koch (Figura 1.11).

Os postulados de Koch (parafraseados) são:

1. Um micróbio específico precisa ser encontrado em todos os casos da doença e não deve estar presente em animais ou seres humanos sadios.
2. O micróbio precisa ser isolado do animal ou do ser humano doente e crescer em cultura pura no laboratório.
3. A mesma doença precisa ser produzida quando micróbios da cultura pura são inoculados em animais de laboratório saudáveis e suscetíveis.
4. O mesmo micróbio precisa ser isolado dos animais experimentalmente infectados e crescer novamente em cultura pura.

Figura 1.10 Robert Koch. (Fornecida pelo *site* www.wpclipart.com.)

Após completar essas etapas, diz-se que o micróbio preencheu os postulados de Koch e provou ser a causa da doença infecciosa particular. Esses parâmetros não apenas ajudaram a provar a teoria germinal das doenças, como também proporcionaram um enorme impulso ao desenvolvimento da microbiologia, ressaltando a necessidade de cultura laboratorial e identificação dos micróbios.

Exceções aos postulados de Koch

Existem circunstâncias nas quais os postulados de Koch não podem ser preenchidos, como:

- Para preencher os postulados de Koch, é necessário obter-se uma cultura (crescimento) do patógeno no laboratório (*in vitro*),[d] dentro ou na superfície de meios artificiais de cultura. Entretanto, determinados patógenos não crescem em meios artificiais, como os vírus, as riquétsias (uma categoria de bactérias), as clamídias (outra categoria de bactérias) e as bactérias causadoras da hanseníase e da sífilis. Os vírus, as riquétsias e as clamídias são denominadas *patógenos intracelulares obrigatórios* (ou *parasitas intracelulares obrigatórios*), visto que só podem sobreviver e multiplicar-se no interior das células hospedeiras vivas.

---

[d]O termo *in vitro*, quando empregado neste livro, refere-se a algo que ocorre *fora* do corpo do ser vivo, enquanto o termo *in vivo* refere-se a algo que ocorre dentro do corpo de um ser vivo. *In vitro* refere-se frequentemente a algo que ocorre no laboratório.

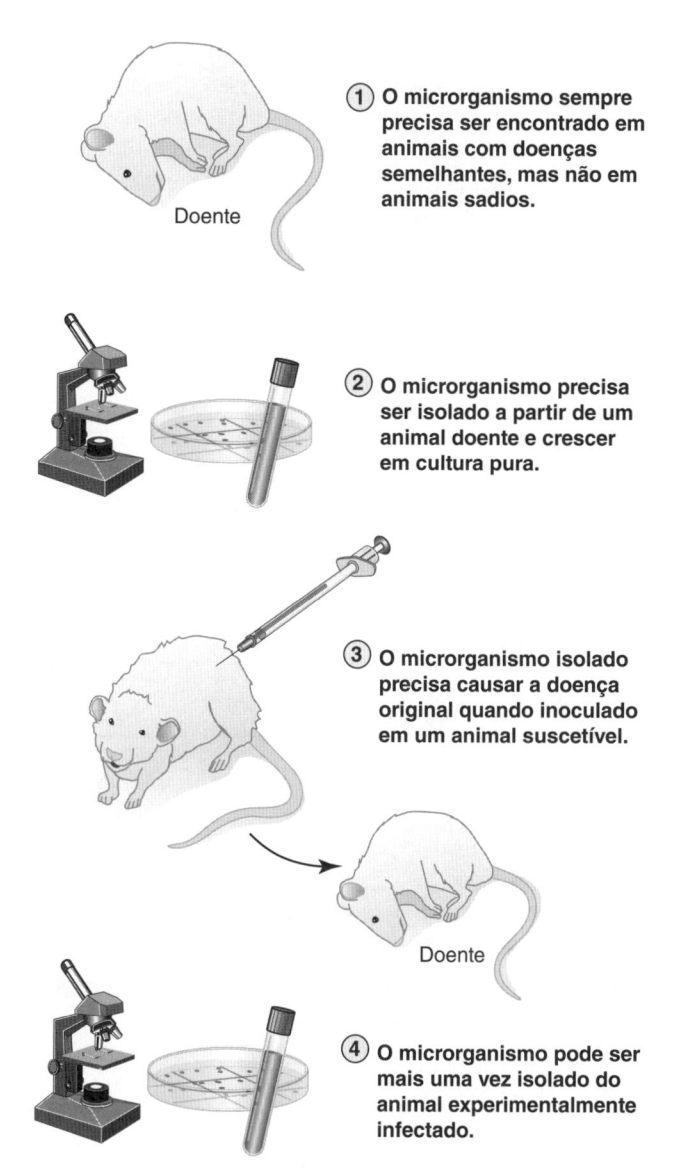

① O microrganismo sempre precisa ser encontrado em animais com doenças semelhantes, mas não em animais sadios.

Doente

② O microrganismo precisa ser isolado a partir de um animal doente e crescer em cultura pura.

③ O microrganismo isolado precisa causar a doença original quando inoculado em um animal suscetível.

Doente

④ O microrganismo pode ser mais uma vez isolado do animal experimentalmente infectado.

Figura 1.11 Postulados de Koch: prova da teoria germinal das doenças.

determinada espécie, o que significa que só infectam uma única espécie de animal. Por exemplo, alguns patógenos que infectam os seres humanos *só* irão infectar o ser humano. Por conseguinte, nem sempre é possível encontrar um animal de laboratório que possa ser infectado por um patógeno que causa doença humana. Diante disso, devido à dificuldade em obter voluntários humanos e às considerações éticas que limitam o seu uso, os pesquisadores podem apenas ser capazes de observar as alterações provocadas pelo patógeno em células humanas que podem ser cultivadas em laboratório (denominadas culturas de células)

• Algumas doenças, chamadas de infecções sinérgicas ou infecções polimicrobianas, não são causadas apenas por um micróbio específico, mas pelos efeitos combinados de dois ou mais micróbios diferentes. Exemplos dessas infecções incluem a gengivite ulcerativa necrosante aguda (também conhecida como "boca de trincheira") e a vaginose bacteriana. É muito difícil reproduzir essas infecções sinérgicas no laboratório

• Outra dificuldade algumas vezes encontrada enquanto se procura preencher os postulados de Koch é que determinados patógenos sofrem alteração quando cultivados *in vitro*. Alguns se tornam menos patogênicos, enquanto outros perdem a sua patogenicidade. Assim, eles não irão mais infectar animais após a sua cultura em meios artificiais.

É também importante ter em mente que nem todas as doenças são causadas por micróbios. Muitas delas, como o raquitismo e o escorbuto, resultam de deficiências dietéticas; outras, como o diabetes melito, resultam do funcionamento inadequado de um órgão ou sistema do corpo. Outras ainda, como o câncer de pulmão e o de pele, são influenciadas por fatores ambientais. Entretanto, todas as doenças infecciosas são causadas por micróbios, bem como todas as intoxicações microbianas.

> Todas as doenças infecciosas e as intoxicações microbianas são causadas por micróbios.

CARREIRAS EM MICROBIOLOGIA

Um microbiologista é um cientista que estuda os micróbios. Deve ter um grau de bacharel, mestre ou doutor em microbiologia.

Existem muitos campos de trabalho dentro da ciência da microbiologia. Por exemplo, uma pessoa pode especializar-se no estudo exclusivo de determinada categoria de micróbios. Assim, um bacteriologista é um cientista especializado em bacteriologia, que é o estudo das estruturas, das funções e das atividades das bactérias. Os cientistas que se especializam no campo da ficologia (ou algologia) estudam os vários tipos de algas e são denominados ficologistas (ou algologistas). Os protozoologistas exploram a área da protozoologia – estudo dos protozoários e suas atividades. Aqueles que se especializam no estudo dos fungos ou da micologia são chamados de micologistas.

A virologia abrange o estudo dos vírus e seus efeitos sobre todos os tipos de células vivas. Os virologistas e os

Esses organismos podem crescer em culturas de células (humanas ou animais vivos de vários tipos), ovos embrionados de galinha ou determinados animais (denominados animais de laboratório). No laboratório, a bactéria que causa hanseníase (*Mycobacterium leprae*) é propagada em tatus, enquanto as espiroquetas que causam sífilis (*Treponema pallidum*) crescem adequadamente em testículos de coelhos e chimpanzés. Os micróbios com exigências nutricionais complexas e difíceis são designados como fastidiosos, que significa "exigentes". Embora certos organismos fastidiosos possam ser cultivados em laboratório pela adição de misturas especiais de vitaminas, aminoácidos e outros nutrientes ao meio de cultura, outros não conseguem crescer no laboratório, uma vez que não foi(ram) descoberto(s) o(s) ingrediente(s) que deve(m) ser acrescentado(s) ao meio para possibilitar o seu crescimento.

• Para preencher os postulados de Koch, é necessário infectar animais de laboratório com o patógeno que está sendo estudado. Entretanto, muitos deles são específicos de

biologistas celulares podem tornar-se engenheiros genéticos, especializados na transferência de material genético (ácido desoxirribonucleico [DNA]) de um tipo de célula para outro. Os virologistas também podem estudar os príons e viroides, agentes infecciosos acelulares que são ainda menores do que os vírus (discutidos no Capítulo 4, *Micróbios Acelulares e Probióticos*).

Outros campos de trabalho em microbiologia estão mais relacionados com a microbiologia aplicada, isto é, como o conhecimento da microbiologia pode ser aplicado a diferentes aspectos da sociedade, da medicina e da indústria. O campo da microbiologia tem efeitos amplos e de grande alcance sobre os seres humanos e o seu ambiente.

Microbiologia médica e clínica

A microbiologia médica é uma excelente carreira para indivíduos que têm interesse por medicina e microbiologia, pois envolve o estudo dos patógenos, as doenças que causam e as defesas do corpo contra estas. Esse campo está relacionado com a epidemiologia, a transmissão dos patógenos, as medidas de prevenção de doenças, as técnicas assépticas, o tratamento das doenças infecciosas, a imunologia e a produção de vacinas para proteger as pessoas e os animais contra doenças infecciosas. A erradicação completa ou quase completa de doenças, como a varíola e a poliomielite, a segurança da cirurgia moderna e o tratamento bem-sucedido de vítimas de doenças infecciosas são atribuídos aos numerosos avanços tecnológicos nesse campo.

Um ramo da microbiologia médica denominado *microbiologia clínica* ou *microbiologia diagnóstica* está relacionado com o diagnóstico laboratorial das doenças infecciosas nos seres humanos. Trata-se de um excelente campo de trabalho para indivíduos que têm interesse no laboratório e na microbiologia. A microbiologia diagnóstica e o laboratório de microbiologia clínica serão abordados no Capítulo 13, *Diagnóstico das Doenças Infecciosas*.

Exercícios de autoavaliação

Após estudar este capítulo, responda às seguintes questões de múltipla escolha:

1. Qual dos seguintes indivíduos é considerado o "pai da microbiologia"?
   a. Anton van Leeuwenhoek
   b. Louis Pasteur
   c. Robert Koch
   d. Rudolf Virchow

2. Os micróbios que habitualmente vivem na superfície ou dentro de um indivíduo são coletivamente designados como:
   a. Germes
   b. Microbiota normal ou endógena
   c. Agentes não patogênicos
   d. Patógenos oportunistas

3. Os micróbios que vivem em material orgânico morto e em decomposição são conhecidos como:
   a. Microbiota normal ou endógena
   b. Parasitas
   c. Patógenos
   d. Saprófitas

4. O estudo dos fungos é denominado:
   a. Algologia
   b. Botânica
   c. Micologia
   d. Ficologia

5. O campo da parasitologia envolve o estudo de quais dos seguintes tipos de organismos?
   a. Artrópodes, bactérias, fungos, protozoários e vírus
   b. Artrópodes, helmintos e determinados protozoários

   c. Bactérias, fungos e protozoários
   d. Bactérias, fungos e vírus

6. Rudolf Virchow é reconhecido por ter proposto qual das seguintes teorias?
   a. Abiogênese
   b. Biogênese
   c. Teoria germinal das doenças
   d. Geração espontânea

7. Quais dos seguintes micróbios são considerados patógenos intracelulares obrigatórios?
   a. Clamídias, riquétsias, *M. leprae* e *T. pallidum*
   b. *M. leprae* e *T. pallidum*
   c. *M. tuberculosis* e vírus
   d. Riquétsias, clamídias e vírus

8. Qual das seguintes afirmativas é verdadeira?
   a. Koch desenvolveu uma vacina contra raiva
   b. Os micróbios são onipresentes
   c. Os micróbios são, em sua maioria, prejudiciais para os seres humanos
   d. Pasteur conduziu experimentos que provaram a teoria da abiogênese

9. Quais dos seguintes agentes são ainda menores do que os vírus?
   a. Clamídias
   b. Príons e viroides
   c. Riquétsias
   d. Cianobactérias

10. Qual dos seguintes indivíduos introduziu os termos "aeróbios" e "anaeróbios"?
    a. Anton van Leeuwenhoek
    b. Louis Pasteur
    c. Robert Koch
    d. Rudolf Virchow

Visualização do Mundo Microbiano

OBJETIVOS DE APRENDIZAGEM

Após estudar este capítulo, você deverá ser capaz de:

- Explicar as inter-relações entre as seguintes unidades de comprimento do sistema métrico: centímetros, milímetros, micrômetros e nanômetros
- Citar as unidades métricas utilizadas para expressar os tamanhos das bactérias, dos protozoários e dos vírus

- Comparar e diferenciar os vários tipos de microscópios, incluindo o simples, o óptico composto e o eletrônico.

INTRODUÇÃO

Os micróbios são muito pequenos, mas o quanto? Na maioria dos casos, é necessário algum tipo de microscópio para visualizá-los; por essa razão, diz-se que eles são *microscópicos*. Neste capítulo, são descritos vários tipos de microscópios. Entretanto, será estudado inicialmente o sistema métrico, visto que são utilizadas unidades de comprimento do sistema métrico para expressar o tamanho dos micróbios e o poder de resolução dos instrumentos ópticos.

UTILIZAÇÃO DO SISTEMA MÉTRICO PARA EXPRESSAR O TAMANHO DOS MICRÓBIOS

Em microbiologia, são utilizadas unidades métricas (principalmente micrômetros e nanômetros) para expressar o tamanho dos micróbios. A unidade básica de comprimento do sistema métrico, o metro, é equivalente a aproximadamente 39,4 polegadas e, portanto, cerca de 3,4 polegadas a mais do que uma jarda. Um metro pode ser dividido em 10 (10^1) unidades igualmente espaçadas, denominadas decímetros, ou em 100 (10^2) unidades igualmente espaçadas, denominadas centímetros, ou em 1.000 (10^3) unidades igualmente espaçadas, denominadas milímetros, ou em 1 milhão (10^6) de unidades igualmente espaçadas, denominadas micrômetros, ou em 1 bilhão (10^9) de unidades igualmente espaçadas, denominadas nanômetros. As inter-relações entre essas unidades são mostradas na Figura 2.1. As fórmulas que podem ser utilizadas para converter polegadas em centímetros, milímetros etc. podem ser encontradas no Apêndice C ("Conversões Úteis"), no fim deste livro.

> Os tamanhos das bactérias são expressos em micrômetros, enquanto os dos vírus são expressos em nanômetros.

Convém assinalar que os termos antigos *mícron* (μ)[1] e *milimícron* (mμ) foram substituídos pelos termos *micrômetro* (μm) e *nanômetro* (nm), respectivamente. Um *angstrom* (Å) corresponde a 0,1 nm. Utilizando essa escala, os eritrócitos humanos apresentam um diâmetro de cerca de 7 μm.

Os tamanhos das bactérias e dos protozoários são comumente expressos em micrômetros. Por exemplo, uma bactéria esférica típica (coco) mede aproximadamente 1 μm de diâmetro. Cerca de sete cocos dispostos lado a lado corresponderiam a um eritrócito humano. Se a cabeça de um alfinete tivesse 1 mm (1.000 μm) de diâmetro, 1.000 cocos poderiam ser colocados lado a lado sobre a cabeça do alfinete. Uma bactéria típica em forma de bastonete (*bacilo*) mede cerca de 1 μm de largura × 3 μm de comprimento; todavia, alguns bacilos são mais curtos, enquanto algumas formas consistem em filamentos muito longos. Os tamanhos dos vírus são expressos em nanômetros. Os que causam

doenças nos seres humanos, em sua maioria, variam de tamanho, de cerca de 10 a 300 nm, embora alguns deles (p. ex., vírus Ebola, uma causa de febre hemorrágica) possam alcançar até 1.000 nm (1 μm) de comprimento. Alguns protozoários muito grandes chegam a um comprimento de 2.000 μm (2 mm).

No laboratório de microbiologia, os tamanhos dos micróbios celulares são medidos com o uso de um micrômetro ocular, uma pequena régua no interior da ocular do microscópio óptico composto (descrito mais adiante). Entretanto, antes que possa ser utilizado para medir objetos, o micrômetro ocular precisa ser inicialmente calibrado, utilizando um instrumento de medida denominado *micrômetro de platina*. A calibração deve ser realizada para cada uma das lentes objetivas, de modo a determinar a distância entre as marcas no micrômetro ocular. Em seguida, o instrumento pode ser utilizado para medir os comprimentos e as larguras dos micróbios e de outros objetos na lâmina. Os tamanhos de alguns micróbios são mostrados na Figura 2.2 e na Tabela 2.1.

> Utiliza-se um micrômetro ocular para medir as dimensões dos objetos observados com um microscópio óptico composto.

MICROSCÓPIOS

O olho humano, um telescópio, um par de binóculos, uma lupa e um microscópio podem ser todos considerados como tipos de instrumentos ópticos. Um microscópio, porém, é um instrumento óptico utilizado para observar objetos muito pequenos, que, com frequência, não podem ser observados à vista desarmada (a "olho nu"). Cada instrumento óptico tem um limite quanto ao que pode ser visto com ele, o que é designado como poder de resolução ou **resolução do instrumento** (mais adiante neste capítulo). A Tabela 2.2 fornece o poder de resolução de vários instrumentos ópticos.

Microscópios simples

Um *microscópio simples* é definido como um microscópio que contém apenas uma lente de aumento. Na verdade, uma

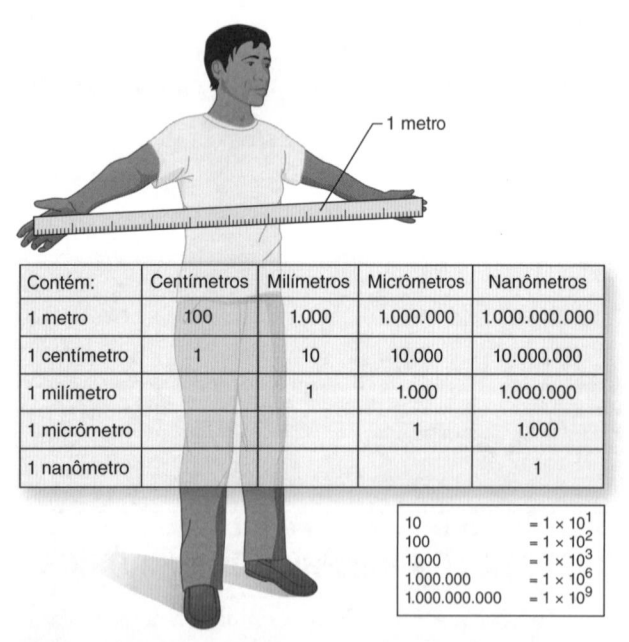

Contém:	Centímetros	Milímetros	Micrômetros	Nanômetros
1 metro	100	1.000	1.000.000	1.000.000.000
1 centímetro	1	10	10.000	10.000.000
1 milímetro		1	1.000	1.000.000
1 micrômetro			1	1.000
1 nanômetro				1

10	$= 1 \times 10^1$
100	$= 1 \times 10^2$
1.000	$= 1 \times 10^3$
1.000.000	$= 1 \times 10^6$
1.000.000.000	$= 1 \times 10^9$

Figura 2.1 Representações das unidades métricas de medidas e números.

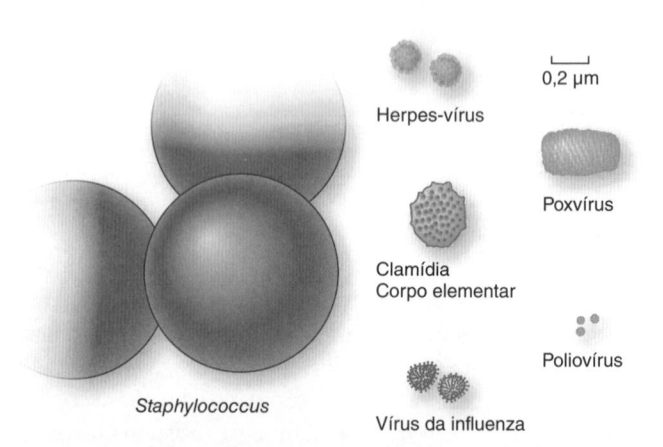

Figura 2.2 Tamanhos relativos das bactérias *Staphylococcus* e *Chlamydia* e de vários vírus. O poliovírus é um dos menores vírus que infectam os seres humanos. (Redesenhada de Winn WC Jr *et al. Koneman's Color Atlas and Textbook of Diagnostic Microbiology*. 6th ed. Philadelphia, PA: Lippincott Williams & Wilkins; 2006.)

---

[1]A letra μ é pronunciada "mi". As letras gregas são frequentemente utilizadas em ciências, incluindo a da microbiologia. Para ajudar os estudantes não familiarizados, encontra-se no Apêndice D o alfabeto grego completo.

Tabela 2.1 Tamanhos relativos dos micróbios.

Micróbio ou estrutura microbiana	Dimensões	Tamanho aproximado (μm)
Vírus (a maioria)	Diâmetro	0,01 a 0,3
Bactérias		
Cocos (bactérias esféricas)	Diâmetro	Média = 1
Bacilos (bactérias em forma de bastonete)	Largura × comprimento	Média = 1 × 3
	Filamentos (largura)	1
Fungos		
Leveduras	Diâmetro	3 a 5
Hifas septadas (que contêm paredes transversais)	Largura	2 a 15
Hifas asseptadas (desprovidas de paredes transversais)	Largura	10 a 30
Protozoários de água doce		
Chlamydomonas	Comprimento	5 a 12
Euglena	Comprimento	35 a 55
Vorticella	Comprimento	50 a 145
Paramecium	Comprimento	180 a 300
Volvox*	Diâmetro*	350 a 500

*Esses organismos são visíveis a olho nu.

Tabela 2.2 Características dos vários tipos de microscópios.

Tipo	Poder de resolução	Aumento útil	Características
De campo claro	0,2000 μm	1.000×	Utilizado para observar a morfologia dos microrganismos, como bactérias, protozoários, fungos e algas, vivos (não corados) e não vivos (corados)
			Os objetos são observados contra um fundo claro
			Não tem a capacidade de visualizar micróbios com < 0,2 μm de diâmetro ou espessura, como espiroquetas e vírus
De campo escuro	0,2000 μm	1.000×	Os microrganismos não corados são observados contra um fundo escuro
			Útil para o exame de espiroquetas finas
			Ligeiramente mais difícil de operar do que o microscópio de campo claro
De contraste de fase	0,2000 μm	1.000×	Pode ser utilizado para observar microrganismos vivos não corados
De fluorescência	0,2000 μm	1.000×	Corante fluorescente fixado ao organismo
			Trata-se principalmente de uma técnica de imunodiagnóstico (imunofluorescência)
			Utilizado para detectar micróbios em células, tecidos e amostras clínicas
MEV	0,2000 μm (20 nm)	10.000×	A amostra é vista sobre uma tela
			Fornece a ilusão de profundidade (tridimensional)
			Útil para o exame das características de superfície das células e dos microrganismos
			Amostra não viva
			A resolução é menor que a do MET
MET	0,2000 μm (0,2 nm)	200.000×	A amostra é vista sobre uma tela
			Excelente resolução
			Possibilita o exame da ultraestrutura celular e viral
			Amostra não viva
			Revela características internas de amostras finas

MEV, microscópio eletrônico de varredura; MET, microscópio eletrônico de transmissão.

lupa poderia ser considerada como tal. As imagens vistas quando se utiliza uma lupa geralmente aparecem cerca de 3 a 20 vezes maiores do que o tamanho real. No fim do século XVII, Anton van Leeuwenhoek, que foi apresentado no Capítulo 1, *Microbiologia | A Ciência*, utilizou um microscópio simples para observar numerosos objetos muito pequenos, incluindo bactérias e protozoários (Figura 2.3). Em virtude de sua habilidade singular de polir lentes de

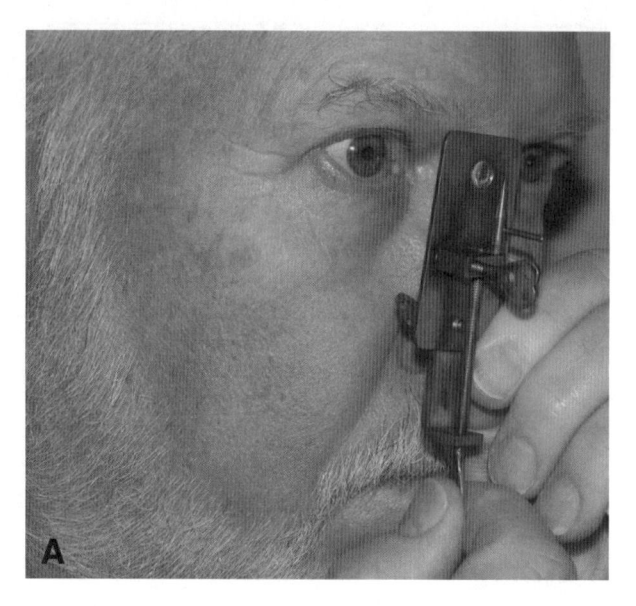

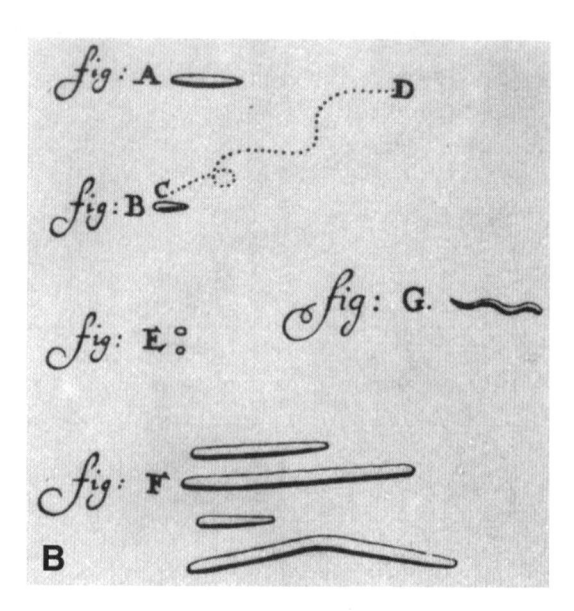

Figura 2.3 Microscópio de Leeuwenhoek. A. Era um aparelho muito simples, que apresentava uma pequena lente de vidro fixada a uma placa de bronze. A amostra era colocada sobre a ponta aguda de um pino de bronze, e dois parafusos eram utilizados para ajustar a posição da amostra. O instrumento inteiro tinha cerca de 3 a 4 polegadas de comprimento. Era mantido muito próximo ao olho. **B.** Embora seus microscópios tivessem uma capacidade de aumento de apenas cerca de 200 a 300 vezes, Leeuwenhoek era capaz de criar notáveis desenhos dos diferentes tipos de bactérias que ele observava. ([**A**] Disponibilizada por Biomed Ed, Round Rock, TX; [**B**] De Volk WA *et al. Essentials of Medical Microbiology*. 5th ed. Philadelphia, PA: Lippincott-Raven; 1996.)

vidro, os cientistas acreditam que os microscópios simples de Leeuwenhoek tinham um poder de aumento máximo de cerca de 300× vezes.

Microscópios compostos

Um microscópio composto contém mais de uma lente de aumento. Embora não se saiba ao certo quem foi a primeira pessoa que construiu e utilizou um microscópio composto, o mérito é frequentemente atribuído a Hans Jansen e a seu filho, Zacharias (ver boxe "Nota histórica: Os primeiros microscópios compostos"). Em geral, os microscópios ópticos compostos ampliam os objetos cerca de 1.000 vezes. As fotografias obtidas por meio do sistema de lentes dos microscópios compostos são denominadas fotomicrografias.

> Um microscópio simples tem apenas uma lente de aumento, enquanto o composto apresenta mais de uma.

Como a luz visível (de uma lâmpada embutida) é utilizada como fonte de iluminação, o microscópio composto é também designado como microscópio óptico composto. É o comprimento de onda da luz visível (cerca de 0,45 μm) que limita o tamanho dos objetos que podem ser observados; assim, quando se utiliza o microscópio óptico composto, os objetos menores do que a metade do comprimento de onda da luz visível (*i. e.*, inferiores a cerca de 0,225 μm) não podem ser vistos. A Figura 2.5 mostra um microscópio óptico composto.

> O aumento total de um microscópio óptico composto é calculado multiplicando-se o poder de aumento da lente ocular pelo poder de aumento da objetiva que está sendo utilizada.

Os microscópios ópticos compostos atualmente utilizados nos laboratórios contêm dois sistemas de lentes de aumento. No interior da ocular, encontra-se uma lente denominada *lente ocular*, a qual, em geral, tem um poder de aumento de 10×.

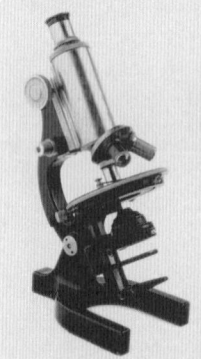

Nota histórica

Os primeiros microscópios compostos

Com frequência, atribui-se a Hans Jansen, um oculista de Middleburg, na Holanda, o mérito de ter desenvolvido o primeiro microscópio composto, aproximadamente entre 1590 e 1595. Embora seu filho Zacharias fosse, na época, apenas um menino, ele posteriormente assumiu a produção dos microscópios de Jansen. Os microscópios de Jansen continham duas lentes e alcançavam aumentos de apenas 3 a 9 vezes. Os microscópios compostos com um sistema de três lentes foram posteriormente utilizados por Marcello Malpighi, na Itália, e por Robert Hooke, na Inglaterra, os quais publicaram artigos entre 1660 e 1665, descrevendo seus achados microscópicos. Em seu livro publicado em 1665, intitulado *Micrografia*, Hooke descreveu uma concha fossilizada de um foraminífero – um tipo de protozoário – e duas espécies de fungos microscópicos. Alguns cientistas consideram esses relatos como as primeiras descrições escritas de microrganismos e acreditam que o mérito da descoberta dos micróbios deveria ser atribuído a Hooke, e não a Leeuwenhoek. Alguns dos primeiros microscópios compostos são mostrados na Figura 2.4.

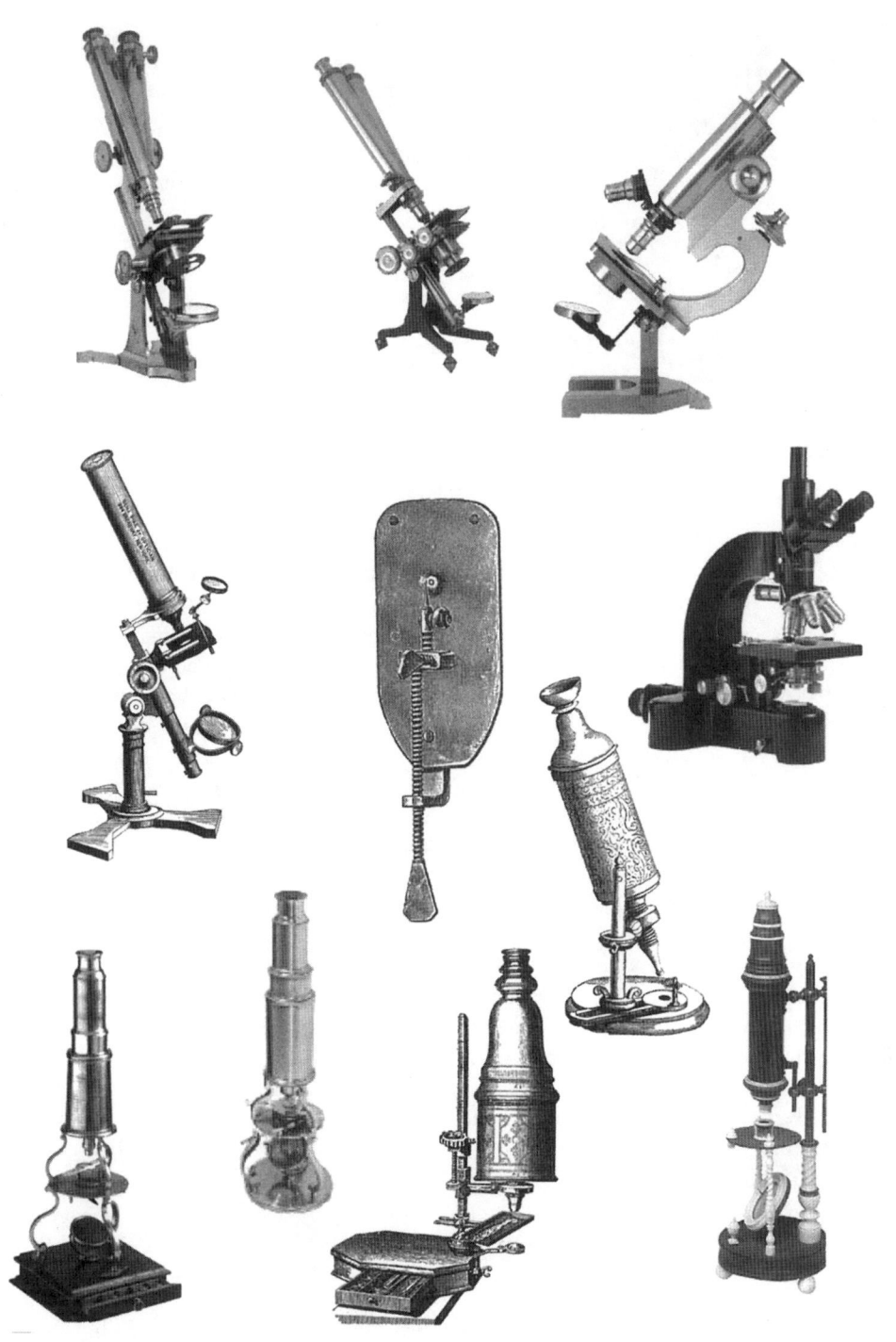

Figura 2.4 Microscópio simples de Leeuwenhoek (no centro), circundado por exemplos dos primeiros microscópios ópticos compostos.

O segundo sistema de lentes de aumento encontra-se na objetiva, que fica posicionada imediatamente acima do objeto a ser observado. As quatro objetivas utilizadas na maioria dos microscópios ópticos compostos dos laboratórios são aquelas com aumento de 4×, 10×, 40× e 100×. Conforme mostrado na Tabela 2.3, o aumento total é calculado multiplicando-se o poder de aumento da ocular (10×) pelo poder de aumento da objetiva que está sendo utilizada.

A objetiva 4× raramente é utilizada nos laboratórios de microbiologia. Em geral, as amostras são inicialmente observadas com a objetiva 10×. Ela é útil para observar a presença de células de mamíferos, como células epiteliais e leucócitos, mas não é útil para examinar bactérias. Uma vez focalizada a amostra, pode-se então colocar na posição uma objetiva de grande aumento ou "seca". Essa lente pode ser utilizada para o estudo dos fungos, das algas, dos protozoários e de outros microrganismos grandes. Entretanto, a objetiva de imersão em óleo (aumento total = 1.000×) deve ser utilizada para o estudo das bactérias, já que elas são muito pequenas. Para utilizar a objetiva de imersão, é

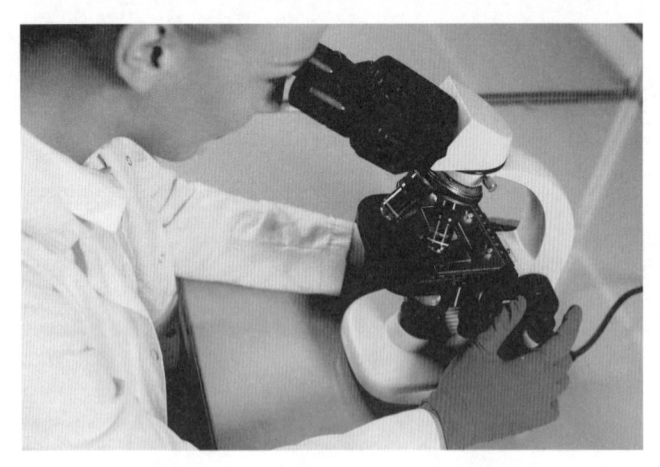

Figura 2.5 Microscópio óptico composto moderno.

preciso colocar inicialmente uma gota de óleo de imersão entre a amostra e a objetiva; esse óleo reduz a dispersão da luz e assegura que ela entrará na lente de imersão em óleo. A objetiva de imersão em óleo não pode ser utilizada sem óleo de imersão, mas não há necessidade dele quando são utilizadas as outras objetivas.

Para uma observação ótima da amostra, a luz precisa ser adequadamente ajustada e focalizada. O condensador, localizado abaixo da platina, direciona a luz para a amostra, ajusta a sua quantidade e forma o cone de luz que entra na objetiva. Em geral, quanto maior o aumento, mais luz se faz necessário.

À medida que aumenta a ampliação, a quantidade de luz que atinge o objeto a ser examinado também precisa ser aumentada. Existem três maneiras corretas para realizar isso: (1) abrindo o diafragma da íris no condensador, (2) abrindo o diafragma de campo e (3) aumentando a intensidade de luz que está sendo emitida pela lâmpada do microscópio, girando o botão do reostato no sentido horário. Girar o botão que eleva ou abaixa o condensador é um modo *incorreto* de ajustar a luminosidade.

O aumento, por si só, é de pouco valor, a não ser que a imagem ampliada apresente mais detalhes e clareza. A clareza da imagem depende do poder de resolução (ou somente resolução) do microscópio, que consiste na capacidade de o sistema de lentes distinguir entre dois objetos adjacentes. Se os dois objetos forem aproximados cada vez mais um do outro, é alcançado um ponto em que eles ficam tão próximos que o sistema de lentes não é mais capaz de mostrá-los como dois itens separados (ou seja, tão próximos

que aparecem como um único objeto). Essa distância entre eles, em que cessam de ser vistos como itens separados, é designada como poder de resolução do instrumento óptico, e conhecê-lo também define o menor objeto que pode ser visualizado pelo instrumento. Por exemplo, o poder de resolução do olho humano desarmado é de aproximadamente 0,2 mm; logo, ele é incapaz de ver objetos com menos de 0,2 mm de diâmetro.

> O poder de resolução (ou somente resolução) de um instrumento óptico é a sua capacidade de distinguir entre dois objetos adjacentes. O do olho humano (a olho nu) é de 0,2 mm.

O poder de resolução do microscópio óptico composto é aproximadamente 1.000 vezes melhor do que o do olho humano desarmado. Em termos práticos, isso significa que é possível examinar objetos com o microscópio composto que são até 1.000 vezes menores do que os menores objetos que podem ser vistos a olho nu. Com o uso de um microscópio óptico composto, podem ser observados objetos de até cerca de 0,2 μm de diâmetro.

> O poder de resolução do microscópio óptico composto é de aproximadamente 0,2 μm, que é cerca da metade do comprimento de onda da luz visível.

É possível acrescentar outras lentes de aumento ao microscópio óptico composto; porém, isso não aumenta o poder de resolução. Isso porque, conforme assinalado anteriormente, enquanto a luz visível for utilizada como fonte de iluminação, os objetos menores do que a metade do comprimento de onda da luz visível não poderão ser visualizados. O aumento da ampliação sem aumentar o poder de resolução é denominado aumento vazio; afinal, ampliar sem aumentar o poder de resolução não fornece nenhum benefício.

Como os objetos são observados contra um fundo luminoso (ou "campo claro") quando se utiliza um microscópio óptico composto, algumas vezes ele é designado como microscópio de campo claro. No entanto, se o condensador regularmente utilizado for substituído por um de campo escuro, os objetos iluminados serão visualizados contra um fundo escuro (ou "campo escuro"), e o microscópio será então convertido em um microscópio de campo escuro. No passado, o laboratório de microbiologia clínica utilizava a microscopia de campo escuro para o diagnóstico da sífilis primária (estágio inicial da sífilis). Isso porque o agente etiológico da doença – uma bactéria espiralada denominada *Treponema pallidum* – não pode ser visualizado ao microscópio de campo claro, visto que tem uma espessura inferior a

Objetiva	Aumento total alcançado quando a objetiva é utilizada com uma lente ocular de 10×
4× (objetiva de varredura)	40×
10× (objetiva de pequeno aumento)	100×
40× (objetiva de grande aumento a seco)	400×
100× (objetiva de imersão em óleo)	1.000×

Tabela 2.3 Aumentos alcançados com o uso do microscópio óptico composto.

0,2 μm e, portanto, está abaixo do poder de resolução dele. Entretanto, o *T. pallidum* pode ser observado utilizando um microscópio de campo escuro, de modo muito semelhante à situação em que se consegue "ver" partículas de poeira em um feixe de luz solar. Na verdade, as partículas de poeira estão abaixo do poder de resolução da vista desarmada e, portanto, não podem ser realmente visualizadas. O que se enxerga no feixe é a luz solar refletida por elas. Com o microscópio de campo escuro, os técnicos de laboratório, na realidade, não visualizam os treponemas, mas sim a luz refletida pelas bactérias, a qual é facilmente observada contra o fundo escuro (Figura 2.6).

> Quando se utiliza um microscópio de campo claro, observam-se os objetos contra um fundo brilhante. Quando se utiliza o microscópio de campo escuro, observam-se os objetos iluminados contra um fundo escuro.

Outros tipos de microscópios compostos incluem o de contraste de fase e o de fluorescência. O microscópio de contraste de fase pode ser utilizado para observar microrganismos vivos não corados. Como a luz refratada pelas células vivas é diferente da luz refratada pelo meio circundante, o contraste é aumentado, e os microrganismos são observados com mais facilidade. O microscópio de fluorescência contém uma fonte de luz ultravioleta (UV) embutida. Quando a luz UV incide em determinados corantes e pigmentos, essas substâncias emitem uma luz de comprimento de onda mais longo, fazendo com que brilhem contra um fundo escuro (Figura 2.7). Com frequência, a microscopia de fluorescência é utilizada em laboratório de imunologia para demonstrar que os anticorpos corados com um corante fluorescente se combinaram com antígenos específicos. Trata-se de um

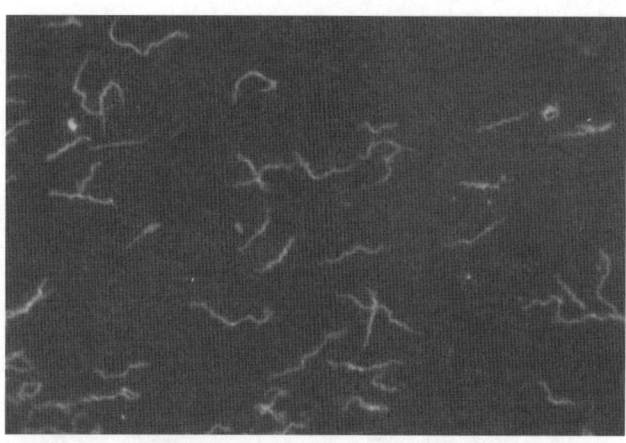

Figura 2.7 Fotomicrografia das espiroquetas *T. pallidum* utilizando a imunofluorescência. Um corante fluorescente é inicialmente fixado a anticorpos para *T. pallidum*, os quais, em seguida, se ligam à superfície das bactérias. Quando examinados sob luz UV, o corante fluorescente emite uma luz esverdeada. (Disponibilizada por Russell e CDC.) (Esta figura encontra-se reproduzida em cores no Encarte.)

tipo de procedimento de imunodiagnóstico (descritos no Capítulo 16, *Mecanismos Específicos de Defesa do Hospedeiro | Introdução à Imunologia*).

Microscópios eletrônicos

Embora se soubesse da existência de agentes infecciosos extremamente pequenos, como os vírus da raiva e da varíola, eles só puderam ser observados quando foi desenvolvido o microscópio eletrônico. Convém assinalar que os microscópios eletrônicos não podem ser utilizados para observar microrganismos vivos; por isso, eles são mortos durante os procedimentos de processamento da amostra. Mesmo se não fossem mortos, eles seriam incapazes de sobreviver no vácuo criado dentro do microscópio eletrônico.

Os microscópios eletrônicos utilizam um feixe de elétrons como fonte de iluminação e magnetos para focalizar o feixe. Como o comprimento de onda dos elétrons no vácuo é muito mais curto do que o comprimento de onda da luz visível – cerca de 100.000 vezes menor –, os microscópios eletrônicos têm um poder de resolução muito maior do que o do microscópio óptico composto. Existem dois tipos de microscópios eletrônicos: o microscópio eletrônico de transmissão (MET) e o microscópio eletrônico de varredura (MEV).

O *MET* (Figura 2.8) apresenta uma coluna alta, na extremidade da qual um revólver eletrônico dispara um feixe de elétrons para baixo. Quando uma amostra extremamente fina (< 1 μm de espessura) é colocada no feixe de elétrons, alguns dos elétrons são transmitidos através da amostra, enquanto outros são bloqueados. Então, uma imagem da amostra é produzida sobre uma tela revestida de fósforo no fundo da coluna do microscópio. O objeto pode ser ampliado até aproximadamente 1 milhão de vezes; desse modo, com o uso de um MET, obtém-se um aumento que é cerca de 1.000 vezes maior do que o máximo alcançado com o microscópio óptico composto. O MET pode ser utilizado para o estudo das estruturas bacterianas e dos vírus (Figura 2.9),

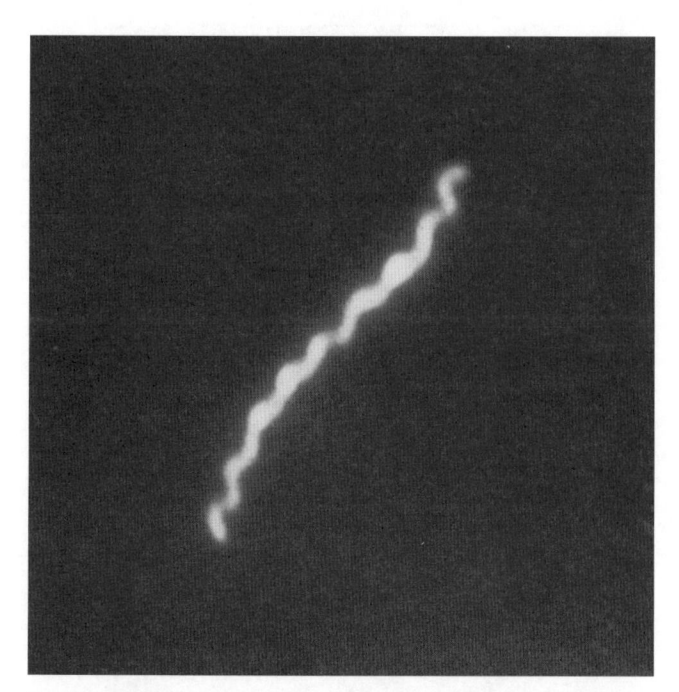

Figura 2.6 Bactéria *T. pallidum* de forma espiralada conforme observada na microscopia de campo escuro. O *T. pallidum* é o agente etiológico da sífilis. (Disponibilizada por Centers for Disease Control and Prevention [CDC].)

Figura 2.8 Uma estagiária dos Centers for Disease Control and Prevention utilizando um microscópio eletrônico de transmissão. (Disponibilizada por Cynthia Goldsmith, James Gathany e CDC.)

Figura 2.10 Microscópio eletrônico de varredura. (Disponibilizada por Jim Yost e pelo National Renewable Energy Institute.)

O poder de resolução do MET é de aproximadamente 0,2 nm, que é cerca de 1 milhão de vezes melhor do que o do olho humano desarmado e 1.000 vezes melhor do que o do microscópio óptico composto.

mas não no laboratório de microbiologia clínica. Entretanto, como é possível examinar cortes finos de células no MET, os patologistas o usam para a detecção de anormalidades nas células.

O *MEV* (Figura 2.10) tem uma coluna mais curta, e, em vez de ser colocada no feixe de elétrons, a amostra é inserida na parte inferior da coluna após ser revestida por um metal condutor, como uma liga de ouro-paládio. Os elétrons que colidem na superfície da amostra são capturados por detectores, e uma imagem aparece em um monitor. Os MEV são utilizados para observar as superfícies externas das amostras (*i. e.*, detalhes da superfície). Embora o poder de resolução do MEV (cerca de 20 nm) não seja tão bom quanto o do MET (cerca de 0,2 nm), é ainda possível observar objetos extremamente pequenos com um MEV. Além

disso, ele possibilita aos cientistas observar a interação dos micróbios com tecidos humanos (Figura 2.11); entretanto, à semelhança do MET, não é utilizado no laboratório de microbiologia clínica.

Ambos os tipos de microscópios eletrônicos têm sistemas de câmeras embutidas, e as fotografias obtidas com o MET e o MEV são denominadas micrografias eletrônicas de transmissão e micrografias

O MEV tem um poder de resolução de cerca de 20 nm – aproximadamente 100 vezes menor do que o do MET.

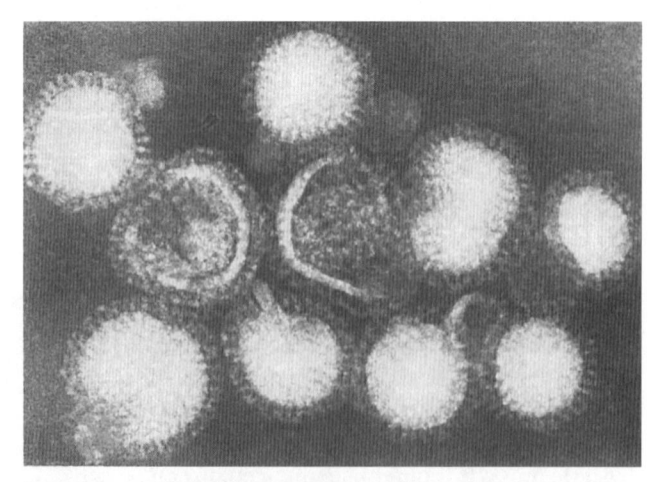

Figura 2.9 Micrografia eletrônica de transmissão do vírus influenza A. (Fonte: Winn WC Jr *et al. Koneman's Color Atlas and Textbook of Diagnostic Microbiology.* 6th ed. Philadelphia, PA: Lippincott Williams & Wilkins; 2006.)

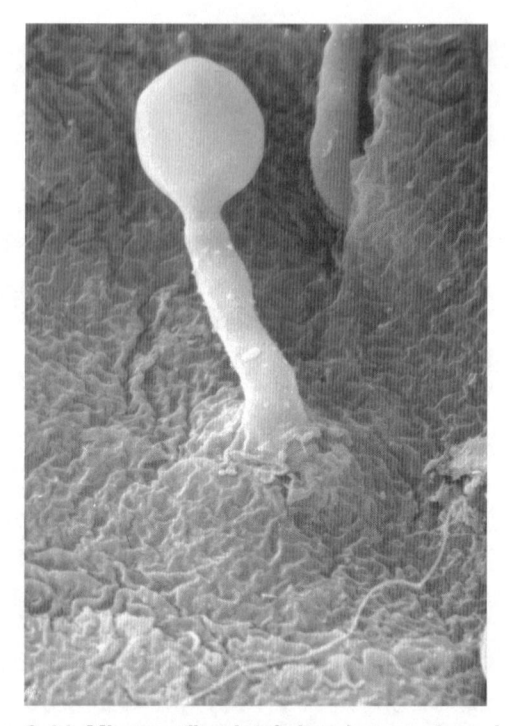

Figura 2.11 Micrografia eletrônica de varredura de uma levedura patogênica (*Candida albicans*) invadindo o tecido. (Disponibilizada pelo Dr. Robert Fader.)

eletrônicas de varredura, respectivamente. Eles produzem imagens em branco e preto; portanto, se alguma vez alguém observou micrografias eletrônicas em cores, significa que elas foram artificialmente coloridas. As Figuras 2.12 a 2.14 mostram as diferenças no aumento e nos detalhes entre fotomicrografias e micrografias eletrônicas da bactéria *Staphylococcus aureus*; entretanto, cada uma delas foi obtida utilizando um tipo diferente de microscópio. Na Tabela 2.2 estão as características dos vários tipos de microscópios.

As fotografias obtidas com o uso de um microscópio óptico composto são denominadas fotomicrografias. Aquelas obtidas utilizando o MET e o MEV são denominadas micrografias eletrônicas de transmissão e micrografias eletrônicas de varredura, respectivamente.

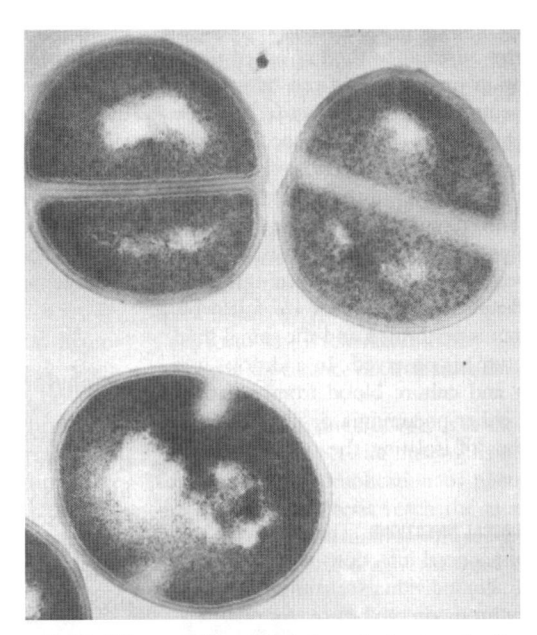

Figura 2.13 Micrografia eletrônica de transmissão mostrando células de *S. aureus* em vários estágios de divisão binária. (Fonte: Volk WA *et al*. *Essentials of Medical Microbiology*. 5th ed. Philadelphia, PA: Lippincott-Raven; 1996.)

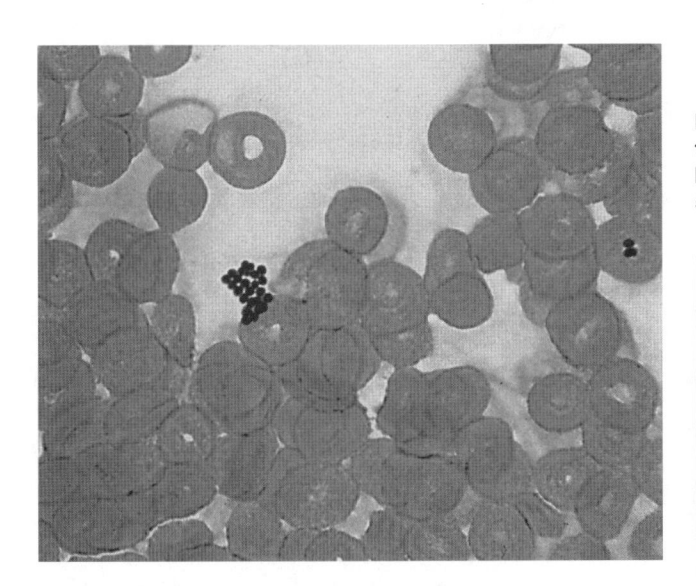

Figura 2.12 Agregado de bactérias *Staphylococcus aureus* de coloração azul, semelhante a um cacho, e eritrócitos observados ao microscópio óptico. (Fonte: Marler LM *et al*. *Direct Smear Atlas*. Philadelphia, PA: Lippincott Williams & Wilkins; 2001.) (Esta figura encontra-se reproduzida em cores no Encarte.)

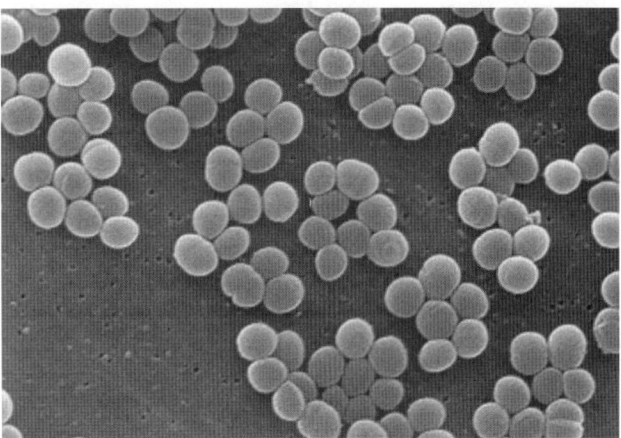

Figura 2.14 Micrografia eletrônica de varredura de *S. aureus*. (Disponibilizada por Janice Carr, Matthew J. Arduino e CDC.)

Exercícios de autoavaliação

Após estudar este capítulo, responda às seguintes questões de múltipla escolha:

1. Um milímetro é equivalente a quantos nanômetros?
   a. 1.000
   b. 10.000
   c. 100.000
   d. 1.000.000

2. Suponha que uma cabeça de alfinete tenha 1 mm de diâmetro. Quantas bactérias esféricas (cocos), dispostas lado a lado, preencherão a cabeça do alfinete? (Dica: Utilize as informações da Tabela 2.1.)
   a. 100
   b. 1.000
   c. 10.000
   d. 100.000

3. Qual é o comprimento médio de uma bactéria em forma de bastonete (bacilo)?
   a. 3 μm
   b. 3 nm
   c. 0,3 mm
   d. 0,03 mm

4. Qual é o aumento total obtido quando se utiliza a objetiva de grande aumento (objetiva seca) de um microscópio óptico composto equipado com uma lente ocular de 10×?
   a. 40
   b. 50
   c. 100
   d. 400

5. Quantas vezes a resolução do MET é melhor do que a do olho humano desarmado?
   a. 1.000
   b. 10.000
   c. 100.000
   d. 1.000.000

6. Quantas vezes a resolução do MET é melhor do que a do microscópio óptico composto?
   a. 100
   b. 1.000
   c. 10.000
   d. 100.000

7. Quantas vezes a resolução do MET é melhor do que a do MEV?
   a. 100
   b. 1.000
   c. 10.000
   d. 100.000

8. O fator limitante de qualquer microscópio óptico composto (i. e., o que limita a sua resolução a 0,2 μm) é:
   a. A quantidade de lentes do condensador que ele apresenta
   b. A quantidade de lentes de aumento que ele apresenta
   c. A quantidade de lentes oculares que ele apresenta
   d. O comprimento de onda da luz visível

9. A qual dos seguintes indivíduos é atribuído o mérito de ter desenvolvido o primeiro microscópio composto?
   a. Anton van Leeuwenhoek
   b. Hans Jansen
   c. Louis Pasteur
   d. Robert Hooke

10. Um microscópio óptico composto difere de um microscópio simples pelo fato de ele ter mais de uma:
    a. Lente do condensador
    b. Lente de aumento
    c. Lente objetiva
    d. Lente ocular

CAPÍTULO

Estrutura Celular e Taxonomia

3

SUMÁRIO DO CAPÍTULO

OBJETIVOS DE APRENDIZAGEM

Após estudar este capítulo, você deverá ser capaz de:

- Explicar o que se entende por teoria celular (ver boxe "Nota histórica: Células")
- Citar as contribuições de Hooke, de Schleiden e Schwann e de Virchow para o estudo das células
- Citar uma função de cada uma das seguintes partes de uma célula eucariótica: membrana celular, núcleo, ribossomos, complexo de Golgi, lisossomos, mitocôndrias, plastídios, citoesqueleto, parede celular, flagelos e cílios

- Citar uma função de cada uma das seguintes partes de uma célula bacteriana: membrana celular, cromossomo, parede celular, cápsula, flagelos, fímbrias, *pillus* sexual e endósporos
- Comparar e diferenciar células vegetais, animais e bacterianas
- Definir os seguintes termos: gênero, epíteto específico e espécie
- Descrever os sistemas de classificação de cinco reinos e três domínios.

INTRODUÇÃO

Conforme explicado no Capítulo 1, *Microbiologia | A Ciência*, existem duas categorias principais de micróbios: acelulares (também denominados partículas infecciosas) e celulares (também chamados de microrganismos). Neste capítulo, será abordada a estrutura dos microrganismos. Por serem tão pequenos, bem poucos detalhes relativos à sua estrutura podem ser determinados com o uso do microscópio óptico composto; desse modo, o conhecimento sobre a ultraestrutura dos micróbios foi adquirido por meio da utilização dos microscópios eletrônicos. A ultraestrutura refere-se a observações muito detalhadas das células, as quais estão além do poder de resolução do microscópio óptico composto. Neste capítulo, também serão discutidos os modos pelos quais os micróbios e as suas células se reproduzem, e como os microrganismos são classificados.

Em biologia, uma célula é definida como a unidade fundamental de qualquer organismo vivo, visto que, à semelhança do organismo como um todo, ela exibe as características básicas da vida. Uma célula obtém alimento (nutrientes) do meio ambiente para produzir a energia necessária ao metabolismo e outras atividades. O metabolismo refere-se a todas as reações químicas que ocorrem no interior de uma célula (para uma discussão detalhada do metabolismo e das reações metabólicas, ver o Capítulo 7, *Fisiologia e Genética Microbianas*). Devido ao metabolismo, uma célula pode crescer e se reproduzir. Além disso, pode responder a estímulos provenientes do seu meio ambiente, como luz, calor, frio e presença de substâncias químicas. Uma célula pode sofrer mutação (alteração genética) devido a mudanças acidentais em seu material genético – o ácido desoxirribonucleico (DNA) que compõe os genes de seus cromossomos – e, em consequência, pode tornar-se mais ou menos adaptada a seu meio ambiente. Como resultado dessas alterações genéticas, o organismo mutante pode ficar mais bem adaptado para a sobrevivência e o seu desenvolvimento em uma nova espécie de organismo.

As células bacterianas exibem todas as características da vida, embora não tenham o complexo sistema de membranas e *organelas* (minúsculas estruturas semelhantes a órgãos) encontrado nos organismos unicelulares mais evoluídos. Essas células menos complexas, que incluem *Bacteria* e *Archaea*, são denominadas **procariontes** ou **células procarióticas**. As mais complexas, que contêm um núcleo verdadeiro e muitas organelas envolvidas por membrana, são chamadas de **eucariontes** ou células eucarióticas. Os eucariontes incluem organismos como as algas, os protozoários, os fungos, as plantas, os animais e os seres humanos. Alguns micróbios são procarióticos, outros são eucarióticos, e outros ainda (p. ex., vírus) não são células (Figura 3.1).

> As células eucarióticas têm um núcleo verdadeiro, o que não ocorre com as procarióticas.

Os vírus parecem ser o resultado de uma evolução regressiva ou reversa. São compostos apenas de alguns genes protegidos por um revestimento de proteína e, algumas vezes, podem conter uma ou mais enzimas. Para se reproduzirem, eles dependem da energia e da maquinaria metabólica de uma célula hospedeira. Por serem acelulares (*i. e.*, não compostos de células), são classificados dentro de uma categoria totalmente separada. Os vírus serão discutidos de modo detalhado no Capítulo 4, *Micróbios Acelulares e Procarióticos*.

Para os profissionais da área de saúde, é importante aprender as diferenças na estrutura de várias células, não apenas com o propósito de identificá-las, mas também de compreender as diferenças existentes no seu metabolismo. Esses fatores precisam ser conhecidos antes que se possa determinar ou explicar por que os agentes (fármacos)

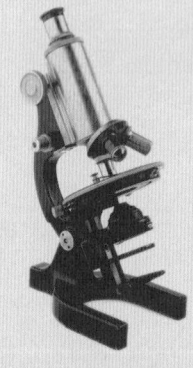

Nota histórica

Células

Em 1665, o físico inglês Robert Hooke publicou um livro intitulado *Micrografia*, contendo descrições de objetos que tinha observado utilizando um microscópio óptico composto fabricado por ele. Esses itens incluíam bolores, ferrugens, pulgas, piolhos, plantas e animais fossilizados e cortes de cortiça. Hooke designou as pequenas câmaras vazias na estrutura da cortiça como "células", provavelmente por trazer-lhe à lembrança os espaços vazios (denominados células) em um monastério. Ele foi o primeiro a utilizar o termo dessa maneira. Por volta de 1838 a 1839, um botânico alemão chamado Matthias Schleiden e um zoologista também alemão chamado Theodor Schwann concluíram que todos os tecidos vegetais e animais eram compostos de células, o que se tornou conhecido como teoria celular. Em seguida, em 1858, o patologista alemão Rudolf Virchow propôs a teoria da *biogênese*, segundo a qual a vida só pode surgir a partir de uma outra preexistente; portanto, as células só podem surgir a partir de outras preexistentes. A biogênese não considera a questão da origem da vida na Terra, um assunto complexo sobre o qual muito foi escrito.

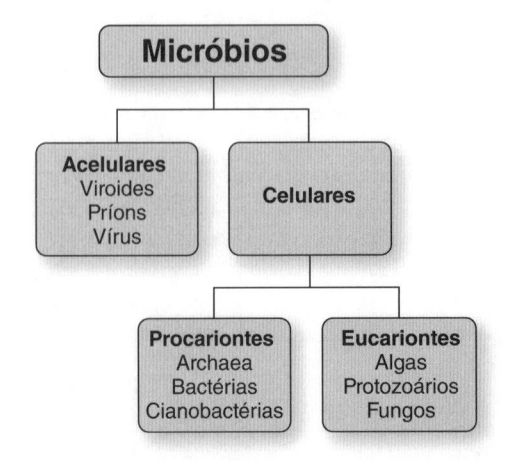

Figura 3.1 Micróbios acelulares e celulares. Os micróbios acelulares incluem os viroides, os príons e os vírus. Os micróbios celulares incluem os procariontes menos complexos (Archaea e bactérias) e os eucariontes mais complexos (algumas algas, todos os protozoários e alguns fungos).

antimicrobianos atacam e destroem os patógenos, mas não danificam as células humanas.

A citologia, que é o estudo da estrutura e da função das células, desenvolveu-se nos últimos 75 anos com a ajuda do microscópio eletrônico e da pesquisa bioquímica sofisticada. Muitos livros foram escritos sobre os detalhes dessas minúsculas fábricas funcionais (as células); porém, somente uma breve discussão de sua estrutura e suas atividades será apresentada aqui.

ESTRUTURA DA CÉLULA EUCARIÓTICA

Os eucariontes (*eu* = verdadeiro; *karyo* = refere-se a uma noz ou núcleo) são assim denominados por terem um núcleo verdadeiro, em que o DNA está envolvido por uma membrana nuclear. As células animais e vegetais medem, em sua maioria, 10 a 30 μm, ou seja, são aproximadamente 10 vezes maiores do que a maioria das células procarióticas. A Figura 3.2 ilustra uma célula eucariótica animal típica. Essa ilustração é uma composição feita com a maioria das estruturas que podem ser encontradas nos vários tipos de células do corpo humano. A Figura 3.3 mostra a micrografia eletrônica de transmissão de uma célula de levedura. A descrição das partes funcionais das células eucarióticas pode ser mais bem entendida tendo em mente as estruturas ilustradas.

Membrana celular

A célula é revestida e mantida intacta pela *membrana celular*, que também é denominada membrana plasmática ou membrana citoplasmática. Do ponto de vista estrutural, trata-se de um mosaico composto de grandes moléculas de proteínas e fosfolipídios (certos tipos de gorduras). A membrana celular é como uma "pele" ao redor da célula, separando

> As membranas celulares apresentam permeabilidade seletiva, o que significa que elas só permitem a passagem de determinadas substâncias.

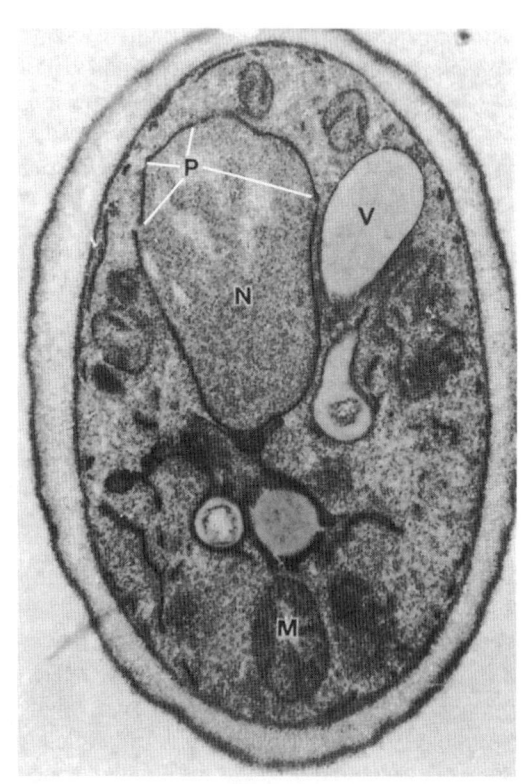

Figura 3.3 Corte transversal de uma célula de levedura, mostrando o núcleo (*N*) com poros nucleares (*P*), uma mitocôndria (*M*) e um vacúolo (*V*). O citoplasma é circundado pela membrana celular. A porção externa espessa é a parede celular. (Fonte: Lechavalier HA, Pramer D. *The Microbes*. Philadelphia, PA: JB Lippincott; 1970.)

o conteúdo interno do "mundo exterior". A membrana celular regula a passagem dos nutrientes, dos produtos de degradação e das secreções para dentro e para fora da célula. Como ela tem a propriedade de *permeabilidade seletiva*, apenas determinadas substâncias podem entrar e sair da célula. A membrana celular é semelhante, na sua estrutura e função, a todas as outras membranas que são encontradas nas células eucarióticas.

Núcleo

Conforme anteriormente assinalado, a principal diferença entre as células procarióticas e eucarióticas é a presença de um "núcleo verdadeiro" nestas, o que não ocorre nas procarióticas. O núcleo controla as funções de toda a célula e pode ser considerado como o "centro de comando" dela. Ele apresenta três componentes: o nucleoplasma, os cromossomos e a membrana nuclear. O nucleoplasma (um tipo de protoplasma) consiste na matriz gelatinosa, ou material de base, do núcleo. Os cromossomos estão inseridos ou suspensos no nucleoplasma. A membrana, que serve como "pele" ao redor do núcleo, é denominada membrana nuclear e contém orifícios (poros nucleares) através dos quais grandes moléculas podem entrar e sair do núcleo.

> Um "núcleo verdadeiro" consiste em nucleoplasma, cromossomos e membrana nuclear.

Os cromossomos eucarióticos são constituídos por moléculas lineares de DNA e proteínas (histonas e não

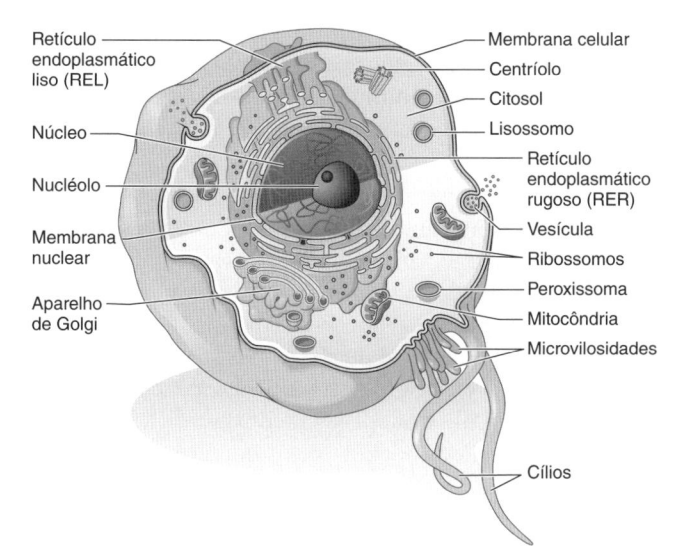

Retículo endoplasmático liso (REL)
Núcleo
Nucléolo
Membrana nuclear
Aparelho de Golgi

Membrana celular
Centríolo
Citosol
Lisossomo
Retículo endoplasmático rugoso (RER)
Vesícula
Ribossomos
Peroxissoma
Mitocôndria
Microvilosidades
Cílios

Figura 3.2 Célula animal eucariótica típica. (Redesenhada de Cohen BJ. *Memmler's The Human Body in Health and Disease*. 11th ed. Philadelphia, PA: Lippincott Williams & Wilkins; 2009.) (Esta figura encontra-se reproduzida em cores no Encarte.)

histonas).[a] Os genes estão localizados ao longo das moléculas de DNA. Embora eles sejam algumas vezes descritos como "contas de um cordão", cada "conta" (gene) representa, na verdade, um segmento específico da molécula de DNA, pois cada gene contém a informação genética que capacita a célula a produzir um ou mais produtos gênicos. Os produtos gênicos são, em sua maioria, proteínas; todavia, alguns genes codificam a produção de dois tipos de ácido ribonucleico (RNA): moléculas de ácido ribonucleico ribossômico (rRNA) e de ácido ribonucleico transportador (tRNA) (ambos discutidos no Capítulo 6, *Base Bioquímica da Vida*). O conjunto completo de genes do organismo é designado como genótipo (ou **genoma**). O modo pelo qual os genes controlam as atividades de todo o organismo está explicado nos Capítulos 6 e 7.

> O conjunto completo de genes de um organismo é denominado genótipo ou genoma.

A quantidade e a composição dos cromossomos e o número de genes em cada cromossomo são característicos de cada espécie de organismo. Assim, diferentes espécies têm números e tamanhos diferentes de cromossomos. Por exemplo, as células diploides humanas apresentam 46 cromossomos (23 pares), cada um constituído de milhares de genes. Foi estimado que o genoma humano consiste em 20.000 a 25.000 genes.[b]

Quando o núcleo for observado com o uso de um microscópio eletrônico de transmissão, poderá ser enxergado uma área escura (eletrodensa) no seu interior. Essa área é denominada nucléolo, onde as moléculas de rRNA são produzidas. Em seguida, as moléculas de rRNA deixam o núcleo e tornam-se parte da estrutura dos ribossomos (discutidos mais adiante neste capítulo).

Citoplasma

O citoplasma (um tipo de protoplasma) é uma matriz nutritiva semifluida e gelatinosa. No seu interior, são encontrados grânulos de armazenamento insolúveis e diversas organelas

---

[a]As histonas são proteínas de baixo peso molecular e de carga positiva que são encontradas nos núcleos das células eucarióticas. Atuam como carretéis em torno dos quais o DNA se enrola. Esse envolvimento possibilita a compactação necessária para que os grandes genomas dos eucariontes sejam contidos dentro dos núcleos das células. Uma molécula compactada de DNA é aproximadamente 40.000 vezes mais curta do que a não compactada.

[b]Embora o Projeto Genoma Humano tenha sido concluído em 2003, o número exato de genes codificados pelo genoma humano continua desconhecido. A razão para essa incerteza é o fato de que as várias previsões derivam de diferentes métodos computacionais e programas de identificação de genes. A definição de um gene é problemática por diversas razões, incluindo: (1) pode ser difícil detectar genes pequenos, (2) um gene pode codificar vários produtos proteicos, (3) alguns codificam apenas RNA e (4) pode haver superposição de dois genes. Assim, mesmo com o avanço na análise do genoma, apenas a computação é insuficiente para se chegar a um número acurado de genes. Além disso, as previsões de genes precisam ser verificadas por intenso trabalho no laboratório antes que a comunidade científica possa chegar a um consenso real. (Fonte: http://www.ornl.gov/hgmis.)

Pense nisso

De acordo com os achados do Projeto Genoma Humano, os seres humanos têm entre 20.000 e 25.000 genes. Como se pode comparar esse número com o tamanho do genoma de outros organismos? Foi relatado que o animal com maior genoma é um minúsculo crustáceo aquático denominado pulga de água ou dáfnia (*Daphnia pulex*), com cerca de 31.000 genes.[c] Quanto aos outros organismos, os exemplos fornecidos pelo Projeto Genoma Humano[d] e pela Wikipedia[e] incluem: a bactéria *Haemophilus influenzae* (1.700), *Escherichia coli* (3.200), parasitas *Cryptosporidium* (cerca de 4.000), uma alga vermelha (cerca de 5.300), um parasita da malária (cerca de 5.300), levedura de padeiro (cerca de 6.000), outros fungos (cerca de 2.000 a 11.800), uma alga verde (cerca de 8.000), um mosquito (cerca de 13.600), mosca-das-frutas (13.600), um nematódeo (19.000), um camundongo (cerca de 25.000), um baiacu (de 22.000 a 29.000), uma mostarda silvestre denominada *Arabidopsis thaliana* (25.000), arroz (32.000 a 50.000) e um choupo (cerca de 45.500). Embora não seja um assunto pertinente à microbiologia, é interessante observar o fato de que os genomas de determinadas plantas são maiores do que o humano, e que mais de 97% do material genético humano são idênticos ao de um chimpanzé.

citoplasmáticas, incluindo retículo endoplasmático (RE), ribossomos, complexos de Golgi, mitocôndrias, centríolos, microtúbulos, lisossomos e outros vacúolos delimitados por membrana. Cada uma dessas organelas desempenha uma função altamente específica, e todas essas funções estão inter-relacionadas para manter a célula e possibilitar a realização adequada de suas atividades. O citoplasma é o local onde ocorre a maior parte das reações metabólicas da célula, e sua parte semifluida, excluindo os grânulos e as organelas, é algumas vezes designada como *citosol*.

Retículo endoplasmático

O RE é um sistema altamente contorcido de membranas, que estão interconectadas entre si e dispostas de modo a formar uma rede de transporte constituída por túbulos e sacos achatados no interior do citoplasma. Grande parte do RE tem aparência granulosa e rugosa quando observada ao microscópio eletrônico de transmissão, sendo designada como retículo endoplasmático rugoso (RER). Essa aparência rugosa é produzida pelos numerosos *ribossomos*

---

[c]Disponível em: http://earthsky.org/earth.

[d]Disponível em: www.ornl.gov/sci/techresources/Human_Genome/faq/compgen.shtml.

[e]Disponível em: http://em.wikipedia.org/wiki/List_of_sequenced_eukaryotic_genomes.

aderidos à superfície externa das membranas. O RE que não apresenta ribossomos aderidos é denominado retículo endoplasmático liso (REL).

Ribossomos

Os ribossomos eucarióticos medem de 18 a 22 nm de diâmetro. Consistem principalmente em rRNA e proteínas, e desempenham um importante papel na síntese (produção) de proteínas. Algumas vezes, agrupamentos de ribossomos (denominados polirribossomos ou **polissomos**), que são mantidos unidos por uma molécula de RNA mensageiro (mRNA), são observados ao microscópio eletrônico.

> No interior da célula, os ribossomos constituem os locais de síntese de proteínas.

Cada ribossomo eucariótico é composto de duas subunidades – uma grande (a subunidade 60S) e uma pequena (a subunidade 40S) –, que são produzidas no nucléolo. Em seguida, elas são transportadas até o citoplasma, onde permanecem separadas até serem unidas por uma molécula de mRNA, de modo a iniciar a síntese de proteínas (Capítulo 6, *Base Bioquímica da Vida*). Quando unidas, as subunidades 40S e 60S formam um ribossomo 80S. O "S" refere-se a unidades Svedberg, e 40S, 60S e 80S são coeficientes de sedimentação. Um coeficiente de sedimentação expressa a velocidade com que uma partícula ou uma molécula move-se em um campo de centrifugação; é determinado pelo tamanho e pela forma da partícula ou da molécula.

A maior parte das proteínas liberadas do RE não está no estado maduro. Essas proteínas precisam sofrer processamento posterior em uma organela conhecida como complexo de Golgi, para que sejam capazes de desempenhar as suas funções dentro ou fora da célula.

Complexo de Golgi

O complexo de Golgi, também conhecido como aparelho de Golgi ou corpo de Golgi, conecta-se ou comunica-se com o RE. Essa pilha de sacos membranosos e achatados tem por função completar a transformação das proteínas recém-sintetizadas em proteínas maduras e funcionais e acondicioná-las em pequenas vesículas envoltas por membrana para armazenamento dentro da célula ou para exportação fora dela (exocitose ou secreção). Algumas vezes, os complexos de Golgi são descritos como "fábricas de embalagem".

> Os complexos de Golgi podem ser considerados como "fábricas de embalagem".

Lisossomos e peroxissomos

Os lisossomos são pequenas vesículas (cerca de 1 μm de diâmetro) que se originam do complexo de Golgi. Eles contêm lisozima e outras enzimas digestivas que degradam o material estranho capturado na célula por *fagocitose* (englobamento de grandes partículas por amebas e determinados tipos de leucócitos, denominados fagócitos). Essas enzimas também ajudam a degradar partes desgastadas da célula e podem destruí-la por um processo denominado autólise se ela for danificada ou deteriorada. Os lisossomos são encontrados em todas as células eucarióticas.

Os peroxissomos são vesículas delimitadas por membrana, nas quais o peróxido de hidrogênio é tanto gerado quanto degradado. Eles contêm a enzima catalase, que catalisa (acelera) a decomposição do peróxido de hidrogênio em água e oxigênio. Os peroxissomos são encontrados na maioria das células eucarióticas, mas são particularmente proeminentes nas células hepáticas dos mamíferos.

Mitocôndria

A energia necessária para a função celular é fornecida pela formação de moléculas de fosfato de alta energia, como o trifosfato de adenosina (ATP). As moléculas de ATP constituem as principais moléculas de transporte ou de armazenamento de energia no interior das células. As mitocôndrias são designadas como "usinas de força", "centrais de energia" ou "fábricas de energia" da célula eucariótica, visto que elas constituem o local onde a maior parte das moléculas de ATP é formada por meio da respiração celular. Durante esse processo, a energia é liberada das moléculas de glicose e de outros nutrientes para impulsionar outras funções celulares (Capítulo 7, *Fisiologia e Genética Microbianas*). O número de mitocôndrias em uma célula varia enormemente, dependendo das atividades desenvolvidas por essa célula. As mitocôndrias medem cerca de 0,5 a 1 μm de

> As mitocôndrias podem ser consideradas como "usinas de força" ou "fábricas de energia" no interior da célula.

diâmetro e até 7 μm de comprimento. Muitos cientistas acreditam que as mitocôndrias e os cloroplastos tenham surgido a partir de bactérias que vivem no interior das células eucarióticas.

Plastídios

As células vegetais contêm tanto mitocôndrias quanto outro tipo de organela produtora de energia, denominada plastídio. Os plastídios são estruturas envoltas por membrana, que contêm vários pigmentos fotossintéticos; constituem os locais da fotossíntese. Os cloroplastos, um tipo de plastídio, são encontrados nas células vegetais e em algas, e contêm um pigmento fotossintético verde denominado clorofila. A **fotossíntese** é o processo pelo qual a energia luminosa é utilizada para

> No interior de determinados tipos de células, os plastídios constituem os locais de fotossíntese.

converter o dióxido de carbono e a água em carboidratos e oxigênio, respectivamente (Capítulo 7, *Fisiologia e Genética Microbianas*). As ligações químicas nas moléculas de carboidratos representam energia armazenada. Por conseguinte, a fotossíntese consiste na conversão da energia luminosa em energia química.

Citoesqueleto

Existe um sistema de fibras, conhecido coletivamente como citoesqueleto, presente por todo o citoplasma. Os três tipos de fibras citoesqueléticas são: microtúbulos, microfilamentos (filamentos de actina) e filamentos intermediários. Todos servem para fortalecer, sustentar e enrijecer a célula, e conferir-lhe a sua forma. Além de suas funções estruturais, os microtúbulos e os microfilamentos são essenciais para o desempenho de várias atividades, como divisão celular, contração, motilidade (ver seção "Flagelos e cílios") e movimento dos cromossomos no interior da célula. Os microtúbulos consistem em túbulos finos e ocos, constituídos por subunidades esféricas de proteínas, denominadas *tubulinas*.

Parede celular

Algumas células eucarióticas têm *paredes celulares* – estruturas externas que conferem rigidez, forma e proteção à célula (Figura 3.4). As paredes celulares das células eucarióticas, cuja estrutura é muito mais simples do que as das células procarióticas, podem conter celulose, pectina, lignina, quitina e alguns sais minerais (comumente encontrados em algas). A parede celular das algas contém um polissacarídeo que não é encontrado na parede celular de nenhum outro microrganismo: a *celulose*, também encontrada nas paredes celulares das plantas. As paredes celulares dos fungos contêm um polissacarídeo que não é encontrado na parede celular de nenhum outro microrganismo: a *quitina*, cuja estrutura é semelhante à da celulose, também encontrada no exoesqueleto de besouros e caranguejos.

Flagelos e cílios

Algumas células eucarióticas (p. ex., espermatozoides e determinados tipos de protozoários e algas) têm estruturas delgadas e relativamente longas, denominadas flagelos. Essas células são denominadas flageladas ou móveis; os protozoários que contêm flagelos são chamados de flagelados, e seu movimento em chicotada possibilita que as células flageladas "nadem" em ambientes líquidos. Os flagelos são descritos como semelhantes a chicotes; por isso, são considerados como organelas de locomoção (movimento das células).

As células flageladas podem apresentar um, dois ou mais flagelos. Os cílios também são organelas de locomoção, mas tendem a ser mais curtos (semelhantes a pelos), mais finos e mais numerosos do que os flagelos. Podem ser encontrados em algumas espécies de protozoários (denominados ciliados) e em determinados tipos de células do corpo humano (p. ex., células epiteliais ciliadas que revestem o trato respiratório). Diferentemente dos flagelos, os cílios tendem a bater com movimento rítmico e coordenado. Os flagelos e os cílios das células eucarióticas, que apresentam um arranjo interno de microtúbulos de "9 + 2" (Figura 3.5), são estruturalmente mais complexos do que os flagelos das bactérias.

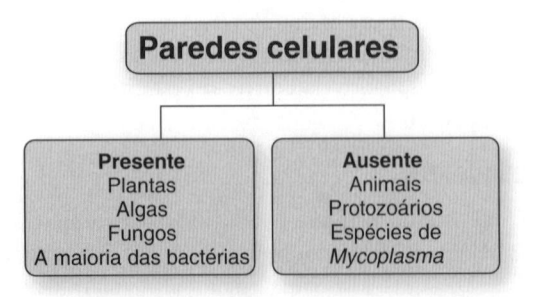

Figura 3.4 **Presença ou ausência de uma parede celular em vários tipos de células.** *Mycoplasma* é um gênero de bactéria.

ESTRUTURA DA CÉLULA PROCARIÓTICA

As células procarióticas são aproximadamente 10 vezes menores do que as eucarióticas. Uma célula típica de *E. coli* mede cerca de 1 μm de largura e 2 a 3 μm de comprimento. Do ponto de vista estrutural, os *procariontes* são células muito simples quando comparadas com as células eucarióticas e, mesmo assim, são capazes de realizar os processos necessários para a vida. A reprodução das células procarióticas ocorre por *divisão binária*, isto é, a divisão simples de uma célula em duas após a replicação do DNA (Capítulo 6, *Base Bioquímica da Vida*) e a formação de uma membrana e uma parede celular que separam as células. Todas as bactérias são procariontes, assim como as Archaea.

No interior do citoplasma das células procarióticas encontram-se um cromossomo, ribossomos e outras partículas citoplasmáticas (Figura 3.6). Diferentemente das células eucarióticas, o citoplasma das procarióticas não é preenchido por membranas internas. O citoplasma é circundado por uma membrana celular, uma parede celular (geralmente) e, algumas vezes, por uma cápsula ou camada limosa. Estas últimas três estruturas compõem o envoltório da célula bacteriana. Dependendo da espécie de bactéria, podem-se observar flagelos, fimbrias, *pili* (descritos adiante) ou ambos na parte externa do envoltório da célula; algumas vezes, pode-se ver um esporo dentro da célula.

> As células eucarióticas móveis apresentam flagelos ou cílios.

Membrana celular

A membrana celular, também conhecida como membrana plasmática ou citoplasmática, envolve o citoplasma de uma

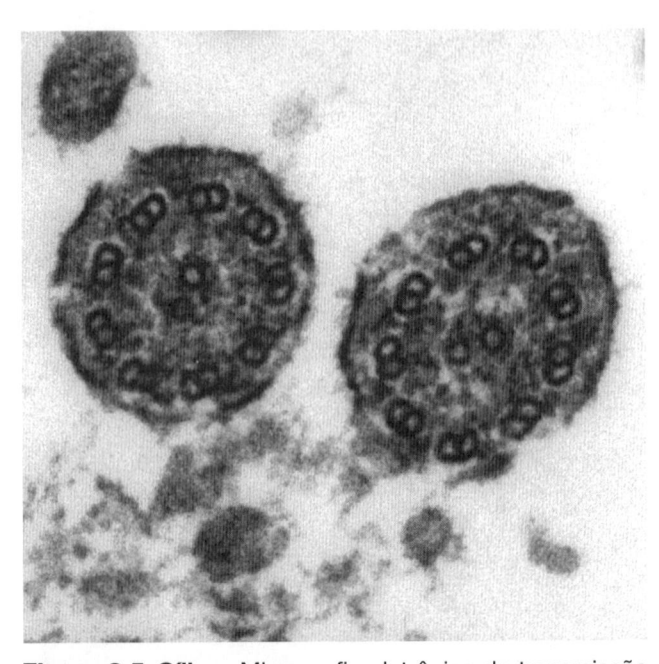

Figura 3.5 Cílios. Micrografia eletrônica de transmissão mostrando cortes transversais de cílios respiratórios de camundongo. Observe o arranjo 9 + 2 dos microtúbulos no interior de cada cílio: dois microtúbulos isolados no centro, circundados por nove pares de microtúbulos. (Disponibilizada por Louisa Howard e remf.dartmouth.edu/images.)

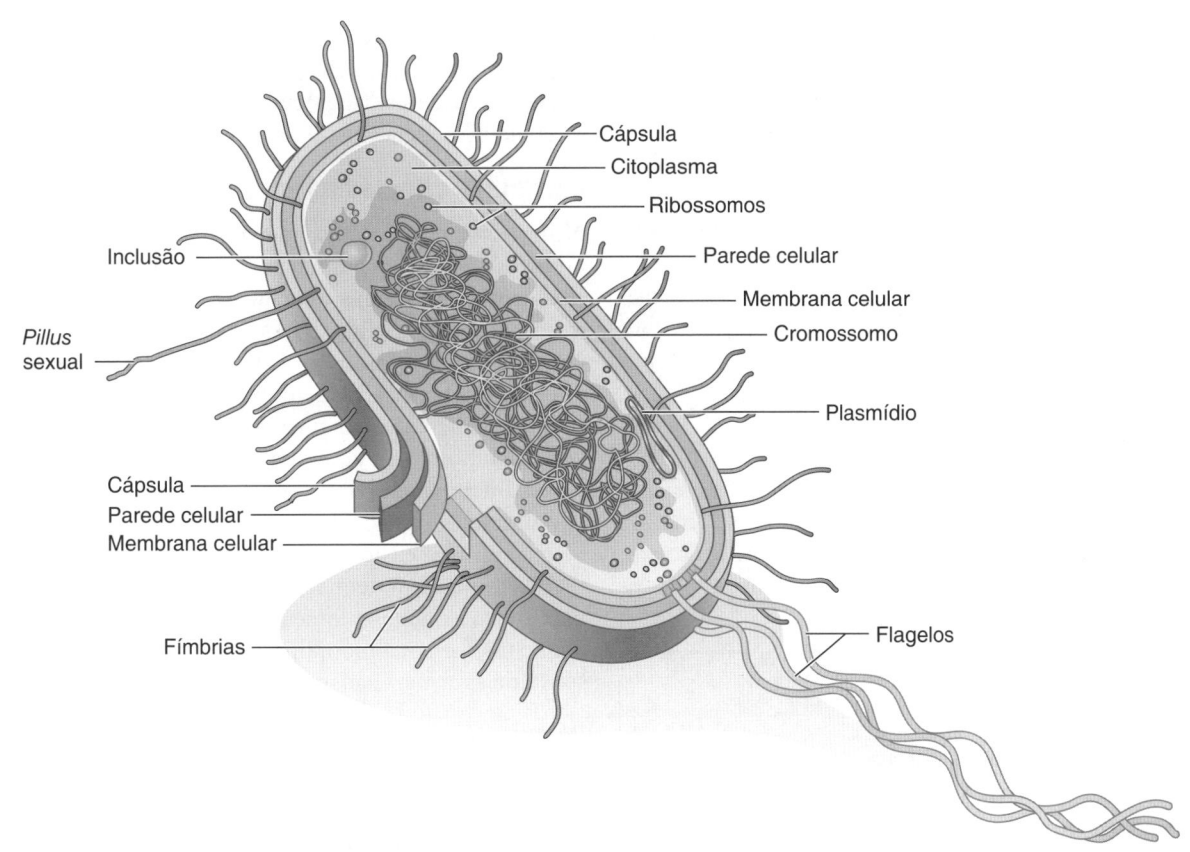

Inclusão

Pillus sexual

Cápsula
Parede celular
Membrana celular

Fímbrias

Cápsula
Citoplasma
Ribossomos
Parede celular
Membrana celular
Cromossomo

Plasmídio

Flagelos

Figura 3.6 Célula procariótica típica. (Esta figura encontra-se reproduzida em cores no Encarte.)

célula procariótica. Ela se assemelha, na sua estrutura e função, à membrana da célula eucariótica. Quimicamente, a membrana celular é constituída de proteínas e fosfolipídios, que serão discutidos de modo mais detalhado no Capítulo 6, *Base Bioquímica da Vida*. Por ser seletivamente permeável, a membrana controla quais substâncias podem entrar ou sair da célula. A membrana celular é flexível e tão delgada que não pode ser vista ao microscópio óptico composto. Entretanto, é frequentemente observada em micrografias eletrônicas de transmissão de bactérias.

Muitas enzimas estão ligadas à membrana celular, onde ocorrem várias reações metabólicas. Alguns cientistas acreditam que as invaginações dessa membrana, denominadas **mesossomos**, sejam os locais onde ocorre a respiração celular nas bactérias. Esse processo se assemelha ao que ocorre nas mitocôndrias das células eucarióticas, nas quais os nutrientes são decompostos para produzir energia na forma de moléculas de ATP. Por outro lado, alguns cientistas acreditam que os mesossomos não sejam mais do que artefatos criados durante o processamento das células bacterianas para microscopia eletrônica.

Nas cianobactérias e em outras bactérias fotossintéticas (que convertem a energia luminosa em energia química), as invaginações da membrana celular contêm clorofila e outros pigmentos que servem para capturar a energia luminosa para a fotossíntese. Todavia, as células procarióticas não apresentam sistemas complexos de membranas internas semelhantes ao RE e ao complexo de Golgi das células eucarióticas e não contêm nenhuma organela ou vesícula delimitadas por membrana.

Cromossomo

O cromossomo procariótico consiste geralmente em uma única molécula de DNA circular longa e superespiralada, que serve como centro de controle da célula bacteriana. Ele tem a capacidade de se autoduplicar, orientar a divisão celular e direcionar as atividades da célula. Uma célula procariótica não contém nucleoplasma nem membrana nuclear; assim, o cromossomo encontra-se suspenso ou inserido no citoplasma. O espaço ocupado pelo DNA no interior de uma célula bacteriana é, algumas vezes, designado como nucleoide bacteriano.

> As células bacterianas têm apenas um cromossomo, enquanto as eucarióticas podem apresentar muitos cromossomos.

O cromossomo de *E. coli* fino e densamente enovelado mede cerca de 1,5 mm (1.500 μm) de comprimento e apenas 2 mm de largura. Tendo em vista que uma célula típica de *E. coli* tem cerca de 2 a 3 μm de comprimento, seu cromossomo é aproximadamente 500 a 750 vezes mais comprido do que a própria célula – uma extraordinária façanha de acondicionamento.

Os cromossomos das bactérias contêm entre 575 e 55.000 genes, dependendo da espécie, e cada gene codifica um ou mais produtos gênicos (enzimas, outras proteínas e moléculas de rRNA e tRNA). Em comparação, os cromossomos no interior de uma célula humana contêm 20.000 e 25.000 genes.

No citoplasma das células procarióticas, pode-se observar também a presença de pequenas moléculas circulares de DNA de fita dupla, que não fazem parte do cromossomo (designado

> Uma célula bacteriana pode não conter nenhum plasmídio, ou pode apresentar um plasmídio, múltiplas cópias dele ou mais de um tipo.

como **DNA extracromossômico** ou plasmídio) (Figura 3.7). Um plasmídio pode conter desde menos de 10 genes até várias centenas deles. Uma célula bacteriana pode ser desprovida de plasmídios, ou pode conter um plasmídio, múltiplas cópias dele ou mais de um tipo (*i. e.*, plasmídios contendo diferentes genes). Plasmídios também foram encontrados em células de leveduras. Informações adicionais sobre os plasmídios bacterianos podem ser encontradas no Capítulo 7, *Fisiologia e Genética Microbianas*.

Citoplasma

O citoplasma semilíquido das células procarióticas consiste em água, enzimas, oxigênio dissolvido (em algumas bactérias), produtos de degradação, nutrientes essenciais, proteínas, carboidratos e lipídios – uma mistura complexa de todos os

materiais necessários à célula para o desempenho de suas funções metabólicas. Há algumas evidências sugerindo que o citoplasma bacteriano contém uma estrutura citoesquelética semelhante àquela das células eucarióticas.

Partículas citoplasmáticas

No interior do citoplasma bacteriano, foram observadas numerosas partículas minúsculas. A maioria delas consiste em ribossomos, que frequentemente existem em agrupamentos, denominados polirribossomos ou polissomos (*poli* significa muitos). Os ribossomos procarióticos são menores do que os eucarióticos, mas a sua função é a mesma: constituem os locais de síntese de proteínas. Um ribossomo procariótico 70S é composto de uma subunidade de 30S e outra de 50S. Foi estimado que existem cerca de 15.000 ribossomos no citoplasma de uma célula de *E. coli*.

Há grânulos citoplasmáticos em certas espécies de bactérias, os quais podem ser identificados ao microscópio com o uso de uma coloração adequada. Os grânulos podem consistir em amido, lipídios, enxofre, ferro ou outras substâncias armazenadas.

Parede celular bacteriana

A parede celular externa e rígida, que define a forma das células bacterianas, é quimicamente complexa. Por conseguinte, a estrutura da parede celular bacteriana é muito diferente da estrutura relativamente simples da parede celular das células eucarióticas, embora desempenhe as mesmas funções (proporcionar rigidez, resistência e proteção). O principal constituinte da maioria das paredes celulares bacterianas é um complexo polímero macromolecular, conhecido como peptidoglicano (também denominado mureína), que é composto de muitas cadeias polissacarídicas ligadas entre si por pequenas cadeias de peptídeos (proteínas) (Figura 3.8). O peptidoglicano é encontrado apenas nas bactérias.

A espessura da parede celular e a sua composição exata variam de acordo com a espécie de bactéria. As paredes

Auxílio ao estudo

Tome cuidado com palavras de sonoridade semelhante

Um **plasmídio** refere-se a uma pequena molécula de DNA circular de fita dupla. É designado como DNA extracromossômico, visto que não faz parte do cromossomo. Os plasmídios são encontrados na maioria das bactérias.

Um **plastídio** é uma organela citoplasmática observada apenas em determinadas células eucarióticas, como algas e plantas. Eles constituem os locais de fotossíntese.

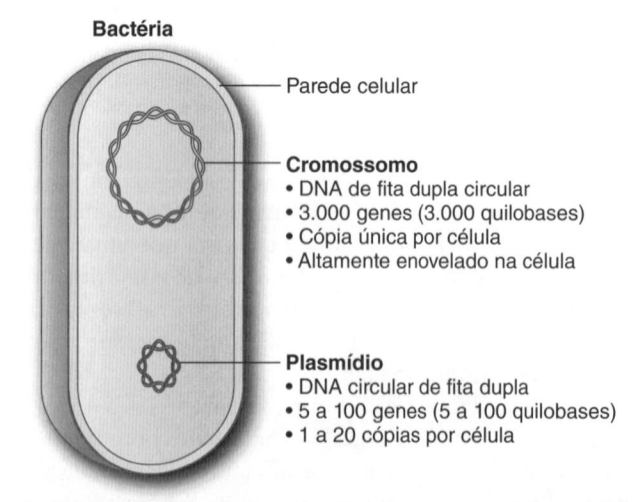

Figura 3.7 Genoma bacteriano típico. A célula bacteriana hipotética ilustrada aqui tem um cromossomo contendo 3.000 genes e um plasmídio contendo 5 a 100 genes. (Redesenhada de Harvey RA *et al. Lippincott's Illustrated Reviews*. Microbiology. 3rd ed. Philadelphia, PA: Lippincott Williams & Wilkins; 2013.)

Bactéria
- Parede celular
- **Cromossomo**
  - DNA de fita dupla circular
  - 3.000 genes (3.000 quilobases)
  - Cópia única por célula
  - Altamente enovelado na célula
- **Plasmídio**
  - DNA circular de fita dupla
  - 5 a 100 genes (5 a 100 quilobases)
  - 1 a 20 cópias por célula

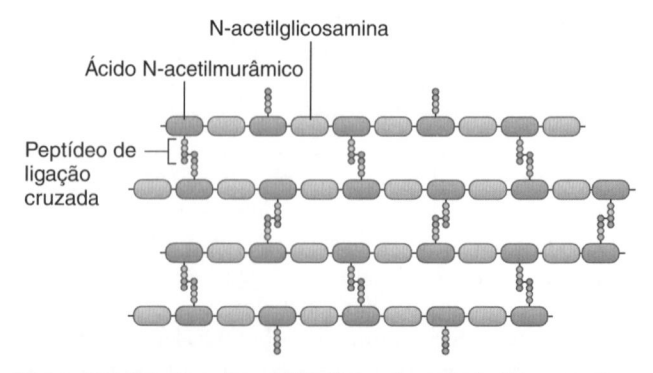

Figura 3.8 Estrutura do peptidoglicano (mureína). Sua camada em uma célula bacteriana consiste em uma rede de cristais. As cadeias de polissacarídeo, que são dois aminoaçúcares alternados, estão ligadas a uma cadeia peptídica curta. Algumas das cadeias peptídicas de uma cadeia de polissacarídeo apresentam ligações cruzadas com cadeias peptídicas de outra cadeia de polissacarídeo, produzindo, assim, uma estrutura em rede tridimensional. (Redesenhada de Engleberg NC *et al. Schaechter's Mechanisms of Microbial Disease*. 5th ed. Philadelphia, PA: Lippincott Williams & Wilkins; 2013.)

N-acetilglicosamina
Ácido N-acetilmurâmico
Peptídeo de ligação cruzada

celulares de determinadas bactérias, denominadas **bactérias gram-positivas** (que serão explicadas no Capítulo 4, *Micróbios Acelulares e Procarióticos*), apresentam uma camada espessa de peptideoglicano combinada com moléculas de ácidos teicoico e lipoteicoico (Figura 3.9). As paredes celulares das **bactérias gram-negativas** (também explicadas no Capítulo 4) exibem uma camada muito mais fina de peptidoglicano, mas ela é recoberta por uma complexa camada de macromoléculas de lipídios, comumente designada como membrana externa, conforme ilustrado na Figura 3.9. Essas macromoléculas serão discutidas no Capítulo 6, *Base Bioquímica da Vida*.

Embora a maioria das bactérias tenha paredes celulares, as do gênero *Mycoplasma* são desprovidas delas. Já as Archaea (descritas no Capítulo 4) possuem paredes celulares, mas não contêm peptidoglicano.

Algumas bactérias perdem a sua capacidade de produzir paredes celulares, transformando-se em minúsculas variantes da mesma espécie, designadas como bactérias em forma de "L" ou *deficientes em parede celular* (DPC). Mais de 50 espécies diferentes de bactérias são capazes de se transformar em bactérias DPC. Em condições de laboratório, podem ser produzidas formas DPC por meio de tratamento com antibióticos que inibem a formação das paredes celulares.

> A maioria das bactérias tem paredes celulares. As exceções incluem bactérias DPC e espécies de *Mycoplasma*.

Alguns pesquisadores sugeriram que a recidiva de algumas infecções após uma antibioticoterapia aparentemente adequada pode resultar da reversão das bactérias DPC de volta a seu estado natural.

Glicocálice (camada limosa e cápsula)

Algumas bactérias apresentam uma camada espessa de material conhecida como glicocálice, localizada fora da parede celular. Trata-se de um material limoso e gelatinoso produzido pela membrana celular e secretado fora da parede celular.

Existem dois tipos de glicocálice. Um deles, denominado camada limosa, não é altamente organizado nem firmemente aderido à parede celular; por isso, desprende-se com facilidade e acaba se perdendo. As bactérias do gênero *Pseudomonas* produzem uma camada limosa, que algumas vezes desempenha um papel em doenças causadas por espécies desse gênero. As camadas limosas possibilitam o deslizamento de certas bactérias sobre superfícies sólidas e parecem protegê-las de antibióticos e da dessecação.

> Dependendo da espécie, as células bacterianas podem ou não ser circundadas por glicocálice. Os dois tipos de glicocálice são camadas limosas e cápsulas.

O outro tipo de glicocálice, chamado de cápsula, é altamente organizado e adere firmemente à parede celular. As cápsulas são comumente constituídas de polissacarídeos, que podem estar combinados com lipídios e proteínas, dependendo da espécie bacteriana. O conhecimento da composição química das cápsulas é útil na diferenciação dos vários tipos de bactérias dentro de determinada espécie. Por exemplo, diferentes cepas da bactéria *H. influenzae*, que é uma causa de meningite e infecções otológicas em crianças, são identificadas pelos seus tipos de cápsulas. Uma vacina, denominada vacina Hib, está disponível contra a doença causada por *H. influenzae* capsular tipo b. Outros exemplos de bactérias encapsuladas incluem *Klebsiella pneumoniae*, *Neisseria meningitidis* e *Streptococcus pneumoniae*.

As cápsulas podem ser detectadas utilizando um procedimento de coloração da cápsula, que é um tipo de *coloração negativa*. Nela, a célula bacteriana e o fundo tornam-se corados, mas a cápsula permanece sem coloração

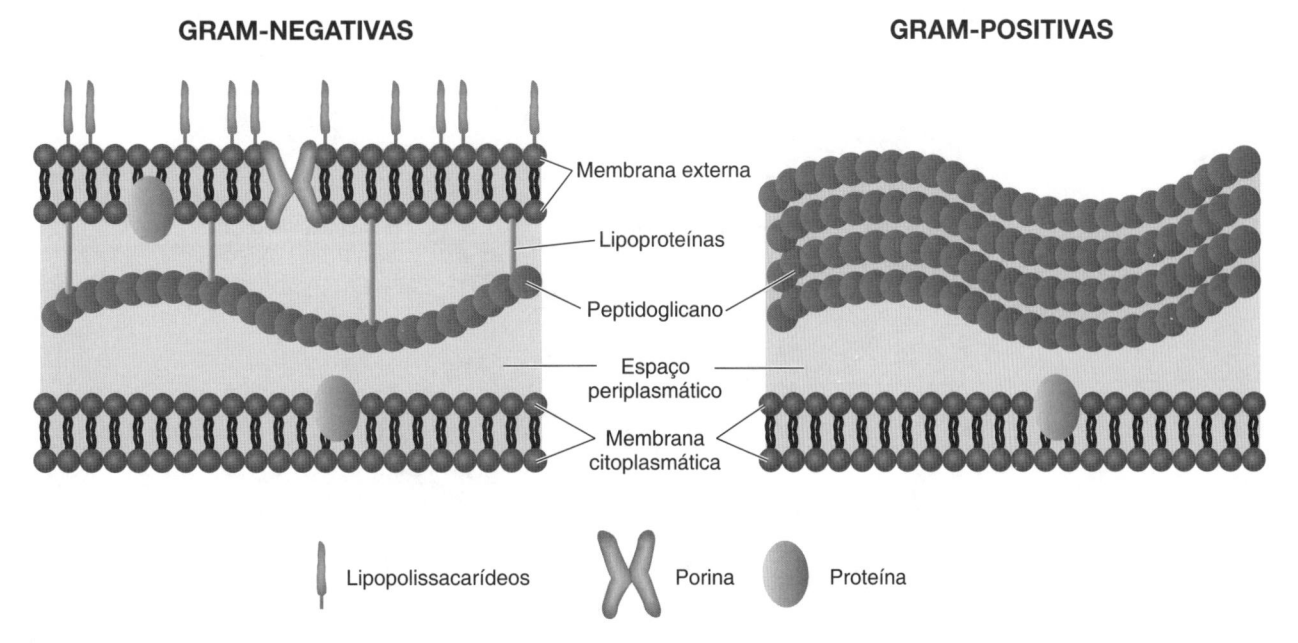

GRAM-NEGATIVAS   **GRAM-POSITIVAS**

Membrana externa
Lipoproteínas
Peptidoglicano
Espaço periplasmático
Membrana citoplasmática

Lipopolissacarídeos   Porina   Proteína

Figura 3.9 Diferenças entre as paredes celulares de bactérias gram-negativas e gram-positivas. A parede celular relativamente fina das bactérias gram-negativas contém uma camada fina de peptidoglicano, uma membrana externa e lipopolissacarídeo. A parede celular mais espessa das bactérias gram-positivas contém uma camada espessa de peptidoglicano e ácidos teicoico e lipoteicoico.

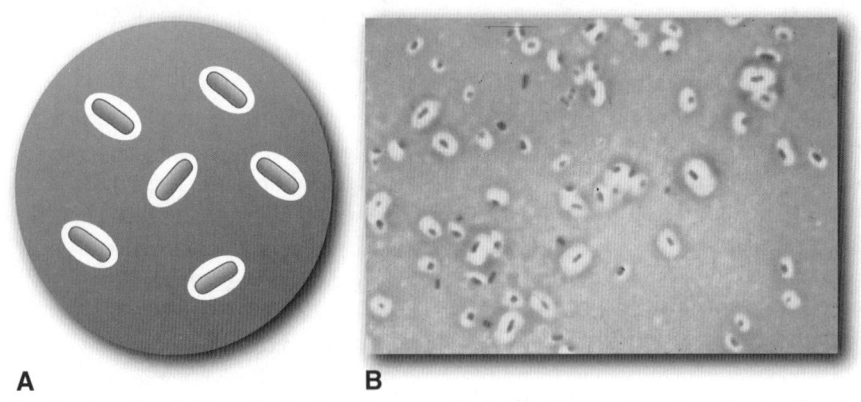

A   **B**

Figura 3.10 Coloração da cápsula. A. Desenho ilustrando os resultados da técnica de coloração de cápsula. **B.** Fotomicrografia de bactérias encapsuladas que foram coradas utilizando a técnica de coloração da cápsula, que é um exemplo de coloração negativa. Observe que as células bacterianas e o fundo se coram, mas não as cápsulas. Elas são observadas como "halos" não corados ao redor das células bacterianas. ([**B**] Fonte: Winn WC Jr. *et al. Koneman's color atlas and textbook of diagnostic microbiology*. 6th ed. Philadelphia, PA: Lippincott Williams & Wilkins; 2006.) (Esta figura encontra-se reproduzida em cores no Encarte.)

(Figura 3.10). Dessa maneira, a cápsula aparece como um halo não corado ao redor da célula bacteriana. Podem também ser utilizados testes de antígeno-anticorpo (descritos no Capítulo 16, *Mecanismos Específicos de Defesa do Hospedeiro | Introdução à Imunologia*) para identificar cepas específicas de bactérias que apresentam moléculas capsulares singulares (antígenos).

Em geral, as bactérias encapsuladas produzem colônias em ágar nutritivo que são lisas, mucoides e brilhantes. As cápsulas desempenham uma função antifagocitária,

> As cápsulas bacterianas desempenham uma função antifagocítica, o que significa que elas protegem as bactérias encapsuladas de serem fagocitadas por leucócitos.

protegendo as bactérias encapsuladas de serem fagocitadas (ingeridas) por leucócitos fagocíticos. Em consequência, as bactérias encapsuladas são capazes de sobreviver por mais tempo do que as não encapsuladas no corpo humano.

Flagelos

Os flagelos são apêndices filiformes constituídos de proteína, que possibilitam a motilidade das bactérias. As bactérias flageladas são denominadas bactérias móveis,

> As bactérias móveis geralmente têm flagelos. As bactérias nunca apresentam cílios.

enquanto aquelas desprovidas de flagelos são geralmente imóveis. Os flagelos das bactérias têm cerca de 10 a 20 nm de espessura, ou seja, são demasiado finos para serem observados ao microscópio composto.

O número e a disposição dos flagelos apresentados por certas espécies de bactérias são características da espécie específica e, portanto, podem ser utilizadas para a sua classificação e identificação (Figura 3.11). As bactérias que têm flagelos distribuídos por toda a superfície (perímetro) são denominadas peritríquias; as que exibem um tufo de flagelos em uma extremidade são descritas como lofotríquias;

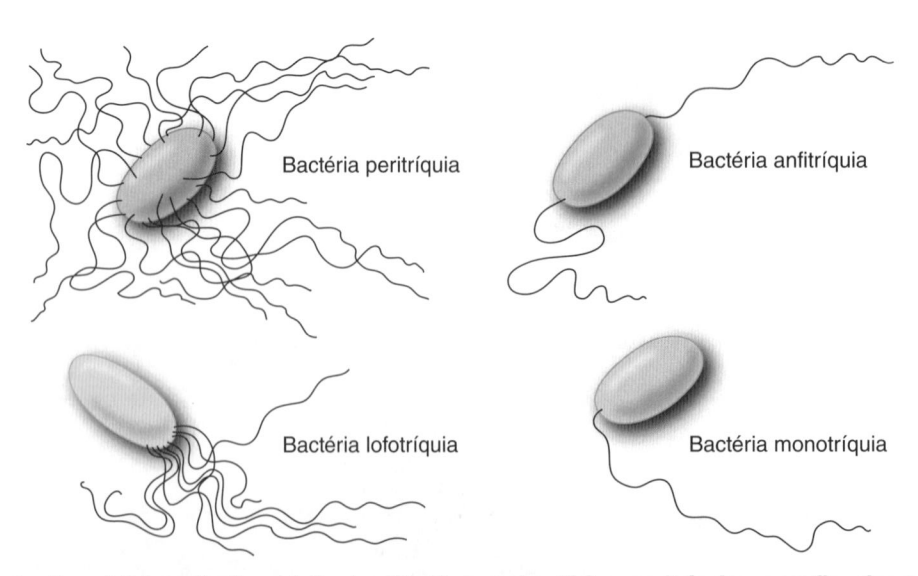

Bactéria peritríquia

Bactéria anfitríquia

Bactéria lofotríquia

Bactéria monotríquia

Figura 3.11 Os quatro tipos básicos de disposição dos flagelos nas bactérias: peritríquias, com flagelos ao redor de toda a superfície; lofotríquias, com um tufo de flagelos em uma extremidade; anfitríquias, com um ou mais flagelos em cada extremidade; e monotríquias, com um flagelo.

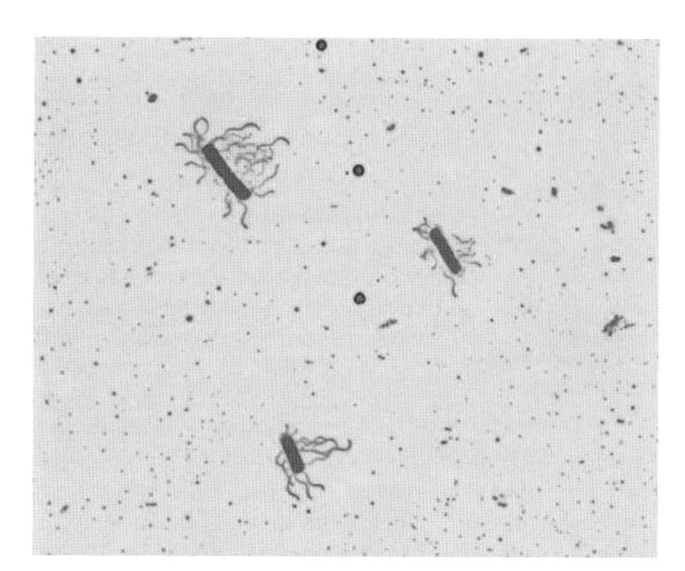

Figura 3.12 Células de *Bacillus*, um gênero de bactéria, mostrando os flagelos peritríquios. As células foram coradas utilizando um corante de flagelos especial. (Disponibilizada pelo Dr. William A. Clark e pelo CDC.) (Esta figura encontra-se reproduzida em cores no Encarte.)

Figura 3.13 Micrografia eletrônica de transmissão mostrando numerosas fímbrias ao redor de uma célula de *Klebsiella pneumoniae*. As fímbrias possibilitam que essa bactéria possa aderir aos tecidos. *K. pneumoniae* constitui uma causa comum de infecções do trato urinário. (Disponibilizada pelo Dr. Robert Fader.)

as que contêm um ou mais flagelos em cada extremidade são designadas como anfitríquias; e as que apresentam um único flagelo polar são chamadas de monotríquias. No laboratório, a quantidade e a localização dos flagelos observados em uma célula podem ser determinadas com a utilização de um corante de flagelos, que adere a eles, tornando-os espessos o suficiente para serem observados ao microscópio (Figura 3.12).

Os flagelos bacterianos são constituídos de três, quatro ou mais filamentos de proteína (denominada flagelina) enrolados como uma corda. Por conseguinte, as estruturas dos flagelos bacterianos e dos flagelos eucarióticos são muito diferentes. Os flagelos (e os cílios) dos eucariontes contêm um complexo arranjo de microtúbulos internos, que percorrem todo o comprimento do flagelo ligado à membrana. Os flagelos bacterianos não apresentam microtúbulos e não estão ligados à membrana. Eles se originam a partir de um corpúsculo basal na membrana celular e projetam-se para fora através da parede celular e da cápsula (quando presente), como mostra a Figura 3.6.

Algumas espiroquetas (bactérias em forma de espiral) apresentam duas fibrilas semelhantes a flagelos, denominadas filamentos axiais, cada um ligado a uma extremidade da bactéria. Eles se estendem um em direção ao outro, enrolam-se ao redor do organismo entre as camadas da parede celular e se sobrepõem na parte mediana da célula. Em consequência de seus filamentos axiais, as espiroquetas podem deslocar-se em um movimento espiralado, helicoidal ou ondulado semelhante ao de uma lagarta.

Pili e fímbrias

Os *pili* e as fímbrias são estruturas semelhantes a pelos, que são observadas com mais frequência em bactérias gram-negativas. São constituídos de moléculas de proteína polimerizada, denominada pilina. Os *pili* e as fímbrias são muito mais finos do que os flagelos, têm uma estrutura rígida e não estão associados à motilidade. Esses minúsculos apêndices surgem a partir do citoplasma e estendem-se através da membrana plasmática, da parede celular e da cápsula (quando presente). As fímbrias (também designadas como *pili* de aderência) são encontradas em toda a superfície da bactéria (Figura 3.13) e possibilitam a sua aderência ou fixação às superfícies. As bactérias com fímbrias são capazes de causar doenças, como uretrite e cistite, enquanto as cepas desprovidas delas são incapazes de aderir à superfície das células para causar infecção. O *pillus* sexual é uma estrutura única que facilita a transferência do material genético de uma célula bacteriana para outra após adesão de uma à outra (descrita no Capítulo 7, *Fisiologia e Genética Microbianas*).

> Fímbrias e *pili* são organelas de fixação ou adesão, isto é, possibilitam a adesão das bactérias às superfícies.

Uma célula bacteriana que apresenta *pillus* sexual (chamada de **célula doadora**) – a célula só tem um *pillus* sexual – é capaz de se fixar a outra (denominada célula receptora) por meio dele. O material genético, comumente na forma de um plasmídio, é então transferido da célula doadora para a célula receptora, um processo conhecido como conjugação (descrito de modo mais detalhado no Capítulo 7, *Fisiologia e Genética Microbianas*).

> Um *pillus* sexual facilita a transferência de material genético de uma célula bacteriana (a célula doadora) para outra (a célula receptora).

Esporos (endósporos)

Alguns gêneros de bactérias (p. ex., *Bacillus* e *Clostridium*) são capazes de formar esporos de paredes espessas como meio de sobrevivência quando a umidade e o suprimento de nutrientes estão baixos. Os esporos bacterianos são designados como endósporos, e o processo pelo qual são formados é conhecido como esporulação. Durante a esporulação, uma

Os endósporos possibilitam que as bactérias sobrevivam em condições adversas, como extremos de temperatura, dessecação e falta de nutrientes.

cópia do cromossomo e parte do citoplasma circundante tornam-se envolvidos por várias capas espessas de proteína. Os esporos são resistentes ao calor, ao frio, ao ressecamento e à maioria das substâncias químicas. Foi constatado que eles sobrevivem por muitos anos no solo ou na poeira, e alguns são muito resistentes aos desinfetantes e à fervura. Quando o esporo desidratado encontra uma superfície úmida e rica em nutrientes, ele germina, dando origem a uma nova célula bacteriana vegetativa (com capacidade de crescer e se dividir). A germinação de um esporo pode ser comparada com a de uma semente. Entretanto, nas bactérias, a formação de esporos está relacionada com a sobrevivência da célula bacteriana, e não com a sua reprodução. Em geral, apenas um esporo é produzido em uma célula bacteriana, o qual germina, dando origem apenas a uma única bactéria vegetativa. No laboratório, os endósporos podem ser corados utilizando um corante de esporos. Após a coloração dos endósporos de determinada bactéria, o técnico de laboratório pode estabelecer se o organismo está produzindo esporos terminais ou subterminais. Um esporo terminal é produzido na extremidade da célula bacteriana, enquanto um subterminal é formado em qualquer outra parte da célula (Figura 3.14). O local de produção do esporo no interior da célula e o fato de ele causar ou não o seu intumescimento servem de pistas para a identificação do organismo.

RESUMO DAS DIFERENÇAS ESTRUTURAIS ENTRE CÉLULAS PROCARIÓTICAS E EUCARIÓTICAS

As células eucarióticas contêm um núcleo verdadeiro, enquanto as procarióticas são desprovidas de núcleo. As células eucarióticas são divididas em tipos vegetais e animais.

Nota histórica
A descoberta dos endósporos

Enquanto executava experimentos sobre geração espontânea em 1876 e 1877, o físico britânico John Tyndall concluiu que determinadas bactérias existem em duas formas: uma facilmente destruída por simples fervura (*i. e.*, termolábil) e uma que não é destruída por esse método (*i. e.*, termoestável). Tyndall desenvolveu uma técnica de esterilização fracionada, conhecida como *tindalização*, que matava com sucesso ambas as formas, termolábil e termoestável. A tindalização envolve a fervura, seguida de incubação e, a seguir, nova fervura. Essas etapas são repetidas várias vezes. As bactérias que emergem dos esporos durante as fases de incubação são subsequentemente destruídas durante as de fervura. Em 1877, Ferdinand Cohn, um botânico alemão, descreveu a aparência microscópica das duas formas do "bacilo do feno", ao qual Cohn deu o nome de *Bacillus subtilis*. Ele referiu-se aos pequenos corpos refratários no interior das células bacterianas como "esporos" e observou a conversão deles em células de crescimento ativo. Cohn também concluiu que, quando as bactérias se encontravam na fase de esporo, eram resistentes ao calor. Hoje, os esporos bacterianos são conhecidos como *endósporos*, enquanto as bactérias ativas, que realizam o seu metabolismo e crescimento, são designadas como células vegetativas. Os experimentos de Tyndall e de Cohn sustentaram as conclusões de Louis Pasteur sobre a geração espontânea e levaram à sentença final de morte dessa teoria.

As células animais carecem de parede celular, enquanto as vegetais apresentam uma parede celular simples, a qual comumente contém celulose, que é um tipo de polissacarídeo,

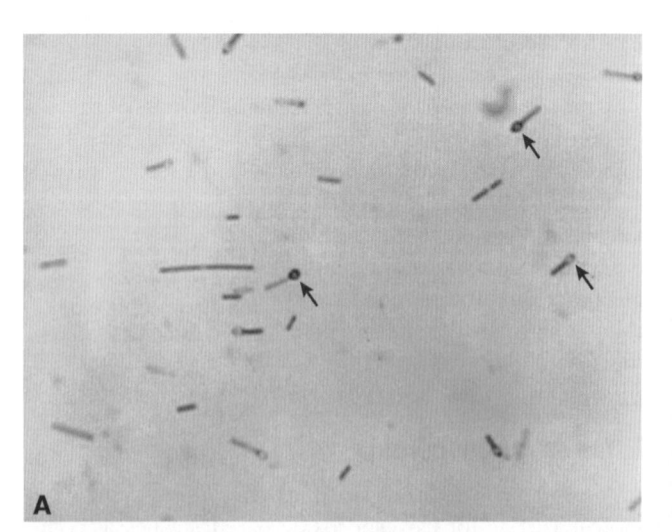

Figura 3.14 Esporos terminais e subterminais. A. Bactérias da espécie *Clostridium tetani* coradas pelo método de Gram, revelando a presença de esporos terminais (*setas*). O *C. tetani* é causador da doença conhecida como tétano. **B.** Bactérias da espécie *Clostridium difficile* coradas pelo método de Gram, revelando esporos subterminais (*setas*). *C. difficile* causa uma doença diarreica. (Disponibilizada pela Dra. Gilda Jones e pelo CDC; Cortesia de Dr. Holdeman e CDC.) (Esta figura encontra-se reproduzida em cores no Encarte.)

um polímero rígido de glicose (os polímeros e os polissacarídios são descritos no Capítulo 6, *Base Bioquímica da Vida*).

As células procarióticas apresentam paredes celulares complexas, constituídas de proteínas, lipídios e polissacarídios. Já as eucarióticas contêm determinadas estruturas membranosas (como o RE e o complexo de Golgi) e muitas organelas envolvidas por membrana (como as mitocôndrias e os plastídios). A maioria das células procarióticas não apresenta outras membranas além da membrana celular que envolve o citoplasma. Os ribossomos eucarióticos (designados como ribossomos 80S) são maiores e mais densos do que aqueles encontrados nos procariontes (70S).

> As células eucarióticas contêm numerosas membranas e estruturas delimitadas por membranas. A única observada na maioria das células procarióticas é a membrana celular.

A presença de ribossomos 70S nas mitocôndrias e nos cloroplastos dos eucariontes pode indicar que essas estruturas se originaram de procariontes parasitas durante o seu desenvolvimento evolutivo. Outras diferenças entre as células procarióticas e eucarióticas estão listadas na Tabela 3.1.

REPRODUÇÃO DOS ORGANISMOS E SUAS CÉLULAS

> As células bacterianas se reproduzem por divisão binária, ou seja, uma célula divide-se pela metade, dando origem a duas outras, conhecidas como células-filhas.

A reprodução (maneira pela qual os organismos se reproduzem) e a reprodução celular (processo pelo qual as células individuais se reproduzem) são tópicos complexos, os quais só podem ser discutidos de modo sucinto em um livro deste tamanho.

Reprodução de células procarióticas

A reprodução das células procarióticas é muito simples quando comparada com a das eucarióticas. As células procarióticas se reproduzem por um processo conhecido como *divisão binária*, em que uma célula (a parental) se divide pela metade, dando origem a duas células-filhas (Figura 3.15). Para que uma célula procariótica possa se dividir ao meio, ela precisa duplicar seu cromossomo, um processo conhecido como replicação do DNA (discutido no Capítulo 6, *Base Bioquímica da Vida*), de modo que cada célula-filha fique com a mesma informação genética que a célula parental (Figura 3.16).

O intervalo de tempo para que ocorra a divisão binária (*i. e.*, o tempo necessário para que uma célula procariótica produza duas células) é denominado tempo de geração, e ele varia entre as espécies bacterianas e depende das condições de crescimento (p. ex., pH, temperatura e disponibilidade de nutrientes). No laboratório (*in vitro*), em condições ideais, a *E. coli* apresenta um tempo de geração de cerca de 20 minutos, ou seja, a quantidade de células duplica a cada 20 minutos. O tempo de geração das bactérias varia de apenas 10 minutos até 24 horas, ou ainda mais em alguns casos.

> O tempo necessário para que uma célula bacteriana se divida em duas células é conhecido como tempo de geração do microrganismo.

TAXONOMIA

De acordo com o *Bergey's Manual of Systematic Bacteriology* (descrito no Capítulo 4, *Micróbios Acelulares e Procarióticos*), a taxonomia – ciência da classificação dos organismos vivos – é constituída de três áreas separadas, porém inter-relacionadas: classificação, nomenclatura e identificação. A *classificação*

Tabela 3.1 Comparação entre as células eucarióticas e procarióticas.

Parâmetros	Células eucarióticas		Células procarióticas
	Vegetais	Animais	
Distribuição biológica	Todas as plantas, os fungos e as algas	Todos os animais e protozoários	Todas as bactérias
Membrana nuclear	Presente	Presente	Ausente
Estruturas membranosas além da membrana celular	Presentes	Presentes	Geralmente ausentes, exceto os mesossomos e as membranas fotossintéticas
Microtúbulos	Presentes	Presentes	Ausentes
Ribossomos citoplasmáticos (densidade)	80S	80S	70S
Cromossomos	Constituídos de DNA e de proteínas	Constituídos de DNA e de proteínas	Constituídos apenas de DNA
Flagelos ou cílios	Quando presentes, têm uma estrutura complexa	Quando presentes, têm uma estrutura complexa	Quando presentes, os flagelos apresentam uma estrutura proteica contorcida simples. As células procarióticas não apresentam cílios
Parede celular	Quando presente, exibe uma constituição química simples; geralmente contém celulose	Ausente	Constituição química complexa, contendo peptidoglicano
Fotossíntese (clorofila)	Presente	Ausente	Presente nas cianobactérias e em algumas outras bactérias

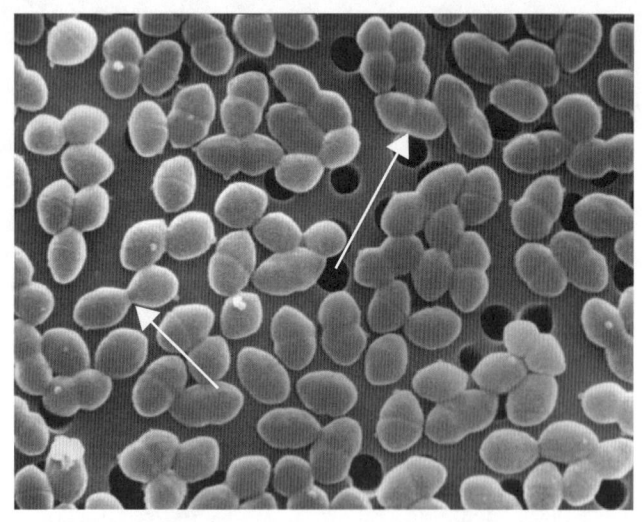

Figura 3.15 Micrografia eletrônica de varredura mostrando células de *Enterococcus*, muitas das quais se encontram no processo de divisão binária (*setas*). (Disponibilizada por Janice Haney Carr e pelo CDC.)

refere-se ao arranjo dos organismos em grupos taxonômicos (conhecidos como **táxons**), com base em semelhanças ou parentesco. Os táxons incluem reinos ou domínios, divisões ou filos, classes, ordens, famílias, gêneros e espécies. Os organismos estreitamente relacionados (*i. e.*, os que apresentam características semelhantes) são elencados em um mesmo táxon. A *nomenclatura* é a atribuição de nomes aos vários táxons, de acordo com regras internacionais. A *identificação* refere-se ao processo de determinar se um isolado pertence a um dos táxons já estabelecidos ou representa uma espécie ainda não identificada.

> Uma coleção completa de genes de um organismo é designada como genótipo ou genoma. Uma coleção completa das características físicas de um organismo é conhecida como fenótipo.

Quando se procura identificar um organismo que foi isolado de uma amostra clínica, os técnicos de laboratório comportam-se de modo muito semelhante a investigadores na cena de um crime ou a detetives. Eles reúnem "pistas" (características, atributos, propriedades e traços) sobre o organismo

Auxílio ao estudo

Um modo de lembrar a sequência dos táxons do reino até a espécie

As abreviaturas e frases frequentemente são úteis quando se tenta aprender um novo conhecimento. Uma ex-aluna utilizou "RDCOFGE" para ajudá-la a lembrar-se da sequência dos táxons do reino até a espécie (R de reino, D de divisão, C de classe, O de ordem, F de família, G de gênero e E de espécie), ou, se o filo for preferido à divisão, "RFCOFGE".

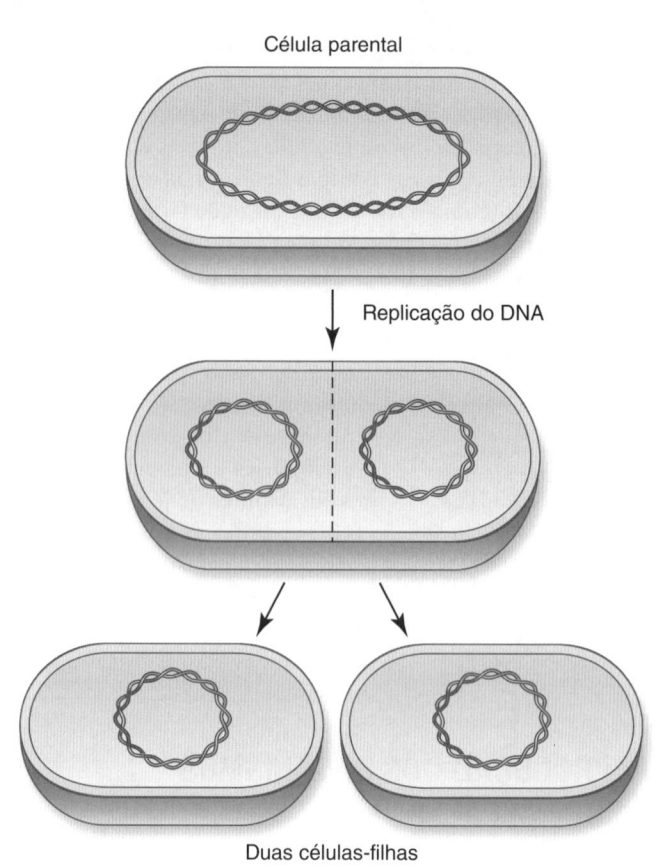

Célula parental

Replicação do DNA

Duas células-filhas

Figura 3.16 Divisão binária. Observe que a replicação do DNA precisa ocorrer antes da divisão propriamente dita da célula parental.

até que obtenham dados suficientes para identificá-lo até o nível de espécie. Na maioria dos casos, as pistas que foram coletadas preencherão as características de uma espécie já estabelecida (em todo o livro, a expressão "identificar um organismo" significa aprender o nome da espécie à qual ele pertence). O conjunto completo de características físicas de um organismo é conhecido como o seu fenótipo.

Classificação microbiana

Desde os tempos de Aristóteles, os cientistas procuram nomear e classificar os organismos vivos de maneira correta, com base na sua aparência e no seu comportamento. Assim, foi estabelecida a ciência da taxonomia, com base no sistema binomial de nomenclatura desenvolvido no século XVIII pelo cientista sueco Carolus Linnaeus. No sistema binomial, cada organismo recebe dois nomes (p. ex., *Homo sapiens* para os seres humanos). O primeiro indica o gênero, e o segundo é o epíteto específico. Ambos juntos são conhecidos como *espécie*.

> No sistema binomial de nomenclatura, o primeiro nome (p. ex., *Escherichia*) refere-se ao gênero, enquanto o segundo (p. ex., *coli*) é o epíteto específico. Quando usados juntos (p. ex., *Escherichia coli*), referem-se a uma espécie.

Como a referência escrita frequentemente indica gêneros e espécies, os biologistas do mundo inteiro adotaram um método padrão de expressar esses nomes. Assim, para o gênero, a primeira letra do nome deve ser escrita com letra maiúscula, e toda a palavra deve ser sublinhada ou escrita em itálico (p. ex., *Escherichia*). Para a espécie, a primeira letra do gênero é escrita em maiúscula, mas o epíteto específico não. Em seguida, o nome completo da espécie é sublinhado ou escrito em itálico (p. ex., *Escherichia coli*). Com frequência, o gênero é abreviado por uma única letra; no exemplo citado, *E. coli* indica a espécie. Em um ensaio ou artigo sobre *Escherichia coli*, *Escherichia* deve ser escrito por extenso pela primeira vez em que o microrganismo é mencionado; posteriormente, pode-se utilizar a forma abreviada, *E. coli*. A abreviatura "sp." é utilizada para designar uma única espécie, enquanto a abreviatura "spp." é utilizada para referir-se a mais de uma espécie.

Além dos nomes científicos próprios para as bactérias, é comum utilizar termos aceitáveis, como "estafilococos" (para espécies de *Staphylococcus*), "estreptococos" (para espécies de *Streptococcus*), "clostrídios" (para espécies de *Clostridium*), "pseudômonas" (para espécies de *Pseudomonas*), "micoplasmas" (para espécies de *Mycoplasma*), "riquétsias" (para espécies de *Rickettsia*) e "clamídias" (para espécies de *Chlamydia*). Nos hospitais, apelidos e termos do jargão frequentemente usados são "GC" e "gonococos" (para *Neisseria gonorrhoeae*), "meningococos" (para *N. meningitidis*), "pneumococos" (para *S. pneumoniae*), "estafilo" (para *Staphylococcus* ou estafilocócico) e "estrepto" (para *Streptococcus* ou estreptocócico). É comum ainda ouvir os profissionais de saúde utilizarem expressões como meningite meningocócica, pneumonia pneumocócica, infecção estafilocócica e faringite estreptocócica.

Com muita frequência, as bactérias são designadas pelas doenças que causam (Tabela 3.2); porém, em alguns casos, elas recebem nomes incorretos. Por exemplo, *H. influenzae* não causa influenza ou gripe, que é uma doença respiratória provocada pelo vírus influenza.

Os organismos são classificados em grupos maiores, com base nas suas semelhanças e diferenças. É preciso assinalar que a classificação dos organismos vivos constitui um assunto complexo e controverso.

Em 1969, Robert H. Whittaker propôs um sistema de classificação de cinco reinos, em que todos os organismos são classificados em cinco reinos, a saber:

- As bactérias e as Archaea estão no reino Prokaryotae (ou Monera)
- As algas e os protozoários estão no reino Protista (os organismos que pertencem a esse reino são designados como protistas)
- Os fungos estão no reino Fungi
- As plantas estão no reino Plantae
- Os animais estão no reino Animalia (embora os seres humanos estejam no reino Animalia, a palavra "animal", quando empregada neste livro, refere-se aos "animais", exceto os seres humanos).

Os vírus não estão incluídos no sistema de classificação em cinco reinos, visto que não são células vivas, são acelulares. Quatro dos cinco reinos consistem em organismos eucarióticos. Cada reino é constituído de divisões ou filos, que, por sua vez, são divididos em classes, ordens, famílias, gêneros e espécies

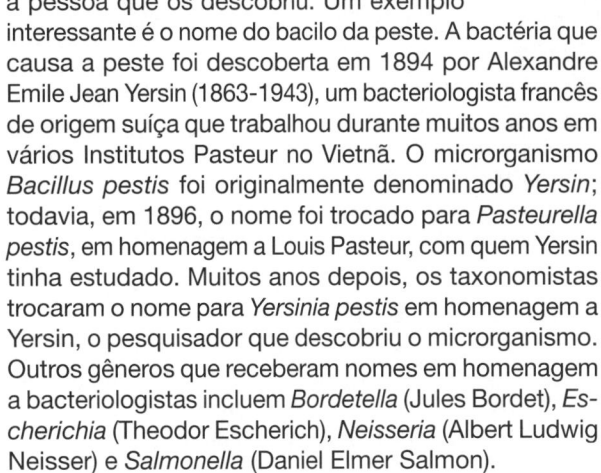

Auxílio ao estudo
O que revela um nome?

Algumas vezes, as bactérias e outros microrganismos recebem nomes em homenagem à pessoa que os descobriu. Um exemplo interessante é o nome do bacilo da peste. A bactéria que causa a peste foi descoberta em 1894 por Alexandre Emile Jean Yersin (1863-1943), um bacteriologista francês de origem suíça que trabalhou durante muitos anos em vários Institutos Pasteur no Vietnã. O microrganismo *Bacillus pestis* foi originalmente denominado *Yersin*; todavia, em 1896, o nome foi trocado para *Pasteurella pestis*, em homenagem a Louis Pasteur, com quem Yersin tinha estudado. Muitos anos depois, os taxonomistas trocaram o nome para *Yersinia pestis* em homenagem a Yersin, o pesquisador que descobriu o microrganismo. Outros gêneros que receberam nomes em homenagem a bacteriologistas incluem *Bordetella* (Jules Bordet), *Escherichia* (Theodor Escherich), *Neisseria* (Albert Ludwig Neisser) e *Salmonella* (Daniel Elmer Salmon).

(Tabela 3.3). Em alguns casos, as espécies são subdivididas em subespécies, e seus nomes são formados pelo nome do gênero, um epíteto específico e um epíteto subespecífico (abreviatura "spp."); um exemplo seria *H. influenzae* spp. *Aegyptius*, a causa mais comum de conjuntivite. Embora o sistema de classificação em cinco reinos, de Whittaker, tenha sido um sistema de classificação popular nesses últimos 30 anos, nem todos os cientistas concordam com ele; existem outros esquemas de classificação taxonômicos. Por exemplo,

Tabela 3.2 Exemplos de bactérias que receberam nomes com base nas doenças que causam.*

Bactéria	Doença
Bacillus anthracis	Antraz
Chlamydophila pneumoniae	Pneumonia
Chlamydophila psittaci	Psitacose ("febre do papagaio")
Chlamydia trachomatis	Tricomoníase
Clostridium botulinum	Botulismo
Clostridium tetani	Tétano
Corynebacterium diphtheriae	Difteria
Francisella tularensis	Tularemia ("febre do coelho")
Mycobacterium leprae	Hanseníase (doença de Hansen)
Mycobacterium tuberculosis	Tuberculose
Mycoplasma pneumoniae	Pneumonia
Neisseria gonorrhoeae	Gonorreia
Neisseria meningitidis	Meningite
Shigella dysenteriae	Disenteria bacteriana
Streptococcus pneumoniae	Pneumonia
Vibrio cholerae	Cólera

*Em alguns casos, essas bactérias causam mais de uma doença.

Tabela 3.3 Comparação da classificação dos seres humanos e das bactérias.

Táxon	Ser humano	*Escherichia coli* (bacilo gram-negativo de importância médica)*	*Staphylococcus aureus* (coco gram-positivo de importância médica)*
Reino (domínio)	Animália (*Eukarya*)	Prokaryotae (*Bacteria*)	Prokaryotae (*Bacteria*)
Filo	Chordata	Proteobacteria	Firmicutes
Classe	Mammalia	Gammaproteobacteria	Cocci
Ordem	Primates	Enterobacteriales	Bacillales
Família	*Hominidae*	*Enterobacteriaceae*	*Staphylococcaceae*
Gênero	*Homo*	*Escherichia*	*Staphylococcus*
Espécie (a espécie tem dois nomes: o primeiro refere-se ao gênero, e o segundo é o epíteto específico)	*Homo sapiens*	*Escherichia coli*	*Staphylococcus aureus*

*Com base no *Bergey's Manual of Systematic Bacteriology*. v. 1. 2nd ed. New York, NY: Springer-Verlag; 2001. Um bacilo é uma bactéria em forma de bastonete; um coco é uma bactéria de forma esférica.

alguns cientistas não concordam com o fato de que as algas e os protozoários sejam incluídos no mesmo reino; assim, em alguns esquemas de classificação, os protozoários são inseridos em um sub-reino do Animalia.

No fim da década de 1970, Carl R. Woese (ver boxe "Nota histórica: Carl R. Woese") desenvolveu um sistema de classificação em três domínios, que está ganhando popularidade entre os cientistas. Ele se baseia em diferenças na estrutura de determinadas moléculas de rRNA entre organismos nos três domínios. Nesse sistema, existem dois domínios de procariontes (*Archaea* e *Bacteria*) e um que inclui todos os organismos eucarióticos, denominado *Eucarya* ou *Eukarya*. Os nomes dos domínios são escritos em itálico.

Archaea origina-se da palavra *archaea*, que significa "antigo". Embora os membros do domínio *Archaea* tenham sido designados, no passado, como arqueobactérias ou arquebactérias (termos que significam bactérias antigas), esses nomes foram abandonados, visto que as *Archaea* são muito diferentes das bactérias. De modo semelhante, os microrganismos no domínio *Bacteria* foram, algumas vezes, designados como eubactérias, o que significa bactérias "verdadeiras"; todavia, atualmente, eles são, em geral, simplesmente designados como bactérias. O domínio *Archaea* contém dois filos, enquanto o *Bacteria* é constituído de 23 filos.

O domínio *Eukarya* é dividido em quatro reinos: Protista ou Protoctista (algas e protozoários), Plantae, Fungi e Animalia.

Talvez os taxonomistas algum dia combinem o sistema de três domínios e o sistema de cinco reinos, criando um sistema de seis reinos (Bacteria, Archaea, Protista, Fungi, Plantae e Animalia), ou um sistema de sete reinos (Bacteria, Archaea, Algae, Protozoa, Fungi, Plantae e Animalia).

EVOLUÇÃO E A ÁRVORE DA VIDA

Embora a biologia evolutiva seja um tópico complexo e controverso, muitos cientistas acreditam que a vida na Terra tenha se originado e, em seguida, evoluído a partir daquilo que é comumente designado como o último ancestral comum universal (LUCA, do inglês, *last universal common ancestor*),[f] há aproximadamente 3,5 a 3,9 bilhões de anos. Uma teoria popular sustenta que reações químicas altamente energéticas produziram moléculas de autorreplicação (como o RNA) aproximadamente 4 bilhões de anos atrás, levando à montagem de células simples, e que, cerca de meio bilhão de anos mais tarde, existiu o LUCA. Foi atualmente postulado que essas reações bioquímicas provavelmente ocorreram em fontes termais nas profundidades dos oceanos.

Os procariontes habitaram a Terra cerca de 3 a 4 bilhões de anos atrás, enquanto as células eucarióticas apareceram entre 1,6 e 2,7 bilhões de anos. Acredita-se que determinadas células bacterianas tenham sido incorporadas por células eucarióticas, levando a uma associação cooperativa, conhecida como endossimbiose. Algumas bactérias endossimbióticas evoluíram em mitocôndrias, enquanto outras (as cianobactérias fotossintéticas) evoluíram em cloroplastos.

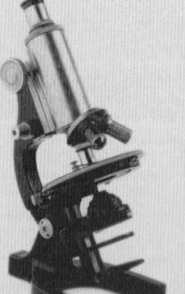

Nota histórica
Carl R. Woese

Durante a década de 1970, um biólogo molecular, Carl R. Woese, e seus colaboradores da Universidade de Illinois abalaram a comunidade científica ao desenvolver um sistema de classificação dos organismos com base nas sequências de bases nucleotídicas das moléculas de rRNA. Eles demonstraram que os organismos procarióticos podem ser divididos em dois grupos principais (domínios) de acordo com as diferenças de sequência de seus rRNA, e que o rRNA desses dois grupos diferia do rRNA dos organismos eucarióticos. Embora esse sistema de classificação não tenha sido amplamente aceito a princípio, o sistema de classificação em três domínios de Woese passou a ser o mais aceito pelos microbiologistas.

---

[f]O LUCA também é designado como último ancestral universal (LUA), o progenota ou cenancestral, e ancestral comum mais recente (MRCA, do inglês, *most recent common ancestor*).

Nota histórica
Charles Darwin e a microbiologia

Em seu livro intitulado "A Origem das Espécies", de 1859, o naturalista britânico Charles Darwin (1809-1882) (Figura 3.17) afirmou que todas as espécies de vida se originaram, ao longo do tempo, de ancestrais comuns e propôs a teoria científica de que esse padrão de evolução ramificado ("árvore da vida") resultou de um processo ao qual deu o nome de seleção natural.[g] Darwin é considerado por muitos como uma das figuras mais influentes da história da humanidade. "Embora seja comumente aceito que Darwin nada tinha a dizer sobre os micróbios, ele na verdade falou muito. Ele incluiu os micróbios em seus estudos da distribuição geográfica dos organismos em sua viagem no Beagle[h] e utilizou organismos microscópicos como exemplares explícitos de como a adaptação não implicava aumento de complexidade. Darwin frequentemente discutiu a classificação, as origens e a experimentação com os microrganismos em sua correspondência. [Entretanto,] o impacto de Darwin sobre o pensamento microbiológico no fim do século XIX foi insignificante". (O'Malley MA. Trends Microbiol. 2009; 17(8):341-7.)

Figura 3.17 Charles Darwin. (Disponibilizada por Sciencebuzz.org.)

A atual "árvore da vida" (Figura 3.18) consiste em três domínios principais de organismos, cada um dos quais surgiu separadamente a partir de um ancestral com maquinaria genética pouco desenvolvida, frequentemente denominado progenota.

DETERMINAÇÃO DO PARENTESCO ENTRE OS ORGANISMOS

Como os cientistas determinam o grau de parentesco entre um organismo e outro? A técnica mais amplamente utilizada para avaliar a diversidade ou o parentesco é denominada sequenciamento do rRNA. Os ribossomos são constituídos de duas subunidades: uma pequena e outra grande.

A subunidade pequena contém apenas uma molécula de RNA, que é designada como "rRNA de subunidade pequena" ou SSUrRNA. A SSUrRNA nos ribossomos procarióticos é uma molécula de rRNA de 16S, enquanto a SSUrRNA nos eucariontes é uma molécula de rRNA de 18S (o "S" em 16S e 18S refere-se a unidades Svedberg, que foram discutidas anteriormente). O gene que codifica a molécula de rRNA de 16S contém cerca de 1.500 nucleotídios de DNA, enquanto o que codifica a molécula de rRNA de 18S apresenta cerca de 2.000 nucleotídios. A sequência de nucleotídios no gene que codifica a molécula de rRNA de 16S é denominada sequência do rDNA 16S.

Para determinar o "parentesco", os pesquisadores comparam a sequência de pares de bases de nucleotídios no gene, em vez de comparar as moléculas de SSUrRNA em si. Se a sequência de rDNA de 16S de um organismo procariótico for muito semelhante à sequência do rDNA de 16S de outro organismo procariótico, isso significa que esses organismos estão estreitamente relacionados. Quanto menor a semelhança das sequências do rDNA de 16S nos procariontes (ou a sequência de rDNA de 18S nos eucariontes), menor o grau de parentesco dos organismos. Por exemplo, a sequência do rDNA de 18S de um ser humano é muito mais semelhante à sequência do rDNA de 18S de um chimpanzé do que à sequência do rDNA de 18S de um fungo.

O rRNA pode ser utilizado não apenas para propósitos taxonômicos, mas também no laboratório de microbiologia clínica para a identificação dos patógenos. Os microrganismos são identificados por meio de comparação das sequências dos genes do rRNA que são isolados de amostras clínicas com sequências contidas em bancos de dados de referência de alta qualidade.

[g]Uma teoria alternativa, conhecida como projeto inteligente (*intelligent design*), argumenta que "certas características do universo e dos seres vivos são mais bem explicadas por uma causa inteligente, e não por um processo não direcionado como a seleção natural" (conforme definição pelo Discovery Institute). A teoria do projeto inteligente implica a existência de um "designer" ou "criador". De acordo com Wikipedia, "o projeto inteligente é visto como uma pseudociência na comunidade científica, visto que carece de suporte empírico, não fornece nenhuma hipótese fundamentada e descreve a história natural em termos de causas sobrenaturais cientificamente não testáveis".

[h]Trata-se do HMS Beagle, o navio em que Darwin viajou na década de 1830. Durante essa viagem, ele desenvolveu a sua teoria da evolução pela seleção natural.

Árvore da vida filogenética

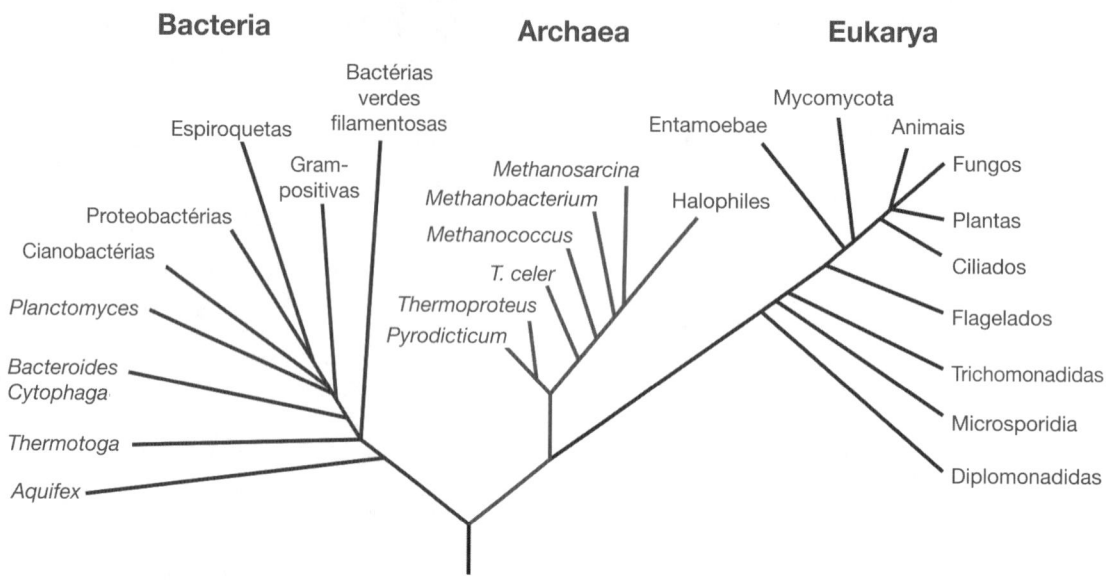

Bacteria   **Archaea**   **Eukarya**

Figura 3.18 Versão simplificada da árvore da vida filogenética. As relações exatas entre os três domínios continuam sendo debatidas, assim como a posição da raiz da árvore. Uma discussão de todos os vários ramos da árvore da vida está além do propósito deste livro. (Disponibilizada pela NASA e pela Wikimedia.) (Esta figura encontra-se reproduzida em cores no Encarte.)

Exercícios de autoavaliação

Após estudar este capítulo, responda às seguintes questões de múltipla escolha:

1. As moléculas de DNA extracromossômico são também conhecidas como:
   a. Corpos de Golgi
   b. Lisossomos
   c. Plasmídios
   d. Plastídios

2. Uma bactéria que apresenta um tufo de flagelos em uma extremidade de sua célula é denominada:
   a. Anfitríquia
   b. Lofotríquia
   c. Monotríquia
   d. Peritríquia

3. Um modo pelo qual uma Archaea pode diferir de uma bactéria é o fato de que a Archaea não tem:
   a. DNA em seu cromossomo
   b. Peptidoglicano em sua parede celular
   c. Ribossomos no citoplasma
   d. RNA nos ribossomos

4. Algumas bactérias se coram como microrganismos gram-positivos, enquanto outras são gram-negativas em consequência de diferenças na seguinte estrutura:
   a. Cápsula
   b. Membrana celular
   c. Parede celular
   d. Ribossomos

5. Qual das seguintes estruturas *não* é encontrada nas células procarióticas?
   a. Membrana celular
   b. Cromossomo
   c. Mitocôndrias
   d. Plasmídios

6. O sistema de classificação em três domínios baseia-se em diferenças observadas em qual das seguintes moléculas?
   a. mRNA
   b. Peptidoglicano
   c. rRNA
   d. tRNA

7. Qual das seguintes sequências é correta?
   a. Reino, classe, divisão, ordem, família, gênero
   b. Reino, divisão, ordem, família, gênero
   c. Reino, divisão, ordem, classe, família, gênero
   d. Reino, ordem, divisão, classe, família, gênero

8. Qual das seguintes estruturas *nunca* é encontrada nas células procarióticas?
   a. Flagelos
   b. Cápsula
   c. Cílios
   d. Ribossomos

9. A estrutura semipermeável que controla o transporte de materiais entre a célula e o seu meio externo é:
   a. Membrana celular
   b. Parede celular
   c. Citoplasma
   d. Membrana nuclear

10. Nas células eucarióticas, quais são os locais da fotossíntese?
    a. Mitocôndrias
    b. Plasmídios
    c. Plastídios
    d. Ribossomos

Micróbios Acelulares e Procarióticos

SUMÁRIO DO CAPÍTULO

OBJETIVOS DE APRENDIZAGEM

Após estudar este capítulo, você deverá ser capaz de:

- Descrever as características utilizadas para classificar os vírus (p. ex., DNA *versus* RNA)
- Citar cinco propriedades específicas dos vírus que os distinguem das bactérias
- Listar pelo menos três doenças virais importantes que afetam os seres humanos
- Discutir as diferenças existentes entre provírus, viroides e príons e as doenças que eles causam
- Citar as diversas maneiras como as bactérias podem ser classificadas
- Relatar os três propósitos da fixação

- Definir os termos diplococos, estreptococos, estafilococos, tétrade, óctade, cocobacilos, diplobacilos, estreptobacilos e pleomorfismo
- Definir os termos aeróbio obrigatório, microaerófilo, anaeróbio facultativo, anaeróbio aerotolerante, anaeróbio obrigatório e capnófilo
- Citar as diferenças fundamentais observadas entre riquétsias, clamídias e micoplasmas
- Identificar algumas doenças bacterianas importantes dos seres humanos
- Citar várias maneiras segundo as quais as Archaea diferem das bactérias.

INTRODUÇÃO

É de se imaginar a emoção que Anton van Leeuwenhoek sentiu quando olhou olhou através de suas minúsculas lentes de vidro e se tornou a primeira pessoa a observar micróbios vivos. Nos anos que se seguiram após seus eloquentes relatórios sobre as bactérias e os protozoários observados, redigidos no final do século XVII e início do século XVIII, dezenas de milhares de micróbios foram descobertos, descritos e classificados. Neste capítulo e no próximo, será apresentada a diversidade de formas e funções que existem no mundo microbiano.

A microbiologia é o estudo dos micróbios, cuja maior parte é demasiado pequena para ser vista a olho nu. Os micróbios podem ser divididos em: verdadeiramente celulares (bactérias, Archaea, algas, protozoários e fungos) e acelulares (vírus, viroides e príons). Os microrganismos celulares podem ser subdivididos em procariontes (bactérias e Archaea) e eucariontes (algas, protozoários e fungos). Por uma variedade de razões, os acelulares não são considerados organismos vivos pela maioria dos cientistas. Por conseguinte, em vez de serem designados como microrganismos, os vírus, os viroides e os príons são mais corretamente referidos como micróbios acelulares, micróbios não vivos ou partículas infecciosas.

SEÇÃO 1 | VÍRUS E OUTROS MICRÓBIOS ACELULARES NÃO VIVOS

Vírus

As partículas virais completas, denominadas *vírions*, são muito pequenas e de estrutura simples. A maioria dos vírus varia, quanto a seu tamanho, de 10 a 300 nm de diâmetro, porém alguns, como o vírus Ebola, pode alcançar até 1 µm de comprimento. Os menores vírus têm aproximadamente o tamanho da grande molécula de hemoglobina de um eritrócito; por isso, os cientistas eram incapazes de visualizá-los até a invenção do microscópio eletrônico, na década de 1930. As primeiras fotografias de vírus foram obtidas em 1940. Então, um procedimento de coloração negativa desenvolvido em 1959, associado à microscopia eletrônica de transmissão, revolucionou o estudo deles, possibilitando a observação de vírus não corados contra um fundo escuro eletrodenso.

Nenhum tipo de organismo está livre de infecções virais; com efeito, os vírus infectam seres humanos, animais, plantas, fungos, protozoários, algas e bactérias (Tabela 4.1). Muitas doenças humanas são causadas por vírus (ver Tabela 1.1, no Capítulo 1, *Microbiologia | A Ciência*), alguns dos quais são mostrados na Figura 4.1. Alguns deles, denominados vírus oncogênicos ou oncovírus, causam formas específicas de câncer, incluindo cânceres humanos, como linfomas, carcinomas e alguns tipos de leucemia.

> Os vírus são extremamente pequenos e são observados com o uso de microscópio eletrônico.

> Os vírus não são organismos vivos. Por isso, para replicar-se, eles precisam invadir células hospedeiras vivas.

Tabela 4.1 Tamanhos relativos e formatos de alguns vírus.

Vírus	Tipo de ácido nucleico	Formato	Faixa de tamanho (nm)
Vírus de animais			
Vacínia	DNA	Complexo	200 × 300
Caxumba	RNA	Helicoidal	150 a 250
Herpes simples	DNA	Poliédrico	100 a 150
Influenza	RNA	Helicoidal	80 a 120
Retrovírus	RNA	Helicoidal	100 a 120
Adenovírus	DNA	Poliédrico	60 a 90
Retrovírus	RNA	Poliédrico	60 a 80
Papovavírus	DNA	Poliédrico	40 a 60
Poliovírus	RNA	Poliédrico	28
Vírus de plantas			
Mosaico amarelo do nabo	RNA	Poliédrico	28
Tumor de ferida	RNA	Poliédrico	55 a 60
Mosaico da alfafa	RNA	Poliédrico	18 × 36 a 40
Mosaico do tabaco	RNA	Helicoidal	18 × 300
Bacteriófagos			
T2	DNA	Complexo	65 × 210
L	DNA	Complexo	54 × 194
Fₓ-174	DNA	Complexo	25

DNA, ácido desoxirribonucleico; RNA, ácido ribonucleico.

São reconhecidas cinco propriedades específicas dos vírus, que os distinguem das células vivas:

- A maioria dos vírus apresenta DNA *ou* RNA, diferentemente das células vivas, que têm ambos
- Os vírus são incapazes de se replicar (multiplicar) por si sós; sua replicação é dirigida pelo ácido nucleico viral após ter sido introduzido em uma célula hospedeira
- Diferentemente das células, eles não se dividem por divisão binária, mitose ou meiose
- Carecem dos genes e das enzimas necessários para a produção de energia
- Dependem dos ribossomos, das enzimas e dos metabólitos ("blocos de construção") da célula hospedeira para a síntese de proteínas e ácidos nucleicos.

> Exceto em casos muito raros, determinado vírus contém DNA *ou* RNA, mas não ambos.

Um *vírion* típico consiste em um genoma de DNA ou de RNA, circundado por um *capsídio* (capa de proteína), que é composto de muitas unidades proteicas pequenas, denominadas *capsômeros*. Juntos, o ácido nucleico e o capsídio são designados como nucleocapsídio (Figura 4.2). Alguns vírus (chamados de envelopados) têm um envelope externo composto de lipídios e de

> Os vírus humanos mais simples consistem apenas em ácido nucleico circundado por uma capa de proteína, o capsídio. Este, juntamente com o ácido nucleico contido em seu interior, é designado como nucleocapsídio.

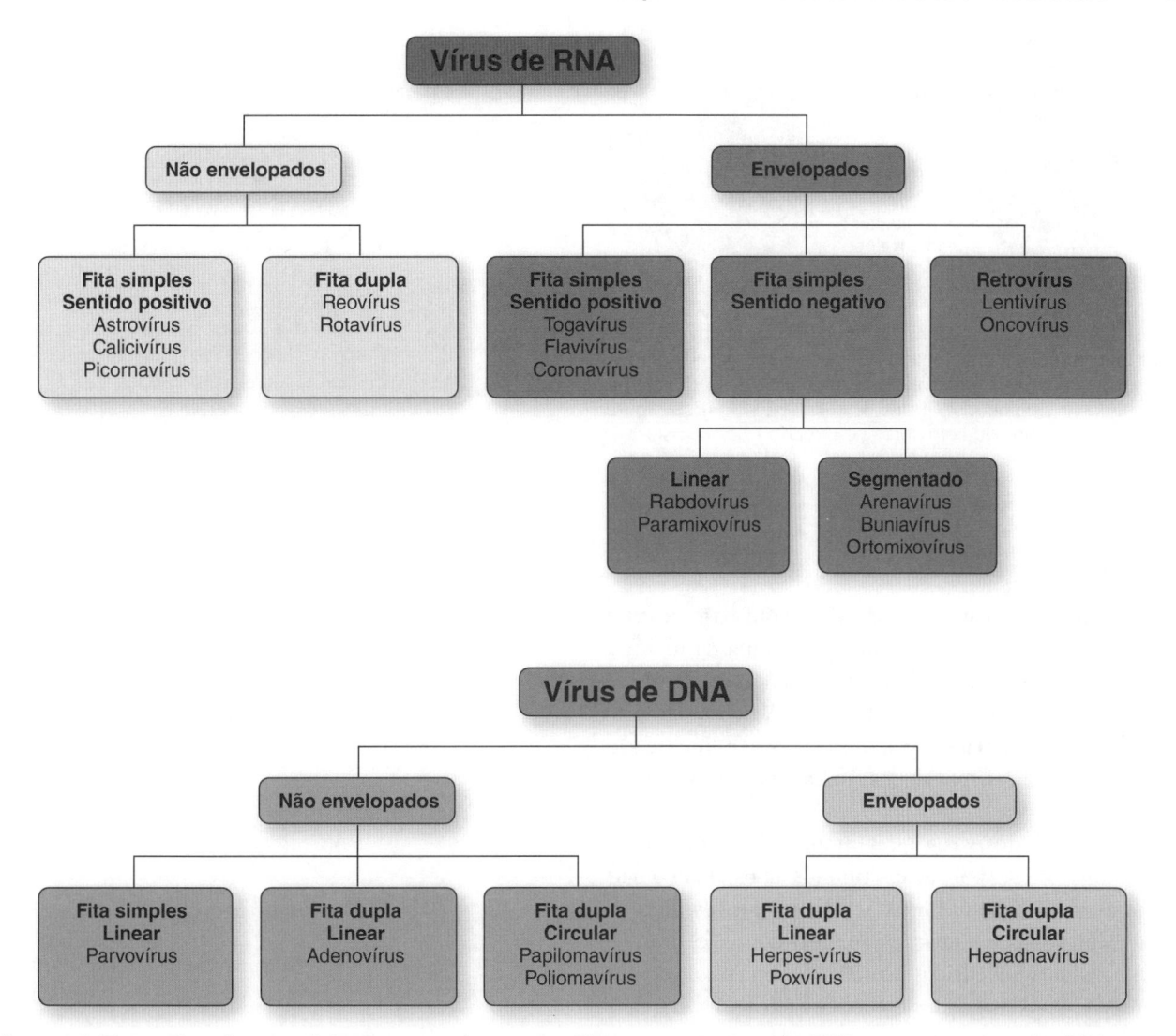

Figura 4.1 Alguns dos vírus que infectam seres humanos. Observe que uns contêm RNA, enquanto outros têm DNA, e que o ácido nucleico que eles apresentam pode ser de fita simples ou de fita dupla. No interior da célula hospedeira, o RNA de fita simples e de sentido positivo funciona como RNA mensageiro (mRNA), enquanto o RNA de fita simples e de sentido negativo serve como molde para a produção de mRNA. Alguns vírus contêm um envelope, enquanto outros carecem desse envelope. (Redesenhada de Engleberg NC *et al*. *Schaechter's mechanisms of microbial diseases*. 4th ed. Philadelphia, PA: Lippincott Williams & Wilkins; 2007.)

polissacarídeos (Figura 4.3). Os vírus bacterianos também podem apresentar uma cauda, uma bainha e fibras da cauda. No entanto, não existem ribossomos para a síntese de proteínas nem locais de produção de energia; por conseguinte, o vírus precisa invadir e assumir o comando de uma célula funcional para produzir novos vírions.

Os vírus são classificados com base nas seguintes características:

- Tipo de material genético (DNA ou RNA)
- Presença de ácido nucleico viral de fita simples ou de fita dupla
- Presença de ácido nucleico viral de sentido positivo ou de sentido negativo
- Forma do capsídio
- Número de capsômeros
- Tamanho do capsídio
- Presença ou ausência de envelope
- Tipo de hospedeiro infectado

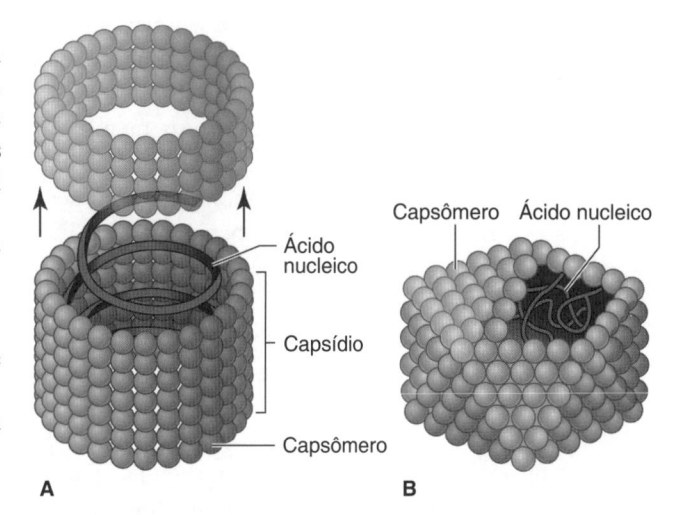

Figura 4.2 Nucleocapsídios virais. A. Nucleocapsídio de um vírus helicoidal. **B.** Nucleocapsídio de um vírus icosaédrico. (Fonte: Harvey RA *et al*. *Lippincott's illustrated reviews: microbiology*. 3rd ed. Philadelphia, PA: Lippincott Williams & Wilkins; 2013.)

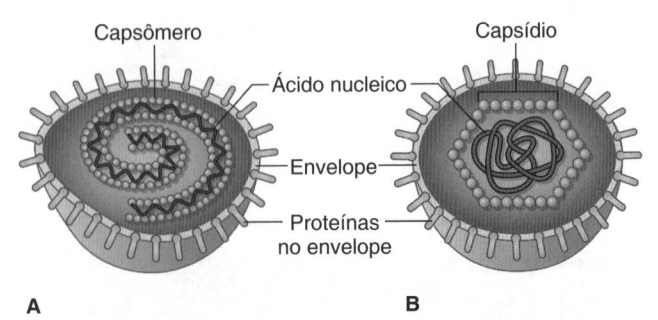

A   **B**

Figura 4.3 Vírus envelopado. A. Vírus helicoidal envelopado. **B.** Vírus icosaédrico envelopado. (Redesenhada de Harvey RA *et al. Lippincott's illustrated reviews: microbiology*. 3rd ed. Philadelphia, PA: Lippincott Williams & Wilkins; 2013.) (Esta figura encontra-se reproduzida em cores no Encarte.)

- Tipo de doença que provoca
- Célula-alvo
- Propriedades imunológicas ou antigênicas.

Existem quatro categorias de vírus com base no tipo de genoma que eles apresentam. O genoma da maioria dos vírus consiste em DNA de fita dupla ou em RNA de fita simples; porém, alguns exibem DNA de fita simples ou RNA de fita dupla. Os genomas virais geralmente são moléculas circulares, mas alguns são lineares, apresentando duas extremidades.

Os capsídios dos vírus apresentam várias formas e simetrias. Podem ser poliédricos (muitos lados), helicoidais (tubos espiralados), em forma de bala e esféricos. Podem ainda exibir uma combinação complexa dessas formas.

Os capsídios poliédricos têm 20 lados ou faces; geometricamente, são designados como icosaédricos. Cada face consiste em vários capsômeros; em consequência, o tamanho do vírus é determinado pelo tamanho de cada face e pelo número de capsômeros em cada uma delas. Com frequência, o envelope ao redor do capsídio confere ao vírus uma forma esférica ou irregular nas micrografias eletrônicas. Esse envelope é adquirido por determinados vírus de animais quando escapam do núcleo ou do citoplasma da célula hospedeira por brotamento (Figuras 4.4 e 4.5). Em outras palavras, o envelope deriva da membrana nuclear ou da membrana celular da célula hospedeira. Então, aparentemente, os vírus são capazes de alterar essas membranas pela adição de fibras proteicas, espículas e protuberâncias, que lhes possibilitam reconhecer a próxima célula hospedeira a ser invadida. A Tabela 4.2 fornece uma lista de vírus com suas características e doenças que eles causam. Os tamanhos de alguns deles são apresentados na Figura 4.6.

Origem dos vírus

Os vírus provavelmente existem há tanto tempo quanto as bactérias e as Archaea. Sua origem é uma questão intrigante e tem sido debatida por cientistas há muitos anos. Três teorias principais foram formuladas para explicá-la, conforme a seguir.

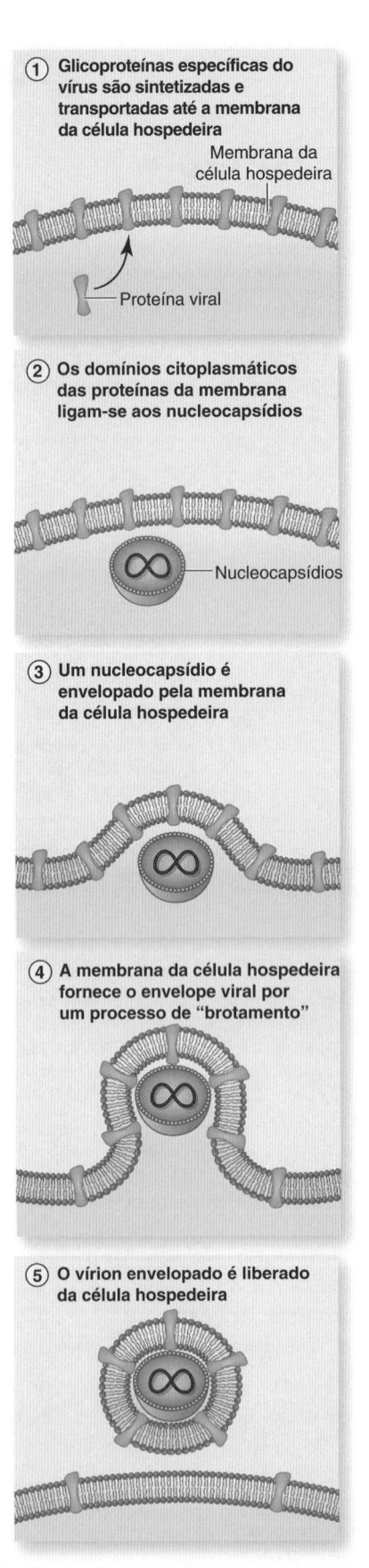

Figura 4.4 Partícula viral que adquire o seu envelope no processo de brotamento a partir de uma célula hospedeira. (Redesenhada de Harvey RA *et al. Lippincott's illustrated reviews: microbiology*. 3rd ed. Philadelphia, PA: Lippincott Williams & Wilkins; 2013.)

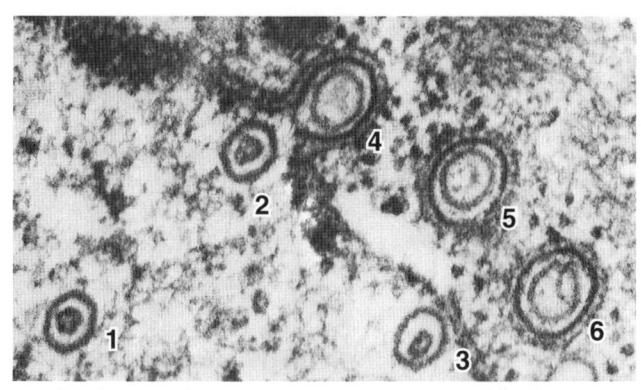

Figura 4.5 Herpes-vírus adquirindo seus envelopes por brotamento ao deixar o núcleo da célula hospedeira. *1 a 3.* Vírus no interior do núcleo. *4.* Vírus no processo de sair do núcleo por brotamento. *5 e 6.* Vírus que já adquiriram seus envelopes. (Fonte: Volk WA *et al. Essentials of medical microbiology.* 5th ed. Philadelphia, PA: Lippincott-Raven; 1996.)

1. "Teoria da coevolução": os vírus originaram-se na sopa primordial e coevoluíram com as bactérias e Archaea. Essa hipótese tem poucos defensores.

2. "Teoria da evolução retrógrada": os vírus evoluíram a partir de procariontes de vida livre, que invadiram outros organismos vivos e gradualmente perderam funções que eram proporcionadas pela célula hospedeira. Essa teoria tem pouco suporte.

3. "Teoria do gene evadido": os vírus são fragmentos de RNA ou de DNA da célula hospedeira que escaparam das células vivas e não estão mais sob controle celular. Das três teorias, atualmente, essa é a explicação mais amplamente aceita para a origem dos vírus.

A questão de os vírus serem ou não seres vivos depende da definição de vida e, portanto, não é fácil de responder. Entretanto, a maioria dos cientistas concorda com o fato de que eles carecem da maior parte das características básicas das células; dessa maneira, os pesquisadores consideram os vírus como entidades não vivas.

> Como não são constituídos por células, os vírus não são considerados organismos vivos. São designados como micróbios acelulares ou partículas infecciosas.

Tabela 4.2 Grupos selecionados importantes de vírus e doenças virais.

Tipo de vírus	Características virais	Vírus	Doença
Poxvírus	Grandes, em forma de tijolo em envelope, fdDNA	Varíola Vacínia	Varíola Varíola bovina
Polioma-papiloma	fsDNA, poliédrico	Papilomavírus Poliomavírus	Verrugas Alguns tumores, alguns cânceres
Herpes-vírus	Poliédrico com envelope, fdDNA	Herpes simples I Herpes simples II Varicela-zóster	Herpes labial Herpes genital Varicela/herpes-zóster
Adenovírus	fdDNA, icosaédricos	–	Infecções respiratórias, pneumonia, conjuntivite, alguns tumores
Picornavírus (o nome significa pequeno vírus de RNA)	fsRNA, icosaédricos minúsculos	Rinovírus Poliovírus Hepatite tipo A Vírus coxsackie Vírus ECHO (órfão humano citopático entérico)	Resfriado Poliomielite Hepatite Infecções respiratórias, meningite
Calicivírus	fsRNA, icosaédricos	Norovírus	Gastrenterite
Reovírus	fdRNA, icosaédricos com envelope	Rotavírus	Gastrenterite
Ortomixovírus	fsRNA, helicoidais com envelope	Influenza A, B e C	Gripe
Paramixovírus	fsRNA, helicoidais com envelope	Vírus sincicial respiratório Rubéola Caxumba	Crupe Sarampo Parotidite (caxumba)
Rabdovírus	RNA, em forma de bala, envelopados	Lissavírus	Raiva
Arbovírus	RNA transmitido por artrópodes, cúbico	Tipo B transmitido por mosquito Tipos A e B transmitidos por mosquito Transmitido por carrapato, coronavírus vírus Zika	Febre amarela Encefalite (muitos tipos) Febre do carrapato do Colorado Exantema, defeitos congênitos
Retrovírus	fsRNA, helicoidais com envelope	Vírus tumoral de RNA HTLV HIV	Tumores Leucemia AIDS

AIDS, síndrome da imunodeficiência adquirida; fdDNA, ácido desoxirribonucleico de fita dupla; HIV, vírus da imunodeficiência humana; HTLV, vírus linfotrópico T humano; fsRNA, ácido ribonucleico de fita simples.

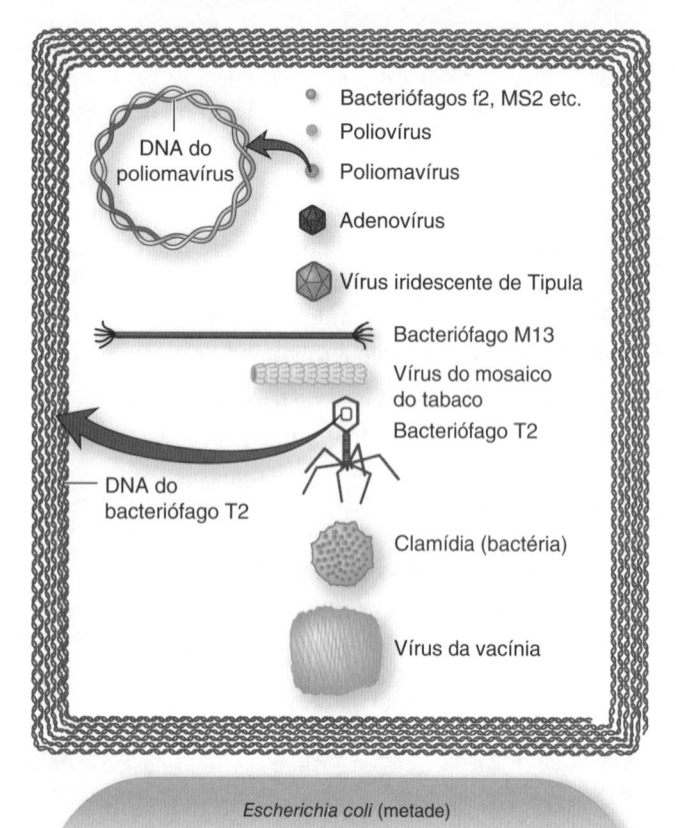

Escherichia coli (metade)

Figura 4.6 Tamanhos comparativos dos vírions, dos seus ácidos nucleicos e das bactérias. (Redesenhada de Davis BD *et al. Microbiology*. 4th ed. Philadelphia, PA: JB Lippincott; 1990.)

Vírus de animais

Os vírus que infectam os seres humanos e os animais são, em seu conjunto, designados como *vírus de animais*. Alguns são vírus de DNA; outros, de RNA. Os vírus de animais podem ser constituídos apenas de ácido nucleico circundado por uma capa de proteína (capsídio), ou podem ser mais complexos. Por exemplo, podem ser envelopados ou conter enzimas que desempenham um papel na multiplicação viral no interior das células hospedeiras. As etapas na multiplicação dos vírus de animais são apresentadas na Tabela 4.3.

> Os vírus de animais podem se fixar apenas a células que apresentam receptores de superfície apropriados.

A primeira etapa na multiplicação dos vírus de animais é a *fixação* (ou adsorção) do vírus à célula. À semelhança dos bacteriófagos, eles só podem se fixar a células que tenham os receptores de proteína ou de polissacarídeos apropriados na superfície.

Por que determinados vírus causam infecções em cães, mas não em seres humanos, ou vice-versa? Por que certos vírus causam infecções respiratórias, enquanto outros provocam infecções gastrintestinais? Tudo se resume aos receptores; afinal, os vírus podem se fixar apenas a células com receptores que eles podem reconhecer. Por exemplo, o vírus Influenza A fixa-se a resíduos de ácido siálico presentes na superfície das células mucosas. Como as células

Tabela 4.3 Etapas da multiplicação dos vírus de animais.

Etapa	Nome da etapa	O que ocorre durante a etapa
1	Fixação (adsorção)	O vírus fixa-se a uma molécula de proteína ou de polissacarídeo (receptor) na superfície de uma célula hospedeira
2	Penetração	O vírus inteiro entra na célula hospedeira, algumas vezes por ser fagocitado pela célula
3	Desnudamento	O ácido nucleico viral escapa do capsídio
4	Biossíntese	Os genes virais são expressos, resultando na produção de peças ou bases do vírus (*i. e.*, DNA e proteínas virais)
5	Montagem	As peças ou bases virais são montadas para criar vírions completos
6	Liberação	Os vírions completos escapam da célula hospedeira por lise ou por brotamento

do trato respiratório são ricas em ácido siálico, a infecção pelo vírus Influenza começa no trato respiratório.

A segunda etapa na multiplicação dos vírus de animais é a *penetração*, em que o vírion inteiro geralmente entra na célula hospedeira, algumas vezes em consequência de sua fagocitose pela célula (Figuras 4.7 a 4.9) ou, algumas vezes, por fusão com a membrana celular. Isso exige uma terceira etapa denominada *desnudamento*, por meio da qual o ácido nucleico viral escapa do capsídio, passando, a partir de então, a "determinar" o que ocorre no interior da célula hospedeira.

A quarta etapa consiste em *biossíntese*, por meio da qual são produzidas muitas peças virais (ácido nucleico e proteínas virais). Essa fase pode ser muito complicada, dependendo do tipo de vírus que infecta a célula (*i. e.*, vírus de DNA de fita simples, vírus de DNA de fita dupla, vírus de RNA de fita simples ou vírus de RNA de fita dupla). Alguns vírus de animais não iniciam imediatamente a biossíntese, mas permanecem latentes no interior da célula hospedeira por períodos de tempo variáveis. As infecções virais latentes serão discutidas de modo mais detalhado adiante, neste capítulo.

A quinta etapa, *montagem*, consiste em reunir as peças virais para a produção de vírions completos. Após essa fase, as partículas virais devem escapar da célula – uma sexta etapa denominada *liberação*. O modo pelo qual os vírus escapam da célula depende do tipo deles. Alguns escapam por meio de destruição da célula hospedeira, levando à destruição celular e a alguns dos sintomas associados à infecção por esse vírus específico. Outros escapam da célula por um processo conhecido como *brotamento*. Os vírus que escapam do citoplasma na célula hospedeira por brotamento tornam-se circundados por fragmentos da

> Os vírus de animais escapam de suas células hospedeiras por lise da célula ou por brotamento. Os que escapam por brotamento se tornam envelopados.

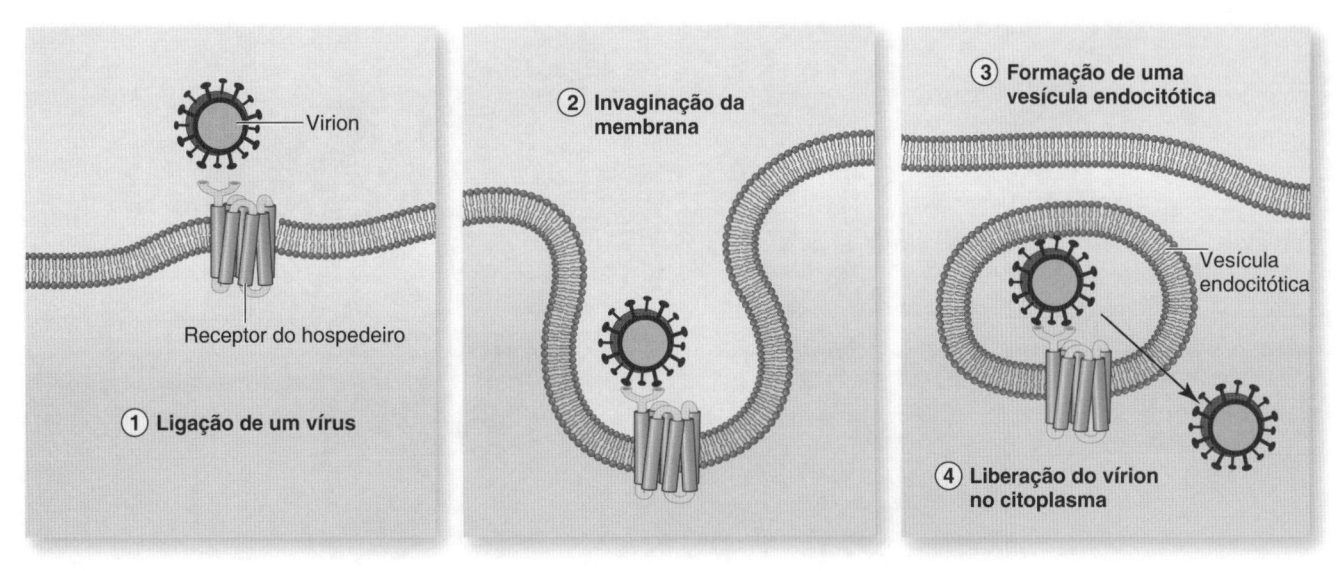

Figura 4.7 Penetração de um vírus não envelopado em uma célula hospedeira por endocitose. (Redesenhada de Harvey RA *et al. Lippincott's illustrated reviews: microbiology*. 3rd ed. Philadelphia, PA: Lippincott Williams & Wilkins; 2013.)

membrana celular, formando, assim, os vírus envelopados. Assim, sempre que se encontra um vírus envelopado, significa que ele escapou da célula hospedeira por brotamento.

Com frequência, nas células infectadas, são observados remanescentes ou conjuntos de vírus, denominados *corpúsculos de inclusão*, que são utilizados como instrumento diagnóstico para a identificação de certas doenças virais. Dependendo da doença particular, os corpúsculos de inclusão podem ser encontrados no citoplasma (corpúsculos de inclusão citoplasmáticos) ou dentro do núcleo (corpúsculos de inclusão intranucleares). Na raiva, os corpúsculos de inclusão citoplasmáticos observados nas células nervosas são denominados *corpúsculos de Negri*. Os de inclusão da síndrome da imunodeficiência adquirida (AIDS) e os corpúsculos de Guarnieri da varíola também são citoplasmáticos. As células infectadas por citomegalovírus (CMV) exibem corpúsculos de inclusão intranucleares designados como "olhos de coruja" (Figura 4.10). Em cada um desses casos, os corpúsculos de inclusão podem representar agregados ou conjuntos de vírus.

Alguns exemplos de doenças virais humanas importantes incluem a AIDS, a varicela, o herpes labial, o resfriado comum, as infecções por herpes genital, a mononucleose infecciosa, a gripe, o sarampo, a caxumba e a encefalite viral. Além disso, todas as verrugas humanas são causadas por vírus. Esses vírus e suas doenças serão descritos de modo mais detalhado no Capítulo 18, *Infecções Virais em Seres Humanos*.

Infecções por vírus latentes

As infecções por herpes-vírus, como herpes simples (herpes labial), fornecem um bom exemplo de infecções por vírus latentes. Embora o indivíduo infectado esteja sempre abrigando o vírus nas células nervosas, o herpes labial aparece e desaparece. A ocorrência de febre, o estresse ou a luz solar excessiva podem ativar os genes virais a assumir o comando das células, com produção de mais vírus; nesse processo, as células são destruídas, e observa-se o desenvolvimento de vesículas herpéticas. As infecções por vírus latentes são comumente limitadas pelo sistema de defesa do corpo humano: os

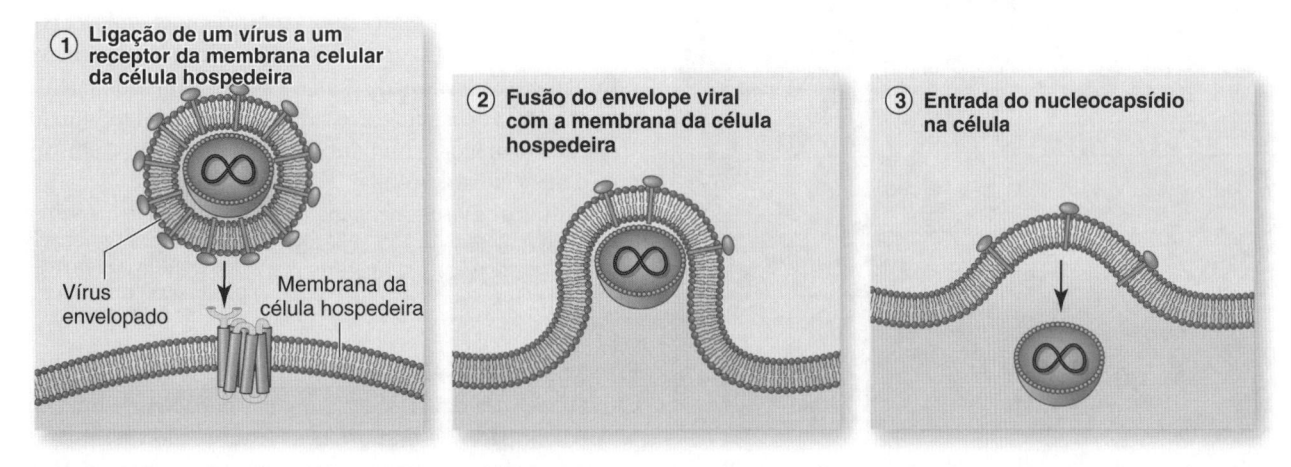

Figura 4.8 Penetração de uma célula hospedeira por um vírus envelopado. Os vírus envelopados também podem penetrar nas células por endocitose. (Redesenhada de Harvey RA *et al. Lippincott's illustrated reviews: microbiology*. 3rd ed. Philadelphia, PA: Lippincott Williams & Wilkins; 2013.)

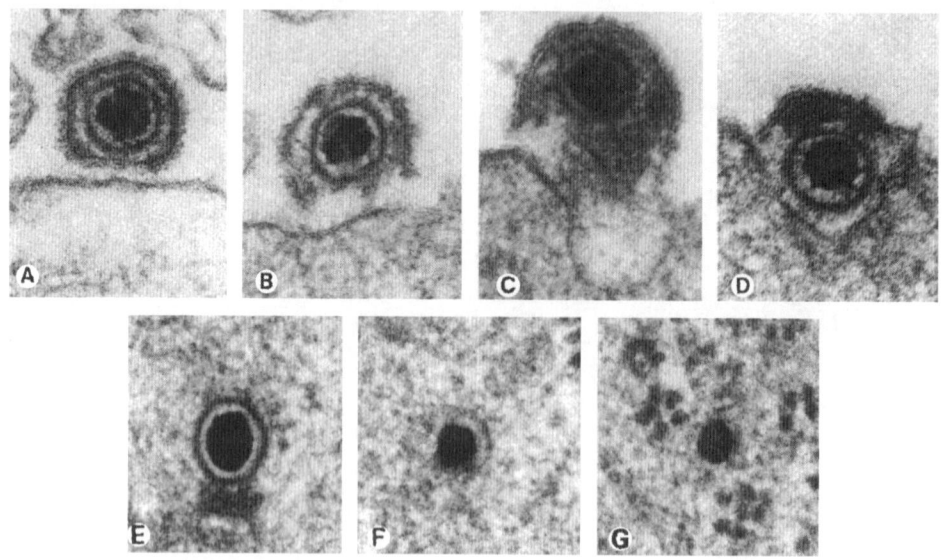

Figura 4.9 Infecção de células hospedeiras pelo herpes-vírus simples. Adsorção (**A**), penetração (**B** a **D**) e desnudamento e digestão do capsídio (**E** a **G**) do herpes-vírus simples em células HeLa, conforme deduzido de micrografias eletrônicas de cortes de células infectadas. A penetração envolve a digestão local das membranas viral e celular (**B**, **C**), resultando em fusão das duas membranas e liberação do nucleocapsídio na matriz citoplasmática (**D**). O nucleocapsídio desnudo está intacto em (**E**) e parcialmente digerido em (**F**), enquanto desapareceu em (**G**), deixando um cerne contendo DNA e proteína. (Fonte: Morgan C *et al*. Electron microscopy of herpes simples virus. *J Virol*. 1968;2:507.)

> Os fármacos utilizados no tratamento das infecções virais são denominados agentes antivirais.

fagócitos e as proteínas antivirais, denominadas interferonas, que são produzidas pelas células infectadas por vírus (discutidas no Capítulo 15, *Mecanismos Inespecíficos de Defesa do Hospedeiro*). O herpes-zóster, uma doença neurológica dolorosa que também é causada por um herpes-vírus, constitui outro exemplo de infecção viral latente. Após infecção por catapora (também denominada varicela), o vírus pode permanecer latente no corpo humano durante muitos anos. Quando as defesas imunes do corpo se tornam enfraquecidas pela idade avançada ou pela presença de doença, o vírus latente da varicela reaparece para causar herpes-zóster (também conhecido como cobreiro). O vírus responsável por essas síndromes é denominado vírus varicela-zóster (VZV).

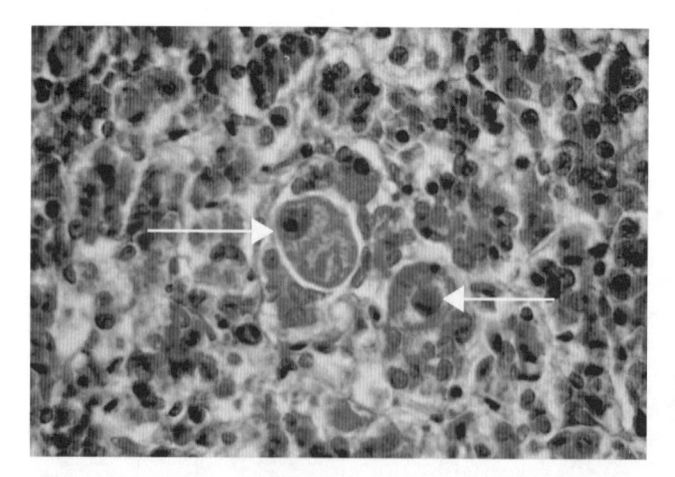

Figura 4.10 Inclusões virais do citomegalovírus, designadas como "olhos de coruja" (*setas*). (Cortesia de Rosalie B. Haraszti e de CDC Public Health Image Library.) (Esta figura encontra-se reproduzida em cores no Encarte.)

Vírus oncogênicos

Os vírus que causam câncer são denominados *vírus oncogênicos* ou *oncovírus*. A primeira evidência de que os vírus provocam cânceres surgiu de experimentos realizados com galinhas. Subsequentemente, foi constatado que eles eram a causa de vários tipos de cânceres em roedores, rãs e gatos. Embora as causas de muitos tipos de cânceres humanos (talvez a maioria) permaneçam desconhecidas, sabe-se que *alguns* são provocados por vírus. O Epstein-Barr (um tipo de herpes-vírus) causa a mononucleose infecciosa (que não é um tipo de câncer), mas também três tipos de cânceres humanos: o carcinoma nasofaríngeo, o linfoma de Burkitt e o linfoma de células B. O sarcoma de Kaposi, um tipo de câncer comum em pacientes com AIDS, é causado pelo herpes-vírus humano 8. Foram também estabelecidas associações entre os vírus das hepatites B e C e o carcinoma hepatocelular (de fígado). Os papilomavírus humanos (HPV; vírus causadores de verrugas) podem provocar diferentes tipos de câncer, incluindo de colo do útero e de outras partes do trato genital. Um retrovírus estreitamente relacionado com o vírus da imunodeficiência humana (HIV; o agente causador da AIDS), denominado vírus linfotrópico T humano 1 (HTLV-1) causa um tipo raro de leucemia de células T do adulto. Todos os vírus oncogênicos mencionados são de DNA, com exceção do HIV e do HTLV-1, que são de RNA.

> Os vírus que causam câncer são conhecidos como vírus oncogênicos ou oncovírus.

Vírus da imunodeficiência humana

O HIV, a causa da AIDS, é um vírus de RNA de fita simples envelopado[a] (Figura 4.11). Trata-se do membro de um gênero de vírus denominado lentivírus, que pertence a

---

[a]O vírion do HIV contém duas moléculas de RNA de fita simples.

A AIDS é causada por um vírus de RNA de fita simples, conhecido como HIV.

uma família de vírus denominada Retroviridae (retrovírus).

Os retrovírus contêm uma enzima chamada de transcriptase reversa, que possibilita a replicação do genoma do RNA do vírus em uma forma de DNA proviral, que pode ser integrada ao genoma da célula hospedeira. Os retrovírus caracterizam-se por um longo período de incubação entre o aparecimento da infecção inicial e a apresentação dos sintomas da doença.

O HIV tem a capacidade de se fixar a células com receptores que ele reconhece, invadindo-as. Muitas dessas células constituem parte do sistema imune. O mais importante desses receptores é denominado CD4, e as células que apresentam esse receptor são designadas como células CD4+. A mais importante delas é a célula T auxiliar (discutida no Capítulo 16, *Mecanismos Específicos de Defesa do Hospedeiro | Introdução à Imunologia*). As infecções pelo HIV destroem essas células importantes, com o consequente enfraquecimento do sistema imune, tornando o indivíduo infectado suscetível às infecções oportunistas.

Provírus

Conforme assinalado anteriormente, alguns vírus, como o HIV (retrovírus) e alguns de DNA têm a capacidade de inserir o genoma viral dentro do DNA da célula hospedeira. Nesse caso, o genoma viral é designado como **provírus**. Esse processo possibilita ao vírus causar infecção latente e evitar o desencadeamento de uma resposta imune que poderia eliminá-lo. O genoma viral é replicado com o genoma da célula hospedeira durante a divisão celular e pode permanecer latente ao longo de muitas gerações de células hospedeiras. Posteriormente, o provírus pode sair do genoma da célula hospedeira e sofrer replicação viral. Foi estimado que até 8% do genoma humano podem existir na forma de retrovírus endógenos.

Vírus Ebola e Zika

Nos últimos anos, dois vírus têm causado problemas no mundo inteiro, em virtude de sua alta mortalidade (vírus Ebola) ou de sua capacidade de causar graves defeitos congênitos (vírus Zika). O Ebola é um vírus filiforme (Figura 4.12) que se acredita ter sido transmitido de morcegos para infectar seres humanos. Um surto de febre hemorrágica pelo vírus Ebola na África Ocidental, de 2014 a 2015, infectou mais de 28.000 pessoas e causou mais de 11.000 mortes. Alguns casos chegaram aos EUA e outros países, causando preocupação geral quanto à ocorrência de uma pandemia. Mais recentemente, o vírus Zika, que é transmitido por mosquitos, espalhou-se pelas Américas proveniente da Micronésia e foi responsável por grande quantidade de defeitos congênitos. Ambos os vírus serão discutidos com mais detalhes nos Capítulos 11, *Epidemiologia e Saúde Pública*, e 18, *Infecções Virais em Seres Humanos*.

Agentes antivirais

Nos últimos anos, foram desenvolvidas diversas substâncias químicas, denominadas agentes antivirais, para interferir em enzimas virais específicas e na produção de vírus, impedindo a ocorrência de fases críticas do ciclo de replicação viral ou inibindo a síntese do DNA, do RNA ou das proteínas virais.

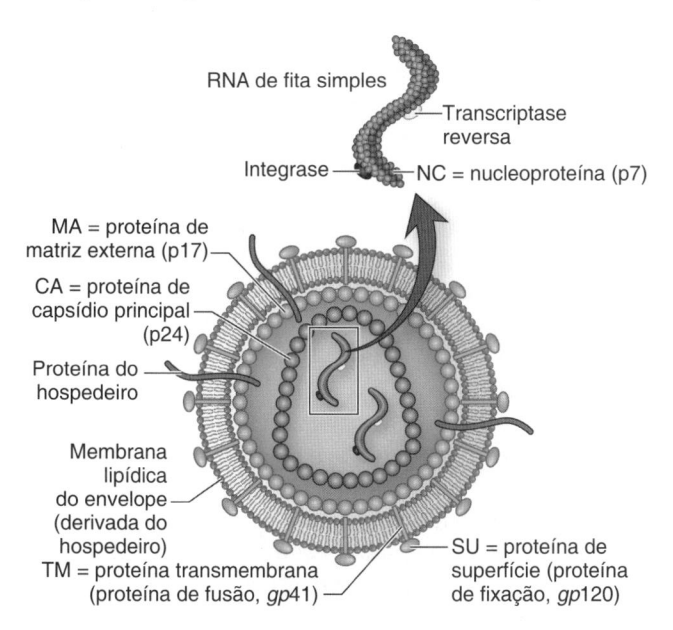

Figura 4.11 Vírus da imunodeficiência humana (HIV). O HIV é um vírus envelopado que contém duas moléculas de RNA de fita simples idênticas. Cada uma de suas 72 protuberâncias de superfície contém uma glicoproteína (denominada *gp*120), que tem a capacidade de se ligar a um receptor CD4 na superfície de determinadas células hospedeiras (p. ex., células T auxiliares). A "haste" que sustenta a protuberância é uma glicoproteína transmembrana (*gp*41), que também pode desempenhar um papel na fixação às células hospedeiras. A transcriptase reversa é uma DNA polimerase RNA-dependente. (Redesenhada de Harvey RA *et al. Lippincott's illustrated reviews: microbiology*. 3rd ed. Philadelphia, PA: Lippincott Williams & Wilkins; 2013.)

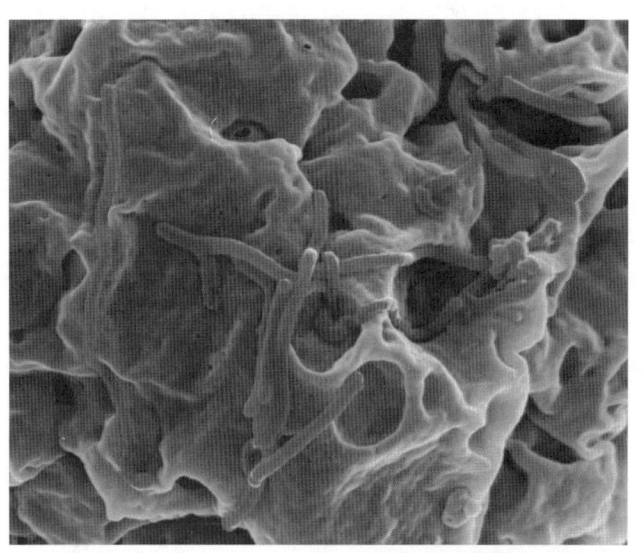

Figura 4.12 Micrografia eletrônica de varredura digitalmente colorida do vírus Ebola, a causa da febre hemorrágica de Ebola. Os vírus Ebola, que estão em vermelho, apresentam forma cilíndrica, e seu comprimento pode alcançar 800 a 1.000 nm ou mais. (Cortesia do National Institute of Allergy and Infectious Diseases e pelo CDC.) (Esta figura encontra-se reproduzida em cores no Encarte.)

Os fármacos utilizados no tratamento das infecções virais são denominados agentes antivirais.

Os antibióticos que atuam por meio da inibição de determinadas atividades metabólicas de patógenos procarióticos e eucarióticos não exercem nenhuma atividade contra os vírus, visto que estes não são células. Entretanto, para determinados pacientes com resfriado e gripe, podem ser prescritos antibióticos na tentativa de impedir infecções bacterianas secundárias que poderiam ocorrer após a infecção viral. Os antibióticos e os agentes virais serão discutidos de modo mais detalhado no Capítulo 9, *Uso de Agentes Antimicrobianos para Inibir o Crescimento de Patógenos In Vivo*.

Bacteriófagos

À semelhança das células animais, as bactérias também podem ser infectadas por vírus, denominados *bacteriófagos* (ou simplesmente fagos). Como todos os vírus, os bacteriófagos são patógenos intracelulares obrigatórios, visto que precisam entrar em uma célula para a sua replicação. Existem três categorias de bacteriófagos, com base na sua forma:

- Bacteriófagos icosaédricos: apresentam formato quase esférico, com 20 faces triangulares; os fagos icosaédricos menores têm cerca de 25 nm de diâmetro
- Bacteriófagos filamentosos: trata-se de longos tubos formados por proteínas do capsídio, cuja montagem resulta em uma estrutura helicoidal; podem alcançar até 900 nm de comprimento
- Bacteriófagos complexos: têm cabeça icosaédrica ligada a cauda helicoidal; além disso, podem apresentar placas basais e fibras caudais.

Os vírus que infectam bactérias são conhecidos como bacteriófagos (ou simplesmente fagos).

À semelhança dos vírus de animais, os bacteriófagos podem ser classificados pelo tipo de ácido nucleico que contêm; assim, existem fagos de DNA de fita simples, de DNA de fita dupla, de RNA de fita simples e de RNA de fita dupla. A seguir, serão discutidos apenas os fagos de DNA.

Os bacteriófagos também podem ser classificados pelos eventos que ocorrem após a invasão da célula bacteriana: alguns são virulentos, enquanto outros são temperados. Entretanto, os fagos de ambas as categorias não penetram efetivamente na célula bacteriana; em vez disso, eles injetam o seu ácido nucleico no interior dela. É o que ocorre posteriormente que diferencia os fagos virulentos dos fagos temperados.

Os *bacteriófagos virulentos* sempre causam o denominado *ciclo lítico*, que termina com a destruição (lise) da célula bacteriana. Para a maioria deles, todo o processo (desde a fixação até a lise) leva menos de 1 hora. As etapas do ciclo lítico são apresentadas na Tabela 4.4.

Após a sua entrada em uma célula hospedeira, o bacteriófago virulento sempre inicia o ciclo lítico, resultando na destruição da célula.

O ciclo de replicação dos bacteriófagos é muito semelhante ao dos vírus de animais, exceto que eles não entram efetivamente na

Tabela 4.4 Etapas da multiplicação dos bacteriófagos (ciclo lítico).

Etapa	Nome da etapa	Evento durante a etapa
1	Fixação (adsorção)	O fago fixa-se a uma molécula de proteína ou de polissacarídeo (receptor) na superfície da célula bacteriana
2	Penetração	O fago injeta o seu DNA na célula bacteriana; o capsídio permanece na superfície externa da célula
3	Biossíntese	Os genes do fago são expressos, resultando na produção de peças ou partes do fago (i. e., DNA e proteínas do fago)
4	Montagem	As peças ou partes do fago são montadas para criar fagos completos
5	Liberação	Os fagos completos escapam da célula bacteriana por lise da célula

DNA, ácido desoxirribonucleico.

célula hospedeira, mas injetam o seu ácido nucleico no interior dela.

A primeira etapa do ciclo lítico consiste na *fixação* (adsorção) do fago à superfície da célula bacteriana. O fago só pode aderir a células bacterianas que tenham o receptor apropriado – uma molécula de proteína ou de polissacarídeo na superfície da célula, que é reconhecida por uma molécula existente na superfície do fago.

Os bacteriófagos são, em sua maioria, específicos quanto a espécie e cepa, o que significa que eles só infectam determinada espécie ou cepa de bactérias. Os que infectam *Escherichia coli*, por exemplo, são denominados colífagos. Alguns bacteriófagos podem ainda fixar-se a mais de uma espécie de bactéria. A Figura 4.13 mostra numerosos bacteriófagos fixados à superfície das células bacterianas.

Os bacteriófagos só podem fixar-se a bactérias que tenham moléculas de superfície (receptores) reconhecidas por moléculas existentes na superfície do fago.

Conforme já assinalado, a segunda etapa do ciclo lítico é denominada *penetração*. Nela, o fago injeta o seu DNA no interior da célula bacteriana, atuando de modo semelhante a uma agulha hipodérmica (Figura 4.14). A partir de então, o DNA do fago "determina" o que ocorrerá no interior da célula bacteriana. Esse processo é, algumas vezes, descrito como o DNA do fago assumindo o controle da "maquinaria" da célula hospedeira.

A terceira etapa do ciclo lítico é denominada *biossíntese*. É durante essa fase que os genes do fago são expressos, resultando na produção (biossíntese) das peças virais. É também durante essa etapa que as enzimas (p. ex., DNA e RNA polimerases), os nucleotídios, os aminoácidos e os ribossomos da célula hospedeira são utilizados para a produção de DNA e de proteínas virais.

Na quarta etapa do ciclo lítico, denominada *montagem*, as peças virais são montadas para produzir partículas virais

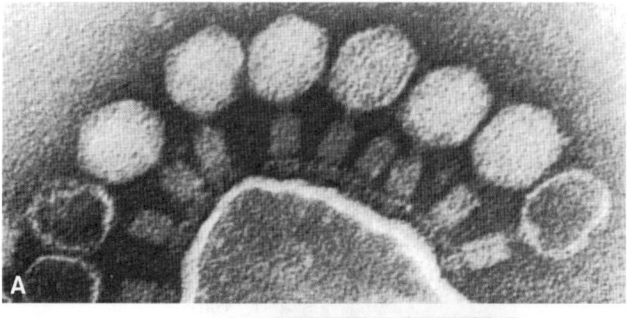

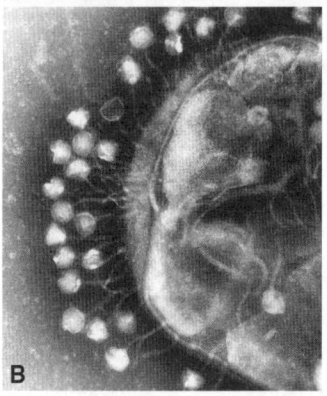

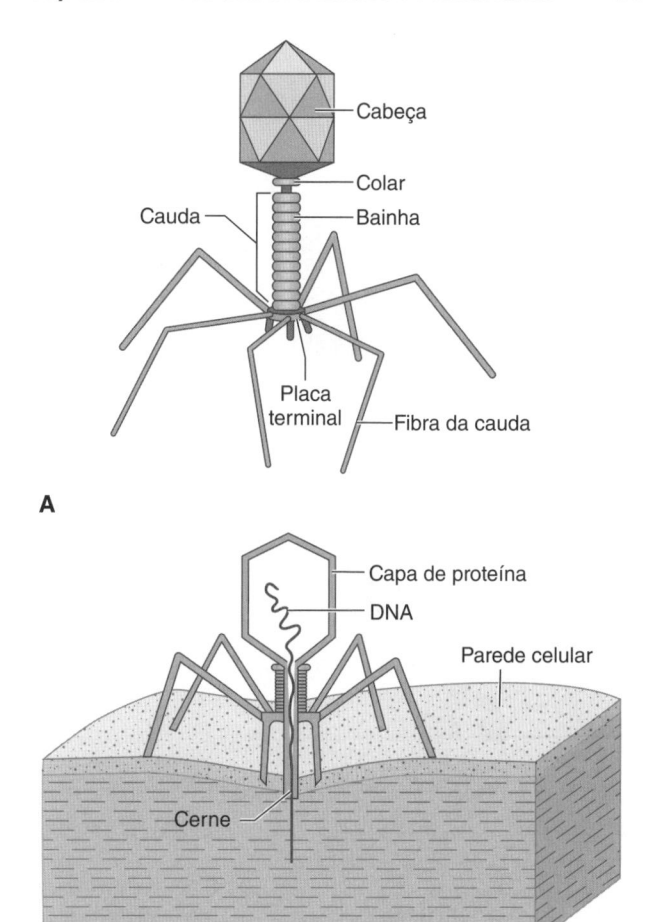

Figura 4.13 A. Célula da bactéria *Vibrio cholerae* parcialmente lisada, com muitos vírions do fago CP-T1 aderidos. (Cortesia de R. W. Taylor e J. E. Ogg, Colorado State University, Fort Collins, CO.) **B.** Numerosos bacteriófagos fixados a uma célula bacteriana. (Disponibilizada pelo Dr. Graham Beards, Graham Colm e por Wikipedia.)

completas (vírions). Durante essa fase é que ocorre acondicionamento do DNA viral em capsídios.

A etapa final do ciclo lítico, denominada *liberação*, ocorre quando a célula hospedeira sofre ruptura, e todos os novos vírions (cerca de 50 a 1.000) escapam dela. Assim, o ciclo lítico termina com a lise da célula hospedeira, que é causada por uma enzima (denominada endolisina) codificada por um gene do fago. No momento adequado (após a montagem), o gene viral apropriado é expresso, ocorre produção da enzima, e a parede celular bacteriana é destruída. No caso de certos bacteriófagos, um gene do fago codifica uma enzima que interfere na síntese da parede celular, levando ao seu enfraquecimento e, por fim, ao colapso. O ciclo lítico encontra-se resumido na Figura 4.15, e a Tabela 4.5 fornece um resumo das semelhanças e diferenças entre a multiplicação dos bacteriófagos e dos vírus de animais.

A outra categoria de bacteriófagos – os *fagos temperados* (também conhecidos como *fagos lisogênicos*) – não inicia imediatamente o ciclo lítico; em vez disso, o seu DNA permanece integrado ao cromossomo da célula bacteriana gerações após gerações. À semelhança dos provírus descritos anteriormente neste capítulo, o genoma dos bacteriófagos é denominado profago. Os bacteriófagos estão envolvidos em duas das quatro maneiras principais

> Diferentemente dos bacteriófagos virulentos, os temperados não iniciam imediatamente o ciclo lítico. O seu DNA pode permanecer integrado ao cromossomo da célula hospedeira por gerações após gerações.

Figura 4.14 Estruturas de um bacteriófago. A. O bacteriófago T4 consiste em uma montagem de componentes proteicos. A cabeça é uma proteína de membrana com 20 faces, preenchida com DNA. Está ligada a uma cauda, que consiste em um cerne oco circundado por uma bainha e sustentado por uma placa terminal dotada de espículas à qual estão ligadas seis fibras. **B.** Após fixação a uma célula hospedeira, a bainha sofre contração, propelindo o cerne através da parede celular, com entrada do DNA viral na célula.

pelas quais as bactérias adquirem nova informação genética. Esses processos, chamados de conversão lisogênica e transdução, bem como os bacteriófagos temperados, serão discutidos de modo mais detalhado no Capítulo 7, *Fisiologia e Genética Microbianas*.

Como os bacteriófagos destroem bactérias, houve muita especulação e experimentação no decorrer dos anos sobre o seu uso para destruir patógenos bacterianos e tratar infecções bacterianas. As primeiras pesquisas dessa natureza foram conduzidas em 1919, mas foram interrompidas com a descoberta dos antibióticos, na década de 1940. Contudo, desde o aparecimento de bactérias resistentes a múltiplos fármacos ("superbactérias"), houve uma renovação no interesse pela pesquisa sobre o uso dos bacteriófagos no tratamento de doenças bacterianas. Além disso, as enzimas dos bacteriófagos que destroem as paredes celulares ou que impedem a sua síntese estão sendo atualmente estudadas para uso como agentes terapêuticos. Atualmente, os tratamentos

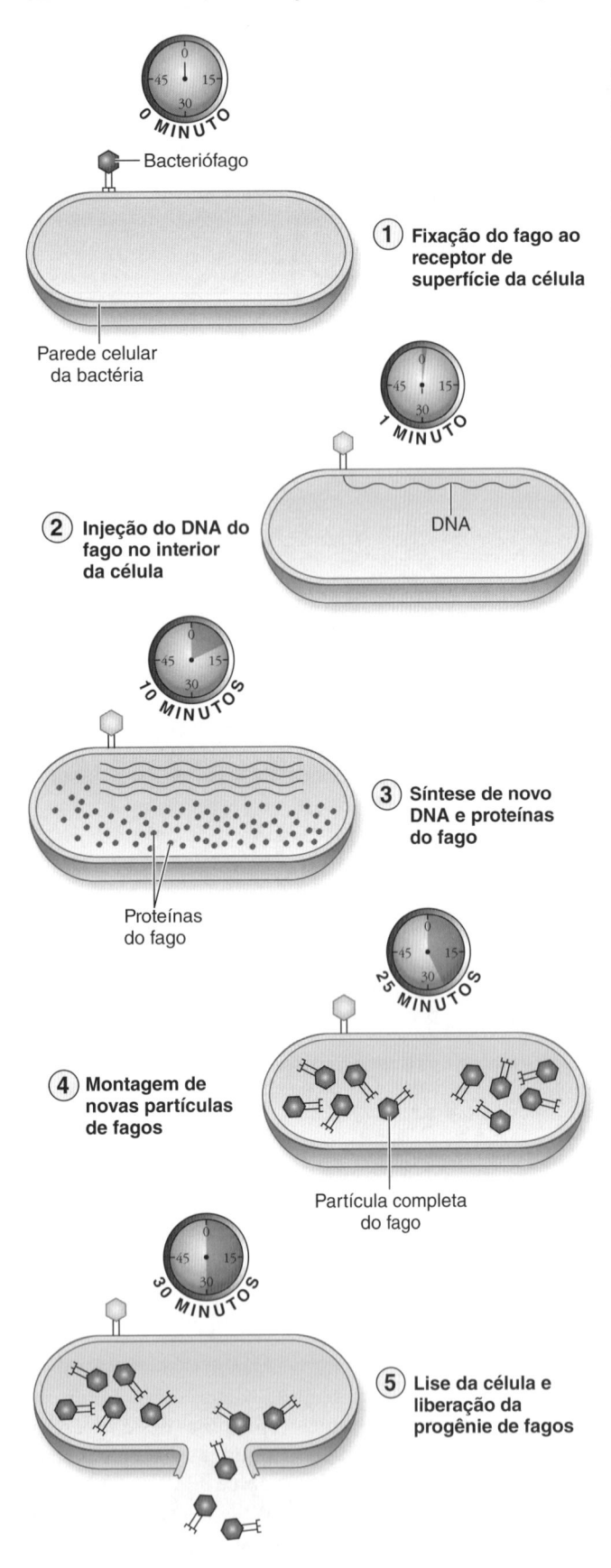

① **Fixação do fago ao receptor de superfície da célula**

② **Injeção do DNA do fago no interior da célula**

③ **Síntese de novo DNA e proteínas do fago**

④ **Montagem de novas partículas de fagos**

⑤ **Lise da célula e liberação da progênie de fagos**

Figura 4.15 Resumo do processo lítico. (Redesenhada de Harvey RA *et al. Lippincott's illustrated reviews: microbiology*. 3rd ed. Philadelphia, PA: Lippincott Williams & Wilkins; 2013.)

Tabela 4.5 Semelhanças e diferenças entre a multiplicação dos bacteriófagos e a dos vírus de animais.

Etapa	Bacteriófagos	Vírus de animais
Fixação	Sim	Sim
Penetração	Sim, porém apenas pelo ácido nucleico do fago	Sim, pelo vírion inteiro
Desnudamento	Não (desnecessário)	Sim
Biossíntese	Sim	Sim
Montagem	Sim	Sim
Liberação	Sim, por lise da célula hospedeira	Sim, por brotamento ou por lise da célula hospedeira

de pacientes à base de fagos não estão autorizados nos EUA; porém, a Food and Drug Administration (FDA) aprovou o uso de uma mistura de fagos em determinados alimentos para impedir a contaminação por *Listeria*. É possível que, no futuro, certas doenças bacterianas sejam tratadas com administração oral ou injeção de bacteriófagos específicos de patógenos ou suas enzimas.

Vírus gigantes de amebas

Em 2003, um vírus de DNA de fita dupla extremamente grande, denominado Mimivírus, foi isolado de amebas. Ele recebeu esse nome pelo fato de "imitar" as bactérias. É tão grande que pode ser observado com o uso de um microscópio óptico composto padrão. A partícula do Mimivírus apresenta um capsídio de 7 nm de espessura, com

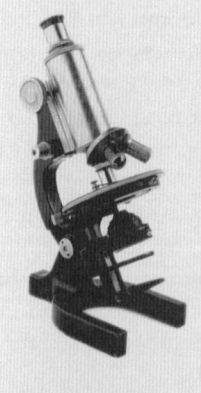

Nota histórica
Descoberta e uso terapêutico dos bacteriófagos

Os bacteriófagos foram descobertos independentemente por Frederick Twort, em 1915, e por Felix d'Herelle, em 1917. Foram d'Herelle e seus colaboradores que criaram o termo "bacteriófago" (do grego *phagein*, que significa devorar), além de terem sido os primeiros a utilizar os bacteriófagos terapeuticamente. Nos 20 anos que se seguiram, aproximadamente, foram publicados centenas de relatos (muitos deles controversos) a respeito do uso dos bacteriófagos no tratamento de infecções bacterianas em seres humanos e animais. O interesse pela fagoterapia começou a declinar quando os antibióticos foram descobertos. Entretanto, o aparecimento de bactérias resistentes a múltiplos fármacos reacendeu o interesse pelo assunto.

diâmetro de 750 nm, e uma série de fibras densamente agrupadas de 80 a 125 nm de comprimento projeta-se para fora da superfície dele (Figura 4.16). No interior do capsídio, o DNA do Mimivírus é circundado por duas membranas lipídicas de 4 nm de espessura. Seu genoma é, pelo menos, 10 vezes maior que o dos grandes vírus da família do vírus da varíola e maior que o de algumas das menores bactérias. Acredita-se que tenha cerca de 1.000 genes. Alguns de seus genes codificam funções que anteriormente se acreditava que fossem exclusivas dos organismos celulares, como tradução de proteínas e enzimas de reparo do DNA. O Mimivírus contém vários genes para o metabolismo de açúcares, lipídios e aminoácidos. Além disso, diferentemente da maioria dos vírus de DNA, ele apresenta algumas moléculas de RNA. Um número limitado de relatos sugere que os Mimivírus podem constituir a causa de alguns casos de pneumonia humana.

Desde a descoberta dos Mimivírus, numerosos outros vírus gigantes foram isolados utilizando técnicas de cocultura de amebas.[b] Diante disso, foi sugerido que eles fossem incluídos em uma nova ordem, denominada Megaviridae. O Pandoravírus é o maior até hoje descoberto, quase 2 vezes maior do que o Mimivírus, e tem um genoma capaz de codificar mais de 2.000 genes (Figura 4.17). Alguns dos vírus gigantes foram isolados de amostras de seres humanos, mas o seu papel na causa de infecções ainda é considerado controverso; afinal, há muito a ser descoberto nesse fascinante grupo de vírus.

Vírus de plantas

Mais de 1.000 vírus diferentes causam problemas em plantas, incluindo doenças de árvores cítricas, cacaueiros, arroz, cevada, tabaco, nabos, couve-flor, batatas, tomates e muitas outras frutas, vegetais, árvores e grãos. Essas doenças são responsáveis por enormes perdas econômicas, estimadas em mais de 70 bilhões de dólares por ano no mundo inteiro.

Os vírus de plantas são comumente transmitidos por: insetos (p. ex., pulgões, cigarrinhas e moscas brancas); ácaros; nematódeos; sementes, podas e tubérculos infectados; e ferramentas contaminadas (p. ex., enxada, podadeira e serrote).

Viroides

Embora os vírus sejam agentes infecciosos não vivos e extremamente pequenos, os viroides e os príons são ainda menores e menos complexos. Eles consistem em pequenos

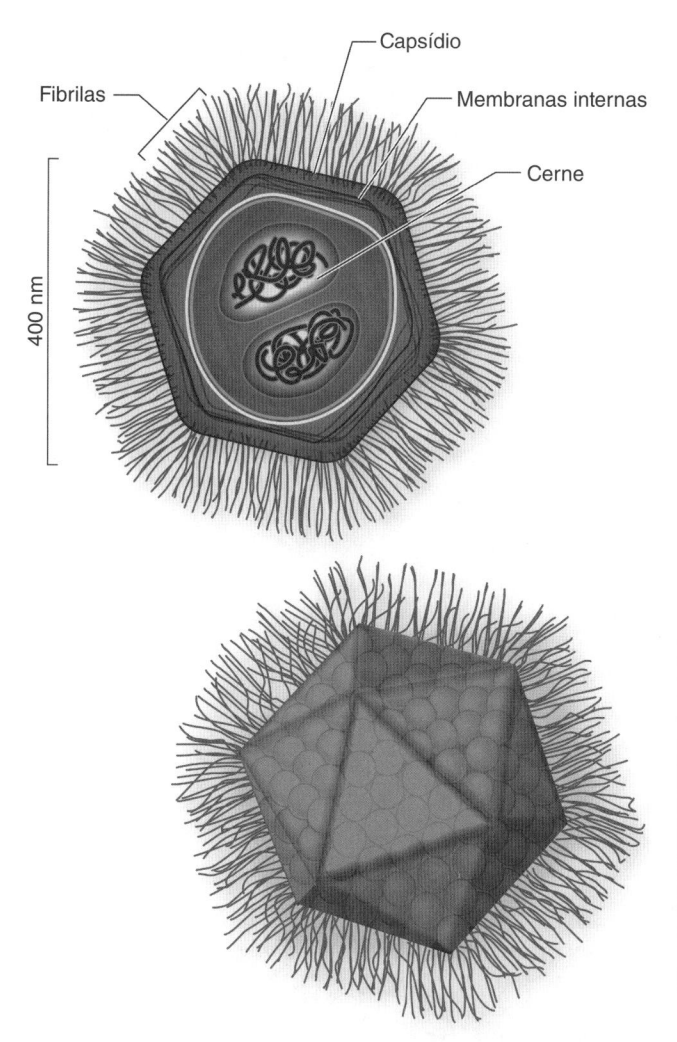

Figura 4.16 Estrutura do Mimivírus. O vírion do Mimivírus consiste em um cerne de DNA de fita dupla, circundado por duas membranas lipídicas e um capsídio de proteína. Numerosas fibrilas estendem-se para fora a partir da superfície dele. (Disponibilizada por Xanthine e Wikipedia.)

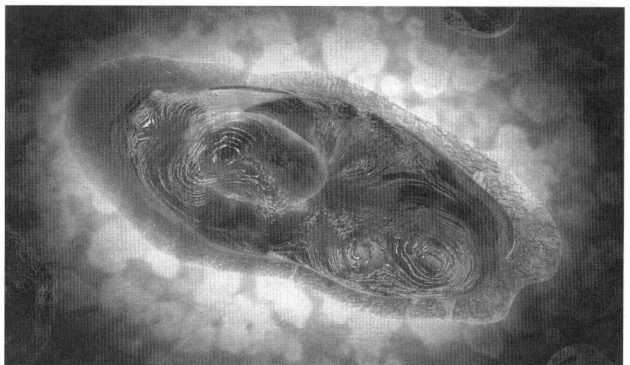

Auxílio ao estudo

Cuidado com termos de sonoridade semelhante

Um vírion é uma partícula viral completa (*i. e.*, contém todas as suas partes, incluindo o ácido nucleico e um capsídio). Um viroide é uma molécula de RNA infecciosa.

Figura 4.17 Pandoravírus digitalmente colorido. (Foto de Giovanni Cancemi.) (Esta figura encontra-se reproduzida em cores no Encarte.)

[b]Aherfi S *et al*. Giant viruses of amoebas: an update. Front Microbiol. 2016; 7:349.

Os viroides são moléculas de RNA infecciosas, que causam uma variedade de doenças em plantas.

fragmentos desnudos de RNA de fita simples (com cerca de 300 a 400 nucleotídios de comprimento), que podem interferir no metabolismo das células vegetais e impedir o crescimento das plantas, algumas vezes matando-as no processo. São transmitidos entre plantas da mesma maneira que os vírus. As doenças de plantas que se acredita ou que se sabe serem causadas por viroides incluem: tubérculo afilado da batata (provoca pequenas batatas fusiformes e rachadas), exocorte dos citros (crescimento deficiente das árvores cítricas) e doenças do crisântemo, coqueiros e tomateiros. Até o momento, não foi descoberta nenhuma doença animal causada por viroides.

Príons

Os *príons* são pequenas proteínas infecciosas que causam doenças neurológicas fatais em animais e em seres humanos, e o cérebro torna-se crivado de orifícios (semelhante a uma esponja). Acredita-se que eles sejam transmitidos pelo consumo de alimentos contaminados pelo agente. A Tabela 4.6 fornece uma lista das síndromes que foram associadas a príons. Todas elas não têm tratamento e são fatais; foram coletivamente denominadas "encefalopatias espongiformes transmissíveis" (EET). As doenças humanas por príons – kuru, doença de Creutzfeldt-Jakob (DCJ) e síndrome de Gerstmann-Sträussler-Scheinker – envolvem a perda de coordenação e demência. Esta última, que se refere a uma deterioração mental geral, caracteriza-se por desorientação e comprometimento da memória, do raciocínio e do intelecto.

O Prêmio Nobel de 1997 para Fisiologia ou Medicina foi conferido a Stanley B. Prusiner, o cientista que criou o termo príon e que estudou o papel dessas partículas infecciosas proteináceas na doença. O mecanismo pelo qual os príons causam doença continua sendo um mistério, embora se saiba que eles convertem moléculas de

Nota histórica
Kuru

Kuru é uma doença que outrora era comum entre nativos de Papua-Nova Guiné, onde mulheres e crianças consumiam cérebros humanos como parte de um costume fúnebre tradicional (canibalismo ritualístico). Se o cérebro da pessoa falecida tivesse príons, as pessoas que o ingerissem desenvolviam kuru. Com a interrupção da prática do canibalismo ritual, há mais de 50 anos, o kuru quase desapareceu por completo.

proteínas normais em proteínas não funcionais, causando uma alteração no formato das moléculas normais. O papel funcional dessas proteínas no seu estado nativo atualmente não é conhecido. Acredita-se que o desenovelamento da proteína provoque dano celular, resultando na aparência espongiforme do tecido cerebral. É interessante assinalar que não ocorre nenhuma resposta inflamatória típica de um processo infeccioso na EET.

Os cientistas continuam investigando nos seres humanos a ligação entre a "doença da vaca louca" e uma forma diferente da DCJ, denominada DCJ variante (DCJv). Desde março de 2011, foram diagnosticados 224 casos de DCJv no mundo inteiro, incluindo 175 no Reino Unido; esses casos provavelmente resultaram do consumo de carne de vaca infectada por príons, e o gado bovino pode ter adquirido a doença pela ingestão de ração para gado que continha partes moídas de carneiro infectado por príons.

De todos os agentes infecciosos, acredita-se que os príons sejam os mais resistentes à destruição, pois mantêm a sua infectividade após tratamento com desinfetantes e calor. Apenas a exposição prolongada ao hidróxido de sódio demonstrou inativá-los. Por isso, os profissionais de saúde precisam ter muito cuidado quando entram em contato com pacientes com suspeita de EET, particularmente patologistas que realizam necropsias envolvendo a manipulação do cérebro ou dos olhos, visto que são os tecidos que apresentam maior concentração de príons.

Os príons são moléculas de proteína infecciosas que causam uma variedade de doenças em seres humanos e em animais.

Tabela 4.6 Encefalopatias espongiformes transmissíveis.	
Doença priônica em seres humanos	**Doença priônica em animais**
Doença de Creutzfeldt-Jakob	*Scrapie*
Doença de Creutzfeldt-Jakob variante	Encefalopatia espongiforme bovina
Síndrome de Gerstmann-Sträussler-Scheinker	Doença consumptiva crônica
Insônia familiar fatal	Encefalopatia transmissível da visão
Kuru	Encefalopatia espongiforme felina
	Encefalopatia espongiforme de ungulados

SEÇÃO 2 | BACTÉRIAS E OUTROS MICRÓBIOS PROCARIÓTICOS

Domínio *Bacteria*

Características

No Capítulo 3, *Estrutura Celular e Taxonomia*, foi citada a existência de dois domínios de organismos procarióticos: *Bacteria* e *Archaea*. A referência mais importante dos bacteriologistas (algumas vezes descrita como a "bíblia" deles) consiste em um conjunto de cinco volumes de livros intitulado *Bergey's Manual of Systematic Bacteriology* (*Bergey's Manual* na forma simplificada), que até o momento da elaboração desta obra continuava em revisão. (Um resumo desses volumes pode ser encontrado no Apêndice 2, "Filos e Gêneros de Importância Médica Dentro do Domínio Bacteria", disponível no material suplementar *online*.) Quando todos os cinco volumes estiverem concluídos, conterão descrições de mais de 5.000 espécies de bactérias com denominações corretas. Com o advento dos métodos moleculares e o sequenciamento do genoma inteiro, algumas autoridades acreditam que essa quantidade represente apenas menos de 1% a um pequeno percentual do número total de bactérias existentes na natureza.

De acordo com o *Bergey's Manual*, o domínio *Archaea* contém organismos que são amplamente divididos em três categorias fenotípicas, ou seja, com base em suas características físicas: (1) bactérias gram-negativas e com parede celular; (2) bactérias gram-positivas e com parede celular; e (3) bactérias que carecem de parede celular (os termos "gram-positivo" e "gram-negativo" são explicados mais adiante neste capítulo). Com o uso de computadores, os microbiologistas estabeleceram sistemas taxonômicos numéricos, que ajudam não apenas a identificar as bactérias pelas suas características físicas, como também a estabelecer o grau de relacionamento existente entre esses organismos, comparando a composição de seu material genético e outras características celulares (conforme assinalado anteriormente, em todo este livro a expressão "identificar um organismo" significa aprender o nome da espécie à qual pertence).

Muitas características das bactérias são examinadas para fornecer dados utilizados na identificação e classificação. Elas incluem o formato e o arranjo morfológico das células,

> A reação de Gram de uma bactéria (gram-positiva ou gram-negativa), o formato básico da célula e o arranjo morfológico das células fornecem indícios muito importantes para a identificação do organismo.

as reações de coloração, a motilidade, a morfologia das colônias, as necessidades atmosféricas, as exigências nutricionais, as atividades bioquímicas e metabólicas, as enzimas específicas produzidas pelo organismo, a patogenicidade (capacidade de causar doença) e a constituição genética.

Morfologia celular. Com o uso do microscópio óptico composto, é fácil observar o tamanho, o formato e o arranjo morfológico de várias bactérias. Elas variam enormemente quanto ao tamanho e, em geral, consistem em esferas que medem cerca de 0,2 μm de diâmetro até espiraladas de 10,0 μm de comprimento e, inclusive, filamentosas ainda mais longas. Conforme anteriormente assinalado, um coco médio tem cerca de 1 μm de diâmetro, enquanto um bacilo tem, em média, cerca de 1 μm de largura × 3 μm de comprimento. Foram também descobertas algumas bactérias extremamente grandes e outras inusitadamente pequenas (discutidas mais adiante).

São observadas três formas básicas de bactérias (Figura 4.18): redondas ou esféricas (os *cocos*); retangulares ou em forma de bastonete (os *bacilos*); e curvas e espiraladas (algumas vezes designadas como espirilos).

> As três formas gerais de bactérias são: redonda (cocos), em forma de bastonete (bacilos) e em forma espiralada.

Conforme descrito no Capítulo 3, *Estrutura Celular e Taxonomia*, as bactérias dividem-se por divisão binária, ou seja, uma célula divide-se pela metade, dando origem a duas células-filhas. O tempo para que isso ocorra é conhecido como tempo de geração do organismo. Após a divisão binária, as células-filhas podem separar-se por completo uma da outra ou permanecer conectadas, formando vários arranjos morfológicos.

> As bactérias se reproduzem por divisão binária. O tempo para a divisão de uma célula bacteriana em duas células-filhas é chamado de tempo de geração do organismo.

Os cocos podem ser encontrados isoladamente ou em pares (*diplococos*), em cadeia (*estreptococos*), em cachos (*estafilococos*), em grupos de quatro (*tétrades*) ou grupos de oito (*óctades*), dependendo da espécie específica e do modo pelo qual as células se dividem (Figuras 4.19 e 4.20). Exemplos de cocos de importância médica incluem *Enterococcus* spp., *Neisseria* spp., *Staphylococcus* spp. e *Streptococcus* spp.

> Os pares de cocos são conhecidos como diplococos; as cadeias de cocos são denominadas estreptococos; e os cocos em cachos são conhecidos como estafilococos.

Os bacilos (frequentemente designados como bastonetes) podem ser curtos ou longos, espessos ou finos e pontiagudos ou com extremidades curvas ou rombas. Podem ser encontrados isoladamente, em pares (*diplobacilos*), em cadeias (*estreptobacilos*), em longos filamentos ou ramificados. Alguns bastonetes são muito curtos e se assemelham a cocos alongados; por isso, são denominados *cocobacilos*. *Listeria monocytogenes* e *Haemophilus influenzae* são exemplos de cocobacilos.

Alguns bacilos se empilham uns próximos aos outros, lado a lado em um arranjo em paliçada, que é característico de *Corynebacterium diphtheriae* (a causa da difteria) e de organismos com aparência semelhante (denominados

Formas das células

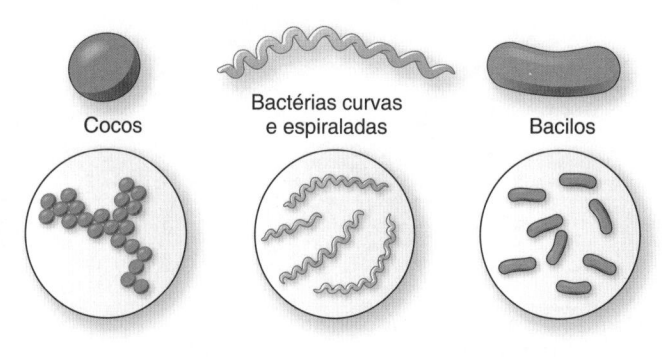

Figura 4.18 Categorias de bactérias com base na forma de suas células. (Redesenhada de Cohen BJ. *Memmler's the human body in health and disease*. 11th ed. Philadelphia, PA: Lippincott Williams & Wilkins; 2009.)

Arranjos	Descrição	Aparência	Exemplo	Doença
Diplococos	Cocos em pares		*Neisseria gonorrhoeae*	Gonorreia
Estreptococos	Cocos em cadeia		*Streptococcus pyogenes*	Faringite estreptocócica
Estafilococos	Cocos em cachos		*Staphylococcus aureus*	Furúnculos
Tétrade	Conjunto de 4 cocos		*Micrococcus luteus*	Raramente patogênico
Óctade	Conjunto de 8 cocos		*Sarcina ventriculia*	Raramente patogênico

Figura 4.19 Arranjos morfológicos de cocos e exemplos de bactérias que exibem esses arranjos.

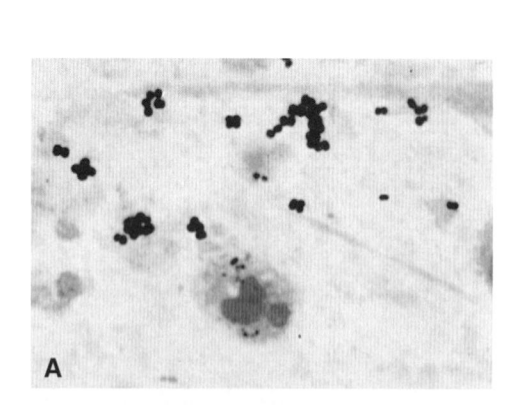
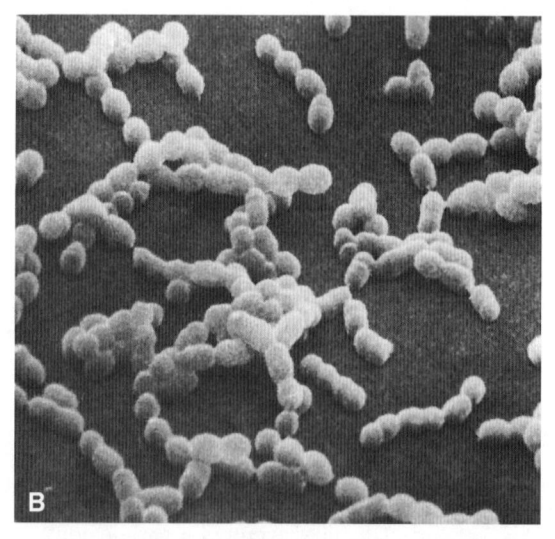

Figura 4.20 Arranjos morfológicos de cocos. A. Fotomicrografia de *Staphylococcus aureus* corado pelo método de Gram, ilustrando cocos gram-positivos (*em azul*) agrupados em cachos de uva. Pode-se observar também um leucócito de coloração rosada na parte inferior da fotomicrografia. **B.** Micrografia eletrônica de varredura de *Streptococcus mutans*, ilustrando cocos em cadeias. (Fonte: [**A**] Winn WC Jr *et al. Koneman's color atlas and textbook of diagnostic microbiology*. 6th ed. Philadelphia, PA: Lippincott Williams & Wilkins; 2006. [**B**] Volk WA *et al. Essentials of medical microbiology*. 5th ed. Philadelphia, PA: Lippincott-Raven; 1996.) (A fotomicrografia [**A**] desta figura encontra-se reproduzida em cores no Encarte.)

Auxílio ao estudo

Os nomes das bactérias algumas vezes fornecem uma pista sobre a sua forma

Se a palavra "coco" aparecer no nome de uma bactéria, automaticamente se sabe que a forma desse organismo é esférica. Exemplos incluem gêneros como *Enterococcus*, *Micrococcus*, *Peptostreptococcus*, *Staphylococcus* e *Streptococcus*. Entretanto, nem todos os cocos contêm o termo "coco" em seu nome (p. ex., *Neisseria* spp.). Se a palavra "bacilo" aparecer no nome de uma bactéria, automaticamente se sabe que o organismo tem uma forma retangular ou em bastonete. Os exemplos incluem gêneros como *Actinobacillus*, *Bacillus*, *Lactobacillus* e *Streptobacillus*. Todavia, nem todos os bacilos apresentam o termo "bacilo" em seu nome (p. ex., *E. coli*).

difteroides). Exemplos de bacilos de importância médica incluem membros da família Enterobacteriaceae (p. ex., *Enterobacter*, *Escherichia*, *Klebsiella*, *Proteus*, *Salmonella* e *Shigella* spp.), *Pseudomonas aeruginosa*, *Bacillus* spp. e *Clostridium* spp.

Os bacilos curvos e com forma espiralada são classificados em um terceiro grupo morfológico. Assim, espécies de *Vibrio*, como *V. cholerae* (o agente etiológico da cólera) e *V. parahaemolyticus* (um agente causador de diarreia), são bacilos curvos (em forma de vírgula) (Figura 4.21). Em geral, as bactérias curvas são encontradas isoladamente; todavia, algumas espécies podem formar pares. Um par de bacilos curvos lembra uma ave e, portanto, é descrito como tendo morfologia em asa de gaivota. As espécies de *Campylobacter* (uma causa comum de diarreia) apresentam morfologia em asa de gaivota.

As bactérias com forma espiralada são designadas como espiroquetas. Diferentes espécies delas variam quanto a tamanho, comprimento, rigidez e número e amplitude de suas espirais. Algumas, como *Treponema pallidum*, o agente etiológico da sífilis, são estreitamente espiraladas, com uma parede celular flexível que possibilita ao organismo mover-se rapidamente através dos tecidos (Figura 4.22). As espécies de *Borrelia* e os agentes etiológicos da doença de Lyme e da febre recorrente fornecem exemplos de espiroquetas menos densamente espiraladas (Figura 4.23).

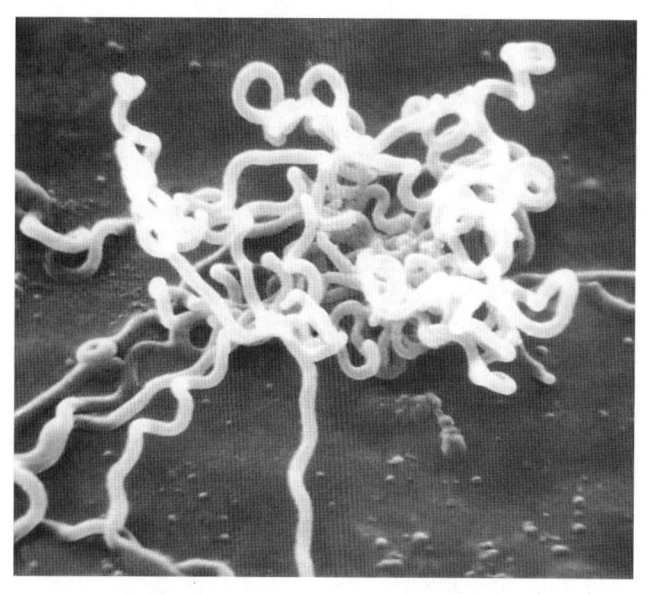

Figura 4.22 Micrografia eletrônica de varredura de *Treponema pallidum*, a bactéria causadora de sífilis. (Disponibilizada pelo Dr. David Cox e pelo CDC.)

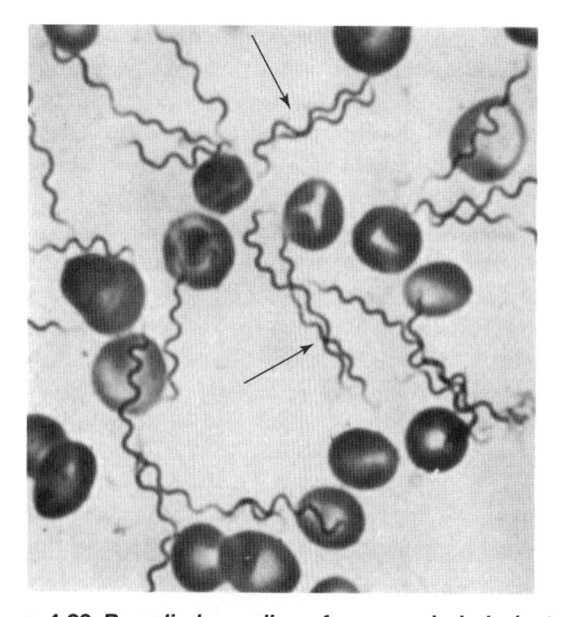

Figura 4.23 *Borrelia hermsii* em forma espiralada (*setas*), uma causa de febre recorrente, em esfregaço de sangue corado. (Fonte: Volk WA *et al. Essentials of medical microbiology*. 5th ed. Philadelphia, PA: Lippincott-Raven; 1996.)

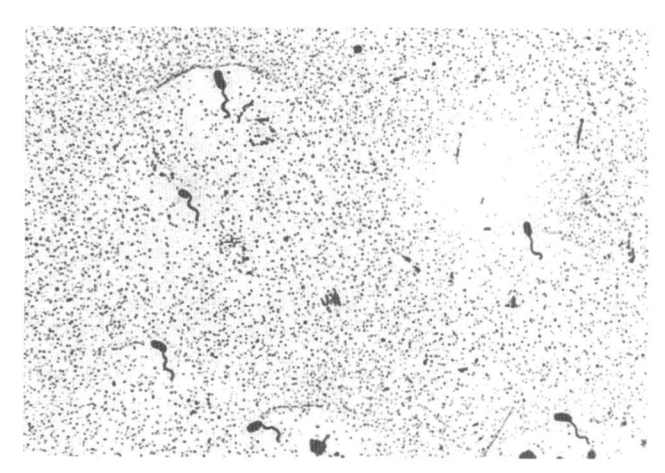

Figura 4.21 *Vibrio cholerae* (agente etiológico da cólera) corado com corante especial para flagelos. Essas bactérias curvas têm um único flagelo polar. (Disponibilizada pelo Dr. William A. Clark e pelo CDC.) (Esta figura encontra-se reproduzida em cores no Encarte.)

Algumas bactérias podem perder a sua forma característica em decorrência de condições adversas de crescimento (p. ex., presença de determinados antibióticos), impedindo a produção normal das paredes celulares. Elas são designadas como deficientes em parede celular (DPC) ou formas L. Algumas bactérias DPC revertem à sua forma original quando colocadas em condições favoráveis de crescimento, enquanto outras não conseguem essa reversão. As bactérias do gênero *Mycoplasma* não apresentam paredes celulares; por conseguinte, quando examinadas ao microscópio, aparecem com várias formas. As que existem em uma variedade de formas são descritas como *pleomórficas*; a capacidade de existir em formas variadas é conhecida como *pleomorfismo*. Os micoplasmas, em virtude da ausência de paredes celulares, são resistentes aos antibióticos que inibem a síntese da parede celular.

> Uma espécie de bactéria que apresenta células de diferentes formas é designada como pleomórfica.

Auxílio ao estudo

Cuidado com a palavra "*Bacillus*"

A palavra *Bacillus*, com inicial maiúscula e sublinhada ou em itálico, refere-se a um gênero particular de bactérias em forma de bastonete. Entretanto, se ela não estiver com inicial maiúscula, nem sublinhada ou em itálico, refere-se a qualquer bactéria em forma de bastonete.

Procedimentos de coloração. Na natureza, a maioria das bactérias é incolor, transparente e difícil de ser observada. Por esse motivo, foram desenvolvidos vários métodos de coloração para ajudar os cientistas a examiná-las. Durante a preparação para a coloração, as bactérias são esfregadas em uma lâmina de vidro (produzindo o chamado "esfregaço"), deixadas para secar ao ar e, em seguida, "fixadas". (Os métodos para preparo e fixação de esfregaços são descritos de modo mais detalhado no Apêndice 5, "Procedimentos de Microbiologia Clínica", disponível no material suplementar *online*.) Os dois métodos mais comuns de fixação são pelo calor e pelo metanol. Em geral, a fixação pelo calor é obtida com a colocação da lâmina em um aquecedor de lâminas; contudo, se não for realizada adequadamente, o excesso de calor pode alterar a morfologia das células. A fixação pelo metanol, que é feita cobrindo-se o esfregaço com metanol absoluto durante 30 segundos, é uma técnica mais satisfatória que preserva melhor a morfologia das células e dos microrganismos. Em geral, a fixação tem três propósitos:

1. Matar os organismos.
2. Preservar sua morfologia (forma).
3. Fixar o esfregaço na lâmina.

São utilizados corantes específicos e técnicas de coloração para observar a morfologia das células bacterianas, como tamanho, forma, arranjo morfológico, composição da parede celular, cápsulas, flagelos e endósporos. Uma *coloração simples* é suficiente para determinar a forma e o arranjo morfológico (p. ex., pares, cadeias, cachos). Para esse método, ilustrado na Figura 4.24, um corante (como o azul de metileno) é aplicado ao esfregaço fixado, que em seguida é lavado, seco e examinado ao microscópio com objetiva de imersão em óleo. Os procedimentos utilizados para observar cápsulas, esporos e flagelos bacterianos são designados, em seu conjunto, como *procedimentos de coloração estrutural*.

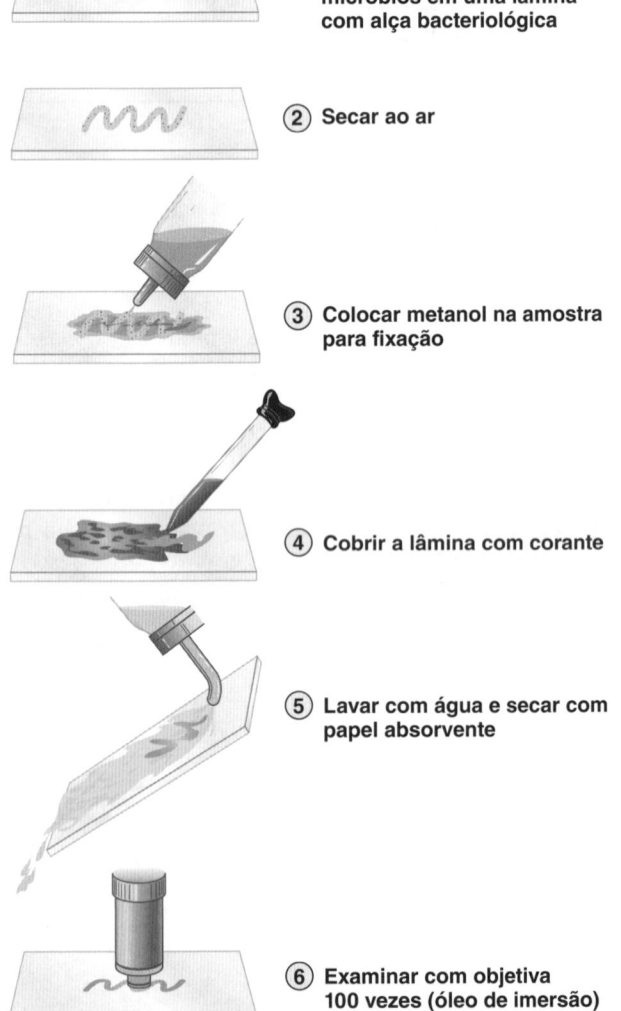

① **Preparar um esfregaço de micróbios em uma lâmina com alça bacteriológica**

② **Secar ao ar**

③ **Colocar metanol na amostra para fixação**

④ **Cobrir a lâmina com corante**

⑤ **Lavar com água e secar com papel absorvente**

⑥ **Examinar com objetiva 100 vezes (óleo de imersão)**

Figura 4.24 Técnica de coloração simples para bactérias. 1. Com uma alça bacteriológica flambada, preparar em uma lâmina um esfregaço com suspensão de bactérias em caldo ou em água. **2.** Deixar a lâmina secar ao ar. **3.** Fixar o esfregaço com metanol absoluto (100%). **4.** Cobrir a lâmina com corante. **5.** Lavar com água e secar levemente com papel absorvente ou papel-toalha. **6.** Examinar a lâmina ao microscópio com objetiva de 100 vezes, utilizando uma gota de óleo de imersão diretamente sobre o esfregaço. (Esta figura encontra-se reproduzida em cores no Encarte.)

Em 1883, o Dr. Hans Christian Gram desenvolveu uma técnica de coloração que recebeu o seu nome – procedimento de coloração de Gram ou coloração de Gram. Ela passou a constituir o mais importante procedimento de coloração no laboratório de bacteriologia, visto que diferencia as bactérias "gram-positivas" das "gram-negativas" (esses termos serão explicados de maneira sucinta). A reação de Gram dos organismos serve como "pista" extremamente importante quando se procura conhecer a identidade (espécie) de determinada bactéria. As etapas no procedimento de coloração de Gram estão ilustradas na Figura 4.25.

A cor adquirida pelas bactérias no final do procedimento de coloração de Gram depende da composição química de sua parede celular (Tabela 4.7). Se elas não perderem a sua cor durante a etapa de descoloração, terão uma coloração azul a púrpura no final do procedimento, sendo consideradas "gram-positivas". A camada espessa de peptidoglicano nas

Tabela 4.7 Diferenças entre bactérias gram-positivas e gram-negativas.

Parâmetros	Bactérias gram-positivas	Bactérias gram-negativas
Coloração no final do procedimento de coloração de Gram	Azul a púrpura	Rosada a vermelha
Peptidoglicano nas paredes celulares	Camada espessa	Camada fina
Ácidos teicoicos e lipoteicoicos nas paredes celulares	Presentes	Ausentes
Lipopolissacarídeo nas paredes celulares	Ausente	Presente

① **Amostra fixada pelo metanol em lâmina. Cobrir a lâmina com solução de cristal violeta e deixar atuar por 1 minuto.**

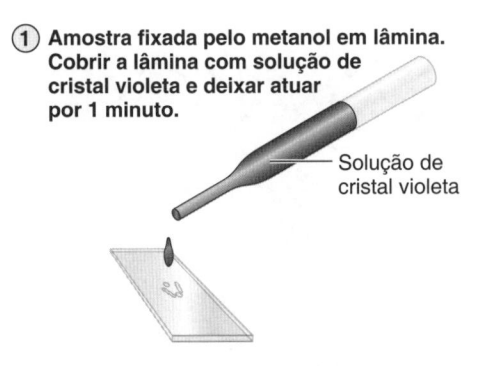

Solução de cristal violeta

② **Lavar a lâmina; em seguida, cobrir com solução de iodo e deixá-lo atuar por 1 minuto. Antes da descoloração com etanol (próxima etapa), todos os organismos aparecem na cor púrpura, isto é, são gram-positivos.**

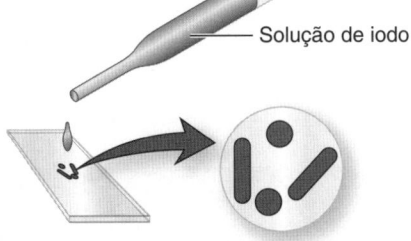

Solução de iodo

③ **Retirar o excesso de iodo. Descolorir com etanol por aproximadamente 5 segundos (o tempo depende da densidade da amostra).**

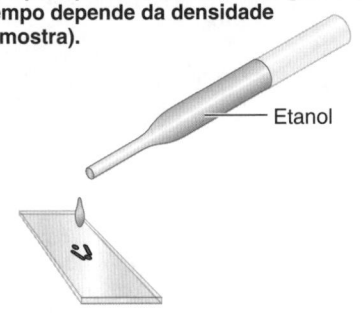

Etanol

④ **Lavar imediatamente a lâmina com água. Após descoloração com etanol, os organismos que são gram-negativos não são mais visíveis.**

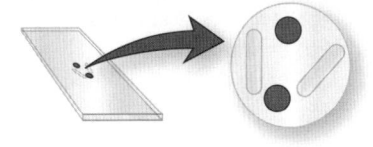

⑤ **Aplicar o contracorante safranina por 30 segundos.**

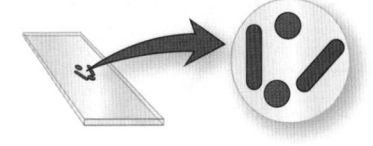

Safranina

⑥ **Lavar em água, enxugar com papel absorvente e secar ao ar. Os microrganismos gram-negativos são visualizados após a aplicação do contracorante.**

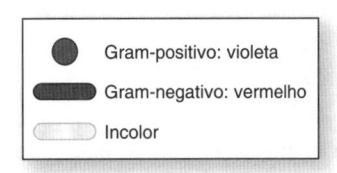

- Gram-positivo: violeta
- Gram-negativo: vermelho
- Incolor

Figura 4.25 Etapas da técnica de coloração de Gram. (Redesenhada de Harvey RA *et al. Lippincott's illustrated reviews: microbiology*. 3rd ed. Philadelphia, PA: Lippincott Williams & Wilkins; 2013.) (Esta figura encontra-se reproduzida em cores no Encarte.)

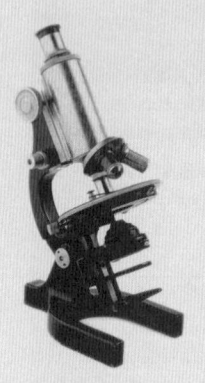

Nota histórica
Origem da coloração de Gram

Enquanto trabalhava em um laboratório do necrotério de um hospital de Berlim, na década de 1880, um médico dinamarquês, *Hans Christian Gram*, desenvolveu o que iria tornar-se o mais importante de todos os métodos de coloração bacteriana: uma técnica que possibilitava a visualização de bactérias no tecido pulmonar de pacientes que tinham morrido de pneumonia. O procedimento – agora denominado *coloração de Gram* – demonstrou que duas categorias gerais de bactérias causam pneumonia: algumas delas se coram em azul; e outras, em vermelho. As bactérias de coloração azul passaram a ser conhecidas como gram-positivas, enquanto as vermelhas foram denominadas gram-negativas. Apesar desse avanço, somente em 1963 é que o mecanismo da diferenciação de Gram foi explicado por M. R. J. Salton.

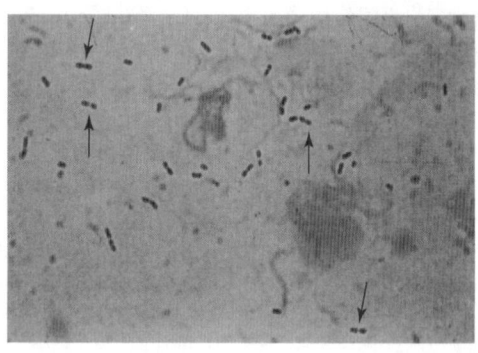

Figura 4.27 *Streptococcus pneumoniae* **gram-positivo em esfregaço de hemocultura corado pelo método de Gram.** Observe os pares de cocos, conhecidos como diplococos (*setas*) (Fonte: Winn WC Jr *et al. Koneman's color atlas and textbook of diagnostic microbiology*. 6th ed. Philadelphia, PA: Lippincott Williams & Wilkins; 2006.) (Esta figura encontra-se reproduzida em cores no Encarte.)

paredes celulares das bactérias gram-positivas dificulta a remoção do complexo cristal violeta-iodo durante a etapa de descoloração. As Figuras 4.26 a 4.30 mostram várias bactérias gram-positivas.

Se uma bactéria adquirir uma coloração azul a púrpura no final do procedimento de coloração de Gram, trata-se de uma bactéria gram-positiva. Por outro lado, se ela adquirir uma coloração rosada a vermelha, trata-se de uma bactéria gram-negativa.

Por outro lado, se o cristal violeta for removido das células durante a etapa de descoloração, e elas forem subsequentemente coradas com safranina (corante vermelho), irão adquirir uma coloração rosada a vermelha no final do procedimento de coloração de Gram. Essas bactérias são consideradas "gram-negativas". A fina camada de peptidoglicano nas paredes celulares das bactérias gram-negativas facilita a remoção do complexo de cristal violeta-iodo durante a descoloração.

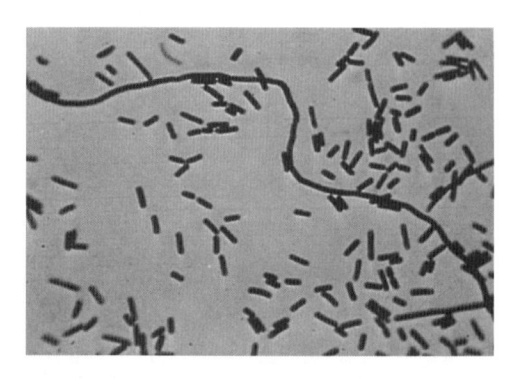

Figura 4.28 Bacilos gram-positivos (*Clostridium perfringens***) em um esfregaço corado pelo método de Gram, preparado a partir de cultura em caldo.** Podem ser observados bacilos individuais e cadeias de bacilos (estreptobacilos) (Fonte: Winn WC Jr *et al. Koneman's color atlas and textbook of diagnostic microbiology*. 6th ed. Philadelphia, PA: Lippincott Williams & Wilkins; 2006.) (Esta figura encontra-se reproduzida em cores no Encarte.)

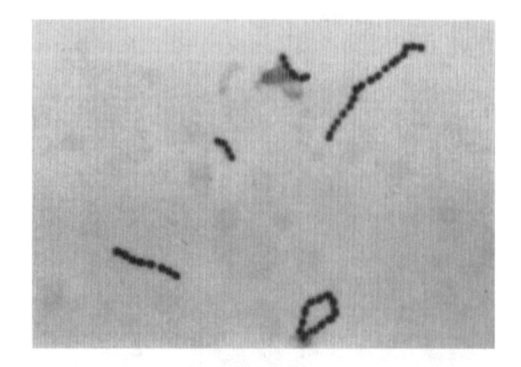

Figura 4.26 Cadeias de estreptococos gram-positivos em um esfregaço de cultura em caldo corado pelo método de Gram. (Fonte: Winn WC Jr *et al. Koneman's color atlas and textbook of diagnostic microbiology*. 6th ed. Philadelphia, PA: Lippincott Williams & Wilkins; 2006.) (Esta figura encontra-se reproduzida em cores no Encarte.)

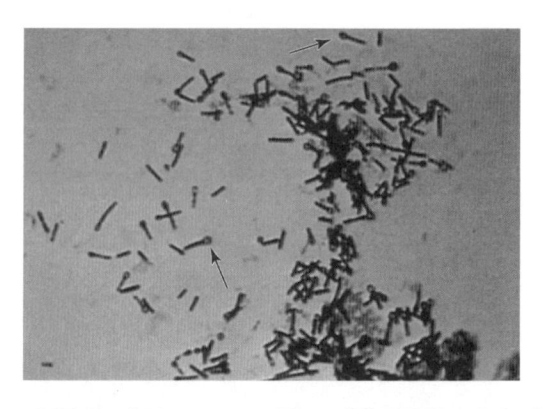

Figura 4.29 Bacilos gram-positivos (*Clostridium tetani***) em um esfregaço de cultura em caldo corado pelo método de Gram.** Podem-se observar esporos terminais em algumas das células (*setas*). (Fonte: Winn WC Jr *et al. Koneman's color atlas and textbook of diagnostic microbiology*. 6th ed. Philadelphia, PA: Lippincott Williams & Wilkins; 2006.) (Esta figura encontra-se reproduzida em cores no Encarte.)

Além disso, a descoloração dissolve os lipídios nas paredes celulares das bactérias gram-negativas, destruindo a integridade da parede celular e facilitando acentuadamente a remoção do complexo de cristal violeta-iodo. As Figuras 4.31 e 4.32 mostram várias bactérias gram-negativas.

A Figura 4.33 ilustra as várias formas de bactérias que podem ser observadas em uma amostra clínica corada pelo método de Gram. Após a coloração, algumas cepas não exibem consistentemente uma coloração azul a púrpura nem rosada a vermelha; elas são designadas como bactérias gram-variáveis. *Gardnerella vaginalis* é um exemplo de bactéria gram-variável. A Tabela 4.8 e as Figuras 4.26 a 4.32 apresentam as características de coloração de determinados patógenos.

As espécies de *Mycobacterium* não se coram adequadamente ou não se coram de modo algum pelo método de coloração de Gram, em virtude do alto conteúdo lipídico de suas paredes celulares. Elas são mais frequentemente identificadas com o uso do procedimento de coloração denominado *coloração álcool-acidorresistente*. No procedimento de Kinyoun, utiliza-se inicialmente *carbol fuccina* (um corante

vermelho brilhante) para corar as células. O componente fenol da coloração (*carbol*) atua para "travar" o corante na parede celular. Em seguida, utiliza-se um agente descorante (uma mistura de ácido e álcool) na tentativa de remover a cor vermelha das células. Como as micobactérias não são descoradas pela mistura de álcool-ácido (mais uma vez devido às ceras presentes em suas paredes celulares), elas são consideradas "álcool-acidorresistentes". As outras bactérias, em sua maioria, sofrem descoloração pelo tratamento com álcool-ácido e são consideradas não álcool-acidorresistentes. A coloração álcool-acidorresistente é particularmente útil nos laboratórios de tuberculose ("lab TB"), onde as micobactérias

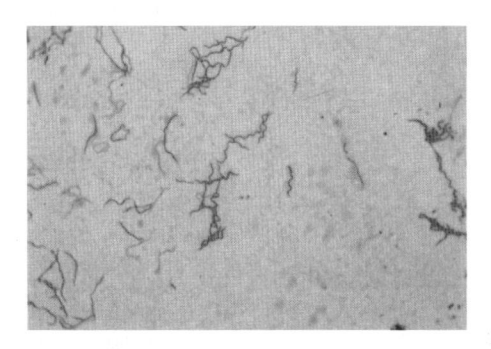

Figura 4.32 Espiroquetas gram-negativas frouxamente espiraladas. *Borrelia burgdorferi*, mostrada aqui, é o agente etiológico (causa) da doença de Lyme. (Fonte: Winn WC Jr *et al. Koneman's color atlas and textbook of diagnostic microbiology.* 6th ed. Philadelphia, PA: Lippincott Williams & Wilkins; 2006.) (Esta figura encontra-se reproduzida em cores no Encarte.)

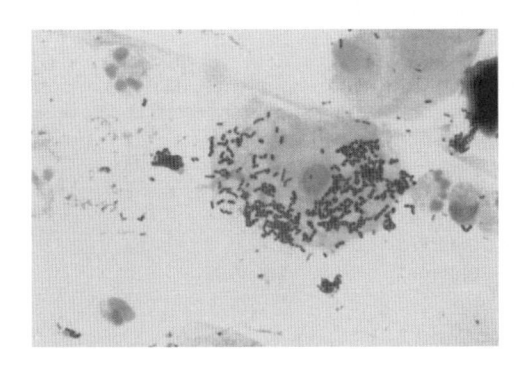

Figura 4.30 Muitas bactérias gram-positivas podem ser vistas na superfície de uma célula epitelial de coloração rosada nessa amostra de escarro corada pelo método de Gram. Vários leucócitos polimorfonucleares menores de coloração rosada também podem ser observados. (Fonte: Winn WC Jr *et al. Koneman's color atlas and textbook of diagnostic microbiology.* 6th ed. Philadelphia, PA: Lippincott Williams & Wilkins; 2006.) (Esta figura encontra-se reproduzida em cores no Encarte.)

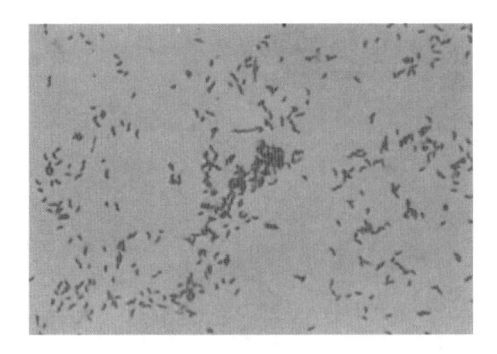

Figura 4.31 Bacilos gram-negativos em esfregaço preparado a partir de uma colônia bacteriana, corado pelo método de Gram. Podem ser observados bacilos individuais e algumas cadeias curtas de bacilos. (Fonte: Koneman E *et al. Color atlas and textbook of diagnostic microbiology.* 5th ed. Philadelphia, PA: Lippincott Williams & Wilkins; 1997.) (Esta figura encontra-se reproduzida em cores no Encarte.)

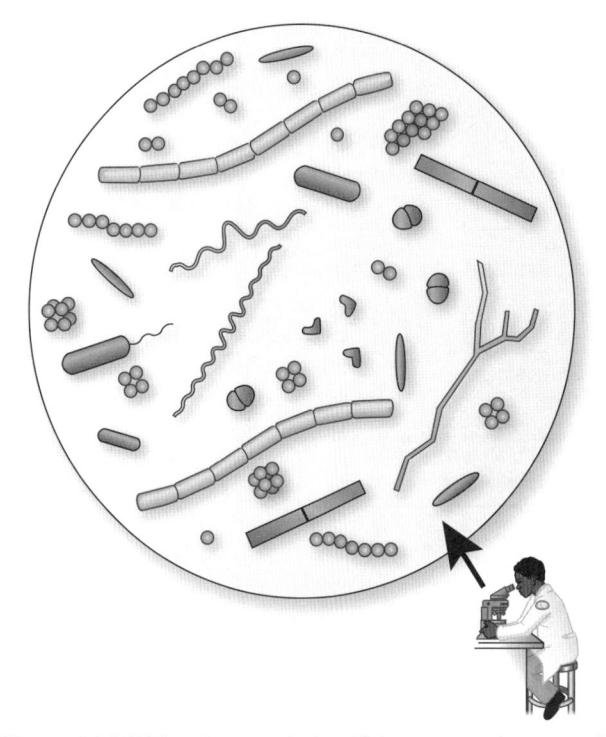

Figura 4.33 Várias formas de bactérias que podem ser observadas em esfregaços corados pelo método de Gram. São mostrados aqui cocos simples, diplococos, tétrades, óctades, estreptococos, estafilococos, bacilos simples, diplobacilos, estreptobacilos, bacilos ramificados, espiroquetas frouxamente espiraladas e espiroquetas densamente espiraladas (no texto há explicações dos termos).

Tabela 4.8 Características de algumas bactérias patogênicas importantes.

Reação de coloração	Morfologia	Bactéria	Doença(s)
Gram-positiva	Cocos em cachos	*Staphylococcus aureus*	Infecções de feridas, furúnculos, pneumonia, septicemia, envenenamento alimentar
	Cocos em cadeias	*Streptococcus pyogenes*	Faringite estreptocócica, escarlatina, fasciite necrosante, septicemia
	Diplococos	*Streptococcus pneumoniae*	Pneumonia, meningite, infecções da orelha e dos seios
	Bacilo	*Corynebacterium diphtheriae*	Difteria
	Bacilos formadores de esporos	*Bacillus anthracis*	Antraz
		Clostridium botulinum	Botulismo
		Clostridium perfringens	Infecções de feridas, gangrena gasosa, envenenamento alimentar
	Ramificados	*Nocardia*	Infecções oportunistas
		Clostridium tetani	Tétano
Gram-negativa	Diplococos	*Neisseria gonorrhoeae*	Gonorreia
		Neisseria meningitidis	Meningite, infecções respiratórias
	Bacilos	*Bordetella pertussis*	Coqueluche
		Brucella abortus	Brucelose
		Chlamydia trachomatis	Infecções genitais, tracoma
		Escherichia coli	Infecções do trato urinário, septicemia
		Francisella tularensis	Tularemia
		Haemophilus ducreyi	Cancroide
		Haemophilus influenzae	Meningite; infecções respiratórias, da orelha e dos seios
		Klebsiella pneumoniae	Infecções do trato urinário e respiratórias
		Proteus vulgaris	Infecções do trato urinário
		Pseudomonas aeruginosa	Infecções respiratórias, urinárias e de feridas
		Rickettsia rickettsii	Febre maculosa
		Salmonella typhi	Febre tifoide
		Salmonella spp.	Gastrenterite
		Shigella spp.	Gastrenterite
		Yersinia pestis	Peste
	Bacilo curvo	Vibrio cholerae	Cólera
	Espiroqueta	*Treponema pallidum*	Sífilis
Álcool-acidorresistente	Bacilos	*Mycobacterium leprae*	Hanseníase (doença de Hansen)
		M. tuberculosis	Tuberculose

A coloração álcool-acidorresistente é valiosa no diagnóstico da tuberculose. As bactérias álcool-acidorresistentes coram-se de vermelho no final do procedimento.

álcool-acidorresistentes são facilmente observadas como bacilos vermelhos (designados como bacilos álcool-acidorresistentes [BAAR]) contra um fundo azul ou verde em uma amostra de escarro de paciente com tuberculose. A Figura 4.34 mostra a aparência das micobactérias após o procedimento de coloração álcool-acidorresistente, método que foi desenvolvido em 1882 por Paul Ehrlich, um químico alemão.

Os procedimentos de coloração de Gram e álcool-ácido são designados como *procedimentos de coloração diferenciais*, visto que possibilitam aos microbiologistas diferenciar um grupo de bactérias de outro (*i. e.*, bactérias gram-positivas de gram-negativas e bactérias álcool-acidorresistentes de não álcool-acidorresistentes). A Tabela 4.9 fornece um resumo dos vários tipos de procedimentos de coloração bacteriana.

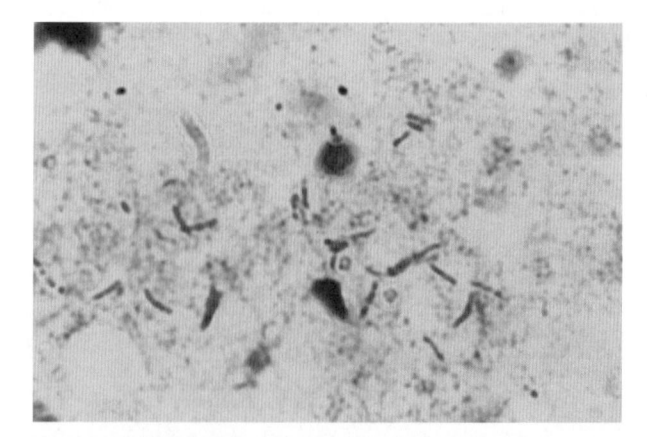

Figura 4.34 Muitos bacilos álcool-acidorresistentes vermelhos (*Mycobacterium tuberculosis*) podem ser observados nesse concentrado de coloração álcool-acidorresistente de uma amostra de escarro digerido. (Fonte: Koneman E *et al. Color atlas and textbook of diagnostic microbiology*. 5th ed. Philadelphia, PA: Lippincott Williams & Wilkins; 1997.) (Esta figura encontra-se reproduzida em cores no Encarte.)

Tabela 4.9 Tipos de procedimentos de coloração para bactérias.

Categoria	Exemplo(s)	Finalidade
Procedimento de coloração simples	Coloração com azul de metileno	Simplesmente corar células, de modo a determinar tamanho, forma e arranjo morfológico
Procedimentos de coloração estruturais	Coloração das cápsulas	Determinar se o organismo é encapsulado
	Coloração de flagelos	Determinar se o organismo tem flagelos e, em caso positivo, número e localização na célula
	Coloração de endósporos	Determinar se o organismo é formador de esporos e, em caso positivo, se os esporos são terminais ou subterminais
Procedimentos de coloração diferenciais	Coloração de Gram	Diferenciar as bactérias gram-positivas das gram-negativas
	Coloração álcool-acidorresistente	Diferenciar as bactérias álcool-acidorresistentes das bactérias não álcool-acidorresistentes

Motilidade. As bactérias capazes de "nadar" são consideradas móveis, e as incapazes de nadar são consideradas imóveis. A motilidade das bactérias está associada, com mais frequência, à presença de flagelos ou de filamentos axiais, embora algumas tenham um tipo de motilidade por deslizamento sobre uma substância viscosa secretada. Além disso, as bactérias nunca apresentam cílios. A maioria das que são espiraladas e cerca da metade dos bacilos se movimenta por meio de flagelos, enquanto os cocos são, em geral, imóveis. Pode-se utilizar uma coloração para flagelos a fim de demonstrar a presença, quantidade e localização deles nas células bacterianas, sendo empregados vários termos para descrevê-las quanto a essas características (p. ex., monotríquias, anfitríquias, lofotríquias, peritríquias) (Capítulo 3, *Estrutura Celular e Taxonomia*).

A motilidade pode ser demonstrada por meio de semeadura em picada de bactérias em um tubo de ensaio contendo ágar semissólido ou com o uso da técnica da gota pendente. O crescimento (multiplicação) das bactérias no ágar semissólido produz turbidez (turvação). Assim, os organismos imóveis crescem apenas ao longo da linha de picada (por conseguinte, a turvação é observada apenas ao longo da linha de semeadura), enquanto os móveis se espalham além da linha de semeadura, produzindo turvação em todo o meio (Figura 4.35). No método da gota pendente (Figura 4.36), coloca-se uma gota de suspensão bacteriana em uma lamínula de vidro, que, em seguida, é invertida sobre uma lâmina contendo uma depressão. Quando a preparação é examinada ao microscópio, as bactérias móveis dentro da "gota pendente" são vistas movimentando-se em todas as direções.

Morfologia das colônias. Uma única célula bacteriana depositada na superfície de um meio de cultura sólido não pode ser visualizada; entretanto, após sofrer repetidas divisões, ela produz um monte ou uma pilha de bactérias, conhecida como colônia bacteriana (Figura 4.37). Uma colônia contém milhões de organismos.

A morfologia da colônia (*i. e.*, sua aparência) varia de uma espécie de bactéria para outra. Inclui o tamanho, a cor, a forma global, a elevação e a aparência da borda ou

Auxílio ao estudo

Método para lembrar a reação de Gram de determinada bactéria

Uma ex-aluna utilizava esse método para lembrar a reação de Gram de determinada bactéria. Em seu caderno, ela desenhou dois grandes círculos e sombreou levemente um deles, utilizando um lápis de cor azul. O outro círculo foi levemente sombreado de vermelho. Dentro do círculo azul, a aluna escreveu os nomes das bactérias gram-positivas estudadas no curso. No interior do círculo vermelho, escreveu os nomes das bactérias que são gram-negativas. Em seguida, estudou os dois círculos. Posteriormente, sempre que encontrava o nome de determinada bactéria, lembrava em qual dos círculos ela se encontrava. Se estivesse no círculo azul, era gram-positiva; se estivesse no círculo vermelho, era gram-negativa. Bem esperta!

margem. Do mesmo modo que a morfologia celular e as características de coloração, as características das colônias servem como importantes "pistas" para a identificação das bactérias.

O tamanho das colônias é determinado pela velocidade de crescimento (tempo de geração) do organismo e constitui uma importante característica de determinada espécie bacteriana. A morfologia também inclui os resultados da atividade enzimática em vários tipos de meios de cultura, conforme ilustrado nas Figuras 8.6 a 8.8 do Capítulo 8, *Controle do Crescimento dos Micróbios* In Vitro.

> Um monte ou uma pilha de bactérias na superfície de um meio de cultura sólido é conhecida como colônia bacteriana.

Necessidades atmosféricas. No laboratório de microbiologia, é útil classificar as bactérias com base na sua relação com o oxigênio (O_2) e o dióxido de carbono (CO_2). No que concerne ao oxigênio, uma bactéria pode ser classificada em um dos cinco grupos principais: aeróbios obrigatórios,

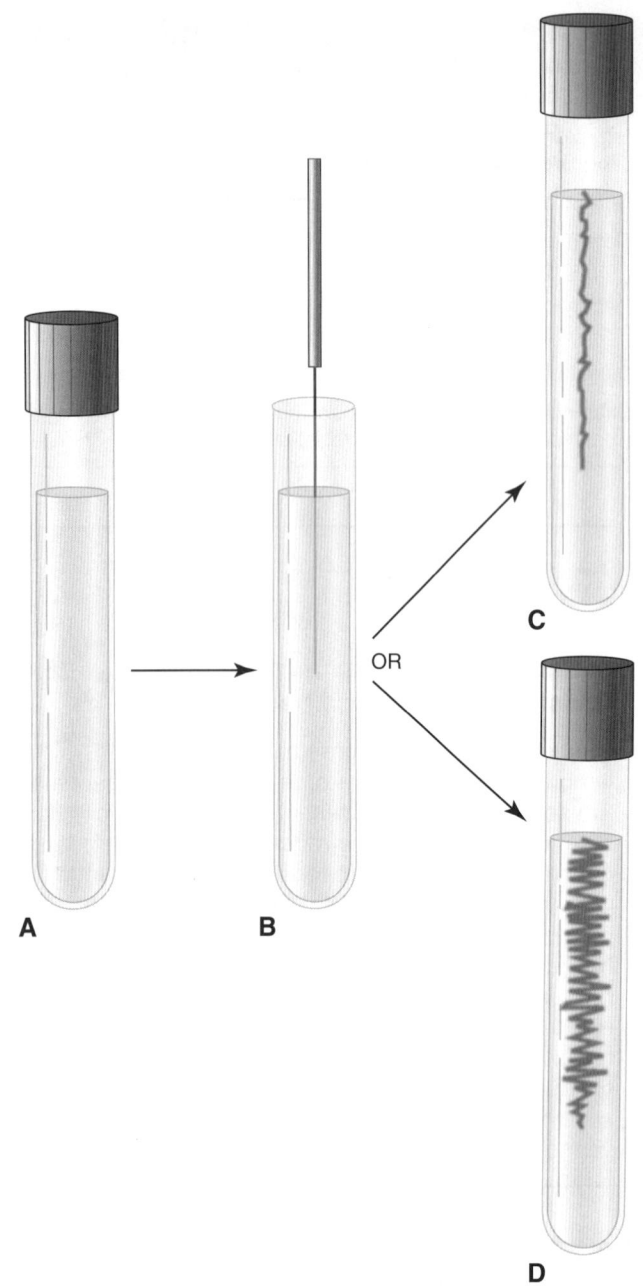

A   **B**   **C**   **D**

Figura 4.35 Método de ágar semissólido para determinação da motilidade. A. Tubo de ágar semissólido não inoculado. **B.** O mesmo tubo sendo inoculado ao introduzir a agulha de inoculação no meio. **C.** Padrão de crescimento de um organismo imóvel após incubação. **D.** Padrão de crescimento de um organismo móvel após incubação.

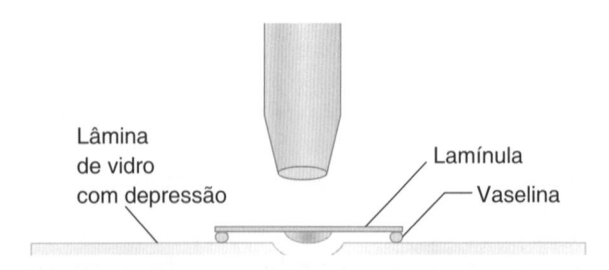

Figura 4.36 Vista lateral de uma preparação de gota pendente para o estudo de bactérias vivas. Gota do meio de cultura de líquido pendendo do centro de uma lamínula acima da depressão de uma lâmina de vidro. Um anel de vaselina ao redor da borda da depressão impede que a gota entre em contato com a lâmina.

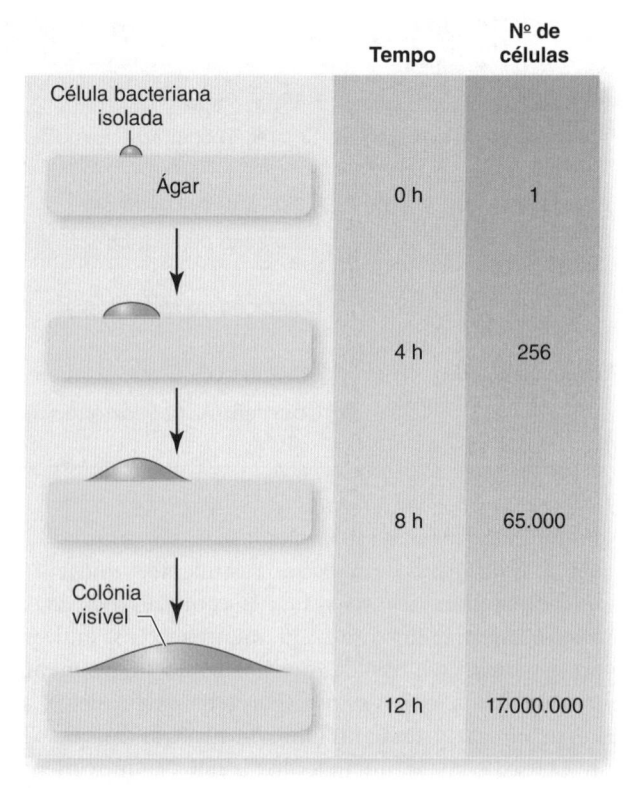

Tempo	Nº de células
0 h	1
4 h	256
8 h	65.000
12 h	17.000.000

Figura 4.37 Formação de uma colônia bacteriana em meio de crescimento sólido. Na ilustração, pressupõe-se que o tempo de geração seja de 30 minutos. (Redesenhada de Harvey RA *et al*. *Lippincott's illustrated reviews: microbiology*. 3rd ed. Philadelphia, PA: Lippincott Williams & Wilkins; 2013.)

aeróbios microaerófilos, anaeróbios facultativos, anaeróbios aerotolerantes e anaeróbios obrigatórios (Figura 4.38). Em um meio líquido, como o caldo tioglicolato (THIO), a região do meio onde o organismo crescerá depende das necessidades de oxigênio dessa espécie (Figura 4.39).

Para crescer e se multiplicar, os *aeróbios obrigatórios* necessitam de uma atmosfera contendo oxigênio molecular em concentrações comparáveis àquelas encontradas no ar ambiente (*i. e.*, 20 a 21%). As micobactérias e certos fungos são exemplos de microrganismos que são aeróbios obrigatórios. Os *microaerófilos* (aeróbios microaerófilos) também precisam de oxigênio para sua multiplicação, mas em concentrações menores do que as encontradas no ar atmosférico. *Neisseria gonorrhoeae* (o agente etiológico da gonorreia) e *Campylobacter* spp. (que constituem as principais causas de diarreia bacteriana) são exemplos de bactérias microaerófilicas, que preferem uma atmosfera contendo cerca de 5% de oxigênio.

Os *anaeróbios* podem ser definidos como organismos que não necessitam de oxigênio para viver e se reproduzir; entretanto, eles variam na sua sensibilidade ao oxigênio. Os termos "anaeróbio obrigatório", "anaeróbio aerotolerante" e "anaeróbio facultativo"

> Os aeróbios obrigatórios e os microaerófilos necessitam de oxigênio. Os primeiros precisam de uma atmosfera contendo cerca de 20 a 21% de oxigênio, enquanto os outros necessitam de concentrações reduzidas (geralmente cerca de 5%).

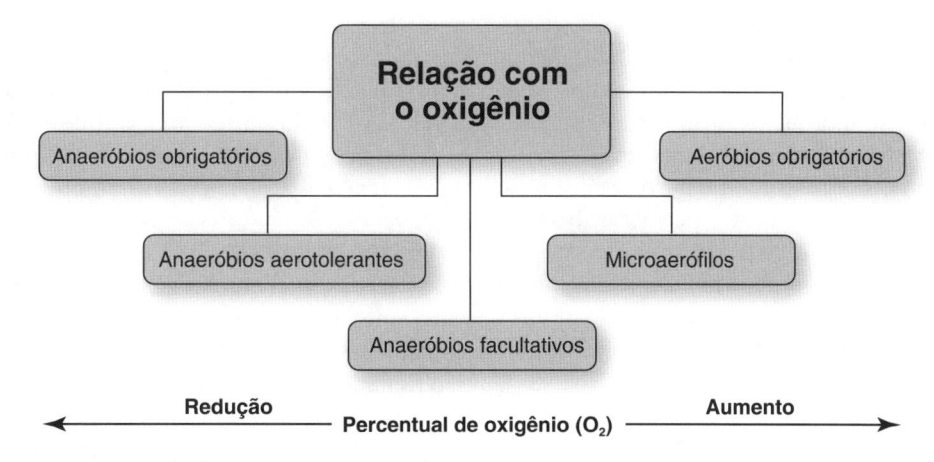

Figura 4.38 Categorias de bactérias com base na sua relação com o oxigênio.

são empregados para descrever a relação do organismo com o oxigênio molecular. Assim, um *anaeróbio obrigatório* só pode crescer em ambiente anaeróbico, ou seja, em ambiente que não contém oxigênio.

Um *anaeróbio aerotolerante* não necessita de oxigênio, pois cresce melhor na sua ausência. Entretanto, pode sobreviver em atmosferas que contêm oxigênio molecular, como o ar e uma incubadora de CO_2. A concentração de oxigênio que pode ser tolerada por um anaeróbio aerotolerante varia de uma espécie para a outra.

Os *anaeróbios facultativos* são capazes de sobreviver na presença ou na ausência de oxigênio, desde 0 até 20 a 21% de O_2. Muitas das bactérias rotineiramente isoladas de amostras clínicas são anaeróbias facultativas (p. ex., membros

da família Enterobacteriaceae, a maioria dos estreptococos e dos estafilococos).

O ar atmosférico contém menos de 1% de CO_2; por isso, algumas bactérias, chamadas de *capnófilas* (microrganismos capnofílicos), crescem melhor em laboratório, com concentrações aumentadas de CO_2. Alguns anaeróbios (p. ex., espécies de *Bacteroides* e *Fusobacterium*) são capnófilos, assim como alguns aeróbios (p. ex., certas espécies de *Neisseria*, *Campylobacter* e *Haemophilus*). No laboratório de microbiologia clínica, as incubadoras de CO_2 são rotineiramente calibradas para conter entre 5 e 10% de CO_2.

> Os anaeróbios obrigatórios, os anaeróbios aerotolerantes e os anaeróbios facultativos podem crescer em uma atmosfera desprovida de oxigênio.

> Para obter um crescimento ótimo no laboratório, os capnófilos necessitam de uma atmosfera contendo 5 a 10% de dióxido de carbono.

Exigências quanto à temperatura. As bactérias são capazes de crescer em uma ampla faixa de temperatura. Algumas podem crescer, ainda que lentamente, em temperaturas de quase congelamento, enquanto outras são capazes de crescer em temperaturas extremamente altas encontradas em fontes termais. As bactérias patogênicas são um tanto limitadas em sua faixa ótima de crescimento, visto que estão adaptadas à temperatura corporal humana. Em consequência, as incubadoras nos laboratórios de microbiologia clínica estão normalmente ajustadas a 35 a 37°C, embora alguns microrganismos prefiram temperaturas baixas, de 30°C, enquanto outros podem ser isolados em temperaturas altas, de 42°C.

Exigências nutricionais. Para crescer, todas as bactérias necessitam de alguma forma dos elementos carbono, hidrogênio, oxigênio, enxofre, fósforo e nitrogênio. Algumas delas precisam ainda de elementos especiais, como potássio, cálcio, ferro, manganês, magnésio, cobalto, cobre, zinco e urânio. Certos micróbios têm necessidade de vitaminas específicas, e outros precisam de substâncias orgânicas secretadas por outros microrganismos vivos durante o

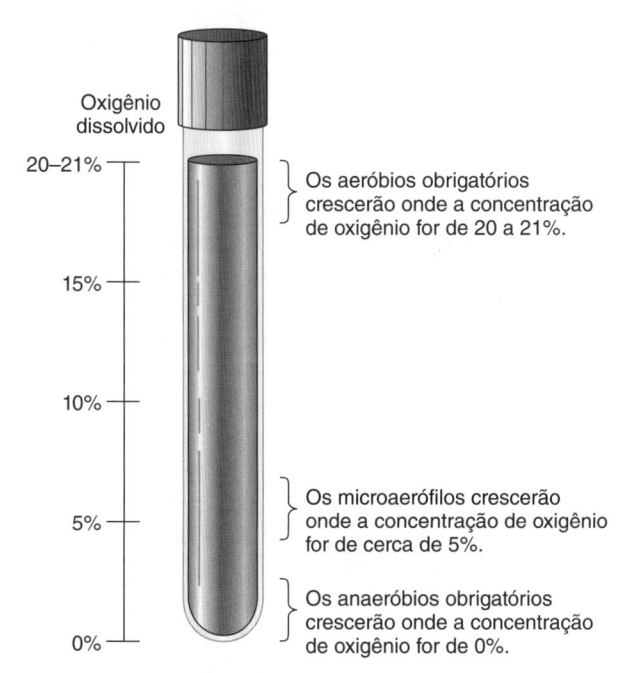

Figura 4.39 Cultura de microrganismos em caldo de tioglicolato (THIO). O THIO contém um gradiente de concentração de oxigênio dissolvido, que varia de 20 a 21% de O_2 na parte superior do tubo a 0% no fundo. Uma bactéria crescerá apenas na parte do THIO que contém a concentração de oxigênio de que ela necessita.

seu crescimento. Os microrganismos com necessidades nutricionais particularmente exigentes são denominados fastidiosos; deve-se pensar neles como "exagerados". No laboratório, é preciso utilizar meios enriquecidos especiais para o crescimento dos microrganismos fastidiosos. As necessidades nutricionais de determinado microrganismo são comumente características da espécie específica de bactéria e, algumas vezes, servem como importantes pistas quando se procura identificar o microrganismo. As necessidades nutricionais são discutidas de modo mais detalhado nos Capítulos 7, *Fisiologia e Genética Microbianas*, e 8, *Controle do Crescimento dos Micróbios* In Vitro.

Atividades bioquímicas e metabólicas. À medida que as bactérias crescem, elas produzem muitos produtos de degradação e secreções, alguns dos quais consistem em enzimas que viabilizam sua invasão no hospedeiro, causando doença. Desse modo, as cepas patogênicas de muitas bactérias, como os estafilococos e os estreptococos, podem ser inicialmente identificadas pelas enzimas que secretam. Além disso, em determinados ambientes, algumas bactérias se caracterizam pela produção de certos gases, como dióxido de carbono, sulfeto de hidrogênio, oxigênio ou metano.

Para ajudar na identificação de certos tipos de bactérias no laboratório, os organismos são inoculados em vários substratos (p. ex., carboidratos e aminoácidos), de modo a determinar se apresentam as enzimas necessárias para degradar esses substratos. A definição da capacidade ou não de um organismo degradar um substrato específico serve como pista para a sua identificação. No laboratório, são também utilizados diferentes tipos de meios de cultura para obter informações sobre as atividades metabólicas (discutidas no Capítulo 8, *Controle do Crescimento dos Micróbios* In Vitro) de determinado organismo.

Patogenicidade. As características que conferem às bactérias a capacidade de causar doença são discutidas no Capítulo 14, *Patogenia das Doenças Infecciosas*. Muitos patógenos são capazes de causar doença pela presença de cápsulas, fímbrias ou endotoxinas (componentes químicos das paredes celulares das bactérias gram-negativas), ou pela secreção de exotoxinas e exoenzimas, que danificam as células e os tecidos. Com frequência, a patogenicidade (capacidade de causar doença) é testada pela injeção do microrganismo em camundongos ou em culturas de células. Algumas bactérias patogênicas comuns estão listadas na Tabela 4.8.

Constituição genética. A maioria dos laboratórios modernos está começando a proceder à identificação das bactérias utilizando alguns testes que analisam o DNA ou o RNA do microrganismo. Em seu conjunto, eles são designados como procedimentos de diagnóstico molecular. A constituição do material genético (DNA) de um organismo é típica de cada espécie; assim, as sondas de DNA possibilitam a identificação de um microrganismo isolado sem depender das características fenotípicas. Uma sonda de DNA é uma sequência de DNA de fita simples, que pode ser utilizada para identificar um organismo por meio de hibridização com uma sequência complementar característica do DNA ou do rRNA do organismo em questão. Além disso, com a utilização do sequenciamento do rRNA 16S (discutido do Capítulo 3, *Estrutura Celular e Taxonomia*), o pesquisador pode determinar o grau de relação entre duas bactérias diferentes.

Bactérias singulares

As riquétsias, as clamídias e os micoplasmas são bactérias; entretanto, esses microrganismos não apresentam todos os atributos de uma célula bacteriana típica. Por esse motivo, são frequentemente designados como bactérias "singulares" ou "rudimentares". Por serem muito pequenas e de isolamento difícil, elas foram inicialmente consideradas como vírus.

Riquétsias, clamídias e bactérias estreitamente relacionadas. As riquétsias e as clamídias são bactérias com parede celular do tipo gram-negativa. Trata-se de patógenos intracelulares obrigatórios, que causam doenças em seres humanos e em outros animais. Como o próprio nome sugere, um patógeno intracelular obrigatório precisa viver no interior de uma célula hospedeira. Assim, para que esses microrganismos possam crescer em laboratório, devem ser inoculados em ovos embrionados de galinha, em animais de laboratório ou em culturas de células. Eles não crescem em meios de cultura artificiais (sintéticos).

O gênero *Rickettsia* recebeu esse nome em homenagem a Howard T. Ricketts, um patologista norte-americano. Esses microrganismos não têm nenhuma conexão com a doença denominada raquitismo (*rickets*), que resulta da deficiência de vitamina D. Como as riquétsias apresentam membranas celulares permeáveis, a maioria precisa viver no interior de outra célula para reter todas as substâncias celulares necessárias. Todas as doenças causadas por espécies de *Rickettsia* são transmitidas por artrópodes, ou seja, *vetores* (carreadores) artrópodes (Tabela 4.10).

Os artrópodes, como piolhos, pulgas e carrapatos, transmitem as riquétsias de um hospedeiro para o outro por meio de picadas ou produtos residuais. As doenças causadas por espécies de *Rickettsia* incluem o tifo e outras semelhantes, como a febre maculosa. Todas elas envolvem a produção de exantema.

As bactérias de importância médica que estão estreitamente relacionadas com as riquétsias incluem *Coxiella burnetii*, *Bartonella quintana*, *Ehrlichia* spp. e *Anaplasma* spp. O agente etiológico da febre Q, *C. burnetii*, é transmitido principalmente por aerossóis, mas também pode ser transmitido a animais por carrapatos. *B. quintana* está associada à febre das trincheiras (doença transmitida por piolhos), à doença da arranhadura do gato, à bacteriemia e à endocardite. As espécies de *Ehrlichia* e *Anaplasma* causam doenças humanas transmitidas por carrapatos, como a erliquiose monocítica humana (EMH) e a anaplasmose granulocítica humana. São patógenos intraleucocitários, o que significa que vivem no interior de determinados tipos de leucócitos.

Tabela 4.10 Doenças humanas causadas por bactérias singulares.

Gênero	Espécie	Doença(s) humana(s)
Rickettsia	*R. akari*	Riquetsiose variceliforme (doença transmitida por ácaro)
	R. prowazekii	Tifo epidêmico (doença transmitida por piolhos)
	R. rickettsii	Febre maculosa (doença transmitida por carrapato)
	R. typhi	Tifo endêmico ou murino (doença transmitida por pulgas)
Ehrlichia spp.	*E. chaffeensis*	Erliquiose monocítica humana (EMH)
Anaplasma spp.	*A. phagocytophilum*	Anaplasmose (erliquiose) granulocítica humana
Chlamydia e bactérias semelhantes	*Chlamydophila pneumoniae*	Pneumonia
	Chlamydophila psittaci	Psitacose (doença respiratória; zoonose; algumas vezes denominada "febre do papagaio")
	Chlamydia trachomatis	Diferentes sorotipos causam doenças distintas, incluindo tracoma (doença ocular), conjuntivite de inclusão (doença ocular), uretrite não gonocócica (UNG; doença sexualmente transmissível), linfogranuloma venéreo (LGV; doença sexualmente transmissível)
Mycoplasma	*M. pneumoniae*	Pneumonia atípica
	M. genitalium	UNG
Orientia	*O. tsutsugamushi*	Tifo rural (doença transmitida por ácaros)
Ureaplasma	*U. urealyticum*	UNG

O termo "clamídias" refere-se às espécies de *Chlamydia* e aos microrganismos estreitamente relacionados, como *Chlamydophila* spp.[c] As clamídias são conhecidas como "parasitas da energia", porque, embora possam produzir moléculas de trifosfato de adenosina (ATP), utilizam preferencialmente as que são produzidas pelas células hospedeiras. As moléculas de ATP constituem as principais moléculas de armazenamento ou de transporte de energia das células (ver Capítulo 7, *Fisiologia e Genética Microbianas*).

As clamídias são patógenos intracelulares obrigatórios, transmitidos por inalação de aerossóis ou por contato direto entre hospedeiros, e *não* por artrópodes. As de importância médica incluem *Chlamydia trachomatis*, *Chlamydophila pneumoniae* e *Chlamydophila psittaci*. Diferentes sorotipos de *C. trachomatis* causam doenças distintas, incluindo tracoma (a principal causa de cegueira no mundo), conjuntivite de inclusão (outro tipo de doença ocular) e uretrite não gonocócica (UNG; um termo usado para descrever a uretrite que não é causada pela *Neisseria gonorrhoeae*). *C. pneumoniae* é responsável por um tipo de pneumonia, enquanto *C. psittaci* causa uma doença respiratória denominada psitacose. As doenças causadas por clamídias estão listadas na Tabela 4.10.

> As riquétsias e as clamídias são exemplos de microrganismos intracelulares obrigatórios, ou seja, que podem existir apenas *no interior* de células hospedeiras.

Micoplasmas. Os micoplasmas são os menores micróbios celulares. Como carecem de paredes celulares, eles assumem muitos formatos, desde uma forma cocoide até uma filamentosa. Por conseguinte, aparecem pleomórficos quando examinados ao microscópio. Algumas vezes, são confundidos com formas de bactérias DPC, descritas anteriormente; todavia, até mesmo nos meios de crescimento mais favoráveis, eles não são capazes de produzir uma parede celular, o que não é verdade para as bactérias DPC.

Os micoplasmas eram anteriormente denominados microrganismos semelhantes aos da pleuropneumonia (PPLO), isolados pela primeira vez do gado bovino com infecções pulmonares. Eles podem ser de vida livre ou parasitas e patogênicos para muitos animais e algumas plantas. Nos seres humanos, os micoplasmas patogênicos causam pneumonia atípica primária e infecções geniturinárias; algumas espécies podem apresentar crescimento intracelular.

Como são desprovidos de parede celular, os micoplasmas mostram-se resistentes ao tratamento com penicilina e outros antibióticos que atuam por meio de inibição da síntese das paredes celulares. Eles podem ser cultivados em meios artificiais no laboratório, onde produzem minúsculas colônias, conhecidas como "colônias em ovo frito", que se assemelham a ovos estrelados (Figura 4.40). A ausência de parede celular impede a coloração dos micoplasmas pelo método de Gram. As doenças causadas por eles e por um microrganismo estreitamente relacionado (*Ureaplasma urealyticum*) estão listadas na Tabela 4.10.

> Por serem desprovidas de paredes celulares, as espécies de *Mycoplasma* são pleomórficas.

Bactérias fotossintéticas

As bactérias fotossintéticas incluem as de cor púrpura, verde e as cianobactérias (erroneamente designadas no passado como algas azuis). Embora os três grupos utilizem a luz como fonte de energia, eles não realizam a fotossíntese da mesma maneira. As bactérias púrpuras e verdes, por exemplo (que, em alguns casos, não apresentam realmente

---

[c]Nem todos os taxonomistas estão de acordo com a reclassificação da *Chlamydia psittaci* e *C. pneumoniae* como *Chlamydophila* spp.

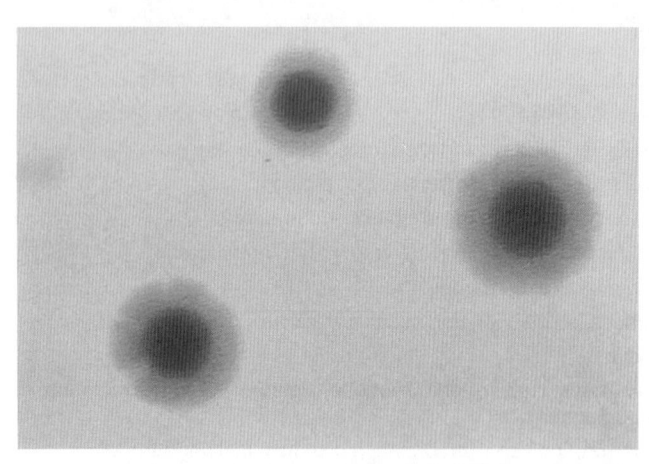

Figura 4.40 Aparência de "ovo estrelado" das colônias de *Mycoplasma* **em meio ágar.** (Disponibilizada pelo Dr. E. Arum, Dr. N. Jacobs e pelo CDC.) (Esta figura encontra-se reproduzida em cores no Encarte.)

Auxílio ao estudo

"Cepas" *versus* "sorotipos"

Dentro de determinada espécie, comumente existem diferentes *cepas* (p. ex., de *E. coli*). Se a *E. coli* que foi isolada do paciente com X estiver produzindo uma enzima que não é produzida pela *E. coli* do paciente Z, as duas *E. coli* isoladas serão consideradas como cepas diferentes. Se uma *E. coli* isolada for resistente à ampicilina (antibiótico), enquanto a outra *E. coli* isolada se mostrar sensível à substância, esses isolados também serão considerados cepas diferentes. Além disso, dentro de uma espécie, existem geralmente diferentes *sorotipos*. Os sorotipos de um microrganismo diferem entre si devido a diferenças nas suas moléculas de superfície (antígenos de superfície). Algumas vezes, como ocorre no caso de *C. trachomatis* e *E. coli*, diferentes sorotipos de uma espécie causam doenças distintas.

Auxílio ao estudo

Cuidado com palavras de sonoridade semelhante

Não se deve confundir *Mycoplasma* com *Mycobacterium*, pois cada um é um gênero de bactéria. A característica singular das espécies de *Mycoplasma* é que elas carecem de paredes celulares; a das espécies de *Mycobacterium* é que elas são álcool-acidorresistentes.

essas cores), não produzem oxigênio, enquanto as cianobactérias o produzem. A fotossíntese que produz oxigênio é denominada *fotossíntese oxigênica*, enquanto a que não produz é chamada de *fotossíntese anoxigênica*.

> As bactérias fotossintéticas são capazes de converter a energia luminosa em energia química. As cianobactérias são exemplos de bactérias fotossintéticas.

Nos eucariontes fotossintéticos (algas e plantas), a fotossíntese ocorre em plastídios, que foram discutidos no Capítulo 3, *Estrutura Celular e Taxonomia*. Nas cianobactérias, a fotossíntese ocorre em membranas intracelulares, conhecidas como tilacoides. Os tilacoides estão ligados à membrana celular em vários pontos, e acredita-se que representem invaginações dela. Fixados aos tilacoides, são observados numerosos ficobilissomas (agregados complexos de pigmento proteico nos quais ocorre a coleta de luz), formando fileiras ordenadas.

Muitos cientistas acreditam que as cianobactérias foram os primeiros organismos capazes de realizar a fotossíntese oxigênica e, portanto, a desempenhar um importante papel na oxigenação da atmosfera. Registros fósseis revelaram que elas já existiam há 3,3 a 3,5 bilhões de anos. As cianobactérias variam amplamente na sua forma; algumas são cocos, outras são bacilos e outras ainda formam longos filamentos. A fotossíntese será discutida de modo mais detalhado no Capítulo 7, *Fisiologia e Genética Microbianas*.

Quando existem condições apropriadas, as cianobactérias na água de lagoas ou lagos exibem crescimento excessivo, criando uma floração (*bloom*) – uma "espuma de lago" que se assemelha a uma camada espessa de tinta a óleo verde azulada (turquesa). As condições incluem vento leve ou ausência de vento e água com temperatura agradável (15 a 30°C), pH de 6 a 9 e quantidades abundantes dos nutrientes nitrogênio e fósforo. Muitas cianobactérias são capazes de converter o gás nitrogênio (N_2) do ar atmosférico em íons amônio (NH_4^+) no solo ou na água, processo conhecido como *fixação do nitrogênio* (Capítulo 10, *Ecologia e Biotecnologia Microbianas*).

Algumas cianobactérias produzem toxinas (venenos), como as neurotoxinas (que afetam o sistema nervoso central), as hepatotoxinas (que afetam o fígado) e as citotoxinas (que afetam outros tipos de células). Essas cianotoxinas podem causar doença e até mesmo morte em espécies de animais silvestres e seres humanos que consomem água contaminada. Muitos cientistas estão preocupados com a possibilidade de que a elevação da temperatura global ("aquecimento global") possa levar a um aumento das populações de cianobactérias, com concomitantes aumentos das cianotoxinas. (Informações adicionais sobre essas toxinas podem ser encontradas no Apêndice 1, "Intoxicações Microbianas", disponível no material suplementar *online*.)

> Algumas cianobactérias produzem toxinas (denominadas cianotoxinas), que podem causar doenças e até mesmo morte em animais e seres humanos.

Domínio *Archaea*

Os microrganismos procarióticos descritos até agora neste capítulo são todos membros do domínio *Bacteria*; os do domínio *Archaea* foram descobertos em 1977. Embora tenham sido inicialmente designados como arquebactérias (ou arqueobactérias), a maioria dos cientistas acredita agora que existem diferenças suficientes entre as Archaea e as bactérias para deixar de descrevê-las como tal. *Archae* significa "antigo", e o nome *Archaea* foi originalmente utilizado quando se acreditava que esses procariontes tinham surgido antes das bactérias. Atualmente, existe considerável controvérsia sobre quem surgiu primeiro, se foram as bactérias ou as Archaea. Geneticamente, embora sejam procariontes, as Archaea estão mais estreitamente relacionadas com os eucariontes do que com as bactérias, uma vez que algumas apresentam genes encontrados apenas nos eucariontes. Diante disso, muitos cientistas acreditam que as bactérias e as Archaea divergiram de um ancestral comum em um momento relativamente cedo após a vida ter surgido no planeta; posteriormente, os eucariontes separaram-se das Archaea.

Esses microrganismos variam amplamente na sua forma; alguns consistem em cocos, outros são bacilos, e outros ainda formam filamentos longos. Muitas Archaea, mas nem todas, são "extremófilas", no sentido de que vivem em ambientes extremos, como locais extremamente ácidos, alcalinos, quentes, frios ou salgados, ou em lugares onde existe uma pressão extremamente alta (Tabela 4.11).

> Muitas Archaea são extremófilas, isto é, vivem em ambientes extremos, como locais extremamente quentes, secos ou salgados.

Algumas Archaea vivem no fundo dos oceanos, no interior ou próximo a fontes termais, onde, além do calor e da salinidade, existe uma extrema pressão. Outras, denominadas metanogênicas, produzem metano, que é um gás inflamável. Embora praticamente todas apresentem paredes celulares, essas paredes não contêm peptidoglicano. Por outro lado, todas as células bacterianas têm peptidoglicano em suas paredes. As sequências dos rRNA 16S são muito diferentes das sequências de 16S das bactérias. Assim, os dados sobre a sequência do rRNA 16S sugerem que as Archaea estão mais estreitamente relacionadas com os eucariontes do que com as bactérias. No Capítulo 3, *Estrutura Celular e Taxonomia*, foi assinalado que as diferenças observadas na estrutura do rRNA formam a base do sistema de classificação em três domínios.

Resumo

É muito importante compreender que os vírus são muito diferentes das bactérias. A Tabela 4.12 fornece um resumo sobre as principais diferenças entre esses dois grupos de micróbios.

Tabela 4.11 Exemplos de extremófilos.

Tipo de ambiente extremo	Nomes dos tipos de extremófilos
Extremamente ácido	Acidófilos
Extremamente alcalino	Alcalífilos
Extremamente quente	Termófilos
Extremamente frio	Psicrófilos
Extremamente salgado	Halófilos
Com pressão extremamente alta	Piezófilos (antigamente barófilos)

Tabela 4.12 Principais diferenças entre vírus e bactérias.

Vírus	Bactérias
Não são compostos de células (considerados acelulares); algumas vezes designados como partículas infecciosas	Compostas de células (consideradas celulares); como as células não contêm núcleos verdadeiros, são denominadas procariontes
Não são considerados seres vivos	Como são compostas de células, são consideradas como organismos vivos; em virtude de seu pequeno tamanho, são conhecidas como microrganismos
São muito mais simples do que as bactérias na sua estrutura e, com frequência, consistem apenas em ácido nucleico circundado por uma capa de proteína	São muito mais complexas do que os vírus na sua estrutura
Contêm DNA ou RNA	Contêm tanto DNA quanto RNA
São incapazes de se reproduzir por si sós; por isso, precisam entrar em uma célula hospedeira para isso	São capazes de se reproduzir por si sós

DNA, ácido desoxirribonucleico; RNA, ácido ribonucleico.

Exercícios de autoavaliação

Após estudar este capítulo, responda às seguintes questões de múltipla escolha:

1. Qual das seguintes etapas ocorre durante a multiplicação dos vírus de animais, mas não durante a multiplicação dos bacteriófagos?
   a. Montagem
   b. Biossíntese
   c. Penetração
   d. Desnudamento

2. Qual(is) das seguintes doenças ou grupos de doenças não é(são) causada(s) por príons?
   a. Certas doenças vegetais
   b. Doença consumptiva crônica do cervo e do alce
   c. Doença de Creutzfeldt-Jakob (DCJ) em seres humanos
   d. "Doença da vaca louca"

3. A maioria das células procarióticas se reproduz por:
   a. Divisão binária
   b. Brotamento
   c. Produção de gametas
   d. Formação de esporos

4. O grupo de bactérias que carecem de paredes celulares rígidas e que adquirem formas irregulares é constituído por:
   a. Clamídias
   b. Micobactérias
   c. Micoplasmas
   d. Riquétsias

5. No fim do procedimento de coloração de Gram, as bactérias gram-positivas serão de cor:
   a. Azul a púrpura
   b. Verde
   c. Laranja
   d. Rosa a vermelha

6. Qual das seguintes afirmativas sobre as riquétsias é falsa?

   a. As doenças causadas por riquétsias são transmitidas por artrópodes
   b. O raquitismo é causado por uma espécie de *Rickettsia*
   c. As espécies de *Rickettsia* causam tifo e doenças semelhantes a ele
   d. As riquétsias apresentam membranas permeáveis

7. Qual das seguintes afirmativas sobre as espécies de *Chlamydia* e *Chlamydophila* é falsa?
   a. Elas são patógenos intracelulares obrigatórios
   b. São consideradas como "parasitas da energia"
   c. As doenças que causam são todas transmitidas por artrópodes
   d. São consideradas bactérias gram-negativas

8. Qual das seguintes afirmativas sobre as cianobactérias é falsa?
   a. Embora as cianobactérias sejam fotossintéticas, não produzem oxigênio como resultado da fotossíntese
   b. Antigamente, as cianobactérias eram denominadas algas azuis
   c. Algumas cianobactérias têm a capacidade de fixar o nitrogênio
   d. Algumas cianobactérias são de importância médica, visto que produzem toxinas

9. Qual das seguintes afirmativas sobre as Archaea é falsa?
   a. As Archaea estão mais estreitamente relacionadas com os eucariontes do que com as bactérias
   b. Tanto as Archaea quanto as bactérias são organismos procarióticos
   c. Algumas Archaea vivem em ambientes extremamente quentes
   d. As paredes celulares das Archaea contêm uma camada de peptidoglicano mais espessa do que as paredes celulares das bactérias

10. Um organismo que não necessita de oxigênio, cresce melhor na sua ausência; porém, o que pode sobreviver em atmosferas que contêm algum oxigênio molecular é conhecido como:
    a. Anaeróbio aerotolerante
    b. Capnófilo
    c. Anaeróbio facultativo
    d. Microaerófilo

Micróbios Eucarióticos

OBJETIVOS DE APRENDIZAGEM

Após estudar este capítulo, você deverá ser capaz de:

- Comparar e distinguir as diferenças entre algas, protozoários e fungos (p. ex., capacidade de fotossíntese e presença de quitina nas paredes celulares)
- Explicar o que se entende por "maré vermelha" (*i. e.*, qual a sua causa) e sua importância médica
- Citar as quatro principais categorias de protozoários e suas características diferenciais mais importantes (p. ex., modo de locomoção)
- Definir os termos película, citóstoma e estigma

- Listar cinco doenças infecciosas importantes em seres humanos causadas por protozoários e cinco causadas por fungos
- Definir e relatar a importância das ficotoxinas e micotoxinas
- Explicar as diferenças entre hifas aéreas e vegetativas, hifas septadas e asseptadas, e esporos sexuais e assexuais
- Explicar a principal diferença entre um líquen e um fungo limoso.

INTRODUÇÃO

Os micróbios acelulares e procarióticos foram descritos no Capítulo 4, *Micróbios Acelulares e Procarióticos*. Este capítulo

> Os micróbios eucarióticos incluem algumas espécies de algas e fungos, além de todos os protozoários, liquens e fungos limosos.

descreve os micróbios eucarióticos, que incluem algumas espécies de algas e fungos, além de todos os protozoários, liquens e fungos limosos. Os cientistas ainda não determinaram quando os primeiros eucariontes surgiram na Terra.

SEÇÃO 1 | ALGAS

Características e classificação

As algas são organismos eucarióticos fotossintéticos que, juntamente com os protozoários, são classificados no segundo reino (Protista) do sistema de classificação em cinco reinos. Em seu conjunto, são designadas como protistas. Entretanto, nem todos os taxonomistas concordam que as algas e

> As algas e os protozoários são designados como protistas, visto que pertencem ao reino Protista.

os protozoários devam ser incluídos no mesmo reino.[a] O estudo das algas é denominado ficologia (ou algologia), e o indivíduo que estuda as algas é conhecido como ficologista (ou algologista).

Todas as células das algas são constituídas de citoplasma, parede celular (geralmente), membrana celular, núcleo, plastídios, ribossomos, mitocôndrias e corpúsculos de Golgi. Além disso, algumas células de algas apresentam uma *película* (membrana celular mais espessa), um *estigma* (organela que é um sensor de luz, também conhecida como ocelo) e flagelos. Embora não sejam plantas e careçam de raízes verdadeiras, caules e folhas, as algas assemelham-se mais a vegetais do que aos protozoários (Tabela 5.1).

As algas variam, quanto ao tamanho, desde organismos microscópicos minúsculos e unicelulares[b] (p. ex., diatomáceas, dinoflagelados e desmídias) até grandes algas marinhas multicelulares e semelhantes a plantas. Por conseguinte, nem todas são microrganismos. Elas podem formar colônias ou filamentos e podem ser encontradas na água doce e na salgada, em solos ou rochas úmidas. As algas produzem a sua energia por fotossíntese, utilizando energia solar, dióxido de carbono, água e nutrientes inorgânicos do solo para sintetizar o material celular. Todavia, algumas espécies utilizam nutrientes orgânicos, enquanto outras sobrevivem com uma quantidade muito pequena de luz solar. As paredes celulares das algas contêm, em sua maioria, celulose, um polissacarídeo não

Tabela 5.1 Semelhanças e diferenças entre algas e plantas.

Características	Algas	Plantas
Eucarióticas	Sim	Sim
Fotossintéticas	Sim	Sim
Células contendo clorofila	Sim	Sim
Utilização de dióxido de carbono como fonte de energia	Sim	Sim
Armazenamento da energia na forma de amido	Sim	Sim
Constituídas de raízes, caules e folhas	Não	A maioria (as briófitas, como os musgos, constituem uma exceção)
Paredes celulares contendo celulose	A maioria (as exceções incluem as diatomáceas e os dinoflagelados)	Sim
Método de reprodução	Tanto assexuada quanto sexuada	Sexuada
Existência de sistema vascular para o transporte dos líquidos internos	Não	A maioria (os musgos e outras briófitas são avasculares)

encontrado nas paredes celulares de nenhum outro microrganismo. Dependendo dos tipos de pigmentos fotossintéticos presentes, as algas são classificadas como verdes, douradas (ou pardas douradas), pardas ou vermelhas.

As diatomáceas são algas minúsculas e comumente unicelulares, que vivem tanto na água doce quanto na água do mar (Figura 5.1). Constituem membros importantes do fitoplâncton. São conhecidos mais de 200 gêneros de diatomáceas vivas. A terra de diatomácea, que consiste em restos fossilizados da espécie, é uma rocha macia de ocorrência natural, que facilmente se desintegra em pó branco fino. É utilizada como agente filtrante e como abrasivo leve em produtos para polir metais e pasta de dentes. As diatomáceas foram pesquisadas para uso como sistemas de fornecimento de fármacos em medicina, e o seu uso potencial na nanotecnologia despertou grande interesse.

Os dinoflagelados são algas microscópicas, unicelulares, flageladas e frequentemente fotossintéticas. À semelhança das diatomáceas, constituem membros importantes do fitoplâncton, produzindo grande parte do oxigênio da atmosfera e servindo como importantes elementos de ligação nas cadeias alimentares. Os dinoflagelados são responsáveis pelas conhecidas "marés vermelhas" (discutidas no Apêndice 1, "Intoxicações Microbianas", disponível no material suplementar *online*). As algas verdes incluem muitos gêneros diferentes, os quais podem ser encontrados em águas lacustres (Figura 5.2).

---

[a]Em alguns esquemas de classificação, as algas são consideradas como reino separado, denominado Chromista.

[b]Uma minúscula alga verde, algumas vezes tão pequena quanto 1,0 μm de diâmetro, denominada *Ostreococcus tauri*, é um dos menores eucariontes descobertos até hoje. Ela contém um cloroplasto, uma mitocôndria e um corpúsculo de Golgi. Os eucariontes minúsculos, cujo tamanho varia de 0,2 a 2 μm de diâmetro, são coletivamente conhecidos como picoeucariontes. São menores do que alguns procariontes.

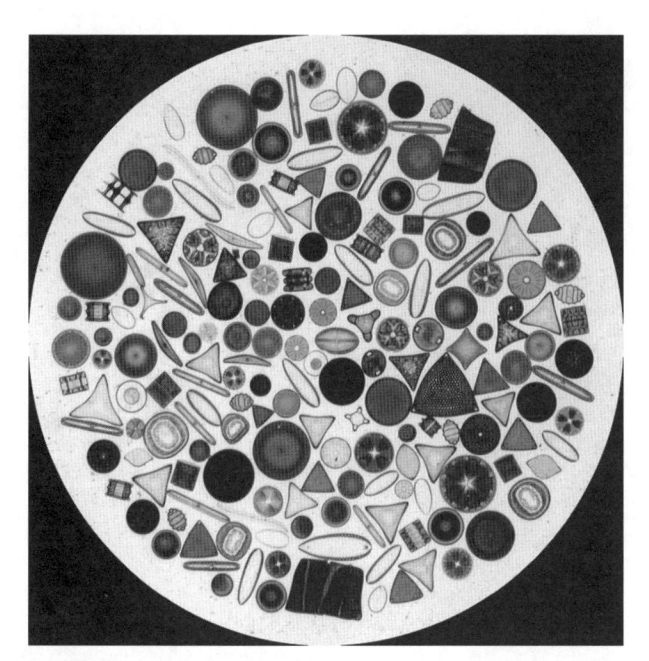

Figura 5.1 Aspecto microscópico das diatomáceas quando examinadas com microscópio óptico composto. Observe a grande variedade de formas. (Disponibilizada por Wipeter e Wikimedia.)

As algas são fáceis de encontrar e incluem: grandes espécies marinhas de várias cores, algas marinhas pardas de até 10 m de comprimento encontradas ao longo do litoral, a espuma verde que flutua nos lagos e o material verde escorregadio sobre as rochas úmidas (Figura 5.3).

> As algas consideradas como microrganismos incluem as diatomáceas, os dinoflagelados e muitos tipos diferentes de algas verdes.

As algas constituem uma importante fonte de alimento, iodo e outros minerais, fertilizantes, emulsificantes para pudins e estabilizantes para sorvetes e temperos de saladas. São também utilizadas como agente gelificante em geleias e como meio nutritivo para crescimento de bactérias. O ágar utilizado como agente solidificante nos meios de cultura laboratoriais é um polissacarídeo complexo derivado de uma alga marinha vermelha. Como as algas consistem em quase 50% de óleo, os cientistas estão estudando o seu uso como fonte de biocombustível. No aspecto negativo, os problemas encontrados nos sistemas de água são frequentemente causados pelo entupimento dos filtros e tubulações por algas quando há uma grande quantidade de nutrientes.

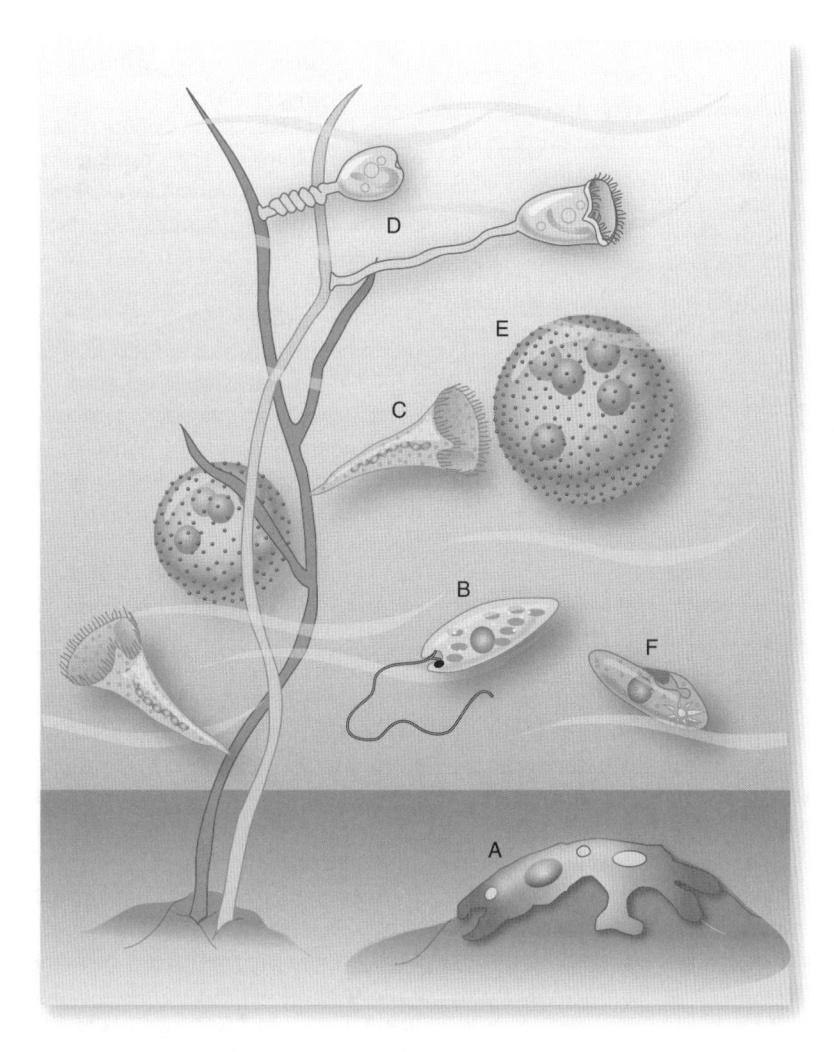

Figura 5.2 Algumas das numerosas algas e dos protozoários encontrados em água lacustre. A. *Ameba* sp. **B.** *Euglena* sp. **C.** *Stentor* sp. **D.** *Vorticella* sp. nas posições estendida e contraída. **E.** *Volvox* sp. **F.** *Paramecium* sp. (**B**) e (**E**) são algas. (**A**), (**C**), (**D**) e (**F**) são protozoários.

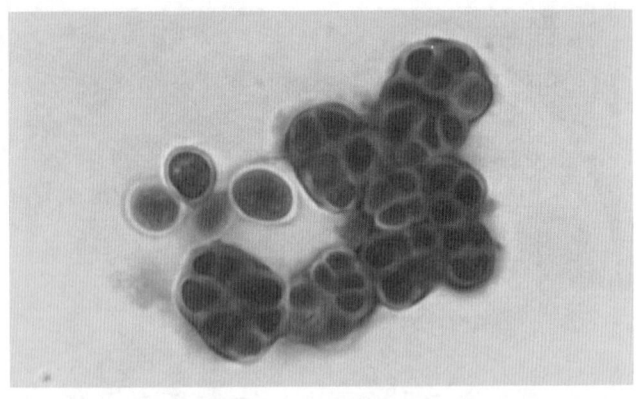

Figura 5.4 Aspecto microscópico de células de *Prototheca* em uma amostra de tecido corada. (Disponibilizada pelos CDC.) (Esta figura encontra-se reproduzida em cores no Encarte.)

Figura 5.3 Algas verdes crescendo em rochas na margem de um lago de água doce no Texas. (Disponibilizada por Biomed Ed, Round Rock, TX.) (Esta figura encontra-se reproduzida em cores no Encarte.)

Importância médica

> Só muito raramente as algas causam infecções em seres humanos. A prototecose é um exemplo.

O gênero de alga *Prototheca* constitui uma causa muito rara de infecção em seres humanos (doença conhecida como prototecose). A alga *Prototheca* vive no solo e pode penetrar em feridas, particularmente aquelas localizadas nos pés (Figura 5.4). Produz uma pequena lesão subcutânea, que pode progredir para uma lesão semelhante à verruga e crostosa. Se o organismo entrar no sistema linfático, pode causar uma infecção debilitante e, algumas vezes, fatal, sobretudo em indivíduos imunossuprimidos. Algas de vários outros gêneros secretam substâncias (*ficotoxinas*) que são venenosas para os seres humanos, peixes e outros animais.

SEÇÃO 2 | PROTOZOÁRIOS

Características

Os protozoários são organismos eucarióticos que, juntamente com as algas, são classificados no segundo reino (Protista) do sistema de classificação em cinco reinos. Conforme anteriormente assinalado, nem todos os taxonomistas concordam com a inclusão das algas e dos protozoários no mesmo reino. O estudo dos protozoários é denominado protozoologia, e o indivíduo que se especializa nisso é chamado de protozoologista.

Os protozoários são, em sua maioria, unicelulares (uma única célula), e o seu comprimento varia de 3 a 2.000 μm. A maior parte é de organismos de vida livre, encontrados no solo e na água. As células dos protozoários são mais semelhantes às de animais do que às de vegetais, mas todas têm uma variedade de estruturas e organelas eucarióticas, incluindo membranas celulares, núcleo, retículo endoplasmático, mitocôndrias, corpúsculos de Golgi, lisossomos, centríolos e vacúolos digestivos. Além disso, alguns protozoários apresentam películas, citóstomas, vacúolos contráteis, pseudópodes, cílios e flagelos. Os protozoários são desprovidos de clorofila e, portanto, são incapazes de produzir o próprio alimento pela fotossíntese. Alguns ingerem algas inteiras, leveduras, bactérias e protozoários menores como fonte de nutrientes, enquanto outros vivem em matéria orgânica morta e em decomposição.

> Os protozoários são, em sua maioria, microrganismos unicelulares de vida livre.

Os protozoários não exibem paredes celulares; entretanto, alguns, incluindo certas espécies de flagelados e ciliados, apresentam uma película que tem o mesmo propósito da parede celular – proteção. Alguns flagelados e ciliados ingerem o alimento por meio de uma boca primitiva ou abertura, denominada citóstoma. As espécies de *Paramecium* (ciliados comuns em águas lacustres) apresentam tanto película (membrana celular espessa) quanto citóstoma, e alguns protozoários de água doce (como amebas e *Paramecium*) contêm uma organela chamada de *vacúolo contrátil*, que bombeia água para fora da célula.

> Alguns flagelados e ciliados ingerem alimento por meio de uma boca primitiva ou abertura, denominada citóstoma.

O ciclo de vida típico de um protozoário consiste em dois estágios: o de trofozoíta e o de cisto. O *trofozoíta* é o estágio no ciclo de vida de um protozoário que é móvel, se alimenta e se divide, enquanto o *cisto* é o estágio de sobrevivência imóvel e dormente. Em certos aspectos (p. ex., presença de uma parede externa espessa), os cistos assemelham-se aos esporos bacterianos.

> O ciclo de vida típico de um protozoário consiste em dois estágios: um de trofozoíta (móvel) e um de cisto (imóvel).

Alguns protozoários são parasitas, degradando e absorvendo os nutrientes do corpo do hospedeiro onde vivem. Muitos deles são patógenos, como os que causam a malária, a giardíase, a doença do sono africana e a disenteria amebiana (Capítulo 21, *Infecções Parasitárias em Seres Humanos*). Outros protozoários coexistem com o animal hospedeiro em um tipo de relação simbiótica mutualística – em que ambos os organismos se beneficiam. Um exemplo típico

A malária, a giardíase, a doença do sono africana e a disenteria amebiana são exemplos de doenças humanas causadas por protozoários parasitas.

dessa relação simbiótica é a dos cupins e seus protozoários intestinais. Os protozoários digerem a madeira ingerida pelo cupim, possibilitando a ambos os organismos absorverem os nutrientes necessários para a vida. Sem os protozoários intestinais, os cupins seriam incapazes de digerir a madeira que consomem e, então, morreriam de fome. As relações simbióticas serão discutidas de modo mais detalhado no Capítulo 10, *Ecologia e Biotecnologia Microbianas*.

Classificação e importância médica

Algumas vezes, os protozoários são classificados taxonomicamente pelo seu modo de locomoção. Alguns se deslocam por meio de pseudópodes, outros se movimentam por meio de flagelos e outros por cílios, e alguns são imóveis.

Em alguns esquemas de classificação, os protozoários são divididos em grupos (designados como filos, subfilos ou classes), de acordo com o seu modo de locomoção (Tabela 5.2).

As amebas deslocam-se por meio de extensões citoplasmáticas denominadas pseudópodes (falsos pés) (Figura 5.5). Inicialmente, a **ameba** estende um pseudópode na direção em que pretende se deslocar, e, em seguida, o restante da célula flui lentamente no interior dele; o processo é denominado movimento ameboide. Uma ameba ingere uma partícula de alimento (p. ex., uma célula de levedura ou bactéria) circundando-a com pseudópode; então, ambos se fundem – processo conhecido como fagocitose. A partícula ingerida, circundada por uma membrana, é designada como vacúolo digestivo (ou fagossomo). Então, enzimas digestivas, liberadas pelos lisossomos, digerem ou degradam o alimento em nutrientes. Alguns dos leucócitos no corpo humano ingerem e digerem materiais da mesma maneira que as amebas (a fagocitose pelos leucócitos será discutida de modo detalhado no Capítulo 15, *Mecanismos Inespecíficos de Defesa do Hospedeiro*). Quando líquidos são ingeridos de modo semelhante, o processo é conhecido como *pinocitose*.

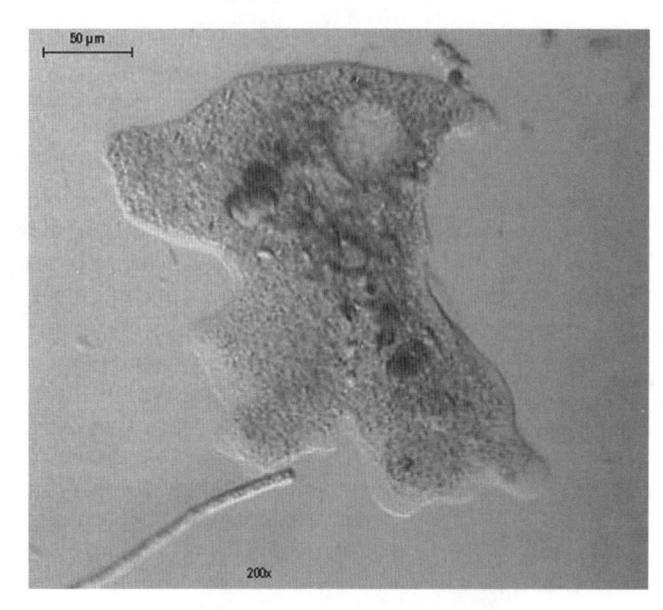

Figura 5.5 Ameba lacustre.

Uma ameba de importância médica é a *Entamoeba histolytica*, que causa disenteria amebiana (amebíase) e abscessos amebianos extraintestinais (fora do intestino). Outras amebas de importância médica (descritas no Capítulo 21, *Infecções Parasitárias em Seres Humanos*), incluem *Naegleria fowleri* (o agente etiológico da meningoencefalite amebiana primária) e *Acanthamoeba* spp. (uma causa de infecções oculares).

Algumas espécies de amebas, como *Acanthamoeba*, *entamoeba* e *Naegleria*, movem-se por meio de extensões citoplasmáticas denominadas pseudópodes (falsos pés).

Os **ciliados** movem-se por meio de grande quantidade de cílios semelhantes a pelos em sua superfície. Os cílios exibem um movimento semelhante ao ato de remar. Os ciliados são os mais complexos de todos os protozoários. Um ciliado patogênico, *Balantidium coli*, causa disenteria em países subdesenvolvidos (Figura 5.6). Em geral, é transmitido a seres

Os ciliados, como *Balantidium* e *Paramecium*, movem-se por meio de grande quantidade de cílios semelhantes a pelos em sua superfície.

Tabela 5.2 Características dos principais protozoários.					
Categoria	**Meio de movimento**	**Modo de reprodução assexuada**	**Modo de reprodução sexuada**	**Representantes patogênicos**	**Doenças**
Ciliados	Cílios	Divisão transversal	Conjugação	*Balantidium*	Diarreia
Amebas	Pseudópodes (falsos pés)	Divisão binária	Quando presente, envolve células sexuais flageladas	*Acanthamoeba* *Naegleria* *Entamoeba*	Ceratite Meningite Diarreia, amebíase
Flagelados	Flagelos	Divisão binária	Nenhum	*Giardia* *Trichomonas* *Trypanosoma*	Diarreia Doença sexualmente transmissível Doença de Chagas
Esporozoários	Geralmente imóveis, exceto certas células sexuais	Divisão múltipla	Envolve células sexuais flageladas	*Plasmodium* *Toxoplasma* *Cryptosporidium* *Cyclospora*	Malária Toxoplasmose Diarreia Diarreia

humanos pelo consumo de água potável contaminada por fezes de suínos. O *B. coli* é o único protozoário ciliado que causa doença em seres humanos. Ciliados como *Paramecium* podem ser observados com frequência em água de lagos.

Os protozoários flagelados, ou simplesmente **flagelados**, movem-se por meio de flagelos semelhantes a chicotes. Cada flagelo é fixado dentro do citoplasma por um corpúsculo basal, também chamado de cinetossomo ou cinetoplasto. Os flagelos exibem um movimento semelhante a uma onda.

> Os protozoários flagelados (ou flagelados), como espécies de *Trypanosoma*, *Trichomonas* e *Giardia*, movem-se por meio de flagelos semelhantes a chicotes.

Alguns flagelados são patogênicos. Por exemplo, o *Trypanosoma brucei*, transmitido pela mosca tsé-tsé, causa a doença do sono africana em seres humanos; o *Trypanosoma cruzi* é responsável pela tripanossomíase americana (doença de Chagas); o *Trichomonas vaginalis* causa infecções sexualmente transmissíveis (tricomoníase) persistentes nos tratos genitais masculino e feminino; e a *Giardia intestinalis*, também conhecida como *Giardia lamblia* e *Giardia duodenalis*, causa uma doença diarreica persistente (giardíase; Figura 5.7).

Os protozoários imóveis – desprovidos de pseudópodes, flagelos ou cílios – são classificados juntos em uma categoria denominada **esporozoários**. Os esporozoários patogênicos mais importantes consistem em espécies de *Plasmodium*, que causam malária em muitas áreas do mundo. Os parasitas da malária são transmitidos por fêmeas do mosquito *Anopheles*, que se tornam infectadas quando ingerem sangue de uma pessoa com malária. Apesar de não ser endêmica nos EUA, a malária é frequentemente diagnosticada em viajantes que chegam ao país e foram infectados em outras nações.

Outro esporozoário, o *Cryptosporidium parvum*, causa uma doença diarreica grave (criptosporidiose) em pacientes imunossuprimidos, particularmente aqueles com síndrome da imunodeficiência adquirida (AIDS). Uma epidemia em Milwaukee, Wisconsin, que ocorreu em 1993, causada pela presença de oocistos de *Cryptosporidium* na água potável,

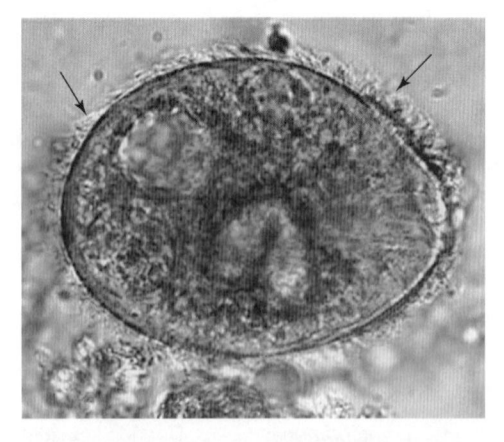

Figura 5.6 Fotomicrografia de *Balantidium coli*, o único protozoário ciliado que causa doença em seres humanos. *B. coli* provoca uma doença diarreica, denominada balantidíase. Observe os numerosos cílios curtos (*setas*) ao redor da periferia da célula. (Disponibilizada pelo Oregon Public Health Laboratory and the Division of Parasitic Diseases, CDC.) (Esta figura encontra-se reproduzida em cores no Encarte.)

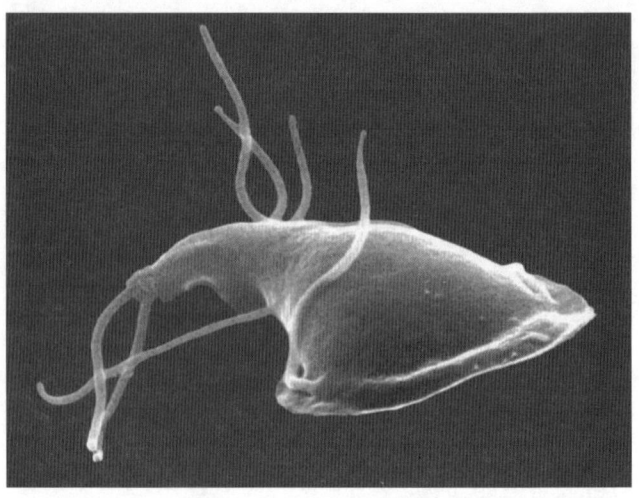

Figura 5.7 Micrografia eletrônica de varredura digitalmente colorida de *Giardia lamblia*, um protozoário flagelado que causa uma doença diarreica em seres humanos, conhecida como giardíase. (Disponibilizada pelo Dr. Stan Erlandsen, Dr. Dennis Feely e pelo CDC.) (Esta figura encontra-se reproduzida em cores no Encarte.)

resultou em mais de 400.000 casos de criptosporidiose, incluindo alguns fatais. Outros esporozoários patogênicos incluem espécies de *Babesia* (a causa da babesiose), *Cyclospora cayetanensis* (a causa de uma doença diarreica denominada ciclosporíase) e *Toxoplasma gondii* (a causa da toxoplasmose). Os protozoários patogênicos serão descritos no Capítulo 21, *Infecções Parasitárias em Seres Humanos*.

> As espécies de *Babesia*, *Cryptosporidium*, *Cyclospora*, *Plasmodium* e *Toxoplasma* são exemplos de esporozoários que causam infecções em seres humanos. Os esporozoários são protozoários imóveis.

SEÇÃO 3 | FUNGOS

Características

Os fungos, que constituem um grupo diverso, são agora classificados entre três reinos. Os que são patogênicos para os seres humanos e animais são do reino Fungi (também denominado Eumycota). O estudo dos fungos é denominado micologia, e o indivíduo que estuda o assunto é chamado de micologista.

> O estudo dos fungos é denominado micologia.

Os fungos são encontrados em quase todas as partes na Terra; alguns (saprófitas) vivem na matéria orgânica, na água e no solo, enquanto outros (parasitas) vivem na superfície e no interior de animais e plantas. Alguns são prejudiciais, mas outros são benéficos. Os fungos também se encontram em muitos materiais distintos, causando deterioração do couro e de plásticos, por exemplo, bem como de geleias, picles e muitos outros alimentos. Os benéficos, entretanto, são importantes na produção de queijos, cerveja, vinho e outros itens alimentícios, além de certos fármacos (p. ex., ciclosporina, um imunossupressor) e antibióticos (p. ex., penicilina).

Estima-se que os fungos constituam o grupo mais diversificado de organismos na Terra, incluindo leveduras, bolores e até mesmo cogumelos. Como saprófitas, sua

principal fonte de alimento é constituída por matéria orgânica morta e em decomposição.

Os fungos são os "trituradores de lixo" da natureza, os
"abutres" do mundo microbiano. Por meio da secreção de
enzimas digestivas nas matérias vegetal e animal mortas,
eles decompõem esse material em nutrientes que podem ser
absorvidos por eles próprios e por outros organismos vivos;
dessa maneira, são os "recicladores" originais. Viver em um
mundo sem os saprófitas seria o mesmo que tropeçar em
intermináveis pilhas de plantas e animais mortos e produtos
de degradação de animais. Não é um pensamento agradável.

> Nem as algas nem os
> fungos são plantas.
> As algas, porém, são
> fotossintéticas, mas
> os fungos não.

Algumas vezes, os fungos são
incorretamente considerados como
plantas, embora não sejam vegetais. Uma das diferenças é que eles
não realizam fotossíntese, pois não
apresentam clorofila nem outros
pigmentos fotossintéticos. Além disso, as paredes celulares das
células de algas e plantas contêm celulose (um polissacarídeo),
que está ausente nas das células fúngicas; em compensação,
as paredes celulares dos fungos contêm um polissacarídeo
denominado quitina, que não é encontrado nas de nenhum
outro microrganismo. A quitina também é encontrada no
exoesqueleto dos artrópodes.

Embora muitos fungos sejam unicelulares (p. ex., leveduras
e microsporídios), outros crescem na forma de filamentos
denominados hifas, que se entrelaçam para formar uma massa
chamada de micélio ou talo (Figura 5.8); por conseguinte, eles
são muito diferentes das bactérias, que são sempre unicelulares. Além disso, as bactérias são procariontes, enquanto os
fungos são eucariontes. Alguns fungos têm *hifas septadas*, ou
seja, o citoplasma no interior da hifa é dividido em células por
paredes transversais ou septos; já outros têm hifas asseptadas,
o que significa que o citoplasma dentro da hifa não é dividido
em células; não há nenhum septo. As hifas asseptadas contêm
citoplasma multinucleado (descritas como cenocíticas). Saber se

> As leveduras e os
> microsporídios são
> unicelulares, en-
> quanto os bolores
> são multicelulares.

o fungo apresenta hifas septadas ou
asseptadas fornece uma importante
"pista" quando se tenta identificar
um fungo que foi isolado de uma
amostra clínica (Figura 5.9).

Reprodução

Dependendo da espécie, as células dos fungos podem reproduzir-se por brotamento, extensão das hifas ou formação de

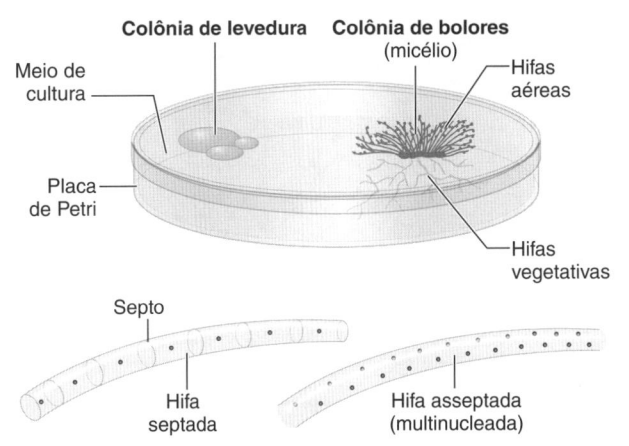

**Figura 5.9 Colônias de fungos e termos relacionados com
as hifas.**

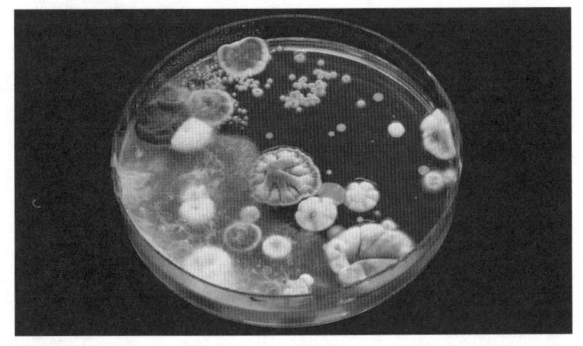

**Figura 5.8 Uma variedade de colônias de fungos (micélios)
crescendo em uma placa de Petri.** (Esta figura encontra-se
reproduzida em cores no Encarte.)

esporos. Existem duas categorias
gerais de esporos fúngicos: sexuados
e assexuados.

Os esporos sexuados são produzidos pela fusão de dois gametas e,
portanto, pela fusão de dois núcleos.
Eles apresentam uma variedade

> Um dos modos de
> reprodução dos
> fungos consiste na
> produção de esporos.
> Os dois tipos gerais
> são sexuados e
> assexuados.

de nomes (p. ex., ascósporos, basidiósporos e zigósporos),
dependendo da maneira exata como são formados. Taxonomicamente, os fungos são classificados de acordo com
o tipo de esporo sexuado que eles produzem ou o tipo de
estrutura na qual os esporos são formados (Figura 5.10).

Os esporos assexuados são formados de muitas maneiras
diferentes, mas não pela fusão de gametas (Figura 5.11). Se
a estrutura reprodutiva se formar dentro de uma estrutura
saciforme, denominada esporângio, a forma assexuada será
designada como esporangiósporo (ou, mais comumente,
"esporo"). Entretanto, se a estrutura reprodutiva se originar

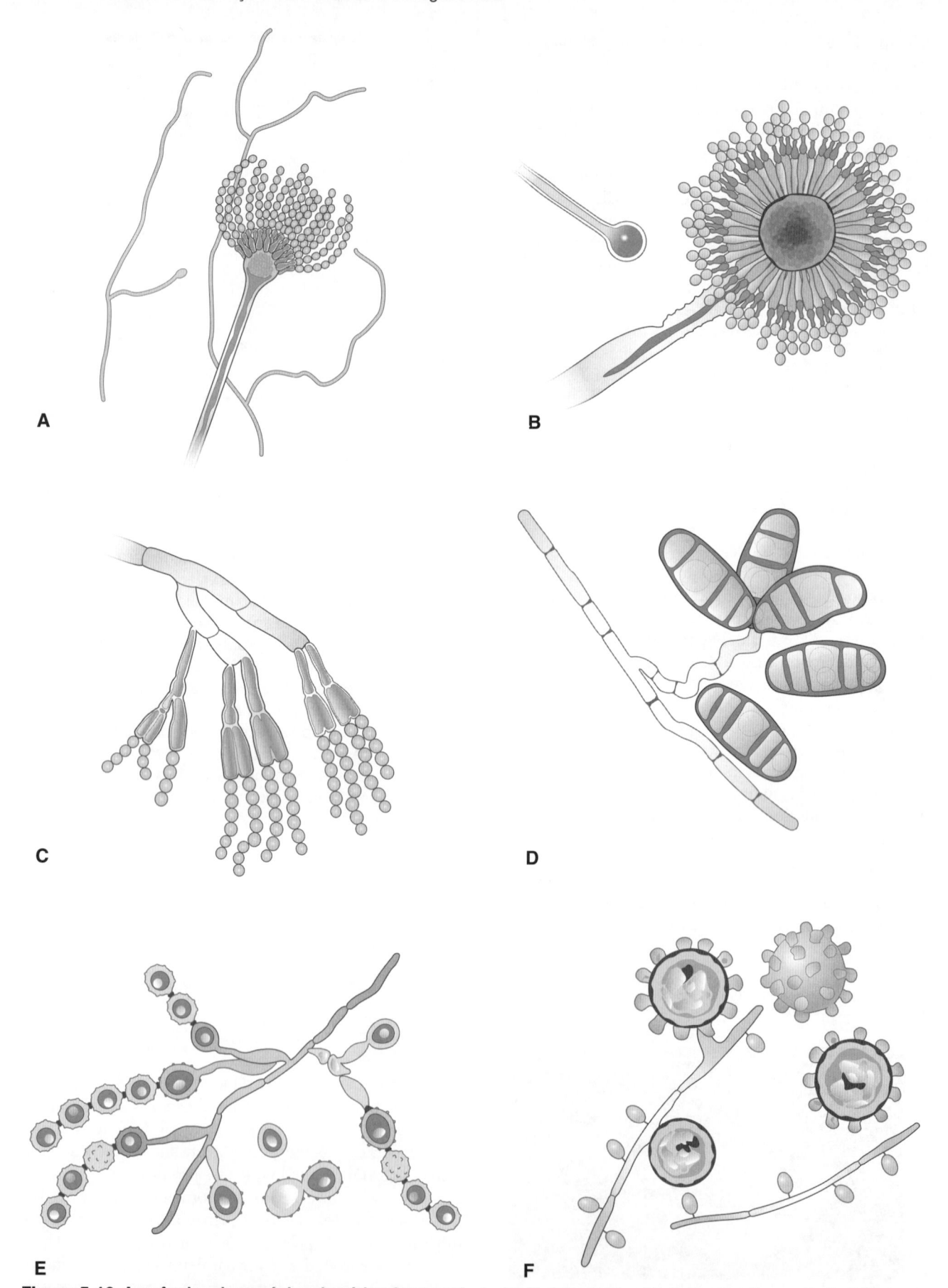

Figura 5.10 Aparência microscópica de vários fungos. A. *Aspergillus fumigatus.* **B.** *Aspergillus flavus.* **C.** *Penicillium* sp. **D.** *Curvularia* sp. **E.** *Scopulariopsis* sp. **F.** *Histoplasma capsulatum.* (Redesenhada de Winn WC Jr *et al. Koneman's color atlas and textbook of diagnostic microbiology.* 6th ed. Philadelphia, PA: Lippincott Williams & Wilkins; 2006.)

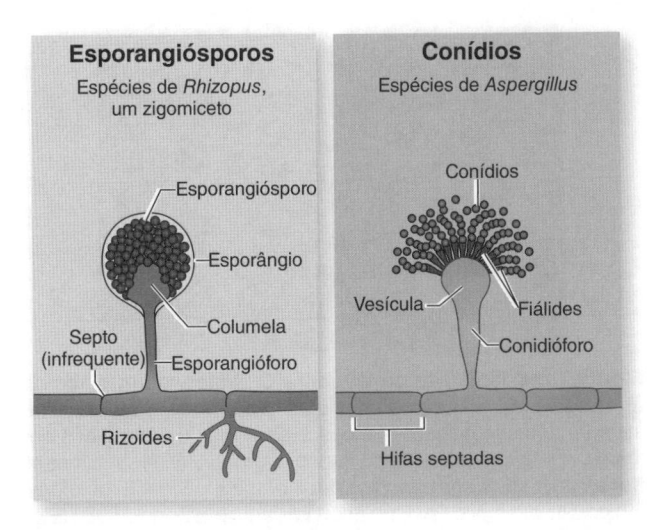

Figura 5.11 Reprodução assexuada dos bolores *Rhizopus* e *Aspergillus*, ilustrando os tipos de estruturas no interior e sobre as quais são produzidos os esporos assexuados. (Redesenhada de Winn WC Jr *et al. Koneman's color atlas and textbook of diagnostic microbiology.* 6th ed. Philadelphia, PA: Lippincott Williams & Wilkins; 2006.)

dos alimentos. Os quitridiomicetos, que não são considerados como fungos verdadeiros por alguns taxonomistas, vivem na água ("fungos aquáticos") e no solo. Os dois filos conhecidos como "fungos superiores" são Ascomycotina (ou Ascomycota) e Basidiomycotina (ou Basidiomycota). Os ascomicetos incluem: certas leveduras, como espécies de *Candida*; bolores, como *Aspergillus* e *Penicillium*; e alguns fungos que causam doenças em plantas (p. ex., doença do olmo holandês). Os basidiomicetos incluem algumas leveduras, como *Cryptococcus*, alguns fungos que causam infecções cutâneas e doenças em plantas, e os grandes "fungos carnosos" que vivem nas florestas (p. ex., cogumelos, cogumelos venenosos, fungos prateleira e bufas-de-lobo).

Alguns esquemas de classificação dos fungos contêm um filo denominado Deuteromycotina (ou Deuteromycota), que, algumas vezes, é designado como "fungos imperfeitos". Isso porque, nesse filo, estão incluídos fungos cuja forma sexuada ainda não foi descoberta, ou fungos que perderam a capacidade de reprodução sexuada. Os deuteromicetos englobam certos bolores de importância médica, como algumas espécies de *Aspergillus*, e leveduras, como *Candida albicans*. As características de cada um desses filos são apresentadas na Tabela 5.3.

de um componente fúngico chamado de conidióforo, os esporos serão conhecidos como conídios. Os esporos e os conídios dos fungos são estruturas muito resistentes, que

> Os esporos fúngicos assexuados são conhecidos como conídios ou esporos, dependendo do modo como são formados.

são transportadas por grandes distâncias pelo vento. Elas resistem ao calor, frio, ácidos, bases e outras substâncias químicas. Muitas pessoas são alérgicas aos esporos de fungos.

Classificação

A classificação taxonômica dos fungos passou por mudanças importantes nos últimos anos. Uma que é atual divide o reino Fungi em cinco filos, baseando-se principalmente no seu modo de reprodução sexuada.

Os dois filos conhecidos como "fungos inferiores" são Zygomycotina (ou Zygomycota) e Chytridiomycotina (ou Chytridiomycota). Os zigomicetos incluem os bolores comuns do pão e outros fungos que causam deterioração

Leveduras

As leveduras são organismos unicelulares eucarióticos que carecem de micélios. Suas células individuais, algumas vezes denominadas blastóporos ou blastoconídios, só podem ser observadas com o uso de um microscópio. Em geral, a reprodução é por brotamento (Figura 5.12); todavia, em certas ocasiões, as leveduras se reproduzem por meio de um tipo de formação de esporos. Algumas vezes, observa-se a formação de um cordão de brotos alongados, que é chamado de pseudo-hifa. Ele assemelha-se a uma hifa, mas na realidade *não* é (Figura 5.13). Há, também, leveduras que produzem estruturas de paredes espessas semelhantes a esporos, denominadas clamidósporos (ou clamidoconídios).

> As leveduras são organismos unicelulares microscópicos que geralmente se reproduzem por brotamento.

As leveduras são encontradas no solo, na água e na casca de muitas frutas e vegetais. O vinho, a cerveja e as bebidas alcoólicas foram produzidos durante séculos antes de Louis

Tabela 5.3 Características selecionadas dos filos do reino Fungi (Eumycota).

Filo	Tipo de hifa	Tipo de esporo sexuado	Tipo de esporo assexuado	Exemplos
Zygomycotina (zigomicetos)	Asseptada	Zigósporo	Esporangiósporos imóveis	*Rhizopus, Mucor, Apophysomyces*
Chytridiomycotina (quitridiomiceto)	Asseptada	Desconhecido ou esporo ou esporângio	Zoósporos móveis	Quitrídios (nenhum patógeno humano)
Ascomycotina (ascomicetos)	Septada	Ascósporo	Conídios	*Aspergillus, fusarium, Histoplasma,* algumas espécies de *Candida*
Basidiomycotina (basidiomicetos)	Septada	Basidiósporo	Raros	*Cryptococcus, Trichosporon, Malassezia*
Microsporidia	Nenhuma	Nenhum	Nenhum	*Nosema, Enterocytozoon*
Deuteromycotina (deuteromicetos)	Septada	Não observado	Conídios	*Candida albicans*

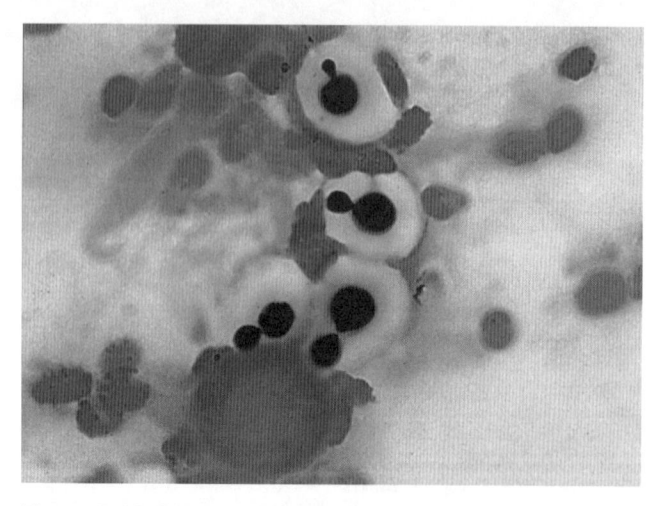

Figura 5.12 Amostra de lavado broncoalveolar corada pelo método de Gram, contendo quatro leveduras em brotamento, de colo estreito e densamente coradas, sugestivas de uma espécie de *Cryptococcus*. Os halos de coloração negativa ao redor das células de levedura consistem em cápsulas densas de polissacarídeo. (Fonte: Marler LM *et al*. *Direct smear atlas*. Philadelphia, PA: Lippincott Williams & Wilkins; 2001.) (Esta figura encontra-se reproduzida em cores no Encarte.)

Pasteur descobrir que a ocorrência natural delas na casca das uvas e de outras frutas e grãos era responsável pelos processos de fermentação. A levedura comum *Saccharomyces cerevisiae* ("levedura do pão") fermenta o açúcar em álcool em condições anaeróbicas. Em condições aeróbicas, ela decompõe açúcares simples em dióxido de carbono e água; por essa razão, vem sendo utilizada, há muito tempo, como agente levedante na produção de pães. As leveduras também constituem uma boa fonte de nutrientes

> *C. albicans* e *C. neoformans* são exemplos de leveduras que causam infecções em seres humanos.

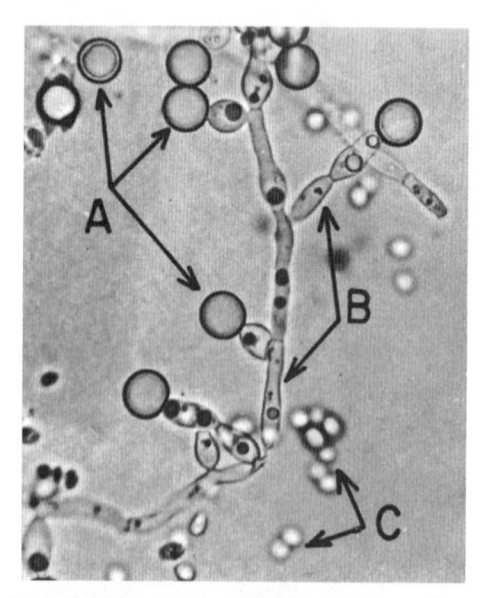

Figura 5.13 Exame microscópico de uma cultura de *Candida albicans*; são mostrados os clamidósporos (A), as pseudo-hifas (células de levedura alongadas, ligadas pelas suas extremidades) (B) e as células de leveduras em brotamento (blastóporos) (C). (Fonte: Davis BD *et al*. *Microbiology*. 4th ed. Philadelphia, PA: Harper & Row; 1987.)

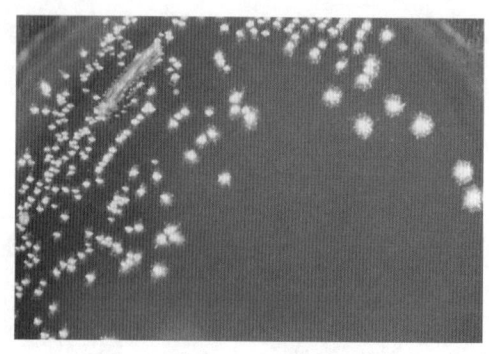

Figura 5.14 Colônias da levedura *C. albicans* em placa de ágar-sangue. Ao exame com uma lupa, podem-se observar as extensões semelhantes a pés a partir das margens das colônias, que são típicas dessa espécie. (Fonte: Winn WC Jr *et al*. *Koneman's color atlas and textbook of diagnostic microbiology*. 6th ed. Philadelphia, PA: Lippincott Williams & Wilkins; 2006.) (Esta figura encontra-se reproduzida em cores no Encarte.)

para os seres humanos, visto que produzem muitas vitaminas e proteínas. Algumas, porém, como *C. albicans* e *Cryptococcus neoformans*, são patógenos humanos. *C. albicans* é a levedura e o fungo isolados com mais frequência de amostras clínicas de seres humanos.

No laboratório, as leveduras produzem colônias que têm aparência muito semelhante à das colônias bacterianas (Figura 5.14). Desse modo, para distinguir entre uma colônia de leveduras e uma de bactérias, pode-se efetuar um esfregaço a fresco. Uma pequena porção da colônia é misturada com uma gota de água ou solução salina em uma lâmina de microscópio; em seguida, a lâmina é coberta com lamínula, e a preparação é examinada ao microscópio. Como alternativa, a preparação pode ser corada utilizando um procedimento de coloração de Gram. Em geral, as leveduras são maiores do que as bactérias (seu diâmetro varia de 3 a 8 μm) e exibem comumente um formato oval; algumas podem ser observadas no processo de brotamento (Figura 5.15). As bactérias não produzem brotos.

Bolores

Embora essa categoria de fungos seja frequentemente designada como "mofos", o termo "bolores" é preferido. Trata-se de fungos frequentemente observados na água e no solo, bem como nos alimentos (Figura 5.16). Crescem na forma de filamentos citoplasmáticos ou hifas, que constituem o seu micélio. Algumas hifas (denominadas *hifas aéreas*) se estendem sobre a superfície do local onde o bolor está crescendo, enquanto outras (*hifas vegetativas*) crescem abaixo da superfície (Figura 5.9). A reprodução ocorre por meio da formação de esporos, tanto sexuada quanto assexuada, nas hifas aéreas; por essa razão, algumas vezes elas são denominadas hifas reprodutivas. São encontradas várias espécies de bolores em cada uma das classes dos fungos, com exceção dos microsporídios. Embora não haja nenhum patógeno humano conhecido na classe Chytridiomycotina (quitridiomicetos), elas contêm um bolor interessante chamado de *Phytophthora infestans*. Trata-se do bolor da requeima da batata, que provocou fome na Irlanda em meados do século XIX (ver boxe "Nota histórica: A grande fome da batata").

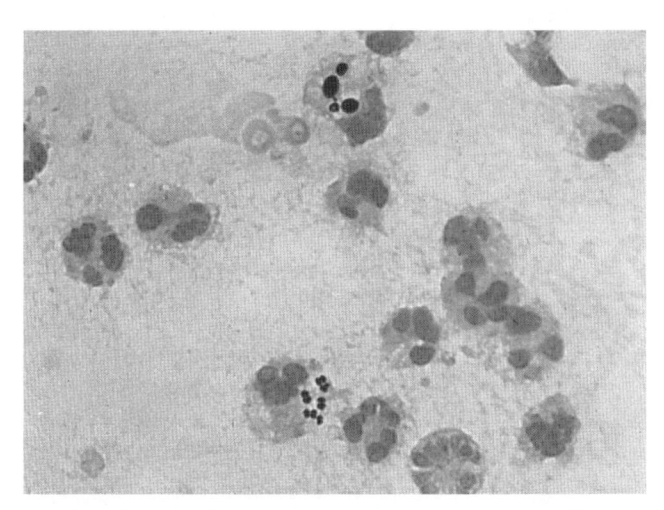

Figura 5.15 Fotomicrografia de aspirado de ferida corado pelo método de Gram, ilustrando as diferenças de tamanho entre leveduras, bactérias e leucócitos. Nesta imagem, estão incluídos numerosos leucócitos (*em vermelho*), duas células de levedura em brotamento de coloração azul (*parte superior, no centro*) e vários cocos gram-positivos (*pequenas esferas azuis na parte inferior*). As células de levedura e de bactéria foram fagocitadas pelos leucócitos. (Fonte: Marler LM *et al. Direct smear atlas*. Philadelphia, PA: Lippincott Williams & Wilkins; 2001.) (Esta figura encontra-se reproduzida em cores no Encarte.)

Os bolores têm grande importância comercial. Por exemplo, dentro dos Ascomicetos, são encontrados muitos bolores produtores de antibióticos, como *Penicillium* e *Acremonium*. A penicilina, primeiro antibiótico descoberto por um cientista, foi, na realidade, descoberta por acaso (abordada no Capítulo 9, *Uso de Agentes Antimicrobianos para Inibir o Crescimento de Patógenos In Vivo*). Posteriormente,

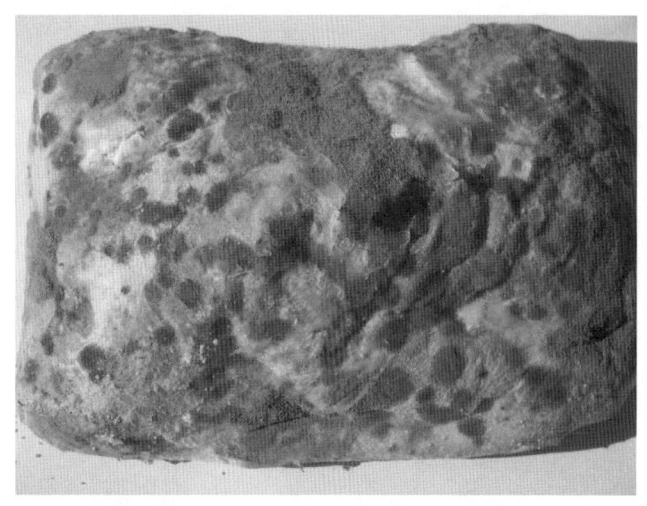

Figura 5.16 Variedade de bolores crescendo sobre o pão. (Disponibilizada por Biomed Ed, Round Rock, TX.) (Esta figura encontra-se reproduzida em cores no Encarte.)

muitos outros antibióticos foram desenvolvidos a partir de culturas de amostras de solo em laboratório e isolamento dos bolores capazes de inibir o crescimento de bactérias. Atualmente, para aumentar o seu espectro de atividade, os antibióticos podem ser quimicamente alterados em laboratórios de empresas farmacêuticas, como foi feito com as várias penicilinas semissintéticas (p. ex., ampicilina, amoxicilina e nafcilina).

> Muitos dos antibióticos comumente utilizados são produzidos por bolores.

Alguns bolores também são utilizados na produção de grandes quantidades de enzimas (como a amilase, que converte o amido em glicose), de ácido cítrico e outros ácidos orgânicos usados comercialmente. O sabor de queijos, como o queijo azul, o *roquefort*, o *camembert* e o *limburger*, é o resultado de bolores que crescem no seu interior.

Fungos dimórficos. Alguns fungos, incluindo certos patógenos humanos, podem viver como leveduras ou como bolores, dependendo das condições de crescimento. Esse fenômeno é denominado *dimorfismo*, e os organismos são chamados de *fungos dimórficos* (Figura 5.17). Quando crescem no corpo ou em uma temperatura de incubação de 37°C, esses fungos se apresentam como leveduras unicelulares e produzem colônias de leveduras. Entretanto, quando crescem no ambiente ou *in vitro* à temperatura ambiente (25°C), eles apresentam-se como bolores, produzindo colônias de fungos filamentosos (micélios). Os fungos dimórficos que causam doenças em seres humanos incluem *Histoplasma capsulatum* (provoca a histoplasmose), *Sporotrix schenckii* (causa a esporotricose), *Coccidioides immitis* e *Coccidioides posadasii* (causam coccidioidomicose), e *Blastomyces dermatitidis* (causador da blastomicose).

> Os fungos dimórficos podem viver como leveduras ou como bolores, dependendo das condições de crescimento.

Microsporídios. Uma nova inclusão no reino Eumycota é constituída por um grupo diversificado de organismos,

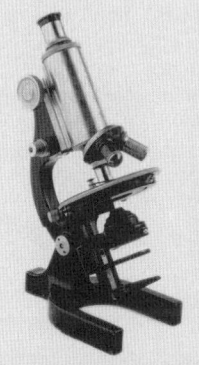

Nota histórica
A grande fome da batata

Embora São Patrício possa ter expulsado as cobras da Irlanda, foi um bolor denominado *Phytophthora infestans* que expulsou muitos irlandeses. Ele destruiu as plantações de batata na Irlanda em 1845, 1846 e 1848, causando a morte de mais de 1 milhão de pessoas por fome e doenças em consequência de desnutrição. Além disso, quando suas plantações morreram, muitos não puderam pagar seus aluguéis; assim, cerca de 800.000 foram forçados a abandonar seus lares. Quase 2 milhões de irlandeses deixaram sua terra natal para recomeçar uma nova vida na América e em outros países; porém, muitos morreram durante a viagem de navio. A Irlanda perdeu cerca de um terço de sua população entre 1847 e 1860. Alguns culparam "criaturas sobrenaturais" pela doença da batata, enquanto outros culparam o demônio. Somente em 1861 é que Antoine de Bary provou que a doença da batata era causada por um fungo. A "requeima da batata" foi a primeira doença a ser reconhecida como certamente causada por um microrganismo.

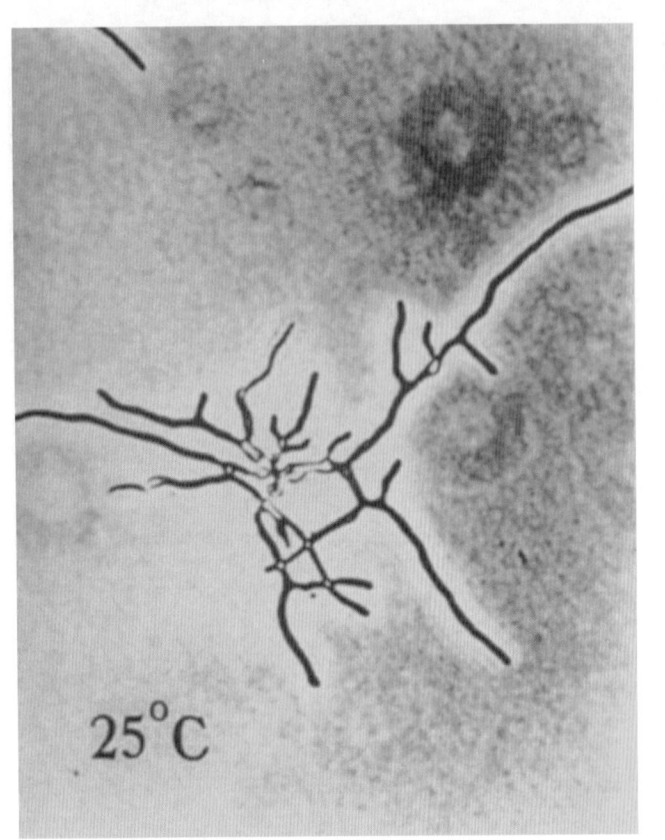

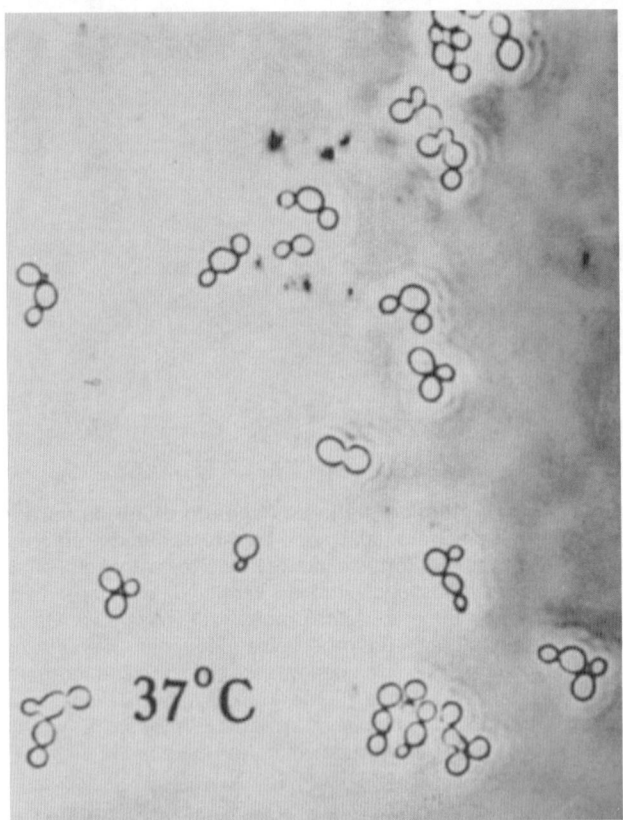

Figura 5.17 Fotomicrografias de dimorfismo, ilustrando o fungo dimórfico _H. capsulatum_ em crescimento a 25°C (A) e a 37°C (B). (Fonte: Schaeter M *et al.* (eds.). *Mechanisms of microbial disease*. 3rd ed. Philadelphia, PA: Lippincott Williams & Wilkins; 1999.)

denominados microsporídios – fungos parasitas intracelulares obrigatórios. Durante muitos anos, foram classificados com os protozoários; entretanto, estudos moleculares conduzidos confirmaram que eles compartilham mais características com membros dos Eumycota. Os microsporídios são de pequeno tamanho (1 a 4 μm; aproximadamente o tamanho de uma bactéria) e apresentam uma organela singular chamada de filamento polar (Figura 5.18), que é espiralado no interior do esporo do microsporídio. Quando infecta outra célula, o organismo expele o filamento polar, que penetra na célula receptora. Em seguida, o esporo injeta o seu material genético (denominado esporoplasma) no interior da célula por meio do filamento polar. A replicação dentro da célula produz muitos esporos, que então são liberados para continuar o ciclo de vida do microsporídio. O esporo é extremamente resistente e pode sobreviver por longos períodos no meio ambiente. Os microsporídios causam infecções, principalmente, em hospedeiros imunocomprometidos e, embora tenham sido encontrados em infecções em diferentes locais nos seres humanos, as principais são as oculares ou do trato gastrintestinal (p. ex., diarreia e má absorção).

Fungos carnosos

Os grandes fungos que são encontrados nas florestas, como os cogumelos, os cogumelos venenosos, as bufas-de-lobo e os fungos prateleira, são coletivamente designados como fungos carnosos (Figura 5.19). Naturalmente, não são microrganismos. Os cogumelos formam uma classe de fungos

verdadeiros, que consistem em uma rede de filamentos ou fitas (o micélio) que crescem no solo ou em troncos apodrecidos, e em um corpo frutífero (o cogumelo que cresce acima do solo), que produz e libera esporos. De modo muito semelhante às sementes de

Os cogumelos, os cogumelos venenosos, as bufas-de-lobo e os fungos prateleira (coletivamente denominados fungos carnosos) são exemplos de fungos que não são microrganismos.

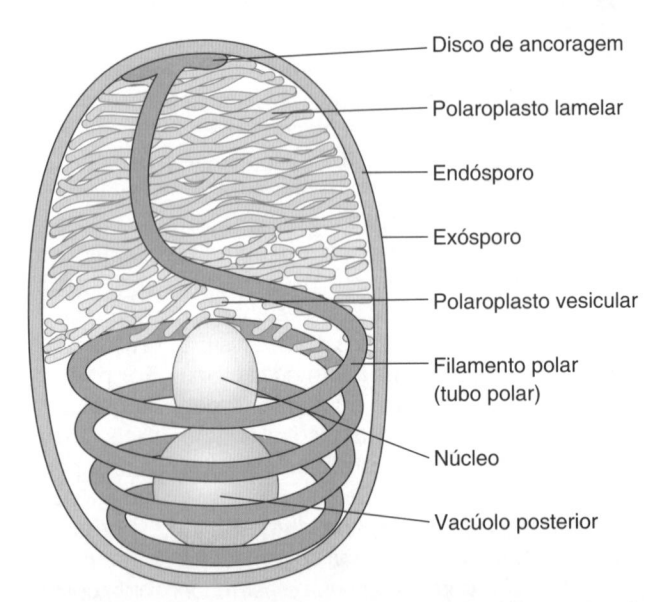

Figura 5.18 Desenho de um esporo de microsporídio, mostrando o filamento polar espiralado ao redor do interior do esporo.

Figura 5.19 Fungos carnosos crescendo no solo de uma floresta. As toxinas produzidas por alguns fungos carnosos, como as espécies de *Amanita* mostradas aqui, podem causar doença em seres humanos. (Disponibilizada por Biomed Ed, Round Rock, TX.) (Esta figura encontra-se reproduzida em cores no Encarte.)

uma planta, cada esporo germina, dando origem a um novo organismo. Muitos cogumelos são deliciosos, mas outros, incluindo alguns que se assemelham a fungos comestíveis, são extremamente tóxicos e podem provocar dano permanente ao fígado e ao cérebro ou até morte, se forem ingeridos.

Importância médica

Uma variedade de fungos (incluindo leveduras, bolores e alguns fungos carnosos) tem importância médica, veterinária e na agricultura, devido às doenças que causam em seres humanos, animais e plantas. Muitas doenças de plantas de cultura, grãos, milho e batata são causadas por bolores. Algumas das que afetam plantas são designadas como míldio e ferrugem.

Esses fungos não apenas destroem plantações, mas alguns também produzem toxinas (*micotoxinas*) que causam doenças em seres humanos e animais (discutidas adiante e ainda no Apêndice 1, "Intoxicações Microbianas", disponível no material suplementar *online*). Os bolores e as leveduras também provocam uma variedade de enfermidades infecciosas em seres humanos e animais, chamadas coletivamente de *micoses* (discutidas adiante e no Capítulo 20, *Infecções Fúngicas em Seres Humanos*). Contudo, tendo em vista o grande número de espécies de fungos, poucas são patogênicas para os seres humanos.

> Diversas leveduras e bolores causam infecções em seres humanos (conhecidas como micoses). Alguns bolores e fungos carnosos produzem micotoxinas, que podem provocar doenças humanas, denominadas intoxicações microbianas.

Infecções fúngicas em seres humanos

As infecções fúngicas são conhecidas como **micoses** e são classificadas como micoses superficiais, cutâneas, subcutâneas ou sistêmicas. Em alguns casos, a infecção pode progredir por todos esses estágios. A Tabela 5.4 fornece uma lista de micoses representativas.

Micoses superficiais e cutâneas. As micoses superficiais são infecções fúngicas das áreas mais externas do corpo humano, como pelos, unhas das mãos e dos pés e camadas mortas mais externas da pele (epiderme). As micoses cutâneas são infecções fúngicas das camadas vivas da pele (derme). Um grupo de fungos, coletivamente designados como dermatófitos, causa infecções por tinha, que frequentemente são conhecidas como dermatofitoses (as infecções por tinha não têm absolutamente nenhuma relação com helmintos). As infecções por tinha são denominadas de acordo com a parte anatômica infectada; os exemplos incluem tinha do pé (pé de atleta), tinha ungueal (das unhas dos dedos das mãos e dos pés), tinha do couro cabeludo, tinha da barba (face e pescoço), tinha do corpo (tronco) e tinha crural (área da virilha).

> Os bolores que causam infecções por tinha (dermatofitoses) são coletivamente designados como dermatófitos.

C. albicans é uma levedura oportunista, que vive sem causar prejuízo na pele e nas membranas mucosas da boca,

Tabela 5.4 Doenças fúngicas selecionadas em seres humanos.		
Categoria	**Gênero/espécie**	**Doenças**
Leveduras	*C. albicans*	Candidíase; vaginite por levedura, infecções ungueais, infecção sistêmica
	Cryptococcus neoformans	Criptococose (infecção pulmonar, meningite etc.)
Bolores	*Aspergillus* spp.	Aspergilose (infecção pulmonar, infecção sistêmica)
	Mucor e *Rhizopus* spp. e outras espécies de bolor do pão	Mucormicose ou zigomicose (infecção pulmonar, infecção sistêmica)
	Vários dermatófitos	Infecções por tinha (dermatofitoses)
Fungos dimórficos	*Blastomyces dermatitidis*	Blastomicose (principalmente uma doença dos pulmões e da pele)
	Coccidioides immitis e *Coccidioides posadasii*	Coccidioidomicose (infecção pulmonar, infecção sistêmica)
	Histoplasma capsulatum	Histoplasmose (infecção pulmonar, infecção sistêmica)
	Sporothrix schenckii	Esporotricose (doença cutânea)
Microsporídios	*Nosema, Enterocytozoon*	Infecções oculares, diarreia
Outros	*Pneumocystis jiroveci*	Pneumonia por *Pneumocystis* (PPC/PPJ)

PPC, pneumonia por *Pneumocistis carinii*; PPJ, pneumonia por *Pneumocystis jiroveci*.

do trato gastrintestinal e do trato geniturinário. Todavia, quando as condições produzem uma redução no número de bactérias indígenas nesses locais anatômicos, *C. albicans* passa a florescer, resultando em infecções da boca (candidíase), pele e vagina (vaginite por levedura). Esse tipo de infecção local pode tornar-se um foco a partir do qual os microrganismos invadem a corrente sanguínea, transformando-se em uma infecção generalizada ou sistêmica em muitas áreas internas do corpo.

Micoses subcutâneas e sistêmicas. Constituem os tipos mais graves de micoses. As subcutâneas são infecções fúngicas da derme e dos tecidos subjacentes. Em geral, elas originam-se de implantação traumática do organismo no tecido subcutâneo. Essas condições podem ter uma aparência muito grotesca. Um exemplo é o pé de Madura (um tipo de micetoma eucariótico), em que o pé do paciente fica coberto por grandes protuberâncias contendo fungos de aparência desagradável (ver Figura 20.3, no Capítulo 20, *Infecções Fúngicas em Seres Humanos*).

> As micoses subcutâneas e sistêmicas constituem os tipos mais graves de micoses.

As micoses sistêmicas ou generalizadas são infecções fúngicas dos órgãos internos do corpo, algumas vezes afetando simultaneamente dois ou mais sistemas orgânicos diferentes (p. ex., infecção simultânea do sistema respiratório e da corrente sanguínea, ou infecção simultânea do trato respiratório e do sistema nervoso central).

Os conídios de alguns fungos patogênicos podem ser inalados com a poeira do solo ou de fezes secas de aves e de morcegos (guano) contaminados, ou podem entrar por meio de feridas nas mãos e nos pés. Se esses conídios forem inalados até os pulmões, podem germinar neles, causando uma infecção respiratória semelhante à tuberculose. Entre os exemplos de infecções pulmonares profundas, destacam-se a blastomicose, a coccidioidomicose, a criptococose e a histoplasmose. Em cada caso, os patógenos podem invadir posteriormente e causar infecções sistêmicas disseminadas, sobretudo em indivíduos imunossuprimidos.

O bolor comum do pão pode causar doença em seres humanos e até mesmo morte. A inalação de esporos do bolor do pão, como as espécies de *Rhizopus* e *Mucor*, por um paciente imunossuprimido pode levar a uma doença respiratória denominada zigomicose ou mucormicose. Em seguida, o bolor dissemina-se por todo o corpo do paciente e pode levar à morte. O *Rhizopus*, o *Mucor* e outros bolores do pão são fungos primitivos, com hifas assaptadas, que não estão divididas em células individuais por paredes transversais (septos).

Diagnóstico laboratorial das infecções fúngicas. Para diagnosticar as micoses, as amostras clínicas devem ser enviadas ao setor de micologia do laboratório de microbiologia clínica (discutido no Capítulo 13, *Diagnóstico das Doenças Infecciosas*). Quando isoladas de amostras clínicas, as leveduras frequentemente são identificadas até o nível de espécie por meio de sua inoculação em uma série de testes bioquímicos. Dessa maneira, o técnico de laboratório pode determinar quais substratos (comumente carboidratos) a levedura é capaz de utilizar como nutrientes, dependendo das enzimas que ela possui. Sistemas miniaturizados de testes bioquímicos, chamados de minissistemas, estão comercialmente disponíveis para a identificação das leveduras de importância médica. Entretanto, eles são raramente utilizados para identificar bolores isolados de amostras clínicas. Na verdade, os bolores são identificados por uma combinação de observações macroscópica e microscópica e pela velocidade de seu crescimento.

> No laboratório de micologia, as leveduras frequentemente são identificadas até o nível de espécie pela determinação dos substratos que elas são capazes de utilizar como nutrientes.

As observações macroscópicas incluem coloração, textura e topografia da colônia de bolores (micélio). O exame microscópico do fungo revela os tipos de estruturas nas quais ou no interior das quais são produzidos os esporos ou conídios (Figura 5.10); o método de produção de esporos varia de uma espécie de bolor para outra. Dispõe-se também de procedimentos de imunodiagnósticos, incluindo testes cutâneos, para o diagnóstico de determinados tipos de micoses, assim como métodos mais recentes de base molecular, que serão discutidos no Capítulo 13, *Diagnóstico das Doenças Infecciosas*.

As micoses são mais efetivamente tratadas com agentes antifúngicos, como a nistatina, a anfotericina B, um azol ou uma equinocandina (discutidos no Capítulo 9, *Uso de Agentes Antimicrobianos para Inibir o Crescimento de Patógenos In Vivo*). Entretanto, como esses agentes quimioterápicos podem ser tóxicos para os seres humanos, eles devem ser prescritos com devida consideração e cautela.

> No laboratório de micologia, os bolores são identificados por uma combinação de observações macroscópicas e microscópicas e pela velocidade de seu crescimento.

SEÇÃO 4 | LIQUENS

Praticamente todas as pessoas conhecem os liquens, geralmente durante caminhadas nas florestas (Figura 5.20).[c] Eles aparecem como placas coloridas e frequentemente circulares nos troncos das árvores e nas rochas. Durante muitos anos, acreditou-se que um líquen era o resultado de uma combinação de dois organismos – uma alga (ou cianobactéria) e um fungo filamentoso – vivendo juntos em uma relação tão estreita a ponto de parecerem um único organismo. Evidências recentes sugerem, porém, que também pode haver um terceiro componente – uma levedura – inserido no córtex do líquen. As relações estreitas desse tipo são designadas como relações simbióticas, e as partes que as compõem são conhecidas como simbiontes. Um líquen representa

> Um líquen é uma combinação de dois ou três organismos: uma alga (ou uma cianobactéria), um fungo e uma levedura.

---

[c]Algumas vezes, os liquens são identificados incorretamente como musgos (p. ex., as rochas cobertas por eles são frequentemente descritas como rochas "cobertas de musgos"). No entanto, os musgos são plantas, mas os liquens não.

Figura 5.20 Líquen folioso no Colorado. (Disponibilizada por Biomed Ed, Round Rock, TX.) (Esta figura encontra-se reproduzida em cores no Encarte.)

um tipo particular de relação simbiótica, conhecido como mutualismo – uma relação em que todas as partes se beneficiam (mais detalhes no Capítulo 10, *Ecologia e Biotecnologia Microbianas*). Os liquens são classificados como protistas. Não estão associados a doenças em seres humanos; porém, foi demonstrado que algumas substâncias produzidas por eles têm propriedades antibacterianas.

SEÇÃO 5 | FUNGOS LIMOSOS

Os fungos ou bolores limosos, que são encontrados no solo ou em troncos em decomposição, exibem características tanto de fungos quanto de protozoários e, recentemente, foram transferidos do reino Fungi para o Protozoa; portanto, não são fungos. Eles apresentam ciclos de vida muito complexos (Figura 5.21), começando na forma de uma ameba e transformando-se em um organismo multicelular. Eles não causam doença em seres humanos.

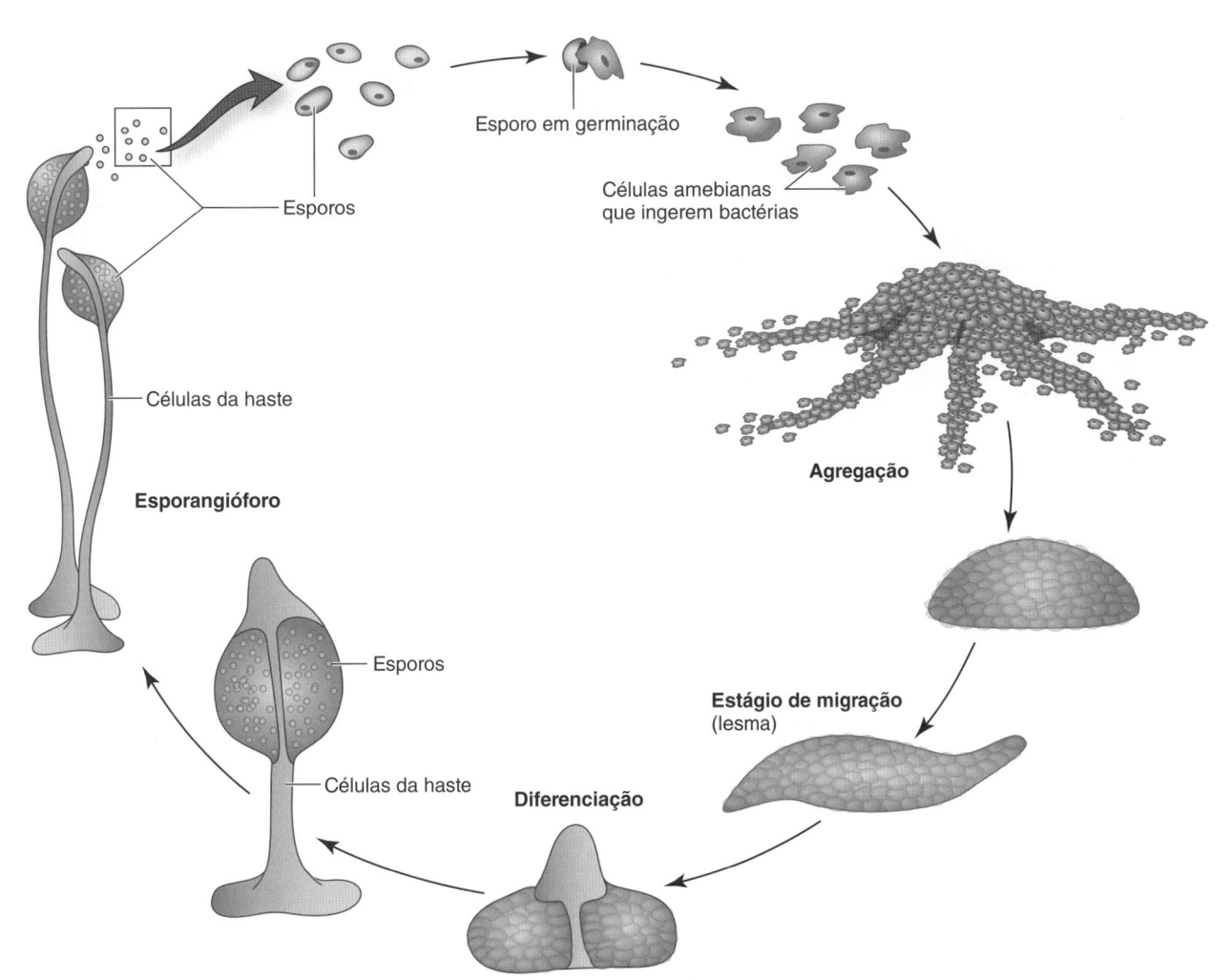

Figura 5.21 Ciclo de vida de um fungo limoso. (Disponibilizada por Mary Wu, Rich Kessin, Columbia University e National Science Foundation.)

Exercícios de autoavaliação

Após estudar este capítulo, responda às seguintes questões de múltipla escolha:

1. Qual das seguintes afirmativas é verdadeira sobre algas e fungos?
   a. As algas são fotossintéticas, mas não os fungos
   b. As paredes celulares das algas contêm celulose, mas não as dos fungos
   c. As paredes celulares dos fungos contêm quitina, mas não as das algas
   d. Todas as alternativas anteriores

2. Todos os seguintes organismos são algas, exceto:
   a. Desmídias
   b. Diatomáceas
   c. Dinoflagelados
   d. Esporozoários

3. Todos os seguintes organismos são fungos, exceto:
   a. Bolores
   b. Amebas
   c. Microsporídios
   d. Leveduras

4. Um protozoário pode apresentar qualquer uma das seguintes estruturas, exceto:
   a. Cílios
   b. Flagelos
   c. Hifas
   d. Pseudópodes

5. Qual dos seguintes termos não está associado aos fungos?

   a. Conídios
   b. Hifas
   c. Micélio
   d. Película

6. Todos os seguintes termos podem ser utilizados para descrever as hifas, exceto:
   a. Aéreas e reprodutivas
   b. Septadas e asseptadas
   c. Sexuadas e assexuadas
   d. Vegetativas

7. Um líquen representa, em geral, uma relação simbiótica entre:
   a. Um fungo e uma ameba
   b. Uma levedura e uma ameba
   c. Uma alga e uma cianobactéria
   d. Uma alga e um fungo

8. Um estigma é:
   a. Uma organela sensível à luz
   b. Uma boca primitiva
   c. Uma membrana espessada
   d. Um tipo de plastídio

9. Se um fungo dimórfico causar uma infecção respiratória, qual dos seguintes itens poderá ser observado em uma amostra de escarro do paciente?
   a. Amebas
   b. Conídios
   c. Hifas
   d. Leveduras

10. Qual dos seguintes organismos não é um fungo?
    a. *Aspergillus*
    b. *Candida*
    c. *Penicillium*
    d. *Prototheca*

CAPÍTULO

Base Bioquímica da Vida

6

SUMÁRIO DO CAPÍTULO

OBJETIVOS DE APRENDIZAGEM

Após estudar este capítulo, você deverá ser capaz de:

- Citar as quatro principais categorias de moléculas bioquímicas discutidas neste capítulo
- Estabelecer as principais diferenças entre trioses, tetroses, pentoses, hexoses e heptoses
- Descrever os monossacarídeos, os dissacarídeos e os polissacarídeos, e fornecer dois exemplos de cada um deles
- Comparar e diferenciar uma reação de síntese por desidratação de uma reação de hidrólise e citar um exemplo de cada uma
- Diferenciar as ligações covalente, glicosídica e peptídica

- Discutir as funções das enzimas no metabolismo
- Definir os termos: apoenzima, cofator, coenzima, holoenzima e substrato
- Citar três diferenças importantes entre as estruturas do ácido desoxirribonucleico (DNA) e do ácido ribonucleico (RNA)
- Estabelecer as principais diferenças entre os nucleotídios do DNA e os do RNA
- Definir o que se entende por "Dogma Central"
- Descrever os processos de replicação, transcrição e tradução do DNA.

INTRODUÇÃO

Alguns estudantes se surpreendem quando descobrem que precisam estudar química como parte do curso de microbiologia. O motivo pelo qual a química constitui um componente importante de um curso de microbiologia está na resposta à seguinte pergunta: "o que é exatamente um microrganismo?" Um micróbio celular pode ser considerado como uma "bolsa" de substâncias químicas que interagem umas com as outras de várias maneiras, e até mesmo essa "bolsa" é composta de substâncias químicas. Tudo que um organismo é e faz está relacionado com a química. Os diversos modos pelos quais os microrganismos funcionam e sobrevivem no seu meio ambiente dependem de sua constituição química. O mesmo se aplica às células que constituem qualquer organismo vivo, incluindo os seres humanos; elas também podem ser consideradas como "bolsas" de substâncias químicas.

> As células podem ser consideradas como "bolsas" de substâncias químicas, e até mesmo essas "bolsas" são constituídas de substâncias químicas.

Para entender as células microbianas e como elas funcionam, é preciso ter um conhecimento básico da química dos átomos, das moléculas e dos compostos. Os estudantes com pouca ou nenhuma base em química devem estudar os conceitos básicos antes de procurar aprender o conteúdo deste capítulo.

Até mesmo as células procarióticas mais simples são constituídas por moléculas muito grandes (*macromoléculas*), como DNA, RNA, proteínas, lipídios e polissacarídeos, bem como por muitas combinações delas, que se associam para formar estruturas, como cápsulas, paredes celulares, membranas celulares e flagelos. Essas macromoléculas podem ser decompostas em unidades menores ou "blocos de construção", como os monossacarídeos (açúcares simples), os ácidos graxos, os aminoácidos e os nucleotídios. As macromoléculas e os blocos de construção encontrados nas células são, em seu conjunto, designados como *moléculas biológicas*. Os blocos de construção podem ainda ser degradados em moléculas menores, como água, dióxido de carbono, amônia, sulfetos e fosfatos, os quais, por sua vez, podem ser degradados em átomos de carbono (C), de hidrogênio (H), de oxigênio (O), de nitrogênio (N), de enxofre (S), de fósforo (P), e assim por diante.

> As células contêm muitas moléculas biológicas grandes, conhecidas como macromoléculas. Elas incluem DNA, RNA, proteínas, lipídios e polissacarídeos.

A química orgânica é o estudo dos compostos que contêm carbono, e a inorgânica envolve todas as outras reações químicas. A bioquímica é a química das células vivas. A química inorgânica não será abordada; a química orgânica e a bioquímica serão discutidas neste capítulo.

Apenas quando todas essas moléculas e compostos estão organizados e funcionando em conjunto de modo adequado é que a célula pode funcionar como uma fábrica bem administrada. À semelhança de uma indústria, a célula precisa ter uma maquinaria apropriada, moléculas reguladoras (enzimas) para controlar suas atividades, combustível (nutrientes ou luz) para fornecer energia e matérias-primas (nutrientes) para a fabricação de produtos finais essenciais.

Tudo o que um organismo é e faz envolve a bioquímica. As substâncias químicas compõem a estrutura de um microrganismo, e ocorrem inúmeras reações bioquímicas em seu interior. O que é válido para os micróbios celulares também se aplica a todos os outros organismos vivos. As características que distinguem os organismos vivos dos objetos inanimados – estrutura complexa e altamente organizada; capacidade de extrair, transformar e utilizar a energia do meio ambiente; e capacidade de autorreplicação e automontagem precisas – resultam da natureza, da função e da interação de biomoléculas. Como a bioquímica é um ramo da química orgânica, será apresentada, inicialmente, uma breve introdução à química orgânica.

> Tudo o que uma célula é e faz envolve a bioquímica.

QUÍMICA ORGÂNICA

Os compostos orgânicos são substâncias que contêm carbono, e a química orgânica é o ramo da ciência da química especializada no estudo desses compostos. O termo *orgânico* é, em certos aspectos, incorreto, visto que implica que todos esses compostos são produzidos por organismos vivos ou estão, de algum modo, relacionados com eles. No entanto, isso não é verdade. Embora alguns compostos orgânicos estejam associados aos organismos vivos, muitos não têm essa relação. Uma célula típica de *Escherichia coli* contém mais de 6.000 tipos diferentes de compostos orgânicos, incluindo cerca de 3.000 proteínas distintas e aproximadamente o mesmo número de moléculas diferentes de ácido nucleico. As proteínas respondem por cerca de 15% do peso total de uma célula de *E. coli*, enquanto os ácidos nucleicos, os polissacarídeos e os lipídios constituem cerca de 7, 3 e 2%, respectivamente.

> Os compostos orgânicos são compostos que contêm carbono. Embora muitos sejam produzidos por organismos vivos ou estejam relacionados com eles, alguns não o são.

A química orgânica é um ramo amplo e importante da química, que envolve a química dos combustíveis fósseis (petróleo e carvão), corantes, fármacos, papéis, tintas, plásticos, gasolina, pneus de borracha, alimentos e vestuário. O número de compostos que contêm carbono excede de longe o número de compostos sem carbono. Alguns que contêm carbono são muito grandes e complexos, e uns apresentam até milhares de átomos.

Ligações de carbono

Na atual compreensão da vida, o carbono constitui o principal requisito para todos os sistemas vivos. Ele existe em três formas ou alótropos: carbono amorfo, grafite e diamante.

1. O *carbono amorfo* é também conhecido como negro-de-fumo e pó negro. Constitui a fuligem negra que se forma quando um material contendo carbono é queimado com oxigênio insuficiente para carbonizá-lo por completo.

É utilizado na fabricação de tinta, pinturas, produtos de borracha e cerne de baterias de células secas.

2. *Grafite* é um dos materiais mais macios conhecidos. É utilizado principalmente como lubrificante, embora, em uma forma denominada "coque", seja utilizado na produção de aço. O material preto nos lápis é, de fato, grafite.

3. O *diamante* é uma das substâncias mais duras conhecidas. Os de ocorrência natural são utilizados em joalheria, enquanto os produzidos artificialmente são usados para fazer lâminas de serra com ponta de diamante.

Essas três formas de carbono apresentam propriedades físicas extremamente diferentes, o que torna difícil acreditar que representam verdadeiramente o mesmo elemento. Os átomos de carbono têm uma valência de 4, ou seja, podem ligar-se a outros quatro átomos. Por conveniência, o átomo de carbono, neste capítulo, é representado com o símbolo "C" e quatro ligações.

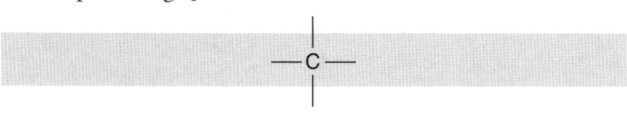

A singularidade do carbono reside na capacidade de seus átomos se ligarem entre si para formar uma grande quantidade de compostos. A variedade de compostos de carbono aumenta ainda mais quando átomos de outros elementos também se ligam de diferentes maneiras ao átomo de carbono.

Existem três modos pelos quais os átomos de carbono podem ligar-se entre si: ligação simples, ligação dupla e ligação tripla. Nas ilustrações que se seguem, cada linha entre os átomos de carbono representa um par de elétrons compartilhados (*ligação covalente*). Em uma ligação simples, carbono-carbono, os dois átomos compartilham um par de elétrons; em uma ligação dupla de carbono-carbono, dois pares de elétrons; e em uma ligação tripla de carbono-carbono, três pares de elétrons. As ligações covalentes são típicas dos compostos de carbono e representam as ligações de importância fundamental na química orgânica, que, algumas vezes, é definida como a química do carbono e suas ligações covalentes.

> Algumas vezes, a química orgânica é definida como a química do carbono e suas ligações covalentes.

Quando átomos de outros elementos se unem às ligações disponíveis dos átomos de carbono, ocorre formação de compostos. Por exemplo, se apenas átomos de hidrogênio estiverem unidos às ligações disponíveis, serão formados compostos denominados hidrocarbonetos. Em outras palavras, um hidrocarboneto é uma molécula orgânica que contém apenas átomos de carbono e de

> Os hidrocarbonetos são compostos orgânicos que só contêm carbono e hidrogênio.

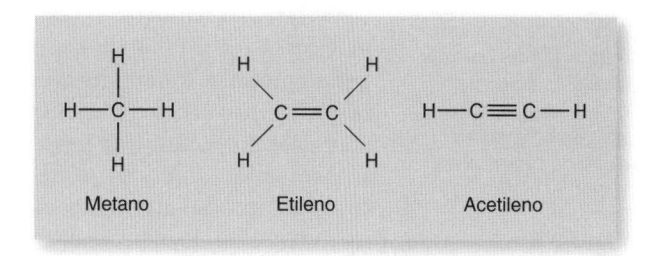

Figura 6.1 Hidrocarbonetos simples.

hidrogênio. A Figura 6.1 mostra apenas alguns dos numerosos hidrocarbonetos.

Quando mais de dois carbonos estão ligados entre si, formam-se moléculas mais longas. Um conjunto de muitos átomos de carbono ligados entre si é designado como *cadeia*. Os compostos de carbono de cadeia longa são comumente líquidos ou sólidos, enquanto os de cadeia curta, como os hidrocarbonetos mostrados na Figura 6.1, são gases.

Compostos cíclicos

Os átomos de carbono podem ligar-se a outros para fechar a cadeia, formando *anéis* ou compostos cíclicos. Um exemplo é um benzeno, mostrado na Figura 6.2, que tem seis átomos de carbono e seis átomos de hidrogênio. Embora o benzeno contenha seis átomos de carbono, outras estruturas em anel exibem menos ou mais, e alguns compostos contêm anéis fundidos (p. ex., compostos com dois ou três anéis).

BIOQUÍMICA

A bioquímica refere-se ao estudo da biologia em nível molecular e, portanto, pode ser considerada como a química da vida ou a química dos organismos vivos. É um ramo não apenas da biologia, mas também da química orgânica; afinal, envolve o estudo das biomoléculas encontradas nos organismos vivos. Essas biomoléculas são geralmente moléculas grandes (*macromoléculas*) e incluem os carboidratos, os lipídios, as proteínas e os ácidos nucleicos. Outros exemplos são as vitaminas, as enzimas, os hormônios e as moléculas carreadoras de energia, como o trifosfato de adenosina (ATP).

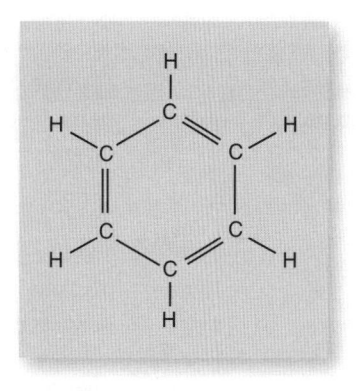

Figura 6.2 Anel benzeno.

> A bioquímica envolve o estudo das biomoléculas e pode ser considerada como um ramo tanto da química quanto da biologia.

Os seres humanos obtêm seus nutrientes a partir dos alimentos que ingerem. Os carboidratos, as gorduras, os ácidos nucleicos e as proteínas contidos nesses alimentos são digeridos, e seus componentes são absorvidos no sangue e transportados para todas as células do corpo, em cujo interior são então degradados e reorganizados. Dessa maneira, são sintetizados os compostos necessários para a estrutura e a função das células. Os microrganismos também absorvem seus nutrientes essenciais no interior da célula por diversas maneiras (descritas no Capítulo 7, *Fisiologia e Genética Microbianas*). Em seguida, esses nutrientes são utilizados em reações metabólicas como fontes de energia e como blocos de construção para enzimas, macromoléculas estruturais e materiais genéticos.

Carboidratos

> Os carboidratos são biomoléculas compostas de carbono, hidrogênio e oxigênio na proporção de 1:2:1.

Os carboidratos são biomoléculas compostas de carbono, hidrogênio e oxigênio, na proporção de 1:2:1, ou simplesmente CH_2O. A glicose, a frutose, a sacarose, a lactose, a maltose, o amido, a celulose e o glicogênio são todos exemplos de carboidratos.

Monossacarídeos

Os carboidratos mais simples consistem em açúcares, e os menores deles (açúcares simples) são denominados monossacarídeos (do grego *mono*, que significa "um", e *sakcharon*, que significa "açúcar"). O "mono" refere-se ao número de anéis; em outras palavras, os monossacarídeos são açúcares compostos apenas por um anel. O monossacarídeo mais importante na natureza é a glicose ($C_6H_{12}O_6$), que pode ocorrer na forma de cadeia ou nas configurações em anel alfa ou beta, conforme ilustrado na Figura 6.3. Os monossacarídeos podem conter três a nove átomos de carbono (Tabela 6.1), embora a maioria contenha cinco ou seis. Um monossacarídeo constituído de três átomos de carbono é denominado triose; um contendo quatro átomos é chamado de tetrose; com cinco, pentose; com 6, hexose; com sete, heptose; com oito, octose; e com nove, nonose. A ribose e a desoxirribose são pentoses encontradas no RNA e no DNA, respectivamente. A glicose (também denominada *dextrose*) é uma hexose. As octoses e as nonoses são muito raras.

> Os carboidratos mais simples consistem em açúcares simples ou monossacarídeos. As trioses, as pentoses e as hexoses são alguns exemplos.

A glicose, que constitui a principal fonte de energia para as células do corpo, é encontrada na maioria das frutas doces e no sangue. A que é transportada pelo sangue até as células é oxidada para produzir a molécula carreadora de energia, o ATP, com suas ligações de fosfato de alta

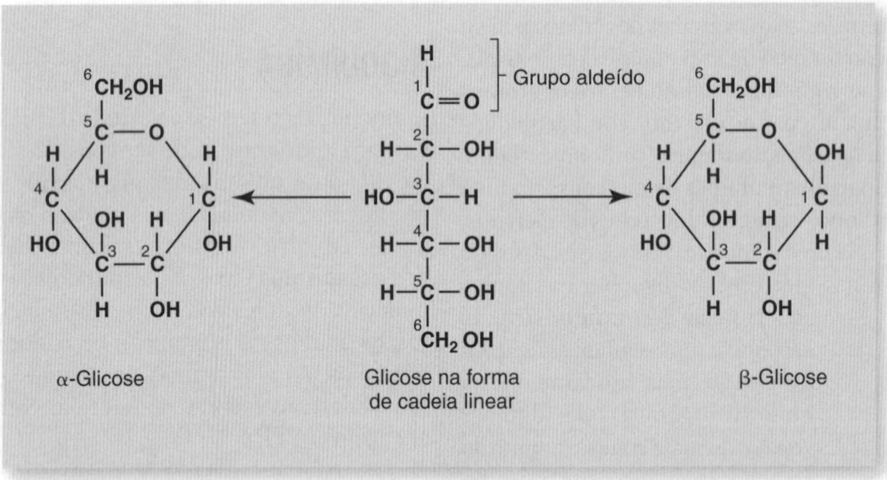

Figura 6.3 Formas de glicose. As três podem existir em equilíbrio em solução.

Tabela 6.1 Monossacarídeos.

Número de átomos de carbono	Nome geral	Exemplos
3	Triose	Gliceraldeído (glicerose), di-hidroxiacetona
4	Tetrose	Eritrose
5	Pentose	Ribose, desoxirribose, arabinose, xilose, ribulose
6	Hexose	Glicose, frutose, galactose, manose
7	Heptose	Sedo-heptulose, mano-heptulose
8	Octose	As octoses têm sido preparadas sinteticamente; elas não são encontradas na natureza
9	Nonose	Ácido neuramínico

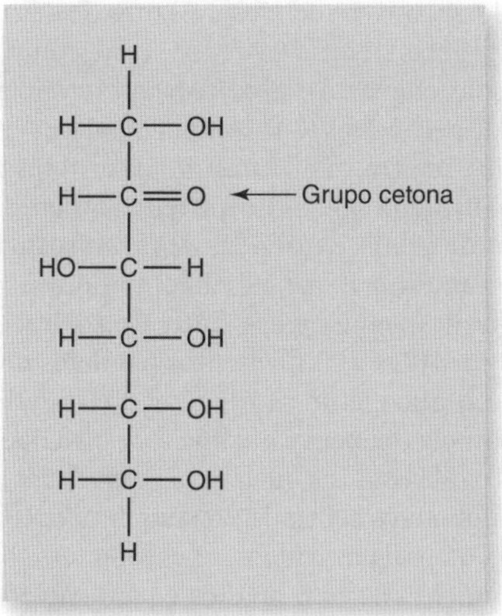

Figura 6.4 Frutose na forma de cadeia linear. A frutose também pode existir na forma de anel.

energia. As moléculas de ATP são a principal fonte da energia utilizada para impulsionar a maioria das reações metabólicas (discutidas no Capítulo 7, *Fisiologia e Genética Microbianas*). A galactose e a frutose são outros exemplos de hexoses. A frutose (Figura 6.4), que é o mais doce dos monossacarídeos, é encontrada nas frutas e no mel.

Dissacarídeos

Os dissacarídeos (de *di*, que significa "dois") são açúcares de anel duplo, que resultam da combinação de dois monossacarídeos. A síntese de um dissacarídeo a partir de dois monossacarídeos pela remoção de uma molécula de água é denominada reação de síntese por desidratação (Figura 6.5). A ligação que mantém os dois monossacarídeos unidos é chamada de ligação glicosídica, um tipo de ligação covalente. A glicose é o principal constituinte dos dissacarídeos.

A sacarose (o açúcar de mesa) é um dissacarídeo doce formado pela união de uma molécula de glicose e uma de frutose. A sacarose provém da cana-de-açúcar, da beterraba e do açúcar de bordo. A lactose (o açúcar do leite) e a maltose (o açúcar do malte) também são dissacarídeos. A lactose é formada pela união de uma molécula de glicose com uma de galactose. Os indivíduos que não têm a enzima digestiva lactase, que é necessária para clivar a lactose em seus monossacarídeos

componentes, são considerados intolerantes à lactose. A maltose é formada pela combinação de duas moléculas de glicose.

> A sacarose, a lactose e a maltose são exemplos de dissacarídeos.

Os dissacarídeos reagem com a água em um processo denominado reação de hidrólise, que produz a sua degradação em dois monossacarídeos:

- Dissacarídeo + H_2O → dois monossacarídeos
- Sacarose + H_2O → glicose + frutose
- Lactose + H_2O → glicose + galactose
- Maltose + H_2O → glicose + glicose.

O peptidoglicano (mencionado no Capítulo 3, *Estrutura Celular e Taxonomia*) é uma complexa rede macromolecular encontrada nas paredes celulares de todos os membros do domínio *Bacteria*. Consiste em um dissacarídeo repetido, ligado por polipeptídeos (proteínas) para formar uma rede que circunda e protege toda a célula bacteriana. Alguns antibióticos (incluindo a penicilina) impedem a ligação cruzada final das fileiras de dissacarídeos, enfraquecendo, assim, a parede celular, com consequente lise (ruptura) da célula bacteriana. Embora a maioria dos membros do domínio *Archaea* tenha paredes celulares, elas não contêm peptidoglicano.

> As paredes celulares das bactérias contêm peptidoglicano, uma macromolécula complexa que consiste em uma repetição de dissacarídeo ligado por proteínas.

Os carboidratos compostos por três monossacarídeos são denominados *trissacarídeos*; aqueles com quatro são chamados de *tetrassacarídeos*; os constituídos por cinco são os *pentassacarídeos*, e assim por diante, até que surjam os polissacarídeos.

Polissacarídeos

A definição de polissacarídeo varia de um autor para outro; alguns afirmam que ele é constituído por mais de seis monossacarídeos, uns dizem que há mais de oito, e outros, ainda, que são mais de dez. *Poli* significa "muitos", e, na realidade, a maioria dos polissacarídeos contém muitos monossacarídeos – até centenas ou, inclusive, milhares. Por conseguinte, neste livro, os polissacarídeos são definidos como polímeros de carboidratos que contêm muitos monossacarídeos.

> Os polissacarídeos podem ser definidos como carboidratos que contêm muitos monossacarídeos.

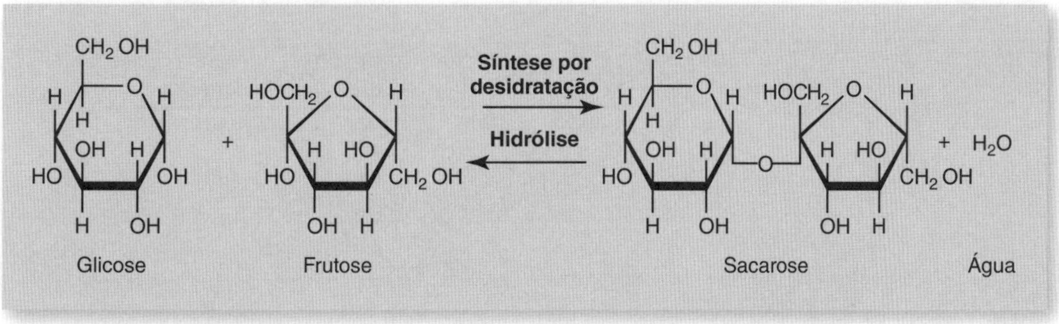

Figura 6.5 Síntese por desidratação e hidrólise da sacarose.

Os polissacarídeos, como o glicogênio, o amido e a celulose, são exemplos de polímeros – moléculas constituídas por muitas subunidades semelhantes. No caso dos polissacarídeos, as subunidades repetidas são monossacarídeos.

Entre os exemplos destacam-se o amido e o glicogênio, que são compostos por centenas de unidades repetidas de glicose mantidas unidas por diferentes tipos de ligações covalentes, conhecidas como ligações glicosídicas. A glicose é o principal constituinte dos polissacarídeos, que são exemplos de polímeros – moléculas que consistem em muitas subunidades semelhantes. Algumas dessas moléculas são tão grandes que se tornam insolúveis na água. Na presença das enzimas ou dos ácidos apropriados, os polissacarídeos podem ser hidrolisados ou degradados em dissacarídeos e, por fim, em monossacarídeos (Figura 6.6).

Os polissacarídeos desempenham duas funções principais, e uma delas consiste em armazenar a energia que pode ser utilizada quando o suprimento externo de alimentos se torna baixo. Nos animais, a molécula de armazenamento comum é o glicogênio, que é encontrado no fígado e nos músculos. Nas plantas, a glicose é armazenada na forma de amido, que é encontrado em batatas e outros vegetais e sementes. Algumas algas armazenam amido, enquanto as bactérias contêm grânulos de glicogênio como suprimento de reserva de nutrientes.

A outra função dos polissacarídeos é fornecer uma molécula "resistente" para suporte estrutural e proteção. Muitas bactérias produzem cápsulas de polissacarídeos, que as protegem da fagocitose (ingestão) pelos leucócitos.

A celulose é outro exemplo de polissacarídeo. As células das plantas e das algas apresentam paredes celulares compostas desse material para proporcionar sustentação e forma, bem como para protegê-las do meio ambiente. A celulose é insolúvel em água e não é digerida pelos seres humanos e pela maioria dos animais.

Existem protozoários, fungos e bactérias que têm enzimas capazes de quebrar as ligações β-glicosídicas que ligam as unidades de glicose em celulose. Alguns desses microrganismos (saprófitas) têm a capacidade de decompor plantas mortas no solo, enquanto outros (parasitas) vivem nos órgãos digestivos de herbívoros (que se alimentam de vegetais). Os protozoários que vivem no intestino dos cupins digerem a celulose da madeira que os hospedeiros ingerem.

As fibras de celulose extraídas de certas plantas são utilizadas para fabricar papel, algodão, linho e corda. Essas fibras são relativamente rígidas, fortes e insolúveis, visto que consistem em 100 a 200 filamentos paralelos de celulose. O amido e o glicogênio são facilmente digeridos pelos animais, pois eles exibem a enzima digestiva que hidrolisa as ligações α-glicosídicas que unem as unidades de glicose em longos polímeros helicoidais ou ramificados (Figura 6.7).

Quando os polissacarídeos se combinam com outros grupos químicos (aminas, lipídios e aminoácidos), ocorre formação de macromoléculas extremamente complexas, que servem a propósitos específicos. Assim, a glicosamina e a galactosamina (derivados aminas da glicose e da galactose, respectivamente) são importantes constituintes dos polissacarídeos de sustentação nas fibras de tecido conjuntivo cartilagem e quitina. Esta última é o principal componente do revestimento externo duro dos insetos, das aranhas e dos caranguejos, sendo encontrada nas paredes celulares dos fungos. A principal porção da parede celular rígida das bactérias consiste em aminoaçúcares e cadeias curtas de polipeptídeos, que se combinam para formar a camada de peptidoglicano.

As paredes celulares das bactérias contêm peptidoglicano, as das algas têm celulose, e as dos fungos apresentam quitina. O peptidoglicano, a celulose e a quitina são exemplos de polissacarídeos.

Lipídios

Os lipídios constituem uma importante classe de biomoléculas. A maioria é insolúvel em água, mas solúvel em solventes de gordura, como éter, clorofórmio e benzeno. Os lipídios são constituintes essenciais de quase todas as células vivas.

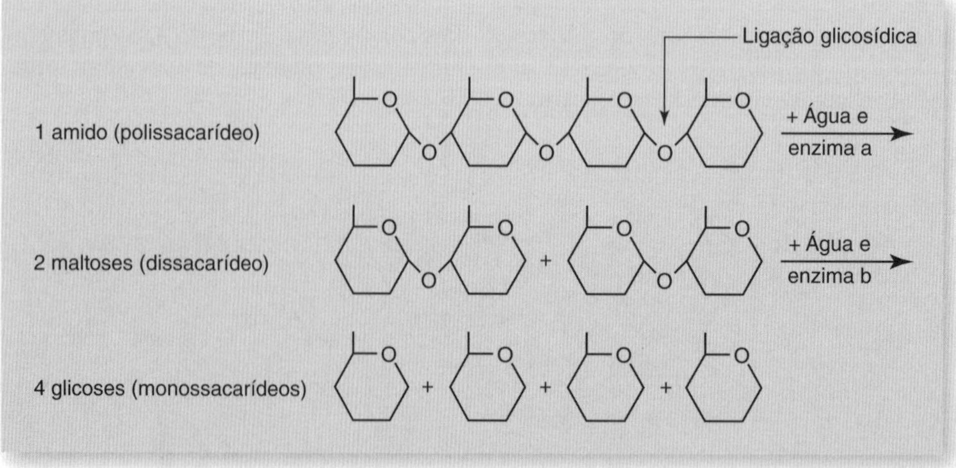

Figura 6.6 Etapas na hidrólise do amido.

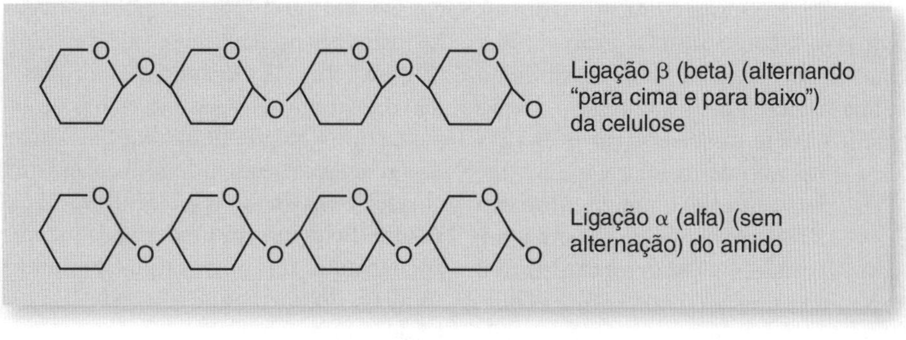

Figura 6.7 Diferença entre a celulose e o amido.

Ácidos graxos

Os ácidos graxos podem ser considerados como os blocos de construção dos lipídios. Eles consistem em ácidos carboxílicos de cadeia longa insolúveis em água. Podem ser divididos em quatro categorias: ácidos graxos saturados, ácidos graxos monoinsaturados, ácidos graxos poli-insaturados e gorduras trans.

> Os monossacarídeos constituem os blocos de construção dos carboidratos, enquanto os ácidos graxos são os blocos de construção dos lipídios.

Os ácidos graxos saturados contêm apenas ligações simples entre os átomos de carbono. As gorduras que exibem ácidos graxos saturados são comumente sólidas à temperatura ambiente. Os ácidos graxos monoinsaturados, como os encontrados na manteiga, em azeitonas e amendoins, apresentam uma ligação dupla na cadeia de carbono; os poli-insaturados, como aqueles encontrados na soja, no cártamo, no girassol e no milho, contêm duas ou mais ligações duplas. As *gorduras trans* são fabricadas pela adição artificial de átomos de hidrogênio às gorduras insaturadas, processo conhecido como hidrogenação. As gorduras que contêm ácidos graxos insaturados são, em sua maioria, líquidas à temperatura ambiente, enquanto as gorduras trans são gorduras sólidas ou semissólidas, que frequentemente são incorporadas em produtos alimentares.

Os termos ácidos graxos saturados, monoinsaturados, poli-insaturados e gorduras trans são frequentemente citados em discussões sobre a dieta humana. Os nutricionistas ensinam que uma ingestão aumentada de gorduras saturadas e trans pode aumentar o risco de doença arterial coronariana, enquanto o consumo elevado de gorduras monoinsaturadas e poli-insaturadas podem reduzir esse risco. As gorduras trans devem ser evitadas em virtude de seus efeitos prejudiciais sobre os níveis de colesterol e a sua ligação com doença cardíaca.

Determinados ácidos graxos, denominados ácidos graxos essenciais, não podem ser sintetizados pelo corpo humano e, portanto, precisam ser fornecidos na dieta. O ácido graxo ômega-3 é um exemplo de ácido graxo essencial.

Para fins de análise, os lipídios podem ser classificados segundo as seguintes categorias (Figura 6.8):

- Ceras
- Gorduras e óleos
- Fosfolipídios
- Glicolipídios
- Esteroides
- Prostaglandinas e leucotrienos.

Ceras

Uma cera consiste em um ácido graxo saturado e um álcool de cadeia longa. As ceras que recobrem as frutas, as folhas e os caules das plantas ajudam a evitar a perda de água e o dano causado por pragas. As ceras encontradas na pele, nos pelos dos animais e nas penas das aves proporcionam uma cobertura impermeável à água. A lanolina, uma mistura de ceras obtidas da lã, é utilizada em loções para as mãos e para o corpo com o propósito de ajudar na retenção de água, tornando, assim, a pele macia. As ceras presentes nas paredes celulares de *Mycobacterium tuberculosis* (o agente etiológico da tuberculose) são responsáveis por várias características interessantes dessa

> Ceras, gorduras, óleos, fosfolipídios, glicolipídios, esteroides, prostaglandinas e leucotrienos são exemplos de lipídios.

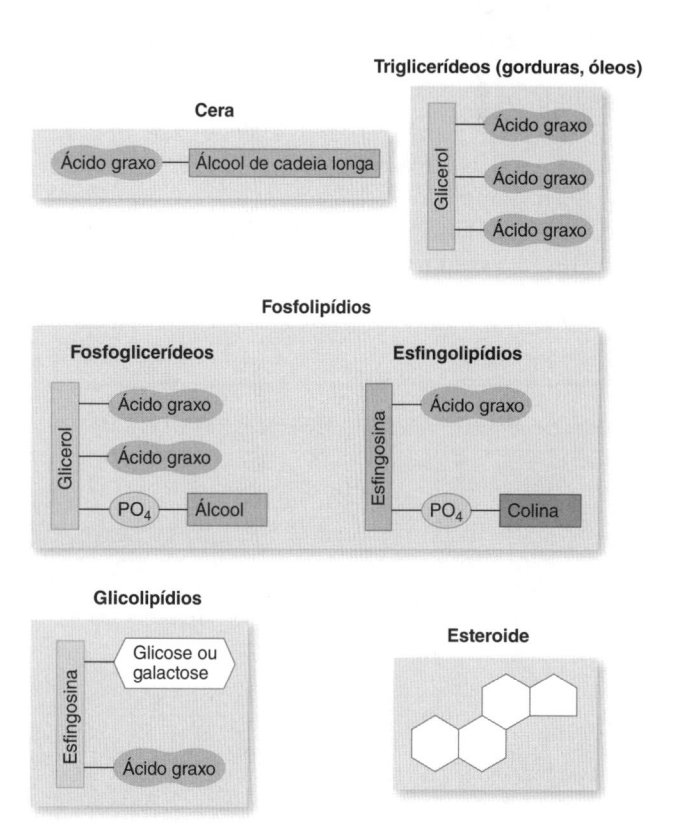

Figura 6.8 Estrutura geral de algumas categorias de lipídios.

bactéria. Por exemplo, se *M. tuberculosis* for fagocitado por um leucócito fagocítico (um fagócito), elas protegerão a célula, impedindo que ela seja digerida. Isso possibilita a sobrevivência da célula bacteriana e a sua multiplicação no interior dos fagócitos. Além disso, as ceras presentes nas paredes celulares do *M. tuberculosis* dificultam a coloração do microrganismo, e, uma vez corado, as ceras tornam difícil a remoção do corante da célula. Por exemplo, no procedimento de coloração álcool-acidorresistente, é necessário acrescentar fenol ao corante carbolfuccina para que possa penetrar na célula. Após a coloração da célula, as ceras impedem a sua descoloração quando se aplica uma mistura de ácido e álcool. Como a célula não se descora na presença de ácido, o microrganismo é descrito como acidorresistente.

> As ceras encontradas nas paredes celulares de *M. tuberculosis* (o agente etiológico da tuberculose) impedem que as células fagocitadas da bactéria sejam digeridas.

Gorduras e óleos

As gorduras e os *óleos* são os tipos mais comuns de lipídios, conhecidos como triglicerídeos por serem compostos de glicerol (um álcool com três átomos de carbono) e três ácidos graxos (Figura 6.9). As gorduras são triglicerídeos sólidos à temperatura ambiente e provêm, em sua maior parte, de fontes animais. Entre os exemplos, destacam-se as gorduras encontradas na carne, no leite integral, na manteiga e nos queijos. Os óleos são, em sua maioria, triglicerídeos líquidos à temperatura ambiente, e os mais comumente utilizados vêm de fontes vegetais. Os óleos de oliva e de amendoim são monoinsaturados, enquanto os de milho, algodão, cártamo e girassol são poli-insaturados.

Fosfolipídios

Os fosfolipídios contêm glicerol, ácidos graxos, um grupo fosfato e um álcool. Existem dois tipos: os *glicerofosfolipídios*, também denominados *fosfoglicerídeos*, e os *esfingolipídios*. Os glicerofosfolipídios são os mais abundantes nas membranas celulares. A estrutura básica de uma membrana celular consiste em uma bicamada lipídica, composta de duas fileiras de fosfolipídios dispostas com as extremidades lado a lado (Figura 6.10). As extremidades (caudas) hidrofóbicas, que não têm afinidade pelas moléculas de água, apontam uma para a outra, possibilitando que se afastem o mais possível da água. As cabeças hidrofílicas, em virtude de sua capacidade de se associar às moléculas de água, projetam-se para as superfícies interna e externa da membrana. São também encontrados dois outros tipos de lipídios nas membranas celulares dos eucariontes: os esteroides (sobretudo o colesterol nas células animais) e os glicolipídios. A membrana celular também contém proteínas, que têm sido descritas como "*icebergs* flutuando em um mar de lipídios".

> As membranas celulares consistem em uma bicamada lipídica, composta de duas fileiras de fosfolipídios dispostos lado a lado.

Além dos fosfolipídios, a membrana externa das paredes celulares das bactérias gram-negativas contém lipoproteínas e lipopolissacarídeo (LPS). Como o próprio nome sugere, o LPS consiste em uma porção lipídica, denominada lipídio A ou endotoxina, e uma porção polissacarídica. Quando a endotoxina está presente na corrente sanguínea dos seres humanos, pode causar condições fisiológicas muito graves (p. ex., febre e choque séptico). As paredes celulares das bactérias gram-positivas não contêm LPS.

> Quando presentes na corrente sanguínea humana, os lipídios encontrados nas paredes celulares das bactérias gram-negativas podem causar graves condições fisiológicas nos seres humanos, como febre e choque.

As lecitinas e as cefalinas são glicerofosfolipídios encontrados no cérebro e no tecido nervoso, bem como na gema do ovo, no gérmen de trigo e nas leveduras.

Os esfingolipídios são fosfolipídios que contêm um álcool de 18 átomos de carbono, denominado esfingosina, em vez de glicerol. Eles são encontrados no cérebro e no tecido nervoso. Um dos esfingolipídios mais abundantes é a esfingomielina, que compõe a substância branca da bainha de mielina que reveste as células nervosas.

Glicerol + 3 ácidos butíricos (um ácido graxo) $\xrightarrow{-3H_2O}$ Tributirina (um ácido triglicerídico)

Figura 6.9 Síntese de uma gordura.

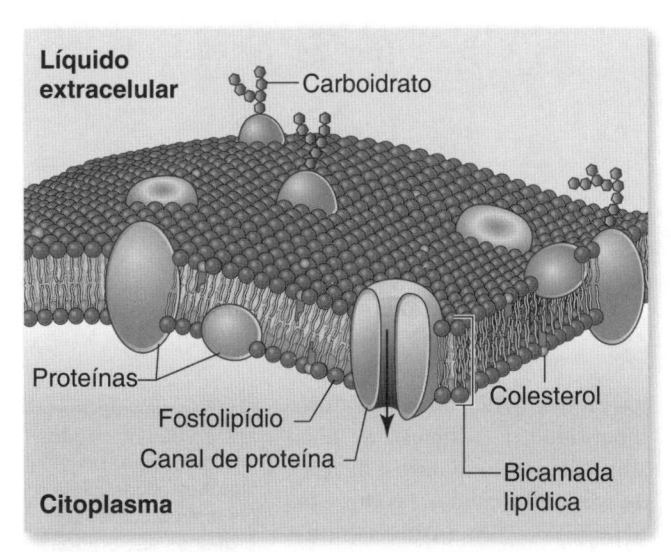

Líquido extracelular — Carboidrato

Proteínas—

Fosfolipídio

Canal de proteína —

Citoplasma

Colesterol

Bicamada lipídica

Figura 6.10 Estrutura em bicamada lipídica das membranas celulares, mostrando as cabeças hidrofílicas e as extremidades (caudas) hidrofóbicas das moléculas de fosfolipídios (*azul*). As membranas celulares também contêm moléculas de proteínas (*rosa*), que foram descritas como semelhantes a "*icebergs* flutuando em um mar de lipídios". (Redesenhada de Cohen BJ. *Memmler's the human body in health and disease*. 11th ed. Philadelphia, PA: Lippincott Williams & Wilkins; 2009.) (Esta figura encontra-se reproduzida em cores no Encarte.)

Glicolipídios

Os *glicolipídios* são abundantes no cérebro e na bainha de mielina dos nervos. Alguns contêm glicerol mais dois ácidos graxos e um monossacarídeo. Os cerebrosídeos e os gangliosídeos são exemplos de glicolipídios, ambos encontrados no sistema nervoso dos seres humanos. O grupo sanguíneo (A, B, AB ou O) de um indivíduo é determinado pelos glicolipídios particulares que estão presentes na superfície dos eritrócitos (ver Capítulo 17, *Visão Geral das Doenças Infecciosas nos Seres Humanos*).

Esteroides

Os *esteroides* são estruturas bastante complexas, constituídas por quatro anéis. Entre eles destacam-se o colesterol, os sais biliares, as vitaminas lipossolúveis e os hormônios esteroides. O colesterol é um componente das membranas celulares, da bainha de mielina, do cérebro e do tecido nervoso. Os sais biliares são sintetizados no fígado a partir do colesterol e armazenados na vesícula biliar. As vitaminas lipossolúveis são as vitaminas A, D, E e K.[a] Os hormônios esteroides incluem os hormônios sexuais masculinos (a testosterona e a androsterona) e femininos (os estrogênios, como o estradiol e a progesterona). Os corticosteroides suprarrenais (aldosterona e cortisona) são hormônios esteroides produzidos pelas glândulas suprarrenais, localizadas na parte superior de cada rim.

---

[a]As vitaminas hidrossolúveis (as oito vitaminas B e a vitamina C) dissolvem-se com facilidade na água e são prontamente excretadas pelo corpo. As liposolúveis (A, D, E, K) são absorvidas pelo trato intestinal com a ajuda dos lipídios e têm mais tendência a acumular-se no corpo do que as vitaminas hidrossolúveis.

Prostaglandinas e leucotrienos

As *prostaglandinas* e os *leucotrienos* são derivados de um ácido graxo denominado *ácido araquidônico* e exercem uma ampla variedade de efeitos na química do corpo. Atuam como mediadores de hormônios, reduzem ou elevam a pressão arterial, causam inflamação e induzem febre. Os leucotrienos são produzidos pelos leucócitos (dos quais receberam o nome), mas são também encontrados em outros tecidos. Eles podem provocar contração muscular de longa duração, sobretudo nos pulmões, onde causam ataques semelhantes à asma.

Proteínas

As proteínas estão entre as substâncias químicas mais essenciais de todas as células vivas e são designadas por alguns cientistas como "a substância da vida". O conjunto completo de proteínas dentro de determinada célula é conhecido como *proteoma* da célula, e o estudo da estrutura e das atividades das proteínas é denominado *proteômica*.

Algumas proteínas são os componentes estruturais das membranas, das células e dos tecidos, enquanto outras são enzimas e hormônios que controlam quimicamente o equilíbrio metabólico no interior da célula e em todo o organismo. Todas são polímeros de aminoácidos; entretanto, elas variam amplamente quanto ao número de aminoácidos presentes e quanto à sequência deles, assim como em tamanho, configuração e funções exercidas. As proteínas contêm carbono, hidrogênio, oxigênio, nitrogênio e, algumas vezes, enxofre.

> O conjunto completo de proteínas no interior de determinada célula é conhecido como proteoma dessa célula, e os estudos realizados para explorar a estrutura e as atividades das proteínas são denominados proteômica.

> As proteínas contêm carbono, hidrogênio, oxigênio, nitrogênio e, algumas vezes, enxofre.

Estrutura dos aminoácidos

Ao todo, são encontrados 23 *aminoácidos diferentes* nas proteínas – 20 primários, ou de ocorrência natural, e três secundários (derivados dos aminoácidos primários). Cada aminoácido é composto de carbono, hidrogênio, oxigênio e nitrogênio, mas três deles também contêm átomos de enxofre em sua molécula. Os seres humanos podem sintetizar determinados aminoácidos, mas não outros. Assim, os que não podem ser sintetizados (denominados aminoácidos essenciais) precisam ser ingeridos como parte da dieta. A expressão "aminoácidos essenciais" é um tanto errônea, tendo em vista que *todos* os aminoácidos são necessários para a síntese de proteínas. Como o ser humano é incapaz de sintetizá-los, é *essencial* que sejam incluídos na dieta.

> As proteínas são polímeros compostos de aminoácidos, ou seja, os aminoácidos representam os blocos de construção das proteínas.

A fórmula geral dos aminoácidos é mostrada na Figura 6.11, em que o grupo "R" representa qualquer um dos 23 grupos que podem ser substituídos naquela posição para a construção

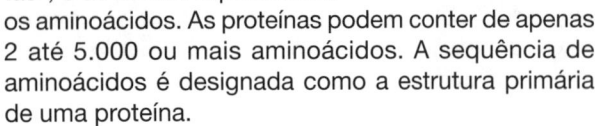

Auxílio ao estudo

Proteínas

As proteínas podem ser consideradas como "colares de contas", e as contas representam os aminoácidos. As proteínas podem conter de apenas 2 até 5.000 ou mais aminoácidos. A sequência de aminoácidos é designada como a estrutura primária de uma proteína.

Auxílio ao estudo

Nome dos aminoácidos

Alanina (1°)	Ácido glutâmico (1°)	Isoleucina (1°, E)	Serina (1°)
Arginina (1°, E*)	Glutamina (1°)	Leucina (1°, E)	Treonina (1°, E)
Asparagina (1°)	Glicina (1°)	Lisina (1°, E)	Triptofano (1°, E)
Ácido aspártico (1°)	Histidina (1°, E*)	Metionina (1°, E)	Tirosina (1°)
Cisteína (1°)	Hidroxilisina (2°)	Fenilalanina (1°, E)	Valina (1°, E)
Cistina (2°)	Hidroxiprolina (2°)	Prolina (1°)	

1°, aminoácido primário; 2°, aminoácido secundário; E, aminoácido essencial; E*, aminoácido essencial adicional em lactentes.

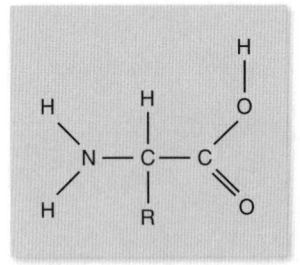

Figura 6.11 Estrutura básica de um aminoácido.

dos vários aminoácidos. Por exemplo, o "H" em lugar do "R" representa o aminoácido glicina, e o "CH₃" naquela posição resulta na fórmula estrutural do aminoácido alanina.

No corpo humano, os milhares de diferentes proteínas presentes são compostos por uma grande variedade de aminoácidos em diversas quantidades e arranjos. Desse modo, a quantidade de proteínas que podem ser sintetizadas é praticamente ilimitada. Elas não são limitadas pelo número de diferentes aminoácidos, assim como o número de palavras na linguagem escrita não é limitado pela quantidade de letras do alfabeto. O número efetivo de proteínas produzidas por um organismo e a sequência dos aminoácidos delas são determinados pelos genes específicos presentes no(s) cromossomo(s) do organismo.

Estrutura das proteínas

Quando a água é removida na síntese por desidratação, os aminoácidos ligam-se entre si por uma ligação covalente, denominada ligação peptídica (conforme ilustrado na Figura 6.12). Forma-se um dipeptídeo pela ligação de dois aminoácidos, enquanto a ligação de três aminoácidos produz um tripeptídeo. Uma cadeia (polímero) constituída por mais de três aminoácidos é designada como polipeptídeo. Os polipeptídeos apresentam uma *estrutura primária da proteína*, ou seja, uma sequência linear de aminoácidos em uma cadeia (Figura 6.13).

> Os monossacarídeos nos carboidratos são unidos entre si por ligações glicosídicas. Os aminoácidos nas proteínas são unidos entre si por ligações peptídicas. As ligações glicosídicas e as ligações peptídicas são exemplos de ligações covalentes.

As cadeias polipeptídicas assumem, em sua maioria, uma conformação natural em hélices ou folhas em consequência das cadeias laterais dotadas de carga, que se projetam do arcabouço de carbono-nitrogênio da molécula. Essa configuração helicoidal ou semelhante a uma folha é designada como *estrutura secundária da proteína* e é encontrada nas proteínas fibrosas, que são longas moléculas semelhantes a fios, insolúveis em água. Elas formam a queratina (encontrada nos cabelos, nas unhas, na lã, nos chifres e nas penas), o colágeno (nos tendões), a miosina (nos músculos) e os microtúbulos e microfilamentos das células.

Como uma longa espiral pode entrelaçar-se ao se dobrar sobre si própria, uma hélice polipeptídica pode tornar-se globular (Figura 6.13). Em algumas áreas, a hélice é mantida; todavia, em outras, ela se curva de modo aleatório. Essa *estrutura terciária da proteína*, que é globular, é estabilizada não apenas por pontes de hidrogênio, mas também por ligações cruzadas de dissulfeto entre dois grupos de enxofre (S–S). Tal configuração tridimensional é característica das enzimas, que atuam por meio de seu ajuste na superfície ou no interior de moléculas específicas (ver adiante). Outros exemplos de proteínas globulares incluem muitos hormônios (p. ex., insulina), a albumina do ovo e a hemoglobina e o fibrinogênio no sangue. As proteínas globulares são solúveis em água.

Quando duas ou mais cadeias polipeptídicas são mantidas unidas por pontes de hidrogênio e de dissulfeto, a estrutura tridimensional resultante é designada como *estrutura quaternária da proteína* (Figura 6.13). Por exemplo, a hemoglobina consiste em quatro mioglobinas globulares. O tamanho, o formato e a configuração de uma proteína são específicos para a função que ela precisa desempenhar. Se a sequência de aminoácidos (e, por conseguinte, a configuração da hemoglobina nos eritrócitos) não for perfeita, eles poderão

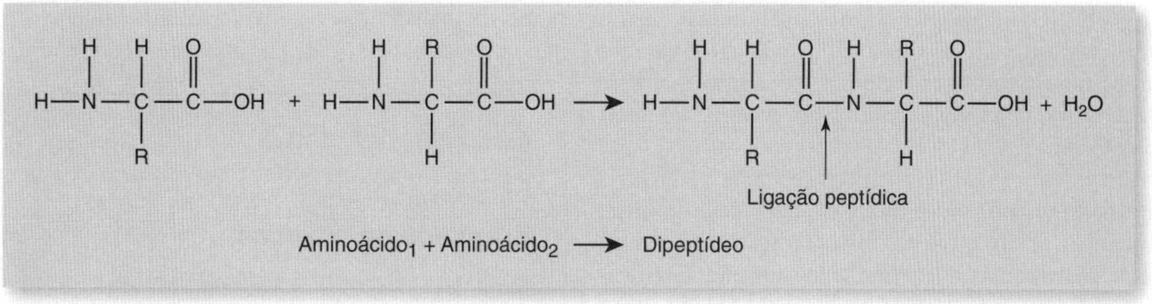

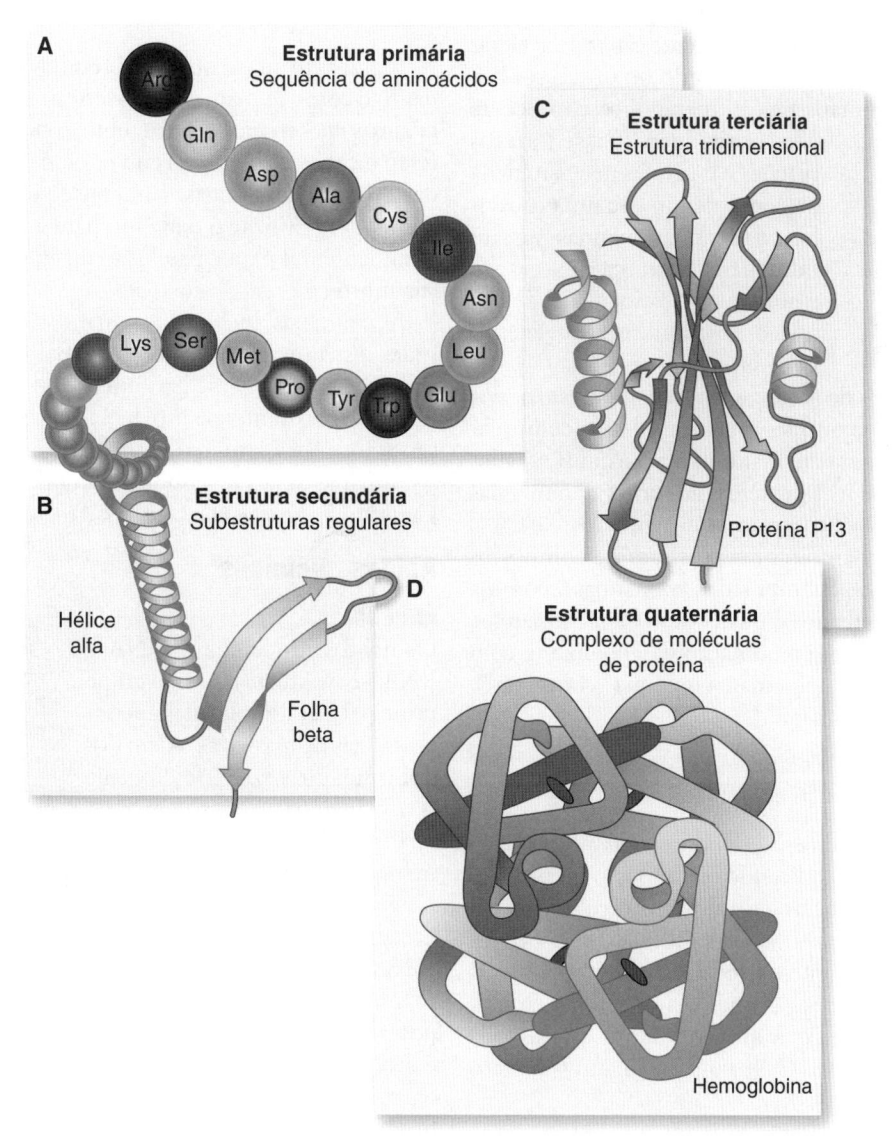

Figura 6.12 Formação de um dipeptídeo. *R* indica qualquer cadeia lateral de aminoácido.

A Estrutura primária
Sequência de aminoácidos

B Estrutura secundária
Subestruturas regulares

Hélice alfa

Folha beta

C Estrutura terciária
Estrutura tridimensional

Proteína P13

D Estrutura quaternária
Complexo de moléculas de proteína

Hemoglobina

Figura 6.13 Estrutura das proteínas. A. Estrutura primária (sequência linear dos aminoácidos). **B.** Estrutura secundária (p. ex., hélice, conforme ilustrado aqui). **C.** Estrutura terciária (p. ex., a estrutura globular mostrada aqui). **D.** Estrutura quaternária (p. ex., quatro moléculas de proteína globulares, conforme ilustrado aqui). (Disponibilizada por LadyofHats e Wikipedia.)

ficar distorcidos e assumir a forma de uma foice (como na anemia falciforme). Nesse estado, os eritrócitos são incapazes de transportar o oxigênio necessário para o metabolismo celular. A mioglobina, proteína de ligação do oxigênio encontrada nos músculos esqueléticos, foi a primeira a ter as suas estruturas primária, secundária e terciária definidas pelos cientistas.

Se houver desarranjo das estruturas secundária, terciária ou quaternária de uma proteína (p. ex., por meio de calor, luz ultravioleta, ácidos ou álcalis fortes ou ação enzimática), a molécula de proteína poderá perder as suas características estruturais e funcionais. Esse processo é conhecido como desnaturação, e é dito que a proteína está desnaturada.

Enzimas

As enzimas são moléculas de proteína[b] produzidas pelas células vivas, conforme "instrução" pelos genes dos cromossomos. Elas são designadas como *catalisadores biológicos* – moléculas biológicas que catalisam reações metabólicas. Um catalisador é definido como um agente capaz de acelerar uma reação química sem ser consumido no processo. Em alguns casos, determinada reação metabólica não ocorre na ausência de um catalisador enzimático. Quase todas as reações nas células necessitam da presença de uma enzima específica. Embora as enzimas possam influenciar a direção da reação e aumentar a velocidade de sua reação, elas não fornecem a energia necessária para ativá-la.

> As enzimas são proteínas que atuam como catalisadores biológicos, o que significa que elas catalisam (aceleram) as reações metabólicas.

Algumas moléculas de proteína atuam como enzimas por si sós, mas outras (denominadas apoenzimas) só podem atuar como enzimas (só podem catalisar uma reação química) após ligação a um cofator não proteico. Algumas apoenzimas necessitam de íons metálicos (p. ex., Ca^{2+}, Fe^{2+}, Mg^{2+} e Cu^{2+}) como cofatores, enquanto outras precisam de compostos do tipo das vitaminas (denominados coenzimas), como a vitamina C, a flavina adenina dinucleotídio e a nicotinamida adenina dinucleotídio. A combinação da apoenzima com o cofator é chamada de holoenzima (enzima "completa"), que pode atuar como enzima.

> apoenzima + cofator = holoenzima
> (uma enzima funcional)

As enzimas são geralmente denominadas pela adição do sufixo *-ase* à palavra, indicando o composto ou os tipos de compostos sobre os quais ela atua ou exerce seu efeito. Por exemplo, as proteases, as carboidrases e as lipases são famílias de enzimas que exercem seus efeitos sobre as proteínas, os carboidratos e os lipídios, respectivamente. A molécula específica sobre a qual uma enzima atua é designada como substrato da enzima. Cada uma possui um substrato

específico sobre o qual exerce o seu efeito; por conseguinte, as enzimas são consideradas muito específicas. Embora o nome da maioria das enzimas termine em *-ase*, algumas não têm esse sufixo (p. ex., há a lisozima e as hemolisinas).

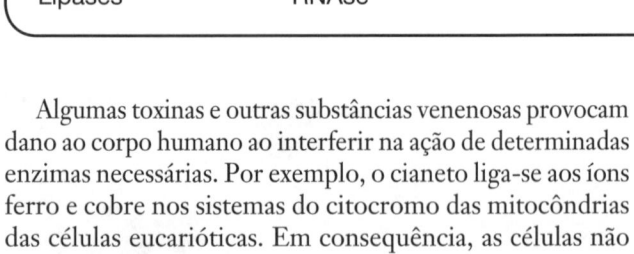

> ## Auxílio ao estudo
> ### Exemplos de enzimas
>
> | | |
> | --- | --- |
> | Catalase | Lisozima |
> | Coagulase | Oxidase |
> | DNA polimerase | Peptidases |
> | DNAse | Proteases |
> | Hemolisinas | RNA polimerase |
> | Lipases | RNAse |

Algumas toxinas e outras substâncias venenosas provocam dano ao corpo humano ao interferir na ação de determinadas enzimas necessárias. Por exemplo, o cianeto liga-se aos íons ferro e cobre nos sistemas do citocromo das mitocôndrias das células eucarióticas. Em consequência, as células não conseguem utilizar o oxigênio para a síntese de ATP, que é fundamental para a produção de energia, resultando em sua morte.

As proteínas, incluindo as enzimas, podem ser desnaturadas (estruturalmente alteradas) pelo calor ou por certas substâncias químicas. Em uma proteína desnaturada, as ligações que mantêm a molécula em sua estrutura terciária são rompidas. Com isso, a proteína não é mais funcional. As enzimas serão discutidas de modo mais detalhado no Capítulo 7, *Fisiologia e Genética Microbianas*.

Ácidos nucleicos

Função

Os ácidos nucleicos – DNA e RNA – constituem o quarto grupo principal de biomoléculas encontradas nas células vivas. Além dos elementos carbono (C), hidrogênio (H), oxigênio (O) e nitrogênio (N), eles contêm fósforo (P).

> Os ácidos nucleicos contêm carbono (C), hidrogênio (H), oxigênio (O), nitrogênio (N) e fósforo (P).

Os ácidos nucleicos desempenham funções extremamente importantes na célula e são fundamentais para o funcionamento adequado dela. O DNA é a "molécula da hereditariedade", que contém os genes e o código genético, e é a principal parte dos cromossomos. A informação no DNA precisa fluir para o resto da célula, de modo que ela possa funcionar adequadamente; esse fluxo de informação é realizado por moléculas de RNA, as quais participam da conversão do código genético em proteínas e outros produtos gênicos.

Estrutura

Os blocos de construção dos polímeros de ácido nucleico são denominados nucleotídios. Trata-se de monômeros mais

---

[b]Certas moléculas de RNA, denominadas ribozimas, demonstraram ter atividade enzimática. Entretanto, como a maioria das enzimas consiste em proteínas, elas são discutidas neste livro como se todas fossem proteínas.

Os blocos de construção dos ácidos nucleicos são denominados nucleotídios, e cada um contém três componentes: uma base nitrogenada, uma pentose e um grupo fosfato.

complexos (unidades moleculares simples que podem ser repetidas para formar um polímero) do que os aminoácidos, que constituem os blocos de construção das proteínas. Os nucleotídios consistem em três subunidades: uma base contendo nitrogênio (nitrogenada), um açúcar de cinco carbonos (pentose) e um grupo fosfato, todos unidos entre si, como mostra a Figura 6.14.

e exibem uma base nitrogenada, uma ribose (pentose) e um grupo fosfato.

Conforme assinalado anteriormente, existem dois tipos de ácidos nucleicos nas células: o DNA, que contém desoxirribose como pentose, e o RNA, que apresenta ribose como pentose. Existem quatro tipos de RNA: *RNA mensageiro* (mRNA), *RNA ribossômico* (rRNA), *RNA transportador* ou de *transferência* (tRNA) e microRNA (miRNA).

Os quatro tipos de RNA encontrados em uma célula são o mRNA, o rRNA, o tRNA e o miRNA.

Nota histórica
A descoberta da molécula da hereditariedade

Em 1944, Oswald T. Avery e seus colaboradores do Instituto Rockefeller redigiram um dos artigos mais importantes publicados até hoje em biologia. Nesse artigo, eles anunciaram a descoberta de que o DNA, e não as proteínas, como se suspeitava inicialmente, constitui a molécula que contém a informação genética (*i. e.*, o DNA é a molécula da hereditariedade). Eles descobriram isso quando repetiram os experimentos de transformação realizados por Frederick Griffith, em 1928 (ver o Capítulo 7, *Fisiologia e Genética Microbianas*). Enquanto os experimentos de Griffith envolviam camundongos, o grupo de Avery conduziu experiências *in vitro*. A importância dessa descoberta não foi totalmente reconhecida na época, de modo que Avery e seus colaboradores não receberam nenhum Prêmio Nobel. Evidências adicionais de que o DNA constitui a molécula que contém a informação genética foram fornecidas por Alfred Hershey e Martha Chase em 1952, cujo trabalho envolveu um bacteriófago que infecta *E. coli*. Em 1969, Hershey compartilhou o Prêmio Nobel com Max Delbrück e Salvador Luria, por suas descobertas envolvendo a estrutura genética e a replicação dos bacteriófagos.

Auxílio ao estudo
Nucleotídios

Três partes para cada nucleotídio	Quatro nucleotídios do DNA (desoxirribonucleotídios)	Nucleotídios do RNA (ribonucleotídios)
1. Base nitrogenada	Adenina (purina)	Adenina (purina)
	Guanina (purina)	Guanina (purina)
	Citosina (pirimidina)	Citosina (pirimidina)
	Timina (pirimidina)	Uracila (pirimidina)
2. Pentose	Desoxirribose	Ribose
3. Grupo fosfato	Grupo fosfato	Grupo fosfato

As cinco bases nitrogenadas nos ácidos nucleicos são: adenina (A), guanina (G), timina (T), citosina (C) e uracila (U). A timina é encontrada no DNA, mas não no RNA; a uracila é encontrada no RNA, mas não no DNA; as outras três bases (A, G e C) estão presentes tanto no DNA quanto no RNA. Tanto A quanto G são purinas (estruturas com anel duplo), enquanto T, C e U são pirimidinas (estruturas em anel simples; Figura 6.15).

Os nucleotídios unem-se (por meio de ligações covalentes) entre seus açúcares e grupos fosfato para formar polímeros muito longos – 100.000 ou mais monômeros de comprimento –, como mostra a Figura 6.16.

As bases nitrogenadas adenina, guanina e citosina são encontradas tanto no DNA quanto no RNA. Entretanto, a timina só é encontrada no DNA, enquanto a uracila é encontrada apenas no RNA.

Estrutura do DNA
Para que haja formação de uma molécula de DNA de fita dupla, as bases nitrogenadas nas duas fitas

Os blocos de construção do DNA são denominados nucleotídios de DNA, enquanto os do RNA são chamados de nucleotídios de RNA.

Os blocos de construção do DNA são denominados nucleotídios de DNA; eles contêm uma base nitrogenada, uma desoxirribose (pentose) e um grupo fosfato. Os blocos de construção do RNA são chamados de nucleotídios de RNA.

Em uma molécula de DNA de fita dupla, A em uma das fitas liga-se sempre a T na fita complementar, enquanto G em uma fita se liga sempre a C da fita complementar. A–T e G–C são conhecidos como pares de bases.

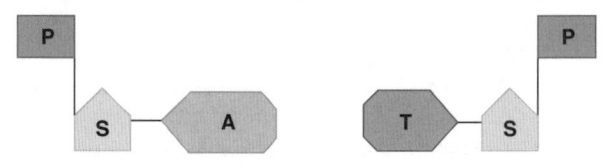

Figura 6.14 Dois nucleotídios. Cada um consiste em uma base nitrogenada (A ou T), um açúcar de cinco carbonos (S) e um grupo fosfato (P).

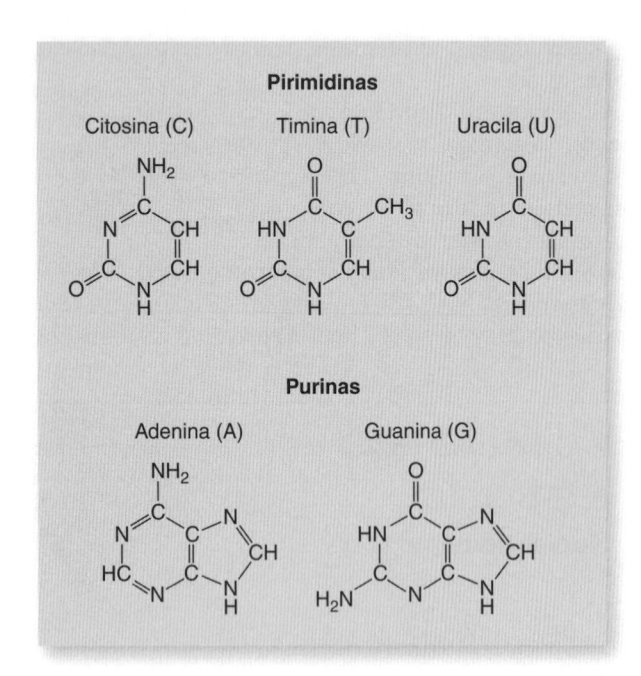

Figura 6.15 Pirimidinas e purinas encontradas no DNA e no RNA. Observe que as pirimidinas são estruturas constituídas de um único anel, enquanto as purinas são estruturas contendo um anel duplo.

separadas precisam estar ligadas entre si. Devido ao tamanho e à atração de ligação entre as duas fitas, A (uma purina) liga-se sempre a T (uma pirimidina) por duas ligações de hidrogênio, enquanto G (uma purina) se liga sempre a C (uma pirimidina) por meio de três ligações de hidrogênio (Figura 6.17). A–T e G–C são conhecidos como pares de bases. As forças de ligação do polímero de fita dupla fazem com que ele assuma a forma de uma α-hélice dupla, que é semelhante a uma escada em espiral com giro para a direita (Figura 6.18).

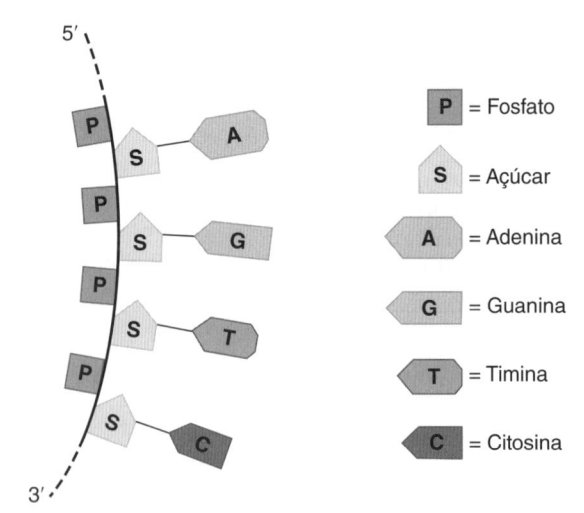

Figura 6.16 Pequeno segmento de um polímero de ácido nucleico.

pela adição dos nucleotídios corretos de DNA, conforme ilustrado na Figura 6.19. O ponto da molécula onde começa a replicação é chamado de *forquilha de replicação*. A enzima mais importante necessária para a replicação do DNA é a DNA polimerase, também conhecida como DNA polimerase DNA-dependente. Outras enzimas também são necessárias, incluindo a DNA helicase e a DNA topoisomerase (que iniciam a separação

> A enzima mais importante que atua na replicação do DNA é a DNA polimerase (também conhecida como DNA polimerase DNA-dependente).

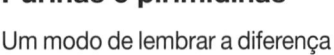

Auxílio ao estudo

Purinas e pirimidinas

Um modo de lembrar a diferença existente entre as purinas e as pirimidinas é pensar na estrutura em duplo anel de uma purina (adenina ou guanina) como "pura e não CUT". As pirimidinas com um único anel podem ser consideradas como "CUT", em que o "C" refere-se à citosina, o "U" refere-se à uracila, e o "T", à timina.

Replicação do DNA

Quando uma célula está se preparando para dividir-se, todas as moléculas de DNA nos cromossomos dela precisam duplicar-se, assegurando, assim, a transferência da mesma informação genética para ambas as células-filhas. Esse processo é denominado replicação do DNA. Ocorre pela separação das fitas do DNA e formação das fitas complementares

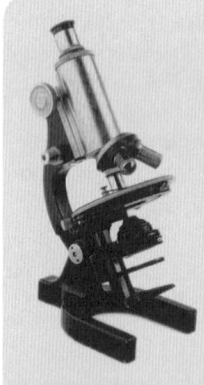

Nota histórica
Descoberta da estrutura do DNA

No início da década de 1950, James Watson, um norte-americano, e Francis Crick, um inglês, publicaram dois artigos de extrema importância. O primeiro deles (publicado em 1953) propunha uma estrutura helicoidal de dupla fita para o DNA (uma "dupla hélice"), enquanto o segundo (publicado em 1954) propunha um método pelo qual uma molécula de DNA tinha a capacidade de efetuar uma cópia idêntica de si mesma (replicação), de modo que a informação genética igual pudesse ser transferida para cada célula-filha. A ideia da estrutura em dupla hélice foi pautada em uma fotografia de difração de raios X do DNA cristalizado que Watson tinha visto no laboratório de Maurice Wilkins, em Londres. A fotografia, agora famosa, tinha sido produzida por Rosalind Franklin, uma especialista em cristalografia de raios X. Watson, Crick e Wilkins receberam o Prêmio Nobel de Química, em 1962, pelas suas contribuições para a compreensão do DNA. Franklin não compartilhou o prêmio por ter falecido antes de 1962, haja vista que o Prêmio Nobel não é conferido postumamente.

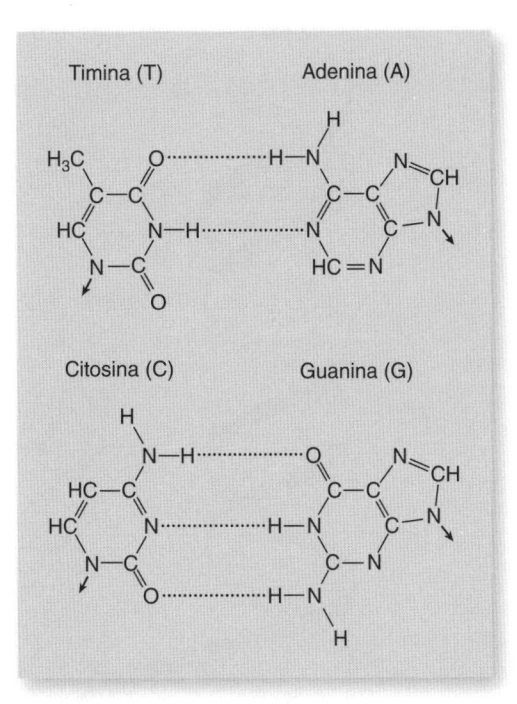

Figura 6.17 Pares de bases que ocorrem nas moléculas de DNA de fita dupla. Observe que A e T estão unidas por duas ligações de hidrogênio, enquanto G e C, por três ligações de hidrogênio. As *setas* representam os pontos em que as bases estão ligadas às moléculas de desoxirribose.

das duas fitas da molécula de DNA), a primase (que sintetiza um pequeno RNA iniciador) e a DNA ligase (que conecta fragmentos de DNA recém-sintetizados).

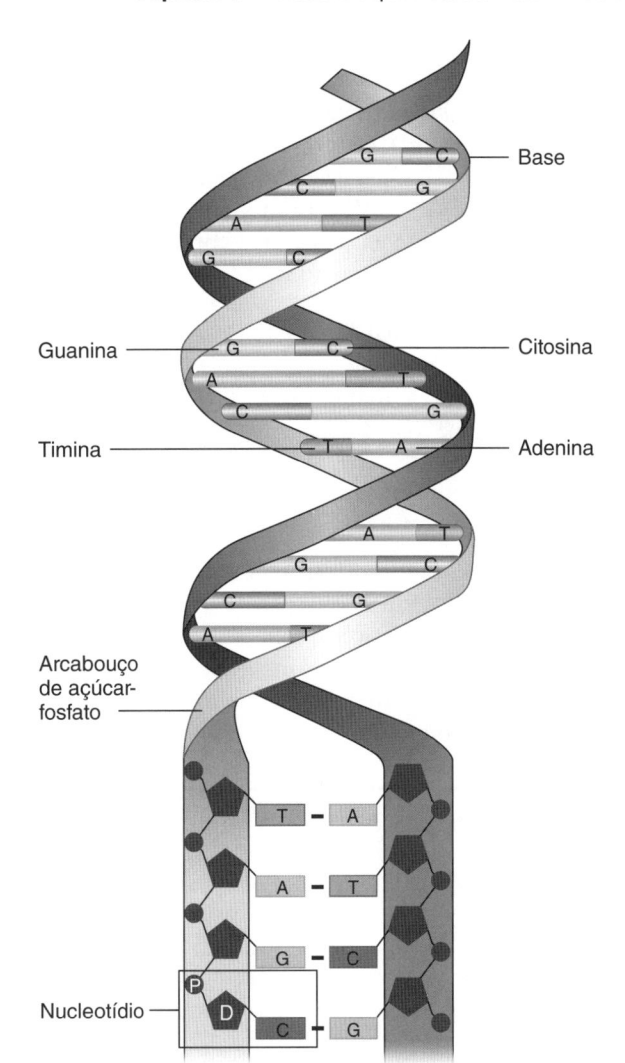

Figura 6.18 Molécula de DNA de fita dupla, também designada como dupla hélice.

O DNA duplicado dos cromossomos pode então ser separado durante a divisão celular, de modo que cada célula-filha possa conter o mesmo número de cromossomos, os mesmos genes e a mesma quantidade de DNA da célula parental (exceto durante a meiose, a divisão reducional pela qual são produzidos óvulos e espermatozoides – células haploides – nos eucariontes). Existem diferenças sutis na replicação do DNA entre procariontes e eucariontes, mas elas estão além dos objetivos deste livro.

Expressão gênica

Como foi ensinado no Capítulo 3, *Estrutura Celular e Taxonomia*, um gene consiste em determinado segmento de uma molécula de DNA ou cromossomo. Ele contém as instruções ("receita" ou "modelo") que possibilitam a uma célula produzir o que é conhecido como *produto gênico* (em alguns casos, mais de um produto gênico). O código genético é formado de quatro "letras" (que correspondem às quatro bases nitrogenadas encontradas no DNA): "A" para a adenina, "G" para a guanina, "C" para a citosina e "T" para a timina. É a

> O código genético consiste em quatro letras: A, T, G e C.

Auxílio ao estudo

Principais diferenças entre DNA e RNA

O DNA consiste em fita dupla, enquanto o RNA é constituído de uma fita simples.

O DNA contém desoxirribose, e o RNA contém ribose. O DNA apresenta timina, enquanto o RNA contém uracila.

Auxílio ao estudo

Replicação do DNA

Francis Crick forneceu o método de visualização do que ocorre durante a replicação do DNA. Em primeiro lugar, trata-se de uma molécula de fita dupla. Pensando nela como "uma mão dentro de uma luva", quando a mão é removida da luva, uma nova luva é formada ao redor da mão. Simultaneamente, uma nova mão é formada dentro da luva. O que finalmente se tem são duas mãos com luvas, cada uma idêntica à mão enluvada original.

sequência dessas quatro bases que especifica as instruções para determinado produto gênico.

Embora a maioria dos genes codifique proteínas (o que significa que cada um contém as instruções para a síntese de determinada proteína), alguns codificam moléculas de rRNA, de miRNA e de tRNA. Entretanto, tendo em vista que a maioria dos produtos gênicos consiste em proteínas, eles são discutidos neste capítulo como se todos fossem proteínas.

Dogma Central. Em 1957, Francis Crick propôs o que é designado como *Dogma Central* para explicar o fluxo da informação genética no interior de uma célula:

$$DNA \rightarrow mRNA \rightarrow proteína$$

O Dogma Central, também conhecido como a hipótese de "um gene-uma proteína", afirma o seguinte:

1. A informação genética contida em um gene de uma molécula de DNA é utilizada para produzir uma molécula de mRNA por um processo conhecido como transcrição.
2. A informação genética nessa molécula de mRNA é então utilizada para sintetizar uma proteína por um processo conhecido como tradução.[c]

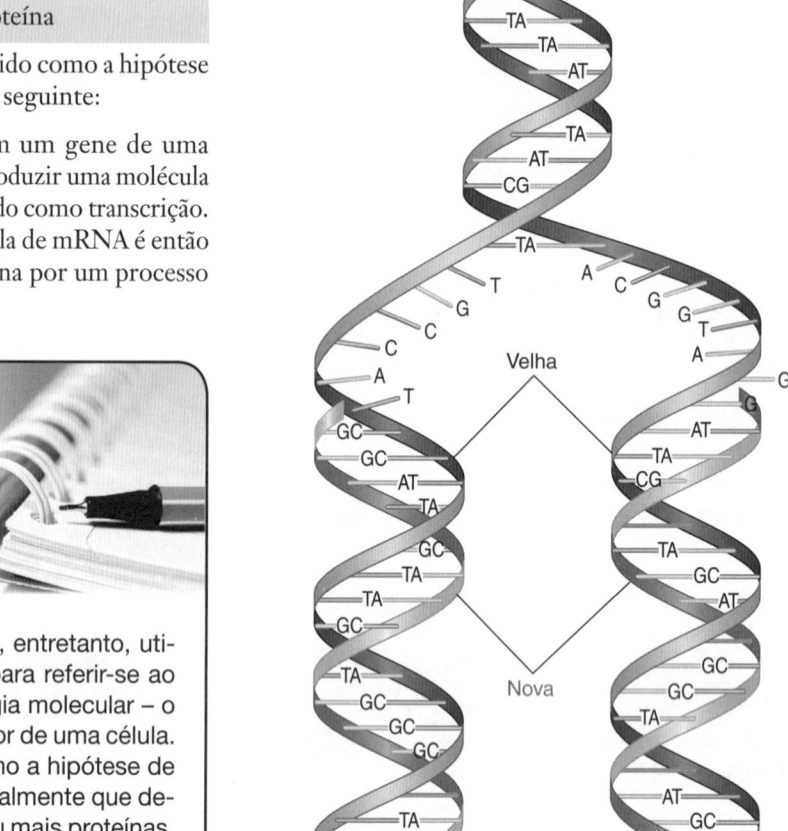

Figura 6.19 Replicação do DNA.

Auxílio ao estudo
Dogma Central

O termo "dogma" refere-se geralmente a um aspecto doutrinário básico ou fundamental em religião ou filosofia. Francis Crick, entretanto, utilizou a expressão "Dogma Central" para referir-se ao processo mais fundamental da biologia molecular – o fluxo de informação genética no interior de uma célula. Embora originalmente designado como a hipótese de "um gene-uma proteína", sabe-se atualmente que determinado gene pode codificar uma ou mais proteínas.

Os genes que são sempre expressos são denominados genes constitutivos, e os que são expressos apenas quando os produtos gênicos são necessários são chamados de genes induzíveis.

Quando a informação contida em um gene é utilizada pela célula para formar um produto gênico, o gene que codifica esse produto gênico específico é considerado como *expresso*. Todos os genes do cromossomo não são expressos em nenhum momento, o que representaria um terrível desperdício de energia. Por exemplo, não seria lógico para uma célula produzir certa enzima se esta não fosse efetivamente necessária. Os genes que são expressos o tempo todo são denominados genes constitutivos; aqueles que são expressos apenas quando os produtos gênicos são necessários são chamados de genes induzíveis.

Transcrição. Quando uma célula é estimulada (por necessidade) a produzir determinada proteína, o DNA do gene apropriado é ativado a se desenovelar temporariamente, perdendo a sua configuração helicoidal. Esse desenovelamento expõe as bases, que, em seguida, atraem as bases

---

[c]Na ocasião em que foi proposto o Dogma Central, acreditava-se que determinado gene codificava apenas uma proteína. No entanto, sabe-se agora que um gene pode codificar mais de uma proteína, dependendo de vários fatores, incluindo o modo como ele é transcrito e se o produto gênico final é ou não cortado em várias proteínas.

de nucleotídios livres do RNA, e uma molécula de mRNA começa a ser montada ao longo de uma das fitas do DNA desenovelado. Dessa maneira, uma das fitas do DNA serviu como modelo ou padrão (conhecido como *molde de DNA*) e codifica uma imagem especular complementar de sua estrutura na molécula de mRNA.

Na molécula de mRNA em crescimento, são introduzidas: uma adenina (A) em oposição à timina (T) na molécula de DNA, uma guanina (G) em oposição à citosina (C), citosina (C) em oposição à guanina (G) e uracila (U) em oposição à adenina (A) (ver boxe "Auxílio ao estudo: Transcrição"). É preciso lembrar-se de que não existe nenhuma timina (T) nas moléculas de RNA. Esse processo é denominado transcrição, visto que o código genético da molécula de DNA é transcrito para produzir uma molécula de mRNA (Figura 6.20). Após a síntese do mRNA realizada ao longo do comprimento do gene, ele é liberado da fita do DNA para transportar a mensagem até o citoplasma e dirigir a síntese de uma proteína específica. Recentemente, foi descrita uma forma de RNA denominada miRNA. Essas moléculas de RNA não codificadoras têm aproximadamente 22 nucleo-tídios de comprimento e parecem desempenhar um papel no controle da expressão e do silenciamento dos genes. Ocorrem apenas em células eucarióticas e em alguns vírus que têm um genoma de DNA, em vez de RNA.

> O processo pelo qual a informação em um único gene é utilizada para a produção de uma molécula de mRNA é conhecido com transcrição.

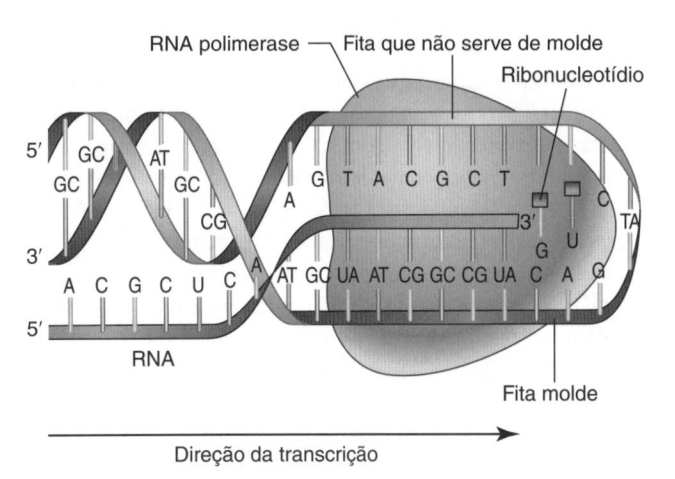

Figura 6.20 Transcrição.

a mesma informação genética que estava contida no gene do molde de DNA. Entretanto, o código genético na molécula de mRNA é constituído de nucleotídios de RNA, enquanto o do molde de RNA consiste em nucleo-tídios de DNA. A informação na molécula de mRNA é então utilizada para a síntese de uma ou mais proteínas.

> A principal enzima envolvida na trans-crição é denominada RNA polimerase, tam-bém conhecida como RNA polimerase DNA-dependente.

Nos eucariontes, a transcrição ocorre no interior do núcleo. Em seguida, as moléculas de mRNA recém-formadas atravessam os poros da membrana nuclear e entram no citoplasma, onde assumem posições na "linha de montagem" da proteína. Os ribossomos, que são compostos de proteínas e de rRNA, atraem as moléculas de mRNA. Nas células eucarióticas, os ribossomos estão geralmente aderidos às membranas do retículo endoplasmático, criando o denominado retículo endoplasmático rugoso.

Nos procariontes, a transcrição ocorre no citoplasma. Os ribossomos fixam-se às moléculas de mRNA à medida que estão sendo transcritas do DNA; por conseguinte, a transcrição e a tradução (síntese de proteínas) podem ocorrer simultaneamente.

Tradução (síntese de proteínas). A sequência de bases da molécula de mRNA é lida ou interpretada em grupos de

Auxílio ao estudo
Transcrição

Sequência de bases no modelo de DNA	Sequência de bases na molécula de mRNA
A	U
T	A
G	C
C	G
C	G
G	C
A	U
A	U
T	A

A principal enzima envolvida na transcrição é denominada RNA polimerase, também chamada de RNA polimerase DNA-dependente. Ao longo do molde de DNA, estão lo-calizadas várias sequências de nucleotídios conhecidas como "sinais de tráfego", que fazem com que a RNA polimerase saiba onde começar e onde terminar o processo de transcrição (*i. e.*, os sinais de tráfego constituem os pontos de iniciação e término de cada gene). Cada molécula de mRNA contém

Auxílio ao estudo
Onde ocorrem vários processos

	Células procarióticas	Células eucarióticas
Replicação do DNA	No citoplasma	No núcleo
Transcrição	No citoplasma	No núcleo
Tradução	No citoplasma	No citoplasma

três bases, denominados *códons*. A sequência de três bases de um códon é o código que determina qual aminoácido será inserido nessa posição na proteína que está sendo sintetizada. Existem também vários códons na molécula de mRNA, os quais atuam como sinais de iniciação e de término.

Antes que possam ser utilizados para construir uma molécula de proteína, os aminoácidos precisam ser inicialmente "ativados", o que ocorre pela sua ligação a uma molécula de tRNA apropriada, que então transporta (transfere) o aminoácido da matriz citoplasmática para o local de montagem da proteína. A enzima responsável pela ligação dos aminoácidos a suas moléculas correspondentes de tRNA é aminoacil-tRNA sintetase.

A sequência de três bases do códon determina qual tRNA transportará seu aminoácido específico até o ribossomo, visto que a molécula de tRNA contém um anticódon, que é uma sequência de três bases complementar ao códon do mRNA ou atraída por ele. Por exemplo, o tRNA com a sequência de bases UUU no anticódon transportará o aminoácido lisina até o códon AAA do mRNA. De modo semelhante, o códon CCG do mRNA codificará o anticódon GGC do tRNA, que transporta o aminoácido prolina. A Tabela 6.2 apresenta a sequência de três bases (GGC)

> Os códons estão localizados nas moléculas de mRNA, e os anticódons são encontrados nas moléculas de tRNA.

no molde de DNA que codifica um códon específico (CCG) no mRNA, o qual, por sua vez, atrai um anticódon específico (GGC) no tRNA que transporta um aminoácido específico (prolina).

Tabela 6.2 Sequência de três bases (GGC) no molde de DNA que codifica um códon específico (CCG) no mRNA.

Molde de DNA	mRNA (códon)	tRNA (anticódon)	Aminoácido
G	C	G	Prolina
G	C	G	
C	G	C	

C, citosina; G, guanina.

O processo de tradução da mensagem carreada pelo mRNA, por meio da qual determinados tRNA fazem com que os aminoácidos sejam ligados entre si na sequência correta para produzir uma proteína específica, é denominado tradução (Figura 6.21). Nesse contexto, tradução e síntese de proteína são sinônimos. Convém assinalar que uma célula eucariótica está produzindo constantemente mRNA em seu núcleo, que dirige a síntese de todas as proteínas, incluindo as enzimas metabólicas necessárias para as funções normais do tipo específico de célula. Além disso, o mRNA e o tRNA são ácidos nucleicos de vida curta, que podem ser reutilizados muitas vezes e, em seguida, destruídos e ressintetizados. As moléculas de rRNA são sintetizadas na porção densa do núcleo, denominada nucléolo. Os ribossomos têm uma vida mais longa na célula do que as moléculas de mRNA.

> O processo pelo qual a informação genética no interior da molécula de mRNA é utilizada para síntese de uma proteína específica é denominado tradução e ocorre no ribossomo.

À medida que as moléculas de tRNA se fixam ao mRNA durante o seu deslizamento sobre o ribossomo, elas colocam os aminoácidos ativados corretos em contato uns com os outros, com consequente formação de ligações peptídicas e síntese de um polipeptídeo. Evidências recentes sugerem que o rRNA (um componente estrutural do ribossomo) desempenha um papel na formação das ligações peptídicas. À medida que o polipeptídeo cresce e se torna uma proteína, ele se dobra, criando a forma singular determinada pela sequência de aminoácidos. Essa forma característica possibilita que a proteína desempenhe a sua função específica. Se uma das bases de um gene no DNA estiver incorreta ou fora da sequência (fenômeno conhecido como *mutação*), a sequência de aminoácidos do produto gênico será incorreta, e a configuração alterada da proteína poderá não permitir o seu funcionamento adequado. Por exemplo, alguns diabéticos podem não produzir uma molécula funcional de insulina, visto que uma mutação ocorrida em um de seus cromossomos provocou um rearranjo das bases no gene que codifica a insulina. Esses erros constituem a base da maioria das doenças genéticas

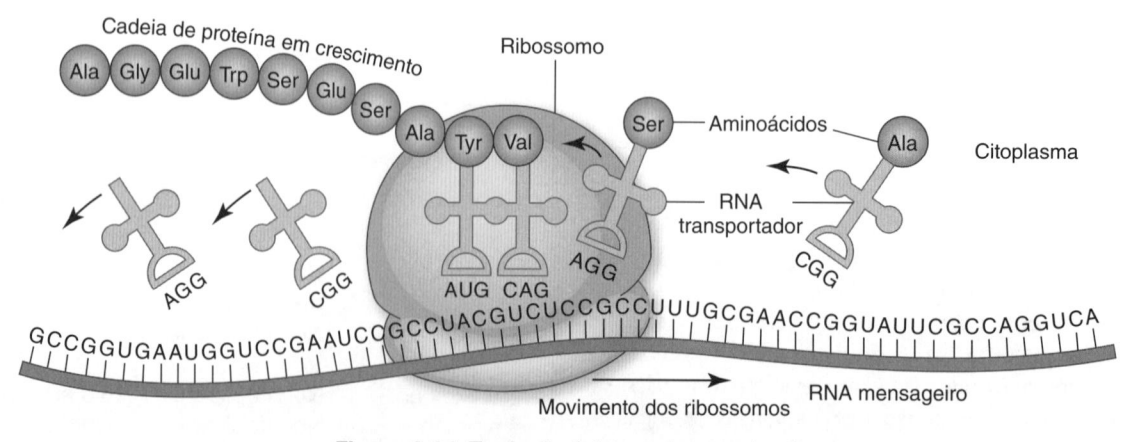

Figura 6.21 Tradução (síntese de proteínas).

e hereditárias, como a fenilcetonúria, a anemia falciforme, a paralisia cerebral, a fibrose cística, a fissura labial, o pé torto, a polidactilia, o albinismo e muitos outros defeitos congênitos. De modo semelhante, micróbios não patogênicos podem sofrer mutação, transformando-se em patógenos, e os patógenos podem perder a capacidade de causar doença em consequência de mutação. As mutações serão discutidas de modo mais detalhado no Capítulo 7, *Fisiologia e Genética Microbianas*.

As ciências relativamente novas da engenharia genética e da terapia gênica procuram reparar o dano genético em algumas doenças. Até o momento, a questão ética da manipulação dos genes humanos não foi solucionada pela sociedade. Entretanto, muitos micróbios obtidos por engenharia genética são capazes de produzir substâncias, como insulina humana, interferona, hormônios do crescimento, novos agentes farmacêuticos e vacinas, que terão um efeito substancial no tratamento clínico dos seres humanos.

Exercícios de autoavaliação

Após estudar este capítulo, responda às seguintes questões de múltipla escolha:

1. Quais dos seguintes blocos de construção formam as proteínas?
   a. Aminoácidos
   b. Monossacarídeos
   c. Nucleotídios
   d. Peptídeos

2. Glicose, sacarose e celulose são exemplos de:
   a. Carboidratos
   b. Dissacarídeos
   c. Monossacarídeos
   d. Polissacarídeos

3. Qual das seguintes bases nitrogenadas *não* é encontrada nas moléculas de RNA?
   a. Adenina
   b. Guanina
   c. Timina
   d. Uracila

4. Qual das seguintes bases são purinas?
   a. Adenina e guanina
   b. Adenina e timina
   c. Guanina e uracila
   d. Guanina e citosina

5. Qual das seguintes moléculas *não* é encontrada no local de síntese de proteínas?
   a. DNA
   b. mRNA
   c. rRNA
   d. tRNA

6. Quais das seguintes afirmativas são verdadeiras sobre o DNA? Escolha todas as opções corretas.
   a. O DNA contém timina, mas não uracila
   b. As moléculas de DNA contêm desoxirribose
   c. Em uma molécula de DNA de fita dupla, a adenina em uma fita irá ligar-se à timina da fita complementar por duas pontes de hidrogênio
   d. Todas as alternativas estão corretas

7. Os aminoácidos em uma cadeia polipeptídica estão ligados por:
   a. Ligações covalentes
   b. Ligações glicosídicas
   c. Ligações peptídicas
   d. Alternativas a e c

8. Quais das seguintes afirmativas são verdadeiras sobre os nucleotídios? Escolha todas as opções corretas.
   a. Um nucleotídio contém uma base nitrogenada
   b. Um nucleotídio contém uma pentose
   c. Um nucleotídio contém um grupo fosfato
   d. Todas as alternativas estão corretas

9. Quantos átomos de carbono tem uma heptose?
   a. 4
   b. 5
   c. 6
   d. 7

10. Praticamente todas as enzimas são:
    a. Carboidratos
    b. Ácidos nucleicos
    c. Proteínas
    d. Substratos

Fisiologia e Genética Microbianas

OBJETIVOS DE APRENDIZAGEM

Após estudar este capítulo, você deverá ser capaz de:

- Definir os termos fototrófico, quimiotrófico,
autotrófico, heterotrófico, fotoautotrófico, quimio-
heterotrófico, endoenzima, exoenzima, plasmídio,
fator R, "superbactéria", mutação, mutante e
mutagênico
- Discutir as relações existentes entre apoenzimas,
coenzimas e holoenzimas
- Diferenciar o catabolismo do anabolismo
- Explicar o papel das moléculas de trifosfato de
adenosina (ATP) no metabolismo
- Descrever de maneira sucinta cada um dos seguintes
termos ou expressões: via bioquímica, respiração

aeróbica, glicólise, ciclo de Krebs, cadeia de
transporte de elétrons, reações de oxirredução e
fotossíntese
- Explicar as diferenças entre mutações benéficas,
prejudiciais e silenciosas
- Descrever de modo sucinto cada uma das seguintes
maneiras como as bactérias adquirem informação
genética: conversão lisogênica, transdução,
transformação e conjugação.

FISIOLOGIA MICROBIANA

Introdução

A *fisiologia* é o estudo dos processos vitais dos organismos, particularmente sobre como esses processos normalmente funcionam nos organismos vivos. A *fisiologia microbiana* refere-se aos processos vitais dos microrganismos, os quais, em particular as bactérias, são ideais para uso em estudos das reações metabólicas básicas que ocorrem no interior das células. Isso porque as bactérias não exigem nenhum custo para a sua manutenção no laboratório, ocupam pouco espaço e se reproduzem rapidamente. Além disso, é fácil observar sua morfologia, suas necessidades nutricionais e reações metabólicas. Por isso, a possibilidade de encontrar espécies de bactérias que representam cada um dos tipos nutricionais de organismos na Terra é de importância fundamental. Os cientistas podem aprender muito sobre as células (incluindo as humanas) com o estudo das necessidades nutricionais das bactérias, suas vias metabólicas e por que vivem, crescem, multiplicam-se ou morrem em determinadas condições.

> A fisiologia microbiana é o estudo dos processos vitais dos microrganismos.

Cada minúscula bactéria unicelular busca produzir mais células semelhantes a ela própria, e, enquanto há disponibilidade de água e de um suprimento adequado de nutrientes, ela frequentemente se multiplica em velocidade alarmante. Em condições favoráveis, em 24 horas, a progênie de uma única célula de *Escherichia coli* ultrapassaria, em número, a população humana na Terra. Como algumas bactérias, fungos e vírus se reproduzem com tanta rapidez geração após geração, esses organismos têm sido extensamente utilizados em estudos genéticos. De fato, o conhecimento atual sobre genética foi e ainda está sendo obtido, em sua maior parte, por meio do estudo desses micróbios.

Necessidades nutricionais dos micróbios

Os estudos de nutrição bacteriana e de outros aspectos da fisiologia microbiana possibilitaram aos cientistas compreender os processos químicos vitais que ocorrem no interior de cada célula viva, incluindo as células do corpo humano. Todo protoplasma vivo contém seis elementos químicos principais: carbono, hidrogênio, oxigênio, nitrogênio, fósforo e enxofre. Outros elementos, geralmente necessários em menores quantidades, incluem sódio, potássio, cloro, magnésio, cálcio, ferro, iodo e alguns oligoelementos. As combinações de todos eles formam as macromoléculas vitais, incluindo carboidratos, lipídios, proteínas e ácidos nucleicos.

Para produzir os materiais celulares necessários, cada organismo necessita de uma fonte (ou fontes) de energia, de uma fonte (ou fontes) de carbono e de nutrientes adicionais. Os materiais que os organismos são incapazes de sintetizar, mas que são necessários para a construção de macromoléculas e a sustentação da vida, são denominados *nutrientes essenciais* (p. ex., aminoácidos e ácidos graxos essenciais), os quais precisam ser

> Todos os organismos necessitam de uma fonte (fontes) de energia, uma fonte (fontes) de carbono e nutrientes adicionais.

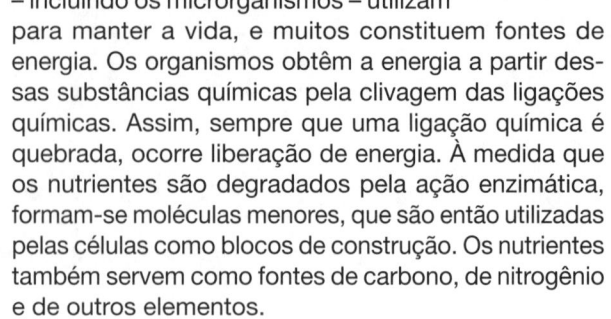

Auxílio ao estudo

Nutrientes

O termo *nutrientes* refere-se aos vários compostos químicos que os organismos – incluindo os microrganismos – utilizam para manter a vida, e muitos constituem fontes de energia. Os organismos obtêm a energia a partir dessas substâncias químicas pela clivagem das ligações químicas. Assim, sempre que uma ligação química é quebrada, ocorre liberação de energia. À medida que os nutrientes são degradados pela ação enzimática, formam-se moléculas menores, que são então utilizadas pelas células como blocos de construção. Os nutrientes também servem como fontes de carbono, de nitrogênio e de outros elementos.

continuamente fornecidos a um organismo para que ele sobreviva. Os nutrientes essenciais variam de uma espécie para outra.

Classificação dos microrganismos de acordo com suas fontes de energia e de carbono

Desde os primórdios da vida na Terra, os microrganismos vêm evoluindo, alguns em direções diferentes de outros. Hoje, existem micróbios que representam cada uma das quatro principais categorias nutricionais: fotoautotróficos, foto-heterotróficos, quimioautotróficos e químio-heterotróficos (definidos mais adiante neste capítulo). São empregados vários termos para indicar a fonte de energia e de carbono de um organismo. Como será visto, eles podem ser utilizados em combinação (Tabela 7.1).

Termos relativos à fonte de energia de um organismo

Os termos fototrófico e quimiotrófico referem-se ao que um organismo utiliza como fonte de energia. Os fototróficos usam a luz. O processo pelo qual os organismos convertem a energia luminosa em energia química é denominado *fotossíntese*. Os quimiotróficos utilizam substâncias químicas inorgânicas ou orgânicas como fonte de energia. Os quimiorganotróficos (ou simplesmente organotróficos) são organismos que utilizam substâncias químicas orgânicas como fonte de energia.

> Os fototróficos utilizam a luz como fonte de energia, enquanto os quimiotróficos utilizam substâncias químicas como fonte de energia.

Termos relativos à fonte de carbono de um organismo

Os termos autotrófico e heterotrófico referem-se ao que um organismo utiliza como fonte de carbono. Os autotróficos usam o dióxido de carbono (CO_2) como sua única

> Os autotróficos utilizam o dióxido de carbono como única fonte de carbono, enquanto os heterotróficos usam outros compostos que contêm carbono como fonte.

Tabela 7.1 Termos referentes às fontes de energia e de carbono.

Termos referentes à fonte de energia	Termos referentes à fonte de carbono	
	Autotróficos (organismos que utilizam o CO_2 como fonte de carbono	Heterotróficos (organismos que utilizam compostos orgânicos diferentes do CO_2 como fonte de carbono
Fototróficos (organismos que utilizam a luz como fonte de energia)	Fotoautotróficos (p. ex., algas, plantas e algumas bactérias fotossintéticas, incluindo as cianobactérias)	Foto-heterotróficos (p. ex., algumas bactérias fotossintéticas)
Quimiotróficos* (organismos que utilizam substâncias químicas como fonte de energia)	Quimioautotróficos (p. ex., algumas bactérias)	Químio-heterotróficos (p. ex., protozoários, fungos, animais e a maioria das bactérias)

*Os quimiotróficos podem ser divididos em duas categorias: (1) os quimiolitotróficos (ou simplesmente litotróficos) são organismos que utilizam substâncias químicas inorgânicas como fonte de energia; e (2) os quimiorganotróficos (ou simplesmente organotróficos) são organismos que utilizam substâncias químicas orgânicas como fonte de energia.

fonte. Os organismos fotossintéticos, como as plantas, as algas e as cianobactérias, são exemplos de autotróficos. Os heterotróficos utilizam compostos orgânicos diferentes do CO_2 como fonte de carbono (é importante lembrar que todos os compostos orgânicos contêm carbono). Os seres humanos, os animais, os fungos e os protozoários são exemplos de heterotróficos. Tanto os fungos saprófitas, que vivem na matéria orgânica morta ou em decomposição, quanto os fungos parasitas são heterotróficos. A maioria das bactérias também é heterotrófica.

Os termos referentes à fonte de energia podem ser combinados com os termos relativos à fonte de carbono, resultando em expressões que indicam *tanto* a fonte de energia *quanto* a fonte de carbono de um organismo. Por exemplo, os fotoautotróficos, como as plantas, as algas, as cianobactérias e as sulfobactérias púrpuras e verdes, são organismos que utilizam a luz como fonte de energia e o CO_2 como fonte de carbono. Os foto-heterotróficos, como as bactérias não sulfurosas púrpuras e verdes, usam a luz como fonte de energia e compostos orgânicos diferentes do CO_2 como fonte de carbono. Os quimioautotróficos, como as bactérias nitrificantes, de hidrogênio, de ferro e sulfurosas, utilizam substâncias químicas como fonte de energia e CO_2 como fonte de carbono. Os químio-heterotróficos usam substâncias químicas como fonte de energia e compostos orgânicos diferentes do CO_2 como fonte de carbono. Todos os animais, protozoários, fungos e a maioria das bactérias são químio-heterotróficos. Todas as bactérias de importância médica também são químio-heterotróficas.

A ecologia é o estudo das interações entre os organismos e o mundo ao seu redor. O termo *ecossistema* refere-se às interações entre os organismos vivos e seu meio ambiente não vivo. As inter-relações entre os diferentes tipos nutricionais são de suma importância no funcionamento do ecossistema. Por exemplo, os fototróficos, como as algas e as plantas, são os produtores de alimento e de oxigênio para os químio-heterotróficos, como os animais. Os vegetais e animais mortos iriam amontoar-se na Terra se os químio-heterotróficos – os decompositores saprófitas (determinados fungos e bactérias) – não degradassem a matéria orgânica morta em compostos inorgânicos e orgânicos

pequenos (dióxido de carbono, nitratos e fosfatos) no solo, na água e no ar, os quais são então utilizados e reciclados pelos quimiotróficos (Figura 7.1). Os fotoautotróficos contribuem com energia para o ecossistema ao captar a energia solar e utilizá-la para produzir compostos orgânicos (carboidratos, lipídios, proteínas e ácidos nucleicos) a partir de materiais inorgânicos presentes no solo, na água e no ar. Na fotossíntese oxigênica (descrita mais adiante), o oxigênio é liberado para utilização pelos organismos aeróbicos, como os animais e os seres humanos.

ENZIMAS METABÓLICAS

O termo *metabolismo* diz respeito a todas as reações químicas que ocorrem no interior de qualquer célula, as quais são designadas como *reações metabólicas*. Os processos metabólicos que acontecem nos micróbios se assemelham aos observados nas células do corpo humano. As reações metabólicas são intensificadas e

> O metabolismo diz respeito a todas as reações químicas (metabólicas) que ocorrem no interior de uma célula viva.

Figura 7.1 Decomposição de uma árvore caída no Parque Nacional das Montanhas Rochosas, CO. (Disponibilizada por Biomed Ed, Round Rock, TX.) (Esta figura encontra-se reproduzida em cores no Encarte.)

reguladas por enzimas, conhecidas como *enzimas metabólicas*. Assim, uma célula só pode realizar determinada reação metabólica se tiver a enzima metabólica apropriada, e só pode ter essa enzima específica se o genoma da célula tiver o gene que codifica a produção da mesma.

Catalisadores biológicos (enzimas)

Como foi ensinado no Capítulo 6, *Base Bioquímica da Vida*, as enzimas são conhecidas como *catalisadores biológicos*, ou seja, proteínas que catalisam (aceleram) a velocidade das reações químicas. Em alguns casos, a reação não ocorre na ausência da enzima. Por conseguinte, uma definição completa de catalisador biológico seria *uma proteína que induz a ocorrência de determinada reação química ou a sua aceleração.*

> As enzimas são proteínas que catalisam (aceleram) as reações bioquímicas.

As enzimas são muito específicas; assim, certa enzima só pode catalisar determinada reação química. Na maioria dos casos, uma enzima específica só pode exercer o seu efeito ou atuar em determinada substância, conhecida como *substrato da enzima*. A forma tridimensional singular da enzima possibilita que ela se encaixe no sítio de combinação do substrato, de modo muito semelhante a uma chave que se encaixa em uma fechadura (Figura 7.2).

> A substância sobre a qual uma enzima atua é conhecida como *substrato* dessa enzima.

Uma enzima não sofre alteração durante a reação química que ela catalisa. Desse modo, no final da reação, ela permanece inalterada e está disponível para impulsionar essa mesma reação repetidas vezes. A enzima desloca-se de uma molécula do substrato para outra em uma velocidade de várias centenas a cada segundo, produzindo um suprimento do produto final enquanto a célula necessitar dele. Entretanto, ela não dura indefinidamente, visto que se degeneram e perdem a sua atividade. Por essa razão, a célula precisa sintetizar e repor essas proteínas importantes. Como existem milhares de reações metabólicas que ocorrem continuamente na célula, há milhares de enzimas disponíveis para controlar e dirigir as vias metabólicas essenciais. Assim, em qualquer momento determinado, todas as enzimas necessárias não precisam estar presentes, já que tal situação é controlada por genes nos cromossomos e pelas necessidades da célula, as quais são determinadas pelos ambientes interno e externo. Por exemplo, se não houver lactose no meio externo do organismo, ele não precisará da enzima necessária para degradar a lactose.

As enzimas produzidas dentro de uma célula e que permanecem no seu interior – para catalisar reações intracelulares – são denominadas *endoenzimas*. As enzimas digestivas no interior dos fagócitos são bons exemplos, sendo utilizadas na digestão de materiais que os fagócitos ingeriram. As enzimas produzidas no interior de uma célula que são, em seguida, liberadas por ela para catalisar reações extracelulares são denominadas *exoenzimas*. Exemplos são a celulase e a pectinase, que são secretadas por fungos saprófitas para digerir a celulose e a pectina no ambiente externo (p. ex., em folhas podres no solo da floresta). As moléculas de celulose e de pectina são demasiado grandes para serem absorvidas pelas células dos fungos. Assim, as exoenzimas, como a celulase e a pectinase, degradam-nas em moléculas menores, as quais podem então ser absorvidas pelas células.

> As endoenzimas permanecem no interior da célula que as produziu, enquanto as exoenzimas deixam a célula para catalisar reações fora dela.

As hidrolases e as polimerases são exemplos adicionais de enzimas metabólicas. As hidrolases degradam macromoléculas pela adição de água, em um processo denominado *hidrólise* ou *reação de hidrólise*. Esses processos hidrolíticos possibilitam aos saprófitas decompor materiais complexos, como o couro, a cera, a cortiça, a madeira, a borracha, o cabelo e alguns plásticos. Algumas das enzimas envolvidas

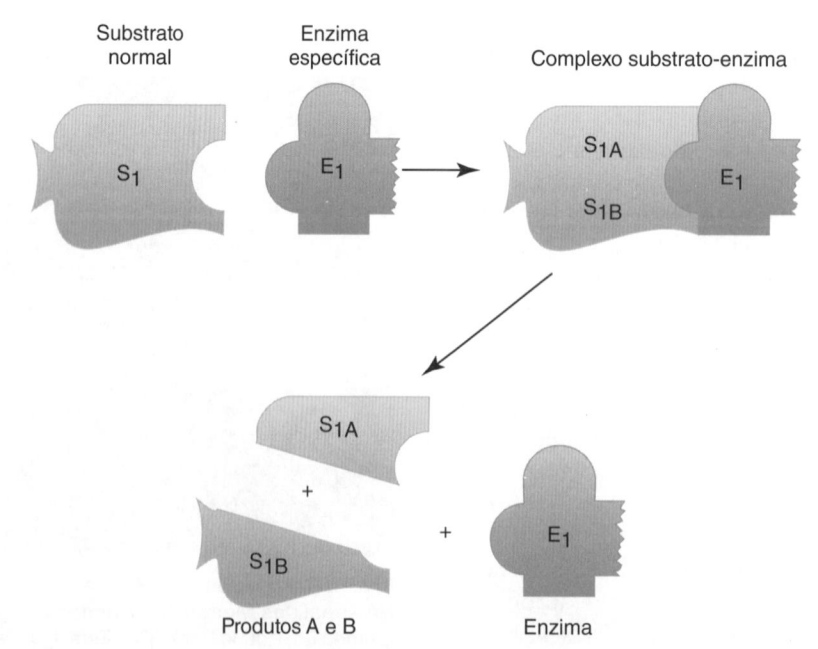

Figura 7.2 Ação de uma *enzima* específica (E) clivando uma molécula de substrato (S).

na formação de grandes polímeros, como o DNA e o RNA, são chamadas de *polimerases*. Conforme discutido no Capítulo 6, *Base Bioquímica da Vida*, a DNA polimerase torna-se ativa toda vez que ocorre replicação do DNA de uma célula, e a RNA polimerase é necessária para a síntese de moléculas de RNA mensageiro (mRNA).

Conforme assinalado no mesmo capítulo, algumas proteínas (*apoenzimas*) são incapazes, por si sós, de catalisar uma reação química, pois precisam ligar-se a um cofator para isso. Os cofatores são íons minerais (p. ex., cátions magnésio, cálcio ou ferro) ou coenzimas. Estas últimas são pequenas moléculas orgânicas do tipo das vitaminas, como flavina adenina dinucleotídio (FAD) e nicotinamida adenina dinucleotídio (NAD). Essas coenzimas específicas participam do ciclo de Krebs, que será descrito posteriormente neste capítulo. À semelhança das enzimas, elas não precisam estar presentes em grandes quantidades, visto que não são alteradas durante a reação química que catalisam; por conseguinte, estão disponíveis para uso repetidas vezes. Entretanto, a falta de determinadas vitaminas a partir das quais as coenzimas são sintetizadas interrompe todas as reações que envolvem a coenzima específica.

> Para catalisar uma reação, uma apoenzima precisa ligar-se, em primeiro lugar, a um cofator (um íon mineral ou uma coenzima).

Fatores que afetam a eficiência das enzimas

Muitos fatores afetam a eficiência ou efetividade das enzimas. Certas alterações físicas ou químicas, por exemplo, podem diminuir ou interromper por completo a atividade enzimática, visto que as enzimas só funcionam adequadamente em condições ideais. As condições ótimas para a atividade das enzimas incluem uma faixa de pH e de temperatura relativamente limitada, bem como concentrações apropriadas da enzima e do substrato. Os extremos de calor e de acidez podem desnaturar (ou alterar) as enzimas, visto que quebram as ligações responsáveis pela sua estrutura tridimensional, resultando em perda da atividade enzimática.

Uma enzima funciona com eficiência máxima em determinada faixa de pH. Se ele for excessivamente alto ou muito baixo, a enzima não funcionará em sua eficiência máxima, e a reação catalisada por ela não ocorrerá em sua velocidade máxima. De modo semelhante, uma enzima terá sua máxima eficiência ao longo de determinada faixa de temperatura. Se esta for excessivamente alta ou baixa, a enzima não funcionará com eficiência máxima, e a reação que ela catalisa não acontecerá em sua velocidade máxima. Isso explica por que determinada bactéria cresce melhor em certa temperatura e pH; afinal, são as condições ótimas para as enzimas que ela possui. No entanto, o pH e a temperatura ótimos para o crescimento variam de uma espécie para outra.

A concentração de substrato constitui outro fator que influencia a eficiência de uma enzima. Isso porque, se ela for muito alta ou muito baixa, a enzima não funcionará com eficiência máxima, e a reação que ela catalisa não ocorrerá em sua velocidade máxima.

Embora determinados íons minerais (p. ex., cálcio, magnésio e ferro) intensifiquem a atividade das enzimas, atuando como cofatores, outros íons de metais pesados (p. ex., chumbo, zinco, mercúrio e arsênio) geralmente atuam como venenos para a célula. Esses íons tóxicos inibem a atividade enzimática ao substituir os cofatores no sítio de combinação da enzima, com consequente inibição dos processos metabólicos normais. Alguns desinfetantes que contêm íons minerais são efetivos ao inibir dessa maneira o crescimento das bactérias.

> A eficiência de uma enzima é influenciada por diversos fatores, incluindo o pH, a temperatura e a concentração do substrato.

Algumas vezes, uma molécula com estrutura semelhante ao substrato pode ser utilizada como inibidor, com o propósito de interferir deliberadamente em determinada via metabólica. A enzima liga-se à molécula que apresenta uma estrutura semelhante ao substrato, ficando "amarrada", de modo que não possa ligar-se ao substrato e catalisar a reação química. Se essa reação for essencial para a vida da célula, esta irá parar de crescer e poderá morrer. Por exemplo, um agente quimioterápico, como uma sulfonamida, pode ligar-se a determinadas enzimas bacterianas, bloqueando a ligação delas a seus substratos e impedindo, consequentemente, a formação de metabólitos essenciais. Esse processo pode levar à morte das bactérias.

METABOLISMO

Conforme anteriormente assinalado, o termo *metabolismo* refere-se a todas as reações químicas que ocorrem no interior de uma célula, as quais são designadas como reações metabólicas. Um *metabólito* é qualquer molécula, seja ela um nutriente, um produto intermediário ou um produto final, em uma reação metabólica. No interior da célula, muitas reações metabólicas ocorrem simultaneamente, com degradação de alguns compostos e síntese (formação) de outros. A maioria das reações metabólicas é classificada em duas categorias: catabolismo e anabolismo (Figura 7.3).

O termo *catabolismo* diz respeito a todas as reações catabólicas que ocorrem em uma célula, as quais envolvem a

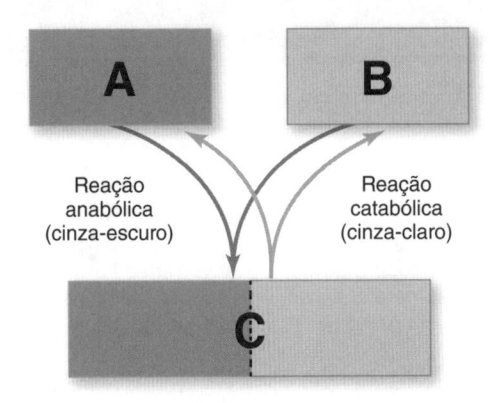

Figura 7.3 Reações anabólicas e catabólicas. Uma reação anabólica reúne moléculas menores (**A**, **B**) entre si para produzir uma molécula maior (**C**). Uma reação catabólica degrada uma molécula maior (**C**) em moléculas menores (**A**, **B**).

degradação de moléculas maiores em moléculas menores, exigindo a quebra das ligações (as reações catabólicas são descritas de modo mais detalhado mais adiante neste capítulo). *Sempre que houver clivagem de ligações químicas, haverá liberação de energia. As reações catabólicas constituem a principal fonte de energia para uma célula.* Nas bactérias, as reações catabólicas são muito diversificadas, visto que as fontes de energia variam desde compostos inorgânicos (p. ex., sulfeto, íon ferroso e hidrogênio) até compostos orgânicos (p. ex., carboidratos, lipídios e aminoácidos).

> As reações catabólicas envolvem a quebra de ligações químicas e a liberação de energia.

O *anabolismo* refere-se a todas as reações anabólicas que ocorrem em uma célula, as quais envolvem a montagem de moléculas menores em moléculas maiores, exigindo a formação de ligações (as reações anabólicas são descritas de modo mais detalhado mais adiante neste capítulo). *A energia é necessária para a formação de ligações. Uma vez formadas, elas representam energia armazenada.* As reações anabólicas tendem a ser muito semelhantes em todos os tipos de células, e as vias para a biossíntese de macromoléculas não diferem muito entre os organismos. A Tabela 7.2 ilustra as diferenças fundamentais entre catabolismo e anabolismo.

> As reações anabólicas envolvem a formação de ligações químicas, o que exige energia.

A energia que é liberada durante as reações catabólicas é utilizada para impulsionar as reações anabólicas. Assim, no interior da célula, ocorre um tipo de exercício de equilíbrio energético, em que algumas reações metabólicas liberam energia, enquanto outras necessitam dela. A energia exigida por uma célula pode ser capturada a partir dos raios do sol (como na fotossíntese), ou pode ser produzida por determinadas reações catabólicas. Em seguida, ela pode ser temporariamente armazenada no interior de ligações de

> As moléculas de ATP constituem as principais moléculas de armazenamento ou de transporte de energia no interior de uma célula.

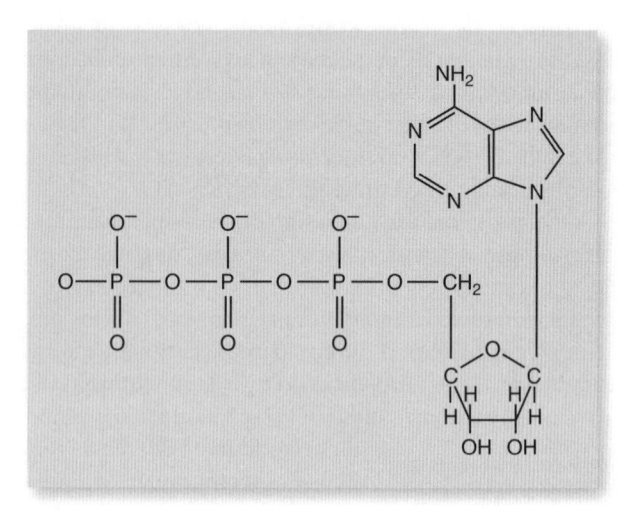

Figura 7.4 Molécula de trifosfato de adenosina (ATP). Como o próprio nome sugere, as moléculas de ATP contêm três grupos fosfato.

alta energia presentes em moléculas especiais, comumente de ATP (Figura 7.4). Embora as moléculas de ATP não sejam os únicos compostos ricos em energia existentes no interior de uma célula, elas são as mais importantes, pois são as principais moléculas de armazenamento ou de transporte de energia.

As moléculas de ATP são encontradas em todas as células, visto que são utilizadas na transferência de energia de moléculas produtoras da mesma, como a glicose, para uma reação que necessite dela. Assim, o ATP é uma molécula intermediária temporária; portanto, se não for utilizado dentro de pouco tempo após a sua formação, ele é logo hidrolisado a difosfato de adenosina (ADP), uma molécula mais estável. A hidrólise do ATP é um exemplo de reação catabólica. Se uma célula ficar sem moléculas dele, as de ADP podem ser utilizadas como fonte de energia de emergência pela remoção de outro grupo fosfato, produzindo monofosfato de adenosina (AMP). A hidrólise do ADP também é uma reação catabólica. A Figura 7.5 ilustra as inter-relações entre as moléculas de ATP, ADP e AMP.

Além de ser necessária para as vias metabólicas, a energia também é imprescindível ao organismo para o crescimento, a reprodução, a esporulação, o movimento e o transporte ativo de substâncias através das membranas. Alguns organismos (p. ex., certos dinoflagelados planctônicos) utilizam até mesmo a energia para a bioluminescência. Eles produzem um brilho que algumas vezes pode ser observado na superfície do oceano, na esteira de um navio ou quando as ondas quebram na praia. O valor da bioluminescência para esses organismos ainda não está bem elucidado.

As reações químicas são, essencialmente, processos de transformação da energia, durante os quais a que está armazenada em ligações químicas é transferida para produzir novas ligações químicas. Os mecanismos celulares que liberam pequenas quantidades de energia de acordo com as necessidades da célula geralmente envolvem uma sequência de reações catabólicas e anabólicas.

Catabolismo

Conforme anteriormente assinalado, o termo catabolismo refere-se a todas as reações catabólicas que ocorrem no

---

Tabela 7.2 Diferenças entre catabolismo e anabolismo.

Catabolismo	Anabolismo
Todas as reações catabólicas em uma célula	Todas as reações anabólicas em uma célula
As reações catabólicas liberam energia	As reações anabólicas necessitam de energia
As reações catabólicas envolvem a quebra de ligações; sempre que isso ocorre, há liberação de energia	As reações anabólicas envolvem a formação de ligações químicas, que necessitam de energia
As moléculas maiores são degradadas em moléculas menores (processo algumas vezes designado como reação de degradação)	As moléculas menores são unidas entre si para formar moléculas maiores (processo algumas vezes designado como reação de biossíntese)

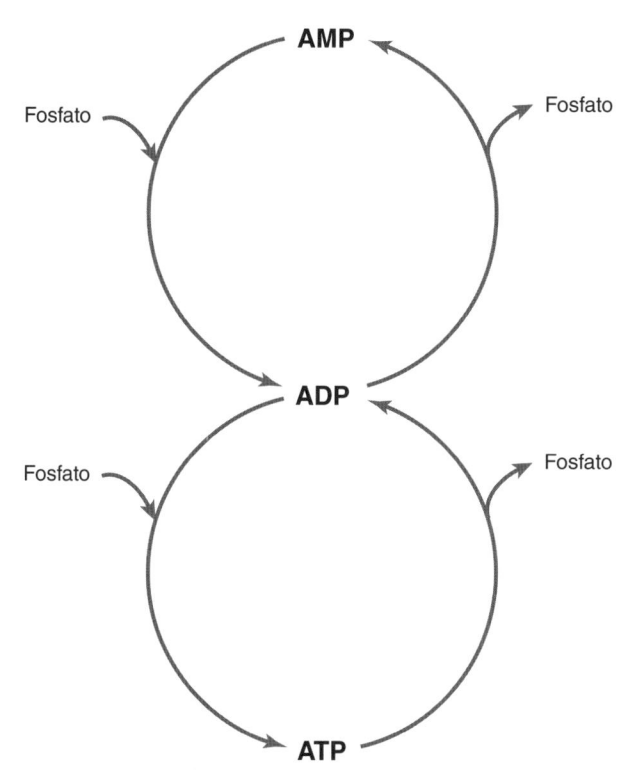

Figura 7.5 Inter-relações entre as moléculas de trifosfato de adenosina (ATP), difosfato de adenosina (ADP) e monofosfato de adenosina (AMP).

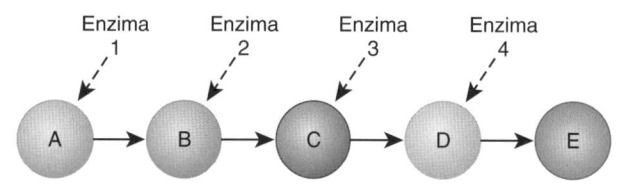

Figura 7.6 Via bioquímica. Existem quatro etapas nessa via bioquímica hipotética, em que o composto A é finalmente convertido em composto E. O composto A é inicialmente convertido em composto B, o qual, por sua vez, é convertido em composto C, que, em seguida, é convertido no composto D e, por fim, no composto E. O composto A é designado como material inicial; os compostos B, C e D são denominados produtos intermediários; e o composto E é chamado de produto final. São necessárias quatro enzimas nessa via. O substrato da enzima 1 é o composto A, o da enzima 2 é o composto B, e assim por diante.

interior de uma célula, **cujo aspecto fundamental é o fato de liberarem energia**. As reações catabólicas constituem a principal fonte de energia para uma célula e envolvem a quebra de ligações químicas. Assim, todas as vezes que há quebra de ligações químicas, ocorre liberação de energia.

A energia produzida pelas reações catabólicas pode ser utilizada para movimentar flagelos e para transportar ativamente substâncias através das membranas; porém, a maior parte dela é utilizada para impulsionar as reações anabólicas. Infelizmente, ocorre perda de parte da energia na forma de calor. As reações catabólicas são frequentemente designadas como *reações de degradação*, visto que degradam moléculas maiores em moléculas menores. A degradação de um dissacarídeo em seus dois monossacarídeos originais – uma reação de hidrólise – é um exemplo de reação catabólica.

> As reações catabólicas liberam energia devido à quebra das ligações químicas.

Vias bioquímicas

Uma via bioquímica descreve uma série de reações bioquímicas ligadas entre si, que ocorrem de maneira sequencial, levando um material inicial até um produto final (Figura 7.6).

A glicose é o "alimento" ou nutriente favorito das células, incluindo os microrganismos. *Os nutrientes devem ser considerados como fontes de energia, e as ligações químicas, como energia armazenada*. Assim, toda vez que ocorre quebra das ligações químicas no interior dos nutrientes, há liberação de energia.

> Os nutrientes devem ser considerados como fontes de energia, e as ligações químicas, como energia armazenada.

Existem muitos processos químicos pelos quais a glicose é catabolizada no interior das células. Dois processos comuns são as vias bioquímicas conhecidas como respiração aeróbica e reações de fermentação, que serão descritas mais adiante neste capítulo. Outras vias para catabolizar a glicose, como a via de Entner-Doudoroff, a via da pentose fosfato e a respiração anaeróbica, não serão descritas, visto que estão além dos objetivos deste livro.

Respiração aeróbica da glicose

O catabolismo completo da glicose pelo processo conhecido como respiração aeróbica (ou respiração celular) ocorre em três fases, cada uma delas sendo uma via bioquímica: (a) glicólise, (b) ciclo de Krebs e (c) cadeia de transporte de elétrons. Embora a primeira fase (glicólise) seja um processo anaeróbico, as outras duas necessitam de condições aeróbicas, o que explica o termo respiração *aeróbica*.

> A respiração aeróbica envolve a glicólise, o ciclo de Krebs e a cadeia de transporte de elétrons.

Glicólise. A glicólise, também conhecida como *via glicolítica*, via de Embden-Meyerhof e via de Embden-Meyerhof-Parnas, é uma via bioquímica constituída de nove etapas, envolvendo nove reações bioquímicas separadas. Cada uma delas exige a presença de uma enzima específica (Figura 7.7).

Na glicólise, uma molécula de glicose de seis carbonos é finalmente degradada em duas moléculas de ácido pirúvico (também chamado de *piruvato*) de três carbonos. A glicólise pode ocorrer na presença ou na ausência de oxigênio, pois ele não participa dessa fase da respiração aeróbica. A glicólise produz uma quantidade muito pequena de energia – um rendimento efetivo de apenas duas moléculas de ATP. Ocorre no citoplasma das células tanto procarióticas quanto eucarióticas.

Ciclo de Krebs. As moléculas de ácido pirúvico produzidas durante a glicólise são convertidas em moléculas de acetil coenzima A (acetil-CoA), que, em seguida, entram no ciclo de Krebs (Figura 7.8).

O ciclo de Krebs é uma via bioquímica que consiste em oito reações separadas, cada uma controlada por uma enzima diferente. Na primeira etapa do ciclo, a acetil-CoA combina-se com o oxalacetato para produzir ácido cítrico (um ácido

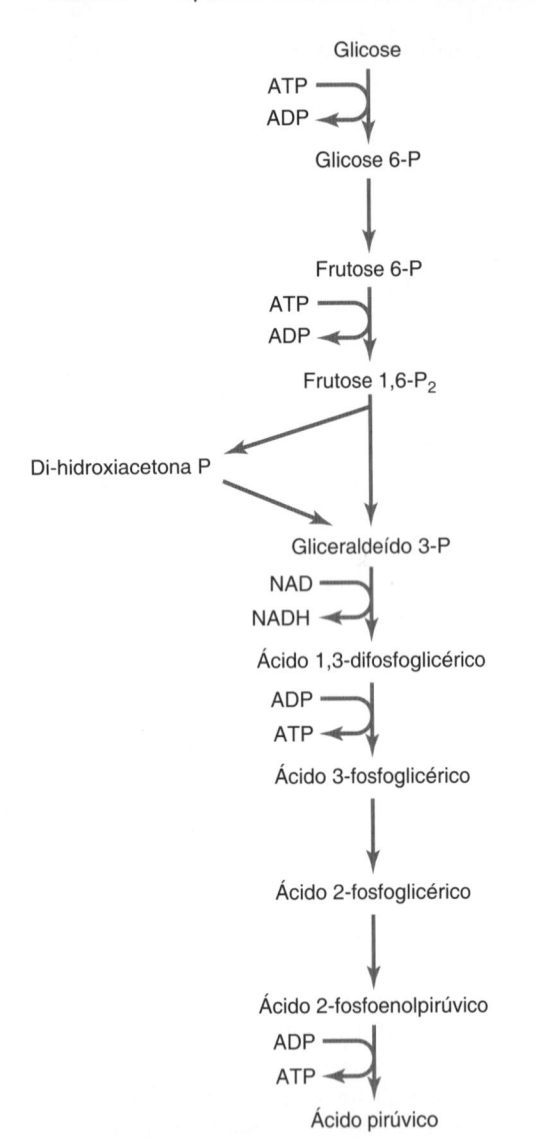

Figura 7.7 Glicólise. Cada um dos componentes, desde a glicose até a frutose 1,6-P_2, contém seis átomos de carbono. A frutose 1,6-P_2 é degradada em dois compostos de três átomos de carbono, a di-hidroxiacetona P e o gliceraldeído 3-P, sendo cada um deles finalmente transformado em uma molécula de ácido pirúvico. Por conseguinte, na glicólise, uma molécula de glicose de seis átomos de carbono é convertida em duas de ácido pirúvico de três carbonos. ADP, difosfato de adenosina; ATP, trifosfato de adenosina; NAD, nicotinamida adenina dinucleotídio, NADH é a forma reduzida da NAD. (De Volk WA *et al. Essentials of medical microbiology.* 5th ed. Philadelphia, PA: Lippincott-Raven; 1996.)

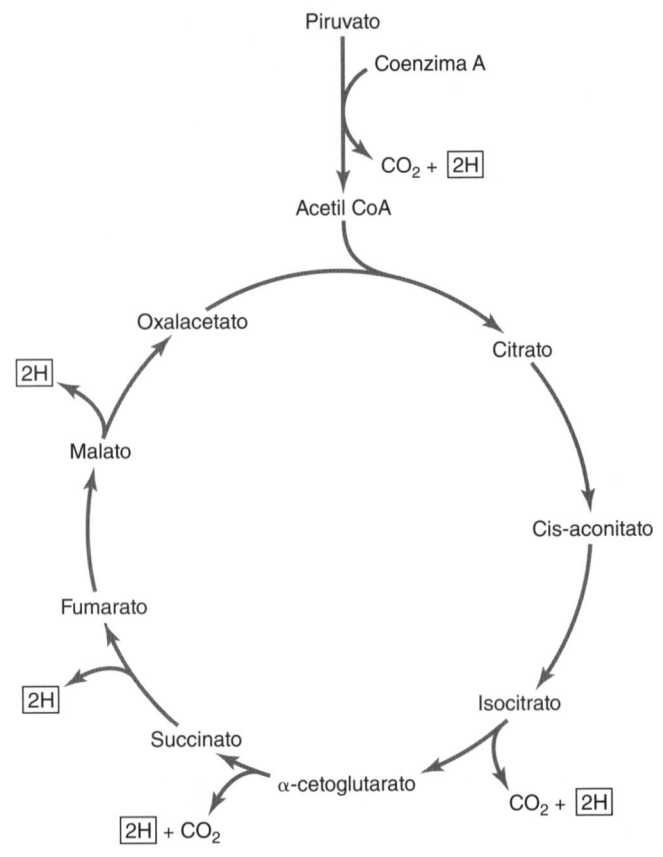

Figura 7.8 Ciclo de Krebs. (De Volk WA *et al. Essentials of medical microbiology.* 5th ed. Philadelphia, PA: Lippincott-Raven; 1996.)

tricarboxílico [TCA]), o que explica as outras designações do ciclo de Krebs – ciclo do ácido cítrico, ciclo do ácido tricarboxílico ou ciclo do TCA. É descrito como ciclo pelo fato de, no final das oito reações, a via bioquímica terminar em seu ponto inicial – o oxalacetato. São produzidas apenas duas moléculas de ATP durante o ciclo de Krebs; porém, vários produtos (p. ex., NADH, $FADH_2$ e íons hidrogênio) formados durante o ciclo entram na cadeia de transporte de elétrons (NADH é a forma reduzida da NAD, enquanto $FADH_2$ é a forma reduzida da FAD). Nas células eucarióticas, o ciclo de Krebs e a cadeia de transporte de elétrons estão localizados nas mitocôndrias (conforme assinalado no Capítulo 3, *Estrutura Celular e Taxonomia*, as mitocôndrias são consideradas "fábricas de energia" ou "usinas de força"). Nas células procarióticas, tanto o ciclo de Krebs quanto a cadeia de transporte de elétrons ocorrem na superfície interna da membrana celular.

Cadeia de transporte de elétrons. Conforme assinalado anteriormente, alguns dos produtos formados durante o ciclo de Krebs entram na *cadeia de transporte de elétrons* (também denominada sistema de transporte de elétrons ou cadeia respiratória). Ela consiste em uma série de reações de oxirredução (descritas adiante), em que a energia liberada na forma de elétrons é transferida de um composto para outro. Esses compostos incluem flavoproteínas, quinonas, proteínas de ferro não heme e citocromos. O oxigênio encontra-se no final da cadeia; é designado como receptor final ou terminal de elétrons.

Auxílio ao estudo

Uma via bioquímica

Imagine uma via bioquímica como se fosse uma viagem de carro. Para dirigir da cidade A até a cidade E, é preciso passar pelas cidades B, C e D. A cidade A é o ponto de início. A cidade E é o destino ou ponto final. As cidades B, C e D são pontos intermediários na viagem.

Muitas enzimas diferentes estão envolvidas na cadeia de transporte de elétrons, incluindo a citocromo oxidase (também denominada citocromo *c*, ou simplesmente oxidase), a enzima responsável pela transferência de elétrons para o oxigênio, o receptor final. No laboratório de microbiologia clínica, o teste da oxidase é útil na determinação da espécie de um bacilo gram-negativo isolado de uma amostra clínica; afinal, uma importante pista para a identificação de um microrganismo é estabelecer se ele apresenta ou não oxidase.

Durante a cadeia de transporte de elétrons, há produção de grande número de moléculas de ATP por um processo conhecido como fosforilação oxidativa – a oxidação refere-se à perda de elétrons, enquanto a fosforilação, à conversão de moléculas de ADP em moléculas de ATP. O rendimento líquido de moléculas de ATP a partir do catabolismo de uma molécula de glicose pela respiração aeróbica é de 38 nas células procarióticas e 36 a 38 nas eucarióticas (Tabela 7.3).

> A degradação da glicose pela respiração aeróbica produz 38 moléculas de ATP nas células procarióticas e 36 a 38 nas eucarióticas.

Isso representa uma grande quantidade de energia a partir de uma molécula de glicose. A respiração aeróbica é um sistema muito eficiente: produz 18 a 19 vezes mais energia do que a fermentação da glicose (ver Tabela 7.3).

A equação química que representa a respiração aeróbica é:

$$C_6H_{12}O_6 + 6O_2 + 38\ ADP + 38\ \text{\textcircled{P}} \rightarrow 6\ H_2O + 6CO_2 + 38\ ATP$$

em que $\text{\textcircled{P}}$ indica um grupo fosfato ativado.

O catabolismo da glicose pela reação aeróbica constitui apenas uma das muitas maneiras pelas quais as células podem catabolizar moléculas de glicose. O modo como a glicose é utilizada por uma célula depende do organismo, da disponibilidade de nutrientes e recursos energéticos e das enzimas que ele é capaz de produzir. Algumas bactérias degradam a glicose em ácido pirúvico por outras vias metabólicas. Além disso, o glicerol, os ácidos graxos dos lipídios e os aminoácidos da digestão das proteínas podem entrar no ciclo de Krebs, produzindo energia para a célula quando houver necessidade (*i. e.*, quando a disponibilidade de carboidratos não for suficiente).

> **Tabela 7.3** Recapitulação do rendimento máximo teórico de moléculas de ATP produzidas a partir de uma molécula de glicose pela respiração aeróbica.

Meio de produção	Células procarióticas	Células eucarióticas
Glicólise	2	2
Ciclo de Krebs	2	2
Cadeia de transporte de elétrons	34	32 a 34*
Total de moléculas de ATP	38	36 a 38*

*Varia, dependendo do número de moléculas de NADH, produzidas durante a glicólise, que entram nas mitocôndrias. ATP, trifosfato de adenosina.

Fermentação da glicose

O primeiro aspecto a ser observado nas reações de *fermentação* é o fato de que elas não envolvem oxigênio; portanto, as fermentações ocorrem geralmente em ambientes anaeróbicos.

> O oxigênio não participa das reações de fermentação.

A primeira etapa na fermentação da glicose é a glicólise, que ocorre exatamente conforme descrito anteriormente. Deve-se lembrar de que ela não envolve oxigênio, e que ocorre produção de uma quantidade muito pequena de energia (duas moléculas de ATP).

A etapa seguinte consiste na conversão do ácido pirúvico em um produto final específico, o qual depende do organismo específico envolvido. Os vários produtos da fermentação têm muitas aplicações industriais. Por exemplo, certas leveduras (*Saccharomyces* spp.) e bactérias (*Zymomonas* spp.) convertem o ácido pirúvico em álcool etílico (etanol) e CO_2; por isso, são utilizadas na fabricação de vinho, cerveja, outras bebidas alcoólicas e pão.

Um grupo de bactérias gram-positivas, denominadas *bactérias do ácido láctico*, converte o ácido pirúvico em ácido láctico. Essas bactérias são utilizadas na fabricação de vários produtos alimentares, incluindo queijos, iogurte, picles e salsichas curadas. Nas células musculares humanas, a falta de oxigênio durante um esforço extremo resulta na conversão do ácido pirúvico em ácido láctico, cuja presença no tecido muscular é a causa da dor que se desenvolve nos músculos esgotados.

Algumas bactérias da cavidade oral (p. ex., várias espécies de *Streptococcus*) convertem a glicose em ácido láctico, que, em seguida, ataca o esmalte dos dentes, resultando em cárie dentária. A presença de ácido láctico bacteriano no leite é responsável pela sua transformação em coalhada e soro.

Algumas bactérias convertem o ácido pirúvico em ácido propiônico, e espécies de *Propionibacterium* são utilizadas na produção de queijos suíços. O ácido propiônico que essas bactérias produzem confere ao queijo o sabor característico, e o CO_2 produzido cria os "furos". Outros produtos da fermentação incluem ácido acético, acetona, butanol, ácido butírico, isopropanol e ácido succínico.

As reações de fermentação produzem uma quantidade muito pequena de energia (aproximadamente duas moléculas de ATP); por conseguinte, representam meios muito ineficazes de catabolizar a glicose. Os aeróbios e os anaeróbios facultativos são muito mais eficientes na produção de energia do que os anaeróbios obrigatórios, visto que são capazes de catabolizar a glicose por meio da respiração aeróbica.

> A degradação da glicose pela fermentação produz apenas duas moléculas de ATP.

Reações de oxirredução (redox)

As reações de oxirredução são reações pareadas, em que ocorre transferência de elétrons de um composto para outro (Figura 7.9). Sempre que um átomo, um íon ou uma molécula perdem um ou mais elétrons (e–) em uma reação, o processo é denominado *oxidação*, e a molécula é descrita como *oxidada*. Os elétrons que são perdidos não flutuam de modo aleatório; entretanto, por serem muito reativos, ligam-se imediatamente a outra molécula. O consequente ganho de um ou mais elétrons por uma molécula é chamado de *redução*, e considera-se que a molécula está *reduzida*. No interior da célula, uma reação de oxidação é sempre pareada (ou acoplada) com uma reação de redução, o que explica a expressão "reação de oxirredução" ou reação de "redox". Nela, o doador de elétrons é designado como agente redutor, enquanto o aceptor de elétrons é conhecido como agente oxidante. Assim, na Figura 7.9, o composto A é o agente redutor, enquanto o composto B é o agente oxidante.

> As reações de oxidação envolvem a perda de um elétron, enquanto as de redução envolvem o ganho de um elétron.

Conforme mencionado anteriormente, a cadeia de transporte de elétrons consiste em uma série de reações de oxirredução, em que a energia liberada na forma de elétrons é transferida de um composto para outro. Muitas oxidações biológicas são descritas como *reações de desidrogenação*, visto que há remoção de íons hidrogênio (H^+) e de elétrons. Simultaneamente, os íons hidrogênio precisam ser captados em uma reação de redução. Muitas ilustrações boas são encontradas na respiração aeróbica da glicose, em que os íons hidrogênio liberados durante o ciclo de Krebs entram na cadeia de transporte de elétrons.

Anabolismo

O anabolismo refere-se a todas as *reações anabólicas* que ocorrem em uma célula, as quais *necessitam de energia, visto que estão sendo formadas ligações químicas* (há necessidade de energia para a formação de uma ligação química). *A maior parte da energia necessária para as ligações anabólicas é obtida das reações catabólicas que estão ocorrendo simultaneamente na célula.* Com frequência, as reações anabólicas são designadas como reações de biossíntese. Exemplos incluem: a formação de um dissacarídeo a partir de duas moléculas de monossacarídeos por meio de síntese por desidratação, a biossíntese de peptídeos pela ligação de moléculas de aminoácidos entre si e a biossíntese de moléculas de ácido nucleico pela ligação de nucleotídios entre si.

> As reações anabólicas necessitam de energia, visto que estão sendo formadas ligações químicas.

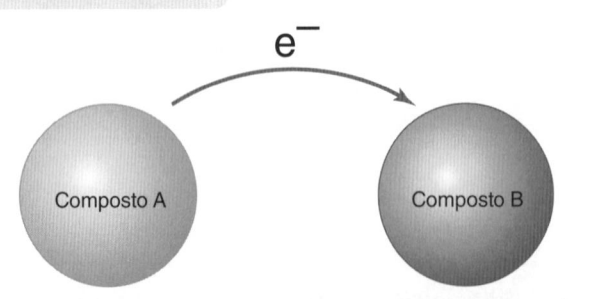

Figura 7.9 Reação de oxirredução. Nesta ilustração, um elétron foi transferido do composto A para o composto B. Ocorreram duas reações simultaneamente. O composto A perdeu um elétron (reação de oxidação), enquanto o composto B ganhou um elétron (reação de redução). A oxidação refere-se à perda de um elétron, enquanto a redução é o ganho de um elétron. O composto A foi oxidado, e o composto B, reduzido. O termo *redução* refere-se ao fato de que o elétron tem uma carga negativa. Quando o composto B recebe um elétron, sua carga elétrica é reduzida.

Biossíntese dos compostos orgânicos

A biossíntese de compostos orgânicos necessita de energia e pode ocorrer por meio de fotossíntese (utiliza a energia luminosa) ou de quimiossíntese (utiliza a energia química).

Fotossíntese. Na fotossíntese, a energia luminosa é convertida em energia química na forma de ligações químicas. Os organismos fototróficos que utilizam o CO_2 como fonte de carbono são denominados fotoautotróficos; entre os exemplos, destacam-se as algas, as plantas, as cianobactérias e algumas outras bactérias fotossintéticas. Os organismos fototróficos que utilizam pequenas moléculas orgânicas, como ácidos e álcoois, para produzir moléculas orgânicas, são chamados de foto-heterotróficos; alguns tipos de bactérias são foto-heterotróficos.

Os processos de fotossíntese têm por finalidade captar a energia radiante da luz e convertê-la em energia das ligações químicas nas moléculas de ATP e carboidratos, particularmente a glicose, que, em seguida, pode ser convertida em mais moléculas de ATP em uma fase posterior da respiração aeróbica. As bactérias que produzem oxigênio por fotossíntese são *bactérias fotossintéticas oxigênicas*, e o processo é conhecido como *fotossíntese oxigênica*, cuja reação é:

$$6CO_2 + 12H_2O \xrightarrow[\text{ATP}]{\text{Luz}} C_6H_{12}O_6 + 6O_2 + 6H_2O + ATP + ℗$$

Essa reação é quase o inverso da desencadeada na respiração aeróbica; trata-se da maneira natural de equilibrar os substratos no meio ambiente. Na respiração aeróbica, a glicose e o oxigênio são finalmente convertidos em água e dióxido de carbono; na fotossíntese oxigênica, a água e o dióxido de carbono são convertidos em glicose e oxigênio.

As reações de fotossíntese nem sempre produzem oxigênio. As sulfobactérias púrpuras e verdes (que são fotoautotróficas anaeróbicas obrigatórias) são designadas como *bactérias fotossintéticas anoxigênicas*, visto que o seu processo de síntese não produz oxigênio (*fotossíntese anoxigênica*). Essas bactérias utilizam enxofre, compostos de enxofre (p. ex., gás H_2S) ou gás hidrogênio para reduzir o CO_2, em vez de H_2O.

Os pigmentos fotossintéticos das bactérias utilizam comprimentos de onda mais curtos da luz, que penetram profundamente na água ou na lama, onde parece estar escuro. Na ausência de luz, alguns organismos fototróficos conseguem sobreviver em condições anaeróbicas apenas pelo processo de fermentação. Outras bactérias fototróficas também têm capacidade limitada de utilizar moléculas orgânicas simples nas reações de fotossíntese; por conseguinte, tornam-se organismos foto-heterotróficos em determinadas condições.

Quimiossíntese. O processo de quimiossíntese envolve uma fonte de energia química e matéria-prima para a síntese dos metabólitos e das macromoléculas necessários para o crescimento e o desempenho das funções dos organismos. Os quimiotróficos que utilizam o CO_2 como fonte de carbono são denominados quimioautotróficos, e são exemplos alguns tipos de bactérias primitivas. Algumas Archaea são metanogênicas e também são quimioautotróficas. Os organismos metanogênicos produzem metano da seguinte maneira:

$$4\,H_2 + CO_2 \rightarrow CH_4 + 2\,H_2O$$

Os quimiotróficos que utilizam moléculas orgânicas em vez de CO_2 como fonte de carbono são denominados quimio-heterotróficos. As bactérias, em sua maioria, bem como todos os protozoários, fungos, animais e seres humanos são quimio-heterotróficos.

GENÉTICA BACTERIANA

Seria impossível discutir a genética de todos os tipos de microrganismos em um livro deste tamanho (lembrando que alguns micróbios são procariontes, enquanto outros são eucariontes). Por isso, a discussão que se segue sobre genética bacteriana servirá apenas de introdução ao assunto.

A *genética*, que é o estudo da hereditariedade, envolve muitos tópicos, alguns dos quais já foram abordados neste livro (p. ex., DNA, genes, código genético, cromossomos, replicação do DNA, transcrição e tradução). Tudo o que foi discutido até aqui está relacionado com a genética em nível molecular.

O *genótipo* (ou genoma) de um organismo é o conjunto completo de genes, enquanto o *fenótipo* refere-se a todos os aspectos físicos, atributos ou características. Os aspectos fenotípicos dos seres humanos incluem a cor dos cabelos, dos olhos e da pele, e os das bactérias envolvem a presença ou ausência de certas enzimas e determinadas estruturas, como cápsulas, flagelos, fímbrias e *pili*. O fenótipo de um organismo é determinado pelo seu genótipo, ou seja, *o fenótipo é a manifestação do genótipo*. Desse modo, um organismo não pode produzir determinada enzima se não tiver o gene específico que a codifica, tampouco pode produzir flagelos, a menos que tenha os genes necessários para a produção deles.

> O genótipo (ou genoma) de um organismo refere-se ao conjunto completo de genes, enquanto o fenótipo corresponde a todos os traços físicos, atributos ou características do organismo.

A maioria das bactérias tem um cromossomo, que geralmente consiste em uma longa molécula de DNA de fita dupla contínua (circular), sem proteína na parte externa (como aquela encontrada nos cromossomos eucarióticos). Um gene é constituído por um segmento particular do cromossomo. Este pode ser considerado como uma fita circular de genes ligados entre si, à semelhança de um colar de contas. Os genes constituem as unidades fundamentais da hereditariedade e carregam a informação necessária para as características especiais de cada espécie diferente de bactérias. *Os genes dirigem todas as funções da célula, conferindo-lhe seus traços particulares e sua individualidade.*

Como foi ensinado no Capítulo 6, *Base Bioquímica da Vida*, a informação existente em um gene é utilizada pela célula para produzir uma molécula de mRNA (pelo processo conhecido como transcrição). Em seguida, a informação contida na molécula de mRNA é utilizada para produzir um *produto gênico* (por meio de um

> Os genes constitutivos são expressos o tempo todo, e os genes induzíveis são apenas expressos quando necessários.

processo conhecido como tradução). Os produtos gênicos são, em sua maioria, proteínas; entretanto, as moléculas de RNA ribossômico (rRNA), de microRNA (miRNA) e de RNA transportador (tRNA) também são codificadas por genes e representam, portanto, outros tipos de produtos gênicos. Quando a informação contida em um gene é utilizada pela célula para formar um produto gênico, diz-se que o gene que codifica o produto gênico específico foi *expresso*.

Nem todos os genes existentes no cromossomo estão sendo expressos ao mesmo tempo, pois seria um terrível desperdício de energia. Por exemplo, seria inútil para uma célula produzir uma enzima particular se ela não fosse necessária. Os genes que são constantemente expressos são denominados *genes constitutivos*, e os que são apenas expressos quando os produtos gênicos se tornam necessários são chamados de *genes induzíveis*.

Como existe apenas um cromossomo que se replica exatamente antes da divisão celular, os traços idênticos de uma espécie são transferidos da bactéria parental para as células-filhas após a ocorrência da divisão binária. A replicação do DNA deve preceder a divisão binária, de modo a garantir que cada célula-filha tenha exatamente a mesma composição genética da célula parental.

Mutações

O DNA de qualquer gene no cromossomo está sujeito a sofrer alteração acidental (p. ex., deleção de um par de bases), alterando o produto gênico e, talvez, o traço que é controlado por esse gene específico. Se a mudança ocorrida no gene alterar ou eliminar um traço que não cause a morte da célula ou não a torne incapaz de sofrer divisão, o traço alterado será transmitido para as células-filhas de cada geração subsequente. Uma mudança nas características de uma célula causada por uma alteração na molécula do DNA (alteração genética) que é transmissível à progênie é denominada *mutação*. Existem três categorias de mutações: as benéficas, as prejudiciais (e, algumas vezes, letais) e as silenciosas.

As *mutações benéficas*, como o próprio nome sugere, fornece benefícios ao organismo. Um exemplo seria uma mutação que possibilitasse ao organismo sobreviver em um ambiente no qual morreria sem ela. É possível também que a mutação torne o organismo resistente a determinado antibiótico.

Um exemplo de *mutação prejudicial* seria uma que levasse à produção de uma enzima não funcional, a qual é incapaz de catalisar a reação química que normalmente catalisaria se fosse funcional. Se for uma enzima que catalisa uma reação metabólica essencial para a vida da célula, esta morrerá. Por conseguinte, isso fornece um exemplo de *mutação letal*. Nem todas as mutações prejudiciais são letais.

> As mutações benéficas proporcionam um benefício para o organismo, enquanto as prejudiciais resultam na produção de enzimas não funcionais. Algumas mutações prejudiciais são letais para o organismo.

Com toda probabilidade, a maioria das mutações é *silenciosa* (ou neutra), o que significa que elas não exercem nenhum efeito sobre a célula. Por exemplo, se a mutação levar à colocação de um aminoácido incorreto próximo ao centro de uma grande enzima altamente convoluta, composta de centenas de aminoácidos, será duvidoso que essa mutação cause qualquer mudança na estrutura ou na função da enzima em questão. Se a mutação não produz nenhuma alteração da função, é considerada silenciosa.

É muito provável que ocorram mutações espontâneas (aleatórias de ocorrência natural) mais ou menos constantemente em todo genoma bacteriano. Entretanto, alguns genes são mais propensos do que outros a sofrer essas mutações. A taxa de ocorrência de mutações espontâneas é comumente expressa em termos de frequência com que ocorrerá em determinado gene. Essa taxa varia de uma mutação a cada 10^4 (10.000) ciclos de replicação do DNA até uma mutação a cada 10^{12} (1 trilhão) ciclos de replicação do DNA. A taxa média de mutação espontânea é de aproximadamente uma mutação a cada 10^6 (1 milhão) ciclos de replicação do DNA. Em outras palavras, a probabilidade de uma mutação espontânea acontecer em determinado gene é de cerca de uma mutação por milhão de divisões celulares.

Entretanto, essa taxa pode ser aumentada pela exposição das células a agentes físicos ou químicos que afetam o cromossomo, os quais são denominados *mutagênicos*. Nos laboratórios de pesquisa, os raios X, a luz ultravioleta e as substâncias radioativas, como determinados agentes químicos, são utilizados para aumentar a taxa de mutação das bactérias, levando, assim, à ocorrência de mais delas. O organismo que contém a mutação é denominado *mutante*.

> Os agentes físicos ou químicos que causam aumento na taxa de mutação são denominados mutagênicos.

As bactérias mutantes são utilizadas na pesquisa genética e médica e no desenvolvimento de vacinas. Os tipos de alterações mutagênicas observadas com frequência nas bactérias envolvem a forma da célula, as atividades bioquímicas, as necessidades nutricionais, os sítios antigênicos, as características das colônias, a virulência e a resistência a fármacos. As vacinas com vírus "vivos" não patogênicos, como a vacina Sabin, para a poliomielite, são exemplos de mutações de micróbios patogênicos induzidas em laboratório.

Em um teste denominado *teste de Ames* (desenvolvido por Bruce Ames, na década de 1960), uma cepa mutante de *Salmonella* é utilizada para descobrir se determinada substância química (p. ex., um aditivo alimentar ou uma substância química utilizada em algum tipo de cosmético) é mutagênica. Assim, se a exposição a essa substância causar reversão da mutação do organismo (conhecida como retromutação), essa substância química será considerada mutagênica. Porém, se ela for mutagênica, também poderá ser carcinogênica (causadora de câncer) e deverá ser testada utilizando animais de laboratório ou culturas de células. Muitas substâncias que demonstraram ser mutagênicas pelo teste de Ames também demonstraram ser carcinogênicas em animais de laboratório. As substâncias que são carcinogênicas em animais de laboratório também podem ser carcinogênicas para os seres humanos.

Maneiras pelas quais as bactérias adquirem novas informações genéticas

Existem pelo menos quatro modos adicionais pelos quais é possível alterar a constituição genética das bactérias, ou seja, elas adquirem novas informações genéticas (novos genes): conversão lisogênica, transdução, transformação e conjugação. Se os novos genes permanecem no citoplasma da célula, a molécula na qual estão localizados é denominada *plasmídeo* (Figura 7.10). Como não fazem parte do cromossomo, os plasmídeos são designados como DNA extracromossômico. Foram descobertos muitos tipos diferentes de plasmídeos, e as informações obtidas sobre eles preencheriam muitos livros. Alguns contêm muitos genes, enquanto outros só apresentam alguns; todavia, em todos os casos, a célula é alterada pela aquisição desses genes. Alguns plasmídeos sofrem replicação espontânea com a replicação do DNA cromossômico; outros se replicam de modo independente em várias outras vezes. Um plasmídeo que pode existir de modo autônomo (por si próprio) ou que pode integrar-se ao cromossomo é designado como *epissoma*. Alguns genes de plasmídeos podem ser expressos como genes extracromossômicos; entretanto, outros precisam integrar-se ao cromossomo para que se tornem funcionais.

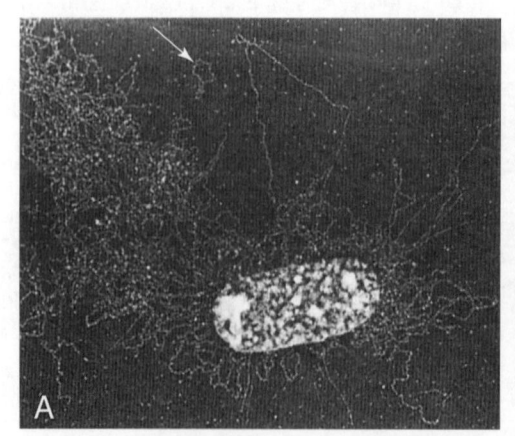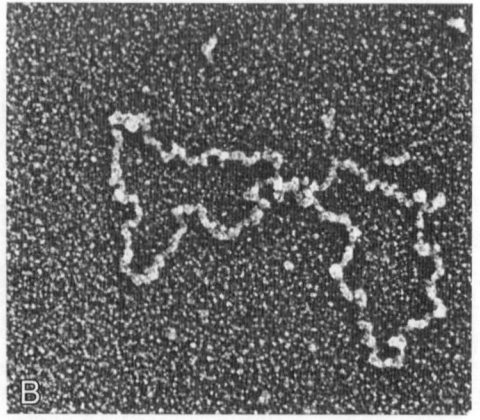

Figura 7.10 Plasmídeos. A. Célula de *E. coli* rompida. O DNA extravasou, e pode-se observar um plasmídeo ligeiramente à esquerda da parte central superior (*seta*). **B.** Ampliação de um plasmídeo, que tem cerca de 1 μm de um lado ao outro. (De Volk WA *et al. Essentials of medical microbiology.* 4th ed. Philadelphia, PA: JB Lippincott; 1991.)

Conversão lisogênica

Conforme já mencionado no Capítulo 4, *Micróbios Acelulares e Procarióticos*, existem duas categorias de bacteriófagos (fagos): os fagos virulentos e os fagos temperados. Os *virulentos* induzem sempre a ocorrência do ciclo lítico, terminando com a destruição (lise) da célula bacteriana.

Os *temperados*, também conhecidos como fagos lisogênicos, injetam o seu DNA na célula bacteriana, o qual se integra ao cromossomo bacteriano (*i. e.*, torna-se parte dele), mas não induz a ocorrência do ciclo lítico. Essa situação em que o genoma do fago está presente na célula sem causar a ocorrência do ciclo lítico é conhecida como *lisogenia*. Durante a lisogenia, o único elemento que permanece do fago é o seu DNA; nessa forma, o fago é designado como profago, e a célula bacteriana que o contém é denominada *célula lisogênica* ou *bactéria lisogênica*. Toda vez que uma célula lisogênica sofre divisão binária, o DNA do fago sofre replicação juntamente com o DNA bacteriano e é transferido para cada uma das células-filhas. Assim, estas também são células lisogênicas.

Embora o profago geralmente não induza o ciclo lítico, determinados eventos (p. ex., exposição da célula bacteriana à luz ultravioleta ou a certas substâncias químicas) podem desencadeá-lo. Enquanto o profago está integrado ao cromossomo bacteriano, a célula bacteriana pode produzir produtos gênicos que são codificados pelos genes dele, exibindo novas propriedades – um fenômeno conhecido como *conversão lisogênica* (ou *conversão por fago*). Em outras palavras, a célula bacteriana foi convertida em consequência da lisogenia e, agora, é capaz de produzir um ou mais produtos gênicos que anteriormente não conseguia.

> Uma bactéria lisogênica tem a capacidade de produzir um ou mais novos produtos gênicos em consequência da infecção por um bacteriófago temperado.

Um exemplo de conversão lisogênica de importância médica envolve a difteria. Essa doença é causada por uma toxina (toxina diftérica) que é produzida por um bacilo gram-positivo, denominado *Corynebacterium diphtheriae*. Curiosamente, o genoma do *C. diphtheriae* normalmente não contém o gene que codifica a toxina diftérica. Assim, apenas as células de *C. diphtheriae* que contêm um profago podem produzi-la, visto que, na realidade, é um gene do fago (chamado de gene *tox*) que codifica a toxina. As cepas de *C. diphtheriae* capazes de produzir a toxina diftérica são denominadas *cepas toxigênicas*, enquanto aquelas que não têm capacidade são as *cepas não toxigênicas*. Uma célula de *C. diphtheriae* não toxigênica pode ser convertida em uma toxigênica em consequência de lisogenia. Conforme assinalado anteriormente, esse tipo de conversão é designado como lisogênica. O fago que infecta o *C. diphtheriae* (que possui o gene *tox* em seu genoma) é denominado corinebacteriófago.

Outros exemplos de conversão lisogênica de importância médica envolvem *Streptococcus pyogenes*, *Clostridium botulinum* e *Vibrio cholerae*. Apenas as cepas de *S. pyogenes* que contêm um profago são capazes de produzir a toxina eritrogênica (que causa a escarlatina); somente as cepas de *C. botulinum* que carregam um profago podem produzir a toxina botulínica; e apenas as cepas de *V. cholerae* que possuem um profago têm capacidade de produzir a toxina da cólera. Por conseguinte, se não forem infectadas por bacteriófagos, essas bactérias não podem causar escarlatina, botulismo e cólera, respectivamente. Uma recapitulação da terminologia dos bacteriófagos pode ser encontrada na Tabela 7.4.

Tabela 7.4 Recapitulação da terminologia dos bacteriófagos.

Termo	Significado
Bacteriófago (ou fago)	Vírus que infecta bactérias
Célula lisogênica (ou bactéria lisogênica)	Célula bacteriana com DNA do bacteriófago integrado a seu cromossomo
Conversão lisogênica	Quando uma célula bacteriana adquiriu novas características fenotípicas em consequência da lisogenia
Lisogenia	Quando o DNA do bacteriófago é integrado ao cromossomo bacteriano e sofre replicação juntamente com ele
Ciclo lítico	Sequência de eventos que ocorrem na multiplicação de um bacteriófago virulento; termina com a lise da célula bacteriana
Profago	Nome dado ao bacteriófago quando a única estrutura que permanece dele é o seu DNA, que está integrado ao cromossomo bacteriano
Bacteriófago temperado (ou lisogênico)	Bacteriófago cujo DNA se integra ao cromossomo bacteriano, mas não causa imediatamente o ciclo lítico
Bacteriófago virulento	Bacteriófago que sempre causa a ocorrência do ciclo lítico

Auxílio ao estudo

Maneiras pelas quais as bactérias adquirem novas informações genéticas

Mutações (envolvem alterações nas sequências de bases dos genes)

Conversão lisogênica (envolve bacteriófagos e aquisição de novos genes virais)

Transdução (envolve bacteriófagos e aquisição de novos genes bacterianos)

Transformação (envolve a captação de DNA "desnudo")

Conjugação (envolve a transferência de informação genética de uma célula para outra envolvendo o que é conhecido como *pilus* sexual)

Transdução

A *transdução* – o termo significa "carregar através de" – também envolve os bacteriófagos. Alguns materiais genéticos bacterianos podem ser transferidos de uma célula bacteriana para outra por meio de um vírus bacteriano. Esse fenômeno pode ocorrer após a infecção de uma célula bacteriana por um bacteriófago temperado. O DNA viral combina-se com o cromossomo bacteriano, tornando-se um profago. Se for ativado por uma substância química estimulante,

> Apenas pequenos segmentos de DNA são transferidos de uma célula para outra por transdução, em comparação com a quantidade que pode ser transferida por transformação e conjugação.

pelo calor ou pela luz ultravioleta, o profago começa produzir novos vírus por meio da produção de DNA e proteínas do fago. À medida que o cromossomo se desintegra, pequenos segmentos de DNA bacteriano podem permanecer ligados ao DNA do fago em maturação. Durante a montagem das partículas virais, um ou mais genes bacterianos podem ser incorporados a alguns dos bacteriófagos maduros. Quando todos os fagos são liberados em consequência da lise celular, eles passam a infectar outras células, e alguns injetam os genes bacterianos e os genes virais. Em consequência, os genes bacterianos que estão ligados ao DNA do fago são transportados pelo vírus para novas células.

Há dois tipos de transdução: a generalizada, que está ilustrada na Figura 7.11, e a especializada.

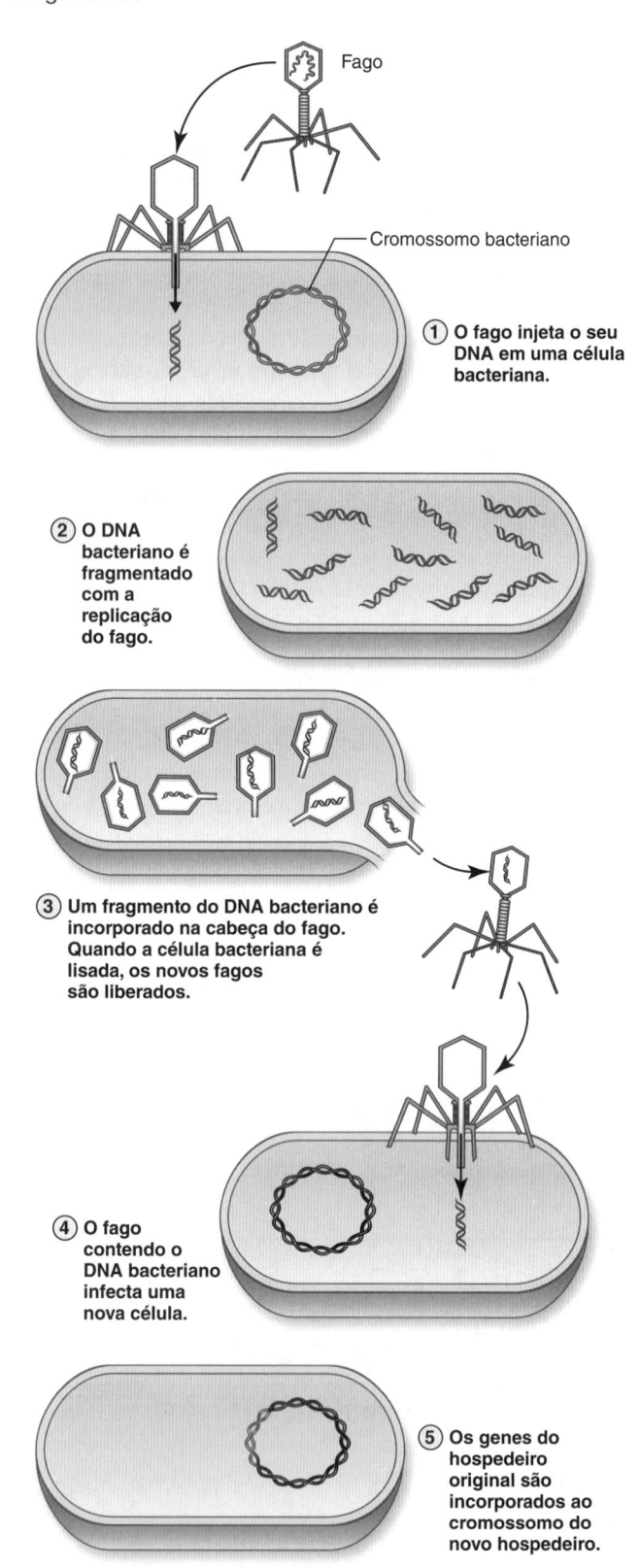

1. O fago injeta o seu DNA em uma célula bacteriana.

2. O DNA bacteriano é fragmentado com a replicação do fago.

3. Um fragmento do DNA bacteriano é incorporado na cabeça do fago. Quando a célula bacteriana é lisada, os novos fagos são liberados.

4. O fago contendo o DNA bacteriano infecta uma nova célula.

5. Os genes do hospedeiro original são incorporados ao cromossomo do novo hospedeiro.

Figura 7.11 Transdução generalizada.

Nota histórica

Transformação e a descoberta da "molécula da hereditariedade"

A transformação foi demonstrada pela primeira vez em 1928, pelo médico britânico Frederick Griffith e seus colaboradores, que realizaram experimentos com *S. pneumoniae* e camundongos. Embora as experiências tenham demonstrado que as bactérias tinham a capacidade de captar material genético do ambiente externo e, assim, podiam ser transformadas, não se sabia, naquela época, qual molécula continha efetivamente a informação genética. Somente em 1944 é que Oswald Avery, Colin MacLeod e Maclyn McCarthy, que também realizavam pesquisa com *S. pneumoniae*, demonstraram pela primeira vez que o DNA era a molécula que continha a informação genética. Enquanto os experimentos de Griffith foram conduzidos *in vivo*, os de Avery foram realizados *in vitro*. Os experimentos conduzidos em 1952 por Alfred Hershey e Martha Chase, utilizando *E. coli* e bacteriófago, confirmaram que o DNA carregava o código genético.

Transformação

Na *transformação*, uma célula bacteriana torna-se geneticamente transformada após a captação de fragmentos de DNA ("DNA desnudo") a partir do meio ambiente (Figura 7.12). Os experimentos de transformação conduzidos por Oswald Avery e seus colaboradores provaram que o DNA é, de fato,

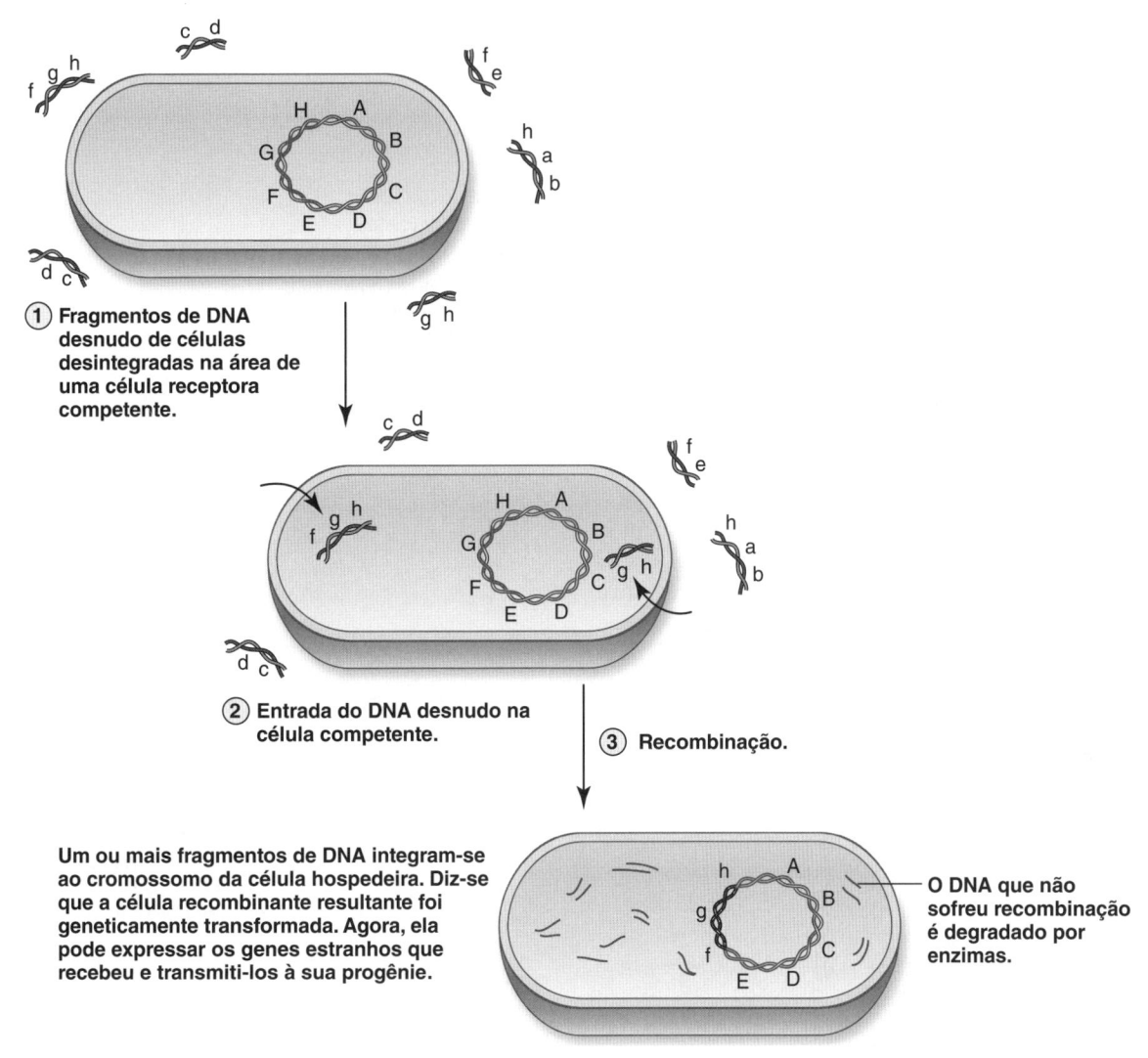

(1) **Fragmentos de DNA desnudo de células desintegradas na área de uma célula receptora competente.**

(2) **Entrada do DNA desnudo na célula competente.**

(3) **Recombinação.**

Um ou mais fragmentos de DNA integram-se ao cromossomo da célula hospedeira. Diz-se que a célula recombinante resultante foi geneticamente transformada. Agora, ela pode expressar os genes estranhos que recebeu e transmiti-los à sua progênie.

O DNA que não sofreu recombinação é degradado por enzimas.

Figura 7.12 Transformação.

o material genético (ver Nota histórica: Transformação e a descoberta da "molécula da hereditariedade"). Neles, um extrato de DNA do *Streptococcus pneumoniae* patogênico encapsulado (designado como *S. pneumoniae* tipo 1) foi acrescentado a uma cultura em caldo de *S. pneumoniae* não patogênico não encapsulado (*S. pneumoniae* tipo 2). Assim, no início do experimento, não havia nenhuma bactéria encapsulada viva na cultura; entretanto, após incubação, foram recuperadas bactérias vivas do tipo 1 (encapsuladas). Como isso foi possível? A única explicação plausível foi a de que algumas das bactérias do tipo 2 vivas devem ter captado (absorvido) parte do DNA das bactérias do tipo 1 no caldo. As bactérias do tipo 2 que absorveram segmentos de DNA do tipo 1 contendo o(s) gene(s) para a produção de cápsula tinham agora a capacidade de produzir cápsulas. Em outras palavras, as bactérias do tipo 2 (não encapsuladas) foram convertidas em bactérias do tipo 1 (encapsuladas) em consequência da captação dos genes que codificam a produção da cápsula.

> Na transformação, a célula bacteriana torna-se geneticamente transformada após a captação de fragmentos de DNA ("DNA desnudo") do ambiente.

Na natureza, a transformação provavelmente não é um processo disseminado. No laboratório, sua ocorrência foi demonstrada em vários gêneros de bactérias, incluindo *Bacillus*, *Escherichia*, *Haemophilus*, *Pseudomonas* e *Neisseria*. Foi observada também a transformação até mesmo entre duas espécies diferentes (p. ex., entre *Staphylococcus* e *Streptococcus*). Os fragmentos extracelulares de moléculas de DNA só podem penetrar na parede e membrana celulares de determinadas bactérias. A capacidade de absorver DNA desnudo no interior da célula é denominada *competência*, e as bactérias capazes de captar moléculas de DNA desnudo são designadas como *bactérias competentes*.

Algumas células bacterianas competentes incorporam fragmentos de DNA de determinados vírus de animais (p. ex., vírus da vacínia), conservando, por longos períodos, os genes do vírus latente. Esse conhecimento pode ter alguma importância no estudo dos vírus que permanecem latentes por muitos anos nos seres humanos antes de finalmente causarem enfermidade, como pode ser o caso da doença de Parkinson. Esses genes de vírus humanos podem se esconder nas bactérias da microbiota normal até serem liberados para causar afecções.

Conjugação

A transferência de material genético pelo processo conhecido como *conjugação* foi descoberta por Joshua Lederberg e Edward Tatum, em 1946, enquanto realizavam experimentos com *E. coli*. A conjugação envolve um tipo especializado de *pilus*, denominado *pilus* sexual (algumas vezes designado como *pilus* F ou ponte de conjugação). Uma célula bacteriana (célula doadora ou célula F⁺), que contém um *pillus* sexual,

> Na conjugação, o material genético, geralmente na forma de plasmídeo, é transferido através de um poro de conjugação da célula doadora para a célula receptora.

liga-se a outra (célula receptora ou célula F⁻) por meio desse *pillus* (Figura 7.13). Em seguida, a retração dele estabelece um contato estreito entre as duas células. No interior da doadora, uma enzima chamada relaxase corta o DNA do plasmídeo F de fita dupla e orienta uma das fitas para uma proteína de acoplamento (bomba de DNA). Depois, o DNA de fita simples é transferido da célula doadora para a célula receptora através de um poro de conjugação, que se forma na junção das duas células bacterianas (Figura 7.14).[a]

Embora a conjugação não tenha nenhuma relação com a reprodução, o processo é, algumas vezes, designado como "acasalamento bacteriano", e os termos "célula masculina" e "célula feminina" são eventualmente empregados para referir-se às células doadoras e receptoras, respectivamente. Esse tipo de recombinação genética ocorre principalmente entre espécies de bacilos gram-negativos entéricos, mas também tem sido observado em espécies de *Pseudomonas* e *Streptococcus*. Em micrografias eletrônicas, os microbiologistas constataram que os *pili* sexuais são mais espessos e mais longos do que as fímbrias.

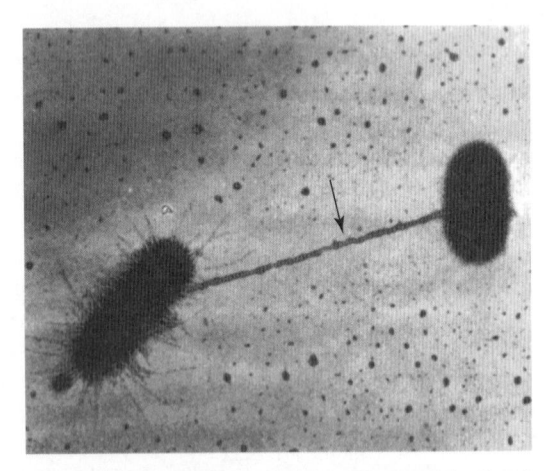

Figura 7.13 Conjugação em *E. coli*. A célula doadora (*à esquerda*, com numerosas fímbrias curtas) está conectada com a célula receptora por um *pilus* sexual (*seta*), cuja contração as aproxima. (De Volk WA *et al. Essentials of medical microbiology.* 5th ed. Philadelphia, PA: Lippincott-Raven; 1996.)

---

[a]Durante muitos anos, acreditou-se que o *pilus* sexual fosse oco e que o DNA da célula doadora fosse transferido para a célula receptora através do *pilus* sexual. No entanto, evidências recentes indicam que isso não ocorre.

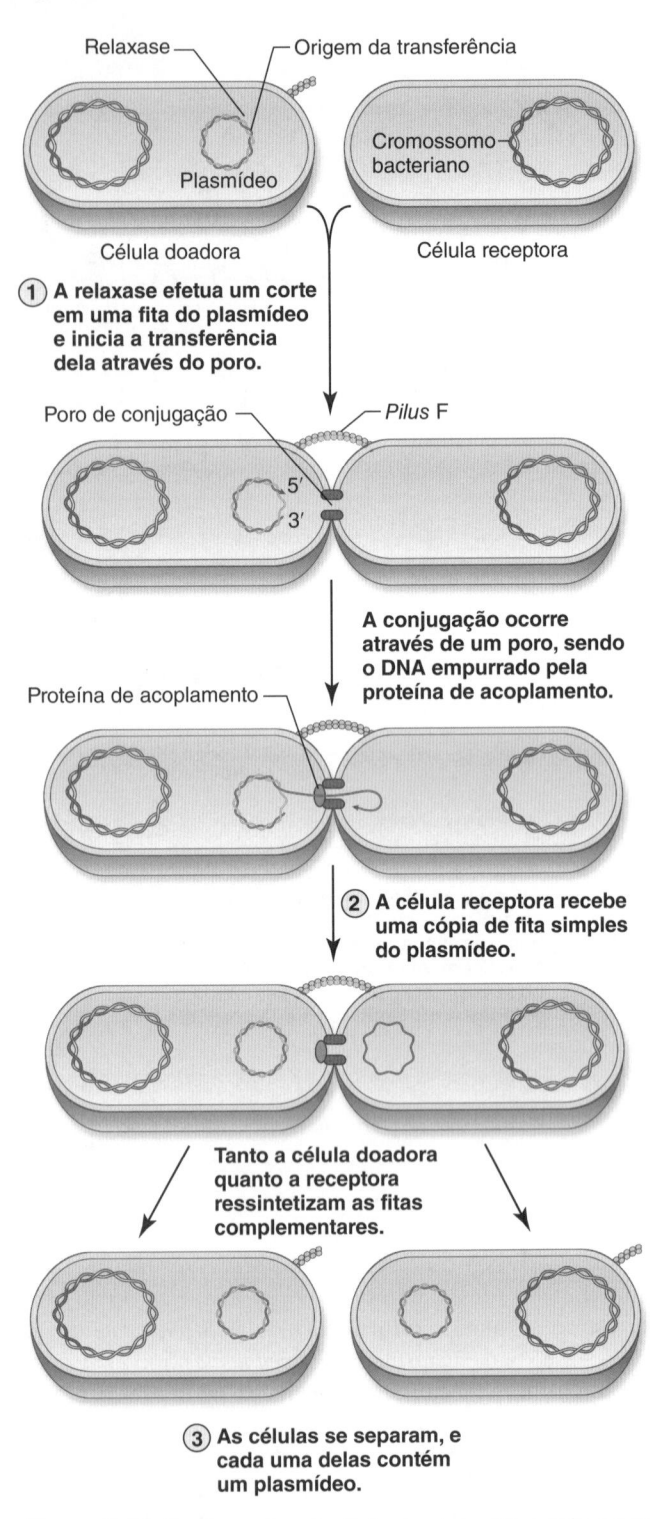

Relaxase — Origem da transferência

Plasmídeo

Cromossomo bacteriano

Célula doadora | Célula receptora

1 A relaxase efetua um corte em uma fita do plasmídeo e inicia a transferência dela através do poro.

Poro de conjugação — *Pilus* F

5′ 3′

A conjugação ocorre através de um poro, sendo o DNA empurrado pela proteína de acoplamento.

Proteína de acoplamento

2 A célula receptora recebe uma cópia de fita simples do plasmídeo.

Tanto a célula doadora quanto a receptora ressintetizam as fitas complementares.

3 As células se separam, e cada uma delas contém um plasmídeo.

Figura 7.14 Conjugação. A célula doadora não perde o seu plasmídeo no processo. (Redesenhada, com autorização, de Sinauer Associates, Inc.)

Embora muitos genes diferentes possam ser transferidos por conjugação, aqueles observados com mais frequência incluem os que codificam a resistência a antibióticos, a colicina (uma proteína produzida por *E. coli*, que mata algumas outras bactérias) e fatores de fertilidade (*F⁺* e *Hfr⁺*), em que F se refere à fertilidade e Hfr representa a alta frequência de recombinação

Quando um plasmídeo contém múltiplos genes para a resistência a antibióticos, ele é designado como fator de resistência, ou *fator R*. Uma célula receptora, quando recebe um fator R, transforma-se em um organismo multirresistente (designado pela imprensa como "superbactéria"). As superbactérias serão discutidas de modo detalhado no Capítulo 9, *Uso de Agentes Antimicrobianos para Inibir o Crescimento de Patógenos* In Vivo.

A transdução, a transformação e a conjugação fornecem excelentes ferramentas para o mapeamento dos cromossomos bacterianos e para o estudo da genética bacteriana e viral. Embora todos esses métodos sejam com frequência utilizados no laboratório, acredita-se que eles também ocorram em ambientes naturais em determinadas circunstâncias.

> Um plasmídeo que contém múltiplos genes para a resistência a antibióticos é denominado fator de resistência, ou fator R.

como o hormônio do crescimento humano (somatotropina), a somatostatina (que inibe a liberação da somatotropina), o fator de ativação do plasminogênio, a insulina e a interferona. Por exemplo, o gene humano que codifica a insulina foi inserido em células de *E. coli*, de modo que elas e toda a sua progênie sejam capazes de produzir insulina humana. A somatostatina e a insulina foram produzidas pela primeira vez pela tecnologia do rDNA, em 1978.

Muitos benefícios industriais e médicos podem ser proporcionados pela pesquisa em engenharia genética. Na agricultura, por exemplo, existe o potencial de incorporar a capacidade de fixação do nitrogênio em outros microrganismos do solo, de produzir plantas resistentes a insetos e a doenças bacterianas e fúngicas, e de aumentar a quantidade e o valor nutricional dos alimentos.

ENGENHARIA GENÉTICA

Foram desenvolvidas diversas técnicas para transferir genes eucarióticos, particularmente humanos, em outras células facilmente cultivadas, de modo a facilitar a produção em grande escala de produtos gênicos importantes (proteínas, na maioria dos casos). Esse processo é conhecido como *engenharia genética* ou tecnologia do DNA recombinante (rDNA) (ver boxe "Auxílio ao estudo: Tecnologia do DNA recombinante *versus* engenharia genética"). Com frequência, os plasmídeos são utilizados como vetores ou veículos para a inserção de genes nas células. Bactérias, leveduras e leucócitos, macrófagos e fibroblastos humanos têm sido usados como "centros de produção" de proteínas por engenharia genética,

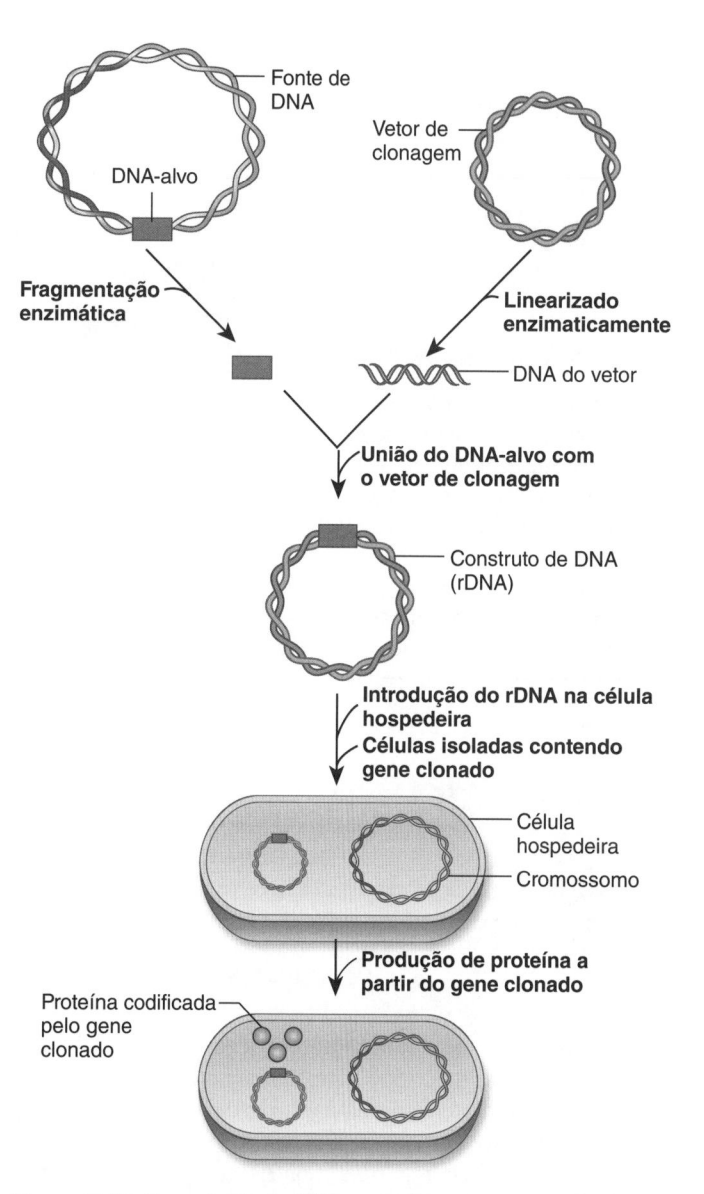

Figura 7.15 Tecnologia do DNA recombinante e engenharia genética. Os plasmídeos constituem os vetores mais amplamente utilizados; entretanto, bacteriófagos, cromossomos artificiais de bactérias e leveduras e retrovírus desativados também têm sido usados.

Auxílio ao estudo

Tecnologia do DNA recombinante *versus* engenharia genética

Embora esses termos sejam empregados frequentemente como sinônimos, existe uma diferença entre eles. A *tecnologia do DNA recombinante (rDNA)* pode ser considerada como o processo de produção do rDNA, o qual envolve a inserção de uma molécula ou parte de uma molécula de DNA em uma molécula diferente ou parte de uma molécula diferente de DNA. Ambas se combinam para formar uma única molécula, e o produto é denominado rDNA. A *engenharia genética* pode ser considerada como o processo pelo qual o rDNA é utilizado para modificar o genoma de um organismo, frequentemente para possibilitar que ele produza determinado produto gênico que anteriormente era incapaz de produzir ou execute uma tarefa que anteriormente era incapaz de realizar. Ambos os processos estão ilustrados na Figura 7.15.

Microrganismos produzidos por engenharia genética também podem ser utilizados para limpar o meio ambiente (p. ex., para eliminar produtos de degradação tóxicos). Por exemplo, uma bactéria do solo contém um gene que possibilita ao organismo degradar óleo em subprodutos inócuos; entretanto, como o organismo não consegue sobreviver na água salgada, ele não pode ser utilizado para remover o derramamento de óleo no mar. Pode-se, então, retirar o gene dessa bactéria do solo e, utilizando um plasmídeo vetor, inseri-lo em uma bactéria marinha. Agora, essa bactéria marinha adquiriu a capacidade de degradar o óleo e pode ser utilizada, em grandes quantidades, para limpar derramamentos de óleo no mar.

Na medicina, há o potencial de produzir anticorpos, antibióticos e fármacos por engenharia genética, bem como sintetizar enzimas e hormônios importantes para o tratamento de doenças hereditárias e desenvolver vacinas. Estas iriam conter apenas parte do patógeno (p. ex., as proteínas do capsídio de um vírus) contra o qual o indivíduo produziria anticorpos protetores.

Auxílio ao estudo

Cuidado com termos de sonoridade semelhante

Os termos *transcrição*, *tradução*, *transdução* e *transformação* têm sonoridade semelhante, mas cada um se refere a um fenômeno diferente. A transcrição e a tradução (ambas discutidas no Capítulo 6, *Base Bioquímica da Vida*) estão relacionadas com o dogma central – o fluxo de informação genética no interior de uma célula. A transdução e a transformação constituem maneiras pelas quais as bactérias adquirem nova informação genética (novos genes).

GENETERAPIA

A *terapia gênica* das doenças humanas envolve a inserção de um gene normal nas células com a finalidade de corrigir um distúrbio genético ou adquirido específico que está sendo causado por um gene deficiente. Os primeiros ensaios clínicos de terapia gênica foram conduzidos nos EUA em 1990. O uso de vírus constitui, atualmente, o método mais comum para a inserção de genes em células, em que vírus específicos são selecionados para alcançar o DNA de células específicas. Por exemplo, seria utilizado um vírus capaz de infectar células hepáticas para inserir um gene ou genes terapêuticos no DNA dessas células. Os vírus que atualmente estão sendo utilizados ou considerados para uso como vetores incluem adenovírus, retrovírus, vírus adenoassociados e herpes-vírus.

Determinados gêneros de bactérias, incluindo *Shigella*, *Salmonella*, *Listeria* e outras capazes de penetrar nas células de mamíferos, também estão sendo estudadas como possíveis vetores para uso na terapia gênica, no tratamento do câncer e nas vacinações. Quando essas bactérias entram nas células do hospedeiro (um processo conhecido como bactofecção), elas sofrem lise e liberam seus plasmídeos no citoplasma da célula do hospedeiro. Os genes dos plasmídeos podem então entrar no núcleo da célula hospedeira e ser expressos.

Desde 1990, foram conduzidos centenas de ensaios clínicos de terapia gênica humana para muitas doenças. Quase todos fracassaram devido às dificuldades de inserir um gene funcional nas células sem causar efeitos colaterais prejudiciais. Entretanto, os cientistas permanecem com a esperança de que os genes, algum dia, sejam regularmente prescritos como "fármacos" no tratamento de determinadas doenças (como as autoimunes, anemia falciforme, câncer, certas doenças hepáticas e pulmonares, fibrose cística, doença cardíaca, defeitos da hemoglobina, hemofilia, distrofia muscular e várias imunodeficiências). No futuro, poderão ser utilizados vetores sintéticos, em vez de vírus ou bactérias, para inserir genes nas células.

Exercícios de autoavaliação

Após estudar este capítulo, responda às seguintes questões de múltipla escolha:

1. Qual das seguintes características é compartilhada por animais, fungos e protozoários?
   a. Obtém o carbono a partir do dióxido de carbono
   b. Obtém o carbono a partir de compostos inorgânicos
   c. Obtém energia e átomos de carbono a partir de substâncias químicas
   d. Obtém a sua energia a partir da luz

2. Em que fase da respiração aeróbica ocorre produção da maioria das moléculas de ATP?
   a. Cadeia de transporte de elétrons
   b. Fermentação
   c. Glicólise
   d. Ciclo de Krebs

3. Qual dos seguintes processos não envolve bacteriófagos?
   a. Conversão lisogênica
   b. Ciclo lítico
   c. Transdução
   d. Transformação

4. Na transdução, as bactérias adquirem nova informação genética na forma de:

a. Genes bacterianos
b. DNA desnudo
c. Fatores R
d. Genes virais

5. O processo pelo qual o DNA desnudo é absorvido em uma célula bacteriana é conhecido como:
a. Transcrição
b. Transdução
c. Transformação
d. Tradução

6. Na conversão lisogênica, as bactérias adquirem nova informação genética na forma de:
a. Genes bacterianos
b. DNA desnudo
c. Fatores R
d. Genes virais

7. Os fungos saprófitas são capazes de digerir moléculas orgânicas fora do organismo por meio de:
a. Apoenzimas
b. Coenzimas

c. Endoenzimas
d. Exoenzimas

8. O processo pelo qual uma célula de *C. diphtheriae* não toxigênica é alterada em uma célula toxigênica é denominado:
a. Conjugação
b. Conversão lisogênica
c. Transdução
d. Transformação

9. Qual dos seguintes processos não ocorre nos anaeróbios?
a. Reações anabólicas
b. Reações catabólicas
c. Cadeia de transporte de elétrons
d. Reações de fermentação

10. As proteínas que devem se ligar a um cofator para funcionar como enzima são denominadas:
a. Apoenzimas
b. Coenzimas
c. Endoenzimas
d. Holoenzimas

CAPÍTULO

Controle do Crescimento dos Micróbios *In Vitro*

8

SUMÁRIO DO CAPÍTULO

OBJETIVOS DE APRENDIZAGEM

Após estudar este capítulo, você deverá ser capaz de:

- Citar vários fatores que afetam o crescimento dos microrganismos
- Descrever os seguintes tipos de microrganismos: psicrofílico, mesofílico, termofílico, halofílico, halodúrico, alcalifílico, acidofílico e piezofílico
- Citar três locais *in vitro* onde o crescimento microbiano é favorecido
- Diferenciar os meios enriquecido, seletivo e diferencial e citar dois exemplos de cada um deles
- Explicar a importância da utilização da "técnica asséptica" no laboratório de microbiologia
- Descrever os três tipos de estufas utilizadas no laboratório de microbiologia
- Desenhar uma curva de crescimento bacteriano e indicar as suas quatro fases
- Citar dois motivos pelos quais as bactérias morrem durante a fase de morte

- Citar três maneiras pelas quais os patógenos intracelulares obrigatórios podem ser cultivados no laboratório
- Citar três locais *in vitro* onde o crescimento microbiano precisa ser inibido
- Diferenciar a esterilização, a desinfecção e a sanitização
- Diferenciar os agentes bactericidas dos agentes bacteriostáticos
- Explicar os processos de pasteurização e liofilização
- Citar vários métodos físicos utilizados para inibir o crescimento dos microrganismos
- Citar três maneiras pelas quais os desinfetantes matam os microrganismos
- Identificar vários fatores passíveis de influenciar a efetividade dos desinfetantes
- Explicar de modo sucinto por que há controvérsia no uso de antibióticos em rações de animais e produtos domésticos.

INTRODUÇÃO

Em determinados locais, como nos laboratórios de microbiologia, o crescimento[a] de micróbios é incentivado; em outras palavras, os cientistas *querem* que eles cresçam. Já em outros lugares, como nas enfermarias dos hospitais, nas unidades de terapia intensiva, nos centros cirúrgicos, em cozinhas, banheiros e restaurantes, é necessário ou desejável *inibir* o crescimento deles. Ambos os conceitos, estimular e inibir o crescimento de micróbios *in vitro*, serão discutidos neste capítulo (conforme assinalado no Capítulo 1, *Microbiologia | A Ciência*, a expressão *in vitro* refere-se a eventos que ocorrem fora do corpo, enquanto *in vivo* refere-se a eventos que ocorrem no interior do corpo); entretanto, antes disso, serão analisados vários fatores que afetam o crescimento dos micróbios.

SEÇÃO 1 | FATORES QUE AFETAM O CRESCIMENTO MICROBIANO

O crescimento microbiano é afetado por numerosos fatores ambientais diferentes, incluindo a disponibilidade de nutrientes e a umidade, temperatura, pH, pressão osmótica, pressão barométrica e composição da atmosfera. Esses fatores ambientais afetam os microrganismos na vida diária e desempenham um importante papel no controle deles nos ambientes laboratorial, industrial e hospitalar. Quando os cientistas desejam estimular ou inibir o crescimento dos microrganismos, precisam inicialmente compreender as necessidades fundamentais dos micróbios.

***

[a]A palavra "crescimento" é utilizada neste capítulo com o significado de proliferação ou multiplicação.

Disponibilidade de nutrientes

Conforme discutido no Capítulo 7, *Fisiologia e Genética Microbianas*, todos os organismos vivos necessitam de nutrientes, que são os vários compostos químicos utilizados por eles para a manutenção da vida. Por conseguinte, para sobreviver em determinado ambiente, é necessária a disponibilidade de nutrientes apropriados. Muitos nutrientes constituem fontes de energia, a qual os organismos obtêm pela quebra das ligações químicas. Os nutrientes também servem como fontes de carbono, oxigênio, hidrogênio, nitrogênio, fósforo e enxofre, bem como de outros elementos (p. ex., sódio, potássio, cloro, magnésio, cálcio e oligoelementos, como ferro, iodo e zinco), os quais geralmente são necessários em menores quantidades. Dos 92 elementos naturais, aproximadamente 24 são essenciais à vida.[b]

Umidade

Na Terra, como se sabe, a água é essencial para a vida; afinal, as células são constituídas de aproximadamente 70 a 95% de água. Todos os organismos vivos necessitam de água para realizar seus processos metabólicos normais, e a maioria morre em ambientes que contêm pouca umidade. Entretanto, existem certos estágios microbianos (p. ex., endósporos bacterianos e cistos de protozoários) capazes de sobreviver a um processo de ressecamento completo (dessecação). Os organismos contidos

> Como se sabe, a água é essencial para a vida; afinal, as células são compostas de aproximadamente 70 a 95% de água.

***

[b]Os cientistas continuam discutindo a verdadeira quantidade de elementos de ocorrência natural; porém, a maioria concorda que esse número se situa entre 88 e 94.

no interior dos esporos e dos cistos encontram-se em um estado de dormência ou repouso; se forem colocados em um ambiente úmido e rico em nutrientes, irão crescer e reproduzir-se normalmente.

Temperatura

Cada microrganismo tem uma temperatura ótima de crescimento, na qual ele cresce melhor, e uma temperatura mínima, abaixo da qual o seu crescimento cessa, bem como uma temperatura máxima de crescimento, acima da qual ele morre. A faixa de temperatura (*i. e.*, entre a temperatura mínima e a temperatura máxima de crescimento) em que um organismo cresce pode variar acentuadamente de um micróbio para o outro. Em grande parte, as faixas de temperatura e de pH ao longo das quais um organismo cresce melhor são determinadas pelas enzimas que ele contém. Isso porque, conforme discutido no Capítulo 7, *Fisiologia e Genética Microbianas*, elas apresentam faixas ótimas de temperatura e de pH, nas quais operam com eficiência máxima. Desse modo, se as enzimas de um organismo estiverem operando com eficiência máxima, ele irá metabolizar e crescer em sua velocidade máxima.

> Todo microrganismo tem uma temperatura ótima, uma mínima e uma máxima de crescimento.

A Tabela 8.1 fornece informações sobre as temperaturas nas quais vários organismos vivem em corpos de água no Parque Nacional de Yellowstone.

Os microrganismos que crescem melhor em altas temperaturas são denominados termófilos (que gostam de calor). Eles podem ser encontrados em fontes de águas termais, compostagem e silagem, bem como no interior de fendas hidrotermais e próximo a elas, no fundo dos oceanos. As cianobactérias termófilas, outros tipos de bactérias e algas são responsáveis por muitas das cores observadas nas fontes de água quente quase em ebulição encontradas no Parque Nacional de Yellowstone (Figura 8.1).

> Os termófilos são organismos que "gostam" de altas temperaturas.

Os organismos que vivem em temperaturas acima de 100°C são denominados hipertermófilos ou termófilos extremos. A temperatura mais alta em que uma bactéria foi encontrada viva é de cerca de 113°C; era uma Archaea, *Pyrolobus fumarii*.

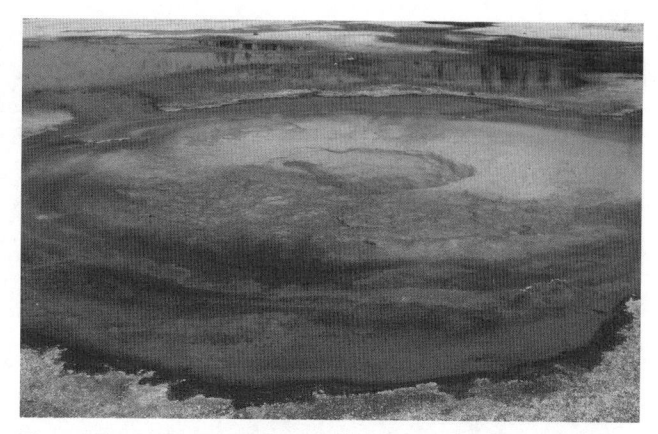

Figura 8.1 Termófilos coloridos vivendo em uma área geotérmica no Parque Nacional de Yellowstone, WY. (Disponibilizada por Biomed Ed, Round Rock, TX.) (Esta figura encontra-se reproduzida em cores no Encarte.)

Os micróbios que crescem melhor em temperaturas moderadas são chamados de mesófilos. Esse grupo inclui a maior parte das espécies que crescem em plantas e em animais, bem como no solo e na água de temperatura moderada. Os patógenos e os membros da microbiota normal são, em sua maioria, mesofílicos, visto que eles crescem melhor à temperatura corporal normal (37°C).

Os psicrófilos preferem temperaturas frias e prosperam na água fria dos oceanos. Em altitudes elevadas, as algas (frequentemente rosa) podem ser observadas vivendo na neve. Os biologistas que estudam a vida microbiana na região Antártica relataram a presença de bactérias em um lago congelado há pelo menos 2.000 anos.[c] Esses micróbios crescem em um ambiente com temperatura de –13°C, salinidade de 20% e com altas concentrações de amônia e enxofre.

Ironicamente, a temperatura ótima de crescimento de um grupo de psicrófilos (denominados psicrotróficos) é a da geladeira (4°C); talvez alguns deles sejam encontrados ao limpá-la (p. ex., bolor de pão). Os microrganismos que preferem temperaturas mais quentes, mas que podem tolerar ou suportar temperaturas muito frias e ser preservados no estado congelado, são conhecidos como organismos psicrodúricos. Na Tabela 8.2 estão as faixas de temperatura das bactérias psicrofílicas, mesofílicas e termofílicas.

> Os psicrófilos são organismos que "gostam" de temperaturas baixas.

pH

O termo "pH" refere-se à concentração de íons hidrogênio de uma solução e, por conseguinte, à acidez ou alcalinidade desta solução (ver Apêndice 3, "Conceitos Básicos de Química", disponível no material suplementar *online*). A maioria dos microrganismos prefere um meio de crescimento neutro ou ligeiramente alcalino (pH de 7,0 a 7,4); porém, os micróbios *acidofílicos* (acidófilos), como aqueles que podem viver no estômago dos seres humanos e em alimentos

Tabela 8.1 Temperaturas em que vários organismos podem ser encontrados em corpos de água no Parque Nacional de Yellowstone.

Temperatura	Organismos
73°C ou menos	Cianobactérias
62°C ou menos	Fungos
60°C ou menos	Algas
56°C ou menos	Protozoários
50°C ou menos	Musgos, crustáceos, insetos
27°C ou menos	Peixes

---

[c]Disponível em: www.pnas.org/cgi/doi/10.1073/pnas.1208607109.

Tabela 8.2 Categorias de bactérias com base na temperatura de crescimento.

Categoria	Temperatura mínima de crescimento (°C)	Temperatura ótima de crescimento (°C)	Temperatura máxima de crescimento (°C)
Termófilos	25	50 a 60	113
Mesófilos	10	20 a 40	45
Psicrófilos	–5	10 a 20	30

em conserva, preferem um pH de 2 a 5, e os fungos têm preferência por ambientes ácidos. Os acidófilos prosperam em lugares altamente ácidos, como aqueles criados pela produção de gases sulfurosos em fontes hidrotermais e fontes de água quente, bem como nos resíduos produzidos por minas de carvão. Os alcalífilos preferem um ambiente alcalino (pH > 8,5), como o encontrado no intestino (pH de cerca de 9), em solos carregados de carbonato e nos denominados lagos alcalinos. *Vibrio cholerae*, a bactéria que causa a cólera, é o único patógeno humano que cresce adequadamente acima de 8.

> Os acidófilos preferem ambientes ácidos, enquanto os alcalífilos têm preferência por lugares alcalinos.

Pressão osmótica e salinidade

A pressão osmótica é aquela exercida sobre uma membrana celular por soluções que se encontram tanto no interior quanto fora da célula. Quando as células estão suspensas em uma solução, a situação ideal é a de que a pressão no interior delas seja igual à da solução fora. As substâncias dissolvidas em líquidos são denominadas solutos. Quando a concentração de solutos no ambiente externo de uma célula é maior do que aquela no seu interior, a solução na qual ela está suspensa é chamada de hipertônica. Nessa situação, sempre que possível, a água sai da célula por osmose, na tentativa de igualar as duas concentrações.

A osmose é definida como o movimento de um solvente (p. ex., a água) através de uma membrana permeável, de uma solução que apresenta uma concentração mais baixa de soluto para uma solução com concentração mais alta. Se a célula for humana, como um eritrócito, a perda de água provoca sua retração, o que é denominado crenação, e diz-se que a célula está crenada (Figura 8.2). Se a célula for bacteriana, com uma parede celular rígida, ela não sofre retração. Em vez disso, a membrana celular e o citoplasma se encolhem a partir da parede celular. Essa condição, conhecida como plasmólise, inibe o crescimento e a multiplicação da célula bacteriana. São adicionados sais e açúcares a determinados alimentos como maneira de preservá-los. Então, as bactérias que entram nesses ambientes hipertônicos morrem em consequência da perda de água e dessecação.

> As células perdem água e se retraem quando colocadas em solução hipertônica.

Quando a concentração de solutos fora de uma célula for menor do que no seu interior, a solução na qual a célula está suspensa será denominada hipotônica. Nessa situação, sempre que possível, a água penetra na célula na tentativa de igualar as duas concentrações. Se a célula for humana, como um eritrócito, o aumento da quantidade de água no seu interior provocará intumescimento. Se houver entrada de água suficiente, a célula sofrerá ruptura (lise); no caso dos eritrócitos, essa ruptura é denominada hemólise. Se uma célula bacteriana for colocada em uma solução hipotônica (como água destilada), ela poderá não se romper devido à parede celular rígida; porém, a pressão do líquido no seu interior aumentará acentuadamente. Essa pressão aumentada ocorre em células que apresentam paredes celulares rígidas, como as células vegetais e as bactérias. Se a pressão é muito grande a ponto de romper a célula, o extravasamento do citoplasma é designado como plasmoptise.

> As células incham e, algumas vezes, sofrem ruptura quando colocadas em solução hipotônica.

Quando a concentração de solutos fora da célula é igual à do seu interior, a solução é denominada isotônica. Em um ambiente isotônico, o excesso de água não sai da célula nem entra nela; portanto, não ocorre plasmólise nem plasmoptise. A célula apresenta turgor (distensão) normal. Na Figura 8.3 é possível comparar os efeitos de soluções de várias concentrações sobre as células bacterianas e os eritrócitos.

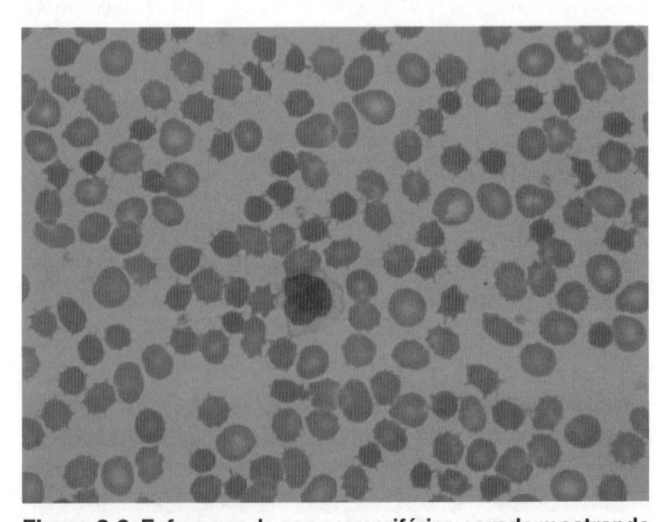

Figura 8.2 Esfregaço de sangue periférico corado mostrando numerosos eritrócitos crenados, também conhecidos como acantócitos. Eles desenvolvem várias projeções da membrana celular, conferindo às células uma aparência espiculada ou "espinhosa". A acantocitose – formação de acantócitos – pode indicar a presença de vários processos mórbidos hematológicos. A célula maior de coloração púrpura no centro da fotomicrografia é um leucócito. (Disponibilizada por Zamel, R. Khan, RL Pollex, RA Hegele e Wikimedia Commons.) (Esta figura encontra-se reproduzida em cores no Encarte.)

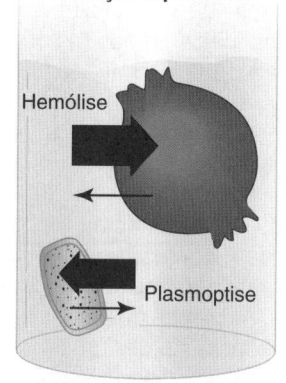
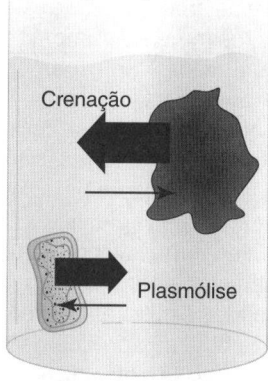

Solução isotônica

Eritrócito

Célula bacteriana

Solução hipotônica

Hemólise

Plasmoptise

Solução hipertônica

Crenação

Plasmólise

Figura 8.3 Efeitos das mudanças na pressão osmótica. Não ocorre nenhuma alteração de pressão no interior da célula colocada em solução isotônica. A pressão interna aumenta em uma solução hipotônica, resultando no intumescimento da célula. A pressão interna está diminuída em uma solução hipertônica, resultando em contração da célula (as *setas* indicam a direção do fluxo de água. Quanto mais larga, maior a quantidade de água fluindo na direção indicada).

As soluções de açúcar para geleias e a salmoura (solução de sal) para carnes conservam esses alimentos ao inibir o crescimento da maioria dos microrganismos. Entretanto, alguns tipos de bolores e bactérias conseguem sobreviver e até mesmo crescer em um ambiente salgado.

Os micróbios que na verdade preferem esses locais (como a água salgada concentrada encontrada no Grande Lago Salgado e em salinas) são denominados *halófilos* ou *organismos halofílicos* (*halo* significa "sal" e *philic*, "gostar de"). Os micróbios que vivem no oceano, como *V. cholerae* e outras espécies de *Vibrio* são halofílicos. Os organismos que não gostam de ambientes salgados, mas são capazes de sobreviver nesses locais (como *Staphylococcus aureus*), são designados como organismos halodúricos.

Pressão barométrica

A maioria das bactérias não é afetada por mudanças mínimas da pressão barométrica. Algumas

> Os microrganismos que preferem ambientes salgados são denominados halófilos.

prosperam na pressão atmosférica normal (cerca de 14,7 psi), e outras, conhecidas como piezófilas, crescem em regiões profundas do

oceano e em poços de petróleo, onde a pressão atmosférica é muito alta. Por exemplo, algumas Archaea são piezófilas, isto é, têm a capacidade de viver nas partes mais profundas dos oceanos.

Atmosfera gasosa

Conforme discutido no Capítulo 4, *Micróbios Acelulares e Procarióticos*, os microrganismos variam em relação ao tipo de atmosfera gasosa de que necessitam. Por exemplo, alguns micróbios (aeróbios obrigatórios) preferem a mesma atmosfera que os seres humanos (ou seja, cerca de 20 a 21% de oxigênio e 78 a 79% de nitrogênio, com todos os outros gases atmosféricos combinados representando < 1%). Embora os microaerófilos também necessitem de oxigênio, eles precisam de concentrações reduzidas (cerca de 5%). Já os anaeróbios obrigatórios morrem na presença do gás. Por conseguinte, na natureza, os tipos e as concentrações de gases presentes em determinado ambiente determinam as espécies de micróbios capazes de viver ali. Então, para o crescimento de certo microrganismo no laboratório, é necessário fornecer a atmosfera de que ele necessita. Por exemplo, para se obter um crescimento máximo no laboratório, os capnófilos requerem concentrações aumentadas de dióxido de carbono (geralmente 5 a 10%).

Auxílio ao estudo

-Filo

O sufixo *-filo* significa "gostar de algo". Os acidófilos, por exemplo, são organismos que gostam de condições ácidas e, por isso, vivem em ambientes ácidos. Os alcalífilos crescem em lugares alcalinos, e os halófilos, em locais salgados. Os piezófilos (anteriormente denominados barófilos) vivem em ambientes onde existe uma alta pressão barométrica, como o fundo dos oceanos; já os termófilos preferem temperaturas altas. Os mesófilos têm preferência por temperaturas moderadas, e os psicrófilos preferem as frias. Os microaerófilos vivem em ambientes que apresentam concentrações reduzidas de oxigênio (cerca de 5%), e os capnófilos crescem melhor em ambientes ricos em dióxido de carbono.

SEÇÃO 2 | ESTIMULAÇÃO DO CRESCIMENTO DOS MICRÓBIOS *IN VITRO*

Existem muitas razões pelas quais o crescimento de micróbios é estimulado em laboratórios de microbiologia. Por exemplo, os tecnologistas e os técnicos que trabalham em laboratórios de microbiologia clínica devem ser capazes de isolar microrganismos de amostras clínicas e obter o seu crescimento em meios de cultura, de modo que possam reunir informações que irão possibilitar a identificação de quaisquer patógenos presentes. Nos laboratórios de pesquisa em microbiologia, os cientistas devem cultivar micróbios a fim de aprender mais sobre eles, obter antibióticos e outros produtos microbianos, testar novos agentes antimicrobianos e produzir vacinas. Os micróbios também precisam ser cultivados em laboratórios de engenharia genética e nos laboratórios de certas indústrias de alimentos e bebidas e outros gêneros.

Muitos tipos diferentes de micróbios podem ser cultivados *in vitro*, incluindo vírus, bactérias, fungos e protozoários. Neste capítulo, será enfatizada a cultura de bactérias; a de outros tipos de micróbios só será mencionada de modo sucinto.

Cultura de bactérias no laboratório

Em muitos aspectos, os laboratórios de microbiologia modernos lembram os de 50, 100 ou até mesmo 150 anos atrás, pois ainda utilizam muitas das mesmas ferramentas básicas que eram usadas no passado. Os microbiologistas ainda utilizam, por exemplo, microscópio óptico composto, placas de Petri contendo meios de cultura sólidos, tubos com meios de cultura líquidos, alças de inoculação de arame ou plástico, frascos de reagentes para coloração e estufas. Entretanto, um exame mais detalhado revelará muitos produtos e instrumentos modernos e comercialmente disponíveis, que teriam sido inconcebíveis na época de Louis Pasteur e Robert Koch.

Crescimento bacteriano

Em relação aos seres humanos, o termo *crescimento* refere-se a um aumento de estatura, por exemplo, de um pequeno recém-nascido a um grande adulto. Embora as bactérias também cresçam em tamanho antes da divisão celular, o *crescimento bacteriano* refere-se a um aumento no *número* de organismos, e não no comprimento. Assim, no que diz respeito às bactérias, o *crescimento* é a sua proliferação ou multiplicação.

Quando uma célula bacteriana alcança o seu tamanho ótimo, sofre uma divisão binária (*bi* significa "dois") em duas células-filhas, ou seja, cada bactéria simplesmente se divide ao meio, tornando-se duas células idênticas (conforme abordado no Capítulo 3, *Estrutura Celular e Taxonomia*, é preciso que ocorra replicação do DNA antes da divisão binária, de modo que cada célula-filha tenha exatamente a mesma constituição genética da célula parental). Em meio sólido, a divisão binária prossegue por muitas gerações até a produção de uma colônia bacteriana, que consiste em um monte ou pilha de bactérias contendo milhões de células (Figura 8.4). A divisão binária continua ocorrendo enquanto há um suprimento de nutrientes, água e espaço, e termina quando os nutrientes se esgotam ou a concentração de produtos de degradação celular alcança um nível tóxico. A divisão dos estafilococos por divisão binária foi mostrada na Figura 2.12, do Capítulo 2, *Visualização do Mundo Microbiano*.

> Neste livro, o termo *crescimento bacteriano* refere-se à proliferação ou multiplicação de bactérias.

O tempo para que uma célula produza duas outras por divisão binária é denominado tempo de geração, e ele varia

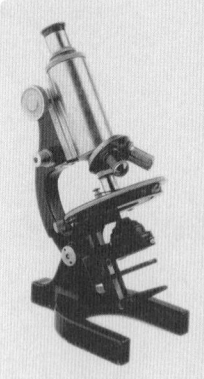

Nota histórica
Cultura de bactérias no laboratório

As primeiras tentativas bem-sucedidas de cultivo de microrganismos em ambiente laboratorial foram feitas por Ferdinand Cohn (1872), Joseph Schroeter (1875) e Oscar Brefeld (1875). Robert Koch descreveu suas técnicas de cultura em 1881. Inicialmente, Koch utilizou fatias de batatas cozidas sobre as quais cultivava bactérias; entretanto, posteriormente, ele desenvolveu meios artificiais líquidos e sólidos. A gelatina foi utilizada primeiramente como agente solidificante nos meios de cultura de Koch; contudo, em 1882, Fanny Hesse, a esposa do Dr. Walther Hesse (um dos assistentes de Koch), sugeriu o uso do ágar. Frau Hesse (como era mais comumente chamada) vinha utilizando, há muitos anos, o ágar em sua cozinha como agente solidificante em geleias de frutas e vegetais. Outro assistente de Koch, Richard Julius Petri, inventou a placa de Petri de vidro em 1887, para ser utilizada como recipiente para meios de cultura sólidos e culturas bacterianas. As placas de Petri utilizadas hoje são praticamente idênticas ao *design* original, exceto que a maioria dos laboratórios atuais utiliza placas de Petri de plástico, pré-esterilizadas e descartáveis. Em 1878, Joseph Lister foi o primeiro a obter uma cultura pura de uma bactéria (*Streptococcus lactis*) em meio líquido. Em consequência de sua capacidade de obter culturas bacterianas puras em seus laboratórios, Louis Pasteur e Robert Koch fizeram importantes contribuições para a teoria germinal das doenças.

entre as espécies bacterianas. No laboratório, em condições ideais de crescimento, o tempo de geração de *Escherichia coli*, *V. cholerae*, *Staphylococcus* spp. e *Streptococcus* spp. é de aproximadamente 20 minutos, enquanto algumas espécies

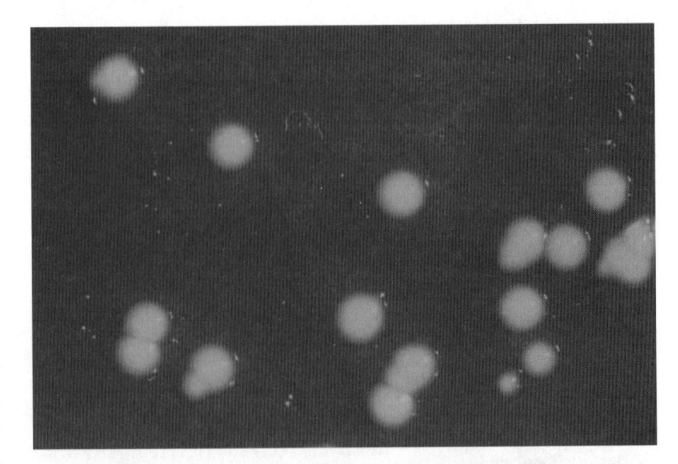

Figura 8.4 Colônias de bactérias na superfície de um meio de cultura sólido. Trata-se de colônias de *Klebsiella pneumoniae*, uma causa bastante comum de pneumonia e de infecções do trato urinário. A aparência (morfologia) das colônias bacterianas varia de uma espécie para outra. (Disponibilizada pelos CDC.)

As bactérias multiplicam-se por divisão binária. O tempo para que determinada espécie sofra divisão binária é denominado tempo de geração do microrganismo.

de *Pseudomonas* e *Clostridium* podem dividir-se a cada 10 minutos, e *Mycobacterium tuberculosis* podem fazê-lo apenas a cada 18 a 24 horas. As bactérias com curto tempo de geração são chamadas de bactérias de crescimento rápido, enquanto as que apresentam um longo tempo de geração são conhecidas como bactérias de crescimento lento.

O crescimento dos microrganismos no corpo humano, na natureza ou no laboratório é acentuadamente influenciado pela temperatura, pelo pH, pelo grau de umidade, pelos nutrientes disponíveis e pelas características de outros organismos presentes. Por conseguinte, o número de bactérias na natureza oscila de modo imprevisível, visto que esses fatores variam de acordo com as estações, a pluviosidade, a temperatura e a hora do dia.

Entretanto, no laboratório, geralmente é possível manter uma cultura pura de uma única espécie de bactéria, se forem fornecidos os meios de crescimento e as condições ambientais apropriados. A temperatura, o pH e a atmosfera adequados são facilmente controlados, de modo a proporcionar as condições ideais de crescimento. Além disso, é preciso fornecer os nutrientes necessários no meio de cultura, incluindo uma boa fonte de energia e carbono. Algumas bactérias, porém, descritas como *fastidiosas*, têm necessidades nutricionais complexas. Assim, com frequência, é necessário acrescentar misturas especiais de vitaminas e aminoácidos ao meio de cultura delas. Alguns microrganismos não crescem em meios artificiais de cultura, incluindo patógenos intracelulares obrigatórios, como os vírus, as riquétsias e as clamídias. Então, para se obter a propagação de patógenos intracelulares obrigatórios no laboratório, eles precisam ser inoculados em animais vivos, ovos embrionados de galinha ou culturas de células. Outros microrganismos que não crescem em meios artificiais incluem *Treponema pallidum* (a bactéria que causa sífilis) e *Mycobacterium leprae* (a bactéria que causa hanseníase).

Os microrganismos cujo crescimento é difícil no laboratório são denominados fastidiosos.

Meios de cultura

Os meios utilizados nos laboratórios de microbiologia para a cultura de bactérias são denominados meios artificiais ou *meios sintéticos*, visto que não existem naturalmente, são preparados no laboratório. Há diversas maneiras de classificar os meios utilizados no cultivo de bactérias.

Uma delas baseia-se no conhecimento do conteúdo exato do meio. Um *meio quimicamente definido* é aquele em que todos os ingredientes são conhecidos, uma vez que o meio é preparado no laboratório pela adição de determinada quantidade (em gramas) de cada um dos componentes (p. ex., carboidratos, aminoácidos e sais). Um *meio complexo* é aquele cujo conteúdo exato não é conhecido. Ele contém extratos moídos ou digeridos de órgãos animais (p. ex., coração,

fígado e cérebro), peixes, leveduras e plantas, que fornecem os nutrientes, as vitaminas e os minerais necessários.

Os meios de cultura também podem ser classificados em *líquidos* ou *sólidos* (Figura 8.5). Os meios de cultura líquidos (também conhecidos como caldos) são colocados em tubos de ensaio e, portanto, são frequentemente designados como meios em tubos. Os meios de cultura sólidos são preparados pela adição de ágar ao meio líquido e, em seguida, são colocados em tubos de ensaio ou em placas de Petri, onde o meio solidifica. Então, as bactérias crescem na superfície do meio sólido contendo ágar. O ágar é um polissacarídeo complexo obtido de uma alga marinha vermelha; é utilizado como agente solidificante, de modo muito semelhante à gelatina na culinária.

Um *meio enriquecido* é um caldo, ou meio sólido, que contém um rico suprimento de nutrientes especiais, promovendo o crescimento dos microrganismos fastidiosos. Em geral, é preparado pela adição de nutrientes extras a um meio denominado ágar nutriente. O ágar-sangue (ágar nutriente mais 5% de eritrócitos de carneiro) e o ágar-chocolate (ágar nutriente ao qual se adiciona hemoglobina em pó) são exemplos de meios sólidos enriquecidos, utilizados rotineiramente no laboratório de bacteriologia clínica. O ágar-sangue é vermelho brilhante, enquanto o ágar-chocolate é marrom (cor de chocolate). Embora ambos os meios contenham hemoglobina, o ágar-chocolate é considerado mais enriquecido do que o ágar-sangue, visto que a hemoglobina é mais facilmente acessível no ágar-chocolate. Este é utilizado para o cultivo de bactérias patogênicas fastidiosas importantes, como *Neisseria gonorrhoeae* e *Haemophilus influenzae*, que não crescem em ágar-sangue.

O ágar-sangue e o ágar-chocolate são exemplos de meios de cultura enriquecidos.

Um *meio seletivo* contém inibidores que são adicionados para impedir o crescimento de determinados microrganismos, sem inibir o daquele que está sendo pesquisado. Por exemplo, o ágar MacConkey inibe o crescimento das bactérias gram-positivas e, portanto, é seletivo para as

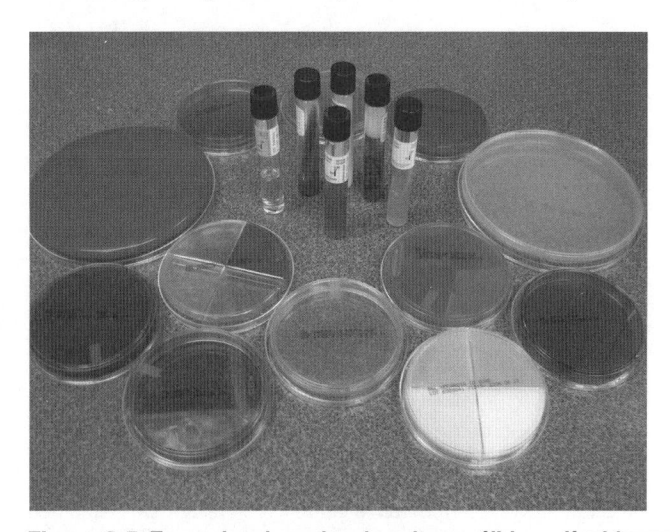

Figura 8.5 Exemplos de meios de cultura sólidos e líquidos utilizados no laboratório de microbiologia clínica. (Disponibilizada pelo Dr. Robert Fader e por Biomed Ed, Round Rock, TX.) (Esta figura encontra-se reproduzida em cores no Encarte.)

gram-negativas. O ágar que contém álcool feniletílico (PEA) e o ágar que contém ácido nalidíxico e colistina (CNA) inibem o crescimento das bactérias gram-negativas e, portanto, são seletivos para as gram-positivas. O ágar Thayer-Martin e o ágar Martin-Lewis (ágar-chocolate contendo nutrientes extras, juntamente com vários agentes antimicrobianos) são seletivos para *N. gonorrhoeae*. Apenas as bactérias tolerantes ao sal (halodúricas) conseguem crescer em ágar manitol salgado (MSA).

> Um meio de cultura seletivo é utilizado para impedir o crescimento de determinados microrganismos, sem inibir o daquele que está sendo pesquisado.

Um *meio diferencial* viabiliza a diferenciação de microrganismos que crescem nesse meio. Por exemplo, o ágar MacConkey é utilizado com frequência para diferenciar vários bacilos gram-negativos que são isolados de amostras de fezes. As bactérias gram-negativas que têm a capacidade de fermentar a lactose (um ingrediente do ágar MacConkey) produzem colônias rosa, enquanto as que são incapazes de fermentar a lactose produzem colônias incolores (Figura 8.6). Portanto, o ágar MacConkey diferencia as bactérias gram-negativas fermentadoras da lactose das não fermentadoras. O MSA é utilizado para a identificação do *S. aureus*; esse microrganismo não apenas cresce no MSA, como também converte o meio originalmente rosa em amarelo, em virtude de sua capacidade de

> Um meio de cultura diferencial viabiliza a rápida diferenciação dos vários tipos de microrganismos que estão crescendo nesse meio.

fermentar o manitol (Figura 8.7). De certo modo, o ágar-sangue também é um meio diferencial, visto que é utilizado para determinar o tipo de hemólise (alteração ou destruição dos eritrócitos) causada pela bactéria isolada (Figura 8.8).

Os vários tipos de meios de cultura (enriquecidos, seletivos e diferenciais) não são mutuamente exclusivos. Por exemplo, o ágar-sangue é um meio enriquecido e diferencial; o ágar MacConkey e o MSA são seletivos e diferenciais; o ágar PEA e o ágar CNA são meios enriquecidos e seletivos, pois se trata de ágar-sangue ao qual foram adicionadas

Figura 8.7 Ágar manitol salgado (MSA), um meio seletivo e diferencial utilizado para a identificação do *Staphylococcus aureus*. Qualquer bactéria capaz de crescer em uma concentração de cloreto de sódio de 7,5% crescerá nesse meio; entretanto, *S. aureus* torna o meio amarelo, em virtude de sua capacidade de fermentar o manitol presente. O microrganismo que cresce na parte superior da placa é incapaz de fermentar o manitol, enquanto aqueles que crescem na parte inferior são fermentadores de manitol. (De Koneman E *et al. Color atlas and textbook of diagnostic microbiology*. 5th ed. Philadelphia, PA: Lippincott Williams & Wilkins; 1997.) (Esta figura encontra-se reproduzida em cores no Encarte.)

substâncias inibidoras seletivas; o ágar Thayer-Martin e o ágar Martin-Lewis são altamente enriquecidos e seletivos.

O caldo de THIO é um meio líquido muito popular utilizado no laboratório de bacteriologia, pois sustenta o crescimento de todas as categorias de bactérias, desde as aeróbias obrigatórias até as anaeróbias obrigatórias. Isso é possível porque, no tubo de THIO, existe um gradiente de concentração de oxigênio dissolvido, a qual diminui conforme a profundidade. A concentração de oxigênio no caldo que se encontra na parte superior do tubo é de aproximadamente 20 a 21%, e no fundo, não existe nenhum oxigênio no caldo. Desse modo, os microrganismos só crescerão na parte do caldo em que a concentração de oxigênio satisfizer suas necessidades (Figura 8.9). Por exemplo, os microaerófilos

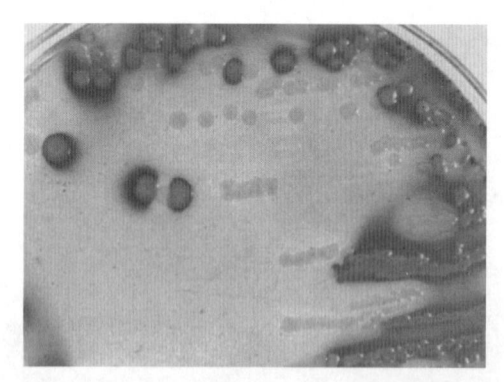

Figura 8.6 Colônias bacterianas em ágar MacConkey, que é um meio de cultura seletivo e diferencial. Trata-se de um meio seletivo para as bactérias gram-negativas, o que significa que apenas estas crescerão ali. Podem ser observadas colônias de bactérias que fermentam a lactose (colônias rosa) e que não a fermentam (colônias claras). (De Winn WC Jr *et al. Koneman's color atlas and textbook of diagnostic microbiology*. 6th ed. Philadelphia, PA: Lippincott Williams & Wilkins; 2006.) (Esta figura encontra-se reproduzida em cores no Encarte.)

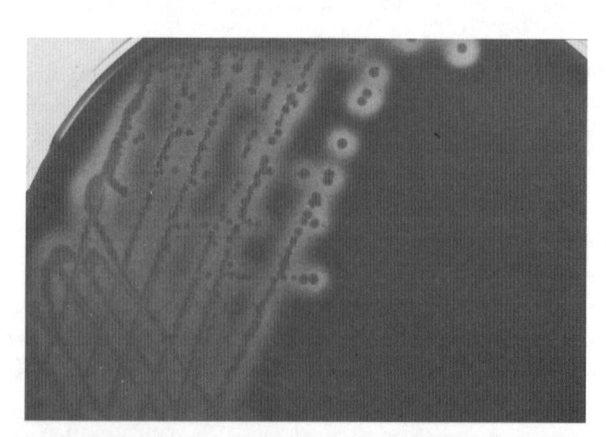

Figura 8.8 Colônias de *Streptococcus pyogenes* hemolítico em uma placa de ágar-sangue beta-hemolítica. As zonas claras (β-hemólise) ao redor das colônias são produzidas por enzimas que lisam os eritrócitos no ágar (hemolisinas). Informações sobre o alfabeto grego podem ser encontradas no Apêndice D, *Alfabeto Grego*. (De Winn WC Jr *et al. Koneman's color atlas and textbook of diagnostic microbiology*. 6th ed. Philadelphia, PA: Lippincott Williams & Wilkins; 2006.) (Esta figura encontra-se reproduzida em cores no Encarte.)

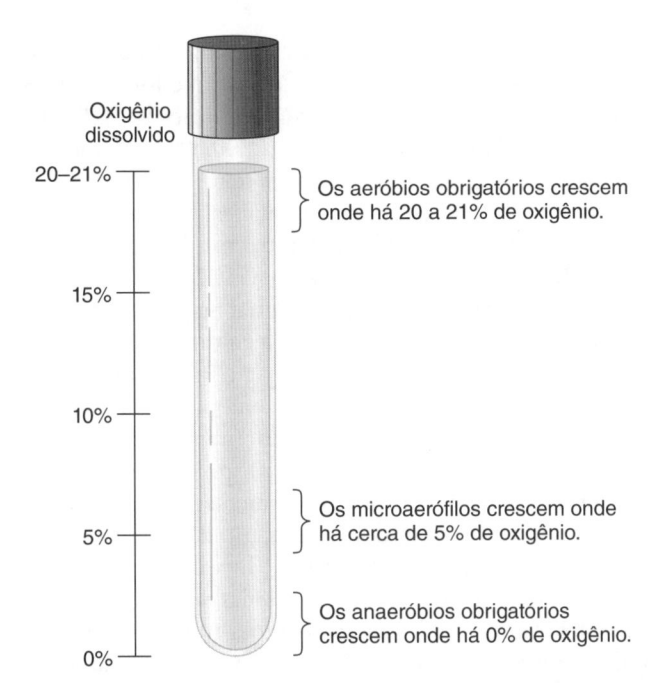

Oxigênio
dissolvido

20–21% — Os aeróbios obrigatórios crescem onde há 20 a 21% de oxigênio.

15%

10%

5% — Os microaerófilos crescem onde há cerca de 5% de oxigênio.

Os anaeróbios obrigatórios crescem onde há 0% de oxigênio.

0%

Figura 8.9 O caldo tioglicolato contém um gradiente de concentração de oxigênio dissolvido, que varia de 20 a 21% na parte superior do tubo até 0% na sua parte inferior. Determinada bactéria só crescerá na parte do caldo que contém a concentração de oxigênio de que ela necessita.

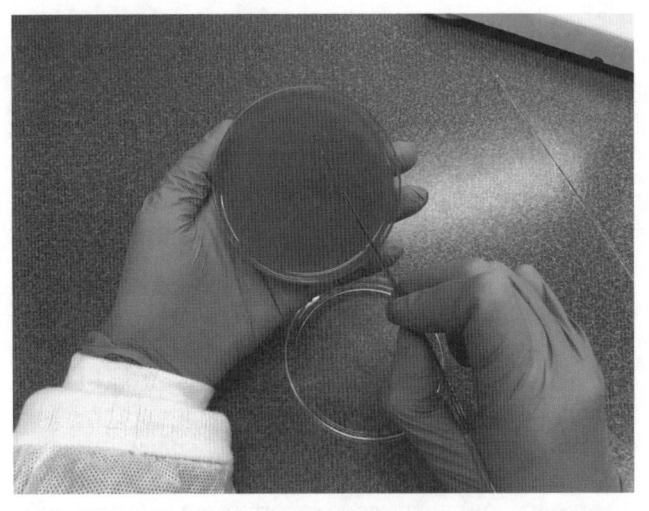

Figura 8.10 Profissional de laboratório demonstrando o método correto de inoculação da superfície de uma placa de ágar A placa é mantida na palma de uma das mãos, e a outra é utilizada para arrastar suavemente a alça de inoculação sobre a superfície do meio de cultura sólido. Deve-se segurar a alça de inoculação da mesma maneira que um artista segura um pequeno pincel de pelo de camelo quando aplica tinta na superfície de uma tela. (Disponibilizada pelo Dr. Robert Fader.)

crescerão onde a concentração de oxigênio for de cerca de 5%, enquanto os anaeróbios obrigatórios crescerão apenas na parte mais profunda do tubo, onde não existe nenhum oxigênio. Os anaeróbios facultativos podem crescer em qualquer local do tubo; afinal, eles podem viver na presença ou na ausência de oxigênio.

Inoculação dos meios de cultura

Nos laboratórios de microbiologia clínica, os meios de cultura são rotineiramente inoculados com amostras clínicas, ou seja, que foram coletadas de pacientes com suspeita de doenças infecciosas. A inoculação de um meio líquido envolve a adição de parte da amostra ao meio, e a de um meio sólido ou em placa envolve o uso de uma alça de inoculação estéril para a aplicação de uma parte da amostra à superfície do meio, um processo comumente designado como *semeadura em estrias* (Figura 8.10).

Importância da utilização da "técnica asséptica"

Os indivíduos que trabalham em laboratório de microbiologia precisam praticar o que se conhece como *técnica asséptica* e compreender a sua importância. Ela é praticada para impedir: (a) que os profissionais de microbiologia se tornem infectados; (b) a contaminação do ambiente de trabalho; e (c) a contaminação das amostras clínicas, culturas e subculturas. Por exemplo, quando são inoculados meios em placa, é importante manter a tampa da placa de Petri no lugar no decorrer de todo o tempo, exceto durante os poucos segundos necessários para inocular a amostra na superfície do meio de cultura. Isso porque cada segundo adicional em que a placa de Petri é mantida sem a tampa fornece

uma oportunidade para que microrganismos transportados pelo ar (p. ex., esporos de bactérias e de fungos) pousem na superfície do meio, onde irão crescer. Esses agentes indesejáveis são denominados *contaminantes*, e diz-se que a placa está *contaminada*. Igualmente importante é manter a esterilidade do meio de cultura antes da inoculação e evitar tocar a superfície do ágar com as pontas dos dedos ou outros objetos não estéreis. A inoculação de meios dentro de uma cabine de segurança biológica (BSC, do inglês, *biologic safety cabinet*) minimiza a possibilidade de contaminação e protege o funcionário de laboratório de ser infectado pelo(s) microrganismo(s) com que trabalha. (As BSCs são discutidas no Apêndice 4, "Responsabilidades do Laboratório de Microbiologia Clínica", disponível no material suplementar *online*.)

> A técnica asséptica é praticada no laboratório de microbiologia, de modo a impedir a infecção dos profissionais e a contaminação do ambiente de trabalho, das amostras clínicas e das culturas.

Incubação

Após a sua inoculação, o meio precisa ser incubado (colocado em uma câmara chamada *estufa* com grau adequado de umidade e ajustada para manter a temperatura correta). Esse processo é denominado incubação. Para cultivar a maioria dos patógenos humanos, a estufa é deixada entre 35 e 37°C. No laboratório de microbiologia clínica, são utilizados três tipos de estufas:

> Os três tipos de estufas utilizadas no laboratório de microbiologia são: as de CO_2, as que não contêm CO_2 e as anaeróbicas.

1. A estufa de CO_2 (dióxido de carbono) apresenta um cilindro do gás conectado e é utilizada para o isolamento de capnófilos (microrganismos que crescem melhor

em atmosferas que contêm quantidades aumentadas de CO_2). O gás é periodicamente introduzido na estufa para manter uma concentração de cerca de 5 a 10%. É importante ter em mente que uma estufa desse tipo contém oxigênio (aproximadamente 15 a 20%), além de CO_2; portanto, ela *não* é anaeróbica.

2. Uma estufa que não contém CO_2 apresenta ar atmosférico; dessa maneira, tem cerca de 20 a 21% de oxigênio.

3. Uma estufa anaeróbica é a que contém uma atmosfera desprovida de oxigênio.

Uma vez isolada uma espécie de bactéria específica de uma amostra clínica, ela pode ser separada de qualquer outro microrganismo que esteja presente na amostra e crescer na forma de cultura pura. A expressão *cultura pura* refere-se ao fato de que existe apenas uma espécie de bactéria presente. As mudanças que ocorrem em uma população bacteriana ao longo de um período extenso seguem um padrão definido previsível, que pode ser demonstrado pelo traçado da curva de crescimento da população em um gráfico (discutido mais adiante neste capítulo).

> Uma cultura pura é a que contém apenas uma espécie de microrganismo.

Contagem de populações bacterianas

Algumas vezes, os microbiologistas precisam saber quantas bactérias estão presentes em determinado líquido em dado momento (p. ex., para determinar o grau de contaminação bacteriana na água potável, no leite e em outros alimentos). Com isso, ele pode determinar a quantidade total de células bacterianas no líquido (que deve incluir células tanto viáveis quanto mortas) ou somente a quantidade de células viáveis (vivas).

Para determinar a quantidade total de células, há vários tipos de instrumentos, como o espectrofotômetro, em que o líquido é atravessado por um feixe de luz. Quando não há nenhuma bactéria presente, o líquido é transparente, e uma grande quantidade de luz consegue passar através dele. No entanto, à medida que aumenta o número de bactérias, o líquido torna-se turvo (opaco), e menor quantidade de luz o atravessa. A turbidez aumenta (ou seja, a solução torna-se mais turva) conforme aumenta a quantidade de microrganismos; em consequência, a luz transmitida diminui à medida que aumenta o número de bactérias. Existem fórmulas para relacionar a quantidade de luz transmitida com a concentração de microrganismos no líquido, a qual geralmente é expressa como o número de microrganismos por mililitro de suspensão.

A contagem em placa de células viáveis é utilizada para determinar quantas bactérias viáveis há em uma amostra líquida, como leite, água, alimento moído diluído em água ou cultura em caldo. Nesse procedimento, são preparadas diluições seriadas da amostra, e, em seguida, são inoculadas alíquotas (porções) de 0,1 ou 1 mℓ em placas de ágar nutriente. Após incubação durante a noite, procede-se à contagem do número de colônias (em geral, utiliza-se uma placa contendo 30 a 300 colônias).

Para determinar a concentração de bactérias na amostra original, o número de colônias deve ser multiplicado pelo(s) fator(es) de diluição. Por exemplo, se foram contadas 220 colônias em uma placa de ágar que foi inoculada com 1,0 mℓ de uma amostra com diluição de 1:10.000, significa que havia $220 \times 10.000 = 2.200.000$ bactérias/mℓ no material original quando foram feitas as diluições e a cultura. Entretanto, se foram contadas 220 colônias em uma placa de ágar inoculada com 0,1 mℓ de uma amostra com diluição de 1:10.000, então havia $220 \times 10 \times 10.000 = 22.000.000$ bactérias/mℓ no material original na ocasião em que foram feitas as diluições e a cultura.

No laboratório de microbiologia clínica, uma contagem de células viáveis constitui uma parte importante da cultura de urina (a técnica é descrita no Capítulo 13, *Diagnóstico das Doenças Infecciosas*), pois o número de bactérias viáveis por mililitro de uma amostra de urina é utilizado como indicador de infecção do trato urinário. Conforme explicado no Capítulo 13, contagens elevadas de colônias também podem ser causadas por contaminação da amostra de urina pela microbiota normal durante a coleta, ou pela sua não refrigeração entre a coleta e o transporte até o laboratório.

Curva de crescimento da população bacteriana

Pode-se obter uma curva de crescimento populacional de qualquer espécie de bactéria por meio do crescimento de uma cultura pura do microrganismo em meio líquido, a uma temperatura constante. Para isso, são coletadas amostras da cultura a intervalos fixos (p. ex., a cada 30 minutos), e determina-se quantos microrganismos viáveis há em cada amostra. Em seguida, os dados são representados na forma de gráfico logarítmico. O da Figura 8.11 foi obtido plotando o logaritmo ($\log_{10}$) do número de bactérias viáveis (eixo *y*) em relação ao tempo de incubação (eixo *x*).

> A curva de crescimento de uma população bacteriana consiste em quatro fases: fase lag, fase log, fase estacionária e fase de morte.

A curva de crescimento consiste nas quatro fases seguintes:

1. A primeira é a *fase lag*, durante a qual as bactérias absorvem nutrientes, sintetizam enzimas e preparam-se para a divisão celular. As bactérias não aumentam em número durante essa fase.

2. A segunda é a fase de crescimento logarítmico (também conhecida como *fase log* ou fase de crescimento exponencial). Nela, as bactérias multiplicam-se tão rapidamente que o número de microrganismos duplica a cada tempo de geração (*i. e.*, ocorre aumento exponencial). A velocidade de crescimento é maior durante essa fase, que é sempre breve, a não ser que a rápida divisão da cultura seja mantida pela adição constante de nutrientes e remoção frequente de produtos de degradação. Quando plotada em gráfico logarítmico, a fase log aparece como uma linha reta intensamente inclinada.

3. Como os nutrientes no meio líquido são utilizados e a concentração de produtos de degradação tóxicos em consequência do metabolismo das bactérias aumenta, a velocidade de divisão diminui, de modo que o número de bactérias se dividindo torna-se igual ao que está morrendo.

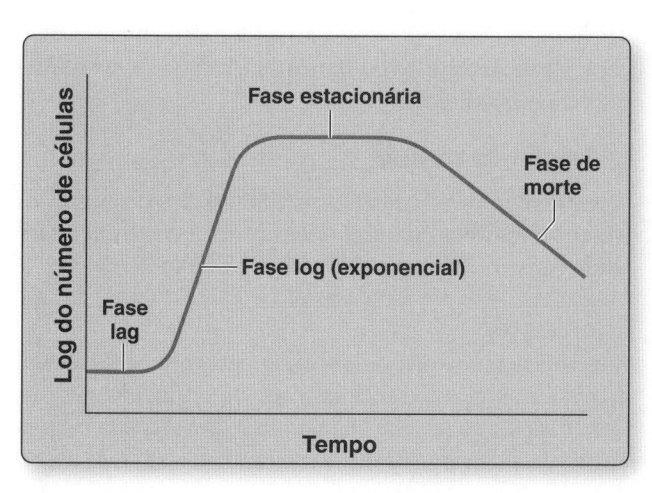

Figura 8.11 Curva de crescimento populacional de microrganismos vivos. O logaritmo do número de bactérias por mililitro de meio é plotado em relação ao tempo. (Redesenhada de Harvey RA *et al*. *Lippincott's illustrated reviews: microbiology*. 3rd ed. Philadelphia, PA: Lippincott Williams & Wilkins; 2013.)

O resultado é a fase estacionária, durante a qual a cultura apresenta a sua maior densidade populacional.

4. Com o aparecimento de uma superpopulação, a concentração de produtos de degradação tóxicos continua aumentando, enquanto o suprimento de nutrientes diminui. Então, os microrganismos passam a morrer em rápida velocidade, constituindo a fase de morte, ou *fase de declínio*. A cultura pode morrer por completo, ou alguns microrganismos podem continuar sobrevivendo durante meses. Se a espécie bacteriana for formadora de esporos, ela irá produzi-los para sobreviver além dessa fase. Quando são observadas células em culturas velhas de bactérias na fase de morte, algumas exibem um aspecto diferente dos microrganismos saudáveis observados na fase log. Em consequência das condições desfavoráveis, podem aparecer alterações morfológicas nas células. Algumas sofrem involução e assumem vários formatos, transformando-se em longos bastonetes filamentosos ou em formas ramificadas ou globulares, de identificação difícil. Algumas se desenvolvem sem parede celular e são denominadas protoplastos, esferoplastos ou variantes da fase L (formas L). Quando essas formas involuídas são inoculadas em meio nutritivo fresco, geralmente revertem para a forma original da bactéria saudável.

Muitos procedimentos industriais e de pesquisa dependem da manutenção de espécies essenciais de microrganismos, as quais são continuamente cultivadas em um ambiente controlado, denominado *quimiostato* (Figura 8.12), que regula o suprimento de nutrientes e a remoção de produtos de degradação e excesso de microrganismos. Os quimiostatos são utilizados nas indústrias em que as leveduras crescem para produzir cerveja e vinho, nas que fungos e bactérias são cultivados para produção de antibióticos, nas quais células de *E. coli* crescem para pesquisa genética e em qualquer outro processo que necessite de uma fonte constante de microrganismos.

Figura 8.12 Quimiostato utilizado para culturas contínuas. As taxas de crescimento podem ser controladas regulando a velocidade de entrada de novo meio na câmara de crescimento ou limitando um fator de crescimento necessário no meio.

Cultura de vírus e outros patógenos intracelulares obrigatórios no laboratório

Conforme abordado no Capítulo 4, *Micróbios Acelulares e Procarióticos*, os patógenos intracelulares obrigatórios são micróbios que só conseguem sobreviver e multiplicar-se no interior de células vivas (hospedeiras). Eles incluem os vírus e dois grupos de bactérias gram-negativas – as riquétsias e as clamídias. Como os patógenos intracelulares obrigatórios não crescem em meios artificiais (sintéticos), eles representam um desafio para o laboratorista quando houver necessidade de grandes números de microrganismos para fins de diagnóstico ou pesquisa (p. ex., desenvolvimento de vacinas e de novos fármacos). Assim, para que possam crescer no laboratório, devem ser inoculados em ovos embrionados de galinha, em animais de laboratório ou em culturas de células.

> Patógenos intracelulares obrigatórios podem ser propagados no laboratório utilizando ovos embrionados de galinha, animais de laboratório ou culturas de células.

No laboratório de virologia, as culturas de células são utilizadas principalmente para a propagação dos vírus. Como determinado vírus só pode se fixar a células que tenham receptores de superfície apropriados e infectá-las, é necessário manter vários tipos diferentes de linhagens celulares no laboratório de virologia. Entre os exemplos, destacam-se as células renais de macacos, coelhos ou seres humanos; as células pulmonares humanas e de marta; e as várias linhagens de células cancerosas. Após inoculação de células apropriadas com a amostra clínica suspeita de apresentar um tipo de vírus específico, elas são incubadas por vários dias e, em seguida, examinadas ao microscópio.

Quando presente, determinado vírus causa alterações morfológicas específicas nas células, que são denominadas efeito citopático (ECP). Exemplos de ECP incluem arredondamento, intumescimento e retração das células, ou elas podem tornar-se granulosas, vítreas, vacuoladas ou fundidas (ilustradas na Figura 13.23, no Capítulo 13, *Diagnóstico das Doenças Infecciosas*). Os vírus, então, podem ser identificados com base no tipo específico de ECP que causam em uma linhagem celular específica.

Cultura de fungos no laboratório

Os fungos (incluindo leveduras, bolores e fungos dimórficos) crescem na superfície e no interior de vários meios de cultura sólidos e líquidos. Não existe nenhum meio que seja melhor para todos os fungos de importância médica. Exemplos de meios de cultura sólidos utilizados para o crescimento de fungos incluem ágar com infusão de cérebro-coração (BHI, do inglês, *brain-heart infusion*), ágar BHI com sangue e ágar Sabouraud-dextrose (SDA). Com frequência, são acrescentados agentes antibacterianos aos meios de cultura para suprimir o crescimento de bactérias. O baixo pH do SDA (5,6) inibe o crescimento da maioria delas bactérias; logo, esse ágar é seletivo para fungos. Quem trabalha no laboratório precisa ter muita cautela no cultivo de fungos, visto que os esporos de alguns deles são altamente infecciosos. Diante do perigo em potencial, é preciso utilizar uma cabine de segurança biológica de classe II, e as placas de Petri frequentemente devem ser lacradas para evitar qualquer exposição acidental.

Cultura de protozoários no laboratório

A maioria dos laboratórios de microbiologia clínica não cultiva protozoários; entretanto, os de referência e de pesquisa dispõem de técnicas para a cultura desses organismos. Exemplos de protozoários que podem ser cultivados *in vitro* incluem amebas (p. ex., *Acanthamoeba* spp., *Balamuthia* spp., *Entamoeba histolytica* e *Naegleria fowleri*), *Giardia lamblia*, *Leishmania* spp., *Toxoplasma gondii*, *Trichomonas vaginalis* e *Trypanosoma cruzi*. Destes, é de suma importância cultivar *Acanthamoeba*, *Balamuthia* e *N. fowleri* em um laboratório de microbiologia clínica. Isso porque essas amebas podem causar infecções graves (frequentemente fatais) do sistema nervoso central, cujo diagnóstico é difícil por outros métodos. Os protozoários parasitas serão discutidos de modo mais detalhado no Capítulo 21, *Infecções Parasitárias em Seres Humanos*.

SEÇÃO 3 | INIBIÇÃO DO CRESCIMENTO DE MICRÓBIOS *IN VITRO*

Em certos ambientes, é necessário ou desejável inibir o crescimento dos micróbios, como em hospitais, clínicas de repouso e outras instituições de cuidados de saúde, de modo que não provoquem infecções nos pacientes, nos membros da equipe ou nos visitantes. Outros locais incluem instalações de processamento de alimentos e bebidas, restaurantes, cozinhas e banheiros.

Definição de termos

Antes de descrever os vários métodos utilizados para destruir os micróbios ou inibir o seu crescimento, é necessário conhecer vários termos aplicados à microbiologia.

Esterilização

A esterilização envolve a destruição ou a eliminação de *todos* os micróbios, incluindo células, esporos e vírus. Quando algo é *estéril*, significa que está desprovido de vida microbiana. Nas instituições de cuidados de saúde, a esterilização de objetos pode ser realizada por métodos físicos ou químicos. Os principais agentes esterilizantes nesses locais incluem: calor seco, autoclavagem (vapor sob pressão), gás de óxido de etileno e várias substâncias químicas líquidas (como formaldeído). Em algumas situações, são também utilizados certos tipos de radiação, como luz ultravioleta (UV) e raios gama. Essas técnicas serão descritas mais adiante neste capítulo.

> A esterilização envolve a destruição ou a eliminação de todos os micróbios.

Desinfecção, pasteurização, desinfetantes, antissépticos e sanitização

A desinfecção é a eliminação da maioria dos patógenos ou de todos eles (exceto os esporos bacterianos) de objetos inanimados. Nas instituições de cuidados de saúde, os objetos são geralmente desinfectados com substâncias químicas líquidas ou pasteurização úmida. O processo de aquecimento desenvolvido por Pasteur para matar os micróbios no vinho – *pasteurização* – é um método de desinfecção de líquidos e, atualmente, é utilizado para eliminar patógenos do leite e da maioria das outras bebidas. Convém lembrar que a pasteurização não é um procedimento de esterilização, visto que nem todos os micróbios são destruídos.

> A desinfecção envolve a eliminação da maioria dos patógenos ou de todos eles (exceto esporos bacterianos) de objetos inanimados.

As substâncias químicas utilizadas para desinfectar objetos inanimados, como equipamentos à cabeceira do paciente e centros cirúrgicos, são denominadas desinfetantes. Eles não matam os esporos (*i. e.*, não são esporocidas) e, por serem substâncias químicas fortes, não podem ser utilizados em tecidos vivos. Os antissépticos são soluções empregadas para desinfectar a pele e outros tecidos vivos. A sanitização refere-se à redução da população microbiana para níveis considerados seguros pelos padrões de saúde pública, como aqueles aplicados a restaurantes.

Agentes microbicidas

O sufixo *-cida* refere-se a "matar", como nas palavras homicida, suicida e genocida. Desse modo, termos gerais como agentes germicidas (*germicidas*), agentes biocidas (*biocidas*) e agentes microbicidas (*microbicidas*) dizem respeito a desinfetantes ou a antissépticos que matam os micróbios. Os agentes bactericidas (*bactericidas*) matam especificamente as bactérias, mas não necessariamente endósporos bacterianos. Isso porque, como os revestimentos dos esporos são espessos e resistentes aos efeitos de muitos desinfetantes, são necessários agentes esporicidas para matá-los. Os agentes fungicidas (*fungicidas*) matam os fungos, incluindo seus esporos. São utilizados agentes algicidas (*algicidas*) para matar as algas em piscinas e banheiras. Os agentes viricidas (ou *virucidas*) destroem os vírus, os pseudomonicidas matam espécies de *Pseudomonas*, enquanto os tuberculocidas eliminam *M. tuberculosis*.

> Os agentes com o sufixo -*cida* matam os organismos, enquanto aqueles com o sufixo -*stático* inibem apenas o crescimento e a reprodução.

Agentes microbiostáticos

Um *agente microbiostático* é um fármaco ou substância química que impede a reprodução dos microrganismos, mas não necessariamente os mata, inibindo especificamente o metabolismo e a reprodução das bactérias. Alguns dos fármacos utilizados no tratamento de doenças bacterianas são bacteriostáticos, enquanto outros são bactericidas. A criodessecação (liofilização) e o congelamento rápido (utilizando nitrogênio líquido) são técnicas microbiostáticas, que são utilizadas para a conservação de micróbios com fins de uso ou estudo futuros.

A liofilização é um processo que combina a desidratação (dessecação) e o congelamento. Os materiais liofilizados são congelados a vácuo; em seguida, o recipiente é lacrado para manter o estado inativo. Esse método de criodessecação é amplamente utilizado na indústria para conservação de alimentos, antibióticos, antissoros, microrganismos e outros materiais biológicos. Convém lembrar que a liofilização não pode ser utilizada para matar microrganismos, mas sim para impedir que eles se reproduzam e para armazená-los para uso futuro.

> A liofilização é um método adequado de conservação de microrganismos para uso futuro. O aquecimento constitui o tipo mais comum de esterilização para objetos inanimados que não podem resistir a altas temperaturas.

Sepse, assepsia, técnica asséptica, antissepsia e técnica antisséptica

A sepse refere-se à presença de patógenos no sangue ou nos tecidos, enquanto o termo assepsia significa ausência deles. As duas categorias gerais de técnicas assépticas – assepsia médica e assepsia cirúrgica – serão descritas de modo detalhado no Capítulo 12, *Epidemiologia na Área de Assistência à Saúde e Prevenção e Controle das Infecções*. Várias medidas, coletivamente designadas como técnicas assépticas, são utilizadas para eliminar ou excluir os patógenos. Anteriormente, neste capítulo, foi mencionada a importância da utilização delas no laboratório de microbiologia para a inoculação de meios de cultura. Em outras áreas do hospital, as técnicas assépticas incluem: a higiene das mãos;[d]

o uso de luvas, máscaras e capotes estéreis; a esterilização dos instrumentos cirúrgicos e de outros equipamentos; e o uso de desinfetantes e antissépticos.

A antissepsia é a prevenção de infecções. A técnica antisséptica, desenvolvida por Joseph Lister em 1867, refere-se ao uso de antissépticos e é um tipo de técnica asséptica. Lister utilizou ácido carbólico (fenol) diluído para limpar as feridas cirúrgicas e o equipamento, e ácido carbólico em aerossol para impedir a entrada de microrganismos prejudiciais no campo cirúrgico ou a contaminação do paciente.

Técnica estéril

A técnica estéril é praticada quando houver necessidade de excluir *todos* os microrganismos de determinada área, de modo que ela se torne estéril. No Capítulo 12, *Epidemiologia na Área de Assistência à Saúde e Prevenção e Controle das Infecções*, será explicado como ela é utilizada em certas áreas do hospital, como o centro cirúrgico.

Métodos físicos para inibir o crescimento microbiano

Os métodos utilizados para destruir ou inibir a vida microbiana podem ser físicos ou químicos; algumas vezes, usam-se ambos. As medidas físicas comumente utilizadas em hospitais, clínicas e laboratórios para destruir ou controlar os patógenos incluem calor, combinação de calor e pressão, dessecação, radiação, ruptura sônica e filtração. Cada uma delas será discutida de modo sucinto a seguir.

Calor

O calor é o método de esterilização mais prático, eficiente e barato para todos os objetos inanimados e materiais capazes de suportar altas temperaturas. Devido a essas vantagens, é utilizado com mais frequência.

> O calor é o tipo mais comum de esterilização para objetos inanimados capazes de resistir a altas temperaturas.

Dois fatores – a *temperatura* e o *tempo* – determinam a efetividade do calor para a esterilização. Existe uma considerável variação na suscetibilidade ao calor de um microrganismo para outro; os patógenos são comumente mais suscetíveis do que os não patogênicos. Além disso, quanto mais elevada a temperatura, menor o tempo necessário para matar os microrganismos. O ponto de morte térmica de qualquer espécie é a menor temperatura que mata todos os microrganismos em uma cultura pura padronizada em um intervalo de tempo especificado. O tempo de morte térmica é o período necessário para esterilizar uma cultura pura em determinada temperatura.

Nas aplicações práticas da esterilização pelo calor, é preciso considerar o material no qual se pode encontrar uma mistura de microrganismos e seus esporos. O pus, as fezes, os vômitos, o muco e o sangue contêm proteínas que atuam como revestimento protetor, isolando os patógenos; assim, quando esses fluidos estão presentes em roupas de cama, curativos, instrumentos cirúrgicos e seringas, são

---

[d]A expressão "higiene das mãos" refere-se à lavagem das mãos; ao uso de géis à base de álcool, enxágues e espumas; à manutenção das unhas das mãos limpas e curtas; e ao não uso de unhas postiças ou anéis.

necessárias temperaturas muito altas para destruir os microrganismos vegetativos (em crescimento) e os esporos. Na prática, o procedimento mais efetivo consiste em retirar os resíduos de proteína com sabão forte, água quente e desinfetante e, em seguida, esterilizar o equipamento ou os materiais com calor.

Calor seco. O calor seco em forno termostaticamente controlado proporciona uma esterilização efetiva de metais, vidraria, alguns pós, óleos e ceras. Esses itens precisam ser aquecidos até 160 a 165°C por 2 horas, ou entre 170 e 180°C por 1 hora. Pode-se utilizar um forno comum, do tipo encontrado na maioria das residências, se a temperatura permanecer constante. A efetividade da esterilização pelo calor seco depende da profundidade de penetração do calor no material, e os itens a serem esterilizados precisam ser posicionados de modo que o ar quente possa circular livremente entre eles.

A incineração (queima) constitui um método efetivo de destruir materiais descartáveis contaminados. Entretanto, o incinerador nunca deve ser sobrecarregado com materiais úmidos e ricos em proteína, como fezes, vômitos ou pus, visto que os microrganismos contaminantes no interior desses fluidos úmidos podem não ser destruídos se o calor não penetrar facilmente e não queimá-los. Desse modo, o uso de chama direta na superfície de pinças de metal e alças bacteriológicas constitui um método efetivo de matar os microrganismos e, durante muitos anos, foi um procedimento comum nos laboratórios. Apesar disso, as chamas abertas são perigosas; por esse motivo, são raramente utilizadas nos laboratórios de microbiologia modernos, onde são usadas principalmente alças de inoculação de plástico descartáveis e estéreis. Atualmente, sempre que são empregadas alças de inoculação, a esterilização pelo calor é comumente realizada com aparelhos de aquecimento elétricos (Figura 8.13).

Calor úmido. O calor aplicado na presença de umidade, como fervura ou vapor, é mais rápido e mais efetivo do que o calor seco e pode ser obtido em temperatura mais baixa; por conseguinte, é menos destrutivo para muitos materiais que, de outro modo, seriam danificados em temperaturas mais altas. O calor úmido provoca coagulação das proteínas (como a que ocorre quando os ovos são cozidos). Como as enzimas celulares são proteínas, elas são inativadas pelo calor úmido, resultando na morte celular.

As formas vegetativas da maioria dos patógenos são facilmente destruídas pela fervura durante 30 minutos. Assim, os artigos limpos feitos de metal e de vidro, como seringas, agulhas e instrumentos simples, podem ser desinfetados dessa maneira. Como a temperatura em que a água ferve é mais baixa em altitudes mais elevadas, a água sempre deve ser fervida por mais tempo em grandes altitudes. Todavia, a fervura nem sempre é efetiva, visto que podem estar presentes endósporos bacterianos, micobactérias e vírus resistentes ao calor. Os endósporos das bactérias que causam antraz, tétano, gangrena gasosa e botulismo, bem como os vírus da hepatite, são particularmente resistentes ao calor e, com frequência, sobrevivem à fervura. Além disso, como os termófilos prosperam em altas temperaturas; logo, a fervura não constitui um método efetivo para matá-los.

Uma autoclave assemelha-se a uma grande panela de pressão de metal, que utiliza vapor sob pressão para destruir por completo toda forma de vida microbiana (Figura 8.14). A pressão aumentada eleva a temperatura acima da de

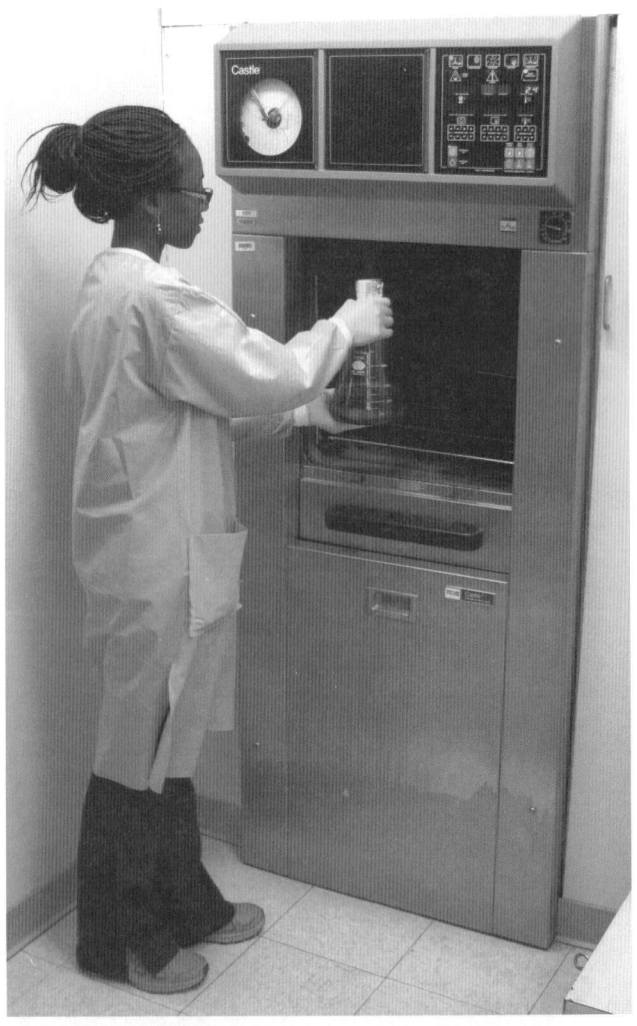

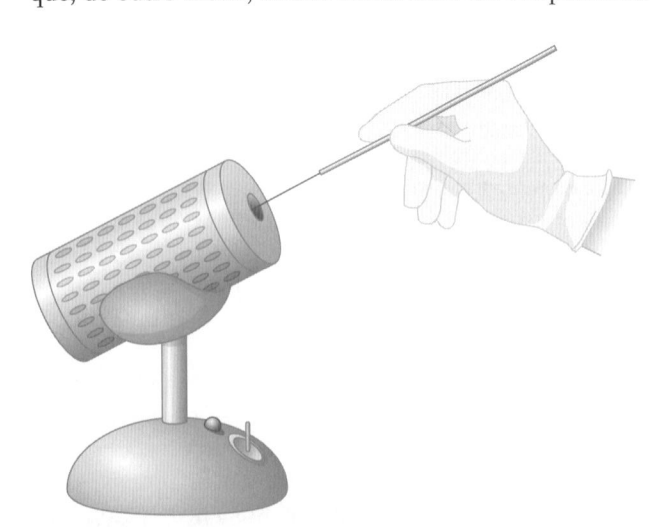

Figura 8.13 Esterilização de uma alça de inoculação por calor seco, utilizando um aparelho de aquecimento elétrico.

Figura 8.14 Grande autoclave embutida. (Disponibilizada pelo Dr. Robert Fader.)

As autoclaves devem ser reguladas para funcionar durante 20 minutos a uma pressão de 15 psi e temperatura de 121,5°C.

fervura da água (*i. e.*, > 100°C) e força o vapor dentro dos materiais que estão sendo esterilizados. A autoclavagem em uma pressão de 15 psi, a uma temperatura de 121,5°C, durante 20 minutos, mata os microrganismos vegetativos, os endósporos bacterianos e os vírus, contanto que não estejam protegidos por pus, fezes, vômitos, sangue ou outras substâncias proteináceas. Alguns tipos de equipamentos e determinados materiais, como a borracha, que podem ser danificados em altas temperaturas, podem ser autoclavados em temperaturas mais baixas por um período mais longo de tempo. No entanto, a duração precisa ser cuidadosamente determinada com base no conteúdo e na densidade da carga. Além disso, todos os artigos devem ser adequadamente embalados e arrumados dentro da autoclave, de modo a possibilitar que o vapor penetre totalmente em cada embalagem. As latas devem permanecer abertas; as garrafas, frouxamente recobertas com papel de alumínio ou algodão; e os instrumentos, embrulhados em tecido. Os recipientes selados não devem ser autoclavados; nesse caso, podem ser utilizadas fitas de autoclave sensíveis à pressão (Figura 8.15) e fitas ou soluções comercialmente disponíveis contendo esporos bacterianos (Figura 8.16) como medida de controle de qualidade para assegurar o funcionamento adequado das autoclaves. A fita de autoclave exibe marcas diagonais que contêm uma tinta que modifica de cor (geralmente de bege para preto) após exposição a uma temperatura adequada de autoclavagem (121,5°C). Após utilizar as tiras ou soluções de esporos, elas são examinadas para verificar se os esporos estão mortos.

O preparo de conservas caseiras sem o uso de uma panela de pressão não destrói os endósporos bacterianos, principalmente o anaeróbio *Clostridium botulinum*. Em certas ocasiões, os jornais locais relatam casos de envenenamento alimentar em consequência da ingestão de toxinas desse patógeno em frutas, vegetais e carnes inadequadamente enlatados. O envenenamento alimentar do botulismo pode ser evitado por meio da lavagem adequada dos alimentos e do seu cozimento em panela de pressão (autoclavagem).

Um modo efetivo de desinfetar roupas de vestir, roupas de cama e pratos consiste na utilização de água quente (> 60°C) com detergente ou sabão, agitando a solução ao redor dos itens. Essa combinação de calor, ação mecânica e inibição química é mortal para a maioria dos patógenos. A melhor maneira de remover micróbios de uma esponja de cozinha é lavá-la, torcê-la e colocá-la no micro-ondas por 30 a 60 segundos.

Frio

A maioria dos microrganismos não é morta por temperaturas frias e congelamento; porém, ocorre diminuição das atividades metabólicas, inibindo acentuadamente o seu crescimento. A refrigeração apenas reduz o crescimento da maior parte dos patógenos, mas não os inibe por completo. O congelamento lento provoca formação de cristais de gelo no interior das células e pode causar ruptura das membranas e das paredes celulares de algumas bactérias. Por isso, esse

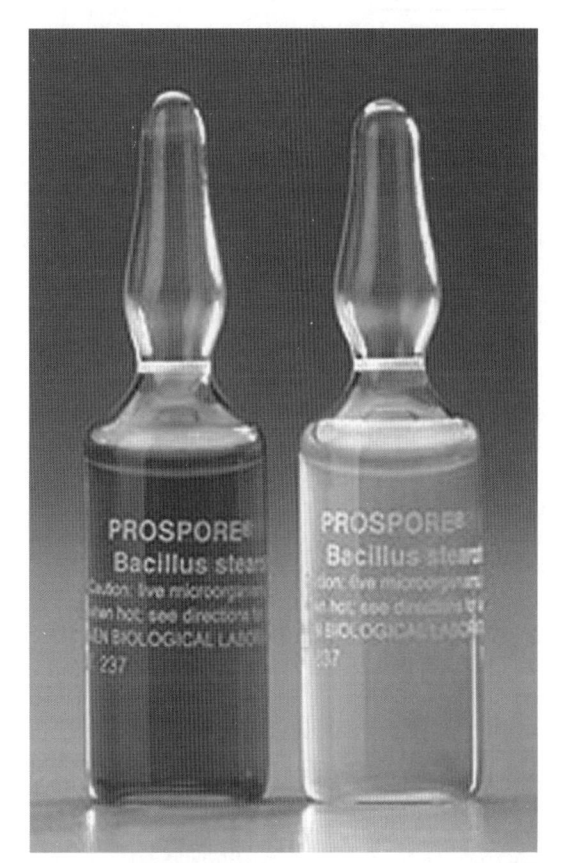

Figura 8.16 Indicador biológico utilizado para monitorar a efetividade da autoclavagem. Ampolas lacradas contendo esporos bacterianos suspensos em um meio de cultura são colocadas junto com o material a ser esterilizado. Após a esterilização, elas são incubadas a 35°C. Se os esporos estiverem mortos, não haverá nenhuma mudança na cor do meio, que permanecerá púrpura. Se os esporos não estiverem mortos, ocorrerá germinação, e a produção de ácido pelas bactérias causará uma mudança de cor do indicador de pH no meio de púrpura para amarelo. (Disponibilizada por Fisher Scientific.) (Esta figura encontra-se reproduzida em cores no Encarte.)

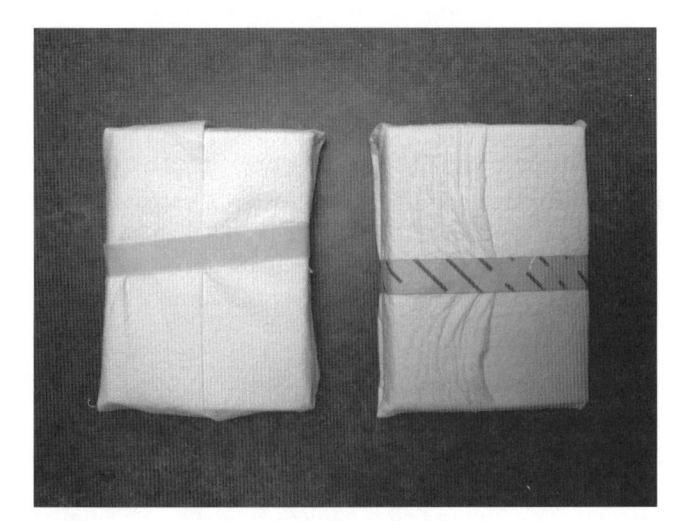

Figura 8.15 Fita de autoclave. *À esquerda*: aspecto da fita antes da autoclavagem. *À direita*: aparecem linhas escuras na fita após autoclavagem, indicando que foi obtida a temperatura adequada. (Cortesia do Dr. Robert Fader.)

A refrigeração não pode ser utilizada para matar microrganismos; ela apenas reduz a velocidade de seu metabolismo e de seu crescimento.

método não deve ser utilizado para preservar ou armazenar bactérias. O congelamento rápido, que utiliza nitrogênio líquido, constitui uma boa medida para conservar alimentos, amostras biológicas e culturas bacterianas, pois coloca as bactérias em um estado de animação suspensa. Em seguida, quando a temperatura é elevada acima do ponto de congelamento, as reações metabólicas dos microrganismos tornam-se aceleradas, e eles começam a se reproduzir novamente.

Os indivíduos envolvidos no preparo e na conservação de alimentos precisam saber que o descongelamento possibilita a germinação dos esporos bacterianos presentes nos alimentos, com retomada do crescimento dos microrganismos. Em consequência, o recongelamento de itens descongelados não é uma prática segura, visto que esse processo preserva os milhões de micróbios que podem estar presentes, resultando em rápida deterioração do alimento quando for novamente descongelado. Além disso, se houver endósporos de *C. botulinum* ou *C. perfringens*, as bactérias viáveis começarão a produzir as toxinas que causam envenenamento alimentar.

Dessecação

Durante muitos séculos, os alimentos têm sido conservados por dessecação. Entretanto, até mesmo na ausência de umidade e nutrientes, muitos microrganismos desidratados permanecem viáveis, embora não possam se reproduzir. Os alimentos, antissoros, toxinas, antitoxinas, antibióticos e culturas puras de microrganismos são frequentemente conservados por liofilização, que é o uso combinado de congelamento e dessecação (método discutido anteriormente neste capítulo).

No ambiente hospitalar ou clínico, os profissionais de saúde devem estar atentos quanto à possível presença de patógenos viáveis, desidratados em material seco, incluindo sangue, pus, material fecal e poeira encontrados no chão, nas roupas de cama, roupas de vestir e curativos. Se esses itens secos forem mexidos, como ocorre ao se varrer a poeira, os micróbios poderão ser facilmente transmitidos pelo ar ou por contato. Em seguida, poderão crescer rapidamente caso se estabeleçam em um ambiente nutritivo, úmido e aquecido, como uma ferida ou uma queimadura. Em função disso, as precauções importantes que precisam ser observadas incluem: limpar o chão com pano úmido, retirar a poeira dos móveis com pano úmido, dobrar cuidadosamente as roupas de cama e as toalhas, e descartar corretamente os curativos.

No ambiente hospitalar, as amostras clínicas secas e a poeira podem conter microrganismos viáveis.

Radiação

O sol não é um agente desinfetante particularmente seguro, visto que ele só mata os microrganismos expostos à luz solar direta. Os raios solares incluem os raios infravermelhos longos (calor), os raios luminosos visíveis e os raios UV mais curtos. Os raios UV, que não atravessam o vidro e os materiais de construção, são apenas efetivos no ar e nas superfícies; entretanto, eles penetram nas células, causando problemas ao DNA. Quando isso ocorre, os genes podem sofrer dano grave, a ponto de a célula morrer (particularmente os microrganismos unicelulares) ou ser drasticamente alterada.

Na prática, uma lâmpada UV (frequentemente denominada lâmpada germicida) é útil para reduzir o número de microrganismos no ar. Seu principal componente é um tubo de vapor de mercúrio em baixa pressão. Essas lâmpadas são encontradas em berçários, centros cirúrgicos, elevadores, portarias, restaurantes e salas de aula, onde são incorporadas as luminárias de teto projetadas para irradiar a luz UV na parte superior do ambiente, sem afetar as pessoas que se encontram ali. A esterilidade também pode ser mantida pela colocação de uma lâmpada UV em uma capela ou cabine contendo instrumentos, equipamento de papel e tecido, líquido e outros objetos inanimados. Muitos materiais biológicos, como soro, antissoro, toxinas e vacinas, são esterilizados com raios UV.

As pessoas cujo trabalho envolve a utilização de lâmpadas UV devem ser particularmente cuidadosas para não expor os olhos ou a pele aos raios, visto que eles podem causar graves queimaduras e lesão celular. Como os raios UV não penetram nas roupas, em metais e vidro, esses materiais podem ser utilizados para proteger as pessoas que trabalham em ambiente com luz UV. Foi demonstrado que o câncer de pele pode ser causado pela exposição excessiva aos raios UV do sol; assim, o bronzeamento extenso é prejudicial.

Os raios X e os raios gama e beta de determinados comprimentos de onda de materiais radioativos podem ser letais ou causar mutações em microrganismos e em células teciduais, visto que eles provocam dano ao DNA e às proteínas no interior dessas células. Estudos realizados no interior de laboratórios de pesquisa radioativa demonstraram que essas radiações podem ser utilizadas na prevenção da deterioração de alimentos, na esterilização de equipamento cirúrgico sensível ao calor, no preparo de vacinas e no tratamento de algumas doenças crônicas, como o câncer. Todas essas aplicações são muito práticas para pesquisa laboratorial. Nos EUA, a Food and Drug Administration (FDA) aprovou o uso dos raios gama (do cobalto 60) para processar frangos e carne vermelha em 1992 e 1997, respectivamente. Desde então, eles vêm sendo utilizados por algumas fábricas de processamento de alimentos para matar os patógenos (como *Salmonella* e *Campylobacter*) em frangos, que são então rotulados com "irradiados" e marcados com o símbolo internacional verde da irradiação (Figura 8.17).

Ondas ultrassônicas

Em hospitais, clínicas médicas e clínicas odontológicas, as ondas ultrassônicas são frequentemente utilizadas como método de limpeza de equipamentos delicados. Os instrumentos de limpeza ultrassônicos consistem em tanques cheios de solvente líquido (geralmente água); então, as ondas sonoras curtas são passadas através do líquido, desalojando mecanicamente os resíduos orgânicos presentes

Figura 8.17 Símbolo internacional para alimento irradiado. (Disponibilizada pelo U.S. Department of Agriculture.)

nos equipamentos e na vidraria. Os artigos que foram limpos com as ondas ultrassônicas precisam ser lavados para que as partículas deslocadas e o solvente sejam removidos e, em seguida, esterilizados por outro método antes que possam ser utilizados. Após a limpeza de seus instrumentos, a maioria dos dentistas os esteriliza utilizando vapor sob pressão (autoclave), vapor químico (formaldeído) ou calor seco (p. ex., 160°C durante 2 horas).

Filtração

São utilizados filtros com poros de vários tamanhos para filtrar ou separar células, vírus de tamanho maior, bactérias e alguns outros microrganismos de líquidos ou gases nos quais estão suspensos. Nos laboratórios, são usados filtros com poros de tamanho muito pequeno (filtros de microporos) para filtrar bactérias e vírus de líquidos. A variedade de filtros disponíveis é grande e inclui vidro sinterizado (em que partículas uniformes de vidro são fundidas), filmes de plástico, porcelana não vitrificada, asbestos, terra de diatomáceas e filtros de membrana de celulose. Pequenas quantidades de líquido podem ser filtradas através de uma seringa contendo filtro; entretanto, as grandes quantidades requerem aparelhos maiores.

> Os micróbios, até mesmo aqueles tão pequenos como os vírus, podem ser removidos de líquidos com o uso de filtros com poros de tamanho apropriado.

Um tampão de algodão em um tubo de ensaio, frasco ou pipeta constitui um bom filtro para impedir a entrada de microrganismos. A gaze seca e as máscaras de papel não apenas impedem a passagem de microrganismos da boca e do nariz, como também protegem o usuário da inalação de patógenos e partículas estranhas transportados pelo ar que poderiam danificar os pulmões. As cabines de segurança biológica contêm filtros de ar particulado de alta eficiência (HEPA) para proteger os trabalhadores da contaminação. Eles também são encontrados nos centros cirúrgicos e nos quartos de pacientes para filtrar o ar que entra e sai.

Atmosfera gasosa

Em determinadas situações, é possível inibir o crescimento de microrganismos alterando a atmosfera na qual estão

localizados. Como os aeróbios e os microaerófilos necessitam de oxigênio, eles podem ser mortos colocando-os em uma atmosfera desprovida de oxigênio ou removendo o oxigênio do ambiente no qual estão vivendo. Por outro lado, os anaeróbios obrigatórios podem ser mortos pela sua exposição a uma atmosfera contendo oxigênio ou pela adição de oxigênio ao ambiente no qual estão vivendo. Por exemplo, as feridas que provavelmente contêm anaeróbios são lancetadas (abertas) para expô-los ao oxigênio. Outro exemplo é a gangrena gasosa, uma infecção profunda de feridas causada por vários anaeróbios do gênero *Clostridium* que provoca a rápida destruição dos tecidos. Além do desbridamento da ferida (retirada do tecido necrótico) e da administração de antibióticos, a gangrena gasosa pode ser tratada colocando o paciente em uma câmara de oxigênio hiperbárico (pressão aumentada) ou em uma sala com alta pressão de oxigênio. Em consequência da pressão, o oxigênio é forçado para dentro da ferida, alcançando o tecido desprovido dele e matando os clostrídios.

Agentes químicos para inibir o crescimento bacteriano

Desinfetantes

A desinfecção química refere-se ao uso de agentes químicos para inibir o crescimento de patógenos de modo temporário ou permanentemente, e o mecanismo pelo qual vários desinfetantes matam as células varia de um tipo para outro. Diversos fatores afetam a eficiência ou efetividade de um desinfetante (Figura 8.18); por isso, eles precisam ser considerados todas as vezes em que for utilizado um. Esses fatores incluem:

- Limpeza prévia do objeto ou superfície a serem desinfetados
- Carga orgânica presente, ou seja, existência de material orgânico (p. ex., fezes, sangue, vômito e pus) nos itens que estão sendo tratados
- Biocarga, que é o tipo e o nível de contaminação microbiana
- Concentração do desinfetante
- Tempo de contato, isto é, período de tempo que o desinfetante precisa permanecer em contato com os microrganismos para matá-los
- Natureza física do objeto a ser desinfetado (p. ex., superfície lisa ou rugosa, fissuras e dobradiças)
- Temperatura e pH.

As orientações para o preparo da diluição correta de um desinfetante precisam ser seguidas cuidadosamente, visto que uma concentração demasiado fraca ou forte é comumente menos efetiva do que a concentração apropriada. Os objetos a serem desinfetados precisam ser inicialmente lavados, de modo a remover qualquer material proteináceo no interior do qual os patógenos possam estar escondidos. Embora o item lavado possa estar limpo, não é seguro utilizá-lo até que tenha sido adequadamente desinfetado.

Os profissionais de saúde precisam entender uma limitação importante da desinfecção química: o fato de que muitos desinfetantes que são efetivos contra patógenos nas condições controladas do laboratório podem ser ineficazes no ambiente

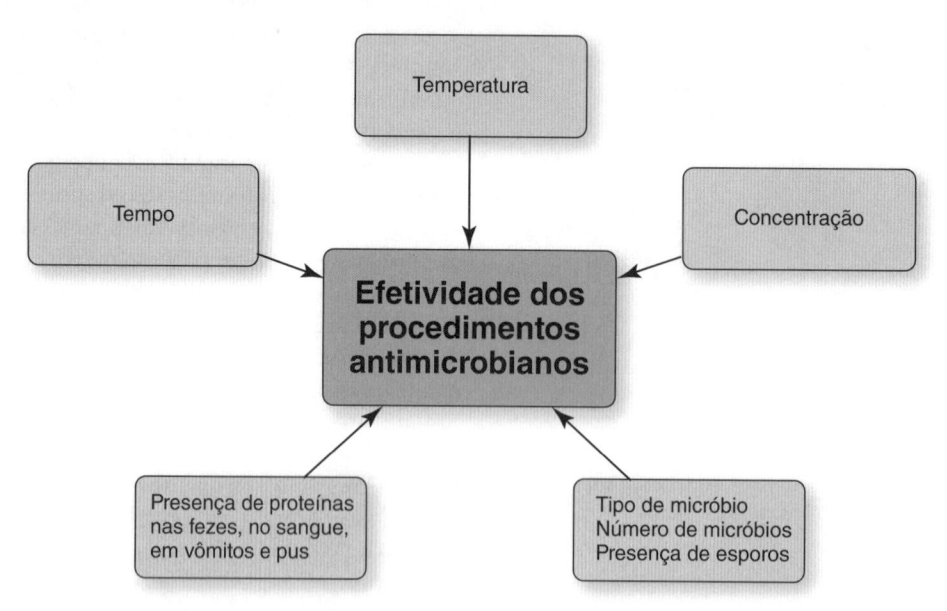

Figura 8.18 Fatores que determinam a efetividade de qualquer procedimento antimicrobiano.

hospitalar ou clínico. Além disso, os agentes químicos antimicrobianos mais fortes e mais efetivos têm utilidade limitada, devido a seu poder de destruir os tecidos humanos e algumas outras substâncias.

Quase todas as bactérias no estado vegetativo, bem como os fungos, os protozoários e a maioria dos vírus, são suscetíveis a muitos desinfetantes; entretanto, as micobactérias que causam tuberculose e hanseníase, os endósporos bacterianos, os pseudomonas (espécies de *Pseudomonas*), os esporos de fungos e os vírus da hepatite são notavelmente resistentes (Tabela 8.3). Portanto, nunca se deve proceder a uma desinfecção química quando for possível utilizar técnicas de esterilização físicas apropriadas.

É preciso escolher cuidadosamente o desinfetante mais efetivo para cada situação. Por exemplo, os agentes químicos utilizados para desinfetar equipamentos de terapia respiratória e termômetros precisam destruir todas as bactérias patogênicas, fungos e vírus que podem ser encontrados no escarro e na saliva. É preciso estar particularmente atento aos patógenos da cavidade oral e respiratórios, incluindo *M. tuberculosis*, espécies de *Pseudomonas*, *Staphylococcus* e *Streptococcus*, os vários fungos que causam candidíase,

blastomicose, coccidioidomicose e histoplasmose e todos os vírus respiratórios.

Tendo em vista que a maioria dos métodos de desinfecção não é capaz de destruir todos os endósporos bacterianos presentes, qualquer instrumento ou curativo utilizado no tratamento de uma ferida infectada ou de uma doença causada por microrganismos formadores de esporos precisam ser autoclavados ou incinerados. A gangrena gasosa, o tétano e o antraz são exemplos de doenças causadas por microrganismos formadores de esporos, as quais requerem do profissional de saúde essas precauções. O formaldeído e o óxido de etileno, quando adequadamente utilizados, são altamente destrutivos para os esporos, as micobactérias e os vírus. Determinados artigos são sensíveis ao calor e, portanto, não podem ser autoclavados nem lavados com segurança antes da desinfecção; então, eles são mergulhados por 24 horas em uma solução forte de detergente e desinfetante, em seguida são lavados e, por fim, esterilizados em autoclave com óxido de etileno. Nessas situações, o uso de equipamento descartável, sempre que possível, ajuda a proteger tanto os pacientes quanto os profissionais de saúde.

A efetividade de um agente químico depende, em certo grau, das características físicas do objeto no qual é utilizado. Por exemplo, uma superfície dura e lisa é facilmente desinfetada, o que não ocorre com uma superfície rugosa, porosa ou sulcada. Assim, é preciso dar atenção à escolha do germicida mais apropriado para a limpeza dos quartos dos pacientes e de todas as outras áreas onde eles são tratados.

O antisséptico ou desinfetante mais efetivo deve ser escolhido de acordo com a finalidade específica, o ambiente e o patógeno ou patógenos provavelmente presentes. Algumas características de um agente antimicrobiano químico ideal são:

- Deve ter amplo espectro antimicrobiano, ou seja, matar uma ampla variedade de micróbios
- Deve ter ação rápida, isto é, o tempo de contato deve ser curto

Tabela 8.3 Grau de resistência dos micróbios à desinfecção e esterilização.	
Nível de resistência	**Micróbios**
Alto	Príons, esporos bacterianos, coccídios, micobactérias
Intermediário	Vírus não lipídicos ou extremamente pequenos, fungos
Baixo	Bactérias vegetativas, vírus lipídicos ou de tamanho médio

Os coccídios constituem uma categoria de protozoários parasitas. As bactérias em sua forma vegetativa são as que estão metabolizando e se multiplicando ativamente (em oposição aos esporos, que estão em estado de dormência e têm um revestimento espesso).

- Não deve ser afetado pela presença de matéria orgânica (p. ex., fezes, sangue, vômito e pus)
- Precisa ser atóxico para os tecidos humanos e não corrosivo e não destrutivo para os materiais nos quais é utilizado. Por exemplo, se uma tintura (como solução de álcool-água) for utilizada, a evaporação do solvente álcool poderá fazer com que uma solução a 1% aumente a sua concentração para 10%, e essa nova concentração poderá causar dano tecidual
- Deve deixar um filme antimicrobiano residual na superfície tratada
- Precisa ser solúvel em água e de fácil aplicação
- Deve ser barato e fácil de preparar, com orientações simples e específicas
- Precisa permanecer estável como concentrado e como diluição de trabalho, de modo que possa ser transportado e conservado por um período razoável
- Deve ser inodoro.

Como os desinfetantes matam os microrganismos? Alguns, como sabões e detergentes tensoativos, álcoois e compostos fenólicos, têm como alvo as membranas celulares que eles destroem; outros, como os halogênios, o peróxido de hidrogênio, sais de metais pesados, formaldeído e óxido de metileno, destroem enzimas e proteínas estruturais. Uns ainda atacam as paredes celulares ou os ácidos nucleicos. Alguns dos desinfetantes que são comumente utilizados em hospitais serão discutidos no Capítulo 12, *Epidemiologia na Área de Assistência à Saúde e Prevenção e Controle das Infecções*.

A efetividade do fenol como desinfetante foi demonstrada por Joseph Lister, em 1867, quando foi utilizado para reduzir a incidência de infecções após procedimentos cirúrgicos.[e] A eficácia de outros desinfetantes é comparada com a do fenol utilizando o *teste do coeficiente fenólico*. Para realizar esse teste, uma série de diluições de fenol e o desinfetante experimental são inoculados com bactérias do teste, *Salmonella typhi* e *S. aureus*, a 37°C. Então, as diluições mais altas (menores concentrações) que matam as bactérias depois de 10 minutos são utilizadas para calcular o coeficiente fenólico.

Antissépticos

Os agentes químicos antimicrobianos são, em sua maioria, excessivamente irritantes e destrutivos para serem aplicados às membranas mucosas e à pele. Os que podem ser utilizados com segurança em tecidos humanos são denominados antissépticos. Um antisséptico apenas reduz a quantidade de microrganismos presentes em uma superfície, ele não

> Os agentes químicos antimicrobianos que podem ser aplicados com segurança na pele são denominados antissépticos.

penetra nos poros nem nos folículos pilosos para destruí-los. Desse modo, para remover os microrganismos alojados em poros e dobras da pele, o profissional de saúde deve utilizar um sabão antisséptico e esfregar com uma escova. A fim de evitar que a microbiota normal contamine o campo cirúrgico, os cirurgiões utilizam luvas estéreis nas mãos recém-escovadas, bem como máscaras e gorros para cobrir o rosto e os cabelos. Além disso, aplica-se um antisséptico no local da incisão cirúrgica para destruir os microrganismos locais.

Controvérsias sobre agentes antimicrobianos em rações animais e produtos domésticos

Foi estimado que os fazendeiros e rancheiros utilizam aproximadamente 10 vezes a tonelagem de antibióticos empregada na medicina humana. A razão é óbvia: curar ou prevenir doenças infecciosas em animais de criação, que podem levar a enormes perdas econômicas para eles. O problema é que, quando os antibióticos são administrados a um animal, matam quaisquer organismos da microbiota normal que sejam sensíveis a eles. Então, sobrevivem quaisquer microrganismos que sejam resistentes aos referidos medicamentos. Esses agentes resistentes a fármacos, que agora enfrentam menos competição por espaço e nutrientes, multiplicam-se e passam a constituir os microrganismos predominantes da microbiota endógena do animal. Em seguida, eles são transmitidos pelas fezes dos animais ou por produtos alimentares obtidos deles, como ovos, leite e carne. Muitas cepas de *Salmonella* multirresistentes, que causam doença em animais e seres humanos, desenvolveram-se dessa maneira.

A utilização de ração animal contendo antibióticos é muito controversa. Os microbiologistas, preocupados com o número sempre crescente de bactérias resistentes a fármacos, tentaram, durante anos, eliminar ou reduzir drasticamente a prática de acrescentar antibióticos às rações de animais. Em abril de 2012, a FDA dos EUA anunciou um programa solicitando a cessação voluntária do uso desses fármacos na promoção do crescimento em animais criados para produção de alimentos. Assim, os fazendeiros e rancheiros precisam de uma prescrição feita por um veterinário antes de utilizar antibióticos nos animais e têm de convencê-lo de que eles estavam doentes ou correndo risco de adquirir uma doença específica.

Outra controvérsia envolve os agentes antimicrobianos que estão sendo acrescentados a brinquedos, tábuas de corte, sabonetes para as mãos, borrifadores de cozinha antibacterianos e muitos outros produtos domésticos. Os agentes antimicrobianos presentes nesses produtos matam qualquer microrganismo que seja sensível a eles, sobrevivendo qualquer microrganismo que seja resistente. Em seguida, tais patógenos se multiplicam e se tornam os microrganismos predominantes encontrados na residência. Então, se um membro da família for infectado por eles, será mais difícil tratar a infecção. Diante disso, durante muitos anos, microbiologistas preocupados tentaram eliminar ou reduzir drasticamente a prática de adicionar agentes antimicrobianos a produtos domésticos.

Outro argumento contra o uso de agentes antimicrobianos na residência está relacionado com o desenvolvimento adequado do sistema imune. Muitos cientistas acreditam que as crianças

---

[e]Para obter mais informações sobre Joseph Lister, consulte o Capítulo 12, *Epidemiologia na Área de Assistência à Saúde e Prevenção e Controle das Infecções*.

precisam ser expostas a todos os tipos de micróbios durante o seu crescimento e desenvolvimento, de modo que o sistema imune possa se desenvolver corretamente e seja capaz de responder de modo adequado a patógenos nos anos subsequentes.[f]

No entanto, o uso de produtos domésticos contendo agentes antimicrobianos pode estar eliminando exatamente os microrganismos que são essenciais para o amadurecimento apropriado do sistema imune.

Exercícios de autoavaliação

Após estudar este capítulo, responda às seguintes questões de múltipla escolha:

1. Seria necessário utilizar um agente tuberculocida para matar determinada espécie de:
   a. *Clostridium*
   b. *Mycobacterium*
   c. *Staphylococcus*
   d. *Streptococcus*

2. A pasteurização é um exemplo de:
   a. Técnica antisséptica
   b. Desinfecção
   c. Esterilização
   d. Técnica asséptica cirúrgica

3. A combinação de congelamento e dessecação é conhecida como:
   a. Dessecação
   b. Liofilização
   c. Pasteurização
   d. Tindalização

4. Os microrganismos que vivem no interior ou ao redor de fontes hidrotermais no fundo dos oceanos são:
   a. Acidofílicos, psicrofílicos e halofílicos
   b. Halofílicos, alcalifílicos e psicrofílicos
   c. Halofílicos, psicrofílicos e piezofílicos
   d. Halofílicos, termofílicos e piezofílicos

5. Quando colocada em uma solução hipertônica, uma célula bacteriana irá:
   a. Captar mais água do que a eliminar
   b. Sofrer lise
   c. Sofrer contração
   d. Sofrer intumescimento

6. Para evitar infecções por *Clostridium* em um ambiente hospitalar, que tipo de desinfetante deve ser utilizado?
   a. Fungicida
   b. Pseudomonocida
   c. Esporocida
   d. Tuberculocida

7. A esterilização pode ser realizada com o uso de:
   a. Autoclave
   b. Antisséptico
   c. Técnicas de assepsia médica
   d. Pasteurização

8. O objetivo da assepsia médica é matar _____, enquanto o da assepsia cirúrgica é matar _____.
   a. Todos os microrganismos; patógenos
   b. Bactérias; bactérias e vírus
   c. Organismos não patogênicos; patógenos
   d. Patógenos; todos os microrganismos

9. Qual dos seguintes tipos de meios de cultura é seletivo *e* diferencial?
   a. Ágar-sangue
   b. Ágar MacConkey
   c. Ágar PEA
   d. Ágar Thayer-martin

10. Todos os seguintes tipos de meios de cultura são enriquecidos e seletivos, à exceção do:
    a. Ágar-sangue
    b. Ágar CNA-sangue
    c. Ágar PEA
    d. Ágar Thayer-Martin

[f]O cientista Thomas McDade, da Universidade Northwestern, declarou que "as redes inflamatórias podem necessitar do mesmo tipo de exposição microbiana no início da vida que tem sido parte do ambiente humano em toda nossa história evolutiva, para funcionar de modo ideal na idade adulta". A Sociedade Americana de Microbiologia (ASM, do inglês, *American Society of Microbiology*) especulou que "os ambientes ultralimpos e ultra-higiênicos no início da vida podem contribuir para maiores níveis de inflamação apresentados por indivíduos na idade adulta, o que, por sua vez, aumenta o risco de uma ampla variedade de doenças". (De Slonczewski JC *et al*. Microbial growth with multiple stressors. *Microbe*. 2010; 5:98.)

Uso de Agentes Antimicrobianos para Inibir o Crescimento de Patógenos *In Vivo*

OBJETIVOS DE APRENDIZAGEM

Após estudar este capítulo, você deverá ser capaz de:

- Identificar as características de um agente antimicrobiano ideal
- Comparar e diferenciar os agentes quimioterápicos, os antimicrobianos e os antibióticos quanto à sua finalidade
- Citar os cinco mecanismos de ação mais comuns dos agentes antimicrobianos
- Diferenciar os agentes bactericidas dos bacteriostáticos
- Estabelecer a diferença entre agentes antimicrobianos de espectro estreito e de amplo espectro
- Identificar os quatro mecanismos mais comuns pelos quais as bactérias se tornam resistentes aos agentes antimicrobianos
- Indicar o significado das siglas MRSA, MRSE, CRE, VRE e MDRO

- Definir os seguintes termos: anel betalactâmico, antibióticos betalactâmicos e betalactamase
- Citar três importantes grupos de enzimas bacterianas que destroem o anel betalactâmico
- Citar seis maneiras pelas quais médicos e/ou pacientes podem ajudar na guerra contra a resistência aos fármacos
- Explicar o que se entende por terapia empírica
- Citar seis fatores que um médico deveria levar em consideração antes de prescrever um agente antimicrobiano a determinado paciente
- Citar três efeitos indesejáveis dos agentes antimicrobianos
- Explicar o que se entende por "superinfecção" e citar três doenças que podem resultar de superinfecções
- Explicar a diferença entre sinergismo e antagonismo em relação aos agentes antimicrobianos.

INTRODUÇÃO

O Capítulo 8, *Controle do Crescimento dos Micróbios* In Vitro, forneceu informações referentes ao controle do crescimento microbiano *in vitro*. Entretanto, outro aspecto relativo ao controle do crescimento de microrganismos envolve o uso de fármacos no tratamento (e, espera-se, na cura) de doenças infecciosas; em outras palavras, a utilização de medicamentos para controlar o crescimento dos patógenos *in vivo*.

> Um agente quimioterápico refere-se a *qualquer* fármaco utilizado no tratamento de *qualquer* condição ou doença.

Apesar de o termo *quimioterapia* ser utilizado com mais frequência em associação ao câncer (*i. e.*, quimioterapia para o câncer), ela refere-se, na verdade, ao uso de qualquer substância química (ou fármaco) para o tratamento de doenças ou condições, sendo designada como agente quimioterápico. Por definição, um *agente quimioterápico* é *qualquer* fármaco utilizado no tratamento de *qualquer* condição ou doença.

Há milhares de anos, as pessoas vêm descobrindo e utilizando ervas e substâncias químicas para curar doenças infecciosas. Na América Central e na América do Sul, os curandeiros nativos descobriram, há muito tempo, que a erva ipecacuanha ajudava no tratamento da disenteria, e que a quinina, extraída da casca da cinchona, era efetiva contra a malária. Durante os séculos XVI e XVII, os alquimistas na Europa pesquisaram maneiras de curar a varíola, a sífilis e muitas outras doenças que eram implacáveis durante aquele período. Infelizmente, no entanto, muitas das substâncias químicas contendo mercúrio e arsênio, que eram utilizadas com frequência, causavam mais dano ao paciente do que ao patógeno.

Os agentes quimioterápicos utilizados no tratamento de doenças infecciosas são coletivamente denominados agentes antimicrobianos.[a] Referem-se a qualquer substância química (ou fármaco) utilizada no tratamento de doenças infecciosas, capaz de inibir ou matar patógenos *in vivo*. Os fármacos utilizados no tratamento de doenças bacterianas são chamados de *agentes antibacterianos*, enquanto aqueles empregados para tratar doenças fúngicas são conhecidos como *agentes antifúngicos*. Os que são administrados para combater doenças causadas por protozoários são denominados *agentes antiprotozoários*, e aqueles utilizados no tratamento de doenças virais são conhecidos como *agentes antivirais*.

> Os agentes quimioterápicos utilizados no tratamento de doenças infecciosas são designados, em seu conjunto, como agentes antimicrobianos.

Alguns agentes antimicrobianos são antibióticos. Por definição, um *antibiótico* é uma substância produzida por um microrganismo, que se mostra efetiva na destruição de outros patógenos ou na inibição de seu crescimento. Embora todos os antibióticos sejam agentes antimicrobianos, nem todos os agentes antimicrobianos são antibióticos; portanto, os termos não são sinônimos, e deve-se ter cuidado para empregá-los corretamente.

> Um antibiótico é uma substância produzida por um microrganismo, que é efetiva para inibir o crescimento de outros patógenos ou matá-los.

Os antibióticos são produzidos por determinados fungos e bactérias, em geral os que vivem no solo, o que acaba conferindo a esses microrganismos uma vantagem seletiva na luta pelos nutrientes disponíveis. A penicilina e as cefalosporinas são exemplos de antibióticos produzidos por fungos, enquanto a bacitracina, a eritromicina e o cloranfenicol são alguns sintetizados por bactérias.

Embora sejam originalmente produzidos por microrganismos, muitos antibióticos são agora sintetizados ou fabricados em laboratórios farmacêuticos. Além disso, vários deles foram quimicamente modificados, de modo a matar uma variedade maior de patógenos ou reduzir os efeitos colaterais; esses antibióticos alterados são denominados *antibióticos semissintéticos* e incluem as penicilinas semissintéticas, como a ampicilina e a nafcilina. Os antibióticos são, principalmente, agentes antibacterianos e, portanto, são utilizados no tratamento das doenças causadas por bactérias.

> Os antibióticos são, principalmente, agentes antibacterianos e, portanto, são utilizados no tratamento de doenças bacterianas.

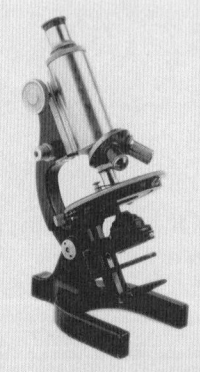

Nota histórica
O pai da quimioterapia

O verdadeiro início da quimioterapia moderna ocorreu no final de 1800, quando Paul Ehrlich, um químico alemão, começou a pesquisar substâncias químicas (designadas como "balas mágicas") que seriam capazes de destruir bactérias sem causar lesão às células normais do corpo. Por volta de 1909, ele já tinha testado mais de 600 substâncias químicas, sem sucesso. Por fim, naquele ano, ele descobriu um composto de arsênio que demonstrou ser efetivo no tratamento da sífilis. Como este era o 606º composto testado, Ehrlich deu-lhe o nome de "Composto 606". O nome técnico é arsfenamina, e o nome comercial, Salvarsan®. Até o início da década de 1940, quando a penicilina se tornou disponível, o Salvarsan® e um composto relacionado (o Neosalvarsan®) eram utilizados no tratamento da sífilis. Ehrlich também constatou a utilidade da rosanilina no tratamento da tripanossomíase africana.

---

[a]Tecnicamente, um agente antimicrobiano refere-se a *qualquer* agente químico capaz de matar ou inibir o crescimento de micróbios. Entretanto, neste livro, o termo é empregado para referir-se a fármacos que são utilizados no tratamento de doenças infecciosas.

Auxílio ao estudo

Esclarecendo a terminologia dos fármacos

Imagine que todos os *agentes quimioterápicos* estejam contidos em uma grande caixa de madeira, no interior da qual se encontram muitas caixas menores. Cada uma delas contém fármacos para o tratamento de determinada categoria de doenças. Por exemplo, uma das caixas de menor tamanho contém medicamentos para o tratamento do câncer, que são denominados agentes quimioterápicos antineoplásicos; outra caixa menor tem fármacos para o tratamento da hipertensão (pressão arterial alta); outra apresenta medicamentos para tratar doenças infecciosas, chamados *agentes antimicrobianos*. Agora, imagine que a caixa contendo os agentes antimicrobianos tenha caixas de tamanhos ainda menores, e uma delas contém fármacos para o tratamento das doenças bacterianas, denominados *agentes antibacterianos*; outra dessas caixas muito pequenas tem medicamentos para doenças fúngicas, os *agentes antifúngicos*; outras apresentam fármacos para combater doenças causadas por protozoários (*agentes antiprotozoários*) e fármacos para o tratamento de infecções virais (*agentes antivirais*). Assim, para tratar adequadamente determinada doença, o médico[b] precisa selecionar um medicamento da caixa apropriada. Por exemplo, uma infecção fúngica, é precisa selecionar um fármaco da caixa que contém agentes antifúngicos.

CARACTERÍSTICAS DE UM AGENTE ANTIMICROBIANO IDEAL

O agente antimicrobiano ideal deve:

- Matar os patógenos ou inibir o seu crescimento
- Não causar dano ao hospedeiro
- Não causar nenhuma reação alérgica ao hospedeiro
- Permanecer estável quando conservado em forma sólida ou líquida
- Permanecer nos tecidos específicos do corpo por um tempo suficiente para ser efetivo
- Matar os patógenos antes que possam sofrer mutação e se tornar resistentes ao fármaco.

Infelizmente, a maioria dos agentes antimicrobianos apresenta alguns efeitos colaterais, produzem reações alérgicas ou possibilitam o desenvolvimento de patógenos mutantes resistentes.

---

[b]O termo *médico* é utilizado neste livro para referir-se a um médico ou outro profissional de saúde autorizado a estabelecer diagnósticos e a prescrever medicamentos.

Nota histórica

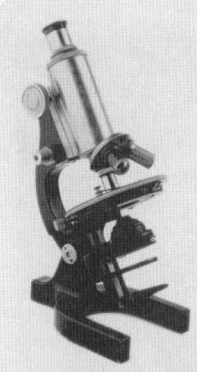

Os primeiros antibióticos

Em 1928, *Alexander Fleming* (Figura 9.1), um bacteriologista escocês, descobriu acidentalmente o primeiro antibiótico, quando observou que o crescimento de colônias do bolor denominado *Penicillium notatum*, que estavam contaminando suas placas de cultura, estava inibindo o crescimento da bactéria *Staphylococcus* (Figura 9.2). Fleming deu o nome

Figura 9.1 Alexander Fleming. (Disponibilizada por Calibuon at the English Wikibooks project.)

de "penicilina" à substância inibidora que estava sendo produzida pelo bolor. Ele constatou que culturas em caldo do fungo não eram tóxicas para animais de laboratório e que elas destruíam os estafilococos e outras bactérias. Então, formulou a hipótese de que a penicilina poderia ser útil no tratamento de doenças infecciosas causadas por esses microrganismos. Conforme assinalado por Kenneth B. Raper, em 1978, "a contaminação da placa de *Staphylococcus* por um bolor foi um acidente; entretanto, o reconhecimento de um fenômeno potencialmente importante por Fleming não foi acidente, visto que a observação de Pasteur de que 'a oportunidade favorece a mente preparada' nunca foi mais apropriada quanto para Fleming e a penicilina".[c]

Durante a Segunda Guerra Mundial, dois bioquímicos, *Sir Howard Walter Florey* e *Ernst Boris Chain*, purificaram a penicilina e demonstraram a sua efetividade no tratamento de várias infecções bacterianas. Por volta de 1942, a indústria farmacológica dos EUA foi capaz de produzir penicilina em quantidade suficiente para

---

[c]Os leitores que desejarem obter informações adicionais sobre a descoberta e a produção da penicilina devem ler Gaynes R. A descoberta da penicilina – novas perspectivas depois de mais de 75 anos de uso clínico. *Emerg Infect Dis*. 2017; 23(5):849-53. doi:10.3201/eid2305.161556.

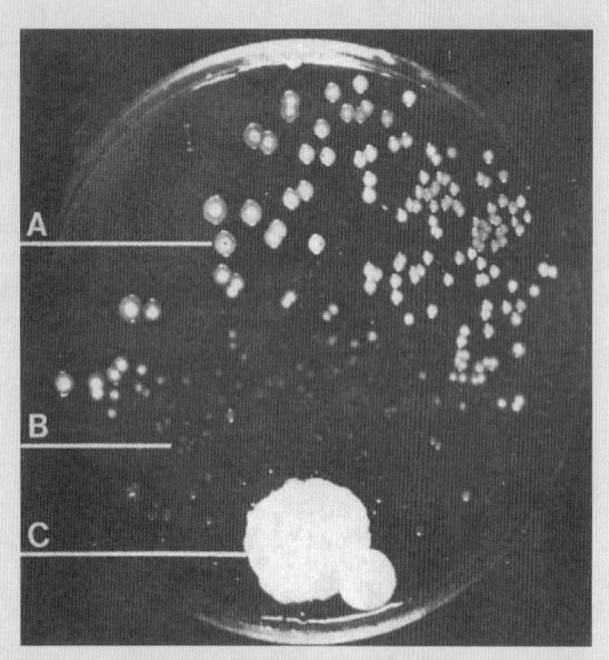

Figura 9.2 Descoberta da penicilina por Alexander Fleming. A. Colônias de *Staphylococcus aureus* (uma bactéria) crescendo adequadamente nessa área da placa. **B.** Colônias com desenvolvimento precário nessa área da placa, devido à presença de um antibiótico (a penicilina) produzido pela colônia de *Penicillium notatum* (um bolor), mostrada em (**C**) (essa fotografia apareceu originalmente no *British Journal of Experimental Pathology*, em 1929). (De Winn WC Jr et al. *Koneman's color atlas and textbook of diagnostic microbiology*. 6th ed. Philadelphia, PA: JB Lippincott; 2006.)

uso em seres humanos, e começou então a pesquisa na busca de outros antibióticos (anteriormente, em 1935, um químico chamado *Gerhard Domagk* descobriu que o corante vermelho, Prontosil, era efetivo contra infecções estreptocócicas em camundongos. Pesquisas posteriores demonstraram que ele era degradado ou decomposto no corpo em sulfanilamida, e que esta [uma sulfa] era o agente efetivo. Apesar de a sulfanilamida ser um agente antimicrobiano, ela não é um antibiótico, visto que não é produzida por um microrganismo). Em 1944, *Selman Waksman* e seus colaboradores isolaram a estreptomicina (o primeiro fármaco antituberculose) e, subsequentemente, descobriram antibióticos como o cloranfenicol, a tetraciclina e a eritromicina em amostras de solo. Foi Waksman o primeiro a utilizar o termo *antibiótico* por suas notáveis contribuições à medicina. Todos estes pesquisadores – Ehrlich, Fleming, Florey, Chain, Waksman e Domagk – receberam o Prêmio Nobel em diferentes ocasiões.

COMO OS AGENTES ANTIMICROBIANOS ATUAM

Para ser apropriado, um agente antimicrobiano precisa inibir ou destruir o patógeno, sem causar dano ao hospedeiro (*i. e.*, o indivíduo infectado). Para alcançar essa meta, o agente precisa ter como alvo um processo metabólico ou estrutura encontrados no patógeno, mas que não estejam presentes no hospedeiro.

Os cinco mecanismos de ação mais comuns dos agentes antimicrobianos são os seguintes:

• Inibição da síntese da parede celular
• Lesão às membranas celulares
• Inibição da síntese de ácido nucleico (de DNA ou de RNA)
• Inibição da síntese de proteínas
• Inibição da atividade enzimática.

AGENTES ANTIBACTERIANOS

As sulfonamidas inibem a produção de ácido fólico (uma vitamina) nas bactérias que necessitam de ácido *p*-aminobenzoico (PABA) para sintetizá-lo. Como a molécula de sulfonamida assemelha-se à de PABA na sua forma, as bactérias procuram metabolizá-la para produzir ácido fólico (Figura 9.3). Entretanto, as enzimas que convertem o PABA em ácido fólico são incapazes de produzi-lo a partir da molécula de sulfonamida; então, na ausência dele, as bactérias não têm capacidade de produzir determinadas proteínas essenciais e, finalmente, morrem. Em função disso, as sulfas são denominadas inibidores competitivos, o que significa que elas inibem o crescimento dos microrganismos ao competirem com uma enzima necessária para a produção de um metabólito essencial.

> Os fármacos bacteriostáticos inibem o crescimento das bactérias, enquanto os agentes bactericidas as matam.

As sulfas são *bacteriostáticas*, ou seja, inibem o crescimento das bactérias (diferentemente de um *agente bactericida*, que as mata). As células dos seres humanos e dos animais não sintetizam o ácido fólico a partir do PABA, mas obtêm-no a partir dos alimentos ingeridos. Consequentemente, essas células não são afetadas pelas sulfas.

Na maioria das bactérias gram-positivas, incluindo estreptococos e estafilococos, a penicilina interfere na síntese e na ligação cruzada do peptidoglicano, um componente da parede celular delas. Assim, ao inibir a síntese da parede celular, a penicilina destrói as bactérias, mas não faz o mesmo com as células humanas porque elas não têm paredes celulares.

Existem outros agentes antimicrobianos que exercem uma ação semelhante: inibem uma etapa específica que é essencial ao metabolismo do microrganismo e, consequentemente, causam a sua destruição. Os antibióticos, como

Auxílio ao estudo
Dicas de ortografia

A palavra *bacteriostático* contém um "o" em seu interior, o que não ocorre com a palavra *bactericida*.

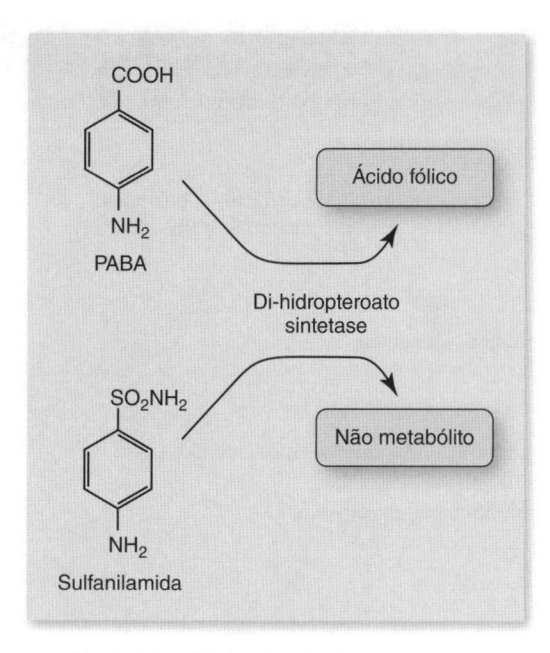

Figura 9.3 Efeito das sulfonamidas.

a vancomicina (destrói apenas as bactérias gram-positivas), a colistina e o ácido nalidíxico (destroem apenas as bactérias gram-negativas), são designados como *antibióticos de espectro estreito*. Os que eliminam as bactérias tanto gram-positivas quanto gram-negativas são *antibióticos de amplo espectro*. Entre os exemplos destes últimos, destacam-se a ceftriaxona, o levofloxacino e a tetraciclina. As Tabelas 9.1 e 9.2 fornecem informações sobre alguns dos agentes antimicrobianos utilizados com mais frequência no tratamento de infecções bacterianas.

Os antibióticos de espectro estreito matam bactérias somente gram-positivas ou somente gram-negativas, enquanto os de amplo espectro eliminam tanto as gram-positivas quanto as gram-negativas.

Os agentes antimicrobianos atuam adequadamente contra patógenos bacterianos, visto que as bactérias (que são procariontes) têm estruturas celulares e vias metabólicas diferentes, que podem ser rompidas ou destruídas por fármacos que não causam lesão às células do hospedeiro eucariótico. Conforme assinalado anteriormente, os agentes

Tabela 9.1 Agentes antibacterianos listados por classe ou categoria.		
Classe/categoria	**Descrição/fonte**	**Exemplos de agentes antibacterianos dentro da classe ou categoria**
Penicilinas*	Penicilinas de ocorrência natural; produzidas por fungos do gênero *Penicillium*	Benzilpenicilina (penicilina G), fenoximetil penicilina (penicilina V)
	Penicilinas semissintéticas: aminopenicilinas de amplo espectro	Amoxicilina, ampicilina
	Penicilinas semissintéticas: resistentes à penicilinase	Cloxacilina, dicloxacilina, meticilina, nafcilina, oxacilina
	Penicilina mais inibidor da betalactamase	Amoxicilina-ácido clavulânico (Augmentin®), ampicilina-sulbactam (Unasyn®), piperacilina-tazobactam (Zosyn®)
Cefalosporinas*	Derivados de produtos de fermentação do fungo *Cephalosporium acremonium* (agora denominado *Acremonium strictum*)	Cefalosporinas de espectro estreito (primeira geração): cefadroxila, cefazolina, cefalexina, cefalotina, cefradina; as cefalosporinas de primeira geração apresentam boa atividade contra bactérias gram-positivas e ação relativamente modesta contra bactérias gram-negativas Cefalosporinas de espectro expandido (segunda geração): cefaclor, cefuroxima, cefprozila, loracarbef; as cefalosporinas de segunda geração apresentam atividade aumentada contra bactérias gram-negativas Cefamicinas (cefalosporinas de segunda geração): cefotetana, cefoxitina Cefalosporinas de amplo espectro (terceira geração): cefdinir, cefditoreno, cefixima, cefoperazona, cefotaxima, cefpodoxima, ceftibuteno, ceftizoxima, ceftriaxona; as cefalosporinas de terceira geração são menos ativas contra bactérias gram-positivas do que as de primeira e segunda gerações; porém, são mais ativas contra membros da família Enterobacteriaceae e contra *Pseudomonas aeruginosa* Cefalosporinas de espectro estendido (quarta geração): cefepima; as cefalosporinas de quarta geração apresentam atividade aumentada contra bactérias gram-negativas
	Cefalosporina mais inibidor da betalactamase	Ceftolozana-tazobactam (ativa contra *Pseudomonas* resistente a múltiplos fármacos); ceftazidima-avibactam (ativa contra Enterobacteriaceae resistente ao carbapeném)
Monobactam*	Fármaco sintético	Aztreonam
Carbapenéns*	O imipeném é um derivado semissintético da tienamicina, produzido por espécies de *Streptomyces*	Ertapeném, imipeném, meropeném, doripeném

(continua)

Tabela 9.1 Agentes antibacterianos listados por classe ou categoria. (*continuação*)

Classe/categoria	Descrição/fonte	Exemplos de agentes antibacterianos dentro da classe ou categoria
Aminociclitol	Produzido por *Streptomyces spectabilis*	Espectinomicina, trospectinomicina
Aminoglicosídios	Antibióticos de ocorrência natural ou derivados semissintéticos de *Micromonospora* spp. ou *Streptomyces* spp.	Amicacina, gentamicina, canamicina, neomicina, netilmicina, paromomicina, sisomicina, estreptomicina, tobramicina
Rifamicinas	Antibióticos semissintéticos derivados de compostos produzidos por *Streptomyces mediterranei*	Rifampicina, rifabutina, rifaximina
Fluoroquinolonas	Fármacos sintéticos	Ciprofloxacino, gatifloxacino, gemifloxacino, levofloxacino, lomefloxacino, moxifloxacino
Macrolídeos	A eritromicina é produzida pelo *Streptomyces erythraeus*; os outros macrolídeos são análogos naturais da eritromicina ou antibióticos semissintéticos	Azitromicina, claritromicina, eritromicina
Tetraciclinas	A tetraciclina é produzida pelo *Streptomyces rimosus*; as outras tetraciclinas são antibióticos semissintéticos	Doxiciclina, minociclina, tetraciclina
Glicilciclina	Tetraciclina de terceira geração	Tigeciclina (ampla atividade contra bactérias gram-positivas e gram-negativas, mas não contra *Pseudomonas*)
Lincosamidas	A lincomicina foi inicialmente isolada do *Streptomyces lincolnénsis*; a clindamicina é um antibiótico semissintético	Clindamicina
Glicopeptídio	Produzido por *Streptomyces orientalis*	Vancomicina
Estreptogramina	Produzida por *Streptomyces* spp.	Quinupristina-dalfopristina
Oxazolidinona	Fármaco sintético	Linezolida, tedizolida
Lipopeptídio	Produzido por *Streptomyces roseosporus*	Daptomicina
Sulfonamidas	Fármacos sintéticos derivados da sulfanilamida	Sulfadiazina, sulfassalazina, sulfametoxazol (SMX), sulfissoxazol, sulfametoxazol-trimetoprima (SMX-TMP atavanaszol), trissulfapirimidina (sulfa tripla)
TMP	Fármaco sintético	Usada isoladamente ou em combinação com SMX
Polipeptídios	Originalmente derivados do *Bacillus polymyxa*	Polimixinas: polimixina B, polimixina E (colistina)
	Originalmente isolados do *Bacillus licheniformis* (anteriormente denominado *Bacillus subtilis*)	Bacitracina
Cloranfenicol	Originalmente produzido por *Streptomyces venezuelae*	Com ampla atividade, mas raramente utilizado devido ao potencial de graves efeitos colaterais
Nitroimidazóis	Fármaco sintético	Metronidazol, tinidazol
Nitrofurantoína	Fármaco sintético	Utilizada apenas para tratamento de infecções do trato urinário inferior
Fosfomicina	Originalmente produzida por *Streptomyces* spp.	Utilizada apenas para tratamento de infecções do trato urinário inferior

*Antibióticos betalactâmicos, ou seja, que contêm um anel betalactâmico. (De Yao JDC, Moellering RC Jr. Antibacterial agents. In: Murray PR *et al*. (eds.). *Manual of clinical microbiology*. 9th ed. Washington, DC: ASM Press; 2007.)

bactericidas matam as bactérias, enquanto os bacteriostáticos interrompem o crescimento e a divisão.

Os agentes bacteriostáticos só devem ser utilizados em pacientes cujos mecanismos de defesa (Capítulos 15, *Mecanismos Inespecíficos de Defesa do Hospedeiro*, e 16, *Mecanismos Específicos de Defesa do Hospedeiro | Introdução à Imunologia*)

estejam funcionando adequadamente (*i. e.*, apenas em pacientes cujo organismo é capaz de matar os patógenos uma vez interrompido o seu processo de multiplicação). Não devem ser administrados a pacientes imunossuprimidos ou com leucopenia (que apresentam a contagem anormalmente baixa de leucócitos), visto que os mecanismos de defesa desses

Tabela 9.2 Agentes antibacterianos listados pelo seu mecanismo de ação.

Mecanismo de ação	Agente	Espectro de atividade	Bactericida ou bacteriostático
Inibição da síntese da parede celular	Aztreonam	Bactérias gram-negativas	Bactericida
	Bacitracina (também rompe as membranas celulares)	Amplo espectro*	Bactericida
	Carbapeném	Amplo espectro	Bactericida
	Cefalosporinas	Amplo espectro	Bactericida
	Carbapenéns	Amplo espectro	Bactericida
	Fosfomicina	Amplo espectro	Bactericida
	Penicilinas e penicilinas semissintéticas	Amplo espectro	Bactericida
	Vancomicina	Bactérias gram-positivas	Bactericida
Inibição da síntese de proteínas	Aminoglicosídios	Principalmente bactérias gram-negativas e *S. aureus*; não são efetivos contra anaeróbios	Bactericida
	Cloranfenicol	Amplo espectro	Bacteriostático
	Clindamicina	A maioria das bactérias gram-positivas e algumas gram-negativas; altamente ativa contra anaeróbios	Bacteriostático ou bactericida, dependendo da concentração do fármaco e da espécie bacteriana
	Eritromicina e outros macrolídeos	A maioria das bactérias gram-positivas e algumas gram-negativas	Bacteriostático (geralmente); bactericida em altas concentrações
	Linezolida	Bactérias gram-positivas	Bacteriostático
	Mupirocina	Amplo espectro	Bacteriostático
	Estreptograminas	Principalmente bactérias gram-positivas	Bactericida
	Tetraciclinas	Amplo espectro e alguns patógenos bacterianos intracelulares	Bacteriostático
Inibição da síntese de ácidos nucleicos	Rifampicina	Bactérias gram-positivas e algumas gram-negativas (p. ex., *Neisseria meningitidis*)	Bactericida
	Quinolonas e fluoroquinolonas (p. ex., ciprofloxacino, levofloxacino, moxifloxacino)	Amplo espectro	Bactericida
Destruição do DNA	Metronidazol	Efetivo contra anaeróbios	Bactericida
Ruptura das membranas celulares	Polimixina B e polimixina E (colistina)	Bactérias gram-negativas	Bactericida
	Daptomicina	Bactérias gram-positivas	Bactericida
Inibição da atividade enzimática	Sulfonamidas	Principalmente bactérias gram-positivas e algumas gram-negativas	Bacteriostático
	Trimetoprima	Bactérias gram-positivas e muitas gram-negativas	Bacteriostático

*Efetiva contra bactérias tanto gram-positivas quanto gram-negativas, mas o espectro pode variar de acordo com o agente antimicrobiano específico.

hospedeiros seriam incapazes de eliminar as bactérias com crescimento interrompido. A Tabela 9.2 fornece alguns dos mecanismos pelos quais os agentes antibacterianos matam ou inibem as bactérias.

Praticamente todos os agentes antibacterianos atualmente disponíveis matam as bactérias ou inibem o seu crescimento. Os pesquisadores estão procurando desenvolver alguns direcionados a fatores de virulência das bactérias, em vez de ter como alvo os próprios patógenos. Os fatores de virulência bacterianos incluem várias substâncias prejudiciais, como toxinas e enzimas, que são produzidas pelas bactérias. Os fatores de virulência serão discutidos de modo detalhado no Capítulo 14, *Patogenia das Doenças Infecciosas*.

Algumas das principais categorias de agentes antibacterianos

Penicilinas

As penicilinas são designadas como fármacos betalactâmicos, visto que a sua estrutura molecular inclui uma estrutura em anel com quatro lados, conhecida como anel betalactâmico (Figura 9.4).[d] Elas interferem na síntese da parede celular bacteriana e exercem efeito máximo sobre as bactérias que estão sofrendo divisão ativa. Trata-se de fármacos bactericidas. A penicilina G e a penicilina V são descritas como *penicilinas naturais*, visto que são produzidas e podem ser purificadas diretamente a partir de culturas do fungo *Penicillium*. As penicilinas naturais mostram-se efetivas contra algumas bactérias gram-positivas (particularmente espécies de *Streptococcus*), algumas anaeróbicas e algumas espiroquetas. Certas bactérias gram-negativas, como *Neisseria meningitidis* e umas cepas de *Haemophilus influenzae*, permanecem sensíveis às penicilinas naturais. A indústria farmacêutica, por meio de modificação das cadeias laterais da molécula de penicilina, estendeu a atividade antibacteriana do antibiótico para incluir outras bactérias gram-negativas.

Cefalosporinas

As cefalosporinas também são antibióticos betalactâmicos e, à semelhança da penicilina, são produzidas por fungos, além de também interferirem na síntese da parede celular e serem bactericidas. São classificadas em cefalosporinas de primeira, segunda, terceira e quarta e quinta gerações. As de primeira geração mostram-se ativos principalmente contra bactérias gram-positivas; as de segunda geração apresentam atividade aumentada contra bactérias gram-negativas; as de terceira geração têm ação ainda maior contra bactérias gram-negativas (incluindo *Pseudomonas aeruginosa*). A cefepima é um exemplo de cefalosporina de quarta geração, que tem atividade contra bactérias tanto gram-positivas quanto gram-negativas, incluindo *P. aeruginosa*. A ceftarolina é uma cefalosporina de quinta geração que apresenta atividade expandida contra cocos gram-positivos aeróbicos, incluindo *Staphylococcus aureus* resistente à meticilina (MRSA) e *Staphylococcus epidermidis* resistente à meticilina (MRSE). Sua atividade contra bactérias gram-negativas aeróbicas simula a das cefalosporinas de terceira geração.

Carbapenéns

Os carbapenéns, incluindo o imipeném e o meropeném, estão entre os agentes antibacterianos mais potentes utilizados atualmente e também têm um anel betalactâmico (Figura 9.4). Esses fármacos inibem a síntese da parede celular e apresentam excelente atividade contra um amplo espectro de bactérias, incluindo muitas gram-positivas aeróbicas, a maioria das gram-negativas aeróbicas e a maioria das anaeróbias. Os carbapenéns têm sido considerados como os "antibióticos de último recurso", em virtude de sua atividade contra bactérias gram-negativas que desenvolveram resistência a muitos agentes antimicrobianos diferentes. No entanto, infelizmente, elas estão começando a desenvolver resistência também a eles. Quando espécies de *Klebsiella* ou de *Enterobacter* se tornam resistentes aos carbapenéns, são designadas como Enterobacteriaceae resistentes aos carbapenéns (CRE). Tendo em vista que esses microrganismos também resistem a muitos outros antibióticos, um esforço significativo está sendo envidado pelos Centers for Disease Control and Prevention (CDC) para limitar a sua disseminação em centros médicos (Figura 9.5).

Glicopeptídios

Os glicopeptídios, incluindo a vancomicina, também têm como alvo a parede celular bacteriana. Eles apresentam excelente ação contra a maioria das bactérias gram-positivas

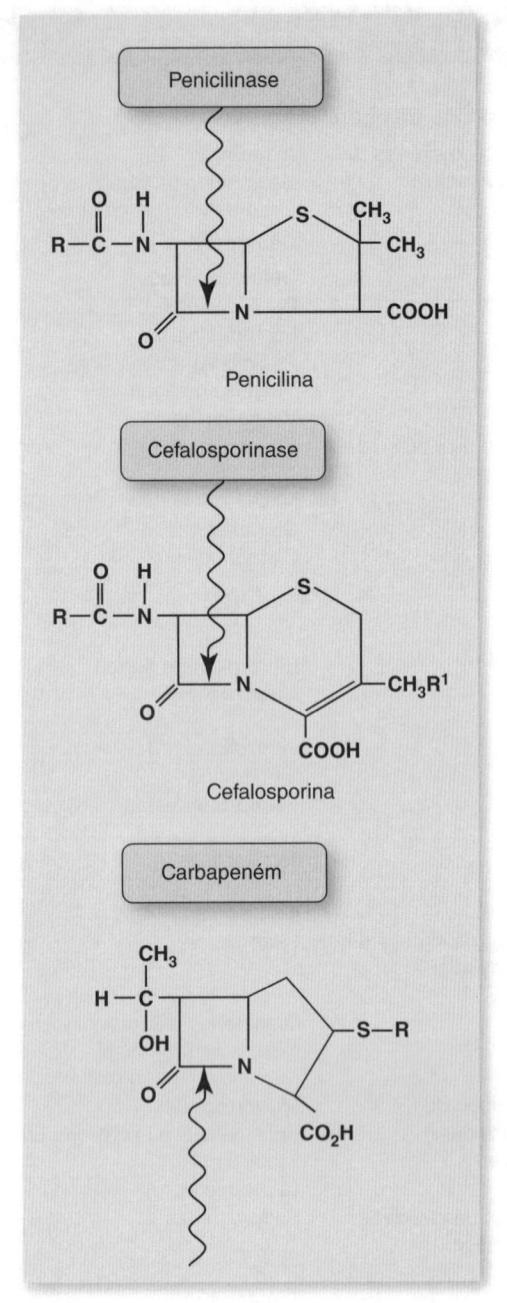

Figura 9.4 Locais de ataque da betalactamase nas moléculas de penicilina, cefalosporina e carbapeném.

aeróbicas e anaeróbicas, mas nenhuma atividade contra a maioria das bactérias gram-negativas. Infelizmente, esses fármacos populares têm várias desvantagens. As bactérias, particularmente os enterococos, estão desenvolvendo resistência a eles, que também apresentam diversos efeitos colaterais tóxicos. Quando os enterococos se tornam resistentes à vancomicina, são designados como enterococos resistentes à vancomicina (VRE).

Tetraciclinas

As tetraciclinas são fármacos bacteriostáticos de amplo espectro que exercem seus efeitos nos ribossomos bacterianos, interrompendo, assim, a síntese de proteínas. Elas mostram-se efetivas contra uma ampla variedade

---

[d]O símbolo "β" é a letra grega "beta". O alfabeto grego completo pode ser encontrado no Apêndice D, *Alfabeto Grego*.

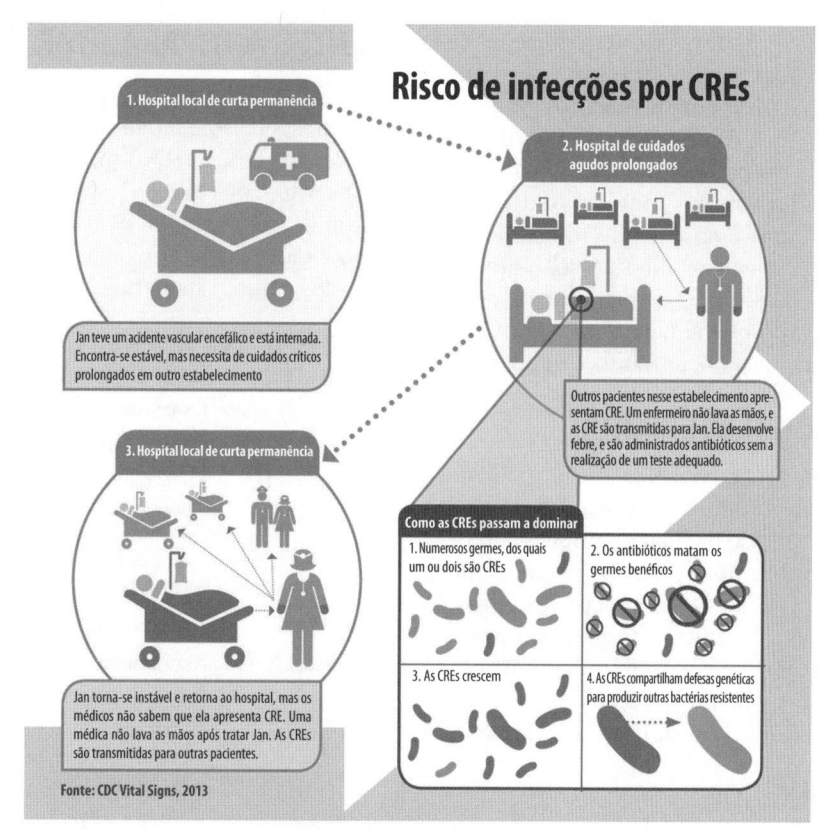

Figura 9.5 Risco de infecções por Enterobacteriaceae resistentes aos carbapenéns (CREs). (Disponibilizada pelos CDC.) (Esta figura encontra-se reproduzida em cores no Encarte.)

de bactérias, incluindo clamídias, micoplasmas, riquétsias, *Vibrio cholerae* e espiroquetas, como *Borrelia* spp. e *Treponema pallidum*.

Aminoglicosídios

Os aminoglicosídios são fármacos bactericidas de amplo espectro, que também inibem a síntese de proteínas bacterianas. A toxicidade é o principal fator que limita o seu uso. Eles são efetivos contra uma ampla variedade de bactérias gram-negativas aeróbicas, mas são ineficazes contra os anaeróbios. Esses fármacos são utilizados no tratamento de infecções causadas por membros da família Enterobacteriaceae (p. ex., *Escherichia coli* e espécies de *Enterobacter*, *Klebsiella*, *Proteus*, *Serratia* e *Yersinia*), bem como por *P. aeruginosa* e *V. cholerae*.

Macrolídeos

Os macrolídeos inibem a síntese de proteínas e incluem a eritromicina, a claritromicina e a azitromicina. São considerados bacteriostáticos em doses mais baixas e bactericidas em doses mais altas. Mostram-se efetivos contra clamídias, micoplasmas, *T. pallidum*, *H. influenzae* e espécies de *Legionella*.

Fluoroquinolonas

As fluoroquinolonas são bactericidas e inibem a síntese do DNA. O ciprofloxacino, que é a fluoroquinolona mais comumente utilizada, é frequentemente efetivo contra membros da família Enterobacteriaceae e contra *P. aeruginosa*. O levofloxacino e o moxifloxacino são agentes de amplo espectro com atividade contra bactérias tanto gram-positivas quanto gram-negativas.

Terapia com múltiplos fármacos

Em alguns casos, um único agente antimicrobiano não é suficiente para destruir todos os patógenos que se desenvolvem durante a evolução de uma doença; dessa maneira, podem ser utilizados dois ou mais fármacos simultaneamente para matar todos eles e para impedir o aparecimento de patógenos mutantes resistentes. Por exemplo, na tuberculose, em que são frequentemente encontradas cepas multirresistentes (organismos multirresistentes a fármacos [MDRO, do inglês, *multidrug-resistant organisms*]) do *Mycobacterium tuberculosis*, são prescritos rotineiramente quatro medicamentos – isoniazida, rifampicina, pirazinamida e etambutol –, e podem ser necessários até 12 para cepas particularmente resistentes.

Sinergismo *versus* antagonismo

Algumas vezes, a administração de dois agentes antimicrobianos para o tratamento de uma doença infecciosa promove um grau de destruição dos patógenos muito maior do que aquele obtido com cada fármaco isoladamente. Esse fenômeno é conhecido como *sinergismo*, e ele é muito bom. Muitas infecções urinárias, respiratórias e gastrintestinais respondem particularmente bem a uma combinação de trimetoprima e sulfametoxazol, que é conhecida como cotrimoxazol.

> Quando a utilização de dois agentes antimicrobianos para o tratamento de uma doença infecciosa promove um grau de destruição dos patógenos muito maior do que aquele obtido com cada fármaco isoladamente, o fenômeno é conhecido como sinergismo.

> Quando a utilização de dois fármacos promove um grau de destruição dos patógenos bem menor do que aquele obtido com cada fármaco isoladamente, o fenômeno é conhecido como antagonismo.

Todavia, existem situações em que são prescritos dois fármacos (talvez por dois médicos diferentes que estejam tratando a infecção do paciente) que, na realidade, atuam um contra o outro. Esse processo é conhecido como *antagonismo*. Nesse caso, o grau de destruição dos patógenos é menor do que aquele obtido com cada um isoladamente. O antagonismo, portanto, é muito ruim.

AGENTES ANTIMICOBACTERIANOS

As micobactérias, como *M. tuberculosis*, são organismos procarióticos; todavia, em virtude de sua velocidade lenta de crescimento e do alto conteúdo de lipídios em suas paredes celulares, elas frequentemente necessitam de diferentes antibióticos para tratamento. A Tabela 9.3 fornece uma lista de algumas das micobactérias patogênicas e os agentes utilizados no tratamento de infecções micobacterianas. Conforme assinalado antes, é frequentemente necessária uma terapia com múltiplos fármacos para eliminar os microrganismos.

AGENTES ANTIFÚNGICOS

É muito mais difícil utilizar fármacos antimicrobianos contra fungos e protozoários patogênicos, visto que são células eucarióticas; em consequência, os fármacos tendem a ser mais tóxicos para o paciente. Os agentes antifúngicos atuam, em sua maioria, por um dos três mecanismos seguintes:

- Pela sua ligação a esteróis da membrana celular (p. ex., nistatina e anfotericina B)
- Pela sua interferência na síntese de esteróis (p. ex., azóis, como fluconazol, clotrimazol e miconazol; equinocandinas, como a micafungina e a caspofungina)
- Pelo bloqueio da mitose ou da síntese de ácido nucleico (p. ex., griseofulvina e 5-flucitosina).

> Os fármacos antifúngicos e antiparasitários tendem a ser mais tóxicos para o paciente, visto que, à semelhança do ser humano infectado, os organismos são eucariontes.

A Tabela 9.4 fornece exemplos de agentes antifúngicos.

AGENTES ANTIPARASITÁRIOS

Em geral, os fármacos antiparasitários são muito tóxicos para o hospedeiro e atuam por meio de: (a) interferência na síntese de DNA e RNA (p. ex., cloroquina, pentamidina e quinacrina); ou (b) interferência do metabolismo (p. ex., metronidazol). A Tabela 9.5 fornece uma lista de vários fármacos antiparasitários e as doenças para as quais são utilizados como tratamento.

Tabela 9.4 Agentes antifúngicos.

Fármaco*	Doença(s) fúngica(s) em que o fármaco é utilizado para tratamento
Anfotericina B	Aspergilocose, blastomicose, candidíase invasiva, coccidioidomicose, criptococose, fusariose, histoplasmose, mucormicose, paracoccidioidomicose, esporotricose sistêmica
Atovaquona	Pneumonia por *Pneumocystis*
Equinocandinas	Aspergilose, candidíase
Fluconazol	Blastomicose; candidíase orofaríngea, esofágica e invasiva; coccidioidomicose, criptococose, fusariose, histoplasmose, esporotricose
Flucitosina	Criptococose
Griseofulvina	Dermatomicose (entretanto, dispõe-se de fármacos menos tóxicos)
Itraconazol	Aspergilose, blastomicose, candidíase invasiva, coccidioidomicose, criptococose, histoplasmose, paracoccidioidomicose, peniciliose, pseudalescheríase, escedosporiose, esporotricose cutânea ou sistêmica
Terbinafina	Dermatomicose
Sulfametoxazol-trimetoprima	Pneumonia por *Pneumocystis*
Voriconazol	Aspergilose, candidíase invasiva, escedosporiose

*Essa informação é fornecida exclusivamente para que os leitores possam se familiarizar com os nomes de alguns agentes antifúngicos e não deve ser considerada como aconselhamento sobre o tratamento recomendado.

Tabela 9.3 Agentes antimicobacterianos.

Microrganismos	Fármacos utilizados no tratamento*
Mycobacterium tuberculosis (Mtb)	Rifampicina, isoniazida, pirazinamida, etambutol (RIPE)
Mtb resistente a fármacos	RIPE + fluoroquinolona, amicacina, capreomicina
Complexo *Mycobacterium avium-Mycobacterium intracellulare*	Claritromicina, etambutol, rifampicina, rifabutina
Mycobacteriatavansus	Claritromicina, amicacina, imipeném, cefoxitina, tigeciclina
Mycobacterium fortuitum	Amicacina, cefoxitina, probenecida, sulfametoxazol-trimetoprima
Mycobacterium haemophilum	Claritromicina, rifabutina
Mycobacterium kansasii	Isoniazida, rifampicina, etambutol
Mycobacterium marinum	Recomenda-se a cirurgia
Mycobacterium leprae	Dapsona, rifampicina

*Essa informação é fornecida exclusivamente para que os leitores possam se familiarizar com os nomes de alguns agentes antimicobacterianos e não deve ser considerada como aconselhamento sobre o tratamento recomendado.

Tabela 9.5 Agentes antiparasitários.

Doenças parasitárias	Fármaco(s) utilizado(s) no tratamento*
Meningoencefalite amebiana primária	Anfotericina B
Amebíase	Paromomicina, metronidazol, tinidazol
Tripanossomíase africana (com ou sem comprometimento do SNC)	Pentamidina, suramina, eflornitina
Tripanossomíase americana (doença de Chagas)	Benznidazol, nifurtimox
Babesiose	Atovaquona, azitromicina
Balantidiose	Tetraciclina, metronidazol
Criptosporidiose	Nitazoxanida
Ciclosporíase	Sulfametoxazol-trimetoprima
Cistoisosporíase	Sulfametoxazol-trimetoprima
Infecção por *Dientamoeba*	Iodoquinol, paromomicina, metronidazol
Giardíase	Tinidazol, nitazoxanida, metronidazol, paromomicina
Leishmaniose (cutânea)	Paromomicina, miltefosina
Leishmaniose (mucocutânea)	Antimônio pentavalente, anfotericina B lipossomal
Leishmaniose (visceral)	Anfotericina B lipossomal, miltefosina
Malária (não resistente à cloroquina)	Cloroquina
Malária (resistente à cloroquina)	Malarone, doxiciclina, mefloquina
Toxoplasmose	Pirimetamina, espiramicina, sulfadiazina, ácido folínico
Infecção por nematódeos (ascaridíase, tricuríase)	Albendazol, mebendazol
Infecção por trematódeos (esquistossomose)	Praziquantel, albendazol
Infecção por cestódeos (tênias)	Praziquantel, niclosamida

*Essa informação é fornecida exclusivamente para que os leitores possam se familiarizar com os nomes de alguns agentes antiparasitários e não deve ser considerada como aconselhamento sobre o tratamento recomendado. SNC, sistema nervoso central.

AGENTES ANTIVIRAIS

Os agentes antivirais constituem as armas mais recentes na metodologia antimicrobiana, pois, até a década de 1960, não havia nenhum fármaco disponível para o tratamento das doenças virais. Eles são particularmente difíceis de serem desenvolvidos e utilizados, visto que os vírus são produzidos no interior das células do hospedeiro; todavia, como se pode ver na Tabela 9.6, alguns fármacos demonstraram ser efetivos no tratamento de certas infecções virais.

O primeiro agente antiviral eficaz contra o vírus da imunodeficiência humana (HIV), o agente etiológico da síndrome da imunodeficiência adquirida (AIDS), foi a zidovudina (também conhecida como azidotimidina), introduzida em 1987. Subsequentemente, vários outros fármacos foram empregados para o tratamento da infecção pelo HIV. Alguns desses agentes antivirais são administrados simultaneamente, em combinações conhecidas como "coquetéis". No entanto, infelizmente, esses coquetéis são muito caros, apresentam efeitos colaterais significativos, e

Tabela 9.6 Agentes antivirais.

Vírus/infecção(ões) viral(is)	Agentes antivirais*
Infecções por herpes simples	Aciclovir, cidofovir, fanciclovir, foscarnete, ganciclovir, penciclovir, trifluridina, valaciclovir, valganciclovir
Vírus influenza tipos A e B	Oseltamivir, peramivir, zanamivir
Vírus da hepatite B	Adefovir, entecavir, peginterferon α-2a, tenofovir
Vírus da hepatite C	Daclatasvir, dasabuvir, peginterferon α-2a, ledipasvir, ombitasvir, paritaprevir, ribavirina, simeprevir, sofosbuvir
Citomegalovírus humano	Cidofovir, foscarnete, ganciclovir, valganciclovir
Vírus varicela-zóster	Aciclovir, cidofovir, fanciclovir, foscarnete, ganciclovir, valaciclovir, valganciclovir
HIV: inibidores da transcriptase reversa análogos de nucleosídios/nucleotídios	Abacavir, didanosina, entricitabina, lamivudina, estavudina, tenofovir, zalcitabina, zidovudina (AZT ou ZDV)
HIV: inibidores da transcriptase reversa não nucleosídios	Delavirdina, efavirenz, etravirina, nevirapina
HIV: inibidores da protease	Amprenavir, atazanavir, indinavir, lopinavir, nelfinavir, ritonavir, saquinavir
HIV: inibidor da fusão	Enfuvirtida
HIV: inibidor da integrase	Raltegravir
Poliomavírus JC (LMP)	Cidofovir

*Essa informação é fornecida exclusivamente para que os leitores possam se familiarizar com os nomes de alguns agentes antivirais e não deve ser considerada como aconselhamento sobre o tratamento recomendado. HIV; vírus da imunodeficiência humana; LMP, leucoencefalopatia multifocal progressiva. (Adaptada de Harvey RA *et al. Lippincott's illustrated reviews: microbiology*. 3rd ed. Philadelphia, PA: Lippincott Williams & Wilkins; 2013.)

umas cepas do HIV se tornaram resistentes a alguns dos fármacos. Recentemente, combinações de agentes foram incorporadas em um único comprimido, tomado 1 vez/dia, simplificando, assim, o tratamento do HIV.

RESISTÊNCIA A FÁRMACOS

"Superbactérias"

Atualmente, é muito comum se ouvir sobre bactérias resistentes a fármacos, ou "superbactérias", como foram rotuladas pela mídia (Figura 9.6). Embora elas possam referir-se a um microrganismo resistente a apenas um agente antimicrobiano, o termo, geralmente, diz respeito a microrganismos multirresistentes (MDRO), ou seja, são resistentes a mais de uma classe de agentes antimicrobianos. As infecções causadas por "superbactérias" são muito mais difíceis de tratar. As particularmente problemáticas estão listadas na Tabela 9.7.

> Embora o termo *superbactéria* se refira mais frequentemente a bactérias MDR, outros tipos de micróbios (p. ex., vírus, fungos e protozoários) também se tornaram MDR.

É importante observar que as bactérias não são os únicos micróbios que desenvolveram resistência aos fármacos. Determinados vírus (incluindo o HIV, o herpes-vírus simples e o vírus influenza), fungos (tanto leveduras quanto bolores), protozoários parasitas e helmintos também se tornaram resistentes a medicamentos. Dentre os protozoários parasitas, estão incluídas cepas de *Plasmodium falciparum*, *Trichomonas vaginalis*, espécies de *Leishmania* e *Giardia intestinalis*.

Como as bactérias se tornam resistentes a fármacos

Como as bactérias se tornaram resistentes a agentes antimicrobianos? Algumas têm resistência natural a determinado agente antimicrobiano, visto não terem o sítio-alvo

Figura 9.6 Placa de cuidado fictícia. Ela adverte às pessoas que entrarão nos hospitais que eles são abrigos notórios de micróbios resistentes a múltiplos fármacos ("superbactérias"). (Disponibilizada pelo Dr. Pat Hidy e Biomed Ed, Round Rock, TX.) (Esta figura encontra-se reproduzida em cores no Encarte.)

específico para a ação desse fármaco específico (p. ex., os micoplasmas não têm paredes celulares e, por conseguinte, resistem a quaisquer medicamentos capazes de interferir na síntese da parede celular). Outras apresentam resistência natural porque o fármaco é incapaz de atravessar a parede ou a membrana celular do microrganismo e, assim, não consegue alcançar o seu local de ação (p. ex., ribossomos). Essa resistência é conhecida como *resistência intrínseca*.

É também possível que bactérias anteriormente sensíveis a determinado fármaco se tornem resistentes a ele, processo conhecido como *resistência adquirida*. Em geral, as bactérias adquirem resistência a antibióticos e a outros agentes antimicrobianos por um dos quatro mecanismos descritos a seguir de maneira sucinta (Tabela 9.8):

- Muitos antibióticos, como as penicilinas e as cefalosporinas, têm como ação bloquear a síntese da parede celular bacteriana, impedindo a ligação cruzada do peptidoglicano. Para isso, o antibiótico precisa ligar-se inicialmente a proteínas presentes na parede celular; essas células de proteínas são denominadas *sítios de ligação de fármacos*. A ocorrência de uma mutação cromossômica pode resultar em alteração na estrutura do sítio de ligação ao fármaco, de modo que este não é mais capaz de se ligar à célula. Se o fármaco for incapaz de se ligar, ele não poderá bloquear a ligação cruzada da parede celular; em consequência, o microrganismo será resistente a ele.
- Para entrar em uma célula bacteriana, o fármaco deve ser capaz de atravessar a parede e a membrana celular. A ocorrência de uma mutação cromossômica pode resultar em alteração na estrutura da membrana celular, o que, por sua vez, pode modificar a permeabilidade dela. Se o fármaco não for mais capaz de atravessar a membrana celular, não poderá alcançar o seu alvo (p. ex., um ribossomo ou o DNA da célula), e o microrganismo irá tornar-se, então, resistente a ele. Com frequência, isso é observado em mutações nas proteínas que compõem os canais de porina por meio dos quais o antibiótico atravessa a membrana celular. Esses fatores de resistência são denominados *mutantes de porina*
- Outra maneira pela qual as bactérias se tornam resistentes a determinado fármaco consiste no desenvolvimento da capacidade de produzir uma enzima que irá destruí-lo ou inativá-lo. Como as enzimas são codificadas por genes, uma célula bacteriana precisa adquirir um novo gene para que seja capaz de produzir uma enzima que nunca foi produzida. A conjugação é a principal maneira pela qual as bactérias adquirem novos genes (Capítulo 7, *Fisiologia e Genética Microbianas*). Com frequência, durante a conjugação, um plasmídeo contendo esse tipo de gene é transferido de uma célula bacteriana (a doadora) para outra (a receptora). Por exemplo, muitas bactérias tornaram-se resistentes à penicilina em consequência da aquisição do gene para a produção de penicilinase durante a conjugação (a penicilinase é descrita adiante). Um plasmídeo que contém múltiplos genes para a resistência a um fármaco é denominado *fator de resistência* (fator R). Uma célula receptora que recebe um fator

Tabela 9.7 "Superbactérias" particularmente problemáticas.

Bactérias	Discussão
MRSA e MRSE (Figura 9.7)	Essas cepas se mostram resistentes a todos os fármacos antiestafilocócicos, com exceção da vancomicina e de outros recentemente desenvolvidos, como linezolida, tigeciclina, quinupristina-dalfopristina, daptomicina e ceftarolina. Algumas cepas de *Streptococcus aureus* de resistência intermediária à vancomicina (VISA, do inglês, *vancomycin-intermediate S. aureus*) desenvolveram resistência às doses habituais de vancomicina, exigindo o uso de doses mais altas para o tratamento das infecções causadas por esses microrganismos. Recentemente, foram isoladas cepas de *S. aureus* resistentes à vancomicina (VRSA), que resistem até mesmo às doses mais altas possíveis do fármaco. O *S. aureus* é uma causa muito comum de infecções associadas aos cuidados de saúde* (Figura 9.7). O *Streptococcus epidermidis* não é tão virulento nem versátil quanto o *S. aureus*; entretanto, provoca muitas infecções hospitalares (particularmente do trato urinário e outras associadas a objetos estranhos, como cateteres intravenosos, próteses de valvas cardíacas e próteses articulares). As cepas do *S. epidermidis* são, em sua maioria, resistentes à penicilina, e muitas demonstram resistência às penicilinas antiestafilocócicas
Streptococcus pyogenes e *Streptococcus pneumoniae*	*S. pyogenes* e *S. pneumoniae* são patógenos humanos de grande importância, visto que causam uma ampla variedade de doenças infecciosas. Surgiram cepas de *S. pyogenes* que são resistentes aos antibióticos macrolídeos; todavia, felizmente, todas permanecem sensíveis à penicilina. O mesmo não é válido para *S. pneumoniae*, pois muitas cepas desse patógeno desenvolveram resistência à penicilina e a outros antibióticos betalactâmicos
Espécies de *Enterococcus* resistentes à vancomicina (VRE)	Essas cepas se mostram resistentes à maioria dos fármacos antienterococos, incluindo a ampicilina, a penicilina e a vancomicina. As espécies de *Enterococcus* são causas comuns de infecções associadas a cuidados de saúde, particularmente as do trato urinário
Pseudomonas aeruginosa	As infecções por *P. aeruginosa* são muito comuns, e o seu tratamento é particularmente difícil. Isso porque suas cepas têm uma variedade de mecanismos de resistência, incluindo uma membrana externa relativamente impermeável e múltiplas bombas de efluxo. As aminopenicilinas, os macrolídeos e maioria das cefalosporinas são ineficazes contra *P. aeruginosa*
*Clostridium difficile***	*C. difficile* é uma importante causa de doença diarreica hospitalar. Suas cepas se tornaram resistentes à clindamicina, ao ciprofloxacino e ao levofloxacino
Acinetobacter baumannii	Infecções causadas por cepas multirresistentes de *A. baumannii* foram relatadas pela primeira vez em militares feridos no Iraque e no Afeganistão. Essas cepas se disseminaram em instituições de cuidados de saúde em todo o EUA, e algumas se mostraram resistentes a todos os fármacos testados
Klebsiella pneumoniae (KPC ou CRE)	As cepas de *K. pneumoniae* produtoras de carbapenémase produzem uma betalactamase que destrói as penicilinas, as cefalosporinas, o aztreonam, os carbapenéns e outros antibióticos
M. tuberculosis multirresistente (MDR-TB)	As cepas de MDR-TB mostram-se resistentes aos dois fármacos de primeira linha mais efetivos, a isoniazida e a rifampicina. Cepas extensamente resistentes, denominadas XDR-TB, também apresentam resistência à maioria dos medicamentos de segunda linha efetivos – fluoroquinolonas e, pelo menos, um dos seguintes: amicacina, canamicina e capreomicina. Algumas cepas de *M. tuberculosis* resistentes têm resistência a *todos* os fármacos antituberculose e a combinações deles. Nos pacientes infectados por essas cepas, pode ser necessária a retirada de um pulmão ou de parte dele, exatamente como nos dias antes do desenvolvimento dos antibióticos, e muitos pacientes morrem. A tuberculose continua sendo uma das principais causas de morte no mundo inteiro
Cepas multirresistentes de *Burkholderia cepacia*, *Escherichia coli*, *Neisseria gonorrhoeae*, *Ralstonia pickettii*, *Salmonella* spp., *Shigella* spp. e *Stenotrophomonas maltophilia*	–

*A expressão *infecções associadas aos cuidados de saúde* refere-se a infecções adquiridas por indivíduos enquanto estão hospitalizados ou em outros tipos de estabelecimentos de cuidados de saúde. Essas infecções serão discutidas de modo detalhado no Capítulo 12, *Epidemiologia na Área de Assistência à Saúde e Prevenção e Controle das Infecções*. **Foi sugerido que esse microrganismo receba o novo nome de *Clostridioides difficile*. MRSA, *Staphylococcus aureus* resistente à meticilina; MRSE, *Staphylococcus epidermidis* resistente à meticilina.

R torna-se MDR, ou seja, uma "superbactéria". As bactérias também podem adquirir novos genes por transdução (em que bacteriófagos transportam o DNA bacteriano de uma célula bacteriana para outra) e por transformação (captação de DNA desnudo a partir do meio-ambiente). Ambas foram discutidas no Capítulo 7, *Fisiologia e Genética Microbianas*

• A quarta maneira pela qual as bactérias se tornam resistentes a fármacos consiste no desenvolvimento da capacidade de produzir bombas de resistência a múltiplos fármacos ou multirresistentes (MDR), também conhecidas como transportadores MDR, ou bombas de efluxo. Uma bomba de MDRO possibilita à célula bombear fármacos para fora antes que estes possam causar-lhe lesão ou matá-la.

Tabela 9.8 Mecanismos pelos quais as bactérias se tornam resistentes aos agentes antimicrobianos.

Mecanismo	Efeito
Mutação cromossômica que provoca uma mudança na estrutura de um sítio de ligação do fármaco	O fármaco não pode ligar-se à célula bacteriana
Mutação cromossômica que provoca uma mudança na permeabilidade da membrana celular	O fármaco não pode atravessar a membrana celular e, por conseguinte, não pode entrar na célula
Aquisição (por conjugação, transdução ou transformação) de um gene que possibilita à bactéria produzir uma enzima capaz de destruir ou inativar o fármaco	O fármaco é destruído ou inativado pela enzima
Aquisição (por conjugação, transdução ou transformação) de um gene que possibilita à bactéria produzir uma bomba MDR	O fármaco é bombeado para fora da célula antes que possa causar-lhe lesão ou matá-la

MDR, multirresistente a fármacos, ou seja, resiste a múltiplos fármacos.

FOLHETO INFORMATIVO SOBRE O MRSA

O que é MRSA?

O MRSA refere-se ao Staphylococcus aureus resistente à meticilina, um tipo de bactéria estafilocócica potencialmente perigosa que resiste a determinados antibióticos e pode causar infecções cutâneas e outras. À semelhança de todas as infecções comuns causadas por estafilococos, o reconhecimento dos sinais e a instituição do tratamento para as infecções cutâneas por MRSA nos estágios iniciais reduzem a probabilidade de se tornar grave. O MRSA é transmitido por:
> Contato direto com a infecção em outra pessoa
> Compartilhamento de objetos pessoais que tiveram contato com a pele infectada, como toalhas ou lâminas de barbear
> Contato com superfícies ou objetos contaminados pelo MRSA, como curativos usados

Quais são os sinais e sintomas?

A maioria das infecções cutâneas por estafilococos, incluindo MRSA, aparece na forma de uma protuberância ou área infectada da pele, que pode estar:
> Vermelha
> Intumescida
> Dolorosa
> Quente ao toque
> Purulenta ou com outro tipo de secreção
> Acompanhada de febre

O que fazer se houver suspeita de uma infecção cutânea por MRSA?

Deve-se cobrir a área com um curativo e entrar em contato com o médico. É particularmente importante contatar o médico se os sinais e sintomas de infecção cutânea por MRSA estiverem acompanhados de febre.

Como as infecções cutâneas por MRSA são tratadas?

O tratamento das infecções cutâneas por MRSA pode incluir a drenagem da infecção por um profissional de saúde e, em alguns casos, a prescrição de um antibiótico. Não se deve tentar drenar a infecção sozinho, pois isso pode agravá-la ou disseminá-la para outras pessoas. Se um antibiótico tiver sido prescrito, é preciso certificar-se de tomar todas as doses (mesmo se houver melhora da infecção), a não ser que o profissional de saúde oriente para interrompê-lo.

Como proteger a família de infecções cutâneas por MRSA?

> Conhecendo os sinais da infecção cutânea por MRSA e obtendo o tratamento precocemente
> Mantendo cortes e arranhões limpos e cobertos
> Incentivando uma boa higiene, como limpeza regular das mãos
> Recomendando a não compartilhar objetos de uso pessoal, como toalhas e lâminas de barbear

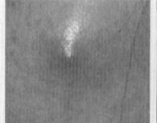 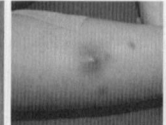 

©Bernard Cohen, MD, Dermatlas; www.dermatlas.org   http://phil.cdc.gov

Para mais informações, acesse o *site* www.cdc.gov/MRSA.

Desenvolvido com o apoio da CDC Foundation, por meio de financiamento para educação da Pfizer Inc.

Figura 9.7 Folheto informativo sobre o *Staphylococcus aureus* resistente à meticilina (MRSA). (Disponibilizada pelos CDC.)

> As bactérias podem adquirir resistência aos agentes antimicrobianos em consequência de mutação cromossômica ou da aquisição de novos genes por transdução, transformação e, mais comumente, conjugação.

Os genes que codificam essas bombas frequentemente estão localizados em plasmídeos que as bactérias recebem durante a conjugação, as quais se tornam MDR (*i. e.*, resistentes a vários fármacos).

As bactérias podem adquirir resistência aos agentes antimicrobianos em consequência de mutação cromossômica ou da aquisição de novos genes por transdução, transformação e, mais comumente, conjugação.

Betalactamases

No centro de cada molécula de penicilina e de cefalosporina, encontra-se uma estrutura em anel duplo que, nas penicilinas, assemelha-se a uma "casa com garagem" (ver Figura 9.4).

> Um antibiótico betalactâmico é o que contém um anel betalactâmico em sua estrutura molecular.

A "garagem" é denominada anel betalactâmico, e algumas bactérias produzem enzimas que o destroem, as quais são conhecidas como betalactamases. Quando o anel betalactâmico é destruído, o antibiótico não pode mais atuar. Por conseguinte, um microrganismo capaz de produzir uma betalactamase é resistente aos antibióticos que contêm o anel betalactâmico (coletivamente designados como antibióticos betalactâmicos ou betalactanos).

> As penicilinases, as cefalosporinases e as carbapenémases são exemplos de betalactamases; elas destroem o anel betalactâmico das penicilinas, cefalosporinas e carbapenéns, respectivamente.

Conforme assinalado anteriormente, existem três tipos de betalactamases: as penicilinases, as cefalosporinases e as carbapenémases. As *penicilinases* destroem o anel betalactâmico nas penicilinas; dessa maneira, um microrganismo capaz de produzir penicilinase mostra-se resistente às penicilinas. As *cefalosporinases* destroem o anel betalactâmico das cefalosporinas; em consequência, um microrganismo que produz cefalosporinase apresenta resistência às cefalosporinas. Certas bactérias produzem ambos os tipos de betalactamases. Algumas também podem produzir *carbapenémases*, que são capazes de inativar as penicilinas, as cefalosporinas e os carbapenéns.

Para combater o efeito das betalactamases, as empresas farmacêuticas desenvolveram fármacos especiais, que combinam um antibiótico betalactâmico com um inibidor da betalactamase (p. ex., ácido clavulânico, sulbactam, avibactam ou tazobactam). O inibidor betalactâmico liga-se de modo irreversível à betalactamase e a inativa, permitindo, assim, que o fármaco associado entre na célula bacteriana e interrompa a síntese da parede celular. Algumas dessas combinações especiais de fármacos incluem as seguintes:

- Ácido clavulânico (clavulanato) combinado com amoxicilina:
- Sulbactam combinado com ampicilina

- Avibactam combinado com ceftazidima
- Tazobactam combinado com piperacilina
- Tazobactam combinado com ceftolozana.

ALGUMAS ESTRATÉGIAS NA GUERRA CONTRA A RESISTÊNCIA A FÁRMACOS

Existem algumas maneiras de combater a resistência a fármacos, que incluem:

- A educação é fundamental, tanto dos profissionais de saúde quanto dos pacientes
- Os pacientes nunca devem pressionar os médicos a prescreverem agentes antimicrobianos. Os pais precisam parar de pedir antibióticos toda vez que um filho está doente. Os casos de faringite e muitas infecções respiratórias são, em sua maioria, causados por vírus, os quais não são afetados pelos antibióticos. Como eles não matam os vírus, os pacientes e os pais não devem contar com esses fármacos quando eles ou seus filhos apresentarem infecções virais. Em vez de solicitar antibióticos aos médicos, devem perguntar *por que* um antibiótico está sendo prescrito
- É importante que os médicos não se deixem pressionar pelos pacientes. Só devem prescrever antibióticos quando forem justificados, ou seja, apenas quando houver uma necessidade comprovada. Sempre que possível, os profissionais devem coletar uma amostra para cultura e solicitar ao laboratório de microbiologia clínica um teste de sensibilidade (Capítulo 13, *Diagnóstico das Doenças Infecciosas*) para determinar que agentes antimicrobianos têm probabilidade de serem efetivos
- Os médicos devem prescrever um fármaco de espectro estreito e barato toda vez que os resultados laboratoriais demonstrarem que ele mata efetivamente o patógeno. De acordo com o Dr. Stuart B. Levy,[e] com base em algumas estimativas, pelo menos metade dos antibióticos atualmente utilizados nos EUA não é adequada, porque não estão indicados ou são prescritos como fármaco incorreto, dosagem errada ou duração inadequada. Um estudo mostrou que eram prescritos antibióticos em 68% das visitas para problemas agudos do trato respiratório, dos quais 80% eram desnecessários de acordo com as diretrizes dos CDC.[f] A Tabela 9.9 fornece uma lista de infecções do trato respiratório superior que normalmente não se beneficiam com o uso de antibióticos. Para tais infecções virais, eles não irão curar as infecções, não impedirão que outros indivíduos adquiram a doença e não ajudarão o paciente a se sentir melhor

Os pacientes devem tomar antibióticos exatamente como são prescritos. Para isso, os profissionais de saúde

---

[e]Levy SB. *The antibiotic paradox: how the misuse of antibiotics destroys their curative powers*. 2nd ed. Cambridge, MA: Perseus Publishing; 2002.

[f]Scott JG *et al*. Antibiotic use in acute respiratory infections and the ways patients pressure physicians for a prescription. *J Fam Pract*. 2001; 50(10):853-8.

Tabela 9.9 Infecções virais para as quais o tratamento com antibióticos é considerado inapropriado.

Infecção	Comumente causada por vírus	Comumente causada por bactérias	Necessidade de antibióticos
Resfriado	Sim	Não	Não
Gripe	Sim	Não	Não
Bronquite aguda (em crianças e adultos sadios nos demais aspectos)	Sim	Não	Não
Faringite (com exceção da faringite estreptocócica)	Sim	Não	Não
Bronquite (em crianças e adultos sadios nos demais aspectos)	Sim	Não	Não
Coriza (com muco verde ou amarelo)	Sim	Não	Não
Líquido na orelha média	Sim	Não	Não

De Centers for Disease Control and Prevention, Atlanta, GA.

precisam enfatizar essa orientação aos pacientes e realizar um trabalho melhor, explicando exatamente como os medicamentos devem ser tomados

- É fundamental que os médicos prescrevam a quantidade correta do antibiótico necessária para curar a infecção. Assim, a não ser que orientados de outro modo, os pacientes precisarão tomar *todos* os comprimidos, mesmo após se sentirem melhores. Mais uma vez, isso precisa ser explicado e enfatizado. Se o tratamento for interrompido antes do tempo, haverá apenas uma destruição seletiva dos membros mais sensíveis de uma população bacteriana. Então, as variantes mais resistentes permanecerão, multiplicando-se e causando uma nova infecção
- Os pacientes sempre devem descartar qualquer resto de medicamento e nunca manter os antibióticos no armário. Além disso, todos agentes antimicrobianos, incluindo os antibióticos, só devem ser tomados quando prescritos e apenas sob supervisão médica
- A não ser que sejam prescritos por um médico, os antibióticos nunca devem ser utilizados de modo profilático, como para evitar a "diarreia do viajante" quando se viaja a países estrangeiros. Na realidade, a utilização deles dessa maneira *aumenta* a probabilidade de se desenvolver a "diarreia do viajante". Os antibióticos matam alguns dos micróbios intestinais endógenos benéficos, eliminando a competição por alimento e espaço e facilitando o estabelecimento de patógenos
- Os profissionais de saúde precisam praticar os procedimentos de prevenção e controle de infecções (Capítulo 12, *Epidemiologia na Área de Assistência à Saúde e Prevenção e Controle das Infecções*). A lavagem frequente e correta das mãos é essencial para prevenir a transmissão de patógenos de um paciente para outro. Os profissionais de saúde devem também monitorar os ambientes de cuidados de saúde à procura de patógenos importantes (como MRSA) e sempre isolar pacientes infectados por MDRO.

Reconhecendo a urgência da necessidade de controle do uso de antibióticos nos hospitais, nos EUA, o Center for Medicare and Medicaid Services decretou que todos os hospitais devem estabelecer uma comissão de gerenciamento de uso de antibióticos. Essa comissão teria como incumbência supervisionar o uso de antibióticos e seria formada por médicos infectologistas, farmacêuticos hospitalares e laboratoristas do laboratório de microbiologia clínica.

TERAPIA EMPÍRICA

Em alguns casos, o médico precisa iniciar o tratamento antes da obtenção dos resultados de laboratório, situação designada como *terapia empírica*. Isso porque, em um esforço para salvar a vida de um paciente, algumas vezes é necessário que o profissional "adivinhe" o patógeno mais provável e prescreva o fármaco mais provavelmente efetivo. Trata-se de uma "opinião abalizada", respaldada pelas experiências anteriores do médico com o tipo particular de doença infecciosa apresentada pelo paciente. No entanto, antes de uma prescrição para determinado agente antimicrobiano, o médico precisa levar em consideração diversos fatores, alguns dos quais estão listados a seguir:

- Se o laboratório forneceu a identidade do patógeno, o médico pode consultar uma "tabela de bolso" que está disponível na maioria dos hospitais. Essa tabela, que é tecnicamente conhecida como antibiograma, é publicada pelo Laboratório de Microbiologia Clínica; em geral, contém dados referentes aos testes de sensibilidade a antimicrobianos reunidos no ano precedente. A tabela fornece informações importantes sobre os fármacos aos quais os vários patógenos bacterianos se mostraram sensíveis ou resistentes (Figura 9.8)
- Se o paciente for alérgico a algum agente antimicrobiano, naturalmente não será prudente prescrever um fármaco ao qual ele é alérgico
- Qual é a idade do paciente? Certos fármacos estão contraindicados para indivíduos muito jovens ou muito idosos
- A paciente está grávida? Certos fármacos são comprovadamente teratogênicos ou com suspeita de sê-los (*i. e.*, causam defeitos congênitos)
- O indivíduo está internado ou é um paciente ambulatorial? Certos fármacos só podem ser administrados por via intravenosa e, portanto, não podem ser prescritos a pacientes ambulatoriais

BACTÉRIAS GRAM-NEGATIVAS AERÓBICAS	N.	Ampicilina	Amp/sulbactam	Pip/taz	Aztreonam	Ertapeném	Imipeném	Cefazolina	Cefuroxima	Ceftriaxona	Ceftazidima	Cefepima	Ciprofloxacino	Gentamicina	Tobramicina	Amicacina	Sulfa/trimeto	Tetraciclina	Nitrofurantoína*
Escherichia coli	1843	46	53	96	95	100	100	86	90	95	95	97	67	90	90	100	71	70	96
Klebsiella pneumoniae	772	0	75	89	90	94	94	85	82	90	90	91	88	92	91	99	84	82	57
Klebsiella oxytoca	100	0	55	84	83	99	99	45	74	85	93	96	88	96	97	99	88	78	93
Enterobacter aerogenes	84	0	38	77	73	90	90	0	0	71	71	87	79	86	83	99	83	93	30
Enterobacter cloacae	196	0	24	76	68	99	99	0	0	69	70	93	94	93	94	99	89	90	26
Citrobacter freundii	72	0	55	83	79	99	99	0	0	72	77	97	82	88	92	100	79	64	96
Citrobacter koseri	39	0	97	97	97	100	100	97	97	100	100	100	97	100	100	100	97	92	83
Serratia marcescens	67	0	0	81	88	100	100	0	0	85	85	100	93	94	90	94	87	29	0
Proteus mirabilis	376	73	80	98	98	100	97	82	96	99	99	100	58	87	88	99	70	0	0
Morganella morganii	68	0	23	100	96	100	100	0	0	90	85	100	51	81	93	100	56	0	0
Pseudomonas aeruginosa	685			90	68		80				83	75	66	74	92	88			
Stenotrophomonas maltophilia	78										37						100		
Acinetobacter baumannii	48	0	47		0					42	52	52	48	53	65	85	50		
Haemophilus influenzae	39**	70	100						100	100	100	100	100				76		

*Apenas urina

**Representa microrganismos isolados de pacientes internados e pacientes ambulatoriais.

Figura 9.8 Tabela para bactérias gram-negativas aeróbicas que os médicos carregam em seus bolsos para uso como rápida referência sempre que há necessidade de tratamento empírico. A tabela, que é preparada pelo Laboratório de Microbiologia Clínica da instituição médica, mostra o percentual de microrganismos específicos que demonstraram ser sensíveis aos vários fármacos testados. Como exemplo de como ela deve ser utilizada, um médico é informado de que *P. aeruginosa* foi isolada da hemocultura de seu paciente, mas os resultados dos testes de sensibilidade antimicrobiana do microrganismo isolado só estarão disponíveis no dia seguinte. Como o tratamento precisa ser iniciado imediatamente, ele consulta a tabela e verifica que tobramicina é o fármaco mais apropriado nessa situação; afinal, das 685 cepas de *P. aeruginosa* testadas, 92% mostraram-se sensíveis a ele (conforme explicado no texto, outros fatores devem ser levados em consideração pelo médico *antes* da prescrição de tobramicina ao paciente). De acordo com a tabela, qual seria o fármaco de segunda escolha se a tobramicina não estivesse disponível na farmácia do hospital? Resposta: Piperacilina/tazobactam (90%) (essa tabela está incluída apenas para fins educacionais. Na verdade, não deve ser utilizada em um contexto clínico).

- Se o paciente estiver internado, o médico deverá prescrever um fármaco que esteja disponível na farmácia do hospital (*i. e.*, algum listado no formulário da instituição)
- Qual é o local da infecção? Se o paciente tiver cistite (infecção da bexiga), por exemplo, o médico poderá prescrever um fármaco que se concentre na urina. Esse tipo de medicamento é rapidamente removido do sangue pelos rins, e são alcançadas altas concentrações dele na bexiga. Já para o tratamento de um abscesso cerebral, o médico deve selecionar um fármaco capaz de atravessar a barreira hematencefálica
- Que outros medicamentos o paciente está tomando ou recebendo? Alguns agentes antimicrobianos exibem reação cruzada com outros fármacos, resultando em interação medicamentosa, que pode ser prejudicial ao paciente
- Que outros problemas médicos o indivíduo apresenta? Sabe-se que determinados agentes antimicrobianos têm efeitos colaterais tóxicos, como nefrotoxicidade, hepatotoxicidade e ototoxicidade. Diante disso, o médico não deve prescrever um fármaco nefrotóxico a um paciente que apresenta lesão renal prévia
- O paciente apresenta leucopenia ou imunocomprometimento? Em caso positivo, seria necessário utilizar um agente bactericida para tratar a infecção bacteriana, em vez de um agente bacteriostático. Este último só deve ser utilizado em pacientes cujos mecanismos de defesa estejam funcionando adequadamente, ou seja, apenas naqueles cujo corpo seja capaz de matar o patógeno após a interrupção de sua multiplicação. Um paciente leucopênico, por exemplo, apresenta um número muito pequeno de leucócitos para matar o patógeno, e o sistema imune de um indivíduo imunocomprometido é incapaz de matar o patógeno
- O custo dos vários fármacos também é um importante fator a se considerar. Assim, sempre que possível, os médicos devem prescrever medicamentos de espectro estreito e de menor custo, em vez daqueles de amplo espectro e de custo elevado.

> Embora o peso do paciente tenha influência na dosagem de determinado fármaco, ele geralmente não é considerado quando se decide fazer uma prescrição.

EFEITOS INDESEJÁVEIS DOS AGENTES ANTIMICROBIANOS

A seguir, estão algumas das muitas razões pelas quais os agentes antimicrobianos não devem ser utilizados de modo indiscriminado:

- Sempre que um agente antimicrobiano for administrado a um paciente, os microrganismos presentes e a ele sensíveis morrerão, mas os resistentes não. Essa situação é designada como seleção de microrganismos resistentes (Figura 9.9). Em seguida, os microrganismos resistentes multiplicam-se, tornam-se dominantes e podem ser transmitidos a outras pessoas. Para impedir o sobrecrescimento deles, algumas vezes são administrados vários fármacos simultaneamente, apresentando, cada um deles, um mecanismo de ação diferente
- O paciente pode tornar-se alérgico ao agente. Por exemplo, a penicilina G em baixas doses frequentemente sensibiliza

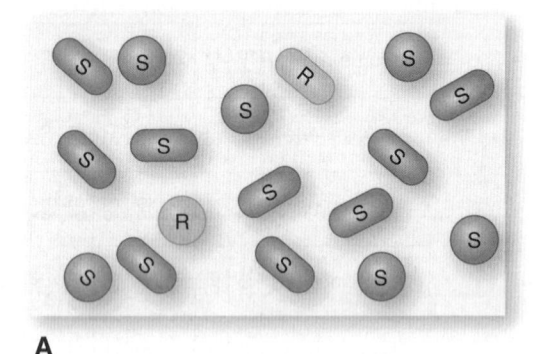

A

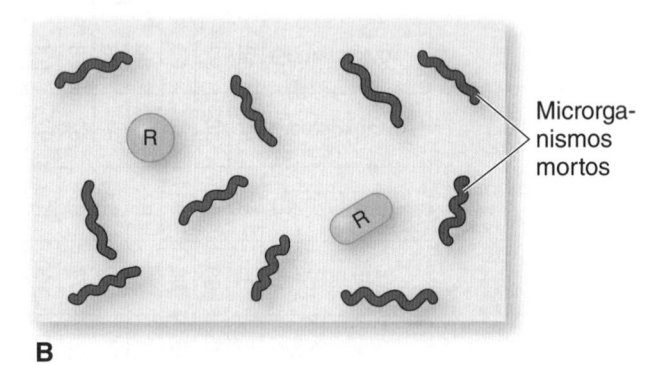

Microrganismos mortos

B

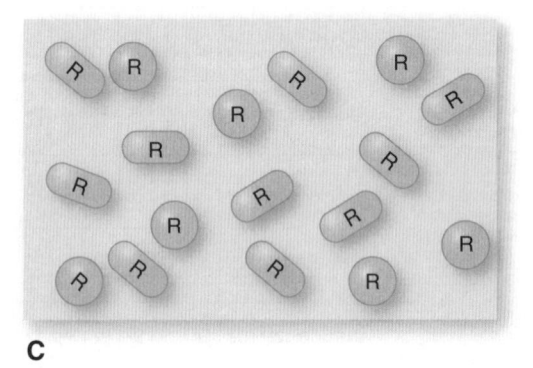

C

Figura 9.9 Seleção de microrganismos resistentes a fármacos. A. Microbiota normal de um paciente antes do início da antibioticoterapia. Os membros da população são, em sua maioria, sensíveis (indicados por *S*) ao antibiótico a ser administrado; bem poucos são resistentes (indicados por *R*). **B.** Após o início da antibioticoterapia, os microrganismos sensíveis morrem, permanecendo apenas alguns resistentes. Em consequência da competição reduzida por nutrientes e espaço, os microrganismos resistentes multiplicam-se e passam a constituir os predominantes na microbiota normal do paciente (o mesmo tipo de processo de seleção ocorre quando animais de criação são alimentados com rações contendo antibióticos e quando produtos contendo antimicrobianos [p. ex., brinquedos e tábuas de corte] são utilizados nas residências. Ambos os tópicos são discutidos no Capítulo 8, *Controle do Crescimento dos Micróbios* In Vitro).

os indivíduos com propensão a alergias; quando estes recebem posteriormente uma segunda dose, podem apresentar uma grave reação, conhecida como choque anafilático, ou podem desenvolver urticária

- Muitos agentes antimicrobianos são tóxicos para os seres humanos, e alguns são tão tóxicos que só devem ser administrados para o tratamento de doenças graves para as quais não se dispõe de nenhum outro agente. Um deles é o cloranfenicol, que, quando administrado em altas doses por um longo período, pode causar um tipo de anemia muito grave, denominada anemia aplásica. Outro fármaco é a estreptomicina, que pode causar dano ao nervo auditivo, provocando surdez. Outros medicamentos são hepatotóxicos ou nefrotóxicos, provocando lesão hepática ou renal, respectivamente

• Com o uso prolongado, os antibióticos de amplo espectro podem destruir a microbiota normal da boca, do intestino ou da vagina. O indivíduo, então, fica desprovido da proteção proporcionada pela microbiota normal e, assim, torna-se muito mais suscetível a infecções causadas por invasores oportunistas ou secundários. O consequente sobrecrescimento desses microrganismos é designado como *superinfecção*. Uma superinfecção pode ser considerada como uma "explosão populacional" de microrganismos que comumente estão presentes apenas em pequeno número. Por exemplo, o uso prolongado de antibióticos orais pode resultar em superinfecção por *Clostridium difficile* no cólon, podendo resultar em doenças como diarreia associada a antibióticos e colite pseudomembranosa. Com frequência, ocorre vaginite por levedura após terapia antibacteriana, devido à destruição de muitas bactérias da microbiota vaginal, resultando em superinfecção da levedura endógena, *Candida albicans*.

> O uso prolongado de antibióticos pode resultar em explosão populacional de microrganismos que são resistentes ao(s) que está(estão) sendo utilizado(s). Esse sobrecrescimento é conhecido como "superinfecção".

A Figura 9.10 ilustra as várias maneiras pelas quais a resistência a antibióticos se dissemina.

Figura 9.10 Exemplos de como ocorre disseminação da resistência a antibióticos. (Disponibilizada pelos CDC.)

CONSIDERAÇÕES FINAIS

Nesses últimos anos, os microrganismos desenvolveram resistência em um ritmo tão rápido que muitas pessoas, incluindo cientistas, estão começando a temer que a ciência esteja perdendo a guerra contra os patógenos. Convém assinalar duas iniciativas recentes nesse aspecto:

- Em agosto de 2016, os CDC anunciaram o lançamento da ARLN (*Antimicrobial Resistance Laboratory Network* – rede laboratorial de resistência aos antimicrobianos). O objetivo desse programa era oferecer a infraestrutura e os recursos para que sete laboratórios regionais pudessem interligar-se e coordenar com laboratórios clínicos e de saúde pública, de modo a detectar e confirmar a resposta a microrganismos resistentes isolados de amostras de seres humanos. Assim, quando novas ameaças ou surtos de resistência fossem detectados em instituições de cuidados de saúde ou em laboratórios de saúde pública estaduais e locais, os laboratórios regionais da ARLN forneceriam recursos adicionais e serviços de testes para caracterizar e identificar a ocorrência de resistência, de modo a sustentar a resposta da saúde pública a essas ameaças. Os sete laboratórios regionais começaram a oferecer testes em janeiro de 2017
- Em setembro de 2016, a Assembleia Geral das Nações Unidas apresentou o problema da resistência aos antibióticos à organização e instou os membros a unirem-se em um esforço global para controlar o uso incorreto dos antibióticos e insistiu na necessidade do desenvolvimento contínuo de novos agentes antimicrobianos.

Infelizmente, surgiram cepas de patógenos que são resistentes a todos os fármacos conhecidos. Os exemplos incluem algumas de *M. tuberculosis* (a bactéria que causa a tuberculose) e *P. aeruginosa* (a bactéria que causa muitos tipos diferentes de infecções, incluindo pneumonia, infecções do trato urinário e infecções de feridas). Por isso, para vencer a

Pense nisso

"Inicialmente aclamados como 'balas mágicas', [os antibióticos] são agora utilizados com tanta frequência que o sucesso ameaça a sua utilidade duradoura. Infelizmente, a mutabilidade natural dos micróbios possibilita aos patógenos desenvolver blindagens 'à prova de balas', que tornam os tratamentos com antibióticos cada vez mais ineficazes. A nossa incapacidade de solucionar adequadamente os problemas de resistência poderá finalmente fazer com que o controle das doenças infecciosas retroceda à era que antecedeu a descoberta da penicilina." (De Drlica K, Perlin DS. *Antibiotic resistance: understanding and responding to an emerging crisis.* Upper Saddle River, NJ: Pearson Education, Inc; 2011.)

guerra contra a resistência a fármacos, há necessidade do uso mais prudente dos atualmente disponíveis, da descoberta de novos medicamentos e do desenvolvimento de novas vacinas. Infelizmente, como é dito: "Quando a ciência constrói uma ratoeira melhor, a natureza cria um camundongo melhor." Para aprender mais sobre a resistência aos antibióticos, o livro escrito pelo Dr. Stuart Levy (anteriormente citado) é altamente recomendado.

Felizmente, os agentes antimicrobianos não constituem as únicas armas *in vivo* contra os patógenos; afinal, operando dentro do corpo humano, existem vários sistemas que atuam para matá-los e nos proteger de doenças infecciosas. Esses sistemas, coletivamente designados como sistemas de defesas do hospedeiro, serão discutidos nos Capítulos 15, *Mecanismos Inespecíficos de Defesa do Hospedeiro*, e 16, *Mecanismos Específicos de Defesa do Hospedeiro | Introdução à Imunologia*.

Exercícios de autoavaliação

Após estudar este capítulo, responda às seguintes questões de múltipla escolha:

1. Qual dos seguintes fatores tem *menos* probabilidade de ser levado em consideração quando se escolhe o antibiótico a ser prescrito a um paciente?
   a. Idade do paciente
   b. Condições médicas subjacentes do paciente
   c. Peso do paciente
   d. Outros medicamentos que o paciente esteja tomando

2. Qual das seguintes opções tem *menos* probabilidade de resultar em resistência a fármacos nas bactérias?

   a. Mutação cromossômica, que altera a permeabilidade da membrana celular
   b. Mutação cromossômica, que altera a forma de determinado sítio de ligação de fármacos
   c. Recebimento de um gene que codifica uma enzima capaz de destruir determinado antibiótico
   d. Recebimento de um gene que codifica a produção de uma cápsula

3. Qual dos seguintes processos *não* é um mecanismo comum pelo qual os agentes antimicrobianos matam as bactérias ou inibem o seu crescimento?
   a. Lesão às membranas celulares
   b. Destruição da cápsula
   c. Inibição da síntese da parede celular
   d. Inibição da síntese de proteínas

4. A terapia com múltiplos fármacos é sempre utilizada quando um paciente é diagnosticado com:
a. Infecção causada por MRSA
b. Difteria
c. Faringite estreptocócica
d. Tuberculose

5. Qual dos seguintes termos ou nomes *não* tem nenhuma relação com o uso simultâneo de dois fármacos?
a. Antagonismo
b. Salvarsan
c. Septra
d. Sinergismo

6. Qual dos seguintes processos *não* é um mecanismo comum pelo qual os agentes antifúngicos atuam?
a. Ligação aos esteróis da membrana celular
b. Bloqueio da síntese de ácidos nucleicos
c. Dissolução das hifas
d. Interferência na síntese de esteróis

7. Quem descobriu a penicilina?
a. Alexander Fleming
b. Paul Ehrlich
c. Selman Waksman
d. Sir Howard Walter Florey

8. Quem é considerado o "pai da quimioterapia"?
a. Alexander Fleming
b. Paul Ehrlich
c. Selman Waksman
d. Sir Howard Walter Florey

9. Todos os seguintes agentes antimicrobianos atuam por meio da inibição da síntese da parede celular, exceto:
a. Cefalosporinas
b. Aminoglicosídios
c. Penicilina
d. Vancomicina

10. Todos os seguintes agentes antimicrobianos atuam por meio da inibição da síntese de proteínas, exceto:
a. Clindamicina
b. Eritromicina
c. Imipeném
d. Tetraciclina

CAPÍTULO

Ecologia e Biotecnologia Microbianas

10

SUMÁRIO DO CAPÍTULO

OBJETIVOS DE APRENDIZAGEM

Após estudar este capítulo, você deverá ser capaz de:

- Definir os termos *ecologia*, *ecologia humana* e *ecologia microbiana*
- Citar três categorias de relações simbióticas
- Diferenciar mutualismo de comensalismo e citar um exemplo de cada um deles
- Citar um exemplo de relação parasitária
- Descrever o propósito do projeto microbioma humano
- Discutir os papéis benéficos e prejudiciais da microbiota normal do corpo humano
- Descrever os biofilmes e o seu impacto na saúde humana

- Resumir o ciclo do nitrogênio; incluir na descrição os significados dos termos *fixação do nitrogênio*, *nitrificação*, *desnitrificação* e *amonificação*
- Citar dez alimentos que necessitam da atividade microbiana para a sua produção
- Definir biotecnologia e citar quatro exemplos de como os micróbios são utilizados na indústria
- Definir biorremediação e citar um exemplo.

INTRODUÇÃO

A ciência da *ecologia* refere-se ao estudo sistemático das inter-relações que existem entre os organismos e o seu meio-ambiente. Assim, se alguém fizesse um curso de ecologia humana, estudaria as inter-relações entre os seres humanos e o mundo ao redor deles (o inanimado e o dos organismos vivos). A *ecologia microbiana* é o estudo das numerosas inter-relações entre os micróbios e o mundo ao redor deles, ou seja, como eles interagem com outros micróbios, com outros organismos e com o mundo inanimado que os cerca.

As interações entre microrganismos e animais, plantas, outros micróbios, solo e atmosfera terrestre têm efeitos profundos na vida do ser humano. Todos têm consciência das doenças causadas por patógenos (Capítulos 17, *Visão Geral das Doenças Infecciosas nos Seres Humanos*, e 21, *Infecções Parasitárias em Seres Humanos*), mas isso é apenas um exemplo das muitas maneiras pelas quais os micróbios interagem com os seres humanos. As relações entre eles são, em sua maioria, mais benéficas do que prejudiciais. Apesar de os "vilões" atraírem mais a atenção dos meios de comunicação, os aliados microbianos da espécie humana são, de longe, mais numerosos do que os inimigos.

> A ecologia microbiana refere-se ao estudo das numerosas inter-relações entre os micróbios e o mundo ao redor deles.

Os micróbios interagem com os seres humanos de muitas maneiras e em muitos níveis. A associação mais estreita é a presença de micróbios tanto na superfície quanto no interior do corpo humano. Além disso, eles desempenham importantes funções na agricultura, em várias indústrias, na eliminação de resíduos industriais e tóxicos, no tratamento dos esgotos e na purificação da água. Os micróbios são ainda essenciais nos campos da biotecnologia, biorremediação, engenharia genética e terapia gênica (a engenharia genética e a terapia gênica foram discutidas no Capítulo 7, *Fisiologia e Genética Microbianas*).

RELAÇÕES SIMBIÓTICAS ENVOLVENDO MICRORGANISMOS

Simbiose

A *simbiose* ou *relação simbiótica* é definida como a vida conjunta ou a associação estreita de dois organismos diferentes (geralmente duas espécies distintas). Os organismos que vivem juntos nessa relação são designados como *simbiontes*. Algumas relações simbióticas (chamadas de mutualísticas) são benéficas para *ambos os simbiontes*, enquanto outras (de comensalismo) o são apenas para um deles, e outras ainda (de parasitismo) são prejudiciais para um deles.

> A simbiose é definida como a vida conjunta ou a associação estreita de dois organismos diferentes (geralmente duas espécies diferentes).

Muitos micróbios participam de relações simbióticas, e várias delas serão discutidas nas seções subsequentes, com algumas ilustradas na Figura 10.1.

Neutralismo

O termo *neutralismo* é utilizado para descrever uma relação simbiótica em que nenhum dos simbiontes é afetado por ela. Em outras palavras, o neutralismo reflete uma situação em que diferentes microrganismos ocupam o mesmo nicho ecológico, mas não exercem absolutamente nenhum efeito uns sobre os outros.

Comensalismo

Uma relação simbiótica que é benéfica para um dos simbiontes e que não tem nenhuma consequência (*i. e.*, nem benéfica nem prejudicial) para o outro é denominada *comensalismo*. Muitos dos microrganismos da microbiota normal dos seres humanos são considerados comensais. A relação tem benefício óbvio para os microrganismos, que recebem nutrientes e "abrigo"; porém, eles não têm nenhuma ação sobre o hospedeiro. Um *hospedeiro* é definido

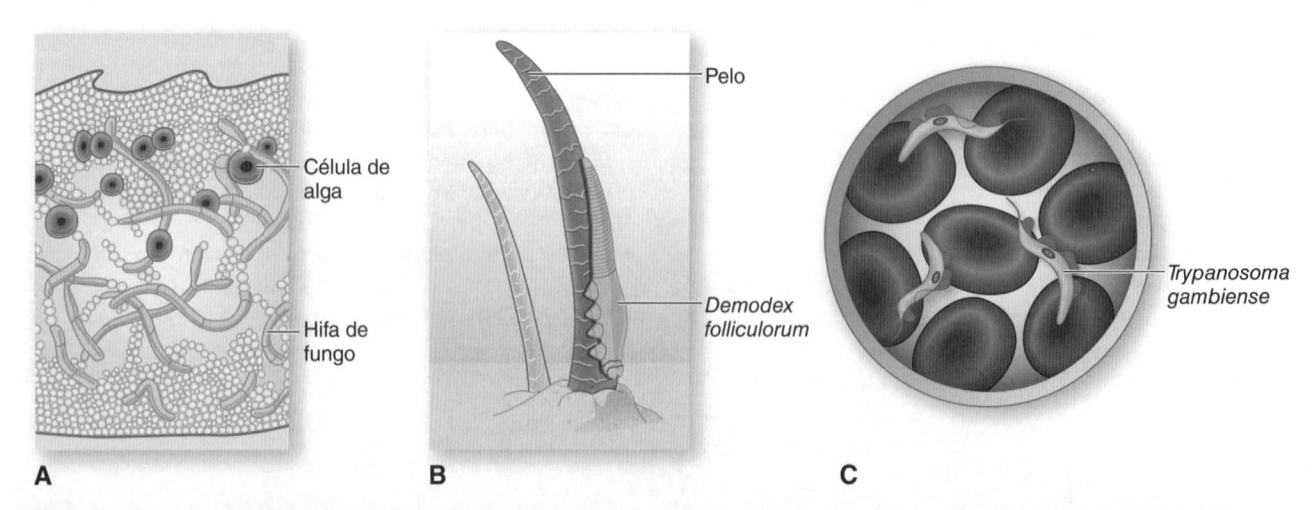

A   **B**   **C**

Célula de alga

Hifa de fungo

Pelo

Demodex folliculorum

Trypanosoma gambiense

Figura 10.1 Várias relações simbióticas. A. Um líquen é um exemplo de relação mutualística, ou seja, uma relação benéfica para ambos os simbiontes. **B.** Os minúsculos ácaros *Demodex* que vivem nos folículos pilosos humanos são exemplos de comensais. **C.** O protozoário flagelado que causa a doença do sono africana é um parasita.

> O comensalismo é uma relação simbiótica que é benéfica para um dos simbiontes e sem nenhuma consequência (nem benéfica nem prejudicial) para o outro.

como um organismo vivo que abriga outro organismo vivo. Um exemplo de comensal, que está ilustrado na Figura 10.1, é o minúsculo ácaro denominado *Demodex*, que vive no interior dos folículos pilosos e glândulas sebáceas, particularmente os dos cílios e supercílios.

Mutualismo

O *mutualismo* é uma relação simbiótica benéfica para ambos os simbiontes (*i. e.*, mutuamente benéfica). Os seres humanos têm uma relação mutualística com muitos dos microrganismos de sua microbiota normal. Um exemplo é a bactéria intestinal *Escherichia coli*, que obtém nutrientes a partir dos alimentos ingeridos pelo hospedeiro e produz vitaminas (como a vitamina K) que são utilizadas por ele. A vitamina K é um fator de coagulação sanguínea essencial

> O mutualismo é uma relação simbiótica benéfica para ambos os simbiontes (*i. e.*, mutuamente benéfica).

aos seres humanos. Além disso, alguns membros da microbiota normal humana impedem a colonização por patógenos e o crescimento excessivo por oportunistas (assunto discutido mais adiante em "Antagonismo Microbiano").

Outro exemplo de relação mutualística são os protozoários que vivem no intestino dos cupins. Estes se alimentam de madeira, mas não são capazes de digeri-la. Felizmente

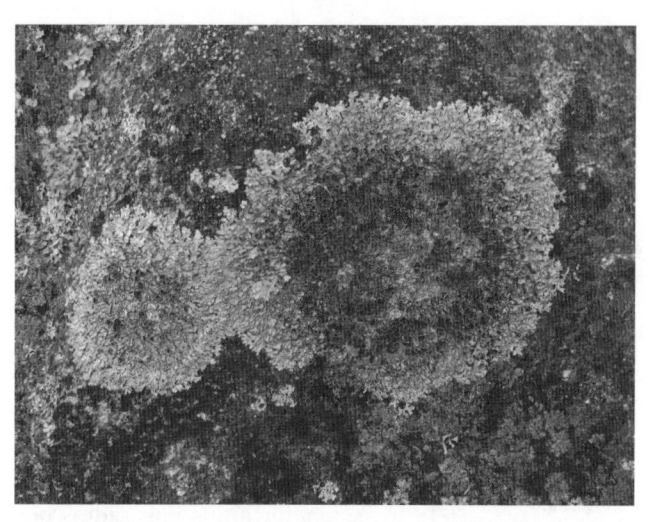

Figura 10.2 Liquens em uma rocha no Maine. (Disponibilizada por Biomed Ed, Round Rock, TX.) (Esta figura encontra-se reproduzida em cores no Encarte.)

para os cupins, os protozoários que vivem em seu trato intestinal degradam as grandes moléculas de madeira em moléculas menores, as quais podem ser absorvidas e utilizadas como nutrientes pelos insetos. Estes, por sua vez, fornecem alimento e um local quente e úmido para que os protozoários possam viver. Sem esses protozoários, os cupins morreriam de fome.

Os liquens que podem ser vistos como placas coloridas nas rochas e nos troncos das árvores são outro exemplo de mutualismo (Figura 10.2). Conforme discutido no Capítulo 5, *Micróbios Eucarióticos*, um líquen é composto de uma alga (ou cianobactéria), um fungo filamentoso e uma levedura, que vivem tão estreitamente entre si que parecem ser um único organismo. Os fungos utilizam parte da energia que a alga produz por fotossíntese (eles não são fotossintéticos), e a quitina da parede celular do fungo protege a alga do ressecamento. Assim, os três simbiontes beneficiam-se da relação.

Parasitismo

O *parasitismo* é uma relação simbiótica benéfica para um simbionte (o parasita) e prejudicial para o outro (o hospedeiro). No entanto, o ato de prejudicar o hospedeiro não significa necessariamente que o parasita cause doença. Em alguns casos, o hospedeiro pode abrigar um parasita sem que este lhe cause dano. Os parasitas "inteligentes" não provocam doença, mas retiram apenas os nutrientes de que necessitam para a sua existência. Quando os especialmente "burros" matam seus hospedeiros, precisam encontrar um novo ou morrem. Entretanto, determinados parasitas sempre causam doença, e alguns provocam a morte do hospedeiro. Por exemplo, o protozoário ilustrado na Figura 10.1 (*Trypanosoma brucei gambiense*) é um dos parasitas que causa a doença do sono africana, uma afecção humana que frequentemente leva à morte do hospedeiro. Os parasitas serão discutidos de modo mais detalhado no Capítulo 21, *Infecções Parasitárias em Seres Humanos*.

> O parasitismo é uma relação simbiótica benéfica para um simbionte (o parasita) e prejudicial para o outro (o hospedeiro).

Uma alteração nas condições pode causar uma mudança na relação simbiótica de um tipo para o outro. Por exemplo, determinadas circunstâncias podem fazer com que uma relação mutualística ou comensalista entre o ser humano e a sua microbiota normal mude para uma relação parasitária, causadora de doença (patogênica). Esse processo é atualmente designado como "disbiose". Muitos dos micróbios da microbiota normal humana são patógenos oportunistas, que aguardam a oportunidade para causar doença. As condições que podem levá-los a isso incluem queimaduras, lacerações e procedimentos cirúrgicos ou doenças que debilitam (enfraquecem) o hospedeiro ou que interferem nos mecanismos de defesa dele. Os indivíduos imunossuprimidos são particularmente suscetíveis aos patógenos oportunistas. Eles também podem acometer indivíduos sadios nos demais aspectos se tiverem acesso ao sangue, à bexiga, aos pulmões ou a outros órgãos e tecidos.

> A disbiose refere-se a um desequilíbrio na microbiota endógena normal.

PROJETO MICROBIOMA HUMANO

O HMP (*Humam Microbiome Project* – projeto microbioma humano) é uma iniciativa do National Institute of Health dos EUA. Foi lançado em 2008, com uma missão de 5 anos para gerar recursos a fim de possibilitar uma caracterização abrangente do microbioma humano e analisar o seu papel na saúde e na doença humanas. Inicialmente, foram coletadas aproximadamente 5.000 amostras de 129 homens e 113 mulheres. Os locais do corpo a partir dos quais foram obtidas essas amostras incluíram boca, nariz, pele, parte inferior do intestino (amostras de fezes) e vagina. Utilizando novas técnicas de base molecular e poderosos programas de bioinformática, os pesquisadores do HMP calcularam que o ecossistema humano é ocupado por mais de 10.000 espécies de micróbios, muitas das quais nunca foram isoladas em cultura. Embora, em dado momento, se acreditasse que o número de células bacterianas ultrapassava o de células humanas no corpo por um fator de 10:1, evidências recentes indicam que a relação é mais próxima, de 1,4:1, em que as bactérias continuam representando a maioria.

Enquanto a "microbiota" se refere aos microrganismos que compõem a microflora normal do ser humano, o "microbioma" é constituído não apenas pelos microrganismos, mas também pelos genes deles e seus efeitos sobre o ambiente local no interior do corpo. Sabe-se hoje que os micróbios contribuem com mais genes responsáveis pela sobrevivência humana do que os próprios genes humanos. Estima-se que os genes de proteínas bacterianos sejam 360 vezes mais abundantes do que os genes humanos.

Os resultados iniciais do HMP, que serão discutidos de modo detalhado nas seções subsequentes, concentraram-se na elucidação da microbiota normal em vários locais do corpo. Desde então, muitos estudos procuraram determinar que funções do microbioma contribuem para a saúde e que síndromes clínicas estão associadas a um desequilíbrio na microbiota endógena normal. A Tabela 10.1 fornece uma relação de algumas das importantes funções do microbioma do hospedeiro.

Tabela 10.1 Efeitos positivos das interações entre o hospedeiro e o seu microbioma.
• Fornece potencial metabólico e suprimento de muitas vitaminas e outros fatores nutricionais
• Ajuda a preparar o sistema imune e sustenta as funções de defesa do hospedeiro
• Afeta o neurodesenvolvimento
• Apresenta propriedades anti-inflamatórias
• Exerce atividade antioxidante
• Resiste à colonização por microrganismos patogênicos
• Mantém o sistema digestório saudável

Estudos recentes do microbioma humano levaram a alguns achados interessantes, conforme listados a seguir:

- Existe um eixo intestino-cérebro no ser humano; assim, o microbioma intestinal exerce um efeito sobre o neurodesenvolvimento durante toda a vida[1]
- O desenvolvimento do microbioma intestinal prepara o sistema imune para reconhecer microrganismos patogênicos e, ao modulá-lo, diminui o risco de doenças autoimunes e inflamatórias alérgicas, como a síndrome do intestino irritável[2]
- Estudos do microbioma intestinal de pessoas em diferentes regiões do mundo levaram ao reconhecimento de três "enterotipos", que diferem na sua microbiota predominante. Foi também constatado que uma mudança na dieta pode modificar o enterotipo de um indivíduo[3]
- O desequilíbrio do microbioma intestinal é um fator contribuinte para a obesidade[4]
- Lactentes nascidos por cesariana levam alguns meses a mais para desenvolver o seu microbioma intestinal; diante disso, experimentos têm sido realizados em lactentes nascidos por cesariana, com inoculação da flora vaginal da mãe para um estabelecimento mais rápido de seu microbioma intestinal[5]
- O microbioma intestinal dos adultos é mais complexo que o de crianças pequenas, embora ele esteja bem estabelecido em torno dos 3 anos de idade[6]
- Mudanças na dieta para promover mudança na microbiota intestinal estão sendo estudadas para determinar se é possível afetar o grau de autismo.[7]

Grande parte do trabalho inicial no HMP concentrou-se nas bactérias e leveduras encontradas em vários locais do corpo. Atualmente, sabe-se que existe também um "viroma". O viroma humano consiste em vírus que infectam as células humanas e se tornam latentes, como os herpes-vírus, os fragmentos de antigos ácidos nucleicos virais que se tornaram parte da constituição genética das próprias células humanas e os bacteriófagos que infectam as bactérias do microbioma. As pesquisas na elucidação do viroma humano têm sido lentas, visto que não existe um alvo conservado, como o ribossomo 16S nas bactérias. Este pode ser utilizado para identificar bactérias por métodos avançados de sequenciamento de ácidos nucleicos, os quais serão descritos no Capítulo 13, *Diagnóstico das Doenças Infecciosas*.

MICROBIOTA ENDÓGENA HUMANA

A *microbiota endógena* de um indivíduo abrange todos os micróbios (bactérias, fungos, protozoários e vírus) que residem na superfície ou no interior do corpo dele (Figura 10.3). Segundo estimativas, o corpo humano é composto de aproximadamente 10 trilhões de células (incluindo as nervosas, musculares e epiteliais) e pelo menos o mesmo número de micróbios, que vivem na superfície ou no interior dele. Conforme assinalado anteriormente, foi estimado que a microbiota endógena é composta de até 10.000 espécies diferentes; embora a maioria nunca tenha sido cultivada, é possível detectá-la por métodos moleculares.

> A microbiota endógena de uma pessoa inclui todos os micróbios (bactérias, fungos, protozoários e vírus) que residem na superfície ou no interior de seu corpo.

O feto não possui nenhuma microbiota endógena, embora, atualmente, haja evidências de que alguns microrganismos estão presentes no trato gastrintestinal do lactente por ocasião do nascimento,

Pense nisso

"Gostaria de ressaltar o fato de que dependemos não somente da atividade dos cerca de 30.000 genes codificados no genoma humano. Nossa existência depende fundamentalmente da presença de mais de 1.000 espécies de bactérias (o número exato não é conhecido, visto que muitas delas não são cultiváveis) que vivem na superfície e no interior de nosso corpo; a cavidade oral e o trato gastrintestinal contêm populações particularmente numerosas e ativas. Portanto, para dizer a verdade, a vida humana depende de um número adicional de 2 a 4 milhões de genes, em sua maior parte não caracterizados. Até que sejam elucidadas as atividades sinérgicas entre seres humanos (e outros animais) e seus comensais obrigatórios, a compreensão da biologia humana permanecerá incompleta." (Julian Davies, *Science Mazagine*, 2001; 291:2316.)

provavelmente adquiridos do microbioma da placenta.[8] Durante e após o parto, o recém-nascido é exposto a muitos microrganismos de sua mãe, dos alimentos, do ar e de praticamente tudo o que entra em contato com ele. Assim, micróbios inócuos e úteis estabelecem residência na pele, em todas as aberturas do corpo e nas membranas mucosas que revestem o trato digestório (da boca até o ânus) e o trato geniturinário do lactente. Esses ambientes quentes e úmidos fornecem excelentes condições para o crescimento.

As condições para um crescimento adequado (umidade, pH, temperatura e nutrientes) variam em todas as regiões do corpo; por conseguinte, os tipos de microbiota residente diferem de um local anatômico para outro. O sangue, a linfa, o líquido cerebrospinal e a maioria dos tecidos e órgãos internos normalmente são desprovidos de microrganismos, ou seja, são estéreis. A Tabela 10.2 fornece uma lista dos microrganismos encontrados com frequência na superfície ou no interior do corpo humano.

Além da microbiota residente, micróbios transitórios estabelecem residência temporária na superfície ou no interior do corpo humano, haja vista que ele é constantemente exposto a microrganismos do ambiente externo. Esses micróbios transitórios são frequentemente atraídos para áreas úmidas e quentes do corpo e são apenas temporários por muitas razões, como: podem ser eliminados das áreas externas pelo banho; podem não ser capazes de competir com a microbiota residente; podem não conseguir sobreviver no ambiente ácido ou alcalino do local; podem ser destruídos por substâncias produzidas pela microbiota residente; ou podem ser eliminados pelas excreções ou secreções corporais (como urina, fezes, lágrimas e suor). Muitos micróbios são incapazes de colonizar (habitar) o corpo humano, visto que não o consideram como um hospedeiro adequado.

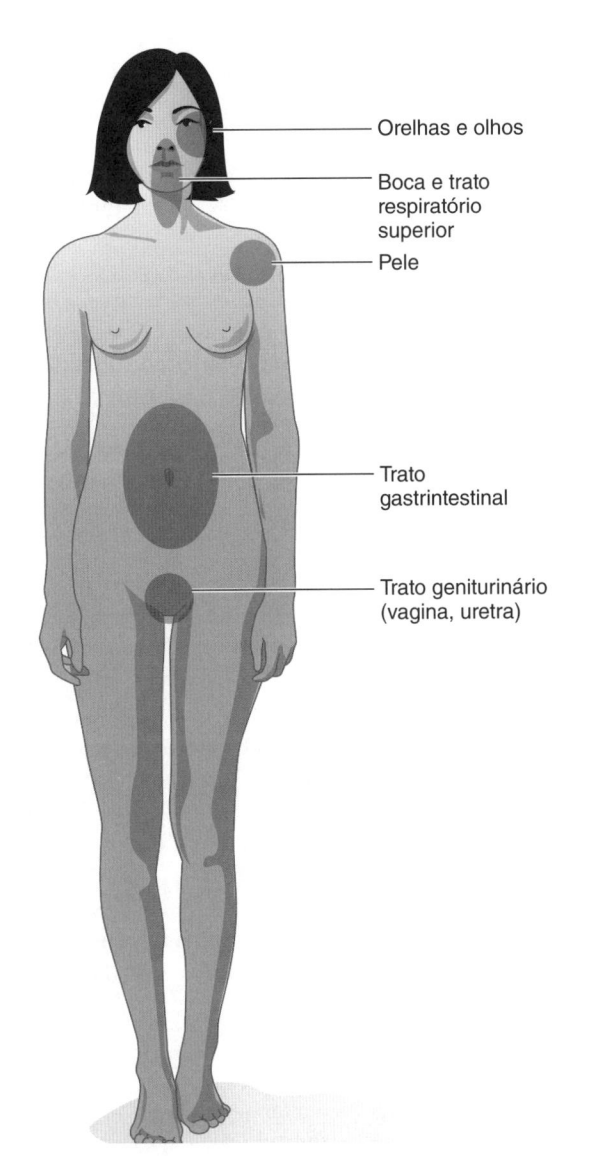

Orelhas e olhos

Boca e trato respiratório superior

Pele

Trato gastrintestinal

Trato geniturinário (vagina, uretra)

Figura 10.3 Áreas do corpo nas quais reside a maior parte da microbiota endógena.

Tabela 10.2 Locais anatômicos onde são encontradas bactérias e leveduras como microbiota endógena humana.

Bactérias e leveduras	Pele	Boca	Nariz e nasofaringe	Orofaringe	Trato GI	Trato GU
Cocos gram-negativos aeróbicos	–	+	–	–	–	–
Cocos gram-positivos anaeróbicos	–	+	–	+	+	+
Bacteroides spp.	±	+	–	+	+	+
Candida spp.	+	±	–	–	–	+
Clostridium spp.	+	–	–	–	+	+
Difteroides	+	–	+	+	–	+
Enterobacteriaceae*	–	–	–	–	+	±
Enterococcus spp.	–	±	±	–	+	+
Fusobacterium spp.	–	±	±	+	+	–
Haemophilus spp.	–	–	+	+	–	–
Lactobacillus spp.	+	+	–	–	–	+
Micrococcus spp.	+	–	–	–	–	–
Neisseria meningitidis	–	–	±	±	–	–
Prevotella/Porphyromonas spp.	–	+	–	+	–	–
Staphylococcus spp.	+	+	+	+	+	+
Streptococcus spp.	±	+	+	+	–	–

*Família de bactérias gram-negativas, algumas vezes designadas como bacilos entéricos (inclui *Escherichia*, *Klebsiella* e *Proteus* spp.). GI, gastrintestinal; GU, geniturinário; +, comumente presente; ±, menos comumente presente; –, ausente.

A destruição da microbiota residente perturba o delicado equilíbrio estabelecido entre o hospedeiro e seus microrganismos. Conforme anteriormente assinalado, essa alteração é denominada disbiose. Por exemplo, a terapia prolongada com determinados antibióticos frequentemente destrói grande parte da microbiota intestinal. Em geral, a diarreia resulta desse desequilíbrio, que, por sua vez, deixa o corpo mais suscetível a invasores secundários. Quando o número de micróbios residentes habituais está acentuadamente reduzido, os invasores oportunistas podem se estabelecer com mais facilidade nessas áreas. Um oportunista importante que geralmente é encontrado em pequeno número próximo às aberturas do corpo é a levedura *Candida albicans*, que, na ausência de um número suficiente de outros micróbios da microbiota residente, pode crescer de modo descontrolado na boca, na vagina ou no intestino grosso, causando a doença conhecida como *candidíase*. Esse sobrecrescimento ou explosão populacional de um microrganismo que comumente está presente em pequenos números é designado como *superinfecção*.

Microbiota da pele

A pele é um ambiente relativamente inóspito para os microrganismos, pois varia quanto à sua temperatura, apresenta um pH geralmente baixo, tem altos níveis de sal e é sem nutrientes. Entretanto, ela contém um rico microbioma. A microbiota residente da pele consiste principalmente em bactérias e fungos (até 300 espécies diferentes, dependendo da localização anatômica). O número de diversos tipos de micróbios varia acentuadamente de uma parte do corpo para outra e de uma pessoa para outra. Embora a pele esteja constantemente exposta ao ar, muitas das bactérias que vivem nela são anaeróbias; de fato, os anaeróbios

ultrapassam em quantidade os aeróbios na pele; eles vivem nas camadas mais profundas, nos folículos pilosos e nas glândulas sudoríparas e sebáceas.

As bactérias mais comuns encontradas na pele são espécies de *Staphylococcus* (particularmente *Staphylococcus epidermidis* e outros estafilococos coagulase-negativos),[a] *Corynebacterium* e *Propionibacterium*. O número e a variedade de microrganismos dependem de muitos fatores, tais como:

- Localização anatômica
- Teor de umidade
- pH
- Temperatura
- Salinidade
- Presença de resíduos químicos, como ureia e ácidos graxos
- Presença de outros micróbios, que podem estar produzindo substâncias tóxicas.

> As bactérias mais comuns na pele incluem *Staphylococcus*, *Corynebacterium* e *Propionibacterium*.

As condições úmidas e quentes nas áreas do corpo que apresentam pelos, onde existem muitas glândulas sudoríparas e oleosas, como nas axilas e na virilha, estimulam o crescimento de muitos microrganismos diferentes. As áreas secas e endurecidas da pele apresentam poucas bactérias, enquanto as dobras úmidas entre os dedos dos pés e das mãos abrigam muitos fungos e bactérias. A superfície da pele próximo às aberturas da mucosa do corpo (boca, olhos,

---

[a] A coagulase é uma enzima que causa a formação do coágulo. No laboratório de microbiologia clínica, o teste da coagulase é frequentemente utilizado para diferenciar o *Staphylococcus aureus* (que produz coagulase e é designado como coagulase-positivo) de outras espécies de *Staphylococcus* (que não produzem coagulase e são designadas como coagulase-negativas).

nariz, ânus e genitália) é habitada por bactérias presentes em várias excreções e secreções.

A lavagem frequente com água e sabão remove a maioria dos micróbios transitórios potencialmente prejudiciais abrigados no suor, na oleosidade e em outras secreções das partes úmidas do corpo, bem como as células epiteliais mortas das quais se alimentam. A higiene adequada também serve para remover materiais orgânicos com odor presentes no suor e no sebo (secreção das glândulas sebáceas), bem como os subprodutos metabólicos microbianos. Os profissionais de saúde precisam ter cuidado particularmente para manter a pele e suas roupas o mais livre possível de micróbios transitórios, de modo a ajudar a impedir infecções pessoais e evitar a transferência de patógenos para os pacientes. Esses indivíduos sempre devem ter em mente que a maioria das infecções após queimaduras, feridas e cirurgia resulta do crescimento da microbiota cutânea residente ou transitória nessas áreas suscetíveis.

Microbiota das orelhas e dos olhos

A orelha média e a orelha interna são comumente estéreis, enquanto a orelha externa e o meato acústico contêm os mesmos tipos de micróbios encontrados na pele. Quando uma pessoa tosse, espirra ou assoa o nariz, esses microrganismos podem ser carregados ao longo da tuba auditiva e no interior da orelha média, onde podem causar infecção. Pode-se observar também o desenvolvimento de infecção na orelha média quando a tuba auditiva não abre e fecha adequadamente para manter a pressão de ar correta dentro da orelha.

A superfície externa dos olhos é lubrificada, limpa e protegida por lágrimas, muco e sebo. Por conseguinte, a produção contínua de lágrimas e a presença da enzima lisozima e de outras substâncias antimicrobianas encontradas nas lágrimas reduzem acentuadamente o número de microrganismos da microbiota endógena encontrados na superfície dos olhos.

Microbiota do trato respiratório

O trato respiratório pode ser dividido em trato respiratório superior e trato respiratório inferior. O primeiro é constituído pelas passagens nasais e a garganta (faringe), e o outro é formado por laringe, traqueia, brônquios, bronquíolos e pulmões.

As passagens nasais e a faringe apresentam uma população abundante e variada de micróbios, visto que essas áreas têm membranas mucosas úmidas e aquecidas, que proporcionam excelentes condições para o crescimento deles. Muitos microrganismos encontrados no nariz e na faringe de indivíduos saudáveis são inócuos; outros são patógenos oportunistas, que, em determinadas circunstâncias, têm o potencial de causar doenças. Algumas pessoas, conhecidas como *portadores sadios*, abrigam patógenos virulentos (causadores de doença) em suas passagens nasais ou faringe, mas não apresentam as doenças associadas a eles, como difteria, meningite, faringite, pneumonia e coqueluche. No entanto, embora esses portadores não sejam afetados por tais patógenos, podem transmiti-los a pessoas suscetíveis.

O trato respiratório inferior geralmente é livre de micróbios, visto que as membranas mucosas e os pulmões têm mecanismos de defesa que removem eficientemente os invasores, descritos no Capítulo 15, *Mecanismos Inespecíficos de Defesa do Hospedeiro*.

Microbiota da cavidade oral (boca)

A anatomia da cavidade oral (boca) proporciona um abrigo para numerosas bactérias anaeróbicas e aeróbicas. Os microrganismos anaeróbicos florescem nas margens das gengivas, nos sulcos gengivais entre os dentes e nas dobras profundas (criptas) na superfície das tonsilas. As bactérias prosperam particularmente bem nas partículas de alimentos e nos resíduos das células epiteliais mortas ao redor dos dentes. O alimento que permanece sobre e entre os dentes proporciona um rico meio nutriente para o crescimento de muitas bactérias da cavidade oral, e a falta de cuidado na higiene dentária possibilita o crescimento delas, levando ao desenvolvimento de cáries dentárias, gengivite (doença da gengiva) e doenças periodontais mais graves.

A lista de micróbios que foram isolados da boca de indivíduos saudáveis pode ser considerada como um manual dos principais grupos que existem. Eles incluem bactérias gram-positivas e gram-negativas (tanto cocos quanto bacilos), espiroquetas e, algumas vezes, leveduras, organismos semelhantes a bolores, protozoários e vírus. As bactérias englobam espécies de *Actinomyces*, *Bacteroides*, *Corynebacterium*, *Fusobacterium*, *Haemophilus*, *Lactobacillus*, *Neisseria*, *Porphyromonas*, *Prevotella*, *Propionibacterium*, *Staphylococcus*, *Streptococcus*, *Treponema* e *Veillonella*. Os microrganismos mais comuns da microbiota endógena da boca consistem em várias espécies de estreptococos α-hemolíticos. A bactéria envolvida com mais frequência na formação na placa dentária é o *Streptococcus mutans*.

> Os microrganismos mais comuns da microbiota endógena da boca consistem em várias espécies de estreptococos α-hemolíticos.

Microbiota do trato gastrintestinal

O trato gastrintestinal, ou digestório, consiste em um longo tubo com muitas áreas expandidas destinadas à digestão dos alimentos, absorção dos nutrientes e eliminação de materiais não digeridos. Excluindo a cavidade oral e a faringe, que já foram discutidas, o trato gastrintestinal é constituído por esôfago, estômago, intestino delgado, intestino grosso (cólon) e ânus. As glândulas e os órgãos acessórios incluem as glândulas salivares, o pâncreas, o fígado e a vesícula biliar.

As enzimas gástricas e o pH extremamente ácido (aproximadamente 1,5) do estômago geralmente impedem o crescimento da microbiota endógena, e os micróbios transitórios (*i. e.*, que são ingeridos com os alimentos e as bebidas) são, em sua maioria, destruídos à medida que passam pelo estômago. Existe, porém, um bacilo gram-negativo, denominado *Helicobacter pylori*, que vive no estômago de algumas pessoas e constitui uma causa comum de úlceras. Alguns micróbios envolvidos por partículas de alimentos conseguem passar pelo estômago durante períodos de baixa concentração de ácido. Além disso, quando a quantidade de ácido se encontra reduzida, na presença de doenças como o câncer de estômago, é possível observar certas bactérias no estômago.

Em geral, existem poucos micróbios na parte superior do intestino delgado (duodeno), visto que a bile inibe o seu crescimento; entretanto, são encontrados muitos na parte inferior (jejuno e íleo).

De todas as áreas colonizadas do corpo, o cólon é que contém o maior número e a maior variedade de microrganismos. Foi estimado que até 500 a 600 espécies diferentes (principalmente bactérias) vivam nessa região. Como o cólon é anaeróbico, as bactérias que vivem nele são anaeróbios obrigatórios, aerotolerantes e facultativos. As que são encontradas no trato gastrintestinal incluem espécies de *Actinomyces*, *Bacteroides*, *Clostridium*, *Enterobacter*, *Enterococcus*, *Escherichia*, *Klebsiella*, *Lactobacillus*, *Parabacteroides*, *Proteus*, *Pseudomonas*, *Staphylococcus* e *Streptococcus*. Além disso, muitos fungos, protozoários e vírus podem viver no cólon.

> O cólon contém até 500 a 600 espécies diferentes (principalmente bactérias).

Muitos dos micróbios presentes no cólon são oportunistas e só causam doença quando têm acesso a outras áreas do corpo (p. ex., bexiga, corrente sanguínea ou lesão de algum tipo), ou quando o equilíbrio habitual entre os microrganismos é afetado. A *E. coli* é um bom exemplo, pois todos os seres humanos apresentam esse patógeno no cólon. Essas bactérias são oportunistas e comumente não causam nenhum problema; entretanto, podem provocar infecções do trato urinário (ITU) quando têm acesso à bexiga. De fato, a *E. coli* é a causa mais comum de ITU. Algumas cepas de *E. coli* produzem toxinas que causam diarreia, as quais, em geral, são adquiridas pela ingestão de alimentos inadequadamente cozidos ou processados.

Muitos micróbios são removidos do trato gastrintestinal em consequência da defecação; foi estimado que cerca de 50 a 60% da massa fecal consistem em bactérias.

Microbiota do trato geniturinário

O trato geniturinário, ou urogenital, é constituído pelo trato urinário (rins, ureteres, bexiga e uretra) e pelas várias partes dos sistemas reprodutores masculino e feminino. Os rins, os ureteres e a bexiga saudáveis são considerados estéreis, embora estudos recentes tenham sugerido a existência de um microbioma urinário na bexiga.[9] A parte distal (mais distante da bexiga) e a abertura externa da uretra abrigam muitos micróbios, incluindo bactérias, leveduras e vírus. Em geral, eles não invadem a bexiga, visto que a uretra é periodicamente lavada pela urina ácida. Assim, a micção frequente ajuda a prevenir ITU. Entretanto, observa-se o desenvolvimento frequente de ITU persistentes e recorrentes quando há obstrução ou estreitamento da uretra, o que possibilita a multiplicação dos microrganismos invasivos. *Chlamydia trachomatis*, *Neisseria gonorrhoeae* e micoplasmas, que constituem as causas mais frequentes de infecção uretral (uretrite), são facilmente introduzidos na uretra durante a relação sexual.

O sistema reprodutor, tanto masculino quanto feminino, é comumente estéril, com exceção da vagina, em que a microbiota varia de acordo com o estágio do desenvolvimento sexual. Durante a puberdade e a pós-menopausa, as secreções vaginais são alcalinas, favorecendo o crescimento de vários difteroides, estreptococos, estafilococos e coliformes (*E. coli* e bacilos gram-negativos entéricos estreitamente relacionados). Durante os anos reprodutivos, essas secreções são ácidas (pH de 4,0 a 5,0), estimulando o crescimento principalmente de lactobacilos, juntamente com alguns estreptococos α-hemolíticos, estafilococos, difteroides e leveduras. As bactérias encontradas na vagina incluem espécies de *Actinomyces*, *Bacteroides*, *Corynebacterium*, *Klebsiella*, *Lactobacillus*, *Mycoplasma*, *Prevotella*, *Proteus*, *Pseudomonas*, *Staphylococcus* e *Streptococcus*.

Os subprodutos metabólicos dos lactobacilos, particularmente o ácido láctico, inibem o crescimento das bactérias associadas à vaginose bacteriana (VB). Os fatores que levam a uma redução no número de lactobacilos na microbiota vaginal podem resultar em disbiose e sobrecrescimento de outras bactérias (p. ex., *Bacteroides* spp., *Mobiluncus* spp., *Prevotella* spp., *Gardnerella vaginalis* e cocos anaeróbicos), as quais, por sua vez, podem causar VB. De modo semelhante, uma diminuição na quantidade de lactobacilos pode causar um sobrecrescimento de leveduras, o que pode resultar em vaginite por levedura.

Auxílio ao estudo

"Vaginite" *versus* "vaginose"

Os termos de sonoridade semelhante *vaginite* e *vaginose* referem-se a infecções vaginais. O sufixo *-ite* aponta uma inflamação, que geralmente envolve o influxo de leucócitos conhecidos como células polimorfonucleares (PMN). Por conseguinte, uma infecção vaginal que envolve inflamação e influxo de PMN é denominada vaginite. Na VB, ocorre secreção aquosa não inflamatória, com ausência de leucócitos. Por conseguinte, a diferença entre a vaginite e vaginose se resume à presença ou à ausência de leucócitos. Enquanto a vaginite é comumente causada por determinado patógeno, a VB é uma infecção sinérgica (polimicrobiana).

FUNÇÕES BENÉFICAS E PREJUDICIAIS DA MICROBIOTA ENDÓGENA

Os seres humanos obtêm muitos benefícios de sua microbiota endógena, alguns dos quais já foram mencionados. Há nutrientes, particularmente as vitaminas K e B_{12}, o ácido pantotênico, a piridoxina e a biotina, que são obtidos das secreções de determinadas bactérias intestinais. As evidências também indicam que os micróbios resistentes proporcionam uma fonte constante de irritantes e antígenos para estimular o sistema imune. Isso faz com que o sistema imune responda mais rapidamente, produzindo

> Algumas bactérias intestinais são benéficas, visto que produzem vitaminas e outros nutrientes úteis.

anticorpos contra invasores e substâncias estranhas, o que, por sua vez, aumenta a proteção do corpo contra patógenos. Assim, a simples presença de grande número de microrganismos em determinados locais anatômicos é benéfica, visto que impede sua colonização por patógenos.

Antagonismo microbiano

A expressão *antagonismo microbiano* significa "micróbios *versus* micróbios" ou "micróbios contra micróbios". Muitos microrganismos da microbiota endógena humana desempenham uma função benéfica, impedindo que outros colonizem determinado local anatômico e se estabeleçam nele. Por exemplo, o número enorme de bactérias no cólon exerce essa função, ocupando espaço e consumindo nutrientes. Assim, os "recém-chegados" (incluindo patógenos ingeridos) não conseguem se estabelecer devido à intensa competição pelo espaço e pelos nutrientes.

> Muitos microrganismos da microbiota endógena humana desempenham uma função benéfica, impedindo que outros colonizem determinado local anatômico e se estabeleçam nele.

Outros exemplos de antagonismo microbiano envolvem a produção de antibióticos e bacteriocinas; afinal, conforme discutido no Capítulo 9, *Agentes Antimicrobianos para Inibir o Crescimento de Patógenos In Vivo*, muitas bactérias e fungos produzem antibióticos (lembrando que o antibiótico é uma substância produzida por um microrganismo, que mata outro microrganismo ou inibe o seu crescimento). Na verdade, o tema "antibiótico" geralmente é reservado para as substâncias produzidas por bactérias e fungos que se mostraram úteis no tratamento de doenças infecciosas. Algumas bactérias produzem proteínas, denominadas bacteriocinas, que matam outras bactérias. Um exemplo é a colicina, uma bacteriocina produzida por *E. coli*.

Patógenos oportunistas

Como se sabe, muitos membros da microbiota endógena do corpo humano são patógenos oportunistas, que podem ser considerados como organismos que estão "rodeando", aguardando a oportunidade de causar infecções. Por exemplo, um enorme número de *E. coli* vive no trato intestinal humano sem causar absolutamente nenhum problema no dia a dia. Entretanto, essas bactérias têm o potencial de ser patogênicas, podendo causar graves infecções se encontrarem um meio de alcançar um local, como a bexiga, a corrente sanguínea ou uma ferida. Outros patógenos oportunistas de importância especial na microbiota normal humana incluem outros membros da família Enterobacteriaceae, *S. aureus* e espécies de *Enterococcus*.

> Os patógenos oportunistas (ou simplesmente "oportunistas") podem ser considerados como microrganismos que estão "rodeando", aguardando a oportunidade de causar infecções.

Agentes bioterapêuticos

Quando o delicado equilíbrio entre as várias espécies na população da microbiota endógena é desestabilizado por

antibióticos, por outros tipos de quimioterapia ou por alterações do pH, podem ocorrer muitas complicações. Determinados microrganismos podem crescer de modo descontrolado, como *C. albicans* na vagina, resultando em vaginite por levedura. Além disso, podem ocorrer diarreia e colite pseudomembranosa em consequência do sobrecrescimento do *Clostridium difficile* no cólon. Desse modo, podem ser prescritas culturas de *Lactobacillus* em iogurtes ou em medicações para restabelecer e estabilizar o equilíbrio microbiano. As bactérias e as leveduras utilizadas dessa maneira são denominadas *agentes bioterapêuticos* (ou probióticos).[b] Outros microrganismos que têm sido utilizados como agentes bioterapêuticos incluem *Bifidobacterium* spp., espécies não patogênicas de *Enterococcus* e espécies de *Saccharomyces* (leveduras). Recentemente, transplantes de microbiota fecal começaram a ser utilizados para restabelecer o microbioma intestinal em pacientes refratários ao tratamento antibiótico para a diarreia associada ao *C. difficile*. O material fecal de um doador normal (na forma líquida ou em comprimidos) é utilizado para repovoar a microbiota intestinal. Embora o processo pareça ser desagradável, ele tem apresentado a melhor taxa de sucesso no tratamento da doença recorrente por *C. difficile*.

> As bactérias e as leveduras que são ingeridas para restabelecer e estabilizar o equilíbrio microbiano no interior do corpo são denominadas agentes bioterapêuticos ou probióticos.

COMUNIDADES MICROBIANAS (BIOFILMES)

Com frequência, lê-se que determinado micróbio constitui a causa de certa doença ou desempenha uma função

---

[b]Os probióticos não devem ser confundidos com prebióticos. Enquanto os probióticos são microrganismos, os prebióticos são ingredientes alimentares com a capacidade de melhorar a saúde quando metabolizados pelas bactérias intestinais.

específica na natureza. Na realidade, é raro encontrar um nicho ecológico em que apenas um tipo de micróbio esteja presente ou somente um micróbio esteja causando um efeito particular. Na natureza, os micróbios frequentemente estão organizados no que se conhece como *biofilmes*, que são comunidades complexas e persistentes de micróbios variados. Os biofilmes bacterianos encontram-se em praticamente todos os lugares; os exemplos incluem a placa dentária, o revestimento escorregadio de uma rocha em um riacho e a camada limosa que se acumula nas paredes internas de vários tipos de canos e tubulações. Um biofilme bacteriano frequentemente consiste em uma variedade de espécies de bactérias, além de uma matriz extracelular viscosa que as bactérias secretam, composta de polissacarídeos, proteínas e ácidos nucleicos. Todavia, em alguns casos, uma única espécie de bactéria pode colonizar uma superfície e formar um biofilme. As bactérias crescem em pequenos aglomerados denominados microcolônias, que são separados por uma rede de canais de água. O líquido que flui através desses canais banha as microcolônias com nutrientes

> Na natureza, os micróbios frequentemente estão organizados em comunidades complexas e persistentes de microrganismos variados, denominadas biofilmes.

dissolvidos e remove os produtos de degradação. Os biofilmes são compostos de duas categorias de organismos (Figura 10.4). As bactérias planctônicas (unicelulares e de vida livre) são liberadas da superfície do filme, apresentam metabolismo normal e podem colonizar outras superfícies para iniciar a formação de um novo biofilme. Entretanto, uma vez estabelecido o biofilme, os microrganismos sofrem transformação em um estado quiescente e são designados como "sésseis". Esses agentes são protegidos dos efeitos dos antibióticos e de muitos dos mecanismos de defesa do hospedeiro.

Os biofilmes têm importância médica. Formam-se em ossos, valvas cardíacas, tecidos e objetos inanimados, como valvas cardíacas artificiais, cateteres urinários e intravenosos e implantes de próteses (Figura 10.5). Eles têm sido implicados em doenças, como endocardite, fibrose cística, infecções da orelha média, cálculos renais, doença periodontal, infecções de próteses articulares e infecções da próstata. Foi estimado que talvez até 60% das infecções humanas sejam causados por biofilmes. Os micróbios comumente associados aos biofilmes em dispositivos médicos de longa permanência incluem a levedura *C. albicans* e bactérias, como *S. aureus*, estafilococos coagulase-negativos, *Enterococcus* spp., *Klebsiella pneumoniae*

> Os biofilmes foram implicados em doenças como endocardite, fibrose cística, infecções da orelha média, cálculos renais, doença periodontal, infecções de próteses articulares e infecções da próstata.

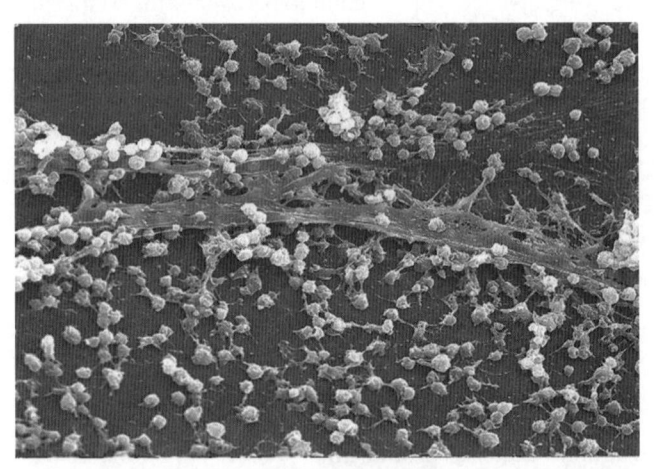

Figura 10.5 Micrografia eletrônica de varredura de um biofilme de *Staphylococcus aureus* no lúmen de um cateter de demora. (Disponibilizada por Janice Carr e pelos CDC.)

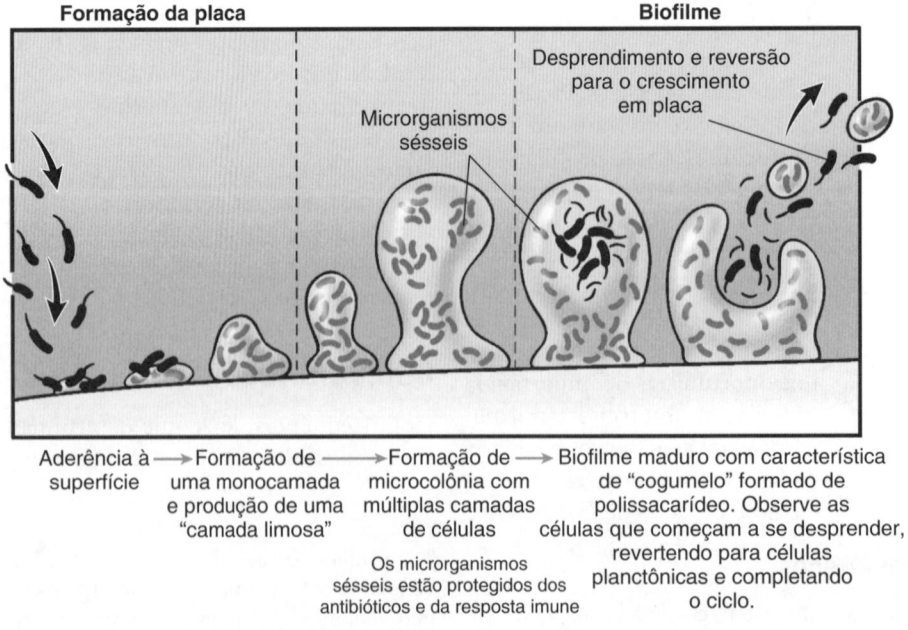

Figura 10.4 Diagrama mostrando o desenvolvimento de um biofilme.

e *Pseudomonas aeruginosa*. As infecções causadas por microrganismos que formam biofilmes são muito difíceis de tratar e exigem o uso prolongado de antibióticos e, em certas ocasiões, a realização de cirurgia para a sua erradicação.

A placa dentária é constituída por uma comunidade de microrganismos aderidos a várias proteínas e glicoproteínas adsorvidas na superfície dos dentes. Se ela não for removida, as substâncias produzidas por esses microrganismos podem penetrar no esmalte dos dentes, resultando em cáries e, por fim, causando doença dos tecidos moles.

Conforme assinalado anteriormente, os biofilmes são muito resistentes a antibióticos, aos desinfetantes e a determinados tipos de mecanismos de defesa do hospedeiro. Os antibióticos que demonstraram ser efetivos no laboratório contra culturas puras de microrganismos em biofilmes podem ser ineficazes contra esses mesmos microrganismos no interior de um biofilme verdadeiro. Por exemplo, a penicilina é um antibiótico que impede a produção das paredes celulares pelas bactérias. No laboratório, essa substância pode matar as células de determinado microrganismo em crescimento ativo, mas ela não mata as bactérias sésseis existentes no interior do biofilme que não estão crescendo, ou seja, que não estão produzindo ativamente paredes celulares. Além disso, quaisquer penicilinases (discutidas no Capítulo 9, *Agentes Antimicrobianos para Inibir o Crescimento de Patógenos In Vivo*) que estejam sendo produzidas por microrganismos no interior do biofilme irão inativar a molécula de penicilina e, portanto, proteger outros microrganismos dentro do biofilme dos efeitos da penicilina. Em consequência, algumas bactérias que estão presentes no interior do biofilme protegem outras espécies que também se encontram ali. Os biofilmes também estão protegidos dos agentes antimicrobianos, em virtude da penetração ou difusão reduzidas desses agentes no seu interior.

Outro exemplo de como as bactérias no interior de um biofilme cooperam entre si envolve os nutrientes. Em alguns biofilmes, bactérias de diferentes espécies cooperam para degradar os nutrientes que uma única espécie isoladamente é incapaz de fazê-lo. Em alguns casos, uma espécie no interior de um biofilme alimenta-se dos resíduos metabólicos de outra.

Os biofilmes mostram-se resistentes a determinados tipos de mecanismos de defesa do hospedeiro. Por exemplo, é difícil a penetração dos biofilmes pelos leucócitos, e aqueles que conseguem fazê-lo parecem ser menos eficientes na fagocitose de bactérias no interior do biofilme. Embora os macrófagos e os leucócitos não possam ingerir bactérias, eles se tornam ativados e secretam compostos tóxicos, que causam danos aos tecidos adjacentes saudáveis do hospedeiro. Esse fenômeno foi designado como *fagocitose frustrada*. Os biofilmes também parecem suprimir a capacidade dos fagócitos de matar qualquer bactéria do biofilme que consigam ingerir.

> As bactérias no interior dos biofilmes estão protegidas dos antibióticos e de determinados tipos de mecanismos de defesa do hospedeiro.

As pesquisas realizadas mostraram que as bactérias no interior de um biofilme produzem muitos tipos diferentes de proteínas que esses mesmos microrganismos não

Auxílio ao estudo

Diferentes usos do termo sinergismo

Conforme será explicado adiante, o termo *sinergismo* pode referir-se aos efeitos combinados de mais de um tipo de bactéria, como ocorre nas infecções sinérgicas. Nesse caso, o sinergismo é ruim! Entretanto, como foi aprendido no Capítulo 9, *Agentes Antimicrobianos para Inibir o Crescimento de* Patógenos In Vivo, o sinergismo também se refere aos efeitos benéficos do uso simultâneo de dois antibióticos. No que concerne ao uso deles, um efeito sinérgico é bom, visto que muito mais patógenos são mortos pelo uso de determinada combinação de dois fármacos do que ocorreria se um dos fármacos fosse utilizado isoladamente.

produzem quando crescem em cultura pura. Algumas delas estão envolvidas na formação da matriz extracelular e de microcolônias. Acredita-se que as bactérias presentes em biofilmes possam comunicar-se umas com as outras. Experimentos com *P. aeruginosa* demonstraram que, quando há acúmulo de um número suficiente de células, a concentração de determinadas moléculas de sinalização torna-se alta o suficiente para desencadear mudanças na atividade de dezenas de genes. Enquanto no passado os cientistas estudavam maneiras de controlar espécies individuais de bactérias, eles agora estão concentrando seus esforços em meios de atacar e controlar os biofilmes.

Sinergismo (infecções sinérgicas)

Algumas vezes, dois ou mais microrganismos podem formar uma "parceria" para produzir uma doença que nenhum poderia causar por si só. Esse fenômeno é denominado *sinergismo* ou *relação sinérgica*. As doenças são designadas como *infecções sinérgicas*, infecções polimicrobianas ou infecções mistas. Por exemplo, determinadas bactérias da cavidade oral podem atuar em conjunto para causar uma doença oral grave, denominada gengivite ulcerativa necrosante aguda (também conhecida como doença de Vincent e "boca de trincheira"). De modo semelhante, a doença conhecida como VB resulta dos esforços combinados de várias espécies diferentes de bactérias.

> Quando dois ou mais micróbios formam "uma parceria" para produzir uma doença que nenhum deles por si só é capaz de causar, o fenômeno é denominado sinergismo ou relação sinérgica, e as doenças que causam são denominadas infecções sinérgicas, infecções polimicrobianas ou infecções mistas.

MICROBIOLOGIA NA AGRICULTURA

Os microrganismos têm muitas aplicações na agricultura. São utilizados extensamente no campo da engenharia genética para a criação de plantas novas ou geneticamente alteradas. Essas plantas obtidas por engenharia genética podem ter maior crescimento, melhor sabor ou podem ser mais resistentes a insetos, a doenças ou a extremos de temperatura. Alguns microrganismos são utilizados como pesticidas, muitos dos quais são decompositores, devolvendo minerais e outros nutrientes ao solo. Além disso, os microrganismos desempenham importantes funções nos ciclos dos elementos, como os do carbono, do oxigênio, do nitrogênio, do fósforo e do enxofre.

Papel dos micróbios nos ciclos dos elementos

As bactérias são excepcionalmente adaptáveis e versáteis. São encontradas na terra, em todos os tipos de água, em todos os animais e plantas e até mesmo no interior de outros microrganismos (caso em que são designadas como *endossimbiontes*). Algumas bactérias e alguns fungos desempenham uma função valiosa na reciclagem dos nutrientes ao solo provenientes de animais e vegetais mortos, em decomposição, conforme discutido de modo sucinto no Capítulo 1, *Microbiologia – A Ciência*. Os fungos e as bactérias de vida livre que decompõem a matéria orgânica morta em materiais inorgânicos são denominados saprófitas. Os nutrientes inorgânicos que são devolvidos ao solo são utilizados pelas bactérias quimiotróficas e plantas para a síntese de moléculas biológicas necessárias para o seu crescimento. Os vegetais são consumidos pelos animais, que acabam morrendo, e são reciclados novamente com a ajuda dos saprófitas. O ciclo dos elementos pelos microrganismos é algumas vezes denominado ciclo biogeoquímico.

Bons exemplos de ciclos de nutrientes na natureza são os do nitrogênio, do carbono, do oxigênio, do enxofre e do fósforo, nos quais os microrganismos desempenham papéis muito importantes. No ciclo do nitrogênio (Figura 10.6), o gás nitrogênio atmosférico livre (N_2) é convertido pelas *bactérias fixadoras de nitrogênio* e cianobactérias em amônia (NH_3) e íon amônio (NH_4^+). Em seguida, as bactérias quimiolitotróficas do solo, denominadas *bactérias nitrificantes*, convertem os íons amônio em íons nitrito (NO_2^-) e íons nitrato (NO_3^-). Em seguida, as plantas utilizam os nitratos para sintetizar proteínas vegetais, que são consumidas pelos animais, os quais então as utilizam para produzir proteínas animais. Os produtos de degradação de origem animal contendo nitrogênio (como a ureia na urina) são convertidos por determinadas bactérias em amônia por um processo conhecido como *amonificação*. Além disso, os restos de plantas e animais mortos contendo nitrogênio e o material fecal são transformados por fungos e bactérias saprófitas em amônia, que, por sua vez, é convertida em nitritos e nitratos por meio de reciclagem nas plantas. Para repor o nitrogênio livre no ar, um grupo de bactérias, *bactérias desnitrificantes*, converte os nitratos em gás nitrogênio atmosférico (N_2). O ciclo se repete indefinidamente.

> O ciclo de nitrogênio envolve bactérias fixadoras de nitrogênio, bactérias nitrificantes e bactérias desnitrificantes.

Algumas bactérias fixadoras de nitrogênio (p. ex., *Rhizobium* e *Bradyrbizobium* spp.) vivem no interior ou próximo a nódulos de raízes de plantas denominadas leguminosas, como alfafa, trevo, ervilha, soja e amendoim (Figura 10.7). Essas plantas são frequentemente utilizadas pelos fazendeiros em técnicas de rotação de culturas para devolver compostos nitrogenados ao solo, que serão utilizados como nutrientes por culturas de rendimento. As bactérias nitrificantes do solo incluem espécies de *Nitrosomonas*, *Nitrosospira*, *Nitrosococcus*, *Nitrosolobus* e *Nitrobacter* spp. As bactérias desnitrificantes incluem certas espécies de *Pseudomonas* e *Bacillus*.

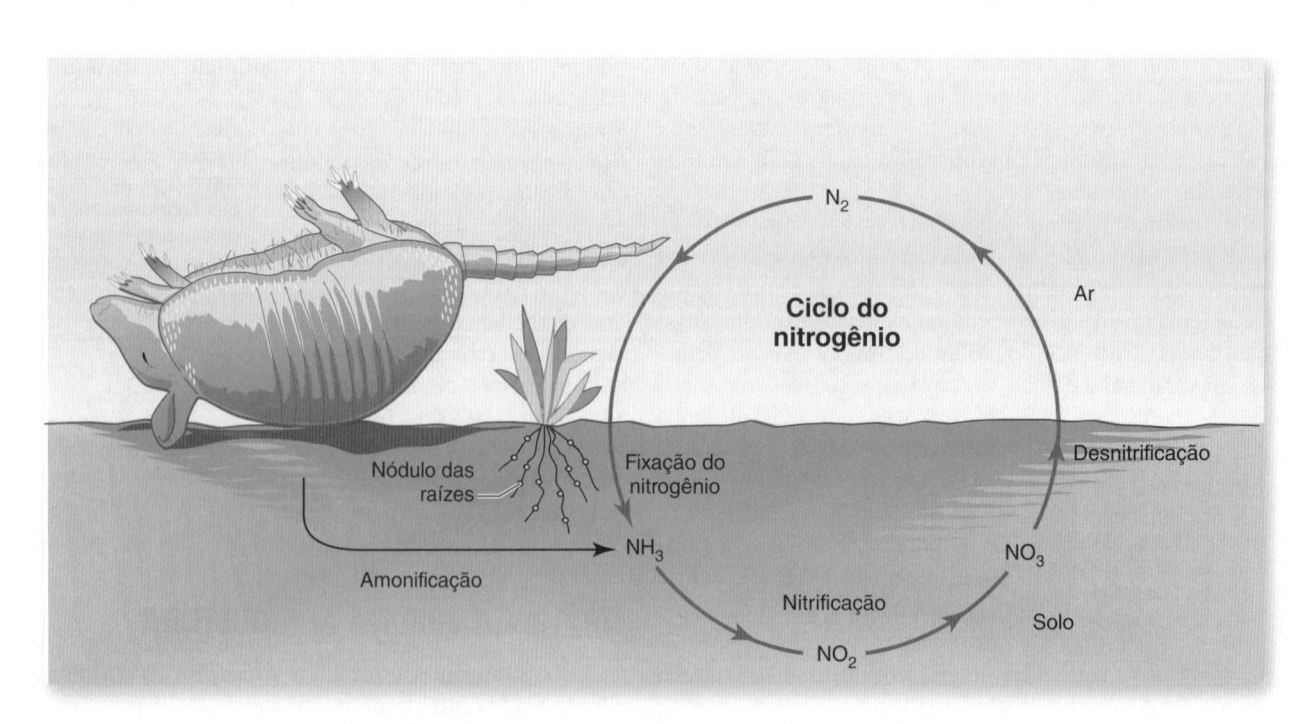

Figura 10.6 Ciclo do nitrogênio.

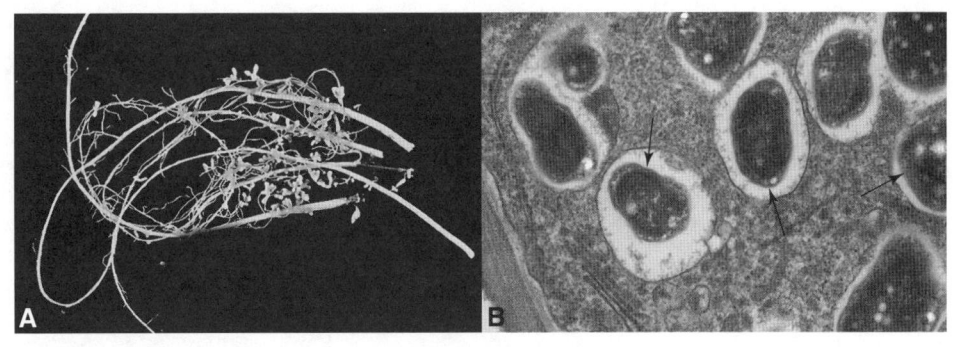

Figura 10.7 Nódulos nas raízes de leguminosas. A. Nódulos nas raízes de soja, que contêm a bactéria *Rhizobium* fixadora de nitrogênio. **B.** Bactérias fixadoras de nitrogênio (*setas*) podem ser observadas nesse corte transversal de um nódulo de raiz de soja. ([**A**] Disponibilizada por http://en.wikipedia.org. [**B**] Disponibilizada por http://commons.wikimedia.org.)

Outros micróbios do solo

Além das bactérias que desempenham funções essenciais nos ciclos dos elementos, existem numerosos outros micróbios no solo: bactérias (incluindo cianobactérias), fungos (principalmente bolores), algas, protozoários, vírus e viroides. Muitos deles do solo são decompositores.

Uma variedade de patógenos humanos vivem no solo, incluindo diversas espécies de *Clostridium* (p. ex., *Clostridium tetani*, o agente etiológico do tétano; *Clostridium botulinum*, o agente etiológico do botulismo; e várias espécies de *Clostridium* que causam gangrena gasosa). Os esporos do *Bacillus anthracis* (o agente etiológico do antraz) também podem ser encontrados no solo, onde podem permanecer viáveis por muitos anos. Várias leveduras (p. ex., *Cryptococcus neoformans*) e esporos de fungos presentes no solo podem causar doenças humanas após a inalação da poeira que resulta da poeira revolvida.

> Os esporos de muitos patógenos humanos podem ser encontrados no solo, incluindo os de espécies de *Clostridium*, *B. anthracis* e *C. neoformans*.

Os tipos e as quantidades de microrganismos que vivem no solo dependem de muitos fatores, incluindo a quantidade de material orgânico em decomposição, os nutrientes disponíveis, o teor de umidade, a quantidade de oxigênio disponível, o pH, a temperatura e a presença de produtos de degradação de outros micróbios.

Doenças infecciosas de animais de fazenda

Os fazendeiros, os rancheiros e os microbiologistas agrícolas estão envolvidos com o problema das numerosas doenças infecciosas dos animais de fazenda, as quais podem ser causadas por uma ampla variedade de patógenos (p. ex., vírus, bactérias, protozoários, fungos e helmintos). Existe não apenas o perigo de que algumas dessas doenças possam ser transmitidas para seres humanos (ver Capítulo 11, *Epidemiologia e Saúde Pública*), como também o fato de que elas representam um problema econômico óbvio para fazendeiros e rancheiros. Felizmente, dispõe-se de vacinas para a prevenção de muitas dessas doenças. Embora a descrição delas esteja além do objetivo deste livro, é importante que os estudantes de microbiologia tenham conhecimento de sua existência. De modo semelhante, os estudantes de microbiologia devem estar cientes de que existem numerosas doenças infecciosas que acometem animais silvestres, animais de zoológico e animais de estimação domésticos; esses tópicos, em virtude da limitação de espaço, também não podem ser considerados neste livro. A Tabela 10.3 fornece uma lista de algumas das numerosas doenças infecciosas de animais de fazenda e seus respectivos agentes etiológicos.

> Os micróbios causam muitas doenças em animais de fazenda, animais silvestres, animais de zoológico e animais de estimação domésticos.

Doenças microbianas que acometem plantas

Os micróbios causam milhares de diferentes tipos de doenças nas plantas, resultando, com frequência, em enormes perdas econômicas. As doenças das plantas são causadas, em sua maioria, por fungos, vírus, viroides e bactérias. Não apenas as plantas vivas são atacadas e destruídas, como também os micróbios (principalmente os fungos) causam o apodrecimento dos

Tabela 10.3 Doenças infecciosas que acometem animais de fazenda.

Categoria	Doenças
Doenças por príons	Doenças do sistema nervoso, como a encefalopatia espongiforme bovina ("doença da vaca louca") e *scrapie*
Doenças virais	Língua azul, diarreia viral bovina (DVB), encefalomielite equina (doença do sono), anemia infecciosa equina, doença pé-e-boca, rinotraqueíte bovina infecciosa, influenza, raiva, varíola suína, estomatite vesicular, verrugas
Doenças bacterianas	Actinomicose, antraz, carbúnculo, botulismo, brucelose ("doença de Bang"), campilobacteriose, garrotilho, erisipela, podridão dos cascos, cólera aviária, leptospirose, listeriose, mastite, pasteurelose, pneumonia, hemoglobinúria bacilar, salmonelose, tétano ("trismo"), tuberculose, vibriose
Doenças fúngicas	Tinha
Doenças por protozoários	Anaplasmose, tricomoníase bovina, febre do carrapato do gado (babesiose), coccidiose, criptosporidiose

grãos armazenados e outras colheitas. As doenças das plantas têm nomes interessantes, como requeima, cancro, galhas, manchas nas folhas, míldio, mosaico, podridão, ferrugem, sarna, carvão e murcha. Três particularmente terríveis são a doença do olmo holandês (que, desde a sua importação nos EUA, em 1930, destruiu cerca de 70% dos olmos na América do Norte), a requeima da batata (que resultou na grande fome da batata na Irlanda, em 1845 a 1849) e a ferrugem do trigo (que anualmente destrói toneladas de trigo). A Tabela 10.4 fornece uma lista dos nomes de algumas das numerosas doenças de plantas causadas por microrganismos.

> Os micróbios causam milhares de diferentes tipos de doenças em plantas, como requeima, cancro, galhas, manchas nas folhas, míldio, mosaico, podridão, ferrugem, sarna, carvão e murcha.

BIOTECNOLOGIA MICROBIANA

A Convenção das Nações Unidas sobre a diversidade biológica define a biotecnologia como "qualquer aplicação tecnológica que utilize sistemas biológicos, organismos vivos ou derivados deles para fabricar ou modificar produtos ou processos para uso específico". Embora nem todas as áreas da biotecnologia envolvam micróbios, eles são utilizados em muitos aspectos da biotecnologia. A seguir, são fornecidos alguns exemplos:

- Produção de proteínas terapêuticas:
  - São introduzidos genes humanos (geralmente por transformação) em bactérias e leveduras. Esses microrganismos obtidos por engenharia genética têm sido utilizados na produção de proteínas terapêuticas, como a insulina humana, o hormônio do crescimento humano, o ativador do plasminogênio tecidual humano, a interferona, a vacina da hepatite B, o fator de necrose tumoral, a interleucina-2 e a prouroquinase (utilizada para dissolver coágulos sanguíneos)
- Produção de vacinas de DNA:
  - As vacinas de DNA (também denominadas vacinas gênicas) estão atualmente apenas em fase experimental. Para preparar uma vacina de DNA, um gene de determinado patógeno (será utilizado como exemplo o gene que codifica uma proteína específica na superfície do patógeno) é inserido em um plasmídio

Pense nisso

"Com o aquecimento de nosso planeta, um mundo preso no pergelissolo despertará para a vida, e os pesquisadores estão preocupados com o fato de que os pequenos habitantes do solo congelado começarão a produzir gases com efeito estufa em grandes quantidades, aumentando o aquecimento global."

"Ninguém pensa o que ocorre com os micróbios quando o pergelissolo descongela", declarou Janet Jansson, uma cientista da equipe do Laboratório Nacional de Lawrence Berkeley, na Califórnia. Ela dirigiu um estudo que registrou o que ocorreu quando trechos do pergelissolo do Alasca descongelaram pela primeira vez em 1.200 anos. "Agora temos uma ideia que realmente não existia antes, disse Jansson, que, juntamente com seus colaboradores, determinou a sequência do material genético dos micróbios dentro do pergelissolo congelado e descongelado. Durante o estudo, também descobriram um micróbio novo para a ciência e estabeleceram a sequência de sua constituição genética inteira ou genoma."

"O pergelissolo é muito semelhante ao que parece ser – um solo que está congelado há milhares ou até mesmo centenas de milhares de anos – e está repleto de plantas mortas e outros organismos outrora vivos presentes quando o pergelissolo se formou. O aumento da temperatura global está descongelando essa matéria orgânica, permitindo que os micróbios comecem a degradá-la. No processo, eles liberam gases com efeito estufa contendo carbono. Os cientistas estão particularmente preocupados com o fato de que esse processo pode bombear uma grande quantidade de metano – que contém carbono e é um potente elemento de aquecimento global – na atmosfera."

"Como há uma grande quantidade de carbono oculto no pergelissolo, os cientistas temem que *o descongelamento do pergelissolo possa agravar o aquecimento global*. Por exemplo, estima-se que o pergelissolo do Ártico contenha mais de 250 vezes as emissões de gases com efeito estufa dos EUA em 2009." (Parry W. Frozen microscopic worlds come alive as Earth warms. 2011. Disponível em: http://www.livescience.com/16898-arctic-microbespermafrost-climate-change.html.)

Tabela 10.4 Exemplos de doenças de plantas causadas por micróbios.

Doença	Patógeno	Doença	Patógeno
Doença do mosaico do feijão	Vírus	Requeima da batata	Fungo (bolor aquático)
Mancha preta da roseira	Fungo	Podridão da raiz do cogumelo	Fungo
Mofo azul do tabaco	Fungo (bolor aquático)	Tubérculo afilado da batata	Viroide
Mancha marrom do gramado	Fungo	Míldio pulverulento (oídio)	Fungo
Requeima da castanheira	Fungo	Doença do mosaico do tabaco	Vírus
Exocorte de cítricos	Viroide	Manchas nas folhas	Bactérias e fungos
Podridão da raiz do algodoeiro	Fungo	Várias podridões	Fungos
Galha-da-coroa	Bactéria	Várias ferrugens	Fungos
Míldio da videira	Fungo (bolor aquático)	Vários tipos de carvão	Fungos
Doença do olmo holandês	Fungo	Doença do mosaico do trigo	Vírus
Esporão do centeio	Fungo	Ferrugem do trigo	Fungo

(plasmídios de *E. coli* têm sido utilizados). Em seguida, são injetadas (comumente por via intramuscular) cópias do plasmídio no tecido de um indivíduo. Após a internalização dos plasmídios por células dentro desse tecido, essas células produzem cópias do produto gênico (nesse exemplo, a proteína de superfície do patógeno). Em seguida, o sistema imune da pessoa produz anticorpos contra o produto gênico, os quais passam a proteger a pessoa contra a infecção por esse patógeno específico. As várias maneiras pelas quais os anticorpos protegem o ser humano dos patógenos serão discutidas no Capítulo 16, *Mecanismos Específicos de Defesa do Hospedeiro | Introdução à Imunologia*

- Produção de vitaminas:
  - As bactérias podem ser utilizadas como fontes de vitamina B_2 (riboflavina), B_7 (biotina), B_9 (ácido fólico), B_{12} e K_2
  - Utilização dos metabólitos microbianos como agentes antimicrobianos e outros tipos de agentes terapêuticos
  - As penicilinas e as cefalosporinas são exemplos de antibióticos produzidos por fungos. A bacitracina, o cloranfenicol, a eritromicina, a polimixina B, a estreptomicina, a tetraciclina e a vancomicina são exemplos de antibióticos produzidos por bactérias. Os antibióticos foram discutidos no Capítulo 9, *Agentes Antimicrobianos para Inibir o Crescimento de Patógenos In Vivo*. Outros metabólitos microbianos têm sido utilizados como fármacos antineoplásicos, agentes imunossupressores e herbicidas
- Aplicações na agricultura:
  - Certos metabólitos microbianos possuem atividades microbicida, herbicida, inseticida ou nematocida. Por exemplo, uma bactéria do solo denominada *Bacillus subtilis* secreta compostos com atividade antifúngica, antibacteriana e inseticida
  - Os plasmídios bacterianos são utilizados para introduzir genes estranhos em plantas. As plantas que contêm genes estranhos são designadas como transgênicas. Foram produzidas plantas transgênicas que são tolerantes ou resistentes a ambientes rigorosos, herbicidas, pragas de insetos e patógenos virais, bacterianos, fúngicos e nematódeos. Por exemplo, *Bacillus thuringiensis* é uma bactéria que produz toxinas que têm a capacidade de matar vários patógenos vegetais (p. ex., lagartas). Os genes que codificam essas toxinas podem ser introduzidos em plantas, protegendo-as, assim, do dano causado por essas lagartas. O tabaco, o algodão e o tomate têm sido protegidos dessa maneira
- Tecnologia de alimentos:
  - Os microrganismos são utilizados na produção de alimentos, como leite fermentado, pão, manteiga, chocolate, café, queijo *cottage*, leitelho, molhos e peixe, azeitonas verdes, *kimchi* (do repolho), derivados da carne (p. ex., presunto curado, linguiça e salame), azeitonas, picles, poi (raiz de taro fermentada), chucrute, creme azedo, molho de soja, tofu, vários queijos curados (p. ex., *brie*, *camembert*, *cheddar*, *colby*, *edam*, *gouda*, *gruyere*, *limburger*, *muenster*, parmesão, romano, *roquefort* e suíço), vinagre e iogurte

- As leveduras são utilizadas na produção de bebidas alcoólicas, como *ale*, cerveja, *bourbon*, *brandy*, conhaque, rum, uísque, saque (vinho de arroz), uísque escocês, vodca e vinho
- Os micróbios também são utilizados na produção comercial de aminoácidos (p. ex., alanina, aspartato, cisteína, glutamato, glicina, histidina, lisina, metionina, fenilalanina e triptofano), para uso na indústria alimentar
- As algas e os fungos são utilizados como fonte de proteína unicelular para consumo dos animais e dos seres humanos
- Produção de substâncias químicas:
  - Os micróbios podem ser utilizados na produção em larga escala de ácido acético, acetona, butanol, ácido cítrico, etanol, ácido fórmico, glicerol, isopropanol e ácido láctico, bem como biocombustíveis, como hidrogênio e metano
- Biomineração:
  - Os micróbios têm sido utilizados na mineração do arsênio, cádmio, cobalto, cobre, níquel, urânio, zinco e outros metais por um processo conhecido como lixiviação ou biolixiviação
- Biorremediação:
  - O termo *biorremediação* refere-se ao uso de microrganismo para limpar vários tipos de resíduos, incluindo efluentes industriais e outros poluentes (p. ex., herbicidas e pesticidas). Alguns dos micróbios utilizados dessa maneira foram obtidos por engenharia genética para digerir resíduos específicos. Por exemplo, bactérias obtidas por engenharia genética para digerir o petróleo foram utilizadas para limpar até 11 milhões de galão de petróleo derramado na Enseada do Príncipe William, no Alasca, em 1989. *Alcanivorax borkumensis*, uma bactéria marinha que consome hidrocarbonetos foi utilizada para biorremediar o óleo derramado da plataforma Deep Water Horizon no Golfo do México. Em uma unidade de defesa do governo no Rio Savannah, Geórgia, cientistas utilizaram bactérias de ocorrência natural, conhecidas como metanotróficas, para remover do solo solventes altamente tóxicos, como tricloetileno e tetracloroetileno (coletivamente designados como TCE). As bactérias metanotróficas, que normalmente consomem metano no ambiente, foram mais ou menos "ludibriadas" na decomposição dos TCE. Além disso, os micróbios são extensamente utilizados na compostagem, no tratamento dos esgotos e na purificação da água (ver Capítulo 11, *Epidemiologia e Saúde Pública*)
- Outros:
  - As enzimas microbianas utilizadas na indústria incluem amilases, celulase, colagenase, lactase, lipase, pectinase e proteases
  - Dois aminoácidos produzidos por micróbios são utilizados no adoçante artificial denominado aspartame (NutraSweet).

A biotecnologia é definida como "qualquer aplicação tecnológica que utiliza sistemas biológicos, organismos vivos ou derivados deles para fabricar ou modificar produtos ou processos para uso específico".

REFERÊNCIAS BIBLIOGRÁFICAS

1. Carabotti M, et al. The gut-brain axis: interactions between enteric microbiota and the central and enteric nervous systems. Ann Gastroenterol. 2015;28:293.
2. Belkaid Y, Hand T. Role of the microbiota in immunity and inflammation. Cell. 2014;157:121.
3. Arumugam M, et al. Enterotypes of the human gut microbiome. Nature. 2011;473:174.
4. Sanmiguel C, et al. Gut microbiome and obesity: a plausible explanation for obesity. Curr Obes Rep. 2015;4:250.
5. Mueller NT, et al. The infant microbiome development: mom matters. Trends Mol Med. 2015;21:109.
6. Rodríguez JM, et al. The composition of the gut microbiota throughout life, with an emphasis on early life. Microb Ecol Health Dis. 2015;26:26050. doi:10.3402/mehd.v26.26050.
7. Kang D-W, et al. Microbiota transfer therapy alters gut ecosystem and improves gastrointestinal and autism symptoms: an open-label study. Microbiome. 2017;5:10.
8. Aagaard K, et al. The placenta harbors a unique microbiome. Sci Transl Med. 2014;6:237.
9. Hilt EE, et al. Urine is not sterile: use of enhanced urine culture techniques to detect resident bacterial flora in the adult female bladder. J Clin Microbiol. 2013;52:871.

Exercícios de autoavaliação

Após estudar este capítulo, responda às seguintes questões de múltipla escolha:

1. Um simbionte pode ser um:
   a. Comensal
   b. Oportunista
   c. Parasita
   d. Todas as alternativas anteriores

2. O maior número e variedade de microbiota endógena do corpo humano reside no interior ou na superfície do(a):
   a. Cólon
   b. Trato geniturinário
   c. Boca
   d. Pele

3. *E. coli*, que vive no cólon humano, pode ser considerada um:
   a. Endossimbionte
   b. Oportunista
   c. Simbionte em uma relação mutualista
   d. Todas as alternativas anteriores

4. Qual dos seguintes locais do corpo humano não apresenta microbiota endógena?
   a. Corrente sanguínea
   b. Cólon
   c. Parte distal da uretra
   d. Vagina

5. Qual dos seguintes microrganismos deve estar presente em maiores números na microbiota endógena da cavidade oral dos seres humanos?
   a. Estreptococos α-hemolíticos
   b. Estreptococos β-hemolíticos
   c. *C. albicans*
   d. *S. aureus*

6. Qual dos seguintes microrganismos deve estar presente em maiores números na microbiota endógena da pele?
   a. *C. albicans*
   b. Estafilococos coagulase-negativos
   c. *Enterococcus* spp.
   d. *E. coli*

7. A microbiota endógena do meato acústico externo assemelha-se mais à microbiota endógena do(a):
   a. Cólon
   b. Boca
   c. Pele
   d. Parte distal da uretra

8. Quais dos seguintes microrganismos têm *menos* probabilidade de desempenhar um papel no ciclo do nitrogênio?
   a. Microbiota endógena
   b. Bactérias nitrificantes e desnitrificantes
   c. Bactérias fixadoras do nitrogênio
   d. Bactérias que vivem nos nódulos das raízes de leguminosas

9. Qual das seguintes indústrias utiliza microrganismos?
   a. De antibióticos
   b. De química
   c. De alimentos, cerveja e vinho
   d. Todas as alternativas anteriores

10. O termo que melhor descreve uma relação simbiótica em que dois microrganismos diferentes ocupam o mesmo nicho ecológico, mas não têm absolutamente nenhum efeito um sobre o outro é:
   a. Comensalismo
   b. Mutualismo
   c. Neutralismo
   d. Parasitismo

Epidemiologia e Saúde Pública

OBJETIVOS DE APRENDIZAGEM

Após estudar este capítulo, você deverá ser capaz de:

- Definir epidemiologia
- Diferenciar doenças infecciosas, transmissíveis e contagiosas e citar um exemplo de cada uma delas
- Diferenciar incidência e prevalência de uma doença
- Distinguir entre doenças esporádicas, endêmicas, não endêmicas, epidêmicas e pandêmicas
- Citar três doenças que são atualmente consideradas pandemias
- Listar, na ordem apropriada, os seis componentes da cadeia de uma infecção

- Identificar três exemplos de reservatórios vivos e três exemplos de reservatórios não vivos
- Citar cinco modos de transmissão de doenças infecciosas
- Citar quatro exemplos de agentes potenciais de guerra biológica ou agentes de bioterrorismo
- Delinear as etapas envolvidas no tratamento da água
- Explicar o que se entende por contagem de coliformes e mostrar a sua importância.

EPIDEMIOLOGIA

Introdução

Tanto a patologia quanto a epidemiologia podem ser definidas, em termos gerais, como o estudo das doenças, embora enfoquem diferentes aspectos delas. Um *patologista* estuda as manifestações estruturais e funcionais da doença e está envolvido no diagnóstico de enfermidades em pacientes, enquanto um *epidemiologista* estuda os fatores que determinam a frequência, a distribuição e os determinantes das doenças nas populações humanas. No que concerne às infecciosas, esses fatores incluem: as características dos vários patógenos; a suscetibilidade de diferentes populações humanas em consequência de superpopulação, falta de imunização, estado nutricional, procedimentos inadequados de higiene e outros fatores; os locais (reservatórios) onde os patógenos se escondem; e as várias maneiras pelas quais as doenças infecciosas são transmitidas. Pode-se afirmar que os epidemiologistas estão envolvidos em estabelecer quem, o que, onde, quando e o porquê das doenças infecciosas, ou seja: quem adquire infecção? Que patógenos a estão causando? De onde eles provêm? Quando determinadas doenças ocorrem? Por que algumas ocorrem em certos lugares, mas não em outros? Como os patógenos são transmitidos?

> A epidemiologia é o estudo dos fatores que determinam a frequência, a distribuição e os determinantes das doenças nas populações humanas, bem como os meios de prevenção, controle e erradicação das doenças nas populações.

Algumas doenças ocorrem apenas em determinadas épocas do ano? Se for assim, por quê?

Os epidemiologistas também desenvolvem meios de prevenir, controlar ou erradicar as doenças nas populações. Eles dedicam-se a *todos* os tipos de doenças, e não apenas às infecciosas. Entretanto, somente estas serão discutidas neste capítulo.

Terminologia epidemiológica

Algumas vezes, parece que os epidemiologistas têm uma linguagem própria. Com frequência, eles utilizam termos ou expressões como "doenças transmissíveis, contagiosas e zoonóticas"; "incidência, taxa de morbidade, prevalência e taxa de mortalidade de determinada doença"; além de adjetivos como "esporádica", "endêmica", "epidêmica" e "pandêmica" para descrever a condição de determinada doença infecciosa em uma população específica. As seções que se seguem examinarão esses termos de maneira sucinta.

Doenças transmissíveis e contagiosas

Conforme assinalado anteriormente, uma doença infecciosa (infecção) é aquela causada por um patógeno. Se ela é transmissível de uma pessoa para outra (*i. e.*, interpessoal), é denominada doença transmissível. Embora pareça que tais definições seja perde-se em minúcias, uma doença contagiosa é definida como uma doença transmissível, que é *facilmente transmitida* de uma pessoa para outra. Considere-se o seguinte exemplo: suponha que alguém esteja na primeira fileira de um cinema. Uma pessoa sentada

na última fileira tem gonorreia e outra está gripada (ambas são doenças transmissíveis). A pessoa com gripe está tossindo e espirrando durante todo o filme, criando um aerossol dos vírus influenza. Por conseguinte, mesmo que a pessoa esteja sentada longe daquela com gripe, é muito provável que possa adquirir a doença em consequência da inalação dos aerossóis produzidos. A gripe é uma doença contagiosa. Por outro lado, o indivíduo não contrairá gonorreia pelo fato de ter ido ao cinema, pois ela não é uma doença contagiosa.

Outra maneira de definir a capacidade de um organismo causar doença é estabelecer a quantidade de partículas infecciosas necessárias para provocar infecção ou resultar em morte. Após estudos experimentais, a virulência de um patógeno pode ser descrita em termos denominados ID_{50} ou LD_{50}. A ID_{50} é a *dose infecciosa* necessária para infectar 50% de uma população. A LD_{50} é a *dose letal* que resulta na morte de 50% da população. No exemplo anterior, seria necessário apenas um vírus da influenza transportado pelo ar para iniciar a infecção, ao passo que, no caso da gonorreia, seria preciso o contato direto de uma membrana mucosa com pelo menos 1.000 bactérias (*Neisseria gonorrhoeae*) para causar doença. Dessa maneira, a gripe seria considerada altamente contagiosa, enquanto a gonorreia, uma doença transmissível, embora importante.

Doenças zoonóticas

As doenças infecciosas que os seres humanos adquirem de fontes animais são denominadas *doenças zoonóticas* ou zoonoses. Elas serão discutidas posteriormente, neste capítulo.

Incidência e taxa de morbidade

A *incidência* de uma doença é definida como o número de novos casos em uma população específica durante um intervalo de tempo determinado; por exemplo, o número de novos casos de infecção por clamídia nos EUA durante o ano de 2016. A incidência é semelhante à *taxa de morbidade*, que geralmente é expressa como a quantidade de novos casos de uma doença que ocorreu durante um intervalo de tempo específico em uma população especificamente definida (comumente por 100.000 habitantes). Por exemplo, nos EUA, para o ano de 2016, a incidência de infecção por clamídia foi de 1.598.354 novos casos, e a taxa de morbidade foi de 497 por 100.000 habitantes (para cada 100.000 habitantes, espera-se encontrar 497 casos de infecção por clamídia).

Prevalência

Existem dois tipos de prevalência: a de período e a pontual. A *prevalência de período* de uma doença refere-se ao número de casos existentes em determinada população durante um intervalo de tempo específico (p. ex., o total de registros de gonorreia na população dos EUA durante o ano de 2017). A *prevalência pontual* de uma doença corresponde ao número de casos em determinada população em um momento específico de tempo (p. ex., o total de registros de malária na população dos EUA neste momento atual).

Taxa de mortalidade

A *mortalidade* refere-se à morte. A taxa de mortalidade (também conhecida como *taxa de morte*) é a razão entre o número de indivíduos que morreram por determinada doença durante um intervalo de tempo específico e uma população especificada (geralmente por 1.000, 10.000 ou 100.000 habitantes); por exemplo, a quantidade de indivíduos que morreram de certa doença em 2017 por 100.000 habitantes nos EUA.

Doenças esporádicas

Uma doença esporádica é aquela que só ocorre raramente e sem regularidade (esporadicamente) na população de determinada área geográfica. Nos EUA, as doenças esporádicas incluem o botulismo, a cólera, a caxumba, a peste, o tétano e a febre tifoide. Com bastante frequência, algumas só ocorrem esporadicamente, visto que são mantidas sob controle como resultado de programas de imunização (caxumba e tétano) e condições sanitárias (cólera). No entanto, é possível que ocorram surtos dessas doenças controladas sempre que houver negligência nos programas de vacinação e na manutenção da infraestrutura pública.

> Uma doença esporádica é aquela que só ocorre raramente e sem regularidade (esporadicamente) dentro da população de determinada área geográfica, enquanto uma doença endêmica é a que está sempre presente em uma população.

Doenças endêmicas

As doenças endêmicas são as que estão sempre presentes dentro da população de uma área geográfica. O número de casos pode oscilar ao longo do tempo, mas a doença nunca desaparece por completo. Nos EUA, as doenças infecciosas endêmicas incluem: doenças bacterianas, como a tuberculose (TB); infecções por estafilococos e estreptococos; doenças sexualmente transmissíveis (DST), como clamídias, gonorreia e sífilis; e doenças virais, como o resfriado comum, o herpes, a influenza e o vírus sincicial respiratório (RSV). Em algumas partes dos EUA, a peste (causada por uma bactéria denominada *Yersinia pestis*) é endêmica entre ratos, cão-da-pradaria e outros roedores, mas não é endêmica nos seres humanos. A peste no ser humano é apenas observada em certas ocasiões nos EUA e, portanto, é esporádica. A verdadeira incidência de uma doença endêmica em determinado momento depende do equilíbrio entre vários fatores, incluindo o meio ambiente, a suscetibilidade genética da população, os fatores comportamentais, o número de indivíduos imunes, a virulência do patógeno e o reservatório ou fonte de infecção.

Doenças epidêmicas

Em certas ocasiões, as doenças endêmicas podem se tornar epidêmicas. Uma epidemia (ou surto) é definida como um número de casos maior do que o habitual de uma doença em determinada região, ocorrendo, em geral, dentro de um intervalo de tempo relativamente curto. Um bom exemplo de epidemia é o surto mundial de influenza durante o verão e início do outono de 2009, causado por uma nova

> As doenças epidêmicas são as que ocorrem em um número maior de casos do que o habitual em determinada região e, em geral, em um intervalo de tempo relativamente curto.

Auxílio ao estudo

Doenças infecciosas *versus* transmissíveis

As *doenças infecciosas* (infecções) são aquelas causadas por patógenos, e as transmissíveis são doenças infecciosas que podem ser transmitidas de uma pessoa para outra. As doenças contagiosas são doenças transmissíveis que são *facilmente* transmitidas de uma pessoa para outra.

cepa de influenza A. Entretanto, uma epidemia não afeta necessariamente uma grande quantidade de pessoas, embora isso possa ocorrer. Assim, se 12 indivíduos apresentarem

envenenamento alimentar por estafilococos logo após o seu retorno de um piquenique da igreja, isso constituirá uma epidemia – certamente pequena, mas ainda assim uma epidemia.

A seguir, são apresentadas algumas epidemias que ocorreram nos EUA nesses últimos 20 anos:

- **2002 a 2003**: ocorreu uma epidemia de infecção pelo vírus do Oeste do Nilo (WNV) por todos os EUA em 2002, resultando em mais de 4.100 casos humanos e 284 mortes. Ela foi a maior epidemia reconhecida de meningoencefalite por arbovírus no Hemisfério Ocidental e a maior já registrada de meningoencefalite pelo WNV. Todavia, a epidemia de 2003 causada pelo mesmo vírus foi ainda mais grave, com um total de 9.862 casos e 264 mortes. Outro surto significativo de WNV ocorreu nos EUA em 2012, com mais de 5.000 casos notificados aos CDC
- **2003**: um surto de infecção pelo vírus da varíola dos macacos ocorreu na região centro-oeste dos EUA. Um total de 71 casos confirmados ou prováveis foram identificados, com algumas hospitalizações, mas sem nenhum caso de morte. A origem do surto foi atribuída a cães-da-pradaria vendidos como animais de estimação, que se tornaram infectados após terem tido contato com animais infectados importados da África como animais de estimação exóticos
- **2012**: um surto de meningite por fungos em vários estados foi associado a lotes contaminados de um esteroide injetável produzido por uma farmácia de manipulação. O surto levou a 64 mortes entre 753 casos. Os pacientes foram infectados por um bolor denominado *Exserobilum rostratum*, que comumente está associado ao solo e a plantas

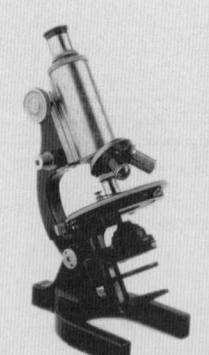

Nota histórica
A bomba de água da rua Broad

Em meados do século XIX, John Snow, um médico britânico, planejou e conduziu uma investigação epidemiológica relacionada com um surto de cólera em Londres. Ele comparou cuidadosamente os familiares afetados pela cólera com aqueles não afetados e concluiu que a principal diferença entre eles era a fonte de água potável. Em um momento de sua investigação, ele ordenou a remoção da manivela da bomba de água da rua Broad, ajudando, assim, a vencer uma epidemia que tinha matado mais de 500 pessoas. Todos ficaram impossibilitados de usar a bomba e, portanto, impedidos de beber a água contaminada. Ele publicou um artigo, *On the Communication of Cholera by Impure Thames Water*, em 1884, e um livro, *On the Mode of Communication of Cholera*, em 1885. Concluiu, então, que a cólera era disseminada por água contaminada com fezes. A água proveniente da bomba da rua Broad estava sendo afetada pelo esgoto das casas adjacentes (Figura 11.1). Snow é considerado por muitos o "pai da epidemiologia".

Figura 11.1 Água do *Rio Tâmisa*, uma gravura de William Heath, c. 1828. Essa gravura é uma sátira sobre a contaminação do abastecimento de água. Uma comissão de Londres relatou, em 1828, que a água do Rio Tâmisa, em Chelsea, estava "carregada com o conteúdo das principais redes de esgoto, com a drenagem do esterco e refugo e lixo hospitalar, resíduos de abatedouros e indústrias". (De Zigrosser C. *Medicine and the artist* [*ars medica*]. New York, NY: Dover Publications, Inc.; 1970. Com autorização do Philadelphia Museum of Art.)

- **2015**: um grande surto de sarampo nos EUA, que se espalhou por vários estados, foi associado a exposições que ocorreram em um parque de diversão, na Califórnia. Foram notificados 125 casos em oito estados; o México e o Canadá foram por fim ligados a um turista proveniente das Filipinas
- **2017**: nos EUA, um surto do vírus Seoul, um membro da família Hantavírus que infecta principalmente ratos, foi identificado em vários estados, acometendo pelo menos 17 pacientes, dos quais dois foram hospitalizados. O surto foi associado a um centro de distribuição de animais de estimação
- **2017 – caxumba**: no primeiro trimestre de 2017, ocorreu um aumento significativo no número de casos de caxumba em todos os EUA, com mais de 200 casos notificados no Texas, principalmente associados a surtos em escolas. O estado de Washington tinha registrado quase 800 casos desde o início de um surto em outubro de 2016, e quase 3.000 casos de caxumba estavam sendo investigados em Arkansas desde o início do surto, em agosto de 2016. Os casos da doença oscilam acentuadamente nos EUA, com quase 6.000 notificações pelos CDC em 2016, em comparação com apenas 229 em 2012
- **Surtos de doenças transmitidas pela água**: esses surtos ocorrem anualmente nos EUA e estão associados tanto à água potável quanto à água que não é destinada para consumo (designada como "água não potável" ou "água para atividades recreativas"). Os CDC (descritos mais adiante neste capítulo) apresentaram dados associados a 32 surtos de doenças transmitidas por água potável e 90 surtos transmitidos por água para atividades recreativas, que ocorreram durante o período de 2011 a 2012.[a,b] Dos 30 surtos causados por água potável, em que os agentes etiológicos foram identificados, 24 foram associados a bactérias, 2 a vírus, 2 a parasitas, 1 a uma substância química e 1 a uma combinação de bactéria e parasita. Os surtos bacterianos foram causados, em sua maioria, por *Legionella pneumophila*. Dos 73 surtos causados por água para atividades recreativas, em que os agentes etiológicos foram identificados, 41 foram causados por parasitas, 21 por bactérias, 5 por vírus, 4 por substâncias químicas ou toxinas e 2 por etiologia múltipla. O *Cryptosporidium* (um protozoário parasita) foi confirmado como agente etiológico de 41% dos surtos causados por água para atividades recreativas
- **Surtos de doenças transmitidas por alimento**: nos EUA, a estimativa é de aproximadamente 48 milhões de casos de doenças transmitidas por alimentos a cada ano. Entretanto, apenas cerca de 10 milhões apresentam um agente etiológico identificado e são notificados às autoridades de saúde. De acordo com os CDC,[c] durante 2014 foram notificados 864 surtos de doenças veiculadas

por alimento, resultando em 13.246 casos, 712 hospitalizações, 21 mortes e 21 casos de retirada de alimentos. Entre os 665 surtos com um único agente etiológico confirmado pelos laboratórios, o norovírus foi o mais comumente notificado, respondendo por 284 surtos. A *Salmonella* ocupou o segundo lugar, sendo responsável por 149 do total de surtos. Alguns dos outros patógenos (mas nem todos) associados a surtos transmitidos por alimentos no ano de 2014 foram: *Escherichia coli* produtora de toxina Shiga (STEC; 24 surtos), *Clostridium perfringens* (30 surtos), *Campylobacter* (31 surtos), *Bacillus cereus* (15 surtos), *Shigella* (16 surtos) e enterotoxina do *Staphylococcus* (17 surtos). Os produtos alimentares implicados com mais frequência foram carne bovina, laticínios, peixes e carne de aves. Essas e outras epidemias foram identificadas por meio de vigilância constante e acúmulo de dados pelos CDC. Em geral, as epidemias seguem um padrão específico, em que o número de casos de uma doença aumenta até um valor máximo e, em seguida, diminui rapidamente, visto que a quantidade de indivíduos suscetíveis e expostos é limitado.

Podem ocorrer epidemias em comunidades que não tenham sido previamente expostas a determinado patógeno. Isso porque pessoas de áreas populosas que viajam para regiões isoladas frequentemente introduzem um novo patógeno a habitantes suscetíveis desse local, levando à rápida disseminação da doença. Ao longo dos anos, apareceram muitos desses exemplos. A epidemia de sífilis na Europa, no início dos anos 1500, pode ter sido causada por uma espiroqueta altamente virulenta trazida das Índias Ocidentais pelos homens de Colombo, em 1492. Além disso, o sarampo, a varíola e a TB foram introduzidos nos nativos americanos pelos primeiros exploradores e colonizadores, quase destruindo muitas tribos.

Nas comunidades em que as práticas sanitárias normais não são seguidas rigorosamente, possibilitando, assim, a contaminação fecal dos abastecimentos de água e de alimentos, podem ocorrer epidemias de febre tifoide, cólera, giardíase e disenteria. Por isso, as pessoas que visitam tais comunidades devem estar cientes de que são particularmente suscetíveis a essas doenças, visto que nunca foram expostas a elas durante a infância e, consequentemente, não desenvolveram imunidade natural.

Ocorrem epidemias de influenza (gripe) em muitas áreas durante determinadas épocas do ano, acometendo a maior parte da população, visto que a imunidade desenvolvida nos anos anteriores é geralmente temporária. Em consequência, a doença sofre recidiva a cada ano entre aqueles que não foram revacinados ou não apresentam resistência natural à infecção. De acordo com a Organização Mundial da Saúde (OMS), a pandemia de gripe suína (também conhecida como pandemia de H1N1), em 2009, matou mais de 18.000 pessoas em todo o mundo. Os CDC relataram que 22 milhões de norte-americanos contraíram o vírus, exigindo 98.000 hospitalizações, com cerca de 3.900 mortes por causas relacionadas com a influenza H1N1.

Desde 1976, o vírus Ebola causou várias epidemias graves de febre hemorrágica, principalmente em países da

---

[a]Morbidity and Mortality Weekly Report (MMWR). 2015; 64:842-8.
[b]Morbidity and Mortality Weekly Report (MMWR). 2015; 64:668-71.
[c]CDC. Surveillance for Foodborne Disease Outbreaks, United States, 2014, Annual Report. Atlanta, GA: US Dept of Health and Human.

África. O maior surto já registrado ocorreu em 2014 a 2015 em Guiné, Libéria e Serra Leoa. Foi registrado um total de 28.616 casos, com 11.310 mortes. Outros surtos ocorreram em Uganda (425 casos com 224 mortes em 2000-2001), Zaire (318 casos com 280 mortes, em 1976), República Democrática do Congo (315 casos com 250 mortes, em 1995, e 264 casos com 187 mortes, em 2007) e Sudão (284 casos com 151 mortes, em 1976). Entre 25 e 90% dos pacientes infectados morreram nessas epidemias. A provável fonte do vírus nos surtos de Ebola consiste no contato humano com morcegos frugívoros. A ecologia e a transmissão do vírus Ebola estão ilustradas na Figura 11.2.

No ambiente hospitalar, um número relativamente pequeno de pacientes infectados pode constituir uma epidemia. Se uma quantidade maior do que a habitual em determinado setor apresentar subitamente infecção por certo patógeno, essa situação poderá ser considerada uma epidemia, que deverá ser levada ao conhecimento do Hospital Infection Prevention and Control Committee (discutido no Capítulo 12, *Epidemiologia na Área de Assistência à Saúde e Prevenção e Controle das Infecções*).

Doenças pandêmicas

Uma doença pandêmica é a que ocorre em proporções epidêmicas simultaneamente em muitos países, algumas vezes em todo o mundo. A pandemia de gripe espanhola de 1918 foi a mais devastadora do século XX e constitui a catástrofe com a qual todas as modernas epidemias são comparadas. Essa pandemia de 1918 matou mais de 20 milhões de pessoas em todo o mundo, incluindo 500.000 nos EUA. Praticamente todas as nações foram afetadas. No passado, as pandemias de influenza eram frequentemente designadas pelo local de origem ou primeiro caso identificado, como a gripe de Taiwan, a de Hong Kong, a de Londres, a de Port Chalmers e a russa. Algumas vezes, o nome provém de um evento intermediário em animais ou aves domésticas, como a "gripe suína" ou "gripe aviária".

> Uma doença pandêmica é a que ocorre em proporções epidêmicas simultaneamente em muitos países, algumas vezes em todo o mundo.

Duas doenças pandêmicas que passaram a circular mundialmente desde 2014 são causadas pelos vírus Chikungunya e Zika. Elas serão discutidas de modo mais detalhado no Capítulo 18, *Infecções Virais em Seres Humanos*. Ambas têm a sua origem na África, mas se propagaram pelo mundo, e são transmitidas pelo mosquito *Aedes*.

O vírus Chikungunya causa uma infecção com dor articular intensa. Ocorreram surtos significativos em todo o Caribe desde 2014, com pelo menos um relato de transmissão local na Flórida. O vírus Zika chegou na América do Sul proveniente das Ilhas do Pacífico, em 2015, e

Ecologia e transmissão do vírus Ebola
A doença causada pelo vírus Ebola é zoonótica. As doenças zoonóticas envolvem animais e seres humanos.

Transmissão entre animais
As evidências sugerem que os morcegos são os hospedeiros reservatórios do vírus Ebola. Os morcegos que carregam o vírus podem transmiti-lo para outros animais, como símios antropomorfos, macacos e pequenos antílopes africanos, bem como para os seres humanos.

Efeito transbordamento
Ocorre um "efeito transbordamento" quando um animal (morcego, símio antropomorfo, macaco, antílope) ou um ser humano tornam-se infectados pelo vírus Ebola por meio de contato com o hospedeiro reservatório. Esse contato pode ocorrer durante uma caça ou durante a preparação da carne de um animal para consumo.

Transmissão entre seres humanos
Uma vez infectado o primeiro ser humano pelo vírus Ebola, a transmissão de um ser humano para outro pode ocorrer por meio do contato com sangue ou líquidos corporais do indivíduo doente ou corpos dos que morreram de infecção pelo vírus Ebola.

Sobrevivente
Os sobreviventes do vírus Ebola enfrentam novos desafios após a sua recuperação. Alguns se queixam de efeitos, como cansaço e mialgias, e podem também enfrentar estigmas, como a sua reentrada na comunidade.

Prática funeral tradicional

Sobrevivente

Cuidador desprotegido

Contato com sangue e líquidos corporais sem proteção

CDC

Figura 11.2 Ecologia e transmissão do vírus Ebola. (Disponibilizada pelos CDC.)

propagou-se progressivamente em direção ao norte pela América Central e pelo Caribe. A transmissão local do vírus Zika foi documentada no Texas e na Flórida, embora os casos diagnosticados nos EUA tenham sido, em sua maioria, associados a viagens.

O vírus Zika provoca uma doença febril semelhante a um exantema; porém, é responsável por duas sequelas pós-infecciosas importantes. Alguns pacientes desenvolvem síndrome de Guillain-Barré, que resulta em paralisia parcial cuja recuperação pode levar vários meses; entretanto, em casos raros, a síndrome pode causar paralisia permanente e até mesmo morte. A característica mais significativa da infecção pelo vírus Zika consiste no desenvolvimento de microcefalia (cabeça pequena) em recém-nascidos de mulheres que foram infectadas durante a gestação. Em cada um desses surtos, ocorreu pandemia devido à disseminação dos vírus em uma população suscetível, em uma área do mundo que nunca tinha entrado em contato com esses vírus.

De acordo com a OMS, as doenças infecciosas são responsáveis por aproximadamente metade das mortes que ocorrem nos países em desenvolvimento. Cerca de 50% desses óbitos são causados por três doenças infecciosas: a síndrome da imunodeficiência adquirida/vírus da imunodeficiência humana (AIDS/HIV), a TB e a malária, cada uma delas geralmente em proporções pandêmicas. Em seu conjunto, as três doenças são responsáveis por mais de 300 milhões de casos e por mais de 5 milhões de mortes por ano.

> Em conjunto, a AIDS/HIV, a TB e a malária são responsáveis por mais de 300 milhões de casos de doença e por mais de 5 milhões de mortes por ano.

HIV/AIDS. Embora a primeira evidência documentada de infecção pelo HIV em seres humanos possa ser identificada em uma amostra de soro proveniente da África, coletada de 1959, é possível que seres humanos tenham sido infectados pelo HIV antes dessa data. A epidemia da AIDS começou nos EUA por volta de 1979; entretanto, só foi detectada em 1981. Apenas em 1983 foi descoberto o HIV, vírus causador da AIDS. Acredita-se que ele tenha sido transferido para o ser humano a partir de outros primatas (chimpanzé, no caso do HIV-1, e mangabei cinza [um tipo de macaco do Velho Mundo], no caso do HIV-2). Os modos comuns de transmissão do HIV são mostrados na Figura 11.3. A AIDS pode levar 10 a 15 anos para se desenvolver após a infecção pelo HIV. Informações adicionais sobre a AIDS podem ser encontradas no Capítulo 18, *Infecções Virais em Seres Humanos.* As seguintes estatísticas, que demonstram a gravidade para qualquer um que pensava que a AIDS estava "em retirada", foram obtidas dos *sites* da OMS e dos CDC (http://www.who.int/ e http://www.cdc.gov, respectivamente):

- O HIV foi responsável por 35 milhões de mortes nessas últimas três décadas
- Foi estimado em 36,7 milhões o número total de pessoas que viviam com o HIV pelo mundo em 2015. Quase 70% dos indivíduos infectados pelo HIV estão na África Subsaariana

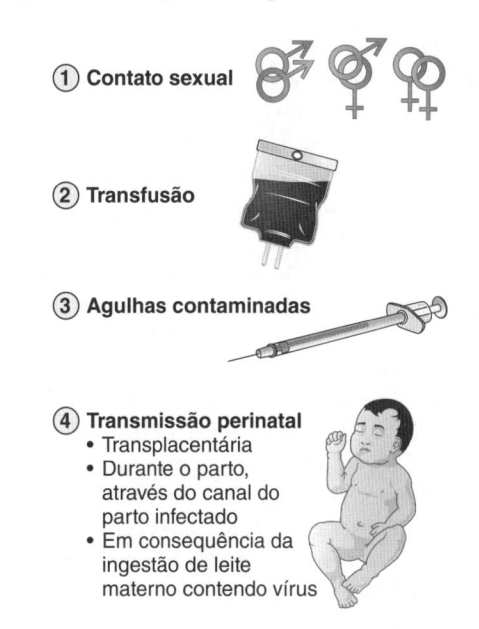

① Contato sexual

② Transfusão

③ Agulhas contaminadas

④ Transmissão perinatal
- Transplacentária
- Durante o parto, através do canal do parto infectado
- Em consequência da ingestão de leite materno contendo vírus

Figura 11.3 Modos comuns de transmissão do HIV. (Redesenhada de Harvey RA *et al. Lippincott's illustrated reviews: microbiology.* 3rd ed. Philadelphia, PA: Lippincott Williams & Wilkins; 2013.)

- Segundo estimativas, a pandemia global da AIDS matou 1,1 milhão de pessoas no mundo inteiro em 2015 (mais de 3.013 mortes por dia)
- Em 2016, foi estimado que, nos EUA, 39.782 pessoas foram diagnosticadas com infecção pelo HIV. Desde o início da epidemia, estima-se que mais de 1,2 milhão de indivíduos tenham sido diagnosticados com AIDS nos EUA
- De acordo com os CDC, estima-se que, nos EUA, 1,1 milhão de pessoas estejam atualmente vivendo com infecção pelo HIV. Um em cada sete desses indivíduos não tem conhecimento de sua infecção.

Nota histórica
AIDS nos EUA

Foi estabelecido que, nos EUA, a epidemia de AIDS começou oficialmente com a publicação da revista Morbidity and Mortality Weekly Report (MMWR) em 5 de junho de 1981. Essa publicação continha um relato de cinco casos de pneumonia por *Pneumocystis carinii* (PPC) em pacientes do sexo masculino no UCLA Medical Center. Posteriormente, foi demonstrado que as infecções causadas por PPC resultam de uma síndrome que, em setembro de 1982, foi denominada síndrome de imunodeficiência adquirida, ou AIDS. Somente em 1983 é que foi descoberto o vírus causador da doença, agora denominado vírus da imunodeficiência humana, ou HIV. Até o final de 2016, mais de 630.000 norte-americanos (mais do que os que morreram na I e II Guerras Mundiais juntas) morreram de AIDS (*P. carinii* é atualmente denominado *Pneumocystis jirovecii*).

Tuberculose. Outra pandemia atual é a TB. Para complicar mais o problema, muitas cepas do *Mycobacterium tuberculosis* (o agente etiológico da doença) desenvolveram resistência aos fármacos que são utilizados no seu tratamento. A TB causada por essas cepas é conhecida como *tuberculose multirresistente* (MDR-TB, *multidrug-resistant tuberculosis*) ou, em alguns casos, *tuberculose extensivamente resistente* (XDR-TB, *extensively drug-resistant tuberculosis*). Algumas cepas do *M. tuberculosis* desenvolveram resistência a todos os fármacos e a todas as combinações de fármacos que já foram utilizados no tratamento da TB. A MDR-TB e a XDR-TB são encontradas em praticamente todas as regiões do mundo, incluindo os EUA. De acordo com a OMS, a China, a Índia e a Federação Russa são as que apresentam as mais altas taxas de ocorrência de MDR-TB. Informações adicionais sobre a TB podem ser encontradas no Capítulo 19, *Infecções Bacterianas em Seres Humanos*. As seguintes estatísticas foram obtidas dos *sites* da OMS e dos CDC:

- Entre as doenças infecciosas, a TB ocupa o segundo lugar depois do HIV/AIDS como maior causa de morte por um único agente infeccioso no mundo inteiro
- A TB é uma pandemia mundial. Em 2015, 10,4 milhões de pessoas estavam com a doença, e 1,8 milhão morreram por causa dela
- Seis países são responsáveis por 60% dos casos totais. A Índia detém o maior número de casos, seguida de Indonésia, China, Nigéria, Paquistão e África do Sul
- Em 2015, a MDR-TB foi encontrada praticamente em todos os países investigados, e aproximadamente 480.000 indivíduos desenvolveram MDR-TB
- Cerca de um terço da população mundial apresenta TB latente, ou seja, pessoas que foram infectadas pelas bactérias causadoras de TB, mas que (ainda) não estão doentes e não podem transmitir a doença
- Em 2015, foi estimado em 1 milhão o número de crianças infectadas com TB, e 170.000 crianças morreram da doença
- A TB constitui a principal causa de morte entre pessoas infectadas pelo HIV, causando 35% de todas as mortes pelo vírus
- Em 2015, 9.557 novos casos de TB nos EUA foram notificados aos CDC. Esse registro representou, na realidade, um aumento de 1,6% no número de casos em comparação com o ano anterior, embora a incidência de 3,0 por 100.000 não tenha se modificado. Os CDC registraram um total de 493 mortes por TB nos EUA em 2014.

Malária. A malária constitui a quinta causa principal de morte por doenças infecciosas no mundo inteiro (depois das infecções respiratórias, HIV/AIDS, doenças diarreicas e TB). As estatísticas a seguir foram obtidas dos *sites* da OMS e dos CDC. Informações adicionais sobre a malária podem ser encontradas no Capítulo 21, *Infecções Parasitárias em Seres Humanos*.

- Cerca de metade da população mundial (3,3 bilhões de pessoas) vive em áreas de risco de transmissão da malária em 109 países e territórios

- Trinta e cinco países (trinta na África Subsaariana e cinco na Ásia) respondem por 98% de todas as mortes por malária no mundo
- Em 2015, foram registrados cerca de 212 milhões de casos de malária em todo o mundo
- Em 2015, a malária causou um número estimado de 429.000 mortes em todo o mundo, sendo a maioria dos casos observada em crianças africanas. É a segunda causa principal de morte por doenças infecciosas na África, depois do HIV/AIDS. Em 2015, 303.000 crianças com menos de 5 anos de idade morreram de malária, e 292.000 desses casos ocorreram na África. Isso significa que uma criança com menos de 5 anos de idade morre de malária a cada 2 minutos
- Nos EUA, são registrados, em média, 1.700 casos de malária a cada ano
- A maioria dos casos de malária diagnosticados nos EUA consiste em pessoas que adquiriram a infecção fora do país
- A malária transmitida por mosquito ocorre nos EUA, mas apenas raramente. Em praticamente todos os casos, os mosquitos vetores tornam-se infectados ao picar indivíduos que adquiriram a malária fora dos EUA.

INTERAÇÕES ENTRE PATÓGENOS, HOSPEDEIROS E MEIO AMBIENTE

A ocorrência ou não de uma doença infecciosa depende de muitos fatores, alguns dos quais estão listados a seguir.

- Fatores relacionados com o patógeno:
  - Virulência do patógeno (será discutida no Capítulo 14, *Patogenia das Doenças Infecciosas*. A virulência é uma medida ou grau de patogenicidade; alguns patógenos são mais virulentos do que outros)
  - Modo pelo qual o patógeno entra no corpo (existe alguma porta de entrada?)
  - Número de organismos que entram no corpo (*i. e.,* haverá quantidade suficiente para causar infecção?)
- Fatores relacionados com o hospedeiro (*i. e.,* o indivíduo que pode se tornar infectado):
  - Estado de saúde do indivíduo (p. ex., a pessoa está hospitalizada? Ele ou ela apresenta alguma doença subjacente? A pessoa foi submetida a procedimentos médicos ou cirúrgicos invasivos ou a cateterismo? Possui alguma prótese?)
  - Estado nutricional do indivíduo
  - Outros fatores relacionados com a suscetibilidade do hospedeiro (p. ex., idade, estilo de vida [comportamento], nível socioeconômico, ocupação, viagens, higiene, uso abusivo de substâncias e estado imunológico [imunizações ou exposição prévia ao patógeno])
- Fatores relacionados com o ambiente:
  - Aspectos físicos, como localização geográfica, clima, calor, frio, umidade e estação do ano

> A ocorrência ou não de uma doença infecciosa depende de muitos fatores, incluindo os relacionados com o patógeno, os ligados ao hospedeiro e os associados ao ambiente.

- Disponibilidade de reservatórios apropriados (discutidos posteriormente neste capítulo), hospedeiros intermediários (abordados no Capítulo 21, *Infecções Parasitárias em Seres Humanos*) e vetores (discutidos mais adiante neste capítulo)
- Condições sanitárias e habitacionais, eliminação adequada de resíduos e cuidados adequados com a saúde
- Disponibilidade de água potável (para consumo).

CADEIA DE INFECÇÃO

Existem seis componentes na cadeia epidemiológica (também conhecida como *cadeia de infecção*). Eles estão ilustrados na Figura 11.4 e listados a seguir:

1. Em primeiro lugar, é necessário um patógeno. Por exemplo, será considerado que o patógeno é um vírus do resfriado.
2. É necessária uma fonte do patógeno (*i. e.*, um reservatório). Na Figura 11.4, o indivíduo infectado à direita ("Andy") é o reservatório e está resfriado.
3. É necessária uma porta de saída (maneira pela qual o patógeno consegue escapar do reservatório). Quando Andy assoa o nariz, os vírus do resfriado vão para as suas mãos.
4. É necessário um modo de transmissão (modo como o patógeno se desloca de Andy para outra pessoa). Na Figura 11.4, o vírus do resfriado está sendo transferido por contato direto entre Andy e seu amigo ("Bob"), pelo aperto de mãos.
5. É necessária uma porta de entrada (maneira pela qual o patógeno consegue entrar em Bob). Quando Bob coça o nariz, o vírus do resfriado é transferido de sua mão para a mucosa do nariz.

> Os seis componentes da cadeia de infecção são os seguintes: (a) um patógeno, (b) um reservatório da infecção, (c) uma porta de saída, (d) um modo de transmissão, (e) uma porta de entrada e (f) um hospedeiro suscetível.

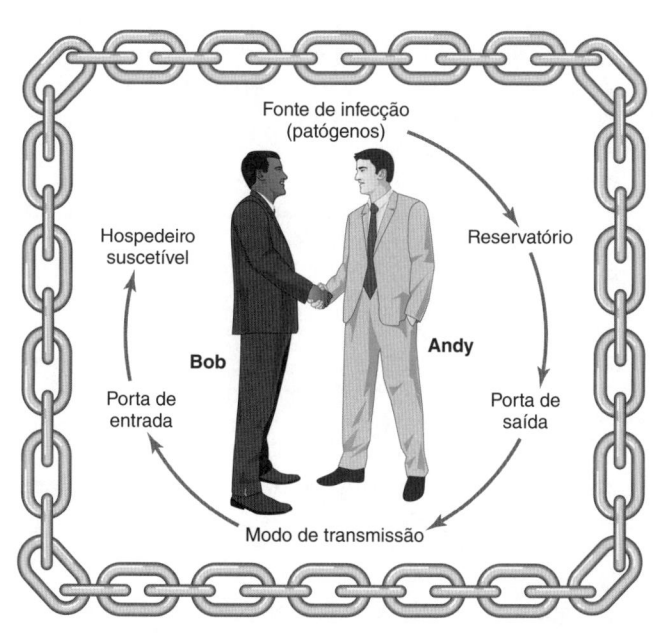

Figura 11.4 Os seis componentes no processo da doença infecciosa, também conhecidos como cadeia de infecção.

6. É necessário um hospedeiro suscetível. Por exemplo, Bob pode não ser um hospedeiro suscetível (e, portanto, não desenvolverá resfriado) se tiver sido previamente infectado pelo vírus específico do resfriado e tiver desenvolvido imunidade contra ele.

ESTRATÉGIAS PARA ROMPER A CADEIA DE INFECÇÃO

Para evitar a ocorrência de doenças infecciosas, é necessário tomar medidas para romper em algum ponto a cadeia de infecção. As estratégias utilizadas para isso serão discutidas de modo detalhado no Capítulo 12, *Epidemiologia na Área de Assistência à Saúde e Prevenção e Controle das Infecções*, mas algumas das metas gerais consistem em:

- Eliminar ou conter os reservatórios de patógenos, ou restringir a persistência dele na fonte
- Evitar o contato com substâncias infecciosas nas vias de saída
- Eliminar os meios de transmissão
- Bloquear a exposição às vias de entrada
- Reduzir ou eliminar a suscetibilidade dos hospedeiros potenciais.

Alguns dos métodos específicos para interromper a cadeia de infecção são:

- Praticar a higiene efetiva das mãos
- Manter uma boa nutrição e repouso adequado, e reduzir o estresse
- Realizar imunizações contra patógenos comuns
- Praticar medidas de controle de insetos e roedores
- Realizar procedimentos apropriados de isolamento de pacientes
- Assegurar uma descontaminação apropriada das superfícies e dos instrumentos médicos
- Descartar adequadamente materiais perfurocortantes e resíduos infecciosos
- Utilizar luvas, aventais, máscaras, respiradores e outros equipamentos protetores pessoais sempre que for apropriado fazê-lo
- Utilizar dispositivos de segurança de agulhas durante a coleta de sangue.

RESERVATÓRIOS DE INFECÇÃO

As fontes de micróbios que causam doenças infecciosas são numerosas e variadas, conhecidas como reservatórios de infecção, ou simplesmente reservatórios. Um reservatório é qualquer lugar onde o patógeno pode multiplicar-se ou meramente sobreviver até que seja transferido para um hospedeiro. Os reservatórios podem ser hospedeiros vivos ou objetos e materiais inanimados (Figura 11.5).

Reservatórios vivos

Os reservatórios vivos incluem seres humanos, animais de estimação, de fazenda e silvestres, determinados insetos e aracnídeos (carrapatos e ácaros). Os reservatórios humanos

Figura 11.5 Os reservatórios de infecção incluem solo, poeira, água e alimentos contaminados e insetos, bem como seres humanos, animais domésticos e animais silvestres infectados.

e animais podem ou não apresentar doença causada pelos patógenos que estão abrigando.

Portadores humanos

Os reservatórios mais importantes de doenças infecciosas humanas são outros seres humanos – indivíduos com doenças infecciosas, bem como portadores. Um portador é alguém colonizado por determinado patógeno, o qual, no momento, não está causando doença. Entretanto, o patógeno pode ser transmitido do portador para outros seres humanos, que podem ficar doentes. Existem vários tipos de portadores, a saber:

- Os portadores passivos carregam o patógeno sem nunca ter desenvolvido a doença e são assintomáticos. Eles também podem não ser infectados, mas transferir os agentes infecciosos de pessoas infectadas para outras não infectadas pelas mãos e por contato com instrumentos
- Um portador incubador é um indivíduo capaz de transmitir o patógeno durante o período de incubação de determinada doença infecciosa
- Os portadores convalescentes abrigam determinado patógeno e podem transmiti-lo enquanto se recuperam de uma doença infecciosa (ou seja, durante o período de convalescença)
- Os portadores ativos recuperaram-se por completo da doença, mas continuam abrigando indefinidamente o patógeno (p. ex., ver boxe "Nota histórica: 'Mary tifoide': uma infame portadora").

> Um portador é um indivíduo colonizado com determinado patógeno, o qual não está causando doença no portador no momento. O indivíduo é descrito como assintomático.

As secreções respiratórias e as fezes geralmente são os meios pelos quais o patógeno é transferido, seja diretamente do portador para o indivíduo suscetível ou indiretamente, pela água e os alimentos. Os portadores humanos são muito importantes na disseminação das infecções por estafilococos e estreptococos, bem como na propagação de hepatite, difteria, disenteria, meningite, coqueluche e DST.

Nota histórica

"Mary tifoide": uma infame portadora

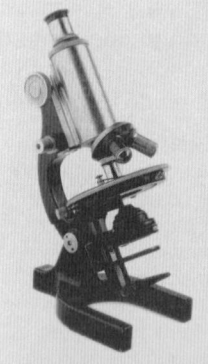

Mary Mallon era empregada doméstica (uma cozinheira) que tinha trabalhado na Cidade de Nova York no início de 1900. Tinha se recuperado de uma febre tifoide adquirida anteriormente e, embora não estivesse mais doente, continuava sendo uma portadora. *Samonella typhi*, agente etiológico da febre tifoide, continuava vivendo em sua vesícula biliar e era eliminada nas fezes. Aparentemente, as práticas higiênicas dessa cozinheira eram inadequadas, de modo que, por meio de suas mãos, ela possivelmente transportava *Salmonella* do banheiro para a cozinha, onde, involuntariamente, introduzia a bactéria nos alimentos que preparava. Depois de vários surtos de febre tifoide terem sido atribuídos a ela, ofereceram-lhe a opção de retirar cirurgicamente a vesícula biliar ou ser presa. Ela optou pela prisão, onde passou vários anos. Foi liberada da cadeia após prometer nunca mais voltar a cozinhar profissionalmente. Entretanto, a atração pela cozinha era muito grande. Mudou de nome e reiniciou a sua profissão em vários hotéis, restaurantes e hospitais. Como tinha ocorrido no passado, "em todo lugar onde Mary fosse, era certa a ocorrência de febre tifoide". Foi novamente detida e passou seus últimos anos em quarentena no hospital da Cidade de Nova York. Morreu em 1938, aos 70 anos de idade.

Animais

Conforme anteriormente assinalado, as doenças infecciosas que os seres humanos adquirem de fontes animais são denominadas doenças zoonóticas ou zoonoses. Muitos animais de estimação e outros constituem importantes reservatórios de zoonoses, que são adquiridas por contato direto com o animal, por inalação ou ingestão do patógeno, ou por inoculação deste por um artrópode vetor. As medidas para o controle das doenças zoonóticas incluem: uso de equipamento protetor pessoal durante a manipulação de animais, vacinação dos animais, uso apropriado de pesticidas, isolamento ou eliminação dos animais infectados e descarte adequado das carcaças de animais e produtos residuais.

> As doenças zoonóticas (zoonoses) são doenças infecciosas que os seres humanos adquirem de fontes animais.

Exemplos de zoonoses. Cães, gatos, morcegos, gambás, guaxinins e outros animais são reservatórios conhecidos da raiva, cujo vírus é comumente transmitido para o ser humano por meio da saliva, que é inoculada quando um desses animais raivosos morde um ser humano. Com frequência, as mordidas de cães e gatos transmitem bactérias da boca dos animais para os tecidos humanos, podendo resultar em infecções graves. A toxoplasmose, uma doença causada pelo protozoário *Toxoplasma gondii*, pode ser contraída pela ingestão de oocistos encontrados nas fezes de gatos colocadas em caixas de lixo ou de areia, bem como pela ingestão de cistos presentes em carnes infectadas cruas ou mal cozidas. A toxoplasmose pode causar grave dano cerebral ou morte do feto quando contraída por uma mulher durante o primeiro trimestre (primeiros 3 meses) de gravidez. A doença diarreica, a salmonelose, é frequentemente adquirida pela ingestão da bactéria *Salmonella* encontrada nas fezes de tartarugas, outros répteis e aves domésticas. Uma forma variante da doença de Creutzfeldt-Jakob nos seres humanos, denominada doença Creutzfeldt-Jakob variante, pode ser adquirida pela ingestão de carne infectada por príons provenientes de vacas com encefalopatia espongiforme bovina ("doença da vaca louca"). As pessoas que removem a pele de coelhos podem ser infectadas pela bactéria *Francisella tularensis* e desenvolver tularemia. O contato com animais mortos ou couro de animais pode resultar na inalação dos esporos de *Bacillus anthracis*, levando ao antraz inalatório, ou os esporos podem entrar através de um corte na pele, causando antraz cutâneo. A ingestão dos esporos pode levar ao antraz gastrintestinal. A psitacose ou "febre do papagaio" é uma infecção respiratória, que pode ser adquirida de aves infectadas (geralmente periquitos e papagaios).

Nos EUA, a infecção zoonótica mais prevalente é a doença de Lyme (discutida mais adiante em "Artrópodes"), uma das muitas zoonoses transmitidas por artrópodes (as doenças veiculadas por artrópodes são doenças transmitidas por esses animais). Outras zoonoses que ocorrem nos EUA incluem a brucelose, a campilobacteriose, a criptosporidiose, a equinococose, a ehrlichiose, a síndrome pulmonar por hantavírus (SPH), a leptospirose, a pasteurelose, a peste, a febre Q, a dermatofitose, a riquetsiose com febre maculosa e várias encefalites virais (p. ex., encefalite equina do oeste, encefalite equina do leste, encefalite de St. Louis, encefalite da Califórnia e encefalite do WNV). A Tabela 11.1 fornece uma lista de algumas das mais de 200 zoonoses conhecidas. Para uma discussão

> Existem mais de 200 zoonoses conhecidas (doenças que podem ser transmitidas de animais para seres humanos).

Tabela 11.1 Exemplos de doenças zoonóticas.

Categoria	Doença	Patógeno	Reservatório(s) animal(is)	Modo de transmissão
Doenças causadas por vírus	Influenza aviária ("gripe aviária")	Vírus influenza	Aves	Contato direto ou indireto com aves infectadas
	Encefalite equina	Vários arbovírus	Aves, pequenos mamíferos	Picada de mosquito
	SPH	Hantavírus	Roedores	Inalação de poeira ou aerossóis contaminados
	Febre de Lassa	Vírus Lassa	Roedores silvestres	Inalação de poeira ou aerossóis contaminados
	Doença de Marburg	Vírus Marburg	Macacos	Contato com sangue ou tecidos de macacos infectados
	Raiva	Vírus da raiva	Cães, gatos, gambás, raposas, lobos, guaxinins, coiotes e morcegos com raiva	Mordida de animais ou inalação
	Febre amarela	Vírus da febre amarela	Macacos	Picada do mosquito *Aedes aegypti*
	Encefalite por WNV	WNV	Aves	Picada de mosquito
Doenças causadas por bactérias	Antraz	*Bacillus anthracis*	Gado bovino, ovinos, caprinos	Inalação, ingestão, penetração por cortes na pele, contato com membranas mucosas
	TB bovina	*Mycobacterium bovis*	Gado bovino	Ingestão
	Brucelose	*Brucella* spp.	Gabo bovino, suínos, caprinos	Inalação, ingestão de leite contaminado, penetração através de cortes na pele, contato com membranas mucosas

(continua)

Tabela 11.1 Exemplos de doenças zoonóticas. (*continuação*)

Categoria	Doença	Patógeno	Reservatório(s) animal(is)	Modo de transmissão
	Campilobacteriose	*Campylobacter* spp.	Mamíferos silvestres, gado bovino, ovinos, animais de estimação	Ingestão de água e alimento contaminados
	Doença da arranhadura do gato	*Bartonella henselae*	Gatos domésticos	Arranhadura, mordida ou lambida de gato
	Ehrlichiose	*Ehrlichia* spp.	Cervos, camundongos	Picada de carrapato
	Tipo endêmico	*Rickettsia typhi*	Roedores	Picada de pulga
	Leptospirose	*Leptospira* spp.	Gado bovino, roedores, cães	Contato com urina de animal contaminado
	Doença de Lyme	*Borrelia burgdorferi*	Cervos, roedores	Picada de ácaro
	Pasteurelose	*Pasteurella multocida*	Cavidade oral de animais	Mordidas, arranhaduras
	Peste	*Yersinia pestis*	Roedores	Picada de pulga
	Psitacose (ornitose, febre do papagaio)	*Chlamydophila psittaci*	Papagaios, periquitos, outras aves de estimação, pombos, aves domésticas	Inalação de poeira e aerossóis contaminados
	Febre recorrente	*Borrelia* spp.	Roedores	Picada de carrapato
	Riquetsiose variceliforme	*Rickettsia akari*	Roedores	Picada de ácaro
	Riquetsiose com febre maculosa	*Rickettsia rickettsii*	Roedores, cães	Picada de carrapato
	Salmonelose	*Salmonella* spp.	Aves domésticas, animais de fazenda, répteis	Ingestão de alimento contaminado, manipulação de répteis
	Tifo rural	*Orientia tsutsugamushi*	Roedores	Picada de ácaro
	Tularemia	*Francisella tularensis*	Mamíferos silvestres	Penetração por cortes na pele, inalação, picada de carrapato ou de mosca do cervo
	Febre Q	*Coxiella burnetii*	Gado bovino, ovinos, caprinos	Picada de carrapato, ar, contato leve com animais infectados
Doenças causadas por fungos	Esporotricose	*Sporothrix schenckii, Sporothrix brasiliensis*	Gatos, tatus	Contato com animais
	Histoplasmose	*Histoplasma capsulatum*	Morcegos, pombos	Inalação de esporos em solo contaminado por excrementos de morcegos, pombos
	Peniciliose	*Talaromyces (Penicillium) marneffei*	Talvez ratos	Contato com animais infectados ou o ambiente
	Infecções por tinha (dermatofitoses)	Vários dermatófitos	Vários animais, incluindo cães	Contato com animais infectados
Doenças causadas por protozoários	Tripanossomíase africana	Subespécies de *Trypanosoma brucei*	Gado bovino, animais de caça silvestres	Picada da mosca tsé-tsé
	Tripanossomíase americana (doença de Chagas)	*Trypanosoma cruzi*	Numerosos animais silvestres e domésticos, incluindo cães, gatos e roedores silvestres	Tripomastigotas nas fezes do barbeiro, que são esfregadas na ferida da picada ou nos olhos
	Babesiose	*Babesia microti*	Cervo, camundongo, ratazanas	Picada de carrapato
	Leishmaniose	*Leishmania* spp.	Roedores, cães	Picada do mosquito-palha
	Toxoplasmose	*Toxoplasma gondii*	Gatos, suínos, ovinos, raramente gado bovino	Ingestão de oocistos em fezes de gato ou cistos em carne crua ou mal cozida
Doenças causadas por helmintos	Equinococose (hidatidose)	*Echinococcus granulosis*	Cães	Ingestão de ovos
	Infecção pela tênia do cão	*Dipylidium caninum*	Cães, gatos	Ingestão de pulga contendo o estágio de larva
	Infecção pela tênia do rato	*Hymenolepis diminuta*	Roedores	Ingestão de besouro contendo o estágio de larva

SPH, síndrome pulmonar por hantavírus; TB, tuberculose; WNV, vírus do oeste do Nilo.

daquelas associadas aos cuidados de saúde, deve-se consultar o Capítulo 12, *Epidemiologia na Área de Assistência à Saúde e Prevenção e Controle das Infecções*.

Artrópodes

Tecnicamente, os artrópodes são animais; porém, eles estão sendo discutidos aqui separadamente de outros, visto que, como grupo, estão comumente associados a infecções humanas. Muitos tipos diferentes de artrópodes servem como reservatórios de infecção, incluindo insetos (p. ex., mosquitos, mutuca, piolhos e pulgas) e aracnídeos (p. ex., ácaros e carrapatos). Quando envolvidos na transmissão de doenças infecciosas, esses artrópodes são descritos como vetores.

O artrópode vetor pode inicialmente alimentar-se do sangue de um indivíduo ou animal infectado e, em seguida, transferir o patógeno para o indivíduo saudável. A doença de Lyme, por exemplo, é a doença transmitida por artrópodes mais comum nos EUA. Em primeiro lugar, um carrapato alimenta-se do sangue de um cervo ou camundongo infectados (Figura 11.6) e torna-se infectado pela *Borrelia burgdorferi*, a espiroqueta que causa a doença de Lyme. Algum tempo depois, ele alimenta-se do sangue de um ser humano e, nesse processo, inocula a bactéria na pessoa. Os carrapatos são vetores particularmente notórios (Figura 11.7). Nos EUA, existem pelo menos 10 doenças infecciosas que são transmitidas por carrapatos (ver boxe "Auxílio ao estudo: Doenças transmitidas por carrapatos nos EUA"). Outras infecções transmitidas por carrapatos estão listadas na Tabela 11.2. O Capítulo 21, *Infecções Parasitárias em Seres Humanos*, fornece informações adicionais sobre os artrópodes.

Tabela 11.2 Artrópodes que servem como vetores de doenças infecciosas humanas.

Vetores	Doença(s)
Borrachudos (*Simulium* spp.)	Oncocercíase ("cegueira do rio") (H)
Cyclops spp.	Infecção pela tênia do peixe (H), infecção pelo verme-da-Guiné (H)
Pulgas	Infecção pela tênia do cão (H), tifo endêmico (B), tifo murino (B), peste (B)
Piolhos	Febre recorrente epidêmica (B), tifo epidêmico (B), febre das trincheiras (B)
Ácaros	Riquetsiose variceliforme (B), tifo rural (B)
Mosquitos	Vírus Chikungunya (V), dengue (V), filaríase ("elefantíase") (H), malária (P), encefalite viral (V), febre amarela (V), Zika (V)
Reduvídeos	Tripanossomíase americana (doença de Chagas) (P)
Mosquito-palha (*Phlebotomus* spp.)	Leishmaniose (P)
Carrapatos	Anaplasmose (B), babesiose (P), febre do carrapato do Colorado (V), ehrlichiose (B), doença de Lyme (B), febre recorrente (B), riquetsiose com febre maculosa (B), tularemia (B)
Moscas tsé-tsé (*Glossina* spp.)	Tripanossomíase africana (P)

B, doença causada por bactérias; H, doença causada por helmintos; P, doença causada por protozoários; V, doença causada por vírus.

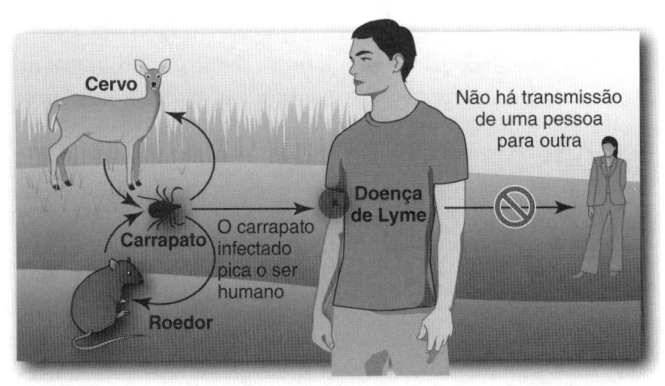

Figura 11.6 Transmissão da doença de Lyme. A *Borrelia burgdorferi*, agente etiológico da doença de Lyme, é mantida na natureza em roedores e cervos. Quando um carrapato se alimenta de um animal infectado e, em seguida, em um ser humano, o microrganismo pode causar a doença. A doença de Lyme é considerada zoonótica, mas não transmissível (comparar com a Figura 11.13).

Figura 11.7 Macho do carrapato da madeira das Montanhas Rochosas, *Dermacentor andersoni*. Agente etiológico da riquetsiose com febre maculosa; é um vetor conhecido da *Rickettsia rickettsii*. (Disponibilizada pelo Dr. Christopher Paddock e pelos CDC.) (Esta figura encontra-se reproduzida em cores no Encarte.)

Auxílio ao estudo

Doenças transmitidas por carrapatos nos EUA

- Doenças causadas por vírus:
  - Febre do carrapato do Colorado
  - Encefalite pelo vírus Powassan
- Doenças causadas por bactérias:
  - Anaplasmose granulocítica humana
  - Ehrlichiose monocítica humana
  - Doença de Lyme
  - Febre Q
  - Riquetsiose com febre maculosa
  - Febre recorrente transmitida por carrapato
  - Tularemia
- Doença causada por protozoários:
  - Babesiose.

Além de servir como vetores nessas doenças infecciosas, os carrapatos podem causar paralisia por carrapato.

Reservatórios não vivos

> O ar, o solo, a poeira, o alimento, o leite, a água e os fômites são exemplos de reservatórios de infecção não vivos ou inanimados.

Os reservatórios não vivos, ou inanimados, de infecção incluem o ar, o solo, a poeira, o alimento, o leite, a água e os fômites (definidos posteriormente neste capítulo). O ar pode tornar-se contaminado por poeira ou pelas secreções respiratórias de seres humanos, que são expelidas com a respiração, a fala, os espirros e a tosse. As doenças mais altamente contagiosas incluem os resfriados e a influenza, em que os vírus respiratórios podem ser transmitidos através do ar em gotículas de secreções do trato respiratório.

As correntes de ar e a ventilação podem transportar patógenos respiratórios em todos os ambientes de cuidados com a saúde e outras construções. As partículas de poeira podem transportar esporos de certas bactérias e partículas secas de excreções de seres humanos e animais contendo patógenos. As bactérias não têm a capacidade de se multiplicar no ar, mas podem ser facilmente transportadas por partículas carreadas pelo ar até um local quente, úmido e rico em nutrientes, onde elas podem se multiplicar. Além disso, algumas doenças respiratórias (p. ex., histoplasmose e mucormicose) são frequentemente transmitidas por poeira contendo conídeos ou esporos. O solo contém esporos de espécies de *Clostridium*, que causam tétano, botulismo e gangrena gasosa. Qualquer uma dessas doenças pode ocorrer após a introdução de esporos em uma ferida aberta.

Os alimentos e o leite podem ser contaminados por manipulação descuidada, possibilitando a entrada de patógenos provenientes do solo, de partículas de poeira, das mãos sujas, do cabelo e de secreções respiratórias. Se esses patógenos não forem destruídos por meio de processamento e cozimento adequados, podem ocorrer diarreia e gastrenterite. Conforme assinalado anteriormente, as doenças transmitidas por alimentos são responsáveis, nos EUA, por cerca de 48 milhões de casos por ano. As doenças frequentemente transmitidas por alimentos e água incluem: amebíase (causada pela ameba *Entamoeba histolytica*), botulismo (causado pela bactéria *Clostridium botulinum*), campilobacteriose (causada por *Campylobacter jejuni*), envenenamento alimentar por *C. perfringens*, hepatite infecciosa (causada pelo vírus da hepatite A), salmonelose (causada por *Salmonella* spp.), shigelose (causada por *Shigella* spp.), envenenamento alimentar por estafilococos e triquinose (doença causada por helminto, pela ingestão de larvas de *Trichinella spiralis* na carne de porco). Outros patógenos comuns que são transmitidos por alimentos e água estão listados na Tabela 11.3.

A matéria fecal de seres humanos e de animais proveniente de latrinas, fossas e pátios de confinamento é frequentemente carreada para abastecimentos de água. Assim, o despejo incorreto de esgoto e o tratamento inadequado da água potável contribuem para a disseminação dos patógenos fecais e do solo.

Os *fômites* são objetos inanimados capazes de transmitir patógenos. Os que são encontrados em ambientes de cuidados com a saúde incluem aventais, roupas de cama, toalhas, talheres e copos dos pacientes, além de equipamentos hospitalares, como comadres, estetoscópios, luvas de látex, termômetros eletrônicos e eletrodos de eletrocardiograma, que se tornam contaminados por patógenos provenientes do trato respiratório, trato intestinal ou pele dos pacientes. Até mesmo telefones, maçanetas e teclados de computadores podem servir como fômites. Os profissionais de saúde devem ter muito cuidado para evitar a transmissão de patógenos de reservatórios vivos e não vivos para pacientes hospitalizados.

MODOS DE TRANSMISSÃO

Os profissionais de saúde precisam estar totalmente familiarizados com as fontes (reservatórios) de patógenos potenciais e suas vias de transmissão. Uma epidemia hospitalar por estafilococos pode começar quando as condições assépticas não são rigorosamente seguidas e quando um portador do *Staphylococcus aureus* transmite o patógeno a pacientes

---

Tabela 11.3 Patógenos comumente transmitidos por alimentos e água.

Patógeno	Veículo	Comentários
Campylobacter jejuni (bactéria)	Galinhas	–
Cryptosporidium parvum, *Cryptosporidium hominis* (protozoário)	Água potável	Altamente resistente a desinfetantes utilizados na purificação da água potável
Cyclospora cayetanensis (protozoário)	Água potável, framboesas	–
E. coli O157:H7 (bactéria) e outras cepas STEC	Carnes, produtos contaminados por esterco em campos de plantações (p. ex., brotos), água potável	–
Giardia duodenalis (também denominada *Giardia lamblia* e *Giardia intestinalis*) (protozoário)	Água potável	Moderadamente resistente a desinfetantes utilizados na purificação da água potável
Listeria monocytogenes (bactéria)	Queijos moles e carnes finas	–
Salmonella enteritidis (bactéria)	Ovos	–
Salmonella typhimurium DT-104 (bactéria)	Leite não pasteurizado	Resistente a muitos antibióticos
Shigella spp. (bactéria)	Água potável	–

Nota: Outros patógenos transmitidos por alimentos e água são mencionados no texto.

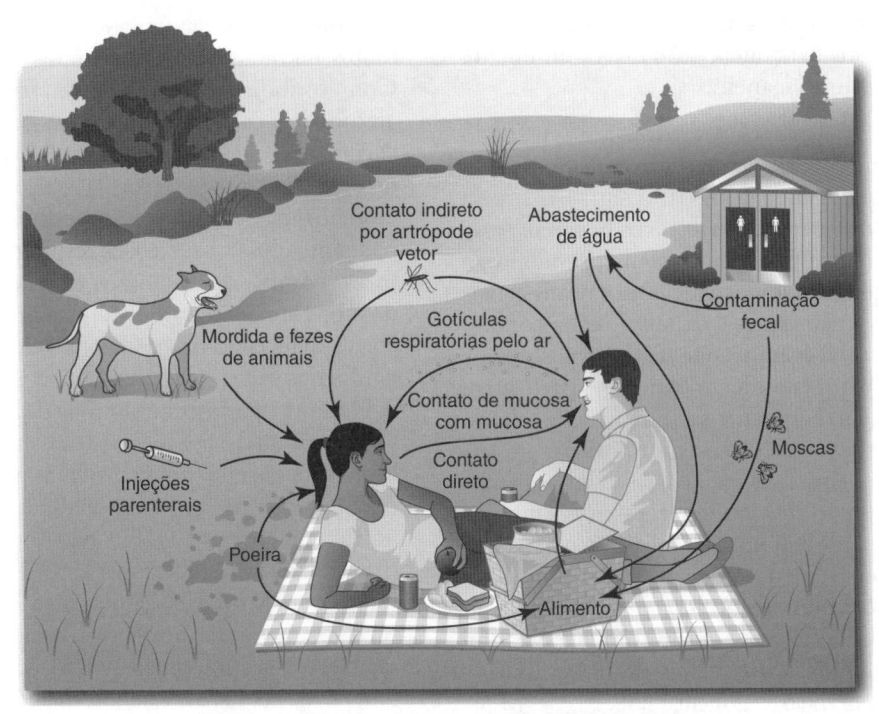

Figura 11.8 Modos de transmissão de doenças.

suscetíveis (p. ex., bebês, pacientes cirúrgicos, indivíduos debilitados). Essa infecção pode disseminar-se rapidamente por toda a população hospitalar.

Os cinco modos principais pelos quais ocorre transmissão de patógenos são: transmissão por contato (direto ou indireto), por gotículas, pelo ar, veicular e por vetores (Figura 11.8 e Tabela 11.4). A transmissão por gotículas envolve a transferência de patógenos por meio de gotículas infecciosas (partículas de 5 μm de diâmetro ou mais). Elas podem ser produzidas pela tosse, pelos espirros e até mesmo pela fala. A transmissão pelo ar envolve a dispersão de núcleos de gotículas, que constituem o resíduo de gotículas evaporadas, com diâmetro inferior a 5 μm. A transmissão veicular envolve objetos inanimados contaminados ("veículos"), como alimentos, água, poeira e fômites. Os vetores incluem vários tipos de insetos e aracnídeos.

> Os cinco modos principais pelos quais ocorre transmissão de patógenos são: transmissão por contato (direto ou indireto), por gotículas, pelo ar, veicular e por vetores.

Tabela 11.4 Vias comuns de transmissão de doenças infecciosas.

Via de saída	Via de transmissão ou porta de entrada	Doenças
Pele	Descamação da pele → ar → trato respiratório	Varicela, resfriado, influenza, sarampo, infecções por estafilococos e estreptococos
	Da pele para a pele	Impetigo, eczema, furúnculos, verrugas, sífilis
Secreções respiratórias	Inalação de gotículas de aerossol	Resfriados, influenza, pneumonia, caxumba, sarampo, varicela, TB
	Nariz ou boca → mão ou objeto → nariz	–
Secreções gastrintestinais	Fezes → mão → boca	Gastrenterite, hepatite, salmonelose, shigelose, febre tifoide, cólera, giardíase, amebíase
	Fezes → solo, alimento ou água → boca	–
Saliva	Transferência direta pela saliva	Herpes labial, mononucleose infecciosa, faringite estreptocócica
Secreções genitais	Secreções uretrais ou cervicais	Gonorreia, herpes, infecção por *Chlamydia*
	Sêmen	Infecção por citomegalovírus, AIDS, sífilis, verrugas
Sangue	Transfusão ou picada por agulha	Hepatites B e C, infecção por citomegalovírus, malária, AIDS
	Picada de insetos	Malária, febre recorrente
Zoonótica	Mordida de animais	Raiva
	Contato com carcaças de animais	Tularemia, antraz
	Artrópodes	Riquetsiose com febre maculosa, doença de Lyme, tifo, encefalite viral, febre amarela, malária, peste

TB, tuberculose; AIDS, síndrome da imunodeficiência adquirida.

As doenças transmissíveis – doenças infecciosas que são passadas de uma pessoa para outra – são mais comumente transmitidas das seguintes maneiras:

- Contato direto da pele com a pele: o vírus do resfriado comum, por exemplo, é frequentemente transmitido pela mão de alguém que acabou de assoar o nariz para outra pessoa por meio do aperto de mãos. Nos hospitais, esse modo de transferência é particularmente prevalente, o que explica por que é tão importante que os profissionais de saúde lavem as mãos antes e depois de cada contato com o paciente. A lavagem frequente das mãos evita a transferência de patógenos de um indivíduo para outro
- Contato direto entre as mucosas por meio do beijo ou da relação sexual: as DST são transmitidas, em sua maioria, dessa maneira. Elas incluem sífilis, gonorreia e infecções causadas por *Chlamydia*, herpes-vírus simples e HIV. As infecções genitais por clamídias são particularmente comuns nos EUA; de fato, constituem as doenças infecciosas mais comuns de notificação compulsória no país (as doenças infecciosas de notificação compulsória nos EUA são discutidas mais adiante neste capítulo)
- Contato indireto por meio de gotículas de secreções respiratórias transmitidas pelo ar, habitualmente produzidas por espirros ou pela tosse: as doenças contagiosas transmitidas por ar são, em sua maioria, causadas por patógenos respiratórios transportados até pessoas suscetíveis em gotículas de secreções da respiração. Alguns patógenos respiratórios podem estabelecer-se em partículas de poeira e ser carreados por longas distâncias através do ar e em sistemas de ventilação ou de ar condicionado de prédios. O equipamento de inalação, quando inadequadamente limpo, pode facilmente transferir esses patógenos de um paciente para outro. As doenças que podem ser transmitidas dessa maneira incluem resfriados, influenza, sarampo, caxumba, varicela, infecção por RSV e pneumonia
- Contato indireto por meio de água e alimentos contaminados com material fecal: muitas doenças infecciosas são transmitidas por manipuladores de alimentos em restaurantes, que não lavam as mãos após utilizarem o banheiro
- Contato indireto por meio de artrópodes vetores: os artrópodes, como mosquitos, moscas, pulgas, piolhos, carrapatos e ácaros, podem transferir vários patógenos de uma pessoa para outra
- Contato indireto por meio de fômites que se tornam contaminados por secreções respiratórias, sangue, urina, fezes, vômito ou exsudatos de pacientes hospitalizados: os fômites, como estetoscópios e luvas de látex, constituem, algumas vezes, os veículos pelos quais os patógenos são transferidos de um paciente para outro. A Figura 11.9 mostra exemplos de fômites
- Contato indireto por meio de transfusão de sangue ou de hemocomponentes contaminados de uma pessoa doente, ou por *injeção parenteral* (diretamente na corrente sanguínea) utilizando seringas e agulhas não esterilizadas: uma razão pela qual os tubos e seringas esterilizados descartáveis e vários outros tipos de equipamentos hospitalares descartáveis se tornaram muito populares é o fato de que são efetivos na prevenção de infecções transmitidas pelo sangue (p. ex., hepatite, sífilis, malária, AIDS e infecções estafilocócicas sistêmicas), que resultam da reutilização do equipamento. Os indivíduos que fazem uso de substâncias intravenosas ilegais transmitem comumente essas doenças para outras pessoas pelo compartilhamento de agulhas e seringas, que facilmente se tornam contaminadas com o sangue de uma pessoa infectada.

AGÊNCIAS DE SAÚDE PÚBLICA

Agências de saúde pública de todos os níveis se empenham constantemente para evitar epidemias e para identificar e eliminar qualquer uma que possa ocorrer. Uma maneira pela qual os profissionais de saúde participam desse vasto programa consiste na notificação de casos de doenças transmissíveis às agências apropriadas. Eles também ajudam por

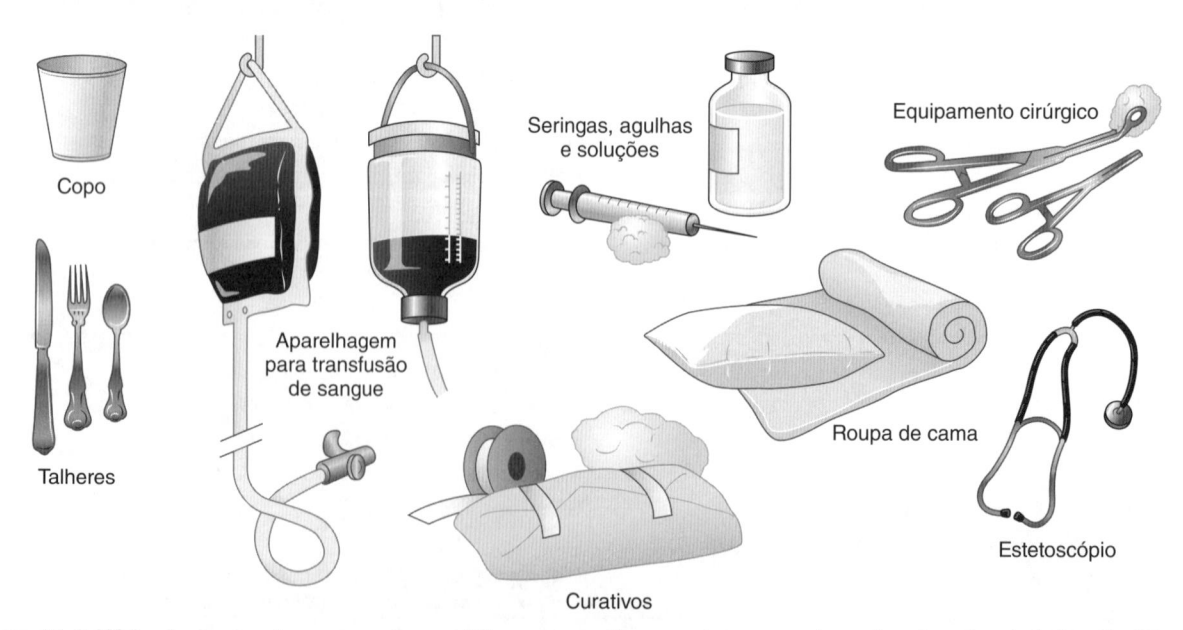

Copo

Talheres

Aparelhagem para transfusão de sangue

Seringas, agulhas e soluções

Equipamento cirúrgico

Roupa de cama

Estetoscópio

Curativos

Figura 11.9 Vários instrumentos e aparelhos médicos que podem servir como vetores inanimados de infecção (fômites).

meio de educação do público, explicando como as doenças são transmitidas e os procedimentos de saneamento apropriados, identificando e procurando eliminar os reservatórios de infecção, realizando medidas para isolar pessoas doentes, participando de programas de imunização e ajudando a tratar pacientes enfermos. Por meio dessas ações, a varíola e a poliomielite foram total ou praticamente eliminadas da maior parte do mundo.

Organização Mundial da Saúde

A OMS, uma agência especializada das Nações Unidas, foi fundada em 1948. Suas missões consistem em promover a cooperação técnica para a saúde entre as nações, implementar programas para o controle e a erradicação das doenças e melhorar a qualidade de vida humana. Quando surge uma epidemia, como o surto de Ebola de 2015 na África Ocidental, equipes de epidemiologistas são enviadas até o local para investigar a situação e fornecer assistência visando ao controle do surto. Devido a isso, muitos países venceram em sua luta para combater a varíola, a difteria, a malária, o tracoma e numerosas outras doenças. No passado, a varíola matava cerca de 40% dos indivíduos infectados e causava cicatrizes e cegueira em muitos outros. Em 1980, a OMS anunciou que a varíola tinha sido completamente erradicada da face da Terra; em consequência, a vacinação rotineira contra ela não é mais necessária.[d] Mais recentemente, a OMS vem tentando erradicar a poliomielite e a dracunculíase (infecção causada pelo verme-da-Guiné), eliminar a hanseníase, o tétano neonatal e a doença de Chagas, e controlar a oncocercose ("cegueira do rio"). A Tabela 11.5 fornece as definições de controle, eliminação e erradicação das doenças de acordo com a OMS. Atualmente, a Organização está procurando erradicar a poliomielite, que, até o momento, foi erradicada do Hemisfério Ocidental (incluindo os EUA). A certificação de erradicação total exige que nenhum poliovírus silvestre seja encontrado por meio de vigilância ótima durante pelo menos 3 anos. No momento atual, os únicos países com história não interrompida de casos de poliomielite são o Afeganistão, a Nigéria e o Paquistão.

Centros de controle e prevenção de doenças (Centers for Disease Control and Prevention)

Nos EUA, uma agência federal denominada Departamento de Saúde e Serviços Humanos dos EUA administra o Serviço de Saúde Pública e os CDC, que assistem o estado e os departamentos locais de saúde na aplicação de todos os aspectos da epidemiologia. Muitos microbiologistas e epidemiologistas atuam na sede dos CDC em Atlanta, Geórgia. Os microbiologistas dos CDC são capazes de trabalhar com os patógenos mais perigosos conhecidos da ciência, devido aos elaborados equipamentos de contenção existentes lá. Os epidemiologistas dos CDC viajam para diferentes áreas dos

---

[d]Como o vírus da varíola é um agente de bioterrorismo potencial, as autoridades de saúde pública autorizaram a fabricação e o armazenamento de vacinas contra a doença, a serem administradas em caso de emergência.

Tabela 11.5 Definições de termos epidemiológicos relacionados com doenças infecciosas de acordo com a OMS.

Termo	Definição
Controle de uma doença infecciosa	Campanhas ou programas continuados destinados a reduzir a incidência ou a prevalência de determinada doença
Eliminação de uma doença infecciosa	Redução da transmissão de casos a um nível predeterminado muito baixo (p. ex., o nível abaixo de um caso por milhão de indivíduos)
Erradicação de uma doença infecciosa	Obtenção de um estado em que não ocorra mais nenhum outro caso da doença em qualquer lugar e em que não haja necessidade de medidas de controle continuadas

OMS, Organização Mundial da Saúde.

EUA e para qualquer parte do mundo sempre que esteja ocorrendo uma epidemia, com a finalidade de investigar e procurar controlá-la.

Quando os CDC foram estabelecidos pela primeira vez como Comunicable Disease Center em Atlanta, Geórgia, em 1946, seu foco concentrava-se nas doenças transmissíveis. Nos EUA, as duas doenças infecciosas mais importantes naquela época eram a malária e o tifo. Desde então, os objetivos dos CDC ampliaram-se enormemente, e agora a organização conta com aproximadamente 24 centros, institutos e escritórios. A missão geral dos CDC é "colaborar para criar experiência, informação e instrumentos de que as pessoas e as comunidades necessitam para proteger a sua saúde – por meio de promoção da saúde, prevenção de doenças, lesões e incapacidade e preparo para novas ameaças à saúde" (http://www.cdc.gov). Os CDC procuram cumprir a sua missão trabalhando com parceiros em todos os EUA e no mundo para:

1. Monitorar a saúde
2. Detectar e investigar problemas de saúde
3. Conduzir pesquisas para melhorar a prevenção
4. Desenvolver e defender políticas consistentes de saúde pública
5. Implementar estratégias de prevenção
6. Promover comportamentos saudáveis
7. Promover ambientes seguros e saudáveis
8. Fornecer liderança e treinamento.

Um dos centros dos CDC, o Office of Infectious Diseases, coordena as atividades dos três centros nacionais seguintes:

• National Center for Immunization and Respiratory Diseases (Centro Nacional de Imunização e Doenças Respiratórias)
• National Center for Emerging and Zoonotic Infectious Diseases (Centro Nacional de Doenças Infecciosas Emergentes e Zoonóticas)
• National Center for HIV/AIDS, Viral Hepatitis, STD and TB Prevention (Centro Nacional para Prevenção de HIV/AIDS, hepatite viral, DST e TB).

Nos EUA, certas doenças infecciosas, referidas como de notificação compulsória, precisam ser notificadas aos CDC por todos os 50 estados toda vez que forem diagnosticadas[e] (até janeiro de 2017, havia aproximadamente 65 doenças de notificação compulsória nacional; a maioria será discutida nos Capítulos 18 a 21).

A Tabela 11.6 fornece uma lista de 10 das doenças infecciosas mais comuns de notificação compulsória nos EUA. Três das quatro mais comumente notificadas no período de 2014 a 2015 são DST (infecção por clamídias, gonorreia e sífilis), e duas das 10 mais comuns são passíveis de prevenção com vacinas (coqueluche e varicela).

Os CDC preparam uma publicação semanal intitulada Morbidity and Mortality Weekly Report (MMWR), que contém informações atualizadas sobre os surtos de doenças infecciosas nos EUA e em outras partes do mundo, bem como estatísticas cumulativas sobre o número de casos daquelas de notificação compulsória que ocorreram nos EUA durante o ano. Os estudantes de ciência da saúde são incentivados a ler a publicação MMWR, que está disponível no *site* dos CDC (http://www.cdc.gov).

Por meio dos esforços dessas agências de saúde pública, que trabalham com médicos locais, enfermeiros, outros profissionais de saúde, educadores e líderes comunitários, muitas doenças não são mais endêmicas nos EUA. Algumas das que não representam mais uma ameaça grave às comunidades do país incluem a cólera, a difteria, a malária, a poliomielite, a varíola e a febre tifoide.

A prevenção e o controle das epidemias é uma meta comunitária que não tem fim. Para serem efetivos, precisam incluir medidas para:

- Aumentar a resistência do hospedeiro por meio do desenvolvimento e da administração de vacinas capazes de induzir uma imunidade ativa e mantê-la em indivíduos suscetíveis
- Assegurar que os indivíduos que tenham sido expostos a determinado patógeno estejam protegidos contra a doença (p. ex., por meio de injeções de gamaglobulina e antissoro)
- Segregar, isolar e tratar os que tenham contraído uma infecção contagiosa, de modo a evitar a disseminação dos patógenos para outras pessoas
- Identificar e controlar reservatórios e vetores potenciais de doenças infecciosas; esse controle pode ser alcançado por meio de proibição aos portadores saudáveis de trabalhar em restaurantes, hospitais, asilos e outras instituições onde possam transferir patógenos a indivíduos suscetíveis, bem como pela instituição de medidas sanitárias efetivas para controlar as doenças transmitidas por abastecimentos de água, esgoto e alimentos (incluindo leite).

[e]Uma doença de notificação compulsória é aquela em que há necessidade de informações regulares, frequentes e oportunas sobre casos individuais para a prevenção e o controle da doença em questão. A notificação protege a saúde pública, assegurando a identificação correta e o acompanhamento dos casos.

Tabela 11.6 Dez das doenças infecciosas mais comuns de notificação compulsória nos EUA.

Classificação	Doença	Número de casos notificados nos EUA (2014)
1	Infecções genitais por clamídias	1.598.354*
2	Gonorreia	468.514*
3	Salmonelose	51.455**
4	Diagnóstico de HIV	39.872*
5	Doença de Lyme	33.461**
6	Coqueluche (*pertussis*)	32.671**
7	Sífilis (primária e secundária)	27.814*
8	Shigelose	20.745**
9	*Streptococcus pneumoniae*, doença invasiva, resistente a fármacos	15.356**
10	Varicela (catapora)	10.172**

*Casos em 2016.
**Casos em 2014.
(Fonte: Centers for Disease Control [CDC], Atlanta, GA [http://www.cdc.gov].)

AGENTES DE BIOTERRORISMO E DE GUERRA BIOLÓGICA

É lamentável dizer que, algumas vezes, micróbios patogênicos vão parar nas mãos de terroristas e extremistas que desejam utilizá-los para causar danos a outras pessoas. Em épocas de guerra, o uso de micróbios com essa finalidade é denominado *guerra biológica*, e os patógenos são designados como *agentes de guerra biológica*. Entretanto, o perigo não existe apenas durante as épocas de guerra. Existe sempre a possibilidade de que membros de grupos terroristas ou radicais possam utilizar patógenos para provocar medo, caos, doença e morte. Esses indivíduos são designados como

Nota histórica
Agentes de guerra biológica

O uso de patógenos como agentes de guerra biológica data de milhares de anos. Na Antiguidade, os romanos jogavam carniça (corpos mortos em decomposição) em poços para contaminar a água potável de seus inimigos. Na Idade Média, os corpos das vítimas de peste eram arremessados por cima dos muros da cidade em uma tentativa de infectar os habitantes. Os primeiros exploradores da América do Norte forneciam aos nativos americanos cobertas e lenços contaminados com os vírus da varíola e do sarampo.

terroristas biológicos, ou bioterroristas, e os patógenos específicos que eles utilizam são chamados de *agentes de bioterrorismo*. Em 1984, um grupo em Oregon, denominado seita Rajneeshee, contaminou propositalmente com *Salmonella* bufês de saladas em restaurantes locais, causando doença em 751 pessoas. Seu propósito era impossibilitar que a população votasse na cidade, de modo que seus candidatos preferidos pudessem vencer as eleições. Embora seu plano tenha fracassado no sentido de conseguir eleger os próprios candidatos, esse incidente continua sendo o maior ataque bioterrorista na história dos EUA.

> Quatro dos patógenos mais comumente discutidos que são agentes potenciais de guerra biológica e bioterrorismo são *B. anthracis, C. botulinum, V. major* e *Y. pestis.*

Quatro dos patógenos discutidos com mais frequência como agentes potenciais de guerra biológica e bioterrorismo são *B. anthracis, C. botulinum,* vírus da varíola (*Variola major*) e *Y. pestis*, os agentes etiológicos do antraz, do botulismo, da varíola e da peste, respectivamente.

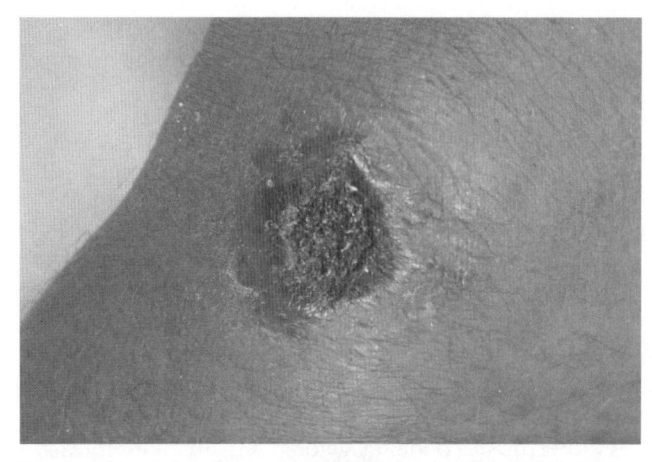

Figura 11.11 Lesão preta (escara) de antraz no antebraço de um paciente. O nome da doença origina-se da palavra grega *anthrax*, que significa "carvão", para referir-se às lesões cutâneas pretas do antraz. (Disponibilizada por James H. Steele e pelo CDC.) (Esta figura encontra-se reproduzida em cores no Encarte.)

Antraz

O antraz é causado pelo *B. anthracis*, um bacilo gram-positivo formador de esporos. Os indivíduos podem desenvolver antraz de diversas maneiras (Figura 11.10), resultando em três tipos da doença: antraz cutâneo, antraz por inalação e antraz gastrintestinal. As infecções do antraz envolvem hemorragia acentuada e derrames graves (líquido que escapa dos vasos sanguíneos ou dos vasos linfáticos) em vários órgãos e cavidades do corpo e, com frequência, são fatais. Dos três tipos de antraz, o por inalação é o mais grave, seguido do

gastrintestinal e, por fim, do cutâneo. Os pacientes com antraz cutâneo desenvolvem lesões denominadas escaras (Figura 11.11). Os bioterroristas poderiam disseminar esporos do *B. anthracis* por meio de aerossóis ou da contaminação de suprimentos de alimentos. No outono de 2001, cartas contendo esporos de *B. anthracis* foram enviadas por correio a vários políticos e membros dos meios de comunicação. De acordo com os CDC, esse ato resultou em um total de 22 casos de antraz: 11 por inalação (cinco fatais) e 11 de antraz cutâneo (sem nenhum caso fatal).

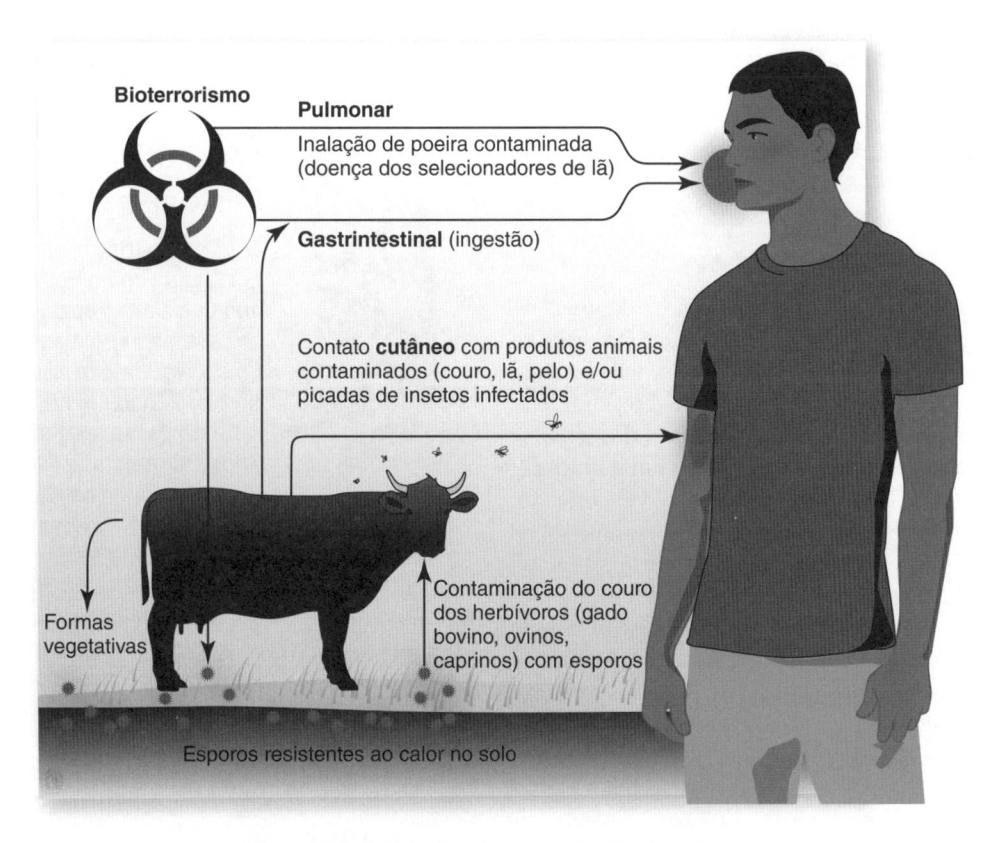

Figura 11.10 Modos de transmissão do antraz.

Sem dúvida alguma, muitos outros casos foram evitados em consequência da instituição imediata de antibioticoterapia profilática (preventiva).

Botulismo

O botulismo é uma intoxicação microbiana potencialmente fatal causada pela toxina botulínica, que é produzida pelo *C. botulinum*, um bacilo gram-positivo anaeróbico e formador de esporos. A toxina botulínica pode causar lesão nervosa, dificuldade visual, insuficiência respiratória, paralisia flácida dos músculos voluntários, lesão cerebral, coma e morte dentro de 1 semana, se a doença não for tratada. A insuficiência respiratória constitui a causa comum de óbito. Os bioterroristas podem adicionar a toxina botulínica aos abastecimentos de água ou a alimentos. Ela é inodora e insípida, e apenas uma quantidade muito pequena precisa ser ingerida para provocar um caso de botulismo potencialmente fatal. O botulismo também pode resultar da entrada de esporos de *C. botulinum* em feridas abertas.

Nota histórica

Varíola

A OMS foi capaz de erradicar a varíola no mundo inteiro por uma combinação de isolamento das pessoas infectadas e vacinação das outras na comunidade. O último caso conhecido de varíola adquirida naturalmente no mundo ocorreu na Somália, em outubro de 1977. Em maio de 1980, a OMS anunciou a erradicação global da doença. Atualmente, o vírus da varíola está estocado em vários laboratórios, incluindo os dos CDC, bem como em uma instituição comparável na Rússia. Ele é um agente potencial de guerra biológica e bioterrorismo.

Varíola

A varíola é uma doença grave, contagiosa e, algumas vezes, fatal, causada por um vírus. Os pacientes apresentam febre, mal-estar, cefaleia, prostração, dor lombar intensa, exantema cutâneo característico (Figura 11.12) e, em certas ocasiões, dor abdominal e vômitos. A varíola pode tornar-se grave, com sangramento na pele e nas membranas mucosas, seguido de morte. Nos EUA, o último caso da doença foi em 1949, e o último de ocorrência natural no mundo foi na Somália, em 1977. Desde 1980, quando a OMS anunciou que a varíola tinha sido erradicada, a maioria dos indivíduos não recebeu mais vacinação contra ela. Por conseguinte, no mundo inteiro, grandes números de pessoas estão altamente suscetíveis ao vírus. Embora não haja nenhum reservatório do vírus da varíola na natureza, existem amostras preservadas em alguns laboratórios de pesquisa médica pelo mundo. Por isso, há sempre o perigo de que esse vírus ou qualquer um dos outros patógenos mencionados aqui possam cair em mãos erradas.

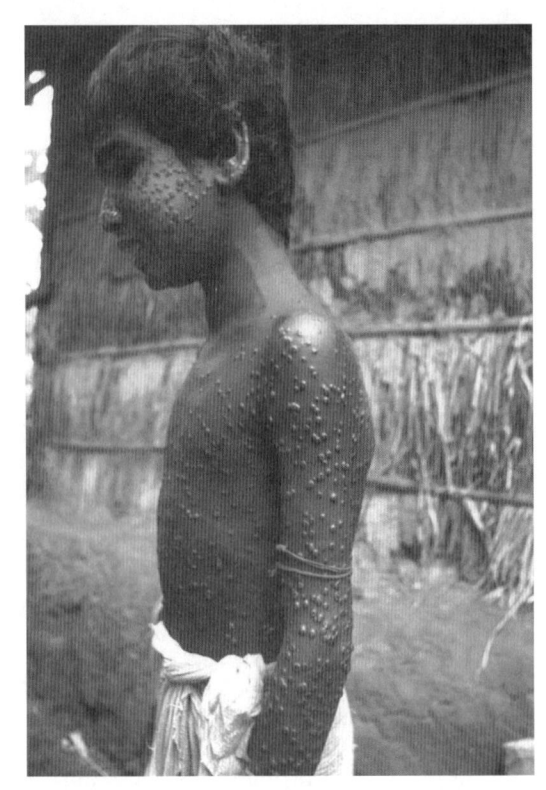

Figura 11.12 Criança com varíola. (Disponibilizada por Jean Roy e pelos CDC.)

Peste

A peste é causada pela *Y. pestis*, um cocobacilo gram-negativo. É predominantemente uma zoonose e, em geral, é transmitida para os seres humanos pela picada de pulga (Figura 11.13). A peste pode manifestar-se de várias maneiras: peste bubônica,

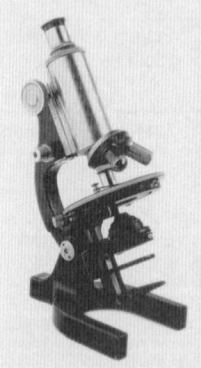

Nota histórica

Peste negra

Durante a Idade Média, a peste era conhecida como Peste Negra, devido à aparência enegrecida e machucada dos cadáveres. A pele enegrecida e o odor fétido resultavam da necrose celular e da ocorrência de hemorragia na pele. A peste provavelmente data de 1.000 anos ou mais a.C. Nos últimos 2.000 anos, a doença matou milhões de pessoas, talvez centenas de milhões. Ocorreram epidemias gigantescas de peste na Ásia e na Europa, incluindo a de peste europeia, de 1348 a 1350, que matou cerca de 44% da população (40 milhões dos 90 milhões de pessoas). A última grande epidemia de peste na Europa ocorreu em 1721. A peste continua ocorrendo; porém, a disponibilidade de inseticidas e de antibióticos reduziu acentuadamente a incidência dessa terrível doença. A peste humana é muito rara nos EUA (apenas quatro casos em 2016). A Figura 11.15 ilustra o tipo de roupa utilizado por um médico da peste na Idade Média.

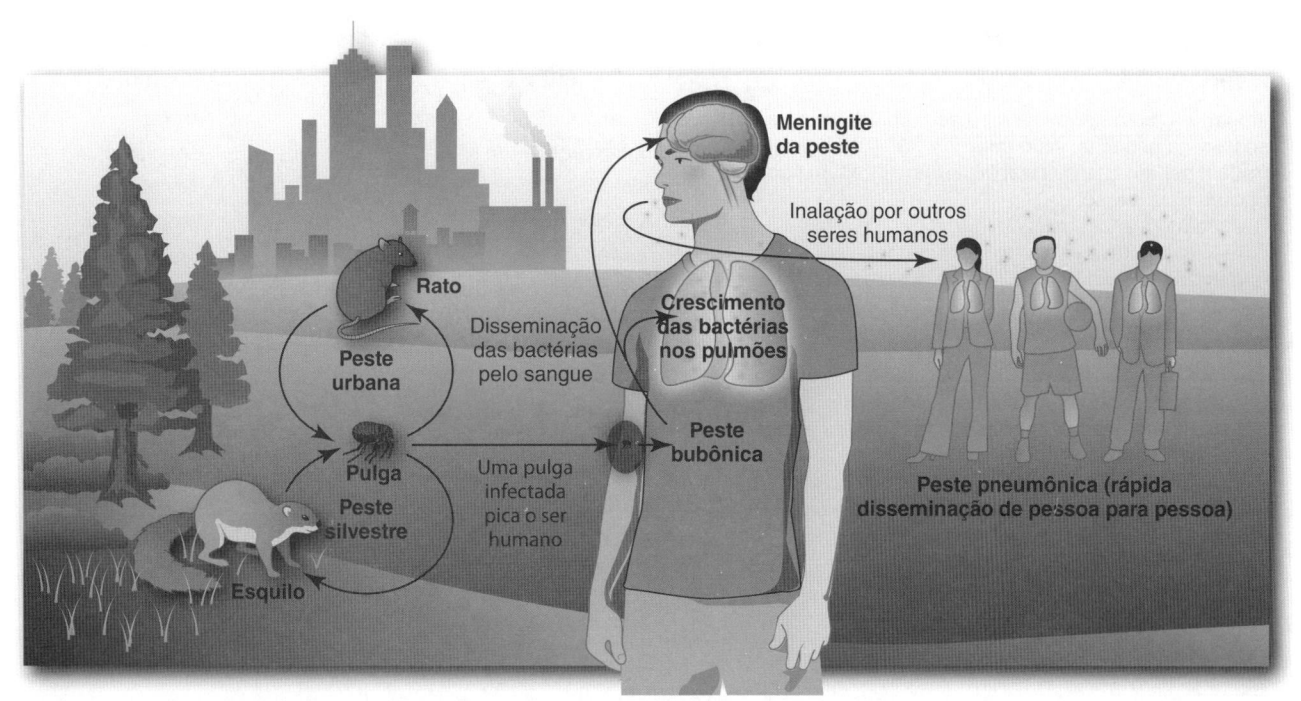

Figura 11.13 Epidemiologia e patologia da peste. A *Yersinia pestis*, agente etiológico da peste, é mantida na natureza em roedores, cães-da-pradaria e esquilos. Quando uma pulga se alimenta em um animal infectado e, em seguida, em um ser humano, o organismo é transmitido da pulga para a pessoa, podendo resultar em peste. Os indivíduos infectados com peste podem então transmitir o organismo para outras pessoas por meio de secreções respiratórias. Por conseguinte, a peste é considerada uma doença zoonótica e transmissível, diferentemente da doença de Lyme (comparar com a Figura 11.6).

peste septicêmica, peste pneumônica e meningite da peste. A peste bubônica recebeu esse nome em consequência do desenvolvimento de linfonodos intumescidos, inflamados e hipersensíveis (bubões). A peste pneumônica, que é altamente transmissível, acomete os pulmões e pode resultar em surtos localizados ou em epidemias devastadoras. A peste septicêmica pode causar choque séptico, meningite ou morte. Pacientes com peste são mostrados na Figura 11.14. Os bioterroristas podem disseminar a *Y. pestis* por meio de aerossóis, resultando em numerosas infecções pulmonares graves e potencialmente fatais. A peste pneumônica pode ser transmitida de uma pessoa para outra.

Os CDC classificaram os agentes etiológicos do antraz, do botulismo, da varíola e da peste em agentes de bioterrorismo de categoria A (Tabela 11.7). Na tabela, há uma lista de agentes de bioterrorismo potenciais, os quais, de acordo com os CDC, representam as maiores ameaças aos cidadãos – patógenos que as agências de saúde pública precisam estar preparadas para enfrentar.

Para minimizar o perigo de que microrganismos potencialmente mortais possam cair em mãos erradas, o Antiterrorism and Effective Death Penalty Act dos EUA, de 1996, estabeleceu os CDC como responsáveis por controlar o transporte de determinados agentes (patógenos e

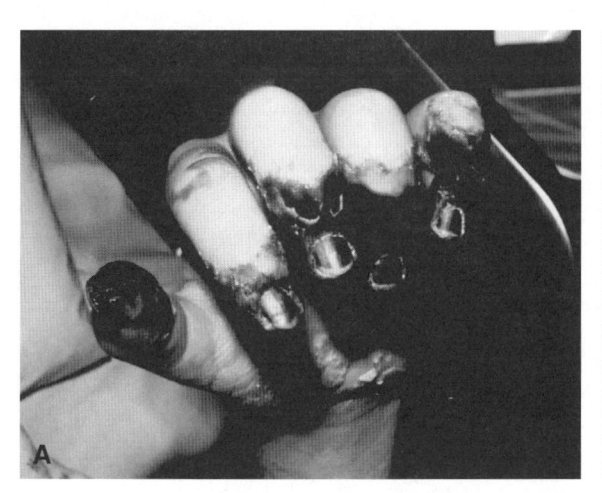
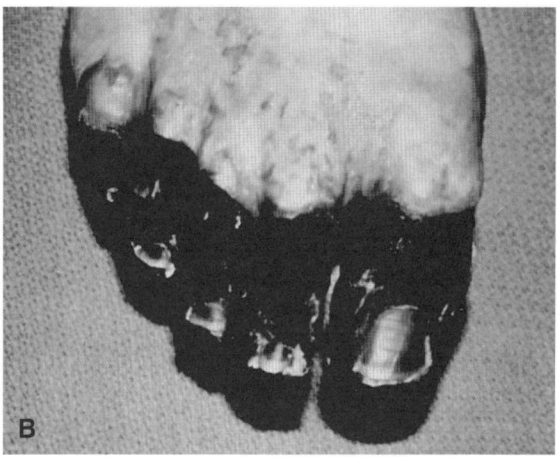

Figura 11.14 Mão (A) e pé (B) gangrenosos de pacientes com peste. ([**A**] Disponibilizada pelo Dr. Jack Poland e pelos CDC. [**B**] Disponibilizada por William Archibald e CDC.) (Esta figura encontra-se reproduzida em cores no Encarte.)

Tabela 11.7 Categorias de agentes biológicos de importância crítica para prontidão da saúde pública.

Categoria	Agente(s) biológico(s)	Doença
Categoria A: esses agentes representam um risco para a segurança nacional, visto que: • Podem ser facilmente disseminados ou transmitidos de pessoa para pessoa • Resultam em altas taxas de mortalidade e têm o potencial de grave impacto na saúde pública • Podem provocar pânico público e desorganização social • Exigem ação especial para prontidão da saúde pública	*Bacillus anthracis*	Antraz
	Clostridium botulinum	Botulismo
	Y. pestis	Peste
	Variola major	Varíola
	Francisella tularensis	Tularemia
	Filovírus (p. ex., vírus Ebola, vírus Marburg) e arenavírus (p. ex., vírus Lassa, vírus Machupo)	Febres, hemorrágicas virais
Categoria B: esses agentes incluem aqueles que: • São de disseminação moderadamente fácil • Resultam em taxas de morbidade moderadas e baixas taxas de mortalidade • Exigem otimização específica na capacidade de diagnóstico dos CDC e aumento da vigilância da doença	Espécies de *Brucella*	Brucelose
	Toxina épsilon do *Clostridium perfringens*	
	Ameaças à segurança dos alimentos (p. ex., *Salmonella* spp., *E. coli* O157:H7, *Shigella* spp.)	
	Burkholderia mallei	Mormo
	Burkholderia pseudomallei	Melioidose
	Chlamydophila psittaci	Psitacose
	Coxiella burnetii	Febre Q
	Toxina ricina da mamoeira	
	Enterotoxina B estafilocócica	
	Rickettsia prowazekii	Tifo
	Vírus das encefalites (p. ex., vírus da encefalite equina da Venezuela; vírus da encefalite equina do Leste; vírus da encefalite equina do Oeste)	Encefalite
	Ameaças à segurança da água (p. ex., *Vibrio cholerae*, *Cryptosporidium* spp.)	
Categoria C: trata-se de patógenos emergentes, que se acredita possam ser criados por engenharia genética para disseminação em massa no futuro, devido à: • Disponibilidade, facilidade de produção e disseminação • Possibilidade de altas taxas de morbidade e mortalidade e grande impacto na saúde	Doenças infecciosas emergentes, como vírus Nipah e hantavírus	

CDC, Centers for Disease Control and Prevention. (Fonte: http://emergency.cdc.gov/agent/agentlist-category.asp.)

toxinas) que têm mais probabilidade de serem utilizados como arma de guerra biológica. As autoridades precisam estar constantemente alerta para possíveis furtos desses patógenos dos estabelecimentos de suprimentos biológicos e dos laboratórios legalmente aprovados. Além disso, vacinas, antitoxinas e outros antídotos precisam estar disponíveis sempre que a ameaça de utilização desses agentes biológicos for alta, como em várias zonas de guerra potencial.

Todos os laboratórios de microbiologia clínica devem ter como empregados indivíduos familiarizados com os prováveis agentes de bioterrorismo; essas equipes devem ser treinadas para detectar, identificar e manipular com segurança tais agentes.

ABASTECIMENTO DE ÁGUA E DESPEJO DE ESGOTO

A água é o recurso mais essencial e necessário para a sobrevivência da humanidade. Suas principais fontes de abastecimento para as comunidades provêm das águas dos rios, lagos naturais e reservatórios, bem como da água de poços.

Entretanto, existem dois tipos gerais de poluição da água na sociedade, a poluição química e a poluição biológica, o que dificulta o fornecimento de suprimentos seguros desse bem.

A poluição química ocorre quando instalações industriais despejam produtos residuais em águas locais sem tratamento prévio adequado, quando pesticidas são utilizados de modo indiscriminado e quando produtos químicos são expelidos no ar e carreados até o solo pela chuva ("chuva ácida"). A principal fonte de poluição biológica é constituída pelos resíduos de origem humana (material fecal e lixo), que contêm enormes quantidades de patógenos. Os agentes etiológicos da cólera, da febre tifoide, da disenteria bacteriana e amebiana, da giardíase, da criptosporidiose, da hepatite infecciosa e da poliomielite podem ser disseminados pela água contaminada.

As epidemias atuais veiculadas pela água resultam da não utilização dos conhecimentos e da tecnologia disponíveis. Nos países que estabeleceram procedimentos sanitários seguros para a purificação da água e o despejo de esgotos, só raramente ocorrem surtos de febre tifoide, cólera e disenteria.

Figura 11.15 Roupa protetora usada por médicos da peste na Idade Média. Eles eram conhecidos como "médicos de bico", devido ao tipo de máscara que usavam. Ela tinha aberturas para os olhos cobertas com vidro e um "bico" em forma de cone, preenchido com substâncias aromáticas que supostamente protegiam o médico do "ar nefasto". Os médicos da peste também usavam luvas e um sobretudo de tecido pesado, encerado e com capuz, além de carregarem um bastão ponteiro de madeira para ajudar a examinar o paciente, sem a necessidade de tocá-lo.

Na primavera de 1993, uma epidemia de criptosporidiose (uma doença diarreica) transmitida pela água afetou mais de 400.000 pessoas em Milwaukee, Wisconsin. Essa foi a maior epidemia transmitida pela água já ocorrida nos EUA. Os oocistos do *Cryptosporidium* estavam presentes nas fezes do gado, que, quando a neve do inverno derreteu, foram levadas das numerosas fazendas leiteiras de Wisconsin para o Lago Michigan. Milwaukee utiliza a água do Lago Michigan para abastecimento de água potável. Embora a água do lado tivesse sido tratada, os minúsculos oocistos do *Cryptosporidium* passaram através dos filtros que naquela ocasião estavam sendo

> A maior epidemia veiculada pela água ocorrida nos EUA foi um surto de criptosporidiose em Milwaukee, Wisconsin, em 1993, que acometeu mais de 400.000 pessoas.

usados e, em consequência, chegaram à água potável da cidade, de modo que as pessoas ficaram infectadas quando a beberam. A epidemia causou a morte de mais de 100 indivíduos imunossuprimidos.

Fontes de contaminação da água

A água das chuvas que caem sobre grandes áreas se dirige a lagos e rios e, consequentemente, está sujeita à contaminação por micróbios do solo e material fecal não tratado. Por exemplo, um pátio para alimentação de animais localizado próximo a um abastecimento de água para a comunidade abriga inúmeros patógenos, que são carregados para os lagos e os rios. Uma cidade que obtém a sua água de um rio local a processa e a utiliza; todavia, em seguida, despeja o esgoto inadequadamente tratado no rio do outro lado da cidade, o que pode provocar um sério problema de saúde em outra cidade mais adiante que utiliza a água desse mesmo rio. Tal cidade precisa, portanto, encontrar alguma maneira de eliminar os patógenos de seu suprimento de água. Em muitas comunidades, o esgoto e os resíduos industriais não tratados são despejados diretamente em águas locais. Além disso, uma tempestade ou uma inundação podem resultar em contaminação da água potável local pelo esgoto (Figura 11.16).

A água subterrânea de poços também pode tornar-se contaminada. Para evitar essa contaminação, o poço precisa ser cavado fundo o suficiente para assegurar que a água de superfície seja filtrada através do solo antes de alcançar o nível do poço. As latrinas, os tanques sépticos e as fossas devem estar situados de tal modo que as águas da superfície que passam por essas áreas não carreguem micróbios fecais diretamente para a água do poço.

Com a popularidade crescente do uso de *trailers* como casa, surgiu um novo problema, visto que os tanques de dejeto do esgoto dos *trailers* estão localizados muito próximo do abastecimento de água. Em algumas cidades muito antigas, onde os canos de água subterrâneos rachados correm ao longo de canos de esgoto que vazem, o material do esgoto pode entrar nos canos, contaminando, assim, a água imediatamente antes de sua entrada nas casas.

Tratamento da água

A água precisa ser tratada apropriadamente para tornar-se segura ao consumo humano, e é interessante acompanhar as diversas etapas envolvidas nesse tratamento (Figura 11.17). Ela é inicialmente filtrada para remover resíduos de grande tamanho, como pequenos galhos e folhas. Em seguida, é mantida em um tanque, onde resíduos adicionais sedimentam no fundo; essa fase do processo é conhecida como *sedimentação* ou *assentamento*. Em seguida, adiciona-se alumen (sulfato de potássio e alumínio) para coagular fragmentos menores de resíduos, que então se depositam no fundo do tanque; essa fase é conhecida como *coagulação* ou *floculação*. Depois, a água é filtrada através de filtros de areia ou de terra de diatomáceas, de modo a remover bactérias, cistos e oocistos de protozoários e outras pequenas partículas remanescentes. Em algumas estações de tratamento, são também utilizados

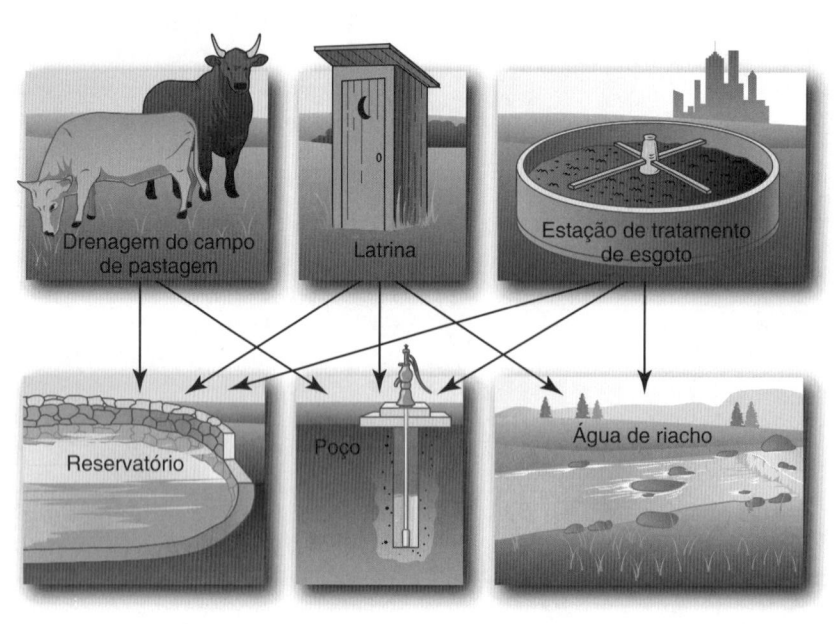

Figura 11.16 Fontes de contaminação da água.

filtros de carvão ou sistemas de membranas filtrantes. A filtração em membrana remove os cistos minúsculos de *Giardia* e os oocistos de *Cryptosporidium*. Por fim, adiciona-se cloro ou hipoclorito de sódio em uma concentração final de 0,2 a 1,0 ppm, matando a maioria das bactérias remanescentes.

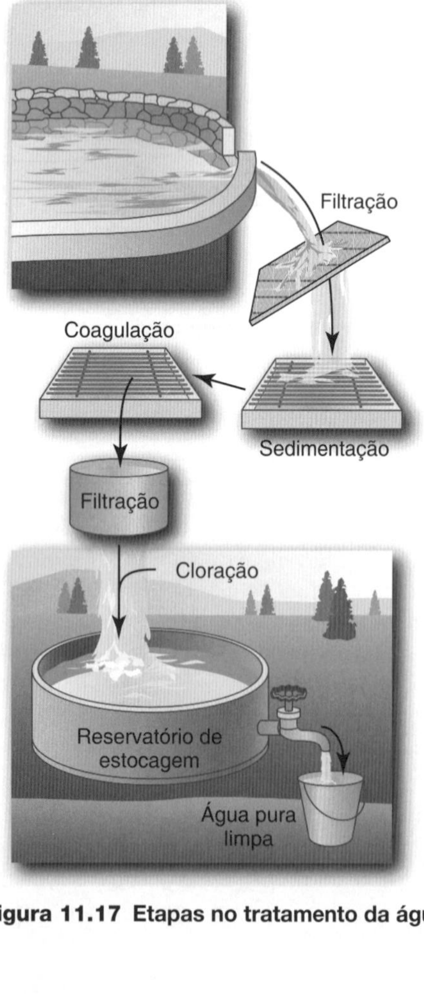

Em algumas estações de tratamento, pode-se utilizar ozônio (O_3) ou luz ultravioleta em vez da cloração.

As pequenas comunidades em áreas rurais podem não ser financeiramente capazes de construir uma estação de tratamento de água que incorpore todas essas etapas; por isso, algumas podem utilizar apenas a cloração. Infelizmente, os níveis de cloro rotineiramente usados para o tratamento da água não matam alguns patógenos, como os cistos de *Giardia* e os oocistos de *Cryptosporidium*. Outras comunidades utilizam todas as etapas de tratamento da água, mas não empregam filtros com poros de tamanho suficientemente pequeno para reter patógenos minúsculos, como os oocistos de *Cryptosporidium* (que medem cerca de 4 a 6 μm de diâmetro).

No laboratório, a água pode ser analisada quanto à contaminação fecal pesquisando a presença de bactérias coliformes (coliformes), que incluem a *E. coli* e outros membros da família Enterobacteriaceae fermentadores da lactose, como espécies de *Enterobacter* e *Klebsiella*. Essas bactérias normalmente residem no trato intestinal de animais e do ser humano; por conseguinte, a sua presença na água potável é uma indicação de que está contaminada com fezes. Quanto à presença de coliformes, a água é considerada potável (segura para ser ingerida) se contiver um coliforme ou menos por 100 mℓ de água.

Se uma pessoa não estiver segura quanto à pureza da água potável, a sua fervura durante 10 minutos destrói a maioria dos patógenos que possam estar presentes. Então, ela pode ser resfriada e consumida. A fervura mata os cistos de *Giardia* e os oocistos de *Cryptosporidium*; porém, existem alguns esporos de bactérias e alguns vírus que podem suportar longos períodos de fervura. Nos EUA, as causas mais comuns de surtos transmitidos pela água são *L. pneumophila*, *Cryptosporidium*, *Giardia* e o norovírus.

> A água é considerada potável (segura para consumo) se conti-ver um coliforme ou menos por 100 mℓ de água.

Figura 11.17 Etapas no tratamento da água.

Tratamento do esgoto

A água residual consiste principalmente em água, material fecal (incluindo patógenos intestinais) e lixo e bactérias dos sistemas de esgoto das casas e de outras construções. Quando o esgoto é adequadamente tratado em uma estação de tratamento, a água nele contida pode retornar aos lagos e aos rios para ser reciclada.

Tratamento primário do esgoto

Na estação de tratamento do esgoto, os grandes fragmentos são inicialmente filtrados (processo denominado gradeamento), um separador remove a gordura e o óleo flutuantes, e os fragmentos que flutuam são fragmentados ou triturados. Em seguida, o material sólido sedimenta em um tanque de sedimentação primária. Substâncias floculantes podem ser adicionadas para produzir a sedimentação de outros sólidos. O material que se acumula no fundo do tanque é denominado lodo primário.

Tratamento secundário do esgoto

O líquido (denominado efluente primário) é então submetido a um tratamento secundário, que inclui aeração ou filtração. O objetivo da aeração é estimular o crescimento de micróbios aeróbicos, que oxidam a matéria orgânica dissolvida a CO_2 e H_2O. Os filtros biológicos percoladores efetuam o mesmo processo (*i. e.*, a conversão da matéria orgânica dissolvida em CO_2 e H_2O por micróbios), mas de maneira diferente. Após aeração ou filtração por filtro biológico percolador, o lodo ativado é transferido para um tanque de decantação, onde qualquer material sólido remanescente sofre decantação. O líquido remanescente (denominado efluente secundário) é filtrado e desinfetado (geralmente por cloração), de modo que a água do efluente possa retornar aos rios ou oceanos.

Tratamento terciário do esgoto

Em algumas cidades do deserto, onde o suprimento de água é escasso, a água do efluente da estação de tratamento de esgoto passa por um tratamento adicional (tratamento terciário do esgoto), de modo que possa retornar diretamente ao sistema de água potável. Trata-se de um processo de custo muito elevado. O tratamento terciário do esgoto envolve a adição de produtos químicos, filtração (utilizando areia fina ou carvão), cloração e, algumas vezes, destilação. Em outras cidades, a água do efluente é utilizada para irrigar pastagens; entretanto, é caro instalar um sistema de água separado para essa finalidade. Em algumas comunidades, o lodo é aquecido para matar as bactérias e, em seguida, seco e utilizado como fertilizante.

Exercícios de autoavaliação

Após estudar este capítulo, responda às seguintes questões de múltipla escolha:

1. Qual dos seguintes termos descreve melhor a infecção genital por clamídias nos EUA?
   a. Doença transmitida por artrópodes
   b. Doença epidêmica
   c. Doença pandêmica
   d. Doença esporádica

2. Qual das seguintes opções é considerada um reservatório de infecção?
   a. Portadores
   b. Água potável e alimento contaminados
   c. Animais com raiva
   d. Todas as alternativas anteriores

3. Nos EUA, a(s) doença(s) infecciosa(s) mais comum(ns) de notificação compulsória é(são):
   a. Infecções genitais por clamídias
   b. Gonorreia
   c. Resfriado comum
   d. TB

4. Qual dos seguintes artrópodes é o vetor da doença de Lyme?
   a. Pulga
   b. Ácaro
   c. Mosquito
   d. Carrapato

5. Nos EUA, a doença zoonótica mais comum é:
   a. Doença de Lyme
   b. Peste
   c. Raiva
   d. Febre maculosa das Montanhas Rochosas

6. Qual dos seguintes microrganismos *não* é um dos quatro agentes com provavelmente maior potencial de guerra biológica ou bioterrorismo?
   a. *B. anthracis*
   b. Vírus Ebola
   c. *V. major*
   d. *Y. pestis*

7. Todas as seguintes opções são etapas importantes no tratamento da água potável de uma comunidade, exceto:
   a. Fervura
   b. Filtração
   c. Floculação
   d. Sedimentação

8. A maior epidemia transmitida pela água nos EUA ocorreu em:
a. Chicago
b. Los Angeles
c. Milwaukee
d. Cidade de Nova York

9. A febre tifoide é causada por uma espécie de:
a. *Campylobacter*
b. *Escherichia*
c. *Salmonella*
d. *Shigella*

10. Qual das seguintes associações está incorreta?
a. Ehrlichiose-carrapato
b. Malária-mosquito
c. Peste-pulga
d. Riquetsiose com febre maculosa-ácaro

Epidemiologia na Área de Assistência à Saúde e Prevenção e Controle das Infecções

CAPÍTULO 12

SUMÁRIO DO CAPÍTULO

OBJETIVOS DE APRENDIZAGEM

Após estudar este capítulo, você deverá ser capaz de:

- Distinguir entre infecções relacionadas com assistência à saúde, adquiridas na comunidade e iatrogênicas
- Listar sete patógenos que mais comumente causam infecções relacionadas com assistência à saúde

- Estabelecer os quatro tipos mais comuns de infecções relacionadas com assistência à saúde
- Listar seis tipos de pacientes que são particularmente vulneráveis às infecções relacionadas com assistência à saúde

- Estabelecer os três principais fatores que contribuem para as infecções relacionadas com assistência à saúde
- Diferenciar assepsia médica de cirúrgica
- Citar a maneira mais importante e efetiva de reduzir o número de infecções relacionadas com assistência à saúde
- Distinguir entre precauções-padrão e precauções com base no modo de transmissão, além de citar os quatro tipos de precauções pautadas no modo de transmissão

- Descrever os tipos de pacientes colocados em ambientes protetores
- Citar três considerações importantes na manipulação de cada um dos seguintes materiais nos ambientes de assistência à saúde: alimentos, talheres, fômites e objetos perfurocortantes
- Citar seis responsabilidades de uma comissão de prevenção e controle de infecção
- Explicar três maneiras pelas quais o laboratório de microbiologia clínica participa do controle da infecção.

INTRODUÇÃO

A epidemiologia na área de cuidados de saúde pode ser definida como o estudo da ocorrência, dos determinantes e da distribuição de saúde e doença nos estabelecimentos de cuidados de saúde. A saúde e a doença são o resultado de complexas interações entre os patógenos, os pacientes e o ambiente de assistência à saúde. Embora o principal foco da epidemiologia seja o controle da infecção e a prevenção de infecções relacionadas com assistência à saúde (IRAS), ela inclui quaisquer atividades destinadas a estudar e a melhorar os resultados dos cuidados com o paciente. Essas atividades englobam: medidas de vigilância; programas de redução de risco focalizados no manejo de aparelhos e procedimentos; desenvolvimento e implementação de políticas; educação do pessoal de cuidados de saúde nas práticas e nos procedimentos de controle da infecção; avaliação do custo-benefício de programas de prevenção e de controle; e quaisquer medidas projetadas para eliminar ou conter reservatórios de infecção, interromper a transmissão das infecções e proteger pacientes, profissionais de saúde e visitantes contra a infecção e a doença.

> A epidemiologia na área de cuidados de saúde pode ser definida como o estudo da ocorrência, dos determinantes e da distribuição de saúde e doença dentro de ambientes de cuidados de saúde.

Nunca será demais enfatizar a importância da microbiologia para os que têm ocupações relacionadas com a saúde. Isso porque, quando se atua em um hospital, em uma clínica médica ou odontológica, em uma instituição de cuidados prolongados, em centros de reabilitação ou hospitais de doentes terminais, ou quando se trabalha no cuidado de pacientes em suas casas, todos os profissionais precisam seguir procedimentos padronizados, de modo a evitar a disseminação de doenças infecciosas. Ações impensadas ou negligentes durante os cuidados de saúde de um paciente podem causar infecções graves, que, de outro modo, poderiam ter sido evitadas.

INFECÇÕES RELACIONADAS COM ASSISTÊNCIA À SAÚDE

Definições

As doenças infecciosas (infecções) podem ser divididas em duas categorias, dependendo do local onde a pessoa se tornou infectada: (a) infecções adquiridas *em* hospitais ou em outros ambientes de cuidados de saúde (denominadas IRAS)[a] e (b) infecções adquiridas *fora* desses locais, chamadas de infecções adquiridas na comunidade). Um paciente hospitalizado pode apresentar ambos os tipos.

> As infecções adquiridas na comunidade são as que estão presentes ou em processo de incubação na ocasião da internação hospitalar. Todas as outras são consideradas IRAS, incluindo as que surgem nos primeiros 14 dias após o paciente receber alta.

De acordo com os Centers for Disease Control and Prevention (CDC), as infecções adquiridas na comunidade são aquelas que estão presentes ou em fase de incubação na ocasião da internação do paciente. Todas as outras são consideradas IRAS, incluindo as que surgem nos primeiros 14 dias após alta hospitalar.

A expressão "infecção relacionada com assistência à saúde" (IRAS) não deve ser confundida com "infecção iatrogênica" (o termo "iatrogênica" significa, literalmente, "induzida pelo médico"). Esta resulta de tratamentos médicos ou cirúrgicos (p. ex., uma infecção que é *causada* por um cirurgião, um médico ou outro profissional de saúde). Exemplos de infecções iatrogênicas são aquelas no local da cirurgia e as do trato urinário (ITU), que resultam de cateterização urinária dos pacientes. As infecções iatrogênicas constituem um tipo de IRAS; porém, nem todas as IRAS são iatrogênicas.

> Uma infecção iatrogênica é a que resulta de tratamento médico ou cirúrgico, *causada* por um cirurgião, algum médico ou outro profissional de saúde.

Frequência das infecções relacionadas com assistência à saúde

É triste pensar que um paciente que entra em um hospital devido a algum problema possa desenvolver uma infecção enquanto estiver nesse ambiente e, talvez, morrer em consequência dela. Entretanto, isso é muito comum, embora importantes iniciativas tenham sido implementadas para

---

[a]O CDC recomenda o uso do termo "infecções associadas aos cuidados de saúde" para as infecções adquiridas em qualquer tipo de estabelecimento de saúde. Essa denominação substitui outra mais antiga, "infecções adquiridas em hospitais", e seu sinônimo, "infecções nosocomiais".

> Nos EUA, aproximadamente 4% dos pacientes hospitalizados desenvolvem IRAS.

reduzir o número de IRAS. Em 2002, a quantidade estimada de IRAS em hospitais dos EUA foi de aproximadamente 1,7 milhão (cerca de 1 em cada 20 pacientes hospitalizados).[b] Em 2011, esse número caiu para aproximadamente 722.000 (cerca de 1 em cada 25 pacientes).[3] O total estimado de mortes associadas a IRAS em 2002 foi de 98.987, mas reduziu para cerca de 75.000 em 2011. Entre esses pacientes, o maior número de mortes foi causado por pneumonia. As IRAS provocam um aumento significativo no tempo de permanência hospitalar e nos custos para tratamentos adicionais.

Patógenos mais frequentemente envolvidos nas infecções relacionadas com assistência à saúde

O ambiente hospitalar abriga muitos patógenos potenciais. Alguns vivem no interior e na superfície dos profissionais de saúde, de outros funcionários do hospital, de visitantes e dos próprios pacientes; outros são encontrados na poeira ou em áreas molhadas ou úmidas, como ralos de pias, chuveiros, banheiras de hidromassagem, baldes de limpeza, vasos de flores e até mesmo em alimentos na cozinha. Para piorar a situação, os patógenos bacterianos que estão presentes nas acomodações hospitalares consistem geralmente em cepas resistentes a fármacos e, com muita frequência, são multirresistentes.

As seguintes bactérias constituem as quatro causas mais prevalentes de IRAS em hospitais dos EUA:[3]

- *Clostridium difficile*
- *Staphylococcus aureus*
- *Klebsiella pneumoniae* e *Klebsiella oxytoca*
- *Escherichia coli*.[c]

Embora alguns dos patógenos que causam IRAS tenham a sua origem no ambiente externo, muitos provêm dos próprios pacientes, ou seja, da microbiota endógena, cujos microrganismos entram na incisão cirúrgica ou, de algum modo, alcançam áreas do corpo além daquelas onde normalmente residem. No caso de *C. difficile*, esse microrganismo pode ter sido parte da microbiota endógena do paciente, mas também pode ter proliferado após o uso de antibióticos. Por outro lado, o microrganismo pode ter sido adquirido como esporo bacteriano se o quarto não foi limpo adequadamente. Os cateteres urinários proporcionam uma "supervia" para que os microrganismos da microbiota endógena da parte distal da uretra tenham acesso à bexiga.

Aproximadamente 70% das IRAS envolvem bactérias resistentes a fármacos, que são comuns em hospitais, em clínicas de repouso e outros estabelecimentos de saúde, em consequência dos numerosos agentes antimicrobianos utilizados nesses locais. Isso porque os fármacos exercem uma pressão seletiva sobre os micróbios; assim, apenas aqueles que são resistentes aos fármacos sobrevivem. Esses microrganismos resistentes se multiplicam em seguida e passam a predominar (ver Figura 9.9, Capítulo 9, *Agentes Antimicrobianos para Inibir o Crescimento de Patógenos* In Vivo).

> Aproximadamente 70% das IRAS envolvem bactérias resistentes a fármacos.

As IRAS causadas por *Pseudomonas* são particularmente difíceis de tratar, assim como aquelas provocadas por *Acinetobacter* multirresistente, espécies de Enterobacteriaceae resistentes a carbapenéns, *Enterococcus* resistente à vancomicina (VRE), *S. aureus* resistente à meticilina (MRSA) e cepas de *Staphylococcus epidermidis* resistentes à meticilina (MRSE). Entretanto, as bactérias não constituem os únicos patógenos que se tornaram resistentes aos fármacos, pois os fungos (como várias espécies de *Candida*) estão se tornando mais resistentes aos agentes antifúngicos comuns.

Em 2001, os CDC lançaram uma campanha para evitar o desenvolvimento de resistência a agentes antimicrobianos nas unidades de cuidados de saúde. A Tabela 12.1 contém as 12 etapas recomendadas pelos CDC para prevenção da resistência a agentes antimicrobianos entre adultos hospitalizados.

Modos de transmissão

As três vias principais pelas quais os patógenos envolvidos em IRAS são transmitidos são: contato, gotículas e aerossóis.

Transmissão por contato

Existem dois tipos de transmissão por contato:

- Na transmissão por contato direto, os patógenos são transferidos de uma pessoa infectada para outra sem objeto ou indivíduo intermediários contaminados
- A transmissão por contato indireto ocorre quando patógenos são transferidos por meio de objeto ou pessoa intermediários contaminados.

Transmissão por gotículas

Na transmissão por gotículas, a infecção é transmitida por gotículas respiratórias, que transportam patógenos quando são expelidas do trato respiratório de um indivíduo infeccioso (p. ex., por meio de espirro ou tosse) e alcançam as superfícies mucosas suscetíveis de um receptor. Tradicionalmente, elas têm sido definidas com um tamanho de mais de 5 μm.

Transmissão por aerossóis (aérea)

A transmissão por aerossóis (aérea) ocorre pela disseminação de gotículas e por aerossóis (aérea) ou pequenas partículas contendo patógenos. Tradicionalmente, as gotículas e os aerossóis (aérea) são definidos com um tamanho menor ou igual a 5 μm.

> Os três modos mais comuns de transmissão em ambientes de assistência à saúde são a transmissão por contato, por gotículas e por aerossóis (aérea).

---

[b]Fonte: Klevens RM *et al*. 2002. Estimating healthcare-associated infections and deaths in U.S. hospitals. *Public Health Rep*. 2007; 122:160-6.

[c]Magill SS *et al*. Multistate point prevalence survey of health-care-associated infections. *N Engl J Med*. 2014; 370:1198-208.

Tabela 12.1 Doze etapas para a prevenção de resistência a agentes antimicrobianos entre adultos hospitalizados.

Prevenção da infecção

Etapa 1: Vacinação	Administrar a vacina influenza e a *Streptococcus pneumoniae* a pacientes de risco antes da alta. Os profissionais de saúde devem receber a vacina influenza anualmente
Etapa 2: Retirada dos cateteres	Utilizar cateteres apenas quando for essencial e usar o cateter correto. Seguir os protocolos apropriados sobre a inserção e os cuidados com os cateteres e retirá-los quando não forem mais essenciais

Diagnóstico e tratamento efetivo da infecção

Etapa 3: Consideração do patógeno	Obter uma cultura do paciente e direcionar a terapia empírica para os patógenos prováveis, com base na informação do antibiograma. Direcionar a terapia definitiva para patógenos conhecidos e pautada nos resultados do teste de sensibilidade a agentes antimicrobianos
Etapa 4: Consulta aos especialistas	Consultar especialistas em doença infecciosa para pacientes que apresentam infecções graves

Uso judicioso de agentes antimicrobianos

Etapa 5: Prática de controle antimicrobiano	Envolver-se nos esforços de controle antimicrobiano local
Etapa 6: Utilização de dados locais	Conhecer o antibiograma da unidade e a população de pacientes
Etapa 7: Tratamento da infecção, e não da contaminação	Utilizar uma assepsia apropriada para hemoculturas e outras culturas. Obter uma amostra de sangue, e não da pele ou do cateter para cultura. Utilizar métodos adequados para a obtenção e o processamento de todas as culturas
Etapa 8: Tratamento da infecção, e não da colonização	Tratar a pneumonia, e não o aspirado traqueal; tratar a bacteriemia, e não a extremidade ou o canhão do cateter; tratar a ITU, e não o cateter de demora
Etapa 9: Compreensão de quando dizer "não" à vancomicina	Tratar a infecção, e não os contaminantes ou a colonização. A febre em um paciente com cateter intravenoso não é uma indicação de rotina para a administração de vancomicina
Etapa 10: Interrupção do tratamento antimicrobiano	Quando a infecção estiver curada. Quando as culturas forem negativas, e a infecção não for provável. Quando a infecção não for diagnosticada

Prevenção da transmissão

Etapa 11: Isolamento do patógeno	Utilizar precauções-padrão de controle de infecção; conter os líquidos corporais infecciosos (seguir as precauções para transmissão pelo ar, para gotículas e de contato). Quando houver dúvida, consultar especialistas em controle de infecção
Etapa 12: Interrupção da cadeia de contágio	Permanecer o profissional de saúde em casa quando estiver doente; manter as mãos limpas; dar o exemplo

ITU, infecção do trato urinário. (Fonte: Centers for Disease Control (CDC), Atlanta, GA.)

Tipos mais comuns de infecções relacionadas com assistência à saúde

De acordo com os CDC,[d] os cinco tipos mais comuns de IRAS em hospitais dos EUA são os seguintes:

1. Doença gastrintestinal associada a *C. difficile* (diarreia ligada a antibióticos [DAA]).
2. ITU, cuja maior parte está relacionada com o uso de cateteres.
3. Infecção de sítio cirúrgico.
4. Infecção do trato respiratório inferior (principalmente pneumonia).
5. Infecção da corrente sanguínea (septicemia).

O microrganismo mais comum que causa IRAS é o *C. difficile* (frequentemente designado como "*C. diff*"), que é um bacilo gram-positivo anaeróbico formador de esporos.

Trata-se de um membro comum da microbiota endógena do cólon, onde está presente em número relativamente pequeno. Embora *C. difficile* produza dois tipos de toxina (uma enterotoxina e uma citotoxina), as concentrações delas são demasiado baixas para provocar doença quando apenas uma pequena quantidade do patógeno está presente. Entretanto, pode ocorrer superinfecção por *C. difficile* quando um paciente recebe antibióticos orais que matam os membros sensíveis da microbiota gastrintestinal (as superinfecções estão descritas no Capítulo 9, *Agentes Antimicrobianos para Inibir o Crescimento de Patógenos* In Vivo). Nesse caso, *C. difficile*, que é resistente a muitos antibióticos administrados por via oral, aumenta em número, resultando em concentrações aumentadas das toxinas.

> Os tipos mais comuns de IRAS nos EUA são: diarreia associada a *C. difficile*, ITU, infecções de sítio cirúrgico, infecções do trato respiratório inferior e infecção da corrente sanguínea.

As toxinas causam a doença conhecida como DAA, e uma forma grave da doença é conhecida como colite pseudomembranosa (CPM), em que partes do revestimento do cólon se desprendem, resultando em fezes sanguinolentas. Tanto a DAA quanto a CPM são comuns em pacientes hospitalizados. A Figura 12.1 fornece um resumo da epidemiologia e patogenia da doença associada a *C. difficile*.

---

[d]Muitas das informações neste capítulo provêm de Siegel JD *et al*. *Guidelines for isolation precautions: preventing transmission of infectious agents in healthcare settings*. Atlanta, GA: Centers for Disease Control and Prevention; 2007. Informações adicionais podem ser obtidas nas CDC-HICPA Guidelines for Environmental Infection Control in Healthcare Facilities (June 2003), em www.cdc.gov/ncidod/hip/enviro/guide.htm. HICPA é a sigla de Healthcare Infection Control Practices Advisory Committee.

DIARREIA MORTAL:
C. DIFFICILE CAUSA IMENSO SOFRIMENTO E MORTE

IMPACTO

500.000

Causou aproximadamente meio milhão de doenças em 1 ano.

Ocorre recaída pelo menos uma vez em cerca de 1 em cada 5 pacientes que contraem *C. difficile*.

Causou **15.000 mortes** em 1 ano

Em indivíduos com mais de 65 anos de idade, 1 em cada 11 morreu de infecção por *C. difficile* relacionada com assistência à saúde no primeiro mês após receber o diagnóstico.[1]

RISCO

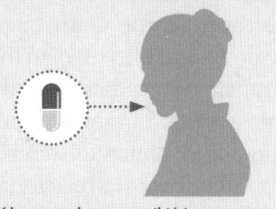

Indivíduos tratados com antibióticos apresentam uma probabilidade 7 a 10 vezes maior de adquirir *C. difficile* durante o uso dos fármacos e no primeiro mês após o término do tratamento.

Está em estabelecimentos de assistência à saúde, particularmente hospitais ou clínicas de repouso.

Mais de 80% das mortes causadas por *C. difficile* ocorreram em pessoas com 65 anos de idade ou mais.

DISSEMINAÇÃO

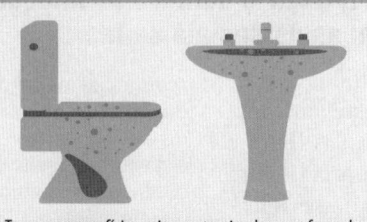

Tocar em superfícies sujas contaminadas com fezes de uma pessoa infectada, particularmente em estabelecimentos de assistência à saúde.

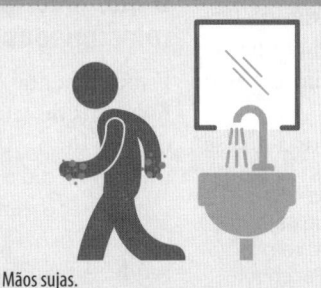

Mãos sujas.

Não notificar outros estabelecimentos de assistência à saúde quando pacientes com infecção por *C. difficile* são transferidos de um estabelecimento para outro.

PREVENÇÃO

Melhorar a prescrição de antibióticos.

Utilizar testes melhores para resultados acurados, de modo a evitar a disseminação.

Identificar e isolar rapidamente pacientes com *C. difficile*.

Utilizar luvas e capote quando for tratar pacientes com *C. difficile*. Lembrar-se de que o sanitizante para mãos não mata o patógeno.

Limpar as superfícies do quarto com desinfetante esporocida aprovado pela agência de proteção ambiental dos EUA (EPA) – (como solução de hipoclorito de sódio) nos locais onde pacientes portadores de *C. difficile* são tratados.

http://www.cdc.gov/HAI/organisms/cdiff/Cdiff_infect.html
www.cdc.gov/media

[1] Table 3 from Lessa FC, Mu Yi, Bamberg WM et al. N Engl J Med 2015;372:825-34. DOI: 10.1056/NEJMoa1408913

 **CDC**

U.S. Department of Health and Human Services Centers for Disease Control and Prevention

Figura 12.1 Resumo da epidemiologia e da patogenia da doença associada a *Clostridium difficile*.

> *C. difficile* constitui a causa mais comum de infecções gastrintestinais associadas à assistência à saúde.

As zoonoses relacionadas com assistência à saúde representam outro problema reconhecido nos hospitais. Convém lembrar que elas são doenças transmitidas de animais para seres humanos.

Pacientes com mais tendência a desenvolver infecções relacionadas com assistência à saúde

Os pacientes com mais tendência a desenvolver IRAS são os imunossuprimidos, cujo sistema imune foi enfraquecido pela idade, por doenças subjacentes ou por tratamentos médicos ou cirúrgicos. Os fatores que contribuem englobam: envelhecimento da população; intervenções médicas e terapêuticas cada vez mais agressivas; e aumento no número de próteses implantadas, transplantes de órgãos, xenotransplante (transplante de órgãos ou tecidos de animais em seres humanos) e cateterismo vascular e urinário. As maiores taxas de infecção são observadas em pacientes internados em unidades de terapia intensiva (UTI). As taxas de IRAS são três vezes mais altas nas UTI de adultos e pediátricas do que em qualquer outro local do hospital. Os pacientes mais vulneráveis em ambiente hospitalar são:

- Idosos
- Mulheres em trabalho de parto e durante o parto
- Lactentes prematuros e recém-nascidos
- Pacientes cirúrgicos e queimados
- Indivíduos com diabetes melito ou câncer
- Pacientes com fibrose cística
- Pacientes com transplante de órgãos
- Pacientes que recebem tratamento com esteroides, fármacos antineoplásicos, soro antilinfocitário ou radiação
- Imunossuprimidos (pacientes cujo sistema imune não está funcionando adequadamente)
- Pacientes que estão paralisados ou submetidos a diálise renal ou cateterização urinária
- Pacientes com dispositivos de demora, como tubos endotraqueais, cateteres venosos ou arteriais centrais e implantes sintéticos.

> Os pacientes imunossuprimidos são particularmente propensos ao desenvolvimento de IRAS.

Principais fatores que contribuem para as infecções relacionadas com assistência à saúde

Os três principais fatores que se combinam para causar IRAS (Figura 12.2) são:

1. Número crescente de patógenos resistentes a fármacos.
2. Incapacidade da equipe de saúde para seguir as diretrizes de controle de infecção.
3. Número aumentado de pacientes imunocomprometidos.

Outros fatores incluem:

- Uso indiscriminado de agentes antimicrobianos, que resultou em aumento na quantidade de patógenos resistentes a fármacos e multirresistentes
- Falsa sensação de segurança em relação aos agentes antimicrobianos, levando a uma negligência das técnicas assépticas e de outros procedimentos de controle de infecção
- Tipos de cirurgias mais prolongadas e mais complexas
- Superlotação dos hospitais e de outros estabelecimentos de saúde, bem como redução da equipe
- Participação aumentada de profissionais de saúde menos rigorosamente treinados, que, com frequência, não têm conhecimento sobre os procedimentos de controle de infecção
- Uso aumentado de agentes anti-inflamatórios e imunossupressores, como radiação, esteroides, quimioterapia antineoplásica e soro antilinfocitário
- Uso excessivo e inadequado de dispositivos médicos de demora.

> As três principais causas de IRAS consistem em bactérias resistentes a fármacos, falha dos profissionais de saúde em seguir as diretrizes de controle de infecção e número aumentado de pacientes imunocomprometidos.

Os dispositivos médicos de demora que sustentam ou que monitoram as funções básicas do corpo contribuem acentuadamente para o sucesso do tratamento médico moderno; entretanto, pelo fato de transporem as barreiras de defesa normais, eles proporcionam aos microrganismos um acesso aos líquidos corporais e tecidos normalmente estéreis. O risco de infecções bacterianas ou fúngicas está relacionado com o grau de debilidade do paciente e com o modelo e manejo do dispositivo. Por isso, é aconselhável interromper o uso de cateteres urinários, cateteres vasculares, respiradores e hemodiálise em pacientes tão logo seja medicamente possível.

O que fazer para reduzir o número de infecções relacionadas com assistência à saúde

É fundamental que todos os profissionais de saúde estejam conscientes do problema das IRAS e tomem medidas apropriadas para minimizar o número dessas infecções que ocorrem nos serviços de saúde. A principal maneira de fazer isso consiste em estrita adesão às diretrizes de controle de infecção (descritas posteriormente neste capítulo).

> A principal maneira de reduzir o número de IRAS consiste em estrita adesão às diretrizes de controle de infecção.

A lavagem das mãos é o procedimento individual mais importante para reduzir os riscos de transmissão de patógenos de um paciente para outro ou de um local anatômico para outro no mesmo paciente. Por estar especificamente relacionada com os profissionais de saúde, ela é discutida adiante em "Precauções-padrão". A seguir, são fornecidas orientações de senso comum para a lavagem diária das mãos, que servem para qualquer pessoa.

Deve-se lavar as mãos antes de:

- Preparar um alimento ou alimentar-se
- Tratar de um corte ou ferida, ou atender alguém que esteja doente
- Colocar ou retirar lentes de contato.

Deve-se lavar as mãos depois de:

- Utilizar o banheiro

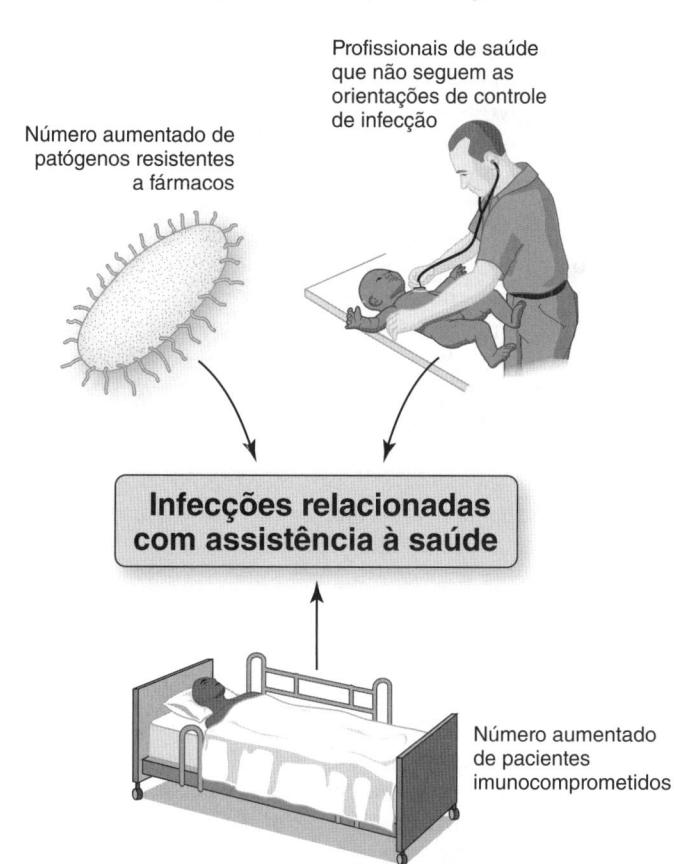

Número aumentado de patógenos resistentes a fármacos

Profissionais de saúde que não seguem as orientações de controle de infecção

Infecções relacionadas com assistência à saúde

Número aumentado de pacientes imunocomprometidos

Figura 12.2 Os três principais fatores que contribuem para infecções relacionadas com assistência à saúde.

- Manipular alimentos não cozidos, particularmente carne de vaca, aves ou peixes crus
- Trocar fralda
- Tossir, espirrar ou assoar o nariz
- Tocar em animais de estimação, sobretudo répteis e animais exóticos
- Manusear lixo
- Atender alguém que esteja doente ou machucado.

Deve-se lavar as mãos da seguinte maneira:

- Utilizar água corrente morna ou quente
- Utilizar sabão
- Lavar por completo todas as superfícies, incluindo punhos, palmas, dorso das mãos, dedos e sob as unhas (de preferência com escova de unhas)
- Esfregar as mãos durante pelo menos 10 a 15 segundos
- Quando secar, começar pelo antebraço e passar para as mãos e as pontas dos dedos; pressionar a pele em vez de esfregá-la para evitar rachaduras e fissuras.

A lavagem das mãos é o procedimento individual mais importante para reduzir os riscos de transmissão de patógenos de um paciente para outro ou de um local anatômico para outro no mesmo paciente.

Essas instruções para lavagem das mãos foram originalmente publicadas pela Bayer Corporation e pela American Society for Microbiology.

Outras maneiras de reduzir a incidência de IRAS incluem técnicas de desinfecção e esterilização, filtração do ar, uso de luz ultravioleta, isolamento de pacientes particularmente infecciosos e uso de luvas, máscaras e capotes sempre que apropriado.

PREVENÇÃO E CONTROLE DE INFECÇÕES

A expressão *prevenção e controle de infecções* diz respeito a numerosas medidas que são tomadas com o objetivo de impedir a ocorrência de infecções em serviços de saúde. Essas medidas preventivas incluem ações tomadas para eliminar ou para conter reservatórios de infecção, interromper a transmissão de patógenos e proteger as pessoas (pacientes, funcionários e visitantes) de serem infectadas. Em síntese, trata-se de meios de quebrar vários elos na cadeia da infecção (ver Figura 11.4, Capítulo 11, *Epidemiologia e Saúde Pública*).

As medidas de controle de infecção destinam-se a romper vários elos da cadeia de infecção.

Desde as descobertas e observações de Joseph Lister e de Ignaz Semmelweis (ver "Nota histórica: O pai da lavagem das mãos") no século XIX, sabe-se que a contaminação de feridas não é inevitável, e que os patógenos podem ser

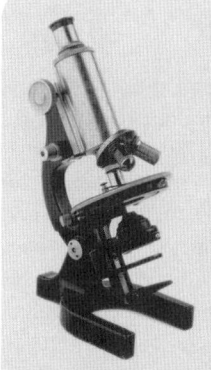

Nota histórica
Contribuições de Joseph Lister

Joseph Lister (1827-1912) (Figura 12.3), um cirurgião britânico, fez contribuições significativas nas áreas de antissepsia (contra a infecção) e assepsia (sem infecção). Durante a década de 1860, ele instituiu a prática de utilizar fenol (ácido carbólico) como antisséptico, de modo a reduzir a contaminação microbiana das feridas cirúrgicas abertas. Lister aplicava rotineiramente uma solução diluída de fenol em todas as feridas e insistia que qualquer coisa que entrasse em contato com a ferida (p. ex., as mãos do próprio cirurgião, instrumentos cirúrgicos e curativos) fosse imersa em fenol. Na década de 1870, ele instituiu a prática de realizar procedimentos cirúrgicos com uma névoa de fenol. Embora essa medida provavelmente matasse os micróbios presentes no ar, ela demonstrou ser impopular entre os cirurgiões e enfermeiros que a inalavam. Contribuições posteriores de Lister incluíram: técnicas assépticas, como esterilização de instrumentos cirúrgicos pelo vapor; uso de máscaras, luvas e capotes esterilizados pelos membros da equipe cirúrgica; e utilização de campos cirúrgicos e compressas de gaze estéreis na sala de cirurgia. As técnicas antissépticas e assépticas de Lister reduziram acentuadamente a incidência de infecções de ferida cirúrgica, bem como a mortalidade pós-operatória. Como o fenol é muito cáustico e tóxico, ele foi posteriormente substituído por outros antissépticos.

Figura 12.3 Joseph Lister. (Disponibilizada por Wikipedia Commons.)

> As técnicas assépticas são ações tomadas para prevenir a infecção ou quebrar a cadeia de infecção.

impedidos de alcançar áreas vulneráveis – um conceito referido como assepsia. Esta, que literalmente significa *sem infecção*, inclui quaisquer ações (designadas como técnicas assépticas) tomadas para prevenir a infecção ou quebrar a cadeia de infecção. Essas ações incluem limpeza geral, lavagem frequente e completa das mãos, isolamento de pacientes infectados, desinfecção e esterilização. As técnicas utilizadas para obter assepsia dependem do local, das circunstâncias e do ambiente. Existem dois tipos ou categorias principais de assepsia: a médica e a cirúrgica.

Assepsia médica

Uma vez realizada a limpeza básica, não é difícil manter a assepsia. A assepsia médica, ou técnica de limpeza, envolve procedimentos e práticas que reduzem o número e a transmissão de patógenos. Ela inclui todas as medidas de precaução necessárias para impedir a transferência direta de patógenos de uma pessoa para outra, bem como a transferência indireta por meio do ar ou de instrumentos, roupa de cama, equipamentos e outros objetos inanimados (fômites). As técnicas de assepsia médica envolvem: lavagem frequente e completa das mãos; cuidados pessoais; uso de máscaras, luvas e capotes limpos, quando apropriado;

> A assepsia médica é uma técnica de limpeza, cujo objetivo é excluir os patógenos.

limpeza adequada de suprimentos e equipamentos; desinfecção; descarte correto de agulhas, materiais contaminados e resíduos infecciosos; e esterilização.

Desinfecção

Os princípios gerais de desinfecção foram discutidos no Capítulo 8, *Controle do Crescimento dos Micróbios In Vitro*. Como se referem ao ambiente de assistência à saúde, são discutidos neste tópico.[e]

Categorias de desinfetantes. Alguns desinfetantes matam os esporos bacterianos com tempo de exposição prolongado (3 a 12 horas); esses produtos são designados como *esterilizantes químicos*. Outros utilizados em serviços de saúde são classificados como desinfetantes de alto nível, de nível intermediário e de baixo nível. Os *desinfetantes de alto nível* matam todos os micróbios (incluindo os vírus),[f] exceto grandes números de esporos bacterianos. Os *desinfetantes de nível intermediário* devem matar as micobactérias, as bactérias vegetativas, a maioria dos vírus e dos fungos; porém, não matam necessariamente os esporos bacterianos. Os *desinfetantes de baixo nível* matam a maioria das bactérias vegetativas, alguns fungos e alguns vírus nos primeiros 10 minutos de exposição. Os desinfetantes comumente utilizados em serviços de saúde estão listados na Tabela 12.2.

Sistema de classificação de Spaulding de instrumentos e itens de assistência ao paciente. Há mais de 30 anos, Earle H. Spaulding elaborou um sistema de classificação de instrumentos e itens para assistência ao paciente, de acordo com o grau de risco de infecção que estava envolvido. Esse sistema é ainda utilizado para determinar como tais itens precisam ser desinfetados ou esterilizados, conforme listados a seguir:

• Itens críticos: conferem alto risco de infecção se forem contaminados por *qualquer micróbio*; por isso, esses objetos precisam estar estéreis. Os itens críticos incluem instrumentos cirúrgicos, cateteres cardíacos e urinários, implantes e sondas de ultrassom utilizadas em cavidades estéreis do corpo. Os itens incluídos nessa categoria devem ser adquiridos estéreis ou devem ser esterilizados com vapor (de preferência), óxido de etileno gasoso, plasma de gás de peróxido de hidrogênio ou esterilizantes químicos líquidos
• Itens semicríticos: entram em contato com as mucosas ou com a pele não intacta e exigem desinfecção de alto nível. Esses itens incluem equipamentos de terapia respiratória e anestesia, alguns endoscópios, lâminas de laringoscopia, sondas manométricas esofágicas, citoscópios, cateteres manométricos anorretais e anéis diafragmáticos. Eles exigem minimamente uma desinfecção de alto nível com glutaraldeído, peróxido de hidrogênio, ortoftalaldeído ou ácido peracético com peróxido de hidrogênio
• Itens não críticos: referem-se àqueles que entram em contato com a pele intacta, mas não com as mucosas. Esses itens são divididos em duas subcategorias: itens não críticos de assistência ao paciente (p. ex., comadres, manguitos de medidores de pressão arterial, muletas e computadores) e

---

[e]Muitas das informações pertencem a Rutala WA *et al. Guideline for disinfection and sterilization in healthcare facilities.* Atlanta, GA: Centers for Disease Control and Prevention; 2008.
[f]Os vírus podem ser inativados por alguns desinfetantes, mas não são realmente "mortos". Convém lembrar que, na realidade, os vírus não são "vivos".

Tabela 12.2 Desinfetantes comumente utilizados em hospitais.

Desinfetante	Mecanismo de ação e espectro	Usos
Alcoóis (p. ex., soluções de alcoóis etílico, isopropílico e benzínico a 60 a 90%)	Causam desnaturação das proteínas; bactericidas, tuberculocidas, fungicidas, virucidas, mas não esporocidas	Para a desinfecção de termômetros, tampas de borracha, superfícies externas de estetoscópios, endoscópios e outros equipamentos
Cloro e compostos de cloro (Clorox, Halazone, hipocloritos, Warexin)	Acredita-se que causem inibição de reações enzimáticas fundamentais, desnaturação das proteínas e inativação de ácidos nucleicos; bactericidas, tuberculocidas, fungicidas, virucidas, esporocidas	Para a desinfecção de bancadas, assoalhos, respingos de sangue, agulhas, seringas; tratamento da água
Formaldeído (o formol é o formaldeído a 37% por peso)	Altera a estrutura das proteínas e bases purínicas; bactericida, tuberculocida, fungicida, virucida, esporocida	Usos limitados, devido a gases irritantes, odor penetrante e potencial de carcinogenicidade; utilizado para conservar peças anatômicas
Glutaraldeído	Interfere na síntese de DNA, RNA e proteínas; bactericida, fungicida, virucida, esporocida; atividade tuberculocida relativamente lenta	Para a desinfecção de equipamentos médicos, como endoscópios, tubos, dialisadores e equipamentos para anestesia e terapia respiratória; tem odor penetrante e é irritante para os olhos, a laringe e o nariz; pode causar irritação respiratória, asma, rinite e dermatite de contato
Peróxido de hidrogênio	Produz radicais livres destrutivos, que atacam os lipídios de membrana, o DNA e outros componentes celulares essenciais; bactericida, tuberculocida, fungicida, virucida, esporocida	Para a desinfecção de superfícies inanimadas; uso clínico limitado; o contato com os olhos pode causar grave lesão ocular
Iodo (soluções ou tintura de iodo) e iodóforos (p. ex., iodopovidona, Wescodyne, Betadine, Isodine, Ioprep, Surgidine)	Acredita-se que provoque alteração na estrutura e síntese de proteínas e ácidos nucleicos; bactericida, tuberculocida, virucida; pode exigir um período prolongado de contato para ser fungicida e esporocida	Principalmente para uso como antisséptico; também para a desinfecção de tampas de borracha, termômetros, endoscópios
o-ftalaldeído	Mecanismo de ação desconhecido; bactericida; tuberculocida, fungicida, virucida, esporocida	Mancha a pele, as roupas, as superfícies ambientais; uso clínico limitado
Ácido peracético (ácido peroxiacético)	Acredita-se que comprometa a permeabilidade da parede celular e altere a estrutura das proteínas; bactericida; tuberculocida, fungicida, virucida e esporocida	Utilizado em máquina automatizada para esterilizar quimicamente instrumentos médicos, cirúrgicos e odontológicos imersíveis, incluindo endoscópios e artroscópios; quando concentrado, pode causar lesões oculares e cutâneas graves
Combinação de ácido peracético e peróxido de hidrogênio	Mecanismo de ação conforme descrito para o peróxido de hidrogênio e o ácido peracético; bactericida; tuberculocida, fungicida, virucida, mas não esporocida	Para a desinfecção de aparelhos de hemodiálise
Fenol (ácido carbólico) e fenólicos (p. ex., xilenóis, o-fenilfenol, hexilresorcinol, hexaclorofeno, cresol, Lysol)	Rompe as paredes celulares e inativa sistemas enzimáticos fundamentais; bactericida; tuberculocida, fungicida, virucida, mas não esporocida	Para a descontaminação do ambiente hospitalar, incluindo superfícies de laboratórios, e para itens médicos e cirúrgicos não críticos; o desinfetante residual em superfícies porosas pode causar irritação tecidual
Compostos de amônio quaternário (uma variedade de compostos de amônio organicamente substituídos, como cloreto de dodecildimetil amônio)	Inativam enzimas produtoras de energia, desnaturação e ruptura das membranas celulares; bactericida; fungicida e virucida para vírus lipofílicos; em geral, não é tuberculocida, esporocida ou virucida para vírus hidrofílicos	Para a desinfecção de superfícies não críticas, como assoalhos, móveis e paredes; não devem ser utilizados como antissépticos

Informações adicionais sobre desinfetantes podem ser encontradas em CDC's Guideline for Disinfection and Sterilization in Healthcare Facilities, dos CDC, 2008, disponível no *site* dos CDC: http://www.cdc.gov.

superfícies ambientais não críticas (p. ex., grades de cama, alguns utensílios de alimentação, mesas de cabeceira, móveis do paciente e assoalho). Podem ser utilizados desinfetantes de baixo nível para os itens não críticos, como: álcool etílico ou isopropílico a 70 a 90%, hipoclorito de sódio (água sanitária doméstica de diluição 1:500), solução detergente germicida fenólica, solução detergente germicida iodofórica e solução detergente germicida de amônio quaternário.

Assepsia cirúrgica

A assepsia cirúrgica, ou técnica estéril, inclui práticas utilizadas para tornar e manter objetos e áreas estéreis (*i. e.*, livres de micróbios). Os seguintes aspectos constituem diferenças entre a assepsia médica e a cirúrgica:

- A assepsia médica é uma técnica de limpeza, enquanto a cirúrgica é uma técnica esterilizante
- O objetivo da assepsia médica é excluir patógenos, enquanto o da cirúrgica é excluir todos os micróbios.

> A assepsia cirúrgica é uma técnica estéril, cujo objetivo consiste em excluir todos os micróbios.

As técnicas de assepsia cirúrgica são praticadas nos centros cirúrgicos, em áreas de trabalho de parto e parto e durante procedimentos invasivos, como coleta de sangue, injeção de medicamentos, inserção de cateter urinário, cateterismo cardíaco e punção lombar, que precisam ser realizados utilizando precauções de assepsia cirúrgica estritas. Algumas técnicas de assepsia cirúrgica incluem: escovação das mãos e das unhas antes de entrar no centro cirúrgico; uso de máscaras, luvas, toucas, capotes e protetores de sapatos (considerados opcionais) estéreis; uso de soluções e vestimentas estéreis; uso de campos cirúrgicos estéreis e criação de um campo estéril; e uso de instrumentos cirúrgicos esterilizados pelo calor. Os métodos de esterilização foram discutidos no Capítulo 8, *Controle do Crescimento dos Micróbios In Vitro*.

Os pelos no sítio cirúrgico devem ser raspados com barbeador elétrico, e a pele do paciente deve ser completamente limpa e esfregada com sabão com antisséptico. Se a cirurgia for extensa, a área circundante deverá ser coberta com um filme plástico ou campo cirúrgico estéril, de modo que seja estabelecida uma área cirúrgica estéril. O cirurgião e todos os seus assistentes devem escovar as mãos por 5 a 10 minutos com sabão desinfetante e cobrir roupas, boca e cabelo, visto que podem soltar micróbios no local da cirurgia. Esses protetores incluem luvas, capotes, toucas e máscaras estéreis, bem como protetores de sapato, que são considerados opcionais (Figura 12.4). Todos os instrumentos, suturas e curativos devem ser estéreis e só devem ser manipulados quando o profissional estiver utilizando máscara e luvas estéreis. Tão logo esses itens se tornem contaminados, precisam ser completamente limpos e esterilizados para reutilização, ou devem ser descartados adequadamente. Todas as agulhas, seringas e outros itens perfurocortantes dos equipamentos precisam ser descartados em "coletores perfurocortantes" apropriados à prova de perfurações.

O assoalho e todos os equipamentos no centro cirúrgico precisam ser completamente limpos e desinfetados antes e depois de cada uso. As paredes são desinfetadas após o último

caso cirúrgico do dia. É necessário manter uma ventilação apropriada para assegurar que o ar fresco e filtrado circule por toda sala o tempo todo.

Regulamentos referentes a epidemiologia e controle de infecção nos cuidados à saúde

Nos EUA, existem muitos regulamentos diferentes relacionados com a epidemiologia e o controle de infecção na área de saúde (tão numerosos que não é possível discutir todos eles em um livro deste tamanho). Um desses regulamentos de maior importância foi publicado em 2001 pela Occupational Safety and Health Administration (OSHA). É intitulado Bloodborne Pathogen Standard (29 CFR 1910.1030). Esse padrão exige que os estabelecimentos de saúde que têm funcionários com exposição ocupacional a sangue ou outros materiais potencialmente infecciosos preparem e

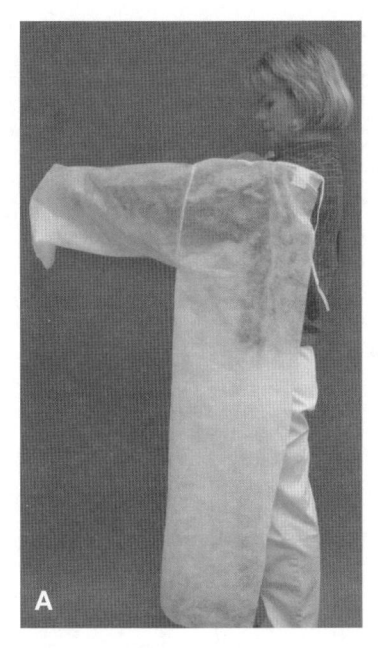  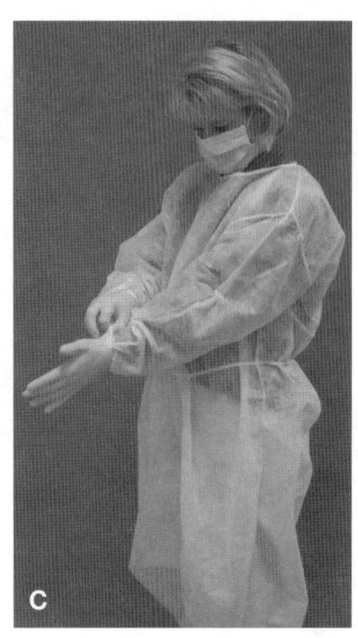

Figura 12.4 Profissional de saúde vestindo equipamento de proteção pessoal. A. Capote estéril. **B.** Máscara. **C.** Luvas. (De McCall RE, Tankersley CM. *Phlebotomy Essentials*. 5th ed. Philadelphia, PA: Lippincott Williams & Wilkins; 2012.)

Foco na carreira

Tecnologistas em cirurgia

Conforme estabelecido pela AMA Health Care Careers Directory (disponível em http://www.ama-assn.org, em "Education"), "os tecnologistas em cirurgia são profissionais de saúde aliados, que trabalham com cirurgiões e outros médicos que fornecem cuidados cirúrgicos a pacientes em uma variedade de circunstâncias, como membros integrantes da equipe de assistência à saúde".

"Os tecnologistas em cirurgia trabalham sob a supervisão do cirurgião para garantir a segurança do centro cirúrgico ou do ambiente, o funcionamento adequado dos equipamentos e a realização do procedimento cirúrgico em condições que maximizem a segurança do paciente. Manipulam os instrumentos, suprimentos e equipamentos necessários durante o procedimento cirúrgico".

"Os tecnologistas em cirurgia possuem competência na teoria e aplicação das técnicas estéreis e assépticas, combinada com o conhecimento da anatomia humana, procedimentos cirúrgicos e ferramentas e tecnologias de implementação para facilitar o desempenho do médico em procedimentos diagnósticos e terapêuticos invasivos".

"Os deveres específicos dos tecnologistas em cirurgia no papel principal de escovação, no papel de circulação como assistente e no papel de assistente circulante e no papel de segundo assistente podem ser encontrados no *site* da AMA, assim como informações sobre exigências e programas educacionais, certificação e salário".

atualizem um plano escrito, denominado Plano de Controle de Exposição, que tem por objetivo eliminar ou minimizar a exposição dos funcionários a patógenos. Outros tópicos abordados no regulamento 29 CFR 1910.1030 incluem:

- Acompanhamento pós-exposição
- Manutenção de registros de patógenos transmitidos pelo sangue
- Ferimentos por picadas de agulha ou outros materiais perfurocortantes
- Precauções universais
- Alergia ao látex
- Doenças transmitidas pelo sangue, como HIV, vírus da hepatite B (HBV) e vírus da hepatite C (HCV)
- Rotulagem e símbolos (o regulamento 29 CFR 1910.1030 pode ser encontrado no *site* da OSHA: http://www.osha.gov).

Precauções-padrão

Em um serviço de saúde, a pessoa nem sempre sabe quais os pacientes estão infectados pelo HIV, HBV, HCV ou outros patógenos transmissíveis. Assim, para prevenir a transmissão de agentes em ambientes de assistência à saúde, os CDC desenvolveram dois níveis de precauções de segurança: as precauções-padrão e as precauções com base na transmissão.

As precauções-padrão combinam as principais características das precauções universais e precauções para isolamento de substâncias corporais[g] e têm o propósito de serem aplicadas

---

[g]As precauções universais (publicadas em 1985, 1987 e 1988) referiam-se ao sangue e aos líquidos corporais, enquanto as precauções de isolamento de substâncias corporais (publicadas em 1987) foram estabelecidas para reduzir o risco de transmissão de patógenos a partir de substâncias corporais úmidas.

> As precauções-padrão devem ser aplicadas na assistência a *todos* os pacientes em *todos* os serviços de saúde, independentemente da suspeita ou da presença confirmada de um agente infeccioso.

> A implementação das precauções-padrão constitui a principal estratégia para a prevenção da transmissão de agentes infecciosos associada aos cuidados de saúde entre pacientes e profissionais de saúde.

na assistência a *todos* os pacientes em *todos* os serviços de saúde, independentemente da suspeita ou da presença confirmada de um agente infeccioso. Por outro lado, as precauções com base na transmissão (discutidas posteriormente) são reforçadas apenas para certos tipos específicos de infecções.

A implementação das precauções-padrão constitui a principal estratégia para a prevenção da transmissão de agentes infecciosos associados aos cuidados de saúde entre pacientes e profissionais de saúde. Elas baseiam-se no princípio de que o sangue, os líquidos corporais e as excreções, com exceção do suor, bem como a pele não intacta e as mucosas, podem conter agentes infecciosos transmissíveis. Essas precauções fornecem diretrizes de prevenção de infecção sobre higiene das mãos; uso de luvas, capotes, máscaras e protetor ocular; higiene respiratória/comportamento adequado ao tossir; práticas seguras de injeção; função lombar; limpeza de equipamentos usados no cuidado do paciente; controle ambiental (incluindo limpeza e desinfecção); manipulação da roupa de cama suja; manipulação e descarte das agulhas usadas e outros objetos perfurocortantes; dispositivos de reanimação; e acomodação do paciente. As diretrizes da OSHA destinam-se a proteger os profissionais de saúde, enquanto as precauções-padrão protegem *tanto* o profissional de saúde *quanto* seus pacientes contra infecções pelo HIV, HBV, HCV e muitos outros patógenos. Os símbolos mostrados na Figura 12.5 mostram os aspectos mais importantes das precauções-padrão.

Vacinações

Como os profissionais de saúde correm risco particular de adquirir várias doenças infecciosas preveníveis por vacinas, a Immunization Action Coalition (www.vaccineinformation.org) recomenda que eles recebam as seguintes vacinas:

- Hepatite B
- Influenza (anualmente)
- Sarampo-caxumba-rubéola
- Varicela
- Tétano-difteria-*pertussis*
- Meningocócica (para microbiologistas que são rotineiramente expostos a isolados de *Neisseria meningitidis*).

Higiene das mãos

Nunca é demais ressaltar que a técnica mais importante e básica na prevenção e no controle de infecções e na prevenção da transmissão de patógenos é a higiene das mãos. Como as mãos contaminadas são importante causa de infecção cruzada (*i. e.*, transmissão de patógenos de um paciente para outro), os profissionais de saúde que cuidam de pacientes hospitalizados precisam lavá-las completamente entre as

visitas aos pacientes (antes e depois de cada contato com eles). Além disso, as mãos devem ser lavadas entre tarefas e procedimentos realizados no mesmo indivíduo, de modo a evitar a contaminação cruzada de diferentes locais do corpo. As mãos também precisam ser lavadas após contato com sangue, líquidos corporais, secreções, excreções e itens contaminados, mesmo quando se utilizam luvas. Elas devem ainda ser lavadas imediatamente antes de colocar as luvas e após a sua retirada.

> A técnica mais importante e básica para prevenção e controle das infecções e prevenção da transmissão de patógenos é a lavagem das mãos.

Nota histórica
O pai da lavagem das mãos

Ignaz Philipp Semmelweis (1818-1865), um médico húngaro que trabalhou na maternidade de um grande hospital em Viena durante a década de 1840, ficou conhecido como "Pai da lavagem das mãos", "Pai da desinfecção das mãos" e "Pai da epidemiologia hospitalar". Muitas das mulheres cujos filhos nasciam em uma das clínicas do hospital adoeciam e morriam de uma doença conhecida como febre puerperal (também conhecida como febre do parto), cuja causa era então desconhecida (hoje, sabe-se que a febre puerperal é causada pelo *Streptococcus pyogenes*). Semmelweis observou que, com frequência, médicos e estudantes de medicina saíam diretamente da sala de necropsia para se dirigir à clínica de obstetrícia a fim de dar assistência ao parto de um bebê. Embora lavassem as mãos com sabão e água ao entrar na clínica, ele viu que suas mãos ainda tinham um odor desagradável. Conclui, assim, que a febre puerperal que as mulheres desenvolviam posteriormente era causada por "partículas cadavéricas" presentes nas mãos dos médicos e dos estudantes. Em maio de 1847, Semmelweis instituiu uma política que estabelecia que "todos os estudantes ou médicos que entrassem nas enfermarias com o propósito de examinar um paciente eram obrigados a lavar as mãos por completo com solução clorada, que seria colocada em lavatórios adequados, perto da entrada das enfermarias". Depois dessas medidas, a taxa de mortalidade materna caiu drasticamente. Essa foi a primeira evidência de que a limpeza das mãos contaminadas com agente antisséptico reduz mais efetivamente as IRAS do que a simples lavagem com água e sabão. É interessante observar que Oliver Wendell Holmes (1809-1894), um médico americano, tinha concluído, alguns anos antes, que a febre puerperal), era disseminada pelas mãos dos profissionais de saúde. Entretanto, as recomendações feitas por Holes em seu ensaio histórico de 1843, intitulado *The Contagiousness of Puerperal Fever* (A contagiosidade da febre puerperal) foram recebidas com oposição (da mesma maneira que as recomendações de Semmelweis) e tiveram pouco impacto sobre as práticas obstétricas daquela época.

Pode-se utilizar um sabão simples (não antimicrobiano) para a lavagem de rotina das mãos; entretanto, deve-se utilizar um agente antimicrobiano ou antisséptico em determinadas circunstâncias (p. ex., antes de entrar no centro cirúrgico ou para controlar surtos dentro do hospital). A Figura 12.6 contém instruções passo a passo para a lavagem efetiva das mãos. De acordo com os CDC, as soluções à base de álcool para as mãos que exigem o uso de água podem ser utilizadas em lugar da lavagem, quando estiverem visivelmente sujas. O volume da solução desinfetante para mãos a ser usado varia de um produto para outro; por esse motivo, é necessário seguir as instruções do fabricante. Contudo, se o paciente estiver em precauções entéricas de contato, devido à infecção por *C. difficile* ou por norovírus, será preciso utilizar um sabão antibacteriano para a higienização das mãos. Unhas postiças e anéis não devem ser usados por profissionais de saúde que fornecem assistência direta ao paciente.

Figura 12.5 Símbolos das precauções-padrão. (De McCall RE, Tankersley CM. *Phlebotomy Essentials*. 5th ed. Philadelphia, PA: Lippincott Williams & Wilkins; 2012. Disponibilizada por Brevis Corp., Salt Lake City, UT.)

Dicas úteis: lavagem das mãos

Para certificar-se de que suas mãos foram lavadas o suficiente, esfregue-as ensaboadas e entrelace os dedos durante o tempo que levaria para cantar 2 vezes toda a música de "Parabéns para você" ou recitar todos os versos de "Brilha, brilha, estrelinha". Como alternativa, você pode utilizar uma espuma, gel ou loção de álcool de secagem rápida. Os estudos realizados mostraram que esses produtos convenientes são pelo menos tão efetivos quanto a prática antiquada do uso de água e sabão. Eles têm ação rápida e secam em cerca de 15 segundos; ao utilizá-los, você elimina a possibilidade de alguém ouvi-lo cantando!

Equipamentos de proteção individual
Existem muitos componentes de equipamentos de proteção individual (EPI). Os mais comuns estão listados a seguir.

Luvas. As luvas podem proteger tanto os pacientes quanto o profissional de saúde da exposição a materiais infecciosos que podem ser transportados pelas mãos. O profissional de saúde deve utilizar luvas quando:

- Antecipar qualquer contato direto com sangue ou líquidos corporais, membranas mucosas, pele não intacta ou outros materiais potencialmente infecciosos
- Tiver contato direto com pacientes que estão colonizados ou infectados por patógenos transmitidos por contato
- Manipular ou tocar equipamento de cuidado ao paciente e superfícies do ambiente visível ou potencialmente contaminados.

As luvas precisam ser trocadas entre tarefas e procedimentos no mesmo paciente sempre que houver risco de transferir microrganismos de um local do corpo para outro. A higienização das mãos deve ser realizada antes de colocar as luvas, sempre retirando-as imediatamente após o uso e antes de visitar outro paciente. É necessário ainda lavar as mãos por completo logo depois de retirá-las,

> Os EPI incluem luvas, capotes, máscaras, protetores oculares e proteção respiratória.

Etapa		Explicação/Justificativa
① Afaste-se para não encostar na pia.		A pia pode estar contaminada.
② Abra a torneira e molhe as mãos com água morna corrente.		A água não deve estar muito quente nem muito fria, e as mãos devem ser molhadas antes de aplicar o sabão, de modo a minimizar ressecamento, fissuras ou rachaduras das mãos em consequência de sua lavagem frequente.
③ Aplique sabão e faça espuma.		É necessário obter uma boa espuma para alcançar todas as superfícies.
④ Esfregue todas as superfícies, inclusive entre os dedos e ao redor das articulações.	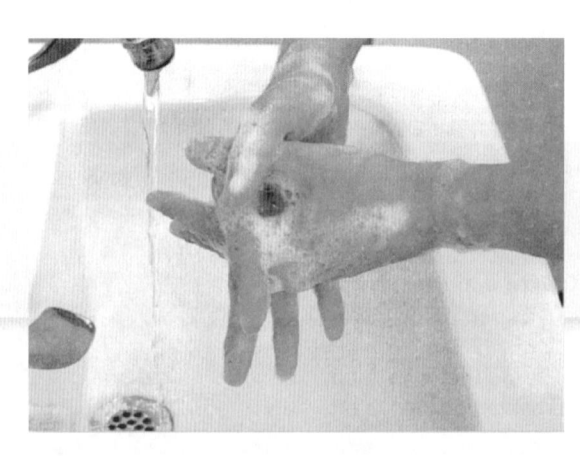	É necessário esfregar para retirar os microrganismos das superfícies, particularmente entre os dedos e ao redor das articulações.
⑤ Friccione vigorosamente as mãos uma na outra.		A fricção ajuda a soltar a pele morta e a eliminar sujeira, restos celulares e microrganismos (as etapas 4 e 5 devem levar pelo menos 15 segundos, aproximadamente o tempo de cantar a música "ABC").

Figura 12.6 Técnica correta de higienização das mãos. (De McCall RE, Tankersley CM. *Phlebotomy Essentials*. 5th ed. Philadelphia, PA: Lippincott Williams & Wilkins; 2008; Molle EA, Kronenberger J, West-Stack C. Lippincott Williams & Wilkins' clinical medical assisting. 2nd ed. Baltimore: Lippincott Williams & Wilkins, 2005.)

Etapa	Explicação/Justificativa

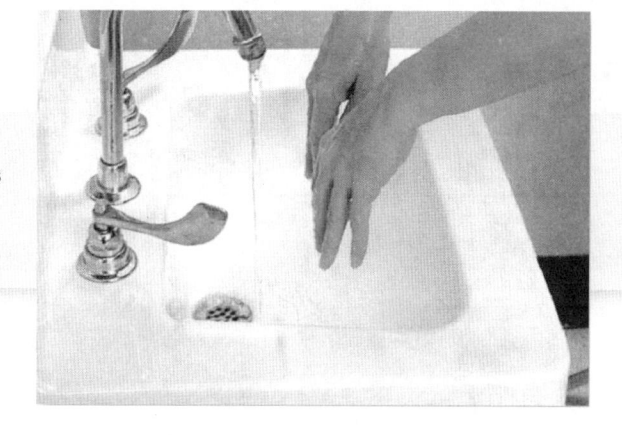

⑥ Enxague as mãos no sentido dos punhos para as pontas dos dedos

Enxaguar as mãos de cima apara baixo possibilita a eliminação dos contaminantes das mãos e dos dedos para a pia, em vez de voltarem para o braço ou o punho.

⑦ Seque as mãos com papel-toalha limpo.

As mãos devem ser secas por completo e delicadamente, de modo a evitar fissuras ou rachaduras. Toalhas reutilizáveis podem ser uma fonte de contaminação.

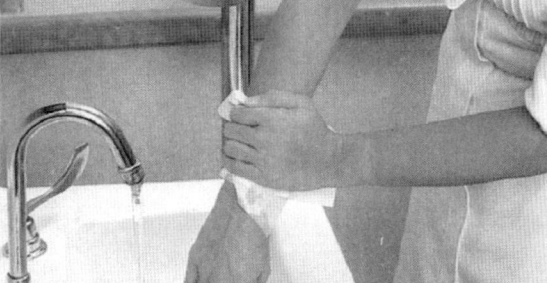
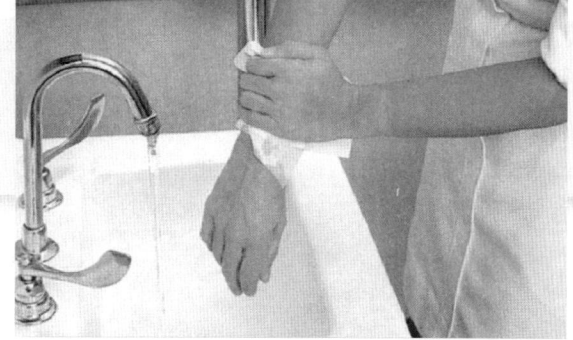

⑧ Utilize papel-toalha limpo para fechar a torneira, a menos que seja ativada pelo pé ou por movimento.

As mãos limpas não devem tocar a torneira contaminada.

Figura 12.6 (*continuação*) Técnica correta de higienização das mãos. (De McCall RE, Tankersley CM. *Phlebotomy Essentials*. 5th ed. Philadelphia, PA: Lippincott Williams & Wilkins; 2008; Molle EA, Kronenberger J, West-Stack C. Lippincott Williams & Wilkins' clinical medical assisting. 2nd ed. Baltimore: Lippincott Williams & Wilkins, 2005.)

visto que existe sempre a possibilidade de as luvas terem pequenos rasgos ou de as mãos terem sido contaminadas durante a retirada. A Figura 12.7 ilustra o método correto de retirada das luvas.

Capotes de isolamento. Os capotes ou aventais devem ser vestidos juntamente com as luvas e outros EPI, quando indicado. Geralmente, eles são a primeira peça do EPI a ser vestida. Protegem os braços e as áreas expostas do corpo do profissional de saúde e impedem a contaminação das roupas com sangue, líquidos corporais e outros materiais potencialmente infecciosos. Ao aplicar as precauções-padrão, o capote só é utilizado se houver previsão de contato com sangue ou líquidos corporais; entretanto, quando são utilizadas precauções de contato, indica-se o uso tanto do capote quanto das luvas ao entrar no quarto. Os capotes devem ser retirados antes de deixar a área de cuidados ao paciente, de modo a evitar uma possível contaminação do meio ambiente fora do quarto e a contaminação das roupas ou da pele. O lado externo "contaminado" do capote é virado para dentro,

e ele é enrolado em feixe e, em seguida, descartado em um recipiente destinado a resíduos ou roupas de cama para conter a contaminação.

Máscaras. As máscaras são utilizadas para três propósitos principais nos serviços de saúde, conforme a seguir.

1. São utilizadas pelos profissionais de saúde para protegê-los do contato com materiais infectados de pacientes.
2. São utilizadas pelos profissionais de saúde quando envolvidos em procedimentos que exigem técnica estéril, para proteger o paciente da exposição a patógenos que possam estar presentes na boca ou no nariz do profissional de saúde.
3. São colocadas em pacientes com tosse para limitar o potencial de disseminação de secreções respiratórias infecciosas para outras pessoas. A Figura 12.8A contém exemplos de máscaras comumente utilizadas em serviços de saúde.

Proteção respiratória. A proteção respiratória exige o uso de um respirador com filtração N95 ou maior, de

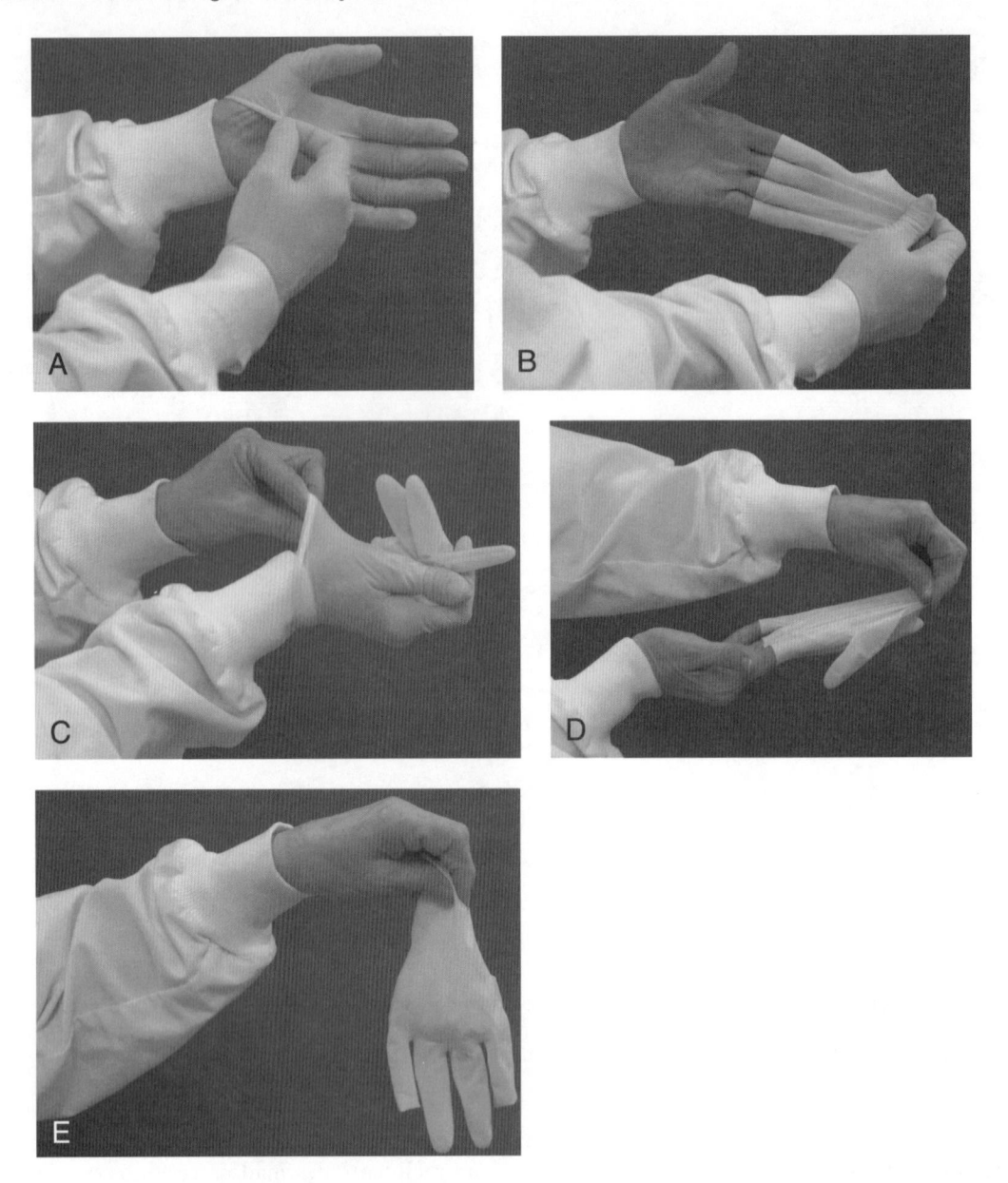

Figura 12.7 Procedimento adequado para retirada das luvas A. O punho de uma das luvas é segurado pela outra mão enluvada. **B.** A luva é puxada de dentro para fora e retirada da mão. **C.** Com a primeira luva segura na mão enluvada, os dedos da mão sem luva são colocados por baixo do punho da luva remanescente, sem tocar em sua superfície externa. **D.** A luva é então puxada para fora da mão, de modo que a primeira luva fique dentro da segunda, sem nenhuma exposição da superfície externa exposta. **E.** As luvas contaminadas devem ser prontamente colocadas no recipiente de descarte para biocontaminantes apropriado. (De McCall RE, Tankersley CM. *Phlebotomy Essentials*. 5th ed. Philadelphia, PA: Lippincott Williams & Wilkins; 2012.)

modo a impedir a inalação de partículas infecciosas. Os respiradores N95 são máscaras que se ajustam firmemente, destinadas a proteger contra pequenas gotículas de fluidos respiratórios e outras partículas transportadas pelo ar, além de toda a proteção proporcionada pelas máscaras cirúrgicas. A designação "N95" refere-se ao fato de que esse produto filtra pelo menos 95% das partículas transportadas pelo ar. Os respiradores N95 precisam ser testados para ajuste individual. A Figura 12.8B mostra dois tipos de máscaras N95, enquanto a Figura 12.9 mostra um profissional de saúde utilizando outro tipo de máscara N95. Não se deve confundir a máscara com o respirador de partículas. São recomendados respiradores elétricos de purificação do ar

quando o profissional de saúde trabalha com pacientes com tuberculose, febre hemorrágica viral, infecções como vírus Ebola, varíola e durante procedimentos geradores de aerossóis em pacientes com influenza aviária ou pandêmica (Figura 12.8C).

Proteção dos olhos. Os tipos de protetores oculares incluem óculos de proteção e protetores de rosto descartáveis ou não descartáveis. Máscaras podem ser utilizadas juntamente com óculos de proteção, ou pode-se utilizar um protetor de rosto em vez de máscara e óculos. Mesmo nas situações em que não há indicação de precauções para gotículas, a proteção dos olhos, do nariz e da boca é necessária quando

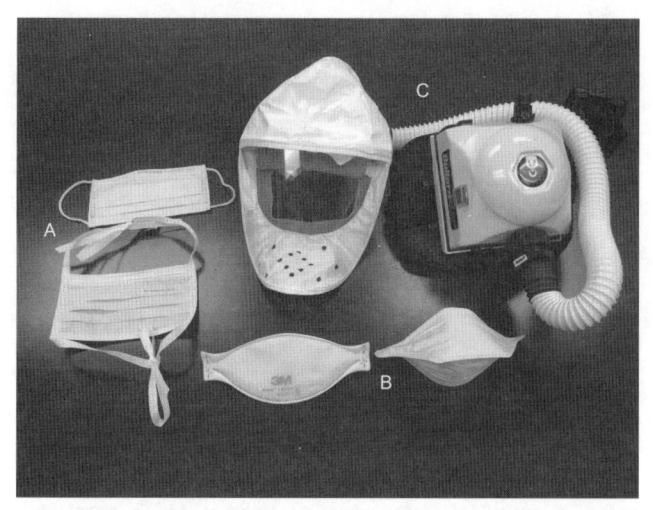

Figura 12.8 Vários tipos de proteção respiratória. A. Dois tipos de máscaras cirúrgicas. **B.** Dois tipos de máscaras N95. **C.** Respirador de partículas (respirador elétrico de purificação do ar).

existe a probabilidade de borrifos ou aerossóis de quaisquer secreções respiratórias ou outros líquidos corporais. Os protetores para os olhos e as máscaras são retirados após a retirada das luvas.

Equipamento de cuidados ao paciente

Os materiais orgânicos (p. ex., sangue, líquidos corporais, secreções e excreções) precisam ser removidos do equipamento médico, dos instrumentos e dos dispositivos antes da desinfecção de alto nível e esterilização, visto que o material proteináceo residual diminui a eficiência dos processos de desinfecção e de esterilização. Todos esses equipamentos e dispositivos precisam ser manipulados de modo a proteger os profissionais de saúde e o meio ambiente de materiais potencialmente infecciosos. A limpeza e a desinfecção devem incluir teclados de computadores e dispositivos eletrônicos

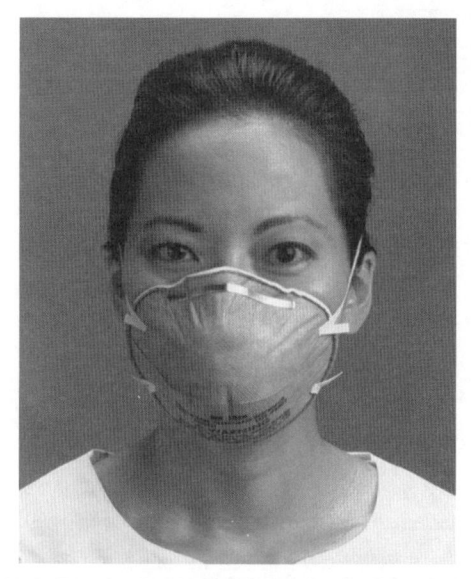

Figura 12.9 Respirador do tipo N95. (De McCall RE, Tankersley CM. *Phlebotomy Essentials*. 5th ed. Philadelphia, PA: Lippincott Williams & Wilkins; 2012. Disponibilizada por 3M Occupational Health and Environmental Safety Division, St. Paul, MN.)

pessoais. Sempre que possível, o uso de equipamentos médicos específicos, como estetoscópios, manguitos de pressão arterial e termômetros eletrônicos, reduz o potencial de transmissão. Itens como comadres, bombas intravenosas e ventiladores precisam ser completamente limpos e desinfetados antes de seu uso por outro paciente.

Controle ambiental

O hospital precisa ter procedimentos adequados para cuidados de rotina, limpeza e desinfecção das superfícies ambientais, como grades de cama, mesas de cabeceira, comadres, maçanetas, pias e quaisquer outras superfícies e equipamentos próximos aos pacientes. Os profissionais devem obedecer a esses procedimentos.

Rouparia

Tecidos como roupas de cama, toalhas e aventais de pacientes, que ficam sujos com sangue, líquidos corporais, secreções ou excreções, precisam ser manipulados, transportados e lavados de maneira segura. Os tecidos sujos não devem ser sacudidos, não devem entrar em contato com o corpo ou com as roupas dos profissionais de saúde e precisam ser acondicionados em sacos de lavagem ou caixas específicas.

Descarte de perfurocortantes

As lesões por picadas de agulha e resultantes de vidro quebrado e outros objetos perfurocortantes constituem a principal maneira pela qual os profissionais de saúde se tornam infectados por patógenos como HIV, HBV e HCV. Por conseguinte, as precauções-padrão incluem diretrizes sobre a manipulação segura desses itens. As agulhas e outros dispositivos perfurocortantes precisam ser manipulados de modo a evitar qualquer lesão ao usuário ou a outras pessoas que possam entrar em contato durante ou após o procedimento. É possível evitar acidentes com o uso de técnicas mais seguras (como não reencapar agulhas), descarte das agulhas usadas em recipientes apropriados para perfurocortantes e uso de dispositivos perfurocortantes com mecanismos de segurança. Os dispositivos com segurança podem constituir parte integrante da agulha (incluindo escalpe) do tubo ou da seringa.

A seguir, são apresentadas as características de segurança desejáveis das agulhas:

- Ser o mais simples possível, exigindo pouco treinamento para uso efetivo
- Constituir parte integrante do dispositivo, e não um acessório
- Proporcionar uma barreira entre as mãos do profissional de saúde e a agulha após o seu uso
- Permitir que as mãos do profissional permaneçam atrás da agulha o tempo todo
- Funcionar antes da desmontagem e permanecer assim após o descarte, a fim de proteger os usuários e manipuladores das lixeiras, bem como garantir a segurança ambiental.

As agulhas e outros objetos perfurocortantes contaminados não devem ser entortados, reencapados ou removidos, além de ser proibido cortar ou quebrar agulhas. Todas as agulhas, lancetas, bisturis e outros objetos perfurocortantes contaminados devem ser descartados imediatamente após o uso, em recipientes especiais conhecidos como recipientes para perfurocortantes. Isso é válido se o objeto tiver ou não uma forma de segurança. Os recipientes para perfurocortantes são rígidos, resistentes à perfuração, à prova de vazamentos, descartáveis e claramente marcados com o rótulo de risco biológico (Figura 12.10). Eles precisam ser facilmente acessíveis para todas as pessoas que necessitam deles e devem estar localizados em todas as áreas onde agulhas são comumente utilizadas, bem como em áreas onde o sangue é coletado, incluindo quartos dos pacientes, salas de emergência, UTI e centros cirúrgicos. Quando cheios, são adequadamente descartados como lixo de risco biológico.

Precauções com base em transmissão

Nos serviços de saúde, os patógenos são transmitidos por três vias principais: contato, gotículas e aerossóis. As precauções com base em transmissão são utilizadas para pacientes com diagnóstico ou suspeita de infecção ou colonização por patógenos altamente transmissíveis ou epidemiologicamente importantes, para os quais há necessidade de precauções de segurança adicionais *além* das precauções-padrão, de modo a interromper a transmissão dentro dos hospitais.

Existem quatro tipos de precauções com base em transmissão, que podem ser utilizadas isoladamente ou em combinação: precações de contato, precauções de contato entéricas,

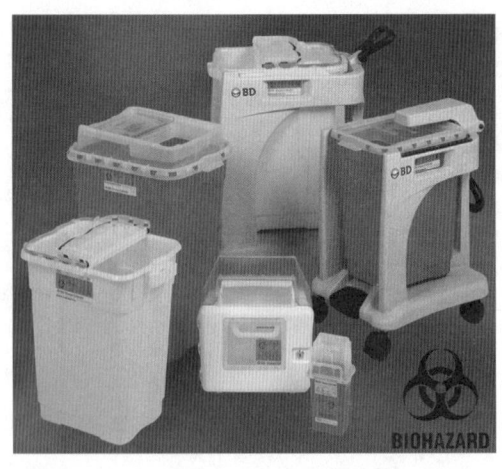

Figura 12.10 Vários tipos de recipientes de perfurocortantes. (De McCall RE, Tankersley CM. *Phlebotomy Essentials*. 5th ed. Philadelphia, PA: Lippincott Williams & Wilkins; 2012. Provided by Becton Dickinson, Franklin Lakes, NJ.)

precauções para gotículas e precauções para aerossóis. É muito importante entender que as precauções com base em transmissão devem ser utilizadas *além* das precauções-padrão que já estejam sendo seguidas. A Tabela 12.3 fornece uma lista de algumas doenças ou condições infecciosas que exigem precauções com base em transmissão.

> Os quatro tipos de precauções com base em transmissão são utilizados *além* das precauções-padrão.

Tabela 12.3 Doenças infecciosas que exigem precauções com base em transmissão.	
Tipo de precauções com base em transmissão	**Doenças ou condições infecciosas***
Precauções de contato	Líquidos corporais não contidos • Celulite exudativa: molha a roupa de cama • Feridas abertas: molha curativos/não contidas • Urina não contida: suja o ambiente • Secreções respiratórias não contidas: suja o ambiente • Diarreia e incapacidade de auto-higienização RSV (lactentes, crianças pequenas e adultos imunocomprometidos) OMR (CRE, MDR-*Acinectobacter*, MRSA VRE) Fibrose cística
De contato entérica	*Clostridium difficile* (o paciente permanece com precauções durante o período de hospitalização) Norovírus (o paciente pode ser retirado das precauções quando assintomático por 2 dias)
Precauções para gotículas	Influenza Meningite (*Haemophilus influenzae* tipo b, *Neisseria meningitidis*) Caxumba Coqueluche Febre hemorrágica viral (vírus de Lassa, Ebola, Marburg ou febre da Crimea-Congo)
Precauções para aerossóis	Sarampo Tuberculose (ativa ou descartar)
Aerossóis/de contato	Varicela Zóster disseminado ou paciente imunocomprometido • O uso de máscara N95 não é necessário se os que entram no quarto são reconhecidamente imunes à varicela • Precauções de contato são acrescentadas se houver qualquer lesão que não tenha sofrido ruptura e que esteja com crosta

*Essa lista de doenças ou organismos não é completa. (Fonte: Siegel JD *et al*. Guideline for isolation precautions: preventing transmission of infectious agents in healthcare settings. *Am J Infect Control*. 2007; 35(10 suppl 2):S65-S164. Também disponível em www.cdc.gov/infectioncontrol/basics/transmission-based-precautions.html. CRE, Enterobacteriaceae resistentes aos carbapenéns; OMR, organismo multirresistente; MRSA, *Staphylococcus aureus* resistente à meticilina; RSV, vírus sincicial respiratório; VRE, enterococos resistentes à vancomicina.

Precauções de contato e precauções entéricas de contato

A transmissão por contato constitui a forma mais frequente de transmissão de IRAS; por isso, as precauções de contato são utilizadas para pacientes com diagnóstico ou suspeita de infecção ou colonização por patógenos epidemiologicamente importantes, que podem ser transmitidos por contato direto ou indireto. As precauções entéricas de contato são utilizadas sempre que um paciente tiver infecção por *C. difficile* ou por norovírus e indicam que o profissional de saúde precisa utilizar sabão e água para a higienização das mãos, em vez de algum produto à base de álcool. As precauções de contato sempre devem ser instituídas se houver probabilidade de o paciente sujar o ambiente em consequência de diarreia, controle inadequado da tosse ou drenagem de feridas. Exemplos de agentes infecciosos que exigem precauções de contato incluem bactérias multirresistentes, como Enterobacteriaceae resistentes aos carbapenéns (CRE); diarreia associada a *C. difficile*; infecções respiratórias virais, como vírus sincicial respiratório; escabiose; impetigo; varicela ou herpes-zóster. As precauções de contato e as precauções entéricas de contato

> A transmissão por contato constitui a forma mais frequente de transmissão de IRAS.

estão resumidas nos símbolos mostrados nas Figuras 12.11 e 12.12. Algumas doenças infecciosas que exigem precauções de contato e precauções entéricas de contato estão listadas na Tabela 12.3.

Precauções para gotículas

Tecnicamente, a transmissão por gotículas é um modo de transmissão por contato; entretanto, o mecanismo de transferência é muito diferente daquele na transmissão por contato direto ou indireto. As gotículas são produzidas principalmente como resultado de tosse, espirro e fala, bem como durante procedimentos hospitalares, como aspiração e broncoscopia. Ocorre transmissão quando gotículas (> 5 μm de diâmetro) contendo micróbios são propelidas pelo ar a curta distância e depositam-se na conjuntiva, na mucosa nasal ou na boca de outra pessoa. Em virtude de seu tamanho, as gotículas não permanecem suspensas no ar.

As precauções para gotículas devem ser utilizadas em pacientes com diagnóstico ou suspeita de infecção por micróbios transmitidos por gotículas, que podem ser geradas pelos meios anteriormente mencionados. As

> As precauções para gotículas são utilizadas para partículas com mais de 5 μm de diâmetro.

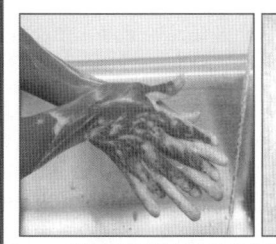
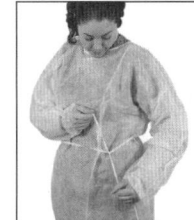
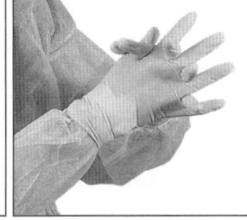
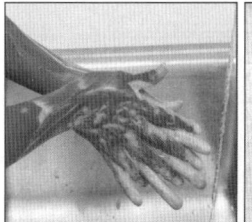

PRECAUÇÕES DE CONTATO
PRECAUCIONES DE CONTACTO

PARE
PARE

HIGIENE DAS MÃOS
antes de entrar no quarto
HIGIENE DE MANOS
Antes de entrar en la habitación

CAPOTE
BATA

LUVAS
GUANTES

NECESSÁRIAS
para entrar no quarto
REQUERIDA
Para entrar en la habitación

HIGIENE DAS MÃOS
após sair do quarto
HIGIENE DE MANOS
Después de salir de la habitación

Figura 12.11 Símbolos das precauções de contato.

PRECAUÇÕES ENTÉRICAS DE CONTATO
PRECAUCIONES CONTRA CONTACTO CON ENTERICOS

PARE
PARE

HIGIENE DAS MÃOS
antes de entrar no quarto

HIGIENE DE MANOS
Antes de entrar en la habitación

CAPOTE
BATA

LUVAS
GUANTES

NECESSÁRIAS
para entrar no quarto
REQUERIDA
Para entrar en la habitación

HIGIENE DAS MÃOS
SABÃO E ÁGUA
após sair do quarto

HIGIENE DE MANOS
AGUA & JABON
Después de salir de la habitación

Figura 12.12 Símbolos das precauções entéricas de contato para uso na infecção por *Clostridium difficile* e por norovírus ativa.

precauções para gotículas estão resumidas nos símbolos mostrados na Figura 12.13. As doenças infecciosas que exigem precauções para gotículas estão listadas na Tabela 12.3.

Precauções para aerossóis (contra a transmissão pelo ar)

A transmissão pelo ar envolve tanto núcleos de gotículas quanto partículas de poeira contendo patógenos transportados pelo ar. Os núcleos de gotículas transportados pelo ar consistem em resíduos de pequenas partículas (5 μm ou menos de diâmetro) de gotículas evaporadas contendo micróbios. Em virtude de seu pequeno tamanho, eles permanecem suspensos no ar por longos períodos de tempo. As precauções para aerossóis estão resumidas nos símbolos mostrados na Figura 12.14. Elas aplicam-se a pacientes com diagnóstico ou com suspeita de infecção por patógenos epidemiologicamente importantes, que podem ser transmitidos por via respiratória, como a tuberculose ou o sarampo. As doenças infecciosas que exigem precauções para a aerossóis estão listadas na Tabela 12.3.

> As precauções para aerossóis são utilizadas quando as partículas têm 5 μm ou menos de diâmetro.

Acomodação do paciente

Sempre que for possível, são utilizados quartos individuais para pacientes que podem contaminar o ambiente hospitalar ou para os que não ajudam a manter higiene ou controle ambiental apropriados (ou que não se espera que possam fazê-lo). Quartos individuais estão sempre indicados para pessoas sob precauções para aerossóis e são preferidos para as que exigem precauções de contato ou contra gotículas.

Quartos de isolamento para infecções transmitidas pelo ar

A acomodação preferencial para pacientes que estão infectados por patógenos que se disseminam por meio de núcleos de gotículas transportados pelo ar e que, portanto, exigem precauções para aerossóis consiste em quarto de isolamento para infecção transmitida pelo ar (Figura 12.15), que é um quarto privativo, equipado com sistemas especiais de tratamento do ar e ventilação. Esses quartos estão sob pressão negativa para evitar que o ar entre no corredor quando a porta é aberta, e o ar que é removido desses quartos passa por filtros de ar particulado de alta eficiência (HEPA) para remoção dos patógenos. As precauções-padrão e para aerossóis são estritamente reforçadas.

> Os quartos de isolamento para infecções transmitidas pelo ar são mantidos sob pressão negativa, e o ar que sai deles passa por filtros HEPA.

PRECAUÇÕES PARA GOTÍCULAS
PRECAUCIONES CONTRA LA EMANANCION DE GOTICULAS

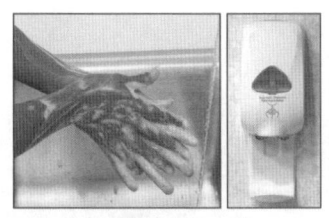

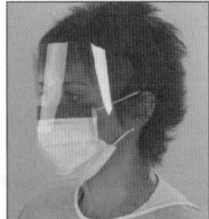

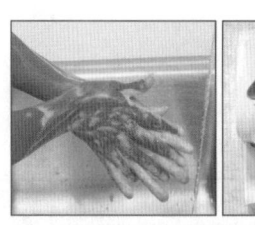

HIGIENE DAS MÃOS
antes de entrar no quarto
HIGIENE DE MANOS
Antes de entrar en la habitación

Máscara com protetor ocular ou máscara regular
Máscara con protector de ojos o máscara regular

NECESSÁRIAS
para entrar no quarto
REQUERIDA
Para entrar en la habitación

HIGIENE DAS MÃOS
após sair
do quarto
HIGIENE DE MANOS
Después de salir de la habitación

Figura 12.13 Símbolos das precauções para gotículas.

Ambientes protetores

Certos pacientes são particularmente vulneráveis a infecções, sobretudo as invasivas por fungos ambientais. Exemplos são aqueles com queimaduras graves, com leucemia, submetidos a transplante (como o de células-tronco hematopoéticas), imunossuprimidos, que receberam tratamento por radiação, leucopênicos (que apresentam contagens anormalmente baixas de leucócitos) e lactentes prematuros. Eles podem ser protegidos colocando-os em um ambiente protetor, algumas vezes designado como isolamento protetor ou isolamento de pressão positiva. O ambiente protetor é um quarto privativo bem fechado, no qual o ar que entra passa por filtros HEPA. O quarto é mantido sob pressão positiva para impedir a entrada do ar do corredor quando a porta for aberta (Figura 12.16). As estratégias para minimizar a poeira incluem superfícies que podem ser escovadas, em vez de estofamentos e carpetes. As fendas e os aspersores são rotineiramente limpos. As precauções-padrão e as precauções com base no modo de transmissão apropriadas são estritamente reforçadas, e utiliza-se uma sinalização para indicar que o quarto é um ambiente de isolamento protetor (Figura 12.17).

> Os ambientes de isolamento protetores são quartos mantidos sob pressão positiva, e o ar que entra neles passa através de filtros HEPA.

Manipulação de alimentos e talheres

O alimento contaminado proporciona um excelente ambiente para o crescimento de patógenos. Com mais frequência, essa contaminação é causada por falta de cuidados, particularmente negligenciar a prática de lavar as mãos. Os patógenos transmitidos por alimentos e as doenças que eles causam foram discutidos no Capítulo 11, *Epidemiologia e Saúde Pública*. Não é difícil seguir os regulamentos para a manipulação segura dos alimentos e talheres. Essas regulamentações incluem:

- Utilizar alimentos frescos de alta qualidade
- Refrigerar e conservar adequadamente o alimento
- Lavar, preparar e cozinhar adequadamente o alimento
- Descartar adequadamente o alimento não consumido
- Lavar as mãos e as unhas por completo antes de manipular o alimento e após utilizar o banheiro
- Descartar adequadamente as secreções nasais e orais em lenços de papel e, em seguida, lavar completamente as mãos e as unhas
- Cobrir os cabelos e utilizar roupas e aventais limpos
- Providenciar exames periódicos de sangue para as pessoas que trabalham na cozinha
- Proibir toda pessoa com doença respiratória ou gastrintestinal de manipular alimentos ou talheres

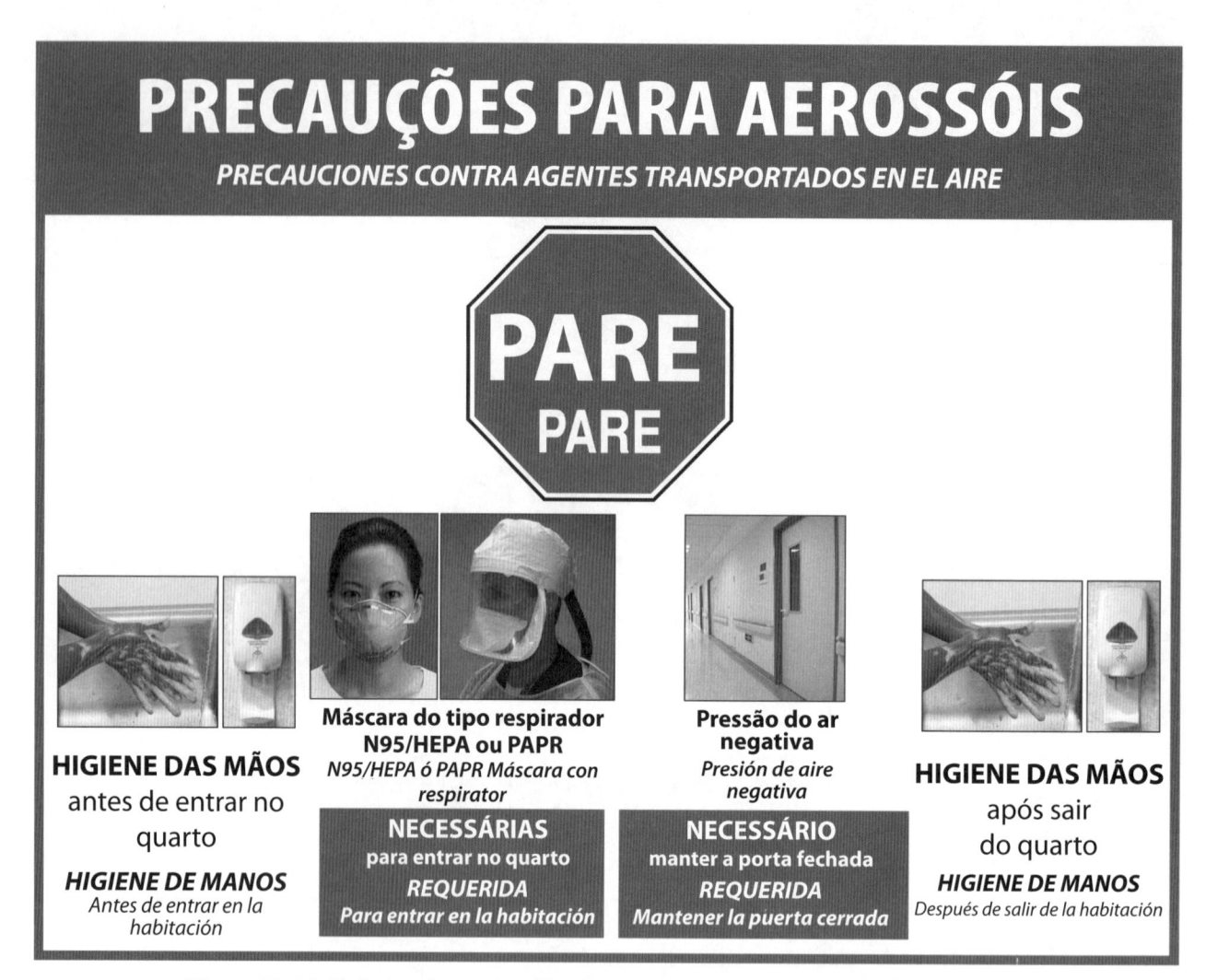

Figura 12.14 Símbolos das precauções para aerossóis (contra a transmissão pelo ar).

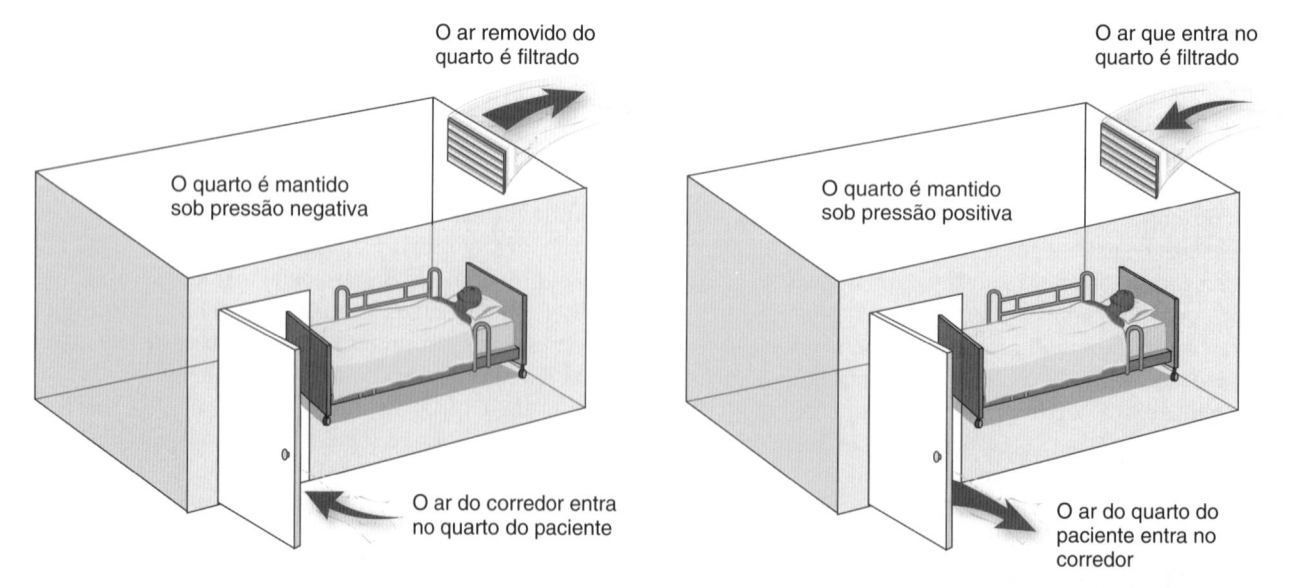

Figura 12.15 Quarto de isolamento para infecção transmitida pelo ar.

Figura 12.16 Ambiente protetor.

Figura 12.17 Símbolos de ambiente de isolamento protetor.

- Manter todas as tábuas de corte e outras superfícies meticulosamente limpas
- Enxaguar e lavar louça e talheres em máquina de lavar louça, com temperatura da água acima de 80°C.

De acordo com os CDC, a combinação de água quente e detergentes utilizados nas máquinas de lavar louça é suficiente para descontaminar a louça e os talheres; não há necessidade de precauções especiais.

Manipulação de fômites

Conforme descrito anteriormente, os fômites referem-se a quaisquer objetos não vivos ou inanimados, diferentes de alimentos, passíveis de abrigar e transmitir micróbios. Exemplos de fômites em serviços de saúde incluem aventais, roupas de cama, toalhas e utensílios de alimentação e copos do paciente, além de equipamentos hospitalares, como comadre, estetoscópios, luvas de látex, termômetros eletrônicos e eletrodos de eletrocardiograma, que se tornam contaminados por patógenos dos tratos respiratório e intestinal ou pela pele dos pacientes. Os telefones, os dispositivos eletrônicos pessoais e teclados de computador em áreas de assistência a pacientes também podem servir como fômites. É possível evitar a transmissão de patógenos por fômites pela observação das seguintes regras:

- Utilizar equipamentos e suprimentos descartáveis, sempre que possível
- Desinfetar ou esterilizar os equipamentos o mais rápido possível após o seu uso
- Utilizar equipamento individual para cada paciente
- Usar termômetros eletrônicos ou de vidro revestidos com capas descartáveis, ou termômetros descartáveis, que são

utilizados uma única vez; os termômetros eletrônicos e de vidro devem ser limpos ou esterilizados regularmente, seguindo as instruções do fabricante

- Esvaziar comadres e urinóis, lavá-los com água quente e guardá-los em um armário limpo entre os seus usos
- Colocar a roupa de cama e a roupa suja em sacos para serem enviados à lavanderia.

Descarte de resíduos médicos

Os materiais ou substâncias que são prejudiciais à saúde são designados como de biorrisco (forma abreviada de risco biológico) e precisam ser identificados por um símbolo de risco biológico, mostrado na Figura 12.10. De acordo com os padrões da OSHA, os resíduos médicos devem ser descartados adequadamente. Eles incluem os seguintes:

- Qualquer recipiente utilizado para resíduos sólidos ou líquidos ou refugo precisa ser construído de modo a não haver vazamento e precisa ser mantido em condições sanitárias. Deve ainda ser equipado com uma capa protetora sólida e ajustada, a não ser que possa ser mantido em condições sanitárias sem cobertura
- Toda sujeira, resíduo sólido ou líquido, refugo e lixo devem ser removidos para evitar criar qualquer ameaça à saúde, e essa remoção deve ser frequente o suficiente para manter o local de trabalho em condições sanitárias
- O programa de controle de infecções das instituições médicas deve incluir a manipulação e o descarte de itens potencialmente contaminados.

O descarte de materiais perfurocortantes foi discutido anteriormente neste capítulo.

Controle de infecção em serviços de cuidado odontológico

Em 2003, os CDC publicaram um conjunto de diretrizes de controle de infecção aplicáveis a serviços de cuidado odontológico, intitulado Guidelines for Infection Control in Dental Healthcare Settings (www.cdc.gov/oralhealth/infectioncontrol/guidelines/index.htm). Essas diretrizes foram atualizadas em 2016. Os estudantes de programas relacionados com a odontologia, como assistente odontológico, higienista dental e técnico de laboratório odontológico, devem se familiarizar com essas diretrizes. Em seguida, são apresentadas algumas das principais considerações incluídas na publicação dos CDC:

* Desenvolvimento de um programa de controle de infecção escrito que inclua políticas, procedimentos e diretrizes para educação e treinamento dos profissionais da área de saúde odontológica, imunizações, prevenção de exposição e manejo pós-exposição, restrição de trabalho causada por condições médicas e manutenção de registros, manejo de dados e confidencialidade
* Prevenção da transmissão de patógenos transmitidos pelo sangue, incluindo vacinação contra HBV e prevenção de exposição ao sangue e a outros materiais potencialmente infecciosos
* Higienização das mãos e EPI. A Figura 12.18 ilustra a proteção proporcionada por EPI
* Dermatite de contato e hipersensibilidade ao látex
* Esterilização e desinfecção de itens utilizados nos cuidados ao paciente
* Controle de infecção ambiental, incluindo o uso de desinfetantes, serviços de limpeza, respingos de sangue ou substâncias corporais e resíduos médicos
* Considerações especiais, como brocas dentais, radiologia dental, técnica asséptica para medicamentos parenterais, procedimentos cirúrgicos orais, manipulação de amostras de biopsia e dentes extraídos, laboratório dental e pacientes com tuberculose.

Comissão de controle e prevenção de infecção e prevencionistas de infecção

Todos os setores de saúde devem ter algum tipo de programa formal de prevenção e controle de infecção, cuja função variará levemente de um tipo de estabelecimento para outro. No ambiente hospitalar, o programa de controle e prevenção de infecção encontra-se geralmente sob a jurisdição da comissão de controle e prevenção de infecção (CCPI) ou do serviço de epidemiologia. A CCPI é composta por representantes da maioria dos departamentos do hospital, incluindo serviços médicos e cirúrgicos, patologia, enfermaria, administração hospitalar, manejo de risco, farmácia,

> O programa de controle e prevenção de infecção de um hospital está geralmente sob a jurisdição da CCPI ou do serviço de epidemiologia do hospital.

limpeza, serviços de alimentação e almoxarifado. O presidente é geralmente um profissional de controle de infecção (PCI), como um médico (p. ex., um epidemiologista ou especialista em doenças infecciosas), um enfermeiro prevencionista de infecção, um

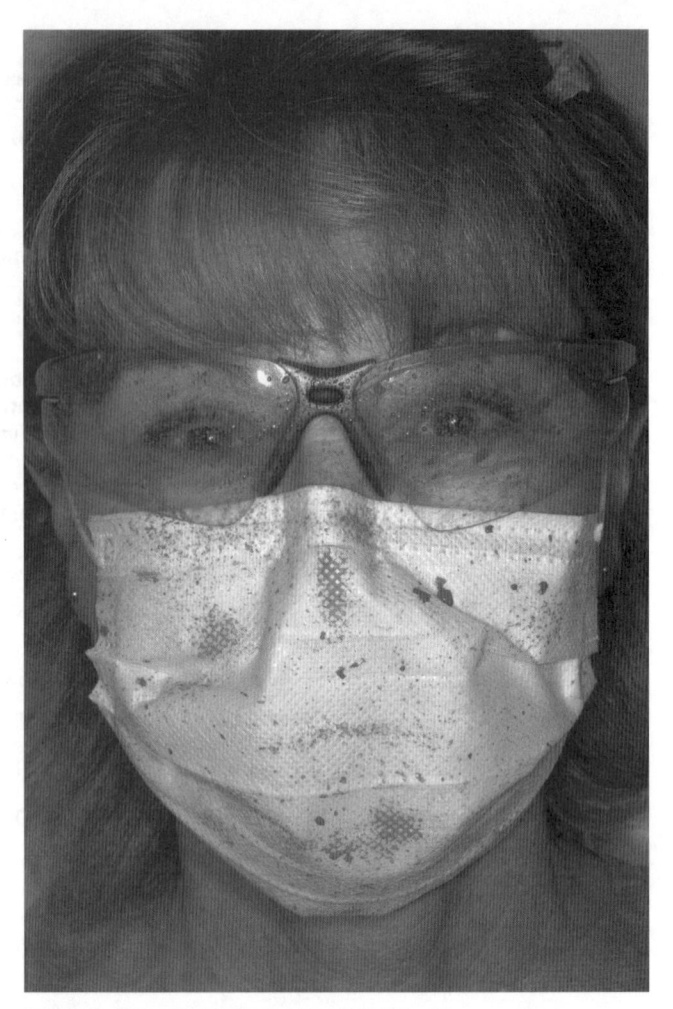

Figura 12.18 Higienista dental utilizando um equipamento protetor individual apropriado. Foi usado um corante vermelho para simular a saliva do paciente, que pode alcançar a face, a máscara e os óculos protetores da higienista durante um procedimento de polimento. (De Molinari JA, Harte JA. *Cotton's practical infection control in dentistry*. 3rd ed. Philadelphia, PA: Lippincott Williams & Wilkins; 2010.) (Esta figura encontra-se reproduzida em cores no Encarte.)

microbiologista ou algum outro profissional com conhecimentos sobre o controle e a prevenção de infecção.

As principais responsabilidades de um PCI são as seguintes:

* Ter conhecimentos a respeito de processos das doenças infecciosas, reservatórios, períodos de incubação, período de transmissão e suscetibilidade dos pacientes
* Conduzir vigilância e investigações epidemiológicas
* Prevenir/controlar a transmissão de patógenos, incluindo estratégias de higiene das mãos, antissepsia, limpeza, desinfecção, esterilização, instalações de cuidados ao paciente, acomodação do paciente, descarte de resíduos médicos e implementação de medidas de controle de controle de epidemia
* Gerenciar o programa de controle de infecção da instituição
* Comunicar-se com o público, a equipe e os serviços de saúde do estado e locais sobre questões relacionadas com o controle de infecção
* Avaliar novos produtos médicos que poderiam estar associados a um aumento do risco de infecção.

Foco na carreira
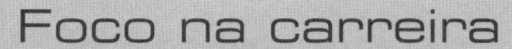

Assistentes e higienistas dentais

Conforme declarado no AMA Health Care Careers Directory (disponível em http://www.amaassn.org, na seção "Education"), "os assistentes dentais aumentam a eficiência da equipe de atendimento odontológico, auxiliando os dentistas nos cuidados de saúde orais. Os assistentes dentais são responsáveis pelas seguintes funções:

- Ajudar os pacientes a se sentirem confortáveis antes, no decorrer e depois do tratamento
- Ajudar o dentista durante o tratamento
- Realizar e processar radiografias dentais (nos EUA, alguns estados exigem educação adicional e/ou exames para o desempenho dessa função)
- Registrar o histórico médico do paciente e aferir a pressão arterial e o pulso
- Preparar e esterilizar instrumentos e equipamento para uso do dentista
- Fornecer aos pacientes instruções de cuidados bucais após determinados procedimentos, como cirurgia ou restauração
- Ensinar aos pacientes as técnicas adequadas de escovação dos dentes e uso do fio dental
- Realizar impressões dos dentes dos pacientes para moldes (nos EUA, a maioria dos estados exige educação adicional e/ou exames para o desempenho dessa função)
- Realizar várias tarefas administrativas e de agendamento."

"Os higienistas dentais prestam serviços de higiene dental, visto que trabalham com dentistas na prestação de cuidados dentais aos pacientes. Os serviços prestados por higienistas dentais a pacientes frequentemente incluem os seguintes:

- Realização de procedimentos de rastreamento do paciente, como avaliação das condições de saúde bucal, revisão da história de saúde e dental e medida da pressão arterial, do pulso e da temperatura; rastreamento para câncer oral; exame de cabeça e pescoço; e gráficos dentais
- Exposição e revelação de radiografias dentais
- Remoção de cálculo e placa (depósitos duros e macios) dos dentes
- Aplicação de materiais preventivos nos dentes (p. ex., selantes e fluoretos)
- Ensinar aos pacientes técnicas de higiene bucal adequada
- Aconselhar os pacientes sobre a nutrição adequada e o seu impacto na saúde bucal
- Obter impressões dos dentes dos pacientes para moldes de estudo
- Administrar anestesia (dependendo dos regulamentos do estado).

As informações sobre requisitos educacionais e programas, certificação e salário estão disponíveis no *site* da AMA".

Periodicamente, a CCPI revisa o programa de controle e prevenção de infecção do hospital e a incidência de IRAS. Trata-se de um órgão de decisão política e revisão, que pode tomar medidas drásticas (p. ex., instituição de medidas de quarentena) quando justificadas pelas circunstâncias epidemiológicas. Outras responsabilidades da CCPI incluem vigilância do paciente e do ambiente, investigação de surtos e epidemias e educação da equipe do hospital sobre prevenção e controle de infecção.

Embora cada departamento do hospital se esforce para manter condições assépticas, o ambiente é constantemente bombardeado por micróbios de fora do hospital. Esses micróbios precisam ser controlados para a proteção dos pacientes. A equipe do hospital (habitualmente os PCI) encarregada por esse aspecto dos cuidados de saúde trabalha assiduamente e de modo constante para manter o ambiente apropriado. Caso ocorra uma epidemia, o PCI notifica as autoridades de saúde da cidade, do município e do estado, de modo que possam ajudar em vencer a epidemia.

Papel do laboratório de microbiologia na epidemiologia da saúde

A seguir, são apresentadas algumas maneiras pelas quais a equipe do laboratório de microbiologia participa da epidemiologia na área da saúde e controle de infecção:

1. Por meio do monitoramento dos tipos e dos números de patógenos isolados de pacientes hospitalizados. Na maioria dos hospitais, esse monitoramento é realizado com o uso de computadores e programas de *software* apropriados, denominados Sistemas de Informação do Laboratório.
2. Por meio de testes de sensibilidade a antimicrobianos, para a detecção de padrões de resistência emergentes e preparação e distribuição de relatos resumidos periódicos cumulativos de sensibilidade a antimicrobianos (ver informações fornecidas no "cartaz" no Capítulo 9, *Agentes Antimicrobianos para Inibir o Crescimento de Patógenos* In Vivo).
3. Pela notificação do PCI apropriado se forem detectados patógenos incomuns ou um número anormalmente alto de isolados de um patógeno comum. O PCI iniciará então uma investigação do surto.
4. Por meio de processamento de amostras ambientais, incluindo amostras dos funcionários do hospital que foram coletadas nas enfermarias afetadas, com o objetivo de identificar a fonte exata do patógeno responsável pelo surto. Exemplos de amostras ambientais incluem amostras de ar, *swabs* nasais da equipe de saúde, de ralos, de banheiras, do equipamento de terapia respiratória, das grades de cama e grades e ductos de ventilação.
5. Por meio de identificação bioquímica, imunológica e molecular e classificação dos procedimentos para comparar vários isolados da mesma espécie.

Ao supor-se que exista uma epidemia de infecção por *K. pneumoniae* na enfermaria pediátrica, e que a *K. pneumoniae* foi isolada de determinada amostra ambiental coletada nessa

Foco na carreira
Prevencionistas de controle de infecção

Os indivíduos que desejam combinar seus interesses em trabalho de detetive com uma carreira na medicina podem considerar uma carreira como PCI. Nela estão englobados médicos (especialistas em doenças infecciosas ou epidemiologistas), enfermeiros, pesquisadores de laboratório clínico (tecnólogos médicos) e microbiologistas. Os PCI são, em sua maioria, enfermeiros; muitos têm diplomas de bacharelado, e alguns têm Mestrado em Ciências. Além de possuírem grandes habilidades clínicas, os PCI necessitam de conhecimento e especialização em áreas como epidemiologia, microbiologia, processos de doenças infecciosas, estatística e computação. Para serem efetivos, precisam ser em parte detetives e em parte diplomatas, em parte administradores e em parte educadores. Além disso, os PCI funcionam como modelos, advogados dos pacientes e consultores.

No hospital, os PCI prestam serviços valiosos, que minimizam os riscos de infecção e de disseminação de doença, ajudando os pacientes, os profissionais de saúde e os visitantes. O PCI é a pessoa-chave para implementar e facilitar o programa de controle de infecção da instituição. Com frequência, ele é o chefe da CCPI do hospital e, com esse cargo, é responsável por agendar, organizar e conduzir reuniões, nas quais são revisadas as informações de todos os pacientes com suspeita de terem contraído infecção hospitalar desde a reunião anterior. A comissão discute causas possíveis ou conhecidas dessas infecções, bem como as maneiras de evitar a sua ocorrência no futuro. O PCI recebe informações do laboratório de microbiologia clínica sobre possíveis surtos de infecção no hospital e é responsável pela rápida organização de uma equipe para investigar esses surtos. Os PCI também são responsáveis pela educação dos profissionais de saúde sobre o risco, a prevenção e o controle de infecção.

enfermaria, como a equipe do laboratório de microbiologia clínica determinará que a cepa que foi isolada da amostra ambiental é a mesma que foi isolada dos pacientes? Tradicionalmente, os dois métodos mais comumente utilizados têm sido a biotipagem e o antibiograma. Se as duas cepas produzirem os mesmos resultados nos testes bioquímicos, conclui-se que elas apresentam o mesmo biotipo. Caso produzam os mesmos padrões de sensibilidade e resistência quando se efetua um teste de sensibilidade a antimicrobianos, conclui-se que elas têm o mesmo antibiograma. O mesmo biotipo e o mesmo antibiograma constitui uma evidência (mas não uma prova absoluta) de que elas são da mesma cepa. Entretanto, devido às limitações dos métodos fenotípicos (como biotipagem e antibiogramas), a maioria dos hospitais atualmente está utilizando a denominada epidemiologia molecular, na qual são utilizados métodos de tipagem genotípica (ao contrário dos métodos fenotípicos). Com mais frequência, esses métodos envolvem a genotipagem do DNA de plasmídeo ou cromossômico. Os métodos genotípicos fornecem dados mais acurados do que os métodos fenotípicos. Se os dois isolados de *K. pneumoniae* em determinada amostra apresentarem exatamente o mesmo genótipo (*i. e.*, tiverem exatamente os mesmos genes), pertencem à mesma cepa; assim, identifica-se a origem da epidemia. São então tomadas medidas para eliminar a fonte.

> O laboratório de microbiologia clínica de um hospital participa do programa de controle de infecção hospitalar de várias maneiras.

CONCLUSÃO

Uma IRAS pode prolongar a permanência do paciente no hospital por várias semanas e pode resultar em graves complicações e até mesmo levar à morte. Do ponto de vista econômico, as companhias de seguro e as agências do governo, como Centers for Medicare and Medicaid Services (CMS), raramente reembolsam os hospitais ou outros serviços de saúde pelos custos associados às IRAS. As companhias de seguro e os CMS assumem a posição de que a instituição de saúde é responsável pela ocorrência de IRAS e, consequentemente, deve arcar com qualquer custo adicional do paciente relacionado com essas infecções. Lamentavelmente, as infecções cruzadas transmitidas pela equipe do hospital, incluindo médicos, são todas elas muito comuns; isso é particularmente válido quando os hospitais e as clínicas estão superlotados, e a equipe está com excesso de trabalho. Entretanto, as IRAS podem ser evitadas por meio de educação apropriada e adesão disciplinada às práticas de controle de infecção.

Todos os profissionais de saúde precisam compreender plenamente o problema das IRAS, precisam conhecer totalmente as práticas de controle de infecção e precisam pessoalmente fazer tudo que estiver a seu alcance para impedir a ocorrência de IRAS.

Exercícios de autoavaliação

Após estudar este capítulo, responda às seguintes questões de múltipla escolha:

1. Uma IRAS é uma infecção:
   a. Desenvolvida durante a hospitalização ou surgida nos primeiros 14 dias após a alta hospitalar
   b. De ferida cirúrgica desenvolvida 45 dias após a alta
   c. Adquirida na comunidade
   d. Apresentada pelo paciente por ocasião da internação

2. Um exemplo de fômite seria:
   a. Um copo utilizado por um paciente
   b. Ataduras de uma ferida infectada
   c. Roupa de cama suja
   d. Todas as alternativas anteriores

3. Qual das seguintes bactérias gram-positivas constitui mais provavelmente a causa de IRAS?
   a. *C. difficile*
   b. *S. aureus*
   c. *Streptococcus pneumoniae*
   d. *S. pyogenes*

4. Qual das seguintes bactérias gram-negativas tem menos probabilidade de ser a causa de IRAS?
   a. Espécies de *Klebsiella*
   b. Espécies de *Salmonella*
   c. *E. coli*
   d. *Pseudomonas aeruginosa*

5. Um ambiente protetor seria apropriado para um paciente:
   a. Infectado por MRSA
   b. Com leucopenia
   c. Com peste pneumônica
   d. Com tuberculose

6. Qual das seguintes práticas não faz parte das precauções-padrão?
   a. Higienizar as mãos entre os contatos com pacientes
   b. Colocar um paciente em um quarto privativo com pressão de ar negativa
   c. Descartar adequadamente agulhas, bisturis e outros objetos perfurocortantes
   d. Usar luvas, máscaras, proteção ocular e capotes, quando apropriado

7. Um paciente com suspeita de tuberculose foi internado no hospital. Qual das seguintes opções não é apropriada?
   a. Precauções para gotículas
   b. Quarto de isolamento para infecção transmitida pelo ar
   c. Precauções-padrão
   d. Uso de um respirador do tipo N95 pelos profissionais de saúde que estão cuidando do paciente

8. Qual das seguintes afirmativas não é verdadeira sobre assepsia médica?
   a. A desinfecção é uma técnica médica asséptica
   b. A higiene das mãos é uma técnica médica asséptica
   c. A assepsia médica é considerada uma técnica limpa
   d. O objetivo da assepsia médica é excluir todos os micróbios de uma área

9. Qual das afirmativas não é verdadeira sobre um quarto de isolamento para infecção transmitida pelo ar?
   a. O ar que entra na sala passa por filtros HEPA
   b. O quarto está sob pressão de ar negativa
   c. Um quarto de isolamento para infecção transmitida pelo ar é apropriado para pacientes com meningite meningocócica, coqueluche ou influenza
   d. São necessárias as precauções com base na transmissão

10. As precauções de contato são necessárias para pacientes com:
   a. Doenças associadas a *C. difficile*
   b. Infecções causadas por bactérias multirresistentes
   c. Febre hemorrágica viral
   d. Todas as alternativas anteriores

Diagnóstico das Doenças Infecciosas

SUMÁRIO DO CAPÍTULO

OBJETIVOS DE APRENDIZAGEM

Após estudar este capítulo, você deverá ser capaz de:

- Discutir o papel dos profissionais de saúde na coleta e no transporte das amostras clínicas
- Listar os tipos de amostras clínicas que são enviadas ao laboratório de microbiologia clínica (LMC) para o diagnóstico de doenças infecciosas
- Discutir as precauções gerais que precisam ser observadas durante a coleta e a manipulação das amostras clínicas
- Descrever os procedimentos corretos para a obtenção de amostras de sangue, urina, líquido cerebrospinal (LCS), escarro, swabs de garganta, feridas, pesquisa de doenças sexualmente transmissíveis (DST) e amostras de fezes para envio ao LMC

- Fornecer as informações que precisam ser incluídas nos rótulos das amostras e nas requisições de exames laboratoriais
- Descrever em linhas gerais a organização do departamento de patologia e do LMC
- Comparar e diferenciar as divisões de anatomia patológica e patologia clínica do departamento de patologia
- Identificar os vários tipos de profissionais que trabalham na anatomia patológica e patologia clínica.

INTRODUÇÃO

O diagnóstico correto de uma doença infecciosa exige: (a) a obtenção de uma anamnese completa, (b) a realização de um exame físico completo do paciente, (c) uma avaliação cuidadosa dos sinais e sintomas e (d) a realização de seleção, coleta, transporte e processamento corretos de amostras clínicas apropriadas. Os tópicos que envolvem as amostras clínicas são discutidos neste capítulo, mas os demais tópicos estão além dos objetivos deste livro.

AMOSTRAS CLÍNICAS

Os vários tipos de amostras que são coletados dos pacientes e utilizados para o diagnóstico ou o acompanhamento da evolução das doenças infecciosas, como sangue, urina, fezes e LCS, são designados como *amostras clínicas*. Os mais comuns que são enviados ao LMC de um hospital estão listados na Tabela 13.1. É extremamente importante que essas amostras sejam da melhor qualidade possível e que sejam coletadas de modo a não pôr em risco o paciente nem o profissional que realiza a coleta.

> As amostras clínicas utilizadas para o diagnóstico das doenças infecciosas precisam ser da melhor qualidade possível.

Papel dos profissionais de saúde no envio das amostras clínicas

É fundamental haver uma estreita relação de trabalho entre os membros da equipe de saúde para o estabelecimento do diagnóstico correto das doenças infecciosas. Quando o médico suspeita de que um paciente tenha doença infecciosa, é necessário obter amostras clínicas adequadas e solicitar determinados exames complementares. Desse modo, o médico, o enfermeiro, o cientista de laboratório clínico (CLC, *clinical laboratory scientist*)/o tecnólogo médico (TM) ou outros profissionais qualificados da saúde precisam selecionar a amostra adequada, coletá-la de maneira correta e, em seguida, transportá-la devidamente ao LMC para o seu processamento (Figura 13.1). Em seguida, os resultados laboratoriais precisam ser encaminhados ao médico o mais rápido possível, a fim de facilitar o diagnóstico rápido e o tratamento imediato da doença infecciosa. Embora os profissionais de laboratório não estabeleçam diagnósticos, eles podem fazer observações laboratoriais e fornecer resultados que podem auxiliar o médico a diagnosticar corretamente as doenças infecciosas e a iniciar o tratamento apropriado.

> Os profissionais de laboratório fazem observações laboratoriais e fornecem resultados que são utilizados pelos médicos para diagnosticar doenças infecciosas e iniciar a terapia apropriada.

Os profissionais de saúde que coletam e transportam amostras clínicas devem ter extrema cautela durante esses momentos, de modo a evitar que se perfurem com agulhas, se cortem com outros tipos de objetos perfurocortantes ou entrem em contato com qualquer tipo de amostra. Além disso, eles precisam seguir rigorosamente as políticas de segurança, conhecidas como precauções-padrão (discutidas

Tabela 13.1 Tipos de amostras clínicas enviados ao laboratório de microbiologia clínica (LMC).

Tipo de amostra	Tipo(s) de doenças infecciosas em que a amostra é utilizada para o diagnóstico
Sangue	B, F, P, V
Medula óssea	B, F
Lavados brônquicos ou broncoalveolares	B, F, V
LCS	B, F, P, V
Swabs cervicais e vaginais	B, F
Swab ou raspado da conjuntiva	B, V
Swabs fecais e retais	B, P, V
Fios de cabelo	F
Unha cortada (dedo da mão e do pé)	F
Swabs nasais	B
Pus de ferida ou de abscesso	B
Amostra em fita adesiva	P
Raspados de pele	F
Fragmento de pele	P
Amostras respiratórias (escarro, seios, LBA)	B, F, P, V
Líquido sinovial (articulações)	B
Swabs de garganta	B, V
Amostras de tecido (biopsia e necropsia)	B, F, P, V
Secreção uretral	B
Urina	B, F, P, V
Secreções urogenitais (p. ex., material de secreção vaginal, secreção da próstata)	B, F, P
Líquido ou raspado de vesícula	V

B, infecções bacterianas; LBA, lavado broncoalveolar; LCS, líquido cerebrospinal; F, infecções fúngicas; P, infecções parasitárias; V, infecções virais.

de modo detalhado no Capítulo 12, *Epidemiologia na Área de Assistência à Saúde e Prevenção e Controle das Infecções*). De acordo com o Instituto de Padronização Clínica e Laboratorial (CLSI, *Clinical and Laboratory Standards Institute*), "todas as amostras devem ser coletadas utilizando técnica asséptica e colocadas ou transferidas para recipientes à prova de vazamento, dotados de um sistema de fechamento seguro. Se forem coletadas em recipientes principais, prefere-se o uso de tampas de rosca. A pessoa que coleta amostra deve ter cuidado para não contaminar a parte externa do recipiente principal. O recipiente principal deve ser colocado em um recipiente secundário vedado e à prova de vazamento, que conterá a amostra se o recipiente primário quebrar ou vazar durante o seu transporte até o laboratório" (Documento M29-A4 do CLSI, 2014). No laboratório, todas as amostras são manipuladas com cuidado, seguindo as precauções-padrão, e, por fim, descartadas como resíduo infeccioso.

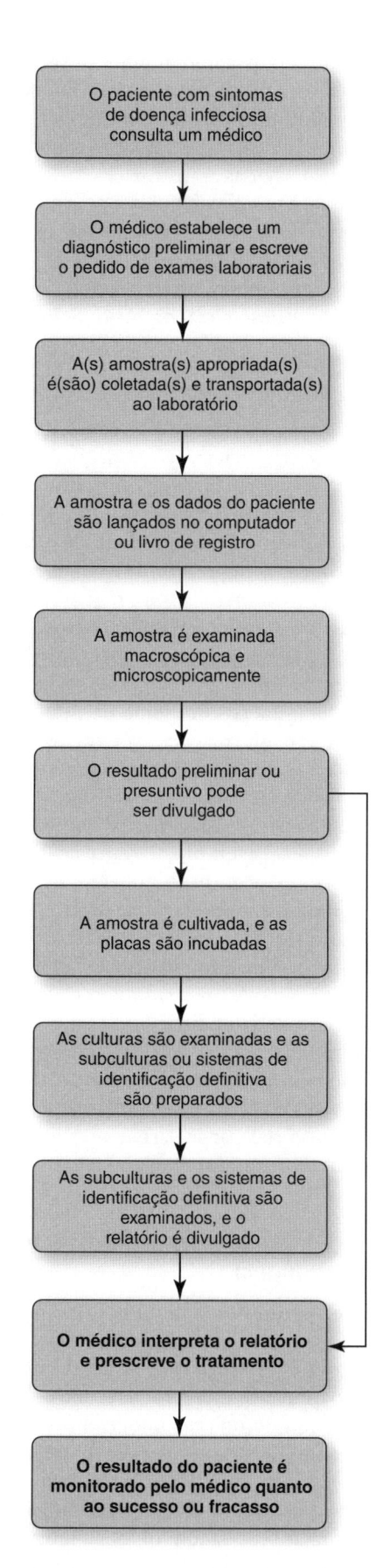

Importância de amostras clínicas de alta qualidade

As amostras enviadas ao LMC precisam ser da maior qualidade possível. Isso é necessário para a obtenção de *resultados laboratoriais clinicamente relevantes* e acurados, o que significa resultados que fornecem *verdadeiramente* uma informação sobre a doença infecciosa do paciente. *Afirma-se, com frequência, que a qualidade do trabalho laboratorial realizado no LMC pode ser apenas tão boa quanto a qualidade das amostras recebidas.* É impossível que o LMC obtenha e forneça resultados de alta qualidade se o laboratório receber amostras de baixa qualidade ou o tipo errado de amostra.

> São necessárias amostras clínicas de alta qualidade para a obtenção de resultados laboratoriais acurados e clinicamente relevantes.

Os três componentes da qualidade de uma amostra são: a seleção da amostra apropriada (*i. e.*, é necessário enviar o tipo correto), a coleta de amostra adequada e o transporte correto da amostra até o laboratório. Este precisa fornecer orientações escritas sobre a seleção, a coleta e o transporte de amostras na forma de um manual. Embora o nome do manual possa variar de uma instituição para outra, ele é referido aqui como *Manual de Políticas e Procedimentos Laboratoriais* (ou *Manual de P & P Lab* na forma abreviada). Cópias do Manual de P & P Lab precisam estar disponíveis em todas as enfermarias e todos os andares, clínicas e departamentos. Com frequência, ele é acessível pelo sistema computacional do hospital. *Embora o laboratório forneça orientações, é a pessoa que coleta a amostra que é, de fato, a responsável pela sua qualidade.*

> O laboratório deve fornecer instruções escritas para a seleção, a coleta e o transporte apropriados das amostras clínicas.

Em um livro deste tamanho, não seria praticável fornecer uma discussão completa dos métodos corretos de seleção, coleta e transporte de todos os tipos de amostras clínicas. Por isso, apenas alguns conceitos importantes são discutidos aqui.

Quando amostras clínicas são coletadas e manipuladas de modo inadequado, o agente etiológico (causador) pode não ser encontrado ou pode ser destruído, a proliferação

Figura 13.1 Diagrama representativo das etapas envolvidas no diagnóstico de doenças infecciosas. (Adaptada de Winn WC Jr et al. *Koneman's color atlas and textbook of diagnostic microbiology.* 6th ed. Philadelphia, PA: Lippincott Williams & Wilkins; 2006.)

Auxílio ao estudo

Três componentes da qualidade da amostra

1. Seleção apropriada da amostra (*i. e.*, selecionar o tipo certo de amostra para o diagnóstico da doença infecciosa suspeita).
2. Coleta apropriada da amostra.
3. Transporte adequado da amostra ao laboratório.

da microbiota endógena pode mascarar o patógeno e/ou os contaminantes podem interferir na identificação dos patógenos e no diagnóstico da doença infecciosa do paciente.

Seleção, coleta e transporte corretos das amostras clínicas

Quando amostras clínicas são coletadas para microbiologia, as seguintes precauções gerais devem ser tomadas:

- A amostra deve ser adequadamente selecionada. Em outras palavras, precisa ser o tipo correto para o diagnóstico da doença infecciosa suspeita
- A amostra deve ser coletada adequadamente e com cuidado. Sempre que possível, isso precisa ser feito de modo a eliminar ou minimizar a contaminação dela pela microbiota endógena
- O material deve ser coletado em um local onde o patógeno suspeito tem mais probabilidade de ser encontrado e onde é provável que ocorra contaminação mínima
- Sempre que possível, as amostras devem ser obtidas antes do início da terapia antimicrobiana. Se isso não for possível, o laboratório deve ser informado sobre os agentes antimicrobianos que o paciente está recebendo
- A fase aguda da doença, quando o paciente está apresentando os sintomas dela, é a ocasião apropriada para a coleta da maioria das amostras. Entretanto, alguns vírus são isolados com mais facilidade durante o estágio prodrômico ou inicial da doença
- A coleta da amostra deve ser realizada com cuidado e habilidade, de modo a evitar lesionar o paciente, causar desconforto ou constrangimento indevido. Se o indivíduo coletar a própria amostra, como no caso de escarro ou urina, precisará receber instruções claras e detalhadas sobre a coleta
- Deve-se obter uma quantidade razoável da amostra, de modo a dispor de material suficiente para todos os exames complementares solicitados. A quantidade a ser coletada deve ser especificada no *Manual P & P Lab*
- Todas as amostras devem ser colocadas ou coletadas em recipiente esterilizado, a fim de evitar a contaminação pela microbiota endógena e por micróbios transportados pelo ar. Tipos apropriados de dispositivos de coleta e recipientes para a amostra devem ser especificados no *Manual P & P Lab*
- As amostras devem ser protegidas do calor e do frio e rapidamente entregues ao laboratório, para que os resultados das análises representem de fato o número e os tipos de organismos presentes na ocasião da coleta. Se a entrega ao laboratório for tardia, alguns patógenos delicados poderão morrer; por conseguinte, certos tipos de amostras devem ser enviados ao laboratório imediatamente após a sua coleta. Algumas precisam ser colocadas em gelo durante o transporte até o laboratório, enquanto outras nunca devem ser refrigeradas ou colocadas em gelo, devido à natureza frágil e sensível dos patógenos. Os anaeróbios obrigatórios morrem quando expostos ao ar e, portanto, precisam

ser protegidos do oxigênio durante o transporte até o LMC. Qualquer organismo da microbiota endógena presente na amostra pode proliferar, inibir ou matar os patógenos. O *Manual P & P Lab* deve conter instruções sobre o transporte das amostras
- As amostras devem ser manipuladas com muito cuidado, de modo a evitar a contaminação dos pacientes, dos mensageiros e dos profissionais de saúde. Elas devem ser colocadas em sacos plásticos selados para transporte imediato e cuidadoso ao laboratório. Sempre que possível, devem ser utilizados recipientes esterilizados e descartáveis
- O recipiente para a amostra deve ser adequadamente rotulado e acompanhado de uma requisição do exame laboratorial contendo instruções adequadas. Os rótulos devem conter: o nome do paciente, o número de identificação do hospital e o número do quarto; o nome do médico que solicitou o exame; o local de coleta; e a data e hora da coleta. A requisição de exames laboratoriais devem conter: o nome, a idade e o gênero do paciente e o número de identificação do hospital; o nome do médico que solicita o exame; informações específicas sobre o tipo de amostra e o local de sua coleta; data e hora da coleta; iniciais do nome da pessoa que coletou a amostra; e informações sobre quaisquer agentes antimicrobianos que o paciente esteja recebendo. O laboratório deve receber sempre informações clínicas suficientes para ajudar na realização das análises apropriadas. Por exemplo, a requisição de exames laboratoriais que acompanha uma amostra de ferida não deve simplesmente declarar "ferida", mas, com efeito, citar o *tipo* específico de ferida (p. ex., infecção de ferida por queimadura, ferida por mordida de cão, ferida cirúrgica), o local anatômico e, se aplicável, a sua localização do lado direito ou esquerdo
- De maneira ideal, as amostras devem ser coletadas e enviadas ao laboratório no início do dia, de modo que os profissionais do LMC tenham tempo suficiente para processar o material, particularmente quando o hospital ou a clínica não contam com serviço laboratorial de 24 horas.

Contaminação das amostras clínicas por microbiota endógena

Conforme assinalado nos Capítulos 1, *Microbiologia – A Ciência*, e 10, *Ecologia e Biotecnologia Microbianas*, um vasto número de microrganismos vive no interior e na superfície do corpo humano. Em geral, eles são coletivamente designados como microbiota endógena (ou microbioma humano). Diante disso, as amostras clínicas precisam ser coletadas de modo a eliminar ou, pelo menos, reduzir a contaminação por membros da microbiota endógena; afinal, muitos membros da microbiota endógena humana são patógenos oportunistas. Assim, quando presentes em amostras, esses microrganismos *podem* ser meramente contaminantes, mas também é possível que causem uma infecção.

Tipos de amostras clínicas comumente necessárias para o diagnóstico das doenças infecciosas

As técnicas específicas para a coleta e o transporte de amostras clínicas variam de uma instituição para outra e estão contidas no *Manual P & P Lab* da instituição. Aqui serão mencionadas apenas algumas das considerações mais importantes.

Sangue

O estudo do sangue, uma mistura de células e líquido (Figura 13.2), é conhecido como hematologia. No interior do corpo humano, a porção líquida do sangue é denominada *plasma* e representa cerca de 55% do seu volume. Quando se deixa uma amostra de sangue coagular, a porção líquida é denominada *soro* (logo, o soro é o plasma que não contém mais fatores de coagulação). As células, também conhecidas como *elementos figurados* ou *celulares*, compreendem cerca de 45% do volume do sangue. As várias células sanguíneas incluem os eritrócitos (ou hemácias), os leucócitos e as plaquetas (ou trombócitos). As três principais categorias de leucócitos são os granulócitos, os monócitos e os linfócitos (discutidos detalhadamente no Capítulo 16, *Mecanismos Específicos de Defesa do Hospedeiro | Introdução à Imunologia*). Os três tipos de granulócitos são os neutrófilos, os basófilos e os eosinófilos.

> No interior do corpo, a porção líquida do sangue é denominada plasma; entretanto, quando se deixa uma amostra coagular, a porção líquida é chamada de *soro*.

Enquanto circula por todo o corpo, o sangue é normalmente estéril; entretanto, algumas vezes ele contém bactérias. A presença delas na circulação sanguínea (*bacteriemia*) pode indicar uma doença, embora possa ocorrer bacteriemia temporária ou transitória após cirurgia oral, extração de dente ou até mesmo escovação agressiva dos dentes que cause sangramento. Pode haver bacteriemia também durante certos estágios de muitas doenças infecciosas, as quais incluem meningite bacteriana, febre tifoide e outras infecções por *Salmonella*, pneumonia pneumocócica, infecções urinárias, endocardite, brucelose, tularemia, peste, antraz, sífilis e infecções de feridas causadas por estreptococos beta-hemolíticos, estafilococos e outras bactérias invasivas.

A bacteriemia não deve ser confundida com *septicemia*, que é uma doença grave, caracterizada por calafrios, febre, prostração e presença de bactérias ou suas toxinas na corrente sanguínea. Os tipos mais graves são causados por bacilos gram-negativos, devido à liberação de endotoxina de suas paredes celulares. A endotoxina pode induzir febre e choque séptico, que pode ser fatal. Para estabelecer o diagnóstico de bacteriemia ou de septicemia, recomenda-se a coleta sequencial de pelo menos duas a três amostras de 20 mℓ de sangue para cultura antes da instituição de antibióticos para pacientes adultos. Para os pediátricos, efetua-se apenas uma única hemocultura, e o volume de sangue obtido baseia-se no peso do paciente.

> A bacteriemia, presença de bactérias na circulação sanguínea, pode ou não constituir um sinal de doença. A septicemia, porém, é uma doença.

Para evitar a contaminação da amostra de sangue por micróbios endógenos da pele, é preciso ter um cuidado extremo com o uso da técnica asséptica quando se coleta sangue para hemocultura. O profissional precisa usar luvas estéreis, que devem ser trocadas entre pacientes.

O sangue para cultura é comumente obtido de uma veia localizada na fossa antecubital.[a] Após a localização de uma

---

[a] A fossa antecubital está localizada na parte interna do braço, oposta à dobra do cotovelo. As principais veias superficiais nessa área são denominadas veias antecubitais.

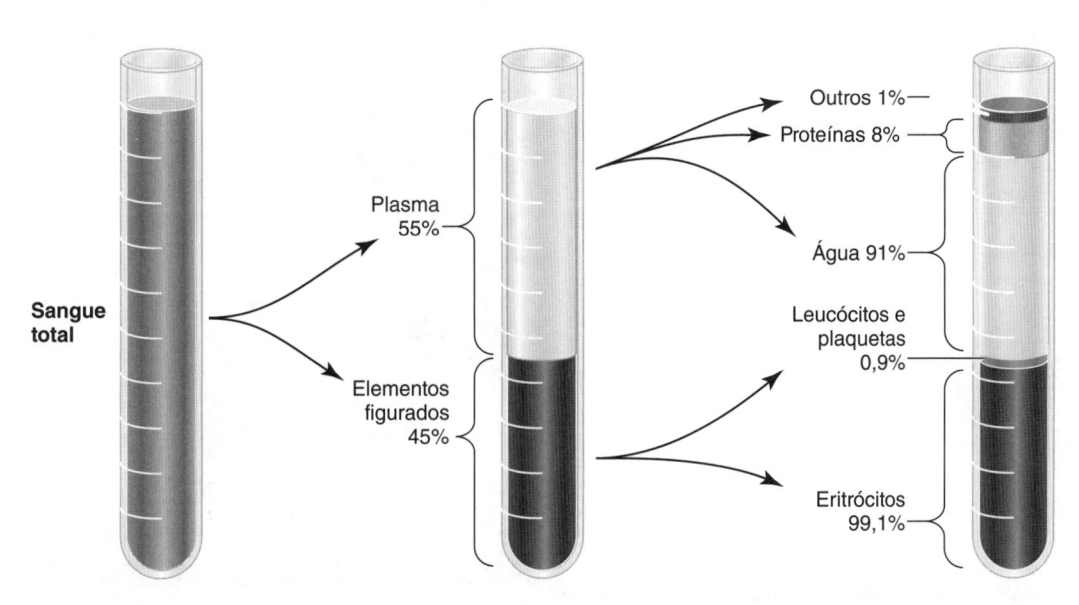

Plasma 55%

Sangue total

Elementos figurados 45%

Outros 1%
Proteínas 8%
Água 91%
Leucócitos e plaquetas 0,9%
Eritrócitos 99,1%

Figura 13.2 Composição do sangue total. Após centrifugação, a camada de leucócitos e de plaquetas (creme leucocitário) situa-se acima dos eritrócitos. (Redesenhada de Cohen BJ. *Memmler's the human body in health and disease*. 11th ed. Philadelphia, PA: Lippincott Williams & Wilkins; 2009.)

Auxílio ao estudo

"Emias"

O sufixo -*emia* refere-se à circulação sanguínea, frequentemente à presença de algo nela.

Assim, a toxemia é quando há toxinas; a bacteriemia é a presença de bactérias; a fungemia é a de fungos; a viremia é a de vírus; a parasitemia é a de parasitas. Entretanto, a septicemia é uma doença verdadeira, frequentemente grave, que comporta risco de vida. É definida por calafrios, febre, prostração (fadiga extrema) e presença de bactérias ou suas toxinas na circulação sanguínea. A meningococemia é um tipo específico de septicemia, em que a circulação sanguínea contém *Neisseria meningitidis* (também conhecida como *meningococci*). A leucemia também é uma doença. Na verdade, existem vários tipos diferentes de leucemia e, em todos eles, ocorre proliferação de *leucócitos* anormais no sangue. Sabe-se que alguns tipos de leucemia são causados por vírus.

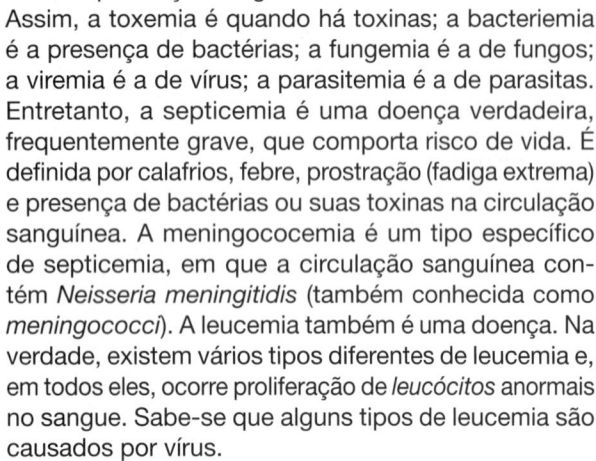

Tradicionalmente, o sangue era injetado em um par de garrafas de hemocultura (uma aeróbica e outra anaeróbica), cujas rolhas de borracha precisavam ser desinfetadas antes da introdução da agulha. Em seguida, injetava-se o volume apropriado de sangue, dependendo do tipo de hemocultura realizada. As garrafas deveriam ser transportadas imediatamente ao laboratório para incubação a 37°C; as amostras nunca poderiam ser refrigeradas.

No entanto, essas hemoculturas, que exigem observação diária das garrafas à procura de crescimento, foram substituídas, em grande parte, por instrumentos automatizados, que efetuam um monitoramento contínuo (Figura 13.5). Uma vez detectada a ocorrência de crescimento pelo instrumento, o tecnólogo é alertado e pode processar o sangue para recuperação, identificação e antibiograma do microrganismo.

Urina

As infecções do trato urinário (ITU) estão entre as infecções humanas mais comuns, e a cultura de urina é o exame mais comumente realizado no LMC. A coleta de uma amostra apropriada é fundamental para o diagnóstico acurado de uma ITU, e, se não forem utilizadas técnicas corretas de coleta, a urina pode tornar-se contaminada pela microbiota endógena da parte distal da uretra (mais distante da bexiga

apropriada, a pele no local é inicialmente limpa e desinfetada com álcool isopropílico a 70%; em seguida, o local de punção venosa é ainda desinfetado com um segundo método. Deve-se assinalar que o protocolo para a desinfecção da pele varia de um estabelecimento médico para outro. Um produto atualmente popular é uma combinação de gliconato de clorexidina e álcool a 70%. Entretanto, alguns estabelecimentos utilizam apenas álcool isopropílico ou tintura de iodo; outros usam apenas iodopovidona, enquanto outros usam uma combinação de álcool etílico e iodopovidona. Ao desinfetar o local, realiza-se um movimento concêntrico de limpeza, começando no ponto onde a agulha será inserida e seguindo em movimentos centrífugos a partir desse local (Figura 13.3). Deve-se deixar secar o desinfetante. Aplica-se um torniquete, e a quantidade apropriada de sangue é retirada (Figura 13.4). É importante não tocar o local após ter sido desinfetado.

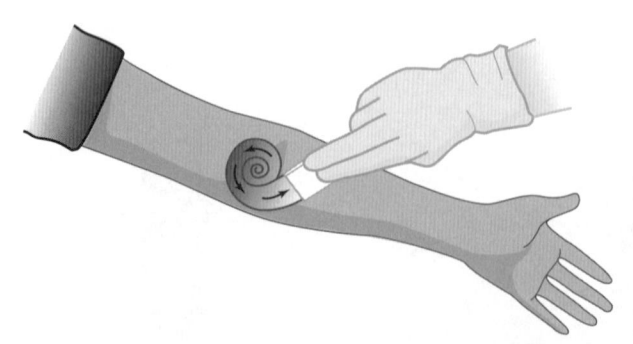

Figura 13.3 Método correto de preparo do local de punção venosa para a obtenção de sangue para cultura. (Redesenhada de McCall RE, Tankersley CM. *Phlebotomy essentials*. 5th ed. Philadelphia, PA: Lippincott Williams & Wilkins; 2012.)

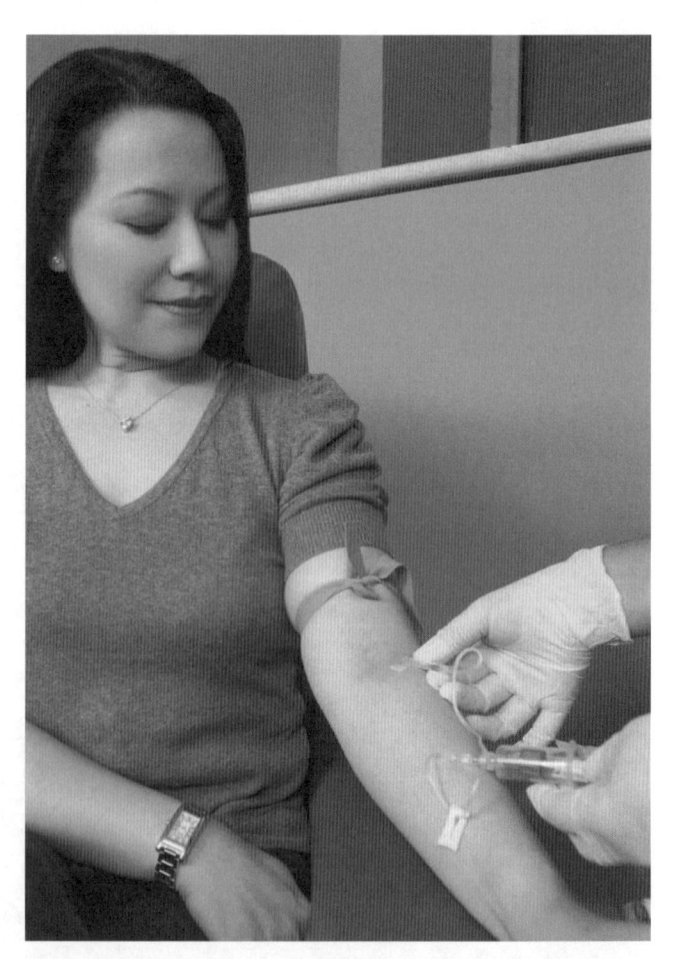

Figura 13.4 Sangue coletado de uma veia antecubital da paciente durante um procedimento de flebotomia. (Disponibilizada por Amanda Mills e CDC.)

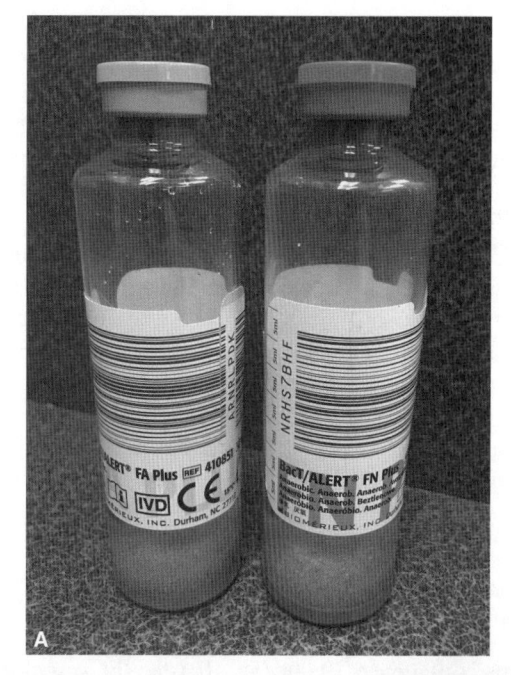

Figura 13.5 Exemplo de sistema de hemocultura automatizado comercial. O sangue obtido por flebotomia é injetado em garrafas de hemocultura aeróbicas e anaeróbicas (**A**). Após a colocação das garrafas no sistema (**B**), elas são monitoradas quanto ao crescimento durante um período de 5 dias. (Disponibilizada pelo Dr. Robert Fader.)

urinária). A contaminação pode ser reduzida pela coleta de *urina de jato médio com assepsia*. A "assepsia" é o ato de, antes da micção, limpar a área ao redor da abertura externa da uretra com lenço antisséptico ou lavar com sabão e enxaguar com água. Esse procedimento remove a microbiota endógena que vive nessa área. "Jato médio" refere-se ao descarte da parte inicial do jato de urina no vaso sanitário ou na comadre; em seguida, o jato médio é coletado em um recipiente esterilizado. Assim, os micróbios que vivem na parte distal da uretra são eliminados com a parte inicial do jato urinário no vaso sanitário ou na comadre, em vez de serem recolhidos no recipiente da amostra. Em algumas circunstâncias, o médico pode preferir coletar a amostra com cateter ou utilizar a técnica de aspiração com agulha suprapúbica para obter uma amostra de urina estéril. Nesta última técnica, uma agulha é inserida através da parede abdominal até a bexiga urinária, e utiliza-se uma seringa para coletar a urina da bexiga. Nos pacientes hospitalizados com cateteres urinários de demora, a urina pode ser obtida com agulha e seringa através da abertura do cateter, após limpeza com álcool. A urina *nunca* deve ser coletada da bolsa do cateter. Para evitar o crescimento bacteriano continuado, todas as amostras precisam ser processadas nas primeiras 2 horas após a coleta ou devem ser refrigeradas a 4°C até que possam ser analisadas. As amostras de urina refrigeradas devem ser cultivadas nas primeiras 24 horas. A não refrigeração de uma amostra de urina resulta em contagem aumentada de colônias (discutido mais adiante),

podendo levar a um diagnóstico incorreto de ITU. Como alternativa ou para uma coleta remota, a urina pode ser enviada ao laboratório em um tubo de transporte de urina contendo um conservante, como ácido bórico, que inibe a multiplicação das bactérias durante o transporte.

> A amostra mais comum para cultura de urina é a do jato médio, coletada com assepsia.

Na verdade, existem três etapas para realização de uma cultura de urina: contagem de colônias, isolamento e identificação do patógeno e teste de sensibilidade a antimicrobianos. A contagem de colônias é uma maneira de estimar o número de bactérias viáveis presentes na amostra de urina, e utiliza-se uma alça calibrada para efetuá-la.

A *alça calibrada* é uma alça bacteriológica fabricada de modo a conter um volume preciso de urina. Existem dois tipos: aquelas calibradas para conter 0,01 mℓ de líquido e aquelas calibradas para conter 0,001 mℓ. A alça calibrada é mergulhada na amostra de urina; em seguida, o volume de urina dentro dela é inoculado em toda a superfície de uma placa de ágar-sangue, que é então incubada durante a noite a 37°C (Figura 13.6). Após a incubação, as colônias são contadas, e a quantidade obtida é multiplicado pelo fator de diluição (100 ou 1.000), de modo a se obter o número de unidades formadoras de colônias (UFC) por mililitro de urina[b] (o fator de diluição é 100 se for utilizada uma alça

> Uma cultura de urina completa consiste em contagem de colônias, isolamento e identificação do patógeno e teste de sensibilidade a antimicrobianos.

calibrada de 0,01 mℓ, ou 1.000, se for usada uma alça calibrada de 0,001 mℓ. Por exemplo, se o número de colônias for de 300 e for utilizada uma alça calibrada de 0,001 mℓ, a contagem de colônia será de 300×1.000 ou 300.000 (3×10^5) UFC/mℓ.

Uma contagem > 50.000 (5×10^4) de UFC/mℓ constitui uma indicação de ITU, embora contagens elevadas de colônias também possam ser causadas por contaminação da amostra de urina pela microbiota endógena durante a coleta ou a não refrigeração da amostra entre a sua coleta e o transporte para o laboratório. A simples presença de bactérias na urina (*bacteriúria*) não é significativa, visto que ela sempre se torna contaminada durante a micção. Entretanto, a presença de duas ou mais bactérias por campo microscópico de ×1.000 em um esfregaço de urina corado pelo método de Gram indica uma ITU com 100.000 (10^5) ou mais UFC por mililitro.

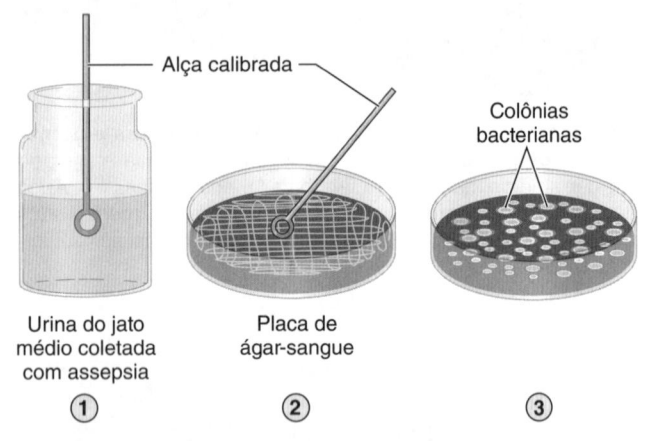

Figura 13.6 Contagem de colônias da urina. 1. Uma alça calibrada é mergulhada em uma amostra de urina do jato médio coletada com assepsia. **2.** O volume de urina contido na alça calibrada é espalhado por toda a superfície de uma placa de ágar-sangue, que, em seguida, é incubada durante a noite a 37°C. **3.** As colônias são contadas após remoção da placa da incubadora.

___

[b]Uma UFC é uma célula bacteriana viável, capaz de se dividir e de produzir uma colônia. Assim, o número de UFC representa a quantidade de bactérias viáveis que estavam presentes na amostra de urina no momento em que foi inoculada na placa de ágar-sangue.

Líquido cerebrospinal

A meningite, a encefalite e a meningoencefalite são doenças rapidamente fatais, que podem ser causadas por vários micróbios, incluindo bactérias, fungos, protozoários e vírus. A *meningite* é uma inflamação ou infecção das membranas (meninges) que circundam o encéfalo e a coluna vertebral. A *encefalite* refere-se à inflamação ou infecção do cérebro. A *meningoencefalite* é uma inflamação ou infecção tanto do encéfalo quanto das meninges. Para diagnosticar essas doenças, é necessário coletar uma amostra de LCS em tubo estéril por meio de punção lombar (espinal) em condições cirurgicamente assépticas (Figura 13.7). Esse procedimento tecnicamente difícil é realizado por um médico. As amostras de LCS devem ser enviadas imediatamente ao laboratório e não podem ser refrigeradas, pois isso pode matar qualquer patógeno frágil presente.

Devido à natureza extremamente grave das infecções do sistema nervoso central (SNC), o LCS é tratado como amostra de emergência (STAT) no LMC, e a sua pesquisa é iniciada imediatamente.[c] Se forem identificados microrganismos no exame do sedimento do LCS corado pelo Gram, essa informação deverá ser relatada imediatamente por telefone ao médico ou ao enfermeiro. O resultado é conhecido como *valor crítico*. Os valores críticos são resultados laboratoriais que devem ser comunicados (geralmente por telefone) a um profissional de saúde; fornecem informações que podem ser de importância crítica para os cuidados apropriados do paciente. Todas as amostras de LCS precisam ser cultivadas para identificação de microrganismos de teste de sensibilidade a antibióticos. Entretanto, recentemente, foram introduzidos novos ensaios de base molecular, que podem proporcionar uma detecção mais rápida de agentes infecciosos no SNC.

> As amostras de LCS são tratadas como amostras de emergência (STAT) no LMC, onde o exame é iniciado imediatamente após o recebimento delas.

Escarro e outras amostras do sistema respiratório

O *escarro* consiste em pus que se acumula profundamente nos pulmões de um paciente com pneumonia, tuberculose ou outra infecção do trato respiratório inferior. Um exame laboratorial de boa qualidade de uma amostra dele pode fornecer informações importantes sobre a infecção do trato respiratório inferior do paciente; no entanto, infelizmente, muitas das amostras de escarro que são encaminhadas ao LMC são, na realidade, saliva. Assim, devido à presença de micróbios orais endógenos, o exame laboratorial da saliva de um paciente não dá informações clínicas relevantes sobre a infecção do trato respiratório inferior, sendo perda de tempo, de esforço e de dinheiro. Contudo, essa situação pode ser evitada se alguém (mais frequentemente o enfermeiro) dedicar um certo tempo ao paciente para explicar o que está sendo solicitado (p. ex., "na próxima vez em que expectorar material espesso e esverdeado de seus

___

[c]STAT é uma abreviatura da palavra latina *statim*, que significa "imediatamente".

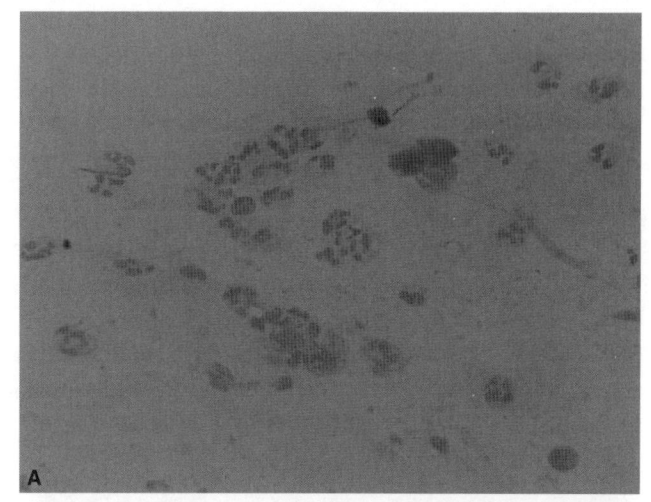

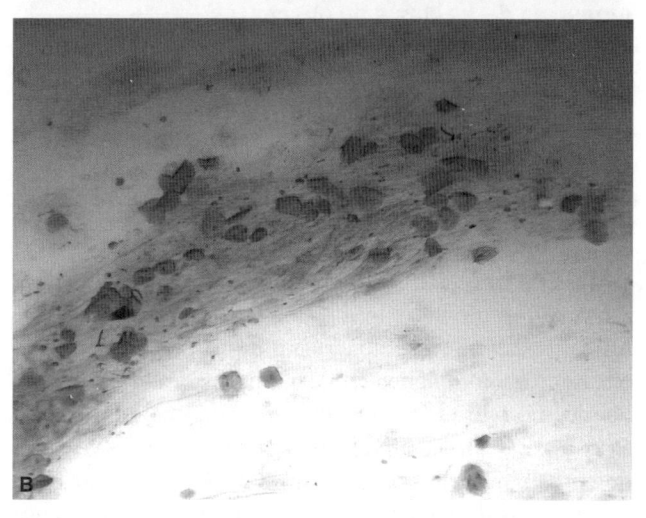

Figura 13.8 Coloração de escarro expectorado pelo método de Gram, mostrando uma amostra que deveria ser apropriada para cultura, com fundo de leucócitos (A), e outra contendo muitas células epiteliais escamosas, que não seria útil para cultura (B). (Disponibilizada pelo Dr. Robert Fader.) (Esta figura encontra-se reproduzida em cores no Encarte.)

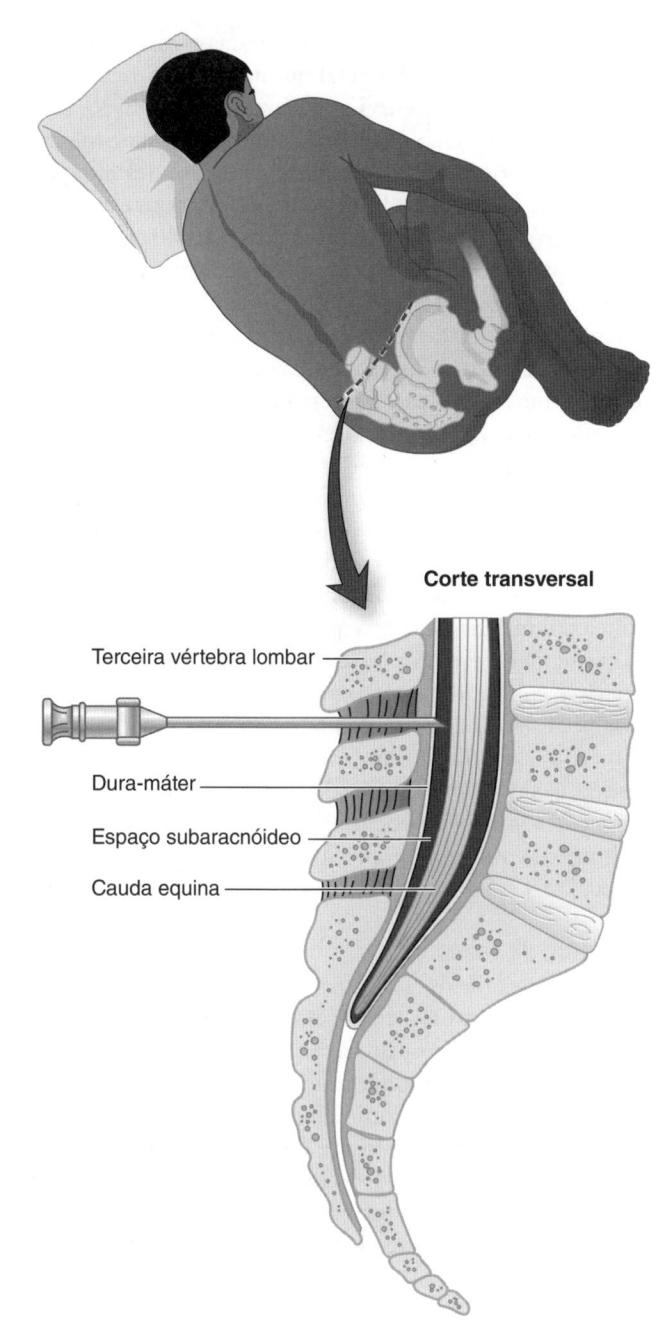

Corte transversal

Terceira vértebra lombar

Dura-máter

Espaço subaracnóideo

Cauda equina

Figura 13.7 Técnica de punção lombar. (Redesenhada de Taylor C *et al. Fundamentals of nursing*. 2nd ed. Philadelphia, PA: JB Lippincott; 1993.)

pulmões, Sr. Smith, por favor, cuspa nesse recipiente"). Se for mantida uma higiene bucal apropriada, o escarro não será muito contaminado com micróbios orais endógenos.

Se houver suspeita de tuberculose, será preciso ter extremo cuidado durante a coleta e a manipulação da amostra, visto que uma pessoa pode facilmente ser infectada com os patógenos. Em geral, as amostras de escarro podem ser refrigeradas por várias horas, sem perda dos micróbios. A maioria dos LMC adota a política de rejeitar amostras de escarro para cultura quando a coloração de Gram revela uma quantidade abundante de células epiteliais escamosas, indicando que são de baixa qualidade e não apropriadas para cultura (Figura 13.8).

O médico pode desejar obter uma amostra de melhor qualidade por meio de aspiração do lavado brônquico por um broncoscópio. Pode haver necessidade de biopsia dos pulmões com agulha para o diagnóstico de pneumonia por *Pneumocystis jirovecii*, como em pacientes com síndrome da imunodeficiência adquirida (AIDS), e para identificar outros patógenos.

> O processamento laboratorial de uma amostra de escarro de boa qualidade pode fornecer informações importantes sobre a infecção do trato respiratório inferior de um paciente, o que não pode ocorrer com a saliva.

Swabs de garganta

Os *swabs* de garganta rotineiros são coletados para determinar se um paciente apresenta faringite estreptocócica (por *Streptococcus pyogenes*). Se o médico suspeitar de qualquer outro patógeno (p. ex., *Neisseria gonorrhoeae* ou *Corynebacterium diphtheriae*) como causador da faringite do paciente, será necessário solicitar uma cultura específica para o microrganismo em questão no pedido ao laboratório, de modo que sejam inoculados os meios de cultura apropriados. Pode-se estabelecer um diagnóstico de faringite estreptocócica no consultório do médico por técnicas de imunodiagnóstico rápidas; entretanto, os *swabs* de testes rápidos negativos para estreptococos em crianças devem ser sempre enviados para cultura. Isso se deve ao fato de que as crianças são mais suscetíveis a sequelas (consequências) pós-infecciosas, como febre reumática e glomerulonefrite, que podem se desenvolver após uma faringite estreptocócica causada por determinadas cepas de *S. pyogenes*.

> Se um médico suspeitar de um patógeno diferente de *S. pyogenes* como causa da faringite de um paciente, essa informação precisará ser incluída na requisição do exame laboratorial.

Amostras de feridas e de abscessos

Sempre que possível, deve-se obter uma amostra de ferida e de abscesso por aspiração (*i. e.*, o pus é coletado utilizando uma pequena agulha e uma seringa), em vez de uma de *swab*. Isso porque, a não ser que se tome o cuidado de preparar o local da ferida para cultura, as amostras coletadas por *swab* são frequentemente contaminadas com micróbios endógenos da pele e não fornecem informações úteis sobre a causa da infecção. A pessoa que coleta a amostra deve sempre indicar o local do abscesso ou o tipo de infecção de ferida (p. ex., infecção de ferida por mordida de cão, sítio cirúrgico ou por queimadura) na requisição ao laboratório, bem como o local anatômico a partir do qual foi obtida a amostra. Esse procedimento fornece informações valiosas, que possibilitam aos profissionais do LMC inocular tipos apropriados de meios de cultura e pesquisar a presença de microrganismos específicos. Por exemplo, *Pasteurella multocida* é frequentemente isolada de infecções de feridas por mordidas de cão e gato; entretanto, esse bacilo gram-negativo raramente é encontrado em outros tipos de amostras. Desse modo, não é suficiente assinalar meramente uma amostra de "ferida" no pedido feito ao laboratório.

> A requisição de exames laboratoriais que acompanha uma amostra de ferida deve indicar o tipo de ferida e a sua localização anatômica.

Amostras genitais/DST

Tornou-se um padrão de cuidados que a detecção de *Chlamydia trachomatis* e de *Neisseria gonorrhoeae* (GC) seja realizada por ensaios moleculares, devido à maior sensibilidade desses ensaios em comparação com a cultura. *Swabs* uretrais, vaginais ou cervicais, ou a primeira amostra de urina coletada por técnica asséptica, podem ser utilizados nos ensaios moleculares. A recuperação de GC de locais não genitais exige uma cultura em meios especializados, como ágar de Thayer Martin ou de Martin Lewis, que são enriquecidos e contêm antibióticos para inibir a proliferação excessiva da microbiota sobre GC. Os meios devem ser colocados em incubadora de CO_2. O diagnóstico de sífilis baseia-se principalmente em teste sorológico. Essas infecções serão descritas no Capítulo 19, *Infecções Bacterianas em Seres Humanos*.

As mulheres grávidas são submetidas a rastreamento para o estado de portador retal ou vaginal de *Streptococcus agalactiae* (Grupo B) com 35 a 37 semanas de gestação. Um *swab* vaginal/retal é colocado em caldo de enriquecimento e cultivado após incubação durante a noite ou testado por ensaio molecular. As mulheres colonizadas com estreptococos do grupo B recebem antibióticos quando chegam ao hospital para o parto, de modo a proteger o recém-nascido de infecção pós-parto.

Um diagnóstico de vaginose bacteriana pode ser estabelecido por coloração das secreções vaginais pelo método de Gram. Uma mudança na microbiota da vagina, de um predomínio de lactobacilos (bacilos gram-positivos) para um predomínio de bactérias gram-negativas anaeróbicas mistas e *Gardnerella vaginalis* (bacilos Gram variáveis), indica alta probabilidade de vaginose. A vaginose bacteriana também pode ser diagnosticada por ensaio molecular.

O *Trichomonas vaginalis*, um protozoário, é uma DST muito comum, embora não seja de notificação compulsória; em consequência, o número exato de casos de infecção por ano não é conhecido. A tricomoníase pode ser diagnosticada por cultura, ensaios de imunodiagnóstico, exame microscópico das secreções vaginais à procura de trichomonas móveis ou ensaios moleculares.

> Quando se tenta cultivar *N. gonorrhoeae*, é preciso lembrar que se trata de um microrganismo fastidioso, microaerofílico e capnofílico.

Amostras de fezes

Em condições ideais, as amostras de fezes devem ser coletadas no laboratório e processadas imediatamente, de modo a evitar uma redução da temperatura. Isso possibilita a queda do pH, levando à morte de muitas espécies de *Shigella* e *Salmonella*. Como alternativa, a amostra pode ser coletada em um recipiente com um conservante que mantenha um pH de 7,0. Em condições ambulatoriais, são frequentemente utilizados *kits* de coleta, que consistem em frascos de transporte para cultura bacteriana e exame parasitológico.

Nas infecções gastrintestinais, os patógenos frequentemente suplantam a microbiota intestinal endógena, de modo que constituem os microrganismos predominantes observados em esfregaços e culturas. Pode-se utilizar uma combinação de exame microscópico direto, cultura, testes bioquímicos e testes imunológicos para a identificação de bactérias gram-negativas e gram-positivas (p. ex., *Escherichia coli* enteropatogênica, *Salmonella* spp., *Shigella* spp., *Clostridium perfringens*, *C. difficile*, *Vibrio cholerae*, *Campylobacter* spp. e *Staphylococcus* spp.), protozoários intestinais (*Cryptosporidium*, *Giardia*, *Entamoeba*) e helmintos intestinais. Os vírus causadores de gastrenterite, como o norovírus, o rotavírus e o adenovírus, podem ser identificados por imunoensaios ou por microscopia eletrônica.

> Nas infecções gastrintestinais, os patógenos frequentemente superam os micróbios intestinais endógenos, de modo que passam a constituir os microrganismos predominantes observados em esfregaços de culturas.

Recentemente, ensaios moleculares multiplex (descritos adiante) estão sendo utilizados para detectar uma ampla variedade de agentes comuns causadores de diarreia.

DEPARTAMENTO DE PATOLOGIA (LABORATÓRIO)

As amostras clínicas anteriormente descritas são enviadas ao LMC, que, no ambiente hospitalar, faz parte do departamento de patologia, com frequência designado simplesmente como "laboratório". Como praticamente todos os profissionais de saúde interagem, de algum modo, com esse departamento, eles devem compreender como é organizado e conhecer os tipos de exames laboratoriais que são nele realizados.

O departamento de patologia está sob a direção de um *patologista* (médico que teve um extenso treinamento especializado em *patologia*, que é o estudo das manifestações estruturais e funcionais das doenças). Como mostra a Figura 13.9, o departamento de patologia consiste em duas grandes divisões: a anatomia patológica e a patologia clínica.

> No hospital, o LMC faz parte do departamento de patologia.

Anatomia patológica

Os patologistas trabalham, em sua maioria, com anatomia patológica; realizam necropsias no necrotério e examinam órgãos doentes, cortes de tecidos corados e amostras citológicas. Outros profissionais de saúde empregados nessa área incluem técnicos de citogenética, citotecnologistas, técnicos em histologia, histotecnologistas e assistentes de patologista.

Além do necrotério, a anatomia patológica engloba o laboratório de histopatologia, o laboratório de citologia e o laboratório de citogenética. Em alguns departamentos de patologia, o laboratório de microscopia eletrônica também está localizado na anatomia patológica. É interessante destacar que os departamentos de patologia também possuem um laboratório de diagnóstico molecular capaz de detectar mutações que levam a diagnósticos de câncer.

Patologia clínica

Além do LMC, a patologia clínica consiste em vários outros laboratórios: o laboratório de química clínica (ou química clínica/análise de urina), o laboratório de hematologia (ou hematologia/coagulação), os serviços de banco de sangue/transfusão (ou laboratório de imuno-hematologia) e o laboratório de imunologia (descrito no Capítulo 16, *Mecanismos Específicos de Defesa do Hospedeiro | Introdução à Imunologia*). Em hospitais de menor porte, os procedimentos de imunodiagnóstico são realizados na seção de imunologia (ou sorologia) do LMC.

Os profissionais que trabalham na patologia clínica incluem: patologistas; cientistas especializados, como químicos e microbiologistas, que têm graduação em suas áreas de especialização; cientistas médicos ou de laboratório clínico (também conhecidos como *tecnólogos médicos* ou TM), que contam com 4 anos de bacharelado; e técnicos de laboratório clínico (TLC), que cursaram 2 anos de grau associado.

> O LMC está localizado na divisão de patologia clínica do departamento de patologia.

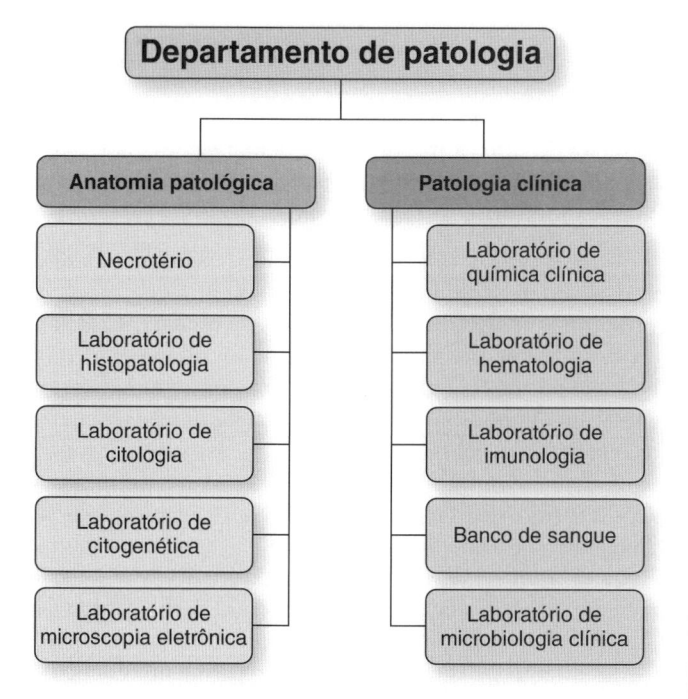

Figura 13.9 Organização de um departamento de patologia típico.

gratificante na sua profissão, como também servem de base para trabalhos em outros campos (p. ex., medicina, pesquisa médica, forense, biotecnologia). Os indivíduos interessados em seguir uma carreira na ciência laboratorial clínica devem ter uma forte base em ciência nos níveis médio e superior (biologia e química), bem como em matemática e ciência da computação.

Existem dois níveis disponíveis de treinamento na área. Os requisitos de educação formal mínimos para um TLC são 2 anos de grau associado e conclusão de um programa de TLC reconhecido. Eles realizam exames de rotina em todas as áreas do laboratório, sob a supervisão de um CLC. Este exige bacharelado de 4 anos e experiência clínica em um programa reconhecido de ciência laboratorial clínica. Os CLCs são capazes de correlacionar os resultados a estados patológicos, estabelecer e monitorar o controle de qualidade e operar equipamentos eletrônicos complexos e computadores. Devem também ser capazes de trabalhar em situações estressantes e ser confiáveis, autossuficientes, precisos e rigorosos. Os programas de educação clínica para CLC podem estar localizados em hospitais ou em ambientes universitários e incluem instrução em microbiologia, química, hematologia, imunologia, banco de sangue, técnicas moleculares, virologia, flebotomia, análise de urina, manejo e educação. Para assegurar uma competência, os graduados dos programas de educação clínica de CLC e TLC precisam ser certificados por uma ou ambas as agências de credenciamento nacionais: a American Society for Clinical Pathology (ASCP – sociedade americana de patologia clínica) e a National Credentialing Agency (NCA – agência de credenciamento nacional). Informações adicionais sobre essas profissões, incluindo programas educacionais, certificação e salários, podem ser encontradas nos seguintes endereços eletrônicos:

- American Society for Clinical Laboratory Science (http://www.ascls.org)
- American Society for Clinical Pathology (http://www.ascp.org)
- National Accrediting Agency for Clinical Laboratory Sciences (http://www.naacls.org)
- National Credentialing Agency (http://www.nca-info.org).

LABORATÓRIO DE MICROBIOLOGIA CLÍNICA

Organização

Dependendo do tamanho do hospital, o LMC pode estar sob a direção de um patologista, de um microbiologista (com mestrado ou doutorado em microbiologia clínica) ou, nos hospitais de menor porte, de um TM que tenha muitos anos de experiência trabalhando com microbiologia. Atualmente, a maior parte do trabalho realizado no LMC é efetuada por CLC e TLC.

Como mostra a Figura 13.10, o LMC está dividido em várias seções, que correspondem, em grande parte, às várias categorias de micróbios. Com exceção da seção de imunologia, as responsabilidades das seções específicas do LMC são descritas neste capítulo. Os procedimentos realizados na seção de imunologia serão abordados no Capítulo 16, *Mecanismos Específicos de Defesa do Hospedeiro | Introdução à Imunologia*.

Responsabilidades

A principal missão do LMC é ajudar os médicos no diagnóstico e no tratamento das doenças infecciosas. Para cumpri-la, suas quatro principais responsabilidades diárias são:

1. Processar as várias amostras clínicas que são enviadas (responsabilidade descrita anteriormente).
2. Isolar os patógenos das amostras.
3. Identificar os patógenos até o nível de espécie.
4. Realizar o teste de sensibilidade a antimicrobianos, quando necessário.

> As quatro principais responsabilidades do LMC são: processar amostras clínicas, isolar os patógenos, identificar os patógenos até o nível de espécie e realizar o teste de sensibilidade a antimicrobianos, quando necessário.

As etapas exatas no processamento das amostras clínicas variam de um tipo para outro e dependem da seção específica do LMC para a qual elas foram enviadas. Em geral, inclui as seguintes etapas:

- Exame macroscópico da amostra e registro de observações pertinentes (p. ex., turvação ou presença de sangue, muco ou odor incomum)
- Exame microscópico da amostra e registro de observações pertinentes (p. ex., presença de leucócitos ou microrganismos)
- Inoculação da amostra em meios de cultura apropriados na tentativa de isolar seu(s) patógeno(s) e obter o seu crescimento em cultura pura no laboratório.

> Em geral, o processamento das amostras clínicas no LMC inclui: exame macroscópico da amostra, exame microscópico da amostra e inoculação da amostra em meios de cultura apropriados.

Algumas vezes, o LMC é solicitado a assumir uma responsabilidade adicional: o processamento de amostras ambientais (coletadas do ambiente hospitalar). Elas são processadas sempre que houver um surto ou uma epidemia no hospital, na tentativa de localizar a fonte do patógeno envolvido. As amostras ambientais incluem aquelas coletadas de locais apropriados do hospital (p. ex., assoalhos, ralos de pias, chuveiros, banheiras, equipamento de fisioterapia respiratória) e de funcionários (p. ex., *swabs* nasais, material de feridas abertas).

Com frequência, os funcionários do LMC são os primeiros a reconhecer a ocorrência de um surto dentro do hospital. Por exemplo, eles podem constatar um número incomumente elevado de determinado patógeno isolado de amostras enviadas de um setor específico. Diante disso, o LMC deve notificar a Comissão de Controle de Infecção

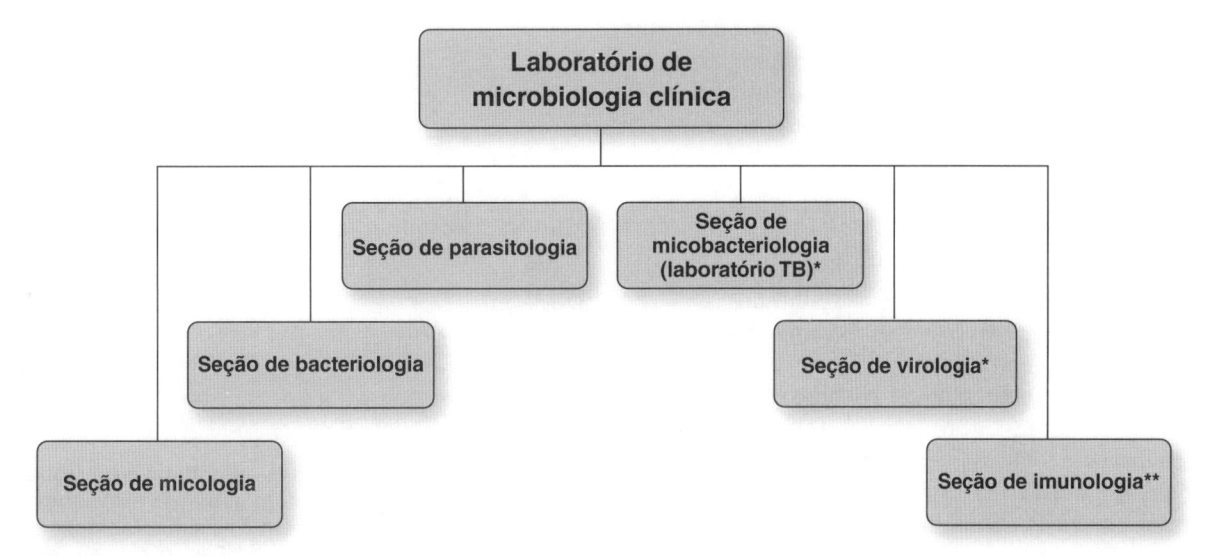

Figura 13.10 Organização de um laboratório de microbiologia clínica (LMC) típico. *Em geral, as seções de virologia e de micobacteriologia são encontradas apenas em hospitais de maior porte e em centros médicos. Na ausência delas, a maioria dos hospitais de menor porte deve enviar as amostras de virologia e de micobacteriologia a um laboratório de referência. **Apenas os hospitais de menor porte têm seções de imunologia, onde alguns procedimentos de imunodiagnóstico podem ser realizados. Os de maior porte e os centros médicos devem ter um laboratório de imunologia, que deve realizar uma variedade muito maior de procedimentos imunológicos e operar independentemente do LMC. Os hospitais de maior porte podem dispor de um laboratório de diagnóstico molecular dedicado, ou a realização dos testes pode ser incorporada a uma das divisões existentes do LMC.

Uma responsabilidade menos frequente do LMC é processar amostras ambientais sempre que houver um surto ou uma epidemia dentro do hospital.

Hospitalar (descrita no Capítulo 12, *Epidemiologia na Área de Assistência à Saúde e Prevenção e Controle das Infecções*) sobre o número anormalmente alto de microrganismos isolados, e ela deve responsabilizar-se pela coleta de amostras ambientais apropriadas e o seu envio ao LMC para processamento.

Pense nisso

Embora os resultados de alguns procedimentos laboratoriais (como alguns automatizados realizados na seção de química) sejam frequentemente disponíveis dentro de poucas horas após a chegada das amostras no laboratório, isso geralmente *não* é o caso com os procedimentos realizados no LMC. Isso porque, com frequência, eles exigem uma cultura pura do patógeno suspeito, que habitualmente leva 24 horas, no mínimo, para ser obtida. Uma vez obtida uma cultura pura, geralmente são necessárias 24 horas adicionais ou mais para obter a identificação da espécie e os resultados do teste de sensibilidade a antimicrobianos. *Por conseguinte, os indivíduos que enviam amostras ao LMC devem esperar um prazo de 1 ou 2 dias entre a entrega e a obtenção dos resultados.* Felizmente, porém, algumas das técnicas mais recentes (como procedimentos moleculares e de imunodiagnóstico) fornecem os resultados no mesmo dia.

Isolamento e identificação dos patógenos

No esforço de isolar bactérias (incluindo micobactérias) e fungos (leveduras e bolores) de amostras clínicas, estas são inoculadas em meios de cultura líquidos ou sólidos. O objetivo é obter o crescimento de quaisquer patógenos que estejam presentes na amostra em cultura pura e em grande número, de modo que seja obtida uma quantidade suficiente do microrganismo para inoculação nos sistemas apropriados de identificação e sensibilidade a antimicrobianos. Os tipos específicos de meios de cultura foram discutidos no Capítulo 8, *Controle do Crescimento dos Micróbios* In Vitro. A maneira pela qual os patógenos são identificados depende da seção específica do LMC para a qual a amostra foi enviada (conforme assinalado anteriormente, em todo este livro a expressão "identificar um microrganismo" significa determinar o seu nome).

Para isolar bactérias e fungos de amostras clínicas, estas devem ser inoculadas em meios de cultura líquidos ou sólidos.

Seção de bacteriologia

A responsabilidade geral da seção de bacteriologia do LMC consiste em auxiliar os médicos no diagnóstico de doenças bacterianas. Nessa seção, são processados vários tipos de amostras clínicas, os patógenos bacterianos são isolados das amostras, são realizados testes para a identificação de tais patógenos, e o teste de sensibilidade a antimicrobianos é realizado, quando apropriado (Figura 13.11). Uma vez isolados das amostras clínicas, os patógenos bacterianos são identificados por meio da obtenção de pistas (características fenotípicas). Assim, os profissionais do LMC são muito

A responsabilidade geral da seção de bacteriologia do LMC consiste em auxiliar os médicos no diagnóstico de doenças bacterianas.

parecidos com detetives e investigadores na cena do crime (Figura 13.12), procurando "pistas" sobre um patógeno até que reúnam informações suficientes para identificá-lo.

As várias características (pistas) fenotípicas úteis na identificação de bactérias incluem as seguintes:

* Reação de Gram (*i. e.*, bactérias gram-positivas ou gram-negativas)
* Formato da célula (p. ex., cocos, bacilos, microrganismos curvos, espiralados, filamentosos, ramificados)
* Arranjo morfológico das células (p. ex., em pares, tétrades, cadeias, agrupamentos)
* Crescimento ou ausência de crescimento em vários tipos de meios de cultura
* Morfologia das colônias (p. ex., cor, forma geral, elevação, bordas) (Figura 13.13)
* Presença ou ausência de cápsula
* Motilidade
* Presença de esporos bacterianos
* Localização dos esporos (terminais ou subterminais)
* Presença ou ausência de várias enzimas (p. ex., catalase, coagulase, oxidase, urease)
* Capacidade de catabolizar vários carboidratos e amino-ácidos (sistemas de testes bioquímicos miniaturizados ["minissistemas"] são frequentemente utilizados para esse propósito) (Figura 13.14)

> Os profissionais do LMC reúnem "pistas" (características fenotípicas) sobre o patógeno até que obtenham informações suficientes para identificá-lo.

Figura 13.12 Os profissionais do laboratório de microbiologia clínica são muito parecidos com detetives e investigadores da cena do crime. Eles reúnem "pistas" sobre determinado patógeno até que obtenham informações suficientes para identificar o culpado até o nível de espécie.

* Capacidade de reduzir o nitrato
* Capacidade de produzir indol a partir do triptofano
* Exigências atmosféricas
* Tipo de hemólise produzida (Figura 13.15).

Seção de micologia

A responsabilidade geral da seção de micologia do LMC consiste em auxiliar os médicos no diagnóstico de infecções fúngicas (micoses). Nela, são processados vários tipos de amostras clínicas, os patógenos fúngicos são isolados, e são realizados testes para identificá-los. Em geral, as amostras processadas nessa seção são do mesmo tipo daquelas processadas na seção de bacteriologia; entretanto, três tipos são enviados mais frequentemente à seção de micologia do que à de bacteriologia: fios de cabelos, unhas cortadas e raspados de pele.

Uma solução de hidróxido de potássio (KOH) é aplicada aos fios de cabelos, unhas cortadas e raspados de pele. O KOH atua como agente clarificante por meio da dissolução

Processamento das amostras
* Exame macroscópico
* Observações em amostras com coloração de Gram
* Inoculação de meios de cultura

↓

Obtenção de cultura pura do patógeno suspeito

↓

Realização de testes necessários para a identificação (determinação da espécie) do patógeno suspeito

↓

Realização de teste de sensibilidade a antimicrobianos

↓

Relato dos resultados ao médico

Figura 13.11 Fluxograma ilustrando a sequência de eventos que ocorrem na seção de bacteriologia do laboratório de microbiologia clínica.

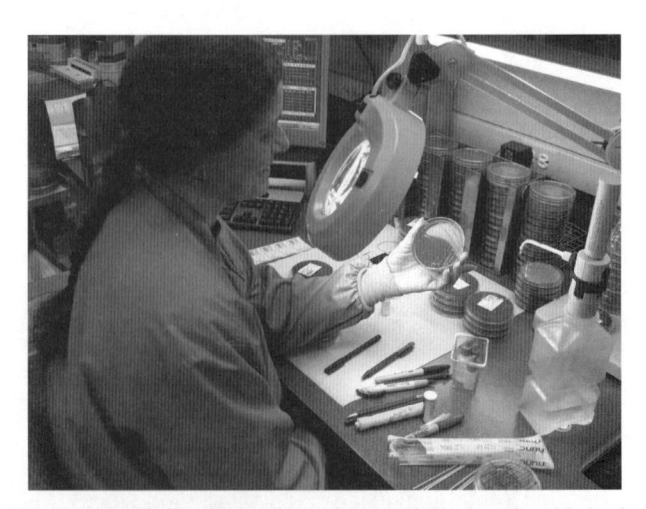

Figura 13.13 Profissional de laboratório de microbiologia clínica examinando colônias de bactérias. (Disponibilizada pelo Dr. Robert Fader e Biomed Ed, Round Rock, TX.)

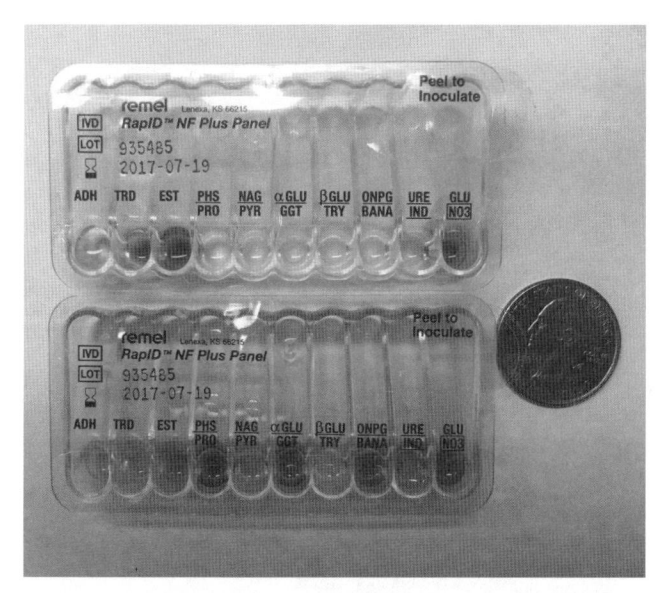

Figura 13.14 Exemplo de um sistema de teste bioquímico miniaturizado (minissistema). O minissistema ilustrado aqui, denominado RapID NF, é utilizado principalmente para a identificação de bacilos gram-negativos que não sejam membros da família Enterobacteriaceae (ele é vendido pela REMEL, Lenexa, KS). Cada cúpula contém um substrato diferente. A tira superior mostra a cor de cada cúpula imediatamente após inoculação. Depois de 4 horas de incubação, as cores nos compartimentos (tira inferior) são interpretadas como resultados positivos ou negativos. Com base no padrão de reações positivas e negativas, calcula-se um número de biotipo de seis dígitos. Na maioria dos casos, ele é específico para determinada espécie bacteriana. (Disponibilizada pelo Dr. Robert Fader.) (Esta figura encontra-se reproduzida em cores no Encarte.)

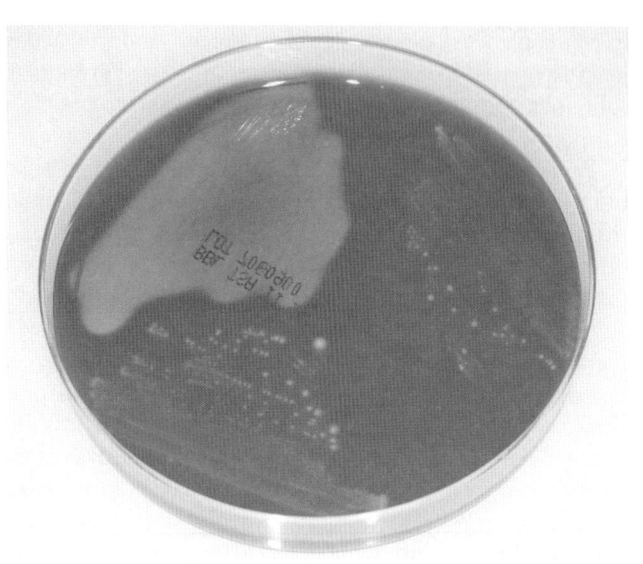

Figura 13.15 Fotografia mostrando os três tipos de hemólise que podem ser observados em uma placa de ágar-sangue. A α-hemólise é uma zona verde ao redor da colônia bacteriana (*parte superior, à direita*). As bactérias α-hemolíticas produzem uma enzima que provoca quebra parcial da hemoglobina nos eritrócitos do meio, resultando em coloração verde (algumas vezes sutil). A β-hemólise é uma zona clara ao redor da colônia bacteriana (*parte superior, à esquerda*). As bactérias beta-hemolíticas produzem uma enzima que destrói (lisa) completamente os eritrócitos, produzindo, assim, uma zona clara muito distinta. A γ-hemólise não consiste em hemólise (não há uma zona verde nem uma zona clara ao redor da colônia bacteriana). As bactérias γ-hemolíticas (também designadas como não hemolíticas) não produzem essas enzimas e, portanto, não causam mudança nos eritrócitos (*fundo da placa*). (Esta figura encontra-se reproduzida em cores no Encarte.)

> A responsabilidade geral da seção de micologia do LMC consiste em auxiliar os médicos no diagnóstico de infecções fúngicas (micoses).

da queratina presente nas amostras. Isso possibilita ao tecnologista observar as amostras quando são examinadas ao microscópio e determinar a presença de qualquer elemento fúngico (p. ex., leveduras ou hifas). Nos laboratórios com acesso ao microscópio de fluorescência, pode-se utilizar um corante de fluorocromo, como o *Calcofluor white*, com o KOH para examinar amostras à procura de fungos. Amostras coradas de tecidos também são avaliadas à procura de hifas (Figura 13.16), mais frequentemente no laboratório de anatomia patológica.

As amostras também são inoculadas em meio seletivo para fungos, como ágar-dextrose Sabouraud. As bactérias não crescem nesse meio devido ao pH baixo (5,6); porém, a maioria dos fungos cresce bem. Além disso, inocula-se uma placa de ágar-sangue contendo antibióticos para inibir o crescimento bacteriano. As culturas fúngicas são normalmente mantidas por 3 a 4 semanas, em função da velocidade lenta de crescimento de muitos fungos.

Quando isoladas de amostras clínicas, as leveduras são identificadas

> Quando isoladas de amostras clínicas, as leveduras são identificadas por meio de vários testes bioquímicos, principalmente com base na sua capacidade de catabolizar vários carboidratos.

por meio de vários testes bioquímicos, principalmente com base na sua capacidade de catabolizar diversos carboidratos (Figura 13.17). Os ágares cromogênicos, que produzem diferentes colônias coloridas, também podem ser utilizados para a identificação de leveduras (Figura 13.18). Os bolores são identificados por meio do uso de uma combinação de velocidade de crescimento e exames macroscópico e

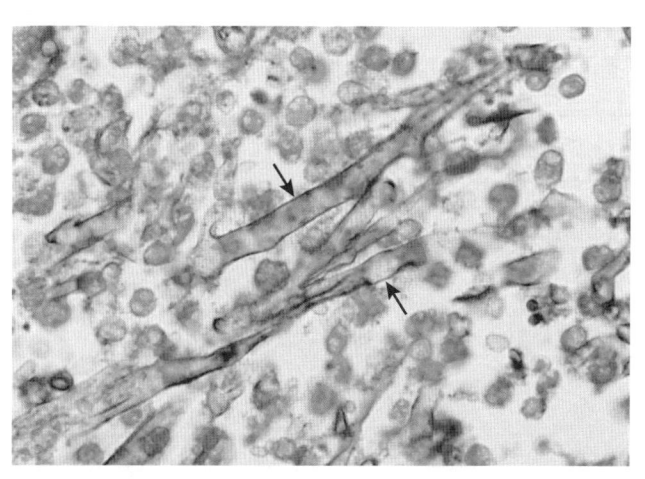

Figura 13.16 Hifas fúngicas (*setas*) em uma amostra de valva cardíaca corada de um paciente com zigomicose. (Disponibilizada pelo Dr. Libero Ajello e CDC.) (Esta figura encontra-se reproduzida em cores no Encarte.)

microscópico, e não por testes bioquímicos. As observações macroscópicas são características que podem ser aprendidas sobre o micélio, examinando-o a olho nu, como cor, textura e topografia (Figuras 13.19 e 13.20).

Para efetuar o exame microscópico de um bolor, prepara-se uma lâmina a fresco. Uma gota de corante é colocada sobre uma lâmina de microscópio, e um pequeno pedaço do micélio é colocado na gota. São utilizadas agulhas de dissecção para separar delicadamente o micélio, possibilitando ao profissional do LMC observar as várias características de identificação do bolor. Aplica-se uma lamínula de vidro, e a preparação a fresco dissecada é examinada ao microscópio. Como alternativa, pode-se utilizar uma preparação com "fita adesiva", aplicando cuidadosamente uma fita adesiva transparente sobre a superfície de uma colônia de bolores. Esse procedimento transfere conídios e estruturas miceliais para a fita adesiva, que, em seguida, é cuidadosamente colocada em uma gota de corante sobre uma lâmina microscópica. O corante utilizado na lâmina a fresco com a amostra dissecada ou na preparação com fita adesiva é o lactofenol azul de algodão, que contém ácido láctico, fenol e azul algodão. O

> Quando isolados de amostras clínicas, os bolores são identificados por meio de uma combinação de velocidade de crescimento e observações macroscópicas e microscópicas.

ácido láctico preserva a morfologia, e o fenol mata os organismos, de modo que não sejam infecciosos. O azul algodão cora as estruturas do micélio e os conídios de azul (Figura 13.21). Por motivos de segurança, a preparação da lâmina é sempre realizada em uma cabine de segurança biológica (CSB).

Quando a lâmina a fresco ou a preparação com fita adesiva são examinadas ao microscópio, o primeiro aspecto a se determinar é se o fungo filamentoso apresenta hifas septadas ou asseptadas (descritas no Capítulo 5, *Micróbios Eucarióticos*). Em seguida, o tecnologista procura a presença de conídios ou esporos, bem como as estruturas a partir

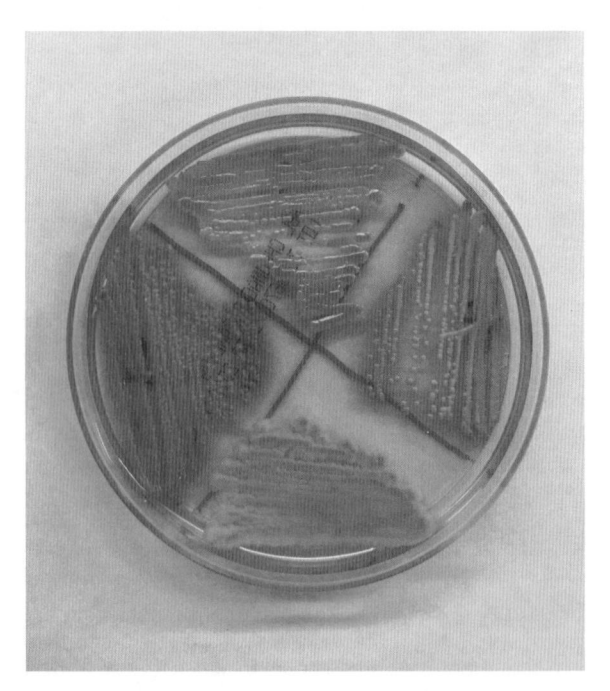

Figura 13.18 CHROMagar *Candida*. Substâncias cromogênicas são incorporadas no ágar e produzem diferentes colônias coloridas. As verdes consistem em *Candida albicans*; as azuis, em *Candida tropicalis*; as cor de malva e franjadas são identificadas como *Candida krusei*; e as pequenas colônias lisas cor de malva são *Candida glabrata* (CHROMagar *Candida* é vendido por Becton Dickinson e Co. Sparks, MD). (Disponibilizada pelo Dr. Robert Fader.) (Esta figura encontra-se reproduzida em cores no Encarte.)

das quais foram produzidos, cuja aparência possibilita ao tecnologista identificar o fungo filamentoso (Figura 13.21).

O teste de sensibilidade para fungos filamentosos não é atualmente realizado na maioria dos LMC; entretanto, devido ao problema continuamente crescente de resistência a fármacos nas leveduras, é provável que LMC de maior porte ofereçam esse serviço.

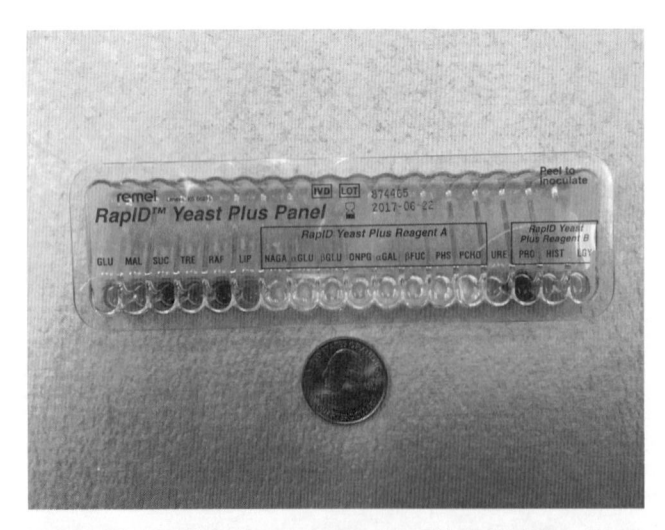

Figura 13.17 Minissistema para a identificação de leveduras (vendido pela REMEL, Lenexa, KS). (Disponibilizada pelo Dr. Robert Fader.) (Esta figura encontra-se reproduzida em cores no Encarte.)

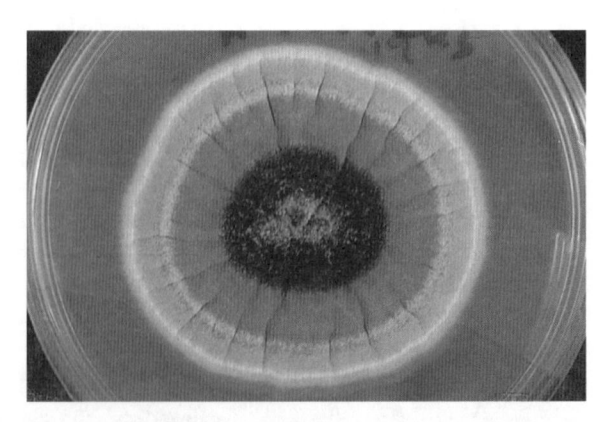

Figura 13.19 Colônia (micélio) de uma espécie de *Aspergillus*. Os fungos filamentosos do gênero *Aspergillus* podem causar sinusite, infecções do trato respiratório inferior e infecções oculares, cardíacas, renais, cutâneas e de outros órgãos, mais comumente em pacientes imunossuprimidos. (De Winn WC Jr et al. *Koneman's color atlas and textbook of diagnostic microbiology*. 6th ed. Philadelphia, PA: Lippincott Williams & Wilkins; 2006.) (Esta figura encontra-se reproduzida em cores no Encarte.)

Figura 13.20 Colônias (micélios) de uma espécie de *Penicillium*. Embora a penicilina seja derivada do *Penicillium*, várias espécies desse gênero também podem causar infecções pulmonares, hepáticas e cutâneas em pacientes imunossuprimidos. (De Winn WC Jr *et al. Koneman's color atlas and textbook of diagnostic microbiology*. 6th ed. Philadelphia, PA: Lippincott Williams & Wilkins; 2006.) (Esta figura encontra-se reproduzida em cores no Encarte.)

Seção de parasitologia

A responsabilidade geral da seção de parasitologia do LMC é auxiliar médicos no diagnóstico de doenças parasitárias, especificamente infecções causadas por endoparasitas (que vivem no interior do corpo), como protozoários e helmintos parasitas (vermes parasitas). Em geral, as infecções parasitárias são diagnosticadas por meio de observação e reconhecimento de vários estágios do ciclo de vida do parasita em amostras clínicas (p. ex., trofozoítas e cistos de protozoários; microfilárias, ovos e larvas de helmintos). Eles são identificados principalmente pela aparência característica dos vários estágios do ciclo de vida que são observados em amostras clínicas, como tamanho, forma e detalhes internos. Pode-se utilizar um número limitado de ensaios de imunodiagnóstico para estabelecer o diagnóstico de algumas infecções parasitárias como *Giardia*, *Cryptosporidium* e *Plasmodium*. Algumas vezes,

vermes inteiros ou partes são observados em amostras de fezes. A seção de parasitologia também é requisitada para a identificação de artrópodes (piolhos, carrapatos) e ácaros (escabiose). Os parasitas serão descritos detalhadamente no Capítulo 21, *Infecções Parasitárias em Seres Humanos*.

> A responsabilidade geral da seção de parasitologia do LMC consiste em auxiliar os médicos no diagnóstico de doenças parasitárias. Os parasitas são identificados principalmente pela sua aparência característica.

Seção de virologia

A responsabilidade geral da seção de virologia do LMC consiste em auxiliar os médicos no diagnóstico de doenças virais, lembrando que os vírus necessitam de células de mamíferos para o seu crescimento. Inicialmente, as técnicas diagnósticas de virologia baseavam-se em cultura celular, e a sua realização era complicada. Hoje em dia, muitas doenças virais, como influenza e vírus sincicial respiratório, são diagnosticadas com o uso de procedimentos de imunodiagnóstico (descritos no Capítulo 16, *Mecanismos Específicos de Defesa do Hospedeiro | Introdução à Imunologia*) ou, cada vez mais, por técnicas de amplificação molecular, como a reação em cadeia da polimerase (PCR). Outras técnicas utilizadas para a identificação de patógenos virais são as seguintes:

- Observação de corpúsculos de inclusão virais intracitoplasmáticos ou intranucleares em amostras por meio de exame citológico ou histológico (Figura 13.22)
- Observação de vírus em amostra com o uso da microscopia eletrônica
- Isolamento de vírus pelo uso de culturas celulares; eles são identificados principalmente pelo(s) tipo(s) de linhagem celular que é capaz de infectar e por mudanças físicas (denominadas efeito citopático ou ECP) que causam nas células infectadas (Figura 13.23). A cultura celular continua sendo utilizada em laboratórios de saúde pública para a caracterização de vírus em ensaios de neutralização.

Seção de micobacteriologia

A principal responsabilidade da seção de micobacteriologia (ou laboratório "TB" ou "AFB", como é frequentemente

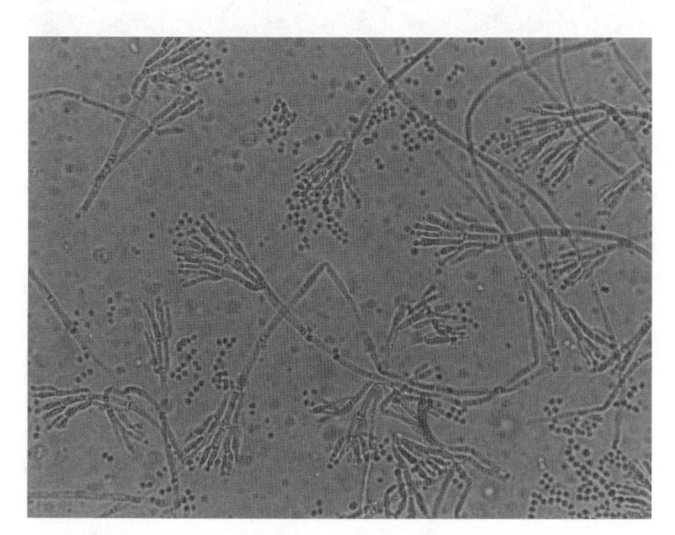

Figura 13.21 Preparação de um micélio de *Penicillium* com fita adesiva. (Disponibilizada pelo Dr. Robert Fader.) (Esta figura encontra-se reproduzida em cores no Encarte.)

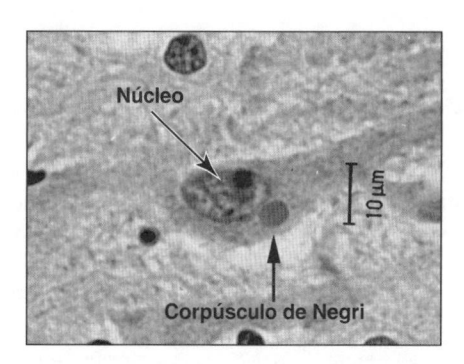

Figura 13.22 Corpúsculo de inclusão intracitoplasmática (corpúsculo de Negri) em uma célula cerebral de um paciente com raiva. (De Harvey RA *et al. Lippincott's illustrated reviews: microbiology*. 3rd ed. Philadelphia, PA: Lippincott Williams & Wilkins; 2013.)

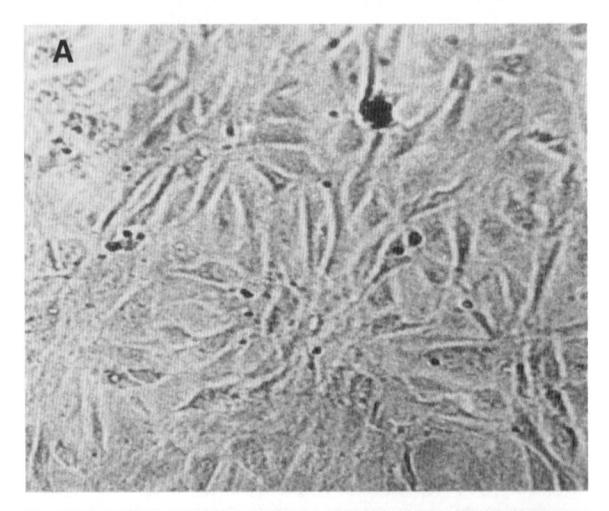

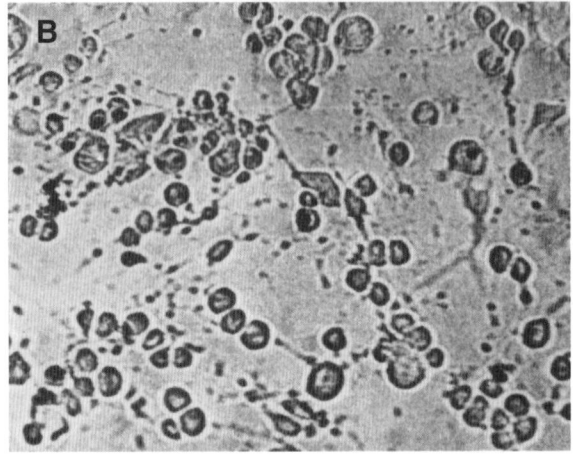

Figura 13.23 Efeito citopático. A. Aparência normal de fibroblastos diploides humanos. **B.** Aparência das mesmas células 48 horas após a sua inoculação com o herpes-vírus simples tipo 2. (De Engleberg NC *et al. Schaechter's mechanisms of microbial disease.* 4th ed. Philadelphia, PA: Lippincott Williams & Wilkins; 2007.)

denominado) do LMC consiste em auxiliar os médicos no diagnóstico da tuberculose e de infecções por outras micobactérias. Nela, vários tipos de amostras (principalmente de escarro) são processados, realiza-se a coloração álcool-acidorresistente, as micobactérias são isoladas e identificadas, e o teste de sensibilidade é realizado. As espécies de *Mycobacterium* são caracterizadas utilizando uma combinação de características de crescimento (p. ex., taxa de crescimento, pigmentação das colônias, fotorreatividade e morfologia) e vários testes bioquímicos. A identificação completa das micobactérias é obtida por técnicas de sonda molecular ou pelo sequenciamento do ácido nucleico. O *Mycobacterium tuberculosis*, principal causa da tuberculose humana, é um microrganismo de crescimento muito lento. Felizmente, a coloração álcool-acidorresistente (descrita no Capítulo 4, *Micróbios Acelulares e Procarióticos*) possibilita o rápido diagnóstico presuntivo de tuberculose, e os ensaios moleculares podem confirmá-lo dentro de 2 horas.

> A responsabilidade geral da seção de virologia do LMC consiste em auxiliar os médicos no diagnóstico de doenças virais.

Seção molecular

Nos laboratórios de microbiologia, está sendo cada vez mais comum encontrar uma seção especializada em técnicas de diagnóstico molecular para a identificação de patógenos em amostras diretas do paciente ou após crescimento deles em cultura. Alguns ensaios de amplificação identificam organismos individuais (Tabela 13.2), enquanto outros são ensaios multiplex capazes de identificar uma ampla variedade de patógenos (Tabela 13.3).

Métodos não moleculares para a detecção direta de agentes infecciosos. Alguns agentes infecciosos podem ser detectados em amostras de pacientes por meio de anticorpos fluorescentes direcionados para antígenos na superfície, ou

---

Tabela 13.2 Patógenos que podem ser identificados pela tecnologia de amplificação de ácido nucleico em amostras diretas de pacientes.

Bactérias	Vírus	Micobactérias	Parasitas
Bordetella pertussis	Citomegalovírus	*Mycobacterium tuberculosis*	Espécies de *Plasmodium*
Mycoplasma pneumoniae	Vírus Epstein-Barr		*Trichomonas vaginalis*
Streptococcus pyogenes	Hepatites B e C		
Streptococcus agalactiae	HIV		
Chlamydia trachomatis	Herpes simples 1 e 2		
Neisseria gonorrhoeae	Influenza A e B		
Staphylococcus aureus (MRSA)	Poliomavírus (BK/JC)		
Enterococcus (VRE)	Vírus sincicial respiratório		
Toxinas A e B do *Clostridium difficile*	Metapneumovírus humano		
	Vírus Chikungunya		
	Vírus da dengue		
	Vírus Zika		
	Papilomavírus humanos		
	Enterovírus		
	Vírus varicela-zóster		
	Vírus do Nilo Ocidental		

MRSA, *S. aureus* resistente à meticilina; VRE, enterococos resistentes à vancomicina.

Tabela 13.3 Ensaios multiplex por síndromes para a detecção direta de patógenos de amostras clínicas.

Respiratórias	Diarreicas	Meningite/Encefalite	Hemoculturas	Genitais
Adenovírus	*Campylobacter* spp.	*Escherichia coli* sorotipo K-1	*Acinetobacter* spp.	*Candida* spp.
Bocavírus	Toxinas A/B de *Clostridium difficile*	*Haemophilus influenzae*	*Citrobacter* spp.	*Chlamydia trachomatis*
Coronavírus	*Plesiomonas shigelloides*	*Neisseria meningitidis*	*Enterobacter* spp.	*Gardnerella vaginalis*
Metapneumovírus humano	*Salmonella* spp.	*Streptococcus agalactiae*	*E. coli*	*Neisseria gonorrhoeae*
Influenza A e B	*Yersinia enterocolitica*	*S. pneumoniae*	*Klebsiella* spp.	*Trichomonas vaginalis*
Vírus parainfluenza 1, 2, 3, 4	*Vibrio* spp.	*Listeria monocytogenes*	*Proteus* spp.	Papilomavírus humano
Vírus sincicial respiratório	*E. coli* diarreogênica	Citomegalovírus	*Pseudomonas aeruginosa*	
Rinovírus/Enterovírus	*Cryptosporidium*	Enterovírus	*Staphylococcus aureus*	
Bordetella pertussis	*Cyclospora*	Vírus Epstein-Barr	*Staphylococcus epidermidis*	
Chlamydophila pneumoniae	*Entamoeba histolytica*	Herpes-vírus simples 1 e 2	*Staphylococcus lugdunensis*	
Mycoplasma pneumoniae	*Giardia intestinalis*	Herpes-vírus humano 6	*Streptococcus agalactiae*	
	Adenovírus	Parechovírus	*Streptococcus anginosus gp.*	
	Astrovírus	Vírus varicela-zóster	*Streptococcus pneumoniae*	
	Norovírus	*Cryptococcus neoformans/ gattii*	*Streptococcus pyogenes*	
	Rotavírus		*Enterococcus faecalis*	
	Sapovírus		*Enterococcus faecium*	
			Listeria monocytogenes	
			Genes de resistência a antibióticos	
			Candida albicans	
			Candida glabrata	
			Candida krusei	
			Candida tropicalis	

Os patógenos listados estão incluídos em alguns dos ensaios multiplex (mas não em todos eles) atualmente utilizados no LMC.

por meio de métodos de imunodiagnóstico, chamados de imunoensaios enzimáticos (EIA), que se baseiam em uma reação antígeno/anticorpo e que serão descritos com mais detalhes no Capítulo 16, *Mecanismos Específicos de Defesa do Hospedeiro | Introdução à Imunologia.* Esses ensaios são de execução rápida e fácil e são relativamente baratos; porém, não têm a sensibilidade dos ensaios moleculares. A Tabela 13.4 fornece uma lista de alguns dos agentes infecciosos que podem ser detectados por esses ensaios.

Identificação de organismos a partir de cultura. Os organismos problemáticos que não podem ser identificados pelas suas características fenotípicas frequentemente podem ser por sequenciamento de ácido nucleico ou por uma nova técnica que utiliza a espectrometria de massa.

Sequenciamento de gene do RNA ribossômico (rDNA) 16S. Os organismos de identificação difícil com frequência podem ser definitivamente identificados por meio de sequenciamento do gene do RNA ribossômico 16S, que

apresenta regiões altamente conservadas e variáveis, as quais podem ser utilizadas para identificação microbiana. O DNA é inicialmente extraído do organismo; o segmento-alvo, de cerca de 500 pares de bases, é amplificado por meio de tecnologia de PCR e, em seguida, sequenciado em um sequenciador automatizado. A sequência de nucleotídios resultante é comparada com sequências conhecidas em bancos de dados públicos, como o GenBank, um repositório de sequências mantido pelos National Institutes of Health. O Sistema de Identificação Microbiana MicroSeq (Applied Biosystems, Foster City, CA) possui *kits* e um banco de dados eletrônico, que podem ser utilizados para identificação de bactérias e fungos. Os resultados podem ser obtidos em aproximadamente 5 horas.

Espectrometria de massa por ionização e dessorção a laser assistida por matriz-tempo de voo (MALDI-TOF). Recentemente, a identificação das bactérias foi revolucionada pelo uso da espectrometria de massa. Especificamente, uma técnica denominada ionização e dessorção

Tabela 13.4 Métodos não moleculares para a detecção direta de agentes infecciosos.

Corantes de anticorpos fluorescentes	Imunoensaios enzimáticos
Metapneumovírus humano	Influenza A e B
Influenza A e B	Vírus sincicial respiratório
Vírus parainfluenza 1 a 4	Rotavírus
Vírus sincicial respiratório	*Campylobacter*
Citomegalovírus	Toxinas de *Clostridium difficile*
Herpes-vírus simples 1 e 2	*Helicobacter pylori*
Legionella pneumophila	*Legionella pneumophila*
Pneumocystis jirovecii	Toxinas semelhantes a Shiga de *Escherichia coli*
Cryptosporidium	*Streptococcus pneumoniae*
Giardia	*Streptococcus pyogenes*
	Cryptosporidium
	Giardia
	Plasmodium falciparum e *Plasmodium vivax*

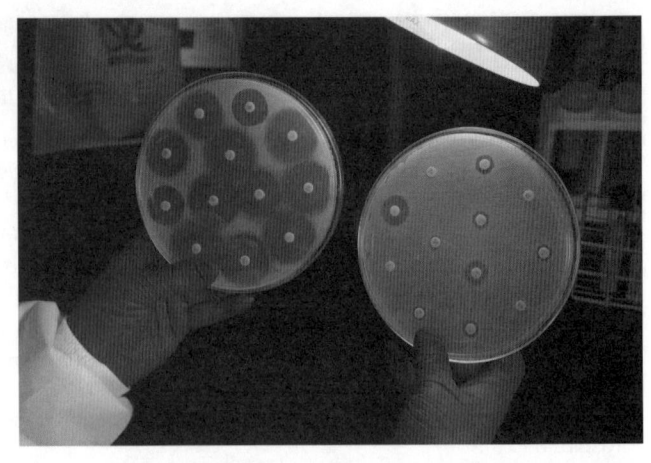

Figura 13.24 Exemplos de teste de sensibilidade a antibióticos por difusão em disco. A placa da esquerda foi inoculada com uma espécie bacteriana sensível a todos os antibióticos testados. A placa da direita foi inoculada com um membro da família Enterobacteriaceae resistente ao carbapenem. Esse microrganismo resistiu a todos os antibióticos que foram testados. (Disponibilizada por Melissa Dankel e CDC.)

a *laser* assistida por matriz-tempo de voo (MALDI-TOF) mede a razão entre massa e carga de partículas ionizadas de um organismo, como as proteínas. Ela produz uma impressão proteômica, que pode ser comparada com cepas de referência conhecidas. Os resultados podem ser obtidos em questão de minutos, e a técnica tem o potencial de rápida identificação de bactérias, fungos e micobactérias.

Teste de sensibilidade a antimicrobianos. Cabe aos profissionais do laboratório de microbiologia a responsabilidade de determinar que organismos podem desempenhar um papel patogênico em dada infecção e quais são simplesmente colonizadores que estavam presentes na amostra. Uma vez identificado, o organismo é testado com uma bateria de agentes antimicrobianos, para definir os que poderão ser úteis ao tratamento. No passado, o teste de sensibilidade a antibióticos era realizado apenas para bactérias; entretanto, nesses últimos anos, tornou-se cada vez mais comum testar também as leveduras e as micobactérias. Os vírus podem ser testados por meio de ensaios de sequenciamento molecular, de modo a determinar se existem genes de resistência. Não se dispõe de nenhum método estabelecido para testar a sensibilidade dos parasitas.

São utilizados três métodos principais para o teste de sensibilidade:

- Difusão em disco
- Microdiluição em caldo
- Difusão por gradiente.

O método de *difusão em disco* exige para o teste um painel padronizado do organismo. Utilizando um *swab* umedecido com o inóculo, a superfície de uma placa de ágar é semeada em estrias em três direções diferentes, de modo a assegurar o crescimento confluente dos microrganismos. Após a absorção do inóculo no ágar, são colocados discos

de antibióticos nele, e a placa é incubada a 35°C durante a noite. Os antibióticos difundem-se através do meio e, se tiverem atividade contra o microrganismo, aparecerá uma zona circular de inibição em torno do disco após a incubação (Figura 13.24). Em seguida, são utilizadas guias de referência para determinar se o microrganismo é sensível ou resistente a antibióticos.

O método de *diluição em caldo* exige uma série de diluições do antibiótico e pode fornecer a concentração inibitória mínima (CIM), que é definida como a menor concentração do antibiótico que resultará em ausência de crescimento visível do organismo após incubação. Dispõe de painéis que possibilitam testar muitos antibióticos ao mesmo tempo (Figura 13.25). Esse método foi automatizado com instrumentação para incubação dos painéis, leitura dos pontos finais da série de diluição e determinação da sensibilidade ou resistência do microrganismo aos agentes antimicrobianos.

O método de *difusão por gradiente* combina algumas das propriedades da difusão em disco e da diluição em caldo. Nele, uma placa de ágar é preparada conforme descrito anteriormente para a difusão em disco; entretanto, em vez de adicionar um disco de antibiótico, coloca-se uma fita plástica que contém um gradiente de antibiótico no ágar. O medicamento difunde-se pelo meio durante a incubação, no decorrer da noite, e aparece uma zona elíptica de inibição depois. A CIM do antibiótico é determinada no ponto de interseção do crescimento do microrganismo com a fita de gradiente (Figura 13.26).

Informações adicionais sobre o LMC, incluindo procedimentos de diagnóstico molecular, teste de sensibilidade a antimicrobianos e garantia, controle de qualidade e segurança no LMC podem ser encontradas no Apêndice 4, ""Responsabilidades do Laboratório de Microbiologia Clínica", disponível no material suplementar *online*.

Figura 13.25 Painel de microdiluição em caldo para teste de sensibilidade a antibióticos. Muitos antibióticos diferentes podem ser simultaneamente testados contra um microrganismo. O crescimento na presença do antibiótico é observado pela formação de um botão de células no fundo das cavidades. O microrganismo mostrado aqui é resistente à ampicilina (Am; *parte superior à direita*) e à penicilina (P; *segunda fileira a partir da base, à direita*). A CIM para a vancomicina (Va; *fileira da base, à direita*) seria interpretada como 1 μg/mℓ). O painel MicroScan PM34 MIC mostrado aqui é vendido por Beckman Coulter Inc, Brea, CA. (Disponibilizada pelo Dr. Robert Fader.) (Esta figura encontra-se reproduzida em cores no Encarte.)

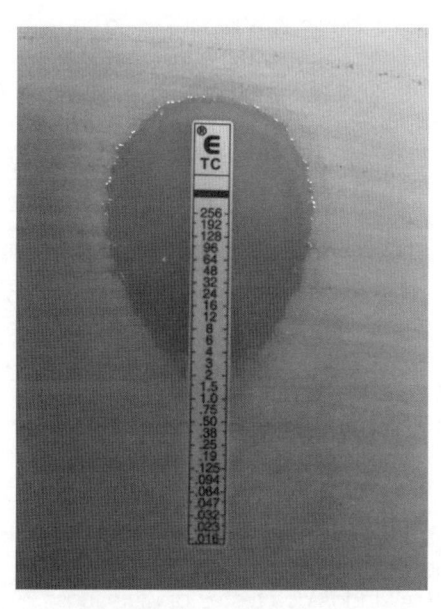

Figura 13.26 Método de difusão por gradiente para teste de sensibilidade a antibióticos. A fita tem uma membrana permeável que possibilita a difusão do antibiótico para fora da fita. Uma zona elíptica de inibição é produzida, e a concentração inibitória mínima é determinada no local de interseção do crescimento com a fita. Vendida por bioMerieux USA, Durham, NC. (Disponibilizada pelo Dr. Robert Fader.)

Pense nisso

"Além de diagnosticar infecções causadas por patógenos bem estabelecidos, os microbiologistas clínicos identificam novos patógenos, atuando, assim, como sentinelas atentos a possíveis epidemias. Eles também fornecem informações estatísticas e clínicas sobre os patógenos presentes no local e promovem demandas de pesquisa para a criação de novas ferramentas diagnósticas. De fato, o desenvolvimento dessas ferramentas está ocorrendo tão rapidamente que, dentro de poucos anos, é bem possível que a prática da microbiologia clínica não seja mais reconhecível. Não apenas há expectativas de que o uso das técnicas baseadas nos ácidos nucleicos se expanda, como também outras técnicas sofisticadas, como a espectrometria de massa, tornarão o diagnóstico microbiológico ainda mais rápido e acurado". (Schaechter E. The excitement of clinical microbiology. Microbe. 2013; 8:11-4). Essas previsões, feitas em 2013, certamente já aconteceram com as numerosas plataformas moleculares novas que estão sendo aprovadas para o diagnóstico das doenças infecciosas. Além disso, a automatização completa está sendo atualmente introduzida em alguns laboratórios. As amostras serão inoculadas em placas de ágar por instrumentação, e essas placas serão levadas por transportadoras até incubadoras "inteligentes", onde ocorrerá a incubação. As incubadoras serão equipadas com câmeras que examinarão os meios quanto à evidência de crescimento de microrganismos. Os meios que demonstrarem a ocorrência de crescimento poderão ser examinados em uma estação computacional, em que o tecnólogo poderá dirigir o processamento da colônia pelo toque de uma tela para identificação e teste de sensibilidade sem nunca ter entrado em contato com as placas!

Exercícios de autoavaliação

Após estudar este capítulo, responda às seguintes questões de múltipla escolha:

1. Assumindo que uma coleta de urina obtida do jato médio por técnica asséptica tenha sido processada no LMC, qual ou quais das seguintes contagens de colônias indica(m) a presença de ITU?
   a. 10.000 UFC/mℓ
   b. 50.000 UFC/mℓ
   c. 100.000 UFC/mℓ
   d. Tanto a alternativa b quanto a c

2. Qual das seguintes afirmativas sobre o sangue é falsa?
   a. Enquanto circula pelo corpo humano, o sangue é comumente estéril
   b. Após centrifugação, a camada de leucócitos e plaquetas é designada como creme leucocitário
   c. Bacteriemia e septicemia são sinônimos
   d. O plasma constitui cerca de 55% do sangue total

3. Qual das seguintes afirmativas sobre amostras de LCS é falsa?
   a. São coletadas apenas por médicos
   b. São tratadas como amostras de emergência (STAT) no laboratório
   c. Devem ser sempre refrigeradas
   d. Devem ser rapidamente enviadas ao laboratório após a sua coleta

4. Todas as amostras clínicas enviadas ao LMC devem ser:
   a. Coletadas de maneira correta e cuidadosa
   b. Rotuladas adequadamente
   c. Transportadas de modo adequado ao laboratório
   d. Todas as alternativas anteriores

5. Qual dos seguintes procedimentos *não* constitui uma das três partes de uma cultura de urina?
   a. Isolamento e identificação do patógeno
   b. Realização da contagem de colônias
   c. Observação microscópica da amostra de urina
   d. Realização do teste de sensibilidade a antimicrobianos

6. Qual das seguintes combinações é falsa?
   a. ECP. Seção de virologia
   b. Solução de KOH. Seção de micologia
   c. Lâmina a fresco. Seção de bacteriologia
   d. Tipo de hemólise. Seção de bacteriologia

7. Quem é o principal responsável pela qualidade das amostras enviadas ao LMC?
   a. O microbiologista responsável pelo LMC
   b. O patologista responsável pelo "laboratório"
   c. A pessoa que coleta a amostra
   d. A pessoa que transporta a amostra ao LMC

8. Qual das seguintes atividades não constitui uma das quatro principais responsabilidades diárias do LMC?
   a. Identificação de patógenos (determinação da espécie)
   b. Isolamento de patógenos das amostras clínicas
   c. Realização do teste de sensibilidade a antimicrobianos, quando apropriado
   d. Processamento de amostras ambientais

9. Qual das seguintes seções tem *menos* probabilidade de ser encontrada no LMC de um hospital de pequeno porte?
   a. Seção de bacteriologia
   b. Seção de micologia
   c. Seção de parasitologia
   d. Seção de virologia

10. Na seção de micologia do LMC, os bolores são identificados pelos(as) _____.
    a. Resultados dos testes bioquímicos
    b. Observações macroscópicas
    c. Observações microscópicas
    d. Alternativas b e c combinadas

CAPÍTULO

Patogenia das Doenças Infecciosas

14

OBJETIVOS DE APRENDIZAGEM

Após estudar este capítulo, você deverá ser capaz de:

- Citar quatro motivos pelos quais o indivíduo pode não desenvolver doença infecciosa após exposição a um patógeno
- Discutir os quatro períodos ou fases na evolução de uma doença infecciosa
- Diferenciar as infecções localizadas das sistêmicas
- Explicar como as doenças agudas diferem das subagudas e crônicas
- Diferenciar os "sintomas" e "sinais" de uma doença e citar vários exemplos de cada um
- Citar vários exemplos de infecções latentes
- Diferenciar as infecções primárias das secundárias

- Listar seis etapas na patogenia de uma doença infecciosa
- Definir virulência e fatores de virulência
- Citar três estruturas bacterianas que atuam como fatores de virulência
- Listar seis exoenzimas bacterianas que atuam como fatores de virulência
- Diferenciar endotoxinas de exotoxinas
- Citar seis exotoxinas bacterianas e as doenças que elas causam
- Descrever três mecanismos pelos quais os patógenos escapam da resposta imune.

INTRODUÇÃO

Por definição, os micróbios são demasiado pequenos para serem vistos a olho nu; então, como é possível que organismos tão pequenos e partículas infecciosas possam causar doenças em plantas e em animais, que são gigantes em comparação a eles? Este capítulo procura responder a essa questão, com ênfase nas doenças humanas.

O prefixo *-pato* provém da palavra grega *pathos*, que significa "doença". Entre os exemplos de palavras com esse prefixo, destacam-se *patógeno* (um micróbio capaz de causar doença), *patologia* (o estudo das manifestações estruturais e funcionais da doença), *patologista* (médico especializado em patologia), *patogenicidade* (capacidade de causar doença) e *patogenia* (as etapas ou os mecanismos envolvidos no desenvolvimento de uma doença).

> As palavras que contêm o prefixo *-pato* referem-se a doença.

INFECÇÃO *VERSUS* DOENÇA INFECCIOSA

Conforme discutido anteriormente neste livro, uma doença infecciosa é aquela causada por micróbio, e os micróbios que provocam doenças infecciosas são, em seu conjunto, denominados patógenos. A palavra *infecção* tende a ser confusa, visto que o termo é empregado de diferentes maneiras, sendo mais comum como sinônimo de doença infecciosa. Por exemplo, afirmar que "o paciente apresenta infecção de ouvido" é o mesmo que dizer que "o paciente apresenta uma doença infecciosa do ouvido". Como esse é o sentido atribuído à palavra infecção por médicos, enfermeiros e outros profissionais da saúde, bem como pelos meios de comunicação e pela maioria das pessoas, será também utilizado neste livro.

> Em seu emprego geral, os termos "infecção" e "doença infecciosa" são sinônimos.

Entretanto, muitos microbiologistas reservam o uso da palavra *infecção* para referir-se à colonização de um patógeno (*i. e.*, quando ele se aloja na superfície ou no interior do corpo de uma pessoa, onde estabelece residência, e o indivíduo é, então, infectado). O patógeno pode ou não causar doença. Em outras palavras, é possível que alguém seja infectado por determinado patógeno, mas *não* tenha a doença infecciosa causada por esse microrganismo específico (ver a discussão sobre portadores no Capítulo 11, *Epidemiologia e Saúde Pública*).

POR QUE NEM SEMPRE OCORRE INFECÇÃO

Muitas pessoas que ficam expostas a patógenos não adquirem doença. Existem algumas explicações possíveis para isso:

- O micróbio pode alojar-se em determinado local anatômico, onde é incapaz de se multiplicar. Por exemplo, ao se alojar na pele, um patógeno respiratório pode ser incapaz de crescer, visto que a pele precisa de calor, umidade e nutrientes necessários para o crescimento desse micróbio específico. Além disso, o pH baixo e a presença de ácidos graxos tornam a pele um ambiente hostil para determinados microrganismos

- Muitos patógenos precisam fixar-se a receptores específicos (descritos adiante) antes de poderem modificar-se e provocar danos. Assim, se eles se alojam em um local onde tais receptores estão ausentes, tornam-se incapazes de causar doença

- No local onde um patógeno se aloja, podem estar presentes fatores antibacterianos que destroem ou inibem o crescimento das bactérias, como a lisozima presente nas lágrimas, na saliva e no suor

- A microbiota endógena do local (p. ex., boca, vagina e intestino) pode inibir o crescimento do micróbio estranho ao ocupar o espaço e utilizar os nutrientes disponíveis. Trata-se de um tipo de *antagonismo microbiano*, em que um micróbio ou grupo de micróbios afasta outro

- A microbiota endógena no local pode produzir fatores antibacterianos (proteínas denominadas bacteriocinas), que destroem o patógeno recém-chegado. Essa situação também representa um tipo de antagonismo microbiano

- Com frequência, o estado nutricional e a saúde geral do indivíduo influenciam o resultado do encontro entre patógeno e hospedeiro. Uma pessoa em bom estado de saúde, sem nenhum problema médico subjacente, tem menos tendência a se tornar infectada do que uma que esteja desnutrida ou com saúde debilitada

- A pessoa pode estar imune ao patógeno específico, talvez em consequência de infecção anterior por esse patógeno ou por ter sido vacinada contra ele. A imunidade e a vacinação serão discutidas no Capítulo 16, *Mecanismos Específicos de Defesa do Hospedeiro | Introdução à Imunologia*

- Os leucócitos fagocitários (fagócitos) presentes no sangue e em outros tecidos podem englobar e destruir o patógeno antes que ele tenha a oportunidade de se multiplicar, invadir o hospedeiro e causar doença. A fagocitose será discutida no Capítulo 15, *Mecanismos Inespecíficos de Defesa do Hospedeiro*.

> Muitos fatores influenciam se a exposição a determinado patógeno resultará ou não em doença, incluindo o estado imunológico, nutricional e de saúde geral do indivíduo.

QUATRO PERÍODOS OU FASES NO CURSO DE UMA DOENÇA INFECCIOSA

Após a entrada de um patógeno no corpo, o curso de uma doença infecciosa é dividido em quatro períodos ou fases (Figura 14.1):

1. O *período de incubação* refere-se ao tempo decorrido entre a chegada do patógeno e o aparecimento dos sintomas. Sua duração é influenciada por muitos fatores, incluindo o estado de saúde geral e nutricional do hospedeiro, o estado imunológico (*i. e.*, se ele é imunocompetente ou imunossuprimido), a virulência do patógeno e o número de patógenos que entram no corpo.

2. O *período prodrômico* refere-se ao tempo durante o qual o paciente se sente indisposto, mas ainda não apresenta

os verdadeiros sintomas da doença. Os pacientes podem sentir "alguma indisposição" sem estarem certos do que isso realmente representa.

3. O *período da doença* refere-se ao tempo durante o qual o paciente apresenta os sintomas típicos associados àquela enfermidade específica (p. ex., faringite, cefaleia e congestão dos seios paranasais). As doenças transmissíveis são mais facilmente transmitidas durante essa terceira fase.

4. O *período de convalescença* refere-se ao tempo durante o qual o paciente se recupera. No caso de determinadas doenças infecciosas, sobretudo as respiratórias causadas por vírus, o período de convalescença pode ser muito longo. Embora o paciente possa recuperar-se da doença em si, a destruição dos tecidos na área afetada pode causar dano permanente. Por exemplo, a encefalite ou meningite podem ser seguidas de lesão cerebral; a poliomielite pode ser seguida de paralisia; e as infecções de ouvido podem resultar em surdez.

> Os quatro períodos ou fases de uma doença infecciosa são: período de incubação, período prodrômico, período da doença e período de convalescença.

INFECÇÕES LOCALIZADAS *VERSUS* SISTÊMICAS

Uma vez iniciado o processo infeccioso, a doença pode permanecer localizada em determinada área ou pode disseminar-se. As espinhas, os furúnculos e os abscessos são exemplos de infecções localizadas. Se os patógenos não forem contidos no local original de infecção, eles poderão ser transportados até outras partes do corpo por meio da linfa, do sangue ou, em alguns casos, dos fagócitos. Quando uma infecção se espalha por todo o corpo, é denominada infecção sistêmica ou *infecção generalizada*. Por exemplo, a bactéria que causa a tuberculose,

> Uma infecção pode permanecer localizada ou pode disseminar-se, transformando-se em infecção sistêmica ou generalizada.

Mycobacterium tuberculosis, pode disseminar-se para muitos órgãos internos, uma condição conhecida como tuberculose miliar (disseminada).

DOENÇAS AGUDAS, SUBAGUDAS E CRÔNICAS

Uma doença pode ser descrita como aguda, subaguda ou crônica. Uma doença aguda caracteriza-se por início rápido, comumente seguido de recuperação relativamente rápida; são exemplos o sarampo, a caxumba e a influenza. Uma doença crônica apresenta início insidioso (lento) e tem longa duração; entre os exemplos, destacam-se a tuberculose, a hanseníase (doença de Hansen) e a sífilis. Há casos em que uma enfermidade com início súbito pode evoluir para uma de longa duração. Algumas doenças, como a endocardite bacteriana, surgem de modo mais repentino do que as crônicas, porém menos subitamente do que as agudas; elas são designadas como *doenças subagudas*. Um exemplo é a endocardite bacteriana subaguda, frequentemente chamada simplesmente de EBS.

> Uma doença pode ser aguda, subaguda ou crônica, dependendo do período de incubação e de sua duração.

SINTOMAS *VERSUS* SINAIS DE UMA DOENÇA

O *sintoma de uma doença* é definido como alguma evidência de doença que é experimentada ou apenas percebida pelo paciente – algo que é subjetivo. Exemplos de sintomas incluem qualquer tipo de dor, zumbido nas orelhas, visão embaçada, náuseas, tontura, prurido e calafrios. As doenças, incluindo as infecciosas, podem ser sintomáticas ou assintomáticas. Uma doença sintomática (ou clínica) é aquela na qual o paciente apresenta sintomas, e uma assintomática (ou subclínica) refere-se à que não é percebida pelo paciente, visto que ele não apresenta nenhum sintoma.

> Os sintomas de uma doença são subjetivos, pois são apenas percebidos pelo paciente.

Em seus estágios iniciais, a gonorreia (causada pela bactéria *Neisseria gonorrhoeae*) é comumente sintomática em pacientes do sexo masculino (que apresentam secreção uretral e dor durante a micção), enquanto é assintomática em pacientes do sexo feminino. Somente depois de vários meses, durante os quais os microrganismos podem ter causado extenso dano aos órgãos reprodutores femininos, é que a dor é sentida pela mulher infectada. Na tricomoníase (causada pelo protozoário *Trichomonas vaginalis*), a situação é invertida. As mulheres infectadas são geralmente sintomáticas (apresentam vaginite), mas os homens infectados são, em geral, assintomáticos. Essas duas doenças sexualmente transmissíveis são particularmente difíceis de controlar, visto que as pessoas frequentemente não percebem que estão com a infecção e, sem saberem, transmitem os patógenos a outras durante a atividade sexual.

O *sinal de uma doença* é definido como algum tipo de evidência objetiva de uma doença. Por exemplo, durante a

Figura 14.1 Períodos no curso de uma doença infecciosa.

> Os sinais de uma doença são achados objetivos, como resultados de exames laboratoriais, que não são percebidos pelo paciente.

palpação de um paciente, o médico pode detectar uma massa ou o aumento do fígado (hepatomegalia) ou do baço (esplenomegalia). Outros sinais de doença incluem sons anormais do coração ou da respiração, alteração da pressão arterial, frequência do pulso e resultados de exames laboratoriais, bem como anormalidades que aparecem em radiografias, na ultrassonografia ou na tomografia computadorizada.

INFECÇÕES LATENTES

Uma doença infecciosa pode passar de sintomática para assintomática e, algum tempo depois, voltar a apresentar sintomas. Elas são designadas como infecções latentes, da palavra grega *latens*, que significa "escondido". As infecções causadas por herpes-vírus, como o herpes labial, bem como as infecções por herpes genital e herpes-zóster, são exemplos de infecções latentes. O herpes labial ocorre de modo intermitente, mas o paciente continua abrigando o herpes-vírus entre os episódios de aparecimento das vesículas (Figura 14.2). Isso porque o vírus permanece dormente no interior das células do sistema nervoso até que algum tipo de estresse atue como deflagrador. O agente desencadeante estressante pode consistir em febre, queimadura solar, frio extremo ou estresse emocional. Uma pessoa que teve varicela na infância pode abrigar o vírus por toda a vida e,

> Uma doença latente é a que está em estado dormente e não se manifesta no momento vigente.

posteriormente, à medida que o sistema imune se enfraquece, pode desenvolver herpes-zóster, que é uma infecção dolorosa dos nervos, considerada uma manifestação latente da varicela.

Se não for tratada adequadamente, a sífilis progride, passando pelos estágios primário, secundário, latente e terciário (Figura 14.3). Durante o estágio primário, o paciente apresenta uma lesão aberta, denominada cancro, que contém a espiroqueta *Treponema pallidum* (Figura 14.4). Quatro a 6 semanas após a entrada das espiroquetas na corrente sanguínea, o cancro desaparece, e surgem os sintomas do estágio secundário, incluindo exantema, febre e lesões das membranas mucosas. Esses sintomas desaparecem dentro de semanas a 12 meses, e a doença entra em um estágio latente, que pode se estender por várias semanas a anos (algumas vezes, durante toda a vida). No estágio latente, o paciente apresenta poucos sintomas ou nenhum. Na sífilis terciária, as espiroquetas causam destruição dos órgãos nos quais estavam escondidas (cérebro, coração e tecido ósseo), levando, em certos casos, à morte do paciente.

> Se o tratamento não for bem-sucedido, a sífilis poderá progredir por vários estágios, incluindo um latente.

INFECÇÕES PRIMÁRIAS *VERSUS* SECUNDÁRIAS

Uma doença infecciosa pode ocorrer comumente após outra; nesse caso, a primeira é denominada *infecção primária*, e a segunda, *infecção secundária*. Por exemplo, infecções respiratórias relativamente leves causadas por vírus são frequentemente seguidas de casos graves de pneumonia bacteriana. Isso porque, durante a infecção primária, o vírus provoca danos às células epiteliais ciliadas que revestem o sistema respiratório. A função dessas células consiste em deslocar os materiais estranhos para cima e para fora do trato

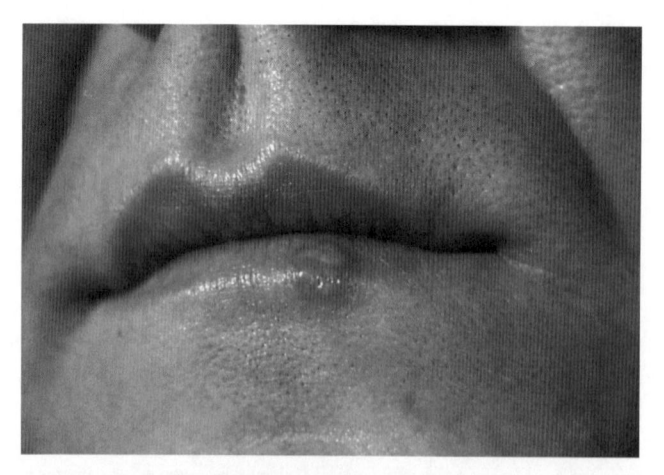

Figura 14.2 Herpes labial causada pelo herpes-vírus simples. (Disponibilizada pelo Dr. Hermann e CDC.) (Esta figura encontra-se reproduzida em cores no Encarte.)

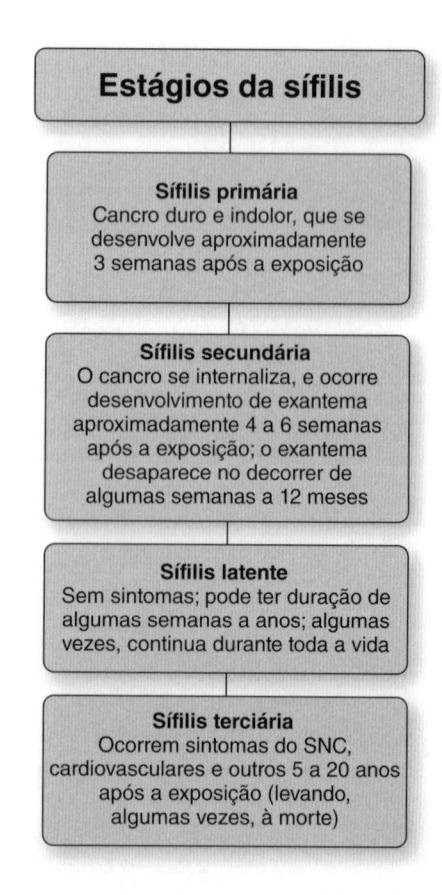

Estágios da sífilis

Sífilis primária
Cancro duro e indolor, que se desenvolve aproximadamente 3 semanas após a exposição

Sífilis secundária
O cancro se internaliza, e ocorre desenvolvimento de exantema aproximadamente 4 a 6 semanas após a exposição; o exantema desaparece no decorrer de algumas semanas a 12 meses

Sífilis latente
Sem sintomas; pode ter duração de algumas semanas a anos; algumas vezes, continua durante toda a vida

Sífilis terciária
Ocorrem sintomas do SNC, cardiovasculares e outros 5 a 20 anos após a exposição (levando, algumas vezes, à morte)

Figura 14.3 Estágios da sífilis. SNC, sistema nervoso central.

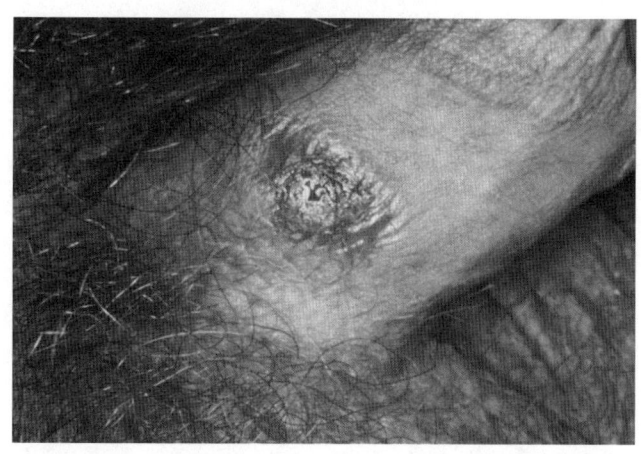

Figura 14.4 Cancro da sífilis no corpo do pênis. (Disponibilizada pelo Dr. Gavin Hart, Dr. NJ Fiumara e CDC.) (Esta figura encontra-se reproduzida em cores no Encarte.)

> Uma infecção primária causada por um patógeno pode ser seguida de uma infecção secundária causada por um patógeno diferente.

respiratório e para a faringe, onde possam ser deglutidos. Durante a tosse, o paciente pode inalar alguma saliva contendo um patógeno bacteriano oportunista, como *Streptococcus pneumoniae* ou *Haemophilus influenzae.* Como as células epiteliais ciliadas foram danificadas pelo vírus, ficam incapazes de eliminar as bactérias dos pulmões. Estas podem então se multiplicar, causando pneumonia. Nesse exemplo, a infecção viral é a infecção primária, enquanto a pneumonia bacteriana é a infecção secundária.

ETAPAS NA PATOGENIA DAS DOENÇAS INFECCIOSAS

Em geral, a patogenia das doenças infecciosas segue frequentemente a seguinte sequência (Figura 14.5):

1. *Entrada* do patógeno no corpo. As portas de entrada incluem: penetração do patógeno pela pele ou pelas membranas mucosas; inoculação do patógeno nos tecidos corporais por um artrópode; inalação (no sistema respiratório); ingestão (no trato gastrintestinal); introdução do patógeno no trato geniturinário ou diretamente no sangue (p. ex., por meio de transfusão sanguínea ou pelo uso compartilhado de agulhas por usuários de substâncias intravenosas).
2. *Fixação* do patógeno a alguns tecidos dentro do corpo.
3. *Multiplicação* do patógeno. Ele pode multiplicar-se em determinado local do corpo, resultando em infecção localizada (p. ex., abscesso), ou pode multiplicar-se por todo o corpo (infecção sistêmica).
4. *Invasão* ou *disseminação* do patógeno.
5. *Evasão* das defesas do hospedeiro.
6. *Dano ao(s) tecido(s) do hospedeiro.* O dano pode ser tão extenso a ponto de causar a morte do paciente.

> Uma infecção pode seguir a sequência de entrada, fixação, multiplicação, invasão, evasão das defesas do hospedeiro e dano aos tecidos do hospedeiro.

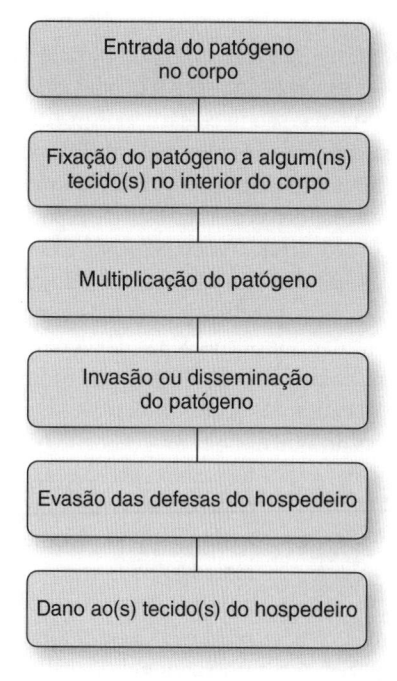

Figura 14.5 Etapas na patogenia das doenças infecciosas. Nem todas as doenças infecciosas envolvem *todas* as etapas apresentadas. Por exemplo, uma vez ingeridos, alguns patógenos intestinais produtores de exotoxinas são capazes de causar doença sem aderir à parede intestinal ou invadir os tecidos.

É importante compreender que nem todas as doenças infecciosas envolvem *todas* essas etapas. Por exemplo, uma vez ingeridos, alguns patógenos intestinais produtores de exotoxinas são capazes de causar doença sem aderir à parede intestinal ou invadir o tecido.

VIRULÊNCIA

Os termos "virulento" e "virulência" tendem a ser confusos, visto que são empregados de várias maneiras diferentes. Algumas vezes, a palavra "virulento" é utilizada como sinônimo de patogênico (p. ex., podem existir cepas virulentas [patogênicas] e "avirulentas" [não patogênicas] de determinada espécie. As cepas virulentas são capazes de causar doença, o que não ocorre com as avirulentas. As toxigênicas da bactéria *Corynebacterium diphtheriae* (i. e., que produzem a toxina diftérica), por exemplo, são virulentas, o que não ocorre com as não toxigênicas. As cepas encapsuladas da bactéria *S. pneumoniae* podem causar doença, diferentemente das não encapsuladas.

As cepas de determinados patógenos que apresentam fímbrias são capazes de causar doença, enquanto as desprovidas de fímbrias não têm essa capacidade; por conseguinte, as primeiras são virulentas, e as outras são avirulentas.

> As cepas virulentas de um micróbio são capazes de causar doença, mas não as avirulentas.

Algumas vezes, o termo "virulência" é utilizado para expressar uma medida ou um grau de patogenicidade. Embora todos os patógenos causem doenças, alguns são mais virulentos do que outros (*i. e.*, têm mais capacidade de provocar enfermidades). Por exemplo, na diarreia bacteriana, são necessárias apenas 10 células de *Shigella* para causar shigelose, mas são necessárias 100 a 1.000 células de *Salmonella* para provocar salmonelose. Logo, a *Shigella* é considerada mais virulenta do que a *Salmonella*. Em alguns casos, determinadas cepas de uma espécie específica são mais virulentas do que outras. As cepas "carnívoras" da bactéria *Streptococcus pyogenes* são mais virulentas do que outras da mesma espécie, pois produzem enzimas necrosantes que não são sintetizadas por outras cepas. De modo semelhante, apenas determinadas cepas de *S. pyogenes* produzem a toxina eritrogênica (a causa da escarlatina); elas são consideradas mais virulentas do que as de *S. pyogenes* que não produzem tal toxina. As cepas da bactéria *Staphylococcus aureus*, que produzem a toxina 1 da síndrome do choque tóxico (TSST-1), são consideradas mais virulentas do que as que não produzem essa toxina.

> Algumas cepas de determinado patógeno podem ser mais virulentas do que outras.

Algumas vezes, o termo virulência é utilizado para referir-se à gravidade das doenças infecciosas causadas por patógenos. Quando isso ocorre, significa que um patógeno é mais virulento do que outro se ele causar uma doença mais grave.

FATORES DE VIRULÊNCIA

Os fatores de virulência são os atributos físicos ou propriedades dos patógenos que possibilitam que escapem dos vários mecanismos de defesa do hospedeiro, causando doença. Trata-se de características fenotípicas que, à semelhança de todas as outras, são determinadas pelo genótipo do organismo. As toxinas são fatores de virulência óbvios, mas outros não são tão evidentes. A Figura 14.6 mostra alguns fatores de virulência.

> Os fatores de virulência são características fenotípicas que possibilitam aos micróbios serem virulentos, ou seja, capazes de causar doença.

Fixação

Talvez já tenha sido constatado que determinados patógenos infectam cães, mas não os seres humanos, enquanto outros acometem os seres humanos, mas não os cães. Alguém já deve ter se perguntado por que certos microrganismos causam infecções respiratórias, enquanto outros provocam infecções gastrintestinais. Parte da explicação está ligada com o tipo ou os tipos de células aos quais o patógeno é capaz de se ligar; afinal, para causar doenças, alguns precisam ter a capacidade de se ancorar às células, para em seguida ter acesso ao corpo.

Receptores e adesinas

Os termos gerais *receptor* e *integrina* são empregados para descrever a molécula existente na superfície de uma célula hospedeira que determinado patógeno é capaz de reconhecer e, então, fixar-se a ela (Figura 14.7). Com frequência, esses receptores consistem em moléculas de glicoproteínas. Certo patógeno só pode fixar-se a células que tenham o receptor apropriado; assim, alguns vírus causam infecções respiratórias em virtude de sua capacidade de reconhecer certos receptores presentes nas células que revestem o sistema respiratório e ligar-se a

> As moléculas na superfície de uma célula hospedeira que os patógenos são capazes de reconhecer e às quais podem ligar-se são denominadas receptores ou integrinas.

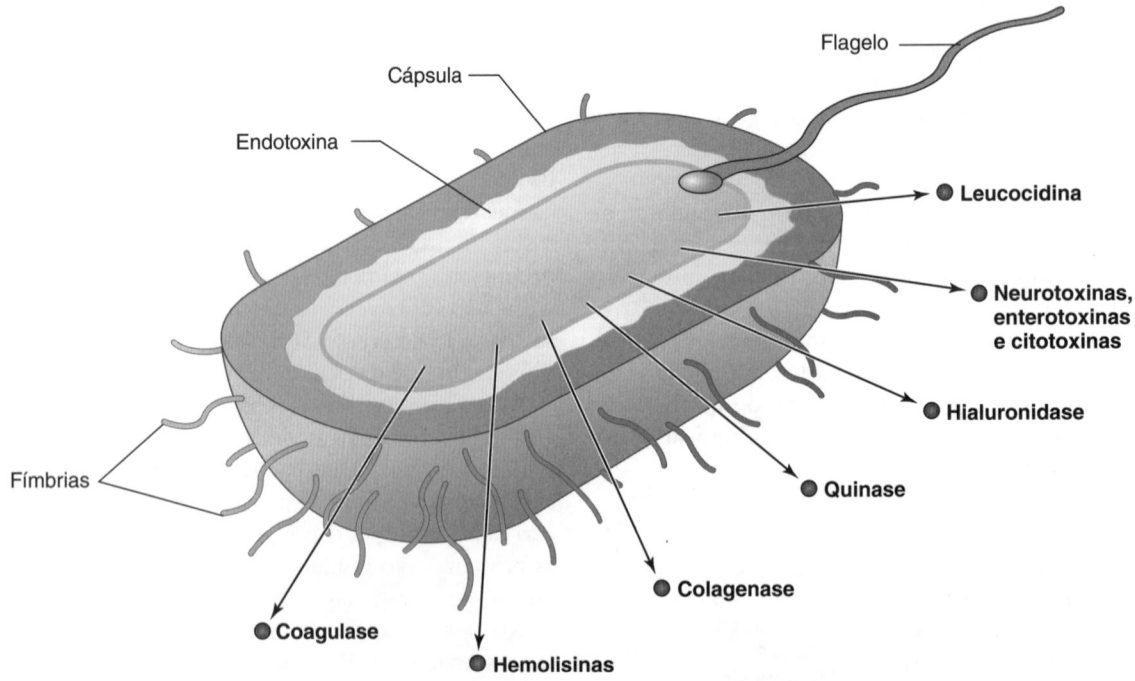

Figura 14.6 Fatores de virulência bacterianos.

eles. Como esses receptores particulares não são encontrados nas células que revestem o trato gastrintestinal, o vírus em questão é incapaz de causar infecções gastrintestinais. De modo semelhante, determinados vírus infectam cães, mas não seres humanos, visto que as células dos cães têm um receptor que não está presente nas células humanas.

O vírus da imunodeficiência humana (HIV), que causa a síndrome da imunodeficiência adquirida (AIDS), tem a capacidade de se fixar às células que apresentam um receptor de superfície denominado CD4, as quais são conhecidas como células CD4+. Uma categoria de linfócitos chamada de células T auxiliares (as principais células-alvo do HIV) é um exemplo de células CD4+.

Os termos gerais *adesina* e *ligante* são empregados para descrever a molécula na superfície de um patógeno que é capaz de reconhecer um receptor específico e de ligar-se a ele (Figura 14.7). Por exemplo, a adesina no envelope do HIV que reconhece e se liga ao receptor CD4 é uma molécula de glicoproteína, designada como *gp*120 (a entrada do HIV na célula hospedeira é um evento bastante complexo, que exige várias adesinas e vários correceptores). As células de *S. pyogenes* possuem uma adesina (proteína F) em sua superfície, que lhe possibilita aderir a uma proteína (fibronectina) encontrada na superfície de muitas células do hospedeiro. Como as adesinas possibilitam a fixação dos patógenos às células hospedeiras, elas são consideradas fatores de virulência. Em alguns casos, os anticorpos dirigidos contra essas adesinas impedem a fixação do patógeno e, portanto,

> As moléculas presentes na superfície de um patógeno que reconhecem e se ligam aos receptores na superfície de uma célula hospedeira são denominadas adesinas ou ligantes.

evitam a infecção causada por ele (conforme discutido no Capítulo 16, *Mecanismos Específicos de Defesa do Hospedeiro | Introdução à Imunologia*, os anticorpos são proteínas produzidas pelo sistema imune humano para proteger dos patógenos e das doenças infecciosas).

Fímbrias bacterianas (*pili* de fixação)

As *fímbrias bacterianas* (algumas vezes denominadas *pili* de fixação) consistem em projeções finas e flexíveis semelhantes a pelos, compostas principalmente por um conjunto de proteínas chamadas de pilina (ver a Figura 3.13, Capítulo 3, *Estrutura Celular e Taxonomia*). As fímbrias são consideradas fatores de virulência, uma vez que possibilitam a fixação

das bactérias às superfícies, incluindo vários tecidos no corpo humano. As cepas de *N. gonorrhoeae* dotadas de fímbrias são capazes de aderir às paredes internas da uretra, causando uretrite. Quando as mesmas cepas desprovidas de fímbrias (sem *pili*) têm acesso à uretra, são eliminadas pela micção

> As fímbrias bacterianas são fatores de virulência, uma vez que possibilitam às bactérias dotadas de fímbrias a adesão às células e aos tecidos no interior do corpo humano.

e, portanto, são incapazes de causar uretrite. Desse modo, no que diz respeito à uretrite, as cepas de *N. gonorrhoeae* dotadas de fímbrias são virulentas, enquanto as desprovidas de fímbrias são avirulentas.

De modo semelhante, as cepas de *Escherichia coli* que apresentam fímbrias e têm acesso à bexiga urinária são capazes de aderir às paredes internas desta, causando cistite; assim, no que concerne à cistite, as cepas fimbriadas de *E. coli* são virulentas. No entanto, quando cepas de *E. coli* desprovidas de fímbrias têm acesso à bexiga urinária, são eliminadas pela micção e, portanto, são incapazes de causar cistite; assim, as cepas de *E. coli* desprovidas de fímbrias são avirulentas.

As fímbrias dos estreptococos beta-hemolíticos do grupo A (*S. pyogenes*) contêm moléculas de proteína M. A proteína M atua como fator de virulência de duas maneiras: (a) possibilita a aderência das bactérias às células da faringe; e (b) protege as células da fagocitose por leucócitos (*i. e.*, desempenha uma função antifagocítica).

Outros patógenos bacterianos que têm fímbrias são *Vibrio cholerae*, *Salmonella* spp., *Shigella* spp., *Pseudomonas aeruginosa* e *Neisseria meningitidis*. Como as fímbrias bacterianas possibilitam que as bactérias colonizem superfícies, elas são algumas vezes designadas como fatores de colonização.

Patógenos intracelulares obrigatórios

Determinados patógenos, como bactérias gram-negativas dos gêneros *Rickettsia* e *Chlamydia*, precisam viver no interior das células do hospedeiro para se multiplicar e sobreviver; essas bactérias são designadas como patógenos intracelulares obrigatórios, ou parasitas intracelulares obrigatórios. As riquétsias invadem as células endoteliais e as musculares lisas vasculares e vivem no seu interior. Elas são capazes de sintetizar proteínas, ácidos nucleicos e trifosfato de adenosina (ATP); porém, acredita-se que necessitem de um ambiente intracelular, visto que exibem um sistema de transporte de membrana incomum: membranas permeáveis.

> As riquétsias e as clamídias são patógenos intracelulares obrigatórios.

Os diferentes sorotipos e espécies de clamídias invadem diversos tipos de células, incluindo as epiteliais da conjuntiva e as do sistema respiratório e de órgãos genitais. Embora produzam moléculas de ATP, as clamídias utilizam preferencialmente as produzidas pelas células hospedeiras, fato lhes conferiu o título de "parasitas de energia". No laboratório, os patógenos intracelulares obrigatórios são propagados por meio de culturas de células, animais de laboratório ou ovos embrionados de galinha.

As espécies de *Ehrlichia* e *Anaplasma phagocytophilum* são bactérias gram-negativas que se assemelham estreitamente

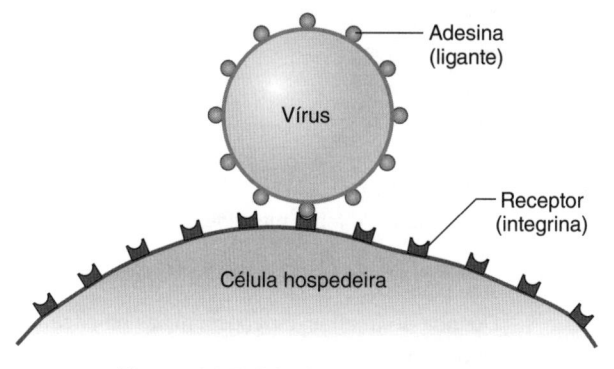

Figura 14.7 Adesinas e receptores.

às espécies de *Rickettsia*. Trata-se de patógenos intraleucocitários. As espécies de *Ehrlichia* vivem no interior de monócitos, causando uma doença conhecida como erlichiose monocítica humana; *A. phagocytophilum* vive no interior dos granulócitos, provocando uma condição conhecida como anaplasmose humana (anteriormente denominada erlichiose granulocítica humana). Alguns protozoários esporozoários, como as espécies de *Plasmodium* que causam malária humana e as espécies de *Babesia*, que causam a babesiose humana, são patógenos intraeritrocitários (*i. e.*, vivem no interior dos eritrócitos).

> As espécies de *Ehrlichia* e *Anaplasma* são patógenos intraleucocitários, enquanto as de *Plasmodium* e *Babesia* são intraeritrocitários.

Patógenos intracelulares facultativos

Alguns patógenos, designados como intracelulares facultativos ou parasitas intracelulares facultativos, são capazes de ter uma existência tanto intracelular quanto extracelular. Muitos dos que podem crescer no laboratório em meios de cultura artificiais também podem sobreviver no *interior* de fagócitos. A seguir, será examinado como os patógenos intracelulares facultativos são capazes de sobreviver no interior dos fagócitos. A fagocitose será discutida de modo mais detalhado no Capítulo 15, *Mecanismos Inespecíficos de Defesa do Hospedeiro*.

> Os patógenos que são capazes de viver tanto no interior quanto fora das células do hospedeiro são denominados patógenos intracelulares facultativos.

Mecanismos de sobrevivência intracelular

Conforme discutido no Capítulo 15, *Mecanismos Inespecíficos de Defesa do Hospedeiro*, os fagócitos desempenham uma importante função nas defesas humanas contra os patógenos. As duas categorias mais importantes de fagócitos no corpo humano (designadas como "fagócitos profissionais") são os macrófagos e os neutrófilos. Uma vez fagocitados, a maioria dos patógenos é destruída no interior dos fagócitos por enzimas hidrolíticas (p. ex., lisozima, proteases, lipases, DNase, RNase e mieloperoxidase), pelo peróxido de hidrogênio, por ânions superóxido e por outros mecanismos. Entretanto, alguns são capazes de sobreviver e de se multiplicar no interior dos fagócitos após terem sido ingeridos (Tabela 14.1).

> As duas categorias mais importantes de fagócitos no corpo humano (designadas como "fagócitos profissionais") são os macrófagos e os neutrófilos.

Alguns patógenos, como a bactéria *M. tuberculosis*, têm uma parede celular cuja composição resiste à digestão. As paredes celulares das micobactérias contêm ceras, e acredita-se que essas ceras protejam os microrganismos de serem digeridos. Outros patógenos, como o protozoário *Toxoplasma gondii*, impedem a fusão dos lisossomos (vesículas que contêm enzimas digestivas) com o vacúolo fagocítico (fagossomo). Outros ainda, como a bactéria *Rickettsia rickettsii*, produzem fosfolipases, que destroem a membrana do fagossomo, impedindo a fusão entre este e o lisossomo. Há alguns patógenos, como as bactérias *Brucella abortus*, *Francisella tularensis*, *Legionella pneumophila*, *Listeria monocytogenes*, *Salmonella* spp. e *Yersinia pestis*, que são capazes de sobreviver por meio de mecanismos que não estão elucidados. A Tabela 14.1 fornece uma lista de alguns patógenos capazes de sobreviver no interior dos macrófagos.

> Muitas bactérias, incluindo *M. tuberculosis*, são patógenos intracelulares facultativos.

Cápsulas

As cápsulas bacterianas (ver a Figura 3.10, Capítulo 3, *Estrutura Celular e Taxonomia*) são consideradas fatores de virulência, visto que desempenham uma função antifagocítica (*i. e.*, protegem as bactérias encapsuladas de serem fagocitadas

Tabela 14.1 Patógenos que normalmente permanecem virulentos e se multiplicam no interior dos macrófagos.

Exemplos	Local de replicação	Doença(s)
Brucella spp.	Vacúolo	Brucelose
Chlamydophila pneumoniae	Vacúolo	Pneumonia atípica
Coxiella burnetii	Vacúolo	Febre Q
Ehrlichia chaffeensis	Vacúolo	Erlichiose monocítica humana
Francisella tularensis	Citoplasma	Tularemia
Histoplasma capsulatum		Histoplasmose
Legionella pneumophila	Vacúolo	Legionelose
Listeria moncytogenes	Citoplasma	Listeriose
Mycobacterium tuberculosis	Vacúolo	Tuberculose
Leishmania spp.		Leishmaniose
Rickettsia rickettsii	Citoplasma	Riquetsiose de febre maculosa
Salmonella entérica	Vacúolo	Salmonelose
Toxoplasma gondii	Vacúolo	Toxoplasmose
Trypanosoma cruzi		Doença de Chagas (tripanossomíase americana)
Cryptococcus neoformans		Criptococose

Auxílio ao estudo

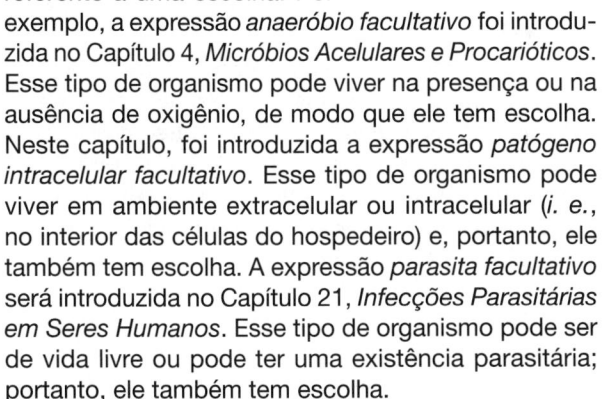

A palavra "facultativo"

Sempre que aparecer a palavra *facultativo* neste livro, será referente a uma escolha. Por exemplo, a expressão *anaeróbio facultativo* foi introduzida no Capítulo 4, *Micróbios Acelulares e Procarióticos*. Esse tipo de organismo pode viver na presença ou na ausência de oxigênio, de modo que ele tem escolha. Neste capítulo, foi introduzida a expressão *patógeno intracelular facultativo*. Esse tipo de organismo pode viver em ambiente extracelular ou intracelular (*i. e.*, no interior das células do hospedeiro) e, portanto, ele também tem escolha. A expressão *parasita facultativo* será introduzida no Capítulo 21, *Infecções Parasitárias em Seres Humanos*. Esse tipo de organismo pode ser de vida livre ou pode ter uma existência parasitária; portanto, ele também tem escolha.

> As cápsulas bacterianas desempenham uma função antifagocítica (*i. e.*, protegem as bactérias encapsuladas de serem fagocitadas).

por leucócitos fagocíticos). Os fagócitos são incapazes de se fixar às bactérias encapsuladas, visto que não têm receptores de superfície para o material polissacarídico que forma a cápsula. Assim, se eles não conseguem aderir às bactérias, são incapazes de ingeri-las. Como as encapsuladas que têm acesso à corrente sanguínea ou aos tecidos são protegidas da fagocitose, elas podem multiplicar-se, invadir o corpo e causar doença. Por outro lado, as não encapsuladas são fagocitadas e destruídas. As bactérias encapsuladas incluem *S. pneumoniae*, *Klebsiella pneumoniae*, *H. influenzae* e *N. meningitidis*. A cápsula da levedura *Cryptococcus neoformans* também é considerada um fator de virulência (ver a Figura 5.12, Capítulo 5, *Micróbios Eucarióticos*).

Flagelos

> Os flagelos são considerados fatores de virulência, visto que possibilitam às bactérias flageladas invadir áreas do corpo que as não flageladas são incapazes de alcançar.

Os *flagelos* bacterianos são considerados fatores de virulência, visto que possibilitam às bactérias flageladas (móveis) invadir áreas aquosas do corpo que as não flageladas (imóveis) são incapazes de alcançar. Talvez seja possível que os flagelos permitam às bactérias evitar a fagocitose, pois é mais difícil que os fagócitos capturem um alvo em movimento.

Exoenzimas

Embora as fímbrias, as cápsulas e os flagelos sejam considerados fatores de virulência, eles realmente não explicam como as bactérias e outros patógenos *causam* doenças. Na verdade, *os principais mecanismos pelos quais os patógenos provocam doenças consistem em determinadas exoenzimas ou toxinas que eles produzem*. Alguns, como determinadas cepas de *S. pyogenes*, produzem *tanto* exoenzimas *quanto* toxinas.

> Os fatores de virulência mais importantes são determinadas exoenzimas e toxinas que os patógenos produzem.

Alguns patógenos liberam enzimas (exoenzimas) que os tornam capazes de escapar dos mecanismos de defesa do hospedeiro, invadir e causar dano aos tecidos do corpo.[a] Essas exoenzimas incluem enzimas necrosantes, coagulases, quinases, hialuronidase, colagenase, hemolisinas e lecitiquinase.

Enzimas necrosantes

Muitos patógenos produzem exoenzimas que destroem os tecidos, as quais, em seu conjunto, são designadas como enzimas necrosantes. Os exemplos notáveis incluem as cepas carnívoras de *S. pyogenes*,

> As enzimas necrosantes são exoenzimas que causam destruição de células e tecidos.

que dão origem a proteases e outras enzimas que provocam destruição muito rápida dos tecidos moles, resultando em uma doença denominada fasciite necrosante (Figura 14.8). As várias espécies de *Clostridium*, que causam gangrena gasosa (mionecrose), produzem uma variedade de enzimas necrosantes, incluindo proteases e lipases.

Coagulase

Uma importante característica que identifica *S. aureus* no laboratório é a sua capacidade de produzir uma proteína chamada coagulase, que

> A coagulase é um fator de virulência que causa coagulação.

se liga à protrombina, formando um complexo denominado estafilotrombina. A atividade de protease da trombina é ativada nesse complexo, levando à conversão do fibrinogênio em fibrina. No corpo, a coagulase pode possibilitar a coagulação do plasma pelo *S. aureus*, resultando na formação de um revestimento viscoso de fibrina em torno dos próprios patógenos para proteção contra os fagócitos, os anticorpos e outros mecanismos de defesa do hospedeiro.

Quinases

As quinases (também conhecidas como fibrinolisinas) têm um efeito oposto ao da coagulase. Algumas vezes, o hospedeiro desencadeia a formação de um coágulo de fibrina ao redor dos patógenos, na tentativa de isolá-los e impedir que possam invadir tecidos mais profundos do corpo. As quinases são enzimas que provocam lise (dissolução) dos coágulos; em consequência, os patógenos que produzem quinases são capazes de escapar deles.

A estreptoquinase é uma quinase produzida por estreptococos, enquanto a estafiloquinase é o nome de uma quinase produzida

> As quinases são exoenzimas que dissolvem os coágulos.

---

[a]As enzimas que são produzidas no interior das células e permanecem nesse local para catalisar reações intracelulares são denominadas endoenzimas.

① **Dia 0:** A região inferior da perna direita estava edemaciada, com área eritematosa abaixo do joelho.

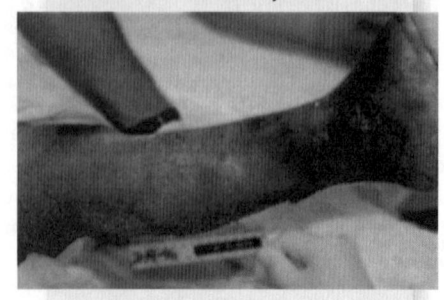

② **Dia 2:** O desbridamento inicial revelou a presença de tecido necrótico, com muitas camadas de vasos sanguíneos com trombos.

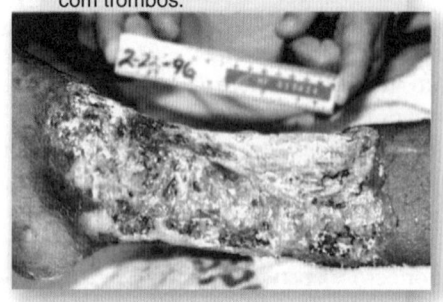

③ **Dia 6:** Foi realizado um desbridamento radical, visto que o processo infeccioso estava progredindo em direção ao joelho. Enxertos de pele subsequentes (não mostrados) tiveram sucesso, e o ferimento cicatrizou sem complicações.

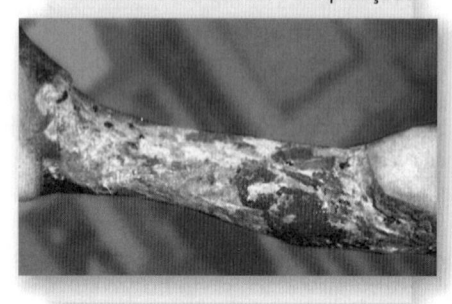

Figura 14.8 Progressão da doença conhecida como fasciite necrosante. *Edematoso* significa "intumescido"; *eritematoso* quer dizer "avermelhado"; *desbridamento* refere-se à "retirada do tecido danificado"; e *trombosado* significa "coagulado". (De Harvey RA *et al. Lippincott's illustrated reviews: microbiology.* 3rd ed. Philadelphia, PA: Lippincott Williams & Wilkins; 2013.) (Esta figura encontra-se reproduzida em cores no Encarte.)

por estafilococos. A estreptoquinase tem sido utilizada no tratamento de pacientes com trombose coronariana. Como *S. aureus* produz tanto coagulase quanto estafiloquinase, esse patógeno pode não apenas desencadear a formação de coágulos, como também dissolvê-los.

Hialuronidase

O "fator de disseminação", como a hialuronidase é algumas vezes chamada, viabiliza a disseminação dos patógenos pelo tecido conjuntivo por meio de degradação do ácido hialurônico, o "cimento" polissacarídico que mantém as células teciduais unidas. A hialuronidase é secretada por diversas espécies patogênicas de *Staphylococcus*, *Streptococcus* e *Clostridium*.

> A hialuronidase e a colagenase são fatores de virulência que dissolvem o ácido hialurônico e o colágeno, respectivamente, possibilitando aos patógenos que invadam mais profundamente os tecidos.

Colagenase

A enzima colagenase, que é produzida por certos patógenos, degrada o colágeno (a proteína de sustentação encontrada em tendões, na cartilagem e nos ossos). Isso possibilita a invasão dos tecidos pelos patógenos. *Clostridium perfringens*, um importante causador de gangrena gasosa, dissemina-se profundamente no interior do corpo por meio da secreção de colagenase e de hialuronidase.

Hemolisinas

As hemolisinas são enzimas que causam danos aos eritrócitos do hospedeiro. A lise (ruptura ou destruição) dos eritrócitos não apenas prejudica o hospedeiro, como também fornece uma fonte de ferro aos patógenos. No laboratório, o efeito exercido por um organismo sobre os eritrócitos em meio de ágar-sangue possibilita a diferenciação entre as bactérias α-hemolíticas e beta-hemolíticas. As hemolisinas produzidas pelas bactérias α-hemolíticas provocam degradação parcial da hemoglobina nos eritrócitos, resultando no aparecimento de uma zona verde ao redor das colônias de bactérias α-hemolíticas. As que são produzidas por bactérias beta-hemolíticas causam lise completa dos eritrócitos, culminando em uma zona clara ao redor das colônias de bactérias beta-hemolíticas (ver a Figura 13.15, Capítulo 13, *Diagnóstico das Doenças Infecciosas*). As hemolisinas são produzidas por numerosas bactérias patogênicas; porém, o tipo que é sintetizado por um organismo é de suma importância quando se procura determinar a espécie de um *Streptococcus* no laboratório; afinal, algumas são α-hemolíticas, outras são beta-hemolíticas e outras ainda são γ-hemolíticas (não hemolíticas).

> As hemolisinas são enzimas que causam danos aos eritrócitos.

Licitinase

O *C. perfringens*, principal causa da gangrena gasosa, tem a capacidade de destruir rapidamente grandes áreas de tecido, particularmente o muscular. Uma das enzimas produzidas por ele, denominada lecitinase, degrada os fosfolipídios, que são coletivamente designados como lecitina. Essa enzima causa destruição das membranas celulares dos eritrócitos e de outros tecidos.

> A lecitinase é uma exoenzima que causa destruição das membranas celulares do hospedeiro.

Toxinas

A capacidade de os patógenos causarem dano aos tecidos do hospedeiro e produzirem doença pode depender da síntese e liberação de vários tipos de substâncias venenosas, designadas como toxinas. As duas principais categorias de

> As duas principais categorias de toxinas são as endotoxinas e as exotoxinas.

toxinas são as endotoxinas e as exotoxinas. As endotoxinas, que constituem partes integrantes das paredes celulares das bactérias gram-negativas, podem causar vários efeitos fisiológicos adversos. Em contrapartida, as exotoxinas são produzidas no interior das células e, em seguida, liberadas.

Endotoxina

A *septicemia* (frequentemente denominada *sepse*) é uma doença muito grave, que consiste em calafrios, febre, prostração (esgotamento extremo) e presença de bactérias ou suas toxinas na corrente sanguínea. A que é causada por bactérias gram-negativas, algumas vezes chamada sepse por

> A endotoxina constitui um componente das paredes celulares das bactérias gram-negativas e pode causar febre e choque.

microrganismos gram-negativos, é um tipo particularmente grave. Isso porque as paredes celulares dessas bactérias contêm lipopolissacarídeos, cuja porção lipídica é conhecida como lipídio A ou endotoxina. Esta, por sua vez, pode causar graves efeitos fisiológicos adversos, como febre e choque. As substâncias que provocam febre são conhecidas como pirógenos.

O choque é uma condição potencialmente fatal, que resulta de pressão arterial muito baixa e suprimento sanguíneo inadequado para os tecidos e órgãos do corpo, sobretudo os rins e o encéfalo. O tipo de choque que resulta de sepse por

bactérias gram-negativas é conhecido como choque séptico. Os sintomas consistem em redução do estado mental de alerta, confusão, respiração rápida, calafrios, febre e pele quente e ruborizada. Com o agravamento do choque, vários órgãos começam a entrar em falência, incluindo os rins, os pulmões e o coração. Pode haver também formação de coágulos sanguíneos no interior dos vasos. Nos EUA, ocorrem mais de 1.000.000 de casos de sepse por ano, com taxas de mortalidade de 28 a 50%. A sepse é responsável por mais de 20 bilhões de dólares de custos anuais de cuidados de saúde.

Exotoxinas

As exotoxinas são proteínas venenosas que são secretadas por uma variedade de patógenos; com frequência, recebem o nome dos órgãos-alvo que afetam. Os exemplos incluem as neurotoxinas, as

> As exotoxinas são proteínas venenosas que são secretadas por uma variedade de patógenos.

enterotoxinas, as citotoxinas, a toxina esfoliativa, a toxina eritrogênica e a toxina diftérica.

As exotoxinas mais potentes são as neurotoxinas, que afetam o sistema nervoso central (SNC). As que são produzidas por *Clostridium tetani* e *Clostridium botulinum* (tetanospasmina e toxina botulínica) causam tétano e botulismo, respectivamente. A tetanospasmina afeta o controle da transmissão venosa, resultando em um tipo rígido de paralisia espástica, em que os músculos do paciente ficam contraídos (Figura 14.9). A toxina botulínica também bloqueia os impulsos nervosos, mas por um mecanismo diferente, levando a um tipo de

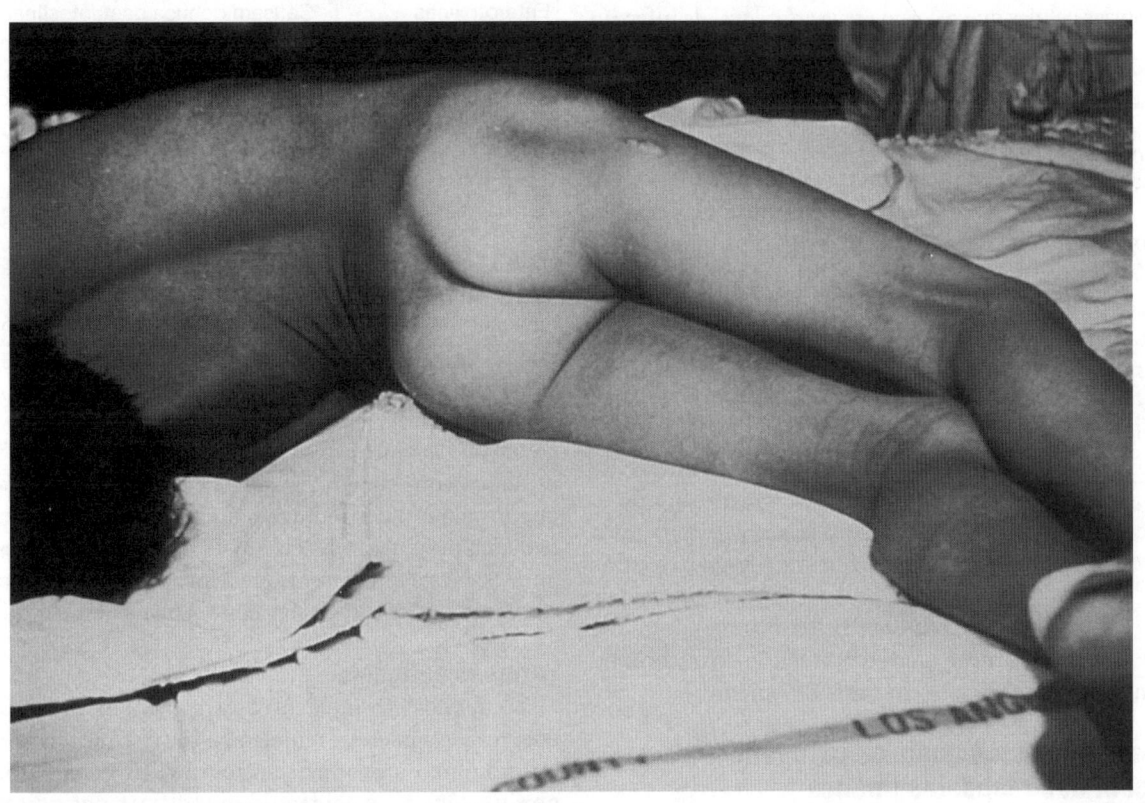

Figura 14.9 Pacientes com tétano mostrando a postura corporal conhecida como opistótono. Essa condição de postura anormal envolve rigidez e acentuado arqueamento do dorso, com cabeça voltada para trás. Se um paciente com opistótono for colocado sobre o seu dorso, apenas a parte posterior da cabeça e os calcanhares tocarão a superfície de apoio. (Disponibilizada pelos CDC.)

As neurotoxinas são exotoxinas que afetam adversamente o sistema nervoso central (SNC).

paralisia flácida generalizada, em que os músculos do paciente ficam relaxados. Ambas as doenças são, com frequência, fatais.

Outros tipos de exotoxinas, chamadas de enterotoxinas, afetam o trato gastrintestinal, causando frequentemente diarreia e, algumas vezes, vômitos. Exemplos de patógenos bacterianos que produzem enterotoxinas incluem o *Bacillus cereus*, determinados sorotipos de *E. coli*, *Clostridium difficile*, *C. perfringens*, *Salmonella* spp., *Shigella* spp., *V. cholerae* e algumas cepas de *S. aureus*. Além de liberar uma enterotoxina (toxina A), o *C. difficile* produz uma citotoxina (toxina B) que causa dano ao revestimento do cólon, resultando em uma condição conhecida como colite pseudomembranosa.

As enterotoxinas são exotoxinas que afetam adversamente o trato gastrintestinal.

Os sintomas da síndrome do choque tóxico são causados por exotoxinas secretadas por determinadas cepas de *S. aureus* e, menos comumente, *S. pyogenes*. A TSST-1 estafilocócica afeta principalmente a integridade das paredes capilares. A toxina esfoliativa (ou epidermolítica) de *S. aureus* provoca descamação das camadas epidérmicas da pele, levando a uma doença conhecida como síndrome da pele escaldada. *S. aureus* também produz uma variedade de toxinas que destroem as membranas celulares.

A toxina eritrogênica, produzida por algumas cepas de *S. pyogenes*, causa escalartina; e as leucocidinas são toxinas que destroem os leucócitos. Estas são produzidas por alguns estafilococos, estreptococos e clostrídios, causando destruição das próprias células que o corpo envia até o local de infecção para ingerir e destruir os patógenos. A toxina leucocidina de Panton Valentine é produzida por algumas cepas de *S. aureus*, chamadas de *S. aureus* resistente à meticilina adquirido na comunidade.

A toxina eritrogênica, produzida por algumas cepas de *S. pyogenes*, causa a escalartina.

A toxina diftérica, que é produzida por cepas toxigênicas de *C. diphtheriae*, inibe a síntese de proteínas, mata as células epiteliais da mucosa e os fagócitos, e afeta adversamente o coração e o sistema nervoso. Na verdade, ela é codificada por um gene de bacteriófago; por conseguinte, apenas as células de *C. diphtheriae* que estejam "infectadas" por esse bacteriófago particular são capazes de produzi-la. Outras toxinas que inibem a síntese de proteínas são a exotoxina de *P. aeruginosa*, a toxina Shiga (produzida por espécies de *Shigella*) e outras semelhantes a Shiga originadas por determinados sorotipos de *E. coli*.

A toxina diftérica é produzida por algumas cepas de *C. diphtheriae*, designadas como cepas toxigênicas.

A Tabela 14.2 fornece uma recapitulação dos fatores de virulência bacterianos descritos até o momento.

Mecanismos pelos quais os patógenos escapam das respostas imunes

A imunologia, que é o estudo do sistema imune, será discutida de modo detalhado no Capítulo 16, *Mecanismos Específicos de*

Tabela 14.2 Recapitulação dos fatores de virulência bacterianos.

Fator de virulência	Comentários
Estruturas bacterianas	
Flagelos	Possibilitam o acesso das bactérias a áreas anatômicas que não podem ser alcançadas por bactérias imóveis; podem fazer com que elas "escapem" dos fagócitos
Cápsulas	Desempenham função antifagocítica
Fímbrias	Possibilitam a fixação das bactérias às superfícies
Enzimas	
Coagulase	Promove a formação de coágulos pelas bactérias, no interior dos quais elas se "escondem"
Quinases	Provocam a dissolução dos coágulos pelas bactérias
Hialuronidase	Dissolve o ácido hialurônico, permitindo às bactérias penetrar mais profundamente nos tecidos
Lecitinase	Destrói as membranas celulares
Enzimas necrosantes	Causam destruição maciça dos tecidos
Toxinas	
Endotoxina	Liberada das paredes celulares de bactérias gram-negativas; provoca febre e choque séptico
Exotoxina	Produzida no interior da célula, mas liberada em seguida
Neurotoxinas	Causam danos ao SNC; os exemplos são a tetanospasmina e a toxina botulínica
Enterotoxinas	Causam doença gastrintestinal
Toxina B de *C. difficile*	Causa a colite pseudomembranosa
TSST-1 de *S. aureus*	É responsável pela maioria dos casos de síndrome do choque tóxico
Toxina esfoliativa	Produzida por algumas cepas de *S. aureus*; causa a síndrome da pele escaldada
Toxina eritrogênica	Produzida por algumas cepas de *S. pyogenes*; causa escalartina
Toxina diftérica	Produzida por cepas toxigênicas de *C. diphtheriae*; causa difteria
Leucocidinas	Causam a destruição dos leucócitos

SNC, sistema nervoso central; TSST-1, toxina 1 da síndrome do choque tóxico.

Defesa do Hospedeiro | Introdução à Imunologia. Sua função principal consiste em reconhecer e destruir os patógenos que invadem o corpo humano; entretanto, existem muitas maneiras pelas quais eles evitam ser destruídos pelas respostas imunes. Neste tópico, serão mencionados vários mecanismos, enquanto outros estão além dos objetivos deste livro.

Variação antigênica

Os antígenos são moléculas estranhas que desencadeiam uma resposta imune, estimulando, com frequência, o sistema imunológico a produzir anticorpos. Alguns patógenos, porém, têm a capacidade de modificar periodicamente seus antígenos de superfície, um fenômeno conhecido como variação antigênica. Então, por ocasião em que o hospedeiro produziu anticorpos em resposta aos antígenos de superfície do patógeno, estes são eliminados, e aparecem novos no lugar deles. Esse processo torna os anticorpos inúteis, visto que eles não encontram os antígenos aos quais se ligam. Exemplos de patógenos capazes de exibir variação antigênica são os vírus influenza, o HIV, *Borrelia recurrentis* (o agente etiológico da febre recorrente), *N. gonorrhoeae*

> Alguns patógenos modificam periodicamente seus antígenos de superfície, um fenômeno conhecido como variação antigênica.

e os tripanossomas parasitas que causam a tripanossomíase africana. Estes últimos podem manter a sua variação antigênica por 20 anos, de modo que nunca apresentam duas vezes os mesmos antígenos de superfície.

são reconhecidos como estranhos. Embora haja poucas evidências para provar que o mimetismo molecular possa levar a uma resposta imune reduzida contra os patógenos, sabe-se que o ácido hialurônico que compõe a cápsula dos estreptococos é quase idêntico ao ácido hialurônico componente do tecido conjuntivo humano. É também interessante assinalar que, na pneumonia por micoplasma, os anticorpos produzidos pelo hospedeiro contra os antígenos do *Mycoplasma pneumoniae* podem causar dano ao coração, aos pulmões, ao cérebro e aos eritrócitos do hospedeiro.

> No mimetismo molecular, os patógenos recobrem seus antígenos de superfície com proteínas do hospedeiro, de modo que eles não sejam reconhecidos como estranhos.

Camuflagem e mimetismo molecular

Os esquistossomas (trematódeos que causam a esquistossomose) adultos são capazes de dissimular sua natureza estranha ao se recobrir com as próprias proteínas do hospedeiro, constituindo um tipo de camuflagem. No mimetismo molecular, os antígenos de superfície do patógeno assemelham-se estreitamente aos do hospedeiro e, consequentemente, não

Destruição dos anticorpos

Vários patógenos bacterianos, incluindo *H. influenzae*, *N. gonorrhoeae* e estreptococos, produzem uma enzima (imunoglobulina A [IgA] protease) que destrói os anticorpos IgA. Por conseguinte, esses patógenos são capazes de destruir alguns dos anticorpos produzidos pelo sistema imune do hospedeiro.

Exercícios de autoavaliação

Após estudar este capítulo, responda às seguintes questões de múltipla escolha:

1. Qual dos fatores de virulência a seguir possibilita a fixação das bactérias aos tecidos?
 a. Cápsulas
 b. Endotoxina
 c. Flagelos
 d. Fímbrias

2. As neurotoxinas são produzidas por:
 a. *C. botulinum* e *C. tetani*
 b. *C. difficile* e *C. perfringens*
 c. *P. aeruginosa* e *M. tuberculosis*
 d. *S. aureus* e *S. pyogenes*

3. Quais dos seguintes patógenos produzem enterotoxinas?
 a. *B. cereus* e determinados sorotipos de *E. coli*
 b. *C. difficile* e *C. perfringens*
 c. *Salmonella* spp. e *Shigella* spp.
 d. Todas as opções anteriores

4. Uma infecção da corrente sanguínea por _____ pode resultar na liberação de endotoxina na corrente sanguínea.
 a. *C. difficile* ou *C. perfringens*
 b. *N. gonorrhoeae* ou *E. coli*
 c. *S. aureus* ou *M. tuberculosis*
 d. *S. aureus* ou *S. pyogenes*

5. As doenças transmissíveis são mais facilmente transmitidas durante:
 a. O período de incubação
 b. O período de convalescença
 c. O período da doença
 d. O período prodrômico

6. As enterotoxinas afetam as células do:
 a. SNC
 b. Trato gastrintestinal
 c. Trato geniturinário
 d. Sistema respiratório

7. Qual das seguintes bactérias tem *menos* probabilidade de ser a causa do choque séptico?
 a. *E. coli*
 b. *H. influenzae*
 c. *M. pneumoniae*
 d. *N. meningitidis*

8. Qual das seguintes bactérias produz tanto uma citotoxina quanto uma enterotoxina?
 a. *C. botulinum*
 b. *C. difficile*
 c. *C. tetani*
 d. *C. diphtheriae*

9. Qual dos seguintes fatores de virulência possibilita às bactérias evitar a sua fagocitose pelos leucócitos?
 a. Cápsula
 b. Membrana celular
 c. Parede celular
 d. Fímbrias

10. Quais das seguintes bactérias podem causar a síndrome do choque tóxico?
 a. *C. difficile* e *C. perfringens*
 b. *M. pneumoniae* e *M. tuberculosis*
 c. *N. gonorrhoeae* e *E. coli*
 d. *S. aureus* e *S. pyogenes*

Mecanismos Inespecíficos de Defesa do Hospedeiro

SUMÁRIO DO CAPÍTULO

OBJETIVOS DE APRENDIZAGEM

Após estudar este capítulo, você deverá ser capaz de:

- Definir os seguintes termos: mecanismos de defesa do hospedeiro, anticorpo, antígeno, lisozima, antagonismo microbiano, colicina, bacteriocinas, superinfecção, pirógeno, interferona, cascata do complemento, complemento, opsonização, inflamação, vasodilatação, fagocitose e quimiotaxia
- Descrever de maneira sucinta as três linhas de defesa utilizadas pelo corpo para combater os patógenos e dar um exemplo de cada uma delas
- Explicar o que significa "mecanismos inespecíficos de defesa do hospedeiro" e como eles diferem dos "mecanismos específicos de defesa do hospedeiro"
- Identificar três maneiras pelas quais o sistema digestório é protegido dos patógenos
- Descrever de que modo as interferonas atuam como mecanismo de defesa do hospedeiro

- Citar três respostas celulares e químicas contra a invasão microbiana
- Descrever os principais benefícios da ativação do complemento
- Citar os quatro sinais e sintomas principais associados a inflamação
- Discutir os quatro principais propósitos da resposta inflamatória
- Descrever as quatro etapas da fagocitose
- Identificar as três principais categorias de leucócitos e as três categorias de granulócitos
- Citar quatro maneiras pelas quais os patógenos escapam da destruição pelos fagócitos
- Classificar os distúrbios e as condições que afetam os mecanismos inespecíficos de defesa do hospedeiro.

INTRODUÇÃO

No Capítulo 14, *Patogenia das Doenças Infecciosas*, foram abordadas as maneiras pelas quais os patógenos causam doenças infecciosas. Neste capítulo, será ensinado como o corpo humano os combate na tentativa de impedir as doenças infecciosas que eles causam.

Os seres humanos e os animais têm sobrevivido na Terra por centenas de milhares de anos, devido à sua capacidade de desenvolver mecanismos de defesa intrínsecos ou de ocorrência natural contra os patógenos e as doenças infecciosas que eles causam. A habilidade de qualquer animal resistir a esses invasores e se recuperar de enfermidades pode ser atribuída a muitas funções complexas que interagem no interior do corpo.

Os *mecanismos de defesa do hospedeiro* (modo como o corpo se protege dos patógenos) podem ser considerados um exército constituído de três linhas de defesa (Figura 15.1). Assim, se o inimigo (o patógeno) vencer a primeira, encontrará a segunda e, espera-se, será detido por ela. Porém, se ele conseguir romper e escapar das duas primeiras linhas de defesa, uma terceira estará pronta para atacá-lo.

As duas primeiras linhas de defesa são inespecíficas; constituem meios pelos quais o corpo tenta destruir *todos* os tipos de substâncias que lhe são estranhas, incluindo os patógenos. A terceira linha de defesa, a resposta imune, é muito específica. Nela (*mecanismos específicos de defesa do hospedeiro*), o corpo comumente produz proteínas especiais, denominadas *anticorpos*, em resposta à presença de substâncias estranhas. Estas são chamadas de antígenos, em virtude de sua capacidade de estimular a produção de anticorpos específicos; trata-se de substâncias "geradoras de anticorpos" (*antibody-generating*). Os anticorpos assim produzidos são muito específicos, visto que geralmente só podem reconhecer o antígeno que estimulou a sua produção. As respostas imunes serão discutidas de modo mais detalhado no Capítulo 16, *Mecanismos Específicos de Defesa do Hospedeiro | Introdução à Imunologia*. As várias categorias de mecanismos de defesa do hospedeiro estão resumidas na Figura 15.2.[a]

> As duas primeiras linhas de defesa são inespecíficas, visto que são direcionadas contra *qualquer* substância estranha que possa entrar no corpo humano. Por outro lado, a terceira linha de defesa é muito específica.

MECANISMOS INESPECÍFICOS DE DEFESA DO HOSPEDEIRO

Os *mecanismos inespecíficos de defesa do hospedeiro* são gerais e servem para proteger o corpo contra numerosas substâncias nocivas. Uma dessas defesas é a resistência inata observada

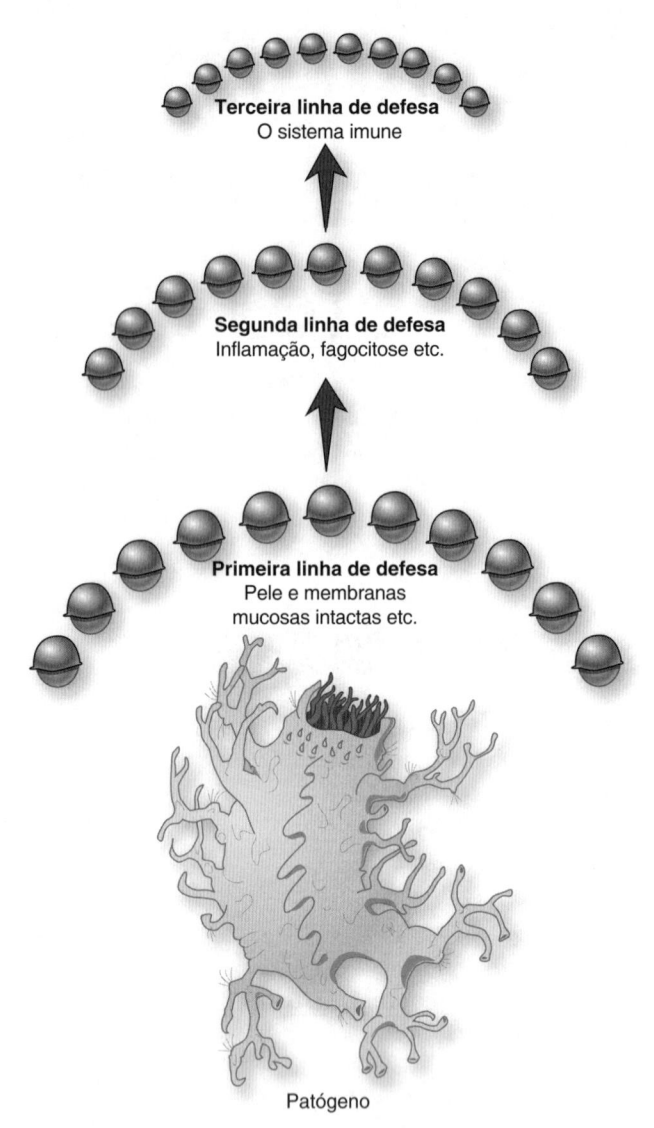

Patógeno

Figura 15.1 Linhas de defesa. Os mecanismos de defesa do hospedeiro (modo como o corpo se protege dos patógenos) podem ser considerados um exército entrincheirado, constituído por três linhas de defesa.

entre algumas espécies de animais e algumas pessoas que apresentam resistência natural a determinadas doenças. As características inatas ou herdadas fazem com que esses indivíduos e animais sejam mais resistentes do que outros a algumas enfermidades. Os fatores exatos que produzem essa resistência inata ainda não estão bem elucidados; porém, estão provavelmente relacionados com diferenças químicas, fisiológicas e de temperatura entre as espécies, bem como com o estado geral de saúde física e emocional da pessoa e fatores ambientais, que afetam determinadas raças, mas não outras.

Embora, geralmente, o ser humano não tenha consciência disso, o corpo está constantemente em processo de defesa contra invasores microbianos, pois ele se depara com patógenos e patógenos em potencial várias vezes ao dia, todos os dias da vida. Em geral, o corpo consegue com sucesso isolar ou destruir os micróbios invasores. Os mecanismos inespecíficos de defesa do hospedeiro discutidos neste

---

[a]Alguns imunologistas consideram tanto a segunda quanto a terceira linhas de defesa partes do sistema imune. Eles referem-se à segunda linha de defesa como *resposta imune inata* (que não necessita de memória imunológica), enquanto a terceira é descrita como *resposta imune adquirida*.

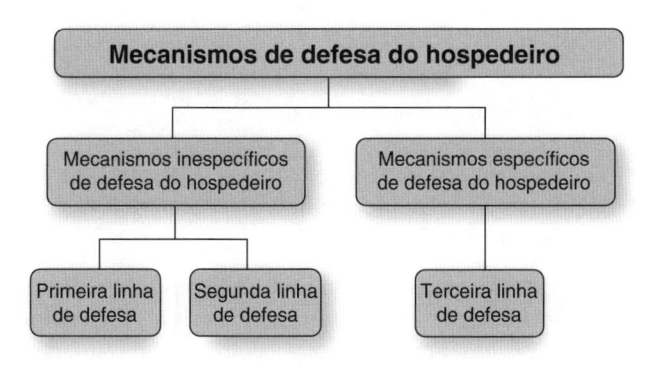

Figura 15.2 Categorias de mecanismos de defesa do hospedeiro.

capítulo incluem: barreiras mecânicas e físicas à invasão, fatores químicos, antagonismo microbiano exercido pela microbiota endógena, febre, resposta inflamatória (inflamação) e leucócitos fagocitários (fagócitos).

PRIMEIRA LINHA DE DEFESA

Pele e membranas mucosas como barreiras físicas

A pele intacta e sem solução de continuidade, que reveste o corpo, representa um mecanismo inespecífico de defesa do hospedeiro, visto que atua como uma barreira física ou mecânica contra os patógenos. Um número muito pequeno de patógenos tem a capacidade de penetrar na pele intacta. Embora certas infecções causadas por helmintos (p. ex., infecção por ancilóstomos e esquistossomose) sejam adquiridas pela penetração dos parasitas através da pele, é pouco provável que muitas bactérias (se houver alguma) sejam capazes de penetrar na pele intacta. Na maioria dos casos, somente quando a pele apresenta cortes, abrasões (arranhaduras) ou é queimada é que os patógenos conseguem penetrar, ou quando são inoculados através dela (p. ex., por artrópodes ou pelo compartilhamento de agulhas por usuários de substâncias intravenosas). Até mesmo os menores cortes, como um corte por papel, podem servir como porta de entrada para os patógenos.

> A pele e as membranas mucosas intactas atuam como mecanismos inespecíficos de defesa do hospedeiro, funcionando como barreiras físicas ou mecânicas contra os patógenos.

Embora sejam compostas por apenas uma única camada de células, as mucosas também atuam como barreira física ou mecânica contra patógenos, e a maioria deles só pode atravessá-las quando elas estão cortadas ou arranhadas. Como no caso da pele, até mesmo os menores cortes podem servir de porta de entrada para os patógenos. O muco viscoso, que é produzido pelas células caliciformes no interior das membranas mucosas, serve para capturar os invasores; por esse motivo, é considerado parte da primeira linha de defesa.

Fatores celulares e químicos

Não é apenas a pele que proporciona uma barreira física; existem vários fatores adicionais que contribuem para a capacidade de ela resistir aos patógenos. A secura da maioria das partes da pele inibe a colonização por muitos patógenos, além da acidez (pH de aproximadamente 5,0) e da temperatura (< 37°C), que inibem o crescimento deles. O sebo oleoso que é produzido pelas glândulas sebáceas da pele contém ácidos graxos, que são tóxicos para alguns patógenos, e a transpiração serve como mecanismo inespecífico de defesa do hospedeiro por meio da retirada dos microrganismos dos poros e da superfície da pele. A transpiração também contém a enzima *lisozima*, que degrada o peptidoglicano das paredes celulares bacterianas (particularmente das bactérias gram-positivas). Até mesmo a descamação das células mortas da pele remove os patógenos em potencial.

> A secura, a acidez e a temperatura da pele inibem a colonização por patógenos e o crescimento deles; a transpiração os elimina.

Além de ser viscoso, o muco produzido nas membranas mucosas contém uma variedade de substâncias (p. ex., lisozima, lactoferrina e lactoperoxidase), que podem matar as bactérias ou inibir o seu crescimento. Conforme assinalado anteriormente, a lisozima destrói as paredes celulares das bactérias por meio de degradação do peptidoglicano. A *lactoferrina* é uma proteína que se liga ao ferro, um mineral necessário para todos os patógenos. Então, como eles são incapazes de competir com a lactoferrina pelo ferro livre, ficam privados desse nutriente essencial. A *lactoperoxidase* é uma enzima que produz radicais superóxido, que são formas de oxigênio altamente reativas e tóxicas para as bactérias.

> O muco viscoso atua como mecanismo inespecífico de defesa do hospedeiro, capturando os patógenos. Ele também contém substâncias tóxicas, como a lisozima, a lactoferrina e a lactoperoxidase.

Como as células da mucosa estão entre as células de divisão celular mais rápida no corpo, elas são constantemente produzidas e liberadas das membranas mucosas. Assim, as bactérias aderidas a essas células são frequentemente expelidas juntamente com aquelas às quais estão fixadas.

O sistema respiratório seria particularmente acessível aos invasores (que poderiam ser transportados sobre a poeira ou outras partículas inaladas a cada inspiração) se não fossem os pelos, as membranas mucosas e as câmaras irregulares do nariz, que servem para capturar grande parte dos restos inalados. Além disso, os cílios (cobertura mucociliar) presentes nas células epiteliais das membranas nasais posteriores, dos seios nasais, dos brônquios e da traqueia varrem a poeira e os micróbios capturados para cima, em direção à faringe, onde são deglutidos ou expelidos pelo espirro e pela tosse. O dano causado a essas células epiteliais ciliadas (p. ex., pelo fumo, por outros poluentes e por infecções respiratórias causadas por bactérias ou vírus) pode aumentar a suscetibilidade do indivíduo a infecções respiratórias bacterianas. Os fagócitos presentes nas membranas mucosas também podem estar envolvidos nesse mecanismo de depuração mucociliar.

> O revestimento mucociliar das células epiteliais no sistema respiratório move a poeira e os micróbios capturados para cima, em direção à faringe, onde são deglutidos ou expelidos.

A lisozima e outras enzimas que lisam ou destroem as bactérias estão presentes nas secreções nasais, na saliva e nas lágrimas. Mesmo a deglutição da saliva pode ser considerada um mecanismo inespecífico de defesa do hospedeiro, visto que milhares de bactérias são removidas da cavidade oral toda vez que ela ocorre. Os seres humanos ingerem aproximadamente 1 ℓ de saliva por dia.

Até certo ponto, os seguintes fatores protegem o trato gastrintestinal da colonização bacteriana e, portanto, são considerados mecanismos inespecíficos de defesa do hospedeiro:

- Enzimas digestivas
- Acidez do estômago (pH de aproximadamente 1,5)
- Alcalinidade dos intestinos.

> Os patógenos que entram no trato gastrintestinal são frequentemente destruídos pelas enzimas digestivas ou pela acidez ou alcalinidade das diferentes regiões anatômicas.

A bile, que é secretada pelo fígado no intestino delgado, diminui a tensão superficial e provoca alterações químicas nas paredes celulares e membranas bacterianas, tornando as bactérias mais fáceis de serem digeridas. Em consequência da combinação de acidez do estômago, sais biliares e rápido fluxo de seu conteúdo, o intestino delgado é relativamente desprovido de bactérias. Muitos micróbios invasores são capturados no revestimento mucoso pegajoso do sistema digestório, onde podem ser destruídos por enzimas bactericidas e fagócitos. O peristaltismo e a expulsão das fezes servem para remover as bactérias do intestino. Elas constituem cerca de 30 a 50% das fezes.

O trato urinário é comumente estéril nos indivíduos saudáveis, com exceção dos micróbios endógenos que colonizam a parte distal da uretra (parte mais distante da bexiga) e, talvez, de um microbioma limitado da bexiga. Os micróbios são continuamente eliminados da uretra pela micção frequente e eliminação das secreções mucosas. Muitas infecções da bexiga resultam de micção infrequente, inclusive do fato de não urinar após uma relação sexual. As condições que provocam obstrução do fluxo urinário (p. ex., hiperplasia prostática benigna) também aumentam a probabilidade de desenvolvimento de cistite. O baixo pH do líquido vaginal geralmente inibe a colonização da vagina por patógenos. Entretanto, as mulheres que tomam determinados contraceptivos orais são particularmente suscetíveis a algumas infecções, visto que eles aumentam o pH da vagina.

> O peristaltismo e a micção servem para remover os patógenos dos tratos gastrintestinal e urinário, respectivamente.

> A acidez do líquido vaginal geralmente inibe a colonização da vagina por patógenos.

Antagonismo microbiano

Conforme assinalado no Capítulo 10, *Ecologia e Biotecnologia Microbianas*, a prevenção da colonização por novos patógenos que chegam a determinado local anatômico por micróbios residentes da microbiota normal é conhecida como *antagonismo microbiano*. Trata-se de outro exemplo de mecanismo inespecífico de defesa do hospedeiro. A capacidade

inibitória da microbiota endógena foi atribuída aos seguintes fatores:

- Competição pelos locais de colonização
- Competição por nutrientes
- Produção de substâncias que matam outras bactérias.

> Quando a microbiota endógena impede o estabelecimento de patógenos que estão chegando, o processo é conhecido como antagonismo microbiano.

Acredita-se que a microbiota endógena da pele, da cavidade oral, das vias respiratórias superiores e do cólon desempenhe um importante papel como mecanismo inespecífico de defesa do hospedeiro, impedindo a colonização desses locais por patógenos e por patógenos em potencial. No entanto, a efetividade do antagonismo microbiano é frequentemente diminuída após a administração prolongada de antibióticos de amplo espectro. Isso porque eles reduzem ou eliminam certos membros da microbiota endógena, como os micróbios vaginais e gastrintestinais, resultando em proliferação excessiva de bactérias ou fungos que são resistentes ao(s) antibiótico(s) que está(ão) sendo administrado(s). Esse sobrecrescimento ou "explosão populacional" de microrganismos é chamado de *superinfecção*. Uma superinfecção por *Candida albicans* na vagina pode levar a uma condição conhecida como vaginite por levedura. A que é causada pela bactéria *Clostridium difficile* no cólon pode provocar doenças associadas ao *C. difficile*, como diarreia ligada a antibióticos e colite pseudomembranosa.

> Uma diminuição na quantidade de microrganismos da microbiota endógena em determinado local anatômico pode levar a um sobrecrescimento de patógenos ou de patógenos oportunistas presentes no local, processo conhecido como *superinfecção*.

Algumas bactérias produzem proteínas que matam outras bactérias; em conjunto, essas sustâncias antibacterianas são conhecidas como *bacteriocinas*. Um exemplo é a *colicina*, que é originada por determinadas cepas de *Escherichia coli*. Outras semelhantes são produzidas por algumas cepas das espécies de *Pseudomonas* e *Bacillus*, bem como por algumas outras bactérias. As bacteriocinas têm um espectro de atividade menor do que os antibióticos, embora sejam mais potentes do que eles.

> A colicina e outras bacteriocinas são proteínas produzidas por algumas bactérias para matar outras bactérias.

SEGUNDA LINHA DE DEFESA

Os patógenos capazes de ultrapassar a primeira linha de defesa são comumente destruídos por respostas celulares e químicas inespecíficas, coletivamente designadas como segunda linha de defesa. Nela, observa-se o desenvolvimento de uma complexa sequência de eventos, envolvendo produção de interferonas, transferrina, febre, ativação do sistema complemento, ocorrência de inflamação, quimiotaxia e fagocitose. Cada uma dessas respostas será discutida adiante.

> Transferrina, febre, interferonas, sistema complemento, inflamação e fagocitose são eventos da segunda linha de defesa.

Transferrina

A *transferrina*, uma glicoproteína sintetizada no fígado, tem alta afinidade pelo ferro. Sua função normal consiste em armazená-lo e fornecê-lo às células do hospedeiro. À semelhança da lactoferrina (mencionada anteriormente), a transferrina serve como mecanismo inespecífico de defesa do hospedeiro por meio do sequestro do ferro, privando os patógenos desse nutriente essencial. Os estudos realizados mostraram que os níveis sanguíneos de transferrina aumentam acentuadamente em resposta a infecções bacterianas sistêmicas.

> A transferrina serve como mecanismo de defesa do hospedeiro ao privar os patógenos do ferro.

Febre

A temperatura normal do corpo flutua entre 36,2°C e 37,5°C, com média de cerca de 37°C. Uma temperatura corporal acima de 37,8°C é geralmente considerada febre. As substâncias que estimulam a febre são denominadas *pirógenos* ou *substâncias pirogênicas* e podem originar-se tanto de fora quanto do interior do corpo. Os pirógenos que provêm do exterior incluem patógenos e várias substâncias pirogênicas que eles produzem ou liberam (p. ex., endotoxina). A interleucina 1 (IL-1), uma citocina produzida por certos leucócitos, é um exemplo de pirógeno endógeno (*i. e.*, produzido no interior do corpo). A consequente elevação da temperatura corporal (febre) é considerada um mecanismo inespecífico de defesa do hospedeiro.

> As substâncias que estimulam a produção de febre são denominadas pirógenos ou substâncias pirogênicas.

Auxílio ao estudo

Cuidado com termos de sonoridade semelhante

Um microrganismo *piogênico* refere-se a um micróbio produtor de pus. Uma substância *pirogênica* provoca febre.

A febre aumenta as defesas do hospedeiro das seguintes maneiras:

- Estimula o deslocamento dos leucócitos para destruir os invasores
- Reduz a disponibilidade de ferro plasmático livre, o que limita o crescimento dos patógenos que necessitam dele para a sua replicação e a síntese de toxinas
- Induz a produção de IL-1, que estimula a proliferação, a maturação e a ativação dos linfócitos na resposta imunológica.

As temperaturas corporais elevadas também reduzem a velocidade de crescimento de determinados patógenos e podem até mesmo matar alguns particularmente fastidiosos.

O seguinte cenário ilustra um modo pelo qual a febre se desenvolve durante uma doença infecciosa:

> A febre pode diminuir a velocidade de crescimento de determinados patógenos e até mesmo matar alguns, particularmente os fastidiosos.

1. Um paciente apresenta septicemia causada por bactérias gram-negativas (denominada *sepse por bactérias gram-negativas*). A septicemia é uma doença grave caracterizada por calafrios, febre, prostração e presença de bactérias ou suas toxinas na corrente sanguínea.
2. As bactérias liberam endotoxinas na corrente sanguínea do paciente (a endotoxina constitui parte da estrutura da parede celular das bactérias gram-negativas; é o componente lipídico do lipopolissacarídeo).
3. Os fagócitos ingerem (fagocitam) a endotoxina.
4. A endotoxina ingerida estimula os fagócitos a produzirem IL-1, um pirógeno endógeno produzido principalmente por macrófagos.
5. A IL-1 estimula o hipotálamo (parte do cérebro designada como termostato do corpo) a produzir prostaglandinas.
6. Uma vez metabolizadas, as prostaglandinas fazem com que o termostato do hipotálamo seja ajustado em um nível mais alto.
7. A leitura termostática aumentada emite sinais aos nervos que circundam os vasos sanguíneos periféricos. Isso determina a contração dos vasos, conservando, assim, o calor.
8. O calor aumentado do corpo, em consequência da vasoconstrição, continua até que a temperatura do sangue que irriga o hipotálamo corresponda à leitura elevada do termostato. Este pode ser reajustado para a temperatura corporal normal quando houver diminuição na concentração de pirógeno endógeno.

Naturalmente, a febre apresenta aspectos prejudiciais, sobretudo quando é alta e prolongada. Eles incluem aumento da frequência cardíaca, da taxa metabólica e da demanda calórica, bem como desidratação leve a grave.

Interferonas

As *interferonas* são pequenas proteínas antivirais produzidas por células infectadas por vírus. São assim denominadas pela sua capacidade de "interferir" na replicação viral. Os três tipos conhecidos, inteferonas alfa (α), beta (β) e gama (γ), são induzidos por diferentes estímulos, incluindo vírus, tumores, bactérias e outras células estranhas, e são produzidos por diferentes tipos de células. A α-interferona é produzida pelos linfócitos B (células B), pelos monócitos e pelos macrófagos; a β-interferona, pelos fibroblastos e por outras células infectadas por vírus; e a γ-interferona, por linfócitos T (células T) ativados e por células *natural-killer* (células NK).[b]

> As interferonas são pequenas proteínas antivirais produzidas por células infectadas por vírus. Elas interferem na replicação viral.

---

[b]As células B, as células T e as células NK serão discutidas no Capítulo 16, *Mecanismos Específicos de Defesa do Hospedeiro | Introdução à Imunologia*.

As interferonas produzidas por uma célula infectada por vírus são incapazes de salvá-la da destruição; entretanto, uma vez liberadas, elas se ligam às membranas das células adjacentes e impedem que a replicação viral ocorra nelas. Em consequência, a disseminação da infecção é inibida, possibilitando que outras defesas do corpo possam combater a doença de modo mais efetivo. Dessa maneira, muitas doenças virais, como resfriados, gripe e sarampo, têm a sua duração limitada. De modo semelhante, a fase aguda do herpes labial, causado pelo herpes-vírus simples, é de duração limitada. Em seguida, o herpes-vírus entra em uma fase latente e esconde-se nas células nervosas ganglionares, onde fica protegido até que as defesas do indivíduo estejam diminuídas; o ciclo de doença e latência repete-se continuamente.

As interferonas não são específicas para determinados vírus; portanto, mostram-se efetivas contra uma variedade deles, e não apenas contra o tipo específico que estimulou a sua produção. Entretanto, elas são específicas da espécie hospedeira, isto é, mostram-se efetivas apenas na espécie animal que as produziu. Assim, as interferonas de coelho são eficazes apenas em coelhos, e não devem ser utilizadas no tratamento de infecções virais em seres humanos. As interferonas humanas são produzidas industrialmente por engenharia genética de bactérias (nas quais foram inseridos genes de interferona humana) e são utilizadas experimentalmente no tratamento de determinadas infecções virais (p. ex., verrugas, herpes simples e hepatites B e C) e cânceres (p. ex., leucemias, linfomas e sarcoma de Kaposi em pacientes com síndrome da imunodeficiência adquirida [AIDS]). Além de interferirem na multiplicação viral, as interferonas ativam determinados linfócitos (células NK) para matar células infectadas por vírus.

> As interferonas não são específicas de vírus, mas são específicas do hospedeiro.

Além dos aspectos benéficos que são suscitados em resposta a determinadas infecções virais, as interferonas causam efetivamente os sintomas inespecíficos semelhantes aos da gripe (mal-estar, mialgia, calafrios e febre), que estão associados a muitas infecções virais.

Sistema complemento

O *complemento* não é uma única entidade, mas um grupo de aproximadamente 30 proteínas (incluindo nove designadas como C1 a C9) que são encontradas no plasma sanguíneo normal. Elas constituem o denominado "sistema complemento", assim chamado pela sua capacidade de complementar a ação do sistema imune.

As proteínas do sistema complemento, algumas vezes conhecidas em seu conjunto como componentes do complemento, interagem umas com as outras de modo sequencial, o que é chamado de *cascata do complemento*. Uma discussão das etapas levemente complexas da cascata do complemento está além do

> As proteínas do sistema complemento (coletivamente denominadas componentes do complemento) interagem entre si de modo sequencial, o que é chamado de cascata do complemento. Trata-se de um mecanismo inespecífico de defesa do hospedeiro, que ajuda na destruição de muitos patógenos diferentes.

objetivo deste livro. É de importância fundamental o fato de que a ativação do sistema complemento é considerada um mecanismo inespecífico de defesa do hospedeiro, que ajuda na destruição de muitos patógenos diferentes.

As principais consequências da ativação do complemento são as seguintes:

- Início e amplificação da inflamação
- Atração de fagócitos para os locais onde são necessários (quimiotaxia)
- Ativação dos leucócitos
- Lise das bactérias e de outras células estranhas
- Aumento da fagocitose por células fagocíticas (opsonização).

A *opsonização* é um processo pelo qual a fagocitose é facilitada pela deposição de *opsoninas*, como anticorpos ou certos fragmentos do complemento, na superfície de partículas ou de células. Em alguns casos, os fagócitos são incapazes de ingerir determinadas partículas ou células (p. ex., bactérias encapsuladas) até que ocorra opsonização. Um dos produtos formados durante a cascata do complemento, denominado C3b, é uma opsonina. Esse componente é depositado na superfície dos micróbios. Os neutrófilos e os macrófagos apresentam moléculas de superfície (receptores) que podem reconhecer o C3b e ligar-se a ele.

> A opsonização é um processo pelo qual a fagocitose é facilitada pela deposição de opsoninas (p. ex., anticorpos ou determinados fragmentos do complemento) na superfície de partículas ou de células.

Os fragmentos C3a, C4a e C5a do complemento desencadeiam a degranulação dos mastócitos e a liberação de histamina, levando a um aumento da permeabilidade vascular e à contração do músculo liso (os mastócitos serão discutidos no Capítulo 16, *Mecanismos Específicos de Defesa do Hospedeiro | Introdução à Imunologia*). O C5a também atua como quimioatrativo (agente quimiotático) para os neutrófilos e os macrófagos. Os quimioatrativos serão discutidos posteriormente neste capítulo.

Existem diversas deficiências hereditárias do complemento que interferem nas atividades do sistema, algumas das quais estão associadas a defeitos na ativação da via clássica.[c] Uma deficiência de C3, por exemplo, leva a um defeito na ativação das vias tanto clássica quanto alternativa. Os defeitos da properdina comprometem a ativação da via alternativa.[d] Qualquer um desses problemas causa um aumento da suscetibilidade a infecções piogênicas (produtoras de pus) por estafilococos e estreptococos.

Proteínas de fase aguda

Os níveis plasmáticos de moléculas coletivamente designadas como *proteínas de fase aguda* aumentam rapidamente em resposta a infecção, inflamação e lesão tecidual. As proteínas de fase aguda incluem a proteína C reativa (que

---

[c]Ressalta-se que o sistema complemento pode ser ativado por qualquer uma das três vias: a clássica, a alternativa e a da lectina.
[d]A properdina (também conhecida como fator P) é um componente de gamaglobulina não imunoglobulina da via alternativa de ativação do complemento.

é utilizada como marcador laboratorial ou indicador de inflamação), a proteína amiloide A sérica, inibidores da protease e proteínas da coagulação.

Citocinas

As *citocinas* são mediadores químicos liberados por muitos tipos diferentes de células no corpo humano, que possibilitam a comunicação entre elas. Atuam como mensageiros químicos tanto dentro do sistema imune (discutido no Capítulo 16, *Mecanismos Específicos de Defesa do Hospedeiro | Introdução à Imunologia*) quanto entre o sistema imune e outros sistemas do corpo. Uma célula é capaz de "perceber" a presença de uma citocina se ela tiver receptores de superfície apropriados capazes de reconhecê-la. Isso porque a citocina medeia (causa) algum tipo de resposta em uma célula capaz de perceber a sua presença. Algumas citocinas são quimioatrativas, recrutando os fagócitos para os locais onde são necessários. Outras, como as interferonas, desempenham um papel direto na defesa do hospedeiro.

> As citocinas são mediadores químicos liberados por muitos tipos diferentes de células no corpo humano. Atuam como mensageiros químicos, possibilitando a comunicação das células umas com as outras.

Inflamação

Normalmente, o corpo responde a qualquer lesão local, irritação, invasão microbiana ou toxina bacteriana por uma série complexa de eventos, coletivamente designados como *inflamação* ou *resposta inflamatória* (Figura 15.3). Os três principais eventos na inflamação aguda são os seguintes:

- Aumento do diâmetro dos capilares (*vasodilatação*), que eleva o fluxo sanguíneo para o local
- Aumento da permeabilidade dos capilares, possibilitando o escape de plasma e de proteínas plasmáticas
- Saída dos leucócitos dos capilares e acúmulo no local de lesão.

> Os três principais eventos na inflamação aguda consistem em vasodilatação, aumento da permeabilidade dos capilares e escape dos leucócitos dos capilares.

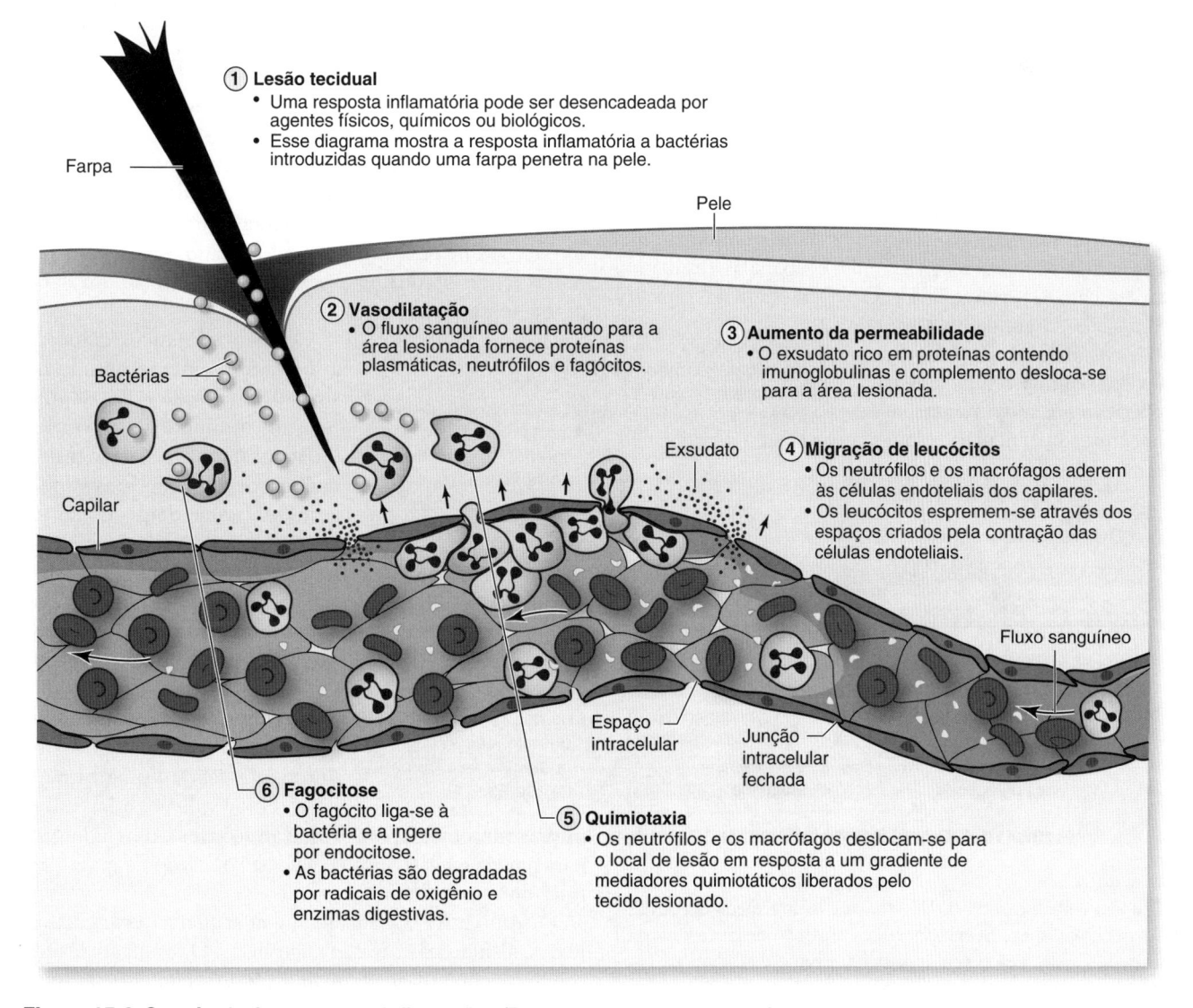

Figura 15.3 Sequência de eventos na inflamação. (Redesenhada de Harvey RA, Champe RA, eds. *Lippincott illustrated reviews: microbiology*. Philadelphia, PA: Lippincott Williams & Wilkins; 2001.)

Os principais propósitos da resposta inflamatória (Figura 15.4) consistem em:

- Localizar a infecção
- Impedir a disseminação dos invasores microbianos
- Neutralizar qualquer toxina que esteja sendo produzida no local
- Ajudar no reparo do tecido danificado.

> Os principais propósitos da resposta inflamatória consistem em localizar a infecção, impedir a disseminação dos invasores microbianos, neutralizar as toxinas e ajudar no reparo do tecido danificado.

Durante o processo inflamatório, muitos mecanismos inespecíficos de defesa do hospedeiro entram em ação. Essas reações fisiológicas inter-relacionadas resultam nos quatro principais sinais e sintomas da inflamação: vermelhidão, calor, edema e dor.[e] Com frequência, há formação de pus e, em certas ocasiões, uma perda de função da área lesionada (p. ex., um cotovelo inflamado pode impedir a flexão do braço).

> Os quatro sinais e sintomas principais de inflamação consistem em vermelhidão, calor, edema e dor.

Imediatamente após o dano inicial ao tecido, ocorre uma complexa série de eventos fisiológicos. Um dos primeiros é a ocorrência de vasodilatação local da lesão, mediada por agentes vasoativos (p. ex., histamina e prostaglandinas) que são liberados das células lesionadas. A vasodilatação possibilita maior fluxo de sangue para o local, causando vermelhidão e calor. O calor adicional resulta do aumento das atividades metabólicas nas células teciduais do local de lesão. A vasodilatação faz com que as células endoteliais que revestem os capilares sejam estiradas e separadas, resultando em aumento da permeabilidade. O plasma escapa dos capilares para a área circundante, levando ao *edema* do local. Algumas vezes, o edema é grave o suficiente para interferir na movimentação de determinada articulação (p. ex.,

> A vasodilatação – aumento no diâmetro dos capilares – causa vermelhidão, calor e edema.

articulação dos dedos das mãos, do cotovelo, do joelho e do tornozelo), resultando em perda da função.

Diversos agentes quimiotáticos são produzidos no local de inflamação, causando influxo de fagócitos. A dor ou a hipersensibilidade que acompanham a inflamação podem resultar de dano efetivo às fibras nervosas, devido a lesão, irritação por toxinas bacterianas ou outras secreções celulares (como as prostaglandinas) ou aumento de pressão nas terminações nervosas em consequência do edema.

O acúmulo de líquido, de células e de restos celulares no local da inflamação é designado como *exsudato inflamatório*. Se ele for espesso e amarelo esverdeado, contendo muitos leucócitos vivos e mortos, é conhecido como *exsudato purulento* ou *pus*. Todavia, em muitas respostas inflamatórias, como na artrite ou na pancreatite, não há exsudato nem micróbios invasores. Na presença de *micróbios piogênicos* (produtores de pus), como os estafilococos e os estreptococos, ocorre produção de pus adicional em consequência do efeito destrutivo das toxinas bacterianas sobre os fagócitos e as células teciduais. Embora a maior parte do pus tenha uma cor amarelo-esverdeada, o exsudato é frequentemente verde azulado em infecções causadas por *Pseudomonas aeruginosa*. Isso se deve ao pigmento de mesma cor (denominado *piocianina*) produzido por esse microrganismo.

> O exsudato inflamatório purulento é frequentemente designado como pus.

Quando a resposta inflamatória cessa, e o corpo vence a batalha, os fagócitos limpam a área e ajudam a restaurar a ordem. As células e os tecidos podem então reparar o dano e voltar a funcionar normalmente em um estado homeostático (equilibrado), embora possa ocorrer algum dano permanente e cicatrizes.

O sistema linfático, incluindo a linfa (componente líquido do sistema linfático), os vasos linfáticos, os linfonodos e os órgãos linfáticos (tonsilas, baço e timo), também desempenha uma importante função na defesa do corpo contra os invasores. As principais funções desse sistema consistem em drenagem e circulação dos líquidos intercelulares dos tecidos e transporte das gorduras digeridas do sistema digestório para o sangue. Além disso, os macrófagos, as células B e as células T nos linfonodos servem para filtrar a linfa, removendo materiais estranhos

> As principais funções do sistema linfático consistem em: drenagem e circulação dos líquidos intercelulares dos tecidos, transporte de gorduras digeridas do sistema digestório para o sangue, remoção de materiais estranhos e de micróbios da linfa e produção de anticorpos e outros fatores para ajudar na destruição e na destoxificação de quaisquer micróbios invasores.

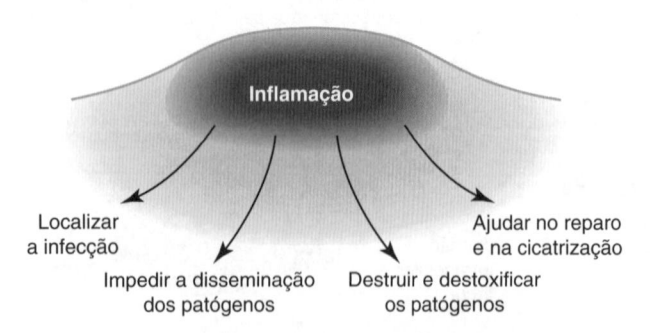

Figura 15.4 Propósitos da inflamação.

nhos e micróbios e produzindo anticorpos e outros fatores para ajudar na destruição e na destoxificação de quaisquer micróbios invasores.

O corpo trava continuamente uma guerra contra danos, lesões, disfunções e invasão microbiana. O resultado de cada batalha depende da idade do indivíduo, do equilíbrio hormonal, da resistência genética e do estado geral de saúde física e mental, bem como da virulência dos patógenos envolvidos.

---

[e]Em seu trabalho escrito, *De Medicina* (sobre medicina), Aulus Cornelius Celsius, um enciclopedista romano que viveu e morreu antes de Cristo, descreveu os principais sinais da inflamação utilizando os termos latinos *rubor* (vermelhidão), *calor* (calor), *dolor* (dor) e *tumor* (edema). Esses termos latinos são, algumas vezes, ensinados em cursos de fisiologia.

Fagocitose

Os elementos celulares do sangue são mostrados nas Figuras 15.5 e 15.6. No Capítulo 13, *Diagnóstico das Doenças Infecciosas*, foi relatado que as três principais categorias de leucócitos encontrados no sangue são os monócitos, os linfócitos e os granulócitos. Os três tipos de granulócitos são os neutrófilos, os eosinófilos e os basófilos.

Os leucócitos fagocitários são denominados *fagócitos*, e o processo pelo qual eles circundam e ingerem o material estranho é denominado *fagocitose* (Figura 15.7). Os dois grupos

> As três principais categorias de leucócitos encontradas no sangue são os monócitos, os linfócitos e os granulócitos.

mais importantes de fagócitos no corpo humano são os macrófagos e os leucócitos; essas células são, algumas vezes, designadas como "fagócitos profissionais", visto que a fagocitose constitui a sua

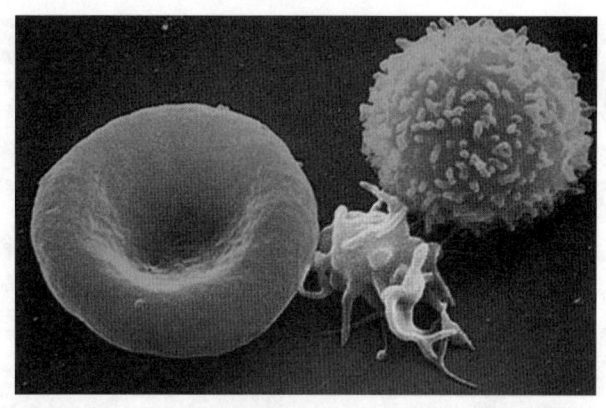

Figura 15.6 Micrografia eletrônica de varredura colorida digitalmente (*da esquerda para a direita*) de um eritrócito, uma plaqueta e um linfócito. (Disponibilizada pelo National Cancer Institute and Wikimedia Commons.) (Esta figura encontra-se reproduzida em cores no Encarte.)

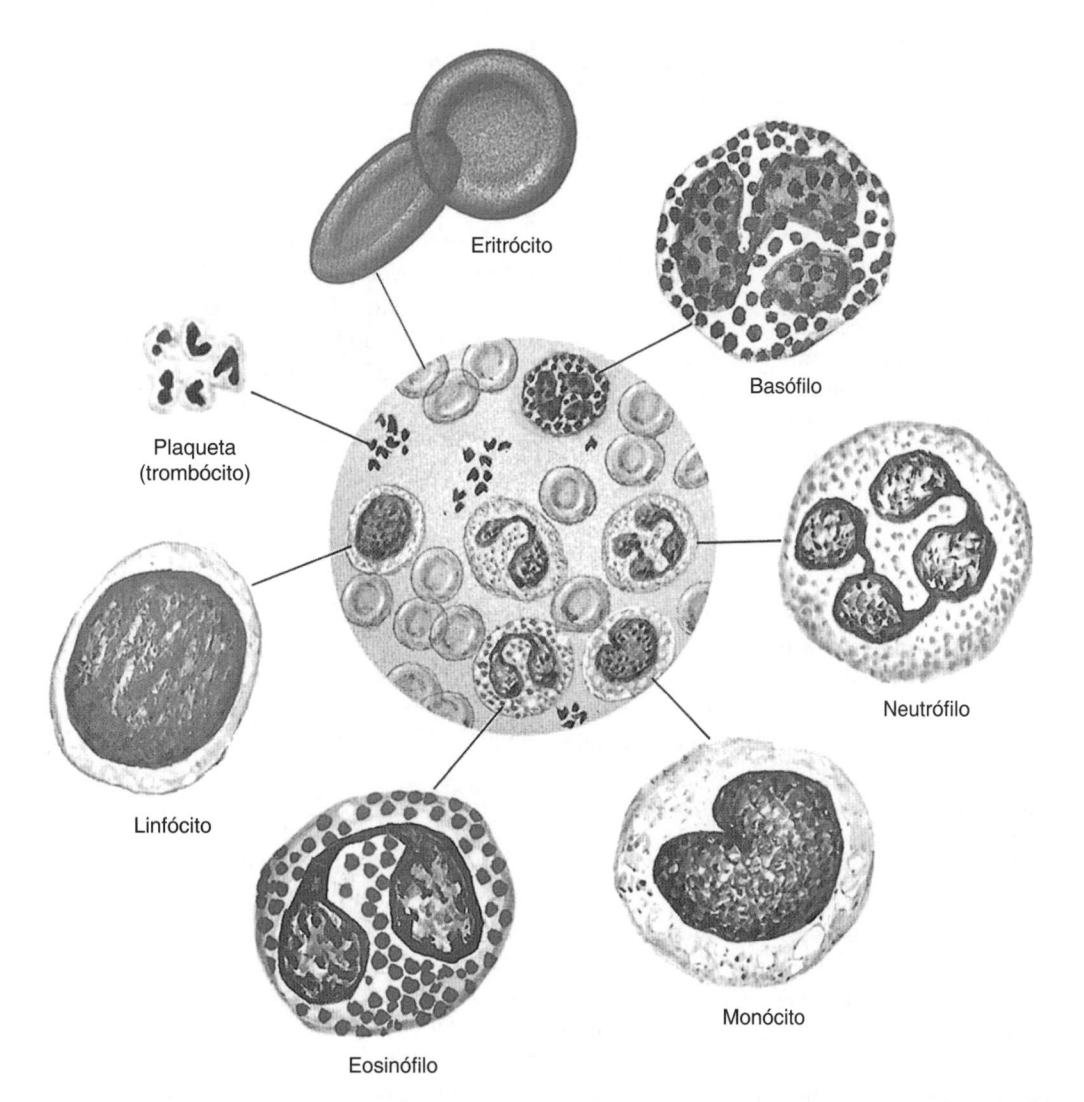

Figura 15.5 Elementos celulares do sangue quando observados em um esfregaço de sangue periférico corado pelo método de Wright. A coloração de Wright contém dois corantes: a eosina (um corante ácido laranja-avermelhado, que cora as substâncias alcalinas) e o azul de metileno (um corante azul-escuro, que cora as substâncias ácidas). Os grânulos dos eosinófilos coram-se de laranja-avermelhado, visto que seu conteúdo é ácido, atraindo, portanto, o corante ácido. Os grânulos dos basófilos coram-se de azul-escuro, visto que seu conteúdo é ácido, atraindo, portanto, o corante alcalino. O conteúdo dos grânulos dos neutrófilos é neutro (nem alcalino nem ácido) e, consequentemente, não atrai o corante ácido nem o alcalino. (De McCall RE, Tankersley CM. *Phlebotomy essentials*. 2nd ed. Philadelphia, PA: Lippincott-Raven Publishers; 1998.) (Esta figura encontra-se reproduzida em cores no Encarte.)

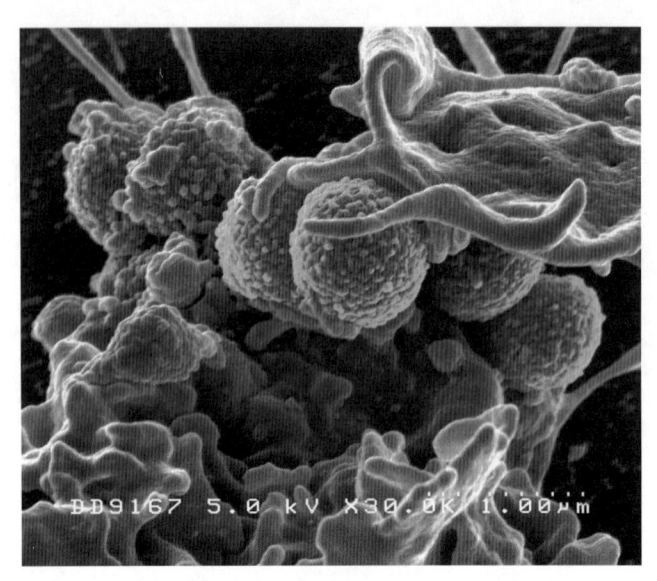

Figura 15.7 Micrografia eletrônica de varredura colorida digitalmente, mostrando o *Staphylococcus aureus* resistente à meticilina (MRSA), de coloração verde, sendo fagocitado por um leucócito humano. (Disponibilizada pelo National Institute of Allergy and Infectious Diseases e CDC.) (Esta figura encontra-se reproduzida em cores no Encarte.)

> ## Auxílio ao estudo
> ### Elementos celulares do sangue
>
> - Eritrócitos (hemácias)
> - Trombócitos (plaquetas)
> - Leucócitos
>   - ° Granulócitos
>   - ▪ Basófilos
>   - ▪ Eosinófilos
>   - ▪ Neutrófilos
>   - ° Monócitos/macrófagos
>   - ° Linfócitos
>   - ▪ Células B
>   - ▪ Células T
>   - ▪ Células T auxiliares (células T_H)
>   - ▪ Células T citotóxicas (células T_C)
>   - ▪ Células T reguladoras (células Treg)
>   - ▪ Células NK

principal função.[f] Os macrófagos servem como uma "equipe de limpeza" para livrar o corpo das substâncias indesejáveis e frequentemente prejudiciais, como células mortas, secreções celulares não utilizadas, restos celulares e micróbios.

Os *granulócitos* são assim denominados com base nos grânulos citoplasmáticos proeminentes que possuem. Os granulócitos fagocíticos incluem os *neutrófilos* e os *eosinófilos*. Os neutrófilos, também conhecidos como PMN, são muito mais eficientes na fagocitose do que os eosinófilos. A

> Os dois grupos mais importantes de fagócitos no corpo humano, algumas vezes chamados de "fagócitos profissionais", são os macrófagos e os neutrófilos.

eosinofilia refere-se a um número anormalmente elevado de eosinófilos no sangue periférico. Exemplos de condições que causam eosinofilia incluem as alergias e as infecções causadas por helmintos. Os *basófilos*, que constituem um terceiro tipo de granulócito, também estão envolvidos em reações alérgicas e inflamatórias, embora não sejam fagócitos. Os grânulos deles contêm histamina e outros mediadores químicos. Os basófilos serão descritos de modo mais detalhado no Capítulo 16, *Mecanismos Específicos de Defesa do Hospedeiro | Introdução à Imunologia*.

Os *macrófagos* desenvolvem-se a partir de um leucócito, denominado *monócito*, durante a resposta inflamatória às infecções. Os que saem da corrente sanguínea e migram para as áreas infectadas são chamados de *macrófagos circulantes* ou *migratórios*. Os *macrófagos fixos*, também conhecidos como *histiócitos*, permanecem no interior dos tecidos e dos órgãos e servem para capturar restos celulares e materiais

estranhos. Os macrófagos são fagócitos extremamente eficientes, encontrados nos tecidos do *sistema reticuloendotelial* (SRE). Esse sistema inespecífico de defesa inclui

> Os granulócitos incluem os basófilos, os eosinófilos e os neutrófilos.

células do fígado (células de Kupffer), baço, linfonodos e medula óssea, bem como pulmões (células alveolares ou macrófagos alveolares), vasos sanguíneos, intestino e encéfalo (micróglia). A principal função do SRE consiste na incorporação e remoção de partículas estranhas e inúteis, vivas ou mortas, como secreções celulares em excesso, leucócitos mortos e danificados, eritrócitos e células teciduais, além de restos celulares, materiais estranhos e micróbios que entram no corpo.

As quatro etapas da fagocitose são: quimiotaxia, adesão, ingestão e digestão, que são discutidas a seguir e estão resumidas na Tabela 15.1.

> Os macrófagos circulantes ou migratórios deixam a corrente sanguínea e migram para os locais de infecção e outras áreas onde são necessários. Os macrófagos fixos permanecem no interior dos tecidos e dos órgãos.

Quimiotaxia

A fagocitose começa quando os fagócitos migram até o local onde são necessários. Essa migração direcionada é denominada *quimiotaxia* e resulta da ação de substâncias químicas atrativas, os *agentes quimiotáticos*, também chamados de fatores quimiotáticos, substâncias quimiotáticas e quimioatrativos. Os que são produzidos por várias células do corpo humano são conhecidos como *quimiocinas*.[g]

---

[f]Os macrófagos e os neutrófilos não representam as únicas células do corpo capazes de realizar a fagocitose, mas são as células fagocíticas mais importantes.

[g]Vários tipos de células no corpo humano, incluindo as do sistema imune, comunicam-se entre si. Elas fazem isso por meio de mensagens químicas – proteínas conhecidas como citocinas. Se as citocinas forem agentes quimiotáticos, atraindo leucócitos para áreas em que são necessários, elas serão designadas como quimiocinas.

Tabela 15.1 As quatro etapas da fagocitose.	
Etapa	**Breve descrição**
1. Quimiotaxia	Os fagócitos são atraídos por agentes quimiotáticos até o local onde são necessários
2. Adesão	O fagócito adere a um objeto
3. Ingestão	Os pseudópodes circundam o objeto, que é capturado no interior da célula
4. Digestão	O objeto é degradado e dissolvido por enzimas digestivas e outros mecanismos

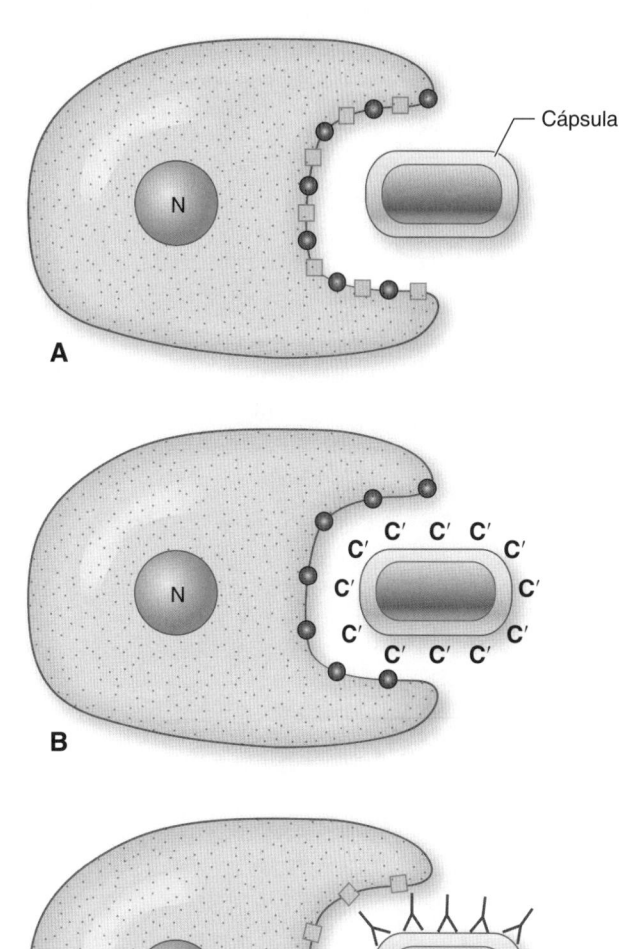

Os agentes quimiotáticos têm origem durante a cascata do complemento e na inflamação. Os fagócitos deslocam-se ao longo de um gradiente de concentração, o que significa que se movem de áreas com baixas concentrações de agentes quimiotáticos para aquelas com concentrações mais altas. A área de concentração mais elevada é onde os agentes quimiotáticos estão sendo produzidos ou liberados, frequentemente no local da inflamação. Por conseguinte, os fagócitos são atraídos até a área em que são necessários. Diferentes tipos de agentes quimiotáticos atraem tipos distintos de leucócitos; alguns atraem monócitos, enquanto outros atraem neutrófilos e outros, ainda, eosinófilos.

> A migração direcionada dos fagócitos é denominada quimiotaxia. Ela é produzida por substâncias químicas chamadas de agentes quimiotáticos.

Adesão

A etapa seguinte à fagocitose é a adesão do fagócito ao objeto (p. ex., uma levedura ou célula bacteriana) que deve ser ingerido. Os fagócitos só podem ingerir objetos aos quais podem se fixar. Conforme assinalado anteriormente, a opsonização é algumas vezes necessária para possibilitar a adesão dos fagócitos a determinadas partículas (p. ex., bactérias encapsuladas), pois nela a partícula é recoberta por opsoninas (fragmentos do complemento ou anticorpos). Como os fagócitos exibem moléculas de superfície (receptores) para os fragmentos do complemento e anticorpos, eles podem então se fixar à partícula (Figura 15.8).

> Na opsonização, uma partícula torna-se recoberta por opsoninas, que são fragmentos do complemento ou anticorpos.

Ingestão

Em seguida, o fagócito circunda o objeto com pseudópodes, que se fundem, de modo que o objeto é ingerido (fagocitado) (Figura 15.9). A fagocitose é um tipo de endocitose, isto é, o processo de ingestão de material existente no meio externo de uma célula. No interior do citoplasma do fagócito, o objeto é contido dentro de uma vesícula envolvida por membrana, denominada *fagossomo*.

> Durante a ingestão, a partícula é circundada por uma membrana. A vesícula envolvida por membrana é denominada fagossomo.

Figura 15.8 Opsonização. A. O fagócito mostrado é incapaz de se fixar à bactéria encapsulada, visto que não há moléculas (receptores) em sua superfície que possam reconhecer a cápsula de polissacarídeo ou aderir a ela. **B.** Fragmentos do complemento (representados pelo símbolo *C'*) foram depositados na superfície da cápsula (nesse exemplo, as opsoninas são fragmentos do complemento.) Agora, o fagócito pode aderir à bactéria, visto que existem receptores (representados por *círculos vermelhos*) em sua superfície, os quais podem reconhecer os fragmentos do complemento e ligar-se a eles. **C.** Anticorpos (moléculas em forma de Y) ligaram-se à cápsula (nesse exemplo, as opsoninas são anticorpos). Agora, o fagócito pode fixar-se à bactéria, visto que existem receptores (representados por *quadrados verdes*) em sua superfície, os quais podem reconhecer a região F_c das moléculas de anticorpos e ligar-se a ela. N, núcleo. (Esta figura encontra-se reproduzida em cores no Encarte.)

Digestão

Em seguida, o fagossomo funde-se com um lisossomo nas proximidades para formar um vacúolo digestivo (*fagolisossoma*), no interior do qual ocorrem destruição e digestão das partículas (Figura 15.10). Os lisossomos são vesículas delimitadas por membrana que contêm enzimas digestivas. As enzimas digestivas encontradas no interior dos lisossomos incluem

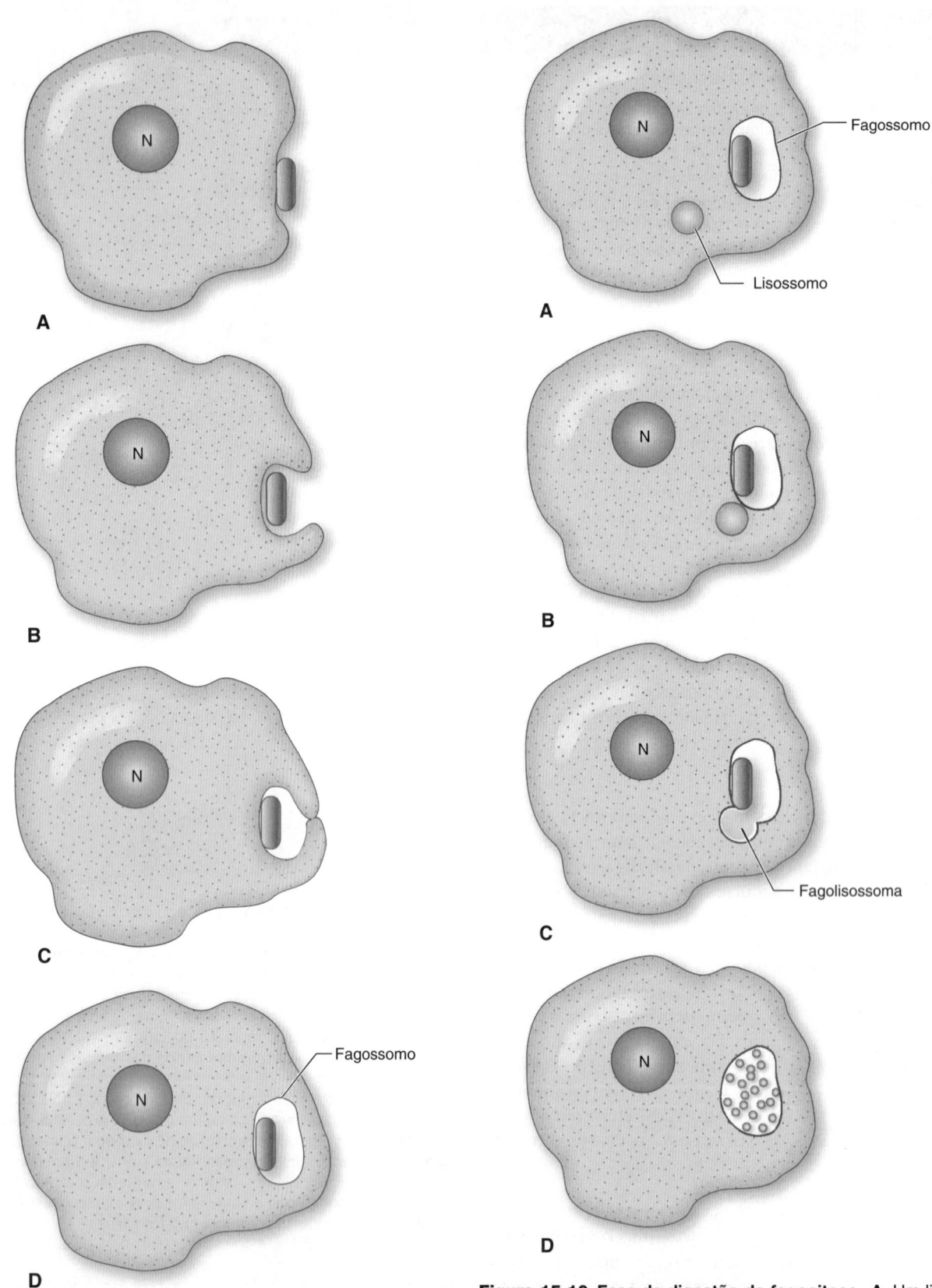

Figura 15.9 Fase de ingestão da fagocitose. A. Um fagócito aderiu a uma célula bacteriana. **B.** Os pseudópodes estendem-se ao redor da célula bacteriana. **C.** Os pseudópodes unem-se e se fundem. **D.** A célula bacteriana, circundada por uma membrana, está agora no interior do fagócito. A estrutura envolvida por membrana, que contém a célula bacteriana ingerida, é denominada fagossomo. N, núcleo.

Figura 15.10 Fase de digestão da fagocitose. A. Um lisossomo, que contém enzimas digestivas, aproxima-se de um fagossomo. **B.** A membrana do lisossomo funde-se com a do fagossomo. **C.** O lisossomo e o fagossomo tornam-se uma única vesícula delimitada por membrana, conhecida como fagolisossoma. Esta contém a célula bacteriana ingerida, juntamente com as enzimas digestivas. **D.** A célula bacteriana é digerida no interior do fagolisossoma. N, núcleo.

> A fusão de um lisossomo com um fagossomo resulta em um fagolisossoma, no interior do qual a partícula ingerida é digerida.

lisozima, β-lisina, lipases, proteases, peptidases, DNAases e RNases, que degradam carboidratos, lipídios, proteínas e ácidos nucleicos.

Outros mecanismos também participam da destruição dos micróbios fagocitados. Por exemplo, nos neutrófilos, uma enzima ligada à membrana, o fosfato de nicotinamida adenina dinucleotídio oxidase, reduz o oxigênio a produtos muito destrutivos, como ânions superóxido, radicais hidroxila, peróxido de hidrogênio e oxigênio singleto. Esses produtos de redução altamente reativos ajudam na destruição dos micróbios ingeridos. Outro mecanismo de destruição envolve a enzima mieloperoxidase. Após a fusão do lisossomo, ocorre liberação de mieloperoxidase, que, na presença de peróxido de hidrogênio e íon cloreto, produz um potente agente microbicida, denominado ácido hipocloroso.

As Figuras 15.11 e 15.12 mostram a fagocitose de trofozoítos de *Giardia lamblia* por leucócitos de rato. A

G. lamblia (também conhecida como *Giardia intestinalis*) é um protozoário flagelado parasita, que causa uma doença diarreica conhecida como giardíase. Essas fotomicrografias e micrografias eletrônicas foram obtidas durante um projeto de pesquisa laboratorial envolvendo a opsonização de trofozoítos de *Giardia*.

Mecanismos pelos quais os patógenos escapam da destruição pelos fagócitos

Durante as fases iniciais da infecção, as cápsulas desempenham uma função antifagocítica, protegendo as bactérias encapsuladas de serem fagocitadas. Algumas bactérias produzem uma exoenzima (chamada de toxina por alguns cientistas) denominada *leucocidina*, que mata os fagócitos. Conforme assinalado no Capítulo 14, *Patogenia das Doenças Infecciosas*, nem todas as bactérias ingeridas por fagócitos são destruídas no interior dos fagolisossomas. Por exemplo, a presença de ceras na parede celular do *Mycobacterium tuberculosis* protege o microrganismo, impedindo a sua digestão. As bactérias são até mesmo capazes de multiplicar-se no interior dos fagócitos, sendo transportadas por eles para outras partes do corpo.

Outros patógenos que têm a capacidade de sobreviver no interior dos fagócitos incluem bactérias como *Rickettsia rickettsii*, *Legionella pneumophila*, *Brucella abortus*, *Coxiella burnetii*, *Listeria monocytogenes* e *Salmonella* spp., bem como protozoários parasitas, como *Toxoplasma gondii*, *Trypanosoma cruzi* e *Leishmania* spp. O mecanismo pelo qual cada patógeno escapa da digestão pelas enzimas lisossomais difere de um para outro e, em alguns casos, ainda não está bem elucidado. Esses patógenos podem permanecer dormentes por vários meses ou anos no interior dos fagócitos antes de escaparem para causar doença. Por conseguinte, esses tipos virulentos ganham habitualmente a batalha contra os fagócitos. A não ser que anticorpos ou fragmentos do complemento estejam presentes para ajudar na destruição deles, a infecção pode progredir sem ser controlada.

> Algumas bactérias e alguns protozoários são capazes de sobreviver no interior dos fagócitos.

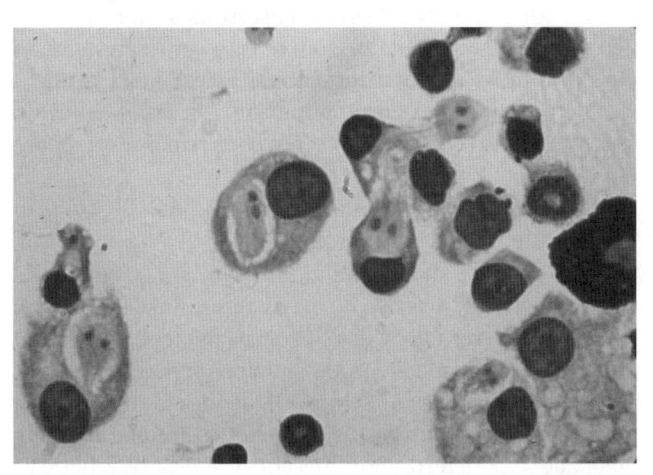

Figura 15.11 Fotomicrografia de leucócitos de rato, alguns dos quais contêm trofozoítos de *Giardia* fagocitados. A fagocitose ocorreu em condições experimentais em um laboratório de pesquisa. Cada trofozoíto de *Giardia* contém dois núcleos de coloração escura, dando a aparência de olhos. (Disponibilizada por Biomed Ed, Round Rock, TX.) (Esta figura encontra-se reproduzida em cores no Encarte.)

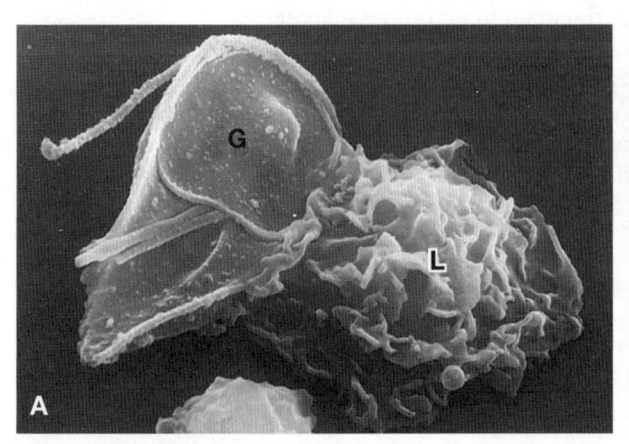
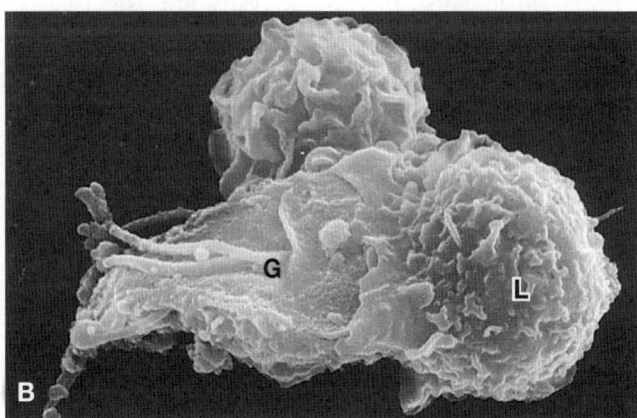

Figura 15.12 Micrografias eletrônicas de varredura ilustrando a fagocitose de trofozoítos de *Giardia* (*G*) por leucócitos (*L*) de rato. A fagocitose ocorreu em condições experimentais em um laboratório de pesquisa. (Disponibilizada pelo Dr. Stanley Erlandsen e Biomed Ed, Round Rock, TX.)

As espécies de *Ehrli-chia* e *Anaplasma* são bactérias intra-leucocitárias, que têm a capacidade de viver e de se multi-plicar no interior dos leucócitos.

As espécies de *Ehrlichia* e *Anaplasma*, estreitamente relacionadas com as riquétsias, são bactérias gram-negativas intracelulares obrigatórias que vivem no interior dos leucócitos (*i. e.*, são *patógenos intraleucocitários*). Nos EUA, esses microrganismos são responsáveis por duas doenças endêmicas transmitidas por carrapato. As espécies de *Ehrlichia* causam a ehrlichiose monocítica humana, uma condição em que as bactérias infectam os fagócitos monocíticos. As de *Anaplasma* são causadoras da anaplasmose humana (ou ehrlichiose granulocítica humana, como é algumas vezes denominada), uma condição em que as bactérias infectam os granulócitos. Essas bactérias são, de algum modo, capazes de impedir a fusão dos lisossomos com os fagossomos.

Distúrbios e condições que afetam adversamente os processos fagocitários e inflamatórios

Leucopenia
Alguns pacientes apresentam uma contagem anormalmente baixa de leucócitos circulantes, condição conhecida como *leucopenia*. Embora os termos *leucopenia* e *neutropenia* sejam, com frequência, empregados como sinônimos, eles realmente não o são. Em termos técnicos, a neutropenia refere-se a um número anormalmente baixo de neutrófilos circulantes (neutro-penia = leucopenia neutrofílica). A leucopenia pode resultar de uma lesão da medula óssea em conse-quência de radiação ionizante ou uso de fármacos, deficiência nu-tricional ou defeitos congênitos das células-tronco.

Leucopenia refere-se a um número anor-malmente baixo de leucócitos circulan-tes, e a neutrope-nia, a um número anormalmente baixo de neutrófilos circulantes.

Distúrbios e condições que afetam a motilidade e a quimiotaxia dos leucócitos
A incapacidade de migração dos leucócitos em resposta a agentes quimiotáticos pode estar relacionada com um defeito na produção de actina, uma proteína estrutural associada à motilidade. Alguns fármacos, como corticosteroides, também podem inibir a atividade quimiotática dos leucócitos. Ocorre também uma diminuição da quimiotaxia dos neutrófilos na doença infantil congênita, conhecida como síndrome de Chediak-Higashi (SCH). Além disso, as células PMN

de indivíduos com SCH contêm lisossomos anormais, que não se fundem rapidamente com os fagossomos, resultando em diminuição da atividade bactericida. A SCH caracte-riza-se por sintomas como albinismo, anormalidades do sistema nervoso central e infecções bacterianas recorrentes.

Distúrbios e condições que afetam a destruição intracelular pelos fagócitos
Os fagócitos de alguns indivíduos têm a capacidade de ingerir bactérias, mas não de matar determinadas espécies. Em geral, isso resulta de deficiência na mieloperoxidase ou de uma incapacidade de produzir ânions superóxido, peró-xido de hidrogênio e hipoclorito. A doença granulomatosa crônica (DGC) é um distúrbio genético frequentemente fatal, que se caracteriza por infecções bacterianas repetidas. As células PMN de indivíduos com DGC são capazes de ingerir bactérias, mas não de matar determinadas espécies. Em uma forma de DCG, as células PMN do indivíduo são incapazes de produzir peróxido de hidrogênio; em outra doença hereditária, elas necessitam por completo de mie-loperoxidase. Entretanto, as PMN têm outros mecanismos microbicidas, de modo que esses indivíduos geralmente não apresentam infecções recorrentes.

Fatores adicionais
A Tabela 15.2 fornece uma lista de alguns fatores adicio-nais que podem comprometer os mecanismos de defesa do hospedeiro.

Tabela 15.2 Fatores adicionais que podem comprometer os mecanismos de defesa do hospedeiro.

Fator	Comentários
Estado nutricional	A desnutrição é acompanhada de diminuição da resistência às infecções
Aumento dos níveis de ferro	As concentrações elevadas de ferro fazem com que as bactérias tenham mais facilidade de suprir suas necessidades desse nutriente A presença de altas concentrações de ferro reduz as atividades de quimiotaxia e fagocitose dos fagócitos O aumento dos níveis de ferro pode resultar de uma variedade de condições ou hábitos
Estresse	Os indivíduos que vivem em condições de estresse são mais suscetíveis a infecções do que os que vivem em condições menos estressantes
Idade	Os recém-nascidos não têm um sistema imune totalmente desenvolvido A eficiência do sistema imune e de outras defesas do hospedeiro declina depois dos 50 anos de idade
Câncer e quimioterapia para o câncer	Os agentes quimioterápicos para o câncer matam as células saudáveis e as células malignas
AIDS	A destruição das células T_H de pacientes com AIDS diminui a capacidade de o indivíduo produzir anticorpos contra determinados patógenos (discutido no Capítulo 16, *Mecanismos Específicos de Defesa do Hospedeiro | Introdução à Imunologia*)
Fármacos ou substâncias	Esteroides e álcool, por exemplo
Vários defeitos genéticos	Por exemplo, deficiências de células B e de células T

AIDS, síndrome da imunodeficiência adquirida; células T_H, células T auxiliares.

Exercícios de autoavaliação

Após estudar este capítulo, responda às seguintes questões de múltipla escolha:

1. Os mecanismos de defesa do hospedeiro, isto é, as maneiras pelas quais o corpo se protege de patógenos, podem ser considerados um exército constituído por quantas linhas de defesa?
   a. Duas
   b. Três
   c. Quatro
   d. Cinco

2. Qual das seguintes alternativas não constitui parte da primeira linha de defesa do corpo?
   a. Febre
   b. Pele intacta
   c. Muco
   d. pH do conteúdo gástrico

3. Cada um dos seguintes itens é considerado parte da segunda linha de defesa do corpo, *exceto*:
   a. Febre
   b. Inflamação
   c. Interferonas
   d. Lisozima

4. Qual das seguintes afirmativas *não* é uma consequência da ativação do sistema complemento?
   a. Atração e ativação dos leucócitos
   b. Aumento da fagocitose por células fagocíticas (opsonização)
   c. Lise das bactérias e outras células estranhas
   d. Reparo do tecido danificado

5. Cada uma das seguintes alternativas constitui um importante propósito da resposta inflamatória, *exceto*:
   a. Localizar a inflamação
   b. Neutralizar quaisquer toxinas que estejam sendo produzidas no local
   c. Impedir a disseminação dos micróbios invasores
   d. Estimular a produção de opsoninas

6. Qual das seguintes células é um granulócito?
   a. Eosinófilo
   b. Linfócito
   c. Macrófago
   d. Monócito

7. Todas as seguintes alternativas poderiam ser consideradas um aspecto do antagonismo microbiano, *exceto*:
   a. Competição por nutrientes
   b. Competição por espaço
   c. Produção de bacteriocinas
   d. Produção de lisozima

8. Quais dos seguintes componentes funcionam como opsoninas?
   a. Anticorpos
   b. Antígenos
   c. Fragmentos do complemento
   d. Tanto *a* quanto *c*

9. Qual das seguintes afirmativas sobre as interferonas não é verdadeira?
   a. As interferonas são específicas de vírus
   b. As interferonas têm sido utilizadas no tratamento da hepatite C e de certos tipos de câncer
   c. As interferonas produzidas por uma célula infectada por vírus não irão salvar a célula da destruição
   d. As interferonas produzidas por células de coelho infectadas por vírus não podem ser utilizadas para o tratamento de doenças virais em seres humanos

10. Qual das seguintes características não é um dos quatro sinais ou sintomas cardinais da inflamação?
    a. Edema
    b. Calor
    c. Perda da função
    d. Vermelhidão

Mecanismos Específicos de Defesa do Hospedeiro | Introdução à Imunologia

OBJETIVOS DE APRENDIZAGEM

Após estudar este capítulo, você deverá ser capaz de:

- Definir os termos imunologia, imunidade, determinante antigênico, imunoglobulinas, resposta primária, resposta secundária, gamaglobulinemia, hipogamaglobulinemia, célula T, célula B, plasmócitos e imunossupressão
- Diferenciar a imunidade humoral da imunidade mediada por células
- Distinguir entre imunidade adquirida ativa e imunidade adquirida passiva
- Diferenciar a imunidade adquirida ativa natural da imunidade adquirida ativa artificial e citar um exemplo de cada uma
- Distinguir entre imunidade adquirida passiva natural e imunidade adquirida passiva artificial e citar um exemplo de cada uma
- Descrever de modo sucinto as etapas envolvidas no processamento dos antígenos T-independentes e T-dependentes

- Identificar as duas principais funções do sistema imune
- Fazer um diagrama de uma molécula de anticorpo monomérico
- Identificar e descrever as cinco classes de imunoglobulinas (isótipos)
- Listar os tipos de células que são destruídas pelas células *natural killer* (NK)
- Citar os quatro tipos de reações de hipersensibilidade
- Descrever de maneira sucinta as etapas envolvidas nas reações alérgicas, começando pela sensibilização inicial a um alergênio e terminando com os sintomas típicos de uma reação alérgica
- Citar seis exemplos de alergênios
- Fornecer cinco possíveis explicações para um teste cutâneo positivo para tuberculose (TB)

INTRODUÇÃO

> O sistema imune é considerado um mecanismo de defesa específico do hospedeiro e a terceira linha de defesa.

A imunologia é o estudo científico do sistema imune e suas respostas. Os cientistas que estudam os vários aspectos do sistema imune são denominados imunologistas.

O sistema imune é considerado a terceira linha de defesa. É um mecanismo de defesa *específico* do hospedeiro, visto que entra em ação para defendê-lo contra um patógeno específico (ou outro objeto estranho) que conseguiu entrar no corpo.

As respostas imunes envolvem interações complexas entre muitos tipos diferentes de células e secreções celulares do corpo. Neste capítulo, são apresentados apenas alguns fundamentos básicos da imunologia e das respostas imunes. Tópicos discutidos de maneira sucinta aqui incluem a imunidade adquirida ativa e passiva a agentes infecciosos, vacinas, antígenos e anticorpos, processos envolvidos na produção de anticorpos, respostas imunes mediadas por células, alergias e outros tipos de reações de hipersensibilidade, doenças autoimunes, imunossupressão e técnicas de imunodiagnóstico (TID).

CHAVE PARA A COMPREENSÃO DA IMUNOLOGIA

A compreensão da imunologia se resume à compreensão de dois termos: *antígenos* e *anticorpos*. No momento, os antígenos serão pensados como moléculas (geralmente

Foco na carreira
Imunologistas

As informações a seguir foram obtidas de www.aboutbioscience.org/careeers/immunologist.

Os imunologistas são cientistas pesquisadores ou especialistas que estudam, analisam ou tratam doenças que envolvem o sistema imune. Para se tornar um imunologista, é preciso ter, além de um PhD ou um MD, pelo menos 2 a 3 anos de treinamento em um programa credenciado e se submeter a um exame aplicado pelo American Board of Allergy and Immunology. Muitos imunologistas são empregados na área de pesquisa, na qual novos achados e novos tratamentos são descobertos para doenças persistentes, como alergias, pneumonia e abscessos. Esses imunologistas, que possuem o título de PhD em Imunologia, trabalham em laboratórios, onde estudam e testam interações de substâncias químicas, células e genes no corpo, a fim de entender melhor o que é necessário para que o sistema imune possa funcionar corretamente. Os imunologistas pediatras (também conhecidos como alergistas pediatras) especializam-se em crianças e normalmente trabalham em hospitais pediátricos, hospitais comunitários, consultórios privados e centros médicos universitários. Eles possuem diploma de medicina e anos adicionais de treinamento em programas especializados de imunologia/alergia.

Nota histórica

Origens da imunologia

Alguns historiadores citam a vacina contra a varíola (administrada pela primeira vez em 1796), de Edward Jenner, ou as vacinas contra o antraz, a cólera e a raiva (desenvolvidas no final dos anos de 1800), de Louis Pasteur, como a origem da ciência da imunologia. Foi Pasteur quem primeiro utilizou os termos *imune* e *imunidade*. Entretanto, nem Jenner nem Pasteur sabiam como e por que suas vacinas funcionavam. Com mais probabilidade, a imunologia surgiu em 1890, quando Emil Behring e Kitasato Shibasaburō descobriram os anticorpos enquanto desenvolviam uma antitoxina diftérica. Aproximadamente na mesma época, Élie Metchnikoff descobriu os fagócitos e introduziu a teoria celular da imunidade. Em 1910, foram descritos os principais elementos da imunologia clínica (alergia, autoimunidade e imunidade a transplantes), e a imunoquímica tornou-se uma ciência quantitativa. Os principais avanços na imunologia começaram a se delinear no final da década de 1950, quando o foco mudou da sorologia (pesquisa de antígenos e de anticorpos no soro) para as células. A definição do papel dos linfócitos assinalou o início de uma nova era. A ênfase nas células imunes e o surgimento dos conceitos e das ferramentas da biologia molecular foram as duas influências mais poderosas sobre a imunologia desde o seu início. As bases da imunologia laboratorial médica são encontradas na microbiologia clínica, pois os primeiros procedimentos imunológicos foram desenvolvidos para estabelecer o diagnóstico das doenças infecciosas. Em algumas instituições médicas (principalmente as de pequeno porte), os procedimentos imunológicos continuam sendo realizados em laboratórios de microbiologia. Nos grandes hospitais e centros médicos, eles são feitos no laboratório de imunologia, que é separado do laboratório de microbiologia clínica (LMC).

FUNÇÕES PRIMÁRIAS DO SISTEMA IMUNOLÓGICO

De acordo com a doutrina aceita, as principais funções do sistema imune são as seguintes:

- Diferenciar o "próprio" do "não próprio" (algo estranho)
- Destruir o que é não próprio.[a]

> As principais funções do sistema imune consistem em diferenciar o "próprio" do "não próprio" (algo estranho) e em destruir o que é não próprio.

PRINCIPAIS "BRAÇOS" DO SISTEMA IMUNE

Existem dois "braços" principais do sistema imune: a imunidade humoral e a imunidade mediada por células (IMC) (Figura 16.1).

A imunidade humoral sempre envolve a produção de anticorpos em resposta a antígenos. Após a sua produção, esses anticorpos humorais (circulantes) permanecem no plasma sanguíneo, na linfa e em outras secreções corporais, onde protegem contra patógenos específicos que estimularam a sua produção. Assim, na imunidade humoral, o indivíduo torna-se imune a determinado patógeno, devido à presença de anticorpos protetores específicos, que são efetivos contra esse patógeno em questão.

> Os anticorpos desempenham um importante papel na imunidade humoral, mas têm apenas uma função menor, se houver, na IMC.

Como a imunidade humoral é mediada por anticorpos, ela também é conhecida como *imunidade mediada por anticorpos* (IMA).

---

[a]Um ponto de vista alternativo. Durante mais de 50 anos, os imunologistas basearam-se na teoria da imunidade do próprio/não próprio, a qual estabelece que o sistema imune reage ao não próprio (moléculas estranhas) ou "luta contra ele", mas não reage ao próprio (ou seja, moléculas que fazem parte do corpo humano). Entretanto, existem determinados eventos imunológicos que aparentemente estão em discordância com essa teoria. Foi proposto um modelo alternativo de imunidade, denominado *modelo de perigo*. Ele "sugere que o sistema imune está mais relacionado com o dano tecidual do que com o estranho, e é convocado a entrar em ação por sinais de [perigo ou] alarme [emitidos] pelos tecidos danificados, em vez de ser pelo reconhecimento do não próprio". Quando perturbados, "[os tecidos] estimulam a imunidade e... eles também podem determinar o [tipo específico] da resposta [imune]". A resposta imune é "adaptada para o tecido no qual ela ocorre, em vez de ser determinada pelo patógeno-alvo". Por conseguinte, "a imunidade é controlada por uma comunicação interna entre os tecidos e as células do sistema imune" (Matzinger P. The danger model: a renewed sense of self. *Science*. 2002; 296:301-5). Deve-se assinalar que o Modelo de Perigo não obteve aceitação universal. Isso porque muitos imunologistas são da opinião de que a resposta imune é principalmente estimulada por receptores que reconhecem padrões expressos por bactérias e por outros micróbios e não consideram a morte celular na ausência de patógenos como principal estímulo da resposta imune. Entretanto, essas ideias não explicam como o sistema imune rejeita os transplantes ou tumores ou induz doenças autoimunes (en.Wikipedia.org.).

> Os antígenos são moléculas que estimulam o sistema imune a produzir anticorpos, e estes são proteínas produzidas pelo sistema imune em resposta a antígenos.

proteínas) que estimulam o sistema imune do indivíduo a produzir anticorpos. Os anticorpos deverão ser pensados como moléculas de proteína que o sistema imune do indivíduo produz em resposta a antígenos. Posteriormente, neste capítulo, os antígenos e os anticorpos serão discutidos de modo mais detalhado. À medida que o estudo for avançando, se forem compreendidos os antígenos e os anticorpos, estará mais fácil entender a imunologia.

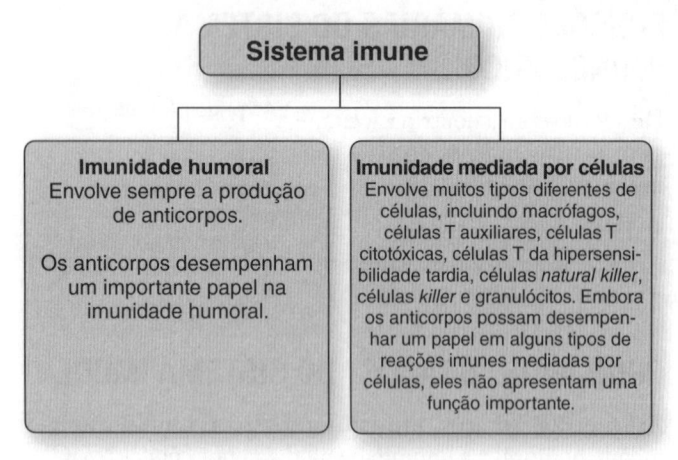

Figura 16.1 Os dois braços principais do sistema imune.

> A IMC envolve vários tipos de células, enquanto os anticorpos desempenham apenas um papel normal, se houver algum.

O segundo braço principal do sistema imune, a IMC, envolve vários tipos de células, enquanto os anticorpos desempenham apenas um papel menor, se houver algum. Essas respostas imunes são designadas como respostas imunes mediadas por células; elas serão discutidas de maneira sucinta mais adiante, neste capítulo.

IMUNIDADE

Um resultado importante das respostas imunes é tornar um indivíduo resistente a determinadas doenças infecciosas. Quando alguém é resistente a uma determinada doença, diz-se que ele é imune. A condição de ser imune é habitualmente designada como imunidade. Os seres humanos são imunes a certas doenças infecciosas simplesmente por serem humanos. Por exemplo, os seres humanos não são infectados por alguns dos patógenos que infectam seus animais de estimação. Uma explicação para isso é que as células humanas são desprovidas dos receptores de superfície celular apropriados para alguns dos patógenos que causam

Auxílio ao estudo

Diferentes usos do termo "resistente"

Conforme aprendido nos capítulos anteriores, as bactérias podem tornar-se resistentes a determinados antibióticos, o que significa que elas não são mais destruídas por eles, sendo consideradas resistentes a fármacos. Os seres humanos não se tornam resistentes a antibióticos; entretanto, eles podem tornar-se resistentes (imunes) a determinadas doenças infecciosas por meio de mecanismos que são discutidos neste capítulo.

doenças em animais de estimação. Outras explicações para essa resistência natural ou inata são muito mais complexas e, em alguns casos, não estão totalmente compreendidas, de modo que não serão discutidas neste capítulo.

O que será discutido neste tópico são os vários tipos de imunidade que os seres humanos adquirem durante a vida desde o momento de sua concepção, que são designados, em seu conjunto, como *imunidade adquirida*. Ela resulta frequentemente da presença de anticorpos protetores, que são dirigidos contra vários patógenos.

Imunidade adquirida

A imunidade que resulta da produção ativa ou da aquisição de anticorpos protetores durante a vida de uma pessoa é denominada imunidade adquirida. Se os anticorpos forem, de fato, produzidos no próprio corpo do indivíduo, a imunidade é denominada imunidade adquirida ativa, uma proteção geralmente duradoura. Na imunidade adquirida passiva, o indivíduo recebe anticorpos que foram produzidos por outra pessoa ou por mais de uma pessoa ou, em alguns casos, por um animal; essa proteção é, em geral, apenas temporária. Em ambos os casos – ativa ou passiva –, a imunidade pode resultar de um evento natural ou artificial. A Tabela 16.1 fornece um resumo das quatro categorias de imunidade adquirida.

> A imunidade que resulta da produção ativa ou do recebimento de anticorpos protetores durante a vida é denominada imunidade adquirida.

Imunidade adquirida ativa

Existem dois tipos de imunidade adquirida ativa:

1. A imunidade adquirida ativa natural (ou de ocorrência natural), que, como o próprio nome indica, ocorre naturalmente.
2. A imunidade adquirida ativa artificial (ou de ocorrência artificial), que não ocorre naturalmente, é artificialmente induzida.

> A imunidade adquirida pode resultar de um evento natural ou artificial.

Tabela 16.1 Tipos de imunidade adquirida.	
Imunidade adquirida ativa	
Imunidade adquirida ativa natural	Imunidade que é adquirida em resposta à entrada de um patógeno vivo no corpo (i. e., em resposta a uma infecção presente)
Imunidade adquirida ativa artificial	Imunidade adquirida em resposta a vacinas
Imunidade adquirida passiva	
Imunidade adquirida passiva natural	Imunidade que é adquirida pelo feto, quando recebe anticorpos maternos no útero, ou por um lactente, quando recebe anticorpos maternos presentes no colostro
Imunidade adquirida passiva artificial	Imunidade que é adquirida quando o indivíduo recebe anticorpos contidos em antissoros ou gamaglobulina

> Os anticorpos que protegem de uma infecção ou reinfecção são denominados anticorpos protetores.

Em geral, as pessoas que tiveram uma infecção específica desenvolveram alguma resistência à reinfecção pelo patógeno causador, devido à presença de anticorpos e de linfócitos estimulados. Essa imunidade é denominada imunidade ativa adquirida natural, e os sintomas da doença podem ou não estar presentes quando esses anticorpos são formados. Essa resistência à reinfecção pode ser permanente, durando toda a vida do indivíduo, ou pode ser apenas temporária. Os anticorpos que protegem das infecções ou de uma reinfecção são denominados anticorpos protetores. Algumas vezes, não há imunidade à reinfecção após a recuperação de determinadas doenças infecciosas, embora sejam produzidos anticorpos contra os patógenos que as causam. Isso se deve ao fato de que os anticorpos produzidos *não* são protetores.

A imunidade adquirida ativa artificial é o segundo tipo de imunidade adquirida ativa e ocorre quando o indivíduo recebe uma vacina. A administração de uma vacina (Figura 16.2) estimula o sistema imune do indivíduo a produzir

> A imunidade que resulta da administração de uma vacina é denominada imunidade adquirida ativa artificial.

anticorpos protetores específicos, os quais, no futuro, protegerão o indivíduo caso venha a ser colonizado pelo patógeno específico. As vacinas são discutidas de modo mais detalhado adiante.

Vacinas. A simples menção do nome de certas doenças infecciosas provocava medo no coração dos ancestrais. Hoje, graças à vacinação infantil, os habitantes dos EUA raramente ouvem falar dessas doenças, muito menos vivem com medo delas. Os Centers for Disease Control and Prevention (CDC) declararam: "É verdade, algumas doenças (como a poliomielite e a difteria) estão se tornando muito raras nos EUA. Naturalmente, elas estão se tornando raras, em grande parte, devido às vacinas administradas contra elas. Porém, é ainda razoável questionar se realmente vale a pena continuar administrando vacinas. A situação é muito semelhante a retirar água com balde de um barco com um pequeno furo. Quando começamos a baldear água, o

barco estava cheio de água. Entretanto, trabalhamos duro, retirando a água rapidamente, e agora o nosso barco está quase seco. Poderíamos dizer: 'Muito bem, o barco agora está seco, podemos nos desfazer do balde e relaxar.' Entretanto, a água continua entrando pelo pequeno furo. Antes mesmo de percebermos, uma pequena quantidade de água está novamente se infiltrando e logo poderá alcançar o mesmo nível em que iniciamos a baldear. A não ser que 'interrompamos a entrada de água pelo furo' (ou seja, eliminemos a doença), é importante continuar a imunização. Mesmo que hoje tenhamos apenas alguns casos de doença, se não proporcionarmos a devida proteção por meio de vacinação, um número cada vez maior de pessoas serão infectadas e irão disseminar a doença para outras pessoas. Em pouco tempo, o progresso que fizemos durante anos será arruinado. Se interrompermos a vacinação, doenças que são quase desconhecidas irão surgir novamente. Em pouco tempo, iremos enfrentar epidemias de doenças que hoje estão quase sob controle. Mais crianças irão ficar

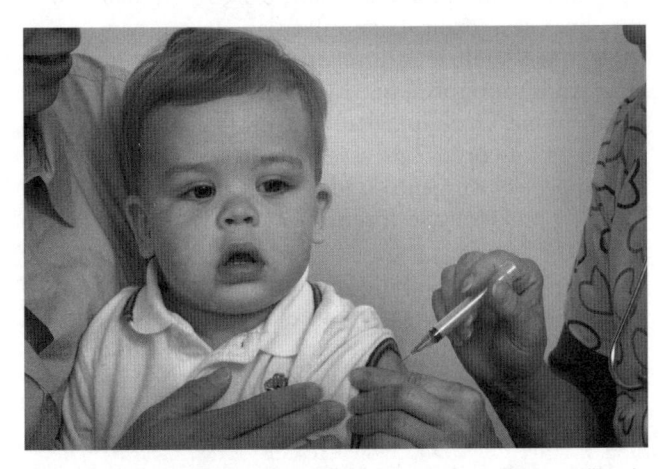

Figura 16.2 Criança recebendo uma vacina. (Disponibilizada por Judy Schmidt, James Gathany e CDC.)

Nota histórica

Vacinação

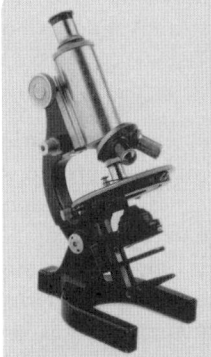

Desde os tempos dos gregos antigos, foi observado que as pessoas que se recuperavam de determinadas doenças infecciosas, como a peste, a varíola e a febre amarela, raramente contraíam novamente a mesma doença. O uso de vacinas para prevenir doenças pode datar do século XI, quando os chineses utilizavam um pó preparado a partir das crostas secas das lesões da varíola para imunizar as pessoas, por meio da introdução do pó na pele ou pela sua inalação. Esse método de prevenção da varíola era conhecido como *método chinês*. Uma das pessoas imunizadas dessa maneira foi Edward Jenner, um médico britânico. Alguns anos mais tarde, Jenner investigou a crença disseminada de que as mulheres que ordenhavam, que comumente tinham pele clara e imaculada, nunca desenvolviam varíola. Ele formulou a hipótese de que a aquisição da varíola bovina (uma doença muito mais leve do que a varíola humana e que não deixa nenhuma cicatriz) protegia as ordenhadoras da aquisição da varíola humana. Então, ele preparou uma vacina contra a varíola humana utilizando material obtido de lesões da varíola bovina, e as pessoas inoculadas com a vacina de Jenner ficaram protegidas contra a varíola humana. As palavras "vacina" e "vacinação" provêm de *vacca*, a palavra em latim para vaca. Como Jenner foi a primeira pessoa a publicar (em 1798) os resultados bem-sucedidos da vacinação, atribui-se geralmente a ele a origem do conceito. No final do século XIX, Louis Pasteur desenvolveu vacinas bem-sucedidas para prevenção da cólera em galinhas, do antraz em ovinos e no gado, e da raiva em cães e seres humanos. Com efeito, foi Pasteur quem primeiro utilizou os termos *vacina* e *vacinação*.

doentes e mais irão morrer. Não administramos vacinas apenas para proteger nossas crianças. Nós também vacinamos para proteger nossos netos e os futuros netos deles. Se continuarmos vacinando hoje, os pais no futuro poderão ter confiança de que doenças como a poliomielite e a meningite não irão infectar, incapacitar ou matar seus filhos" (http://www.cdc.gov/vaccines).

Uma vacina é definida como um material que pode induzir artificialmente imunidade a uma doença infecciosa, geralmente após injeção ou, em alguns casos, ingestão do material (p. ex., a vacina poliomielite oral). O indivíduo é deliberadamente exposto a uma versão inócua de um patógeno (ou de uma toxina), que irá estimular o seu sistema imune a produzir anticorpos protetores e células de memória (descritas posteriormente neste capítulo), porém sem causar doença. Dessa maneira, o sistema imune do indivíduo é preparado para desencadear uma forte resposta protetora caso o patógeno (ou a toxina) em questão seja encontrado no futuro.

> A vacinação expõe deliberadamente o indivíduo a uma versão inócua de um patógeno (ou toxina), de modo a estimular o seu sistema imune a produzir anticorpos protetores e células de memória.

Uma vacina ideal é a que:

- Contém determinantes antigênicos em quantidade suficiente para estimular o sistema imune a produzir anticorpos protetores (*i. e.*, que protegerão o indivíduo de uma infecção causada pelo patógeno específico)
- Contém determinantes antigênicos de todas as cepas do patógeno que causam a doença (p. ex., as três cepas do vírus que causam a poliomielite); essas vacinas são designadas como vacinas multivalentes ou polivalentes
- Tem poucos efeitos colaterais (de preferência, nenhum)
- Não provoca doença no indivíduo vacinado.

Tipos de vacina. Vários materiais são utilizados nas vacinas (Tabela 16.2). Elas são compostas, em sua maioria, de patógenos vivos ou mortos (inativados), ou de certas toxinas que eles produzem. O uso dessas vacinas ilustra uma aplicação muito importante e prática dos princípios de microbiologia e imunologia. Em geral, as vacinas constituídas por organismos vivos são mais efetivas; entretanto, precisam ser preparadas com microrganismos inócuos, que

> Algumas vacinas contêm patógenos enfraquecidos (atenuados), enquanto outros contêm patógenos mortos (inativados).

são, do ponto de vista antigênico, estreitamente relacionados com os patógenos, ou a partir de patógenos enfraquecidos (atenuados), que foram geneticamente modificados, de modo a não serem mais patogênicos.

À medida que os microbiologistas conduziram estudos adicionais sobre as características das vacinas, eles constataram que era prático vacinar contra várias doenças, combinando vacinas específicas em uma única injeção. Por exemplo, a vacina difteria-tétano-*pertussis* (DTaP) contém toxoides para prevenir a difteria e o tétano, e porções antigênicas de bactérias mortas (*Bordetella pertussis*) para prevenir a coqueluche (*pertussis*). Outro exemplo é a vacina sarampo-caxumba-rubéola (MMR).

De acordo com os CDC, as crianças norte-americanas devem receber as seguintes vacinas entre o nascimento e o seu ingresso na escola (http://www.cdc.gov/vaccines):

- Hepatite B
- Rotavírus
- DTaP
- *Haemophilus influenzae* tipo b conjugada
- Poliovírus inativada
- MMR
- Varicela
- Influenza (anual)
- Pneumocócica (polivalente, contra 13 sorotipos)
- Hepatite A
- Meningocócica.

Dispõe-se de muitas outras vacinas para uso, quando necessário, incluindo para proteção contra adenovírus, antraz, câncer de colo do útero (papilomavírus humano), cólera, H5N1, influenza aviária, encefalite japonesa, peste, raiva, varíola, TB, febre tifoide, febre amarela e herpes-zóster. Ainda não foi desenvolvida uma vacina bem-sucedida para o resfriado, visto que ele é causado por numerosos tipos diferentes de vírus. A manutenção de uma vacina bem-sucedida para a influenza (gripe) é difícil, pois os vírus influenza modificam, com frequência, seus antígenos de superfície – um fenômeno conhecido como variação antigênica.

Como as vacinas atuam. As vacinas estimulam o sistema imune do receptor a produzir anticorpos protetores. Estes ou as células de memória, que são produzidos em resposta à vacina, permanecem então no corpo do receptor para "combater" determinado patógeno caso ele entre nesse corpo em algum momento no futuro. Por exemplo, quando uma pessoa recebe toxoide tetânico (uma forma alterada da toxina, tetanospasmina), os anticorpos protetores, designados como antitoxinas, são produzidos e permanecem no corpo do indivíduo. Se, em algum momento do futuro, *Clostridium tetani* entrar no corpo do indivíduo e começar a produzir tetanospasmina, as antitoxinas estarão presentes para ligar-se à toxina e neutralizá-la.

Algumas vacinas estimulam o organismo a produzir anticorpos protetores, que são dirigidos contra antígenos de superfície. Quando o patógeno entra no corpo do indivíduo, os anticorpos ligam-se aos antígenos de superfície. Isso impede o patógeno de aderir às células do hospedeiro. No caso dos vírus, se forem incapazes de se fixar, serão incapazes de penetrar na célula e, consequentemente, de se multiplicar e de causar destruição celular. Os anticorpos produzidos em resposta a moléculas situadas na superfície das fímbrias bacterianas aderem a elas, impedindo a fixação das bactérias aos tecidos e, portanto, impedindo-as de causar doença.

Em alguns casos, os anticorpos protetores aderidos aos antígenos de superfície dos patógenos atuam como opsoninas (Capítulo 15, *Mecanismos Inespecíficos de Defesa do Hospedeiro*),

Tabela 16.2 Tipos de vacinas disponíveis.

Tipo de vacina	Exemplos
Vacinas atenuadas: o processo de enfraquecimento de patógenos é denominado atenuação, e as vacinas são designadas como *vacinas atenuadas*. A maioria das vacinas vivas contém cepas mutantes avirulentas (não patogênicas) de patógenos que derivaram dos microrganismos virulentos (patogênicos); esse processo é obtido pelo crescimento dos microrganismos durante muitas gerações em diversas condições ou pela sua exposição a substâncias químicas ou radiação mutagênicas. As vacinas atenuadas não devem ser administradas a indivíduos imunossuprimidos, visto que até mesmo os patógenos atenuados podem causar doença nesses indivíduos	**Vacinas de vírus atenuados:** adenovírus, varicela (catapora), sarampo, caxumba, rubéola, poliomielite (vacina Sabin oral), rotavírus, varíola, febre amarela **Vacinas bacterianas atenuadas:** BCG (para proteção contra a TB), cólera, tularemia, febre tifoide (vacina oral)
Vacinas inativadas: as vacinas preparadas a partir de patógenos que foram destruídos pelo calor ou por substâncias químicas, denominadas *vacinas inativadas*, podem ser produzidas mais rapidamente e com mais facilidade; entretanto, são menos efetivas do que as vacinas vivas. Isso se deve ao fato de os antígenos das células mortas serem geralmente menos efetivos e produzirem uma imunidade de duração mais curta	**Vírus inativados ou antígenos virais:** hepatite A, influenza, encefalite japonesa, outras vacinas contra encefalites (EEL, EEO, da Rússia), poliomielite (vacina Salk subcutânea), raiva **Vacinas bacterinas inativadas:** antraz, cólera, coqueluche, peste, febre tifoide (vacina subcutânea), febre Q
Vacinas de subunidades: uma *vacina de subunidade* (ou *vacina acelular*) utiliza partes antigênicas (estimuladoras da produção de anticorpos) de um patógeno, em vez de utilizar o patógeno inteiro. Por exemplo, uma vacina contendo *pili* de *Neisseria gonorrhoeae* poderia, teoricamente, estimular o corpo a produzir anticorpos capazes de se ligar aos *pili* de *N. gonorrhoeae*, impedindo, assim, a adesão das bactérias às células. Se a *N. gonorrhoeae* não conseguir aderir às células que revestem a uretra, ela não poderá causar uretrite. O material que é utilizado para proteger os profissionais de saúde e outros indivíduos da hepatite causada pelo HBV está sendo produzido por leveduras geneticamente modificadas. Os genes que codificam a proteína de superfície do vírus da hepatite B foram introduzidos em células de leveduras, que então produziram grandes quantidades dessa proteína. As proteínas são então injetadas em indivíduos, e os anticorpos dirigidos contra a proteína são produzidos e servem para protegê-los da hepatite pelo HBV	Antraz, hepatite B, coqueluche
Vacinas conjugadas: foram obtidas vacinas conjugadas bem-sucedidas por meio da conjugação de antígenos capsulares bacterianos (que, por si sós, não são muito antigênicos) com moléculas que estimulam o sistema imune a produzir anticorpos contra os antígenos capsulares menos antigênicos	Hib (para proteção contra *H. influenzae* tipo b), meningite meningocócica (*Neisseria meningitidis* do sorogrupo C), pneumonia pneumocócica
Vacinas de toxoides: um toxoide é uma exotoxina que foi inativada (transformada em atóxica) por meio de aquecimento ou substâncias químicas. Os toxoides podem ser injetados com segurança para estimular a produção de anticorpos que são capazes de neutralizar as toxinas dos patógenos, como as que causam o tétano, o botulismo e a difteria. Os anticorpos que neutralizam as toxinas são denominados antitoxinas, e o soro que contém essas toxinas é designado como antissoro	**Difteria e tétano:** antissoros comerciais contendo antitoxinas são utilizados no tratamento de certas doenças, como o tétano e o botulismo. Eles também são usados em determinados tipos de testes laboratoriais, conhecidos como TID
Vacinas de DNA: atualmente, as *vacinas de DNA* ou *vacinas de genes* estão apenas em fase experimental nos seres humanos. Determinado gene de um patógeno é inserido em plasmídeos, e estes são então injetados na pele ou no tecido muscular. No interior das células do hospedeiro, os genes dirigem a síntese de determinada proteína microbiana (antígeno). Quando as células começam a produzir cópias da proteína em grandes quantidades, o corpo produz então anticorpos dirigidos contra esta proteína, e esses anticorpos protegem o indivíduo da infecção pelo patógeno em questão	Quatro vacinas de DNA para uso veterinário foram aprovadas para uso em animais, incluindo a vacina do vírus do oeste do Nilo para equinos. Ensaios clínicos de vacinas de DNA estão atualmente em andamento para *M. tuberculosis*, malária e vírus Zika, entre outros
Vacinas autógenas: uma vacina autógena é aquela que foi preparada a partir de bactérias isoladas de uma infecção localizada, como furúnculo estafilocócico. Os patógenos são mortos e, em seguida, injetados no mesmo indivíduo para induzir a produção de mais anticorpos	

BCG, bacilo Calmette-Guérin; EEL, encefalite equina do Leste; HBV, vírus da hepatite B; TID, técnica de imunodiagnóstico; TB, tuberculose; EEO, encefalite equina do Oeste.

Pense nisso

"De alguma maneira surpreendente, corremos o perigo de nos tornarmos vítimas de nosso próprio sucesso. À medida que a nossa memória coletiva sobre doenças infecciosas, como a coqueluche e a poliomielite, diminui, as complicações raras produzidas pela vacinação tornam-se motivo de grande preocupação. Devido a essas preocupações, alguns pais estão decidindo não imunizar adequadamente seus filhos. Essa atitude representa uma ameaça significativa para a saúde pública, visto que os micróbios causadores das doenças ainda estão entre nós. Com o reaparecimento de um grande número de indivíduos suscetíveis, podemos esperar testemunhar o retorno de doenças consideradas eliminadas" (Needham C *et al. Intimate strangers: unseen life on earth*. Washington, DC: ASM Press; 2000). Obviamente, essa citação ainda é tão válida hoje quanto na época em que foi publicada, em 2000.

Para complicar ainda mais a luta contra doenças evitáveis, foi publicado, em 1997, um artigo no *The Lancet*, uma influente revista médica do Reino Unido, sugerindo a existência de uma ligação entre o autismo e um composto presente em vacinas, denominado timerosal. Ele era utilizado como conservante para aumentar a estabilidade da vacina, o que deu início a uma campanha antivacina que continua até hoje. Numerosos estudos em grande escala foram conduzidos pelos CDC e pela Organização Mundial da Saúde, os quais concluíram não haver nenhuma evidência quanto à possibilidade de as vacinas causarem autismo. Entretanto, por motivos de segurança, a maioria dos fabricantes de vacina retirou o timerosal de seus produtos. O artigo do *The Lancet* foi posteriormente recolhido, e o seu autor teve a sua licença médica cassada. Entretanto, o prejuízo já tinha sido causado, e numerosas celebridades defenderam a bandeira contra a vacina. Os pesquisadores atualmente estão associando a queda nas taxas de imunização a um recente aumento das doenças passíveis de prevenção com vacinas. Em 2010, a Califórnia registrou mais de 9.000 casos de coqueluche, um número muito maior do que aquele observado desde que foi iniciada a vacinação contra a doença, na década de 1940. Dez lactentes muito pequenos para serem vacinados morreram de coqueluche durante o surto. Mais recentemente, um surto de sarampo em Minnesota foi associado à relutância, por parte de imigrantes da Somália, em vacinar os filhos. Mais de 60 casos foram registrados em 2017, cuja maioria ocorreu em crianças não vacinadas ou não totalmente vacinadas.

possibilitando a fixação dos fagócitos aos patógenos. Uma vez aderido a um patógeno, o fagócito pode ingeri-lo e digeri-lo. Em outros casos, a ligação de anticorpos protetores a antígenos de superfície ativa a cascata do complemento, tendo como resultado a lise do patógeno.

Imunidade adquirida passiva

A imunidade adquirida passiva difere da imunidade adquirida ativa pelo fato de os anticorpos produzidos em uma pessoa serem transferidos para outra, de modo a protegê-la de uma infecção. Por conseguinte, na imunidade adquirida passiva, o indivíduo recebe anticorpos, em vez de produzi-los. Como o indivíduo que recebe os anticorpos não os produziu ativamente, a imunidade é temporária, e sua duração é de apenas cerca de 3 a 6 semanas. Os anticorpos da imunidade adquirida passiva podem ser transferidos de modo natural ou artificialmente.

> Na imunidade adquirida passiva, o indivíduo *recebe* anticorpos, em vez de produzi-los. Isso pode ocorrer de modo natural ou artificial.

Na imunidade adquirida passiva de modo natural, pequenos anticorpos (como a imunoglobulina G [IgG]), presentes no sangue da mãe, atravessam a placenta e alcançam o feto enquanto ele está no útero (*in utero*). Além disso, o colostro, o líquido leitoso e ralo secretado pelas glândulas mamárias durante alguns dias antes e depois do parto, contém anticorpos maternos para proteger o lactente durante os primeiros meses de vida.

A imunidade adquirida passiva artificial é obtida por meio da transferência de anticorpos de um indivíduo imune para outro suscetível. Após o paciente ter sido exposto a uma doença, a duração do período de incubação habitualmente não fornece tempo suficiente para que uma vacinação pós-exposição constitua uma medida preventiva efetiva. Isso se deve ao fato de que é necessário um período de cerca de 2 semanas para que haja formação de anticorpos em quantidades suficientes para proteger o indivíduo exposto. Nessa situação, para proporcionar uma proteção temporária, administra-se ao paciente gamaglobulina humana ou uma "mistura" de imunoglobulina sérica (ISG), isto é, anticorpos obtidos do sangue de muitas pessoas imunes. Dessa maneira, o paciente recebe alguns

> Um feto que recebe anticorpos maternos *in utero* e um lactente que recebe anticorpos maternos no colostro são exemplos de imunidade adquirida passiva natural.

anticorpos contra todas as doenças às quais os doadores são imunes. A ISG pode ser administrada para obter proteção temporária contra o sarampo, a caxumba, a poliomielite, a difteria e a hepatite em indivíduos, particularmente lactentes, que não são imunes e que foram expostos a essas doenças.

As globulinas séricas hiperimunes (ou imunoglobulinas específicas) têm sido preparadas a partir do soro de indivíduos com altos níveis (títulos) de anticorpos contra determinadas doenças. Por exemplo, a imunoglobulina anti-hepatite B é administrada para proteger os indivíduos que foram ou que podem ser expostos ao vírus da hepatite B; a imunoglobulina antitetânica é utilizada para prevenir o

A administração de uma dose de gamaglobulina é um exemplo de imunidade passiva adquirida artificialmente.

tétano em pacientes não imunizados com feridas profundas e sujas; e a imunoglobulina humana antirrábica pode ser administrada para impedir a ocorrência de raiva após um indivíduo ter sido mordido por um animal raivoso. Outros exemplos incluem a imunoglobulina humana antivaricela, a imunoglobulina humana antissarampo, a imunoglobulina anti*pertussis*, a imunoglobulina antipoliomielite e a imunoglobulina anti-herpes-zóster. Nos casos potencialmente letais de botulismo, são utilizados anticorpos antitoxina para neutralizar os efeitos tóxicos da toxina botulínica. Lembre-se de que a imunidade passiva adquirida é sempre temporária, visto que os anticorpos não são ativamente produzidos pelas células B do indivíduo protegido.

CÉLULAS DO SISTEMA IMUNE

Conforme assinalado anteriormente, o sistema imune envolve interações muito complexas entre numerosos tipos diferentes de células e secreções celulares. Os principais tipos celulares que participam das respostas imunes são os seguintes:

- Linfócitos T (células T)
- Linfócitos B (células B)
- Células NK (uma categoria de linfócitos)
- Macrófagos e células dendríticas (CD).

As CD assemelham-se, quanto à sua forma e função, aos macrófagos. São assim designadas em virtude de suas longas projeções citoplasmáticas finas, denominadas dendritos. As CD são encontradas em tecidos que estão em contato com o meio externo, como a pele e o revestimento do nariz, dos pulmões, do estômago e do intestino. À semelhança dos macrófagos, processam os antígenos ingeridos e exibem determinantes antigênicos em sua superfície. Uma vez ativadas, as CD migram para os linfonodos, onde interagem com as células T. Por conseguinte, à semelhança dos macrófagos, as CD atuam como células apresentadoras de antígenos (Tabela 16.3).

Tabela 16.3 Mecanismos pelos quais os antígenos T-dependentes e T-independentes são processados pelo sistema imune.

Antígeno T-independente	Antígeno T-dependente
O processamento dos antígenos T-independentes é iniciado quando uma célula B apropriada estabelece contato físico com o determinante antigênico livre (*i. e.*, um determinante antigênico não ligado a uma molécula MHC*) ↓	Após invadir o corpo, um antígeno (p. ex., uma célula bacteriana) é ingerido e digerido por um macrófago ou por uma CD ↓
Em seguida, a célula B ativada sofre extensa divisão celular, produzindo um clone de células B idênticas ↓	No interior do macrófago ou da CD, os determinantes antigênicos da célula bacteriana (designados como PA) ligam-se a moléculas, denominadas moléculas do MHC ↓
Alguns dos membros do clone recém-formado amadurecem em plasmócitos produtores de anticorpos, enquanto outros transformam-se em células de memória (Figura 16.3)	As moléculas combinadas de PA-MHC são então apresentadas na superfície do macrófago ou da CD; nesse estágio, o macrófago ou a CD são designados como APC ↓
	Uma célula T_H liga-se a uma das moléculas de PA-MHC, divide-se e "emite" (secreta) sinais químicos (citocinas) (Figura 16.4) (as células T_H auxiliam na produção de anticorpos, porém não os produzem) ↓
	Quando os sinais químicos alcançam uma célula B que é capaz de reconhecer determinado sinal, a célula B ativada sofre divisão, produzindo um clone de células B idênticas ↓
	Alguns dos membros do clone recém-formado amadurecem em plasmócitos produtores de anticorpos. Os anticorpos são expelidos rapidamente por vários dias até que o plasmócito morra. Cada plasmócito produz apenas um tipo de anticorpo, que irá se ligar ao determinante antigênico que ativou a célula B e que estimulou a produção desse anticorpo. Membros do clone que não se transformam em plasmócitos e algumas das células T ativadas permanecem no corpo como células de memória, que são capazes de responder com muita rapidez quando o antígeno entra novamente no corpo em determinado momento futuro

*As moléculas do MHC são moléculas de superfície, que desempenham um papel na apresentação dos antígenos e na rejeição dos transplantes de tecidos estranhos. PA, peptídeos antigênicos; APC, célula apresentadora de antígeno; CD, célula dendrítica; MHC, complexo principal de histocompatibilidade.

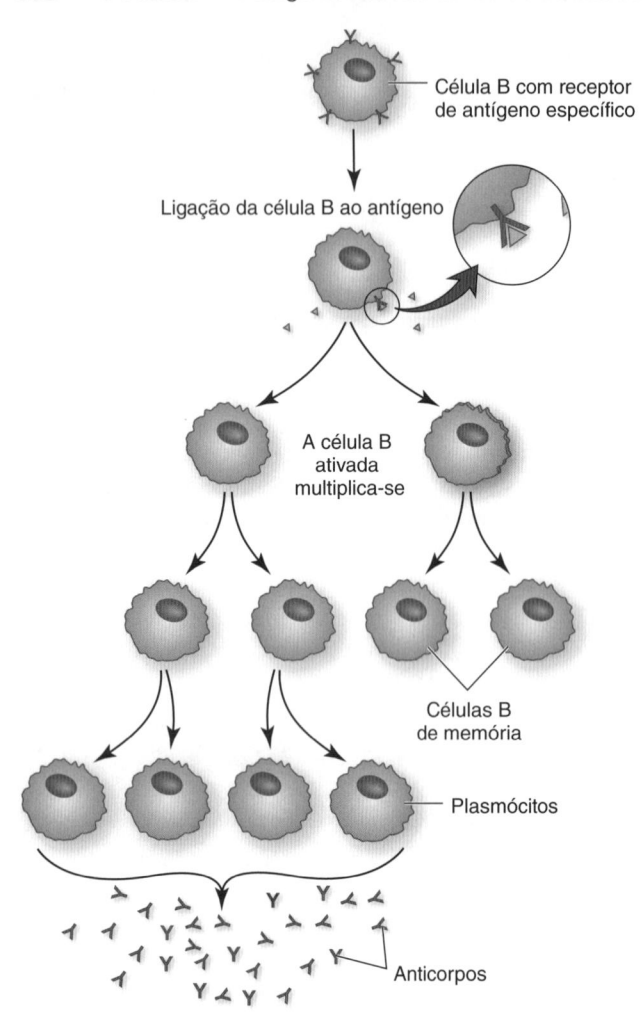

Célula B com receptor de antígeno específico

Ligação da célula B ao antígeno

A célula B ativada multiplica-se

Células B de memória

Plasmócitos

Anticorpos

Figura 16.3 Processamento dos antígenos T-independentes (ver Tabela 16.3). (Redesenhada de Cohen BJ. *Memmler's the human body in health and disease*. 11th ed. Philadelphia, PA: Lippincott Williams & Wilkins; 2009.)

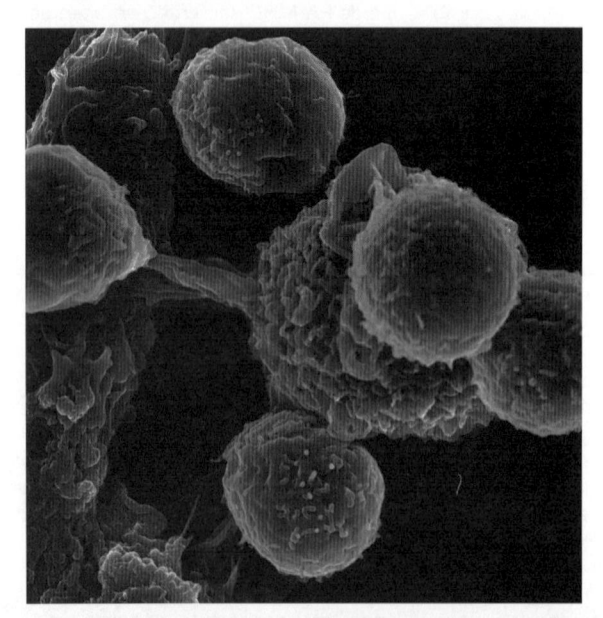

Figura 16.4 Micrografia eletrônica de varredura colorida digitalmente, mostrando células dendríticas (*cinza-esverdeado*) interagindo com células T (*rosa*). (Disponibilizada por Victor Segura Ibarra, Rita Serda e National Cancer Institute.) (Esta figura encontra-se reproduzida em cores no Encarte.)

As células envolvidas nas respostas imunes originam-se na medula óssea, a partir da qual a maioria das células sanguíneas se desenvolve. Três linhagens de linfócitos – os linfócitos B (células B), os linfócitos T (células T) e as células NK – originam-se das células-tronco linfoides da medula óssea.

Existem três categorias principais de células T: as células T auxiliares, as células T citotóxicas e as células T reguladoras. As células T auxiliares são também conhecidas como células T_H e células CD4+. O termo células CD4+ refere-se ao fato de que essas células possuem, em sua superfície, um antígeno designado como CD4+. A principal função das células T auxiliares consiste na secreção de citocinas. As células T_H1 e T_H2 são subcategorias das células T auxiliares. As citocinas secretadas pelas células T_H1 (designadas como citocinas do tipo 1) sustentam as respostas mediadas por células (descritas mais adiante neste capítulo), envolvendo macrófagos, células T citotóxicas e células NK. As citocinas secretadas pelas células T_H2 (designadas como citocinas do tipo 2) sustentam as respostas imunes humorais (descritas mais adiante nesse capítulo) por meio de indução da ativação das células B e diferenciação posterior das células B em plasmócitos.

> Os três principais tipos de células T são as células T auxiliares, as células T citotóxicas e as células T reguladoras.

As células T citotóxicas são também conhecidas como linfócitos T citotóxicos, células T_C e células CD8+. O termo CD8+ refere-se ao fato de que essas células possuem, em sua superfície, um antígeno denominado CD8. A principal função das células T citotóxicas consiste em destruir as células do hospedeiro infectadas por vírus, as células estranhas e as células tumorais.

As células T reguladoras atuam como freio para a resposta imune à infecção. As células T reguladoras incluem mais de um tipo celular e desempenham múltiplas funções, incluindo a infrarregulação da resposta imune uma vez contida a infecção; além disso, elas também parecem atuar na capacidade de prevenir doenças autoimunes. A maioria das células T reguladoras tem o antígeno CD4+, porém algumas apresentam o antígeno CD8+ em sua superfície celular.

Auxílio ao estudo

Classificando as "cinas"

Vários tipos de células no interior do corpo humano, incluindo as do sistema imune, comunicam-se umas com as outras.
Essa comunicação é feita por meio de mensagens químicas, ou seja, proteínas conhecidas como citocinas. Se as citocinas forem agentes quimiotáticos, atraindo os leucócitos para áreas onde eles são necessários, são designadas como quimiocinas.

ONDE OCORREM AS RESPOSTAS IMUNES?

Apesar de abranger todo o corpo, o sistema linfático constitui o local e a ponte da maior parte das atividades imunes. As respostas imunes a antígenos presentes no sangue são comumente iniciadas no baço, enquanto as respostas a micróbios e a outros antígenos encontrados nos tecidos são originadas nos linfonodos que estão localizados próximo à área afetada. Os antígenos que penetram no corpo por meio das mucosas (p. ex., após inalação ou ingestão) ativam as respostas imunes nos tecidos linfoides associados à mucosa. Por exemplo, as respostas imunes a antígenos intranasais e inalados ocorrem nas tonsilas e adenoides. Os antígenos ingeridos entram em células epiteliais especializadas, denominadas células M (células "*microfold*", microprega), que, em seguida, transportam-nos até as placas de Peyer na mucosa intestinal, onde são iniciadas as respostas imunes. Todos os vários tipos de células (macrófagos, células B, células T etc.) que colaboram para a produção das respostas imunes são encontrados nesses locais (baço, linfonodos, tonsilas, adenoides e placas de Peyer).

> As respostas imunes ocorrem em muitos locais do corpo, incluindo o baço, os linfonodos, as tonsilas e as adenoides.

IMUNIDADE HUMORAL

Na imunidade humoral, as células B produzem glicoproteínas especiais (moléculas compostas de carboidratos e de proteínas), denominadas anticorpos, em resposta a antígenos. Em muitos casos, esses anticorpos são capazes de reconhecer, de se ligar e de inativar ou destruir patógenos específicos.

Visão mais detalhada dos antígenos

Os antígenos são, em sua maioria, substâncias orgânicas estranhas, que são grandes o suficiente para estimular a produção de anticorpos; em outras palavras, um antígeno induz a produção de anticorpos, trata-se de uma substância geradora de anticorpos. As substâncias capazes de estimular a produção de anticorpos são designadas como antigênicas ou imunogênicas. Os antígenos podem ser proteínas com peso molecular de mais de 10.000 Da,[b] polissacarídeos maiores que 60.000 Da, grandes moléculas de DNA ou de RNA ou qualquer combinação de moléculas bioquímicas (p. ex., glicoproteínas, lipoproteínas e nucleoproteínas), que são componentes celulares tanto dos microrganismos quanto dos macrorganismos (p. ex., helmintos). As proteínas estranhas são os melhores antígenos.

> Os antígenos estimulam o sistema imune à produção de anticorpos.

Uma célula bacteriana tem numerosas moléculas em sua superfície, que são capazes de estimular a produção de anticorpos. Essas moléculas individuais ou sítios antigênicos são conhecidos como determinantes antigênicos (ou *epítopos*).

Uma célula bacteriana poderia ser descrita como um mosaico de determinantes antigênicos. O aspecto importante é que, na maioria dos casos, os antígenos precisam ser substâncias *estranhas* que o corpo humano não reconhece como antígenos *próprios*. Certamente, todos os micróbios invasores estão incluídos nessa categoria. Algumas moléculas pequenas, denominadas haptenos, podem atuar como antígenos apenas se forem acopladas a uma molécula carreadora grande, como uma proteína. Em seguida, os anticorpos produzidos contra o(s) determinante(s) antigênico(s) do hapteno podem combinar-se com essas moléculas do hapteno quando estiverem acopladas à proteína carreadora. Por exemplo, a penicilina e outras moléculas químicas de baixo peso molecular podem atuar como haptenos, levando algumas pessoas a se tornarem alérgicas (ou hipersensíveis) a elas.

> As moléculas individuais que estimulam a produção de anticorpos são denominadas determinantes antigênicos ou epítopos.

Processamento dos antígenos no corpo

Para que os anticorpos possam ser produzidos no corpo, é necessária a ocorrência de uma complexa série de eventos, alguns dos quais ainda não estão totalmente compreendidos. Sabe-se que os macrófagos, as CD, as células T e as células B frequentemente estão envolvidos em um esforço cooperativo (o processamento dos antígenos no interior do corpo é, com efeito, muito mais complexo do que a explicação sucinta que se segue).

Antígenos T-dependentes. Os antígenos são, em sua maioria, designados como *antígenos T-dependentes*, visto que as células T (especificamente, as células T$_H$) estão envolvidas no seu processamento. Em outras palavras, o processamento desses antígenos é *dependente* das células T. O processamento dos antígenos T-dependentes também envolve os macrófagos (ou as CD) e as células B.

> O processamento dos antígenos T-dependentes exige a participação das células T auxiliares, bem como a dos macrófagos (ou CD) e das células B.

Antígenos T-independentes. Outros antígenos são conhecidos como *antígenos T-independentes*, cujo processamento exige apenas a presença de células B. Em outras palavras, o processo ocorre independentemente das células T (ver Figura 16.3). Os antígenos T-independentes são grandes moléculas poliméricas (geralmente polissacarídeos), que contêm determinantes antigênicos repetitivos; os exemplos incluem o lipopolissacarídeo encontrado nas paredes celulares das bactérias gram-negativas, os flagelos e as cápsulas bacterianas.

> As células T auxiliares não estão envolvidas no processamento dos antígenos T-independentes; apenas as células B são necessárias.

A Tabela 16.3 fornece um resumo do processamento dos antígenos T-independentes e T-dependentes. Observa-se que o processamento de ambas as categorias de antígenos, T-independentes e T-dependentes, resulta no desenvolvimento das células B em plasmócitos, que têm a capacidade de secretar anticorpos.

---

[b]O termo dálton refere-se a uma unidade de massa igual a 1/12 da massa de um átomo de carbono 12 (^{12}C). Um dálton (Da) é igual a 1 na escala de massa atômica. Os dáltons são utilizados para expressar o peso molecular.

> As células que secretam anticorpos são denominadas plasmócitos; elas originam-se de células B.

A resposta imune inicial dirigida contra determinado antígeno é denominada resposta primária. Na resposta primária contra um antígeno, são necessários cerca de 10 a 14 dias para a produção de anticorpos. Quando os antígenos acabam, o número de anticorpos no sangue declina, à medida que os plasmócitos morrem. Outras células B estimuladas pelos antígenos transformam-se em células de memória, que são pequenos linfócitos que podem ser estimulados a produzir rapidamente grandes quantidades de anticorpos quando expostos posteriormente ao mesmo antígeno. Essa produção aumentada de anticorpos após a segunda exposição ao antígeno (p. ex., uma dose de reforço) é denominada resposta secundária, *resposta anamnéstica* ou *resposta de memória*. Uma segunda dose de reforço do antígeno muitos meses depois faz com que a concentração de anticorpos ultrapasse o nível observado na resposta secundária. Essa é a razão pela qual são administradas doses de reforço para proteger contra determinados patógenos que o indivíduo poderá encontrar durante a vida, como a bactéria *C. tetani* (causadora do tétano). Além das células B de memória, as células T de memória também contribuem para a memória imunológica.

> A resposta inicial a um antígeno é denominada resposta primária, enquanto a ocorrência de uma resposta subsequente ao mesmo antígeno é designada como resposta secundária, resposta anamnéstica ou resposta de memória.

células B], que geralmente atuam de modo coordenado com os linfócitos T [células T] e os macrófagos ou CD). Uma célula bacteriana possui numerosos determinantes antigênicos em sua membrana celular, na parede celular, na cápsula e nos flagelos, que estimulam a produção de muitos anticorpos diferentes. Em geral, um anticorpo é específico, visto que ele só irá reconhecer e se ligar ao determinante antigênico que estimulou a sua produção (p. ex., os anticorpos produzidos contra moléculas localizados nas fímbrias bacterianas só podem reconhecer essas moléculas específicas, ligando-se a elas). Todavia, em certas ocasiões, um anticorpo irá ligar-se a um determinante antigênico cuja estrutura é semelhante, mas não idêntica, ao determinante antigênico que estimulou a sua produção; nesse caso, esse anticorpo é designado como anticorpo de reação cruzada.

Todos os anticorpos pertencem a uma categoria de proteínas denominadas imunoglobulinas, que são glicoproteínas globulares encontradas no sangue e que participam das reações imunes. O termo *anticorpos* é utilizado para referir-se a imunoglobulinas com especificidade particular para determinado antígeno. Além de serem encontradas no sangue, as imunoglobulinas também estão na linfa, nas lágrimas, na saliva e no colostro (Figura 16.5). Os anticorpos encontrados no sangue são denominados anticorpos humorais ou circulantes. Conforme assinalado anteriormente, os anticorpos que proporcionam proteção contra as doenças infecciosas são denominados anticorpos protetores.

> Em geral, os anticorpos são muito específicos, ligando-se apenas ao determinante antigênico que simulou a sua produção.

> Um anticorpo é uma imunoglobulina que apresenta determinada especificidade para um antígeno.

A quantidade e o tipo de anticorpos produzidos em resposta a determinado estímulo antigênico dependem da natureza, do local de estímulo e da quantidade de antígeno, bem como do número de vezes que o indivíduo é exposto a ele. Após exposição inicial ao antígeno (como no caso de uma vacina), ocorre uma resposta primária tardia na produção de anticorpos. Durante essa fase lag (de intervalo), o antígeno é processado por células do sistema imune. Conforme anteriormente mencionado, são necessários cerca de 10 a 14 dias para a produção dos anticorpos.

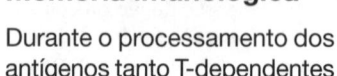

Auxílio ao estudo

Memória imunológica

Durante o processamento dos antígenos tanto T-dependentes quanto T-independentes, são produzidas células de memória, além dos plasmócitos secretores de anticorpos. As células de memória são células B e células T que são preparadas para responder a determinado antígeno *na próxima vez* que o antígeno entrar no corpo. Essa resposta é designada como resposta secundária, resposta anamnéstica ou de memória. Ocorre com muita rapidez e resulta na produção de grandes quantidades de anticorpos IgG, que são dirigidos contra o antígeno. São administradas doses de reforço para estimular a resposta secundária.

Visão mais detalhada dos anticorpos

A imunidade humoral envolve a produção de anticorpos, em contraposição com a IMC (discutida mais adiante, neste capítulo), que não está associada à produção de anticorpos. Os anticorpos são proteínas são produzidas pelos linfócitos em resposta à presença de um antígeno (conforme anteriormente descrito, as células produtoras de anticorpos constituem um tipo específico de linfócitos, denominados linfócitos B [ou

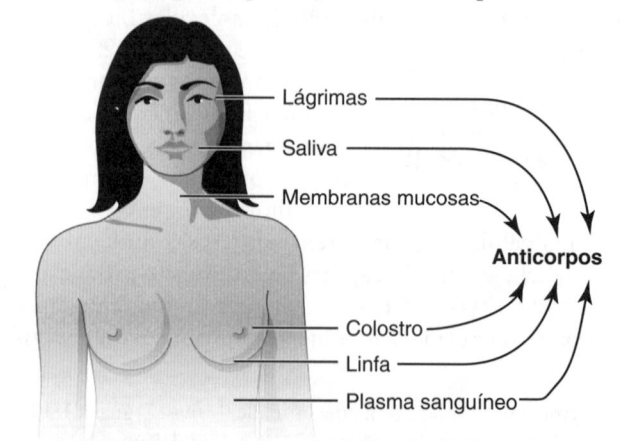

Figura 16.5 Líquidos corporais e locais onde são encontrados anticorpos.

Lágrimas

Saliva

Membranas mucosas

Anticorpos

Colostro

Linfa

Plasma sanguíneo

Estrutura dos anticorpos

Conforme descrito anteriormente, os anticorpos pertencem a uma categoria de glicoproteínas, denominadas imunoglobulinas. Todos eles são imunoglobulinas, mas nem todas as imunoglobulinas são anticorpos (para evitar qualquer confusão, neste livro, os termos são utilizados como sinônimos). Os anticorpos são produzidos pelos plasmócitos em resposta à estimulação das células B por antígenos estranhos.

A estrutura básica de uma molécula de imunoglobulina assemelha-se à letra Y (Figura 16.6). Consiste em duas cadeias polipeptídicas leves idênticas (localizadas no topo do Y), duas cadeias polipeptídicas pesadas idênticas, dois sítios de ligação do antígeno (localizados na parte superior do Y) e uma região de fragmento cristalizável (F_C) (localizada na base do Y). Nessa forma básica, a molécula é designada como *monômero*. As cadeias leves, que contêm menos aminoácidos do que as pesadas, são mais curtas e de peso molecular mais leve do que as cadeias pesadas. As cadeias são conectadas entre si por pontes de dissulfeto (-S-S-). O monômero é bivalente, visto que tem dois sítios (denominados *sítios de ligação do antígeno*), os quais podem ligar-se especificamente ao determinante antigênico que estimulou a produção desse anticorpo.[c] A sequência de aminoácidos no interior das regiões variáveis das cadeias pesadas e leves possibilita que a molécula do anticorpo se

> Um monômero assemelha-se à letra Y. Consiste em duas cadeias pesadas, duas cadeias leves, dois sítios de ligação do antígeno e uma região F_C.

ligue a um determinante antigênico específico. A região F_C possibilita a ligação da molécula às células (p. ex., neutrófilos, macrófagos, basófilos e mastócitos), que possuem receptores de superfície capazes de reconhecer vários sítios na região F_C.

Estudos realizados sobre o componente globulínico do sangue humano revelaram que existem cinco classes (ou *isótipos*) de imunoglobulinas, designadas como IgA, IgD, IgE, IgG e IgM (Ig refere-se ao termo imunoglobulina). A IgA e a IgE possuem subclasses. A sequência de aminoácidos dentro das regiões constantes das cadeias pesadas e das cadeias leves varia de uma classe de imunoglobulina para outra. A Tabela 16.4 e a Figura 16.7 fornecem informações sobre as várias classes de imunoglobulinas.

> As cinco classes de imunoglobulinas são IgA, IgD, IgE, IgG e IgM.

Complexos antígeno-anticorpo

Quando um anticorpo se combina com um antígeno, forma-se um complexo antígeno-anticorpo (ou complexo Ag-Ac ou *imunocomplexo*). Eles são capazes de ativar a cascata do complemento (pela via clássica), resultando, entre outros efeitos, na ativação dos leucócitos, na lise das células bacterianas e no aumento da fagocitose em consequência da opsonização. Por conseguinte, as infecções agudas causadas por bactérias extracelulares são controladas quase por completo pela IMA. Existe também um "lado sombrio" dos imunocomplexos, que será discutido em "Reações de hipersensibilidade do tipo III".

> A combinação de um anticorpo com um antígeno é denominada complexo antígeno-anticorpo, complexo Ag-Ac ou imunocomplexo.

Como os anticorpos nos protegem dos patógenos e das doenças infecciosas

Conforme assinalado anteriormente, uma vez produzidos, os anticorpos são muito específicos. Em geral, um determinado anticorpo só pode reconhecer e se ligar ao determinante antigênico que estimulou a sua produção. A Tabela 16.5 ilustra várias maneiras pelas quais as interações antígeno-anticorpo protegem o ser humano dos patógenos e das doenças infecciosas. Alguns exemplos são fornecidos a seguir.

Exemplo 1

Um patógeno penetrou no corpo de uma pessoa e começou a produzir uma toxina. Seu sistema imune responde por meio da produção de anticorpos dirigidos contra a toxina, os quais são denominados antitoxinas. Uma vez produzidas, as antitoxinas reconhecem as moléculas de toxina, ligam-se a elas e as neutralizam, de modo que não possam mais causar dano (*i. e.*, não sejam mais tóxicas).

Exemplo 2

Conforme discutido no Capítulo 14, *Patogenia das Doenças Infecciosas*, os vírus só podem ligar-se às células do hospedeiro que possuam o receptor apropriado em sua superfície. A molécula no vírus que reconhece o receptor e que se liga a

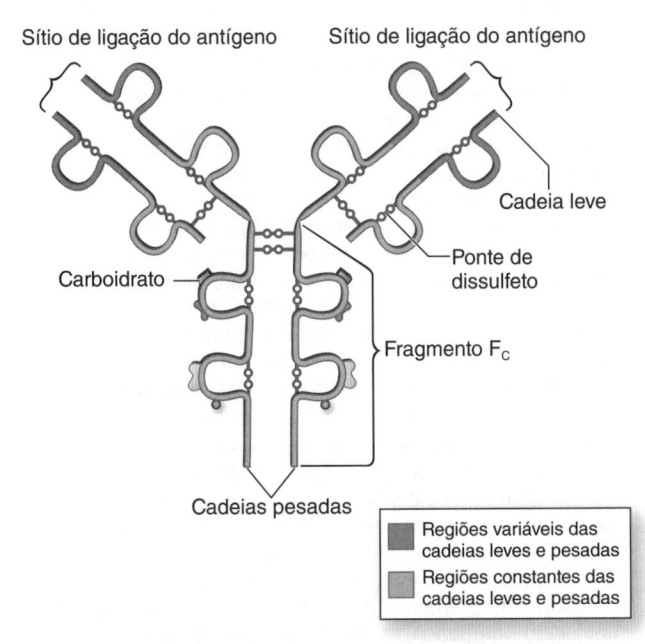

Sítio de ligação do antígeno   Sítio de ligação do antígeno

Cadeia leve

Ponte de dissulfeto

Carboidrato

Fragmento F_C

Cadeias pesadas

- Regiões variáveis das cadeias leves e pesadas
- Regiões constantes das cadeias leves e pesadas

Figura 16.6 Estrutura básica de uma molécula de imunoglobulina monomérica. Essa molécula contém duas cadeias leves, duas cadeias pesadas, uma região de fragmento cristalizável (F_C) e dois sítios de ligação do antígeno. (Esta figura encontra-se reproduzida em cores no Encarte.)

[c]É importante observar que os dois sítios de ligação do antígeno podem ligar-se apenas a cópias do determinante antigênico que estimulou a produção deste anticorpo.

Tabela 16.4 Classes de imunoglobulinas.

Classe de Ig	Peso molecular (Da)	Percentual de Ig total no soro (aproximadamente)	Funções
IgA	160.000 a 385.000; pode existir como monômero ou como dímero (dois monômeros unidos por uma pequena cadeia proteica, denominada cadeia J ["J" de junção])	10 a 20	Trata-se da classe de imunoglobulina predominante na saliva, nas lágrimas, no líquido seminal, no colostro, no leite materno e nas secreções da mucosa do nariz, dos pulmões e do trato gastrintestinal. Nas secreções, a IgA está principalmente presente como IgA secretora (sIgA), um dímero que contém uma proteína adicional, denominada componente secretor. Aparentemente, o componente secretor facilita o transporte da sIgA nas secreções e pode servir para proteger a molécula e IgA de danos enzimáticos no trato gastrintestinal. Protege as aberturas externas e as mucosas da adesão, colonização e invasão de patógenos. A IgA no colostro e no leite materno ajuda a proteger os recém-nascidos. No intestino, a IgA liga-se aos vírus, às bactérias e aos protozoários parasitas, como a *Entamoeba histolytica*, e impede a adesão dos patógenos à superfície das mucosas, impedindo, assim, a invasão
IgD	180.000 a 184.000 (um monômero)	< 1	Encontrada em grandes quantidades na superfície das células B. Sua função não é conhecida; porém, é possível que as moléculas de IgD na superfície de uma célula B atuem como receptores de antígenos e determinem o antígeno específico ao qual determinada célula B é capaz de responder
IgE	188.000 a 200.000 (um monômero)	< 1	Em indivíduos atópicos, a IgE é produzida em resposta a alergênios. É encontrada na superfície dos basófilos e dos mastócitos. Desempenha um importante papel nas respostas alérgicas (os basófilos são granulócitos que circulam no sangue. Os mastócitos são morfologicamente muito semelhantes aos basófilos, mas são encontrados nos tecidos, particularmente nos que circundam os olhos, o nariz, o sistema respiratório e o trato gastrintestinal)
IgG	146.000 a 170.000 (um monômero; a mais leve das imunoglobulinas)	70 a 85 (o tipo de imunoglobulina mais abundante no soro)	Trata-se da única classe de imunoglobulina capaz de atravessar a placenta. Os anticorpos IgG maternos que atravessam a placenta ajudam a proteger o recém-nascido durante os primeiros meses de vida. A IgG ligada a antígenos pode ligar-se ao complemento e ativá-lo, um processo conhecido como "fixação do complemento". As moléculas de IgG podem ligar-se a uma ampla variedade de receptores celulares para promover a fagocitose e a citotoxicidade dependente de anticorpos. Como resultado das células de memória, são produzidos altos níveis de IgG com muita rapidez (dentro de 1 a 3 dias) durante a resposta secundária a antígenos (descrita anteriormente). Os anticorpos são de longa vida e, algumas vezes, persistem por toda vida do indivíduo
IgM	900.000 a 970.000 (um pentâmero, que consiste em cinco monômeros unidos por uma cadeia J; a maior das imunoglobulinas)	10	Como um pentâmero possui 10 sítios de ligação do antígeno, a IgM pode ligar-se potencialmente a 10 determinantes antigênicos idênticos. Teoricamente, uma molécula de IgM pode ligar-se a 10 partículas virais separadas, impedindo, assim, a fixação dos vírus às células-alvo. Os anticorpos IgM são os primeiros anticorpos formados na resposta primária aos antígenos (incluindo patógenos), embora posteriormente os anticorpos IgG se tornem a classe mais prevalente. Os anticorpos IgM são de vida relativamente curta, permanecendo na circulação sanguínea por apenas alguns meses. Em virtude de seu grande tamanho, a IgM não atravessa a placenta. Fornece proteção nos estágios iniciais da infecção. A IgM, que é bactericida contra bactérias gram-negativas, é a imunoglobulina mais eficiente na fixação do complemento (ligação ao complemento)

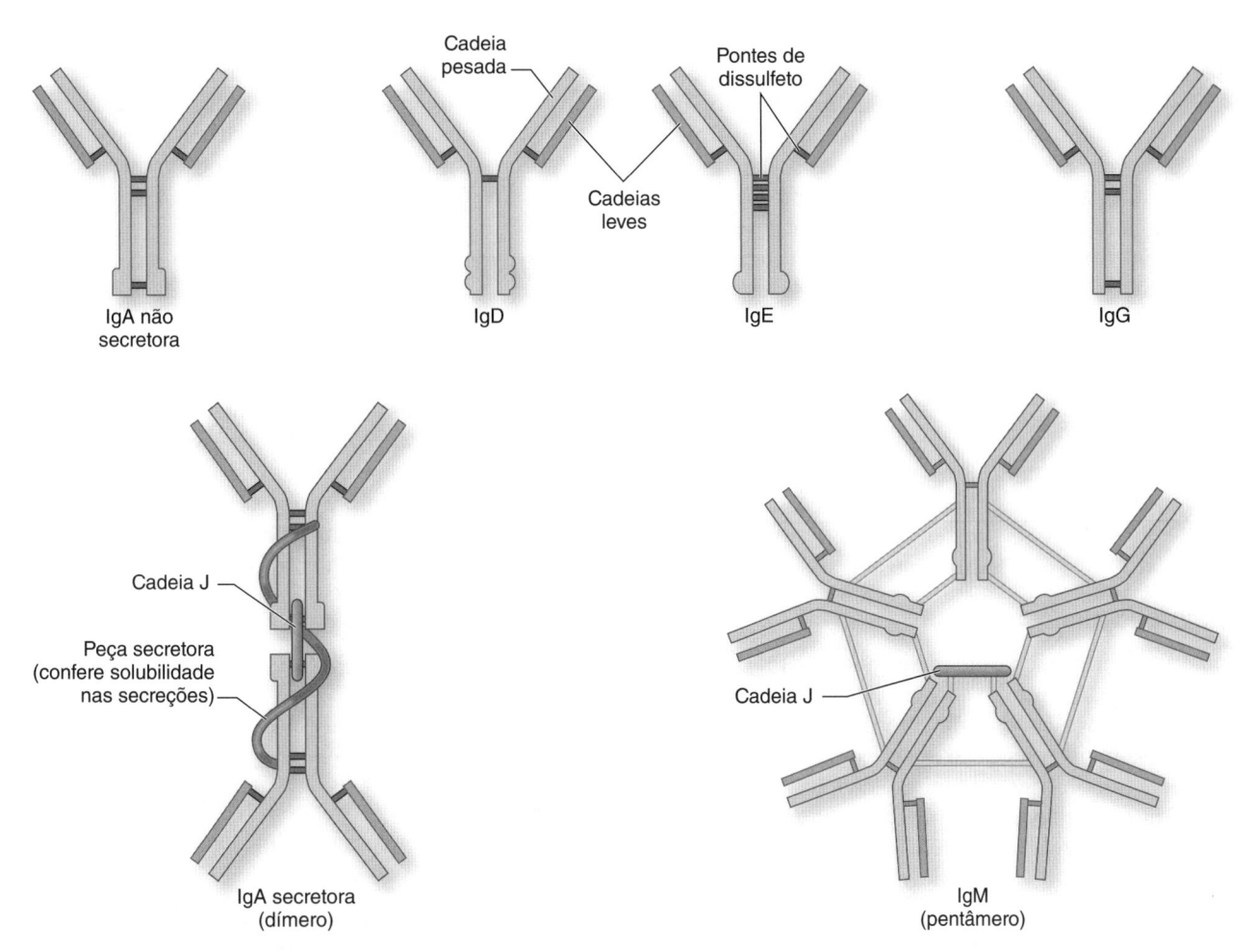

Figura 16.7 Estruturas das diferentes classes de anticorpos. A IgG, a IgD, a IgE e a IgA não secretoras são monômeros. A IgA secretora é um dímero (composta por dois monômeros), enquanto a IgM é um pentâmero (composta por cinco monômeros). As cadeias J ("J" de junção) consistem em pequenas cadeias proteicas que unem os monômeros entre si. A peça secretora (ou componente secretor) protege as moléculas de IgA das enzimas proteolíticas (de clivagem das proteínas) e facilita o transporte das moléculas de IgA através das membranas. IgA, imunoglobulina A; IgD, imunoglobulina D; IgE, imunoglobulina E; IgG, imunoglobulina G.

Tabela 16.5 Interações antígeno-anticorpo e seus efeitos.

Interação	Efeitos
Prevenção da fixação	Um patógeno recoberto por anticorpo é impedido de se fixar a uma célula
Agregação do antígeno	Os anticorpos reúnem os antígenos, formando um agregado que pode ser ingerido pelos fagócitos
Neutralização das toxinas	Os anticorpos ligam-se às moléculas de toxina para impedi-las de causar dano às células
Auxílio na fagocitose	Os fagócitos podem ligar-se mais facilmente aos antígenos cobertos com anticorpos
Ativação do complemento	Quando o complemento se liga ao anticorpo na superfície de uma célula, começa uma série de reações que ativam o complemento para destruir as células
Ativação das células NK	As células NK respondem ao anticorpo aderido a uma superfície celular e atacam a célula

Disponibilizada por Cohen BJ. *Memmler's the human body in health and disease*. 11th ed. Philadelphia, PA: Lippincott Williams & Wilkins; 2009.

ele é denominada adesina. Uma pessoa recebeu uma vacina contendo um vírus atenuado (ou seja, um vírus que não é mais infeccioso). A vacina estimula o sistema imune da pessoa a produzir anticorpos contra as moléculas de adesina. Posteriormente, em algum momento, caso o mesmo vírus penetre no corpo da pessoa, aqueles anticorpos irão aderir às moléculas de adesina, impedindo o vírus de se ligar às células do hospedeiro. Se o vírus for incapaz de se ligar à célula hospedeira apropriada, ele também será incapaz de penetrar na célula, de modo que a pessoa estará protegida da infecção causada por esse vírus.

Exemplo 3

Uma pessoa está infectada por uma bactéria que contém fímbrias (que permitem às bactérias aderir às células hospedeiras, e, para determinados patógenos bacterianos, a sua presença é necessária para que a bactéria possa causar doença). O sistema imune dessa pessoa responde por meio da produção de anticorpos dirigidos contra as fímbrias, os quais se ligam a elas, tornando impossível a ligação das células bacterianas ao tecido. Se a bactéria for incapaz de se ligar ao tecido, não poderá causar doença.

Exemplo 4

Uma pessoa está infectada por uma bactéria encapsulada (as cápsulas bacterianas desempenham uma função anti-fagocitária, o que significa que os leucócitos fagocíticos são incapazes de fagocitar bactérias encapsuladas. A razão disso é que os fagócitos precisam de receptores em sua superfície para reconhecer as moléculas polissacarídicas. Se o fagócito for incapaz de se ligar à bactéria encapsulada, ele também será incapaz de fagocitá-la). O sistema imune dessa pessoa responde por meio da produção de anticorpos dirigidos contra as moléculas polissacarídicas capsulares, os quais se ligam à cápsula. Isso possibilita a ligação dos fagócitos às bactérias encapsuladas, porque eles têm, em sua superfície, receptores capazes de reconhecer as moléculas de anticorpo e ligar-se a elas.

> Entre outras funções, os anticorpos podem neutralizar as toxinas, impedir a fixação dos patógenos às células do hospedeiro e promover a fagocitose.

Anticorpos monoclonais

Anticorpos purificados, que são dirigidos contra antígenos específicos, foram produzidos em laboratórios por uma técnica inovadora, em que um único plasmócito, que produz apenas um tipo específico de anticorpo, é fundido com uma célula tumoral que sofre rápida divisão. A nova célula produtora de anticorpos e de vida longa é denominada hibridoma. Esses hibridomas têm a capacidade de produzir grandes quantidades de anticorpos específicos, denominados anticorpos monoclonais. Os primeiros anticorpos monoclonais foram produzidos em 1975; desde então, foram encontradas muitas aplicações para eles. Os anticorpos monoclonais são comumente utilizados em TIDs, que são procedimentos imunológicos utilizados em laboratórios para o diagnóstico de doenças. O primeiro *kit* diagnóstico contendo anticorpos monoclonais foi aprovado para uso nos EUA em 1981.

> Os anticorpos monoclonais são produzidos por células de vida longa, denominadas hibridomas.

Foram desenvolvidos muitos outras TIDs com base em anticorpos monoclonais durante os últimos 30 anos. Ao longo dos anos, os anticorpos monoclonais passaram a ser utilizados no tratamento de uma variedade de doenças (ver boxe Auxílio ao estudo: "Exemplos de doenças que têm sido tratadas com anticorpos monoclonais").

IMUNIDADE MEDIADA POR CÉLULAS

Os anticorpos são incapazes de entrar nas células, incluindo as que contêm patógenos intracelulares. Felizmente, o sistema imune possui um braço capaz de controlar as infecções crônicas causadas por patógenos intracelulares (p. ex., bactérias, protozoários, fungos e vírus). Esse braço é denominado IMC, um complexo sistema de interações entre muitos tipos de células e secreções celulares (citocinas). Aqui será fornecida apenas uma breve visão geral da IMC.

Entre as diversas células que participam da IMC, estão os macrófagos, as CD, as células T_H, as células T_C, as células NK e os granulócitos. Embora a IMC não envolva a produção de anticorpos, os anticorpos produzidos durante a imunidade humoral podem desempenhar um pequeno papel em algumas respostas mediadas por células.

> As respostas imunes mediadas por células envolvem muitos tipos de células e citocinas; os anticorpos raramente ou nunca estão envolvidos.

Uma resposta citotóxica típica mediada por células deve envolver as seguintes etapas:

- Etapa 1: um macrófago ou uma CD engloba um patógeno e o digere parcialmente. Os fragmentos (determinantes antigênicos do patógeno) são então apresentados na superfície do macrófago ou da CD (*i. e.*, o macrófago ou a CD atuam como célula apresentadora de antígeno)
- Etapa 2: uma célula T_H liga-se a um dos determinantes antigênicos que estão sendo apresentados na superfície do macrófago ou da CD. A célula T_H produz citocinas, que alcançam uma célula efetora do sistema imune (p. ex., uma célula T_C ou célula NK)
- Etapa 3: a célula efetora liga-se a uma célula-alvo (uma célula hospedeira infectada por patógeno que apresenta o mesmo determinante antigênico em sua superfície)
- Etapa 4: ocorre liberação dos conteúdos vesiculares da célula efetora. Incluem a perforina e outras proteínas e enzimas, que literalmente perfuram a membrana da célula-alvo. Outras citocinas liberadas pelas células efetoras são o fator de necrose tumoral e o fator citotóxico das células NK
- Etapa 5: as toxinas produzidas pelas células efetoras penetram na célula-alvo, causando dano ao DNA e às organelas. Então, a célula-alvo morre.

As respostas imunes tanto humorais quanto mediadas por células desempenham um papel na defesa do corpo contra as infecções virais. Nas infecções virais citolíticas (p. ex., infecções causadas por herpes), os vírus podem ser neutralizados e destruídos por anticorpos e pelo sistema complemento, quando se movem nos líquidos corporais de uma célula lisada para uma célula intacta. Quando o vírus se estabelece no interior das células do corpo, a resposta imune

Auxílio ao estudo

Exemplos de doenças que têm sido tratadas com anticorpos monoclonais

- Asma
- Câncer de mama
- Doença cardiovascular
- Câncer de cólon
- Doença de Crohn
- Leucemia
- Linfomas
- Degeneração macular
- Melanoma
- Mieloma múltiplo
- Esclerose múltipla
- Osteoporose
- Artrite psoriásica
- Psoríase
- Artrite reumatoide
- Vários distúrbios autoimunes
- Rejeição de transplante.

mediada por células pode destruir as células infectadas pelo vírus, impedindo a sua multiplicação. Entretanto, se o vírus não for totalmente destruído, ele pode tornar-se latente em células dos gânglios nervosos, como ocorre nas infecções causadas por herpes (p. ex., herpes-zóster).

As células T_C e as células NK matam as células hospedeiras infectadas quando os patógenos estão estabelecidos em seu interior. Assim, as células hepáticas infectadas são destruídas na hepatite, durante a batalha do corpo contra a doença. O vírus da imunodeficiência humana (HIV), que causa a síndrome da imunodeficiência adquirida (AIDS), tem como alvo as células T_H e é particularmente destrutivo, visto que destrói exatamente as células que poderiam ter ajudado na luta contra a infecção. A falta de células T_H compromete tanto a imunidade humoral quanto a IMC, tornando os pacientes com AIDS muito suscetíveis a numerosas infecções oportunistas e neoplasias malignas.

Células *natural killer*

As células NK estão incluídas em uma subpopulação de linfócitos, denominados grandes linfócitos granulosos. Embora se assemelhem morfologicamente aos linfócitos, as células NK são desprovidas de marcadores de superfície típicos das células T ou das células B. Diferem também das células T das células B em outros aspectos. Por exemplo, as células NK não proliferam em resposta a um antígeno e não parecem estar envolvidas no reconhecimento do antígeno específico. Como o próprio sugere, as células NK matam as células-alvo, incluindo as células estranhas, as células hospedeiras infectadas por vírus ou bactérias e as células tumorais. Embora a atividade das células NK não dependa de anticorpos, elas possuem receptores em sua superfície para a região F_C dos anticorpos IgG. Esses receptores possibilitam que as células se liguem e matem as células-alvo cobertas por anticorpos, processo é conhecido como citotoxicidade celular dependente de anticorpos. Uma vez ligada a uma célula-alvo coberta por anticorpos, a célula NK insere uma molécula, denominada perforina, na membrana celular da célula-alvo, criando uma abertura (poro) através da qual são injetados grânulos citotóxicos, denominados granzimas. Embora não se disponha de evidências fortes para um sistema de vigilância imune em nossos corpos para monitorar e destruir as células malignas, as células NK podem participar desse tipo de sistema.

> As células T citotóxicas e as células NK matam as células estranhas, as células hospedeiras infectadas por vírus ou bactérias e as células tumorais.

HIPERSENSIBILIDADE E REAÇÕES DE HIPERSENSIBILIDADE

> A hipersensibilidade pode ser considerada como um sistema imune excessivamente sensível.

A *hipersensibilidade* refere-se a um sistema imune excessivamente reativo ou sensível. Nessas situações, o sistema imune, em uma tentativa de proteger a pessoa, causa irritação ou lesão a determinadas células e tecidos do corpo.

Existem vários tipos diferentes de reações de hipersensibilidade. Alguns envolvem anticorpos, enquanto outros não. Todos os tipos dependem da presença de antígeno e de células T, que são sensibilizadas por esse antígeno. As reações de hipersensibilidade são divididas em duas categorias gerais – de tipo imediato e de tipo tardio –, dependendo da natureza da reação imune e do tempo necessário para a ocorrência de uma reação passível de ser observada (Tabela 16.6). As reações de hipersensibilidade do tipo imediato ocorrem nos primeiros minutos a 24 horas após o contato com determinado antígeno.

Existem três categorias de reações de hipersensibilidade de tipo imediato, designadas como reações de hipersensibilidade do tipo I, tipo II e tipo III. Uma reação de hipersensibilidade do tipo tardio (HTT) leva geralmente mais de 24 horas para se manifestar. As reações de HTT são também conhecidas como reações de hipersensibilidade do tipo IV e reações mediadas por células.

> As reações de hipersensibilidade do tipo imediato ocorrem nas primeiras 24 horas após exposição a um antígeno, enquanto as de HTT levam mais de 24 horas para se manifestar.

Reações de hipersensibilidade do tipo I

As *reações de hipersensibilidade do tipo I* (também conhecidas como *reações anafiláticas*) incluem: as respostas alérgicas clássicas, como sintomas da febre do feno, asma, urticária e sintomas gastrintestinais, que resultam de alergias a alimentos; as respostas alérgicas a picadas de insetos e a fármacos; e o choque anafilático. Todas essas reações envolvem anticorpos IgE e a liberação de

> As respostas alérgicas clássicas, como a febre do feno e as alergias alimentares, são exemplos de reações de hipersensibilidade do tipo I, que são do tipo imediato.

Tabela 16.6 Tipos de reações de hipersensibilidade.	
Reações de hipersensibilidade do tipo imediato (ocorrem nos primeiros minutos a 24 horas após o contato com determinado antígeno)	
Reações de hipersensibilidade do tipo I	Reações anafiláticas (reações alérgicas)
Reações de hipersensibilidade do tipo II	Reações citotóxicas (que envolvem dano às células do corpo ou sua morte)
Reações de hipersensibilidade do tipo III	Reações por imunocomplexos (o dano a tecidos e órgãos é iniciado por complexos antígeno-anticorpo
Reações de HTT (levam geralmente 24 a 48 horas ou mais para se manifestar)	
Reações de hipersensibilidade do tipo IV	Também conhecidas como reações mediadas por células; os anticorpos desempenham apenas um papel menor, se houver algum; um exemplo é o teste cutâneo de TB positivo

HTT, hipersensibilidade do tipo tardio; TB, tuberculose.

mediadores químicos (particularmente a histamina) dos mastócitos e basófilos.

Resposta alérgica

A hipersensibilidade imediata do tipo I é, provavelmente, a mais comumente observada, visto que mais da metade da população norte-americana é alérgica a alguma coisa. Os indivíduos propensos a alergias (indivíduos atópicos) produzem anticorpos IgE (algumas vezes denominados reagina) quando são expostos a alergênios (antígenos que causam reações alérgicas). As moléculas de IgE ligam-se à superfície dos basófilos e dos mastócitos por meio de suas regiões F_C.

> Os indivíduos propensos a alergias são descritos como atópicos. Produzem anticorpos IgE quando são expostos a alergênios (antígenos que causam reações alérgicas).

O tipo e a gravidade de uma reação alérgica dependem de uma combinação de fatores, incluindo a natureza do antígeno, a quantidade de antígeno que entra no corpo, a via pela qual ele entra, o período de tempo entre as exposições ao antígeno, a capacidade do indivíduo de produzir anticorpos IgE e o sítio de ligação da IgE (Figura 16.7).

A reação alérgica resulta da presença de anticorpos IgE ligados a basófilos no sangue ou a mastócitos[d] no tecido conjuntivo – os anticorpos IgE que foram produzidos em resposta à primeira exposição do indivíduo ao alergênio. Quando o alergênio se liga à IgE ligada à célula por ocasião de uma exposição subsequente, as células sensibilizadas respondem por meio de desgranulação, que é descarga e liberação de grânulos e seus conteúdos irritantes e nocivos (mediadores químicos) (Figuras 16.8 a 16.11). Esses mediadores das respostas alérgicas incluem histamina, prostaglandinas, serotonina, bradicinina, substância de reação lenta da anafilaxia, leucotrienos e substâncias químicas que atraem os eosinófilos (agentes eosinofilotáticos).

> Após a sua produção, os anticorpos IgE ligam-se à superfície dos basófilos e dos mastócitos. A desgranulação dos basófilos e dos mastócitos ocorre quando um alergênio se liga posteriormente a esses anticorpos IgE.

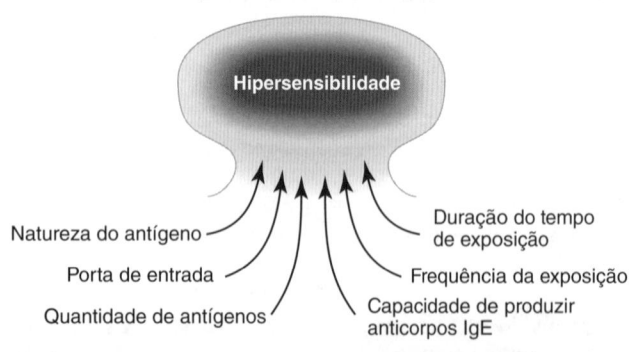

Figura 16.8 Fatores no desenvolvimento da hipersensibilidade do tipo I (alergias).

Natureza do antígeno
Porta de entrada
Quantidade de antígenos
Duração do tempo de exposição
Frequência da exposição
Capacidade de produzir anticorpos IgE
Hipersensibilidade

---

[d]Os mastócitos podem ser considerados como basófilos que residem nos tecidos diferentes do sangue. São mais abundantes nos tecidos que circundam os olhos, no sistema respiratório e no trato gastrintestinal.

Anafilaxia localizada

As reações de hipersensibilidade do tipo I (reações anafiláticas) podem ser localizadas ou sistêmicas. As reações localizadas envolvem comumente a desgranulação dos mastócitos, enquanto as reações sistêmicas envolvem, em geral, a desgranulação dos basófilos. A febre do feno, a asma e a urticária são exemplos de anafilaxia localizada. Os sintomas dependem de como o alergênio entra no corpo e dos locais de ligação da IgE. Se o alergênio (p. ex., pólen, poeira e esporos de fungos) for inalado e se depositar nas membranas mucosas do sistema respiratório, os anticorpos IgE que são produzidos se ligam aos mastócitos nessa área. A exposição subsequente a esses alergênios inalados possibilita a sua ligação à IgE fixada, desencadeando a desgranulação dos mastócitos. A histamina liberada inicia os sintomas clássicos da febre do feno. Os anti-histamínicos funcionam por meio de sua ligação e bloqueio dos locais onde a histamina se liga. Entretanto, os anti-histamínicos não são tão efetivos no tratamento da asma, visto que os mediadores dessa alergia do trato respiratório inferior incluem mediadores químicos além da histamina. Os alergênios (p. ex., alimentos e fármacos) que entram pelo sistema digestório também podem sensibilizar o hospedeiro e, com uma exposição subsequente, podem resultar em sintomas de alergia a alimentos (urticária, vômito e diarreia).

> As reações de hipersensibilidade do tipo I (reações anafiláticas) podem ser localizadas ou sistêmicas. Estas tendem a ser mais graves do que aquelas.

Anafilaxia sistêmica

A anafilaxia sistêmica resulta da liberação de mediadores químicos dos basófilos na corrente sanguínea. Ocorre em todo o corpo e, consequentemente, tende a ser uma condição mais grave do que a anafilaxia localizada. Pode levar a uma condição grave e potencialmente fatal, conhecida como choque anafilático. Com mais frequência, os alergênios envolvidos na anafilaxia sistêmica são fármacos ou venenos de insetos aos quais o hospedeiro foi anteriormente sensibilizado. A penicilina é um exemplo de um hapteno, uma substância que inicialmente precisa se ligar a uma proteína no sangue do hospedeiro (uma proteína carreadora) antes

(1) **Sensibilização dos mastócitos**

A primeira exposição ao antígeno leva os plasmócitos a produzirem anticorpos IgE específicos, que se ligam à superfície dos mastócitos teciduais e dos basófilos do sangue.

(2) **Ligação do alergênio**

Ocorre ligação cruzada das moléculas de IgE ligadas ao receptor pelo antígeno (alergênio).

(3) **Desgranulação dos mastócitos**

Os mastócitos sensibilizados são estimulados a liberar grânulos contendo histamina, leucotrienos, prostaglandinas e outros mediadores químicos potentes.

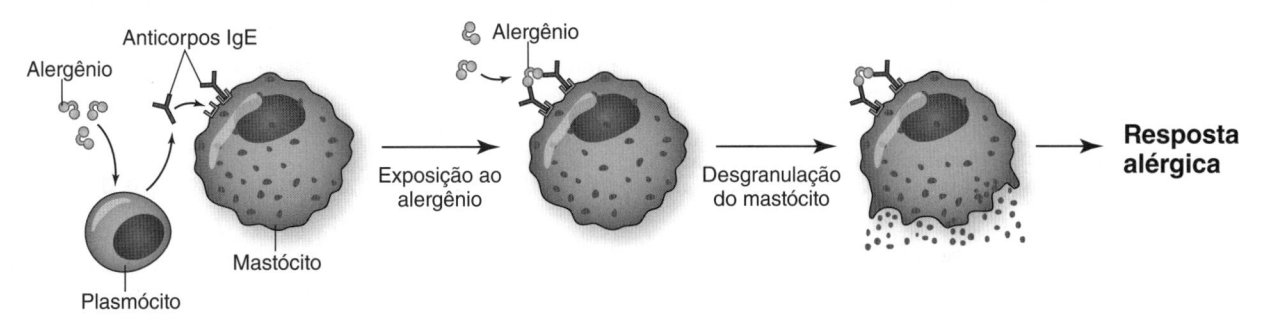

Figura 16.9 Eventos que ocorrem nas reações de hipersensibilidade do tipo I. (Redesenhada de Harvey RA *et al.* (eds.). *Lippincott Illustrated Reviews: Microbiology.* Philadelphia, PA: Lippincott Williams & Wilkins; 2001.)

da produção de anticorpos IgE. Em seguida, os anticorpos IgE ligam-se aos basófilos circulantes. Injeções subsequentes de penicilina no hospedeiro sensibilizado podem causar desgranulação dos basófilos e liberação de grandes quantidades de histamina e outros mediadores químicos no sistema circulatório.

As reações anafiláticas sistêmicas podem levar ao choque anafilático, que, se não for tratado rapidamente e de modo adequado, pode levar à morte.

Em geral, a reação de choque ocorre imediatamente (em 20 min) após nova exposição ao alergênio. Os primeiros sintomas consistem em rubor da pele com prurido, cefaleia, edema facial e dificuldade respiratória, seguidos de queda da pressão arterial, náuseas, vômitos, cólicas abdominais e micção (causada por contrações do músculo liso). Em muitos casos, podem ocorrer rapidamente desconforto respiratório agudo, perda da consciência e morte. Geralmente, o tratamento imediato com epinefrina (adrenalina) e anti-histamínico interrompe a reação.

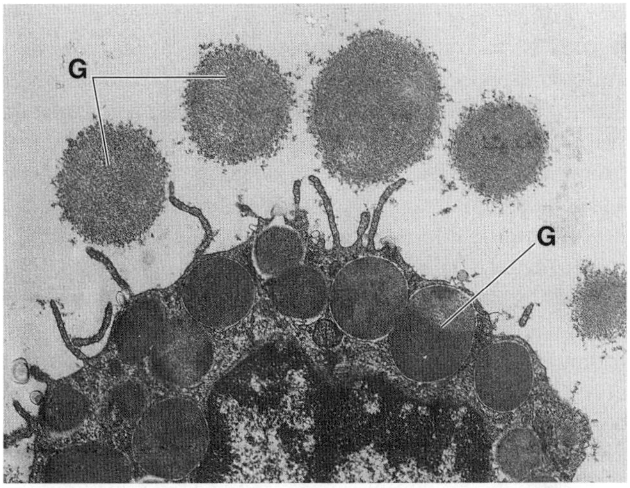

Os profissionais de saúde precisam ter um cuidado particular ao perguntar aos pacientes se eles têm qualquer alergia ou sensibilidade antes da administração de fármacos. Em particular, os indivíduos com alergias à penicilina e a outros medicamentos e a picadas de insetos devem utilizar um indicador de MedicAlert, de modo que não recebam tratamento incorreto durante uma crise.

Alergia ao látex

Com frequência, profissionais de saúde entram em contato com látex ao usar luvas e outros produtos contendo essa substância. O National Institute for Occupational Safety and Health (NIOSH) declarou que "para alguns trabalhadores, a exposição ao látex pode resultar em exantema cutâneo, urticária, rubor, prurido, sintomas nasais, oculares ou dos seios e (raramente) choque" (http://www.cdc.gov/niosh/docs/97-135). "Os relatórios indicam que 1 a 6% da população geral e cerca de 8 a 12% dos profissionais de saúde regularmente expostos são sensibilizados ao látex". O látex pode desencadear qualquer um dos seguintes três tipos de reações:

• Dermatite de contato irritante por agente irritante: trata-se da reação mais comum a produtos que contêm

Figura 16.10 Micrografia eletrônica de transmissão mostrando a desgranulação de um mastócito de rato. A desgranulação ocorreu em condições experimentais em um laboratório de pesquisa. *G*, grânulo. (Disponibilizada por Biomed Ed, Round Rock, TX.)

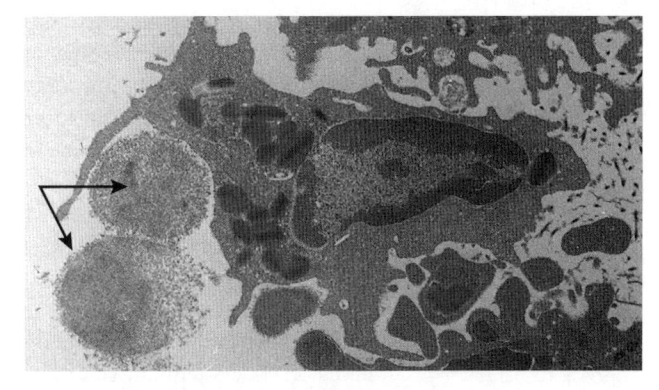

Figura 16.11 Micrografia eletrônica de transmissão mostrando a fagocitose de grânulos de mastócito de rato (*setas*) por um eosinófilo de rato. A fagocitose ocorreu em condições experimentais em um laboratório de pesquisa. (Disponibilizada por Biomed Ed, Round Rock, TX.)

látex. O indivíduo afetado apresenta áreas irritadas, secas e pruriginosas na pele, em geral nas mãos. Não se trata de uma verdadeira alergia, visto que o sistema imune não está envolvido

- Dermatite de contato alérgica: resulta da exposição a substâncias químicas adicionadas ao látex durante a coleta, o processamento ou a fabricação. Elas podem causar reações cutâneas semelhantes àquelas causadas pela hera venenosa. Trata-se de uma HTT ou alergia do tipo IV

- Alergia ao látex: trata-se de uma hipersensibilidade do tipo imediato, que pode ser uma reação mais grave ao látex do que a dermatite de contato por irritante ou a dermatite de contato alérgica. Determinados produtos presentes no látex podem provocar sensibilização, e a exposição subsequente ao material pode desencadear reações leves a graves. As reações leves consistem em vermelhidão da pele, urticária ou prurido; as mais graves incluem sintomas respiratórios (coriza e espirros), prurido nos olhos, irritação da garganta e asma. Raramente pode ocorrer choque. A alergia ao látex é uma reação sistêmica do tipo I mediada por IgE.

A alergia ao látex pode ser diagnosticada por meio de procedimentos para a detecção de anticorpos e teste cutâneo. Quando o indivíduo se torna alérgico ao material, são necessárias precauções especiais para evitar exposições subsequentes. Determinados medicamentos podem reduzir os sintomas alérgicos; porém, a abordagem mais efetiva consiste em evitar por completo o látex, embora isso seja muito difícil. Muitas instalações de cuidados de saúde mantêm áreas livres de látex para pacientes e profissionais afetados. Informações adicionais sobre o diagnóstico e o tratamento da alergia ao látex podem ser encontradas no *site* do NIOSH.

> Muitos profissionais de saúde desenvolvem alergia ao látex, exigindo medidas para evitar todo contato com produtos que contêm o material.

Teste cutâneo de alergia e aplicações de alergênios

> O resultado de um teste cutâneo positivo consiste em edema e vermelhidão (pápula e eritema) no local em que o alergênio foi introduzido na pele.

As reações anafiláticas podem ser prevenidas evitando os alergênios conhecidos. Em alguns casos, são utilizados testes cutâneos (testes de escarificação ou injeções intradérmicas de alergênios) para identificar os alergênios agressores. Um teste cutâneo é considerado positivo se ocorrer anafilaxia cutânea (*i. e.*, edema e vermelhidão no local de escarificação ou da injeção); essa reação é frequentemente designada como reação de "pápula e eritema".

Uma vez identificado o alergênio agressor, pode-se administrar imunoterapia pela injeção de pequenas doses do alergênio, repetidamente, com intervalos de vários dias. Na hipossensibilização, são produzidos

> As aplicações de alergênios resultam na produção de anticorpos IgG bloqueadores, que impedem a ligação do alergênio à IgE ligada aos basófilos e aos mastócitos.

anticorpos IgG circulantes, em vez de anticorpos IgE. Teoricamente, quando o paciente sofre exposição posterior natural ao alergênio, os anticorpos IgG circulantes devem ligar-se ao alergênio e bloquear a sua fixação à IgE ligada aos basófilos ou aos mastócitos. Essas moléculas de IgG circulantes, que são produzidas em resposta à dessensibilização, são denominadas anticorpos bloqueadores. A imunoterapia tem sido utilizada em pacientes alérgicos a alergênios de plantas, venenos de insetos, pelo de gato e veneno de formigas-lava-pés.

Reações de hipersensibilidade do tipo II

As *reações de hipersensibilidade do tipo II* são reações citotóxicas, o que significa que as células do corpo são destruídas durante elas. Estão incluídas as reações citotóxicas que ocorrem em transfusões de sangue incompatível, reações de incompatibilidade de Rh e miastenia *gravis*, todas envolvendo anticorpos IgG ou IgM e complemento. Uma reação típica de hipersensibilidade do tipo II deve seguir essa sequência:

- Etapa 1: determinado fármaco liga-se à superfície de uma célula do corpo
- Etapa 2: em seguida, os anticorpos antifármaco ligam-se ao fármaco em questão
- Etapa 3: isso inicia a ativação do complemento na superfície da célula
- Etapa 4: a cascata do complemento causa a lise da célula.

> As reações de hipersensibilidade do tipo II são reações citotóxicas.

Reações de hipersensibilidade do tipo III

Os complexos resultam da ligação de um anticorpo ao antígeno que estimulou a sua produção. Inicialmente, neste capítulo, foi comentado que os imunocomplexos têm um "lado sombrio". O lado sombrio é que eles podem resultar em *reações de hipersensibilidade do tipo III* (também conhecidas como reações por imunocomplexos). Exemplo de reações de hipersensibilidade do tipo III são a doença do soro e certas doenças autoimunes (p. ex., lúpus eritematoso sistêmico [LES] e artrite reumatoide). Essas reações envolvem anticorpos IgG ou IgM, complemento e neutrófilos. A doença do soro é uma reação imune com anticorpos de reação cruzada, em que os anticorpos produzidos contra proteínas globulares no soro equino também podem ligar-se a proteínas semelhantes no sangue do paciente. A formação desses imunocomplexos (antígeno + anticorpo + complemento) causa os sintomas de urticária, febre, disfunção renal e lesões articulares da doença do soro. O soro equino que contém antitoxinas é utilizado no tratamento do botulismo. Cerca de 10% dos pacientes que recebem esse antissoro desenvolvem doença do soro.

> As reações de hipersensibilidade do tipo III são reações por imunocomplexos.

Determinadas complicações (sequelas) da faringite estreptocócica não tratada ou inadequadamente tratada e de outras infecções por *Streptococcus pyogenes* resultam de reações de hipersensibilidade do tipo III. Os anticorpos IgG e IgM produzidos em resposta à infecção pelo *S. pyogenes* podem ligar-se a antígenos estreptocócicos (p. ex., proteína M), e os imunocomplexos resultantes depositam-se no tecido cardíaco, nas articulações ou nos glomérulos renais. Isso provoca inflamação local, levando à formação de cicatrizes e, em alguns casos, de anormalidades ou perda da função. O depósito de imunocomplexos causa cardiopatia reumática no tecido cardíaco, artrite nas articulações e glomerulonefrite nos rins.

> As complicações imunes das infecções pelo *S. pyogenes* incluem cardiopatia reumática, artrite e glomerulonefrite.

Reações de hipersensibilidade do tipo IV

As *reações de hipersensibilidade do tipo IV* são designadas como HTT ou reações imunes mediadas por células e fazem parte da IMC (os dois principais "braços" do sistema imune são a imunidade humoral e a IMC). As reações de hipersensibilidade do tipo IV são denominadas reações de HTT, visto que são comumente observadas 24 a 48 horas ou mais após a exposição ou o contato. Elas ocorrem nos testes cutâneos de tuberculina e fúngicos, na dermatite de contato e na rejeição de transplantes. A HTT constitui o principal modo de defesa contra bactérias e fungos *intracelulares*. Ela envolve vários tipos celulares, incluindo macrófagos, CD, células T citotóxicas e células NK; porém, os anticorpos não desempenham um importante papel.

> As reações de hipersensibilidade do tipo IV são também conhecidas como reações de HTT ou reações imunes mediadas por células. Normalmente, levam 24 a 48 horas para se manifestar.

Um exemplo clássico de uma reação de HTT é o teste cutâneo positivo para TB (também denominado teste cutâneo de Mantoux).[e] A tuberculina, ou derivado proteico purificado (PPD), que consiste em extratos proteicos preparados a partir de culturas de *Mycobacterium tuberculosis*, é injetada por via intradérmica na pessoa (Figura 16.12). Se existir uma "memória imunológica" das proteínas do *M. tuberculosis* no corpo, ocorrerá uma reação de HTT, produzindo o inchaço e vermelhidão típicos (pápula e eritema) associados a um resultado positivo do teste.

Os seguintes eventos devem ocorrer para produzir uma reação positiva:

- Etapa 1: nas primeiras 2 a 3 horas após a injeção do PPD, ocorre um influxo de células polimorfonucleares (PMN) para o local da injeção
- Etapa 2: segue-se um influxo de linfócitos e macrófagos, enquanto os PMN se dispersam
- Etapa 3: nas primeiras 12 a 18 horas, a área torna-se vermelha (*eritematosa*) e inchada (*edemaciada*)
- Etapa 4: o *eritema* (vermelhidão) e o *edema* (inchaço) alcançam a sua intensidade máxima entre 24 e 48 horas
- Etapa 5: com o tempo, à medida que o inchaço e a vermelhidão desaparecem, os linfócitos e os macrófagos se dispersam.

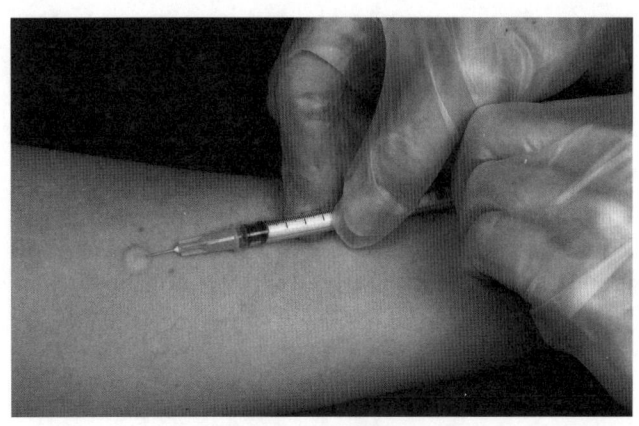

Figura 16.12 Prova cutânea de Mantoux. Esse teste consiste na injeção intradérmica de 0,1 m*ℓ* de tuberculina ou PPD e na observação dos resultados dentro de 48 a 72 horas. Se o indivíduo tiver sido exposto às micobactérias no passado, ocorrerão vermelhidão e edema no local da injeção; isso constitui um resultado positivo do teste cutâneo para TB. O diâmetro da induração (área elevada e endurecida ao toque, e não a área de eritema) é medido, e os resultados são interpretados utilizando critérios padronizados. PPD, derivado proteico purificado; TB, tuberculose. (Disponibilizada por Gabrielle Benenson, Greg Knobloch e pelos CDC.) (Esta figura encontra-se reproduzida em cores no Encarte.)

Um resultado positivo no teste cutâneo para TB não significa necessariamente que o indivíduo tenha TB, embora esta seja uma possibilidade. Na verdade, um resultado positivo do teste cutâneo da tuberculina pode indicar qualquer uma das cinco possibilidades seguintes:

1. O indivíduo apresenta TB ativa (nesse caso, uma radiografia de tórax revelará a presença, e ele provavelmente apresentará tosse, e o escarro conterá bacilos álcool-acidorresistentes).
2. O indivíduo teve TB em algum momento no passado e recuperou-se (nesse caso, ele deve lembrar-se de ter tido TB, ou o seu prontuário conterá essa informação).
3. O indivíduo foi infectado pelo *M. tuberculosis* em alguma época do passado, mas os microrganismos foram mortos pelos seus mecanismos de defesa (embora ele não abrigue atualmente nenhuma célula viva de *M. tuberculosis*, deverá receber um ciclo de 6 meses de isoniazida, visto que não existe nenhuma maneira de diferenciar a possibilidade 3 da 4).
4. O indivíduo abriga atualmente células vivas de *M. tuberculosis*, mas não apresenta TB (nesse caso, será iniciado um ciclo de 6 meses de isoniazida, na tentativa de matar quaisquer células vivas de *M. tuberculosis* no corpo).
5. O indivíduo recebeu a vacina do Bacilo Calmette-Guérin (BCG) em algum momento do passado (ele deve lembrar-se ter recebido a vacina ou provém de um país onde ela é administrada rotineiramente).

> Um teste cutâneo positivo para TB indica que o indivíduo foi exposto aos antígenos micobacterianos, podendo ou não ter TB ativa.

Muitos países (excluindo os EUA) imunizam rotineiramente seus cidadãos contra a TB utilizando a vacina BCG, que é preparada a partir de uma cepa atenuada do

---

[e]A prova de Mantoux é assim denominada em homenagem a Charles Mantoux, o médico francês que introduziu esse teste em 1908.

Mycobacterium bovis.[f] Embora seja apenas cerca de 50% efetiva na prevenção da TB, ela faz com que os receptores tenham resultados positivos nos testes cutâneos para TB por um período variável de tempo após a imunização.

Ensaios de liberação de gamainterferona

Um novo tipo de ensaio utilizado para a detecção de TB latente baseia-se na detecção da gamainterferona (γ-IFN) produzida por linfócitos expostos a dois antígenos específicos presentes no *M. tuberculosis*. Amostras de sangue são expostas aos antígenos, e, depois de uma noite de incubação, a presença de γ-IFN indica que o paciente foi exposto no passado ao patógeno. Esse ensaio é mais específico do que a prova cutânea de Mantoux e pode ser utilizado em indivíduos previamente vacinados com BCG.

Outros exemplos de hipersensibilidade do tipo tardio

Uma reação semelhante ao teste cutâneo positivo para TB é observada na dermatite de contato (hipersensibilidade de contato), após contato com determinados metais, os catecois da hera venenosa, cosméticos e medicamentos tópicos. A rejeição de tecidos transplantados contendo antígenos histológicos (teciduais) estranhos parece ocorrer de modo semelhante, exceto que as citocinas e anticorpos causam a rejeição do transplante.

DOENÇAS AUTOIMUNES

Ocorre doença autoimune quando o sistema imune do indivíduo não reconhece mais determinados tecidos do corpo como próprios e tenta destruí-los como se fossem não próprios ou estranhos. Isso pode ocorrer com determinados tecidos que não são expostos ao sistema imune durante o desenvolvimento fetal, de modo que eles não são reconhecidos como próprios. Esses tecidos podem incluir a lente do olho, o encéfalo e a medula espinal e os espermatozoides. Uma exposição subsequente a esses tecidos (por cirurgia ou em consequência de lesão) pode possibilitar a formação de anticorpos (IgG ou IgM) que, juntos com o complemento, podem causar destruição desses tecidos, resultando em cegueira, encefalite alérgica ou esterilidade. Acredita-se que determinados fármacos e vírus possam alterar os antígenos nas células do hospedeiro, induzindo, assim, a formação de autoanticorpos ou de células T sensibilizadas, que reagem contra essas células teciduais alteradas.

> Ocorre doença autoimune quando o sistema imune do indivíduo ataca os próprios tecidos corporais, como se fossem não próprios ou estranhos.

Existem mais de 80 doenças autoimunes reconhecidas. Nos EUA, foi estimado que mais de 10 milhões de pessoas sofrem dessas doenças.

As doenças autoimunes podem ser classificadas como específicas ou não específicas de órgãos. Exemplos de doenças autoimunes específicas de órgãos são: tireoidite de Hashimoto, doença de Graves e tireotoxicose primária, que afetam a tireoide; anemia perniciosa, que acomete a mucosa gástrica; doença de Addison, que atinge as glândulas suprarrenais; e diabetes melito insulinodependente, também conhecido como diabetes tipo I, que afeta o pâncreas. As doenças autoimunes não específicas de órgãos acometem a pele, os rins, as articulações e os músculos; entre os exemplos, destacam-se a miastenia *gravis* (que afeta os músculos), a dermatomiosite (que afeta a pele), o LES (que afeta os rins, os pulmões, a pele e o cérebro), a esclerodermia (que afeta a pele, os pulmões, os rins e o trato gastrintestinal) e a artrite reumatoide (que afeta as articulações). As doenças autoimunes resultam de reações de hipersensibilidade dos tipos II, III ou IV. Por exemplo, a miastenia *gravis* resulta de hipersensibilidade do tipo II, enquanto a artrite reumatoide e o LES constituem o resultado de hipersensibilidade do tipo III.

IMUNOSSUPRESSÃO

Se o sistema imune de um indivíduo estiver funcionando adequadamente, ele é considerado imunocompetente. Em contrapartida, se não estiver funcionando de modo adequado, ele é considerado *imunossuprimido, imunodeprimido* ou *imunocomprometido*. A causa mais comum de imunodeficiência no mundo inteiro é a desnutrição. Além disso, existem imunodeficiências adquiridas e herdadas.

> Se o sistema imune de um indivíduo não estiver funcionando adequadamente, ele é considerado imunossuprimido, imunodeprimido ou imunocomprometido.

As *imunodeficiências adquiridas* podem ser causadas por fármacos (p. ex., agentes quimioterápicos para o tratamento do câncer e fármacos administrados a pacientes transplantados), irradiação ou certas doenças infecciosas, como infecção pelo HIV. Esta leva a uma redução das células TH, o que, por sua vez, impede a produção de anticorpos contra antígenos T-dependentes e, consequentemente, resulta em uma incapacidade de combater determinados patógenos. Esses patógenos superam as defesas do hospedeiro, levando finalmente à morte do paciente. Em geral, os indivíduos com AIDS morrem de várias doenças infecciosas devastadoras, incluindo doenças virais, bacterianas, fúngicas e parasitárias. A capacidade de resposta imune e de produzir anticorpos também declina com o envelhecimento normal do organismo, talvez em consequência do declínio da capacidade das células T de regular a reposta imune. Isso, por sua vez, resulta em maior suscetibilidade do indivíduo idoso a adquirir doenças infecciosas graves.

> As imunodeficiências podem ser herdadas ou adquiridas.

As *doenças por imunodeficiência herdadas* podem resultar de deficiências na produção de anticorpos, na atividade do complemento, na função fagocitária ou na função das células NK. Exemplos de doenças por imunodeficiência

---

[f]A vacina BCG é assim denominada em homenagem a Albert Calmette e Camille Guérin, bacteriologistas franceses que a desenvolveram. Ela foi testada pela primeira vez em 1921.

hereditárias são a doença granulomatosa crônica e a síndrome de Chediak-Higashi. Outras incluem a imunodeficiência combinada grave (IDCG), a síndrome de DiGeorge e a síndrome de Wiskott-Aldrich. Os pacientes com IDCG apresentam deficiências nas células B, nas células T ou em ambas, resultando em graves infecções recorrentes.

A síndrome de DiGeorge caracteriza-se pela ausência congênita do timo e das glândulas paratireoides; logo, os pacientes sofrem infecções frequentes e desenvolvimento tardio. Aqueles com síndrome de Wiskott-Aldrich apresentam deficiências nas células B, nas células T, nos monócitos e nas plaquetas; os efeitos observados consistem em sangramento, infecções recorrentes e eczema. O transplante de medula óssea e a terapia gênica podem ser valiosas para o tratamento de determinadas doenças por imunodeficiência.

Espera-se que o crescente conhecimento que está sendo adquirido em genética como resultado do Projeto Genoma Humano leve a uma maior compreensão dessas doenças e ao desenvolvimento de vários novos métodos por meio dos quais poderão ser tratadas.

Alguns indivíduos nascem com incapacidade de produzir anticorpos protetores e, por isso, não possuem gamaglobulinas no sangue. Essa anormalidade é denominada agamaglobulinemia. Essas pessoas são muitos suscetíveis às infecções, até mesmo aquelas causadas por micróbios menos virulentos em seu ambiente.

Um tratamento frequentemente bem-sucedido para a agamaglobulinemia consiste em transplante de medula óssea, que envolve a transferência de precursores dos leucócitos de um familiar estreitamente relacionado. Algumas dessas células amadurecem em linfócitos. Esses linfócitos podem implantar-se nos linfonodos, tornando-se imunocompetentes (*i. e.*, capazes de serem estimulados por antígenos para produzir anticorpos).

Os indivíduos que produzem quantidades insuficientes de anticorpos apresentam hipogamaglobulinemia. A sua resistência à infecção é mais baixa do que o normal,

> Um indivíduo sem capacidade de produzir anticorpos apresenta agamaglobulinemia, enquanto aquele que produz anticorpos em quantidades muito pequenas apresenta hipogamaglobulinemia.

de modo que eles habitualmente não se recuperam de doenças infecciosas tão rápido quanto a maioria das outras pessoas. Um tipo, denominado hipogamaglobulinemia de Bruton, é uma doença hereditária em que as células B circulantes estão presentes em número profundamente baixo ou estão totalmente ausentes.

LABORATÓRIO DE IMUNOLOGIA

Conforme assinalado no Capítulo 13, *Diagnóstico das Doenças Infecciosas*, podem-se utilizar técnicas imunológicas no laboratório de imunologia, que é separado do LMC, ou dentro da seção de imunologia do LMC, dependendo do tamanho da instituição médica. Os procedimentos imunológicos incluem testes para o diagnóstico de doenças infecciosas e distúrbios do sistema imune, determinação da compatibilidade tecidual para transplantes de órgãos e

tecidos e detecção e quantificação de vários componentes séricos (procedimentos imunoquímicos). Apenas alguns desses procedimentos são discutidos aqui.

Técnicas de imunodiagnóstico

Historicamente, o tempo necessário para a obtenção dos resultados laboratoriais tem sido a crítica mais comum feita ao LMC. Algumas vezes, são necessários dias ou até mesmo semanas para isolar patógenos de amostras clínicas, promover o seu crescimento em cultura pura e em grandes quantidades e realizar os testes necessários para a sua identificação. No caso de certas doenças infecciosas, é impossível isolar os patógenos, visto que são patógenos intracelulares obrigatórios ou extremamente fastidiosos.

Uma solução para esses problemas foi o desenvolvimento de TIDs, que são técnicas de laboratório que ajudam a estabelecer o diagnóstico de doenças infecciosas por meio da detecção de antígenos ou de anticorpos em amostras clínicas. Os resultados dessas técnicas frequentemente estão disponíveis no mesmo dia em que a amostra clínica é coletada do paciente. As TIDs realizadas em amostras de soro são algumas vezes designadas como técnicas sorológicas.

> As TIDs são procedimentos laboratoriais que utilizam os princípios da imunologia para diagnosticar doenças.

Algumas TIDs são desenvolvidas para detectar antígenos, enquanto outras se destinam a detectar anticorpos (Figura 16.13). A detecção de antígenos em uma amostra clínica fornece uma indicação da presença de determinado patógeno no paciente, fornecendo, assim, uma evidência

Técnicas de imunodiagnóstico

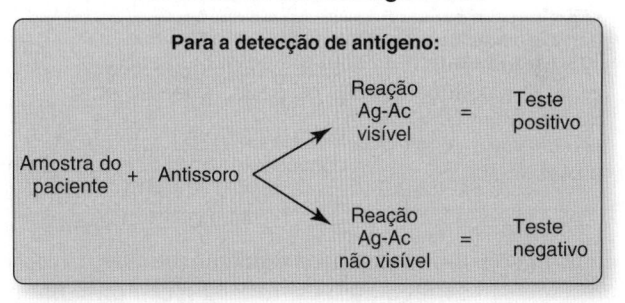

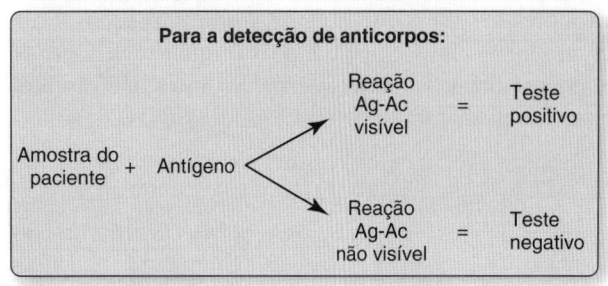

Figura 16.13 Princípios das técnicas para a detecção de antígenos e anticorpos. Dependendo do tipo de TID que está sendo realizada, a reação antígeno-anticorpo (Ag-Ac) visível deve consistir na aglutinação (agregação) de células ou partículas de látex, formação de uma linha ou banda de precipitina, fluorescência ou produção de cor (como nos imunoensaios enzimáticos). TID, técnica de imunodiagnóstico.

direta de que o paciente está infectado por aquele patógeno. A detecção de anticorpos dirigidos contra determinado patógeno fornece uma evidência indireta de infecção por esse patógeno. Na realidade, existem quatro explicações possíveis para a presença de anticorpos dirigidos contra determinado patógeno:

- Infecção presente (o paciente está atualmente infectado pelo patógeno)
- Infecção passada (o paciente foi infectado pelo patógeno no passado, e os anticorpos ainda estão presentes no seu corpo)
- Vacinação (os anticorpos resultam da vacinação do indivíduo contra determinado patógeno em algum momento do passado; por exemplo, o soro do indivíduo pode conter anticorpos dirigidos contra o vírus influenza por ter recebido uma dose de vacina no ano anterior)
- Embora os anticorpos sejam considerados muito específicos, existem casos em que eles podem reagir com epítopos molecularmente semelhantes, porém não idênticos ao epítopo que estimulou a produção de anticorpos.[g] Essa reação é conhecida como *reatividade cruzada* ou *reação cruzada*. Felizmente, na maioria das TIDs, a reatividade cruzada não constitui um evento comum.

Tendo em vista a possibilidade de várias explicações para a presença de anticorpos em uma amostra clínica, a de antígenos é a que fornece a melhor prova de infecção atual. Infelizmente, não se dispõe de técnicas para a detecção

> A detecção de anticorpos dirigidos contra determinado patógeno em uma amostra clínica pode representar infecção presente, infecção passada ou vacinação anterior contra esse patógeno.

de antígenos para muitas doenças infecciosas. Outro problema relacionado com as técnicas de detecção de anticorpos é que o indivíduo leva aproximadamente 10 a 14 dias para produzir anticorpos detectáveis; por esse motivo, mesmo se o paciente estiver infectado por um patógeno específico, os anticorpos não serão detectáveis por um período de cerca de 2 semanas.

Duas maneiras para aumentar o valor das técnicas de detecção de anticorpos para o diagnóstico de infecção presente são as seguintes: (a) testar especificamente os anticorpos IgM e (b) utilizar soros pareados. Como os anticorpos IgM constituem os primeiros anticorpos a serem produzidos durante a exposição inicial a um antígeno (resposta primária), e como eles são de vida relativamente

curta, a presença desses anticorpos IgM dirigidos contra determinado patógeno fornece uma evidência de que o indivíduo está atualmente infectado pelo patógeno em questão.

Para o teste de soros pareados, uma amostra de soro (*soro agudo*) é coletada durante a fase aguda da doença, enquanto outra amostra (*soro convalescente*) é coletada 2 semanas depois. A observação de uma elevação significativa no título (concentração) de anticorpo entre os soros da fase aguda e da

> O valor das técnicas de detecção de anticorpos pode ser melhorado pela detecção específica de anticorpos IgM ou pelo uso de soros pareados (*i. e.*, soros da fase aguda e da fase convalescente).

fase convalescente fornece uma evidência de que o paciente estava produzindo ativamente anticorpos contra o patógeno em questão durante o período de 2 semanas e, consequentemente, que esse patógeno constitui a causa da infecção atual do paciente.

Os laboratórios adquirem de empresas comerciais os reagentes que são utilizados para a detecção de antígenos ou de anticorpos. O reagente utilizado para a detecção de antígenos contém anticorpos e é denominado antissoro. Um antissoro é comumente preparado pela inoculação de um animal

> O reagente utilizado para a detecção de antígenos contém anticorpos e é denominado antissoro. O reagente utilizado para detecção de anticorpos contém antígenos.

de laboratório com o patógeno (em geral, são utilizados patógeons mortos) e, em seguida, pela coleta de sangue do animal depois de várias semanas. Deixa-se o sangue coagular; depois, remove-se o soro. O reagente utilizado para a detecção de anticorpos contém antígenos. Trata-se habitualmente de uma suspensão dos patógenos mortos.

Foram desenvolvidos numerosos testes laboratoriais com a finalidade de visualizar uma reação antígeno-anticorpo caso ocorra. Esses testes, que incluem a aglutinação (envolvendo a agregação de partículas, como eritrócitos ou látex), procedimentos de precipitação (envolvendo a produção

> Os testes utilizados para determinar a ocorrência de uma reação antígeno-anticorpo incluem técnicas de aglutinação, precipitação, imunofluorescência e ELISA.

de um precipitado), técnicas de imunofluorescência e ensaios imunoabsorventes ligados a enzima (ELISA ou EIA), estão representados de modo esquemático na Tabela 16.7. As técnicas de aglutinação estão ilustradas na Figura 16.14.

Técnicas para a detecção de antígenos

Para a detecção de antígenos, a amostra clínica é misturada com um antissoro específico (ver Figura 16.13). A formação de complexos antígeno-anticorpo resulta em uma reação visível, que indica a presença de antígenos na amostra clínica; nesse caso, o resultado do teste é considerado positivo. Se não for observada nenhuma reação visível, o antígeno não está presente na amostra, e o resultado do teste é negativo (p. ex., uma gota de líquido cerebrospinal [LCS] de um paciente com meningite é misturada com uma gota de

---

[g]Como exemplos, as TIDs serão consideradas para a detecção de anticorpos dirigidos contra o *Treponema pallidum* (bactéria causadora de sífilis). Os anticorpos produzidos contra outros treponemas patogênicos (p. ex., os agentes etiológicos da bouba e da pinta), bem como contra treponemas não patogênicos, apresentarão reação cruzada com determinantes antigênicos apresentados pelo *T. pallidum*. Por conseguinte, a obtenção de um resultado positivo no teste para anticorpos anti-*T. pallidum* poderá ser devido à presença de anticorpos produzidos pelo sistema imune do paciente contra alguns outros treponemas, fornecendo um resultado falso-positivo.

Tabela 16.7 Técnicas de imunodiagnóstico (TIDs) para a detecção de anticorpos no soro de pacientes.

Reação in vitro	Reagentes			Resultados	
	Antígeno	Anticorpo	Outro	Positivo	Negativo
Aglutinação	Eritrócitos ou bactérias	Soro do paciente		Agregação	Ausência de agregação
Precipitação	Toxinas, hormônios, proteínas	Soro do paciente	Ágar ou solução	Precipitado	Ausência de precipitado
Lise pelo complemento	Células, bactérias	Soro do paciente	Complemento	Lise	Ausência de lise
Técnica do anticorpo fluorescente	Patógeno	Soro do paciente	Antissoro de coelho anti-humano marcado com fluoresceína	Patógeno fluorescente	Ausência de fluorescência
Aumento da cápsula (reação de Quellung)	Bactérias encapsuladas	Soro do paciente		A cápsula parece intumescer	Sem aparência de intumescimento
Ensaio enzimático	Micróbio do teste	Soro do paciente	Anticorpo ligado a enzima + Substrato	Mudança de cor	Sem mudança de cor

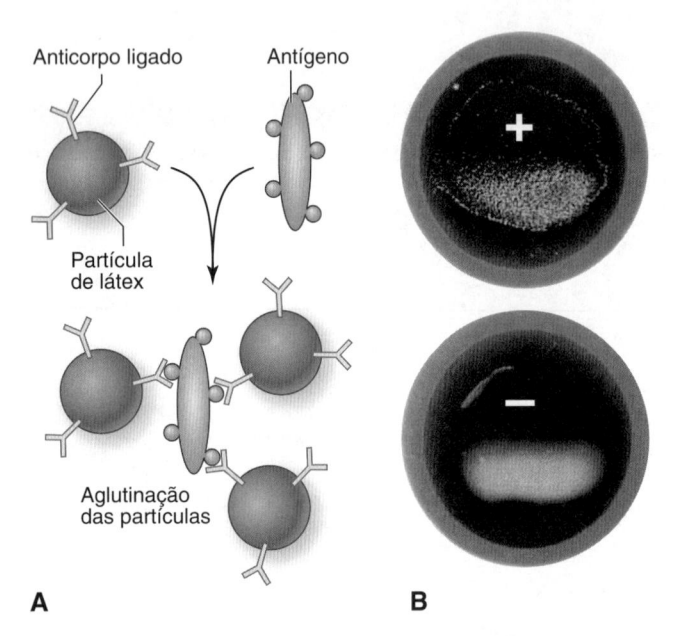

Figura 16.14 Técnica de aglutinação. A. Representação esquemática ilustrando como o antígeno pode aglutinar partículas de látex ligadas a anticorpos. Isso resulta em agregação das partículas de látex. **B.** Teste de aglutinação do látex, ilustrando resultados positivos (agregação das partículas de látex) e negativos (sem agregação das partículas). ([**A**] Redesenhada de Harvey RA *et al. Lippincott's illustrated reviews: microbiology.* 3rd ed. Philadelphia, PA: Lippincott Williams & Wilkins; 2013.)

Tabela 16.8 Tipagem sanguínea.			
Indivíduo apresenta esse tipo sanguíneo	Se esses antígenos estiverem presentes na superfície de seus eritrócitos		
	Antígeno A	Antígeno B	Antígeno Rh
Tipo A+	Presente	Ausente	Presente
Tipo A-	Presente	Ausente	Ausente
Tipo B+	Ausente	Presente	Presente
Tipo B-	Ausente	Presente	Ausente
Tipo AB+	Presente	Presente	Presente
Tipo AB-	Presente	Presente	Ausente
Tipo O+	Ausente	Ausente	Presente
Tipo O-	Ausente	Ausente	Ausente

reagente, que consiste em partículas de látex acopladas com anticorpos dirigidos contra *Cryptococcus neoformans*). A obtenção de uma reação antígeno-anticorpo visível, que resulta em agregação das partículas de látex, fornece uma evidência de que o LCS do paciente contém antígenos do *C. neoformans*, de modo que a condição desse paciente é diagnosticada como meningite causada por *C. neoformans*.

Tipagem sanguínea

São utilizados testes de aglutinação no Banco de Sangue para identificar o tipo sanguíneo de uma pessoa, que é determinado pelos tipos de antígenos presentes na superfície

dos eritrócitos. São utilizados três reagentes para tipagem ABO e Rh:

* Antissoro anti-A (soro contendo anticorpos contra o antígeno A)
* Antissoro anti-B (soro contendo anticorpos contra o antígeno B)
* Antissoro anti-Rh (soro contendo anticorpos contra o antígeno Rh).[h]

Nos três testes separados, cada antissoro é misturado com os eritrócitos da pessoa. Em cada teste, deverá ocorrer aglutinação (agregação) dos eritrócitos se o antígeno específico estiver presente nos eritrócitos (Tabela 16.8). As reações com os antissoros anti-A e anti-B são mostradas na Figura 16.15.

É importante lembrar que, além dos antígenos que determinam o tipo sanguíneo ABO e o fator Rh de um indivíduo, a superfície dos eritrócitos tem muitos outros antígenos.

Exemplo 1. O sangue de um indivíduo é considerado A positivo (A+) quando seus eritrócitos têm o antígeno A e o antígeno Rh em sua superfície, porém não têm o antígeno B.

Exemplo 2. Um indivíduo é considerado O negativo (O-) quando seus eritrócitos não têm os antígenos A, B e Rh.

Técnicas para a detecção de anticorpos

Para a detecção de anticorpos, a amostra clínica é misturada com uma suspensão de determinado antígeno (ver Figura 16.13). A obtenção de uma reação visível indica a presença de anticorpos contra aquele patógeno na amostra clínica, e o resultado do teste é considerado positivo. Se não for observada nenhuma reação visível, significa que não há anticorpos contra aquele patógeno na amostra, e o resultado do teste é negativo (p. ex., uma gota de soro de um paciente com suspeita de doença de Lyme é misturada com uma suspensão de *Borrelia burgdorferi* [a bactéria causadora da doença de Lyme]). Uma reação antígeno-anticorpo visível fornece uma evidência de que o soro do paciente contém anticorpos dirigidos contra a *B. burgdorferi*, e estabelece-se o diagnóstico de doença de Lyme.

O teste radioalergossorvente (RAST) é utilizado para detectar e quantificar os anticorpos IgE circulantes produzidos contra alergênios que os indivíduos inalam ou ingerem ou

---

[h]O sistema de grupo sanguíneo *rhesus* baseia-se em outro grupo importante de antígenos eritrocitários. "Rh" significa "fator *rhesus*". Na realidade, o sistema de grupo sanguíneo Rh consiste em 50 antígenos definidos de grupo sanguíneo. O "fator Rh" refere-se estritamente apenas ao mais imunogênico desses antígenos, denominado *antígeno D*. Um indivíduo possui ou não possui o fator Rh na superfície de seus eritrócitos. Se o fator Rh estiver presente, o indivíduo é considerado Rh-positivo; se estiver ausente, é considerado Rh-negativo. O antissoro original utilizado para a detecção desse antígeno foi produzido na década de 1940 pela injeção de eritrócitos de um macaco *rhesus* em coelhos; o termo *"rhesus"* continua sendo utilizado.

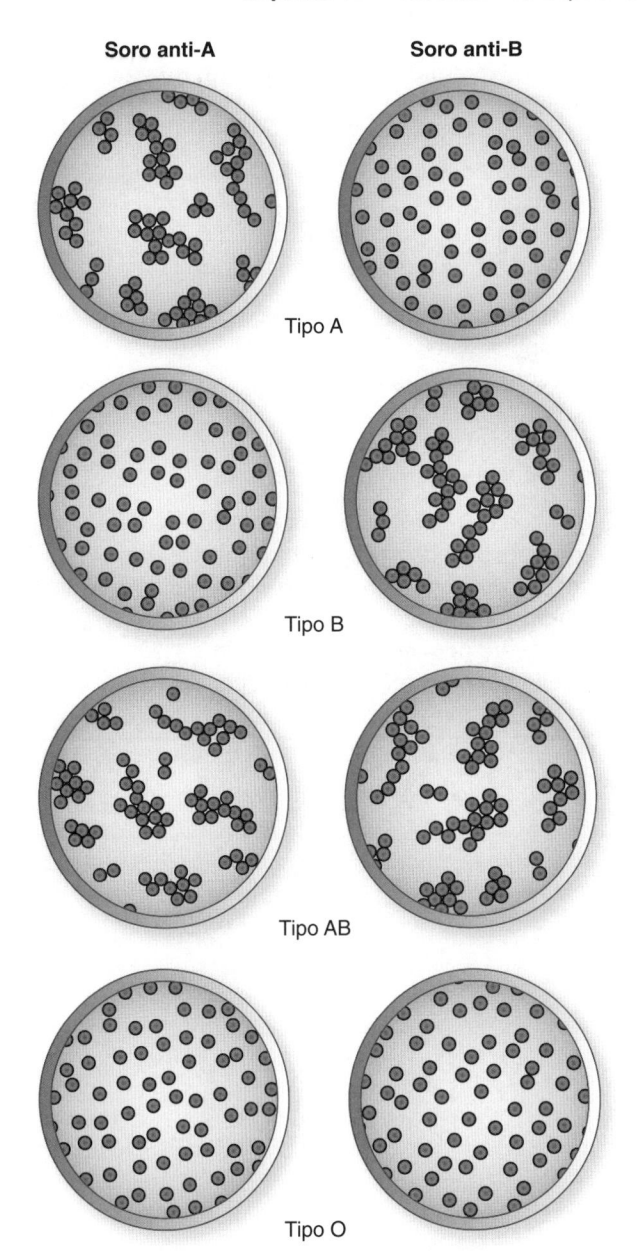

Soro anti-A   Soro anti-B

Tipo A

Tipo B

Tipo AB

Tipo O

Figura 16.15 Técnica de aglutinação utilizada para tipagem sanguínea ABO. A agregação dos eritrócitos do indivíduo com antissoro anti-A ou antissoro anti-B significa a presença do antígeno A ou do antígeno B em seus eritrócitos. (De Cohen BJ. *Memmler's the human body in health and disease*. 11th ed. Philadelphia, PA: Lippincott Williams & Wilkins; 2009.)

com os quais de algum modo entram em contato. É usado no lugar ou como auxiliar do teste cutâneo intradérmico (teste alérgico tradicional) para determinar o(s) alergênio(s) ao(s) qual(is) uma pessoa é alérgica.

Teste cutâneo como ferramenta diagnóstica

O teste cutâneo constitui outro tipo de TID, porém realizado *in vivo* (no paciente), em vez de *in vitro* (no laboratório). No teste cutâneo, são injetados antígenos dentro ou abaixo da pele (por via intradérmica ou subcutânea, respectivamente). O teste cutâneo para TB (anteriormente descrito) fornece um exemplo de um teste cutâneo comumente utilizado. O teste cutâneo também é realizado para determinar os alérgenos aos quais um indivíduo atópico é alérgico.

Técnicas utilizadas no diagnóstico dos distúrbios por imunodeficiência

Além das TIDs, são realizados testes no laboratório de imunologia, que possibilitam avaliar o estado imune do paciente, bem como a presença de distúrbios por imunodeficiência. Incluem testes para o diagnóstico de estados de deficiência de células B (imunodeficiências humorais), imunodeficiências mediadas por células, imunodeficiências humorais e celulares combinadas, estados de deficiência de fagócitos e deficiências do complemento.

Exercícios de autoavaliação

Após estudar este capítulo, responda às seguintes questões de múltipla escolha:

1. Qual das seguintes alternativas tem *menos* probabilidade de estar envolvida na IMC?
   a. Anticorpos
   b. Citocinas
   c. Macrófagos
   d. Células T

2. Os anticorpos são secretados por:
   a. Basófilos
   b. Macrófagos
   c. Plasmócitos
   d. Células T

3. A imunidade humoral envolve todos os seguintes elementos, exceto:
   a. Anticorpos
   b. Antígenos
   c. Células NK
   d. Plasmócitos

4. A imunidade que se desenvolve em consequência de uma infecção presente é denominada:
   a. Imunidade adquirida ativa artificial
   b. Imunidade adquirida passiva artificial
   c. Imunidade adquirida ativa natural
   d. Imunidade adquirida passiva natural

5. A imunidade adquirida passiva artificial deve resultar de:
   a. Presença de sarampo
   b. Ingestão de colostro
   c. Administração de injeção de gamaglobulina
   d. Administração de uma vacina

6. As vacinas que são utilizadas para proteger indivíduos contra a difteria e o tétano são:
   a. Antitoxinas
   b. Vacinas atenuadas
   c. Vacinas inativadas
   d. Toxoides

7. A imunidade adquirida passiva natural deve resultar de:
   a. Presença de sarampo
   b. Ingestão de colostro
   c. Administração de injeção de gamaglobulina
   d. Administração de vacina

8. Qual das seguintes afirmativas não é verdadeira acerca da IgM?
   a. A IgM contém uma cadeia J
   b. A IgM possui um total de 10 sítios de ligação ao antígeno
   c. A IgM é um pentâmero
   d. A IgM é uma molécula de vida longa

9. Qual das seguintes alternativas poderia ser um efeito de hipersensibilidade do tipo III?
   a. Glomerulonefrite
   b. Artrite reumatoide
   c. LES
   d. Todas as alternativas anteriores

10. Com toda probabilidade, a imunologia teve o seu início em 1890, quando os seguintes cientistas descobriram anticorpos enquanto estavam desenvolvendo uma antitoxina diftérica:
    a. Edward Jenner e Louis Pasteur
    b. Élie Metchnikoff e Robert Koch
    c. Emil Behring e Kitasato Shibasaburo
    d. Jonas Salk e Albert Sabin

Visão Geral das Doenças Infecciosas nos Seres Humanos

SUMÁRIO DO CAPÍTULO

OBJETIVOS DE APRENDIZAGEM

Após estudar este capítulo, você deverá ser capaz de:

- Definir os termos e as abreviaturas introduzidos neste capítulo
- Categorizar as várias doenças infecciosas de acordo com o sistema do corpo (p. ex., a cistite é

uma infecção da bexiga, que faz parte do sistema geniturinário; a mielite é uma infecção do cérebro e da medula espinal).

INTRODUÇÃO

As doenças humanas são classificadas em muitas categorias diferentes, incluindo:

- Doenças degenerativas
- Distúrbios imunes
- Doenças infecciosas
- Distúrbios metabólicos
- Neoplasias (cânceres e outros tipos de tumores)
- Distúrbios nutricionais
- Transtornos psiquiátricos.

Dentre elas, apenas as doenças infecciosas são causadas por micróbios.[a] No Capítulo 1, *Microbiologia | A Ciência*, foi ensinado que, na realidade, os patógenos causam duas

---

[a]Sabe-se também que alguns tipos de câncer são causados por vírus, mas foram discutidos apenas de maneira sucinta no Capítulo 4, *Micróbios Acelulares e Procarióticos*.

As doenças infecciosas são aquelas causadas por patógenos após a colonização de alguma região do corpo.

categorias gerais de doenças: as intoxicações microbianas e as doenças infecciosas. As *intoxicações microbianas*, que surgem após a ingestão de uma toxina produzida fora do corpo (*in vitro*) por um patógeno, são discutidas no Apêndice 1, "Intoxicações Microbianas", disponível no material suplementar *online*. As *doenças infecciosas (ou infecções)* ocorrem após a colonização de alguma região do corpo por um patógeno. Este capítulo fornecerá uma visão geral das principais doenças infecciosas dos seres humanos. Os Capítulos 18 a 21 têm informações detalhadas sobre doenças infecciosas específicas.

Este capítulo é dividido em seções, que descrevem doenças infecciosas de vários locais anatômicos, incluindo a pele, as orelhas, os olhos, o sistema respiratório, a região oral, o trato gastrintestinal, o sistema geniturinário, o sistema circulatório e o sistema nervoso central (SNC). Embora determinada doença possa ser descrita em um tópico específico deste capítulo (p. ex., a que descreve as doenças infecciosas do sistema respiratório), é preciso

Algumas doenças infecciosas afetam mais de um local anatômico, e alguns patógenos migram de um local do corpo para outro durante o curso de uma doença.

ter em mente que algumas infecções acometem simultaneamente vários sistemas do corpo, e que o patógeno ou patógenos que causam determinada infecção podem migrar de um local do corpo para outro durante o curso da doença.

DOENÇAS INFECCIOSAS DA PELE

Conforme assinalado no Capítulo 15, *Mecanismos Inespecíficos de Defesa do Hospedeiro*, a pele intacta é um tipo de mecanismo inespecífico de defesa do hospedeiro, que atua como barreira física (Figura 17.1). Constitui parte da primeira linha de defesa do corpo; por isso, pouquíssimos patógenos são capazes de penetrar na pele intacta. A microbiota endógena da pele, um pH baixo e a presença de substâncias químicas como lisozima e sebo também servem para impedir a colonização da pele por patógenos.

Entretanto, é possível ocorrerem infecções cutâneas. A seguir, são fornecidos alguns termos relacionados com a pele e com as doenças infecciosas dela:

- Epiderme: porção superficial da pele
- Derme: camada interna da pele, que contém vasos sanguíneos e linfáticos, nervos, terminações nervosas, glândulas e folículos pilosos

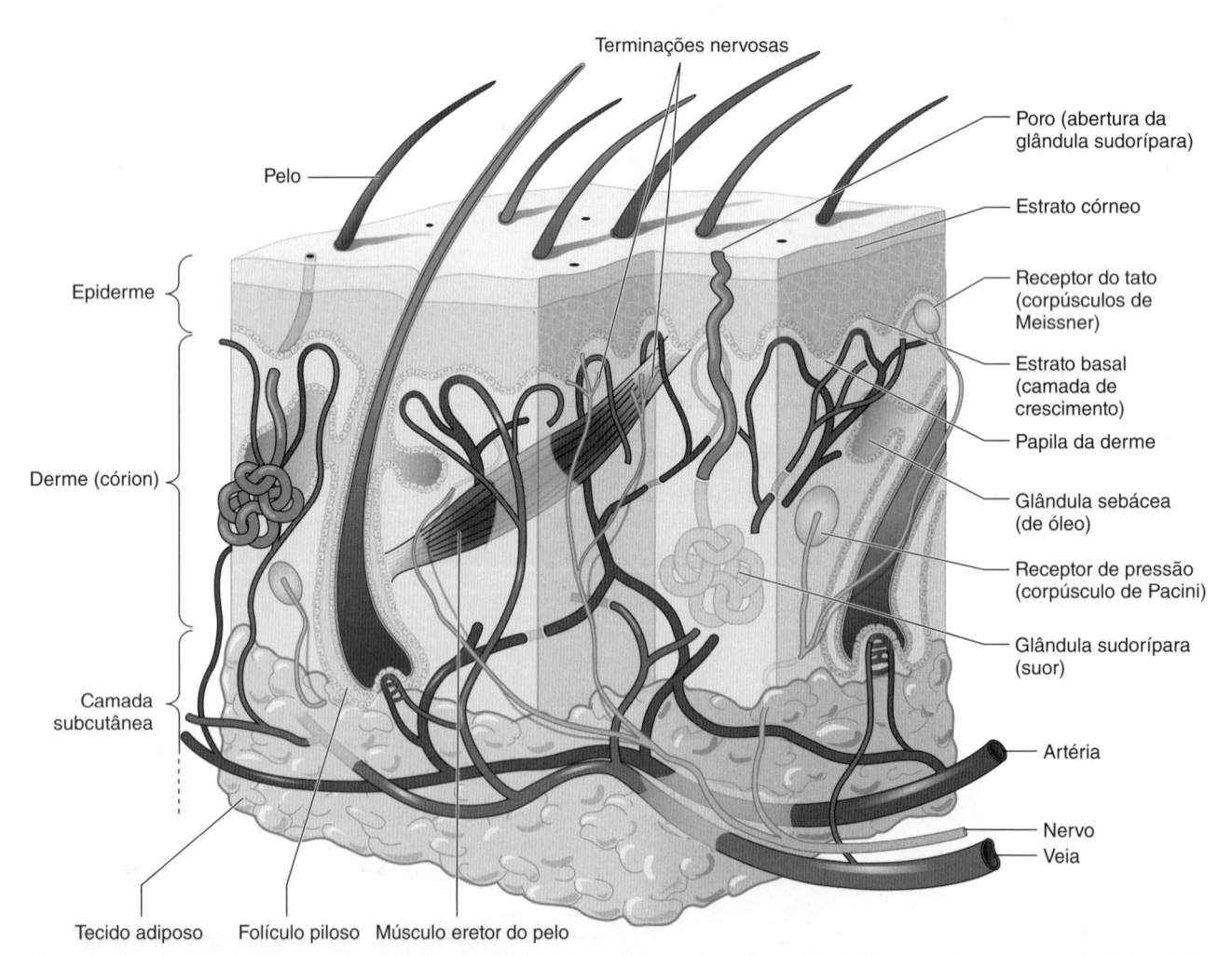

Figura 17.1 Corte transversal da pele. (De Cohen BJ. *Memmler's the human body in health and disease*. 11th ed. Philadelphia, PA: Lippincott Williams & Wilkins; 2009.)

- Dermatite: inflamação da pele
- Glândulas sebáceas: glândulas encontradas na derme, que geralmente se abrem nos folículos pilosos e secretam uma substância oleosa conhecida como sebo
- Foliculite: inflamação de um folículo piloso, o saco que contém a haste do pelo
- Terçol: inflamação de uma glândula sebácea que se abre em um folículo de um cílio
- Furúnculo: infecção piogênica (produtora de pus) localizada da pele, que geralmente resulta de foliculite
- Carbúnculo: infecção piogênica profunda da pele, que surge comumente da coalescência de furúnculos
- Mácula: lesão superficial que não é elevada nem deprimida, como as lesões do sarampo
- Pápula: lesão superficial, firme e elevada, como as lesões da varicela
- Vesícula: pequeno saco repleto de líquido, como aquele observado na varicela e no herpes-zóster
- Pústula: lesão superficial contendo pus.

Os vários tipos de lesões superficiais são mostrados na Figura 17.2.

DOENÇAS INFECCIOSAS DAS ORELHAS

A anatomia da orelha é mostrada na Figura 17.3. Existem três vias pelas quais os patógenos podem entrar nele: (a) pela tuba

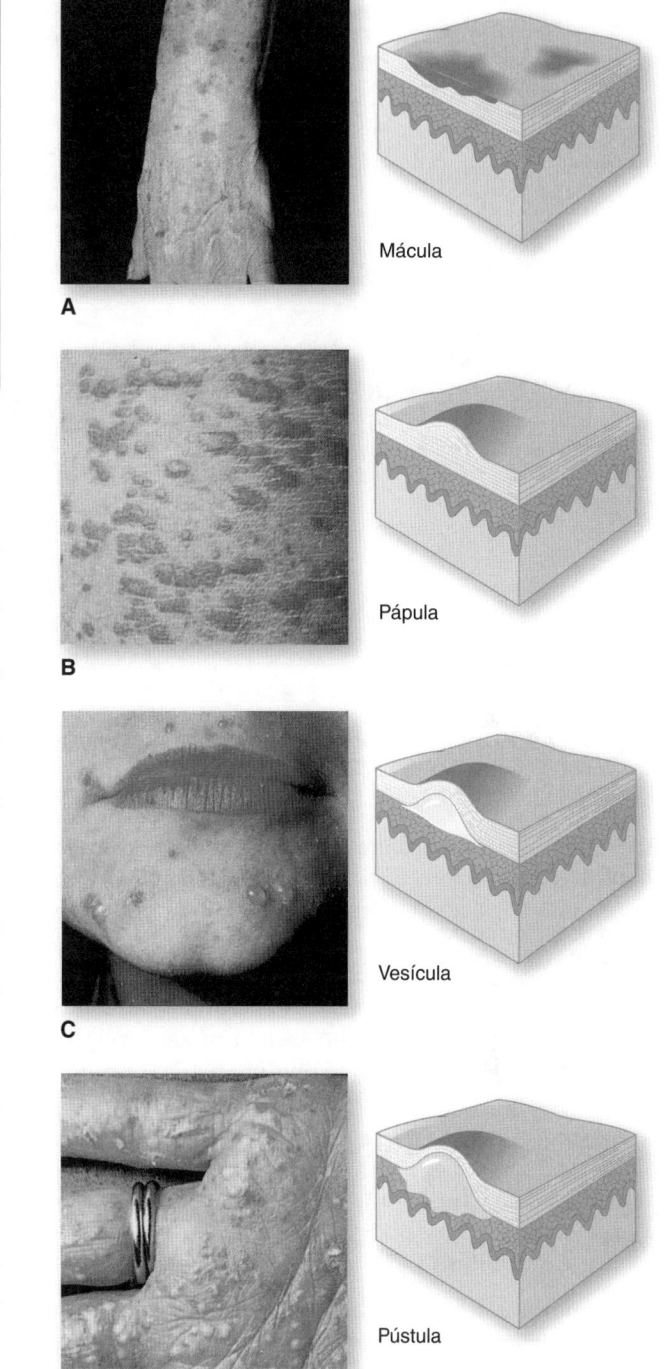

Figura 17.2 Tipos de lesões superficiais. A. Mácula. **B.** Pápula. **C.** Vesícula. **D.** Pústula. (De Cohen BJ. *Memmler's the human body in health and disease.* 11th ed. Philadelphia, PA: Lippincott Williams & Wilkins; 2009.) (Esta figura encontra-se reproduzida em cores no Encarte.)

auditiva (trompa de Eustáquio), a partir da orofaringe e nasofaringe; (b) por meio da orelha externa; e (c) através do sangue ou da linfa. Em geral, as bactérias são capturadas na orelha média, quando uma infecção bacteriana na orofaringe e na nasofaringe provoca fechamento da tuba auditiva. O resultado é uma condição anaeróbica na orelha média, possibilitando a proliferação de anaeróbios obrigatórios e facultativos e exercendo pressão

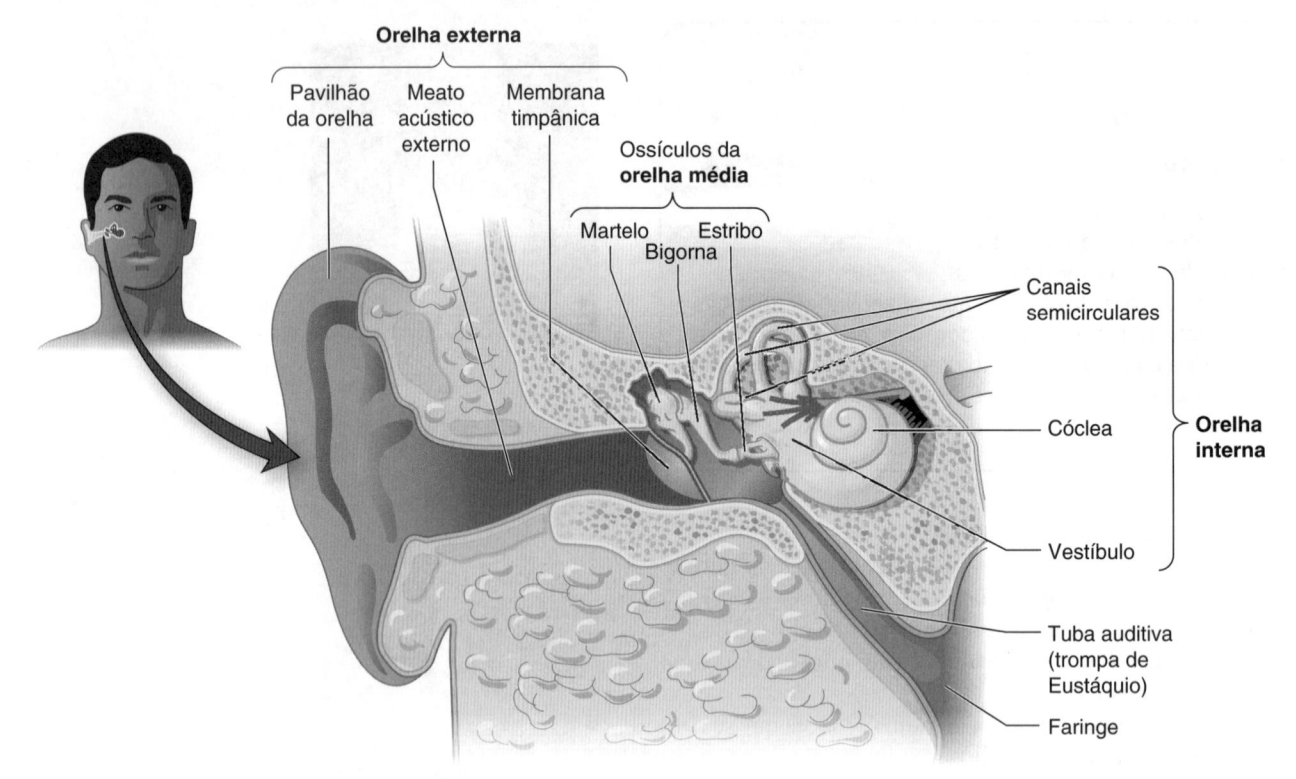

Figura 17.3 Anatomia da orelha. (De Cohen BJ. *Memmler's the human body in health and disease*. 11th ed. Philadelphia, PA: Lippincott Williams & Wilkins; 2009.)

sobre a membrana timpânica. Os tecidos linfoides (adenoide) intumescidos, as infecções virais e as alergias também podem provocar obstrução da tuba auditiva, particularmente em crianças pequenas. A infecção da orelha média é conhecida como otite média, e a do meato acústico externo é conhecida como otite externa.

> A infecção da orelha média é conhecida como otite média, e a do meato acústico externo é conhecida como otite externa.

DOENÇAS INFECCIOSAS DOS OLHOS

A anatomia do olho é mostrada na Figura 17.4. Os termos relacionados com os olhos e suas doenças infecciosas incluem os seguintes:

- Conjuntiva: revestimento fino e resistente que recobre a parede interna das pálpebras e a esclera (parte branca do olho)
- Conjuntivite: infecção ou inflamação da conjuntiva
- Ceratite: infecção ou inflamação da córnea, que é o revestimento em forma de abóboda da íris e da lente
- Ceratoconjuntivite: infecção que acomete tanto a córnea quanto a conjuntiva
- Retinite: inflamação que acomete a retina, frequentemente causada por infecção viral.

DOENÇAS INFECCIOSAS DO SISTEMA RESPIRATÓRIO

Para fins práticos, o sistema respiratório é dividido em trato respiratório superior (TRS) e trato respiratório inferior (TRI). O TRS é constituído por seios paranasais, nasofaringe, orofaringe, epiglote e laringe. O TRI inclui a traqueia, os brônquios e os alvéolos pulmonares. O sistema respiratório é apresentado na Figura 17.5.

A microbiota endógena do TRS pode causar infecções oportunistas (IOs) do sistema respiratório. As doenças infecciosas do TRS, como resfriados e faringites, são mais comuns do que as do TRI, podendo predispor o paciente a condições mais graves, como sinusite, otite média, bronquite e pneumonia. As infecções do TRI são a causa mais comum de morte por doenças infecciosas.

> As infecções do TRI são a causa mais comum de morte por doenças infecciosas.

Os termos relacionados com as doenças infecciosas do sistema respiratório incluem os seguintes:

- Bronquite: inflamação da membrana mucosa que reveste os brônquios; é mais comumente causada por vírus respiratórios
- Broncopneumonia: combinação de bronquite e pneumonia
- Epiglotite: a inflamação da epiglote (abertura da traqueia) pode causar obstrução respiratória, particularmente em crianças; na ausência de vacinação, é causada frequentemente por *Haemophilus influenzae* do tipo b
- Laringite: inflamação da membrana mucosa da laringe
- Faringite: inflamação da membrana mucosa e do tecido subjacente da faringe; é comumente conhecida como *dor de garganta*. A faringite estreptocócica é aquela causada pelo *Streptococcus pyogenes*; porém, embora ele seja a causa mais conhecida de faringite, a maioria dos casos é causada por vírus

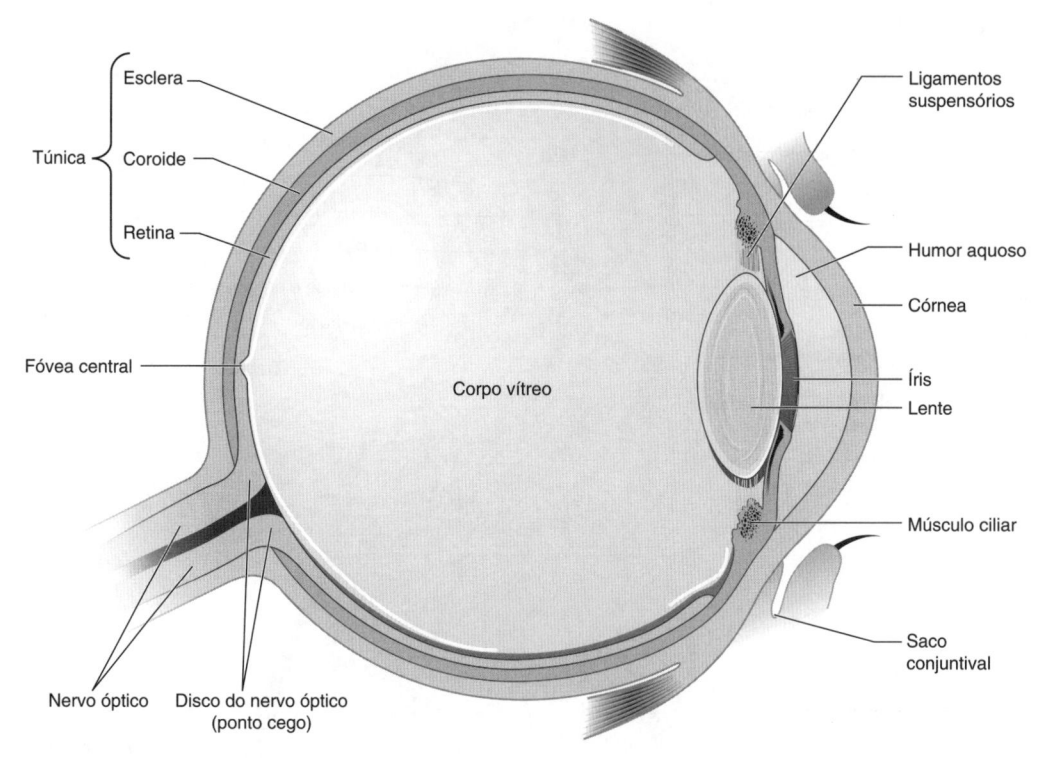

Figura 17.4 Anatomia do olho. (De Cohen BJ. *Memmler's the human body in health and disease*. 11th ed. Philadelphia, PA: Lippincott Williams & Wilkins; 2009.)

- Pneumonia: inflamação de um ou de ambos os pulmões. Os sacos alveolares ficam repletos de exsudatos, células inflamatórias e fibrina. Na maioria dos casos, a pneumonia é causada por bactérias ou vírus, mas também pode ser provocada por fungos e protozoários

> Embora *S. pyogenes* seja a causa mais amplamente conhecida de faringite, os vírus são responsáveis pela maioria dos casos da doença.

- Sinusite: inflamação do revestimento de um ou mais seios paranasais. Os agentes etiológicos mais comuns consistem nas bactérias *Streptococcus pneumoniae* e *H. influenzae*. As causas menos comuns são as bactérias *S. pyogenes*, *Moraxella catarrhalis* e *Staphylococcus aureus*.

DOENÇAS INFECCIOSAS DA REGIÃO ORAL

Conforme discutido no Capítulo 10, *Ecologia e Biotecnologia Microbianas*, a cavidade oral (boca) é um complexo ecossistema apropriado ao crescimento e a inter-relações de muitos tipos de microrganismos (Figura 17.6). Embora a verdadeira microbiota endógena da cavidade oral possa variar acentuadamente de uma pessoa para outra, os estudos conduzidos mostraram que ela inclui cerca de 300 espécies de bactérias identificadas, tanto aeróbicas quanto anaeróbicas. Muitas outras ainda não classificadas também vivem na cavidade oral.

Alguns membros da microbiota oral são benéficos, visto que produzem secreções antagônicas para outras bactérias. Embora várias espécies de bactérias, como *Streptococcus* (*Streptococcus salivarius*, *Streptococcus mitis*, *Streptococcus sanguis*

Auxílio ao estudo

Pneumonia típica *versus* pneumonia atípica

Os pacientes com *pneumonia típica* apresentam dor torácica, dispneia (dificuldade respiratória), febre, calafrios e tosse produtiva (que produz escarro purulento). Os sintomas menos comuns consistem em anorexia, cefaleia, náuseas, diarreia e vômitos. As anormalidades observadas em radiografias são proporcionais aos sintomas físicos. As causas comuns de pneumonia típica são as bactérias *S. pneumoniae*, *H. influenzae* e *S. aureus*, bem como os vírus influenza tipos A e B, parainfluenza e vírus sincicial respiratório (RSV). Outras causas incluem *Legionella pneumophila*, *Mycoplasma pneumoniae*, *Chlamydophila pneumoniae* e outros bacilos gram-negativos.

A *pneumonia atípica* tem um início mais insidioso (mais lento) do que a típica. Os pacientes apresentam cefaleia, febre, tosse com pouco escarro e mialgia. Em geral, as anormalidades nas radiografias são maiores do que as previstas pelos sintomas físicos. As causas comuns de pneumonia atípica são as bactérias *M. pneumoniae*, *C. pneumoniae* e *L. pneumophila*, bem como os vírus influenza, RSV e adenovírus. Outras causas incluem *Chlamydophila psittaci* (uma bactéria), *Pneumocystis jirovecii* (um fungo), o vírus varicela-zóster e o vírus parainfluenza. Alguns patógenos podem produzir pneumonia tanto típica quanto atípica.

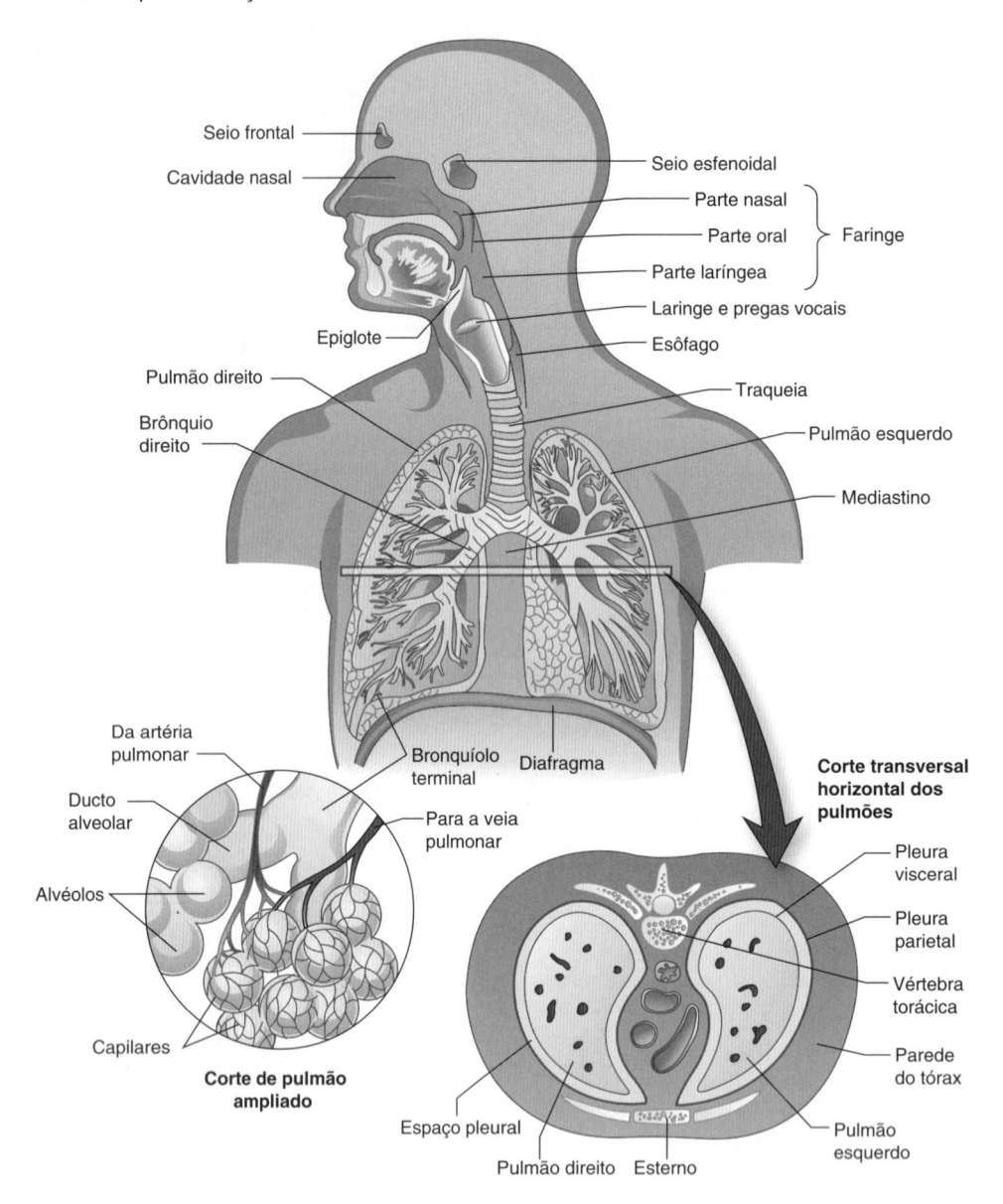

Figura 17.5 Anatomia do sistema respiratório. (De Cohen BJ. *Memmler's the human body in health and disease*. 11th ed. Philadelphia, PA: Lippincott Williams & Wilkins; 2009.)

Foco na carreira

Terapeutas respiratórios

Os terapeutas respiratórios são responsáveis por ajudar pessoas que sofrem de doenças respiratórias crônicas, como asma, bronquite e enfisema. Eles também auxiliam aquelas com transtornos do sono, como apneia do sono, bem como lactentes prematuros e que ainda não adquiriram uma função respiratória normal.

Os terapeutas respiratórios trabalham em uma ampla variedade de ambientes, incluindo hospitais, clínicas, consultórios médicos, instituições de cuidados prolongados e centros de tratamento de transtornos do sono.

Os de nível básico podem assumir a responsabilidade clínica por funções de cuidados respiratórios específicas, envolvendo o uso de técnicas terapêuticas sob a supervisão de um terapeuta de nível avançado ou de um médico.

O terapeuta respiratório de nível avançado participa da tomada de decisão clínica e educação do paciente, desenvolve e implementa planos de cuidados respiratórios, utiliza diretrizes de prática clínica com base em evidências e participa da promoção da saúde e da prevenção e do tratamento da doença.

Mais informações sobre carreiras na área de terapia respiratória podem ser encontradas na American Association for Respiratory Care (http://www.aarc.org).

As infecções da cavidade oral são causadas, em sua maioria, por membros da microbiota oral endógena; algumas vezes, um deles atua independentemente, ao passo que, outras vezes, vários membros atuam em conjunto.

e *Streptococcus mutans*) e *Actinomyces* spp., frequentemente interajam para proteger a superfície oral, em outras circunstâncias, elas estão envolvidas em doenças da cavidade oral.

Na boca saudável, a saliva secretada pelas glândulas salivares ajuda a controlar o crescimento de micróbios orais oportunistas. Isso porque ela contém enzimas (incluindo lisozima), imunoglobulinas e tampões para controlar o pH quase neutro e eliminar continuamente os micróbios e partículas alimentares pela boca. Outras secreções antimicrobianas e fagócitos são encontrados no muco que reveste as superfícies orais. O esmalte duro dos dentes, complexo e composto de cálcio, banhado em saliva protetora, geralmente resiste aos danos causados por micróbios orais; entretanto, se o equilíbrio ecológico for perturbado ou se não for adequadamente mantido, podem ocorrer doenças da cavidade oral. Os seguintes termos estão relacionados com as doenças infecciosas da cavidade oral:

- Cárie dental: a cárie dental começa quando a superfície externa (o esmalte) de um dente é dissolvida por ácidos orgânicos produzidos por massas de microrganismos aderidos ao dente (placa dental). Esse processo é seguido de destruição enzimática da matriz proteica, cavitação e invasão bacteriana. A causa mais comum de cárie dental é o *S. mutans*, que produz ácido láctico como produto da fermentação da glicose
- Gengivite: inflamação da gengiva
- Periodontite: inflamação do periodonto (tecido que circunda e sustenta os dentes, incluindo a gengiva e o

osso de sustentação); nos casos graves, os dentes amolecem e caem

S. mutans constitui a causa mais comum de cárie dental.

- Candidíase oral: infecção dos tecidos orais (principalmente a língua) por *Candida albicans*, que ocorre particularmente em pacientes imunocomprometidos.

As infecções orais resultam de uma combinação da população microbiana típica, redução das defesas do hospedeiro, dieta inadequada e higiene dental precária. Essas doenças representam a consequência de pelo menos quatro atividades microbianas, incluindo: (a) a formação de dextrana (um polissacarídeo) a partir de açúcares por estreptococos; (b) a produção de ácido pelas bactérias produtoras de ácido láctico; (c) a deposição de tártaro por *Actinomyces*; e (d) a secreção de substâncias inflamatórias (endotoxinas) por espécies de *Bacteroides*. Essa combinação de circunstâncias provoca dano aos dentes, aos tecidos moles (gengiva), ao osso alveolar e às fibras periodontais que fixam os dentes ao osso. As doenças da cavidade oral, como a gengivite, a periodontite e a boca de trincheira, são coletivamente conhecidas como doenças periodontais.

As doenças da cavidade oral, como a gengivite, a periodontite e a boca de trincheira, são coletivamente conhecidas como doenças periodontais.

As doenças periodontais podem ser evitadas com a manutenção de uma boa saúde, higiene oral adequada (escovação dos dentes, uso de pasta de dente para controle do tártaro e fio dental), dieta apropriada sem açúcares e tratamento regular com fluoreto para ajudar a controlar a população microbiana e prevenir interações bacterianas prejudiciais. A gengivite e a periodontite graves exigem cuidados profissionais por um dentista especializado e treinado, denominado periodontista. Utilizando técnicas de raspagem e polimento, o periodontista remove o tártaro que se acumulou na superfície dos dentes até um quinto de uma polegada abaixo da linha da gengiva, isto é, áreas onde a escovação dos dentes e o uso do fio dental não conseguem alcançar. Após cirurgia dental, o profissional frequentemente prescreve um colutório com clorexidina como substituto temporário da escovação e uso de fio dental.

DOENÇAS INFECCIOSAS DO TRATO GASTRINTESTINAL

O trato gastrintestinal é formado por um longo tubo com muitas áreas dilatadas, destinadas a digestão do alimento, absorção de nutrientes e eliminação de materiais não digeridos (Figura 17.7). Os micróbios transitórios e residentes entram e saem continuamente dele. Os microrganismos ingeridos com o alimento são, em sua maioria, destruídos no estômago e no duodeno pelo pH (o conteúdo gástrico tem um pH de cerca de 1,5), e o seu crescimento é inibido nos intestinos pela microbiota residente (antagonismo microbiano). Em seguida, são eliminados do cólon durante a defecação, juntamente com um grande número de micróbios

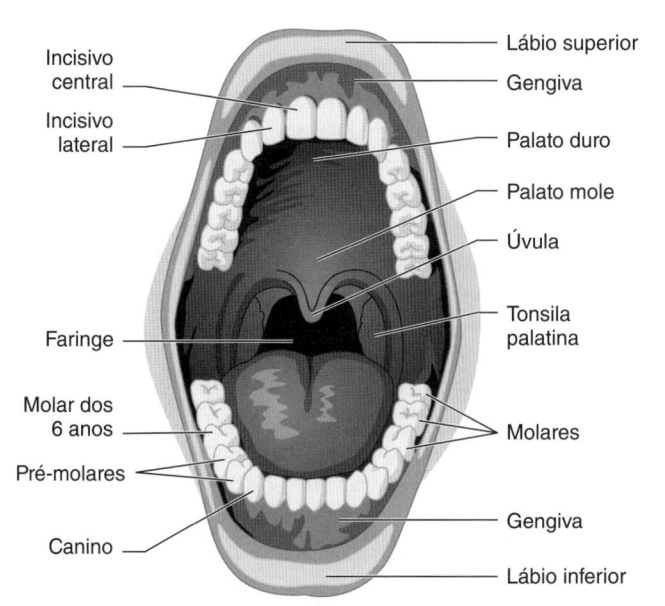

Incisivo central
Incisivo lateral
Faringe
Molar dos 6 anos
Pré-molares
Canino

Lábio superior
Gengiva
Palato duro
Palato mole
Úvula
Tonsila palatina
Molares
Gengiva
Lábio inferior

Figura 17.6 Anatomia da cavidade oral. (De Cohen BJ. *Memmler's the human body in health and disease*. 11th ed. Philadelphia, PA: Lippincott Williams & Wilkins; 2009.)

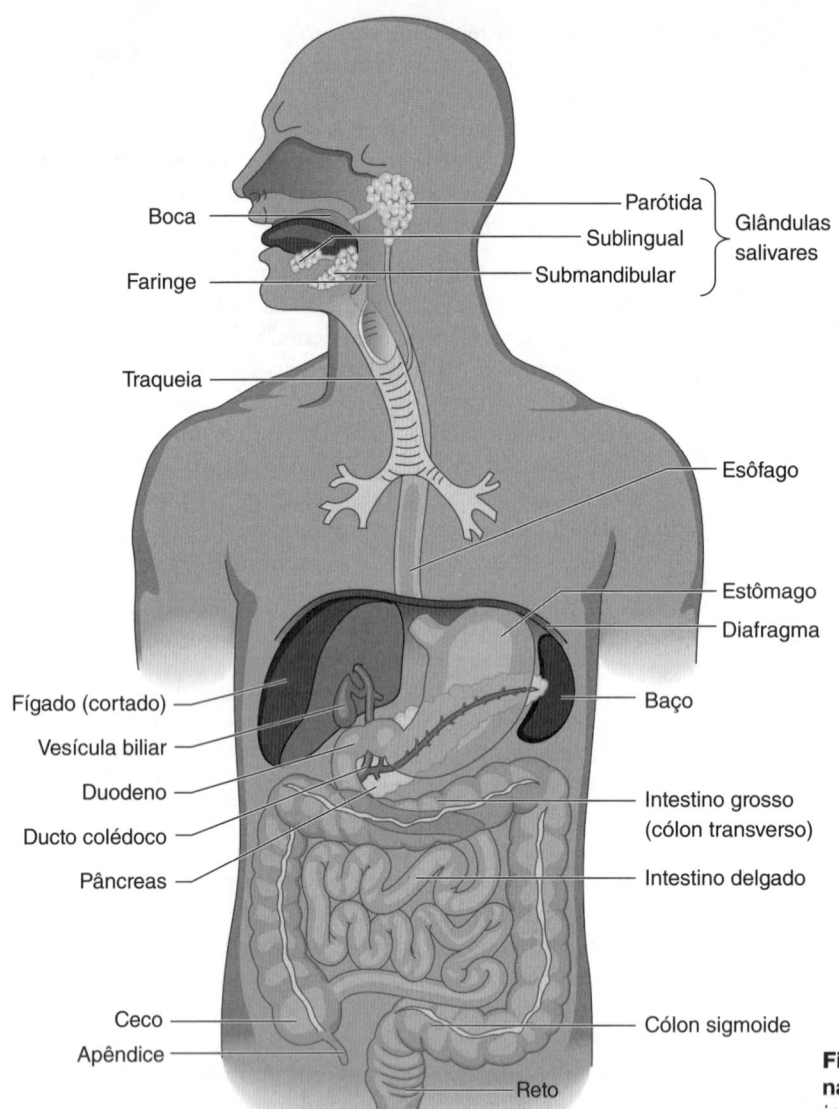

Figura 17.7 Anatomia do trato gastrintestinal. (De Cohen BJ. *Memmler's the human body in health and disease.* 11th ed. Philadelphia, PA: Lippincott Williams & Wilkins; 2009.)

endógenos. A microbiota endógena do trato gastrintestinal foi discutida no Capítulo 10, *Ecologia e Biotecnologia Microbianas*. Os termos relacionados com as doenças infecciosas do trato gastrintestinal incluem os seguintes:

- Colite: inflamação do cólon (intestino grosso)
- Diarreia: evacuação anormalmente frequente de material fecal semissólido ou líquido. Alguns profissionais de laboratório definem as amostras diarreicas como "amostras de fezes que adquirem o formato do recipiente"
- Disenteria: evacuação frequente de fezes aquosas, acompanhadas de dor abdominal, febre e desidratação. As amostras de fezes podem conter sangue ou muco
- Enterite: inflamação dos intestinos, referindo-se geralmente ao intestino delgado
- Gastrite: inflamação do revestimento mucoso do estômago
- Gastrenterite: inflamação do revestimento mucoso do estômago e dos intestinos
- Hepatite: inflamação do fígado; resulta comumente de infecção viral, mas pode ser causada por agentes tóxicos.

A diarreia é sintoma de uma ampla variedade de condições e doenças. Pode ser causada por determinados alimentos ou por fármacos, ou pode resultar de uma doença infecciosa. Se a diarreia for causada por uma doença infecciosa, o patógeno poderá ser um vírus, uma bactéria, um protozoário ou um helminto. A disenteria também pode ser provocada por vários patógenos, incluindo bactérias (p. ex., espécies de *Shigella* causam disenteria bacilar) e protozoários (p. ex., amebíase e balantidíase, que serão descritas no Capítulo 21, *Infecções Parasitárias em Seres Humanos*).

> A diarreia é sintoma de uma ampla variedade de condições e doenças. Pode ser causada por determinados alimentos ou fármacos, ou pode resultar de uma doença infecciosa.

DOENÇAS INFECCIOSAS DO SISTEMA GENITURINÁRIO

O sistema geniturinário, ou urogenital, é constituído pelos tratos urinário e genital.

Infecções do trato urinário

Para fins de estudo, as infecções do trato urinário (ITU) podem ser divididas em superiores e inferiores. As ITU superiores incluem infecções dos rins (nefrite ou pielonefrite) e dos ureteres (ureterite). As ITU inferiores englobam infecções da bexiga (cistite), da uretra (uretrite) e, nos homens, da próstata (prostatite). A anatomia do trato urinário é apresentada na Figura 17.8.

> As ITU podem ser causadas por qualquer um de uma variedade de microrganismos introduzidos em consequência de higiene pessoal precária, relação sexual, inserção de cateteres e outros meios.

As ITU podem ser causadas por qualquer um de vários microrganismos introduzidos em consequência de higiene pessoal precária, relação sexual, inserção de cateteres e outros meios. O trato urinário é comumente protegido de patógenos pela ação frequente de eliminação proporcionada pela micção, e a acidez da urina normal também inibe o crescimento de muitos microrganismos. A microbiota endógena é encontrada na abertura externa (meato) da uretra ou próximo a ela em ambos os sexos.

Os termos relacionados com as doenças infecciosas do trato urinário incluem os seguintes:

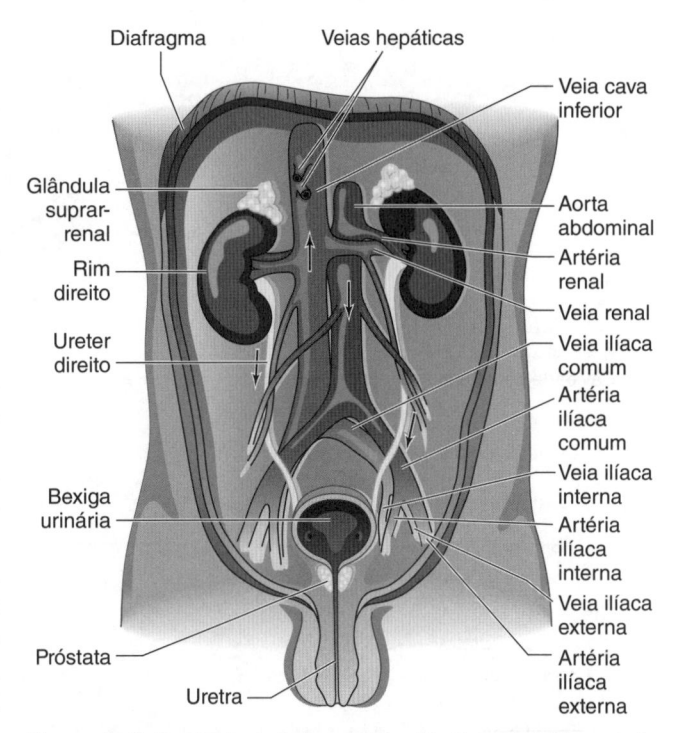

Figura 17.8 Anatomia do trato urinário. (De Cohen BJ. *Memmler's the human body in health and disease*. 11th ed. Philadelphia, PA: Lippincott Williams & Wilkins; 2009.)

- Cistite: inflamação da bexiga, tipo mais comum de ITU. Sua causa mais frequente é *Escherichia coli*. Outras causas de cistite incluem espécies de *Klebsiella*, *Proteus*, *Enterobacter*, *Pseudomonas* e *Enterococcus*, bem como *Staphylococcus saprophyticus*, *Staphylococcus epidermidis* e *C. albicans*
- Nefrite: termo geral para referir-se à inflamação dos rins. A pielonefrite é uma inflamação do parênquima renal. A *Pyelonephritis* constitui a causa mais comum de nefrite e pielonefrite. Com mais frequência, a nefrite é precedida de cistite; as bactérias ascendem pelos ureteres, da bexiga até os rins, mas também podem ter acesso aos rins pela corrente sanguínea
- Ureterite: inflamação de um ou de ambos os ureteres. É comumente causada pela disseminação da infecção para cima a partir da bexiga ou para baixo a partir dos rins
- Uretrite: inflamação da uretra. Em geral, os patógenos são sexualmente transmitidos. A causa mais comum de uretrite é a bactéria *Chlamydia trachomatis*; entretanto, *Neisseria gonorrhoeae* e *Mycoplasma genitalium* também podem ser responsáveis. A uretrite que *não* é causada por *N. gonorrhoeae* é frequentemente designada como uretrite inespecífica ou não gonocócica
- Prostatite: inflamação da próstata. Em geral, a prostatite não é uma doença infecciosa. Se for causada por um patógeno, pode consistir em uma bactéria, um vírus, um fungo ou um protozoário.

> A causa mais comum de cistite, nefrite e pielonefrite é a *E. coli*, enquanto a de uretrite é a bactéria *C. trachomatis*.

Infecções do trato genital

Conforme assinalado anteriormente, a microbiota endógena é encontrada na abertura da uretra ou próximo a ela

e no interior da sua parte distal[b] em ambos os sexos. Além disso, a região genital feminina sustenta o crescimento de muitos outros microrganismos. A microbiota vaginal da mulher adulta contém muitas espécies de *Lactobacillus*,

> A destruição de alguns membros da microbiota vaginal pode levar a um sobrecrescimento (superinfecção) de outros.

Staphylococcus, *Streptococcus*, *Enterococcus*, *Neisseria*, *Clostridium*, *Actinomyces*, *Prevotella*, difteroides, bacilos entéricos e *Candida*. O equilíbrio entre esses micróbios depende dos níveis de estrogênio e do pH do local. Por exemplo, se algo como o uso de antibióticos matar os lactobacilos residentes, poderá ocorrer um sobrecrescimento (superinfecção) de *C. albicans*, levando a uma condição conhecida como vaginite por levedura. Se qualquer um desses microrganismos ou outros micróbios invadir mais profundamente o sistema geniturinário, poderão ocorrer várias infecções inespecíficas. Os sistemas reprodutores masculino e feminino são apresentados na Figura 17.9.

As infecções genitais podem ser causadas por uma ampla variedade de micróbios. Os termos relacionados com as doenças infecciosas do trato genital são os seguintes:

- Bartolinite: inflamação dos ductos de Bartholin nas mulheres
- Cervicite: inflamação do colo do útero (parte do útero que se abre na vagina)

---

[b] A parte distal da uretra é a região mais distante da bexiga e mais próxima do óstio externo.

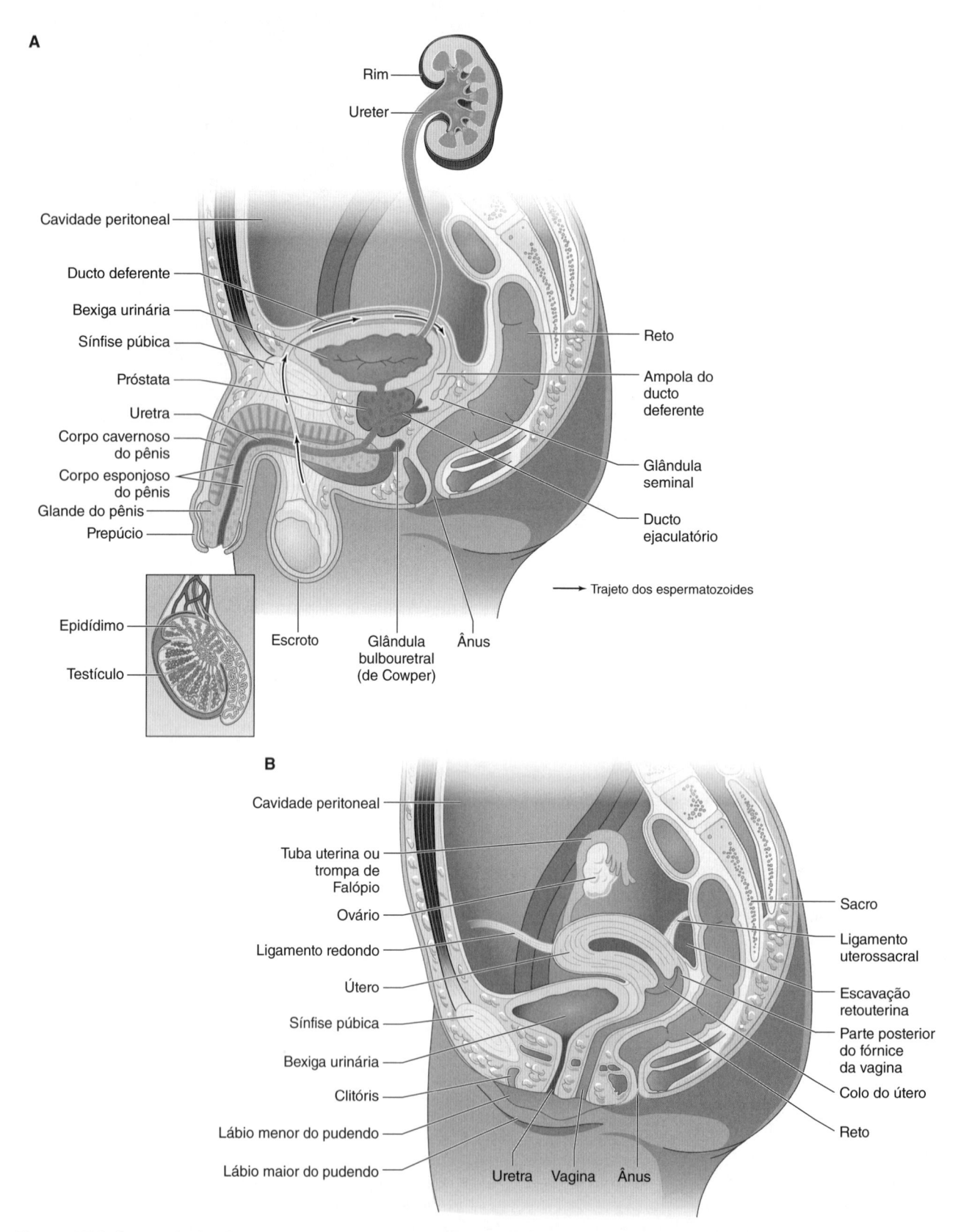

Figura 17.9 Anatomia do sistema reprodutor. A. Masculino. **B.** Feminino. (De Cohen BJ. *Memmler's the human body in health and disease*. 11th ed. Philadelphia, PA: Lippincott Williams & Wilkins; 2009.)

- Endometrite: inflamação do endométrio (camada interna da parede do útero)
- Epididimite: inflamação do epidídimo (estrutura alongada ligada aos testículos)
- Doença inflamatória pélvica: inflamação das tubas uterinas, também conhecida como salpingite
- Vaginite: inflamação da vagina. Nos EUA, as três causas mais comuns, cada uma responsável por cerca de um terço dos casos, são *C. albicans* (uma levedura), *Trichomonas vaginalis* (um protozoário) e uma mistura de bactérias (incluindo as dos gêneros *Mobiluncus* e *Gardnerella*). Quando causada por uma mistura de bactérias, a infecção é designada como *vaginose bacteriana*. Em geral, as infecções que resultam das ações de duas ou mais bactérias são denominadas infecções sinérgicas ou polimicrobianas. Com frequência, um exame a fresco ou uma coloração de Gram são realizados para estabelecer o diagnóstico de vaginite (ver Apêndice 5, "Procedimentos de Microbiologia Clínica", disponível no material suplementar *online*)

> Nos EUA, as três causas mais comuns de vaginite são *C. albicans* (uma levedura), *T. vaginalis* (um protozoário) e uma mistura de bactérias.

- Vulvovaginite: inflamação da vulva (genitália externa feminina) e da vagina.

Doenças sexualmente transmissíveis do trato genital

A expressão "doença sexualmente transmissível" (DST), que antigamente era doença venérea, inclui qualquer uma das infecções transmitidas por atividade sexual. É importante compreender que as DSTs afetam não apenas o trato genital, mas também a pele, as membranas mucosas, o sangue, os sistemas linfático e digestório e muitas outras áreas do corpo. As DSTs epidêmicas incluem a síndrome da imunodeficiência adquirida (AIDS), infecções por clamídias e herpes, gonorreia e sífilis. O vírus da AIDS (vírus da imunodeficiência humana [HIV]) causa, principalmente, dano às células T auxiliares e, portanto, inibe a produção de anticorpos; a AIDS será discutida no Capítulo 18, *Infecções Virais em Seres Humanos*, em "Infecções do sistema circulatório causadas

> As DSTs afetam não apenas o trato genital, mas também a pele, as membranas mucosas, o sangue, os sistemas linfático e digestório e muitos outros locais anatômicos.

por vírus". Doenças como a hepatite B, a amebíase e a giardíase também podem ser transmitidas por atividade sexual, assim como muitas outras. Os Centers for Disease Control and Prevention (CDC) estimam que, nos EUA, ocorram 20 milhões de casos de DST anualmente.

DOENÇAS INFECCIOSAS DO SISTEMA CIRCULATÓRIO

O sistema circulatório é formado pelos sistemas cardiovascular e linfático. O cardiovascular (*cardio* para coração e *vascular* para os vários tipos de vasos sanguíneos) é constituído pelo coração, pelas artérias, pelos capilares, pelas veias e pelo sangue. Este último é composto de plasma (parte líquida) e vários elementos celulares (os elementos celulares do sangue são discutidos nos Capítulos 13, *Diagnóstico das Doenças Infecciosas*, e 15, *Mecanismos Inespecíficos de Defesa do Hospedeiro*). Os termos relacionados com as doenças infecciosas do sistema cardiovascular são os seguintes:

- Endocardite: inflamação do endocárdio – membrana endotelial que reveste as cavidades do coração (Figura 17.10)
- Miocardite: inflamação do miocárdio – parede muscular do coração
- Pericardite: inflamação do pericárdio – saco membranáceo ao redor do coração.

Em condições normais, o sangue é estéril e não contém nenhuma microbiota residente. A presença de bactérias na corrente sanguínea é conhecida como bacteriemia, que pode ser um sinal de doença, embora nem sempre seja. Com frequência, a bacteriemia transitória (presença temporária de bactérias no sangue) resulta de extração dental, feridas, picadas e dano à mucosa intestinal, ao trato respiratório ou reprodutor. Até mesmo uma escovação agressiva dos dentes, causando sangramento das gengivas, pode levar a uma bacteriemia transitória.

> A presença de bactérias na corrente sanguínea de um indivíduo é conhecida como bacteriemia, que pode ou não ser um sinal de doença.

Foco na carreira

Tecnólogos cardiovasculares

Os tecnólogos cardiovasculares utilizam uma variedade de instrumentos e procedimentos para realizar exames complementares e intervenções terapêuticas do coração ou dos vasos sanguíneos sob a supervisão de um médico. A maioria desses profissionais trabalha em hospitais, e exige-se cada vez mais que eles tenham uma formação de assistente ou de bacharel com certificação.

Os tecnólogos de nível básico podem realizar eletrocardiogramas, acompanhar testes ergométricos e exame com Holter. Um treinamento avançado possibilita-lhes realizar procedimentos de ultrassonografia cardíaca para exame de câmaras cardíacas, valvas e vasos.

Os tecnólogos cardiovasculares auxiliam os médicos no diagnóstico de distúrbios envolvendo a circulação. Podem avaliar o fluxo sanguíneo nas artérias e veias por meio da identificação de anormalidades do som do fluxo vascular. Além disso, podem monitorar também a pressão arterial, a saturação de oxigênio, a circulação cerebral, a circulação periférica e a circulação abdominal durante uma cirurgia ou imediatamente depois.

Os tecnólogos cardiovasculares podem procurar obter certificação do American Registry of Diagnostic Medical Sonographers (ARDMS) e do Cardiovascular Credentialing International (CCI). Nos EUA, alguns estados também exigem um licenciamento.

Todavia, quando os organismos patogênicos são capazes de resistir ou de suplantar os fagócitos e outras defesas do corpo, ou quando um indivíduo está imunossuprimido ou mais suscetível do que o normal, pode ocorrer uma doença sistêmica, denominada *septicemia*. Um paciente com septicemia apresenta calafrios, febre e prostração (esgotamento extremo), além de bactérias ou suas toxinas na corrente sanguínea.

> A septicemia é uma doença em que o paciente apresenta calafrios, febre e prostração (esgotamento extremo), além de bactérias ou suas toxinas na corrente sanguínea.

Embora dezenas de doenças infecciosas possam ser transmitidas por sangue doado, apenas os seguintes testes são realizados rotineiramente em doadores de sangue nos EUA:

- Antígeno do *Treponema pallidum* (causa da sífilis)
- Anticorpo anti-HIV-1
- Anticorpo anti-HIV-2
- Anticorpos anti-HTLV-1 e anti-HTLV-2 (o vírus linfotrópico de células T humanas [HTLV] tipo 1 tem sido associado a vários tipos de doenças, incluindo as desmielinizantes, leucemia e linfoma; o HTLV-2 não foi claramente ligado a nenhuma doença específica, mas tem sido relacionado a vários distúrbios neurológicos)
- Antígeno de superfície do vírus da hepatite B (HBV)
- Anticorpo anticerne do HBV
- Anticorpo contra o vírus da hepatite C (HCV)
- Teste de amplificação de ácido nucleico para o HIV-1, o HCV, o vírus do Nilo Ocidental e o vírus Zika
- Teste com anticorpo para *Trypanosoma cruzi*, o agente etiológico da doença de Chagas.

O sistema linfático é constituído pelos vasos linfáticos, pelo tecido linfoide (incluindo os linfonodos, as tonsilas, o timo e o baço) e pela linfa (líquido que circula através do sistema linfático). Em certas ocasiões, a linfa captura microrganismos do intestino, dos pulmões e de outras áreas; porém, esses agentes transitórios são, em geral, rapidamente englobados por células fagocitárias no fígado e nos linfonodos. O sistema linfático contém linfócitos (discutidos no Capítulo 16, *Mecanismos Específicos de Defesa do Hospedeiro I*

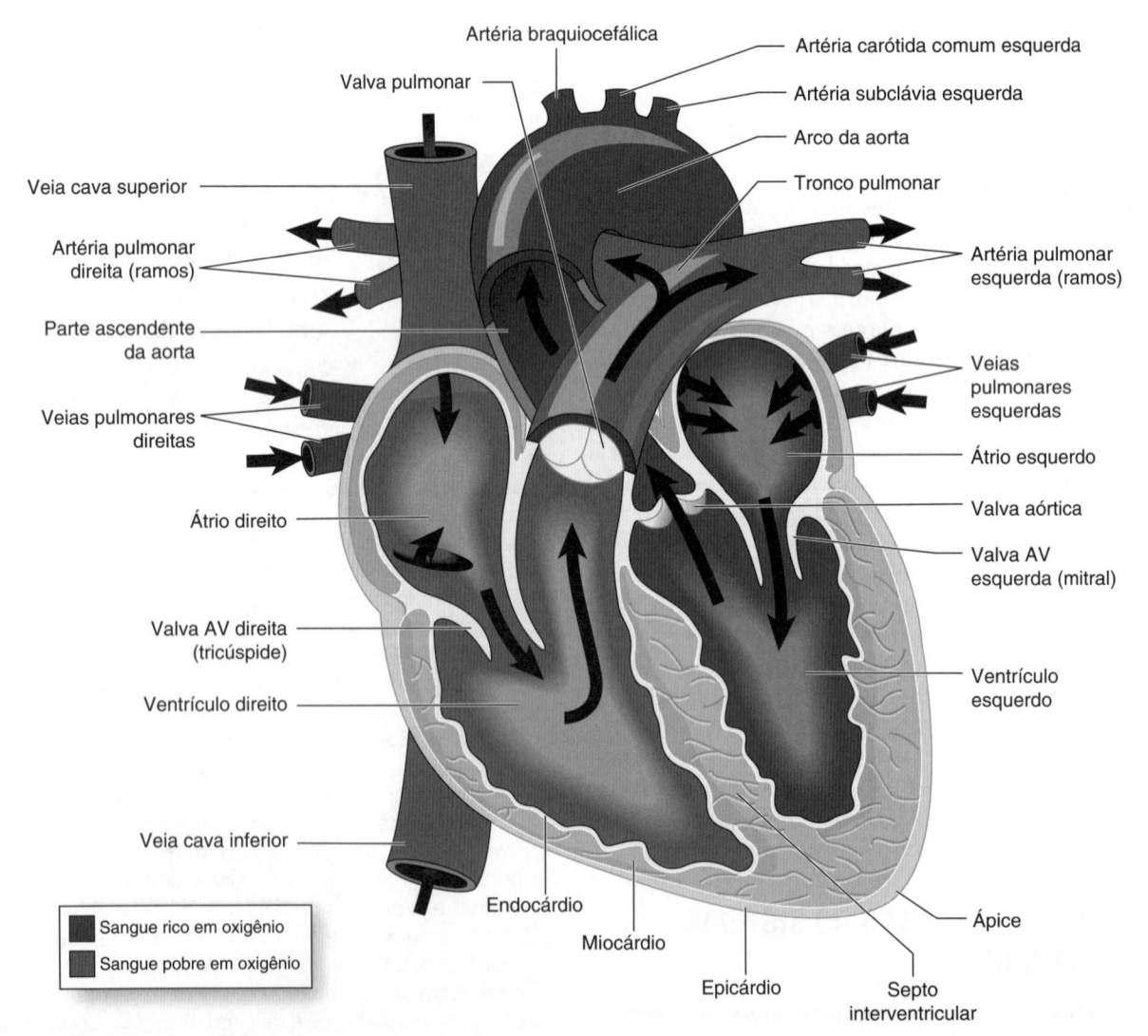

Figura 17.10 Anatomia do coração. AV, atrioventricular. (De Cohen BJ. *Memmler's the human body in health and disease*. 11th ed. Philadelphia, PA: Lippincott Williams & Wilkins; 2009.) (Esta figura encontra-se reproduzida em cores no Encarte.)

Introdução à Imunologia). Os termos relacionados com as doenças infecciosas do sistema linfático incluem os seguintes:

- Linfadenite: inflamação e edema dos linfonodos
- Linfadenopatia: doença dos linfonodos
- Linfangite: inflamação dos vasos linfáticos.

DOENÇAS INFECCIOSAS DO SISTEMA NERVOSO CENTRAL

O sistema nervoso é constituído pelo SNC e pelo sistema nervoso periférico (Figura 17.11). O SNC é composto pelo encéfalo, pela medula espinal e por três membranas (ou meninges), que recobrem o encéfalo e a medula espinal (Figura 17.12). O SNC é bem protegido e notavelmente resistente à infecção; é envolvido por osso, banhado e amortecido pelo líquido cerebrospinal (LCS) e nutrido pelos capilares. Estes últimos formam a barreira hematencefálica, fornecendo nutrientes sem permitir que partículas maiores, como macromoléculas (p. ex., anticorpos e a maioria dos antibióticos), células do sistema imune e microrganismos, passem do sangue para o encéfalo. O sistema nervoso periférico é formado por nervos que se ramificam a partir do encéfalo e da medula espinal.

Não existe nenhuma microbiota endógena no sistema nervoso. Os micróbios têm acesso a ele por meio de traumatismo (fraturas ou procedimentos médicos), do sangue e da linfa para o LCS ou ao longo dos nervos periféricos. Os termos relacionados com as doenças infecciosas do SNC incluem os seguintes:

- Encefalite: inflamação do encéfalo
- Encefalomielite: inflamação do encéfalo e da medula espinal
- Meningite: inflamação das meninges (membranas) que circundam o encéfalo e a medula espinal
- Meningoencefalite: inflamação do encéfalo e das meninges
- Mielite: inflamação da medula espinal.

Infecções do sistema nervoso central com múltiplas causas

Meningite

A meningite – inflamação das meninges – pode ter muitas causas, incluindo ingestão de substâncias venenosas, ingestão ou injeção de fármacos, reação a vacinas ou patógenos. Se for causada por um patógeno, o responsável pode ser vírus, bactéria, fungo ou protozoário.

> A meningite pode ser causada pela ingestão de substâncias venenosas, ingestão ou injeção de fármacos, reação a vacinas ou patógeno.

A meningite viral pode ser causada por um vírus que infecta especificamente as meninges, ou pode resultar de uma reação imune a um vírus que acomete especificamente o encéfalo (p. ex., vírus da varicela, do sarampo e da rubéola). Algumas vezes, a doença é designada como "meningite asséptica", visto que o patógeno não pode ser identificado em cerca de 50% dos casos. Os vários tipos de vírus que causam meningite incluem enterovírus (principal

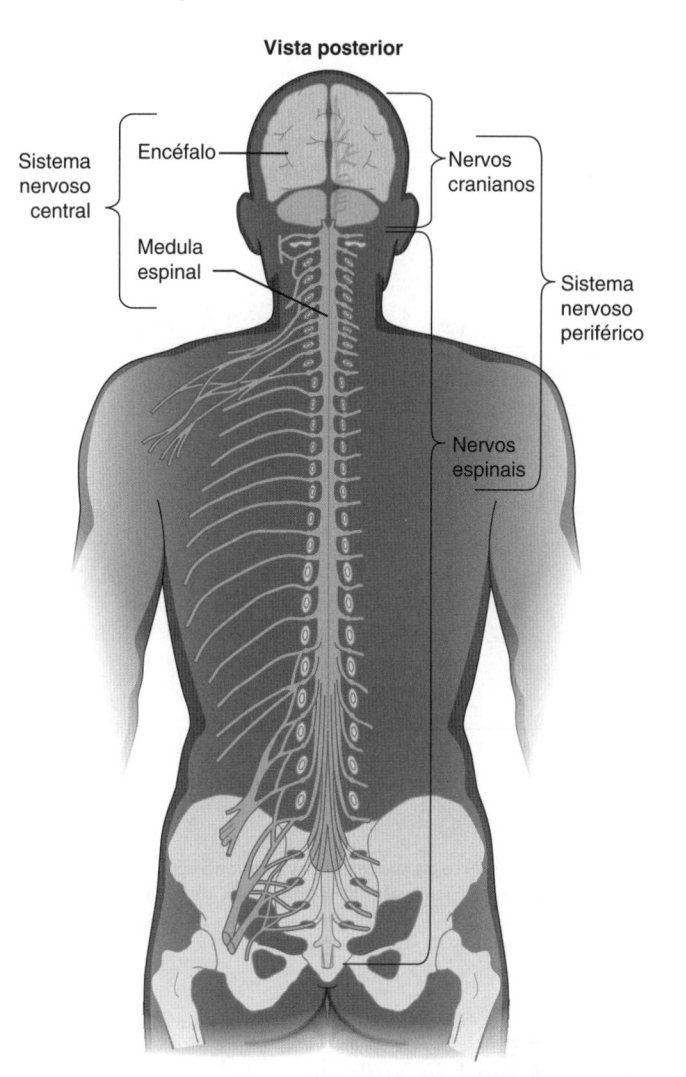

Figura 17.11 Anatomia do sistema nervoso central. (De Cohen BJ. *Memmler's the human body in health and disease.* 11th ed. Philadelphia, PA: Lippincott Williams & Wilkins; 2009.)

causa nos EUA), vírus coxsackie, vírus ECHO, vírus da caxumba, arbovírus (transmitidos por artrópodes), poliovírus, adenovírus, vírus do sarampo, herpes-vírus simples e vírus da varicela. A meningite viral tende a ser menos grave do que a bacteriana.

Historicamente, as três principais causas de meningite bacteriana têm sido *H. influenzae* (a principal causa em crianças), *Neisseria meningitidis* (a principal causa em adolescentes) e *S. pneumoniae* (a principal causa em indivíduos idosos). Atualmente, dispõe-se de vacinas para os três patógenos, o que reduziu acentuadamente a incidência da doença nos EUA. Entretanto, nos países subdesenvolvidos, a meningite causada por esses organismos continua sendo comum. As causas menos frequentes de meningite bacteriana incluem

> Algumas vezes, a meningite viral é designada como "meningite asséptica", visto que o patógeno não pode ser identificado em cerca de 50% dos casos.

> Historicamente, as três principais causas de meningite bacteriana têm sido *H. influenzae, N. meningitidis* e *S. pneumoniae.*

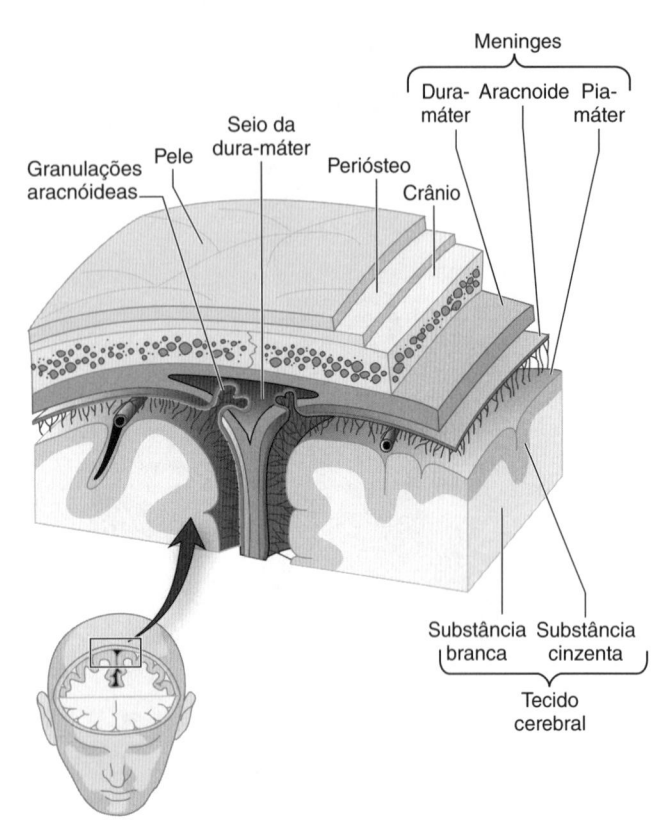

Figura 17.12 Corte da parte superior da cabeça, mostrando as meninges e estruturas relacionadas. (De Cohen BJ. *Memmler's the human body in health and disease*. 11th ed. Philadelphia, PA: Lippincott Williams & Wilkins; 2009.)

Listeria monocytogenes, S. aureus, Pseudomonas aeruginosa, Salmonella spp. e *Klebsiella* spp.

As principais causas de meningite bacteriana em recém-nascidos são *Streptococcus agalactiae* (estreptococos beta-hemolíticos do grupo B), *E. coli* e outros membros da família Enterobacteriaceae, bem como *L. monocytogenes*. Os sintomas iniciais consistem em febre, cefaleia, rigidez de nuca, faringite e vômitos. Ocorrem também sintomas neurológicos de tontura, convulsões, paralisia e coma, podendo haver morte nas primeiras horas. A meningite é uma emergência médica, e é preciso tomar providências imediatamente para determinar a causa. Em geral, o diagnóstico é estabelecido por uma combinação de sintomas do paciente, exame físico e coloração de Gram e cultura do LCS.

As amebas de vida livre que podem causar *meningoencefalite* pertencem aos gêneros *Naegleria, Balamuthia* e *Acanthamoeba*. Outros protozoários que podem invadir as meninges são o *Toxoplasma* e o *Trypanosoma*. Em certas ocasiões, a meningite é causada por fungos patogênicos, particularmente *Cryptococcus neoformans* (uma levedura encapsulada).

Toxinas. Várias doenças do SNC são causadas por toxinas. Exemplos de neurotoxinas bacterianas incluem a toxina botulínica (exotoxina que causa o botulismo) e a tetanospasmina (causa do tétano). As doenças produzidas por toxinas fúngicas (micotoxinas) incluem a cravagem por bolores

de grãos e o envenenamento por cogumelos. *Gonyaulax*, uma alga encontrada em "florações" de algas, produz neurotoxinas, que podem concentrar-se em moluscos bivalves, causando sintomas de paralisia após a ingestão dos mesmos contaminados. Várias outras algas também produzem neurotoxinas (ver Apêndice 1 "Intoxicações Microbianas", disponível no material suplementar *online*).

> Os parasitas que podem causar doenças do SNC incluem amebas de vida livre e espécies de *Toxoplasma* e *Trypanosoma*.

INFECÇÕES OPORTUNISTAS

No Capítulo 1, *Microbiologia | A Ciência*, foi estudado que certos micróbios são designados como "patógenos oportunistas" ou "oportunistas". São agentes que comumente não causa doença, mas têm o potencial de provocá-la em determinadas condições. A abreviatura *IOs* refere-se a infecções que normalmente não ocorreriam em indivíduos saudáveis e imunocompetentes ou, caso ocorressem, causariam apenas sintomas leves. Por outro lado, as IOs são relativamente comuns nos indivíduos imunossuprimidos, que fornecem aos patógenos uma "oportunidade" de causar doença. Por isso, com frequência, contribuem para a sua morte.

Em seguida, são apresentadas algumas das IOs mais comuns:

- *Aspergilose e outras infecções por fungos filamentos* (incluindo por bolor de pão): pode tornar-se uma infecção sistêmica em indivíduos imunossuprimidos
- *Candidíase*: infecção da boca ("sapinho"), da faringe ou da vagina por levedura; pode tornar-se uma infecção sistêmica em indivíduos imunossuprimidos
- *Infecção por citomegalovírus*: pode causar doença ocular, podendo levar à cegueira
- *Infecções por herpes-vírus simples*: constitui a causa do herpes oral (vesículas) e do herpes genital, que podem ocorrer em indivíduos imunocompetentes, mas são mais frequentes e mais graves em imunossuprimidos
- *Malária*: infecção parasitária que ocorre em indivíduos imunocompetentes, embora seja mais comum e grave em imunossuprimidos
- *Complexo* Mycobacterium avium: infecção bacteriana que pode causar febre recorrente, problemas com a digestão e grave perda de peso
- *Pneumonia por* Pneumocystis: infecção fúngica que pode causar pneumonia fatal; antes da disponibilidade de tratamentos mais novos e mais agressivos, era a principal causa de morte em pacientes com AIDS
- *Toxoplasmose*: infecção dos olhos e do cérebro causada por protozoário
- *Tuberculose (TB)*: infecção do trato respiratório inferior causada por bactérias; pode causar meningite. Ocorre em indivíduos imunocompetentes; porém, é mais comum e mais grave em imunossuprimidos.

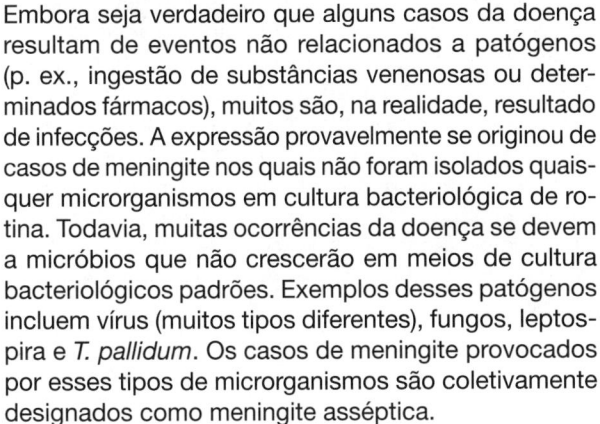

Auxílio ao estudo

Meningite asséptica

A expressão *meningite asséptica* refere-se à meningite que não é causada por patógeno.

Embora seja verdadeiro que alguns casos da doença resultam de eventos não relacionados a patógenos (p. ex., ingestão de substâncias venenosas ou determinados fármacos), muitos são, na realidade, resultado de infecções. A expressão provavelmente se originou de casos de meningite nos quais não foram isolados quaisquer microrganismos em cultura bacteriológica de rotina. Todavia, muitas ocorrências da doença se devem a micróbios que não crescerão em meios de cultura bacteriológicos padrões. Exemplos desses patógenos incluem vírus (muitos tipos diferentes), fungos, leptospira e *T. pallidum*. Os casos de meningite provocados por esses tipos de microrganismos são coletivamente designados como meningite asséptica.

DOENÇAS INFECCIOSAS EMERGENTES E REEMERGENTES

Não faz muito tempo, os cientistas acreditavam que tinham vencido a batalha contra as doenças infecciosas.[c] Eles estavam confiantes de que uma combinação de vigilância, quarentena, vacinas, antibióticos e outros agentes antimicrobianos marcavam o início do fim das doenças causadas por patógenos. Estavam errados!

Não apenas "novas" doenças infecciosas (previamente desconhecidas) continuam aparecendo, como também outras que se acreditava estarem contidas ou erradicadas continuam reemergindo. As causas das doenças emergentes incluem: mudanças demográficas e de comportamento dos seres humanos; alterações ecológicas, como construções de represas, desflorestamento e mudanças climáticas; aumento das viagens internacionais; maior exposição a animais exóticos; uso inadequado de antibióticos e outros agentes antimicrobianos; e desagregação das medidas de saúde pública. Segue uma lista de algumas das doenças infecciosas que surgiram nos últimos 30 anos:

- Gripe aviária
- Infecção pelo vírus Chikungunya
- Infecção por *Cryptococcus gattii*

---

[c]No fim da década de 1960, com base nos progressos obtidos na redução da incidência de doenças infecciosas, como varíola, poliomielite e febre reumática, um cirurgião-geral dos EUA, William H. Stewart, declarou que era tempo de encerrar os livros sobre doenças infecciosas e, em seu lugar, dedicar maior atenção às doenças crônicas, como o câncer e as afecções cardíacas.

- Criptosporidiose
- Dengue e febre hemorrágica da dengue
- Infecções por *E. coli* O157 (incluindo síndrome hemolítico-urêmica)
- Febre hemorrágica pelo vírus Ebola
- Síndrome pulmonar por hantavírus
- Infecção pelo vírus Hendra
- Infecção pelo HIV e AIDS
- Varíola do macaco humana
- Febre de Lassa
- Legionelose
- Doença de Lyme
- Febre hemorrágica de Marburg
- Síndrome respiratória do Oriente Médio (SROM)
- Encefalite pelo vírus Nipah
- Síndrome respiratória aguda grave (SRAG)
- Variante da doença de Creutzfeldt-Jakob
- Encefalite pelo vírus do Oeste do Nilo
- Infecção pelo vírus Zika.

As causas das doenças infecciosas reemergentes incluem mutações e recombinações genéticas dos patógenos, resistência adquirida a fármacos, diminuição da adesão às políticas de vacinação e outros problemas nas medidas de saúde pública, alterações da população, guerras e conflitos civis, fome, inundações, secas e bioterrorismo. As doenças infecciosas que reemergiram ou que apareceram recentemente em novas áreas geográficas incluem Chikungunya, cólera, dengue, difteria, malária, febre do Vale Rift, TB, encefalite do Nilo Ocidental, febre amarela, Zika e infecções causadas por *S. aureus* resistente à meticilina e outras "superbactérias".

A revista *Emerging Infectious Diseases*, publicada mensalmente pelos CDC, está disponível sem custo no *site*: http://www. cdc.gov/ncidod/EID/index.htm.

POSSÍVEIS RELAÇÕES ENTRE DOENÇAS E O MICROBIOMA HUMANO

"Temos tendência a pensar que somos exclusivamente um produto de nossas próprias células, cujo número é de mais de 10 trilhões. Entretanto, os micróbios que abrigamos contribuem com outros 100 trilhões de células... Enquanto nossos 21.000 genes humanos ou mais nos ajudam a ser o que somos, nossos micróbios residentes possuem oito milhões ou mais de genes, muitos dos quais colaboram 'atrás do palco', manipulando alimentos, interferindo no sistema imune, ativando e desativando genes humanos e nos ajudando a funcionar... Os micróbios ocupam quase todos os cantos de nosso corpo... Ao todo, mais de 10.000 espécies... Porém, a notícia real é a de que a comunidade microbiana faz uma diferença significativa no modo pelo qual vivemos e até mesmo como pensamos e sentimos". Infelizmente, nosso microbioma tem sido alvo de ataque desde o início da era antibiótica. Sempre que recebemos antibióticos, as bactérias "boas" são destruídas juntamente com as bactérias "ruins". Além dos antibióticos, nosso microbioma tem sido alterado em consequência de

Pense nisso

"Os fatores climáticos influenciam a emergência e a reemergência de doenças infecciosas, além de múltiplos determinantes humanos, biológicos e ecológicos. Os climatologistas identificaram tendências crescentes nas temperaturas globais e agora estimam um aumento sem precedente de 2,0°C no ano de 2100. O que mais preocupa é o fato de que essas mudanças podem afetar a introdução e a disseminação de muitas doenças infecciosas graves". "As doenças transmitidas por mosquitos, incluindo a malária, a dengue e as encefalites virais, estão entre as mais sensíveis ao clima. Mudanças climáticas afetariam diretamente a transmissão das doenças, modificando a faixa geográfica dos vetores e aumentando as frequências de reprodução e picadas, além de reduzir o período de incubação dos patógenos. Aumentos na temperatura da superfície dos oceanos e no nível do mar relacionados com o clima podem levar a uma maior incidência de doenças infecciosas e doenças associadas a toxinas transmitidas pela água, como a cólera e o envenenamento por frutos do mar. A migração dos seres humanos e o dano às infraestruturas de saúde em consequência do aumento projetado na variabilidade do clima poderiam contribuir indiretamente para a transmissão de doenças. A suscetibilidade dos seres humanos às infecções poderia ser ainda mais complicada pela desnutrição, devido à influência climática sobre a agricultura e às alterações potenciais do sistema imune humano causadas por um aumento no fluxo de radiação ultravioleta". (De Patz JA *et al.* Global climate change and emerging infections. *JAMA*. 1996; 275:217-23.)

nossa obsessão por limpeza e sabões, loções e produtos de limpeza doméstica antibacterianos, bem como outros produtos. "Estudos recentes associaram a ocorrência de alterações no microbioma a alguns dos problemas médicos atualmente mais prementes, incluindo obesidade, alergias, diabetes melito, distúrbios intestinais e até mesmo problemas psiquiátricos, como autismo, esquizofrenia e depressão... Em geral, os pesquisadores não podem declarar com certeza se as mudanças ocorridas no microbioma causam determinadas condições, ou se simplesmente ocorrem em consequência dessas condições". Obviamente, são necessárias mais pesquisas sobre as possíveis relações entre o corpo e o microbioma humanos; logo, é preciso haver conscientização de que o ser humano e os micróbios são parceiros íntimos e claramente influenciam a vida diária. (Citado de Quoted material is from Coniff R. Microbes: the trillions of creatures governing your health. Smithsonianmag.com. Maio de 2013.)

Exercícios de autoavaliação

Após estudar este capítulo, responda às seguintes questões de múltipla escolha:

1. A otite média é uma inflamação ou infecção do(a):
   a. Orelha
   b. Olho
   c. Cérebro
   d. Bexiga

2. A ceratite é uma inflamação ou infecção do(a):
   a. Conjuntiva
   b. Córnea
   c. Rim
   d. Pele

3. Qual ou quais dos seguintes microrganismos constitui ou constituem a causa mais comum de faringite?

   a. *E. coli*
   b. *S. aureus*
   c. *S. pyogenes*
   d. Vírus

4. Qual dos seguintes microrganismos é a causa mais comum de cárie dental?
   a. *S. aureus*
   b. *S. agalactiae*
   c. *S. mutans*
   d. *S. pyogenes*

5. Uma infecção da bexiga é conhecida como:
   a. Cistite
   b. Pielonefrite
   c. Ureterite
   d. Uretrite

6. A causa mais comum de cistite é:
   a. *C. albicans*
   b. *E. coli*
   c. *S. epidermidis*
   d. *S. saprophyticus*

7. A causa mais comum de uretrite é:
   a. *C. trachomatis*
   b. *E. coli*
   c. *M. pneumoniae*
   d. *S. aureus*

8. Qual dos seguintes termos se refere a um aumento dos gânglios linfáticos?
   a. Linfadenite
   b. Linfadenopatia
   c. Linfangite
   d. Linfite

9. A inflamação ou infecção do encéfalo é denominada:
   a. Encefalite
   b. Meningite
   c. Mielite
   d. Otite externa

10. Qual dos seguintes microrganismos não é uma das três causas mais comuns de meningite bacteriana?
   a. *E. coli*
   b. *H. influenzae*
   c. *N. meningitidis*
   d. *S. pneumoniae*

Infecções Virais em Seres Humanos

OBJETIVOS DE APRENDIZAGEM

Após estudar este capítulo, você deverá ser capaz de:

- Correlacionar as várias doenças virais aos sistemas do corpo (p. ex., rinovírus com o sistema respiratório)
- Correlacionar determinada doença viral às suas principais características, ao seu agente etiológico, ao(s) reservatório(s), ao(s) modo(s) de transmissão e aos exames laboratoriais para o seu diagnóstico
- Citar várias doenças virais de notificação compulsória nos EUA
- Descrever de modo sucinto como os vírus causam doença
- Descrever as *manchas de Koplik* e citar a doença com a qual estão associadas
- Caracterizar os diversos vírus da hepatite como vírus de DNA ou de RNA
- Listar várias doenças virais que são sexualmente transmissíveis.

INTRODUÇÃO

Seria impossível, em um livro deste tamanho, descrever *todas* as infecções humanas causadas por vírus; por isso, apenas determinadas doenças virais serão descritas neste capítulo. Algumas são de notificação compulsória nos EUA, o que significa que, quando um paciente é diagnosticado com uma delas, a informação precisa ser relatada aos Centers for Disease Control and Prevention (CDC). Em 2017, havia aproximadamente 25 doenças virais de notificação compulsória no país norte-americano (Tabela 18.1), as quais são, em sua maioria, descritas neste capítulo, assim como algumas que não são notificáveis.

COMO OS VÍRUS CAUSAM DOENÇAS?

No Capítulo 4, *Micróbios Acelulares e Procarióticos*, foi ressaltado que os vírus podem infectar apenas as células que tiverem receptores de superfície apropriados, ou seja, que eles são capazes de reconhecer e se ligar. Assim, os vírus são específicos quanto ao tipo de célula(s) que podem infectar. Por esse motivo, alguns só causam infecções respiratórias, enquanto outros, apenas gastrintestinais, e assim por diante.

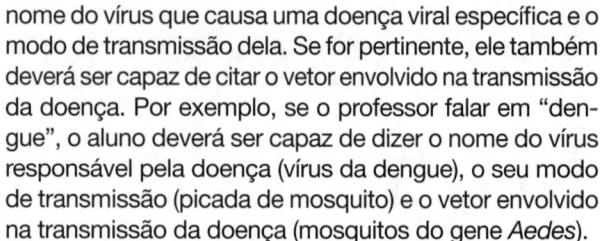

Auxílio ao estudo

O que aprender?

Este capítulo fornece uma grande quantidade de informações. Por isso, será de suma importância para lembrar posteriormente o nome do vírus que causa uma doença viral específica e o modo de transmissão dela. Se for pertinente, ele também deverá ser capaz de citar o vetor envolvido na transmissão da doença. Por exemplo, se o professor falar em "dengue", o aluno deverá ser capaz de dizer o nome do vírus responsável pela doença (vírus da dengue), o seu modo de transmissão (picada de mosquito) e o vetor envolvido na transmissão da doença (mosquitos do gene *Aedes*).

Os vírus multiplicam-se no interior das células hospedeiras, e é durante o escape dessas células – por lise ou por brotamento – que elas são destruídas. Essa destruição celular leva à maioria dos sintomas da infecção viral, que variam dependendo do local da infecção. Outros sintomas resultam de lesão imunológica (*i. e.*, lesão em consequência da

Tabela 18.1 Doenças virais de notificação compulsória nos EUA.	
Doença viral	**Número de novos casos relatados aos CDC nos EUA em 2014***
Doenças virais (por arbovírus) transmitidas por artrópodes	
Encefalites causadas por membros do sorogrupo Califórnia	85
Encefalite equina do Leste	8
Encefalite pelo vírus Powassan	7
Encefalite de St. Louis	10
Encefalite pelo vírus do oeste do Nilo	1.347
Encefalite equina do Oeste	0
Dengue	680
Síndrome pulmonar por hantavírus	32
Hepatite A	1.239
Hepatite B	2.791
Hepatite C	2.204
Diagnóstico de HIV	35.606
Mortalidade pediátrica associada à gripe	141
Sarampo	667
Caxumba	1.223
Poliomielite	0
Raiva humana	1
Rubéola	6
SRAG	0
Varíola	0
Varicela (catapora)	10.172
Febres hemorrágicas virais	5
Febre amarela	0

*Esses valores fornecem uma visão sobre a frequência com que tais doenças ocorrem nos EUA. Para uma informação atualizada, deve-se consultar o *site* dos CDC, na seção "Morbidity & Mortality Weekly Report", e clicar no *link* "Notifiable Diseases" e no ano mais recente que estiver listado. CDC, Centers for Disease Control and Prevention; SRAG, síndrome respiratória aguda grave, HIV, vírus da imunodeficiência humana. (Fonte: http://www.cdc.gov.)

resposta imune ao patógeno viral). No caso da síndrome da imunodeficiência adquirida (AIDS), seu causador, o vírus da imunodeficiência adquirida (HIV) destrói as células do sistema imune. Isso torna o paciente incapaz de se proteger contra vários patógenos virais, bacterianos, fúngicos e parasitas. Desse modo, a morte do indivíduo com AIDS resulta de infecções maciças causadas por esses patógenos.

INFECÇÕES DA PELE CAUSADAS POR VÍRUS

Os vírus são responsáveis por uma ampla variedade de infecções com manifestações cutâneas. Muitas, como a doença mão-pé-boca (Figura 18.3), são causadas por enterovírus. O sarampo e a varicela (catapora) são normalmente doenças da infância, que agora são menos comuns em consequência da vacinação. A Tabela 18.2 fornece informações sobre as infecções da pele causadas por vírus.

INFECÇÕES DAS ORELHAS CAUSADAS POR VÍRUS

Os vírus podem causar otite média (infecção da orelha média) por eles próprios ou, mais comumente, em associação

Auxílio ao estudo
Cuidado com termos de sonoridade semelhante

Não confunda os vírus da varicela, da varíola e da vacínia. O da varicela, que é um tipo de herpes-vírus, constitui a causa da catapora (varicela); o da varíola é a causa da varíola; e o da vacínia provoca a varíola do gado e é utilizado no preparo da vacina que protege contra a varíola humana. Os termos *vacina* e *vacinação* são derivados do latim *vacca*, que significa "vaca".

a patógenos bacterianos. O desenvolvimento de otite média é precedido, com frequência, de infecção respiratória viral. Os vírus mais comuns detectados no líquido da orelha média são: vírus sincicial respiratório (RSV), rinovírus/enterovírus, vírus influenza, metapneumovírus humano e adenovírus.

Tabela 18.2 Infecções da pele causadas por vírus.

Doença	Informações adicionais
Varicela (catapora) e herpes-zóster (cobreiro). A catapora, também conhecida como varicela, é uma infecção viral aguda e generalizada, com febre e exantema cutâneo (Figura 18.1). Há também formação de vesículas nas membranas mucosas. Em geral, trata-se de uma doença autolimitada e leve; entretanto, pode causar grave dano ao feto. As complicações graves consistem em pneumonia, infecções bacterianas secundárias, complicações hemorrágicas e encefalite. A síndrome de Reye (uma encefalomielite grave com lesão hepática) pode ocorrer após a varicela clínica se for administrado ácido acetilsalicílico a crianças com menos de 16 anos de idade. Nos EUA, a varicela constitui a principal causa de morte evitável por vacina. O herpes-zóster, também conhecido como cobreiro, consiste em uma reativação do vírus da varicela, frequentemente em consequência de imunossupressão. Ele envolve inflamação dos gânglios sensitivos dos nervos sensitivos cutâneos, produzindo vesículas preenchidas de líquido, dor e parestesia (dormência e formigamento). O herpes-zóster pode ocorrer em qualquer idade; porém, é mais comum depois dos 50 anos **Cuidados com o paciente**. Tomar precauções para evitar transmissão pelo ar e contato dos pacientes hospitalizados até que as lesões estejam secas e com crostas	**Patógeno**. A varicela e o herpes-zóster são causados pelo vírus varicela-zóster (VZV), um herpes-vírus da família Herpesviridae que também é conhecido como herpes-vírus humano 3; é um vírus de DNA **Reservatórios e modo de transmissão**. Os seres humanos infectados servem de reservatório. A transmissão é interpessoal por contato direto, por gotículas ou por disseminação pelo ar do líquido das vesículas ou de secreções do sistema respiratório de indivíduos com varicela **Diagnóstico laboratorial**. O diagnóstico é comumente estabelecido em bases clínicas e epidemiológicas. Dispõe-se de técnicas de imunodiagnóstico e de diagnóstico molecular, bem como cultura de células
Rubéola. A rubéola é uma doença viral febril leve. Surge um exantema fino, plano e rosado 1 a 2 dias após o início dos sintomas (Figura 18.2). O exantema começa na face e no pescoço e dissemina-se para o tronco, os braços e as pernas. A rubéola é uma doença mais leve do que o sarampo, com menos complicações. Entretanto, se for adquirida durante o primeiro trimestre de gravidez, pode causar síndrome da rubéola congênita no feto. Pode levar à morte intrauterina, ao aborto espontâneo ou a malformações congênitas de sistemas orgânicos importantes **Cuidados com o paciente**. Tomar precauções para evitar gotículas de pacientes hospitalizados até 7 dias após o início do exantema	**Patógeno**. A rubéola é causada pelo vírus da rubéola, um vírus de RNA da família Togaviridae **Reservatórios e modo de transmissão**. Os seres humanos infectados servem de reservatório. A transmissão ocorre por disseminação de gotículas ou por contato direto com secreções nasofaríngeas de indivíduos infectados **Diagnóstico laboratorial**. Dispõe-se de técnicas de imunodiagnóstico e procedimentos de diagnóstico molecular para diagnosticar a rubéola. O vírus pode ser propagado em cultura de células

(continua)

Tabela 18.2 Infecções da pele causadas por vírus. (*continuação*)

Doença	Informações adicionais
Doença mão-pé-boca (HFMD). É uma doença viral comum, que afeta geralmente lactentes e crianças com menos de 5 anos de idade, embora possa ser observada, em certas ocasiões, em crianças de mais idade e adultos. Começa com febre, faringite e mal-estar. Um ou 2 dias após o início da febre, podem ocorrer lesões dolorosas na boca, que começam no fundo, na forma de pequenas manchas vermelhas com vesículas, e podem evoluir para úlceras. Além disso, pode-se observar o desenvolvimento de um exantema cutâneo com manchas vermelhas nos dias seguintes nas palmas das mãos e plantas dos pés (Figura 18.3), podendo aparecer em outras áreas do corpo. Em raros casos, pode ocorrer meningite asséptica	**Patógeno**. A doença mão-pé-boca é comumente causada pelo vírus Coxsackie A16 e pelo enterovírus 71. Trata-se de vírus de RNA da família Enteroviridae **Reservatórios e modo de transmissão**. Os seres humanos infectados servem de reservatório. A transmissão ocorre por contato pessoal íntimo, secreções respiratórias, contato com fezes ou com objetos contaminados **Diagnóstico laboratorial**. O diagnóstico é estabelecido, com mais frequência, com base no aspecto químico. No caso de complicações, como meningite asséptica, as amostras podem ser testadas por procedimentos de diagnóstico molecular ou cultura de células
Sarampo. O sarampo é uma doença viral aguda e altamente transmissível, com febre, conjuntivite, tosse, fotossensibilidade (sensibilidade à luz), manchas de Koplik na boca e exantema cutâneo com manchas vermelhas (Figura 18.4). As manchas de Koplik consistem em pequenos pontos vermelhos, em cujo centro é possível observar uma minúscula região branca azulada quando examinado com luz intensa (Figura 18.5). O exantema começa na face entre 3 e 7 dias e, em seguida, torna-se generalizado. As complicações consistem em bronquite, pneumonite, otite média e encefalite. Raramente, um período latente de vários anos pode ser seguido de panencefalite esclerosante subaguda (PEES) autoimune, que se caracteriza por deterioração psiconeurológica progressiva e gradual, incluindo alterações da personalidade, crises convulsivas, fotossensibilidade, anormalidades oculares e coma **Cuidados com o paciente**. Tomar precauções para evitar transmissão pelo ar de pacientes hospitalizados até 4 dias após o início do exantema	**Patógeno**. O sarampo é causado pelo vírus do sarampo. Trata-se de um vírus de RNA da família Paramyxoviridae **Reservatórios de modo de transmissão**. Os seres humanos infectados servem de reservatório. Ocorre transmissão por gotículas transportadas pelo ar e por contato direto com secreções nasais ou da orofaringe de indivíduos infectados, ou por meio de itens recentemente contaminados com essas secreções **Diagnóstico laboratorial**. O diagnóstico de sarampo é comumente estabelecido em bases clínicas e epidemiológicas. Dispõe-se de técnicas de imunodiagnóstico e procedimentos de diagnóstico molecular, e o vírus pode ser isolado em cultura de células
Varíola. A varíola é uma infecção viral sistêmica, com febre, mal-estar, cefaleia, prostração, dorsalgia intensa, exantema cutâneo característico (ver a Figura 11.2, no Capítulo 11, *Epidemiologia e Saúde Pública*) e dor abdominal e vômitos ocasionais. O exantema assemelha-se ao da varicela e, por isso, precisa ser diferenciado dele. A varíola pode se tornar grave, com sangramento na pele e nas membranas mucosas, seguido de morte **Cuidados com o paciente**. Tomar precauções para evitar transmissão pelo ar e contato de pacientes hospitalizados até que todas as lesões tenham crostas e estejam secas (3 a 4 semanas). Utilizar uma proteção respiratória N95 ou mais alta	**Patógeno**. A varíola é causada por duas cepas do vírus da varíola: a varíola *minor* (com taxa de mortalidade < 1%) e a varíola *major* (com taxa de mortalidade de 20 a 40% ou mais). O vírus da varíola é um vírus de DNA de fita dupla do gênero *Orthopoxvirus*, da família Poxviridae. Esse vírus é uma arma biológica e um agente de bioterrorismo em potencial **Reservatórios e modo de transmissão**. Antes da erradicação da varíola, os seres humanos infectados eram a única fonte do vírus. Não se conhece nenhum reservatório animal ou ambiental. A transmissão interpessoal é pelo trato respiratório (disseminação de gotículas) ou por inoculação cutânea. Os pacientes são mais contagiosos antes da erupção do exantema, por gotículas de aerossóis provenientes das lesões orofaríngeas **Diagnóstico laboratorial**. Devido ao perigo potencial da utilização do vírus da varíola como agente de bioterrorismo, os médicos devem conhecer as características clínicas e epidemiológicas da varíola e como distingui-la da varicela. O diagnóstico laboratorial é estabelecido por cultura de células, testes de neutralização, procedimentos de diagnóstico molecular ou microscopia eletrônica. Entretanto, esses exames são apenas realizados em câmaras de biossegurança de nível 4
Verrugas. As verrugas consistem em uma grande variedade de lesões da pele e das membranas mucosas, incluindo as comuns, as venéreas e as plantares. A maioria é inócua; entretanto, algumas podem se tornar cancerosas. As verrugas venéreas ou genitais são discutidas de modo mais detalhado adiante neste capítulo	**Patógeno**. As verrugas são causadas por pelo menos 70 tipos de papilomavírus humanos. São classificados no gênero *Papillomavirus*, da família Papovaviridae. São vírus de DNA **Reservatórios e modo de transmissão**. Os seres humanos infectados servem de reservatório. Em geral, ocorre transmissão por contato direto. As verrugas genitais são sexualmente transmissíveis. Disseminam-se facilmente de uma área do corpo para outra, mas a maioria não é muito contagiosa de uma pessoa para outra (as verrugas genitais são uma exceção) **Diagnóstico laboratorial**. O diagnóstico é estabelecido em bases clínicas

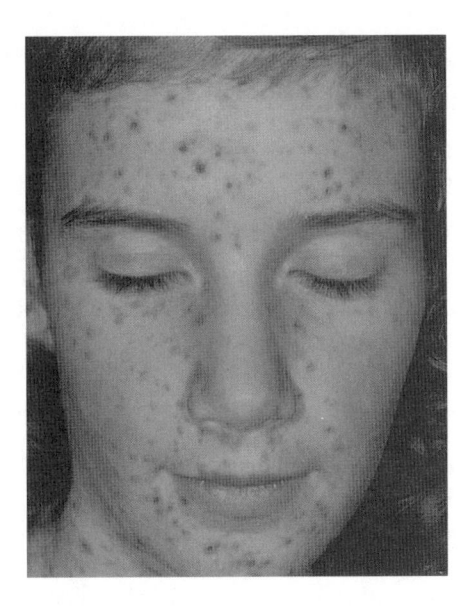

Figura 18.1 Varicela com lesões em todos os estágios de desenvolvimento. (De Harvey RA *et al*. *Lippincott's illustrated reviews: microbiology*. 3rd ed. Philadelphia, PA: Lippincott Williams & Wilkins; 2013.) (Esta figura encontra-se reproduzida em cores no Encarte.)

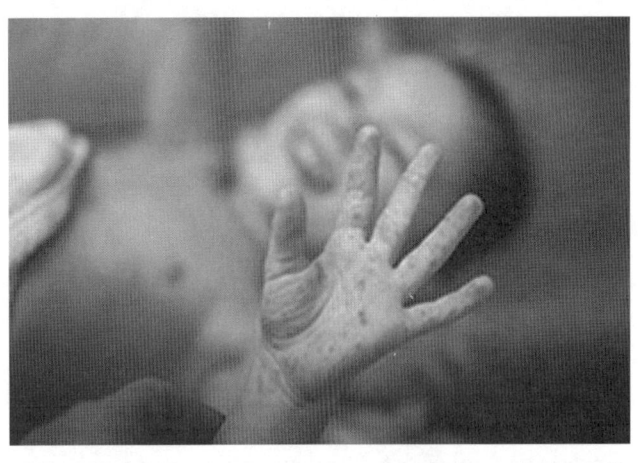

Figura 18.3 Criança com doença mão-pé-boca. (Disponibilizada pelos CDC.) (Esta figura encontra-se reproduzida em cores no Encarte.)

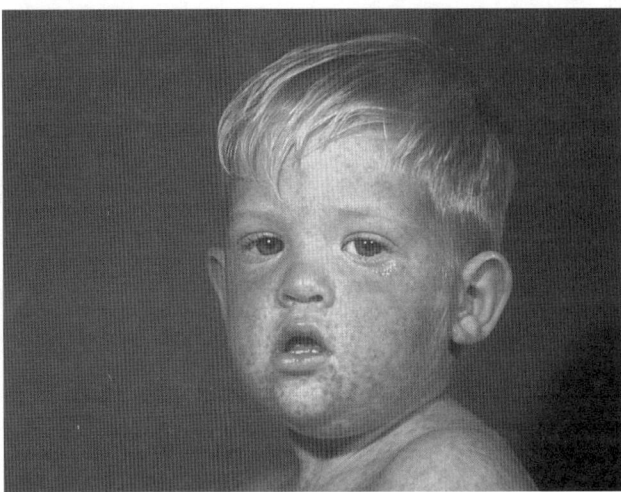

Figura 18.4 Criança com sarampo. (Disponibilizada pelos DCD.) (Esta figura encontra-se reproduzida em cores no Encarte.)

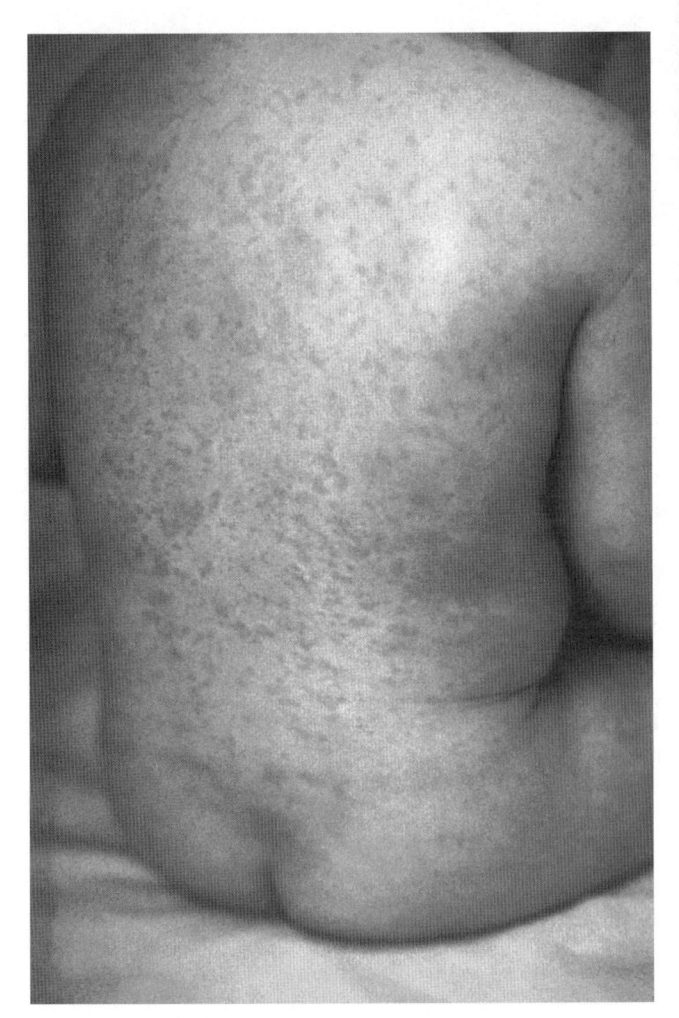

Figura 18.2 Criança com rubéola. As lesões não são tão intensamente vermelhas quanto as do sarampo. (Disponibilizada pelos CDC.) (Esta figura encontra-se reproduzida em cores no Encarte.)

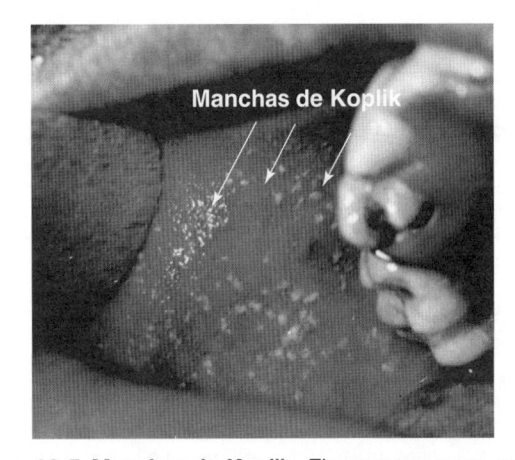

Figura 18.5 Manchas de Koplik. Elas aparecem na mucosa interna da bochecha e constituem um sinal inicial de sarampo; em geral, aparecem antes do início do exantema cutâneo. As manchas de Koplik, de formato irregular, são manchas vermelhas brilhantes que frequentemente apresentam um ponto central branco azulado. (De Harvey RA *et al*. *Lippincott's illustrated reviews: microbiology*. 2nd ed. Philadelphia, PA: Lippincott Williams & Wilkins; 2007.) (Esta figura encontra-se reproduzida em cores no Encarte.)

As informações sobre as infecções das orelhas causadas por vírus e bactérias podem ser encontradas na Tabela 19.3, no Capítulo 19, *Infecções Bacterianas em Seres Humanos*.

INFECÇÕES DOS OLHOS CAUSADAS POR VÍRUS

Para uma revisão da anatomia do olho, ver a Figura 17.4, do Capítulo 17, *Visão Geral das Doenças Infecciosas nos Seres Humanos*. A ceratite, ou infecção da córnea, é comumente causada pelo herpes-vírus simples (HSV), embora também possa ser provocada por outros vírus. A conjuntivite pode ter uma etiologia viral e bacteriana, ou pode ser de natureza não infecciosa. Os adenovírus constituem a causa viral mais comum da doença. Em alguns casos, ocorre infecção simultânea da córnea e da conjuntiva, condição designada como ceratoconjuntivite. O tratamento das infecções oculares causadas por vírus inclui frequentemente gotas oftálmicas tópicas contendo vários agentes antivirais. A Tabela 18.3 fornece informações sobre as infecções dos olhos causadas por vírus.

INFECÇÕES DO SISTEMA RESPIRATÓRIO CAUSADAS POR VÍRUS

Infecções do trato respiratório superior causadas por vírus

Resfriado comum (rinite viral aguda e coriza aguda)

Doença. O resfriado comum é uma infecção viral do revestimento do nariz, dos seios nasais, da orofaringe e das vias respiratórias superiores. Os sintomas consistem em coriza (secreção profusa das narinas), espirros, lacrimejamento, faringite, calafrios e mal-estar. Além disso, o resfriado pode ser acompanhado de laringite, traqueíte ou bronquite, podendo também ocorrer infecções bacterianas secundárias, incluindo sinusite e otite média. O resfriado comum ocorre, com mais frequência, no outono, no inverno e na primavera. Em média, a maioria das pessoas apresenta um a seis resfriados por ano. Nos EUA, o resfriado não é uma doença de notificação compulsória.

Cuidados com o paciente. Tomar precauções para evitar gotículas de pacientes hospitalizados.

Tabela 18.3 Infecções dos olhos causadas por vírus.

Doença	Informações adicionais
Conjuntivite, ceratite e ceratoconjuntivite. São doenças virais agudas que acometem um ou ambos os olhos, associadas a inflamação da conjuntiva, edema das pálpebras e do tecido periorbital, dor, fotofobia e visão embaçada. A ceratite acomete a córnea e pode resultar em cicatrizes permanentes nos casos graves **Cuidados com o paciente**. Tomar precauções para evitar contato de pacientes hospitalizados em toda a duração da doença	**Patógeno**. A conjuntivite e a ceratoconjuntivite adenovirais são causadas por vários tipos de adenovírus. O herpes-vírus simples causa, com mais frequência, ceratite, mas também pode provocar ceratoconjuntivite **Reservatórios e modo de transmissão**. Os seres humanos servem de reservatório. Ocorre transmissão por contato direto com secreções oculares ou com superfícies, instrumentos ou soluções contaminadas. As pessoas com infecções virais (p. ex., herpes labial) devem lavar minuciosamente as mãos antes de colocar ou retirar lentes de contato, ou quando, por qualquer motivo, tocar nos olhos **Diagnóstico laboratorial**. O diagnóstico é estabelecido por cultura de células, técnicas de imunodiagnóstico ou procedimentos de diagnóstico molecular. Com frequência, a ceratite é diagnosticada clinicamente por exame oftalmológico
Conjuntivite hemorrágica. Essa doença viral tem início súbito, com vermelhidão, edema e dor em um ou em ambos os olhos. Pequenas hemorragias subconjuntivais isoladas podem aumentar, formando hemorragias subconjuntivais confluentes. Uma síndrome por adenovírus, denominada febre faringoconjuntival, caracteriza-se por doença do trato respiratório superior, febre e graus menores de inflamação do epitélio da córnea **Cuidados com o paciente**. Tomar precauções para evitar contato de pacientes hospitalizados em toda a duração da doença	**Patógeno**. A conjuntivite hemorrágica é causada por adenovírus e enterovírus **Reservatórios e modo de transmissão**. Os seres humanos infectados servem de reservatório. Ocorre transmissão por contato direto ou indireto com secreção dos olhos infectados. A transmissão por adenovírus pode estar associada a piscinas inadequadamente cloradas; essa "conjuntivite da piscina" pode alcançar proporções epidêmicas **Diagnóstico laboratorial**. O diagnóstico é estabelecido por cultura de células, técnicas de imunodiagnóstico ou procedimentos de diagnóstico molecular
Uveíte e retinite. A inflamação dos olhos (ver Figura 17.4, no Capítulo 17, *Visão Geral das Doenças Infecciosas nos Seres Humanos*) tem muitas manifestações, dependendo do local (estruturas anteriores ou posteriores do olho). As infecções podem resultar em perda da acuidade visual ou até mesmo em cegueira. O diagnóstico é estabelecido por exame oftalmológico	**Patógeno**. A retinite causada por citomegalovírus constitui uma das infecções mais comuns de definição da AIDS em indivíduos HIV-positivos. Outras causas de uveíte e de retinite incluem herpes-vírus simples, herpes-vírus-zóster, vírus do Oeste do Nilo, vírus Ebola e vírus Zika. Infecções bacterianas, como a sífilis e a tuberculose, podem afetar o olho, assim como várias infecções fúngicas. O parasita *Toxoplasma* constitui uma causa relativamente comum de uveíte **Diagnóstico laboratorial**. Amostras obtidas pelo oftalmologista podem ser examinadas por meio de cultura bacteriana e fúngica e procedimentos de diagnóstico molecular

AIDS, síndrome da imunodeficiência adquirida; HIV, vírus da imunodeficiência humana.

Patógenos. O resfriado é causado por muitos vírus diferentes. Os rinovírus, dos quais existem mais de 100 sorotipos, constituem a principal causa em adultos. Outros vírus que causam resfriado incluem coronavírus, vírus parainfluenza, RSV, vírus influenza, adenovírus e enterovírus.

Reservatórios e modo de transmissão. Os seres humanos infectados servem como reservatório da infecção. A transmissão ocorre por secreções respiratórias, por meio das mãos e de fômites, ou por contato direto ou inalação de gotículas transportadas pelo ar.

Diagnóstico laboratorial. Em geral, o diagnóstico laboratorial do resfriado comum não é necessário; porém, as técnicas de cultura de células frequentemente podem demonstrar o vírus patogênico específico, e muitos dos vírus responsáveis pelo resfriado comum podem ser identificados com painéis de base molecular para diagnóstico de infecções respiratórias.

Infecções do trato respiratório inferior com múltiplas causas

As informações sobre infecções do trato respiratório inferior com múltiplas causas podem ser encontradas no Capítulo 19, *Infecções Bacterianas em Seres Humanos*.

Infecções do trato respiratório inferior causadas por vírus

A Tabela 18.4 contém informações sobre as infecções do trato respiratório inferior causadas por vírus.

INFECÇÕES DA REGIÃO ORAL CAUSADAS POR VÍRUS

Herpes labial (vesículas herpéticas)

O herpes labial consiste em vesículas superficiais transparentes em uma base eritematosa (avermelhada), que pode aparecer no rosto ou nos lábios (ver Figura 14.2, no Capítulo 14, *Patogenia das Doenças Infecciosas*). Essas vesículas formam crostas e cicatrizam em poucos dias. A reativação pode ser causada por traumatismo, febre, alterações fisiológicas ou doença. A infecção pode ser grave e extensa nos indivíduos imunossuprimidos. O herpes labial é comumente causado pelo HSV tipo 1, embora também possa ser provocado pelo HSV tipo 2. O HSV-1 e o HSV-2 são também conhecidos como herpes-vírus humanos 1 e 2, respectivamente. São vírus de DNA da família Herpesviridae, e ambos podem infectar o trato genital, embora o herpes genital seja mais frequentemente causado pelo HSV-2.

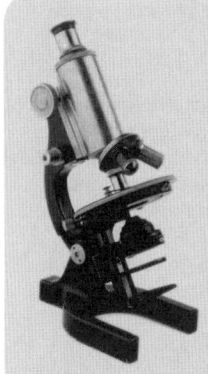

Tabela 18.4 Infecções do trato respiratório inferior causadas por vírus.

Doença	Informações adicionais
Doença respiratória viral, aguda e febril. Caracteriza-se por febre e por uma ou mais das seguintes reações sistêmicas: calafrios, cefaleia, dor generalizada, mal-estar, anorexia e, algumas vezes, distúrbios gastrintestinais em lactentes. A doença também pode incluir rinite, faringite, tonsilite, laringite, bronquite, pneumonia, conjuntivite, otite média e/ou sinusite. As doenças respiratórias virais agudas e febris não são de notificação compulsória nacional nos EUA **Cuidados com o paciente**. Utilizar as medidas-padrão para pacientes adultos e acrescentar as precauções de contato para lactentes e crianças pequenas enquanto durar a doença	**Patógeno**. A doença respiratória viral aguda e febril pode ser causada por muitos vírus, incluindo parainfluenza, RSV, metapneumovírus humano, adenovírus, rinovírus, determinados coronavírus, vírus coxsackie e vírus ECHO. O RSV constitui o principal patógeno viral do trato respiratório do início da lactância. Ele pode causar pneumonia, crupe, bronquite, otite média e morte **Reservatórios e modo de transmissão**. Os seres humanos infectados servem como reservatório. A transmissão ocorre por contato oral direto ou por gotículas, e indiretamente por lenços, utensílios utilizados na alimentação ou outros fômites; ou, no caso de alguns vírus, por via fecal-oral **Diagnóstico laboratorial**. O diagnóstico é estabelecido pelo isolamento do agente etiológico de secreções respiratórias, utilizando cultura de células. Dispõe-se de técnicas de imunodiagnóstico e procedimentos de diagnóstico molecular
Síndrome pulmonar por hantavírus (SPH). A SPH é uma doença viral aguda, caracterizada por febre, mialgias (dores musculares), queixas gastrintestinais, tosse, dificuldade respiratória e hipotensão (diminuição da pressão arterial). O vírus Sin Nombre – literalmente, o "vírus sem nenhuma denominação" – foi a causa da epidemia que ocorreu na área de Four Corners, nos EUA, na primavera e no verão de 1993. Desde então, foram relatados casos esporádicos em muitos estados, bem como na América do Sul **Cuidados com o paciente**. Utilizar medidas-padrão para pacientes hospitalizados	**Patógeno**. Nos EUA, a SPH tem sido causada por pelo menos cinco hantavírus (Sin Nombre, Bayou, Black Creek Canal, New York-1 e Monongahela). Na América do Sul, a SPH tem sido causada por outras cepas **Reservatórios e modo de transmissão**. Os roedores, incluindo rato-veadeiro, roedores do gênero *Neotoma* e tâmias, servem como reservatórios. A transmissão ocorre por inalação de aerossóis de fezes, urina e saliva de roedores. Não ocorre transmissão interpessoal **Diagnóstico laboratorial**. A SPH pode ser diagnosticada por técnicas de imunodiagnóstico e diagnóstico molecular, bem como por cultura de células
Influenza (gripe). A influenza é uma infecção respiratória viral aguda, com febre, calafrios, cefaleia, dores generalizadas por todo o corpo (mais pronunciadas no dorso e nas pernas), faringite, tosse e drenagem nasal. Algumas vezes, causa também bronquite, pneumonia e morte em casos graves. Podem ocorrer náuseas, vômitos e diarreia, particular-mente em crianças. Embora a expressão *gripe intestinal* seja frequentemente ouvida, os vírus influenza raramente causam sintomas gastrintestinais. A gripe intestinal, também conhecida como gripe de 24 horas, é causada por vírus diferentes dos vírus influenza **Cuidados com o paciente**. Tomar precauções para evitar gotículas de pacientes hospitalizados, geralmente durante 5 dias a partir do aparecimento dos sintomas	**Patógeno**. A influenza é causada pelos vírus influenza tipos A, B e C. Trata-se de vírus de RNA de fita simples da família Orthomyxovirus. O vírus influenza A causa sintomas graves e está associado a pandemias, doenças graves e surtos mais localizados. O vírus influenza C comumente não provoca epidemias nem doença significativa **Reservatórios e modo de transmissão**. Os seres humanos constituem o principal reservatório, mas os suínos e as aves também servem como tal. Como as células dos suínos têm receptores para ambas as cepas, aviária e humana, do vírus influenza, elas servem como "reservatórios mistos", resultando em novas cepas que contêm segmentos de RNA de ambas. Acredita-se que a pandemia de 1918 tenha sido causada por um vírus influenza aviária, que passou diretamente das aves para os seres humanos. A transmissão ocorre por disseminação no ar e por contato direto **Diagnóstico laboratorial**. A influenza é diagnosticada pelo isolamento do vírus a partir de secreções faríngeas ou nasais ou de lavados, utilizando técnicas de cultura de células, detecção de antígeno e demonstração de uma elevação nos títulos (concentrações) de anticorpos entre amostras de soro da fase aguda e soro da fase convalescente (Capítulo 16, *Mecanismos Específicos de Defesa do Hospedeiro* | *Introdução à Imunologia*) ou por procedimentos de diagnóstico molecular

(continua)

Tabela 18.4 Infecções do trato respiratório inferior causadas por vírus. (*continuação*)

Doença	Informações adicionais
Influenza aviária (gripe aviária). A influenza aviária, comumente designada como gripe aviária, é principalmente uma doença que acomete aves, mas pode infectar seres humanos. O vírus nos seres humanos causa infecção respiratória, cujas manifestações variam desde sintomas semelhantes aos da gripe (febre, tosse, faringite e mialgias) até infecções oculares, pneumonia, desconforto respiratório agudo e grave e outras complicações sérias e potencialmente fatais **Cuidados com o paciente**. Tomar precauções para evitar gotículas de pacientes hospitalizados (para mais informações, ver http://www.cdc.gov/flu/avian/professional/infect-control.htm)	**Patógeno**. A gripe aviária é causada pelo vírus influenza aviária tipo A. Os três subtipos principais são designados como H5, H7 e H9. A cepa conhecida como H5N1 é a mais virulenta. Novas cepas do vírus influenza aviária continuam emergindo **Reservatórios e modo de transmissão**. As aves silvestres e domésticas infectadas servem como reservatório. Ocorre transmissão das aves para os seres humanos por contato com aves domésticas infectadas ou superfícies que foram contaminadas com excreções de aves com o vírus. A transmissão interpessoal é relativamente rara. Entretanto, os vírus influenza comumente sofrem mutação, e é provável que ocorra no futuro um aumento nos casos de transmissão de pessoa para pessoa **Diagnóstico laboratorial**. Os meios para o estabelecimento do diagnóstico consistem em técnicas de diagnóstico molecular ou cultura de células
Síndrome respiratória do Oriente Médio (SROM). A SROM é uma doença respiratória viral com febre alta, calafrios, cefaleia, sensação generalizada de desconforto, dores pelo corpo e, algumas vezes, diarreia. A SROM foi relatada pela primeira vez na Arábia Saudita, em 2012. Nos poucos meses seguintes, a doença espalhou-se por vários países por meio de viagens aéreas, incluindo dois casos registrados nos EUA. As infecções da SROM continuam sendo observadas, em sua maioria, em países da península arábica **Cuidados com o paciente**. Utilizar medidas-padrão de contato e de transmissão pelo ar para pacientes hospitalizados durante a duração da doença. Usar N95 ou uma proteção respiratória maior, bem como proteção para os olhos (para mais informações, consultar http://www.cdc.gov/coronavirus/mers/infection-prevention-control.html)	**Patógeno**. A SROM é causada por coronavírus associado à SROM (SROM-CoV) (Figura 18.6) **Reservatórios e modo de transmissão**. Os camelos são os reservatórios suspeitos da infecção, e as pessoas infectadas também podem servir como tal. A transmissão ocorre por gotículas respiratórias ou por contato com a boca, o nariz ou os olhos após tocar superfície ou objeto contaminados. Ocorreram muitas infecções da SROM em profissionais de saúde que estavam cuidando de pacientes infectados com SROM **Diagnóstico laboratorial**. Podem ser utilizadas técnicas de imunodiagnóstico ou procedimentos de diagnóstico molecular para diagnosticar a SROM

RSV, vírus sincicial respiratório; SPH, síndrome pulmonar por hantavírus.

INFECÇÕES DO TRATO GASTRINTESTINAL CAUSADAS POR VÍRUS

Infecções do trato gastrintestinal com múltiplas causas

A diarreia pode ter muitas causas e resultar ou não de uma doença infecciosa. Nesse caso, o patógeno pode consistir em um vírus, uma bactéria, um protozoário ou um helminto. A disenteria (uma forma grave de diarreia) também pode ser causada por vários patógenos, incluindo bactérias (p. ex., espécies de *Shigella* que provocam disenteria bacilar) e protozoários (p. ex., os que causam amebíase e balantidíase; ver Capítulo 21, *Infecções Parasitárias em Seres Humanos*).

Gastrenterite viral (enterite viral e diarreia viral)

Doença. A gastrenterite viral pode ser uma doença endêmica ou epidêmica em lactentes, crianças e adultos. Os sintomas incluem náuseas, vômitos, diarreia, dor abdominal, mialgia, cefaleia, mal-estar e febre baixa. Embora seja, com mais frequência, uma doença autolimitada, com 24 a 48 horas de duração, ela pode ser fatal em lactentes ou crianças pequenas, particularmente quando causada por rotavírus. Nos países em desenvolvimento, as infecções por rotavírus são responsáveis por mais de 800.000 mortes por diarreia ao ano. Embora a gastrenterite viral seja algumas vezes designada como "gripe intestinal" ou "gripe de 24 horas", é importante ter em mente que a gripe é uma doença respiratória. Nos EUA, a gastrenterite viral não é uma doença de notificação compulsória nacional; entretanto, o norovírus é a principal causa de enfermidade e surtos em consequência de alimentos contaminados. Cerca de 50% de todos os surtos de doença relacionada com alimentos contaminados são causados por norovírus.

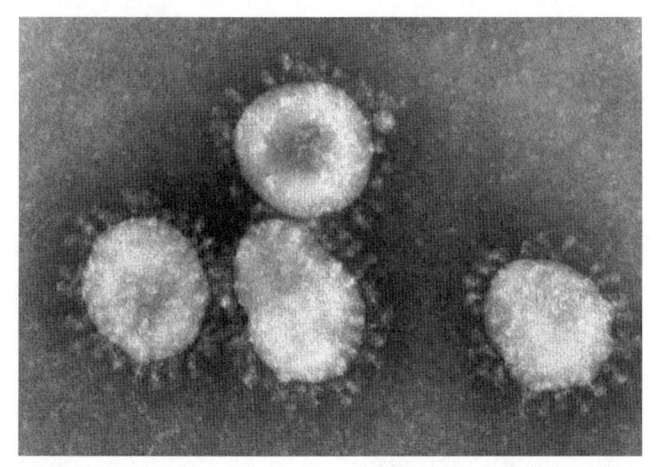

Figura 18.6 Vírion de coronavírus. Observe o halo semelhante a uma coroa que circunda cada vírion, justificando o uso da palavra *corona* em *coronavírus*. (Disponibilizada pelo National Institute of Allergy and Infectious Diseases e pelos CDC.)

Cuidados com o paciente. Devem ser utilizadas medidas-padrão para pacientes hospitalizados, acrescentando-se precauções de contato para pacientes com fraldas ou incontinência e para aqueles com infecções por norovírus e rotavírus.

Patógenos. Os vírus mais comuns que infectam crianças nos primeiros anos de vida são adenovírus entéricos, astrovírus, calicivírus (incluindo norovírus) e rotavírus. Os que infectam crianças e adultos incluem vírus semelhantes ao norovírus e rotavírus. Nos EUA, a incidência de infecção por rotavírus diminuiu acentuadamente em consequência da imunização efetiva no início da infância.

Reservatórios e modo de transmissão. Os seres humanos infectados constituem os reservatórios desses vírus, mas a água e os moluscos contaminados também podem ser. Com mais frequência, a transmissão ocorre por via fecal-oral. A transmissão pelo ar e por contato com fômites contaminados pode desencadear epidemias em ambientes de cuidados da saúde ou em cruzeiros marítimos. Foi também relatada a transmissão da doença por alimentos, água e moluscos.

Diagnóstico laboratorial. O diagnóstico é estabelecido por ensaios moleculares, exames de amostras de fezes na microscopia eletrônica ou procedimentos de imunodiagnóstico.

Hepatite viral

A hepatite, ou inflamação do fígado, pode ter muitas causas, incluindo consumo de álcool, substâncias e vírus. A forma viral refere-se à hepatite causada por qualquer um dos aproximadamente 12 vírus diferentes, incluindo o vírus da hepatite A (HAV), o vírus da hepatite B (HBV), o vírus da hepatite C (HCV), o vírus da hepatite D (HDV) e o vírus da hepatite E (HEV). Ela também pode ocorrer como consequência de doenças virais, como mononucleose infecciosa, febre amarela e infecção por citomegalovírus. Na Tabela 18.5 há informações sobre os tipos de vírus, os modos de transmissão e os tipos de doença. É preciso utilizar medidas-padrão para pacientes hospitalizados e acrescentar precauções de contato para aqueles com fraldas ou que apresentam incontinência. Dispõe-se de várias técnicas de imunodiagnóstico e ensaios moleculares para diagnosticar a hepatite viral.

Tabela 18.5 Tipos comuns de hepatite viral.

Nome da doença	Nome e tipo de vírus	Modo de transmissão	Tipo de doença
Hepatite do tipo A (também conhecida como infecção por HAV, hepatite infecciosa e hepatite epidêmica)	HAV, vírus de RNA de fita simples, linear e não envelopado, do gênero *Hepatovirus*, família Picornaviridae	Transmissão fecal-oral; de pessoa para pessoa; indivíduos que manipulam alimentos infectados; alimentos e água contaminados com fezes	Início abrupto; a gravidade clínica varia desde uma doença leve, de 1 a 2 semanas de duração, até uma doença grave e incapacitante, com duração de vários meses; não causa infecção crônica
Hepatite do tipo B (também conhecida como infecção por HBV e hepatite sérica)	HBV, vírus de DNA de fita dupla, circular e envelopado, do gênero *Orthohepadnavirus*, família Hepadnaviridae; o único vírus de DNA que causa hepatite	Contato sexual ou doméstico com uma pessoa infectada; da mãe para o lactente antes ou durante o parto; uso de substâncias injetáveis; tatuagem; picadas de agulha e outros tipos de transmissão associada a cuidados de saúde	Em geral, apresenta início insidioso (gradual); a gravidade varia desde casos não aparentes até os fulminantes e fatais; ocorrem infecções crônicas; pode resultar em cirrose ou carcinoma hepatocelular
Hepatite do tipo C (também conhecida como infecção por HCV e hepatite não A, não B)	HCV, vírus de RNA de fita simples, linear e envelopado, do gênero *Hepacivirus*, família Flaviviridae	Transmitido principalmente por via parenteral (p. ex., transfusão de sangue); uso de substâncias IV; raramente transmitido sexualmente	Em geral, tem início insidioso; 50-80% dos pacientes desenvolvem infecção crônica; pode resultar em cirrose ou carcinoma hepatocelular
Hepatite do tipo D (também conhecida como hepatite delta)	HDV ou vírus delta, um vírus satélite (vírus de RNA defeituoso) de RNA de fita simples, circular e envelopado, do gênero *Deltavirus*	Exposição a sangue e líquidos corporais infectados; agulhas contaminadas; transmissão sexual; é necessária a coinfecção pelo HBV	Em geral, apresenta início abrupto; pode progredir para uma doença crônica e grave
Hepatite do tipo E	HEV, vírus de RNA de fita simples, esférico e não envelopado do gênero *Hepevirus*, família Hepeviridae	Transmissão fecal-oral, principalmente por água potável contaminada com fezes; também de pessoa para pessoa	Semelhante à hepatite do tipo A; não há evidências de uma forma crônica

IV, intravenoso; DNA, ácido desoxirribonucleico; RNA, ácido ribonucleico; HAV, vírus da hepatite A; HBV, vírus da hepatite B; HCV, vírus da hepatite C; HDV, vírus da hepatite D; HEV, vírus da hepatite E.

A Organização Mundial da Saúde (OMS) estima que, em todo o mundo, aproximadamente 240 milhões de pessoas tenham infecção crônica pelo HBV, com cerca de 600.000 morrendo anualmente e mais de 2 milhões de novos casos clínicos agudos por ano.

Dispõe-se de vacinas para o HAV e o HBV. A vacina antiHAV, que é preparada com vírus inativados desenvolvidos em cultura de células, é recomendada para indivíduos que correm risco aumentado de adquirir hepatite A (incluindo militares e outras pessoas que viajam para regiões onde o HAV é endêmico, homens homossexuais e bissexuais e usuários de substâncias ilícitas). A antiHBV é uma vacina de subunidades, que é produzida pelo *Saccharomyces cerevisiae* (fermento comum de padaria) obtido por engenharia genética. A princípio, a vacina antiHBV era apenas recomendada para indivíduos com alto risco de adquirir a infecção pelo HBV (como lactentes nascidos de mães com antígeno HBV positivo, contatos com familiares portadores de HBV, homens homossexuais e bissexuais e usuários de substâncias ilícitas); todavia, hoje a vacina é administrada rotineiramente a crianças nos EUA, sendo também necessária para profissionais de saúde expostos a sangue.

Além da vacinação contra o HBV, os profissionais de saúde devem seguir as precauções-padrão descritas no Capítulo 12, *Epidemiologia na Área de Assistência à Saúde e Prevenção e Controle das Infecções*. A imunoglobulina anti-hepatite B pode ser administrada a pessoas não vacinadas que foram expostas ao HBV, talvez por lesão acidental por picada de agulha.

INFECÇÕES DO SISTEMA GENITURINÁRIO CAUSADAS POR VÍRUS

Tanto o HSV-1 quanto o HSV-2 são capazes de causar infecções por meio de contato sexual. As verrugas genitais são uma infecção comum causada por uma variedade de poliomavírus, alguns dos quais têm sido associados ao câncer de colo do útero. A Tabela 18.6 contém informações sobre doenças sexualmente transmissíveis causadas por vírus.

Tabela 18.6 Doenças sexualmente transmissíveis causadas por vírus.	
Doença	**Informações adicionais**
Infecções virais por herpes anogenital (herpes genital). Em geral, as infecções por herpes simples caracterizam-se por lesão primária localizada, latência e tendência a sofrer recidiva localizada. Nas mulheres, os principais locais de infecção primária por herpes-vírus anogenital são o colo do útero e a vulva, enquanto a doença recorrente afeta a vulva, a pele perineal, as pernas e as nádegas. Nos homens, as lesões aparecem no pênis (Figura 18.7) e, nos que praticam sexo anal, no ânus e reto. Em geral, os sintomas iniciais consistem em prurido, formigamento e dor, seguidos pelo aparecimento de uma pequena placa de vermelhidão e, em seguida, um grupo de pequenas vesículas dolorosas. As vesículas sofrem ruptura e fundem-se, formando úlceras circulares dolorosas, que adquirem uma crosta depois de alguns dias. As feridas cicatrizam em cerca de 10 dias, mas podem deixar cicatrizes. O surto inicial é mais doloroso, prolongado e disseminado do que os subsequentes e pode estar associado a febre. **Cuidados com o paciente.** Utilizar medidas-padrão para pacientes hospitalizados e acrescentar precauções de contato para herpes mucocutâneo primário ou disseminado grave	**Patógeno.** O herpes genital é comumente causado pelo HSV-2; todavia, em certas ocasiões, pode ser provocado pelo HSV-1. **Reservatórios e modo de transmissão.** Os seres humanos infectados servem como reservatórios. A transmissão ocorre por contato sexual direto ou por contato orogenital, oroanal ou anogenital na presença de lesões. Ocorre transmissão da mãe para o feto ou da mãe para o recém-nascido durante a gravidez e o parto **Diagnóstico laboratorial.** O herpes genital é diagnosticado pela observação de alterações citológicas características em raspados de tecido ou amostras de biopsia e pela presença de células gigantes multinucleadas com inclusões intranucleares; a confirmação é obtida por imunodiagnóstico, procedimentos de diagnóstico molecular e cultura de células
Verrugas genitais (papilomatose genital, condiloma acuminado). As verrugas genitais começam na forma de pequenos intumescimentos macios, úmidos, rosados ou vermelhos, que aumentam rapidamente e podem desenvolver pedículos. A superfície rugosa lhes confere a aparência de pequenas couves-flores. Com frequência, observa-se o crescimento de múltiplas verrugas na mesma área, mais comumente no pênis em homens e na vulva, na parede vaginal, no colo do útero e na pele ao redor da área da vagina em mulheres. As verrugas genitais também se desenvolvem em torno do ânus e no reto em homens ou mulheres que praticam sexo anal, podendo tornar-se malignas	**Patógeno.** As verrugas genitais são causadas por 30 a 40 tipos de HPV da família Papovaviridae, de vírus de DNA (vírus das verrugas humanas). Os HPV dos genótipos 16 e 18 têm sido associados fortemente ao câncer de colo do útero. Dispõe-se de uma vacina (Gardasil-9) que ajuda a proteger contra cepas do HPV causadoras de câncer e contra dois tipos de HPV que provocam verrugas genitais **Reservatórios e modo de transmissão.** Os seres humanos infectados servem como reservatórios. A transmissão ocorre por contato direto, geralmente sexual; por meio de soluções de continuidade na pele ou nas membranas mucosas; ou da mãe para o recém-nascido durante o parto **Diagnóstico laboratorial.** Em geral, as verrugas genitais são diagnosticadas clinicamente. Dispõe-se de procedimentos de diagnóstico molecular, que são utilizados para rastreamento dos genótipos do HPV causadores de câncer

HPV, papilomavírus humano; HSV-1, herpes-vírus simples tipo 1; HSV-2, herpes-vírus simples tipo 2.

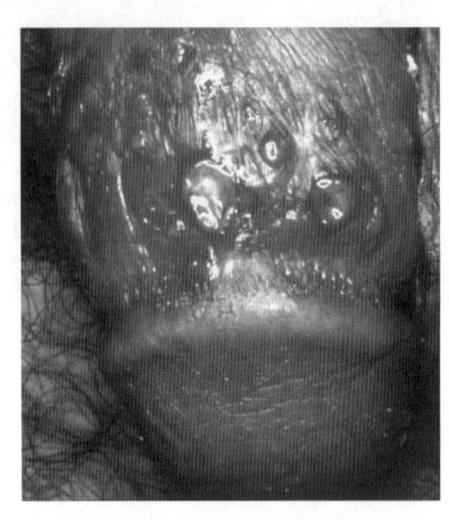

Figura 18.7 Lesões por herpes simples no corpo do pênis. (De Harvey RA *et al. Lippincott's illustrated reviews: microbiology*. 3rd ed. Philadelphia, PA: Lippincott Williams & Wilkins; 2013.) (Esta figura encontra-se reproduzida em cores no Encarte.)

INFECÇÕES DO SISTEMA CIRCULATÓRIO CAUSADAS POR VÍRUS

A Tabela 18.7 apresenta informações sobre as infecções do sistema circulatório causadas por vírus.

> ## Auxílio ao estudo
> ### Viremia
>
> A presença de vírus na corrente sanguínea é conhecida como viremia. Os vírus podem estar livres no plasma ou fixados à superfície dos eritrócitos ou leucócitos, como linfócitos e monócitos, ou no seu interior. A quantidade de vírus presentes na circulação sanguínea é designado como *carga viral*, que é expressa como o número de cópias de ácido nucleico viral por mililitro de soro ou de plasma. O grau de viremia varia de uma doença viral para outra e, com frequência, de um estágio de determinada infecção para outro. As cargas virais são utilizadas para monitorar pacientes com HIV e hepatites B e C, além dos poliomavírus BK e JC em pacientes transplantados. As cargas virais do vírus Epstein-Barr e do citomegalovírus também são úteis no diagnóstico de infecção causada por esses dois herpes-vírus, visto que ambos são latentes, cuja simples detecção pode não significar que estejam causando doença.

Tabela 18.7 Infecções do sistema circulatório causadas por vírus.

Doença	Informações adicionais
Infecção pelo HIV e AIDS. Os sinais e sintomas da infecção aguda pelo HIV (infecção pelo "vírus da AIDS") surgem geralmente nas primeiras várias semanas a vários meses após a infecção pelo vírus. Os sintomas iniciais consistem em uma doença semelhante à mononucleose autolimitada e aguda, de 1 ou 2 semanas de duração. Infelizmente, a infecção aguda pelo HIV com frequência não é diagnosticada ou é diagnosticada de modo incorreto, visto que, em geral, os anticorpos anti-HIV não estão presentes em uma concentração alta o suficiente para a sua detecção durante essa fase inicial. Outros sinais e sintomas de infecção aguda pelo HIV incluem febre, exantema, cefaleia, linfadenopatia, faringite, mialgia (dor muscular), artralgia (dor articular), meningite asséptica, dor retro-orbital, perda de peso, depressão, desconforto gastrintestinal, sudorese noturna e úlceras orais e genitais. Sem tratamento anti-HIV apropriado, cerca de 90% dos indivíduos infectados acabam desenvolvendo AIDS. Ela é uma síndrome grave e potencialmente fatal, que representa o estágio clínico avançado da infecção pelo HIV. A invasão e a destruição das células T auxiliares (Capítulo 16, *Mecanismos Específicos de Defesa do Hospedeiro* | *Introdução à Imunologia*) levam à supressão do sistema imune do paciente (imunossupressão). Então, as infecções secundárias causadas por vírus (p. ex., citomegalovírus e herpes simples), por protozoários (p. ex., *Cryptosporidium* e *Toxoplasma*), por bactérias (p. ex., micobactérias) e/ou por fungos (*Candida, Cryptococcus* e *Pneumocystis*) tornam-se sistêmicas e causam morte. Os indivíduos com AIDS morrem em consequência de infecções maciças causadas por uma variedade de patógenos frequentemente oportunistas. O sarcoma de Kaposi, um tipo de câncer anteriormente raro, é uma complicação frequente da AIDS, que se acredita ser causada por um tipo de herpes-vírus denominado herpes-vírus humano 8. Antes, ele era considerado uma doença universalmente fatal; entretanto, certas combinações de fármacos, designadas como "coquetéis",	**Patógeno**. A AIDS é causada pelo HIV (ver Figura 4.11, Capítulo 4, *Micróbios Acelulares e Procarióticos*). Foram identificados dois tipos: o tipo 1 (HIV-1), que é mais comum, e o tipo 2 (HSV-2). Os vírus HIV são de RNA de fita simples, da família Retroviridae (retrovírus) **Reservatórios e modo de transmissão**. Os seres humanos infectados servem como reservatórios. A transmissão ocorre por contato sexual direto (homossexual ou heterossexual); compartilhamento de agulhas e seringas contaminadas por usuários de substâncias intravenosas; transfusão de sangue e hemoderivados contaminados; transferência transplacentária da mãe para a criança; amamentação por mães infectadas pelo HIV; transplante de tecidos e órgãos infectados pelo HIV; e lesões por picadas de agulha, bisturi e vidro quebrado (Figura 18.8). Não há evidências de transmissão do HIV por picadas de insetos. Com mais probabilidade, o HIV-1 invade inicialmente as células dendríticas nas mucosas genital e oral. Em seguida, essas células se fundem com linfócitos CD4+ (células T auxiliares) e se disseminam para tecidos mais profundos **Diagnóstico laboratorial**. Dispõe-se de técnicas de imunodiagnóstico para a detecção de antígenos e anticorpos. A maioria dos pacientes infectados pelo HIV desenvolve anticorpos detectáveis nos primeiros 1 a 3 meses após a infecção. Entretanto, pode haver um intervalo mais prolongado de até 6 meses ou até mesmo maior em alguns casos. O teste de rastreamento mais comumente utilizado é um ensaio imunoabsorvente ligado à enzima (ELISA). Se o teste de rastreamento for positivo, efetua-se outro confirmatório, como análise por *Western blot*.* Os procedimentos para a detecção de antígenos detectam um antígeno do HIV conhecido como p24. Dispõe-se também de procedimentos de diagnóstico molecular. Utiliza-se um ensaio quantitativo do RNA viral (carga viral) para monitorar a eficiência da terapia antiviral

(continua)

Tabela 18.7 Infecções do sistema circulatório causadas por vírus. (*continuação*)

Doença	Informações adicionais
têm prolongado a vida de alguns pacientes HIV-positivos. Na ausência de tratamento anti-HIV efetivo, a taxa de mortalidade pela AIDS é muito elevada, aproximando-se de 100% (o Capítulo 11, *Epidemiologia e Saúde Pública*, apresenta informações sobre a atual pandemia da AIDS) **Cuidados com o paciente**. Utilizar medidas-padrão para pacientes hospitalizados e precauções apropriadas com base na transmissão para infecções específicas que ocorrem nos pacientes com AIDS	
Mononucleose infecciosa. Também denominada "mono" ou "doença do beijo", a mononucleose infecciosa é uma doença viral aguda, que pode ser assintomática ou caracterizar-se por febre, faringite, linfadenopatia (particularmente dos linfonodos cervicais posteriores), esplenomegalia (aumento do baço) e fadiga. Geralmente é uma doença autolimitada, com uma a várias semanas de duração. Raramente é fatal **Cuidados com o paciente**. Utilizar precauções-padrão para pacientes hospitalizados	**Patógeno**. O agente etiológico da mononucleose infecciosa é o vírus Epstein-Barr (EBV), também conhecido como herpes-vírus humano 4. Trata-se de um vírus de DNA da família Herpesviridae. O EBV infecta e transforma as células B, embora também possa infectar outros tipos de células. Sabe-se que é um vírus *oncogênico* (causador de câncer), que provoca ou está sendo associado a linfomas (p. ex., doença de Hodgkin e linfoma de Burkitt), carcinomas (p. ex., carcinomas nasofaríngeo e gástrico) e sarcoma, entre outros tipos de câncer **Reservatórios e modo de transmissão**. Os seres humanos infectados servem como reservatórios. A transmissão ocorre de pessoa para pessoa por contato direto com a saliva. O beijo facilita a disseminação entre adolescentes. O EBV pode ser transmitido por transfusão de sangue **Diagnóstico laboratorial**. Os pacientes com mononucleose infecciosa geralmente apresentam linfocitose (contagem anormalmente alta de linfócitos no sangue periférico), incluindo 10% ou mais de linfócitos anormais, bem como anormalidades nas provas de função hepática. O diagnóstico específico é comumente estabelecido pela detecção de anticorpos. Dispõe-se também de procedimentos de diagnóstico molecular. O EBV pode ser cultivado a partir do creme leucocitário – camada de leucócitos que aparece no sangue centrifugado
Caxumba (parotidite infecciosa). A caxumba é uma infecção viral aguda, caracterizada por febre e intumescimento e hipersensibilidade das glândulas salivares (Figura 18.9). As complicações podem incluir *orquite* (inflamação dos testículos), *ooforite* (inflamação dos ovários), meningite, encefalite, surdez, pancreatite, artrite, mastite, nefrite, tireoidite e pericardite **Cuidado com o paciente**. Utilizar precauções para evitar gotículas de pacientes hospitalizados até 9 dias após o início do intumescimento	**Patógeno**. A caxumba é causada pelo vírus da caxumba, um vírus de RNA do gênero *Rubulavirus*, família Paramyxoviridae **Reservatórios e modo de transmissão**. Os seres humanos infectados servem como reservatórios. A transmissão ocorre por disseminação de gotículas e contato direto com a saliva de uma pessoa infectada **Diagnóstico laboratorial**. O diagnóstico da caxumba é estabelecido com base em procedimentos de imunodiagnóstico e de diagnóstico molecular ou cultura de células
Doenças hemorrágicas virais. As doenças hemorrágicas virais são doenças virais agudas extremamente graves. Os sintomas iniciais consistem em início súbito de febre, mal-estar (sensação de desconforto generalizado e indisposição), mialgia e cefaleia, seguidos de faringite, vômitos, diarreia, exantema e hemorragia interna. As taxas de casos fatais de infecção pelo vírus Marburg e infecção pelo vírus Ebola foram de 25% e 50 a 90%, respectivamente. Todas as situações conhecidas de ambas as doenças ocorreram na África ou puderam ser identificadas como tendo a sua origem naquele continente **Cuidados com o paciente**. Tomar precauções-padrão para evitar gotículas e contato de pacientes hospitalizados ao longo da duração da doença. Deve-se ressaltar: (a) uso de dispositivos de segurança para objetos perfurocortantes e práticas seguras de trabalho; (b) higiene das mãos; (c) proteção de barreira contra sangue e líquidos corporais; e (d) manipulação adequada dos resíduos. Utilizar respiradores N95 ou mais potentes durante a realização de procedimentos geradores de aerossóis	**Patógeno**. As febres hemorrágicas virais são causadas por muitos vírus diferentes, incluindo o da dengue, o da febre amarela, o da febre hemorrágica da Crimeia-Congo, o de Lassa, o Ebola e o Marburg. Os dois últimos são vírus filamentosos da família Filoviridae, ambos extremamente grandes. O vírus Ebola mede cerca de 80 nm de largura e até 1 mm ou mais de comprimento. O vírus Marburg tem cerca de 80 nm de largura e 790 nm de comprimento **Reservatórios e modo de transmissão**. Os seres humanos infectados servem como reservatórios, assim como os macacos do Velho Mundo infectados também servem como reservatórios do vírus Marburg. A transmissão ocorre de pessoa para pessoa, por contato direto com sangue, secreções, órgãos internos ou sêmen infectados, ou por picada de agulha. O risco é maior quando o paciente está vomitando, apresentando diarreia ou hemorragia. A febre hemorrágica da Crimeia-Congo é uma doença transmitida por carrapato. A dengue e a febre amarela são transmitidas por mosquitos, principalmente do gênero *Aedes* **Diagnóstico laboratorial**. As doenças hemorrágicas virais são diagnosticadas utilizando procedimentos de imunodiagnóstico e moleculares, cultura de células ou microscopia eletrônica. Os exames laboratoriais para as febres hemorrágicas virais representam um risco biológico extremo e só devem ser realizados em laboratórios de contenção de BSL-4

*A análise por *Western blot* é um procedimento laboratorial em que as proteínas são separadas por eletroforese em gel de poliacrilamida, transferidas (*blotted*) em membranas de nitrocelulose ou náilon e identificadas pela formação de complexos específicos com anticorpos marcados. BSL-4, nível de biossegurança 4.

① **Contato sexual**

② **Transfusão**

③ **Agulhas contaminadas**

④ **Transmissão perinatal**
  • Transplacentária
  • Durante o parto, através do canal de parto infectado
  • Em consequência da ingestão de leite materno infectado por vírus

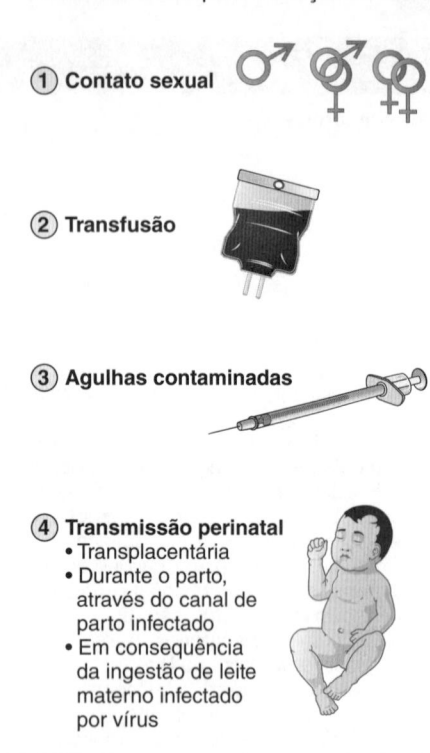

Figura 18.8 Modos comuns de transmissão do HIV. (Redesenhada de Harvey RA *et al.* *Lippincott's illustrated reviews: microbiology*. 3rd ed. Philadelphia, PA: Lippincott Williams & Wilkins; 2013.)

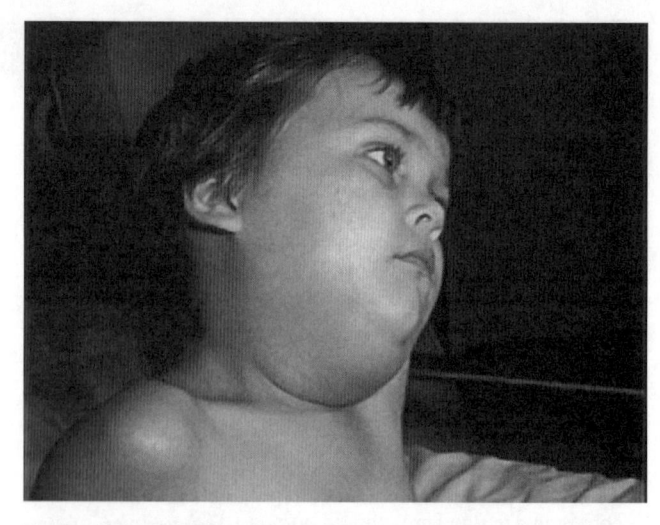

Figura 18.9 Criança com caxumba. (Disponibilizada por Barbara Rice, National Immunization Program e pelos CDC.) (Esta figura encontra-se reproduzida em cores no Encarte.)

RECAPITULAÇÃO DAS PRINCIPAIS INFECÇÕES DOS SERES HUMANOS CAUSADAS POR VÍRUS

A Tabela 18.11 fornece uma recapitulação de algumas das principais infecções dos seres humanos causadas por vírus.

TERAPIA APROPRIADA PARA AS INFECÇÕES VIRAIS

As recomendações para o tratamento das doenças infecciosas mudam frequentemente; porém, as infecções virais descritas neste capítulo precisam ser tratadas com fármacos antivirais apropriados. No caso de determinadas doenças, dispõe-se de imunoglobulinas séricas para o tratamento, como a imunoglobulina antivaricela-zóster. Informações adicionais sobre agentes antivirais podem ser encontradas no Capítulo 9, *Agentes Antimicrobianos para Inibir o Crescimento de Patógenos In Vivo*, e em en.wikipedia.org/wiki/Antiviral drug.

INFECÇÕES DO SISTEMA NERVOSO CENTRAL CAUSADAS POR VÍRUS

Essas infecções tendem a ser sazonais, com períodos de ocorrência máxima no final do verão e início do outono. A meningite asséptica, por exemplo, é comumente causada por vários enterovírus diferentes. As Tabelas 18.8 e 18.9 têm informações sobre as infecções do sistema nervoso central (SNC) causadas por vírus, e a Tabela 18.10 fornece uma descrição de novas infecções causadas por arbovírus nas Américas (Chikungunya, dengue e Zika).

Tabela 18.8 Infecções do sistema nervoso central (SNC) causadas por vírus.	
Doença	**Informações adicionais**
Coriomeningite linfocítica. É uma doença viral transmitida por roedores, que se manifesta na forma de meningite asséptica, encefalite ou meningoencefalite. Ocorre também doença assintomática ou febril leve. Alguns pacientes desenvolvem febre, mal-estar, perda do apetite, mialgias, cefaleia, náuseas, vômitos, faringite, tosse, dor articular, dor torácica e dor nas glândulas salivares. As possíveis complicações do comprometimento do SNC incluem surdez e dano neurológico temporário ou permanente. Foi sugerida uma associação entre a infecção pelo vírus da coriomeningite linfocítica (LCMV) e a miocardite **Cuidados com o paciente**. Tomar precauções-padrão para pacientes hospitalizados	**Patógeno**. A coriomeningite linfocítica é causada pelo LCMV, um membro da família Arenaviridae **Reservatórios e modo de transmissão**. Os roedores infectados, principalmente os camundongos domésticos, servem como reservatórios. Os seres humanos tornam-se infectados após exposição a urina, fezes, saliva ou resíduos do ninho deles. O vírus pode penetrar na pele com solução de continuidade; ou pelo nariz, pelos olhos ou pela boca; ou por meio da mordida de um roedor infectado. O transplante de órgãos também é um possível meio de transmissão, não ocorrendo interpessoalmente **Diagnóstico laboratorial**. O diagnóstico é estabelecido principalmente por procedimentos de imunodiagnóstico e cultura de células

(continua)

Tabela 18.8 Infecções do sistema nervoso central (SNC) causadas por vírus. *(continuação)*

Doença	Informações adicionais
Poliomielite (pólio, paralisia infantil). Na maioria dos pacientes, a poliomielite constitui uma doença de menor importância, com febre, mal-estar, cefaleia, náuseas e vômitos. Em cerca de 1% dos casos, ela progride para dor muscular intensa, rigidez da nuca e do dorso, com ou sem paralisia flácida. A doença grave tem mais tendência a ocorrer em crianças de mais idade e adultos. Embora tenha sido um importante problema de saúde nos EUA, as vacinas tornaram-se disponíveis na década de 1950. A OMS tenta erradicar a poliomielite no mundo inteiro **Cuidados com o paciente**. Tomar precauções de contato para pacientes hospitalizados ao longo da duração da doença	**Patógeno**. A poliomielite é causada por poliovírus, vírus de RNA da família Picornavirus (*pico* = pequeno vírus de RNA) **Reservatórios e modo de transmissão**. Os seres humanos infectados servem como reservatório. Ocorre transmissão de pessoa para pessoa, principalmente por via fecal-oral, bem como por meio de secreções orofaríngeas **Diagnóstico laboratorial**. O diagnóstico de poliomielite é estabelecido pelo isolamento do poliovírus de amostras de fezes, líquido cerebrospinal (LCS) ou secreções orofaríngeas, utilizando técnicas de cultura de células, ou por meio de procedimentos de imunodiagnóstico ou diagnóstico molecular
Raiva. A raiva é uma encefalomielite viral aguda e geralmente fatal de mamíferos, com depressão, inquietação, cefaleia, febre, mal-estar, paralisia, salivação, espasmos dos músculos da orofaringe induzidos por leve brisa ou pela ingestão de água, convulsões e morte em consequência de falência respiratória. Em geral, a paralisia começa nas pernas e ascende pelo corpo. A raiva é endêmica em todos os países do mundo, com exceção da antártica. Nos EUA, está em todos os estados, exceto no Havaí. No mundo inteiro, estima-se que mais de 55.000 pessoas morrem vítimas de raiva anualmente **Cuidados com o paciente**. Tomar precauções de contato para pacientes hospitalizados ao longo da duração da doença	**Patógeno**. A raiva é causada pelo vírus da raiva, um vírus de RNA envelopado com formato de projétil, da família Rhabdoviridae **Reservatórios e modo de transmissão**. Os reservatórios consistem em vários mamíferos silvestres e domésticos, incluindo cães, raposas, coiotes, lobos, chacais, gambás, guaxinins, mangustos e morcegos. A transmissão ocorre comumente pela mordida de um animal raivoso, que introduz a saliva carregada de vírus. Ocorre também pelo ar a partir de morcegos em cavernas. A transmissão de pessoa para pessoa é rara **Diagnóstico laboratorial**. O diagnóstico da raiva é estabelecido por meio de cultura de células, detecção de anticorpos no soro ou no LCS, detecção de antígeno em amostras de tecido, procedimentos de diagnóstico molecular para tecidos cerebrais ou detecção de corpúsculos de Negri em amostras de cérebro ou outros tecidos. Os corpúsculos de Negri consistem em complexos de RNA-nucleoproteína virais, que são encontrados no citoplasma das células infectadas pelo vírus (*i. e.*, trata-se de inclusões intracitoplasmáticas)
Meningite viral. A meningite viral é também conhecida como meningite asséptica e meningite não bacteriana ou abacteriana. Trata-se de uma doença relativamente comum; entretanto, felizmente, é raro ser grave. A duração da forma aguda raramente ultrapassa 10 dias. A meningite viral caracteriza-se por início súbito de doença febril, com sinais e sintomas de comprometimento das meninges. Os achados no LCS incluem a presença de leucócitos mononucleares, níveis aumentados de proteína, níveis normais de glicose e ausência de bactérias. Pode-se observar o desenvolvimento de exantema. Quando causada por um enterovírus, podem ocorrer sintomas gastrintestinais e respiratórios **Cuidados com o paciente**. Utilizar medidas-padrão para pacientes hospitalizados e acrescentar precauções de contato para lactentes e crianças pequenas	**Patógeno**. Nos EUA, as causas mais comuns de meningite viral consistem em enterovírus, como o Coxsackie e o vírus órfão humano citopático entérico (ECHO). Outras causas incluem arbovírus, vírus do sarampo, vírus da caxumba, herpes-vírus simples, vírus da varicela-zóster (VZV), vírus da coriomeningite linfocítica (LCMV) e adenovírus. A leptospirose (uma doença bacteriana) também pode causar meningite asséptica **Reservatórios e modo de transmissão**. Os reservatórios e os modos de transmissão variam de acordo com o agente etiológico específico **Diagnóstico laboratorial**. Nos estágios iniciais da doença, o patógeno viral pode ser isolado de lavados de orofaringe e das fezes e, em certas ocasiões, do LCS e do sangue. O diagnóstico é estabelecido por técnicas de imunodiagnóstico, procedimentos de diagnóstico molecular ou cultura de células
Encefalite viral transmitida por artrópodes (Tabela 18.9). A encefalite viral transmitida por artrópodes é uma doença viral inflamatória aguda. O paciente com essa afecção pode ser assintomático ou apresentar febre baixa e cefaleia. É também possível a ocorrência de infecção grave, com cefaleia, febre alta, estupor, desorientação, coma, tremores, convulsões ocasionais, paralisia espástica e morte. O termo *arbovírus* é, algumas vezes, empregado para referir-se aos vírus que são transmitidos por artrópodes **Cuidados com o paciente**. Utilizar medidas-padrão para pacientes hospitalizados. Pode haver necessidade de precauções com base na transmissão, dependendo do agente etiológico	**Patógeno (Tabela 18.9)**. Ao longo dos anos, o vírus da encefalite de St. Louis tem sido o patógeno transmitido por mosquito mais comum nos EUA. A situação mudou em 2002, quando o vírus do Oeste do Nilo assumiu o primeiro lugar. **Reservatórios e modo de transmissão (Tabela 18.9)**. A transmissão de pessoa para pessoa é rara; ela ocorre possivelmente por transfusão, transplante de órgãos, leite materno ou por via transplacentária **Diagnóstico laboratorial**. Muitos dos vírus que causam encefalite, incluindo os arbovírus, são difíceis de isolar do LCS por cultura de células. Por isso, é preciso utilizar ambientes de contenção apropriados quando se procura cultivar arbovírus. A encefalite viral causada por eles é geralmente diagnosticada com técnicas de imunodiagnóstico ou procedimentos de diagnóstico molecular, ou, algumas vezes, por microscopia eletrônica

Tabela 18.9 Encefalites virais selecionadas transportadas por artrópodes nos EUA.

Doença	Patógeno	Reservatórios	Vetores
Encefalite equina do Leste (EEL)	Vírus da EEL, um vírus de RNA da família Togaviridae	Aves, cavalos	Mosquitos *Aedes*, *Coquillettidia*, *Culex* e *Culiseta*
Encefalite da Califórnia	Vírus da encefalite da Califórnia, um vírus de RNA da família Bunyaviridae	Roedores, coelhos	Mosquitos *Aedes* e *Culex*
Encefalite La Crosse	Vírus da encefalite La Crosse, um vírus de RNA da família Bunyaviridae	Tâmias, esquilos	Mosquitos *Aedes*
Encefalite Powassan	Vírus Powassan, um vírus de RNA da família Flaviviridae	Mamíferos de porte pequeno e médio	Carrapato *Ixodes*
Encefalite de St. Louis	Vírus da encefalite de St. Louis, um vírus de RNA da família Flaviviridae	Aves	Mosquitos *Culex*
Encefalite pelo vírus do Oeste do Nilo	Vírus do Oeste do Nilo, um vírus de RNA da família Flaviviridae	Aves, talvez cavalos	Mosquitos *Culex*
Encefalite equina do Oeste (EEO)	Vírus da EEO, um vírus de RNA da família Togaviridae	Aves, cavalos	Mosquitos *Aedes* e *Culex*

Tabela 18.10 Novas doenças por arbovírus nas Américas.

Chikungunya (palavra Makonde que significa "aquele que se dobra"). Os sintomas típicos consistem em febre e dor articular intensa, que frequentemente resulta em uma postura encurvada. Outros sintomas podem incluir cefaleia, dor muscular, edema das articulações e exantema. Em 2013, o vírus tornou-se disseminado na região do Caribe, com mais de 1,7 milhão de casos relatados pela Organização Pan-americana de Saúde. A transmissão local na Flórida e no Texas foi documentada; porém, os casos diagnosticados nos EUA estão, em sua maioria, relacionados com viagens. A febre Chikungunya tornou-se uma doença de notificação compulsória nacional no país norte-americano em 2015

Cuidados com o paciente. Nenhum fármaco antiviral demonstrou ser efetivo no tratamento. Atualmente, não se dispõe de nenhuma vacina. São necessárias precauções-padrão para pacientes hospitalizados

Patógeno. Vírus Chikungunya, um vírus de RNA da família Flaviviridae

Reservatórios e modo de transmissão. Os seres humanos são os únicos reservatórios conhecidos. A transmissão ocorre pela picada do mosquito *Aedes*

Diagnóstico laboratorial. Dispõe-se de técnicas de imunodiagnóstico e procedimentos de diagnóstico molecular

Dengue e febre hemorrágica da dengue (FHD). A infecção pelo vírus da dengue pode ser assintomática ou progredir para uma das três apresentações clássicas seguintes: febre da dengue, FHD ou síndrome de choque por dengue (SCD). A mortalidade na FHD e SCD não é rara

Cuidados com o paciente. Nenhum fármaco antiviral demonstrou ser efetivo no tratamento. Atualmente, não se dispõe de nenhuma vacina. Nos casos de FHD e SCD, a reposição do volume intravascular é de importância crítica. São necessárias precauções-padrão para pacientes hospitalizados

Patógeno. O vírus da dengue é um vírus de RNA da família Flaviviridae. Existem quatro sorotipos. A infecção por um sorotipo não confere imunidade aos outros

Reservatórios e modo de transmissão. Os seres humanos constituem o único reservatório conhecido. A transmissão ocorre pela picada do mosquito *Aedes*. Houve pequenos surtos locais de dengue no Texas, em 2005, e no Havaí, em 2010; porém, o vírus é endêmico em Porto Rico e em muitas regiões turísticas tropicais famosas

Diagnóstico laboratorial. Dispõe-se de técnicas de imunodiagnóstico e procedimentos de diagnóstico molecular

Infecção pelo vírus Zika. Descrita pela primeira vez em 1947 na região da floresta Zika, na Uganda. Foram observados surtos esporádicos; todavia, em 2014, houve um número aumentado de casos no Sudeste Asiático, nas Ilhas do Pacífico. Desde então, o vírus se disseminou rapidamente pela América do Sul, América Central e pelas Ilhas do Caribe. Foi documentada uma transmissão local na Flórida e no Texas. A infecção pelo vírus Zika pode ser assintomática ou manifestar-se com febre, exantema, cefaleia, dor articular, olhos vermelhos e dor muscular. A transmissão da mãe infectada para o feto pode resultar em graves defeitos congênitos, incluindo microcefalia (pequena circunferência da cabeça).

Patógeno. O vírus Zika é um vírus de RNA da família Flaviviridae

Reservatórios e modo de transmissão. Os seres humanos constituem o único reservatório conhecido. A transmissão ocorre pela picada do mosquito *Aedes*, o mesmo vetor dos vírus Chikungunya e da dengue. A transmissão também pode ocorrer da mãe para o feto, por relação sexual e, provavelmente, por meio de transfusão de sangue, embora nos EUA o suprimento de sangue seja rastreado para o RNA do vírus Zika

Diagnóstico laboratorial. Dispõe-se de técnicas de imunodiagnóstico e de diagnóstico molecular

Tabela 18.11 Recapitulação de algumas das principais infecções dos seres humanos causadas por vírus.

Doença	Patógeno viral
AIDS	HIV
Influenza aviária (gripe aviária)	Vírus influenza aviária
Varicela	VZV
Chikungunya	Vírus Chikungunya
Herpes labial (vesículas herpéticas)	HSV
Dengue	Vírus da dengue
Herpes genital	HSV
SPH	Hantavírus
Mononucleose infecciosa	EBV
Influenza	Vírus influenza
Síndrome respiratória do Oriente Médio	SROM-coronavírus (SROM-CoV)
Varíola do macaco	Vírus da varíola do macaco
Caxumba	Vírus da caxumba
Poliomielite	Poliovírus
Raiva	Vírus da raiva
Rubéola	Vírus da rubéola
Sarampo	Vírus do sarampo
Varíola	Vírus da varíola
Gripe suína	Vírus da gripe suína
Hepatite viral	Vários vírus da hepatite
Verrugas	Papilomavírus
Encefalite pelo vírus do Oeste do Nilo	Vírus do Oeste do Nilo
Infecção pelo vírus Zika	Vírus Zika

AIDS, síndrome da imunodeficiência adquirida; HIV, vírus da imunodeficiência humana; EBV, vírus Epstein-Barr; SPH, síndrome pulmonar por hantavírus; HSV, herpes-vírus simples; VZV, vírus varicela-zóster; SROM, síndrome respiratória do Oriente Médio.

Exercícios de autoavaliação

Após estudar este capítulo, responda às seguintes questões de múltipla escolha:

1. Qual dos seguintes vírus é a causa da varíola?
   a. Vírus da vacínia
   b. Vírus varicela
   c. Vírus da varíola
   d. Nenhuma das alternativas anteriores

2. Quais dos seguintes vírus são considerados oncogênicos?
   a. Vírus Epstein-Barr e papilomavírus humano
   b. HIV e vírus Ebola
   c. Vírus da rubéola e do sarampo
   d. Vírus da varíola e da varicela

3. O diagnóstico laboratorial da infecção pelo HIV é geralmente estabelecido por:
   a. Microscopia eletrônica
   b. Crescimento do HIV em cultura de células
   c. Crescimento do HIV em ovos embrionados de galinha
   d. Técnicas de imunodiagnóstico para a detecção de antígenos e anticorpos

4. Qual das seguintes hepatites é também conhecida como hepatite infecciosa?
   a. HAV
   b. HBV
   c. HCV
   d. HDV

5. Os mosquitos servem como vetores em todas as seguintes doenças virais, exceto:
   a. Dengue
   b. Hepatite
   c. Doença pelo vírus do Oeste do Nilo
   d. Febre amarela

6. Qual ou quais dos seguintes vírus não é ou não são sexualmente transmissíveis?
   a. Hantavírus
   b. HSV
   c. HIV
   d. Papilomavírus

7. Qual dos seguintes vírus é um vírus de DNA?
   a. HAV
   b. HBV
   c. HCV
   d. HDV

8. Qual dos seguintes vírus é um tipo de herpes-vírus?
   a. Vírus Epstein-Barr
   b. Vírus do sarampo
   c. Vírus da caxumba
   d. Vírus da raiva

9. Qual das seguintes doenças virais tem sido associada à microcefalia em lactentes nascidos de mães que foram infectadas durante a gestação?
   a. Vírus Chikungunya
   b. Hantavírus
   c. Vírus Zika
   d. Vírus Epstein-Barr

10. A doença conhecida como síndrome respiratória do Oriente Médio é causada por um tipo de:
   a. Coronavírus
   b. Herpes-vírus
   c. Papilomavírus
   d. Picornavírus

Estudos de caso

Caso 1. Este estudo de caso foi modificado de Strohl WA *et al*. *Lippincott's illustrated reviews: microbiology*. Philadelphia, PA: Lippincott Williams & Wilkins; 2001. Pode ser necessária uma pesquisa na internet para encontrar as respostas para algumas das questões.

Um homem de 25 anos de idade foi internado na metade do mês de junho devido à ocorrência de mal-estar e dispneia de 1 dia de duração. Três dias antes de sua internação, ele teve espirros, coriza e congestão nasal; 2 dias antes da internação, apresentou tosse seca, cefaleia atrás dos olhos, febre e manchas vermelhas no rosto; 1 dia antes da internação, o exantema cobriu a maior parte do rosto e espalhou-se pelos braços e pelo tronco. O exame físico revelou uma temperatura de 37,8°C, contagem relativamente baixa dos leucócitos totais, respiração laboriosa, face vermelha e exantema maculopapular eritematoso no tronco, nas palmas das mãos e nos membros. O exame da boca revelou vários pontos brancos elevados do tamanho de um grão de sal na mucosa oral (revestimento das bochechas). Na entrevista, o paciente declarou que não tinha sido exposto a carrapatos, mas que a mãe tinha falado que acreditava que tivesse tido sarampo quando criança, e que ele nunca havia recebido vacina contra a doença.

a. Por que questionaram o paciente sobre a possibilidade de exposição a carrapatos?

b. Que doença é sugerida pela combinação de febre, exantema e pontos brancos na mucosa bucal do paciente?

c. Qual é o patógeno causador dessa doença?

d. Qual é o nome desses pontos brancos?

e. Que exames laboratoriais devem confirmar o diagnóstico?

Caso 2. Uma mulher solteira de 27 anos de idade apresenta verrugas genitais.

a. Qual dos seguintes vírus é a causa mais provável?
1. Herpes-vírus simples
2. Vírus Epstein-Barr
3. Hantavírus
4. Papilomavírus humano
5. HIV

b. Esse vírus está associado a qual das seguintes doenças?
1. Sífilis
2. Gonorreia
3. Câncer de colo do útero
4. Nefrite
5. Uretrite

Estudos de caso

Caso 3. Um homem de 54 anos de idade apresenta exantema cutâneo bolhoso e doloroso no lado esquerdo do tronco, acompanhado de cefaleia e febre baixa. Ele declara que ultimamente tem sofrido muito estresse emocional.

a. Qual dos seguintes vírus é a causa mais provável?

1. Vírus do sarampo
2. Vírus varicela-zóster
3. Norovírus
4. Hantavírus
5. Vírus da rubéola

b. Essa condição ocorre, frequentemente, muitos anos após uma pessoa ter apresentado:

1. Sarampo
2. Hepatite
3. Influenza
4. Mononucleose infecciosa
5. Varicela

As respostas dos Estudos de caso podem ser encontradas no Apêndice B.

Infecções Bacterianas em Seres Humanos

SUMÁRIO DO CAPÍTULO

OBJETIVOS DE APRENDIZAGEM

Após estudar este capítulo, você deverá ser capaz de:

- Citar, pelo menos, três doenças bacterianas de notificação compulsória nos EUA
- Correlacionar determinada doença bacteriana com seus principais sinais e sintomas, agente etiológico, reservatório(s), modo(s) de transmissão e técnicas laboratoriais de diagnóstico
- Considerando-se determinado local do corpo (p. ex., trato urinário), fornecer pelo menos um exemplo de doença bacteriana nesse local
- Diferenciar gangrena de gangrena gasosa

- Correlacionar determinada doença sexualmente transmissível (DST) causada por bactérias ao seu agente etiológico
- Citar pelo menos três infecções do sistema cardiovascular causadas por riquétsias ou ehrlichias
- Citar pelo menos três doenças causadas por bactérias anaeróbicas

- Descrever um biofilme e citar pelo menos duas doenças humanas que se acredita estejam associadas a biofilmes
- Descrever, de modo geral, como as infecções bacterianas são tratadas.

INTRODUÇÃO

Seria impossível, em um livro desta dimensão, descrever *todas* as doenças infecciosas humanas causadas por bactérias. Por conseguinte, neste capítulo, serão consideradas apenas as de maior importância. Embora determinada doença possa ser descrita em um tópico específico deste capítulo (p. ex., na que descreve as doenças do sistema respiratório causadas por bactérias), é preciso ter em mente que algumas enfermidades bacterianas apresentam diversas manifestações clínicas, afetando simultaneamente vários sistemas orgânicos, e que os patógenos podem migrar de uma parte do corpo para outra. Além disso, embora as doenças bacterianas descritas neste capítulo sejam, em sua maioria, causadas por uma única espécie de bactéria, acredita-se que muitas outras sejam o resultado de comunidades de bactérias, que consistem em mais de uma espécie (p. ex., os biofilmes, que são descritos no Capítulo 10, *Ecologia e Biotecnologia Microbianas*, e posteriormente, neste capítulo).

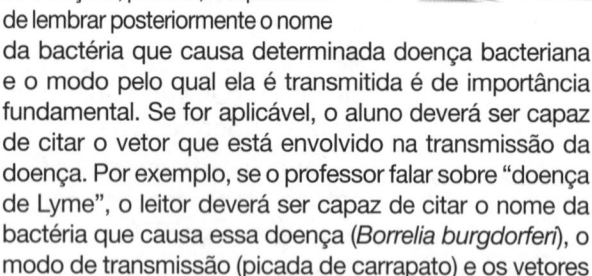

Auxílio ao estudo

O que aprender?

Este capítulo contém numerosas informações; por isso, a capacidade de lembrar posteriormente o nome da bactéria que causa determinada doença bacteriana e o modo pelo qual ela é transmitida é de importância fundamental. Se for aplicável, o aluno deverá ser capaz de citar o vetor que está envolvido na transmissão da doença. Por exemplo, se o professor falar sobre "doença de Lyme", o leitor deverá ser capaz de citar o nome da bactéria que causa essa doença (*Borrelia burgdorferi*), o modo de transmissão (picada de carrapato) e os vetores que estão envolvidos nela (várias espécies de carrapatos).

Algumas das doenças bacterianas descritas neste capítulo são doenças infecciosas de notificação compulsória nos EUA. Naquele país, quando um paciente é diagnosticado com uma dessas enfermidades, a informação precisa ser notificada aos Centers for Disease Control and Prevention (CDC). Até 2017, havia mais de 30 doenças bacterianas de notificação compulsória (Tabela 19.1). A maioria delas é descrita neste capítulo, bem como algumas doenças que não exigem notificação compulsória nos EUA (p. ex., enterite causada por *Campylobacter*).

Tabela 19.1 Doenças bacterianas de notificação compulsória nos EUA.

Doença bacteriana	Número de novos casos notificados aos CDC em 2014*
Antraz	0
Botulismo	161
Brucelose	92
Cancroide	6
Clamídia	1.441.758
Cólera	5
Difteria	1
Ehrlichiose/anaplasmose	4.488
Gonorreia	350.062
Haemophilus influenzae, doença invasiva	3.541
Hanseníase (doença de Hansen)	88
Síndrome hemolítico-urêmica pós-diarreica	250
Legionelose	5.166
Leptospirose	38
Listeriose	769
Doença de Lyme	33.461
Doença meningocócica	433
Pertussis (coqueluche)	32.971
Peste	10
Psitacose	8
Febre Q	168
Salmonelose	51.455
Escherichia coli produtora da toxina Shiga	6.179
Shigelose	20.745
Riquetsiose com febre maculosa	3.757
SCT estreptocócica	259
Streptococcus pneumoniae, doença invasiva, resistente a fármacos, todas as idades	15.356
Sífilis	63.450
Tétano	25
SCT (diferente da síndrome estreptocócica)	59
Tuberculose	9.421
Tularemia	180
Febre tifoide	349
S. aureus de resistência intermediária à vancomicina	212
S. aureus resistente à vancomicina	0

*Esses valores fornecem uma visão da frequência com que essas doenças ocorrem nos EUA. Para informações atualizadas, deve-se consultar o *site* dos CDC, clicar em "Morbidity & Mortality Weekly Report", em seguida em "Notifiable Diseases" e, por fim, no ano mais recente que estiver listado. SCT, síndrome do choque tóxico. (Fonte: http://www.cdc.gov.)

COMO AS BACTÉRIAS CAUSAM DOENÇA?

Os diversos fatores de virulência das bactérias, que fazem com que os patógenos sejam capazes de causar doença, foram descritos no Capítulo 14, *Patogenia das Doenças Infecciosas*. Alguns deles estão listados a seguir:

- Fatores de aderência e de colonização
- Fatores que impedem a ativação do complemento
- Fatores que possibilitam o escape da fagocitose pelos leucócitos
- Fatores que impedem a destruição no interior dos fagócitos
- Fatores que suprimem a resposta imune do hospedeiro (*i. e.*, causam imunossupressão)
- Endotoxina (componente da parede celular das bactérias gram-negativas)
- Produção de exotoxinas (p. ex., citotoxinas, enterotoxinas e neurotoxinas)
- Produção de enzimas necróticas e outros tipos de enzimas destrutivas.

INFECÇÕES DA PELE CAUSADAS POR BACTÉRIAS

As informações referentes às infecções da pele causadas por bactérias são fornecidas na Tabela 19.2.

> A gangrena gasosa é sempre causada por *Clostridium* spp.

Auxílio ao estudo

Gangrena *versus* gangrena gasosa

O termo gangrena refere-se à necrose (morte) do tecido em consequência de anemia (isquemia) local. A isquemia resulta de obstrução, perda ou redução do suprimento sanguíneo, com consequente falta de oxigênio. A gangrena pode não ter nenhuma relação com os micróbios; no entanto, a gangrena gasosa é *sempre* causada por micróbios, especificamente por *Clostridium* spp. Os clostrídios produzem subprodutos metabólicos gasosos, principalmente hidrogênio e nitrogênio, que se acumulam nos tecidos necróticos. Independentemente da causa, o tecido gangrenoso adquire uma coloração preta acastanhada e apresenta odor fétido.

Infecções de feridas

Quando a barreira protetora da pele sofre ruptura em consequência de queimaduras, feridas por punção, procedimentos cirúrgicos ou picadas, a microbiota endógena oportunista e as bactérias do ambiente podem invadir o organismo e causar infecções locais ou teciduais profundas. Então, os patógenos podem disseminar-se pelo sangue ou pela linfa, causando infecções sistêmicas graves.

Tabela 19.2 Infecções da pele causadas por bactérias.

Doença	Informação adicional
Acne. A acne é uma condição comum, em que os poros ficam obstruídos com sebo seco, pele descamada e bactérias, levando à formação de comedos abertos (pontos pretos) e comedos fechados (pontos brancos) (coletivamente conhecidos como espinhas da acne) e abscessos inflamados e infectados. A acne é mais comum entre adolescentes	**Patógenos.** Os agentes etiológicos da acne são *Propionibacterium acnes* e outras espécies de *Propionibacterium*, todos bacilos gram-positivos anaeróbicos **Reservatórios e modo de transmissão.** Os seres humanos infectados servem como reservatório, embora a acne provavelmente não seja transmissível **Diagnóstico laboratorial.** O diagnóstico é estabelecido em bases clínicas
Antraz. O antraz, também conhecido como doença dos selecionadores de lã, pode afetar a pele (antraz cutâneo), os pulmões (antraz por inalação ou pulmonar) ou o trato gastrintestinal (antraz gastrintestinal), dependendo da porta de entrada do agente etiológico. No antraz cutâneo, formam-se lesões escurecidas e deprimidas, denominadas escaras, em consequência da presença de uma necrotoxina (toxina que mata as células) (ver Figura 11.11, Capítulo 11, *Epidemiologia e Saúde Pública*). O antraz pulmonar e o antraz gastrintestinal são, com frequência, fatais, enquanto o antraz cutâneo comumente não leva à morte. Em geral, nos EUA, os casos humanos são muito raros; entretanto, ocorreram 22 casos no outono de 2001, em consequência do envio de cartas por correio, que tinham sido propositalmente contaminadas com esporos do *Bacillus anthracis*. Os 22 casos incluíram 11 de antraz inalatório (cinco fatais) e 11 de antraz cutâneo (não fatais) **Cuidados com o paciente.** Utilizar precauções-padrão para indivíduos hospitalizados. Acrescentar precauções de contato para pacientes com antraz cutâneo se houver uma quantidade de secreção. Utilizar água e sabão para a lavagem das mãos; o álcool não apresenta atividade esporocida	**Patógeno.** O agente etiológico do antraz é *B. anthracis*, um bacilo gram-positivo encapsulado formador de esporos **Reservatório e modo de transmissão.** Os reservatórios incluem animais infectados pelo antraz, bem como esporos que podem estar presentes no solo, nos pelos de animais, na lã, em peles e couros de animais e em produtos derivados deles. A transmissão ocorre pela entrada dos endósporos através de soluções de continuidade da pele, inalação de esporos ou ingestão de bactérias em carne contaminada. O antraz pulmonar não é transmitido de uma pessoa para outra **Diagnóstico laboratorial.** O antraz é diagnosticado com base no isolamento do *B. anthracis* a partir do sangue, das lesões ou de secreções. Como o *B. anthracis* é considerado um agente de bioterrorismo potencial, a identificação completa do microrganismo deve ser realizada pelos laboratórios de saúde pública, utilizando métodos moleculares

(continua)

Tabela 19.2 Infecções da pele causadas por bactérias. (*continuação*)

Doença	Informação adicional
Gangrena gasosa (mionecrose por clostrídios). Após a entrada dos esporos do *Clostridium* e a sua germinação em uma ferida, os patógenos na forma vegetativa produzem exoenzimas necrosantes e toxinas, que destroem os músculos e os tecidos moles, possibilitando a penetração mais profunda dos microrganismos. Os gases liberados pelos patógenos infectantes levam à formação de bolsas de gás no tecido infectado. A destruição dos tecidos ocorre rapidamente, exigindo, com frequência, a amputação do local anatômico infectado. Em sua forma mais grave, a gangrena gasosa provoca destruição maciça do tecido, choque e insuficiência renal **Cuidados com o paciente.** Utilizar precauções-padrão para pacientes hospitalizados	**Patógenos.** Embora o *Clostridium perfringens* constitua a causa mais comum de gangrena gasosa, outras espécies de *Clostridium* também podem causá-la **Reservatórios e modo de transmissão.** O solo constitui o principal reservatório. Os seres humanos tornam-se infectados quando o solo contendo esporos de clostrídios penetra em uma ferida aberta. Não ocorre transmissão interpessoal **Diagnóstico laboratorial.** A presença de bacilos gram-negativos e/ou gram-variáveis em esfregaços de amostras de ferida corados pelo método de Gram deve levar à suspeita de gangrena gasosa. Com frequência, não são observados leucócitos, visto que eles foram destruídos pelas toxinas produzidas pelos clostrídios. Uma vez isolado em meios de cultura, o agente etiológico pode ser identificado com base em várias características fenotípicas, incluindo reações com base em testes bioquímicos ou testes enzimáticos
Hanseníase. Hoje, a doença de Hansen é mais comumente conhecida como hanseníase. Existem dois tipos: a hanseníase lepromatosa, caracterizada por numerosos nódulos na pele e possível acometimento da mucosa nasal e dos olhos; e a hanseníase tuberculoide, na qual ocorrem relativamente poucas lesões cutâneas. O comprometimento dos nervos periféricos tende a ser grave, com perda da sensibilidade. A hanseníase foi assim denominada em homenagem a G. A. Hansen, que, em 1873, descobriu o bacilo causador da doença. Ela ocorre principalmente em áreas quentes e úmidas das regiões tropicais e subtropicais. A prevalência mundial da doença foi estimada em até 11 milhões pela OMS. Nos EUA, a maioria dos casos acomete indivíduos que emigraram de países em desenvolvimento **Cuidados com o paciente.** Utilizar precauções-padrão para indivíduos hospitalizados	**Patógeno.** O agente etiológico da hanseníase é *Mycobacterium leprae*, um bacilo álcool-acidorresistente. *M. leprae* é, de todas as bactérias conhecidas, a que apresenta crescimento mais lento, com tempo de duplicação de 13 dias (comparar com o de *E. coli*, que, em condições ideais de laboratório, tem um tempo de duplicação de cerca de 20 minutos) **Reservatórios e modo de transmissão.** Os seres humanos infectados servem como reservatórios; *M. leprae* é encontrado nas secreções nasais e dissemina-se a partir das lesões cutâneas. Os tatus no Texas e na Louisiana têm uma doença de ocorrência natural que é idêntica à hanseníase experimental nesses animais, sugerindo a possibilidade de transmissão dos tatus para os seres humanos. O modo exato de transmissão ainda não está claramente estabelecido. Os microrganismos podem entrar através do sistema respiratório ou de soluções de continuidade da pele. A hanseníase não parece ser facilmente transmitida de pessoa para pessoa. O contato íntimo e prolongado com um indivíduo infectado parece ser necessário. A forma tuberculoide da doença não é contagiosa **Diagnóstico laboratorial.** *M. leprae* difere de todas as outras espécies de *Mycobacterium* por sua incapacidade de crescer em meios de cultura artificiais. Pode ser cultivado apenas em animais de laboratório, como o tatu de nove placas ou o coxim plantar de camundongos. O diagnóstico é estabelecido pela demonstração dos bacilos álcool-acidorresistentes em esfregaços de pele ou em amostras de biopsia de pele
Infecções da pele causadas por estafilococos (foliculite, furúnculos, carbúnculos, abscessos, impetigo, impetigo do recém-nascido, síndrome da pele escaldada). Praticamente todos os folículos pilosos infectados, furúnculos, carbúnculos e terçóis envolvem *Staphylococcus aureus*. As lesões cutâneas comuns são, em sua maioria, localizadas, isoladas e não estão associadas a complicações. Entretanto, a disseminação do microrganismo na corrente sanguínea pode levar a pneumonia, abscessos pulmonares, osteomielite, sepse, endocardite ou abscesso cerebral. No caso do impetigo, que acomete principalmente crianças, podem aparecer *pústulas* repletas de pus em qualquer parte do corpo. O impetigo do recém-nascido (impetigo neonatal) e a síndrome da pele escaldada estafilocócica (SPEE) podem ocorrer como epidemias em berçários **Cuidados com o paciente.** Utilizar precauções-padrão para as infecções da pele, queimaduras e feridas, se forem pequenas ou limitadas, e precauções de contato, se forem significativas. Utilizar precauções de contato para pacientes com SPEE e precauções-padrão para as infecções causadas por *S. aureus* resistente à meticilina (MRSA), e acrescentar precauções de contato se não for possível conter as feridas com curativos	**Patógenos.** As infecções estafilocócicas são causadas, em sua maioria, pelo *S. aureus*, um coco gram-positivo. O impetigo também pode ser causado pelo *Streptococcus pyogenes*, que é outro coco gram-positivo. *S. aureus* dissemina-se pela pele por meio da produção de hialuronidase (ver Capítulo 14, *Patogenia das Doenças Infecciosas*). A SPEE é causada por cepas de *S. aureus*, que produzem uma toxina esfoliativa (ou epidermolítica), que provoca a separação da camada superior da pele (epiderme) do restante (ver Figura 19.1 para um resumo das doenças causadas pelo *S. aureus*) **Reservatórios e modo de transmissão.** Os seres humanos infectados servem como reservatório. Os indivíduos que apresentam lesões com secreção ou que tenham qualquer secreção purulenta constituem as fontes mais comuns de disseminação epidêmica. A transmissão ocorre por contato direto com uma pessoa que apresenta lesão purulenta ou que é portador assintomático. Nos hospitais, pode ocorrer disseminação das infecções estafilocócicas pelas mãos dos profissionais de saúde **Diagnóstico laboratorial.** A cepa infectante precisa ser isolada em meios de cultura e identificada utilizando uma variedade de características fenotípicas, incluindo detecção rápida da coagulase ou reações em testes bioquímicos ou enzimáticos. Devem-se efetuar testes de sensibilidade, visto que muitas cepas de *S. aureus* são multirresistentes

(*continua*)

Tabela 19.2 Infecções da pele causadas por bactérias. (*continuação*)

Doença	Informação adicional
Infecções da pele causadas por estreptococos (impetigo, escarlatina, erisipela, fasciite necrosante). O impetigo por estreptococos é comumente superficial, mas pode evoluir pelos estágios vesicular, pustuloso e encrustado A escarlatina inclui um exantema cor-de-rosa disseminado, mais evidente no abdome, nas faces laterais do tórax e dobras da pele. Os casos graves podem ser acompanhados de febre alta, náuseas e vômitos A erisipela é uma celulite aguda com febre, sintomas constitucionais e erupções vermelhas, quentes e hipersensíveis (algumas vezes, designadas como fogo de Santo Antônio) A fasciite necrosante é o nome da doença causada pelas denominadas bactérias carnívoras. Refere-se à inflamação da *fáscia* (tecido fibroso que envolve o corpo abaixo da pele e músculos e grupos de músculos). O *Streptococcus pyogenes* constitui a causa mais comum de fasciite necrosante **Cuidados com o paciente.** Utilizar precauções-padrão para as infecções da pele, queimaduras e feridas, se forem pequenas ou limitadas, e precauções de contato e de gotículas se forem significativas. Utilizar precauções de gotículas para lactentes e crianças pequenas com faringite estreptocócica ou escarlatina, bem como para pacientes com pneumonia ou doença invasiva grave. Ocorreram surtos de doença invasiva grave secundariamente à transmissão entre pacientes e profissionais de saúde	**Patógeno.** Essas infecções são causadas pelo *Streptococcus pyogenes*, um coco gram-positivo, também conhecido como estreptococo beta-hemolítico do grupo A, GAS e estreptococo A. A escarlatina é causada pela toxina eritrogênica, que é produzida por algumas cepas de *S. pyogenes*. A doença pode constituir uma complicação (sequela) da faringite estreptocócica não tratada. A Figura 19.2 fornece um resumo das doenças causadas pelo *S. pyogenes* **Reservatórios e modo de transmissão.** Os seres humanos infectados servem como reservatório. Ocorre transmissão de pessoa para pessoa por meio de grandes gotículas respiratórias ou por contato direto com pacientes ou com portadores. Raramente ocorre transmissão por contato indireto através de objetos **Diagnóstico diferencial.** A cepa infectante precisa ser isolada em meios de cultura e identificada utilizando diversas características fenotípicas, incluindo testes bioquímicos ou enzimáticos. Dispõe-se de técnicas de imunodiagnóstico, algumas das quais são designadas como "testes rápidos para estreptococos". Atualmente, os testes de sensibilidade não são realizados de modo rotineiro, visto que o *S. pyogenes* ainda não desenvolveu resistência à penicilina. Entretanto, algumas cepas se tornaram resistentes a outros agentes antimicrobianos

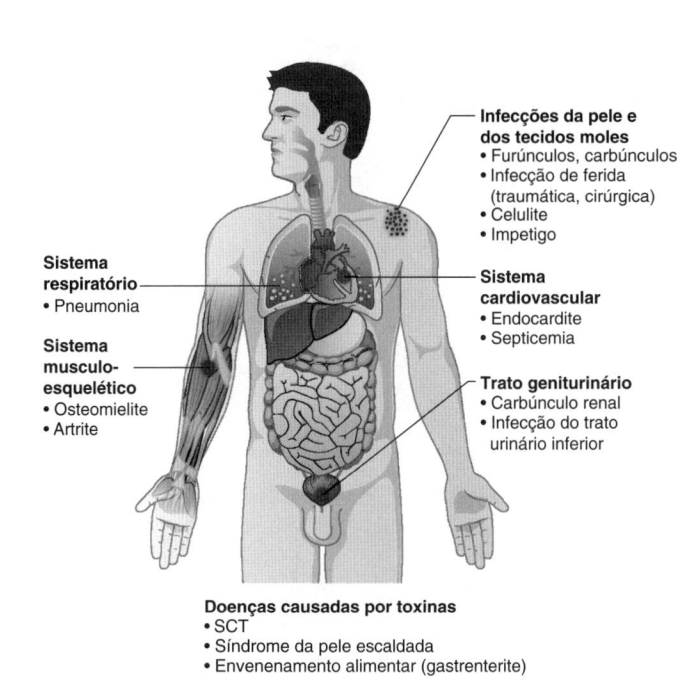

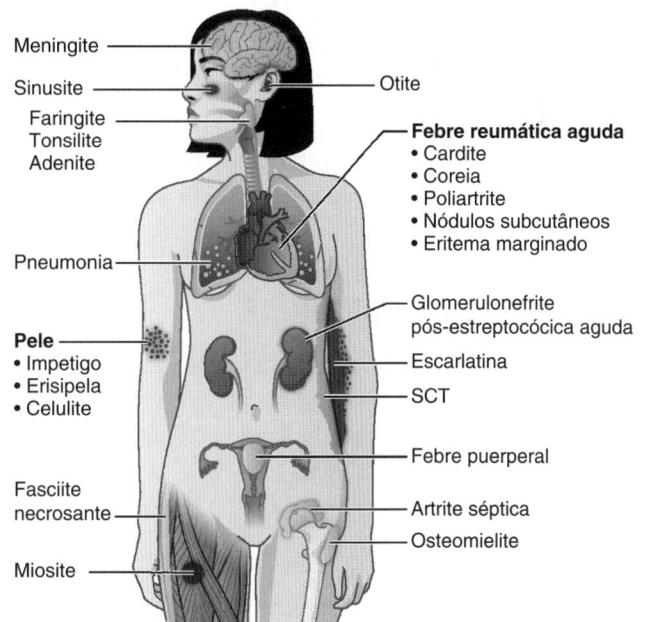

Figura 19.1 Doenças causadas pelo *Staphylococcus aureus*. SCT, síndrome do choque tóxico. (Redesenhada de Harvey RA *et al. Lippincott's illustrated reviews.* 3rd ed. Philadelphia, PA: Lippincott Williams & Wilkins; 2013.)

Figura 19.2 Doenças causadas pelo *Streptococcus pyogenes*. SCT, síndrome do choque tóxico. (Redesenhada de Engleberg NC *et al. Schaechter's mechanisms of microbial disease.* 5th ed. Philadelphia, PA: Lippincott Williams & Wilkins; 2013.)

Tabela 19.3 Infecções das orelhas causadas por vírus e bactérias.

Doença	Informação adicional
Otite externa (infecção do meato acústico externo, "ouvido de nadador"). A otite externa é uma infecção do meato acústico externo, que provoca prurido, dor, secreção fétida, hipersensibilidade, vermelhidão, edema e comprometimento da audição. É mais comum durante a estação de natação no verão; a água retida no meato acústico externo pode deixar a pele amolecida e úmida, que é mais facilmente infectada por bactérias ou fungos. A otite externa é designada como "ouvido de nadador", visto que ela frequentemente resulta da prática de natação em água contaminada com *Pseudomonas aeruginosa*	**Patógenos.** As causas habituais de otite externa são as bactérias *Escherichia coli*, *P. aeruginosa*, *Proteus vulgaris* e *Staphylococcus aureus*. Os fungos, como *Aspergillus* spp., constituem causas menos comuns de otite externa **Reservatórios e modo de transmissão.** Os reservatórios incluem água contaminada de piscinas, algumas vezes microbiota endógena ou objetos introduzidos no meato acústico para retirada de resíduos e cera **Diagnóstico laboratorial.** O material do meato acústico infectado deve ser enviado ao laboratório de microbiologia para cultura e sensibilidade (C&S). As cepas de *P. aeruginosa* são, em sua maioria, multirresistentes
Otite média (infecção da orelha média). Com frequência, a otite média ocorre como complicação do resfriado comum. As manifestações podem incluir dor persistente e intensa na região, perda temporária da audição, pressão na orelha média e protuberância da membrana timpânica. Em crianças pequenas, podem ocorrer náuseas, vômitos, diarreia e febre. A otite média pode levar a ruptura da membrana timpânica, secreção sanguinolenta e pus. Podem ocorrer complicações graves, incluindo infecção óssea, perda permanente da audição e meningite. A otite média é mais comum em crianças pequenas, particularmente entre 3 meses e 3 anos de idade	**Patógenos.** A otite média pode ser causada por bactérias ou por vírus. As três causas bacterianas mais comuns são *Streptococcus pneumoniae* (um diplococo gram-positivo), *Haemophilus influenzae* (um bacilo gram-negativo; ver Figura 19.3) e *Moraxella catarrhalis* (um diplococo gram-negativo). As bactérias menos comuns que causam otite média incluem *Streptococcus pyogenes* e *S. aureus*. Os vírus causadores de otite média incluem o vírus do sarampo, o vírus parainfluenza e o vírus sincicial respiratório **Reservatórios e modo de transmissão.** A otite média provavelmente não é transmissível **Diagnóstico laboratorial.** Quando presente, deve-se obter uma amostra da secreção da ureia, que é enviada ao laboratório de microbiologia para C&S. Deve-se realizar o teste da betalactamase em cepas isoladas de *H. influenzae*

> As três causas mais comuns de otite média são *Streptococcus pneumoniae*, *Haemophilus influenzae* e *Moraxella catarrhalis*.

INFECÇÕES DAS ORELHAS CAUSADAS POR BACTÉRIAS

A Tabela 19.3 fornece informações sobre infecções das orelhas causadas por vírus e bactérias.

INFECÇÕES DOS OLHOS CAUSADAS POR BACTÉRIAS

A Tabela 19.4 fornece informações sobre infecções dos olhos causadas por bactérias.

INFECÇÕES DO SISTEMA RESPIRATÓRIO CAUSADAS POR BACTÉRIAS

> Embora existam mais informações sobre o *Sreptococcus pyogenes* como causa de faringite, a maioria dos casos é provocada, na verdade, por vírus.

Infecções do trato respiratório superior causadas por bactérias

A Tabela 19.5 fornece informações sobre as infecções do trato respiratório superior causadas por bactérias.

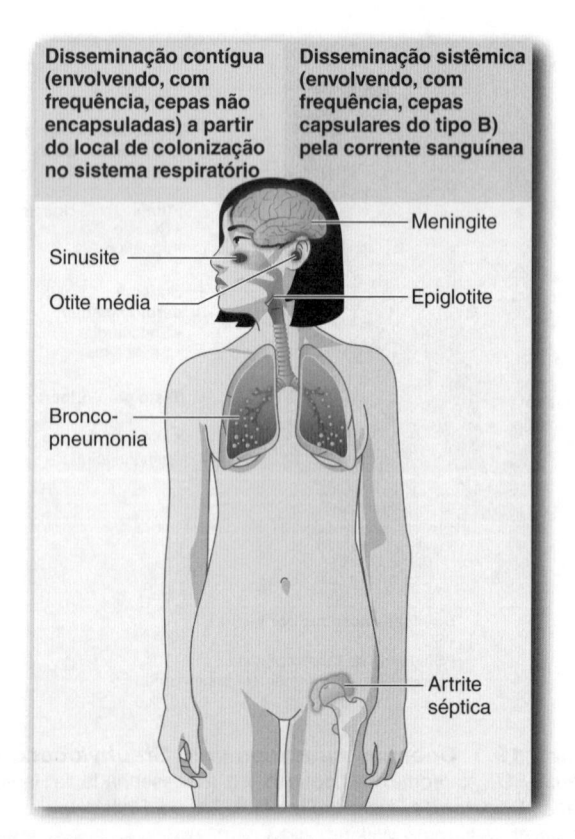

Figura 19.3 Infecções causadas pelo *Haemophilus influenzae*. (Redesenhada de Harvey RA *et al. Lippincott's illustrated reviews*. 3rd ed. Philadelphia, PA: Lippincott Williams & Wilkins; 2013.)

Tabela 19.4 Infecções dos olhos causadas por bactérias.

Doença	Informação adicional
Conjuntivite bacteriana ("olhos vermelhos"). A conjuntivite bacteriana caracteriza-se por irritação e vermelhidão da conjuntiva, edema das pálpebras, secreção mucopurulenta e fotossensibilidade. A doença é altamente contagiosa **Cuidados com o paciente.** Utilizar precauções-padrão para indivíduos hospitalizados	**Patógenos.** Os agentes etiológicos mais comuns da conjuntivite bacteriana consistem em *Haemophilus influenzae* subespécie *aegyptius* e *Streptococcus pneumoniae*, embora muitas outras bactérias possam causar essa doença **Reservatórios e modo de transmissão.** Os seres humanos infectados servem como reservatório. A transmissão interpessoal ocorre por contato com secreções oculares e respiratórias, dedos das mãos, lenços faciais, roupas, maquiagem, medicamentos oftálmicos, instrumentos oftálmicos e agentes para umedecer e limpar lentes de contato contaminados **Diagnóstico laboratorial.** As infecções dos olhos causadas por bactérias (incluindo clamídias) e vírus devem ser diferenciadas das manifestações alérgicas e irritação por meio de exame microscópico do *exsudato* (pus), cultura de patógenos e/ou técnicas de imunodiagnóstico
Conjuntivite causada por clamídias (conjuntivite de inclusão, paratracoma). Nos recém-nascidos, a conjuntivite aguda causada por clamídias, com secreção mucopurulenta, pode resultar em cicatrizes leves da conjuntiva e da córnea. Pode ocorrer concomitantemente com nasofaringite por clamídias ou pneumonia. Nos adultos, a conjuntivite causada por clamídias pode ocorrer simultaneamente com uretrite ou cervicite não gonocócicas **Cuidados com o paciente.** Utilizar precauções-padrão para indivíduos hospitalizados	**Patógenos.** Os agentes etiológicos da conjuntivite causada por clamídias incluem certos sorotipos (sorovares*) de *Chlamydia trachomatis*, bactéria gram-negativa e patógeno intracelular obrigatório **Reservatórios e modo de transmissão.** Os seres humanos infectados servem como reservatório. Ocorre transmissão por contato com as secreções genitais de indivíduos infectados, dedos contaminados nos olhos, infecção em recém-nascidos através do canal do parto infectado, ou piscinas não cloradas ("conjuntivite da piscina") **Diagnóstico laboratorial.** As clamídias não crescem em meios artificiais. O diagnóstico é estabelecido por cultura celular, métodos de diagnóstico molecular ou técnicas de imunodiagnóstico
Tracoma (ceratoconjuntivite por clamídias). O tracoma é uma inflamação da conjuntiva altamente contagiosa, aguda ou crônica, resultando em cicatrizes na córnea e na conjuntiva, deformação das pálpebras e cegueira. É mais comum em áreas assoladas pela pobreza dos países quentes e secos do Mediterrâneo e Extremo Oriente. Trata-se da principal causa de cegueira no mundo. Nos EUA, o tracoma só ocorre raramente **Cuidados com o paciente.** Utilizar precauções-padrão para indivíduos hospitalizados	**Patógenos.** O tracoma é causado por determinados sorotipos (sorovares) de *C. trachomatis* **Reservatórios e modo de transmissão.** Os seres humanos infectados servem como reservatório. Ocorre transmissão por contato direto com secreções oculares ou nasais infecciosas ou artigos contaminados. A doença também é disseminada por moscas, que atuam como vetores mecânicos **Diagnóstico laboratorial.** O tracoma é diagnosticado pela observação microscópica de corpos elementares intracelulares de clamídias em células epiteliais de raspados da conjuntiva corados pelo método de Giemsa ou por técnica de imunofluorescência. Como alternativa, as clamídias podem ser isoladas de amostras utilizando técnicas de cultura celular ou diagnosticadas por métodos moleculares
Conjuntivite gonocócica (oftalmia neonatal por gonorreia). A conjuntivite gonocócica está associada a vermelhidão e edema agudos da conjuntiva e secreção purulenta (Figura 19.4). Podem ocorrer úlceras da córnea, perfuração e cegueira se a doença não for tratada **Cuidados com o paciente.** Utilizar precauções-padrão para indivíduos hospitalizados	**Patógeno.** A conjuntivite gonocócica é causada pela *Neisseria gonorrhoeae*, um diplococo gram-negativo em formato de rim ou feijão. A *N. gonorrhoeae* é também conhecida como gonococo ou GC **Reservatórios e modo de transmissão.** Os seres humanos infectados, especificamente o canal do parto infectado, servem como reservatório. A transmissão ocorre por contato direto com o canal do parto infectado durante o nascimento. A infecção em adultos pode resultar do contato com dedos contaminados nos olhos após contato com secreções genitais infecciosas **Diagnóstico laboratorial.** A conjuntivite gonocócica é diagnostica pela observação microscópica de diplococos gram-negativos em esfregaços de material purulento e isolamento da *N. gonorrhoeae* em meios de cultura apropriados (p. ex., ágar-chocolate ou ágar-chocolate modificado, como ágar Thayer-Martin, ágar Martin-Lewis ou Transgrow)

*Os termos sorotipo e sorovar são sinônimos. Os sorovares de determinada espécie diferem entre si principalmente em consequência de diferenças nos antígenos de superfície. Algumas vezes, sorovares diferentes de determinada espécie causam doenças diferentes.

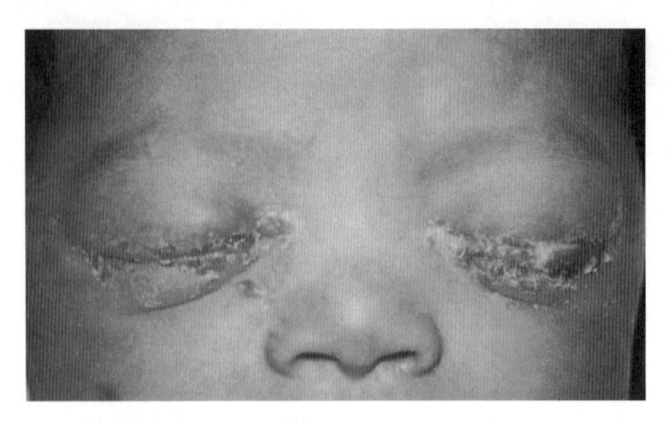

Figura 19.4 Oftalmia gonocócica neonatal. (Disponibilizada por J. Pledger e CDC.) (Esta figura encontra-se reproduzida em cores no Encarte.)

Infecções do trato respiratório inferior de múltiplas causas

Pneumonia

Doença. A pneumonia é uma infecção inespecífica aguda dos alvéolos (pequenos sacos aéreos) e tecidos dos pulmões, com febre, tosse produtiva (o que significa a expectoração de escarro), dor torácica aguda, calafrios e dispneia. Ela é clinicamente diagnosticada pela presença de sons torácicos anormais e por radiografias de tórax. Com frequência, a pneumonia é uma infecção secundária, que ocorre após uma infecção respiratória primária causada por vírus. Nos

> No mundo inteiro, a pneumonia ocupa o primeiro lugar como responsável pela morte de crianças com menos de 5 anos de idade.

Tabela 19.5 Infecções do trato respiratório superior causadas por bactérias.

Doença	Informação adicional
Difteria. A difteria é uma doença bacteriana aguda e contagiosa potencialmente grave do trato respiratório superior. Ela afeta principalmente as tonsilas, a faringe, a laringe e o nariz e, em certas ocasiões, outras membranas mucosas, pele, conjuntiva e vagina. A lesão característica consiste em uma membrana branco-acinzentada resistente, assimétrica e aderente na garganta, com inflamação circundante. É comum a ocorrência de faringite, linfonodos cervicais aumentados e hipersensíveis, tonsilite e edema do pescoço. A membrana pode provocar obstrução das vias respiratórias. Existe também uma forma cutânea de difteria, que é mais comum nos trópicos. Antigamente, a difteria era uma importante causa de morte de crianças nos EUA. Entretanto, como resultado da vacinação disseminada com toxoide diftérico (uma forma alterada da toxina diftérica), a difteria raramente ocorre no país. Infelizmente, a doença continua sendo uma importante causa de morte de crianças nos países em desenvolvimento, onde ocorrem epidemias **Cuidados com o paciente.** Utilizar precauções de gotículas para indivíduos hospitalizados com difteria faríngea e precauções de contato para pacientes hospitalizados com difteria cutânea	**Patógeno.** A difteria é causada por cepas toxigênicas (produtoras de toxina) do *Corynebacterium diphtheriae*, um bacilo gram-positivo pleomórfico, que forma disposições características dos bacilos em formato de V-, L- e Y. Apenas as cepas infectadas por um determinado particular corinebacteriófago são toxigênicas; a exotoxina (toxina diftérica) é codificada por um gene do bacteriófago **Reservatórios e modo de transmissão.** Os seres humanos infectados servem como reservatórios. Ocorre transmissão por meio de gotículas transportadas pelo ar, contato direto e fômites contaminados **Diagnóstico laboratorial.** Um *swab* do nasofaríngeo e um *swab* da faringe, contendo, de preferência, uma amostra da membrana, devem ser enviados ao laboratório de microbiologia para cultura. São utilizados meios especiais, denominados meio de Loeffler e meio de cistina-telurito ou Tinsdale para cultura e identificação do *C. diphtheriae*. A toxigenicidade pode ser determinada utilizando animais de laboratório (coelhos ou cobaias) ou por um ensaio de imunodifusão, denominado teste Elek
Faringite estreptocócica. A faringite estreptocócica é uma infecção bacteriana aguda da orofaringe, com faringite, calafrios, febre, cefaleia, garganta vermelho vivo, placas brancas de pus no epitélio da faringe, tonsilas aumentadas e aumento e hipersensibilidade dos linfonodos cervicais. A infecção pode se disseminar para a orelha média, os seios nasais ou para os órgãos da audição. A faringite estreptocócica, quando não tratada, pode resultar em complicações (sequelas), como escarlatina (causada pela toxina eritrogênica), febre reumática e glomerulonefrite. Estas últimas duas condições resultam do depósito de imunocomplexos abaixo do tecido cardíaco e tecido renal, respectivamente. Algumas cepas produzem uma exotoxina pirogênica, que provoca síndrome do choque tóxico, enquanto outras cepas (as denominadas bactérias carnívoras) podem causar fasciite necrosante (ver Figura 14.8, Capítulo 14, *Patogenia das Doenças Infecciosas*). Nos EUA, ocorrem mais de 200.000 casos anualmente, acometendo, em sua maior parte, crianças de 3 a 15 anos de idade. Embora o *S. pyogenes* seja mais conhecido como causa de faringite, a maioria dos casos é causada, na verdade, por vírus **Cuidados com o paciente.** Utilizar precauções de gotículas para pacientes e crianças pequenas hospitalizadas e precauções-padrão para outros pacientes	**Patógeno.** A faringite estreptocócica é causada pelo *Streptococcus pyogenes*, um coco gram-positivo beta-hemolítico e catalase-negativo, que ocorre em cadeias. É também conhecido como estreptococo do grupo A, GAS ou estreptococo A **Reservatórios e modo de transmissão.** Os seres humanos infectados servem como reservatórios. Ocorre transmissão interpessoal por contato direto, geralmente pelas mãos; gotículas de aerossóis; secreções de pacientes e portadores nasais; poeira, fiapos ou lenços contaminados; leite e derivados do leite contaminados foram associados a surtos de faringite estreptocócica transmitida por alimentos **Diagnóstico laboratorial.** O único propósito da cultura de orofaringe *de rotina* é determinar se um paciente apresenta ou não faringite estreptocócica. Se forem isolados estreptococos beta-hemolíticos, devem ser examinados para determinar se eles são estreptococos do grupo A. Podem-se efetuar testes rápidos para estreptococos (com base na detecção de antígeno) em *swabs* de orofaringe; todavia, se o teste for negativo, deve-se realizar um teste mais tradicional (como cultura de amostra da orofaringe) nos pacientes pediátricos

países em desenvolvimento, a pneumonia e a desidratação em consequência de diarreia grave constituem as principais causas de morte. Em 2015, a pneumonia foi responsável pela morte de quase 1 milhão de crianças no mundo inteiro. Continua ocupando o primeiro lugar como causa de morte de crianças com menos de 5 anos de idade. Determinados tipos específicos de pneumonia (p. ex., legionelose e psitacose) são doenças de notificação compulsória nos EUA.

Cuidados com o paciente. Devem-se utilizar precauções-padrão para todos os pacientes hospitalizados. São necessárias precauções de gotículas e/ou precauções de contato, além das precauções-padrão para a pneumonia causada por determinados patógenos (p. ex., *Burkholderia cepacia*, *Legionella* spp., *Neisseria meningitidis*, *Mycoplasma pneumoniae* e *S. pyogenes*).

Patógenos. A pneumonia pode ser causada por diversos micróbios, incluindo bactérias gram-positiva e gram-negativa, micoplasmas, clamídias, vírus, fungos e protozoários. A pneumonia bacteriana adquirida na comunidade é, com mais frequência, causada pelo *S. pneumoniae* (pneumonia pneumocócica), que constitui a causa mais comum de pneumonia no mundo (Figura 19.5). Outros patógenos bacterianos incluem *H. influenzae*, *Staphylococcus aureus*, *Klebsiella pneumonia* e, em certas ocasiões, outros bacilos gram-negativos e membros anaeróbicos da microbiota oral. Os patógenos atípicos incluem *Legionella* (legionelose), *M. pneumoniae* (pneumonia por micoplasma; pneumonia atípica primária) e *Chlamydophila pneumoniae* (pneumonia por clamídias). A psitacose (ornitose; febre do papagaio), que é um tipo de pneumonia causada por *Chlamydophila*

psittaci, é normalmente adquirida pela inalação de secreções respiratórias e excrementos dessecados de aves infectadas (p. ex., papagaios e periquitos). Os fungos, como *Histoplasma capsulatum* (histoplasmose), *Coccidioides immitis* (coccidioidomicose), *Cryptococcus neoformans* (criptococose), *Blastomyces* (blastomicose), *Aspergillus* (aspergilose; ver Figura 20.4, Capítulo 20, *Infecções Fúngicas em Seres Humanos*) e *Pneumocystis jirovecii* (anteriormente considerado como protozoário) podem constituir agentes etiológicos da pneumonia, particularmente em indivíduos imunocomprometidos. Várias espécies de bolores do pão podem causar pneumonia em pacientes imunossuprimidos, uma condição conhecida como *mucormicose (zigomicose)*. A pneumonia viral pode ser causada por adenovírus, pelo vírus sincicial respiratório (RSV), por vírus parainfluenza, citomegalovírus, vírus do sarampo, vírus da varicela e outros vírus. A pneumonia bacteriana associada a cuidados de saúde é causada, com mais frequência, por bacilos gram-negativos, particularmente espécies de *Klebsiella*, *Enterobacter*, *Serratia* e *Acinetobacter*. O *Pseudomonas aeruginosa* e o *S. aureus* também representam causas frequentes de pneumonias associadas a cuidados de saúde. A pneumonia é a infecção fatal mais comum adquirida em hospitais.

> *S. pneumoniae* constitui a causa mais comum de pneumonia no mundo.

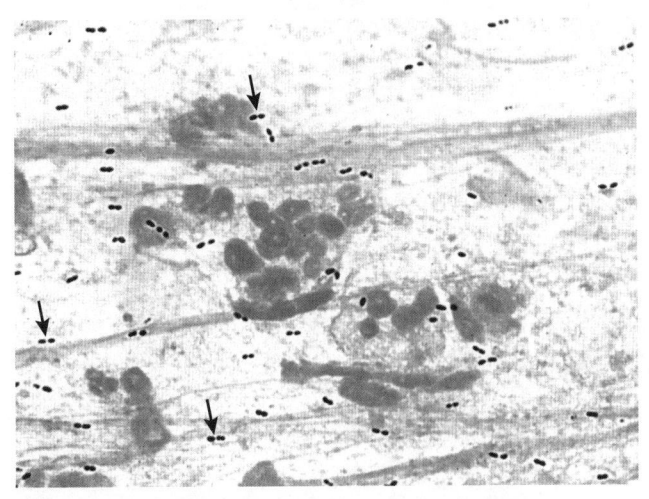

Figura 19.5 *Streptococcus pneumonia* **gram-positivo (setas) em esfregaço corado pelo método de Gram de amostra de escarro purulento (contendo pus) de um paciente com pneumonia pneumocócica.** Observar a disposição típica em diplococo dessa bactéria. Além disso, podem ser observados vários neutrófilos polimorfonucleares (PMN) maiores, de coloração rosada. Os PMN coram-se de rosa pelo método de Gram. (De Engleberg NC *et al*. *Schaechter's mechanisms of microbial disease*. 5th ed. Philadelphia, PA: Lippincott Williams & Wilkins; 2013.) (Esta figura encontra-se reproduzida em cores no Encarte.)

Auxílio ao estudo

Pneumonia típica *versus* atípica

Os pacientes com *pneumonia típica* apresentam dor torácica, dispneia (dificuldade respiratória), febre, calafrios e tosse produtiva (que produz escarro purulento). Os sintomas menos comuns consistem em anorexia, cefaleia, náuseas, diarreia e vômitos. As anormalidades radiográficas são proporcionais aos sintomas físicos. As causas comuns de pneumonia típica incluem *S. pneumoniae*, *H. influenzae*, *S. aureus* e vírus como os vírus influenza tipos A e B, vírus parainfluenza e RSV. Outras causas incluem *Legionella pneumophila*, *M. pneumoniae*, *C. pneumoniae* e bacilos gram-negativos. A *pneumonia atípica* apresenta um início mais insidioso (mais lento) do que a pneumonia típica. Os pacientes apresentam cefaleia, febre, tosse com pouco escarro e mialgia. Em geral, as anormalidades radiográficas são mais pronunciadas do que o previsto pelos sintomas físicos. As causas comuns de pneumonia atípica consistem em *M. pneumoniae*, *C. pneumoniae*, *L. pneumophila* e vírus como os vírus influenza, RSV e adenovírus. Outras causas incluem *C. psittaci*, *P. jirovecii* (um fungo), vírus varicela-zóster e vírus parainfluenza. Alguns patógenos podem causar pneumonia tanto típica quanto atípica.

Reservatórios e modo de transmissão. Na maioria dos casos, os reservatórios são constituídos pelos seres humanos infectados; outros reservatórios incluem aves da família dos psitacídeos (papagaios e periquitos) na psitacose, solo e excrementos de aves na histoplasmose e na criptococose. Dependendo do patógeno envolvido, a transmissão ocorre por inalação de gotículas, contato oral direto, contato com mãos e fômites contaminados ou inalação de leveduras e esporos de fungos.

Diagnóstico laboratorial. É necessário enviar uma amostra de escarro de boa qualidade (expectorada dos pulmões do paciente) ao laboratório de microbiologia para cultura e sensibilidade. Deve ser escarro, e *não* saliva. O exame laboratorial da saliva não irá fornecer informações clinicamente relevantes. Os técnicos de laboratório são capazes de diferenciar a saliva do escarro por meio de preparação e exame de um esfregaço da amostra corado pelo método de Gram. O escarro deverá conter numerosos leucócitos e algumas células epiteliais, enquanto a saliva irá conter poucos leucócitos (se houver algum) e numerosas células epiteliais (ver Figura 13.8, Capítulo 13, *Diagnóstico das Doenças Infecciosas*).

Outras infecções do trato respiratório inferior causadas por bactérias

A Tabela 19.6 fornece informações adicionais sobre infecções do trato respiratório inferior causadas por bactérias.

Tabela 19.6 Infecções do trato respiratório inferior causadas por bactérias.

Doença	Informação adicional
Legionelose (doença dos legionários, febre de Pontiac). A legionelose é uma pneumonia bacteriana aguda, caracterizada por anorexia, mal-estar, mialgia, cefaleia, febre alta, calafrios e tosse seca, seguida de tosse produtiva, dispneia, diarreia e dor pleural e abdominal. Apresenta uma taxa de mortalidade de cerca de 40%. A febre de Pontiac, uma forma de legionelose menos grave e semelhante à influenza, não está associada a pneumonia ou morte. A legionelose foi reconhecida pela primeira vez como doença após a ocorrência de um surto em um hotel da Filadélfia, em 1976; entretanto, existem evidências de que epidemias e mortes anteriores tenham sido causadas por espécies de *Legionella* spp. As epidemias continuam ocorrendo, frequentemente associadas a hotéis, cruzeiros marítimos, hospitais e supermercados. Em geral, a legionelose afeta indivíduos idosos; pacientes com doença respiratória preexistente, diabetes melito, doença renal ou neoplasia maligna; indivíduos imunocomprometidos, ou pessoas que fumam ou bebem excessivamente **Cuidados com o paciente.** Utilizar precauções-padrão para indivíduos hospitalizados	**Patógeno.** O principal agente etiológico da legionelose é a *Legionella pneumophila*, um bacilo gram-negativo que se cora fracamente. Outras espécies de *Legionella* e microrganismos dentro do gênero relacionado também causam a doença. Atualmente, são conhecidas mais de 50 espécies de *Legionella* **Reservatórios e modo de transmissão.** Os reservatórios incluem fontes naturais de água, como lagoas, lagos e riachos; sistemas de aquecimento de água e de ar condicionado, torres de resfriamento e condensadores evaporativos; banheiras de hidromassagem, banheiras quentes, chuveiros, umidificadores, água de torneira e sistemas de destilação de água; fontes ornamentais; e, talvez, poeira. A transmissão tem ocorrido em consequência de aerossóis de espécies de *Legionella* spp. produzidos por dispositivos de vaporização de vegetais em supermercados. A legionelose não é transmitida de pessoa para pessoa **Diagnóstico laboratorial.** Devem-se enviar amostras de escarro e de sangue ao laboratório de microbiologia para cultura e sensibilidade (C&S). As espécies de *Legionella* coram-se fracamente e necessitam de cisteína e de outros nutrientes para o seu crescimento. O meio de cultura recomendado é o ágar extrato de levedura com carvão tamponado. Dispõe-se de técnicas de imunodiagnóstico, como a detecção de antígeno na urina
Pneumonia por micoplasma (pneumonia atípica primária). A pneumonia por micoplasma apresenta início gradual com cefaleia, mal-estar, tosse seca, faringite e, com menos frequência, desconforto torácico. No início, a quantidade de escarro produzida pelo paciente é escassa; entretanto, pode aumentar à medida que a doença progride. A duração da doença pode ser desde alguns dias até 1 mês ou mais. A pneumonia por micoplasma é mais comum em indivíduos de 5 a 35 anos de idade. As pneumonias causadas por micoplasmas e clamídias constituem os tipos mais comuns de pneumonias atípicas, ou seja, comumente causadas por microrganismos diferentes daqueles que representam causas típicas de pneumonia **Cuidados com o paciente.** Utilizar precauções de gotículas para indivíduos hospitalizados durante o curso da doença	**Patógeno.** O agente etiológico da pneumonia por micoplasma é o *Mycoplasma pneumoniae*, uma bactéria gram-negativa muito pequena, sem parede celular **Reservatórios e modo de transmissão.** Os seres humanos infectados servem como reservatórios. A transmissão ocorre por inalação de gotículas ou por contato direto com um indivíduo infectado, ou ainda por artigos contaminados com secreções nasais ou escarro de um paciente doente que apresenta tosse **Diagnóstico laboratorial.** A pneumonia por micoplasma é diagnosticada pela demonstração de uma elevação dos títulos de anticorpos entre amostras de soro da fase aguda e da fase convalescente. Dispõe-se também de técnicas de diagnóstico molecular
Tuberculose (TB). A TB é uma infecção micobacteriana aguda ou crônica do trato respiratório inferior, com mal-estar, febre, sudorese noturna, perda de peso e tosse produtiva. Nos estágios avançados, podem ocorrer dispneia, dor torácica, hemoptise (tosse com eliminação de sangue) e rouquidão. A TB disseminada, conhecida como TB miliar, envolve muitas lesões pelo corpo (ver o Capítulo 11, *Epidemiologia e Saúde Pública*, para informações adicionais sobre a pandemia atual de TB)	**Patógenos.** A TB pode ser causada por qualquer uma das espécies do complexo *Mycobacterium tuberculosis*; todavia, com mais frequência, é causada por *M. tuberculosis* (um bacilo gram-positivo a gram-variável, álcool-acidorresistente, de crescimento lento). O *M. tuberculosis* é algumas designado como bacilo da tuberculose **Reservatórios e modo de transmissão.** Os seres humanos constituem os reservatórios primários; raramente primatas, gado bovino e outros mamíferos infectados podem servir como reservatórios. Ocorre transmissão por meio de gotículas

(continua)

Tabela 19.6 Infecções do trato respiratório inferior causadas por bactérias. (*continuação*)

Doença	Informação adicional
Cuidados com o paciente. Utilizar precauções de gotículas transportadas pelo ar para pacientes hospitalizados com doença pulmonar ou laríngea. Utilizar precauções-padrão para pacientes com TB extrapulmonar ou meníngea, sem lesões com drenagem. Se o paciente tiver drenagem de lesões, acrescentar precauções para gotículas transportadas pelo ar e de contato	transportadas pelo ar, produzidas por indivíduos infectados durante a tosse, o espirro e, até mesmo, falando ou cantando; em geral, após contato direto prolongado com indivíduos infectados. A TB bovina pode resultar da exposição ao gado infectado ou da ingestão de leite ou outros produtos derivados não pasteurizados e contaminados **Diagnóstico laboratorial.** A demonstração de bacilos álcool-acidorresistentes (BAAR) em amostras de escarro fornece um diagnóstico presuntivo rápido de tuberculose. O isolamento do *M. tuberculosis* em meios de cultura de Löwenstein-Jensen ou Middlebrook leva cerca de 3 a 6 semanas, devido ao longo tempo de geração do microrganismo (cerca de 18 a 24 h). Dispõe-se de uma variedade de técnicas mais rápidas para o isolamento e a identificação do *M. tuberculosis*, incluindo instrumentos automatizado e semiautomatizados, técnicas de diagnóstico molecular e cromatografia gasosa-líquida. Deve-se efetuar um teste de sensibilidade o mais rápido possível, visto que muitas cepas de *M. tuberculosis* são multirresistentes a fármacos. Os pacientes infectados apresentam um teste cutâneo de hipersensitbilidade tardia positivo (teste cutâneo de Mantoux com derivado proteico purificado [PPD]), e podem-se observar tubérculos pulmonares nas radiografias de tórax. No Capítulo 16, *Mecanismos Específicos de Defesa do Hospedeiro I Introdução à Imunologia*, foi ressaltado que a obtenção de um resultado positivo no teste cutâneo para TB pode indicar qualquer uma de cinco possibilidades, incluindo infecção passada, infecção atual ou vacinação com bacilo de Calmette-Guérin (BCG). Atualmente, são utilizados ensaios de liberação de gamainterferona (IGRA) para o diagnóstico de tuberculose latente
Coqueluche (*pertussis*). A coqueluche é uma infecção bacteriana aguda altamente contagiosa, que ocorre (habitualmente) na infância. O primeiro estágio (estágio prodrômico ou catarral) da doença caracteriza-se por sintomas leves semelhantes aos do resfriado. O segundo estágio (estágio paroxístico) produz acessos intensos de tosse incontrolável. Com frequência, a tosse termina por uma inspiração profunda e prolongada de alta tonalidade (o "guincho"). Os acessos de tosse produzem um muco firme e claro, bem como vômito. Podem ser graves a ponto de causar ruptura dos pulmões, hemorragia ocular e cerebral, fratura de costelas, prolapso retal ou hérnia. O terceiro estágio (o estágio de recuperação ou de convalescença) começa habitualmente dentro de 4 semanas após o início. A para*pertussis* é uma doença semelhante, porém mais leve **Cuidados com o paciente.** Utilizar precauções para gotículas para pacientes hospitalizados até 5 dias após o início da terapia efetiva	**Patógeno.** A coqueluche é causada pela *Bordetella pertussis*, um pequeno cocobacilo gram-negativo encapsulado e imóvel, que produz endotoxina e exotoxinas. A para*pertussis* é causada pela *Bordetella parapertussis*. Um microrganismo relacionado, a *Bordetella bronchiseptica*, provoca infecções respiratórias em animais, incluindo tosse do canil em cães **Reservatórios e modo de transmissão.** Os seres humanos infectados servem como reservatório. A transmissão ocorre por meio de gotículas produzidas durante a tosse **Diagnóstico laboratorial.** As técnicas de diagnóstico molecular são consideradas os testes preferidos para o diagnóstico de coqueluche. Os aspirados ou *swabs* de nasofaringe devem ser enviados para a realização de testes. Para cultivar a *Bordetella*, são utilizados meios especiais, como ágar Bordet-Gengou (meio à base de batata) ou ágar Regan-Lowe (meio com sangue de cavalo/carvão vegetal)

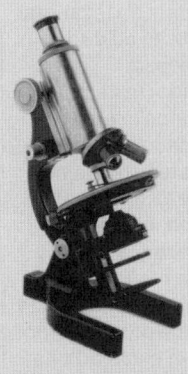

Nota histórica

Tuberculose: capitão de todos esses homens da morte

"[A tuberculose] tem sido designada como possivelmente o primeiro filho da Mãe da Pestilência e da Doença, e sabe-se que ela tem tido poucos pares, se é que algum, como causa de incapacidade e morte de pessoas e animais domésticos. Em 1913, V.A. Moore, da Universidade de Cornell, escreveu: 'Como destruidor do homem, a tuberculose não tem igual; como flagelo do gado, não há outro com o qual possa ser comparada...' Há referências sobre a terrível destruição provocada pela tuberculose em várias partes do mundo, ao longo de muitos séculos, e a doença recebeu numerosos nomes, começando com tísica e consumpção. Foi tão prevalente na Inglaterra do século XVII que John Bunyan, em seu livro *The Life and Death of Mr. Badman* (1680), a descreveu como o 'capitão de todos esses homens da morte'. Em 1861, Oliver Wendell Holmes deu-lhe o nome de 'a peste branca'. O nome tuberculose foi criado em 1839 por K. Schoenlein... [Em 1973], a Organização Mundial da Saúde referiu-se à tuberculose como 'o monstro'" (Prefácio do *Captain of All These Men of Death: Tuberculosis Historical Highlights*, de A. Arthur Myers. St. Louis, MO: Warren H. Green, Inc., 1977.)

INFECÇÕES DA REGIÃO ORAL CAUSADAS POR BACTÉRIAS

O ambiente anaeróbico produzido pelas reações de oxir-redução da microbiota oral possibilita que determinados gêneros de bactérias anaeróbicas (p. ex., espécies de *Bacteroides*, *Porphyromonas*, *Fusobacterium*, *Prevotella*, *Actinomyces* e *Treponema*) sejam envolvidos no desenvolvimento de doenças da cavidade oral. O revestimento que se forma sobre os dentes sujos, denominado *placa dental*, é constituído por uma coagregação de bactérias e seus produtos. Muitos desses micróbios produzem uma camada limosa, ou glicocálice, que possibilita a sua adesão firme, causando danos ao esmalte do dente. Certos carboidratos, particularmente a sacarose, são metabolizados pelos estreptococos (particularmente *Streptococcus mutans*), lactobacilos e *Actinomyces* spp., produzindo ácido láctico, que dissolve rapidamente o esmalte do dente. Quando a placa permanece nos dentes por mais de 72 horas, ela endurece, transformando-se em tártaro ou cálculo, que não pode ser removido por completo por escovação e uso de fio dental.

Gengivite ulcerativa necrosante aguda

A gengivite ulcerativa necrosante aguda é também denominada *angina de Vincent* e boca de trincheira.

Doença

O termo "boca de trincheira" surgiu na I Guerra Mundial, quando os soldados desenvolveram a infecção enquanto lutavam nas trincheiras. Em geral, resulta de uma combinação de higiene oral precária, estresse físico ou emocional e dieta deficiente. Caracteriza-se por sangramento doloroso das gengivas e tonsilas, erosão do tecido da gengiva e aumento dos linfonodos abaixo da mandíbula. Provoca mau hálito extremo.

Cuidados com o paciente

Utilizar precauções-padrão para pacientes hospitalizados.

Patógenos

A boca de trincheira é uma infecção sinérgica (polimicrobiana), que envolve duas ou mais espécies de bactérias anaeróbicas da microbiota oral endógena. As bactérias mais comumente envolvidas incluem *Fusobacterium nucleatum* (um bacilo gram-negativo anaeróbico) e *Treponema vincentii* (uma espiroqueta). Outros bacilos gram-negativos anaeróbicos comumente envolvidos incluem espécies de *Bacteroides*, *Prevotella intermedius* e *Prevotella melaninogenica*.

> A boca de trincheira é um bom exemplo de infecção sinérgica (polimicrobiana).

Prevenção e controle

À semelhança de outras doenças periodontais, a boca de trincheira pode ser evitada por meio de boa higiene oral. Acredita-se que a boca de trincheira não seja contagiosa.

INFECÇÕES DO TRATO GASTRINTESTINAL CAUSADAS POR BACTÉRIAS

A Tabela 19.7 contém informações sobre as infecções do trato gastrintestinal causadas por bactérias.

Tabela 19.7 Infecções do trato gastrintestinal causadas por bactérias.

Doença	Informação adicional
Gastrite e úlceras gástricas causadas por bactérias. A infecção por *Helicobacter pylori* pode causar gastrite bacteriana crônica e úlceras duodenais. Deve-se suspeitar de gastrite quando o indivíduo apresenta dor na parte superior do abdome, com náuseas e pirose. Os indivíduos com úlceras duodenais podem experimentar dor mordente, sensação de queimação, dor leve a moderada imediatamente abaixo do esterno, sensação de vazio e fome. Em geral, ocorre dor quando o estômago está vazio. A ingestão de leite, o consumo de alimento ou a administração de antiácidos geralmente aliviam a dor; todavia, em geral, ela retorna dentro de 2 ou 3 h. As úlceras e o adenocarcinoma gástrico também estão epidemiologicamente associados à infecção por *H. pylori*. As úlceras gástricas podem causar edema dos tecidos que levam ao intestino delgado, impedindo a saída fácil do alimento do estômago. Isso, por sua vez, pode causar dor, distensão, náuseas ou vômitos após a ingestão de alimento. As úlceras gástricas e duodenais são tipos de úlceras pépticas. As complicações das úlceras pépticas incluem penetração, perfuração, sangramento e obstrução **Cuidados com o paciente.** Utilizar precauções-padrão para pacientes hospitalizados	**Patógeno.** O *H. pylori* é um bacilo gram-negativo microaerofílico, capnofílico e curvo, que é encontrado nas células epiteliais secretoras de muco do estômago. Não se conhece nenhuma outra bactéria que tenha capacidade de crescer no meio extremamente ácido do estômago. **Reservatórios e modo de transmissão.** Os seres humanos infectados servem como reservatórios. A transmissão provavelmente ocorre pela ingestão do microrganismo; acredita-se que a transmissão possa ser oral-oral ou fecal-oral **Diagnóstico laboratorial.** As técnicas diagnósticas utilizadas incluem coloração e cultura de amostras de biopsia gástrica e duodenal, teste da ureia no ar exalado, teste de excreção de NH_4, técnicas de diagnóstico molecular e de imunodiagnóstico. No teste da ureia no ar exalado, o paciente ingere ureia marcada radioativamente, e a sua respiração é analisada 60 min depois quanto à presença de CO_2 radioativo. A enzima urease, que é produzida pelo *H. pylori*, cliva a ureia em amônia e CO_2; por conseguinte, a presença de CO_2 marcado radioativamente indica a presença da bactéria. No teste de excreção de NH_4, o paciente consome ureia contendo nitrogênio marcado radioativamente. A amônia é produzida no estômago pelo *H. pylori* e absorvida no sangue, excretada na urina, e determina-se então a quantidade de NH_4 radioativo presente na urina

(continua)

Tabela 19.7 Infecções do trato gastrintestinal causadas por bactérias. *(continuação)*	
Doença	**Informação adicional**
Enterite por *Campylobacter*. A enterite por *Campylobacter* é uma doença entérica bacteriana aguda, que varia de assintomática a grave, com diarreia, náuseas, vômitos, febre, mal-estar e dor abdominal. Em geral, a doença é autolimitada, com duração de 2 a 5 dias. As fezes podem conter sangue visível ou oculto, muco e leucócitos. As espécies de *Campylobacter* constituem a principal causa de diarreia bacteriana nos EUA **Cuidados com o paciente.** Utilizar precauções-padrão para indivíduos hospitalizados. Adicionar precauções de contato para pacientes que usam fraldas ou que apresentam incontinência	**Patógenos.** Os agentes etiológicos da enterite por *Campylobacter* consistem em *Campylobacter jejuni* e, menos comumente, *Campylobacter coli*. As espécies de *Campylobacter* são bacilos gram-negativos curvos, em formato de S ou em espiral, que frequentemente exibem uma morfologia em "asa de gaivota" (um par de bacilos curvados) após a divisão celular. São bactérias microaerofílicas e capnofílicas, com temperatura ótima para o crescimento de 42°C **Reservatórios e modo de transmissão.** Os reservatórios são animais, incluindo aves domésticas, gado bovino, ovinos, suínos, roedores, aves, filhotes de cães e gatos e outros animais de estimação. As aves domésticas cruas estão, em sua maioria, contaminadas com *C. jejuni*, exigindo, portanto, métodos apropriados de limpeza e desinfecção das cozinhas. Ocorre transmissão pelo consumo de alimentos contaminados (p. ex., galinha e carne de porco), leite cru ou água; por contato com animais de estimação ou animais de fazenda infectados; ou por tábuas de corte contaminadas **Diagnóstico laboratorial.** O diagnóstico depende do isolamento de *Campylobacter* a partir de amostras de fezes, utilizando um meio seletivo (ágar-sangue Campy, que contém vários agentes antimicrobianos para suprimir o crescimento de outras bactérias, uma mistura de gás Campy (5% de O_2, 10% de CO_2 e 85% de N_2) e incubação a 42°C. Podem ser utilizadas também técnicas de diagnóstico molecular como parte de um painel para síndrome diarreica (Capítulo 13, *Diagnóstico das Doenças Infecciosas*)
Cólera. A cólera é uma doença diarreica aguda causada por bactérias, com evacuação profusa de fezes aquosas, vômitos ocasionais e desidratação rápida. Se não for tratada, podem ocorrer colapso circulatório, insuficiência renal e morte. Mais de 50% dos indivíduos com cólera grave não tratado morrem. A cólera é de ocorrência mundial, com epidemias e pandemias periódicas. Uma pandemia de cólera, que começou no Peru, em 1991, matou mais de 10.000 pessoas. Nos EUA, a maioria dos casos envolve o consumo de frutos do mar crus ou malcozidos (p. ex., ostras) provenientes das águas costeiras de Louisiana e do Texas **Cuidados com o paciente.** Utilizar precauções-padrão para pacientes hospitalizados. Adicionar precauções de contato para pacientes que usam fraldas ou apresentam incontinência	**Patógenos.** Os agentes etiológicos da cólera incluem determinados biotipos de *Vibrio cholerae* sorogrupo 01. Trata-se de bacilos gram-negativos curvos (em forma de vírgula), que secretam uma *enterotoxina* (uma toxina que afeta adversamente as células do trato intestinal), denominada *colerágeno*. Outras espécies de *Vibrio* (*Vibrio parahemolyticus* e *Vibrio vulnificus*) também provocam doenças diarericas. As espécies de *Vibrio* são halofílicas (gostam de sal) e, portanto, são encontradas em ambientes marinhos. **Reservatórios e modo de transmissão.** Os reservatórios incluem seres humanos infectados e reservatórios aquáticos (copépodes e outros organismos do zooplâncton). A transmissão ocorre por via fecal-oral, contato com fezes ou vômitos de indivíduos infectados, ingestão de água ou alimentos contaminados com fezes (particularmente mariscos e outros frutos do mar crus ou malcozidos) ou por transmissão mecânica por moscas **Diagnóstico laboratorial.** *Swabs* retais ou amostras de fezes devem ser inoculados em ágar tiossulfato-citrato-bile-sacarose (TCBS); diferentes espécies de *Vibrio* produzem reações distintas nesse meio. São utilizados testes bioquímicos para a identificação das várias espécies. A biotipagem é realizada com o uso de antissoros disponíveis no comércio
Salmonelose. A salmonelose é uma gastrenterite, com início súbito de cefaleia, dor abdominal, diarreia, náuseas e, algumas vezes, vômitos. A desidratação pode ser grave. A salmonelose pode evoluir para a septicemia ou infecção localizada em qualquer tecido do corpo. Cerca de 40.000 casos de salmonelose são notificados anualmente aos CDC **Cuidados com o paciente.** Utilizar precauções-padrão para pacientes hospitalizados. Adicionar precauções de contato para pacientes que usam fraldas ou que apresentam incontinência	**Patógeno.** A salmonelose gastrintestinal é causada por membros da família Enterobacteriaceae, atualmente denominada *Salmonella enterica* (da qual existem mais de 2.000 sorotipos ou sorovares). Esses bacilos gram-negativos invadem as células intestinais, liberam endotoxina e produzem citotoxinas e enterotoxinas. Nos EUA, cerca de 200 sorotipos de *S. enterica* causam salmonelose gastrintestinal. Os sorotipos mais comumente registrados são *S. enterica* subespécie *enterica* sorovar *typhimurium* (também conhecida como *Salmonella typhimurium*) e *S. enterica* subespécie *enterica* sorovar *enteritidis* (também conhecida como *Salmonella enteritidis*) **Reservatórios e modo de transmissão.** Os reservatórios incluem uma ampla variedade de animais silvestres e domésticos, incluindo aves domésticas, suínos, gado bovino, roedores, répteis (p. ex., iguanas e tartarugas de estimação), pintinhos de estimação, cães e gatos. Os seres humanos

(continua)

Tabela 19.7 Infecções do trato gastrintestinal causadas por bactérias. *(continuação)*	
Doença	**Informação adicional**
	infectados (p. ex., pacientes e portadores) também atuam como reservatórios. A transmissão ocorre pelo consumo de alimentos contaminados (p. ex., ovos, leite não pasteurizado, carne, aves domésticas e frutas e vegetais crus), transmissão fecal-oral de uma pessoa para outra, manipuladores de alimentos ou abastecimentos de água contaminados **Diagnóstico laboratorial.** As amostras de fezes devem ser enviadas ao laboratório de microbiologia para cultura. As espécies de *Salmonella* não são fermentadores de lactose e, em consequência, formam colônias incolores em ágar MacConkey. São utilizados testes bioquímicos para a identificação, e dispõe-se de antissoros comerciais para sorotipagem. Pode-se utilizar também o diagnóstico molecular como parte de um painel para a síndrome diarreica (Capítulo 13, *Diagnóstico das Doenças Infecciosas*)
Febre tifoide (febre entérica). A febre tifoide é uma doença bacteriana sistêmica, com febre, cefaleia intensa, mal-estar, anorexia, exantema no tronco em cerca de 25% dos pacientes, tosse improdutiva e constipação intestinal. Podem ocorrer bacteriemia, pneumonia, infecção da vesícula biliar, do fígado e do osso, endocardite, meningite e outras complicações. Cerca de 10% dos pacientes não tratados morrem. No mundo inteiro, estima-se que ocorram 17 milhões de casos por ano, com aproximadamente 600.000 mortes **Cuidados com o paciente.** Utilizar precauções-padrão para pacientes hospitalizados. Adicionar precauções de contato para pacientes que usam fraldas ou que apresentam incontinência	**Patógeno.** A febre tifoide é causada pela *Salmonella typhi* (também conhecida como bacilo tifoide), um bacilo gram-negativo que libera endotoxinas e produz exotoxinas. Uma infecção semelhante, porém menos grave, é causada pela *Samonella paratyphi* **Reservatórios e modo de transmissão.** Os seres humanos infectados servem como reservatórios da febre tifoide e paratifoide; raramente os animais domésticos são reservatórios do bacilo paratifoide. Alguns indivíduos tornam-se portadores após a infecção, eliminando os patógenos nas fezes ou na urina (ver Capítulo 11, *Epidemiologia e Saúde Pública*, para a história de "Mary Tifoide"). A transmissão ocorre por via fecal-oral; pela água e por alimentos contaminados com fezes ou urina de pacientes ou de portadores; consumo de ostras provenientes de águas contaminadas com fezes; frutas e vegetais crus contaminados com fezes; ou a partir de fezes em alimentos por meio de transmissão mecânica por moscas **Diagnóstico laboratorial.** O diagnóstico da febre tifoide é estabelecido com base no isolamento de *S. typhi* a partir de amostras de sangue, urina, fezes ou medula óssea, seguido de identificação por testes bioquímicos. Dispõe-se também de técnicas de imunodiagnóstico
Shigelose (disenteria bacilar). A shigelose é uma bacteriana aguda do revestimento dos intestinos delgado e grosso, produzindo diarreia (até 20 evacuações por dia), com presença de sangue, muco e pus. Outros sintomas incluem náuseas, vômitos, cólicas e febre. Algumas vezes, ocorrem *toxemia* (presença de toxinas no sangue) e convulsões (em crianças). Podem ocorrer outras complicações graves, como síndrome hemolítico-urêmica. Em todo o mundo, estima-se que a shigelose cause aproximadamente 600.000 mortes por ano, com cerca de dois terços dos casos e a maioria das mortes ocorrendo em crianças com menos de 10 anos de idade **Cuidados com o paciente.** Utilizar precauções-padrão para pacientes hospitalizados. Adicionar precauções de contato para pacientes que usam fraldas ou que apresentam incontinência	**Patógeno.** Os agentes etiológicos da shigelose incluem *Shigella dysenteriae*, *Shigella flexneri*, *Shigella boydii* e *Shigella sonnei*. Trata-se de bacilos gram-negativos imóveis, que são membros da família Enterobacteriaceae. Um plasmídeo está associado à produção de toxina e à virulência das bactérias. É necessário um número relativamente pequeno de microrganismos (10 a 100) para causar a doença **Reservatórios e modo de transmissão.** Os seres humanos infectados servem como reservatórios. Os indivíduos tornam-se infectados por transmissão fecal-oral direta ou indireta de pacientes ou de portadores; pelas mãos e unhas dos dedos contaminadas com fezes; ou por alimentos, leite e água potável contaminados com fezes. As moscas podem transferir mecanicamente os microrganismos de vasos sanitários para os alimentos **Diagnóstico laboratorial.** Verifica-se a presença de leucócitos nas amostras de fezes. Os *swabs* fecais frescos ou retais devem ser imediatamente inoculados em caldo enriquecido gram-negativo e em meio sólido (como ágar MacConkey, ágar de desoxicolato-lisina-xilose [XLD] ou ágar entérico de Hektoen enteric [HE]). As espécies de *Shigella* produzem colônias incolores em ágar MacConkey, visto que elas não são fermentadoras de lactose. Os microrganismos isolados são identificados por técnicas bioquímicas e de imunodiagnóstico. Pode-se utilizar também um diagnóstico molecular como parte de um painel para síndrome diarreica (Capítulo 13, *Diagnóstico das Doenças Infecciosas*)

(continua)

Tabela 19.7 Infecções do trato gastrintestinal causadas por bactérias. (*continuação*)	
Doença	**Informação adicional**
Doenças associadas ao *Clostridium difficile*. O *C. difficile* constitui a principal causa de condições conhecidas como diarreia associada a antibióticos (DAA), e de colite pseudomembranosa (CPM), que frequentemente ocorrem em pacientes após antibioticoterapia. Não parece importar a condição para a qual o paciente está recebendo tratamento com antibióticos, nem o tipo de antibiótico administrado, a sua dosagem ou a via de administração. Os antibióticos que exercem efeito profundo nos micróbios colônicos, como as cefalosporinas, a ampicilina, a amoxicilina e a clindamicina, constituem os fármacos implicados com mais frequência **Cuidados com o paciente.** Utilizar precauções de contato durante o curso da doença. Utilizar água e sabão para lavar as mãos. O álcool em produtos antissépticos sem água não tem atividade esporicida	**Patógeno.** O *C. difficile* (frequentemente designado apenas como "C. diff") é um bacilo gram-positivo anaeróbico formador de esporos **Reservatórios e modo de transmissão.** O *C. difficile* é um membro da microbiota endógena em cerca de 2 a 3% dos adultos saudáveis não hospitalizados. Com frequência, os pacientes hospitalizados tornam-se colonizados com *C. difficile*, devido à sua presença no ambiente hospitalar. Estima-se que cerca de 20 a 30% dos pacientes hospitalizados sejam colonizados com *C. difficile* **Diagnóstico laboratorial.** O *C. difficile* é identificado no laboratório com base em uma variedade de características fenotípicas. Entretanto, o diagnóstico de doenças associadas ao *C. difficile* é mais frequentemente estabelecido utilizando algum tipo de imunoensaio enzimático comercial, ensaio de cultura tecidual com citotoxina ou, mais recentemente, teste de diagnóstico molecular

Escherichia coli enteropatogênica

A *E. coli* é um bacilo gram-negativo, que é encontrada no trato gastrintestinal de todos os seres humanos. As cepas e os sorotipos de *E. coli*, que fazem parte da microbiota endógena do trato gastrintestinal, são patógenos oportunistas. Em geral, não causam nenhum prejuízo enquanto se encontram ali; todavia, têm o potencial de causar infecções graves se tiverem acesso à corrente sanguínea, à bexiga ou a uma ferida. A *E. coli* constitui a principal causa de septicemia, de infecções do trato urinário (ITUs) e de infecções associadas aos cuidados de saúde.

Na natureza, existem outras cepas e sorotipos de *E. coli*, que não fazem parte da microbiota endógena do cólon humano e que sempre provocam doença quando são ingeridos. Em seu conjunto, essas cepas e esses sorotipos são designados como *E. coli* enteropatogênica. A Tabela 19.8 fornece informações sobre dois tipos gerais: a *E. coli* êntero-hemorrágica e *E. coli* enterotoxigênica.

Intoxicações bacterianas de origem alimentar (infecções de origem alimentar e envenenamento alimentar)

A expressão "intoxicação alimentar" é ampla e pode incluir doenças que resultam da ingestão de contaminantes químicos, bem como de bactérias ou suas toxinas, ficotoxinas, micotoxinas vírus ou protozoários. Do ponto de vista técnico, as doenças que resultam da ingestão de micróbios produtores de toxinas são denominadas *doenças infecciosas*, enquanto aquelas que ocorrem em decorrência da *ingestão* de toxinas microbianas pré-formadas são denominadas *intoxicações microbianas*. A distinção baseia-se no local onde a toxina é efetivamente produzida – no corpo (*in vivo*) ou no alimento (*in vitro*). O tempo de incubação (tempo decorrido entre a ingestão e o aparecimento dos sintomas) é geralmente menor nas intoxicações microbianas. Se forem ingeridas bactérias produtoras de toxina, o tempo de incubação irá depender do número de bactérias ingeridas, de seu tempo de geração e da quantidade de tempo necessário para que elas produzam toxina em quantidade suficiente para levar ao aparecimento de sintomas. De acordo com os CDC, ocorrem, nos EUA, aproximadamente 76 milhões de casos de doenças de origem alimentar a cada ano, resultando em mais de 5.000 mortes e 325.000 hospitalizações. O Apêndice 1, "Intoxicações Microbianas", disponível no material suplementar *online*, contém informações sobre as intoxicações microbianas.

INFECÇÕES DO SISTEMA GENITURINÁRIO CAUSADAS POR BACTÉRIAS

Infecções do trato urinário

No Capítulo 17, *Visão Geral das Doenças Infecciosas nos Seres Humanos*, foi ensinado que as ITUs podem ser divididas em superiores e inferiores. As ITUs superiores incluem as infecções dos rins (nefrite ou pielonefrite) e dos ureteres (ureterite). As ITUs inferiores incluem infecções da bexiga (cistite), da uretra (uretrite) e, nos homens, da próstata (prostatite). As ITUs são, em sua maioria, adquiridas por via ascendente, em que o patógeno ascende a partir da uretra. Um número muito menor de ITUs ocorre por via descendente, a partir da corrente sanguínea para os rins.

Diversos micróbios endógenos são encontrados na abertura externa (meato) da uretra de ambos os sexos. Esses micróbios podem ascender pela uretra e alcançar a bexiga. Podem ocorrer ITUs em consequência de higiene pessoal precária, relação sexual, inserção de cateteres e outros meios. O paciente com ITU apresenta disúria (dificuldade ou dor na micção), dor lombar, febre e calafrios. Esses últimos dois sintomas são mais comuns na pielonefrite do que na cistite. As

E. coli constitui a principal causa de ITU.

Tabela 19.8 *Escherichia coli* enteropatogênica.

Doença	Informação adicional
Diarreia por *E. coli* entero-hemorrágica (EHEC). Essa doença consiste em diarreia aquosa hemorrágica, com cólicas abdominais. Em geral, os pacientes não têm febre ou apresentam apenas febre baixa. Cerca de 5% dos indivíduos infectados (particularmente crianças com menos de 5 anos de idade e indivíduos idosos) desenvolvem síndrome hemolítico-urêmica (SHU), com anemia, baixa contagem de plaquetas e insuficiência renal. O primeiro surto reconhecido de diarreia causada por EHEC (O157:H7) ocorreu em 1982, envolvendo carne de hambúrguer contaminada com fezes de gado. Desde então, ocorreram várias epidemias bem divulgadas envolvendo o mesmo sorotipo. Nem todas as epidemias estiveram associadas ao consumo de carne; algumas resultaram da ingestão de leite não pasteurizado ou de suco de maçã, alface ou outros vegetais crus. Foi estimado que a infecção pela *E. coli* O157:H7 é responsável por até 73.000 casos de doença e 60 mortes por ano nos EUA **Cuidados com o paciente.** Utilizar precauções-padrão para pacientes hospitalizados. Adicionar Precauções de Contato para pacientes que usam fraldas ou que apresentam incontinência	**Patógenos.** A *E. coli* O157:H7 (um sorotipo que possui um antígeno de parede celular, denominado "O157", e um antígeno flagelar, designado como "H7") é o sorotipo de EHEC mais comumente envolvido. Outros sorotipos de EHEC incluem O26:H11, O111:H8 e O104:H21. Todas essas bactérias são bacilos gram-negativos, que produzem citotoxinas potentes, denominadas toxinas semelhantes a Shiga, em virtude de sua estreita semelhança com a toxina Shiga, que é produzida por *Shigella dysenteriae* **Reservatórios e modo de transmissão.** Os reservatórios incluem o gado bovino e seres humanos infectados. A transmissão ocorre por via fecal-oral; pelo consumo de carne mal cozida e contaminada com fezes; leite não pasteurizado, contato interpessoal; ou água contaminada com fezes **Diagnóstico laboratorial.** Deve-se suspeitar de infecção pela *E. coli* O157:H7 em qualquer paciente com diarreia sanguinolenta. As amostras de fezes devem ser inoculadas em ágar MacConkey-sorbitol (SMAC). Em seguida, as colônias incolores e sorbitol-negativas devem ser analisadas quanto à presença do antígeno O157, utilizando antissoro disponível no comércio. Dispõe-se também de outras técnicas de imunodiagnóstico. Pode-se utilizar também o diagnóstico molecular como parte de um painel para síndrome diarreica (Capítulo 13, *Diagnóstico das Doenças Infecciosas*)
Diarreia por *E. coli* enterotoxigênica (ETEC) (diarreia do viajante). Essa doença consiste em diarreia aquosa, com ou sem muco ou sangue, vômitos e cólicas abdominais. Podem ocorrer desidratação e febre baixa. As cepas enterotoxigênicas de *E. coli* constituem a causa mais comum de diarreia do viajante em todo o mundo, bem como uma causa comum de doença diarreica em crianças nos países em desenvolvimento **Cuidados com o paciente.** Utilizar precauções-padrão para indivíduos hospitalizados. Adicionar precauções de contato para pacientes que usam fraldas ou que apresentam incontinência	**Patógenos.** A diarreia por ETEC é causada por muitos sorotipos diferentes de *E. coli* enterotoxigênica, que produzem uma toxina termolábil ou termoestável, ou ambas **Reservatórios e modo de transmissão.** Os seres humanos infectados servem como reservatórios. A transmissão ocorre por via fecal-oral ou pelo consumo de água ou alimentos contaminados com fezes **Diagnóstico laboratorial.** Pode-se utilizar o diagnóstico molecular como parte de um painel para a síndrome diarreica (Capítulo 13, *Diagnóstico das Doenças Infecciosas*)

causas mais comuns de ITU consistem em *E. coli* e outros membros da família Enterobacteriaceae (particularmente espécies de *Proteus* e de *Klebsiella*; Figura 19.6). Outras causas comuns de ITU incluem espécies de *Enterococcus*, *Staphylococcus* (particularmente *S. aureus*, *S. epidermidis* e *S. saprophyticus*) e *P. aeruginosa*.

As ITUs podem ser adquiridas em ambientes de cuidados com a saúde (denominadas ITUs associadas aos cuidados de saúde) ou em outro lugar (denominadas ITUs adquiridas na comunidade). As ITUs constituem o tipo mais comum de infecção associada aos cuidados de saúde, ocorrendo frequentemente após cateterização urinária.

Infecções do trato genital

Doenças sexualmente transmissíveis comuns causadas por bactérias

A Tabela 19.9 fornece informações sobre as DST comuns causadas por bactérias.

A *Chlamydia trachomatis* é o patógeno sexualmente transmissível mais comum. Nos EUA, a clamidíase genital é a doença de notificação compulsória mais comum.

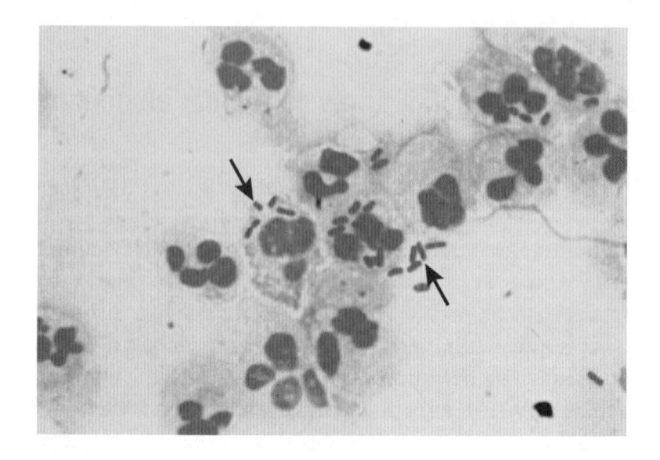

Figura 19.6 Podem-se observar muitos bacilos gram-negativos (*setas*) e muitos neutrófilos polimorfonucleares corados de rosa nesse sedimento urinário, corado pelo método de Gram, de um paciente com cistite (infecção da bexiga urinária). (De Winn WC Jr et al. *Koneman's color atlas and textbook of diagnostic microbiology*. 6th ed. Philadelphia, PA: Lippincott Williams & Wilkins; 2006.) (Esta figura encontra-se reproduzida em cores no Encarte.)

Tabela 19.9 Doenças sexualmente transmissíveis causadas por bactérias.

Doença	Informação adicional
Infecções genitais por clamídias, clamidíase genital. A *Chlamydia trachomatis* é considerada o patógeno sexualmente transmissível mais comum. Diferentes sorovares de *C. trachomatis* causam doenças diferentes. Os sorovares D a K constituem as principais causas de uretrite não gonocócica (UNG) e de epididimite nos homens e de cervicite, uretrite, endometrite e salpingite em mulheres, causando secreção uretral mucopurulenta, prurido uretral e sensação de queimação na micção; além disso, pode causar infertilidade e proctite nos homens. Causa mais comumente infecções endocervicais e uretrais, salpingite, infertilidade e dor pélvica crônica nas mulheres. A infecção durante a infecção pode resultar em ruptura prematura das membranas e parto prematuro, bem como conjuntivite e pneumonia nos recém-nascidos. A infecção genital por clamídias pode ocorrer concomitantemente com gonorreia. **Cuidados com o paciente.** Utilizar precauções-padrão para indivíduos hospitalizados	**Patógeno.** As infecções genitais por clamídias são causadas por determinados sorotipos de *C. trachomatis*, bactérias gram-negativas intracelulares obrigatórias e de tamanho muito pequeno (as causas menos comuns de UNG consistem em herpes-vírus simples, *Mycoplasma genitalium* e *Trichomonas vaginalis*) **Reservatórios e modo de transmissão.** Os seres humanos infectados servem como reservatórios. A transmissão ocorre por contato sexual direto ou da mãe para o recém-nascido durante o parto **Diagnóstico laboratorial.** As técnicas de diagnóstico molecular constituem o método mais comum para a detecção de *Chlamydia*. Além disso, podem-se utilizar a identificação de *C. trachomatis* por cultura de células, coloração e técnicas de imunodiagnóstico
Gonorreia. É importante compreender que nem todas as manifestações clínicas da gonorreia envolvem o trato genital. A doença pode manifestar-se como infecção assintomática da mucosa, oftalmia neonatal, uretrite, proctite, faringite, epididimite, cervicite, infecção das glândulas de Bartholin, doença inflamatória pélvica, endometrite, salpingite, peritonite e infecção gonocócica disseminada. Os pacientes com infecção gonocócica disseminada apresentam mialgia (dor muscular), artralgia (dor articular), poliartrite (inflamação das articulações) e uma dermatite característica – lesões cutâneas localizadas principalmente nos membros. É comum a ocorrência de secreção uretral e dor na micção em homens infectados, começando habitualmente 2 a 7 dias depois da infecção. As mulheres infectadas podem permanecer assintomáticas por várias semanas ou meses, e, durante esse período, pode ocorrer grave lesão do sistema reprodutor. **Cuidados com o paciente.** Utilizar precauções-padrão para pacientes hospitalizados	**Patógeno.** A gonorreia é causada pela *Neisseria gonorrhoeae* (também conhecida como gonococo ou GC), um diplococo gram-negativo. Algumas cepas (denominadas *N. gonorrhoeae* produtora de penicilinase ou PPNG) possuem plasmídeo que contêm o gene para a produção de penicilinase; algumas cepas são multirresistentes **Reservatórios e modo de transmissão.** Os seres humanos infectados servem como reservatórios. A transmissão ocorre por meio de contato direto da mucosa com mucosa, geralmente por contato sexual; de adultos para crianças (podendo indicar abuso sexual); e da mãe para o recém-nascido durante o parto **Diagnóstico laboratorial.** As técnicas de diagnóstico molecular constituem o método mais comum para a detecção do GC em amostras genitais. Nos pacientes do sexo masculino, a gonorreia também pode ser diagnosticada pelo aspecto típico de amostras de secreção uretral coradas pelo método de Gram, com numerosos leucócitos e numerosos diplococos gram-negativos intracelulares e extracelulares (Figura 19.7). As amostras são inoculadas em ágar-chocolate ou em ágar-chocolate modificado (como o meio de Thayer-Martin, meio de Martin-Lewis ou Transgrow). Devido à incidência crescente de resistência a antibióticos, deve-se efetuar um teste de sensibilidade do GC se a bactéria for isolada em cultura
Sífilis. A sífilis é uma doença causada por treponemas, que ocorre em quatro estágios: (a) sífilis primária, que é uma lesão indolor conhecida como cancro (ver Figura 14.4, Capítulo 14, *Patogenia das Doenças Infecciosas*), a qual se desenvolve no local de entrada do *Treponamea pallidum* na mucosa genital ou pele através de uma solução de continuidade na superfície; (b) sífilis secundária, um exantema cutâneo (particularmente na palma das mãos e plantas dos pés) cerca de 4 a 6 semanas mais tarde, com febre e lesões das mucosas; seguida de (c) um longo período de latência (de até 5 a 20 anos); e (d) sífilis terciária, com dano ao sistema nervoso central (SNC), sistema cardiovascular, órgãos viscerais, ossos, órgãos dos sentidos e outros locais. O dano ao SNC ou ao coração habitualmente não é reversível. **Cuidados com o paciente.** Utilizar precauções-padrão para pacientes hospitalizados	**Patógeno.** A sífilis é causada pelo *T. pallidum*, uma espiroqueta gram-variável, estreitamente espiralada, que é muito delgada para ser observada à microscopia de campo claro (ver Figura 4.22, Capítulo 4, *Micróbios Acelulares e Procarióticos*) **Reservatórios e modo de transmissão.** Os seres humanos infectados servem como reservatórios. A transmissão ocorre por contato direto com lesões, secreções corporais, membranas mucosas, sangue, sêmen, saliva e secreções vaginais de indivíduos infectados, habitualmente durante o contato sexual; por transfusões de sangue; ou por via transplacentária, da mãe para o feto **Diagnóstico laboratorial.** A sífilis primária pode ser diagnosticada por microscopia de campo escuro (ver Figura 2.6, Capítulo 2, *Visualização do Mundo Microbiano*) de material raspado da margem de cancros, porém isso é raramente efetuado. Dispõe-se de muitas técnicas de imunodiagnóstico, como a reagina plasmática rápida (RPR), o Venereal Disease Research Laboratory (VDRL) e o teste de absorção de anticorpos antitreponêmicos fluorescentes (FTA-Abs) para a detecção de anticorpos no soro ou em amostras de líquido cerebrospinal e técnicas de anticorpos fluorescentes para a detecção de antígenos em material obtido de lesões ou de linfonodos

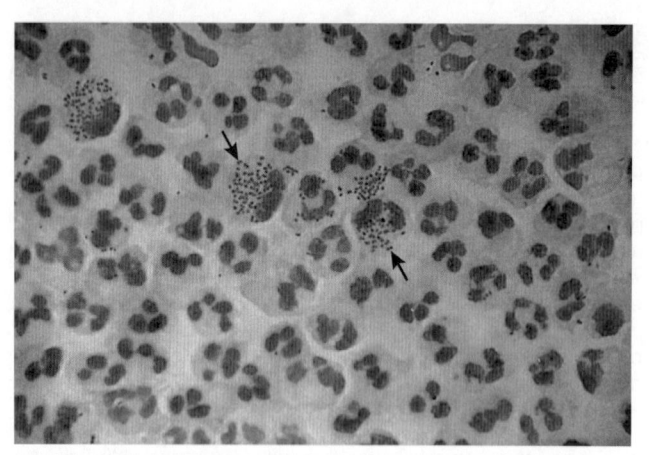

Figura 19.7 Exsudato uretral de um homem com uretrite gonocócica, corado pelo método de Gram. Os grandes objetos de coloração rosa são neutrófilos polimorfonucleares, alguns dos quais contêm diplococos fagocitados de *Neisseria gonorrhoeae* gram-negativa (*setas*). (Disponibilizada por Joe Millar e pelos CDC.) (Esta figura encontra-se reproduzida em cores no Encarte.)

Doenças sexualmente transmissíveis menos comuns causadas por bactérias

Outros patógenos bacterianos também podem ser sexualmente transmitidos. O cancroide, o granuloma inguinal e o linfogranuloma venéreo (LGV) são três DST bacterianas, que são observadas com mais frequência em outras partes do mundo do que nos EUA. O cancroide é causado pela bactéria gram-negativa *Haemophilus ducreyi*. O granuloma inguinal é uma infecção crônica provocada por uma bactéria gram-negativa, denominada *Klebsiella granulomatis* (anteriormente denominada *Calymmatobacterium granulomatis*). O LGV é uma infecção causada por clamídias que acomete os linfonodos, o reto e o sistema reprodutor, além de determinados sorotipos de *C. trachomatis*. Deve-se assinalar que muitas DST são transmitidas concomitantemente; por conseguinte, quando um paciente for diagnosticado com uma DST, outras também deverão ser investigadas.

INFECÇÕES DO SISTEMA CIRCULATÓRIO CAUSADAS POR BACTÉRIAS

Infecções do sistema cardiovascular causadas por riquétsias e Ehrlichias

Lembre-se de que as riquétsias e as ehrlichias são bactérias gram-negativas intracelulares obrigatórias. A Tabela 19.10 contém informações sobre as doenças do sistema cardiovascular causadas por essas bactérias.

Outras infecções do sistema cardiovascular causadas por bactérias

Endocardite infecciosa

A endocardite infecciosa é, em geral, causada por uma bactéria ou por um fungo. Caracteriza-se pela presença de vegetações (combinações de bactérias e coágulos sanguíneos)

Tabela 19.10 Doenças do sistema cardiovascular causadas por riquétsias e ehrlichias.

Doença	Informação adicional
Riquetsiose com febre maculosa (anteriormente denominada febre maculosa das Montanhas Rochosas). Trata-se de uma riquetsiose transmitida por carrapato, caracterizada por início súbito de febre moderada a alta, exaustão extrema (prostração), mialgia, cefaleia intensa, calafrios, infecção da conjuntiva e exantema maculopapular nos membros aproximadamente no terceiro dia, que se dissemina para as palmas das mãos, as plantas dos pés e grande parte do corpo (Figura 19.8). Em cerca de 4 dias, aparecem pequenas áreas purpúreas (petéquias) em consequência do sangramento na pele. Embora seja incomum, a doença pode resultar em morte. A riquetsiose com febre maculosa ocorre em todas as regiões dos EUA, particularmente no litoral do Atlântico **Cuidados com o paciente.** Utilizar precauções-padrão para indivíduos hospitalizados	**Patógeno.** O agente etiológico da riquetsiose com febre maculosa é a *Rickettsia rickettsii*, uma bactéria gram-negativa. À semelhança de todas as riquétsias, a *R. rickettsii* é um patógeno intracelular obrigatório, que invade as células endoteliais (células que revestem os vasos sanguíneos) **Reservatórios e modo de transmissão.** Os reservatórios incluem carrapatos infectados em cães, roedores e outros animais. Ocorre transmissão pela picada de um carrapato infectado. A transmissão de pesos para pessoa raramente ocorre – por meio de transfusão sanguínea **Diagnóstico laboratorial.** São utilizadas técnicas de imunodiagnóstico para estabelecer o diagnóstico dessa doença
Febre do tifo endêmico. A febre do tifo endêmico, também conhecida como tifo murino e tifo transmitido por pulga, é uma febre aguda que se assemelha ao tifo endêmico, descrito posteriormente, mas que é de menor gravidade. Os sintomas consistem em tremores, cefaleia, febre e exantema rosa pálido. O tifo endêmico é de ocorrência mundial, mas é raro nos EUA **Cuidados com o paciente.** Utilizar precauções-padrão para indivíduos hospitalizados	**Patógeno.** O agente etiológico do tifo endêmico é a *Rickettsia typhi*, uma bactéria gram-negativa e patógeno intracelular obrigatório **Reservatórios e modo de transmissão.** Os reservatórios incluem ratos, camundongos, possivelmente outros mamíferos e pulgas de rato infectadas. A transmissão ocorre da pulga do rato para os seres humanos. As pulgas infectadas defecam enquanto se alimentam, e as riquétsias presentes nas fezes são introduzidas na ferida da picada ou em outras escoriações superficiais. Não ocorre transmissão de pessoa para pessoa **Diagnóstico laboratorial.** São utilizadas técnicas de imunodiagnóstico para estabelecer o diagnóstico do tifo endêmico

(continua)

Tabela 19.10 Doenças do sistema cardiovascular causadas por riquétsias e ehrlichias. *(continuação)*	
Doença	**Informação adicional**
Febre do tifo epidêmico. O tifo epidêmico, ou tifo transmitido por piolho, é uma riquetsiose aguda, frequentemente com início súbito de cefaleia, calafrios, prostração, febre e dores generalizadas. Observa-se o aparecimento de exantema no quinto ou sexto dia, inicialmente na parte superior do tronco, seguido de disseminação para todo o corpo, porém preservando habitualmente a face, as palmas das mãos ou as plantas dos pés. A febre do tifo epidêmico pode ser fatal sem tratamento. Ocorre em climas frios, em regiões onde as pessoas vivem em condições de higiene precária e são infestadas por piolhos. Na I Guerra Mundial, os piolhos do corpo que transmitiam o tifo epidêmico eram designados como "chatos" ("*cooties*") pelos soldados **Cuidados com o paciente.** Utilizar precauções-padrão para indivíduos hospitalizados	**Patógeno.** O agente etiológico do tifo epidêmico é a *Rickettsia prowazekii*, uma bactéria gram-negativa e patógeno intracelular obrigatório **Reservatórios e modo de transmissão.** Os reservatórios incluem seres humanos infectados e piolhos do corpo (*Pediculus humanus*; ver Figura 21.14, Capítulo 21, *Infecções Parasitárias em Seres Humanos*). Ocorre transmissão do homem para o piolho para o homem. Os piolhos infectados defecam enquanto se alimentam, e as riquétsias presentes nas fezes são introduzidas na ferida da picada ou em outras escoriações superficiais **Diagnóstico laboratorial.** São utilizadas técnicas de imunodiagnóstico para estabelecer o diagnóstico do tifo epidêmico
Ehrlichiose. A ehrlichiose é uma doença febril aguda, que varia de assintomática a leve e grave, podendo comportar risco de vida. Em geral, os pacientes apresentam uma doença aguda semelhante à influenza, com febre, cefaleia e mal-estar generalizado. A ehrlichiose assemelha-se à riquetsiose com febre maculosa, sem exantema. A taxa de mortalidade estimada é de cerca de 5%. Existem dois tipos de ehrlichiose: a ehrlichiose monocítica humana (EMH) e a anaplasmose granulocítica humana (AGH). Os casos de AGH são mais comuns do que os de EMH. A maioria dos casos de EMH tem ocorrido nos estados do sudeste e meio atlântico dos EUA, enquanto a maioria dos casos de AGH tem sido observada em estados com taxa elevada de doença de Lyme (particularmente Connecticut, Minnesota, Nova York e Wisconsin). Nesses estados, o carrapato que transmite o agente da AGH é o mesmo que transmite a *Borrelia burgdorferi*, o agente etiológico da doença de Lyme, e *Babesia*, que causa uma infecção parasitária **Cuidados com o paciente.** Utilizar precauções-padrão para indivíduos hospitalizados	**Patógenos.** Os agentes etiológicos da ehrlichiose consistem em cocobacilos gram-negativos, que estão estreitamente relacionados com as riquétsias. Trata-se de patógenos intraleucocitários obrigatórios. A *Ehrlichia chaffeensis* invade os monócitos humanos, causando EMH. O *Anaplasma phagocytophilum* invade os granulócitos humanos, causando AGH. Uma espécie canina, *Ehrlichia ewingii*, foi responsável por um pequeno número de casos humanos **Reservatórios e modo de transmissão.** Os reservatórios não são conhecidos. A transmissão ocorre pela picada de carrapatos. Os dois tipos diferentes de ehrlichiose parecem ser transmitidos por diferentes espécies de carrapatos. **Diagnóstico laboratorial.** A ehrlichiose é diagnosticada com o uso de técnicas de imunodiagnóstico e ensaios de ácido nucleico

na superfície ou no interior do endocárdio, acometendo mais comumente uma valva cardíaca. As valvas anormais ou danificadas são mais suscetíveis à infecção, embora possam tornar-se contaminadas durante uma cirurgia cardíaca aberta. As vegetações podem desprender-se e ser transportadas até órgãos vitais, onde podem bloquear o fluxo sanguíneo arterial. Naturalmente, essas obstruções são muito graves, levando, possivelmente, à ocorrência de acidente vascular encefálico, ataque cardíaco e morte.

Os dois tipos mais comuns de endocardite infecciosa são a endocardite bacteriana aguda e a endocardite bacteriana subaguda (EBS). A endocardite bacteriana aguda é comumente causada pela colonização das valvas cardíacas por bactérias virulentas, como *S. aureus* (a causa mais comum), *S. pneumoniae*, *Neisseria gonorrhoeae*, *S. pyogenes* e *Enterococcus faecalis*. Na EBS, as valvas cardíacas são infectadas por microrganismos menos virulentos, como estreptococos α-hemolíticos de origem oral (estreptococos *viridans*), *Staphylococcus epidermidis*, espécies de *Enterococcus* e de *Haemophilus*. A endocardite causada por fungos é rara; entretanto, ocorrem casos de endocardite por *Candida* e *Aspergillus*.

Os estreptococos orais podem penetrar na corrente sanguínea após procedimentos dentários de maior ou menor importância, cirurgia oral e escovação agressiva dos dentes. A flebotomia e a inserção de acessos intravenosos (IV) algumas vezes introduzem microrganismos da pele para a corrente sanguínea. Os usuários de substâncias IV correm alto risco de desenvolver endocardite infecciosa, em consequência do uso de agulhas, seringas e soluções contaminadas.

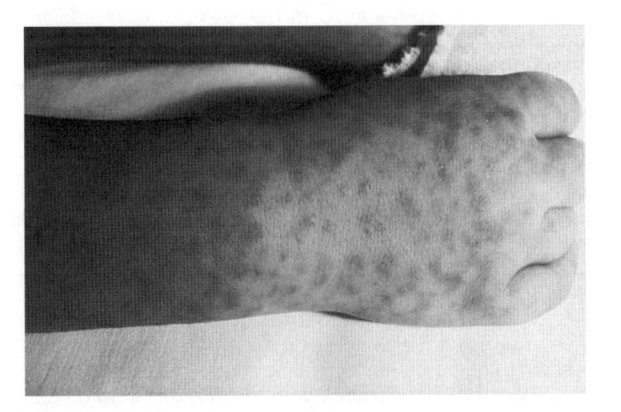

Figura 19.8 Exantema da riquetsiose com febre maculosa (anteriormente denominada febre maculosa das Montanhas Rochosas). (Disponibilizada pelos CDC.) (Esta figura encontra-se reproduzida em cores no Encarte.)

A doença de Lyme é a doença transmitida por artrópodes mais comum nos EUA.

São necessárias hemoculturas para estabelecer o diagnóstico de endocardite infecciosa. O tratamento irá depender do patógeno específico envolvido, bem como dos resultados de sensibilidade a agentes antimicrobianos.

A Tabela 19.11 fornece informações adicionais sobre as infecções do sistema cardiovascular causadas por bactérias.

INFECÇÕES DO SISTEMA NERVOSO CENTRAL CAUSADAS POR BACTÉRIAS

As bactérias que podem causar meningite foram discutidas em "Infecções do Sistema Nervoso Central de Múltiplas Causas", no Capítulo 17, *Visão Geral das Doenças Infecciosas nos Seres Humanos*. A Tabela 19.12 fornece informações adicionais sobre as infecções do sistema nervoso central causadas por bactérias.

Tabela 19.11 Outras infecções do sistema cardiovascular causadas por bactérias.

Doença	Informação adicional
Brucelose. A brucelose é uma doença do sistema reticuloendotelial. A infecção pode apresentar um período de incubação prolongado. O início da doença é insidioso e inespecífico, com queixas de febre, sudorese, artralgias, mialgia, fadiga, perda do apetite, perda de peso, hepatomegalia e esplenomegalia	**Patógeno.** Três espécies de *Brucella* estão mais comumente envolvidas como agentes etiológicos de infecções humanas: *Brucella melitensis*, *Brucella abortus* e *Brucella suis*. As espécies de *Brucella* são cocobacilos gram-negativos **Reservatórios e modo de transmissão.** A brucelose é uma doença zoonótica normalmente transmitida pelo consumo de alimento contaminado (geralmente queijo feito com leite de cabra não pasteurizado) ou por contato direto com animais infectados (caprinos, gado bovino ou ovinos) **Diagnóstico laboratorial.** A *Brucella* é isolada, com mais frequência, em hemoculturas ou culturas de medula óssea. Como as espécies de *Brucella* são consideradas agentes potenciais de bioterrorismo, deve-se efetuar a sua identificação completa em laboratórios de saúde pública, utilizando métodos moleculares. Os métodos sorológicos também podem ajudar no diagnóstico
Doença de Lyme. A doença de Lyme ou borreliose de Lyme é uma doença transmitida por carrapatos, caracterizada por três estágios: (a) uma lesão cutânea vermelha inicial, característica e semelhante a um alvo, em geral no local de picada do carrapato, que se expande até alcançar um diâmetro de 15 cm, frequentemente com uma área central clara (Figura 19.9); (b) manifestações sistêmicas iniciais, que podem incluir fadiga, calafrios, febre, cefaleia, rigidez de nuca, mialgia, dores articulares, com ou sem linfadenopatia; e (c) anormalidades neurológicas (p. ex., meningite asséptica, paralisia facial, mielite e encefalite) e anormalidades cardíacas (p. ex., arritmias e pericardite), várias semanas ou meses após o aparecimento dos sintomas iniciais. A doença recebeu o seu nome com base nos primeiros casos que ocorreram em Lyme, Connecticut, nos EUA. Embora a doença de Lyme seja a doença transmitida por artrópodes mais comum nos EUA, ela não ocorre em nível nacional. Em 2017, 96% dos casos foram relatados em 13 estados, principalmente no nordeste e parte superior do meio oeste **Cuidados com o paciente.** Utilizar precauções-padrão para indivíduos hospitalizados	**Patógeno.** O agente etiológico da doença de Lyme é *Borrelia burgdorferi*, uma espiroqueta gram-negativa frouxamente espiralada (consulte a Figura 4.30, Capítulo 4, *Micróbios Acelulares e Procarióticos*) **Reservatórios e modo de transmissão.** Os carrapatos, os roedores (particularmente camundongos do gênero *Peromyscus*) e mamíferos (particularmente o cervo) servem como reservatórios. A transmissão ocorre pela picada de carrapatos. Não ocorre transmissão de pessoa para pessoa **Diagnóstico laboratorial.** Em geral, a doença de Lyme é diagnosticada pela observação das lesões cutâneas características semelhantes a alvos, além de técnicas de imunodiagnóstico e de diagnóstico molecular. *B. burgdorferi* pode ser cultivada no laboratório, em meio especial (meio de Barbour-Stoenner-Kelley [BSK] a 33°C), embora o rendimento a partir de amostras de paciente não seja alto
Peste. A peste é uma zoonose aguda, frequentemente grave. Os sinais e sintomas iniciais podem consistir em febre, calafrios, mal-estar, mialgia, náuseas, prostração, faringite e cefaleia A *peste bubônica* é assim denominada devido ao desenvolvimento de edema, inflamação e hipersensibilidade dos linfonodos (bubões). Em geral, os linfonodos afetados são os que drenam o local de picada de uma pulga infectada. Em cerca de 90% dos casos, ocorre comprometimento dos linfonodos inguinais (área da virilha) A *peste pneumônica*, que é altamente contagiosa, acomete os pulmões. Pode resultar em surtos localizados ou em epidemias devastadoras A *peste septicêmica* pode levar ao choque séptico, à meningite e à morte **Cuidados com o paciente.** Utilizar precauções-padrão para indivíduos hospitalizados com peste bubônica e peste septicêmica. Acrescentar precauções de gotículas nos pacientes com peste pneumônica por até 48 horas após a instituição da terapia efetiva	**Patógeno.** O agente etiológico da peste é *Yersinia pestis*, um cocobacilo gram-negativo imóvel, de coloração bipolar, algumas vezes designado como bacilo da peste **Reservatórios e modo de transmissão.** Os reservatórios incluem roedores silvestres (particularmente esquilos nos EUA) e suas pulgas e, raramente, coelhos, carnívoros silvestres e gatos domésticos. A transmissão ocorre comumente pela picada de pulgas (do roedor para a pulga para o ser humano). Pode ocorrer também transmissão em consequência da manipulação de tecidos de roedores, coelhos e outros animais infectados, bem como por transmissão através de gotículas de uma pessoa para outra (na peste pneumônica) **Diagnóstico laboratorial.** A peste é diagnosticada pela aparência típica da *Y. pestis* (bacilos de coloração bipolar, que se assemelham a alfinetes de segurança) em amostras de escarro, líquido cerebrospinal ou material aspirado de um bubão (Figura 19.10), corados pelo método de Gram ou de Wright-Giemsa. O diagnóstico também pode ser estabelecido por cultura; entretanto, como a *Y. pestis* é considerada um agente potencial de bioterrorismo, deve-se proceder à sua identificação completa em laboratórios de saúde pública que utilizam métodos moleculares

(continua)

Tabela 19.11 Outras infecções do sistema cardiovascular causadas por bactérias. (*continuação*)

Doença	Informação adicional
Tularemia. A tularemia, também conhecida como febre do coelho, é uma zoonose aguda, que apresenta uma variedade de manifestações clínicas, dependendo da porta de entrada do patógeno no corpo. Com mais frequência, a tularemia manifesta-se na forma de úlcera cutânea (Figura 19.11) e linfadenite regional. A ingestão do patógeno resulta em faringite, dor abdominal, diarreia e vômitos. A inalação do patógeno resulta em pneumonia e septicemia, com taxa de mortalidade de 30 a 60% **Cuidados com o paciente.** Utilizar precauções-padrão para indivíduos hospitalizados	**Patógeno.** O agente etiológico da tularemia é *Francisella tularensis*, um pequeno cocobacilo gram-negativo, pleomórfico. Algumas cepas são mais virulentas do que outras **Reservatórios e modo de transmissão.** Os reservatórios incluem animais silvestres (particularmente coelhos, ratos almiscarados e castores), alguns animais domésticos e carrapatos duros. A transmissão ocorre pela picada de carrapatos, pela ingestão de água potável ou carne contaminadas, pela entrada dos microrganismos em uma ferida durante a retirada da pele de animais infectados, por inalação de poeira ou mordidas de animais. Não ocorre transmissão interpessoal **Diagnóstico laboratorial.** O diagnóstico de tularemia é estabelecido por cultura; entretanto, como a *F. tularensis* é considerada um agente potencial de bioterrorismo, deve-se proceder à sua identificação completa em laboratórios de saúde pública, utilizando métodos moleculares

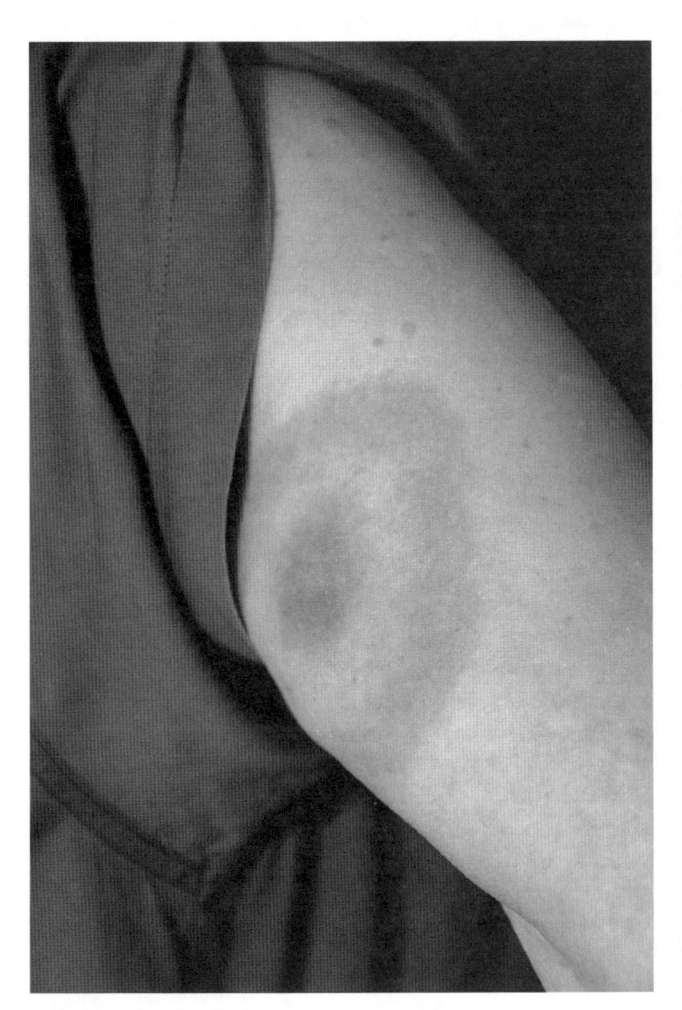

Figura 19.9 Exantema em "olho de touro" da doença de Lyme, tecnicamente conhecido como eritema migratório. O reconhecimento desse exantema característico constitui o componente essencial no diagnóstico precoce da doença de Lyme. (Disponibilizada por James Gathany e pelos CDC.) (Esta figura encontra-se reproduzida em cores no Encarte.)

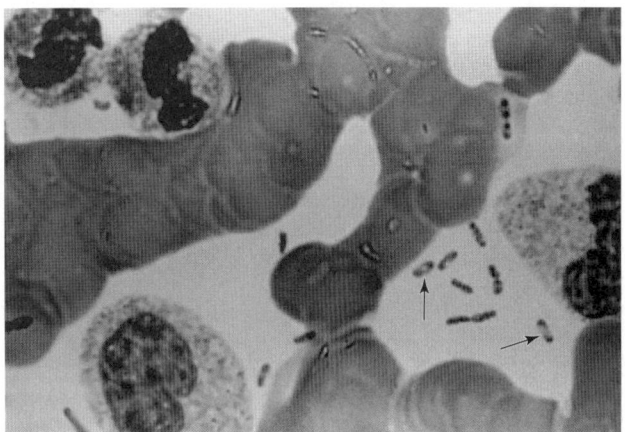

Figura 19.10 *Yersinia pestis*, **o agente etiológico da peste, em um esfregaço de sangue corado pelo método de Wright.** Observe a aparência das células bacterianas em alfinete de segurança, que resulta de sua coloração bipolar (*setas*). (Disponibilizada pelos CDC.) (Esta figura encontra-se reproduzida em cores no Encarte.)

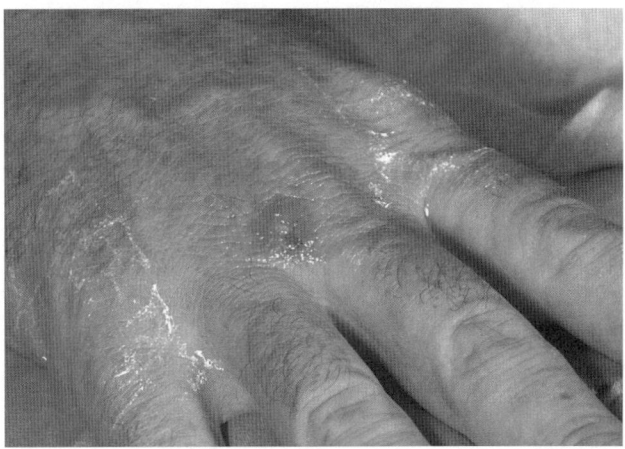

Figura 19.11 Lesão da tularemia causada pela *Francisella tularensis*. (Disponibilizada pelo Dr. Brachman e CDC.) (Esta figura encontra-se reproduzida em cores no Encarte.)

Tabela 19.12 Infecções do sistema nervoso central causadas por bactérias.	
Doença	**Informação adicional**
Botulismo. Ver Apêndice 1 ("Intoxicações microbianas") on-line	
Listeriose. Em geral, a listeriose é apenas uma doença febril leve que acomete indivíduos saudáveis e imunocompetentes. Entretanto, a doença pode manifestar-se como meningoencefalite e/ou septicemia em recém-nascidos e indivíduos idosos e/ou em adultos imunossuprimidos, com febre, cefaleia intensa, náuseas, vômitos, delírio, coma, colapso ocasional, choque e morte. A listeriose causa febre e aborto espontâneo em mulheres grávidas **Cuidados com o paciente.** Utilizar precauções-padrão para indivíduos hospitalizados	**Patógeno.** A listeriose é causada pela *Listeria monocytogenes*, um cocobacilo gram-positivo **Reservatórios e modo de transmissão.** Os reservatórios incluem solo, água, lama, silagem, mamíferos e seres humanos infectados e queijos moles (a *Listeria* multiplica-se em alimentos refrigerados contaminados). A transmissão ocorre pela ingestão de leite cru ou contaminado, queijos moles ou vegetais. A listeriose também pode ser transmitida da mãe para o feto *in utero* ou durante a passagem através do canal de parto infectado **Diagnóstico laboratorial.** A listeriose é diagnosticada pelo isolamento e identificação do patógeno a partir de amostras de líquido cerebrospinal (LCS, sangue, líquido amniótico, placenta e outras amostras). Os cocobacilos gram-positivos podem ser observados em esfregaços de amostras de LCS de recém-nascidos corados pelo método de Gram. Uma técnica de diagnóstico molecular pode identificar os microrganismos em hemoculturas positivas
Tétano (trismo). O tétano é uma doença neuromuscular aguda, induzida por uma exotoxina bacteriana, denominada tetanospasmina, caracterizada por contrações musculares dolorosas, principalmente do músculo masseter (o músculo que fecha a mandíbula) e músculos do pescoço, espasmos e paralisia rígida (ver Figura 14.9, Capítulo 14, *Patogenia das Doenças Infecciosas*). A doença pode levar à insuficiência respiratória e morte **Cuidados com o paciente.** Utilizar precauções-padrão para indivíduos hospitalizados	**Patógeno.** O tétano é causado pelo *Clostridium tetani*, um bacilo gram-positivo anaeróbico, formador de esporos e móvel (ver Figura 4.27, Capítulo 4, *Micróbios Acelulares e Procarióticos*), que produz uma neurotoxina potente, denominada tetanospasmina **Reservatórios e modo de transmissão.** Os reservatórios incluem solo contaminado com fezes humanas, equinas ou de outros animais (o *C. tetani* é um membro dos micróbios intestinais endógenos de seres humanos e animais). Os esporos do *C. tetani* são introduzidos em um ferimento causado por punção, queimadura ou agulha contaminadas com solo, poeira ou fezes. Em condições anaeróbicas na ferida, os esporos germinam, formando células vegetativas de *C. tetani*, que produzem a toxina *in vivo*. Não ocorre transmissão de pessoa para pessoa **Diagnóstico laboratorial.** Em geral, o diagnóstico de tétano é estabelecido em bases clínicas e epidemiológicas. As tentativas de isolamento do *C. tetani* de feridas ou a demonstração da produção de anticorpos raramente são bem-sucedidas

DOENÇAS CAUSADAS POR BACTÉRIAS ANAERÓBICAS

A Figura 19.12 e a Tabela 19.13 mostram algumas das doenças humanas causadas por bactérias anaeróbicas (geralmente designadas como "anaeróbias"). Muitas infecções que envolvem anaeróbios são sinérgicas ou polimicrobianas.

DOENÇAS ASSOCIADAS A BIOFILMES

No Capítulo 10, *Ecologia e Biotecnologia Microbianas*, foi ensinado que os biofilmes consistem em comunidades complexas e persistentes de diversos micróbios. Eles existem em muitos ambientes, incluindo certos locais anatômicos no corpo humano. Em seguida, será apresentada uma relação das doenças humanas que se acredita estejam associadas a biofilmes ou que são reconhecidamente associadas:

- Endocardite bacteriana
- Infecção por cateter venoso central
- Feridas crônicas
- Fibrose cística por infecção pulmonar
- Gengivite
- Infecção de próteses articulares, valvas cardíacas e dispositivos intrauterinos
- Cálculos renais infecciosos
- Infecções da orelha média
- Fasciite necrosante
- Osteomielite
- Periodontite
- Prostatite
- Sinusite
- Cárie dental
- Cateteres urinários
- ITU.

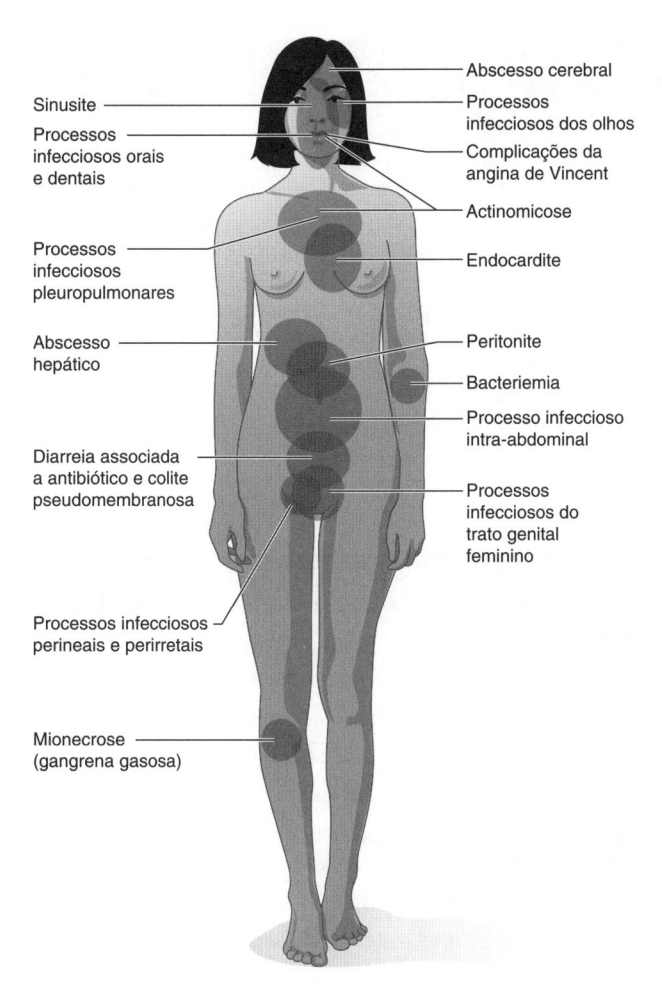

Sinusite

Processos infecciosos orais e dentais

Processos infecciosos pleuropulmonares

Abscesso hepático

Diarreia associada a antibiótico e colite pseudomembranosa

Processos infecciosos perineais e perirretais

Mionecrose (gangrena gasosa)

Abscesso cerebral

Processos infecciosos dos olhos

Complicações da angina de Vincent

Actinomicose

Endocardite

Peritonite

Bacteriemia

Processo infeccioso intra-abdominal

Processos infecciosos do trato genital feminino

Figura 19.12 Doenças humanas que envolvem comumente anaeróbios.

RECAPITULAÇÃO DAS PRINCIPAIS INFECÇÕES DOS SERES HUMANOS CAUSADAS POR BACTÉRIAS

A Tabela 19.14 fornece uma recapitulação de algumas das principais infecciosas humanas causadas por bactérias.

RECAPITULAÇÃO DOS PRINCIPAIS PATÓGENOS BACTERIANOS NOS SERES HUMANOS

A Tabela 19.15 e a Figura 19.13 fornecem uma recapitulação de alguns dos principais patógenos bacterianos dos seres humanos.

TERAPIA APROPRIADA PARA INFECÇÕES BACTERIANAS

As recomendações para o tratamento das doenças infecciosas mudam com frequência; por isso, as infecções bacterianas descritas neste capítulo precisam ser tratadas com fármacos antibacterianos apropriados. Para determinadas doenças bacterianas, dispõe-se de antissoros (p. ex., para o botulismo e o tétano) para tratamento. Informações adicionais sobre agentes antimicrobianos podem ser encontradas no Capítulo 9, *Agentes Antimicrobianos para Inibir o Crescimento de Patógenos* In Vivo, e no *site* en.wikipedia. org/wiki/Antibiotics.

Tabela 19.13 Algumas doenças humanas causadas por bactérias anaeróbicas.

Doença	Anaeróbio(s) que causa(m) doença
Acne	*Propionibacterium acnes*
Actinomicose	Várias espécies de *Actinomyces* e *Propionibacterium propionicus*
Gengivite ulcerativa necrosante aguda (também conhecida como angina de Vincent e boca de trincheira)	*Fusobacterium necrophorum* e espiroquetas anaeróbicas
Diarreia associada a antibióticos e colite pseudomembrana	*Clostridium difficile*
Botulismo	*Clostridium botulinum*
Abscesso cerebral	Mais frequentemente causado por espécies de *Bacteroides*, *Prevotella*, *Porphyromonas*, *Fusobacterium* e cocos gram-negativos anaeróbicos; frequentemente polimicrobiano
Gangrena gasosa (mionecrose)	*Clostridium perfringens* (geralmente), *Clostridium novyi*, *Clostridium septicum*
Processos infecciosos ginecológicos e obstétricos	Muitos tipos diferentes de anaeróbios, incluindo espécies de *Bacteroides*, *Prevotella*, clostrídios e cocos gram-positivos anaeróbicos
Processos infecciosos intra-abdominais	Muitos tipos diferentes de anaeróbios, incluindo espécies de *Bacteroides* e *Fusobacterium*, *C. perfringens*, outros clostrídios e cocos gram-positivos anaeróbicos; geralmente polimicrobianos
Abscesso hepático	Muitos tipos diferentes de anaeróbios, incluindo espécies de *Bacteroides*, *Fusobacterium*, *Clostridium* e *Actinomyces*
Processos infecciosos orais/dentais (periodontite)	Muitos tipos diferentes de anaeróbios, incluindo espécies de *Porphyromonas*, *Prevotella*, *Wolinella* e *Fusobacterium* e cocos gram-positivos anaeróbicos

(continua)

Tabela 19.13 Algumas doenças humanas causadas por bactérias anaeróbicas. *(continuação)*

Doença	Anaeróbio(s) que causa(m) doença
Processos perineais e perirretais	Muitos tipos diferentes de anaeróbios, incluindo espécies de *Bacteroides*, *Fusobacterium*, *Clostridium*, *Eubacterium* e *Actinomyces* e cocos gram-positivos anaeróbicos
Peritonite	Muitos tipos diferentes de anaeróbios, incluindo espécies de *Bacteroides* e *Clostridium*, *F. necrophorum* e cocos gram-positivos anaeróbicos
Processos infecciosos pleuropulmonares	Muitos tipos diferentes de anaeróbios, incluindo espécies de *Bacteroides*, *Porphyromonas*, *Prevotella*, *Actinomyces* e *Eubacterium*, *Fusobacterium nucleatum* e cocos gram-positivos anaeróbicos
Sinusite	Espécies de *Bacteroides*, *Prevotella*, *Porphyromonas* e *Fusobacterium* e cocos gram-positivos anaeróbicos; frequentemente polimicrobiana
Tétano	*Clostridium tetani*

Tabela 19.14 Recapitulação de algumas das principais infecções humanas causadas por bactérias.

Doença	Patógeno bacteriano
Antraz	*Bacillus anthracis* (um bacilo gram-positivo formador de esporos)
Brucelose	*Brucella abortus*, *B. melitensis*, *B. suis* (cocobacilos gram-negativos)
Cólera	*Vibrio cholerae* (bacilos gram-negativos em forma de vírgula)
Difteria	*Coynebacterium diphtheriae* (um bacilo gram-positivo)
Gangrena gasosa	*Clostridium perfringens* e algumas outras espécies de *Clostridium* (bacilos gram-positivos anaeróbicos, formadores de esporos)
Gonorreia	*Neisseria gonorrhoeae* (diplococo gram-negativo)
Legionelose (doenças dos legionários)	*Legionella pneumophila* e algumas outras espécies de *Legionella* (bacilos gram-negativos)
Hanseníase (doença de Hansen)	*Mycobacterium leprae* (bacilo álcool-acidorresistente)
Listeriose	*Listeria monocytogenes* (um bacilo gram-positivo)
Doença de Lyme	*Borrelia burgdorferi* (uma espiroqueta gram-negativa)
Peste	*Yersinia pestis* (um bacilo gram-negativo)
Riquetsiose com febre maculosa (anteriormente denominada febre maculosa das Montanhas Rochosas)	*Rickettsia rickettsii* (um bacilo gram-negativo; patógeno intracelular obrigatório)
Salmonelose	*Salmonella enteritidis* e *Salmonella typhimurium* (bacilos gram-negativos)
Shigelose	*Shigella dysenteriae*, *Shigella flexneri*, *Shigella boydii* e *Shigella sonnei* (bacilos gram-negativos)
Faringite estreptocócica	*Streptococcus pyogenes* (coco gram-positivo)
Sífilis	*Treponema pallidum* (uma espiroqueta estreitamente espiralada)
Tétano	*Clostridium tetani* (um bacilo gram-positivo anaeróbico, formador de esporos)
Tracoma	Certos sorotipos de *Chlamydia trachomatis* (um bacilo gram-negativo; patógeno intracelular obrigatório)
Tuberculose	A maioria dos casos deve-se ao *Mycobacterium tuberculosis* (um bacilo álcool-acidorresistente)
Tularemia	*Francisella tularensis* (um bacilo gram-negativo)
Febre tifoide	*Salmonella typhi* (um bacilo gram-negativo)
Coqueluche (*pertussis*)	*Bordetella pertussis* (um cocobacilo gram-negativo)
Botulismo de feridas	*Clostridium botulinum* (um bacilo gram-positivo anaeróbico, formador de esporos)

(continua)

Tabela 19.15 Recapitulação de alguns dos principais patógenos bacterianos em seres humanos. (*continuação*)	
Cocos gram-positivos	
Espécies de *Enterococcus*	Cocos gram-positivos; membros comuns da microbiota endógena do trato gastrintestinal; patógenos oportunistas; causa bastante comum de cistite e de infecções associadas aos cuidados de saúde; algumas cepas, denominadas enterococos resistentes à vancomicina (VRE), são multirresistentes
Staphylococcus aureus	Coco gram-positivo, catalase-positivo (o que significa que ele produz a enzima catalase), comumente disposto em cachos (ver Figura 4.19 A, Capítulo 4, *Micróbios Acelulares e Procarióticos*). No laboratório, o *S. aureus* pode ser diferenciado de outras espécies de *Staphylococcus* de origem humana pelo uso do teste da coagulase; o *S. aureus* é coagulase-positivo (o que significa que ele produz a enzima coagulase), enquanto outras espécies de *Staphylococcus* são coagulase-negativas. O *S. aureus* é um anaeróbio facultativo e patógeno oportunista, que está frequentemente presente em baixos números como microbiota endógena da pele. Cerca de 20 a 30% da população geral são "portadores de estafilococos", visto que suas passagens nasais são colonizadas pelo *S. aureus*. As infecções causadas pelo *S. aureus* são frequentemente designadas como "infecções estafilocócicas" (ver Figura 19.1). Trata-se de uma importante causa de infecções de pele, dos tecidos moles, do sistema respiratório, dos ossos, das articulações, endovasculares e de feridas. Na maioria dos casos, as espinhas, os furúnculos, os carbúnculos e os terçóis envolvem o *S. aureus*. Trata-se de uma causa menos comum de pneumonia e de ITU. O *S. aureus* constitui uma das quatro causas mais comuns de infecções associadas aos cuidados de saúde, causando, com frequência, infecções do sítio cirúrgico. As cepas de *S. aureus* produzem uma variedade de exotoxinas, incluindo citotoxinas, toxina esfoliativa e leucocidina. Algumas cepas produzem a toxina SCT-1, que é a causa da SCT. Algumas cepas (as que produzem uma enterotoxina) constituem a causa de envenenamento alimentar por estafilococos, que é um dos tipos mais comuns de envenenamento alimentar. As cepas do *S. aureus* produzem uma variedade de exoenzimas, incluindo protease, lipase e hialuronidase, que destroem os tecidos; coagulase, que provoca a formação de coágulos; e estafiloquinase, que dissolve coágulos. As cepas de *S. aureus* que são particularmente problemáticas são as cepas de *S. aureus* resistentes à meticilina (MRSA) (que são resistentes à maioria dos fármacos utilizados no tratamento das infecções estafilocócicas) e cepas de *S. aureus* de resistência intermediária à vancomicina (VISA) (que exibem resistência às doses de vancomicina habitualmente utilizadas para o tratamento das infecções estafilocócicas)
Streptococcus agalactiae	Também conhecido como estreptococo do grupo B; trata-se de um coco gram-positivo, beta-hemolítico; com frequência coloniza a vagina; constitui uma causa frequente de meningite neonatal
Streptococcus pneumoniae	Também conhecido como pneumococo. Trata-se de um coco gram-positivo α-hemolítico, encapsulado e catalase-negativo, geralmente organizado em pares (diplococos) (ver Figura 4.25, Capítulo 4, *Micróbios Acelulares e Procarióticos*, e Figura 19.4). No laboratório, o *S. pneumoniae* pode ser diferenciado de outras espécies de *Streptococcus* α-hemolíticas de origem humana por meio do teste do disco P (por meio do teste de sensibilidade à optoquina) (P-disc); o *S. pneumoniae* é sensível à optoquina (*i. e.*, destruído pela optoquina), enquanto outros estreptococos α-hemolíticos são resistentes a essa substância. O *S. pneumoniae* é um anaeróbio facultativo e patógeno oportunista, que é encontrado em baixos números como microbiota endógena do trato respiratório superior. Constitui a causa mais comum de pneumonia bacteriana em todo o mundo. A pneumonia causada por esse microrganismo é frequentemente designada como pneumonia pneumocócica. O *S. pneumoniae* também representa uma causa comum de meningite (particularmente no idoso) e sinusite e é responsável por cerca de um terço dos casos de otite média nos EUA. Muitas cepas de *S. pneumoniae* são resistentes à penicilina, enquanto algumas cepas são multirresistentes. Dispõe-se de uma vacina para a prevenção de infecções pneumocócicas no indivíduo idoso
Streptococcus pyogenes	Também conhecido como estreptococo do Grupo A e GAS. Trata-se de um coco gram-positivo beta-hemolítico, catalase-negativo, habitualmente disposto em cadeias (ver Figura 4.24, *Micróbios Acelulares e Procarióticos*). No laboratório, o *S. pyogenes* pode ser diferenciado de outras espécies de *Streptococcus* beta-hemolíticas de origem humano por meio do teste de sensibilidade à bacitracina (A-disc); o *S. pyogenes* é sensível à bacitracina (destruído pela bacitracina), enquanto os outros estreptococos beta-hemolíticos são resistentes. Trata-se de um anaeróbio facultativo e patógeno oportunista, que raramente é encontrado em pequeno número com componente da microbiota endógena do trato respiratório superior. O *S. pyogenes* constitui a causa da faringite estreptocócica e uma causa frequente de infecções cutâneas (p. ex., impetigo e erisipela) e infecções de feridas. A faringite ou outras infecções por *S. pyogenes* que não são tratadas podem resultar em uma variedade de sequelas (complicações), incluindo escarlatina SCT, febre reumática (algumas vezes designada como cardiopatia reumática, visto que inclui miocardite e endocardite), artrite reumatoide e glomerulonefrite. A escarlatina é causada por cepas que produzem toxina eritrogênica. Algumas cepas de *S. pyogenes* produzem uma toxina que provoca SCT, embora *S. aureus* seja responsável pela maioria dos casos de SCT. Algumas cepas de *S. pyogenes* (designadas como "bactérias carnívoras") produzem enzimas necrosantes, que causam destruição rápida e extensa dos tecidos (uma condição conhecida como fasciite necrosante). A fasciite necrosante apresenta uma taxa de mortalidade de aproximadamente 20 a 30%

(*continua*)

Tabela 19.15 Recapitulação de alguns dos principais patógenos bacterianos em seres humanos. *(continuação)*

Cocos gram-negativos

Neisseria gonorrhoeae	Também conhecida como gonococo ou GC; trata-se de um diplococo gram-negativo fastidioso, microaerofílico e capnofílico; é sempre um patógeno; causa gonorreia; muitas cepas são resistentes à penicilina
Neisseria meningitidis	Também conhecida como meningococos; trata-se de um diplococo gram-negativo aeróbico, encontrado na microbiota endógena do trato respiratório superior de alguns indivíduos (designados como portadores); constitui uma causa comum de meningite bacteriana, e o microrganismo também causa infecções respiratórias

Bacilos gram-positivos

Bacillus anthracis	Bacilo gram-positivo aeróbico e formador de esporos; trata-se do agente etiológico do antraz em seres humanos, gado bovino, suínos, ovinos, coelhos, cobaias e camundongos; causa doença cutânea, respiratória ou gastrintestinal, dependendo da porta de entrada
Corynebacterium diphtheriae	Bacilo gram-positivo pleomórfico; as cepas toxigênicas (produtoras de toxina) causam difteria, mas não as cepas não toxigênicas
Espécies de *Lactobacillus*	Bacilos gram-negativos; algumas espécies são encontradas em alimentos (p. ex., iogurte e queijo); outras espécies são membros comuns da microbiota endógena da vagina e do trato gastrintestinal; são raramente patogênicos
Listeria monocytogenes	Bacilo gram-positivo; agente etiológico da listeriose; pode causar meningite, encefalite, septicemia, endocardite, aborto e abscessos; penetra no corpo pela ingestão de alimentos contaminados (p. ex., queijos)

Bacilos gram-negativos

Acinetobacter baumannii	Cocobacilo gram-negativo estritamente aeróbico; constitui uma causa de infecções hospitalares; frequentemente multirresistente
Bordetella pertussis	Cocobacilo gram-negativo fastidioso; agente etiológico da coqueluche, também denominada *pertussis*
Campylobacter jejuni	Bacilo gram-negativo curvo, que apresenta uma motilidade característica em saca-rolhas; frequentemente observado em pares (descrito como tendo uma morfologia em asa de gaivota, visto que o par de bacilos curvos assemelha-se a um pássaro); microaerofílico e capnofílico; constitui uma causa de gastrenterite com mal-estar, mialgia, artralgia, cefaleia e dor abdominal em cólica. A síndrome de Guillain-Barré, uma síndrome desmielinizante autolimitada, constitui uma sequela pós-infecção ocasional da infecção causada por *Campylobacter*
Escherichia coli	Membro da família Enterobacteriaceae; bacilo gram-negativo; anaeróbio facultativo e fermentador de lactose (por conseguinte, produz colônias de coloração rosa em ágar MacConkey); membro muito comum da microbiota endógena do cólon; patógeno oportunista; constitui a causa mais comum de septicemia e de infecções do trato urinário e associadas aos cuidados de saúde; alguns sorotipos (denominados *E. coli* enterovirulenta) são sempre patógenos
Francisella tularensis	Bacilo gram-negativo, agente etiológico da tularemia; pode entrar no corpo por inalação, ingestão, picada de carrapato ou penetração na pele com ou sem solução de continuidade; com frequência, a tularemia ocorre após contato com animais infectados (p. ex., coelhos)
Haemophilus influenzae	Bacilo gram-negativo fastidioso; anaeróbio facultativo, encapsulado; encontrado em baixo número como membro da microbiota endógena do trato respiratório superior; patógeno oportunista; constitui uma causa de meningite bacteriana, infecções de orelha e infecções respiratórias, porém *não* é a causa da influenza (que é causada por vírus influenza); algumas cepas são resistentes à ampicilina
Helicobacter pylori	Bacilo gram-negativo curvo, capaz de colonizar o estômago; representa uma causa comum de úlceras gástricas e duodenais
Klebsiella pneumoniae	Membro da família Enterobacteriaceae; espécie Proteus, anaeróbio facultativo; é um membro comum da microbiota endógena do cólon; patógeno oportunista; constitui uma causa bastante comum de pneumonia e cistite
Legionella pneumophila	Bacilo gram-negativo aeróbico; comum no solo e na água; é o agente etiológico da legionelose (um tipo de pneumonia); pode contaminar reservatórios e tubulações de água; tem causado epidemias em hotéis, hospitais e cruzeiros marítimos
Pasteurella multocida	Anaeróbio facultativo, que pode ser encontrado como membro normal da microbiota oral em cães e gatos. Trata-se do microrganismo mais comum isolado de mordidas de cães e gatos
Espécies de *Proteus*	Membros da família Enterobacteriaceae; bacilos gram-negativos; anaeróbios facultativos; membros comuns da microbiota endógena do cólon; patógenos oportunistas; constitui uma causa bastante comum de cistite

(continua)

Tabela 19.15 Recapitulação de alguns dos principais patógenos bacterianos em seres humanos. *(continuação)*	
Pseudomonas aeruginosa	Bacilo gram-negativo aeróbico; produz um pigmento azul esverdeado (piocianina) característico e possui um odor frutado também característico; causa infecções de feridas por queimaduras, de orelha, do trato urinário e do sistema respiratório; constitui uma das principais causas de infecções associadas aos cuidados de saúde; as cepas são, em sua maioria, multirresistentes e também resistentes a alguns desinfetantes
Espécies de *Salmonella*	Membros da família Enterobacteriaceae; bacilos gram-negativos; anaeróbios facultativos; constituem uma causa bastante comum de envenenamento alimentar; particularmente casos de aves domésticas contaminadas; a *Salmonella typhi* é o agente etiológico da febre tifoide
Espécies de *Shigella*	Membros da família Enterobacteriaceae; bacilos gram-negativos; anaeróbios facultativos; constitui uma importante causa de gastrenterite e mortalidade infantil nos países em desenvolvimento
Vibrio cholerae	Bacilo gram-negativo aeróbico e curvo (em forma de vírgula); halofílico; vive na água salgada e constitui o agente etiológico da cólera
Yersinia pestis	Bacilo gram-negativo, agente etiológico da peste em seres humanos, roedores e outros mamíferos; transmitido de rato para rato e do rato para seres humanos pela pulga do rato
Bacilos álcool-acidorresistentes	
Mycobacterium leprae	Bacilo gram-variável álcool-acidorresistente e aeróbico; denominado bacilo da hanseníase ou bacilo de Hansen; agente etiológico da hanseníase (doença de Hansen); transmitido de pessoa para pessoa; tem sido encontrado em tatus silvestres, que agora são utilizados como animais de laboratório para propagar o microrganismo
Mycobacterium tuberculosis	Bacilo gram-variável álcool-acidorresistente, causa tuberculose; muitas cepas são multirresistentes
Espécies de *Nocardia*	Bacilos gram-positivos álcool-acidorresistentes e aeróbicos; constituem os agentes etiológicos da nocardiose (doença respiratória) e micetoma (doença semelhante a tumor, que acomete mais frequentemente os pés)
Anaeróbios	
Espécies de *Bacteroides*	Bacilos gram-negativos anaeróbicos; membros comuns da microbiota endógena da cavidade oral, trato gastrintestinal e vagina; patógenos oportunistas que causam várias infecções, incluindo apendicite, peritonite, abscessos e infecções de ferida pós-cirúrgicas
Clostridium botulinum	Bacilo gram-positivo anaeróbico e formador de esporos; comum no solo; produz uma neurotoxina, denominada toxina botulínica, que provoca botulismo, um tipo de envenenamento muito grave e, algumas vezes, fatal
Clostridium difficile	Bacilo gram-positivo anaeróbico e formador de esporos; pode colonizar o trato intestinal, onde é comum a ocorrência de sobrecrescimento (superinfecção) após o uso de antibióticos orais; esse microrganismo produz duas toxinas, uma enterotoxina que causa DAA e uma citotoxina que provoca colite pseudomembranosa (CPM); constitui uma causa comum de infecções associadas a cuidados de saúde
Clostridium perfringens	Bacilo gram-positivo formador de esporos e anaeróbico; comum em fezes e no solo; constitui a causa mais comum de gangrena gasosa (mionecrose); produz uma enterotoxina que causa um tipo relativamente leve de envenenamento alimentar
Clostridium tetani	Bacilo gram-positivo anaeróbico e formador de esporos; comum no solo; produz uma neurotoxina, denominada tetanospasmina, que causa tétano
Espécies de *Fusobacterium*	Bacilos gram-negativos anaeróbicos; membros comuns da microbiota endógena da cavidade oral, trato gastrintestinal e vagina; os patógenos oportunistas causam várias infecções, incluindo infecções orais e respiratórias
Espécies de *Peptostreptococcus*	Cocos gram-positivos e anaeróbicos; membros comuns da microbiota endógena do trato gastrintestinal, vagina e cavidade oral; os patógenos oportunistas causam várias infecções, incluindo abscessos, infecções orais e apendicite
Espécies de *Porphyromonas*	Bacilos gram-negativos anaeróbicos; membros comuns da microbiota endógena da cavidade oral e do trato gastrintestinal; os patógenos oportunistas causam várias infecções, incluindo abscessos, infecções orais e infecções de feridas por mordida
Espécies de *Prevotella*	Bacilos gram-negativos anaeróbicos; membros comuns da microbiota endógena da vagina e do trato gastrintestinal; os patógenos oportunistas causam várias infecções, incluindo abscessos
Espécies de *Veillonella*	Cocos gram-negativos muito pequenos e anaeróbicos; membros da microbiota endógena da cavidade oral; algumas vezes encontrados em infecções da cabeça, pescoço, dentais, pulmonares e de ferida por mordida

(continua)

Tabela 19.15 Recapitulação de alguns dos principais patógenos bacterianos em seres humanos. (*continuação*)

Bactérias singulares

Espécies de *Chlamydia*	Bactérias gram-negativas pleomórficas, que são patógenos intracelulares obrigatórios; incapazes de crescer em meios artificiais; agentes etiológicos da uretrite não gonocócica (UNG), tracoma, conjuntivite de inclusão, linfogranuloma venéreo, pneumonia e psitacose (ornitose); diferentes sorotipos de *Chlamydia trachomatis* causam doenças distintas
Mycoplasma pneumoniae	Pequena bactéria gram-negativa pleomórfica, sem parede celular; agente etiológico da pneumonia atípica
Espécies de *Rickettsia*	Bacilos gram-negativos que são patógenos intracelulares obrigatórios; incapazes de crescer em meios artificiais; agentes etiológicos do tifo e de doenças semelhantes ao tifo (p. ex., riquetsiose com febre maculosa); todas as riquetsioses são transmitidas por artrópodes (carrapatos, pulgas, ácaros e piolhos)

Espiroquetas

Borrelia burgdorferi	Espiroqueta gram-negativa, frouxamente espiralada; agente etiológico da doença de Lyme; transmitida a partir de cervo e camundongos infectados para seres humanos pela picada do carrapato
Treponema pallidum	Espiroqueta muito delgada e estreitamente espiralada; agente etiológico da sífilis

DAA, diarreia associada a antibióticos; SCT-1, síndrome do choque tóxico 1; ITUs, infecções do trato urinário.

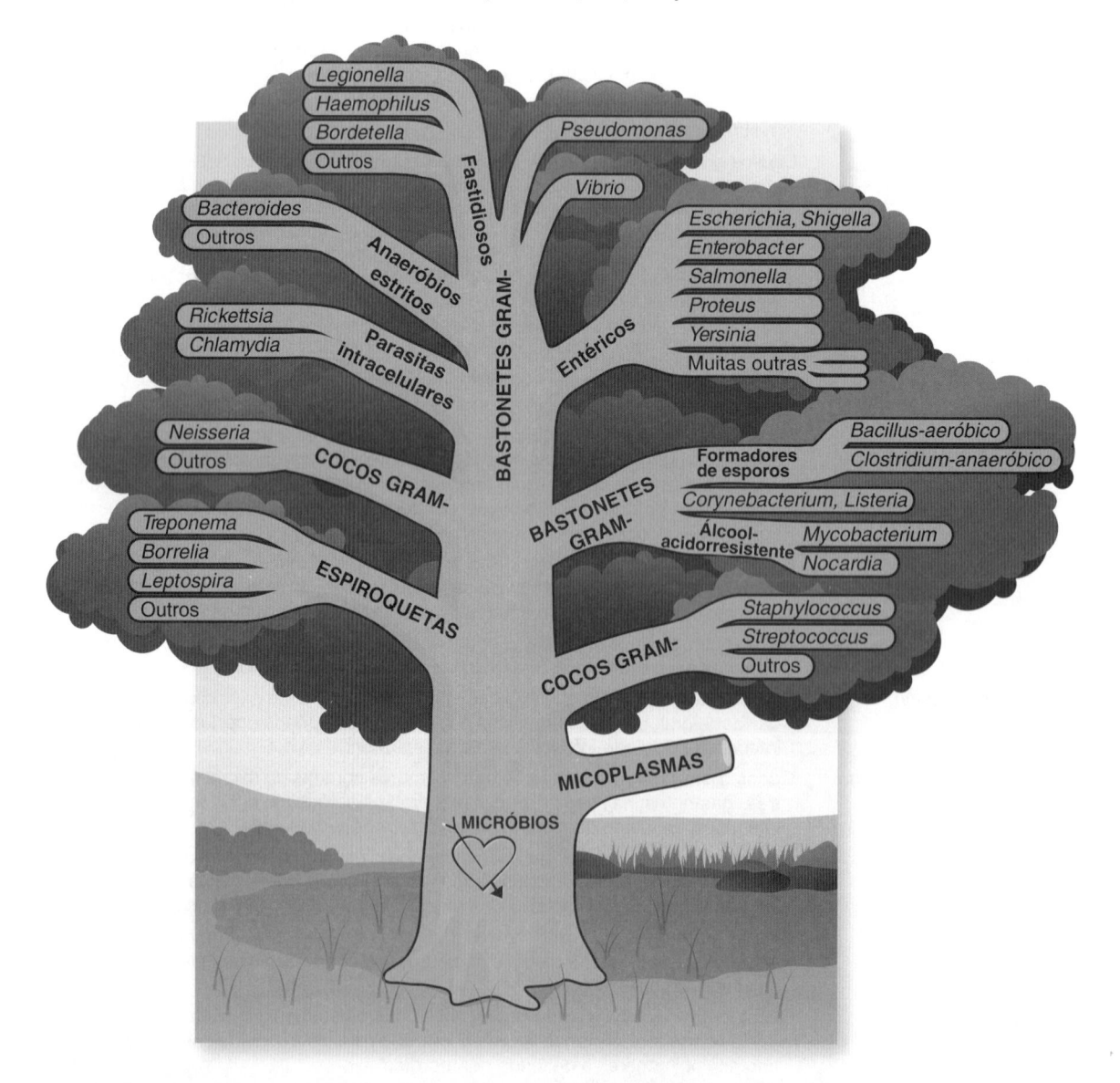

Figura 19.13 Recapitulação dos principais grupos de bactérias de importância médica. Observe que essa ilustração é apresentada meramente como apoio ao estudo. Não se trata de uma árvore taxonômica ou filogenética. (Redesenhada de Engleberg NC *et al*. *Schaechter's mechanisms of microbial disease*. 5th ed. Philadelphia, PA: Lippincott Williams & Wilkins; 2013.)

Exercícios de autoavaliação

Após estudar este capítulo, responda às seguintes questões de múltipla escolha:

1. Nos EUA, a DST mais comum é causada por:
   a. *Candida albicans*
   b. *C. trachomatis*
   c. *N. gonorrhoeae*
   d. *Trichomonas vaginalis*

2. _____ constitui a causa mais comum de pneumonia no mundo.
   a. *C. pneumoniae*
   b. *L. pneumophila*
   c. *M. pneumonia*
   d. *S. pneumoniae*

3. A gangrena gasosa é sempre causada por:
   a. *Bacillus anthracis*
   b. *Clostridium* spp.
   c. *S. aureus*
   d. *S. pyogenes*

4. A espécie bacteriana mais frequentemente associada à fasciite necrosante é:
   a. *Francisella tularensis*
   b. *S. aureus*
   c. *S. pneumoniae*
   d. *S. pyogenes*

5. Qual das seguintes doenças pode ser causada por *C. trachomatis*?
   a. Conjuntivite de inclusão
   b. Uretrite não gonocócica
   c. Tracoma
   d. Todas as alternativas anteriores

6. Qual dos seguintes microrganismos constitui a causa mais comum de uretrite?
   a. *C. albicans*
   b. *C. trachomatis*
   c. *N. gonorrhoeae*
   d. *T. vaginalis*

7. Qual dos seguintes microrganismos constitui a causa mais comum de cistite?
   a. *C. trachomatis*
   b. *E. coli*
   c. *N. gonorrhoeae*
   d. *T. vaginalis*

8. Qual das seguintes doenças é a doença transmitida por artrópodes mais comum nos EUA?
   a. Doença de Lyme
   b. Peste
   c. Riquetsiose com febre maculosa (anteriormente denominada febre maculosa das Montanhas Rochosas)
   d. Tularemia

9. Qual das seguintes doenças não é causada por uma espiroqueta?
   a. Doença de Lyme
   b. Peste
   c. Febre recorrente
   d. Sífilis

10. Qual das seguintes associações está incorreta?
    a. Doença de Lyme e carrapato
    b. Peste e pulga do rato
    c. Riquetsiose com febre maculosa e carrapato
    d. Febre tifoide e mosquito

Estudos de caso

Caso 1. Uma mulher de 19 anos de idade chega à clínica com queixa de desejo frequente e urgente de urinar, sensação de queimação durante a micção e dor acima do osso púbico. O médico suspeita de cistite e solicita à paciente que colete uma amostra de urina do jato médio com técnica asséptica. A urina está turva, com sangue. No laboratório, uma contagem de colônias confirma que a paciente apresenta ITU. O patógeno causador da infecção produz colônias de cor rosada em ágar MacConkey.

a. De qual dos seguintes patógenos você suspeita como causador da cistite dessa paciente?

1. *C. trachomatis*
2. *E. coli*
3. *N. gonorrhoeae*
4. *Proteus mirabilis*
5. *Staphylococcus saprophyticus*

Caso 2. Uma menina de 2 anos de idade é internada com destruição tecidual maciça do braço direito. A cor da pele é violeta, e são observadas grandes bolhas repletas de líquido. A paciente apresenta febre, frequência cardíaca rápida e pressão arterial baixa. Parece estar confusa. A mãe diz ao médico que a criança estava se recuperando de catapora, e que, nos últimos 2 dias, coçou frequentemente as lesões naquela área do braço. Quando essa região pareceu estar infectada, a infecção se disseminou com muita rapidez. A coloração de Gram do exsudato do tecido infectado revela cocos gram-positivos em cadeias.

a. O médico suspeita que a infecção dessa paciente seja causada por _____.

1. *Clostridium perfringens*
2. *Clostridium tetani*
3. *S. aureus*
4. *S. pneumoniae*
5. *S. pyogenes* (estreptococo do Grupo A)

Caso 3. Uma menina de 16 anos de idade é internada com cólicas abdominais intensas e diarreia sanguinolenta. Apresenta febre de 38,8°C. Esses sintomas começaram havia 3 dias, várias horas após ter almoçado em um restaurante *fast-food* com um grupo de amigas. Lembra que o hambúrguer que comeu não estava muito bem cozido (posteriormente, soube-se que a carne usada naquele restaurante para preparar os hambúrgueres tinha sido recolhida devido a contaminação bacteriana).

a. Todos os seguintes microrganismos podem causar diarreia; entretanto, qual deles é a causa mais provável da doença dessa paciente?

1. Uma espécie de *Salmonella*
2. Uma espécie de *Shigella*
3. *E. coli* O157:H7
4. *S. aureus*
5. *Vibrio cholerae*

Estudos de caso

Caso 4. Um homem de 20 anos de idade é internado com febre, cefaleia, rigidez de nuca, faringite e vômitos. O médico assistente suspeita de meningite e realiza imediatamente uma punção lombar. A amostra de líquido cerebrospinal é levada ao laboratório, onde é processada imediatamente. Após centrifugar uma alíquota da amostra, o sedimento é espalhado em uma lâmina de microscópio, fixado e corado pelo método de Gram. O exame microscópico da amostra corada pelo método de Gram revela numerosos leucócitos e numerosos diplococos gram-negativos.

a. Essa informação é fornecida ao médico assistente, que agora irá tratar o paciente para meningite causada por _____.
1. *H. influenzae*
2. *N. meningitidis*
3. *Streptococcus agalactiae* (estreptococo do Grupo B)
4. *S. pneumoniae*
5. *S. pyogenes* (estreptococo do Grupo A)

Caso 5. Uma mulher de 18 anos de idade é transferida de uma casa de repouso para o hospital, devido à suspeita de pneumonia. A paciente está apresentando dor torácica, calafrios, febre e dispneia. Tem tosse produtiva (o que significa a expectoração de escarro). O exame do escarro corado pelo método de Gram revela numerosos leucócitos e numerosos diplococos gram-positivos.

a. Ao receber o resultado dado da coloração de Gram, o médico trata a paciente para pneumonia causada por _____.
1. *H. influenzae*
2. *S. aureus*
3. *S. agalactiae* (estreptococo do Grupo B)
4. *S. pneumoniae*
5. *S. pyogenes* (estreptococo do Grupo A)

As respostas dos Estudos de caso podem ser encontradas no Apêndice B.

Infecções Fúngicas em Seres Humanos

OBJETIVOS DE APRENDIZAGEM

Após estudar este capítulo, você deverá ser capaz de:

- Definir os termos micose, dimórfico, cutânea, subcutânea e sistêmica
- Classificar várias doenças fúngicas de acordo com o sistema corporal (p. ex., pele, sistema respiratório e sistema nervoso central)
- Correlacionar determinada doença fúngica às suas principais características, ao agente etiológico, reservatório(s), modo(s) de transmissão e procedimentos laboratoriais de diagnóstico
- Explicar de maneira sucinta como os fungos causam doenças
- Classificar determinada infecção causada por fungo como micose superficial, cutânea, subcutânea ou sistêmica
- Citar várias doenças causadas por fungos dimórficos e descrever suas formas em levedura e bolor.

INTRODUÇÃO

Seria impossível, em um livro deste tamanho, descrever *todas* as doenças infecciosas humanas causadas por fungos. Por essa razão, apenas algumas doenças fúngicas (micoses) serão descritas neste capítulo. É preciso ter em mente que, embora determinada doença fúngica seja descrita em uma

> As infecções causadas por fungos são também conhecidas como micoses.

seção específica do capítulo, muitas doenças causadas por fungos apresentam várias manifestações clínicas, afetando mais de um local anatômico.

As micoses em seres humanos são causadas por fungos de três categorias: leveduras, bolores e fungos dimórficos. Estes últimos são fungos que podem crescer na forma de leveduras *ou* bolores, dependendo da temperatura na qual estão crescendo. Alguns fungos também podem causar

> As micoses são causadas por leveduras, bolores e fungos dimórficos.

intoxicações microbianas, que são discutidas no Apêndice 1, "Intoxicações Microbianas", disponível no material suplementar *online*.

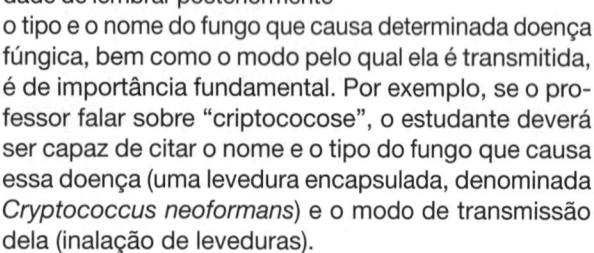

Auxílio ao estudo

O que aprender?

Este capítulo contém numerosas informações; por isso, a capacidade de lembrar posteriormente o tipo e o nome do fungo que causa determinada doença fúngica, bem como o modo pelo qual ela é transmitida, é de importância fundamental. Por exemplo, se o professor falar sobre "criptococose", o estudante deverá ser capaz de citar o nome e o tipo do fungo que causa essa doença (uma levedura encapsulada, denominada *Cryptococcus neoformans*) e o modo de transmissão dela (inalação de leveduras).

COMO OS FUNGOS CAUSAM DOENÇA?

Diferentemente das bactérias, a maioria dos fungos não secreta toxinas que prejudicam o hospedeiro. Em vez disso, o dano tecidual associado às infecções fúngicas resulta principalmente da invasão direta do tecido, com deslocamento e destruição subsequentes de estruturas vitais, juntamente com efeitos tóxicos da resposta inflamatória. Massas de células fúngicas podem causar obstrução dos brônquios nos pulmões e nos túbulos e ureteres nos rins, levando à

> Fungos patogênicos causam doença pela invasão e destruição mecânica dos tecidos e/ou pela obstrução do fluxo dos líquidos corporais.

obstrução do fluxo dos líquidos corporais. Alguns fungos, como espécies de *Aspergillus* e *Mucor*, podem crescer nas paredes de artérias e veias, resultando em oclusão e necrose tecidual em consequência da falta de oxigênio.

CLASSIFICAÇÃO DAS DOENÇAS CAUSADAS POR FUNGOS

As infecções fúngicas (micoses) podem ser classificadas em: superficiais, cutâneas, subcutâneas e sistêmicas.

Micoses superficiais

As micoses superficiais são infecções fúngicas que acometem as áreas mais externas do corpo humano, incluindo a superfície externa dos folículos pilosos e a camada mais externa de células mortas da pele (a epiderme). Elas incluem a otomicose,[a] a piedra negra, a piedra branca, a tinha (ou pitiríase versicolor) e a tinha negra. Todas

> As micoses superficiais são infecções fúngicas da superfície externa dos folículos pilosos e da camada mais externa de células mortas da pele (a epiderme), diagnosticadas com base nas suas manifestações clínicas.

essas micoses são provocadas por bolores. A piedra negra, que é causada por *Piedraia hortae*, é uma infecção fúngica do couro cabeludo e, menos comumente, das sobrancelhas e dos cílios. A piedra branca, geralmente causada por *Trichosporon* spp., é uma infecção fúngica dos bigodes, da barba e dos pelos púbicos e das axilas. A tinha versicolor, causada por *Malassezia furfur*, é uma infecção por dermatófito, que afeta a pele do tórax ou do dorso e, menos comumente, dos braços, das coxas, do pescoço e do rosto. A tinha negra, causada por *Hostaea werneckii*, é uma infecção das palmas das mãos e, menos comumente, do pescoço e dos pés. As micoses superficiais são, com mais frequência, diagnosticadas com base nas manifestações clínicas.

Micoses cutâneas, dos cabelos e das unhas (dermatomicoses)

As infecções fúngicas das camadas vivas da pele (a derme), de folículos pilosos e unhas, comumente chamadas de infecções por tinhas ou dermatofitoses, são causadas por um grupo de bolores coletivamente designados como dermatófitos.

> As infecções fúngicas das camadas vivas da pele (a derme), dos folículos pilosos e das unhas são comumente denominadas tinhas ou dermatofitoses. São causadas por bolores, coletivamente designados como dermatófitos.

Auxílio ao estudo

Dermatofitose

O termo *dermatofitose* (em inglês, *ringworm*) é empregado para referir-se a algumas das micoses superficiais e cutâneas, que são mais corretamente conhecidas como infecções por tinha. É preciso estar ciente de que as doenças designadas como dermatofitoses não têm absolutamente *nenhuma* relação com vermes. O termo surgiu mais provavelmente antes que os fungos fossem reconhecidos como a causa dessas lesões. Algumas delas são circulares e elevadas, levando à especulação de que existe um verme enrolado abaixo da superfície da pele.

---

[a]A otomicose é uma infecção fúngica do meato acústico externo, mais frequentemente causada por um bolor.

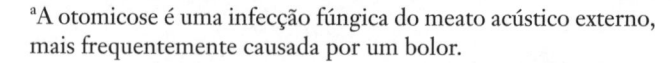

As infecções por tinha são denominadas de acordo com a região anatômica infectada (Figura 20.1).

Patógenos

As dermatomicoses são causadas por vários fungos filamentosos (bolores), coletivamente designados como dermatófitos. Os exemplos incluem espécies de *Microsporum*, *Epidermophyton* e *Trichophyton*.

Reservatórios e modo de transmissão

Os seres humanos infectados, os animais e o solo servem como reservatórios. A transmissão ocorre por: contato direto ou indireto com lesões de seres humanos ou animais; contato com assoalhos, boxes de banheiros ou bancos de vestuários contaminados; aparadores de cabelo, pentes e escovas; ou roupas.

Diagnóstico laboratorial

O exame microscópico de preparações de raspados de pele, cabelos ou unhas cortados com hidróxido de potássio (KOH) pode revelar a presença de hifas fúngicas (a preparação com KOH é descrita no Apêndice 5, "Procedimentos de Microbiologia Clínica", disponível no material suplementar *online*. Os dermatófitos podem ser cultivados em vários meios de cultura, incluindo ágar Sabouraud dextrose. Os bolores são identificados por uma combinação de observação macroscópica e microscópica (Capítulo 13, *Diagnóstico das Doenças Infecciosas*).

Micoses subcutâneas

As micoses subcutâneas são infecções fúngicas da derme e dos tecidos subjacentes. São mais graves do que as superficiais e cutâneas. A infecção resulta da implantação traumática do bolor através da derme até o tecido subcutâneo. Exemplos de micoses subcutâneas incluem a esporotricose, a feo-hifomicose (anteriormente denominada cromomicose ou cromoblastomicose) e os micetomas (Figura 20.2), que estão descritos a seguir:

- A esporotricose é causada pelo *Sporothrix schenckii*, um fungo dimórfico, e normalmente afeta a pele de um membro. Está frequentemente associada a pessoas que fazem jardinagem e é designada como "doença dos cortadores de rosas"
- A feo-hifomicose (do latim *phaeo*, que significa "escuro") é causada por várias espécies de bolores. Trata-se de uma infecção crônica e disseminada da pele dos tecidos subcutâneos, que geralmente afeta um membro inferior (Figura 20.3). Os fungos mais frequentemente associados à infecção (*Exophiala*, *Cladophialophora* e *Fonsecaea*) são bolores que possuem melanina em suas paredes celulares; consequentemente, as colônias exibem uma coloração castanho-escura a negra quando crescem em culturas
- Os micetomas, que são causados por diversos bolores, são infecções granulomatosas crônicas que acometem os pés (geralmente), as mãos e outras áreas do corpo. Algumas dessas micoses subcutâneas podem ter uma aparência muito grotesca.

Diagnóstico laboratorial

As infecções fúngicas subcutâneas são frequentemente diagnosticadas com base no exame histológico de amostras

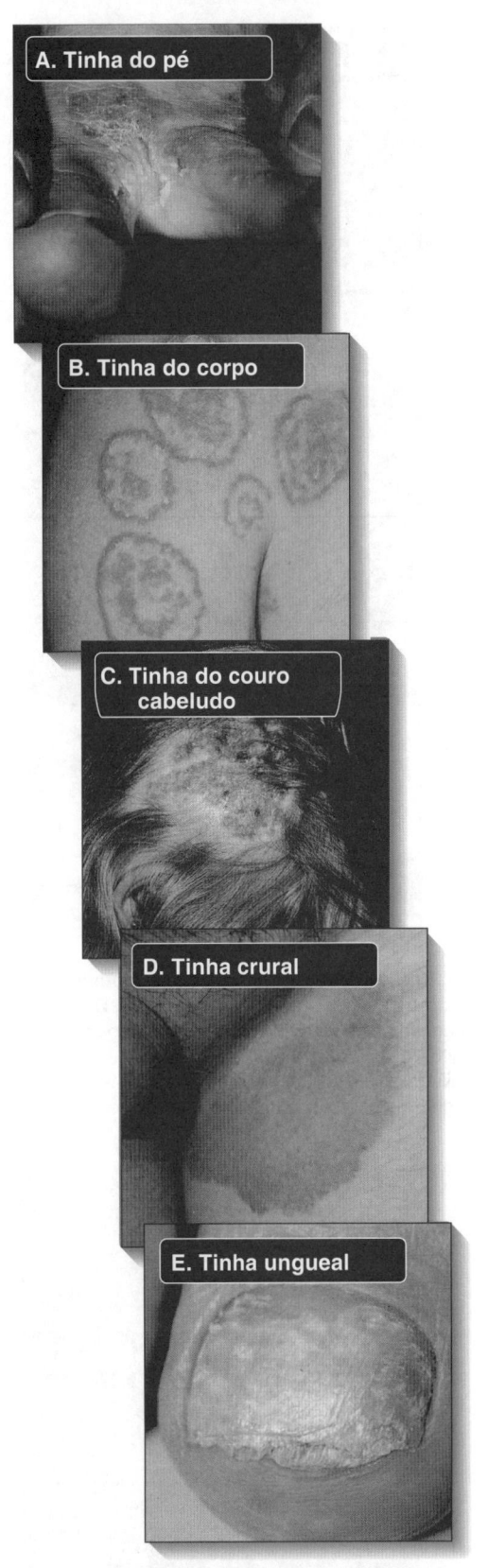

Figura 20.1 Vários tipos de infecções por tinha. A. Tinha do pé (pé de atleta). **B.** Tinha do corpo (dermatófito do tronco, mostrado aqui no ombro). **C.** Tinha do couro cabeludo (dermatófito do couro cabeludo). **D.** Tinha crural (dermatófito da virilha). **E.** Tinha ungueal (dermatófito das unhas). (De Harvey RA *et al. Lippincott's illustrated reviews: microbiology*. 3rd ed. Philadelphia, PA: Lippincott Williams & Wilkins; 2013.) (Esta figura encontra-se reproduzida em cores no Encarte.)

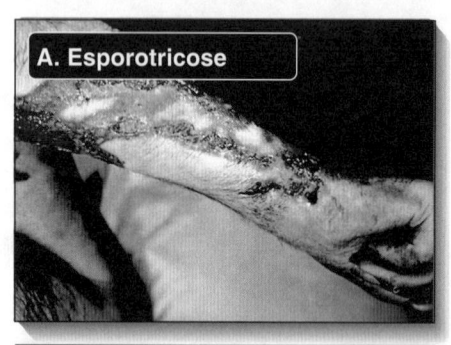

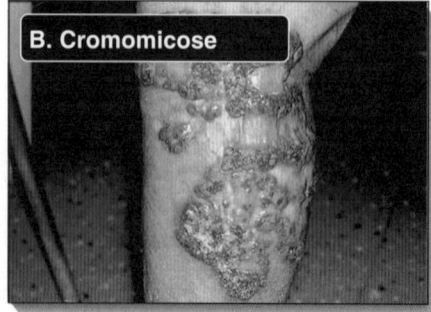

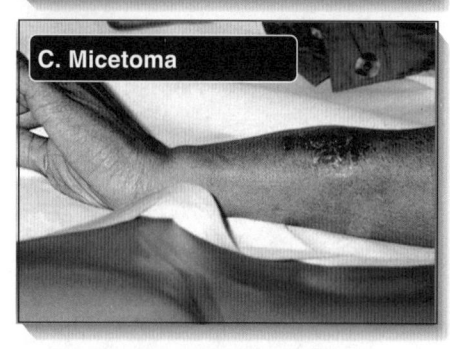

Figura 20.2 Micoses subcutâneas. A. Forma cutânea linfática da esporotricose no braço de um paciente. **B.** Cromomicose na perna de um paciente. **C.** Micetoma no braço de um paciente. (De Harvey RA *et al. Lippincott's illustrated reviews: microbiology*. 3rd ed. Philadelphia, PA: Lippincott Williams & Wilkins; 2013.) (Esta figura encontra-se reproduzida em cores no Encarte.)

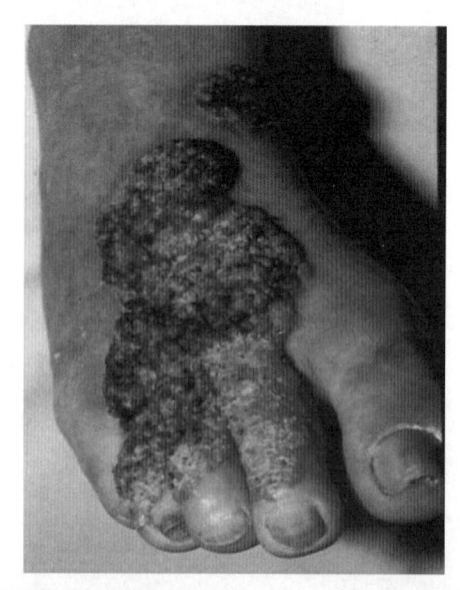

Figura 20.3 Feo-hifomicose do pé. (De Engleberg NC *et al. Schaechter's mechanisms of microbial disease*. 5th ed. Philadelphia, PA: Lippincott Williams & Wilkins; 2013.)

de biopsia. Os fungos causadores podem ser recuperados em cultura e são identificados por meio de exame macroscópico e microscópico.

> As micoses subcutâneas, como a esporotricose, a feo-hifomicose e os micetomas, são infecções fúngicas da derme e dos tecidos subjacentes, causadas pela implantação traumática do fungo no interior do tecido.

Micoses sistêmicas

As micoses sistêmicas, também conhecidas como generalizadas ou profundas, constituem os tipos mais graves. São infecções fúngicas dos órgãos internos do corpo, que algumas vezes afetam simultaneamente dois ou mais sistemas de órgãos. Na maioria dos casos, resultam da inalação de esporos ou conídios, com infecção subsequente dos pulmões e disseminação, através do sistema circulatório, para outros sistemas de órgãos, como a pele, o trato geniturinário ou o sistema nervoso central. Na maior parte das situações, as micoses sistêmicas ocorrem em indivíduos imunocomprometidos e, portanto, são consideradas como infecções oportunistas. Praticamente qualquer bolor pode causar infecção em pacientes gravemente imunocomprometidos.

Patógenos

Os patógenos comuns das micoses sistêmicas incluem *Aspergillus* spp., *Penicillium* spp., *Pneumocystis*, *Scedosporium* spp. e membros da família Zygomycete, como *Rhizopus*, *Mucor* e *Lichtheimia*. Os fungos dimórficos, conforme já mencionado, são leveduras à temperatura do corpo, mas vivem na forma de bolores no ambiente. Nos EUA, as infecções mais comuns causadas por fungos dimórficos são a histoplasmose (causada por *Histoplasma capsulatum*) e a coccidioidomicose (causada por *Coccidioides immitis* ou *Coccidioides posadasii*). Elas estão descritas na Tabela 20.1. Outros fungos dimórficos incluem os seguintes:

• *Blastomyces dermatitidis*, a causa da blastomicose norte-americana
• *Paracoccidioides brasiliensis*, a causa da blastomicose sul-americana
• *Talaromyces (Penicillium) marneffei*, a causa de infecção sistêmica, predominantemente em pacientes com síndrome da imunodeficiência adquirida (AIDS) no Sudeste Asiático.

Reservatórios e modo de transmissão

Todos esses fungos são organismos comuns do meio ambiente, que normalmente são adquiridos por meio de inalação de esporos ou conídios. A exceção é *Pneumocystis*, pois se acredita que ele seja transmitido de pessoa para pessoa por meio de aerossóis.

Diagnóstico laboratorial

Para o estabelecimento do diagnóstico, são utilizados ensaios imunodiagnósticos, procedimentos de diagnóstico molecular e cultura com exame macroscópico e microscópico. Como se trata de infecções geralmente sistêmicas, o diagnóstico com base no exame histológico do tecido fornece, com frequência, o primeiro indício sobre a presença de infecção

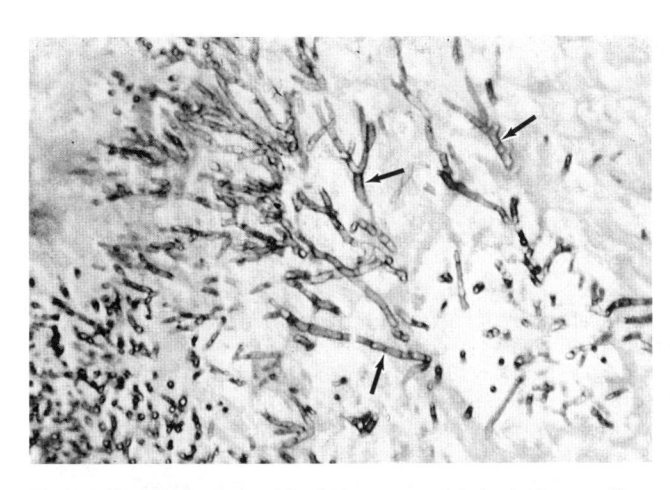

Figura 20.4 Invasão tecidual por uma espécie de *Aspergillus*, mostrando muitas hifas septadas ramificadas (*setas*). (De Engleberg NC, *et al. Schaechter's Mechanisms of Microbial Disease.* 5th ed. Philadelphia, PA: Lippincott Williams & Wilkins; 2013.)

sistêmica causada por fungos. A Figura 20.5 fornece comparações dos fungos dimórficos nas formas de leveduras e bolores. O *Coccidioides* produz uma estrutura saciforme com endósporos (não tecnicamente uma levedura) à temperatura corporal e artroconídios no meio ambiente.

> As micoses sistêmicas, também conhecidas como generalizadas ou profundas, constituem os tipos mais graves de infecções causadas por fungos.

INFECÇÕES DA REGIÃO ORAL CAUSADAS POR FUNGOS

Candidíase oral (sapinho)

Doença

A candidíase oral (sapinho) é uma infecção da cavidade oral causada por leveduras, comum em lactentes, pacientes idosos e indivíduos imunossuprimidos. Nela são observadas

---

Tabela 20.1 Infecções sistêmicas causadas por fungos.

Doença	Informação adicional
Aspergilose. É uma doença ampla com várias manifestações. Nos indivíduos imunocompetentes, a infecção é localizada; entretanto, em pacientes imunocomprometidos, pode ser sistêmica. Os tipos de aspergilose incluem: aspergilose broncopulmonar alérgica; sinusite; aspergiloma (também denominado bola de fungo); aspergilose pulmonar crônica (infecção dos pulmões de mais de 3 meses de duração); aspergilose invasiva (Figura 20.4), que normalmente infecta os pulmões, mas pode disseminar-se para outras partes do corpo; e aspergilose cutânea, que é comumente adquirida por meio de soluções de continuidade na pele **Cuidados com o paciente**. Tomar precauções-padrão para pacientes hospitalizados	**Patógeno**. O *Aspergillus fumigatus* é o patógeno mais comum; porém, *Aspergillus flavus*, *Aspergillus terreus* e *Aspergillus niger* também o são. Mais de 40 espécies de *Aspergillus* foram associadas a infecções humanas **Reservatórios e modo de transmissão**. As espécies de *Aspergillus* podem ser encontradas em ambientes tanto internos quanto externos. A maioria das pessoas inspira esporos de *Aspergillus* todos os dias sem adoecer. A infecção normalmente ocorre em indivíduos com sistema imune enfraquecido e é adquirida por meio da inalação dos esporos **Diagnóstico laboratorial**. Para o estabelecimento do diagnóstico, utiliza-se com frequência um ensaio imunodiagnóstico, que detecta um antígeno do *Aspergillus*, denominado teste de galactomanana. A cultura com exame macroscópico e microscópico é utilizada para a identificação de várias espécies do patógeno
Coccidioidomicose (febre do Vale). A coccidioidomicose começa na forma de infecção respiratória, com febre, calafrios, tosse e, raramente, dor. A infecção primária pode ser curada por completo ou evoluir para a forma disseminada, que é frequentemente fatal. A coccidioidomicose disseminada pode consistir em lesões pulmonares e abscessos por todo o corpo, particularmente nos tecidos subcutâneos, na pele, nos ossos e no sistema nervoso central. Outros tecidos e órgãos também podem ser acometidos, como linfonodos inguinais, rins, glândula tireoide, coração, hipófise, esôfago e pâncreas **Cuidados com o paciente**. Utilizar precauções-padrão para pacientes hospitalizados com lesões que drenam ou com pneumonia	**Patógeno**. A coccidioidomicose é causada por *Coccidioides immitis* ou *Coccidioides posadasii*, um fungo dimórfico. Esses patógenos ocorrem como bolor no solo e em meios de cultura (25°C), onde produzem artrósporos (artroconídios). Nos tecidos, aparecem como células leveduriformes esféricas, denominadas esférulas, que se reproduzem pela formação de endósporos. Os artrósporos de *Coccidioides* têm uso potencial como agente de bioterrorismo **Reservatórios e modo de transmissão**. Os artrósporos são encontrados no solo, em áreas áridas e semiáridas do Hemisfério Ocidental; nos EUA, estão presentes desde a Califórnia até o sul do Texas e também são encontrados no México, na América Central e na América do Sul. A transmissão ocorre pela inalação de artrósporos, particularmente durante tempestades de vento e poeira. Não é diretamente transmissível de pessoa para pessoa ou de animais para pessoas **Diagnóstico laboratorial**. A coccidioidomicose é diagnosticada por exame direto e cultura de amostras de escarro, pus, urina, líquido cerebrospinal ou amostras de biopsia. A forma de bolor é altamente infecciosa; por isso, todos os exames precisam ser realizados em câmara de biossegurança de nível 2 ou 3 (consultar o Apêndice 4, "Responsabilidades do Laboratório de Microbiologia Clínica", disponível no material suplementar *online*). Dispõe-se também de testes cutâneos, procedimentos de diagnóstico molecular e ensaios de imunodiagnóstico. É difícil diferenciar o *C. immitis* do *C. posadasii* com métodos laboratoriais convencionais

(continua)

Tabela 20.1 Infecções sistêmicas causadas por fungos. *(continuação)*

Doença	Informação adicional
Criptococose. A criptococose começa na forma de infecção pulmonar, mas dissemina-se geralmente pela corrente sanguínea até o encéfalo. A doença será descrita posteriormente neste capítulo, na seção "Infecções do Sistema Nervoso Central causadas por Fungos"	
Histoplasmose. A histoplasmose é uma micose sistêmica de gravidade variável, desde assintomática a aguda e crônica. A lesão primária acomete comumente os pulmões. A forma aguda consiste em mal-estar, febre, calafrios, cefaleia, mialgia, dor torácica e tosse improdutiva (*i. e.*, não há produção de escarro). A histoplasmose é a infecção fúngica sistêmica mais comum em pacientes com AIDS **Cuidados com o paciente**. Tomar precauções-padrão para pacientes hospitalizados	**Patógeno**. A histoplasmose é causada pelo *Histoplasma capsulatum* var. *capsulatum*, um fungo dimórfico que cresce na forma de bolor no solo e na forma de levedura em hospedeiros animais e seres humanos (ver Figura 5.18, Capítulo 5, *Micróbios Eucarióticos*) **Reservatórios e modo de transmissão**. Os reservatórios incluem: solo úmido e quente com alto conteúdo orgânico e excretas de aves, particularmente de galinha; fezes de morcegos em cavernas e em torno de poleiros de estorninhos melros e pombos. A transmissão ocorre por inalação de conídios (esporos assexuados) do solo. A terraplanagem e as escavações podem produzir aerossóis de esporos. A histoplasmose é a doença fúngica sistêmica mais comum nos EUA, sendo observada principalmente nos vales dos Rios Ohio, Mississipi e Missouri. Ela não é transmitida de uma pessoa para outra **Diagnóstico laboratorial**. As leveduras de *H. capsulatum* podem ser observadas em esfregaços corados pelo método de Giemsa ou Wright de exsudatos de úlceras, medula óssea, escarro e sangue. O patógeno produz colônias de bolores quando incubado em temperatura ambiente e colônias de leveduras quando incubado à temperatura corporal. A conversão da forma em bolor para a de levedura pode ser, algumas vezes, obtida no laboratório. Dispõe-se de testes cutâneos, ensaios imunodiagnósticos e procedimentos moleculares
Pneumonia por *Pneumocystis jirovecii* (PPJ), também denominada PPC ou pneumonia por plasmócitos intersticiais. A PPJ é uma doença pulmonar aguda a subaguda, observada em crianças desnutridas e cronicamente enfermas, lactentes prematuros e pacientes imunossuprimidos, como aqueles com AIDS. Os sintomas são febre, dificuldade respiratória, respiração rápida, tosse seca, cianose e infiltração pulmonar dos alvéolos com exsudato espumoso. Em geral, a PPJ é fatal em pacientes imunossuprimidos não tratados, constituindo uma causa contribuinte comum de morte em pessoas com AIDS. O *Pneumocystis* provoca uma infecção assintomática no indivíduo imunocompetente **Cuidados com o paciente**. Tomar precauções-padrão para pacientes hospitalizados. Não colocar pessoas com PPJ no mesmo quarto com indivíduos imunocomprometidos	**Patógeno**. O agente etiológico da PPJ é o *Pneumocystis jirovecii* (anteriormente conhecido como *Pneumocystis carinii*, daí a abreviatura PPC). Esse microrganismo apresenta propriedades tanto dos protozoários quanto dos fungos. Durante muitos anos, foi classificado como protozoário; entretanto, hoje em dia, é classificado como fungo não filamentoso **Reservatórios e modo de transmissão**. Os seres humanos infectados servem como reservatórios. O modo de transmissão não é conhecido, talvez por contato direto, talvez pela transferência de secreções pulmonares de indivíduos infectados para pessoas suscetíveis, ou talvez pelo ar **Diagnóstico laboratorial**. O diagnóstico de PPJ é estabelecido pela demonstração do *Pneumocystis* em material de escovado brônquico, biopsia de pulmão aberta, aspirado pulmonar ou esfregaços de muco traqueobrônquico por vários métodos de coloração. *P. jirovecii* não pode ser cultivado
Zigomicose pulmonar. O termo *zigomicose* (anteriormente mucormicose ou ficomicose) refere-se a uma doença causada por um dos numerosos fungos da classe dos zigomicetos, que estão amplamente distribuídos no solo e na matéria vegetativa. Apesar de serem discutidos na seção sobre doenças do trato respiratório inferior, eles causam doenças com uma ampla variedade de manifestações clínicas. Outras síndromes clínicas causadas por membros da classe dos zigomicetos incluem sinusite, infecção cerebral, doença cutânea, doença gastrintestinal e doença disseminada, que acomete praticamente todos os órgãos **Cuidados com o paciente**. Utilizar medidas-padrão	**Patógenos**. Muitos patógenos diferentes podem causar zigomicose, incluindo alguns que frequentemente são designados como bolores de pão. Esses fungos, que incluem espécies de *Mucor*, *Rhizopus* e *Lichtheimia* (anteriormente conhecido como *Absidia*), são responsáveis pelo crescimento felpudo branco ou acinzentado observado em alimentos como pão e queijo. Esse aspecto felpudo resulta de hifas aéreas **Reservatórios e modo de transmissão**. Com mais frequência, os seres humanos tornam-se infectados com zigomicetos devido à inalação de esporos transportados pelo ar, embora a ingestão e a inoculação direta por meio de soluções de continuidade traumáticas na pele e nas mucosas também possam levar à infecção. A zigomicose não tem transmissão interpessoal **Diagnóstico laboratorial**. O diagnóstico de zigomicose pode ser estabelecido pela observação microscópica de hifas asseptadas distintas, largas e semelhantes a fitas em cortes de tecido ou cultura de tecido de biopsia (ver Figura 13.16, Capítulo 13, *Diagnóstico das Doenças Infecciosas*)

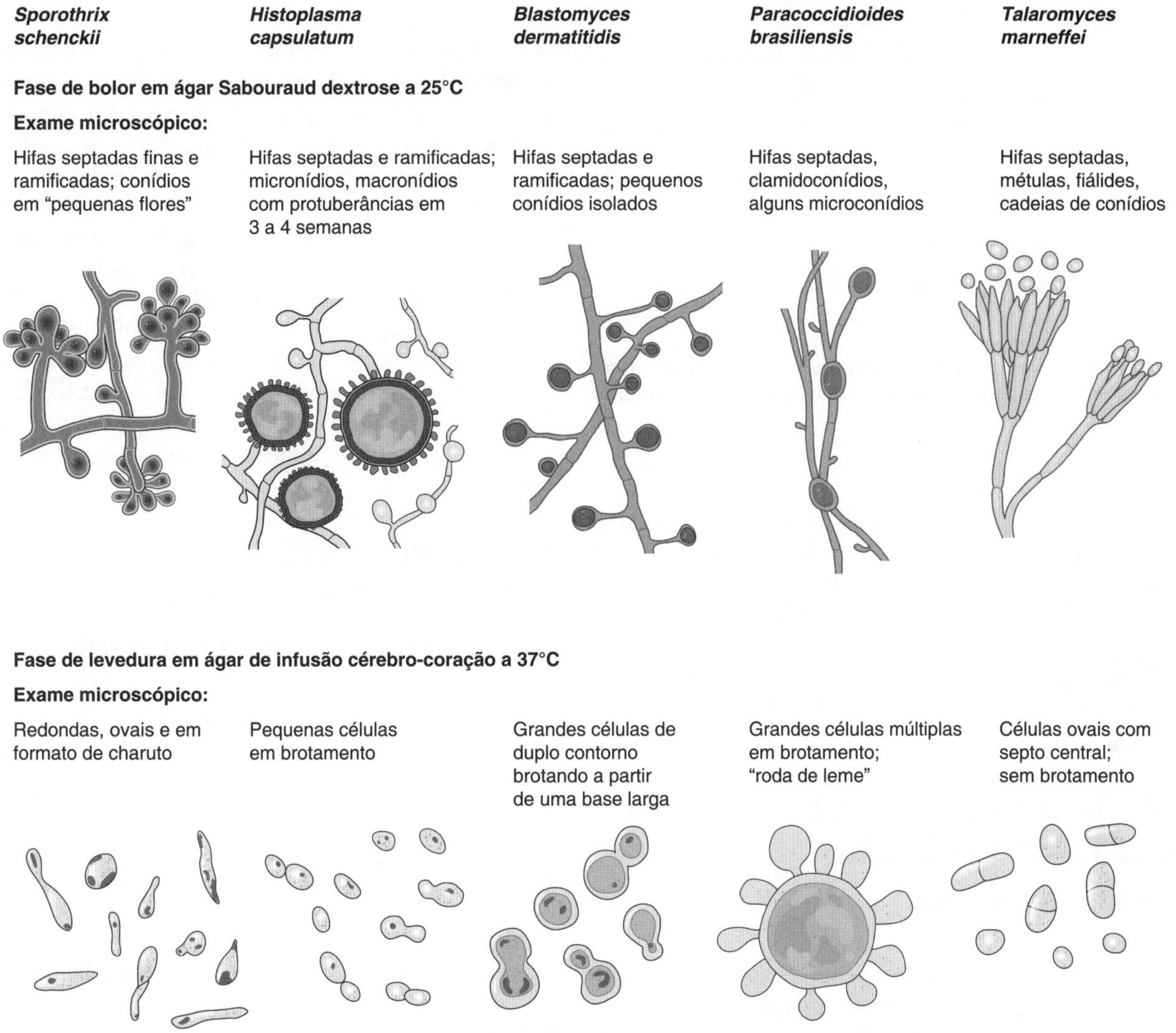

Sporothrix schenckii	Histoplasma capsulatum	Blastomyces dermatitidis	Paracoccidioides brasiliensis	Talaromyces marneffei

Fase de bolor em ágar Sabouraud dextrose a 25°C

Exame microscópico:

Hifas septadas finas e ramificadas; conídios em "pequenas flores"	Hifas septadas e ramificadas; micronídios, macronídios com protuberâncias em 3 a 4 semanas	Hifas septadas e ramificadas; pequenos conídios isolados	Hifas septadas, clamidoconídios, alguns microconídios	Hifas septadas, métulas, fiálides, cadeias de conídios

Fase de levedura em ágar de infusão cérebro-coração a 37°C

Exame microscópico:

Redondas, ovais e em formato de charuto	Pequenas células em brotamento	Grandes células de duplo contorno brotando a partir de uma base larga	Grandes células múltiplas em brotamento; "roda de leme"	Células ovais com septo central; sem brotamento

Figura 20.5 Comparação das formas de levedura e bolor dos fungos dimórficos que infectam os seres humanos. As formas leveduriformes são observadas nos tecidos ou no sangue de pacientes infectados, enquanto a de bolor é encontrada no ambiente.

> *Candida albicans* é a levedura e o fungo mais comumente isolados de amostras clínicas.

manchas brancas cremosas na língua, nas membranas mucosas e nos cantos da boca (Figura 20.6). A doença pode ser uma manifestação de infecção disseminada por *Candida* (candidíase). *Candida albicans* é a levedura e o fungo mais comumente isolados de amostras clínicas, algumas vezes como patógeno e outras como contaminante.

Patógenos

Levedura *C. albicans* e espécies relacionadas.

Reservatório e modo de transmissão

Os seres humanos infectados servem como reservatórios. A transmissão ocorre por contato com secreções ou excreções da boca, pele, vagina ou das fezes de pacientes ou de portadores; ocorre também da mãe para o recém-nascido durante o parto e por disseminação endógena (*i. e.*, de uma área do corpo para outra).

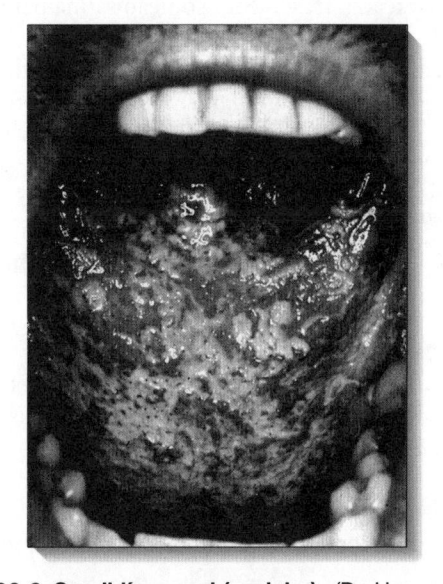

Figura 20.6 Candidíase oral (sapinho). (De Harvey RA *et al. Lippincott's illustrated reviews: microbiology*. 3rd ed. Philadelphia, PA: Lippincott Williams & Wilkins; 2013.) (Esta figura encontra-se reproduzida em cores no Encarte.)

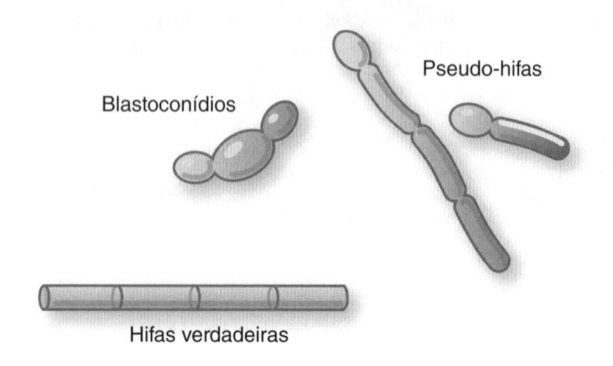

Blastoconídios

Pseudo-hifas

Hifas verdadeiras

Figura 20.7 Várias formas de leveduras do gênero *Candida*, que podem ser observadas em amostras clínicas e culturas.

Diagnóstico laboratorial

> A candidíase oral (sapinho) é uma infecção leveduriforme (mais frequentemente por *Candida*) da cavidade oral.

A candidíase oral (sapinho) pode ser diagnosticada pela observação de células leveduriformes (blastoconídios) e pseudo-hifas (cordões de brotamentos alongados) no exame microscópico de preparações a fresco e por confirmação com culturas (Figura 20.7).

INFECÇÕES DO SISTEMA GENITURINÁRIO CAUSADAS POR FUNGOS

Vaginite por leveduras

Doença

Nos EUA, as três causas mais comuns de vaginite, cada uma delas responsável por cerca de um terço dos casos, consistem em *C. albicans* (levedura), *Trichomonas vaginalis* (protozoário) e uma mistura de bactérias (incluindo as dos gêneros *Mobiluncus* e *Gardnerella*). Em geral, utiliza-se uma preparação a fresco com solução salina para o diagnóstico de vaginite, procedimento descrito no Apêndice 5, "Procedimentos de Microbiologia Clínica", disponível no material suplementar *online*. Os sintomas típicos da vaginite por levedura são prurido (coceira) vulvar, sensação de ardência, disúria e secreção esbranquiçada. Algumas vezes, ocorrem eritema (vermelhidão) vulvar e exantema.

> A *C. albicans* é responsável por aproximadamente um terço dos casos de vaginite nos EUA.

Patógenos

A levedura *C. albicans* é responsável por cerca de 85 a 90% dos casos de vaginite por levedura; porém, outras espécies de *Candida* também podem causar a doença.

Reservatório e modo de transmissão

Ver seção anterior sobre "Candidíase oral (sapinho)".

Diagnóstico laboratorial

A vaginite por levedura pode ser diagnosticada pelo exame microscópico de uma preparação a fresco em solução salina de uma amostra de secreção vaginal, na qual se pode observar uma grande quantidade de leveduras e pseudo-hifas. Além disso, deve-se efetuar uma cultura da amostra de secreção vaginal. As espécies de *Candida* crescem bem em ágar-sangue e em ágar Sabouraud dextrose. Em geral, as espécies de *Candida* podem ser identificadas com o uso de um minissistema comercial de identificação de leveduras, ou por meio de seu crescimento em ágar cromogênico (ver Figura 13.18, Capítulo 13, *Diagnóstico das Doenças Infecciosas*). É importante ter em mente que a microbiota vaginal de até 25% das mulheres saudáveis pode conter *Candida* spp. Por isso, dispõe-se de um ensaio de diagnóstico molecular, que pode ser utilizado para diagnosticar a vaginite e detectar a presença de *Candida* spp., *T. vaginalis* e da microbiota mista associada à vaginose bacteriana.

INFECÇÕES DO SISTEMA NERVOSO CENTRAL CAUSADAS POR FUNGOS

Criptococose (meningite criptocócica)

Doença

A criptococose começa como infecção pulmonar, mas dissemina-se pela circulação sanguínea até o cérebro. Em geral, apresenta-se na forma de meningite subaguda ou crônica. Além disso, pode ocorrer infecção dos pulmões, dos rins, da próstata, da pele e dos ossos. A criptococose é uma infecção comum em pacientes com AIDS.

Cuidados com o paciente

É preciso utilizar medidas-padrão para pacientes hospitalizados.

Patógenos

A criptococose pode ser causada por duas espécies de *Cryptococcus*: o *C. neoformans* e o *C. gattii*, ambas leveduras encapsuladas (ver a Figura 5.12, Capítulo 5, *Micróbios Eucarióticos*). A cápsula

> A criptococose é causada por leveduras encapsuladas, denominadas *C. neoformans* e *C. gattii*.

permite ao *Cryptococcus* aderir às superfícies mucosas e impede a fagocitose por leucócitos. O *C. neoformans* e o *C. gattii* diferem quanto à sua prevalência em áreas geográficas do mundo. Ambas as espécies são encontradas nos EUA, mas o *C. gatti* é isolado com mais frequência de pacientes no Noroeste do Pacífico. Enquanto o *C. neoformans* provoca mais comumente infecção do sistema nervoso central em pacientes imunocomprometidos, o *C. gattii* é mais observado em pacientes imunocompetentes na forma de lesões semelhantes a tumores de órgãos internos, denominadas criptococomas.

Reservatório e modos de transmissão

Os reservatórios para o *C. neoformans* incluem ninhos de pombos, excrementos de pombos, galinhas, perus e morcegos, e solo contaminado com excrementos de aves. Seu crescimento é estimulado pelo pH alcalino e pelo elevado conteúdo de nitrogênio dos excrementos das aves.

O *C. gattii* está associado a fatores do gênero Eucalyptus no Noroeste do Pacífico. A transmissão ocorre pela inalação de leveduras. O *Cryptococcus* não é transmitido de pessoa para pessoa nem de animais para pessoas.

Diagnóstico laboratorial

A meningite criptocócica é frequentemente diagnosticada pela observação de leveduras encapsuladas com brotamentos em amostras de líquido cerebrospinal examinadas pela coloração de Gram ou em uma preparação de tinta nanquim (detalhes sobre a preparação com tinta nanquim podem ser encontrados no Apêndice 5, "Procedimentos de Microbiologia Clínica", disponível no material suplementar *online*. As leveduras também podem ser observadas em amostras de escarro, urina e pus examinadas em uma preparação com tinta nanquim ou pela coloração de Gram (ver Figura 5.15, Capítulo 5, *Micróbios Eucarióticos*). As espécies de *Cryptococcus* podem ser cultivadas em meios de rotina utilizados na seção de micologia. Dispõe-se de um teste sensível para a detecção do antígeno criptocócico, bem como um ensaio de diagnóstico molecular.

Auxílio ao estudo

Cuidado com termos de sonoridade semelhante

Não se deve confundir *C. neoformans* (uma levedura) com *Cryptococcus parvum* (um protozoário). De modo semelhante, não se deve confundir a criptococose (uma infecção causada por leveduras) com a criptosporidiose (uma infecção causada por protozários). *C. parvum* e criptosporidiose serão descritos no Capítulo 21, *Infecções Parasitárias em Seres Humanos*.

INFECÇÕES POR MICROSCOPORÍDIOS

Conforme descrito no Capítulo 5, *Micróbios Eucarióticos*, um grupo de organismos chamado de Microsporidia foi colocado no Reino Fungi, com base em métodos de taxonomia molecular e na presença de quitina em suas paredes celulares. Entretanto, esses organismos diferem acentuadamente dos fungos em outras características e, durante muitos anos, foram considerados um tipo de protozoário.

Os microsporídios são de tamanho pequeno (1 a 4 μm; aproximadamente o tamanho de uma bactéria) e têm uma única organela, denominada filamento polar (ver Figura 5.18, Capítulo 5, *Micróbios Eucarióticos*). Essa organela está enrolada no interior do esporo do microsporídio. Então, quando o organismo infecta outra célula, ele libera o filamento polar, que penetra na célula receptora. Em seguida, o esporo injeta o seu material genético (esporoplasmo) no interior da célula através do filamento polar. A replicação ali produz muitos esporos, que são então liberados para continuar o ciclo de vida. A Figura 20.8 mostra o ciclo de vida de dois Microsporidia patogênicos. O esporo é extremamente resistente

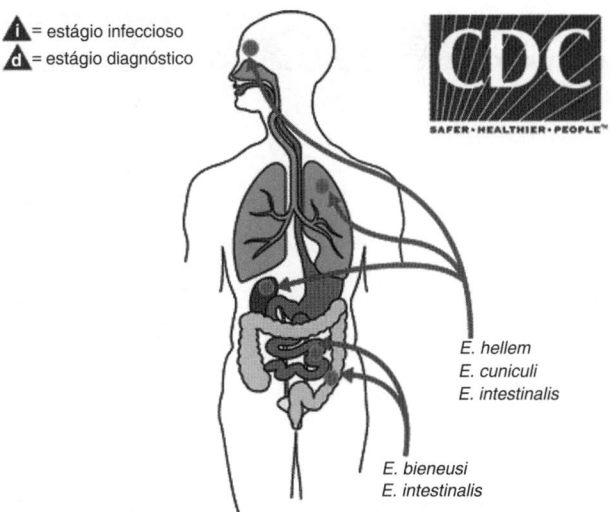

= estágio infeccioso
= estágio diagnóstico

E. hellem
E. cuniculi
E. intestinalis

E. bieneusi
E. intestinalis

Desenvolvimento intracelular dos esporos de *E. bieneusi* e *E. intestinalis*.

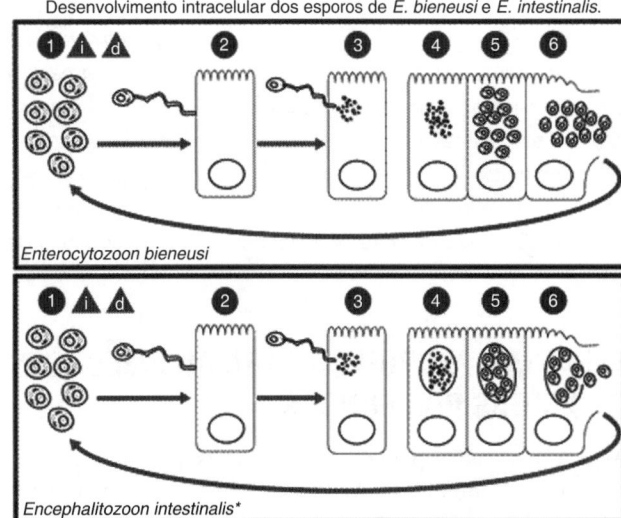

Enterocytozoon bieneusi

*Encephalitozoon intestinalis**

*O desenvolvimento no interior do vacúolo parasitóforo também ocorre em *E. hellem* e *E. cuniculi*.

Figura 20.8 Diagrama do ciclo de vida de duas espécies de Microsporidia associadas a infecções humanas. (Disponibilizada pelos CDC.)

e pode sobreviver por longos períodos no meio ambiente. Foram descritos mais de 160 gêneros de microsporídios, com 1.300 espécies diferentes associadas a infecções em todos os principais grupos de animais. Pelo menos nove gêneros foram relacionados a infecções humanas.

Os microsporídios são causas relativamente raras de infecções (a maioria é observada em hospedeiros imunocomprometidos). Embora tenham sido encontrados em muitos locais diferentes de infecção nos seres humanos, eles causam principalmente infecções nos olhos (ceratite) ou no trato gastrintestinal (diarreia). O diagnóstico de infecção por microsporídios é normalmente estabelecido pelo exame microscópico de amostras de pacientes com corantes especializados.

RECAPITULAÇÃO DAS PRINCIPAIS INFECÇÕES HUMANAS CAUSADAS POR FUNGOS

A Tabela 20.2 fornece uma recapitulação de algumas das principais infecções fúngicas em seres humanos.

Tabela 20.2 Recapitulação de algumas das principais infecções fúngicas em seres humanos.

Doença	Fungo patogênico
Aspergilose	Várias espécies de *Aspergillus* (bolor)
Piedra negra	*Piedraia hortae* (bolor)
Blastomicose	*Blastomyces dermatitidis* ou *Paracoccidioides brasiliensis* (fungos dimórficos)
Coccidioidomicose	*Coccidioides immitis* ou *C. posadasii* (fungos dimórficos)
Criptococose	*Cryptococcus neoformans* e *C. gattii* (leveduras encapsuladas)
Dermatomicose	Vários fungos filamentosos (bolores), coletivamente designados como dermatófitos (*Epidermophyton*, *Microsporum* ou *Trichophyton* spp.)
Histoplasmose	*Histoplasma capsulatum* (fungo dimórfico)
Microsporidiose	*Encephalitozoon*, *Enterocytozoon*, *Nosema*, *Pleistophora*, *Vittaforma* (microsporídios)
Peniciliose	Várias espécies de *Penicillium* (bolores)
Feo-hifomicose	*Cladophialophora*, *Exophiala*, *Fonsecaea* (bolores)
Pneumonia por *Pneumocystis*	*Pneumocystis jirovecii* (anteriormente conhecido como *Pneumocystis carinii*). Fungo não filamentoso com propriedades tanto dos protozoários quanto dos fungos
Esporotricose	*Sporothrix schenckii* (fungo dimórfico)
Tinha negra	*Hortaea werneckii* (bolor)
Tinha versicolor (pitiríase versicolor)	*Malassezia furfur* (bolor)
Candidíase oral (sapinho)	*Candida albicans* (levedura)
Piedra branca	Geralmente causada por várias espécies de *Trichosporon* (bolor)
Vaginite por levedura	*C. albicans* (bolor)
Zigomicose (mucormicose, ficomicose)	Vários zigomicetos, incluindo bolores do pão

TERAPIA APROPRIADA PARA AS INFECÇÕES CAUSADAS POR FUNGOS

As recomendações para o tratamento das infecções modificam-se frequentemente. As doenças fúngicas descritas neste capítulo precisam ser tratadas com fármacos antifúngicos apropriados. Informações adicionais sobre agentes antifúngicos podem ser encontradas no Capítulo 9, *Agentes Antimicrobianos para Inibir o Crescimento de Patógenos In Vivo*, e em en.wikipedia.org/wiki/Antifungal medication.

Exercícios de autoavaliação

Após estudar este capítulo, responda às seguintes questões de múltipla escolha:

1. Qual das seguintes doenças é causada por uma levedura encapsulada?
   a. Coccidioidomicose
   b. Criptococose
   c. Histoplasmose
   d. Pneumonia por *Pneumocystis*

2. Qual das seguintes doenças *não* é causada por um fungo dimórfico?
   a. Coccidioidomicose
   b. Criptococose
   c. Histoplasmose
   d. Esporotricose

3. Qual das seguintes doenças é um sinônimo de dermatofitose das unhas?
   a. Tinha da barba
   b. Tinha crural
   c. Tinha negra
   d. Tinha ungueal

4. Qual das seguintes doenças é a doença fúngica sistêmica mais comum nos EUA?
   a. Criptococose
   b. Coccidioidomicose
   c. Histoplasmose
   d. Pneumonia por *Pneumocystis*

5. Deve-se associar a preparação com tinta nanquim com o diagnóstico de:
   a. Meningite criptocócica
   b. Candidíase oral (sapinho)
   c. Tinha do pé
   d. Vaginite por levedura

6. Os bolores do pão estão mais comumente associados a:
a. Candidíase oral (sapinho)
b. Tinha versicolor
c. Vaginite
d. Zigomicose

7. Qual dos seguintes fungos é mais frequentemente isolado de amostras clínicas de seres humanos?
a. *C. albicans*
b. *C. neoformans*
c. *H. capsulatum*
d. *P. jirovecii*

8. Qual dos seguintes métodos é a maneira mais rápida e mais comum de estabelecer o diagnóstico de vaginite por levedura?

a. Cultura
b. Preparação com tinta nanquim
c. Preparação com KOH
d. Preparação a fresco com solução salina

9. Nos EUA, *C. albicans* é responsável por aproximadamente _____ dos casos de vaginite.
a. 10%
b. 25%
c. 33%
d. 50%

10. A tinha cural é uma dermatofitose que acomete:
a. Os pés
b. A área da virilha
c. As unhas
d. As palmas das mãos

Estudos de caso

Caso 1. Este estudo de caso foi adaptado de Harvey RA *et al. Lippincott's illustrated reviews: microbiology.* Philadelphia: PA, Lippincott Williams & Wilkins; 2001. Pode ser necessária uma pesquisa na internet para encontrar as respostas a algumas das questões.

Uma mulher de 68 anos de idade foi internada devido à ocorrência de cefaleia de aproximadamente 1 mês de duração. A paciente queixa-se também de vertigem, fotofobia, sonolência e esquecimento. O exame físico revela febre baixa, rigidez de nuca, estertores (ruído de crepitação) nos pulmões e tendência a ultrapassar o objeto a ser alcançado. Devido aos sinais de irritação meníngea, foi realizada uma punção lombar. Foi também constatada a presença de linfoma maligno. A paciente apresentou contagem elevada de leucócitos do sangue periférico. Uma radiografia de tórax revelou infiltrados intersticiais difusos na parte inferior de ambos os pulmões. O exame do líquido cerebrospinal revelou a presença de leucócitos, taxa reduzida de glicose e ligeiro aumento dos níveis de proteínas. Enquanto estava realizando a contagem de leucócitos, o técnico percebeu a presença de objetos esféricos que não se assemelhavam a leucócitos, os quais variavam de 10 a 20 μm de diâmetro.

a. Com base nas informações disponíveis, deve-se suspeitar de qual das seguintes causas de meningite?

1. *C. neoformans*
2. *Haemophilus influenzae*
3. *Neisseria meningitidis*
4. *Streptococcus pneumoniae*
5. *Escherichia coli*

b. Se esse patógeno for a causa suspeita da meningite dessa paciente, que teste deverá ser realizado na amostra de líquido cerebrospinal?

c. Se esse patógeno for a causa da meningite dessa paciente, o que se deve observar no exame de uma preparação com tinta nanquim?

d. Deve-se suspeitar também desse patógeno como causa da infecção pulmonar da paciente?

Caso 2. Uma paciente imunossuprimida de 14 anos de idade apresenta placas esbranquiçadas e cremosas na língua, nas mucosas orais e nos cantos da boca.

a. Qual é o nome mais provável dessa condição?

1. Piedra branca
2. Tinha versicolor
3. Candidíase oral (sapinho)
4. Zigomicose
5. Coccidioidomicose

Estudos de caso

b. Qual dos seguintes fungos é a causa mais provável?

1. *C. neoformans*
2. *H. capsulatum*
3. *P. jirovecii*
4. *C. albicans*
5. *Trichosporon beigelii*

Caso 3. Um homem portador de AIDS, de 40 anos de idade, que passa boa parte do tempo explorando cavernas, apresenta mal-estar, febre, calafrios, cefaleia, mialgia, dor torácica e tosse improdutiva.

a. Com base nessa informação limitada, qual das seguintes doenças fúngicas esse paciente tem mais probabilidade de apresentar?

1. Coccidioidomicose
2. Histoplasmose
3. Criptococose
4. Esporotricose
5. Zigomicose

b. Se o seu diagnóstico preliminar for correto, que estruturas deverão ser mais provavelmente observadas em uma amostra de escarro desse paciente?

1. Hifas asseptadas largas
2. Leveduras encapsuladas em brotamento
3. Leveduras não encapsuladas em brotamento
4. Pseudo-hifas
5. Hifas finas e septadas

As respostas dos Estudos de caso podem ser encontradas no Apêndice B.

Infecções Parasitárias em Seres Humanos

OBJETIVOS DE APRENDIZAGEM

Após estudar este capítulo, você deverá ser capaz de:

- Diferenciar ectoparasitas e endoparasitas; hospedeiros definitivos e intermediários; parasitas facultativos e obrigatórios; e vetores mecânicos e biológicos
- Classificar determinada infecção parasitária como doença por protozoários ou por helmintos
- Classificar várias infecções parasitárias de acordo com o sistema orgânico acometido (p. ex., sistema respiratório, trato gastrintestinal e sistema circulatório)
- Correlacionar determinada infecção parasitária (p. ex., giardíase) às suas principais características, ao agente etiológico, ao(s) reservatório(s), ao(s) modo(s) de transmissão e às técnicas laboratoriais de diagnóstico.

Assim, os naturalistas observam: uma pulga tem pulgas menores que a perturbam, e estas também têm pulgas ainda menores que as picam, e isso prossegue ad infinitum.

Do poema *Rapsódia*, 1733
Por Jonathan Swift (1667-1745)

INTRODUÇÃO

Embora a parasitologia (o estudo dos parasitas) seja considerada um ramo da microbiologia, nem todos os organismos estudados no curso de parasitologia são micróbios. De fato, das três categorias de organismos (protozoários, helmintos e artrópodes parasitas) que são estudadas em um curso de parasitologia, apenas uma delas – os protozoários parasitas – contém micróbios. Assim, neste capítulo, os protozoários parasitas são discutidos com mais detalhes do que os helmintos e os artrópodes.

Seria impossível descrever, em um livro deste tamanho, *todas* as doenças infecciosas humanas causadas por parasitas. Por conseguinte, apenas doenças parasitárias selecionadas serão descritas neste capítulo. Embora elas sejam descritas em um tópico específico (p. ex., infecções gastrintestinais), o leitor deve ter em mente que algumas apresentam diversas manifestações clínicas, que afetam simultaneamente vários sistemas orgânicos, e que os patógenos podem migrar de um local do corpo para outro.

Algumas das doenças parasitárias descritas neste capítulo são doenças infecciosas de notificação compulsória nos EUA; isso significa que, naquele país, quando um paciente é diagnosticado com uma dessas afecções, é obrigatório informar aos Centers for Disease Control and Prevention. Até 2014, havia cinco doenças parasitárias de notificação compulsória nos EUA, quatro causadas por protozoários e uma provocada por helmintos (Tabela 21.1). Essas doenças são descritas neste capítulo, bem como algumas que não são de notificação compulsória.

DEFINIÇÕES

O parasitismo refere-se a uma relação simbiótica que é benéfica para uma das partes ou simbiontes (o parasita) à custa da outra parte (o hospedeiro). Embora muitos parasitas causem doença, alguns não o fazem; entretanto, até mesmo quando ele não provoca doença, priva o hospedeiro de nutrientes. Por conseguinte, as relações parasitárias são sempre consideradas prejudiciais ao hospedeiro.

> Os parasitas são organismos que vivem na superfície ou no interior de outros organismos vivos, dos quais obtêm alguma vantagem.

Os parasitas são definidos como organismos que vivem *na* superfície ou *no* interior de outros organismos vivos (hospedeiros), dos quais obtêm alguma vantagem. Além dos parasitas dos seres humanos, existem muitos tipos de parasitas vegetais (*i. e.*, parasitas de plantas) e animais (*i. e.*, parasitas de animais).

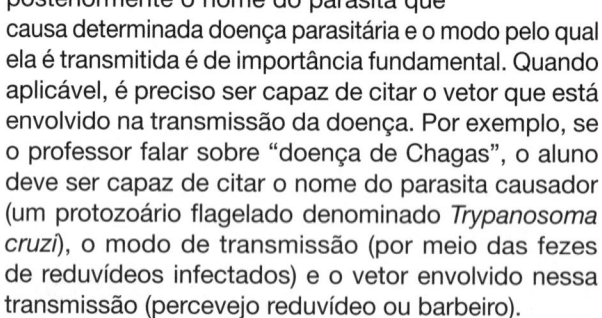

Auxílio ao estudo

O que aprender?

Este capítulo contém numerosas informações. A sua capacidade de lembrar posteriormente o nome do parasita que causa determinada doença parasitária e o modo pelo qual ela é transmitida é de importância fundamental. Quando aplicável, é preciso ser capaz de citar o vetor que está envolvido na transmissão da doença. Por exemplo, se o professor falar sobre "doença de Chagas", o aluno deve ser capaz de citar o nome do parasita causador (um protozoário flagelado denominado *Trypanosoma cruzi*), o modo de transmissão (por meio das fezes de reduvídeos infectados) e o vetor envolvido nessa transmissão (percevejo reduvídeo ou barbeiro).

Os parasitas que vivem na superfície do corpo do hospedeiro são designados como ectoparasitas, enquanto os que vivem no interior são denominados endoparasitas. Os artrópodes, como os ácaros, os carrapatos e os piolhos, são

> Os parasitas que vivem fora do corpo do hospedeiro são ectoparasitas; os que vivem no interior são endoparasitas.

exemplos de ectoparasitas; os protozoários e os helmintos parasitas são exemplos de endoparasitas.

O ciclo de vida de determinado parasita pode envolver um ou mais hospedeiros. Se mais de um estiver envolvido, o definitivo será aquele que abriga o estágio adulto ou sexuado do parasita, ou a fase sexuada do seu ciclo de vida. O hospedeiro intermediário abriga o estágio larvar ou assexuado do parasita, ou a fase assexuada do seu ciclo de vida. Os ciclos de vida dos parasitas variam de simples a complexos, e existem parasitas com um, dois ou três hospedeiros. O conhecimento do ciclo de vida de determinado parasita

Tabela 21.1 Doenças parasitárias de notificação compulsória nos EUA.	
Doença parasitária	**Número de novos casos relatados nos EUA aos CDC em 2014***
Criptosporidiose	8.682
Ciclosporíase	398
Giardíase	14.554
Malária	1.653
Triquinelose	13

*Esses valores fornecem uma visão de quão comuns ou raras são essas doenças nos EUA. Para uma informação atualizada, deve-se consultar o *site* do CDC, na seção "Morbidity & Mortality Weekly Report"; em seguida, deve-se clicar em "Notifiable Diseases" e, por fim, no ano mais recente listado. (Fonte: http://www.cdc.gov.)

> O hospedeiro definitivo abriga o estágio adulto ou sexuado do parasita, ou a fase sexuada do seu ciclo de vida. O hospedeiro intermediário abriga o estágio larvar ou assexuado do parasita, ou a fase assexuada de seu ciclo de vida.

possibilita aos epidemiologistas e a outros profissionais de saúde controlar a infecção parasitária por meio de intervenção em algum ponto do ciclo. Além disso, as infecções parasitárias são, com mais frequência, diagnosticadas pela observação e pelo reconhecimento do estágio do ciclo de vida em uma amostra clínica.

Um *hospedeiro acidental* é um organismo vivo que pode servir como hospedeiro no ciclo de vida de certo parasita, mas não é o hospedeiro *habitual*. Alguns hospedeiros acidentais são ainda *hospedeiros terminais*, nos quais o parasita é incapaz de continuar o seu ciclo de vida.

Um parasita facultativo é um organismo que pode ser parasita, mas não precisa viver como tal, pois é capaz de ter uma vida independente, separada do hospedeiro. As amebas de vida livre, que podem causar ceratoconjuntivite e meningoencefalite amebiana primária (MAP), constituem exemplos de parasitas facultativos. Em contrapartida, um parasita obrigatório não tem escolha; com efeito, para sobreviver, ele precisa ser parasita. Os parasitas que infectam os seres humanos são, em sua maioria, parasitas obrigatórios.

> Os parasitas facultativos são organismos que podem ser parasitas, mas também são capazes de ter uma existência de vida livre. Os parasitas obrigatórios não têm escolha; para sobreviver, eles precisam ser parasitas.

A parasitologia é o estudo dos parasitas, e o parasitologista é quem os estuda. Conforme assinalado anteriormente, qualquer curso de parasitologia de nível superior seria dividido em três áreas de estudo: dos protozoários, dos helmintos e dos artrópodes parasitas.

A *parasitologia médica* refere-se ao estudo dos parasitas que causam doenças nos seres humanos. A responsabilidade geral da seção de parasitologia do laboratório de microbiologia clínica consiste em auxiliar os médicos no diagnóstico de doenças parasitárias, principalmente aquelas causadas por endoparasitas, como protozoários e helmintos.

> Em geral, as infecções parasitárias são diagnosticadas pela observação e identificação de vários estágios do ciclo de vida do parasita em amostras clínicas.

Em geral, as infecções parasitárias são diagnosticadas pela observação e identificação de vários estágios do ciclo de vida do parasita em amostras clínicas, e alguns deles (p. ex., cistos de ameba e oocistos de *Cryptosporidium*) são extremamente pequenos. Assim, detectá-los em amostras representa um dos maiores desafios enfrentados por microbiologistas clínicos.

COMO OS PARASITAS CAUSAM DOENÇA

A maneira pela qual os parasitas causam danos a seus hospedeiros varia de uma espécie para outra e, com frequência, depende da quantidade presente. No caso dos helmintos, o número encontrado é comumente designado como "carga de vermes". Alguns parasitas produzem toxinas, enquanto outros produzem enzimas prejudiciais; alguns invasivos e migratórios provocam dano físico aos tecidos e aos órgãos, enquanto outros causam destruição de células individuais, e outros ainda provocam oclusão de vasos sanguíneos e de outras estruturas tubulares. Alguns parasitas interferem nos processos vitais do hospedeiro, enquanto outros privam o seu hospedeiro de nutrientes essenciais. Em alguns casos, a resposta imune do hospedeiro à presença dos parasitas ou de seus produtos causa mais dano do que os próprios parasitas.

PROTOZOÁRIOS PARASITAS

No sistema de classificação em cinco reinos dos organismos vivos, os protozoários estão no reino Protista, juntamente com as algas. Alguns taxonomistas, porém, preferem incluí-los em um reino próprio – o reino Protozoa. A maioria dos protozoários é unicelular, mas alguns são multicelulares (colônias). Do ponto de vista taxonômico, eles podem ser classificados pelo seu modo de locomoção: as amebas movem-se por meio de pseudópodes (literalmente "pés falsos"); os flagelados movem-se por meio de flagelos semelhantes a chicotes; os ciliados movem-se por meio de cílios semelhantes a pelos. Os protozoários classificados como *Sporozoa* (esporozoários) sem pseudópodes, flagelos e cílios, e, por conseguinte, não exibem nenhuma motilidade.

> Os protozoários podem ser classificados, do ponto de vista taxonômico, pelo seu modo de locomoção. Alguns se movem por pseudópodes; outros, por flagelos; e outros, por cílios, enquanto alguns são imóveis.

Nem todos os protozoários são parasitas. Por exemplo, muitos dos de água doce (p. ex., *Paramecium* e *Stentor* spp.), que são estudados em cursos de introdução à biologia e microbiologia, não são parasitas (alguns deles são descritos no Capítulo 5, *Micróbios Eucarióticos*. Embora a maioria dos protozoários parasitas dos seres humanos sejam obrigatórios, alguns são facultativos, o que significa que são capazes de ter uma existência de vida livre, não parasitária. Entretanto, eles também podem tornar-se parasitas quando, acidentalmente, entram no corpo. As espécies de *Acantamoeba* e *Naegleria fowleri* são exemplos de parasitas facultativos. Normalmente, essas amebas de vida livre residem no solo ou na água, mas podem causar doenças graves quando têm acesso aos olhos ou à mucosa nasal, a partir da qual seguem o seu trajeto pelo nervo olfatório até o cérebro e provocam doenças que afetam o sistema nervoso central (SNC).

Como os protozoários são organismos minúsculos, as infecções causadas por eles são, com mais frequência, diagnosticadas pelo exame microscópico de amostras de líquidos corporais, tecidos ou fezes. Em geral, os esfregaços de sangue periférico são corados pelo método de Giemsa, enquanto as

> O trofozoíto é o estágio móvel, de alimentação e divisão no ciclo de vida dos protozoários, enquanto o cisto, o oocisto e o esporo são estágios dormentes. As infecções por protozoários são, com mais frequência, adquiridas pela ingestão ou inalação de estágios dormentes, ou por meio de introdução pela picada de um artrópode infectado.

amostras de fezes são coradas por tricrômico, hematoxilina férrica ou corantes álcool-acidorresistentes. As infecções por protozoários parasitas são, em sua maioria, diagnosticadas pela observação de trofozoítos, cistos, oocistos ou esporos presentes nas amostras.

O *trofozoíto* é o estágio móvel, de alimentação e divisão no ciclo de vida de um protozoário, enquanto os cistos, os oocistos e os esporos são estágios dormentes (muito semelhantes aos esporos bacterianos). As infecções por protozoários são adquiridas principalmente por ingestão ou inalação de cistos, oocistos ou esporos, ou por introdução pela picada de um artrópode infectado. Em virtude de sua natureza frágil, só raramente os trofozoítos servem como estágio infeccioso.

INFECÇÕES NOS SERES HUMANOS CAUSADAS POR PROTOZOÁRIOS

Infecções da pele causadas por protozoários

Leishmaniose

Doença. Existem três formas de leishmaniose: cutânea, mucocutânea (ou mucosa) e visceral. A forma cutânea começa com uma pápula, que aumenta e se transforma em uma úlcera semelhante a uma cratera (Figura 21.1). As úlceras isoladas podem coalescer, provocando grave destruição dos tecidos e desfiguração. A leishmaniose visceral, também conhecida como calazar, caracteriza-se por febre, aumento de tamanho do fígado e do baço, linfadenopatia, anemia, leucopenia e emaciação e fraqueza progressivas. Pode ocorrer morte nos casos não tratados.

Cuidados com o paciente. Utilizar procedimentos-padrão para indivíduos hospitalizados.

Ocorrência geográfica. A leishmaniose ocorre em muitas regiões do mundo, incluindo Paquistão, Índia, China, Oriente Médio, África, Américas do Sul e Central e México. Também houve casos no centro-sul do Texas. Estima-se que entre 1,5 e 2 milhões de pessoas tenham leishmaniose, e que cerca de 57.000 morrem anualmente da doença.

Parasitas. A leishmaniose é causada por várias espécies de protozoários flagelados do gênero *Leishmania*. A forma intracelular imóvel do parasita é denominada *amastigota*, e a extracelular móvel, *promastigota*.

> A leishmaniose é causada por várias espécies de protozoários flagelados e é comumente transmitida por meio da picada de um mosquito-palha infectado.

Reservatórios e modo de transmissão. Os reservatórios incluem seres humanos, cães domésticos e vários animais silvestres infectados. A leishmaniose é, principalmente, uma zoonose e, em geral, é transmitida por meio da picada de um mosquito-palha infectado, embora tenha sido relatada a transmissão por transfusão sanguínea e contato interpessoal.

Diagnóstico laboratorial. O diagnóstico das leishmanioses cutânea e mucocutânea é estabelecido pela identificação microscópica da forma amastigota em preparações coradas de amostras de lesões, ou por meio de cultura da forma extracelular promastigota em meios apropriados. A cultura é raramente realizada em laboratórios de microbiologia clínica. Nas preparações coradas, os amastigotas são identificados no interior de macrófagos e próximo às células rompidas. Dispõe-se também de um teste intradérmico, denominado teste de Montenegro, bem como técnicas de imunodiagnóstico e de diagnóstico molecular. No teste de Montenegro, injeta-se na pele um antígeno derivado dos promastigotas.

Infecções dos olhos causadas por protozoários

As infecções dos olhos causadas por protozoários incluem conjuntivite e ceratoconjuntivite (inflamação da córnea e da conjuntiva), que são causadas por amebas do gênero *Acanthamoeba*, além de toxoplasmose, provocada pelo

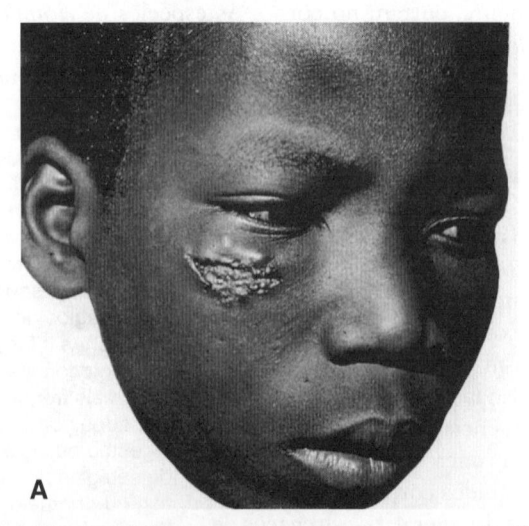
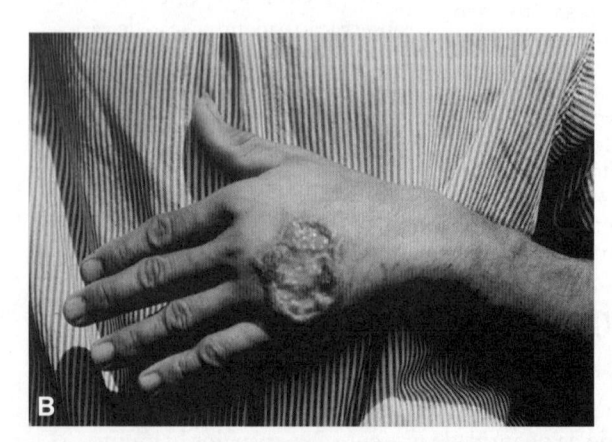

Figura 21.1 Pacientes com leishmaniose cutânea. (De [A] Binford CH, Connor DH. *Pathology of tropical and extraordinary diseases.* v. 1. Washington, DC: Armed Forces Institute of Pathology; 1976. [B] Disponibilizada pelo Dr. DS Martin e CDC.) (Esta figura encontra-se reproduzida em cores no Encarte.)

esporozoário *Toxoplasma gondii*. Embora a toxoplasmose seja descrita nesta seção do capítulo, existem muitas manifestações além das oculares. Estas ocorrem principalmente em pacientes imunossuprimidos, nos quais a infecção pode levar à remoção do bulbo do olho infectado (enucleação). A conjuntivite e a ceratoconjunvite amebianas também podem resultar em enucleação. A Tabela 21.2 fornece informações sobre essas doenças.

Infecções do trato gastrintestinal causadas por protozoários

> O maior surto transmitido pela água ocorrido nos EUA foi causado pelo *Cryptosporidium parvum*, um protozoário parasita.

Entre as numerosas infecções do trato gastrintestinal causadas por protozoários, apenas a amebíase, a balantidíase, a criptosporidiose, a ciclosporíase e a giardíase são discutidas neste capítulo. Conforme assinalado anteriormente, as últimas três são doenças infecciosas de notificação compulsória nos EUA. A Figura 21.2 e a Tabela 21.3 fornecem informações sobre as infecções do trato gastrintestinal causadas por protozoários.

Infecções do trato geniturinário causadas por protozoários

Tricomoníase

Doença. A tricomoníase é uma doença sexualmente transmissível causada por protozoário, que afeta tanto homens quanto mulheres. Em geral, é sintomática nas mulheres, causando vaginite com secreção profusa, rala, espumosa, fétida e de coloração verde-amarelada. Foi estimado que a tricomoníase seja responsável por aproximadamente um terço dos casos de vaginite nos EUA (outro terço é causado por *Candida albicans*, e o outro, por bactérias). Nas mulheres, a tricomoníase também pode manifestar-se como uretrite ou cistite. Embora seja raramente sintomática nos homens, pode levar à prostatite, uretrite ou infecção das glândulas seminais. Com frequência, os indivíduos com tricomoníase também apresentam outras doenças sexualmente transmissíveis, em particular gonorreia.

> A tricomoníase é causada por um protozoário flagelado, denominado *Trichomonas vaginalis*, que é transmitido por contato direto com secreções vaginais e uretrais de pessoas infectadas. Geralmente é sintomática nas mulheres e assintomática nos homens.

Tabela 21.2 Infecções dos olhos causadas por protozoários.

Doença	Informação adicional
Infecções oculares causadas por amebas. A conjuntivite e a ceratoconjuntivite ameabianas são infecções causadas por amebas, que provocam inflamação da conjuntiva, úlceras da córnea, formação de pus e dor intensa, podendo levar à perda da visão. O processo mórbido é mais rápido na presença de lesões da córnea **Cuidados com o paciente**. Utilizar precauções-padrão para indivíduos hospitalizados **Ocorrência geográfica**. As infecções oculares amebianas ocorrem em muitos países de todos os continentes	**Parasitas**. As infecções oculares amebianas são causadas por várias espécies de amebas do gênero *Acanthamoeba*. Como elas são capazes de ter uma existência tanto de vida livre quanto parasitária, são designadas como parasitas facultativos **Reservatórios e modo de transmissão**. As amebas entram no olho a partir de água contaminada com elas. Ocorrem infecções principalmente em usuários de lentes de contato gelatinosas e em pessoas que usam soluções de limpeza ou umidificadoras feitas em casa e não estéreis, ou que se infectam em balneários ou banheiras de água quente contaminados por amebas **Diagnóstico laboratorial**. As infecções oculares amebianas são diagnosticadas pelo exame microscópio de raspados, *swabs* ou aspirados dos olhos, ou por culturas em meios semeados com *Escherichia coli* ou outro membro da família Enterobacteriaceae. As bactérias no meio servem como alimento para as amebas
Toxoplasmose. É uma infecção sistêmica por esporozoário que, em indivíduos imunocompetentes, pode ser assintomática ou assemelhar-se à mononucleose infecciosa. Entretanto, pode ocorrer doença grave e até mesmo morte em pacientes imunodeficientes. Normalmente, ela acomete o sistema nervoso central, os olhos (coriorretinite), os pulmões, os músculos ou o coração. A toxoplasmose cerebral é comum em pacientes com AIDS. No início da gestação, pode resultar em infecção fetal, causando morte do feto ou graves defeitos congênitos, como lesão cerebral **Cuidados com o paciente**. Utilizar precauções-padrão para indivíduos hospitalizados **Ocorrência geográfica**. A toxoplasmose ocorre em todo o mundo	**Patógeno**. A toxoplasmose é causada pelo *Toxoplasma gondii*, um esporozoário intracelular **Reservatórios e modo de transmissão**. Os hospedeiros definitivos incluem gatos e outros felinos, que geralmente adquirem a infecção comendo roedores ou aves infectados. Os hospedeiros intermediários incluem roedores, aves, ovinos, caprinos, suínos e gado bovino. Em geral, os seres humanos tornam-se infectados pelo consumo de carne crua ou mal cozida (em geral, carne de porco ou de carneiro) contendo a forma cística do parasita, ou pela ingestão de oocistos que foram eliminados nas fezes de gatos infectados, os quais também podem estar presentes na água ou em alimentos contaminados por fezes felinas. As crianças podem ingerir oocistos a partir de caixas de areia contendo fezes de gatos contaminados. A infecção também pode ser adquirida por via transplacentária, por transfusão sanguínea ou por transplante de órgãos **Diagnóstico laboratorial**. A toxoplasmose é normalmente diagnosticada por meio de técnicas de imunodiagnóstico. Outros métodos incluem a demonstração do parasita em tecidos ou líquidos corporais corados, obtidos por biopsia ou na necropsia

AIDS, síndrome da imunodeficiência adquirida.

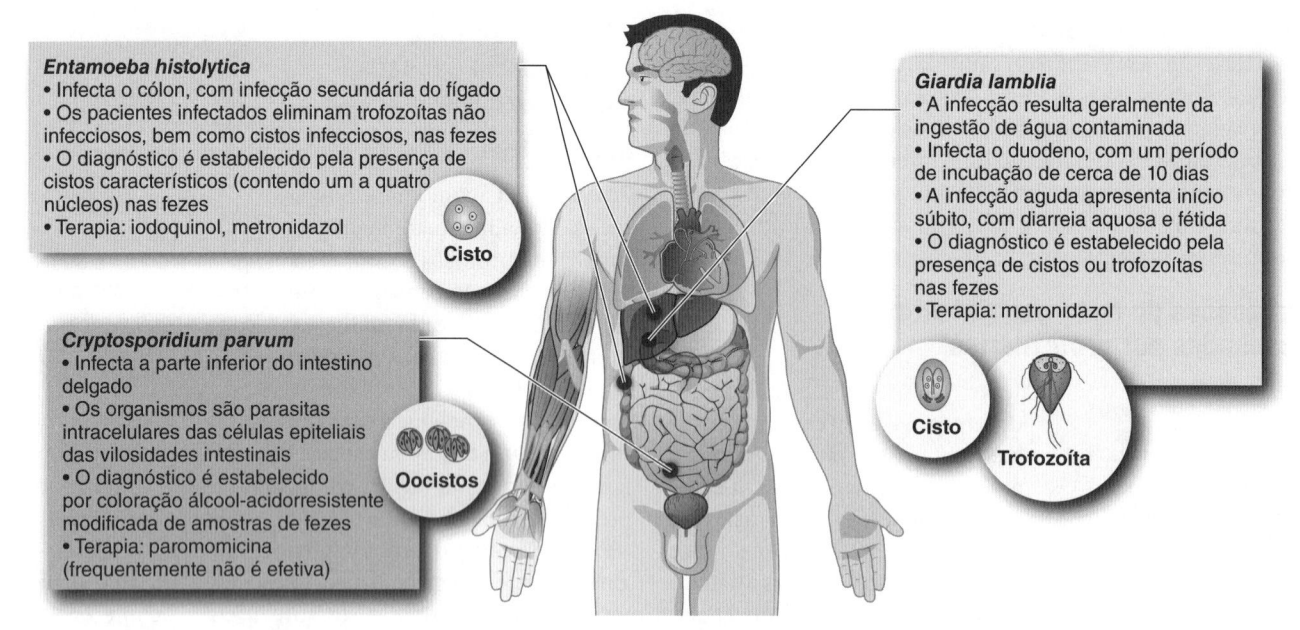

Entamoeba histolytica
- Infecta o cólon, com infecção secundária do fígado
- Os pacientes infectados eliminam trofozoítas não infecciosos, bem como cistos infecciosos, nas fezes
- O diagnóstico é estabelecido pela presença de cistos característicos (contendo um a quatro núcleos) nas fezes
- Terapia: iodoquinol, metronidazol

Cisto

Giardia lamblia
- A infecção resulta geralmente da ingestão de água contaminada
- Infecta o duodeno, com um período de incubação de cerca de 10 dias
- A infecção aguda apresenta início súbito, com diarreia aquosa e fétida
- O diagnóstico é estabelecido pela presença de cistos ou trofozoítas nas fezes
- Terapia: metronidazol

Cryptosporidium parvum
- Infecta a parte inferior do intestino delgado
- Os organismos são parasitas intracelulares das células epiteliais das vilosidades intestinais
- O diagnóstico é estabelecido por coloração álcool-acidorresistente modificada de amostras de fezes
- Terapia: paromomicina (frequentemente não é efetiva)

Oocistos

Cisto **Trofozoíta**

Figura 21.2 Três infecções do trato gastrintestinal causadas por protozoários. (Redesenhada de Harvey RA *et al. Lippincott's illustrated reviews: microbiology*. 2nd ed. Philadelphia, PA: Lippincott Williams & Wilkins; 2007.)

Tabela 21.3 Infecções do trato gastrintestinal causadas por protozoários.

Doença	Informação adicional
Amebíase. Amebíase ou disenteria amebiana é uma infecção gastrintestinal causada por protozoários, que pode ser assintomática, leve ou grave e, com frequência, acompanhada de disenteria, febre, calafrios, diarreia sanguinolenta ou mucoide ou constipação intestinal e colite. As amebas podem invadir as membranas mucosas do cólon, formando abscessos e amebomas. Estes são granulomas que, algumas vezes, podem ser confundidos com carcinomas. As amebas também podem disseminar-se pela corrente sanguínea até locais extraintestinais, levando à formação de abscessos no fígado, nos pulmões, no cérebro e em outros órgãos. Dependendo de sua localização, os abscessos amebianos extraintestinais, quando não tratados, podem ser fatais **Cuidados com o paciente**. Utilizar precauções-padrão para indivíduos hospitalizados **Ocorrência geográfica**. A amebíase ocorre em todo o mundo	**Parasita**. A amebíase é causada pela *Entamoeba histolytica*. À semelhança de todas as amebas, esta apresenta dois estágios: o de cisto, que é a fase dormente infecciosa, e o de trofozoíta móvel, metabolicamente ativo e de reprodução **Reservatórios e modo de transmissão**. Os reservatórios incluem seres humanos sintomáticos e assintomáticos, além de água e alimentos contaminados com fezes. A transmissão pode ocorrer de várias maneiras: pela ingestão de água ou alimentos contaminados por fezes contendo cistos; por moscas que transportam cistos das fezes para o alimento; por meio das mãos sujas de fezes de cozinheiros infectados; por contato sexual oral-anal; ou por relação sexual anal **Diagnóstico laboratorial**. A disenteria amebiana é diagnosticada pela observação microscópica de trofozoítas e/ou cistos de *E. histolytica* em esfregaços corados de amostras de fezes. Os trofozoítas e os cistos de amebas medem apenas 1 ou 2 μm de diâmetro; portanto, a sua detecção é difícil em esfregaços corados permanentes de material fecal. É também necessário que os profissionais de microbiologia sejam capazes de diferenciar a *E. histolytica* de outras amebas intestinais patogênicas e não patogênicas. A presença de eritrócitos no interior dos trofozoítas indica amebíase invasiva. Para estabelecer o diagnóstico, pode-se utilizar também um ensaio de diagnóstico molecular como parte de painel para síndrome
Balantidíase. É uma infecção gastrintestinal do cólon causada por protozoário, que provoca diarreia ou disenteria, cólica, náuseas e vômitos **Cuidados com o paciente**. Utilizar precauções-padrão para indivíduos hospitalizados **Ocorrência geográfica**. Embora seja observada mundialmente, a balantidíase é rara nos EUA	**Parasita**. A balantidíase é causada pelo *Balantidium coli*, um protozoário ciliado (ver Figura 5.6, Capítulo 5, *Micróbios Eucarióticos*). O *B. coli* é o único ciliado que provoca doença em seres humanos. A balantidíase ocorre mais comumente em suínos do que em seres humanos **Reservatórios e modo de transmissão**. Os reservatórios incluem suínos ou qualquer meio que possa ser contaminado com fezes de porcos, como água potável. A transmissão ocorre, com mais frequência, pela ingestão de cistos de *B. coli* em água ou alimentos contaminados com fezes **Diagnóstico laboratorial**. A balantidíase é diagnosticada pela observação e identificação de trofozoítas ou cistos de *B. coli* em amostras de fezes, que também podem conter sangue e muco. *B. coli* é o maior protozoário que infecta seres humanos

(continua)

Tabela 21.3 Infecções do trato gastrintestinal causadas por protozoários. *(continuação)*	
Doença	**Informação adicional**
Criptosporidiose. É uma infecção gastrintestinal causada por protozoários coccídeos, que são esporozoários. A doença pode ser assintomática ou causar diarreia, cólica e dor abdominal. Os sintomas menos comuns consistem em mal-estar, febre, anorexia, náuseas e vômitos. A doença pode ser prolongada, fulminante e fatal em pacientes imunossuprimidos. Crianças com menos de 2 anos de idade, tratadores de animais, viajantes, homossexuais e profissionais em creches têm tendência particular a se tornarem infectados. Os surtos em creches são comuns e também têm sido associados a água potável, água de uso recreativo e sucos de maçã não pasteurizados contaminados com fezes de gato **Cuidados com o paciente.** Utilizar precauções-padrão para indivíduos hospitalizados e adicionar precauções de contato para pacientes que utilizam fraldas ou que apresentam incontinência **Ocorrência geográfica.** Essa doença tem sido relatada em todo o mundo. O maior surto transmitido pela água que já ocorreu nos EUA foi o de 1993, em Milwaukee, WI, que acometeu mais de 400.000 pessoas	**Parasita.** A criptosporidiose resulta da ingestão de oocistos de *Cryptosporidium parvum*, um coccídeo (outros coccídeos parasitas de seres humanos incluem espécies dos gêneros *Cyclospora*, *Isospora* e *Sarcocystis*) **Reservatórios e modo de transmissão.** Os reservatórios incluem seres humanos infectados, gado bovino e outros animais domésticos. A transmissão ocorre por via fecal-oral, de pessoa para pessoa, de animais para pessoas ou pela ingestão de água ou alimentos contaminados **Diagnóstico laboratorial.** A criptosporidiose pode ser diagnosticada pela observação microscópica de pequenos oocistos (4 a 6 μm de diâmetro) álcool-acidorresistentes em esfregaços corados de amostras de fezes. Dispõe-se também de técnicas de imunodiagnóstico sensíveis e específicas. Para estabelecer o diagnóstico, pode-se utilizar também um ensaio de diagnóstico molecular como parte de um painel para síndrome
Ciclosporíase. É uma infecção gastrintestinal por coccídeo, que causa diarreia aquosa (seis ou mais evacuações por dia), náuseas, anorexia, cólica abdominal, fadiga e perda de peso. A diarreia tem duração de 9 a 43 dias em pacientes imunocompetentes, podendo persistir por meses em imunocomprometidos **Cuidados com o paciente.** Utilizar precauções-padrão para indivíduos hospitalizados **Ocorrência geográfica.** A ciclosporíase tem sido diagnosticada na Ásia, no Caribe, México, Peru e EUA	**Parasita.** A ciclosporíase resulta da ingestão de oocistos de *Cyclospora cayetanensis*, um coccídeo **Reservatórios e modo de transmissão.** Os reservatórios incluem fontes de água contaminadas com fezes e produtos que foram lavados com água contaminada com fezes. A transmissão ocorre principalmente pela água; entretanto, ocorreram surtos em consequência do consumo de framboesas, manjericão e alface contaminados **Diagnóstico laboratorial.** O diagnóstico de ciclosporíase é estabelecido pela observação microscópica dos oocistos álcool-acidorresistentes de 8 a 9 μm de diâmetro, que têm aproximadamente duas vezes o tamanho dos oocistos de *Cryptosporidium*. Os oocistos autofluorescem, emitindo uma coloração verde brilhante a azul intensa sob fluorescência ultravioleta quando examinados com o uso de filtros apropriados. Para o estabelecimento do diagnóstico, pode-se utilizar também um ensaio de diagnóstico molecular como parte de um painel para síndrome
Giardíase. É uma infecção do duodeno (parte superior do intestino delgado) causada por protozoário e pode ser assintomática, leve ou grave. Os pacientes apresentam diarreia, esteatorreia (fezes moles, pálidas, fétidas e gordurosas), cólicas abdominais, distensão, gases abdominais, fadiga e, possivelmente, perda de peso **Cuidados com o paciente.** Utilizar precauções-padrão para indivíduos hospitalizados. Adicionar precauções de contato para pacientes que utilizam fraldas ou que apresentam incontinência **Ocorrência geográfica.** Essa doença é de ocorrência mundial	**Patógeno.** A giardíase é causada pela *Giardia lamblia* (também denominada *Giardia intestinalis*), um protozoário flagelado (Figura 21.3). Os trofozoítas aderem ao revestimento mucoso do duodeno por meio de uma ventosa ventral. Os trofozoítas e/ou os cistos são eliminados nas fezes **Reservatórios e modo de transmissão.** Os reservatórios incluem seres humanos infectados, possivelmente castores e outros animais silvestres e domésticos que tenham consumido água contendo cistos de *Giardia*, além de água potável e água recreativa contaminadas com fezes. A doença ocorre comumente em creches. A transmissão ocorre por via fecal-oral, geralmente pela ingestão de cistos em água ou alimentos contaminados por fezes; ou de pessoa para pessoa, por meio de mãos contaminadas levadas até a boca (como ocorre em creches). Grandes surtos comunitários resultaram da ingestão de água tratada, mas não filtrada. A filtração é necessária, visto que as concentrações de cloro utilizadas no tratamento habitual da água não matam os cistos de *Giardia*, particularmente na água fria. Surtos menores envolveram alimentos contaminados, transmissão de pessoa para pessoa em creches e água recreativa contaminada por fezes (p. ex., piscinas para natação e piscinas de criança)

(continua)

Tabela 21.3 Infecções do trato gastrintestinal causadas por protozoários. *(continuação)*	
Doença	**Informação adicional**
	Diagnóstico laboratorial. A giardíase é comumente diagnosticada pela observação microscópica de trofozoítas e/ou cistos em esfregaços corados de amostras de fezes ou aspirados duodenais. O trofozoíta de *Giardia* característico, em forma de gota, contém dois núcleos, dando-lhe a aparência de uma face (Figura 21.3). Parece estar olhando para a pessoa que o observa ao microscópio. Ele tem sido descrito como semelhante à face de uma coruja, ao rosto de um palhaço ou a um homem idoso utilizando óculos. Dispõe-se também de técnicas de imunodiagnóstico. Para estabelecer o diagnóstico, pode-se utilizar ainda um ensaio de diagnóstico molecular como parte de um painel para síndrome. Outras fotografias de *Giardia* podem ser encontradas nos Capítulos 5, *Micróbios Eucarióticos*, e 15, *Mecanismos Inespecíficos de Defesa do Hospedeiro*

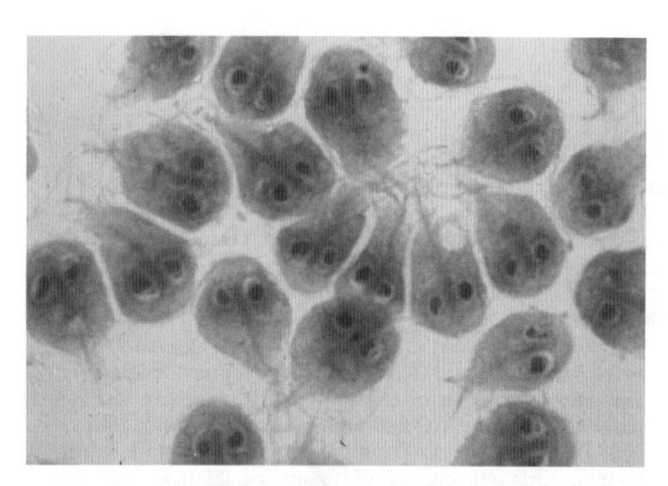

Figura 21.3 Trofozoítas corados de *Giardia lamblia*, cultivados em um laboratório de pesquisa. Esses trofozoítas, que medem 10 a 20 μm de comprimento por 5 a 15 μm de largura, são identificados com facilidade em amostras de fezes examinadas ao microscópio. Seus dois núcleos ovais se assemelham a olhos. Ao se observar um trofozoíta de *Giardia* ao microscópio, parece que está olhando para o observador. (Disponibilizada por Biomed Ed., Round Rock, TX.) (Esta figura encontra-se reproduzida em cores no Encarte.)

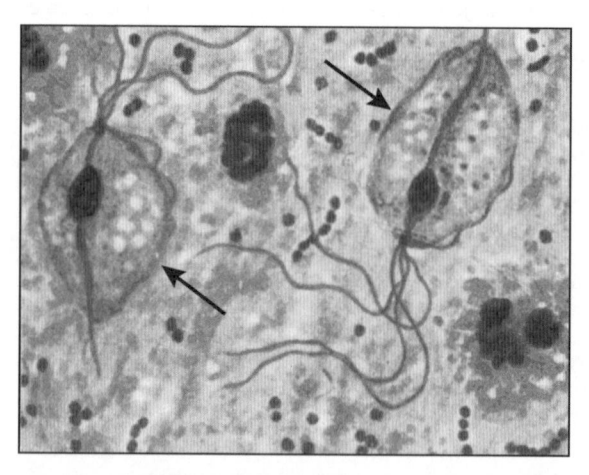

Figura 21.4 *Trichomonas vaginalis* e cocos gram-positivos, para comparação de tamanho. Os trofozoítas de *T. vaginalis* (*setas*) são fáceis de reconhecer em uma preparação a fresco em solução salina de uma amostra recém-coletada, pois seus flagelos e a membrana ondulante fazem com que eles estejam em constante movimento. Entretanto, quando morrem, tornam-se esféricos e não podem ser diferenciados dos leucócitos. (De Harvey RA *et al. Lippincott's illustrated reviews: microbiology*. 3rd ed. Philadelphia, PA: Lippincott Williams & Wilkins; 2013.) (Esta figura encontra-se reproduzida em cores no Encarte.)

Cuidados com o paciente. Utilizar precauções-padrão para indivíduos hospitalizados.

Ocorrência geográfica. A tricomoníase é de alcance mundial.

Parasita. A doença é causada por *T. vaginalis*, um flagelado.

Reservatórios e modo de transmissão. Os seres humanos infectados servem como reservatório. Ocorre transmissão por contato direto com secreções vaginais e uretrais de indivíduos infectados durante a relação sexual. Como esse organismo só existe no estágio de trofozoíta frágil (não há estágio de cisto), ele não pode sobreviver por muito tempo fora do corpo humano.

Diagnóstico laboratorial. A vaginite causada por *T. vaginalis* pode ser diagnosticada por exame de material de secreção vaginal recém-coletado em preparação a fresco com solução salina (descrita no Apêndice 5, "Procedimentos de Microbiologia Clínica", disponível no material suplementar *online*) e identificação dos trofozoítas móveis (Figura 21.4). Dispõe-se também de procedimentos de cultura; todavia, são raramente realizados nos laboratórios de microbiologia clínica. Algumas vezes, os trofozoítas de *T. vaginalis* são observados em amostras de urina e em esfregaços de Papanicolau. Nos homens, o diagnóstico de tricomoníase pode ser estabelecido pelo exame de uma preparação a fresco com solução salina das secreções da uretra ou da próstata. Recentemente, um ensaio de

A malária é uma das doenças infecciosas de maior importância no mundo. Os seres humanos tornam-se infectados após a introdução dos esporozoítas na corrente sanguínea por uma fêmea do mosquito *Anopheles*.

diagnóstico molecular tornou-se disponível para o diagnóstico de tricomoníase em ambos os sexos, frequentemente em associação com teste para clamídias e gonorreia.

Infecções do sistema circulatório causadas por protozoários

A Tabela 21.4 fornece informações sobre infecções do sistema circulatório causadas por protozoários.

Auxílio ao estudo
"Percevejos" ("*bugs*")

Algumas pessoas se referem a todos os insetos ou à sua maioria como percevejos; porém, apenas uma categoria (classe Insecta) realmente contém percevejos. Tecnicamente, os verdadeiros pertencem à ordem Hemiptera, na qual estão incluídos os percevejos de cama, os percevejos reduvídeos, vários tipos de percevejos de água e muitos percevejos de plantas.

Tabela 21.4 Infecções do sistema circulatório causadas por protozoários.

Doença	Informação adicional
Tripanossomíase africana (doença do sono africana). É uma doença sistêmica causada por protozoários flagelados na corrente sanguínea, conhecidos como hemoflagelados. Seus estágios iniciais se caracterizam por um cancro doloroso no local de picada da mosca tsé-tsé, febre, cefaleia intensa, insônia, linfadenite, anemia, edema local e exantema. Os estágios mais avançados da doença consistem em perda de massa corporal, sonolência, coma e morte, se não for tratada, e foram essas características que conferiram o nome "doença do sono africana" ou, simplesmente, "doença do sono" **Cuidados com o paciente.** Utilizar precauções-padrão para indivíduos hospitalizados **Ocorrência geográfica.** A tripanossomíase africana é transmitida pela mosca tsé-tsé (do gênero *Glossina*), de modo que a doença só ocorre na África tropical, onde essas moscas são encontradas. Estima-se que mais de 300.000 pessoas tenham tripanossomíase africana, e que cerca de 66.000 morrem anualmente da doença	**Patógenos.** Duas subespécies de *Trypanosoma brucei* causam a tripanossomíase africana. O *Trypanosoma brucei* spp., nas Áfricas Ocidental e Central, é responsável pela maioria dos casos de doença do sono, que pode ter uma duração de vários anos. O *Trypanosoma brucei* spp. *rhodesiense*, na África Oriental, provoca uma forma mais rapidamente fatal de tripanossomíase africana, que geralmente é letal dentro de poucas semanas ou alguns meses sem tratamento **Reservatórios e modo de transmissão.** Os seres humanos infectados servem como reservatório do *T. brucei* spp. *gambiense*, enquanto os animais silvestres e o gado bovino constituem os principais reservatórios de *T. brucei* spp. *rhodesiense*. As moscas tsé-tsé tornam-se infectadas quando ingerem sangue que contém os tripanossomas. Em seguida, os parasitas multiplicam-se e amadurecem no interior delas. Os seres humanos tornam-se infectados quando os tripanossomas maduros (tripomastigotas) são injetados na corrente sanguínea no momento em que as moscas tsé-tsé infectadas se alimentam de sangue **Diagnóstico laboratorial.** A tripanossomíase africana é diagnosticada pela observação e identificação dos tripomastigotas no sangue, em aspirados de linfonodos ou amostras de líquido cerebrospinal (Figura 21.5). Dispõe-se também de técnicas de imunodiagnóstico
Tripanossomíase americana (doença de Chagas). É conhecida como doença de Chagas em homenagem a Carlos Chagas, que descreveu o ciclo de vida completo do *Trypanosoma cruzi* em 1909. No estágio agudo da doença, os pacientes podem apresentar uma resposta inflamatória no local de picada do barbeiro, com febre, mal-estar, linfadenopatia, *hepatomegalia* (aumento de tamanho do fígado) e esplenomegalia (aumento de tamanho do baço), embora a doença possa ser assintomática. As complicações crônicas irreversíveis consistem em lesão cardíaca, arritmias e aumento do esôfago (megaesôfago) e do cólon (megacólon). Pode ocorrer meningoencefalite potencialmente fatal **Cuidados com o paciente.** Utilizar precauções-padrão para indivíduos hospitalizados **Ocorrência geográfica.** A doença de Chagas ocorre principalmente na América do Sul, América Central e no México, embora alguns casos tenham sido relatados nos EUA (por picada de percevejo ou transfusão sanguínea). Devido ao número crescente de pessoas infectadas provenientes de áreas endêmicas que entram nos EUA, a preocupação nesse país está crescendo quanto à segurança dos suprimentos de sangue. Estima-se que entre 16 e 18 milhões de pessoas tenham doença de Chagas, e que cerca de 50.000 morram anualmente em consequência da doença	**Parasita.** O agente etiológico da tripanossomíase americana é o *T. cruzi*, que ocorre em dois estágios: um parasita hemoflagelado (forma tripomastigota) e um intracelular imóvel (forma amastigota) **Reservatórios e modo de transmissão.** Os reservatórios incluem seres humanos infectados e mais de 150 espécies de animais domésticos e silvestres, incluindo cães, gatos, roedores, carnívoros e primatas. Os vetores da tripanossomíase americana consistem em percevejos bastante grandes (ver boxe "Auxílio ao estudo: Percevejos"). São conhecidos por diversos nomes, incluindo percevejos reduvídeos, triatomas, barbeiros e percevejos "cone-nosed". Eles tornam-se infectados ao se alimentarem do sangue de um animal infectado e, posteriormente, quando se alimentam de sangue no canto dos olhos de uma pessoa que esteja dormindo, os insetos defecam. A pessoa torna-se infectada ao esfregar as fezes do inseto (que contém o parasita) na picada ou nos olhos. O edema unilateral característico da pálpebra que ocorre após o *T. cruzi* ser esfregado nos olhos é denominado sinal de Romaña. Ocorre também transmissão pela transfusão de sangue e pelo transplante de órgãos

(*continua*)

Tabela 21.4 Infecções do sistema circulatório causadas por protozoários. (*continuação*)

Doença	Informação adicional
	Diagnóstico laboratorial. A tripanossomíase americana é diagnosticada pela observação dos tripomastigotas no sangue (Figura 21.6) ou amastigotas no tecido (particularmente o cardíaco), ou em biopsias de linfonodos. Dispõe-se também de técnicas de imunodiagnóstico e de diagnóstico molecular. Realiza-se o xenodiagnóstico nos países endêmicos. Nessa técnica, barbeiros estéreis (não infectados) que foram criados em laboratório são deixados para se alimentar em indivíduos com suspeita de doença de Chagas (a picada é indolor). Em seguida, os percevejos são levados ao laboratório, onde suas fezes são periodicamente examinadas ao microscópio à procura do parasita
Babesiose. É uma doença causada por esporozoário, que pode consistir em febre, calafrios, mialgia, fadiga, icterícia e anemia. É potencialmente grave e, algumas vezes, fatal, particularmente em indivíduos submetidos a esplenectomia ou idosos. Os pacientes podem ser simultaneamente infectados pela *Borrelia burgdorferi*, a bactéria causadora da doença de Lyme, que é transmitida pela mesma espécie de carrapato **Cuidados com o paciente**. Utilizar precauções-padrão para indivíduos hospitalizados **Ocorrência geográfica**. A babesiose é uma doença endêmica em muitas partes do mundo, incluindo na Europa, no México e nos EUA. Neste último, a maioria dos casos é observada em Nova York e Nova Inglaterra	**Parasitas**. A babesiose é causada pela *Babesia microti* e por outras espécies de *Babesia*, incluindo *Babesia divergens* na Europa. À semelhança dos parasitas causadores da malária, as espécies de *Babesia* são esporozoários intraeritrocitários (vivem no interior dos eritrócitos) **Reservatórios e modo de transmissão**. Os reservatórios incluem roedores para a *B. microti* e gado bovino para a *B. divergens*. A transmissão ocorre pela picada do carrapato e, raramente, por transfusão sanguínea **Diagnóstico laboratorial**. A babesiose é diagnosticada pela observação e identificação de *Babesia* intraeritrocitária em esfregaços de sangue corados pelo método de Giemsa. Esses parasitas se assemelham às "formas em anéis" precoces dos parasitas da malária (particularmente *Plasmodium falciparum*) e, portanto, precisam ser diferenciados dos causadores da malária. Dispõe-se de técnicas de imunodiagnóstico e de diagnóstico molecular
Malária. É uma infecção sistêmica causadas por esporozoários, com mal-estar, febre, calafrios, sudorese, cefaleia e náuseas. A frequência com que o ciclo de calafrios, febre e sudorese se repete é designada como periodicidade, que depende da espécie específica do parasita que está causando a infecção. Os episódios intermitentes de calafrios e febre são, algumas vezes, denominados paroxismos. Além desses sintomas, a malária por *P. falciparum* pode ser acompanhada de tosse, diarreia, desconforto respiratório, choque, insuficiência renal e hepática, edema pulmonar e cerebral, coma e morte. **Cuidados com o paciente**. Utilizar precauções-padrão para indivíduos hospitalizados **Ocorrência geográfica**. A malária é uma das doenças infecciosas mais importantes no mundo. Trata-se de um relevante problema de saúde em muitos países tropicais e subtropicais, com uma estimativa de 300 a 500 milhões de casos e 1,5 a 2,7 milhões de mortes por ano. Cerca de 90% de todos os registros de malária ocorrem na África, onde aproximadamente 1 milhão de crianças morre dessa doença a cada ano. Nos EUA, a malária é uma doença infecciosa de notificação compulsória. A maioria dos casos é importada, o que significa que a doença foi adquirida fora do país. Entretanto, a cada ano há alguns registros de malária não importados, transmitidos por mosquitos	**Parasitas**. A malária humana é causada por quatro espécies do gênero *Plasmodium*: *Plasmodium vivax* (mais comum), *P. falciparum* (mais fatal), *Plasmodium malariae* e *Plasmodium ovale*. Trata-se de esporozoários parasitas intraeritrocitários. A infecção por *P. vivax* e *P. ovale* resulta em calafrios e febre a cada 48 horas e é designada como malária terçã. A infecção por *P. malariae* causa calafrios e febre a cada 72 horas e é denominada malária quartã. A periodicidade do *P. falciparum* varia de 36 a 48 horas. Em certas regiões geográficas, ocorrem infecções mistas, isto é, que envolvem mais de uma espécie de *Plasmodium*. As cepas de *P. vivax* e *P. falciparum* resistentes a fármacos são comuns. As espécies de *Plasmodium* têm um complexo ciclo de vida, envolvendo a fêmea do mosquito *Anopheles*, o fígado e os eritrócitos do ser humano infectado, além de muitos estágios (Figura 21.7) **Reservatórios e modo de transmissão**. Os seres humanos e os mosquitos infectados servem como reservatórios. A maioria das infecções humanas ocorre em consequência da entrada de esporozoítas na circulação sanguínea por uma fêmea infectada do mosquito *Anopheles* enquanto se alimenta de sangue. A infecção também pode ocorrer em função de transfusão sanguínea ou do uso de agulhas e seringas contaminadas com sangue infectado **Diagnóstico laboratorial**. A malária é diagnosticada pela observação e identificação dos parasitas intraeritrocitários do gênero *Plasmodium* em esfregaços de sangue corados pelo método de Giemsa (Figura 21.8). Dispõe-se também de técnicas de imunodiagnóstico e de diagnóstico molecular

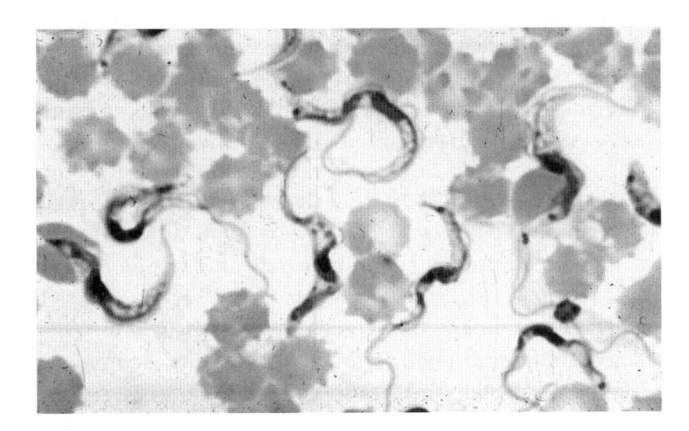

Figura 21.5 Tripomastigotas do *Trypanosoma brucei* em um esfregaço de sangue periférico corado de um paciente com tripanossomíase africana. Os tripomastigotas do *T. brucei* medem 14 a 33 µm de comprimento por 1,5 a 3,5 µm de largura. (De Procop G *et al. Koneman's color atlas and textbook of diagnostic microbiology*. 7th ed. Philadelphia, PA: Wolters Kluwer; 2017.) (Esta figura encontra-se reproduzida em cores no Encarte.)

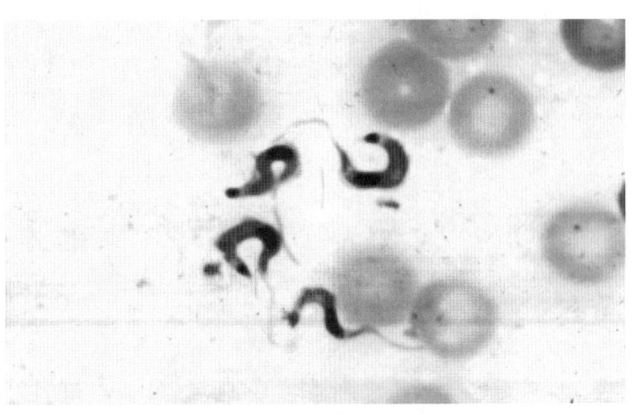

Figura 21.6 Tripomastigotas do *Trypanosoma cruzi* em um esfregaço de sangue periférico corado de um paciente com tripanossomíase americana (doença de Chagas). Entre os eritrócitos, podem-se observar vários tripomastigotas de *T. cruzi*, com a sua forma típica em "C". (De Procop G *et al. Koneman's color atlas and textbook of diagnostic microbiology*. 7th ed. Philadelphia, PA: Wolters Kluwer; 2017.) (Esta figura encontra-se reproduzida em cores no Encarte.)

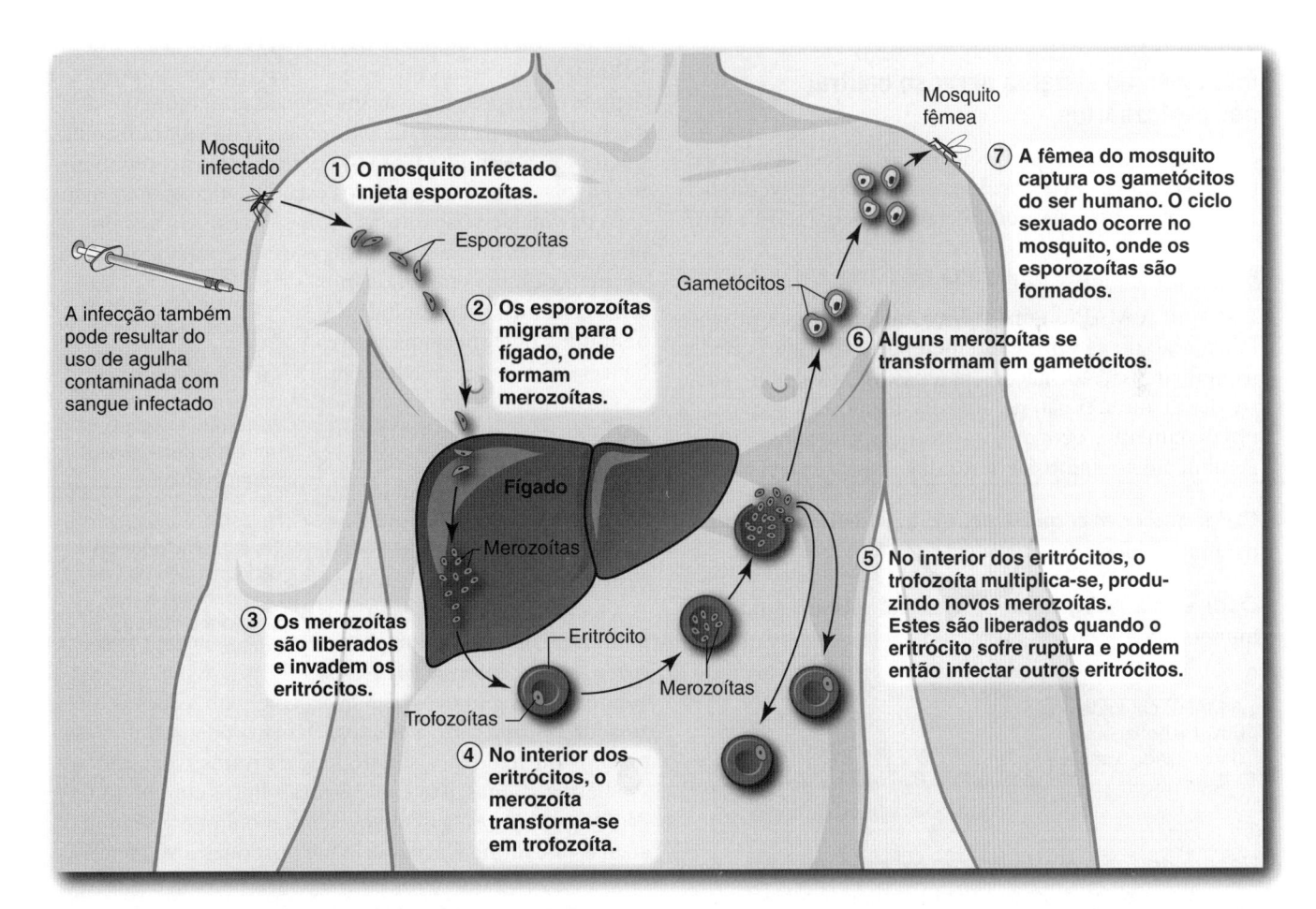

Figura 21.7 Ciclo de vida dos parasitas da malária. Os seres humanos tornam-se infectados quando uma fêmea do mosquito *Anopheles* injeta esporozoítas enquanto está se alimentando de sangue. Os mosquitos ficam infectados quando ingerem gametócitos masculinos e femininos (pelo menos um de cada) enquanto se alimentam de sangue. (Redesenhada de Harvey RA *et al. Lippincott's illustrated reviews: microbiology*. 3rd ed. Philadelphia, PA: Lippincott Williams & Wilkins; 2013.)

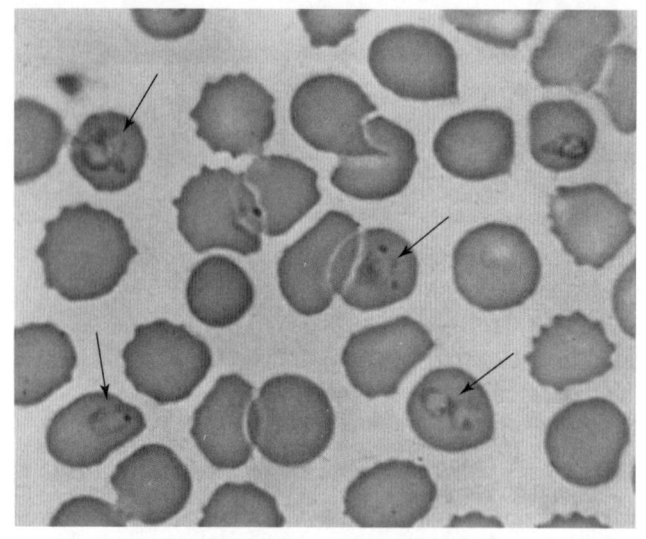

Figura 21.8 Esfregaço de sangue periférico corado pelo método de Giemsa, mostrando trofozoítas do *Plasmodium falciparum* (setas) no interior dos eritrócitos. (De Binford CH, Connor DH. *Pathology of tropical and extraordinary diseases.* v. 1. Washington, DC: Armed Forces Institute of Pathology; 1976.) (Esta figura encontra-se reproduzida em cores no Encarte.)

Infecções do sistema nervoso central por protozoários

As infecções do SNC por protozoários incluem a toxoplasmose (ver Tabela 21.2), os abscessos amebianos (ver Tabela 21.3), a tripanossomíase africana (ver Tabela 21.4) e a MAP.

Meningoencefalite amebiana primária

Doença. A MAP é uma doença amebiana, que provoca inflamação do cérebro e das meninges, faringite, cefaleia frontal intensa, alucinações, náuseas, vômitos, febre alta e rigidez de nuca. A não ser que seja diagnosticada e tratada imediatamente, ocorre a morte nos primeiros 10 dias, geralmente no quinto ou sexto dia.

Cuidados com o paciente. Utilizar precauções-padrão para indivíduos hospitalizados.

Ocorrência geográfica. A MAP foi relatada em todo o mundo.

> A MAP é causada por um ameboflagelado denominado *Naegleria fowleri*.

Parasita. A MAP é causada por *N. fowleri*, um ameboflagelado.[a] As amebas dos gêneros *Acanthamoeba* e *Balamuthia* podem causar condições semelhantes.

Reservatórios e modo de transmissão. A água e o solo servem como reservatórios. Em geral, as amebas entram pelas vias nasais de um indivíduo que está mergulhando e/ou

---

[a] A *N. fowleri* é classificada como ameboflagelado, visto que o seu ciclo de vida consiste em três estágios: trofozoíta, um estágio flagelado temporário conhecido como ameboflagelado, e cisto.

nadando em água contaminada com amebas, como lagoas, lagos, a "velha piscina", fontes termais, banheiras de água quente, balneários e piscinas públicas. Após a colonização do tecido nasal, as amebas invadem o cérebro e as meninges, seguindo o seu trajeto ao longo dos nervos olfatórios.

Diagnóstico laboratorial. O diagnóstico de MAP pode ser, algumas vezes, estabelecido por meio de exame microscópico de preparações a fresco de amostra de líquido cerebrospinal (LCS). Entretanto, como são incolores e transparentes, as amebas são difíceis de visualizar em preparações a fresco, a não ser que a luz do microscópio seja ajustada muito baixa. A microscopia de contraste de fase mostra-se útil. Os esfregaços do sedimento do LCS podem ser corados pelos métodos de Wright, Wright-Giemsa, Giemsa ou pelo tricrômico. Os leucócitos e as amebas são semelhantes na sua aparência. Infelizmente, os casos de MAP são diagnosticados, em sua maioria, após a morte do paciente, pela detecção de amebas em cortes corados de tecido cerebral.

HELMINTOS

O termo *helminto* significa "verme parasitário". Embora os helmintos não sejam microrganismos, os vários procedimentos utilizados para o diagnóstico das infecções por eles são realizados na seção de parasitologia do laboratório de microbiologia clínica. Com frequência, esses procedimentos envolvem a observação dos estágios microscópicos do ciclo de vida desses parasitas (ovos e larvas). Os helmintos infectam seres humanos, animais e plantas; porém, somente as infecções em seres humanos serão discutidas neste capítulo. Os helmintos que infectam os seres humanos são sempre endoparasitas.

Os helmintos são organismos eucarióticos multicelulares do reino Animalia, e suas duas principais divisões são os nematelmintos (nematódeos) e os platelmintos. Estes últimos são ainda divididos em cestódeos (tênias) e trematódeos.

> Os helmintos (vermes parasitas) são divididos em nematelmintos (nematódeos) e platelmintos. Estes são ainda divididos em cestódeos (tênias) e trematódeos.

> Os estágios do ciclo de vida típico de um helminto são o ovo, a larva e o verme adulto.

O ciclo de vida típico dos helmintos inclui três estágios: o *ovo*, a *larva* e o *verme adulto*. Os adultos produzem ovos, dos quais emergem as larvas, que amadurecem em vermes adultos. Os nematódeos adultos são machos ou fêmeas. Os cestódeos e muitos trematódeos são hermafroditas, isto é, os vermes adultos contêm os órgãos reprodutores masculino e feminino. Por conseguinte, apenas um verme é necessário para produzir ovos férteis.

O hospedeiro que abriga o estágio de larva é denominado *hospedeiro intermediário*, enquanto aquele que abriga o verme adulto é denominado *hospedeiro definitivo*. Algumas vezes, os helmintos têm mais de um hospedeiro intermediário ou mais de um hospedeiro definitivo. Por exemplo, a tênia do peixe é conhecida como parasita de três hospedeiros, com um definitivo (ser humano) e dois intermediários

As infecções causadas por helmintos são geralmente diagnosticadas pela observação dos vermes inteiros ou de segmentos de vermes em amostras clínicas (mais frequentemente em amostras de fezes) ou das larvas ou ovos em amostras clínicas coradas ou não coradas.

(um crustáceo de água doce, denominado *Cyclops*, e um peixe de água doce) em seu ciclo de vida (Figura 21.9). As pulgas servem como hospedeiros intermediários no ciclo de vida da tênia canina, enquanto os cães, os gatos ou os seres humanos podem servir de hospedeiros definitivos.

As infecções causadas por helmintos são adquiridas principalmente pela ingestão do estágio de larva, embora algumas larvas penetrem no corpo por meio da picada de insetos infectados, enquanto outras têm acesso penetrando pela pele. As infecções helmínticas são geralmente diagnosticadas pela observação dos vermes inteiros ou de segmentos de vermes em amostras clínicas (em geral, amostras de fezes) ou das larvas ou ovos em amostras clínicas coradas ou não coradas.

INFECÇÕES DOS SERES HUMANOS CAUSADAS POR HELMINTOS

A Tabela 21.5 apresenta as principais infecções dos seres humanos por helmintos.

TERAPIA APROPRIADA PARA AS INFECÇÕES PARASITÁRIAS

As recomendações para o tratamento das doenças infecciosas mudam com frequência. As infecções parasitárias descritas neste capítulo devem ser tratadas com fármacos antiprotozoários ou anti-helmínticos apropriados.

Informações adicionais sobre agentes antiparasitários podem ser encontradas no Capítulo 9, *Agentes Antimicrobianos para Inibir o Crescimento de Patógenos* In Vivo, e no *site* do CDC (www.cdc.gov). Os fármacos utilizados no tratamento das infecções por helmintos são também conhecidos como anti-helmínticos.

ARTRÓPODES DE IMPORTÂNCIA CLÍNICA

Existem muitas classes de artrópodes; porém, apenas três são estudadas no curso de parasitologia: *insetos* (classe Insecta), *aracnídeos* (classe Arachnida) e certos *crustáceos* (classe Crustacea). Os insetos estudados incluem piolhos, pulgas, moscas, mosquitos e percevejos reduvídeos; os aracnídeos englobam ácaros e carrapatos; e os crustáceos incluem caranguejos, lagostin e certas espécies de *Cyclops*. Os artrópodes podem estar envolvidos em doenças humanas de quatro maneiras, como mostra a Tabela 21.6.

Os artrópodes podem servir como vetores mecânicos ou biológicos na transmissão de determinadas doenças infecciosas.

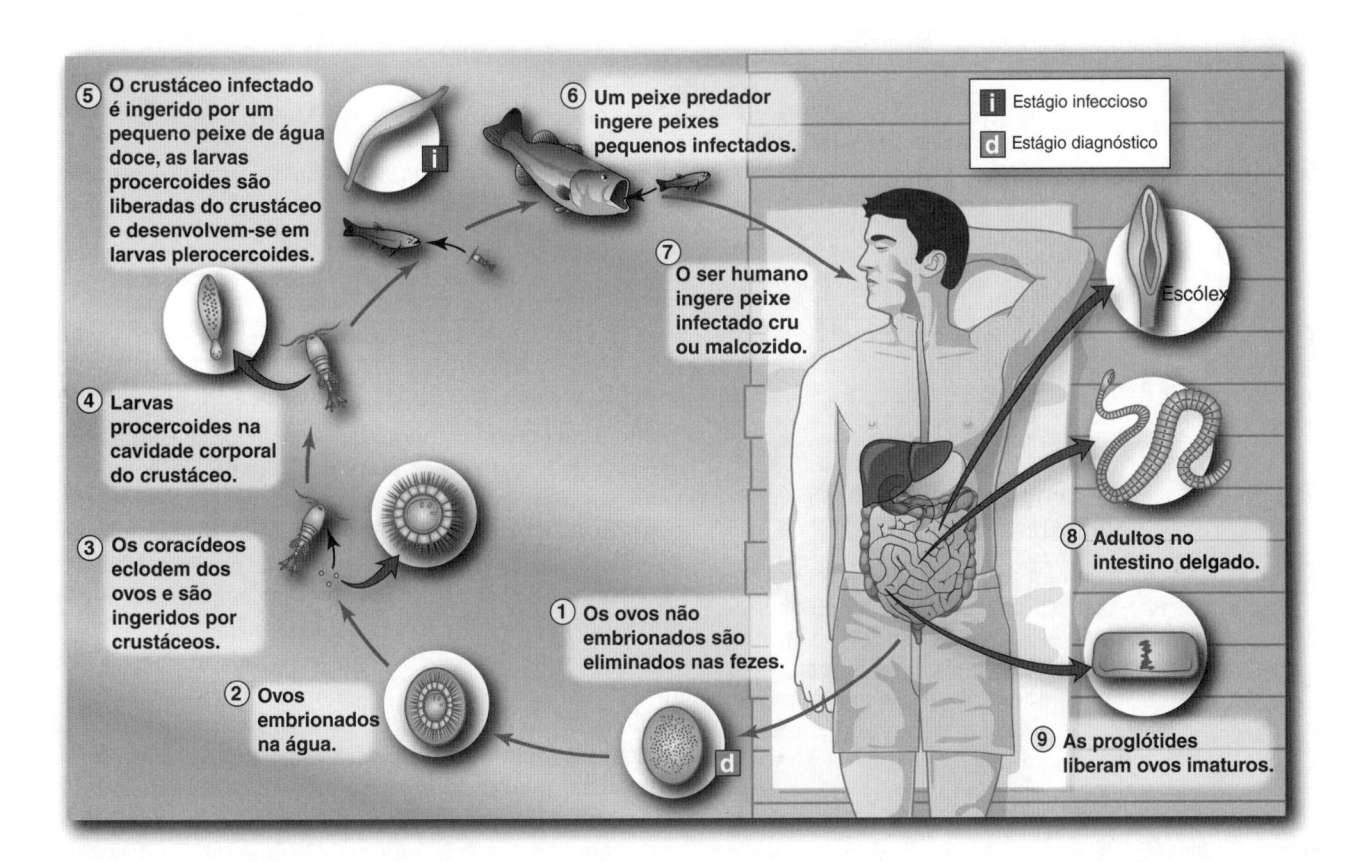

Figura 21.9 Ciclo de vida da tênia do peixe – um exemplo com três hospedeiros. O ser humano serve como hospedeiro definitivo, abrigando o verme adulto. Uma espécie de *Cyclops* (um crustáceo) serve como hospedeiro intermediário, abrigando o estágio de larva procercoide. Um peixe de água doce serve como segundo hospedeiro intermediário, abrigando a larva plerocercoide (o estágio infeccioso). Os seres humanos tornam-se infectados pela ingestão da larva plerocercoide em peixe cru ou malcozido.

Tabela 21.5 Infecções dos seres humanos por helmintos.

Localização anatômica	Doença causada por helminto	Helmintos que causam a doença
Pele	Oncocercíase (também conhecida como "cegueira do rio")	*Onchocerca volvulus* (N); as microfilárias (estágios pré-larvares muito pequenos desses helmintos) são encontradas na pele
Músculos e tecidos subcutâneos	Triquinelose	*Trichinella spiralis* (N)
	Dracunculíase	*Dracunculus medinensis* (N), também conhecido como verme-da-Guiné
Olhos	Oncocercíase	*Onchocerca volvulus* (N); as microfilárias entram nos olhos, causando reação inflamatória intensa
	Loíase	*Loa loa* (N), também conhecida como verme ocular africano
Sistema respiratório	Paragnomíase	*Paragonimus westermani* (T); trematódeo do pulmão
Trato gastrintestinal	Infecção por *Ascaris* (Figura 21.10)	*Ascaris lumbricoides* (N); o grande verme cilíndrico intestinal dos seres humanos
	Infecção por ancilóstomos	*Ancylostoma duodenale* (N) ou *Necator americanus* (N)
	Infecção por oxiúro (enterobíase)* (Figura 21.11)	*Enterobius vermicularis* (N)
	Infecção por *Trichuris* (tricuríase)	*Trichuris trichiura* (N)
	Estrongiloidíase	*Strongyloides stercoralis* (N)
	Infecção pela tênia do boi	*Taenia saginata* (C)
	Infecção pela tênia do cão	*Dipylidium caninum* (C)
	Infecção pela tênia anã	*Hymenolepis nana* (C)
	Infecção pela tênia do peixe	*Diphyllobothrium latum* (C)
	Infecção pela tênia do porco	*Taenia solium* (C)
	Infecção pela tênia do rato	*Hymenolepis diminuta* (C)
	Fasciolopsíase	*Fasciolopsis buski* (T), um trematódeo intestinal
	Fasciolíase	*Fasciola hepatica* (T), um trematódeo hepático
	Clonorquíase	*Clonorchis sinensis* (T), também conhecido como trematódeo hepático chinês ou oriental
Sistema circulatório	Filariose (Figura 21.12)	*Wuchereria bancrofti* (N) e *Brugia malayi* (N); as microfilárias desses helmintos são encontradas na corrente sanguínea
	Esquistossomose (também conhecida como bilharzíase) (Figura 21.13)	Trematódeos do gênero *Schistosoma*
Sistema nervoso central	Cisticercose	Os cistos (estágio de larva) da tênia do porco (*Taenia solium*) são encontrados no cérebro
	Hidatidose	*Echinococcus granulosus* (C) ou *Echinococcus multilocularis* (C); além do cérebro, os cistos hidáticos (forma larvar desses helmintos) podem formar-se em muitos outros locais do corpo

*A enterobíase (infecção por oxiúros) é a infecção por nematódeos mais comum nos EUA. C, cestódeo; N, nematódeo; T, trematódeo.

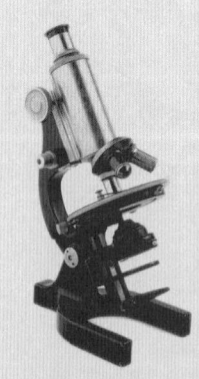

Nota histórica

O mosquito – inimigo persistente e mortal

"Nenhum animal na Terra tocou tão direta e profundamente a vida de tantos seres humanos. Por toda a história e por todo o globo, ele tem sido um transtorno, sofrimento e anjo da morte. O mosquito já matou grandes líderes, dizimou tropas e decidiu o destino de nações. Tudo isso, e ele mal tem o tamanho e o peso de uma semente de uva." (Figura 21.14) (Fonte: Spielman A, D'Antonio M. *Preface to mosquito: a natural history of our most persistent and deadly foe.* New York, NY: Hyperion; 2001.)

Os vetores mecânicos capturam simplesmente o parasita no ponto A e o deixam no ponto B, à semelhança de um serviço de entrega noturna. Por exemplo, uma mosca doméstica pode capturar cistos de parasitas nos pelos pegajosos de suas patas enquanto caminha sobre as fezes de animais no campo. A mosca pode então entrar por uma janela aberta da cozinha e deixar os cistos do parasita enquanto caminha sobre uma torta que está esfriando na pia.

Já um vetor biológico é um artrópode no interior do qual o patógeno se multiplica ou amadurece (ou ambos). Muitos artrópodes vetores de doenças humanas são vetores biológicos. Determinado artrópode pode servir tanto como hospedeiro quanto como vetor biológico. Na Tabela 11.3, do Capítulo 11, *Epidemiologia e Saúde Pública*, há uma lista de artrópodes que servem como vetores de doenças infecciosas humanas. Uma fêmea do mosquito *Aedes aegypti* obtendo uma refeição de sangue é mostrada na Figura 21.14. Vários outros artrópodes que servem como vetores de doenças humanas são mostrados na Figura 21.15.

Figura 21.10 Vermes adultos de *Ascaris lumbricoides*. Esse técnico dos CDC está segurando vermes do gênero *Ascaris* que foram eliminados nas fezes de uma criança de 5 anos de idade no Quênia, África. As fêmeas adultas dos vermes podem alcançar 20 a 35 cm de comprimento, enquanto os machos adultos medem habitualmente 15 a 31 cm de comprimento. (Disponibilizada por Henry Bishop, James Gathany e CDC.)

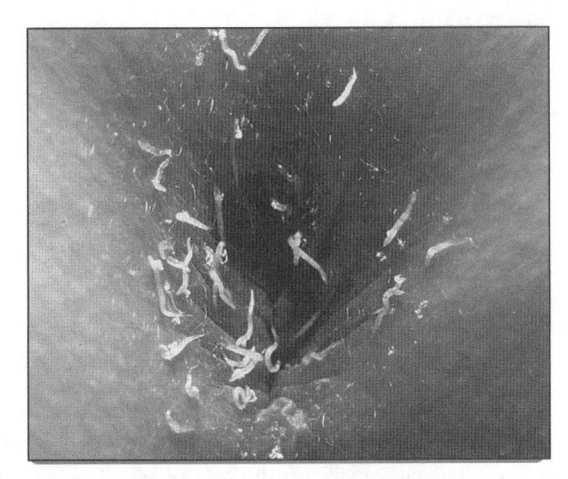

Figura 21.11 Oxiúrios que migraram do cólon, observados na pele perianal de uma criança de 5 anos de idade. Cada fêmea, que mede aproximadamente 8 a 13 mm por 0,3 a 0,5 mm, pode depositar até 10.000 ou mais ovos na pele perianal ou perineal. (De Harvey RA *et al*. *Lippincott's illustrated reviews: microbiology*. 3rd ed. Philadelphia, PA: Lippincott Williams & Wilkins; 2013.)

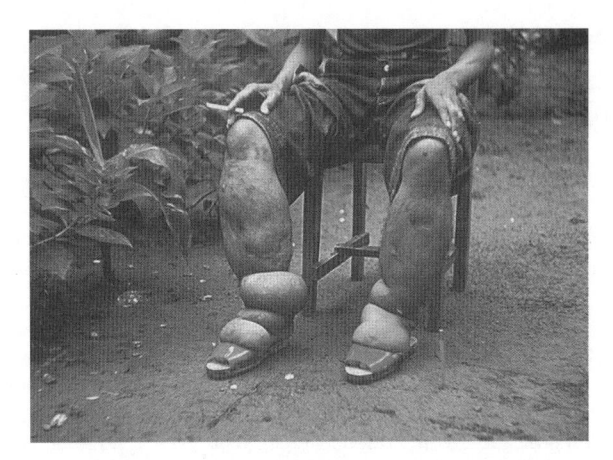

Figura 21.12 Elefantíase das pernas em consequência de filariose. Na filariose, os vermes adultos longos e filiformes vivem nos linfonodos, onde bloqueiam o fluxo da linfa. A filariose crônica leva ao aumento das pernas, mamas e genitália, uma condição conhecida como elefantíase. (Disponibilizada pelos CDC.)

Figura 21.13 Menino de Porto Rico com abdome inchado em consequência de esquistossomose. A inflamação crônica do fígado resultou em cicatrização, causando obstrução do fluxo sanguíneo através desse órgão. Isso, por sua vez, levou ao desenvolvimento de uma condição conhecida como ascite (acúmulo de líquido na cavidade abdominal). (Disponibilizada pelos CDC.)

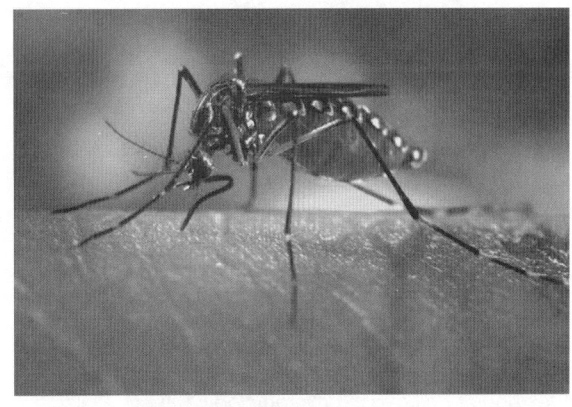

Figura 21.14 Mosquito *Aedes aegypti* alimentando-se de sangue. Essa espécie de mosquito tem a capacidade de transmitir uma variedade de doenças virais, incluindo Chikungunya, dengue, febre amarela e doença pelo vírus Zika. (Esta figura encontra-se reproduzida em cores no Encarte.)

Tabela 21.6 Modo pelo qual os artrópodes podem estar envolvidos em doenças humanas.

Tipo de envolvimento	Exemplos
O artrópode pode, na verdade, constituir a *causa* da doença	Escabiose, uma doença em que ácaros microscópicos vivem em túneis subcutâneos e causam prurido intenso
O artrópode pode servir como *hospedeiro intermediário* durante o ciclo de vida de um parasita	Pulga no ciclo de vida da tênia do cão. Besouro no ciclo de vida da tênia do rato. *Cyclops* sp. no ciclo de vida da tênia do peixe. Mosca tsé-tsé no ciclo de vida da tripanossomíase africana. *Simulium* no ciclo de vida da oncocercose. Mosquito no ciclo de vida da filariose
O artrópode pode servir como *hospedeiro definitivo* no ciclo de vida de um parasita	As fêmeas dos mosquitos *Anopheles* são considerados hospedeiros definitivos no ciclo de vida dos parasitas causadores da malária, visto que a fase sexuada ocorre no mosquito
O artrópode pode servir como *vetor* na transmissão de uma doença infecciosa	A pulga oriental do rato na transmissão da peste. Carrapato na transmissão da riquetsiose, com febre maculosa e doença de Lyme. Piolhos na transmissão do tifo epidêmico
O artrópode pode estimular uma reação alérgica	A picada do *Amblyomma americanum* (carrapato estrela solitária) tem sido associada a reações anafiláticas e de hipersensibilidade ao consumo de carne de mamífero (denominada síndrome alfagal). Atualmente, acredita-se que moléculas presentes na saliva do carrapato induzem a formação de anticorpos contra a alfagalactose. Algumas horas após o consumo de carne vermelha, que contém alfagal, pode ocorrer uma reação de hipersensibilidade. Essa síndrome está sendo observada com mais frequência em áreas dos EUA onde o carrapato estrela solitária é endêmico (sudeste dos EUA). Outros gêneros de carrapatos têm sido associados à síndrome alfagal em outras áreas do mundo

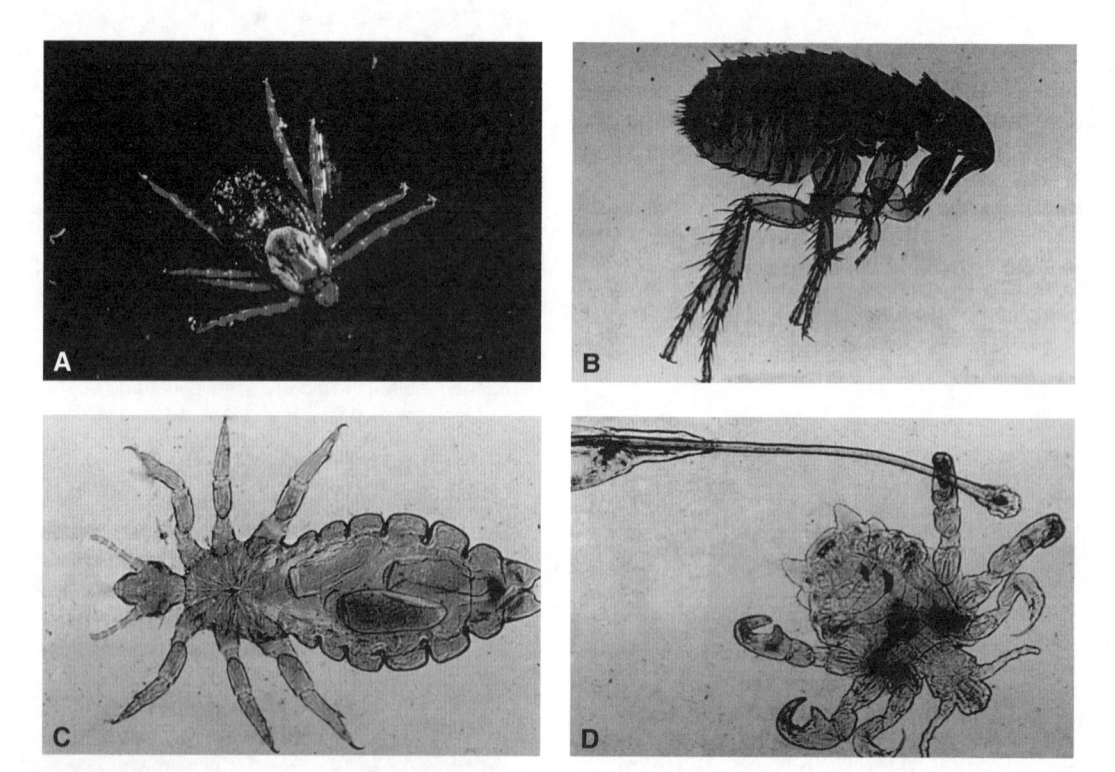

Figura 21.15 Ectoparasitas e vetores artrópodes de doenças infecciosas humanas. A. *Dermacentor andersoni*, o carrapato da madeira; um dos carrapatos vetores da riquetsiose com febre maculosa (anteriormente denominada febre maculosa das Montanhas Rochosas) **B.** *Xenopsylla cheopis*, a pulga oriental do rato; o vetor da peste e do tifo endêmico. Ectoparasitas e vetores artrópodes de doenças infecciosas humanas. **C.** *Pediculus humanus*, o piolho do corpo humano; um vetor do tipo endêmico. **D.** *Phthirus pubis*, o piolho do púbis; em virtude de sua aparência, é também conhecido como "chato". (De Winn WC Jr *et al. Koneman's color atlas and textbook of diagnostic microbiology.* 6th ed. Philadelphia, PA: Lippincott Williams & Wilkins; 2006.) (Esta figura encontra-se reproduzida em cores no Encarte.)

Exercícios de autoavaliação

Após estudar este capítulo, responda às seguintes questões de múltipla escolha:

1. Os seres humanos desenvolvem malária após a introdução de _____ do *Plasmodium* na corrente sanguínea por uma fêmea infectada do mosquito *Anopheles*, quando se alimenta de sangue.
   a. Gametócitos masculinos e femininos
   b. Esquizontes
   c. Esporozoítas
   d. Trofozoítas

2. Quais dos estágios do ciclo de vida do *Plasmodium* a seguir precisam ser ingeridos pela fêmea do mosquito *Anopheles* para que o ciclo de vida do parasita possa continuar no mosquito?
   a. Gametócitos masculinos e femininos
   b. Esquizontes
   c. Esporozoítas
   d. Trofozoítas

3. Qual das seguintes doenças causadas por protozoários *não* é transmitida por um artrópode vetor?
   a. Tripanossomíase africana
   b. Tripanossomíase americana
   c. Babesiose
   d. Giardíase

4. Qual das seguintes doenças causadas por protozoários tem *menos* probabilidade de ser transmitida por transfusão sanguínea?
   a. Tripanossomíase americana
   b. Babesiose
   c. Malária
   d. Tricomoníase

5. Qual das seguintes doenças causadas por protozoários tem *menos* probabilidade de ser transmitida por um manipulador de alimentos infectados que não lavou as mãos após utilizar o banheiro?
   a. Amebíase
   b. Criptosporidiose
   c. Giardíase
   d. Toxoplasmose

6. Você está visitando um amigo cujos pais criam porcos. Qual das seguintes doenças você tem *mais* probabilidade de adquirir bebendo água de poço na fazenda de seu amigo?
   a. Amebíase
   b. Balantidíase
   c. Criptosporidiose
   d. Giardíase

7. Você está trabalhando em um rancho de gado bovino. Qual das seguintes doenças você tem *mais* propensão a adquirir quando realiza o trabalho no rancho?
   a. Amebíase
   b. Balantidíase
   c. Criptosporidiose
   d. Giardíase

8. Qual das seguintes doenças causadas por protozoários você tem *mais* probabilidade de adquirir ao comer hambúrguer mal passado?
   a. Amebíase
   b. Balantidíase
   c. Giardíase
   d. Toxoplasmose

9. Qual das seguintes associações está incorreta?
   a. Tripanossomíase africana e mosca tsé-tsé
   b. Amebíase e água contaminada por fezes
   c. Doença de Chagas e mosquito
   d. Toxoplasmose e gatos

10. Qual das seguintes alternativas é um exemplo de doença infecciosa causada por um parasita facultativo?
    a. Tripanossomíase africana
    b. Giardíase
    c. Malária
    d. MAP

Caso 1. Um soldado de 20 anos de idade, que recentemente retornou de serviço no Panamá, é internado em um hospital militar em decorrência de episódios correntes de febre e calafrios, cefaleia, mialgias e mal-estar. O exame físico revela que o paciente apresenta esplenomegalia (aumento de tamanho do baço). Uma amostra de sangue é enviada ao laboratório de parasitologia. Um esfregaço de sangue periférico corado pelo método de Giemsa revela a presença de parasitas intraeritrocitários.

a. Qual dos seguintes patógenos você suspeita que possa estar causando a doença nesse paciente?

1. *Ehrlichia*
2. *Plasmodium*
3. *Toxoplasma*
4. *T. cruzi*

Caso 2. Uma mulher grávida de 19 anos de idade chegou à clínica para exame pré-natal de rotina. Nas recomendações que ela recebeu, estão incluídas as seguintes: (1) "Lave as mãos minuciosamente após manipular carne crua"; (2) "Nunca consuma carne crua ou mal passada"; (3) "Se tiver um gato, utilize luvas de látex quando for trocar a caixa de areia e, em seguida, lave as mãos minuciosamente. Melhor ainda, tenha alguma pessoa que possa trocar a caixa de areia"; (4) "Evite todo contato com areia em tanques de areia".

a. Todas essas precauções são necessárias para evitar a infecção causada por:

1. *Balantidium coli*
2. *C. parvum*
3. *T. gondii*
4. *T. vaginalis*

Caso 3. Um homem de 24 anos de idade chega à clínica com queixas de diarreia persistente, dor abdominal em cólica e flatulência de odor fétido. Não teve febre nem calafrios, mas apresenta frequentemente náuseas depois de uma refeição. Declara que a diarreia teve duração de mais de 2 semanas e começou cerca de 1 semana a 10 dias após voltar de uma viagem de mochileiro nas Montanhas Rochosas do Colorado. Quando perguntaram se ele tinha bebido água em qualquer riacho ou lago durante a viagem, ele respondeu: "Certamente, o tempo todo! A água é obviamente pura!" Talvez a água não seja tão pura quanto ele pensa! O laboratório registra a presença de trofozoítas e cistos de um protozoário flagelado em amostras de fezes.

a. De qual dos seguintes parasitas (todos os quais causam doença diarreica) você suspeita?

1. *B. coli*
2. *C. parvum*
3. *Entamoeba histolytica*
4. *Giardia lamblia*

Estudos de caso

Caso 4. Uma mulher de 26 anos de idade procura uma clínica de saúde pública, preocupada com a possibilidade de ter contraído algum tipo de doença sexualmente transmissível. Ela explica que tem apresentado uma secreção vaginal espumosa amarelo-esverdeada e dor de intensidade leve na região genital. O exame físico revela inflamação e edema dos lábios do pudendo. Amostras da secreção são enviadas ao laboratório para exame a fresco e de cultura e teste de sensibilidade. O exame da preparação a fresco revela a presença de protozoários flagelados ativamente móveis.

a. Qual dos seguintes patógenos constitui a causa da vaginite dessa paciente?

1. *Chlamydia trachomatis*
2. *Neisseria gonorrhoeae*
3. *Treponema pallidum*
4. *T. vaginalis*

Caso 5. Um homem de 53 anos de idade é internado com disenteria grave. Outros sintomas relatados incluem náuseas, vômitos, anorexia, cefaleia, insônia, fraqueza muscular e perda de peso. O paciente diz que é fazendeiro e que a doença o impede de cuidar de suas plantações e seus animais. Menciona também que a maior parte dos porcos está apresentando doença diarreica. O exame de uma amostra de fezes corada pelo tricrômico revela a presença de trofozoítas e cistos de um protozoário ciliado.

a. De qual dos seguintes parasitas (todos os quais causam doença diarreica) você suspeita?

1. *B. coli*
2. *C. parvum*
3. *E. histolytica*
4. *G. lamblia*

As respostas dos Estudos de casos podem ser encontradas no Apêndice B.

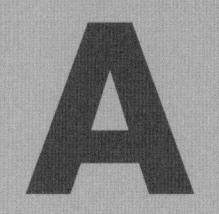

Respostas dos Exercícios de Autoavaliação

Capítulo 1

1. a
2. b
3. d
4. c
5. b
6. b
7. d
8. b
9. b
10. b

Capítulo 2

1. d
2. b
3. a
4. d
5. d
6. b
7. a
8. d
9. b
10. b

Capítulo 3

1. c
2. b
3. b
4. c
5. c
6. c
7. b
8. c
9. a
10. c

Capítulo 4

1. d
2. a
3. a
4. c
5. a
6. b
7. c
8. a
9. d
10. a

Capítulo 5

1. d
2. d
3. b
4. c
5. d
6. c
7. d
8. a
9. d
10. d

Capítulo 6

1. a
2. a
3. c
4. a
5. a
6. d
7. d
8. d
9. d
10. c

Capítulo 7

1. c
2. a
3. d
4. a
5. c
6. d
7. d
8. b
9. c
10. a

Capítulo 8

1. b
2. b
3. b
4. d
5. c
6. c
7. a
8. d
9. b
10. a

Capítulo 9

1. c
2. d
3. b
4. d
5. b
6. c
7. a
8. b
9. b
10. c

Capítulo 10

1. d
2. a
3. d
4. a
5. a
6. b
7. c
8. a
9. d
10. c

Capítulo 11

1. b
2. b
3. a
4. d
5. a
6. b
7. a
8. c
9. c
10. d

Capítulo 12

1. a
2. d
3. b
4. b
5. b
6. b
7. a
8. d
9. a
10. d

Capítulo 13

1. d
2. c
3. c
4. d
5. c
6. c
7. c
8. d
9. d
10. d

Capítulo 14

1. d
2. a
3. d
4. b
5. c
6. b
7. c
8. b
9. a
10. d

Capítulo 15

1. b
2. a

3. d
4. d
5. d
6. a
7. d
8. d
9. a
10. c

Capítulo 16

1. a
2. c
3. c
4. c
5. c
6. d
7. b
8. d
9. d
10. c

Capítulo 17

1. a
2. b
3. d
4. c
5. a
6. b

7. a
8. a
9. a
10. a

Capítulo 18

1. c
2. a
3. d
4. a
5. b
6. a
7. b
8. a
9. c
10. a

Capítulo 19

1. b
2. d
3. b
4. d
5. d
6. b
7. b
8. a
9. b
10. d

Capítulo 20

1. b
2. b
3. d
4. c
5. a
6. d
7. a
8. d
9. c
10. b

Capítulo 21

1. c
2. a
3. d
4. d
5. d
6. b
7. c
8. d
9. c
10. d

Respostas das Questões dos Estudos de Caso

Capítulo 18 | Infecções Virais em Seres Humanos

Caso 1

a. O fato de o exantema ter ocorrido no mês de junho fez com que o médico suspeitasse de riquetsiose com febre maculosa, que é transmitida por carrapatos. Em muitas áreas dos EUA, os carrapatos são muito ativos em junho.

b. Sarampo.

c. Vírus do sarampo.

d. Manchas de Koplik; no caso de doença febril compatível com exantema, essas manchas são uma evidência muito boa de sarampo.

e. Procedimento de imunodiagnóstico para a detecção de anticorpos contra o vírus do sarampo; pode-se utilizar também a cultura viral, mas esse é um procedimento muito dispendioso.

Caso 2

a. 4. Papilomavírus humano.

b. 3. Câncer de colo do útero.

Caso 3

a. 2. Vírus varicela-zóster (o paciente apresenta herpes-zóster).

b. 5. Varicela.

Capítulo 19 | Infecções Bacterianas em Seres Humanos

Caso 1

a. 2. *Escherichia coli*.

Caso 2

a. 5. *Streptococcus pyogenes* (estreptococos do grupo A).

Caso 3

a. 3. *Escherichia coli* O157:H7.

Caso 4

a. 2. *Neisseria meningitidis*.

Caso 5

a. 4. *Streptococcus pneumoniae*.

Capítulo 20 | Infecções Fúngicas em Seres Humanos

Caso 1

a. 1. *Cryptococcus neoformans*. Os outros patógenos listados têm até 20 μm de diâmetro.

b. Preparação com tinta nanquim; coloração de Gram ou ensaio para detecção de antígeno.

c. A preparação com tinta nanquim deve revelar células leveduriformes encapsuladas, algumas das quais estariam no processo de brotamento; as cápsulas aparecem como halos claros em torno das partículas de levedura, contra o fundo escuro das partículas de tinta nanquim.

d. Sim. Embora possa ocorrer criptococose pulmonar em indivíduos imunocompetentes, ela é observada principalmente em imunossuprimidos; os linfomas são acompanhados de defeitos na imunidade celular.

Caso 2

a. 3. Candidíase oral (sapinho).

b. 4. *Candida albicans*.

Caso 3

a. 2. Histoplasmose.

b. 3. Leveduras não encapsuladas em brotamento.

Capítulo 21 | Infecções Parasitárias em Seres Humanos

Caso 1

a. 2. *Plasmodium*.

Caso 2

a. 3. *Toxoplasma gondii*.

Caso 3

a. 4. *Giardia lamblia*.

Caso 4

a. 4. *Trichomonas vaginalis*.

Caso 5

a. 1. *Balantidium coli*.

C Conversões Úteis

Conversões de comprimento

- Para converter polegadas em centímetros, multiplicar por 2,54
- Para converter centímetros em polegadas, multiplicar por 0,39
- Para converter jardas em metros, multiplicar por 0,91
- Para converter metros em jardas, multiplicar por 1,09
- 1 milha (mi) = 1,609 quilômetro
- 1 jarda (yd) = 0,914 metro
- 1 pé (ft) = 30,48 centímetros
- 1 polegada (in) = 2,54 centímetros
- 1 quilômetro (km) = 0,62 milha
- 1 metro (m) = 39,37 polegadas
- 1 centímetro (cm) = 0,39 polegada
- 1 milímetro (mm) = 0,039 polegada

Nota: Informações sobre micrômetros e nanômetros podem ser encontradas na Figura 2.1, no Capítulo 2, *Visualização do Mundo Microbiano*.

Conversões de volume

- Para converter galões em litros, multiplicar por 3,78
- Para converter litros em galões, multiplicar por 0,26
- Para converter onças líquidas em mililitros, multiplicar por 29,6
- Para converter mililitros em onças líquidas, multiplicar por 0,034
- 1 galão (gal) = 3,785 litros
- 1 quarto (qt) = 0,946 litro
- 1 pinta (PT) = 0,473 litro
- 1 onça líquida (fl oz) = 29.573 mililitros
- 1 litro (ℓ) = 1,057 quarto
- 1 mililitro (mℓ) = 0,0338 onça líquida

Conversões de peso

- Para converter onças em gramas, multiplicar por 28,4
- Para converter gramas em onças, multiplicar por 0,035
- Para converter libras em quilogramas, multiplicar por 0,45
- Para converter quilogramas em libras, multiplicar por 2,2
- 1 libra (lb) = 0,454 quilograma
- 1 onça (oz) = 28,35 gramas
- 1 quilograma (kg) = 2,2 libras
- 1 grama (g) = 0,035 onça
- 1 grama = 1.000 miligramas (mg)
- 1 grama = 1.000.000 microgramas (μg)

Conversões de temperatura

- Para converter grau Celsius (°C) em grau Fahrenheit (°F), utilizar:

$$°F = (°C \times 1,8) + 32$$

- Para converter grau Fahrenheit (°F) em grau Celsius (°C), utilizar:

$$°C = (°F - 32) \times 0,556$$

Alfabeto Grego

LETRA GREGA		
Maiúscula	**Minúscula**	**Nome**
A	α	Alfa
B	β	Beta
Γ	γ	Gama
Δ	δ	Delta
E	ε	Épsilon
Z	ζ	Dzeta ou zeta
H	η	Eta
Θ	θ	Teta
I	ι	Iota
K	κ	Capa
Λ	λ	Lambda
M	μ	Mi
N	ν	Ni
Ξ	ξ	Xi
O	ο	Ômicron
Π	π	Pi
P	ρ	Rô
Σ	σ	Sigma
T	τ	Tau
Y	υ	Ípsilon
Φ	φ	Fi ou phi
X	χ	Qui ou chi
Ψ	ψ	Psi
Ω	ω	Ômega

GLOSSÁRIO

A

Abiogênese. Teoria segundo a qual a vida pode surgir de matéria não viva; também conhecida como *geração espontânea* (Capítulo 1).

Ácido desoxirribonucleico (DNA). Molécula que contém o código genético na forma de genes (Capítulo 3).

Ácido graxo. Qualquer ácido derivado de gorduras por hidrólise; os ácidos graxos constituem os blocos de construção dos lipídios (Capítulo 6).

Ácido graxo monoinsaturado. Ácido graxo que contém apenas uma ligação dupla (Capítulo 6).

Ácido graxo poli-insaturado. Ácido graxo que contém mais de uma ligação dupla (Capítulo 6).

Ácido graxo saturado. Ácido graxo que não contém ligações duplas (Capítulo 6).

Ácido hialurônico. Mucopolissacarídeo gelatinoso que atua como cimento intercelular nos tecidos do corpo (Capítulo 14).

Ácido ribonucleico (RNA). Macromolécula da qual existem três tipos principais: o RNA mensageiro (mRNA), o RNA ribossômico (rRNA) e o RNA transportador (tRNA); é encontrada em todas as células, mas apenas em alguns vírus (denominados *vírus de RNA*) (Capítulo 3).

Acidófilo. Organismo que prefere ambientes ácidos; esse microrganismo é designado como *acidofílico* (Capítulo 8).

Ácidos graxos essenciais. Ácidos graxos que precisam ser fornecidos a um organismo, visto que ele é incapaz de sintetizá-los (Capítulo 6).

Ácidos nucleicos. Macromoléculas que consistem em cadeias lineares de nucleotídios; os exemplos incluem DNA, mRNA, tRNA e rRNA (Capítulo 6).

Ácidos teicoicos. Polímeros encontrados nas paredes celulares de bactérias gram-positivas (Capítulo 4).

Adesinas. Moléculas na superfície de um patógeno que possibilitam o reconhecimento e a sua ligação a determinado receptor na superfície de uma célula hospedeira; também conhecidas como *ligantes* (Capítulo 14).

Aeróbio obrigatório. Organismo que necessita de 20 a 21% de oxigênio (quantidade encontrada no ar que respiramos) para sobreviver (Capítulo 4).

Agamaglobulinemia. Ausência ou presença de níveis extremamente baixos da fração gama das globulinas séricas; ausência de imunoglobulinas na corrente sanguínea (Capítulo 16).

Agente algicida. Desinfetante ou substância química que mata especificamente as algas.

Agente bactericida. Agente químico ou fármaco capaz de matar bactérias; bactericida (Capítulo 8).

Agente bacteriostático. Agente químico ou fármaco que inibe o crescimento das bactérias (Capítulo 8).

Agente biocida. Agente químico capaz de destruir organismos vivos, particularmente microrganismos (Capítulo 8).

Agente esporicida. Agente químico capaz de matar esporos; *esporocida* (Capítulo 8).

Agente etiológico. Agente causador de uma doença infecciosa (*i. e.*, patógeno que causa a doença) (Capítulo 1).

Agente fungicida. Agente químico ou fármaco capaz de matar os fungos; um *fungicida* ou *micocida* (Capítulo 8).

Agente germicida. Agente químico ou fármaco capaz de destruir patógenos; um *germicida* (Capítulo 8).

Agente microbicida. Substância química ou fármaco que mata microrganismos; um *microbicida* (Capítulo 8).

Agente microbiostático. Agente químico ou fármaco que inibe o crescimento dos microrganismos (Capítulo 8).

Agente profilático. Fármaco utilizado na prevenção de uma doença (Capítulo 9).

Agente pseudomonicida. Fármaco ou desinfetante que mata *Pseudomonas* spp. (Capítulo 8).

Agente quimioterápico. Qualquer substância química utilizada no tratamento de qualquer doença ou condição médica (Capítulo 9).

Agente tuberculocida. Substância química ou fármaco que mata a bactéria causadora da tuberculose *Mycobacterium tuberculosis*); também conhecida como *tuberculocida* (Capítulo 8).

Agente viricida. Substância química ou fármaco capazes de inativar um vírus, tornando-o não infeccioso. Pode ser também denominado *agente virucida* (Capítulo 8).

Agentes antibacterianos. Tecnicamente, refere-se a qualquer agente físico ou químico capaz de matar ou de inibir o crescimento de bactérias; neste livro, o termo é reservado para fármacos que são utilizados no tratamento de doenças bacterianas (Capítulo 9).

Agentes antifúngicos. Tecnicamente, refere-se a qualquer agente físico ou químico capaz de matar ou inibir o crescimento de fungos; neste livro, o termo é reservado para fármacos que são utilizados no tratamento de doenças fúngicas (Capítulo 9).

Agentes antimicrobianos. Tecnicamente, refere-se a qualquer agente físico ou químico capaz de matar ou de inibir o crescimento de microrganismos; neste livro, o termo é reservado para fármacos que são utilizados no tratamento de doenças infecciosas (Capítulo 9).

Agentes antiprotozoários. Tecnicamente, refere-se a qualquer agente físico ou químico capaz de matar ou de inibir o crescimento de protozoários; neste livro, o termo é reservado para fármacos que são utilizados no tratamento de doenças causadas por protozoários (Capítulo 9).

Agentes antivirais. Tecnicamente, qualquer agente físico ou químico capaz de inativar os vírus; neste livro, o termo é reservado para fármacos que são utilizados no tratamento de doenças causadas por vírus (Capítulo 9).

Agentes bioterapêuticos. Microrganismos utilizados para fins terapêuticos (para tratar várias doenças ou condições) (Capítulo 10).

Agentes de bioterrorismo. Patógenos utilizados por terroristas (Capítulo 11).

Agentes de guerra biológica. Patógenos utilizados como armas na guerra (Capítulo 11).

Agentes quimiotáticos. Substâncias químicas que atraem os leucócitos; também são designados como *fatores quimiotáticos*, *substâncias quimiotáticas* ou *quimioatraentes* (Capítulo 15).

AIDS. Ver *síndrome da imunodeficiência adquirida*.

Alça de calibração. Alça bacteriológica fabricada para conter um volume preciso de líquido (geralmente 0,01 ou 0,001 mℓ) (Capítulo 13).

Alcalífilo. Microrganismo que prefere ambientes alcalinos (básicos); esse microrganismo é designado como *alcalifílico* (Capítulo 8).

Alergênio. Antígeno ao qual alguns indivíduos tornam-se alérgicos (Capítulo 16).

Algas. Organismos eucarióticos e fotossintéticos, que variam quanto ao tamanho desde unicelulares a multicelulares; incluem muitas algas marinhas (Capítulo 5).

Ambientes protetores. Salas de hospital para a colocação de pacientes que são particularmente vulneráveis à infecção; os ambientes protetores estão sob pressão positiva, e o ar que penetra nessas salas passa através de filtros HEPA (Capítulo 12).

Ameba. Tipo de protozoário que se locomove por meio de pseudópodes; pertencente ao filo Sarcodina (que constitui um subfilo em alguns esquemas de classificação) (Capítulo 5).

Amido. Polissacarídeo de armazenamento encontrado nas plantas (Capítulo 6).

Aminoácidos. Unidades básicas ou blocos de construção das proteínas (Capítulo 6).

Aminoácidos essenciais. Aminoácidos que precisam ser fornecidos a um organismo, visto que ele é incapaz de sintetizá-los (Capítulo 6).

Amonificação. Conversão de compostos nitrogenados (p. ex., proteínas) em amônia (Capítulo 10).

Amostras clínicas. Vários tipos de amostras coletadas de pacientes (p. ex., sangue, urina e líquido cerebrospinal) (Capítulo 13).

Anabolismo. Termo que se refere a todas as reações anabólicas que ocorrem no interior de uma célula (Capítulo 7).

Anaeróbio. Organismo que não necessita de oxigênio para a sua sobrevivência; pode existir na ausência de oxigênio (Capítulo 4).

Anaeróbio aerotolerante. Microrganismo capaz de viver na presença de oxigênio, mas que cresce melhor em um ambiente anaeróbico (ambiente desprovido de oxigênio) (Capítulo 4).

Anaeróbio facultativo. Organismo que pode viver na presença ou na ausência de oxigênio (Capítulo 4).

Anaeróbio obrigatório. Organismo que não pode sobreviver na presença de oxigênio (Capítulo 4).

Anafilaxia. Reação alérgica sistêmica imediata, grave e algumas vezes fatal (Capítulo 16).

Anafilaxia cutânea. Intumescimento e vermelhidão no local onde um antígeno é injetado por via intradérmica ou subcutânea; também é conhecida como *reação de pápula* e *eritema* (Capítulo 16).

Anel betalactâmico. Uma das duas estruturas em duplo anel encontrada nas moléculas de penicilina e de cefalosporina (Capítulo 9).

Antagonismo. Como o termo está relacionado com a utilização de fármacos, refere-se ao uso de dois fármacos que atuam um contra o outro; ver também *antagonismo microbiano* (Capítulo 9).

Antagonismo microbiano. Morte, lesão ou inibição de um micróbio por substâncias produzidas por outro micróbio (Capítulo 10).

Antibiograma. Padrão de resultados de sensibilidade (S) e de resistência (R) obtido quando o teste de sensibilidade antimicrobiana é realizado com determinado microrganismo (Capítulo 12).

Antibiótico. Substância produzida por um microrganismo, capaz de matar ou de inibir o crescimento de outros microrganismos (Capítulo 1).

Antibiótico semissintético. Antibiótico que foi quimicamente alterado, comumente para aumentar o espectro de atividade do fármaco (Capítulo 9).

Antibióticos de amplo espectro. Antibióticos que são efetivos contra uma ampla variedade de bactérias; são eficazes contra bactérias tanto gram-positivas quanto gram-negativas (Capítulo 9).

Antibióticos de espectro estreito. Antibióticos que são apenas efetivos contra uma variedade estreita de bactérias (p. ex., talvez apenas eficazes contra determinadas bactérias gram-positivas ou determinadas bactérias gram-negativas) (Capítulo 9).

Anticódon. Sequência de três nucleotídios, que é complementar a um códon; encontrado em uma molécula de RNA transportador (Capítulo 6).

Anticorpo. Glicoproteína produzida pelos linfócitos em resposta a determinado antígeno; se proteger o hospedeiro de alguma maneira, é designado como *anticorpo protetor* (Capítulo 15).

Anticorpos bloqueadores. Anticorpos de imunoglobulina G (IgG) produzidos pelo corpo em resposta a doses de alergênios; combinam-se com os alergênios, impedindo, assim, a ligação deles a anticorpos IgE na superfície dos basófilos e mastócitos (Capítulo 16).

Anticorpos monoclonais. Anticorpos produzidos por um clone de células híbridas geneticamente idênticas (Capítulo 16).

Anticorpos protetores. Anticorpos que protegem um indivíduo de infecção ou de reinfecção (Capítulo 16).

Antigênica. Se uma molécula for antigênica, significa que ela estimula o sistema imune a produzir anticorpos; essa molécula é também designada como *imunogênica* (Capítulo 16).

Antígeno. Substância, habitualmente estranha, que estimula a produção de anticorpos; substância que induz a formação de anticorpos; também conhecido como *imunógeno* (Capítulo 15).

Antígenos T-dependentes. Antígenos que necessitam das células T auxiliares para o seu processamento no corpo (Capítulo 16).

Antígenos T-independentes. Antígenos que não necessitam das células T auxiliares para o seu processamento no corpo (Capítulo 16).

Antissepsia. Prevenção de infecção pela inibição do crescimento de patógenos (Capítulo 8).

Antisséptico. Agente ou substância capaz de efetuar uma antissepsia; refere-se habitualmente a um desinfetante químico que seja seguro para aplicação na pele e em outros tecidos vivos (Capítulo 8).

Antissoro. Soro que contém anticorpos específicos; também conhecido como *soro imune* (Capítulo 16).

Antitoxinas. Anticorpos produzidos em resposta a uma toxina; com frequência, capazes de neutralizar a toxina que estimulou a sua produção (Capítulo 16).

Antraz. Doença bacteriana causada pelo *Bacillus anthracis*, um bacilo gram-positivo formador de esporos (Capítulo 19).

Apoenzima. Proteína que não pode atuar como enzima (*i. e.*, não tem a capacidade de catalisar uma reação química) até que se ligue a um cofator (Capítulo 6).

Arbovírus. Vírus que são transmitidos por artrópodes (Capítulo 18).

Assepsia. Literalmente, "sem infecção"; condição em que não há patógenos vivos (Capítulo 8).

Assepsia cirúrgica. Ausência de microrganismos no ambiente cirúrgico (p. ex., centro cirúrgico) (Capítulo 12).

Assepsia médica. Ausência de patógenos no ambiente do paciente (Capítulo 12).

Atenuação. Processo pelo qual os microrganismos são atenuados (Capítulo 16).

Atenuado. Adjetivo que significa enfraquecido, menos patogênico; termo utilizado para descrever determinados microrganismos (Capítulo 16).

Aumento vazio. Termo de microscopia que significa um aumento na ampliação, sem qualquer aumento concomitante no poder de resolução (Capítulo 2).

Autoclave. Aparelho utilizado para esterilização utilizando vapor sob pressão (Capítulo 8).

Autólise. Autodigestão; digestão própria (Capítulo 3).

Autótrofo. Microrganismo que utiliza dióxido de carbono como única fonte de carbono (Capítulo 7).

B

Bacilo. Bactéria em forma de bastonete; existe também um gênero de bactéria denominado *Bacillus*, que consiste em bacilos gram-positivos aeróbicos e formadores de esporos (Capítulo 2).

Bacilos entéricos. Bacilos gram-negativos da família Enterobacteriaceae (Capítulo 10).

Bactéria anfitríquia. Bactéria que apresenta um ou mais flagelos em cada extremidade (polo) da célula (Capítulo 3).

Bactéria lisogênica. Bactéria no estado de lisogenia (Capítulo 7).

Bactéria lofotríquia. Que apresenta dois ou mais flagelos em uma extremidade (polo) da célula (Capítulo 3).

Bactéria monotríquia. Que possui apenas um único flagelo (Capítulo 3).

Bactéria peritríquia. Bactéria que possui flagelos distribuídos em toda a sua superfície (Capítulo 3).

Bactérias. Microrganismos pertencentes ao Domínio *Bacteria* (Capítulo 3).

Bactérias competentes. Bactérias capazes de captar (absorver) o DNA livre (desnudo) do ambiente (Capítulo 7).

Bactérias desnitrificantes. Bactérias capazes de converter nitratos em gás nitrogênio; o processo é conhecido como *desnitrificação* (Capítulo 10).

Bactérias fixadoras de nitrogênio. Bactérias que têm a capacidade de converter o gás nitrogênio em amônia; o processo é conhecido como *fixação do nitrogênio* (Capítulo 10).

Bactérias nitrificantes. Bactérias capazes de converter a amônia em nitritos e os nitritos em nitratos; o processo é conhecido como *nitrificação* (Capítulo 10).

Bacteriemia. Presença de bactérias na corrente sanguínea (Capítulo 13).

Bacteriemia transitória. Bacteriemia temporária (Capítulo 17).

Bacteriocinas. Proteínas produzidas por determinadas bactérias (as que possuem plasmídios bacteriocinogênicos), que são capazes de matar outras bactérias (Capítulo 10).

Bacteriófago. Vírus que infecta bactérias; também conhecido simplesmente como *fago* (Capítulo 4).

Bacteriófago temperado. Bacteriófago cujo genoma se incorpora e replica com o genoma da bactéria hospedeira; também conhecido como *bacteriófago lisogênico* (Capítulo 4).

Bacteriófago virulento. Bacteriófago que regularmente causa alívio das bactérias que ele infecta; induz a ocorrência do ciclo lítico (Capítulo 4).

Bacteriologia. Estudo das bactérias (Capítulo 1).

Bacteriologista. Pessoa especializada na ciência da bacteriologia (Capítulo 1).

Bacteriúria. Presença de bactérias na urina (Capítulo 13).

Bartolinite. Inflamação das glândulas de Bartholin em mulheres (Capítulo 17).

Basófilo. Tipo de granulócito encontrado no sangue; seus grânulos contêm substâncias ácidas (p. ex., histamina), que atraem corantes básicos (Capítulo 15).

Betalactamases. Enzimas que destroem o anel betalactâmico em antibióticos como as penicilinas e as cefalosporinas (Capítulo 9).

Biofilmes. Comunidades complexas e persistentes de diversos microrganismos (Capítulo 10).

Biogênese. Teoria segundo a qual a vida se origina apenas de vida preexistente, e nunca de matéria não viva (Capítulo 1).

Biologia. O estudo dos organismos vivos; o estudo da vida (Capítulo 1).

Biomassa. A massa ou número total de organismos vivos em determinada área ou volume (Capítulo 1).

Bioquímica. Química dos organismos vivos; a química da vida (Capítulo 6).

Biorremediação. Utilização de microrganismos para a limpeza de resíduos industriais ou tóxicos (Capítulo 1).

Biotecnologia. Utilização de organismos vivos ou seus derivados para fazer ou modificar produtos ou processos (Capítulo 1).

Biotipo. Padrão de resultados de testes bioquímicos positivos e negativos, obtidos quando determinado microrganismo é testado; em alguns sistemas de testes bioquímicos (p. ex., minissistemas), o biotipo refere-se ao número de código específico gerado pelos resultados do teste (Capítulo 12).

Boca de trincheira. Sinônimo de gengivite ulcerativa necrosante aguda (GUNA); também denominada *angina de Vincent*; caracteriza-se por gengivas e tonsilas dolorosas e sanguinolentas, erosão do tecido gengival e aumento dos linfonodos abaixo da mandíbula; infecção sinérgica envolvendo duas ou mais espécies de bactérias anaeróbicas da microflora oral endógena (Capítulo 19).

Bolor limoso. Organismo eucariótico que apresenta características de protozoários e fungos; existem dois tipos: celular e acelular (Capítulo 5).

Botulismo. Doença neurológica causada por uma neurotoxina (toxina botulínica) produzida pelo *Clostridium botulinum*, um bacilo gram-positivo anaeróbico e formador de esporos (Capítulo 19).

Broncopneumonia. Combinação de bronquite e pneumonia (Capítulo 17).

Bronquite. Inflamação da membrana mucosa que reveste os brônquios (Capítulo 17).

C

Cadeia de transporte de elétrons. Série de reações bioquímicas pelas quais a energia é transferida de maneira sequencial; constitui uma importante fonte de energia em algumas células (Capítulo 7).

Camada limosa. Camada de glicocálice não organizada e frouxamente fixada que circunda uma célula bacteriana (Capítulo 3).

Candidíase. Infecção ou doença causada por uma levedura do gênero *Candida*, comumente *Candida albicans*, também conhecida como *moniliase* (Capítulo 10).

Capnófilo. Microrganismo que cresce melhor na presença de concentrações aumentadas de dióxido de carbono; ele é descrito como *capnofílico* (Capítulo 4).

Capsídio. Capa ou revestimento proteico externo de um vírion (Capítulo 4).

Capsômeros. Subunidades proteicas individuais que constituem o capsídio de alguns vírions (Capítulo 4).

Cápsula. Camada organizada do glicocálice, firmemente aderida à superfície externa da parede celular de uma bactéria; algumas leveduras também são encapsuladas (Capítulo 3).

Carboidratos. Compostos orgânicos que contêm carbono, hidrogênio e oxigênio em uma razão de 1:2:1; também conhecidos como *sacarídios* (Capítulo 6).

Carbúnculo. Infecção piogênica (produtora de pus) de localização profunda da pele, que surge geralmente em consequência de coalescência de furúnculos (Capítulo 17).

Cárie dental. Deterioração do dente (Capítulo 17).

Carreador. Indivíduo que apresenta uma infecção assintomática que pode ser transmitida a outros indivíduos suscetíveis (Capítulo 10).

Cascata do complemento. Etapas por meio das quais as proteínas do sistema complemento (componentes do complemento) interagem umas com as outras (Capítulo 15).

Catabolismo. Termo que se refere a todas as reações catabólicas que ocorrem no interior de uma célula (Capítulo 7).

Catalisador. Substância (em geral uma enzima) que acelera uma reação química, mas que não é consumida nem alterada permanentemente no processo (Capítulo 6).

Catalisadores biológicos. Enzimas; moléculas biológicas que catalisam reações químicas (Capítulo 6).

Catalisar. Atuar como catalisador; acelerar uma reação (Capítulo 6).

Cefalosporinase. Enzima que destrói o anel betalactâmico nos antibióticos cefalosporinas; tipo de betalactamase (Capítulo 9).

Célula. A menor unidade de estrutura viva capaz de ter uma existência independente (Capítulo 3).

Célula apresentadora de antígeno (APC). Macrófago que apresenta determinantes antigênicos em sua superfície (Capítulo 16).

Célula *natural killer* (NK). Tipo de linfócito citotóxico do sangue humano (Capítulo 16).

Célula *killer*. Tipo de célula T citotóxica envolvida nas respostas imunes mediadas por células (Capítulo 16).

Células B (linfócitos B). Leucócitos que produzem anticorpos (Capítulo 16).

Células dendríticas. Grandes leucócitos fagocíticos, que se assemelham a macrófagos na sua morfologia e função, mas residem em tecidos que estão em contato com o ambiente externo (Capítulo 18).

Células diploides. Células eucarióticas que contêm dois conjuntos de cromossomos (Capítulo 3).

Células eucarióticas. Células que contêm um núcleo verdadeiro; os organismos que apresentam essas células são designados como *eucariontes* ou eucarióticos (Capítulo 3).

Células haploides. Células eucarióticas que contêm apenas um conjunto de cromossomos (Capítulo 3).

Células procarióticas. Células sem núcleo verdadeiro; os microrganismos constituídos por essas células são denominados *procariontes*, também designados como *procarióticos* (Capítulo 3).

Células T (linfócitos T). Categoria de leucócitos que desempenham uma variedade de papéis importantes no sistema imune (Capítulo 16).

Células T reguladoras. Células T que regulam vários aspectos das respostas imunes; são exemplos as células T auxiliares e as células T supressoras (Capítulo 16).

Celulose. Polissacarídeo encontrado nas paredes celulares de algas e plantas (Capítulo 3).

Centímetro. Centésima parte do metro (Capítulo 2).

Cepas avirulentas. Cepas que não são virulentas nem patogênicas; portanto, são incapazes de causar doença (Capítulo 14).

Cepas virulentas. Cepas que são patogênicas, com capacidade de causar doença (Capítulo 14).

Ceras. Lipídios que consistem em um ácido graxo saturado e um álcool de cadeia longa (Capítulo 6).

Ceratite. Inflamação da córnea (Capítulo 17).

Ceratoconjuntivite. Inflamação da córnea e da conjuntiva (Capítulo 17).

Cervicite. Inflamação do colo do útero (parte do útero que se abre na vagina) (Capítulo 17).

Cestódeos. Subcategoria de vermes achatados; inclui as tênias (Capítulo 21).

Choque. Distúrbio físico ou mental de aparecimento súbito e frequentemente grave, que resulta, em geral, de pressão arterial baixa e falta de oxigênio nos órgãos (Capítulo 14).

Choque anafilático. Ocorrência de choque após anafilaxia, podendo levar à morte (Capítulo 16).

Choque séptico. Tipo de choque que resulta de sepse ou septicemia (Capítulo 14).

Cianobactérias. Grupo de bactérias fotossintéticas (Capítulo 4).

Ciclo de Krebs. Via bioquímica que faz parte da respiração aeróbica; também é conhecido como *ciclo do ácido cítrico*, *ciclo dos ácidos tricarboxílicos* ou *ciclo dos ATC* (Capítulo 7).

Ciclo de vida. Sequência de estágios de geração para geração que ocorre na história de um organismo (Capítulo 3).

Ciclo lítico. Quando um vírus assume a maquinaria metabólica da célula hospedeira, replica-se e provoca ruptura (lise) da célula hospedeira, possibilitando a liberação dos vírions recém-montados (Capítulo 4).

Cientistas de laboratório médico. Profissionais laboratoriais que têm grau de bacharel em ciência laboratorial médica (tecnologia médica); também são conhecidos como *cientistas de laboratório clínico*, *tecnologistas médicos* ou *MT* (Capítulo 13).

Ciliados. Protozoários ciliados (Capítulo 5).

Cílio. Organela de motilidade fina, comumente curta e semelhante a um cabelo (Capítulo 3).

Cistite. Inflamação ou infecção da bexiga urinária (Capítulo 17).

Cisto. Quando o termo se aplica à parasitologia, refere-se ao estágio dormente de sobrevivência no ciclo de vida de um protozoário. Sua parede resistente possibilita ao cisto resistir à dessecação e a extremos de temperatura (Capítulo 5).

Citocinas. Mensageiros químicos solúveis que são liberados por células do corpo; maneira pela qual diferentes tipos de células se comunicam umas com as outras; os exemplos incluem as *linfocinas* (produzidas por linfócitos) e as *monocinas* (produzidas por monócitos) (Capítulo 16).

Citocinese. Divisão do citoplasma, resultando em duas células-filhas; ocorre após a mitose (Capítulo 3).

Citoesqueleto. Sistema de fibras (microtúbulos, microfilamentos e filamentos intermediários) que se encontram por todo o citoplasma das células eucarióticas (Capítulo 3).

Citologia. Estudo das células (Capítulo 3).

Citoplasma. Tipo de protoplasma; situa-se fora do núcleo de uma célula eucariótica (Capítulo 3).

Citóstoma. Boca primitiva encontrada em alguns protozoários (Capítulo 5).

Citotoxinas. Substâncias tóxicas que inibem ou que destroem as células (Capítulo 14).

Cloroplasto. Organela envolvida por membrana, encontrada no citoplasma de células de algas e plantas; *plastídio* que contém clorofila (Capítulo 3).

Coagulase. Enzima bacteriana que provoca coagulação do plasma; converte o fibrinogênio (proteína plasmática) em fibrina (Capítulo 14).

Coccidioidomicose. Micose sistêmica causada pelo *Coccidioides immitis*, um fungo dimórfico (Capítulo 20).

Coco. Bactéria esférica (Capítulo 2).

Cocobacilo. Bacilo muito curto (Capítulo 4).

Código genético. Sequência de bases nucleotídicas em uma molécula de DNA, que fornece a informação necessária para que as células produzam produtos gênicos (Capítulo 6).

Códon. Sequência de três nucleotídios consecutivos em uma fita de mRNA, que fornece a informação genética (código) para a incorporação de determinado aminoácido em uma cadeia de proteína em crescimento (Capítulo 6).

Coenzima. Tipo de cofator; várias vitaminas são coenzimas (Capítulo 6).

Cofator. Íon ou molécula essencial para a ação enzimática de determinadas proteínas (denominadas apoenzimas) (Capítulo 6).

Colagenase. Enzima bacteriana que causa a degradação do colágeno (Capítulo 14).

Colágeno. A principal proteína das fibras brancas do tecido conjuntivo, da cartilagem e do osso (Capítulo 14).

Cólera. Doença diarreica causada pelo *Vibrio cholerae*, um bacilo gram-negativo encurvado (Capítulo 19).

Coleragina. A enterotoxina que causa cólera, produzida pelo *Vibrio cholerae* (Capítulo 19).

Coleta asséptica de urina de jato médio. Amostra de urina coletada de modo a minimizar a contaminação com a microflora endógena; tipo adequado de amostra para cultura de urina (Capítulo 13).

Colicina. Tipo de bacteriocina produzida pela *Escherichia coli* e por outras bactérias estreitamente relacionadas (Capítulo 10).

Coliformes. *Escherichia coli* e outros membros da família Enterobacteriaceae fermentadores da lactose (Capítulo 11).

Colite. Inflamação do cólon (intestino grosso) (Capítulo 17).

Colite pseudomembranosa. Inflamação da mucosa intestinal, com formação e eliminação de material pseudomembranoso nas fezes; frequentemente, trata-se de uma consequência de antibioticoterapia e é causada por uma citotoxina produzida por *Clostridium difficile*, um bacilo gram-positivo anaeróbico e formador de esporos; também é denominada enterocolite *pseudomembranosa* (Capítulo 19).

Coloração álcool-acidorresistente. Técnica de coloração diferencial que distingue as bactérias álcool-acidorresistentes das bactérias não álcool-acidorresistentes; a coloração é utilizada, principalmente, para o diagnóstico presuntivo da tuberculose (Capítulo 4).

Coloração de Gram. Procedimento de coloração diferencial, assim denominado em homenagem a seu criador Hans Christian Gram, um bacteriologista dinamarquês; diferencia as bactérias que se coram de azul a púrpura (denominadas *bactérias gram-positivas*) daquelas que se coram de rosa a vermelho (denominadas *bactérias gram-negativas*) (Capítulo 4).

Coloração negativa. Técnica de coloração em que objetos não corados podem ser observados contra um fundo corado (Capítulo 3).

Coloração simples. Utilização de um único corante para corar objetos (p. ex., células bacterianas), possibilitando aos cientistas obter informações sobre os objetos, como tamanho e forma (Capítulo 4).

Comensalismo. Relação simbiótica, em que uma parte obtém benefício e a outra não é afetada; muitos membros da microflora endógena são comensais (Capítulo 10).

Competência. Neste livro, termo utilizado como a capacidade de uma célula bacteriana captar (absorver) o DNA livre (desnudo) do ambiente; pode resultar em transformação (Capítulo 7).

Complemento. Complexo proteico de 25 a 30 componentes (incluindo proteínas designadas como C1 a C9) presentes no sangue; envolvido na inflamação, na quimiotaxia, na fagocitose e na lise das bactérias (Capítulo 15).

Complexo antígeno-anticorpo. Estrutura produzida como resultado da ligação de um anticorpo a determinado antígeno; também conhecido como *imunocomplexo* (Capítulo 16).

Complexo de Golgi. Sistema membranoso localizado no citoplasma de uma célula eucariótica, associado ao transporte e acondicionamento de proteínas secretoras; também é conhecido como *aparelho de Golgi* ou *corpo de Golgi* (Capítulo 3).

Compostos inorgânicos. Compostos químicos nos quais os átomos ou radicais consistem em elementos diferentes do carbono (Capítulo 6).

Compostos orgânicos. Compostos químicos constituídos por átomos (alguns dos quais são carbono), mantidos unidos por ligações covalentes (Capítulo 6).

Conídio. Esporo de fungo assexuado (Capítulo 5).

Conjugação. Termo utilizado neste livro como a união de duas células bacterianas com o propósito de transferência genética; *não* é um processo reprodutivo (Capítulo 3).

Conjuntiva. Membrana mucosa que reveste as pálpebras e cobre a porção anterior do bulbo do olho (Capítulo 17).

Conjuntivite. Inflamação da conjuntiva (Capítulo 17).

Contagem em placa de células viáveis. Técnica laboratorial utilizada para determinar o número de bactérias vivas em um mililitro de líquido; envolve o uso de meios em placas (Capítulo 8).

Contaminação. Termo utilizado neste livro para se referir a uma condição que indica a presença de microrganismos indesejáveis ou acidentalmente introduzidos (designados como *contaminantes*) (Capítulo 8).

Conversão lisogênica. Alteração da constituição genética de uma célula bacteriana em consequência de lisogenia (Capítulo 7).

Coriza aguda. Sinônimo de resfriado comum (Capítulo 18).

Corpos de inclusão. Agrupamentos distintos de vírions, frequentemente formados no interior do núcleo ou no citoplasma de células infectadas por determinados vírus (Capítulo 4).

Crenação. Processo de se tornar ou estar crenado (Capítulo 8).

Crenado. Enrugado, murcho (p. ex., a aparência dos eritrócitos quando colocados em uma solução hipertônica) (Capítulo 8).

Criptococose. Infecção fúngica causada pelo *Cryptococcus neoformans*, uma levedura encapsulada (Capítulo 20).

Cromossomos. Estruturas celulares em que se localiza a maioria dos genes da célula (algumas vezes, todos eles); os cromossomos eucarióticos consistem em moléculas de DNA de fita dupla e proteínas (histonas e proteínas diferentes da histona); um cromossomo procariótico consiste comumente em uma única molécula de DNA de fita dupla circular, longa e superespiralada (Capítulo 3).

Cultura pura. Quando apenas um tipo de microrganismo está crescendo no interior ou na superfície de um meio de cultura no laboratório; não há nenhum outro tipo de organismo presente (Capítulo 1).

Curva de crescimento. Expressão utilizada neste livro para referir-se a uma representação gráfica da mudança no tamanho de uma população bacteriana ao longo de um período de tempo; inclui a fase lag, a fase log, uma fase estacionária e a fase de morte (Capítulo 8).

Curva de crescimento populacional. Gráfico que representa as mudanças no número de bactérias viáveis em uma população com o passar do tempo; é construído pela plotagem do logaritmo ($\log_{10}$) do número de bactérias viáveis (no eixo vertical ou eixo y) contra o tempo de incubação (no eixo horizontal ou eixo x) (Capítulo 8).

D

Decímetro. Décima parte de um metro (Capítulo 2).

Decomposição. Degradação ou separação de algo em suas partes ou componentes básicos (Capítulo 1).

Decompositores. Microrganismos que decompõem ou degradam substâncias (Capítulo 1).

Dermatite. Inflamação da pele (Capítulo 17).

Dermatófitos. Fungos que causam micoses superficiais da pele, dos cabelos e das unhas; constitui a causa das infecções por tinha (Capítulo 20).

Dermatofitoses. Ver *Infecções por tinha*.

Derme. Camada da pele que contém vasos sanguíneos e linfáticos, nervos e terminações nervosas, glândulas e folículos pilosos (Capítulo 17).

Desinfecção. Processo de destruição de patógenos e suas toxinas (Capítulo 8).

Desinfetante. Agente químico utilizado para destruir patógenos ou para inibir o seu crescimento e suas atividades vitais; refere-se habitualmente geralmente a um agente químico utilizado em materiais inanimados (Capítulo 8).

Dessecação. Processo de ser dessecado (totalmente seco) (Capítulo 8).

Determinante antigênico. É a menor parte de um antígeno capaz de estimular a produção de anticorpos; uma molécula antigênica; também conhecido como *epítopo* (Capítulo 16).

Diarreia. Evacuação anormalmente frequente de matéria fecal semissólida ou líquida (Capítulo 17).

Diarreia associada a antibióticos. Doença diarreica que ocorre após antibioticoterapia; habitualmente geralmente é causada por *Clostridium difficile*, um bacilo gram-positivo anaeróbico formador de esporos (Capítulo 19).

Difteria. Doença bacteriana causada por cepas toxigênicas (produtoras da toxina diftérica) de *Corynebacterium diphtheriae*, um bacilo gram-positivo (Capítulo 19).

Dimorfismo. Fenômeno pelo qual um microrganismo pode existir em duas formas ou formatos (p. ex., os fungos dimórficos podem existir como leveduras ou como bolores) (Capítulo 5).

Dipeptídeo. Proteína que consiste em dois aminoácidos mantidos unidos por uma ligação peptídica (Capítulo 6).

Diplobacilos. Bacilos dispostos em pares (Capítulo 4).

Diplococos. Cocos dispostos em pares (Capítulo 4).

Disbiose. Ruptura do microbioma, que leva a uma função alterada dos sintomas orgânicos (Capítulo 10).

Disenteria. Fezes frequentemente aquosas, acompanhadas de dor abdominal, febre e desidratação; as amostras de fezes podem conter sangue ou muco (Capítulo 17).

Dissacarídeo. Carboidrato que consiste em dois monossacarídeos; os exemplos incluem a sacarose (açúcar comum), a lactose (açúcar do leite) e a maltose (açúcar do malte) (Capítulo 6).

Divisão binária. Método de reprodução em que uma célula se divide para produzir duas células; método de reprodução das bactérias (Capítulo 3).

DNA polimerase. A enzima mais importante necessária para a replicação do DNA (Capítulo 6).

Doença aguda. Doença caracterizada por início súbito e curta duração (Capítulo 14).

Doença assintomática. Doença que não apresenta sintomas; também designada como *doença subclínica* (Capítulo 14).

Doença autoimune. Doença em que o corpo produz anticorpos dirigidos contra seus os próprios tecidos (Capítulo 16).

Doença contagiosa. Doença facilmente transmitida de uma pessoa para outra, um tipo de doença transmissível (Capítulo 11).

Doença crônica. Doença com início insidioso (lento) e longa duração (Capítulo 14).

Doença de Lyme. Doença bacteriana causada pela *Borrelia burgdorferi*, uma espiroqueta frouxamente espiralada; é transmitida pela picada do carrapato (Capítulo 19).

Doença endêmica. Doença que está sempre presente em uma comunidade ou área geográfica (Capítulo 11).

Doença epidêmica. Doença que apresenta um número de casos maior do que o habitual em uma população, durante determinado intervalo de tempo (Capítulo 11).

Doença esporádica. Doença que ocorre ocasionalmente; em geral, afeta apenas um indivíduo; não é endêmica nem epidêmica (Capítulo 11).

Doença infecciosa. Qualquer doença causada por um micróbio que ocorre após colonização do corpo por esse micróbio específico (Capítulo 1).

Doença inflamatória pélvica (DIP). Inflamação aguda ou crônica da cavidade pélvica, em geral relacionada com uma infecção do trato genital feminino (Capítulo 17).

Doença pandêmica. Doença que ocorre em proporções epidêmicas em vários a muitos países, algumas vezes no mundo inteiro (Capítulo 11).

Doença periodontal. Doença ao redor dos dentes (Capítulo 17).

Doença sintomática. Doença em que o paciente apresenta sintomas (Capítulo 14).

Doença subclínica. Ver *Doença assintomática*.

Doença transmissível. Doença capaz de ser transmitida de uma pessoa para outra (Capítulo 11).

Dogma central. Fluxo de informação genética no interior de uma célula; do DNA para uma molécula de mRNA para uma molécula de proteína (Capítulo 6).

Domínio Archaea. Um dos domínios no sistema de classificação de três domínios dos organismos vivos; os membros desse domínio são procariontes; os outros dois domínios são Bacteria e Eucarya (Capítulo 3).

Domínio Bacteria. Um dos domínios no sistema de classificação de três domínios dos organismos vivos; os membros desse domínio são procariontes; os outros dois domínios são Archaea e Eucarya (Capítulo 3).

DST. Doença sexualmente transmissível (Capítulo 17).

E

Ecologia. Ramo da biologia relacionado com o complexo total de inter-relações entre os organismos vivos; abrange as relações dos organismos entre si, com o meio ambiente e com o equilíbrio energético total de determinado ecossistema (Capítulo 7).

Ecologia microbiana. Estudo das inter-relações entre os micróbios e o mundo ao seu redor (outros micróbios, outros organismos vivos e o ambiente não vivo) (Capítulo 1).

Ecossistema. Sistema ecológico que inclui todos os organismos e o meio ambiente dentro do qual eles existem naturalmente (Capítulo 7).

Ectoparasita. Parasita que vive na superfície externa de seu hospedeiro (Capítulo 21).

Edema. Intumescimento causado pelo acúmulo de fluido aquoso nas células, nos tecidos ou nas cavidades do corpo; as áreas intumescidas são descritas como áreas *edematosas* (Capítulo 15).

Encefalite. Inflamação ou infecção do encéfalo (Capítulo 13).

Encefalomielite. Inflamação ou infecção do encéfalo e da medula espinal (Capítulo 17).

Endocardite. Inflamação do endocárdio (revestimento mais interno do coração) (Capítulo 17).

Endoenzima. Enzima produzida por uma célula que permanece no seu interior; enzima intracelular (Capítulo 7).

Endometrite. Inflamação do endométrio (camada interna da parede do útero) (Capítulo 17).

Endoparasita. Parasita que vive no interior do corpo de seu hospedeiro (Capítulo 21).

Endósporo. Corpo resistente e de parede espessa formado no interior de uma célula bacteriana com a finalidade de sobrevivência. Uma bactéria produz apenas um único endósporo, a partir do qual emerge uma célula bacteriana (processo conhecido como *germinação*); também é designado como *esporo bacteriano* (Capítulo 3).

Endossimbionte. Parte de uma relação simbiótica que vive no interior do corpo de outro simbionte (Capítulo 10).

Endotoxina. Parte lipídica do lipopolissacarídio encontrado na parede celular das bactérias gram-negativas; toxina intracelular (Capítulo 14).

Engenharia genética. Inserção de genes estranhos em microrganismos, tornando-os capazes de gerar produtos gênicos específicos ou possibilitando que sejam utilizados para outras finalidades (Capítulo 1).

Ensaio de liberação de gamainterferona. Ensaio utilizado para determinar a exposição ao *Mycobacterium tuberculosis* (Capítulo 16).

Enterite. Inflamação do intestino, referindo-se geralmente ao intestino delgado (Capítulo 17).

Enterocytozoon. Gênero pertencente à família Microsporidia; provoca diarreia e infecções oculares (Capítulo 20).

Enterotoxina. Exotoxina bacteriana específica para células da mucosa intestinal (Capítulo 14).

Enzima. Molécula proteica que catalisa (produz ou acelera) uma reação química; permanece inalterada no processo; catalisador biológico (Capítulo 6).

Eosinofilia. Número anormalmente alto de eosinófilos na corrente sanguínea (Capítulo 15).

Eosinófilo. Tipo de granulócito encontrado no sangue; seus grânulos contêm substâncias básicas (p. ex., proteína básica principal) que atraem corantes ácidos (Capítulo 15).

Epidemiologia. Estudo das relações entre os vários fatores que determinam a frequência e a distribuição das doenças (Capítulo 11).

Epidemiologia molecular. Determinação do parentesco de dois micróbios isolados em um ambiente de cuidados com a saúde utilizando métodos genotípicos (Capítulo 12).

Epiderme. A parte epitelial superficial da pele (Capítulo 17).

Epididimite. Inflamação do epidídimo (estrutura tubular no interior dos testículos) (Capítulo 17).

Epiglotite. Inflamação da epiglote (abertura da traqueia) (Capítulo 17).

Epissoma. Elemento extracromossômico (plasmídio), que pode integrar-se ao cromossomo da bactéria hospedeira ou se replicar e funcionar de modo estável quando fisicamente separado do cromossomo (Capítulo 7).

Epíteto específico. A segunda parte ("segundo nome") no nome de uma espécie; o epíteto específico não pode ser utilizado isoladamente (Capítulo 3).

Erisipela. Celulite cutânea aguda causada pelo *Streptococcus pyogenes* (Capítulo 19).

Eritema. Vermelhidão da pele; uma área avermelhada da pele é descrita como *eritematose* (Capítulo 16).

Eritrócitos. Hemácias (Capítulo 13).

Erlichiose. Doença bacteriana causada por *Ehrlichia* spp., bacilos gram-negativos que são patógenos intracelulares obrigatórios (Capítulo 19).

Escarro. Pus que se acumula nos pulmões de pacientes com infecções do trato respiratório inferior, como pneumonia e tuberculose (Capítulo 13).

***Escherichia coli* entero-hemorrágica.** Cepas de *Escherichia coli* que produzem enterotoxinas que causam diarreia sanguinolenta e síndrome hemolítico-urêmica (Capítulo 19).

***Escherichia coli* enterotoxigênica.** Cepas de *Escherichia coli* que produzem toxinas que causam diarreia (Capítulo 19).

***Escherichia coli* enterovirulenta.** Cepas de *Escherichia coli* que produzem toxinas que provocam doenças gastrintestinais; os exemplos incluem *E. coli* entero-hemorrágica e *E. coli* enterotoxigênica (Capítulo 19).

Espécie. Nome específico de determinado gênero (p. ex., *Escherichia coli* é uma espécie do gênero *Escherichia*); o nome de determinada espécie consiste em duas partes – o nome genérico ("o primeiro nome") e o epíteto específico ("o segundo nome"); a espécie no singular é abreviada por sp. e, no plural, por spp. (Capítulo 3).

Espiroquetas. Bactérias espiraladas (p. ex., *Treponema pallidum*, o agente etiológico da sífilis) (Capítulo 3).

Esplenomegalia. Aumento de tamanho do baço (Capítulo 21).

Esporulação. Produção de esporos (Capítulo 3).

Estafilococos. Cocos dispostos em cachos, como no gênero *Staphylococcus* (Capítulo 4).

Estafiloquinase. Quinase produzida pelo *Streptococcus aureus* (Capítulo 14).

Estéril. Desprovido de microrganismos vivos, incluindo esporos (Capítulo 8).

Esterilização. Destruição de *todos* os micróbios na superfície ou no interior de algum objeto (p. ex., instrumentos cirúrgicos) (Capítulo 8).

Estigma. Organela fotossensível (sensível à luz), também conhecida como *ocelo* (Capítulo 5).

Estreptobacilos. Bacilos dispostos em cadeias de comprimento variável (Capítulo 4).

Estreptococos. Cocos dispostos em cadeias de comprimentos variáveis, como no gênero *Streptococcus* (Capítulo 4).

Estreptoquinase. Quinase produzida por estreptococos (Capítulo 14).

Etiologia. Causa; como na etiologia de uma doença (Capítulo 1).

Eucarya. Um dos três domínios no Sistema de Classificação de Três Domínios; uma forma alternativa é *Eukarya*; os membros desse domínio são eucariontes; os outros dois domínios são Archaea e Bacteria (Capítulo 3).

Exoenzima. Enzima produzida por uma célula, que é liberada; enzima extracelular (Capítulo 7).

Exotoxina. Toxina que é liberada de uma célula; toxina extracelular (Capítulo 14).

Exsudato. Qualquer fluido (p. ex., pus) que exsuda de um tecido, frequentemente em consequência de lesão, infecção ou inflamação (Capítulo 17).

Exsudato inflamatório. Acúmulo de líquido, células e restos celulares no local de inflamação (Capítulo 15).

Exsudato purulento. Exsudato espesso e amarelo-esverdeado que contém numerosos leucócitos vivos e mortos; também é conhecido como *pus* (Capítulo 15).

F

Fagócito. Célula capaz de ingerir bactérias, leveduras e outros materiais particulados por fagocitose; as amebas e determinados leucócitos são exemplos de células fagocíticas (Capítulo 3).

Fagocitose. Ingestão de material particular envolvendo o uso de pseudópodes para circundar a partícula (Capítulo 3).

Fagolisossoma. Vesícula envolvida por membrana, formada pela fusão de um fagossomo com um lisossomo (Capítulo 15).

Fagossomo. Vesícula envolvida por membrana, que contém uma partícula ingerida (p. ex., célula bacteriana); é encontrado nas células fagocíticas (Capítulo 15).

Faringite. Inflamação ou infecção da garganta (Capítulo 17).

Fáscia. Lâmina de tecido fibroso que envolve o corpo abaixo da pele; reveste também os músculos e grupos de músculos (Capítulo 19).

Fasciite. Inflamação da fáscia (Capítulo 19).

Fase de morte. Parte da curva de crescimento bacteriano durante a qual não ocorre nenhuma multiplicação, e os microrganismos estão morrendo; a quarta fase ou fase final da curva de crescimento bacteriano (Capítulo 8).

Fase estacionária. Parte de uma curva de crescimento bacteriano durante a qual os microrganismos estão morrendo na mesma velocidade em que novos microrganismos estão sendo produzidos; constitui a terceira fase da curva de crescimento bacteriano (Capítulo 8).

Fase Lag. Parte da curva de crescimento bacteriano durante a qual a multiplicação dos organismos é muito lenta ou dificilmente apreciável; a primeira fase na curva de crescimento bacteriano (Capítulo 8).

Fase logarítmica de crescimento. Parte da fase de crescimento bacteriano durante a qual ocorre multiplicação máxima por progressão geométrica; a segunda fase na curva de crescimento bacteriano, também conhecida como *fase Log* ou *fase exponencial de crescimento* (Capítulo 8).

Fator de resistência. Ver *Fator R.*

Fator R. Plasmídeo que contém genes de resistência a múltiplos fármacos; uma bactéria com o fator R é multirresistente, ou seja, uma "superbactéria"; o "R" refere-se à resistência (Capítulo 7).

Fatores de virulência. Atributos ou propriedades de um microrganismo que contribuem para a sua virulência ou patogenicidade (p. ex., determinadas exoenzimas e toxinas produzidas por bactérias patogênicas) (Capítulo 14).

Febre tifoide. Doença bacteriana causada pela *Salmonella typhi*, um bacilo gram-negativo (Capítulo 19).

Fenótipo. Manifestação de um genótipo; todos os atributos ou as características de um indivíduo (Capítulo 7).

Fermentação. Via bioquímica anaeróbica em que as substâncias são degradadas e há produção de energia e compostos reduzidos; o oxigênio não participa do processo (Capítulo 7).

Ficologia. Estudo das algas (Capítulo 1).

Ficologista. Indivíduo especializado na ciência da ficologia (Capítulo 1).

Ficotoxicose. Intoxicação microbiana causada por uma ficotoxina (Capítulo 5).

Ficotoxinas. Toxinas produzidas por algas (Capítulo 5).

Filamentos axiais. Fibrilas semelhantes a flagelos que possibilitam o deslocamento das espiroquetas em movimento espiralado, helicoidal ou à semelhança de uma lagarta (Capítulo 3).

Fímbrias. Ver *pili* (Capítulo 3).

Fisiologia microbiana. Estudo dos processos vitais dos micróbios (Capítulo 7).

Fitoplâncton. Plantas marinhas e algas microscópicas que são componentes do plâncton (Capítulo 1).

Fixação do nitrogênio. Processo pelo qual o gás nitrogênio atmosférico é convertido em amônia (Capítulo 4).

Flagelados. Termo que se refere aos protozoários flagelados (Capítulo 5).

Flagelina. Proteína que compõe os flagelos bacterianos (Capítulo 3).

Flagelos. Organelas de locomoção semelhantes a um chicote; os flagelos dos procariontes e dos eucariontes diferem na sua estrutura; os procarióticos são compostos de uma proteína, denominada *flagelina*, enquanto os eucarióticos contêm nove duplas de microtúbulos dispostos em torno de dois microtúbulos centrais (arranjo de 9 a+ 2) (Capítulo 3).

Foliculite. Inflamação de um folículo piloso, o saco que contém a haste de um pelo (Capítulo 17).

Fômites. Substâncias ou objetos inanimados capazes de absorver e de transmitir um patógeno (p. ex., roupas de vestir, roupas de cama, toalhas e utensílios de cozinha) (Capítulo 11).

Formas L. Formas anormais de bactérias que perderam parte de sua parede celular rígida ou toda ela; algumas vezes, constitui o resultado da exposição de um microrganismo a um agente antimicrobiano; essas formas são também denominadas *variantes de fase L*; o "L" deriva do Lister Institute (Capítulo 4).

Fosfolipídio. Lipídio que contém glicerol, ácidos graxos, um grupo fosfato e um álcool; os glicerofosfolipídios (também denominados *fosfoglicerídeos*) e os esfingolipídios são exemplos (Capítulo 6).

Fotoautotrófico. Organismo que utiliza a luz como fonte de energia e o dióxido de carbono como fonte de carbono; tipo de autotrófico (Capítulo 7).

Foto-heterotrófico. Organismo que utiliza a luz como fonte de energia e compostos orgânicos como fonte de carbono; um tipo de heterotrófico (Capítulo 7).

Fotomicrografia. Fotografia obtida por meio do sistema de lentes de um microscópio óptico composto (Capítulo 2).

Fotossíntese. Processo químico pelo qual a energia da luz é convertida em energia química; um organismo que produz substâncias orgânicas dessa maneira é denominado *fotossintético* (Capítulo 3).

Fotossíntese anoxigênica. Tipo de fotossíntese em que não há produção de oxigênio (Capítulo 4).

Fotossíntese oxigênica. Tipo de fotossíntese em que há produção de oxigênio (Capítulo 4).

Fotótrofo. Organismo que utiliza a luz como fonte de energia (Capítulo 7).

Fungemia. Presença de fungos na corrente sanguínea (Capítulo 13).

Fungo dimórfico. Fungo que pode existir na forma de levedura ou de bolor. (Capítulo 5).

Fungos. Microrganismos eucarióticos não fotossintéticos, que podem ser saprófitas ou parasitas (Capítulo 5).

Furúnculo. Infecção piogênica (produtora de pus) localizada da pele, que geralmente resulta de foliculite (Capítulo 17).

G

Gangrena. Necrose (morte celular) em consequência de isquemia (falta de fluxo sanguíneo) (Capítulo 19).

Gangrena gasosa. Gangrena causada por *Clostridium* spp.; o gás que se forma no tecido necrótico resulta de fermentação bacteriana; também é conhecida como *mionecrose* (Capítulo 19).

Gastrenterite. Inflamação da mucosa que reveste o estômago e o intestino (Capítulo 17).

Gastrite. Inflamação da mucosa que reveste o estômago (Capítulo 17).

Gene. Unidade funcional da hereditariedade que ocupa um espaço (*locus*) específico em um cromossomo; contém a informação genética que possibilita a uma célula produzir uma proteína (comumente), uma molécula de rRNA ou uma molécula de tRNA (Capítulo 3).

Gênero. Primeiro nome na nomenclatura binomial; um gênero contém espécies estreitamente relacionadas (Capítulo 3).

Genes constitutivos. Genes que são expressos o tempo todo (Capítulo 6).

Genes induzíveis. Genes que não estão sempre expressos (Capítulo 6).

Geneterapia. Inserção de genes totalmente funcionais em uma célula, de modo a corrigir problemas associados a gentes de funcionamento anormal (Capítulo 7).

Genética. Ramo da ciência relacionado com a hereditariedade (Capítulo 7).

Gengivite. Inflamação ou infecção da gengiva (Capítulo 17).

Genótipo. Constituição genética completa de um indivíduo (*i. e.*, todos os genes do indivíduo); também é conhecido como *genoma* (Capítulo 3).

Germe. Termo do jargão para se referir a um patógeno (Capítulo 1).

Glândula sebácea. Glândula oleosa localizada na derme (Capítulo 17).

Glicocálice. Material extracelular que pode ou não estar firmemente aderido à superfície externa da parede celular de uma bactéria; as cápsulas e as camadas limosas são exemplos de glicocálice (Capítulo 3).

Glicogênio. Polissacarídeo armazenado pelas células animais como reserva alimentar; é composto de numerosas moléculas de glicose (Capítulo 6).

Glicólise. Degradação anaeróbica e produtora de energia da glicose, produzindo duas moléculas de ácido pirúvico por meio de uma série de reações químicas; exemplo de uma via bioquímica; também é denominada *glicólise anaeróbica* (Capítulo 7).

Glicose. Monossacarídeo biologicamente importante de seis átomos de carbono; uma hexose; $C_6H_{12}O_6$; também denominada *dextrose*; o produto da hidrólise completa de polissacarídeos como a celulose, o amido e o glicogênio (Capítulo 6).

Gonococo. Termo de jargão para referir-se a *Neisseria gonorrhoeae*; abreviado como GC (Capítulo 13).

Gonorreia. Doença sexualmente transmissível causada pela bactéria *Neisseria gonorrhoeae*, um diplococo gram-negativo (Capítulo 19).

Granulócitos. Categoria de leucócitos que apresentam grânulos citoplasmáticos proeminentes; os neutrófilos, os eosinófilos e os basófilos são exemplos (Capítulo 15).

H

Halófilos. Organismos cujo crescimento é intensificado por uma alta concentração de sais; esse tipo de organismo é denominado *halofílico* (Capítulo 8).

Hanseníase. Doença bacteriana da pele, dos nervos periféricos e dos testículos, causada pelo bacilo álcool-acidorresistente *Mycobacterium leprae*; um sinônimo é doença de Hansen (Capítulo 19).

Hapteno. Pequena molécula não antigênica, que se torna antigênica quando combinada com uma molécula maior (p. ex., uma proteína carreadora) (Capítulo 16).

HBV. Vírus da hepatite B; o agente etiológico da hepatite sérica (Capítulo 18).

Helminto. Verme parasita (Capítulo 21).

Hemólise. Destruição dos eritrócitos de tal maneira que ocorre liberação da hemoglobina no ambiente circundante (Capítulo 8).

Hemolisina. Enzima bacteriana capaz de provocar lise dos eritrócitos (Capítulo 14).

Hepatite. Inflamação do fígado (Capítulo 17).

Heptose. Monossacarídeo que contém sete átomos de carbono (Capítulo 6).

Herpes labial. Erupção causada pelo herpes-vírus simples (Capítulo 18).

Herpes-vírus simples. Vírus que causam uma variedade de infecções, incluindo herpes labial, herpes genital e herpes-zóster (Capítulo 18).

Herpes-zóster. Doença nervosa dolorosa, causada pela reativação do vírus da varicela (Capítulo 18).

Heterotrófico. Organismo que utiliza substâncias químicas orgânicas como fonte de carbono (Capítulo 7).

Hexose. Monossacarídeo que contém seis átomos de carbono (Capítulo 6).

Hialuronidase. Enzima bacteriana que degrada o ácido hialurônico; algumas vezes é denominada fator de difusão ou fator de disseminação, visto que possibilita à bactéria invadir profundamente o tecido (Capítulo 14).

Hibridoma. Tumor produzido *in vitro* pela fusão de células tumorais de camundongo com células produtoras de anticorpos específicos, utilizado na produção de anticorpos monoclonais (Capítulo 16).

Hidrocarboneto. Composto orgânico que consiste apenas em átomos de carbono e de hidrogênio (Capítulo 6).

Hifas. Filamentos citoplasmáticos longos, finos e entrelaçados, que compõem uma colônia de bolor (*micélio*) (Capítulo 5).

Hifas aéreas. Hifas miceliais que se estendem acima da superfície (do solo, do ágar, da pele, ou onde quer que o micélio esteja crescendo); local de produção dos esporos; também são denominadas *hifas reprodutivas* (Capítulo 5).

Hifas asseptadas. Hifas fúngicas que não contêm septos (paredes transversais) (Capítulo 5).

Hifas septadas. Hifas que contêm septos (paredes transversais) (Capítulo 5).

Hifas vegetativas. Hifas situadas abaixo da superfície de um micélio de fungo em crescimento (Capítulo 5).

Hipogamaglobulinemia. Quantidade diminuída da fração gama das globulinas séricas, incluindo uma redução no total de imunoglobulinas (Capítulo 16).

Histamina. Substância química potente liberada por basófilos e mastócitos durante reações alérgicas; provoca constrição dos músculos lisos dos brônquios e vasodilatação (Capítulo 16).

HIV. Vírus da imunodeficiência humana; o agente etiológico da AIDS (Capítulo 4).

Holoenzima. Apoenzima mais cofator; uma enzima completa (funcional) (Capítulo 6).

Hospedeiro. Em uma relação de parasitismo, refere-se ao organismo sobre o qual ou no interior do qual vive o parasita (Capítulo 10).

Hospedeiro definitivo. Em uma relação de parasitismo, refere-se ao hospedeiro que abriga o estágio adulto ou sexuado de um parasita, ou a fase sexuada do ciclo de vida de um parasita (Capítulo 21).

Hospedeiro intermediário. Em uma relação de parasitismo, refere-se ao hospedeiro que abriga o estágio larvar ou assexuado de um parasita, ou a fase assexuada do ciclo de vida do parasita (Capítulo 21).

I

Impetigo. Doença cutânea causada pelas bactérias *Streptococcus aureus* e/ou *Streptococcus pyogenes* (Capítulo 19).

Imune. Livre da possibilidade de adquirir determinada doença infecciosa; resistente a uma doença infecciosa (Capítulo 16).

Imunidade. Estado de estar imune ou resistente a uma doença infecciosa (Capítulo 16).

Imunidade adquirida. Imunidade ou resistência adquirida em algum momento da vida de um indivíduo (Capítulo 16).

Imunidade adquirida ativa. Imunidade ou resistência adquirida em consequência da produção ativa de anticorpos (Capítulo 16).

Imunidade adquirida ativa artificial. Imunidade adquirida ativa que é induzida artificialmente (p. ex., pela injeção de uma vacina em um indivíduo) (Capítulo 16).

Imunidade adquirida ativa natural. Imunidade adquirida ativa que é adquirida naturalmente (p. ex., infecção por determinado patógeno) (Capítulo 16).

Imunidade adquirida passiva. Imunidade ou resistência adquirida em consequência do recebimento de anticorpos produzidos por outra pessoa ou por um animal (Capítulo 16).

Imunidade adquirida passiva artificial. Imunidade adquirida passiva que é induzida artificialmente (p. ex., pela injeção de anticorpos em um indivíduo) (Capítulo 16).

Imunidade adquirida passiva natural. Imunidade adquirida passiva que é adquirida de maneira natural (p. ex., quando o feto recebe anticorpos maternos *in utero*) (Capítulo 16).

Imunidade humoral. Tipo de imunidade em que os anticorpos desempenham um importante papel; também é conhecida como *imunidade mediada por anticorpos* (IMA) (Capítulo 16).

Imunidade mediada por células. Tipo de imunidade que envolve muitos tipos diferentes de células (p. ex., macrófagos e vários tipos de linfócitos), mas na qual os anticorpos só desempenham um papel secundário, se houver algum; também conhecida como *hipersensibilidade tardia* (Capítulo 16).

Imunoglobulinas. Classe de glicoproteínas que contêm anticorpos (Capítulo 16).

Imunologia. Estudo da imunidade e do sistema imune (Capítulo 16).

Imunologista. Indivíduo especializado na ciência da imunologia (Capítulo 16).

In vitro. Situado em um ambiente artificial, como no de laboratório; termo usado para referir-se ao que ocorre *fora* de um organismo (Capítulo 1).

In vivo. Termo usado para se referir ao que ocorre no *interior* de um organismo vivo (Capítulo 1).

Incidência. Número de novos casos de determinada doença em uma população definida durante um período específico de tempo (Capítulo 11).

Incubação. Em microbiologia, refere-se à manutenção de uma cultura em determinada temperatura por um certo período de tempo (Capítulo 8).

Incubador. Em microbiologia, a câmara no interior da qual as culturas são mantidas a determinada temperatura por um período específico de tempo (Capítulo 8).

Indivíduo atópico. Indivíduo alérgico; indivíduo, que sofre de alergias (Capítulo 16).

Indivíduo imunocompetente. Indivíduo com capacidade de desencadear uma resposta imune normal; indivíduo cujo sistema imune está funcionando adequadamente (Capítulo 16).

Indivíduo imunossuprimido. Indivíduo cujo sistema imune não está funcionando adequadamente; é também designado como *imunodeprimido* ou *imunocomprometido* (Capítulo 16).

Infecção. Presença e multiplicação de um patógeno na superfície ou no interior do corpo; termo frequentemente empregado como sinônimo de doença infecciosa.

Infecção adquirida na comunidade. Qualquer infecção adquirida fora de um estabelecimento de cuidados com a saúde (Capítulo 12).

Infecção assintomática. Presença de um patógeno na superfície ou no interior do corpo, sem sintoma clínico da doença; também é designada como *infecção subclínica* (Capítulo 14).

Infecção associada aos cuidados de saúde. Qualquer infecção adquirida durante a hospitalização de uma pessoa (ou enquanto um paciente estiver em algum outro ambiente de cuidados com a saúde) (Capítulo 12).

Infecção iatrogênica. Infecção causada por tratamento médico; literalmente, "induzida pelo médico", mas que também pode ser causada por qualquer profissional de saúde (Capítulo 12).

Infecção latente. Infecção assintomática capaz de manifestar sintomas em determinadas circunstâncias ou se for ativada (Capítulo 14).

Infecção localizada. Infecção que permanece localizada, não se dissemina; também conhecida como *infecção local* ou *infecção focal* (Capítulo 14).

Infecção polimicrobiana. Infecção causada pela ação correlacionada de dois ou mais microrganismos. Também é conhecida como *infecção sinérgica*; os exemplos incluem boca de trincheira e vaginose bacteriana (Capítulo 10).

Infecção primária. Doença inicial; frequentemente cria condições que levam a uma doença secundária; se a doença primária for uma infecção, é denominada *infecção primária* (Capítulo 14).

Infecção secundária. Doença que ocorre após uma doença inicial; se a doença secundária for uma infecção, é designada como *infecção secundária* (Capítulo 14).

Infecção sinérgica. Infecção causada pela ação correlacionada de dois ou mais microrganismos, também conhecida como *infecção polimicrobiana*; os exemplos incluem boca das trincheiras e vaginose (Capítulo 10).

Infecção sistêmica. Infecção que se disseminou pelo corpo, também conhecida como *infecção generalizada* (Capítulo 14).

Infecções por tinha. Infecções fúngicas da pele, dos cabelos e das unhas, denominadas com base na parte do corpo que é afetada (Capítulo 20).

Inflamação. Processo patológico inespecífico, que consiste em um complexo dinâmico de reações citológicas e histológicas que ocorrem em resposta a uma lesão ou a um estímulo anormal por um agente físico, químico ou biológico (Capítulo 15).

Injeção parenteral. Injeção de substâncias diretamente na corrente sanguínea (Capítulo 11).

Inoculação. Em microbiologia, refere-se à adição de uma amostra a algum tipo de meio de cultura (Capítulo 8).

Interferonas. Pequenas glicoproteínas antivirais que são produzidas pelas células infectadas por um vírus animal; elas são específicas da célula e da espécie, mas não são específicas de vírus (Capítulo 15).

Interleucinas. Linfocinas ou hormônios polipeptídicos; a interleucina-1 é produzida pelos monócitos; a interleucina-2 é produzida pelos linfócitos; é uma categoria de citocinas (Capítulo 15).

Intoxicação microbiana. Doença que resulta da ingestão de uma toxina que foi produzida por um patógeno *in vitro* (fora do corpo) (Capítulo 1).

Isquemia. Anemia localizada, em consequência da obstrução mecânica do suprimento sanguíneo (Capítulo 19).

L

Laboratório de imuno-hematologia. Laboratório onde o sangue doado é coletado, analisado e armazenado; frequentemente designado como *banco de sangue* (Capítulo 13).

Laringite. Inflamação da membrana mucosa da laringe (Capítulo 17).

Lecitina. Nome dado a vários tipos de fosfolipídios que são constituintes essenciais de células animais e vegetais (Capítulo 14).

Lecitinase. Enzima bacteriana que tem a capacidade de clivar a lecitina (Capítulo 14).

Legionelose. Doença respiratória bacteriana, causada por um bacilo gram-negativo do gênero *Legionella* (Capítulo 19).

Leucemia. Tipo de câncer em que ocorre proliferação de leucócitos anormais no sangue (Capítulo 13).

Leucocidina. Exotoxina bacteriana capaz de destruir os leucócitos (Capítulo 14).

Leucócitos. Células brancas do sangue (Capítulo 13).

Leucocitose. Número aumentado de leucócitos no sangue (Capítulo 15).

Leucopenia. Número diminuído de leucócitos no sangue (Capítulo 15).

Ligação covalente. Tipo de ligação química em que dois átomos compartilham um par de elétrons (Capítulo 6).

Ligação dupla. Tipo de ligação química que contém dois pares de elétrons compartilhados (Capítulo 6).

Ligação peptídica. Nome dado à ligação covalente que une os aminoácidos nas moléculas de proteína (Capítulo 6).

Ligação glicosídica. Ligação covalente que mantém os monossacarídeos unidos em moléculas de carboidratos (Capítulo 6).

Ligação simples. Tipo de ligação química que contém um par de elétrons compartilhados (Capítulo 6).

Ligação tripla. Tipo de ligação química contendo três pares de elétrons compartilhados (Capítulo 6).

Linfadenite. Inflamação de um ou mais linfonodos (Capítulo 17).

Linfadenopatia. Doença que afeta um ou mais linfonodos (Capítulo 17).

Linfangite. Inflamação dos vasos linfáticos (Capítulo 17).

Linfocinas. Proteínas solúveis liberadas por linfócitos sensibilizados; os exemplos incluem fatores quimiotáticos e interleucinas; as linfocinas representam uma categoria de *citocinas* (Capítulo 16).

Liofilização. Criodessecação; método de preservação de microrganismos e alimentos (Capítulo 8).

Lipídios. Compostos orgânicos que contêm carbono, hidrogênio e oxigênio, que são insolúveis na água, mas solúveis nos denominados solventes de gordura, como o éter dietílico e o tetracloreto de carbono (Capítulo 6).

Lipopolissacarídeo. Macromolécula constituída pela combinação de lipídio e polissacarídeo, encontrada nas paredes celulares de bactérias gram-negativas (Capítulo 4).

Líquen. Organismo formado por uma alga verde (ou uma cianobactéria) e um fungo; fornece um exemplo de uma relação simbiótica conhecida como *mutualismo* (Capítulo 5).

Líquido cerebrospinal (LCS). Líquido no interior da medula espinal, dos ventrículos e das cavidades do encéfalo; também designado como *líquido espinal* (Capítulo 13).

Lisogenia. Situação na qual o material genético viral é integrado ao genoma de uma célula hospedeira (Capítulo 7).

Lisossomo. Vesícula delimitada por membrana, encontrada no citoplasma das células eucarióticas; contém uma variedade de enzimas digestivas, incluindo lisozima (Capítulo 3).

Lisozima. Enzima digestiva encontrada nos lisossomos, nas lágrimas e em outros líquidos corporais; é particularmente destrutiva para as paredes celulares das bactérias (Capítulo 15).

Listeriose. Doença bacteriana causada pela *Listeria monocytogenes*; um bacilo gram-positivo (Capítulo 19).

Litotrófico. Organismo que utiliza moléculas inorgânicas como fonte de energia; um tipo de quimiotrópico (Capítulo 7).

M

Macrófago. Grande leucócito fagocítico, que se origina de um monócito (Capítulo 15).

Macrófagos fixos. Macrófagos que permanecem localizados no interior de determinados órgãos e tecidos; também conhecidos como *histiócitos* (Capítulo 15).

Macrófagos migratórios. Macrófagos que migram na corrente sanguínea e nos tecidos; algumas vezes denominados *macrófagos livres* (Capítulo 15).

Mal-estar. Sensação generalizada de desconforto ou inquietação (Capítulo 17).

Manchas de Koplik. Pequenas manchas vermelhas que contêm uma minúscula região branca azulada; aparecem na mucosa bucal no início do sarampo (Capítulo 18).

Mastócito. Célula tecidual que se assemelha estreitamente a um basófilo (Capítulo 16).

Mecanismos de defesa do hospedeiro. Mecanismos que servem para proteger o corpo de patógenos e das infecções que eles causam (Capítulo 15).

Mecanismos específicos de defesa do hospedeiro. Mecanismos de defesa do hospedeiro dirigidos contra determinado patógeno invasor; sinônimo de sistema imune ou terceira linha de defesa (Capítulo 15).

Mecanismos inespecíficos de defesa do hospedeiro. Mecanismos de defesa do hospedeiro dirigidos contra todos os tipos de patógenos invasores e outras substâncias estranhas (Capítulo 15).

Meio artificial. Meios de cultura que são produzidos no laboratório; não ocorrem naturalmente; também conhecidos como meios sintéticos (Capítulo 8).

Meio complexo. Meio de cultura cuja composição química exata não é conhecida; com frequência, contém órgãos de animais triturados (p. ex., cérebro, coração e fígado) ou extrato de levedura (Capítulo 8).

Meio diferencial. Meio de cultura que possibilita aos microbiologistas diferenciar rapidamente um microrganismo ou grupo de microrganismos de outro (Capítulo 8).

Meio enriquecido. Meio de cultura que permite ao microbiologista isolar microrganismos fastidiosos a partir de amostras ou espécimes e cultivá-los no laboratório (Capítulo 8).

Meio quimicamente definido. Tipo de meio de cultura em que a composição química exata é conhecida (Capítulo 8).

Meio seletivo. Meio de cultura que possibilita o crescimento de determinado microrganismo ou de um grupo de microrganismos, enquanto inibe o crescimento de todos os outros (Capítulo 8).

Meiose. Tipo de divisão celular que resulta na formação de gametas haploides, também conhecida como *divisão meiótica* (Capítulo 3).

Membrana celular. Limite protoplasmático de todas as células; proporciona permeabilidade seletiva e desempenha outras funções importantes (Capítulo 3).

Membrana nuclear. Membrana que circunda os cromossomos e o nucleoplasma de uma célula eucariótica (Capítulo 3).

Meninges. Termo utilizado neste livro para se referir às membranas que envolvem o encéfalo e a medula espinal (Capítulo 17).

Meningite. Inflamação ou infecção das meninges (Capítulo 13).

Meningite asséptica. Tipo de meningite que não é causada por patógeno ou em que o agente etiológico não irá crescer em meios de cultura bacteriológicos padrões; termo frequentemente utilizado como sinônimo de meningite viral (Capítulo 17).

Meningococemia. Presença de *Neisseria meningitidis* no sangue (Capítulo 13).

Meningococo. Termo de jargão para referir-se à *Neisseria meningitidis* (Capítulo 13).

Meningoencefalite. Inflamação ou infecção do encéfalo e suas membranas circundantes (Capítulo 13).

Mesófilo. Microrganismo que apresenta uma temperatura ideal de crescimento entre 25 e 40°C; esse organismo é designado como *mesofílico* (Capítulo 8).

Metabolismo. A soma de todas as reações químicas que ocorrem em uma célula; consiste em *anabolismo* e *catabolismo* (Capítulo 3).

Metabólito. Qualquer produto químico do metabolismo (Capítulo 7).

Metagênicos. Micróbios procarióticos que vivem em dióxido de carbono e hidrogênio e produzem gás metano (Capítulo 4).

Micélio. Colônia de fungos; composto de uma massa de hifas entrelaçadas (Capítulo 5).

Micologia. Estudo dos fungos (Capítulo 1).

Micologista. Indivíduo especializado na ciência da micologia (Capítulo 1).

Micose. Doença fúngica (Capítulo 5).

Micotoxicose. Intoxicação microbiana causada por uma micotoxina (Capítulo 5).

Micotoxinas. Toxinas produzidas por fungos (Capítulo 5).

Microaerófilos. Microrganismos que necessitam de oxigênio, mas em concentrações inferiores a 20 a 21% encontradas no ar; em geral, necessitam de cerca de 5% de oxigênio (Capítulo 4).

Microbiano. Referente a microrganismos (Capítulo 1).

Micróbio acelular. Micróbio que não é composto de células (p. ex., como vírus, príons e viroides) (Capítulo 1).

Micróbio celular. Micróbio constituído por células (p. ex., bactérias, algas e protozoários) (Capítulo 1).

Microbiologia. Estudo dos micróbios (Capítulo 1).

Microbiologista. Indivíduo especializado na ciência da microbiologia (Capítulo 1).

Microbioma. A totalidade dos micróbios, seu material genético e seus efeitos sobre o ambiente local (Capítulo 10).

Micróbios. Termo abrangente que inclui os vírus e os príons acelulares, bem como os microrganismos celulares (p. ex., bactérias, protozoários, algumas algas e alguns fungos) (Capítulo 1).

Micróbios fastidiosos. Micróbios difíceis de isolar de amostras e ser cultivados no laboratório, em virtude de suas complexas necessidades nutricionais (Capítulo 1).

Micróbios piogênicos. Patógenos que causam processos infecciosos que contêm pus (Capítulo 15).

Micróbios transitórios. Membros temporários da microflora endógena (Capítulo 10).

Microbiota. Todos os micróbios que habitam determinado local no corpo humano (Capítulo 10).

Microbiota endógena. Micróbios que vivem na superfície ou no interior do corpo saudável; também denominada microbioma humano; no passado, era designada como microflora endógena ou flora normal (Capítulo 1).

Microbiota residente. Membros da microflora endógena que são residentes mais ou menos permanentes (Capítulo 10).

Microcolônias. Agrupamentos muito pequenos de bactérias no interior de biofilmes (Capítulo 10).

Micrografia eletrônica. Fotografia obtida por meio de um sistema de lentes de um microscópio eletrônico (Capítulo 2).

Micrografia eletrônica de transmissão. Fotografia obtida por meio do sistema de lentes de um microscópio eletrônico de transmissão (Capítulo 2).

Micrografia eletrônica de varredura. Fotografia obtida por meio do sistema de lentes de um microscópio eletrônico de varredura (Capítulo 2).

Micrômetro. Unidade de comprimento igual a um milionésimo do metro ou a um milésimo de um milímetro (Capítulo 2).

Microrganismos. Organismos muito pequenos, em geral microscópicos, também denominados *micróbios celulares*; incluem as bactérias, as Archaea, algumas algas, protozoários e determinados fungos (Capítulo 1).

MicroRNA (miRNA). Pequenos segmentos de RNA que funcionam no controle da expressão gênica (Capítulo 6).

Microscópico. Se um objeto for microscópico, significa que ele é tão pequeno que só pode ser visto com o uso de um microscópio (Capítulo 2).

Microscópio. Instrumento óptico que possibilita a observação de pequenos objetos, produzindo uma imagem aumentada deles (Capítulo 1).

Microscópio composto. Microscópio que contém mais de uma lente de aumento (Capítulo 2).

Microscópio de campo claro. Nome alternativo para o microscópio óptico composto; refere-se ao fato de que os objetos são observados contra um fundo claro (ou campo claro) (Capítulo 2).

Microscópio de campo escuro. Microscópio óptico composto, que foi equipado com um condensador de campo escuro; refere-se ao fato de que os objetos são observados contra um fundo escuro (ou campo escuro) (Capítulo 2).

Microscópio de contraste de fase. Tipo de microscópio óptico composto que pode ser utilizado para a observação de microrganismos vivos não corados (Capítulo 2).

Microscópio de fluorescência. Tipo de microscópio óptico composto que utiliza uma fonte de luz ultravioleta (UV) (Capítulo 2).

Microscópio eletrônico. Tipo de microscópio que utiliza elétrons como fonte de iluminação (Capítulo 2).

Microscópio eletrônico de transmissão. Tipo de microscópio eletrônico em que os elétrons são transmitidos por meio de cortes muito finos de amostras; possibilita ao operador observar detalhes internos (Capítulo 2).

Microscópio eletrônico de varredura. Tipo de microscópio eletrônico que possibilita ao operador observar a superfície externa de amostras (*i. e.*, os detalhes da superfície) (Capítulo 2).

Microscópio óptico. Tipo de microscópio que utiliza a luz visível como fonte de iluminação; também conhecido como *microscópio de campo claro* (Capítulo 2).

Microscópio óptico composto. Microscópio composto que utiliza a luz visível como fonte de iluminação (Capítulo 2).

Microscópio simples. Microscópio que contém apenas uma lente de aumento (Capítulo 2).

Microtúbulos. Túbulos citoplasmáticos cilíndricos encontrados no citoesqueleto das células eucarióticas; podem estar relacionados com o movimento dos cromossomos durante a divisão nuclear (Capítulo 3).

Mielite. Inflamação ou infecção da medula espinal (Capítulo 17).

Milímetro. Unidade de comprimento igual a um milésimo de um metro (Capítulo 2).

Mimivírus. Vírus de DNA de fita dupla extremamente grande que foi isolado de amebas (Capítulo 4).

Minissistemas. Sistemas de testes bioquímicos miniaturizados, frequentemente utilizados na tentativa de classificar os microrganismos que foram isolados de amostras clínicas até o nível de espécie (Capítulo 13).

Miocardite. Inflamação do miocárdio (parede muscular do coração) (Capítulo 17).

Mitocôndrias. Organelas eucarióticas envolvidas na respiração celular para a produção de energia; fábrica de energia da célula (Capítulo 3).

Mitose. Tipo de divisão celular, que resulta na formação de duas células-filhas, contendo, cada uma delas, exatamente o mesmo número de cromossomos da célula parental; também conhecida como *divisão mitótica* (Capítulo 3).

Monócito. Leucócito mononuclear relativamente grande (Capítulo 15).

Monossacarídeos. Carboidratos que não podem ser degradados em nenhum açúcar mais simples por hidrólise simples; açúcares simples que contêm três a nove átomos de carbono (geralmente três a sete); constituem as unidades básicas ou blocos de construção dos polissacarídeos (Capítulo 6).

Mucormicose. Infecção causada pelo bolor do pão, também conhecida como *zigomicose* (Capítulo 20).

Mutação. Alteração herdada no caráter de um gene; modificação na sequência de pares de bases na molécula do DNA (Capítulo 7).

Mutação benéfica. Mutação que é benéfica para o organismo mutante (Capítulo 7).

Mutação letal. Mutação que causa a morte do organismo que a tem (Capítulo 7).

Mutação prejudicial. Mutação que causa prejuízo ao organismo mutante (Capítulo 7).

Mutação silenciosa. Mutação que não é prejudicial nem benéfica para o organismo mutante; o organismo não tem ciência da mutação; também é denominada *mutação neutra* (Capítulo 7).

Mutagênico. Qualquer agente capaz de induzir a ocorrência de mutação (p. ex., substâncias radioativas, raios X ou determinadas substâncias químicas); esse agente é designado como *mutagênico* (Capítulo 7).

Mutante. Fenótipo no qual uma mutação se manifesta (Capítulo 7).

Mutualismo. Relação simbiótica, em que ambas as partes obtêm benefício (Capítulo 10).

N

Nanômetro. Unidade de comprimento, igual a um bilionésimo de um metro ou um milionésimo de um micrômetro (Capítulo 2).

Não patogênico. Micróbio que não causa doença, descrito como *não patogênico* (Capítulo 1).

Necrose. Morte celular (Capítulo 19).

Nefrite. Inflamação dos rins (Capítulo 17).

Nematódeos. Vermes de corpo cilíndrico (Capítulo 21).

Neurotoxina. Exotoxina bacteriana que ataca o sistema nervoso (Capítulo 14).

Neutralismo. Relação simbiótica em que os organismos ocupam o mesmo nicho, mas não afetam uns aos outros (Capítulo 10).

Neutrófilo. Tipo de granulócito encontrado no sangue; seus grânulos contêm substâncias neutras que não atraem corantes ácidos nem básicos; também é denominado *célula polimorfonuclear* ou *PMN* (Capítulo 15).

Nosema. Gênero da família Microsporidia; provoca diarreia e infecções oculares (Capítulo 20).

Núcleo. Porção de uma célula eucariótica que contém o nucleoplasma e os cromossomos (Capítulo 3).

Nucléolo. Porção densa do núcleo de uma célula eucariótica; local de produção do RNA ribossômico (rRNA) (Capítulo 3).

Nucleoplasma. Porção do protoplasma de uma célula eucariótica localizada no interior do núcleo (Capítulo 3).

Nucleotídios. Unidades básicas ou blocos de construção dos ácidos nucleicos, consistindo, cada um deles, em uma purina ou pirimidina combinada com uma pentose (ribose ou desoxirribose) e um grupo fosfato (Capítulo 6).

Nucleotídios de DNA. Blocos de construção do DNA; cada nucleotídio de DNA consiste em uma base nitrogenada, desoxirribose e um grupo fosfato (Capítulo 6).

Nucleotídios de RNA. Blocos de construção de RNA; cada nucleotídio de RNA consiste em uma base nitrogenada, uma ribose e um grupo fosfato (Capítulo 6).

Nutrientes essenciais. Quaisquer nutrientes que precisam ser fornecidos a um organismo, visto que ele é incapaz de sintetizá-los (Capítulo 7).

O

Óctade. Grupamento de oito cocos (Capítulo 4).

Oftalmia neonatal gonocócica. Doença ocular bacteriana de recém-nascidos, causada por *Neisseria gonorrhoeae*, um diplococo gram-negativo (Capítulo 19).

Oncogênico. Adjetivo que significa causador de câncer (Capítulo 17).

Onipresente. Presente em todos os lugares; ubíquo (Capítulo 1).

Ooforite. Inflamação ou infecção de um ovário (Capítulo 17).

Opsoninas. Substâncias (como anticorpos ou fragmentos do complemento) que intensificam a fagocitose (Capítulo 15).

Opsonização. Processo pelo qual as bactérias (ou outras partículas) são alteradas para que possam ser ingeridas mais rapidamente e de modo mais eficiente pelos fagócitos; com frequência, envolve o revestimento das bactérias com anticorpos ou com fragmentos do complemento (Capítulo 15).

Organelas. Termo geral para referir-se às várias e diversas estruturas contidas no interior de uma célula eucariótica (p. ex., mitocôndrias, complexo de Golgi, núcleo, retículo endoplasmático e lisossomos) (Capítulo 3).

Organismos halodúricos. Organismos capazes de sobreviver em ambiente salgado (Capítulo 8).

Organismos psicrodúricos. Organismos que têm a capacidade de suportar temperaturas muito frias (Capítulo 8).

Orquite. Inflamação ou infecção dos testículos (Capítulo 18).

Osmose. Processo pelo qual um solvente (p. ex., água) se desloca, através de uma membrana semipermeável, de uma solução com menor concentração de solutos (substâncias dissolvidas) para uma solução com maior concentração de solutos (Capítulo 8).

Otite externa. Inflamação ou infecção do meato acústico externo (Capítulo 17).

Otite média. Inflamação ou infecção da orelha média (Capítulo 17).

Otomicose. Infecção dos ouvidos por fungos (Capítulo 20).

Oxidação. Termo utilizado neste livro para referir-se à perda de um ou mais elétrons, tornando o átomo mais eletropositivo (Capítulo 7).

P

Paleomicrobiologia. Estudo dos micróbios antigos (Capítulo 1).

Papilomavírus. Vírus que causam verrugas humanas e alguns tipos de carcinoma (Capítulo 18).

Parasita. Organismo que vive na superfície ou no interior de outro organismo vivo (denominado *hospedeiro*) e que obtém benefícios dele (comumente na forma de nutrientes) (Capítulo 1).

Parasita facultativo. Organismo que não apenas é capaz de ser um parasita, mas também de ter uma existência de vida livre (Capítulo 21).

Parasita obrigatório. Organismo que só pode existir como parasita, incapaz de ter uma existência de vida livre (Capítulo 21).

Parasitemia. Presença de parasitas no sangue (Capítulo 13).

Parasitismo. Relação simbiótica que é benéfica para uma parte (o parasita) e prejudicial para a outra (o hospedeiro) (Capítulo 10).

Parasitologia. Estudo dos parasitas (Capítulo 1).

Parasitologista. Indivíduo especializado na ciência da parasitologia (Capítulo 21).

Parede celular. Camada mais externa de muitos tipos de células (p. ex., células de algas, bactérias, fungos e plantas); serve para proteger a célula (Capítulo 3).

Parotidite. Inflamação da glândula parótida (uma glândula salivar localizada próximo à orelha); a parotidite epidêmica é sinônimo de caxumba (Capítulo 18).

Pasteurização. Processo de aquecimento que mata os patógenos presentes no leite, em vinhos e em outras bebidas (Capítulo 1).

Patogênese. Etapas ou mecanismos envolvidos no desenvolvimento de uma doença (Capítulo 14).

Patogenicidade. Capacidade de causar doença (Capítulo 14).

Patógeno. Microrganismo causador de doença, que é designado como *patogênico* (Capítulo 1).

Patógeno intracelular facultativo. Patógeno que pode viver tanto intracelular quanto extracelularmente (Capítulo 14).

Patógeno intracelular obrigatório. Patógeno que deve residir no interior de outra célula viva; os exemplos incluem vírus, clamídias e riquétsias (Capítulo 1).

Patógeno intraeritrocitário. Patógeno que vive no interior dos eritrócitos (Capítulo 14).

Patógeno intraleucocitário. Patógeno que vive no interior dos leucócitos (Capítulo 14).

Patógeno oportunista. Micróbio com potencial de causar doença, mas que não o faz em circunstâncias habituais; pode provocar doença em indivíduos suscetíveis com resistência diminuída; também é denominado *oportunista* (Capítulo 1).

Patologia. Estudo das doenças, particularmente alterações estruturais e funcionais que resultam de processos mórbidos (Capítulo 13).

Patologista. Médico especialista em patologia (Capítulo 13).

Película. Termo utilizado neste livro para referir-se a uma membrana externa espessa apresentada por determinados protozoários (Capítulo 5).

Penicilinase. Enzima que causa destruição do anel betalactâmico nas moléculas de penicilina; tipo de betalactamase (Capítulo 9).

Pentose. Monossacarídeo que contém cinco átomos de carbono (Capítulo 6).

Peptidoglicano. Estrutura complexa encontrada nas paredes celulares das bactérias, que consiste em carboidratos e proteínas (Capítulo 3).

Pericardite. Inflamação do pericárdio (membrana ou saco ao redor do coração) (Capítulo 17).

Periodontite. Inflamação ou infecção do periodonto (tecido que envolve e sustenta os dentes) (Capítulo 17).

Permeabilidade seletiva. Atributo das membranas por meio do qual apenas determinadas substâncias são capazes de atravessá-las (Capítulo 3).

Peroxissoma. Organela delimitada por membrana encontrada nas células eucarióticas, no interior da qual ocorrem produção e degradação de peróxido de hidrogênio (Capítulo 3).

Pertússis. Sinônimo de coqueluche; doença respiratória bacteriana causada pela *Bordetella pertussis*, um bacilo gram-negativo (Capítulo 19).

Peste. Doença bacteriana causada por *Yersinia pestis*, um bacilo gram-negativo transmitido por pulgas de roedores (Capítulo 19).

pH. Grau de acidez ou alcalinidade de uma solução (Capítulo 8).

Piedra branca. Infecção dos cabelos causada pelo bolor *Trichosporon beigelii* (Capítulo 20).

Piedra negra. Infecção dos cabelos causada pelo bolor *Piedraia hortae* (Capítulo 20).

Pielonefrite. Inflamação de determinadas áreas dos rins; resulta, com mais frequência, de infecção bacteriana (Capítulo 17).

Piezófilo. Organismo que se desenvolve na presença de alta pressão ambiental, designado como *piezofílico* (Capítulo 8).

Pili. Projeções superficiais semelhantes a cabelos que algumas bactérias apresentam (denominadas *bactérias piliadas*); a maioria consiste em organelas de fixação. Também são denominados *fímbrias*; alguns *pili* especializados são chamados de *pili sexuais* (Capítulo 3).

Pilus sexual. *Pilus* especializado, que desempenha um papel na conjugação bacteriana (Capítulo 3).

Pinocitose. Processo semelhante à fagocitose, mas utilizado para englobar e ingerir líquidos, em vez de matéria sólida (Capítulo 5).

Piogênico. Produtor de pus, que causa a produção de pus (Capítulo 15).

Pirimidina. Base nitrogenada de um único anel, encontrada em determinados nucleotídios e, por conseguinte, nos ácidos nucleicos; a timina e a citosina são pirimidinas encontradas no DNA; a citosina e a uracila são pirimidinas encontradas no RNA (Capítulo 6).

Pirogênio. Substância que produz febre, também designada como *substância pirogênica* (Capítulo 14).

Placa de Petri. Recipiente circular e raso, feito de vidro ou plástico fino transparente, com uma tampa que se encaixa frouxamente; é utilizada nos laboratórios de microbiologia para a cultura de microrganismos em meios sólidos (Capítulo 1).

Plâncton. Organismos microscópicos encontrados no oceano, que servem como ponto de partida de muitas cadeias alimentares (Capítulo 1).

Plasma. Parte líquida do sangue circulante (Capítulo 13).

Plasmídio. Elemento genético extracromossômico; molécula de DNA que pode funcionar e se replicar enquanto fisicamente separada do cromossomo bacteriano (Capítulo 3).

Plasmócito. Célula secretora de anticorpos produzida por uma célula B estimulada (Capítulo 16).

Plasmólise. Célula contraída em consequência da perda de água do citoplasma celular (Capítulo 8).

Plasmoptise. Escape de citoplasma de uma célula que sofreu ruptura (Capítulo 8).

Plastídio. Organela delimitada por membrana, que contém pigmento fotossintético; os plastídios constituem os locais de fotossíntese; um cloroplasto é um plastídio que contém clorofila (Capítulo 3).

Pleomorfismo. Que existe em mais de uma forma; também conhecido como *polimorfismo*; um organismo que exibe pleomorfismo é denominado *pleomórfico* (Capítulo 4).

Pneumonia. Inflamação de um ou de ambos os pulmões (Capítulo 17).

Pneumonia atípica primária. Termo antigo para referir-se à pneumonia por micoplasma; é causada pela bactéria *Mycoplasma pneumoniae* (Capítulo 19).

Poder de resolução. Capacidade do olho ou de um instrumento óptico de distinguir detalhes, como a separação de objetos estreitamente adjacentes; também é denominado *resolução* (Capítulo 2).

Polímero. Grande molécula que consiste em subunidades repetidas; são exemplos os ácidos nucleicos, os polipeptídios e os polissacarídeos (Capítulo 6).

Polipeptídio. Proteína que consiste em mais de três aminoácidos unidos entre si por ligações peptídicas (Capítulo 6).

Polirribossomos. Dois ou mais ribossomos conectados por uma molécula de RNA mensageiro (mRNA) (Capítulo 3).

Polissacarídeo. Carboidrato que consiste em muitas unidades de açúcar; são exemplos o glicogênio, a celulose e o amido (Capítulo 6).

Ponto de morte térmica (PMT). Temperatura necessária para matar todos os microrganismos em uma cultura líquida, em 10 minutos, em pH 7 (Capítulo 8).

Portador ativo. Indivíduo que se recuperou de uma doença infecciosa, mas que continua abrigando e transmitindo o agente etiológico dessa doença (Capítulo 11).

Portador convalescente. Indivíduo que não apresenta mais os sinais ou sintomas de determinada doença infecciosa, mas que continua abrigando e transmitindo o agente etiológico durante o período de convalescença (Capítulo 11).

Portador incubador. Indivíduo capaz de transmitir um patógeno durante o período de incubação de determinada doença infecciosa (Capítulo 11).

Portador passivo. Indivíduo que abriga determinado patógeno sem nunca ter tido a doença infecciosa que ele causa (Capítulo 11).

Postulados de Koch. Série de etapas científicas propostas por Robert Koch, que precisam ser preenchidas para provar que determinado microrganismo é o agente de uma doença específica (Capítulo 1).

Precauções com base na transmissão. Precauções de segurança tomadas pelos profissionais de saúde, além das precauções-padrão, para proteger eles próprios e seus pacientes de infecção transmitida pelo ar, por contato ou por gotículas (Capítulo 12).

Precauções contra transmissão pelo ar. Precauções de segurança padronizadas, que são praticadas em ambientes de cuidados de saúde para impedir a transmissão de infecções por via respiratória (Capítulo 12).

Precauções de contato. Precauções de segurança padronizadas, que são praticadas em um ambiente de cuidados com a saúde para a prevenção de infecções transmitidas por contato (Capítulo 12).

Precauções-padrão. Precauções de segurança tomadas por profissionais de saúde para proteger eles próprios e os pacientes de infecções; elas são realizadas com *todos* os pacientes e *todas* as amostras (substâncias corporais) obtidas de pacientes; incluem precauções de segurança previamente denominadas precauções universais ou precauções universais com substâncias corporais (Capítulo 12).

Precauções para gotículas. Precauções de segurança padronizadas que são praticadas em um ambiente de cuidados com a saúde para a prevenção de infecções transmitidas por gotículas (Capítulo 12).

Preparação com tinta nanquim. Procedimento laboratorial utilizado principalmente para estabelecer o diagnóstico presuntivo da meningite criptocócica (Capítulo 20).

Preparação de hidróxido de potássio. Procedimento laboratorial utilizado principalmente para a observação de elementos fúngicos em raspados de pele, amostras de cabelo e de unha; habitualmente designada como preparação de KOH (Capítulo 20).

Preparação de KOH. Ver *preparação de hidróxido de potássio*.

Pressão barométrica. Pressão da atmosfera, indicada por um instrumento denominado barômetro (Capítulo 8).

Pressão osmótica. Medida da tendência de a água deslocar-se em uma solução por osmose; sempre tem um valor positivo (Capítulo 8).

Prevalência. Número de casos de uma doença existindo em determinada população durante um período específico de tempo (prevalência de tempo) ou em certo momento (prevalência pontual) (Capítulo 11).

Príons. Moléculas de proteína infecciosas (*i. e.*, capazes de causar determinadas doenças em animais e seres humanos) (Capítulo 4).

Procedimentos de coloração diferencial. Procedimentos de coloração das bactérias, que possibilitam a diferenciação de dois grupos delas (p. ex., a coloração de Gram viabiliza a diferenciação entre as bactérias gram-positivas e bactérias gram-negativas) (Capítulo 4).

Procedimentos sorológicos. Técnicas de imunodiagnóstico realizadas em amostras de soro (Capítulo 16).

Produto gênico. Molécula (geralmente uma proteína) que é codificada por um gene (Capítulo 3).

Prófago. Durante a lisogenia, tudo o que permanece do bacteriófago infectante é o seu DNA; nesta forma, o bacteriófago é designado como prófago (Capítulo 7).

Profilaxia. Prevenção de uma doença ou de um processo passível de acarretar uma doença (p. ex., administração de medicação antimalárica em uma área de malária) (Capítulo 9).

Prostaglandinas. Substâncias teciduais fisiologicamente ativas que produzem muitos efeitos, incluindo vasodilatação, vasoconstrição e estimulação da musculatura lisa (Capítulo 15).

Prostatite. Inflamação ou infecção da próstata (Capítulo 17).

Prostração. Perda significativa da força; o paciente encontra-se prostrado (permanece acamado) (Capítulo 13).

Proteínas. Macromoléculas constituídas por dois, três ou mais aminoácidos (Capítulo 6).

Protistas. Membros do Reino Protista; inclui as algas e os protozoários (Capítulo 3).

Protoplasma. Material semifluido encontrado no interior das células vivas; o *citoplasma* e o *nucleoplasma* são dois tipos de protoplasma (Capítulo 3).

Protozoários. Microrganismos eucarióticos frequentemente encontrados na água e no solo; alguns são patógenos; comumente unicelulares (Capítulo 5).

Protozoologia. Estudo dos protozoários (Capítulo 1).

Protozoologista. Pessoa especializada em protozoologia (Capítulo 1).

Pseudo-hifa. Filamento alongado das leveduras (Capítulo 5).

Pseudópode. Extensão temporária do protoplasma de uma ameba ou de um leucócito para locomoção ou ingestão de matéria particulada (Capítulo 5).

Psicrófilo. Organismo que cresce melhor em temperaturas baixas (0 a 32°C), com crescimento ótimo ocorrendo entre 15 e 20°C; esse organismo é descrito como *psicrofílico* (Capítulo 8).

Psicrotrófilo. Psicrófilo que cresce melhor em temperatura de geladeira (4°C); esse microrganismo é designado como *psicotrófico* (Capítulo 8).

Purina. Base nitrogenada de anel duplo, encontrada em determinados nucleotídios e, por conseguinte, nos ácidos nucleicos; a adenina e a guanina são purinas encontradas tanto no DNA quanto no RNA (Capítulo 6).

Pústula. Pequena elevação arredondada da pele que contém material purulento (pus) (Capítulo 17).

Q

Quartos de isolamento de infecção transmitida pelo ar (AIIR). Acomodação hospitalar para pacientes que necessitam de precauções contra transmissão pelo ar; esses locais estão sob pressão negativa, e o ar que é removido desses quartos passa por filtros de alta eficiência para remoção de partículas (HEPA) (Capítulo 12).

Química inorgânica. Ciência que trata de todos os tipos de substâncias químicas, exceto aquelas classificadas como compostos orgânicos (Capítulo 6).

Química orgânica. Estudo dos compostos orgânicos; estudo do carbono e de suas ligações covalentes (Capítulo 6).

Quimioautotrófico. Microrganismo que utiliza substâncias químicas como fonte de energia e dióxido de carbono como fonte de carbono; um tipo de autotrófico (Capítulo 7).

Quimio-heterotrófico. Microrganismo que utiliza substâncias químicas como fonte de energia e substâncias químicas orgânicas como fonte de carbono; um tipo de heterotrófico (Capítulo 7).

Quimiocinas. Agentes quimiotáticos, que são produzidos por vários tipos de células do corpo (Capítulo 15).

Quimiolitotrófico. Tipo de quimiotrófico que utiliza compostos inorgânicos como fonte de energia; também designado como *litotrófico* (Capítulo 7).

Quimio-organotrófico. Tipo de quimiotrófico que utiliza compostos orgânicos como fonte de energia; também designado como *organotrófico* (Capítulo 7).

Quimiossíntese. Processo de obtenção de energia e síntese de compostos orgânicos a partir de reações inorgânicas simples; realizadas por algumas bactérias quimioautotróficas (Capítulo 7).

Quimiotaxia. Movimento de células em resposta a determinada substância química (p. ex., a atração de fagócitos para uma área de lesão) (Capítulo 15).

Quimioterapia. Tratamento de uma doença (incluindo doença infecciosa) que utiliza substâncias químicas ou fármacos (Capítulo 9).

Quimiotrófico. Microrganismo que utiliza substâncias químicas como fonte de energia (Capítulo 7).

Quinase. Enzima bacteriana que tem a capacidade de dissolver coágulos; também conhecida como *fibrinolisina* (Capítulo 14).

Quitina. Polissacarídeo encontrado nas paredes celulares dos fungos, mas não nas paredes celulares de outros microrganismos; também encontrado do exoesqueleto de besouros e caranguejos (Capítulo 3).

R

Reação de hidrólise. Processo químico pelo qual um composto é clivado em dois ou mais compostos mais simples com a captação do H e OH de uma molécula de água em cada lado da ligação química que é clivada (Capítulo 6).

Reação de síntese por desidratação. Reação anabólica em que duas moléculas são reunidas em consequência da perda de uma molécula de água; também conhecida como *reação de desidratação* (Capítulo 6).

Reações anabólicas. Reações metabólicas que necessitam de energia para a criação de ligações químicas; também são conhecidas como *reações de biossíntese* (Capítulo 7).

Reações anafiláticas. Reações alérgicas; podem ser localizadas ou sistêmicas; também são conhecidas como *reações de hipersensibilidade do tipo I* (Capítulo 16).

Reações catabólicas. Reações metabólicas que envolvem a quebra de ligações químicas e a liberação de energia; também são conhecidas como *reações degradativas* (Capítulo 7).

Reações de desidrogenação. Reações químicas nas quais um par de átomos de hidrogênio é removido de um composto, em geral pela ação de enzimas denominadas *desidrogenases* (Capítulo 7).

Reações de hipersensibilidade. Reações imunológicas exageradas, que resultam de um sistema imune excessivamente sensibilizado (Capítulo 16).

Reações de hipersensibilidade de tipo imediato. Reações de hipersensibilidade que ocorrem dentro de poucos minutos a 24 horas após o contato com determinado antígeno (Capítulo 16).

Reações de hipersensibilidade de tipo tardio (DTH). Reações de hipersensibilidade que geralmente levam mais de 24 horas para se manifestar; também são conhecidas como *reações imunes mediadas por células* ou *reações de hipersensibilidade do tipo IV* (Capítulo 16).

Reações de oxirredução. Reações químicas pareadas envolvendo a transferência de um ou mais elétrons de um composto para outro; reações que envolvem tanto a oxidação quanto a redução; também são conhecidas como *reações redox* (Capítulo 7).

Reações metabólicas. Reações químicas que ocorrem no interior das células; existem dois tipos – as reações catabólicas e as reações anabólicas (Capítulo 7).

Reprodução assexuada. Tipo de reprodução em que um único organismo constitui o único genitor, passando cópias de seu genoma inteiro a seus descendentes (Capítulo 3).

Receptores. Moléculas na superfície de uma célula hospedeira que determinado patógeno tem a capacidade de reconhecer e com as quais pode ligar-se; também são conhecidos como *integrinas* (Capítulo 14).

Redução. Termo usado neste livro para se referir ao ganho de um ou mais elétrons, tornando o átomo mais eletronegativo (Capítulo 7).

Relação sinérgica. Relação simbiótica, em que dois ou mais microrganismos atuam em conjunto para executar uma tarefa (p. ex., causar uma infecção sinérgica) (Capítulo 10).

Relatório preliminar. Qualquer relatório fornecido pelo laboratório antes da publicação do relatório final (Capítulo 13).

Replicação do DNA. Produção de duas novas moléculas de DNA (*moléculas-filhas*) a partir de uma molécula de DNA parental (Capítulo 6).

Reprodução sexuada. Nesse tipo de reprodução, dois genitores dão origem a uma descendência que apresenta uma combinação exclusiva de genes herdados de ambos os pares (Capítulo 3).

Reservatórios de infecção. Locais onde os patógenos vivem e a partir dos quais podem ser transmitidos para os seres humanos; os reservatórios de infecção podem ser vivos ou não vivos; algumas vezes, são designados simplesmente como *reservatórios* (Capítulo 11).

Resistência adquirida. Refere-se à capacidade das bactérias de adquirir resistência a um fármaco ao qual eram anteriormente sensíveis (Capítulo 9).

Resistência intrínseca. Resistência a determinado fármaco, que resulta de alguma propriedade de ocorrência natural de uma célula bacteriana (Capítulo 9).

Resposta primária. Resposta imune que ocorre na primeira vez em que um antígeno entra no corpo de um indivíduo (Capítulo 16).

Resposta secundária. Resposta imune que ocorre na segunda vez em que um antígeno penetra no corpo de um indivíduo; também conhecida como *resposta de memória* ou *resposta anafilática* (Capítulo 16).

Resultados laboratoriais clinicamente relevantes. Resultados laboratoriais que fornecem ao médico informações acuradas e úteis sobre a doença de um paciente (Capítulo 13).

Retículo endoplasmático (RE). Rede de tubos membranosos e sacos achatados no citoplasma de uma célula eucariótica. O RE que apresenta ribossomos aderidos é denominado *RE rugoso* (*RER*) ou *RE granuloso*; o RE desprovido de ribossomos é denominado *RE liso* (*REL*) (Capítulo 3).

Retículo endoplasmático liso (REL). Ver *Retículo endoplasmático* (Capítulo 3).

Retículo endoplasmático rugoso (RER). Ver *Retículo endoplasmático* (Capítulo 3).

Ribossomos. Organelas que constituem os locais de síntese de proteínas nas células tanto procarióticas quanto eucarióticas (Capítulo 3).

Rinite viral. Sinônimo de resfriado comum (Capítulo 18).

Riquetsiose com febre maculosa. Anteriormente denominada febre maculosa das Montanhas Rochosas; doença bacteriana causada por *Rickettsia rickettsii*, um patógeno intracelular obrigatório (Capítulo 19).

RNA mensageiro (mRNA). Tipo de RNA que contém exatamente a mesma informação genética como único gene em uma molécula de DNA; também denominado *RNA informativo* (Capítulo 6).

RNA polimerase. Enzima necessária para a transcrição (Capítulo 6).

RNA ribossômico (rRNA). Tipo de molécula do RNA encontrado nos ribossomos (Capítulo 6).

RNA transportador (tRNA). Tipo de molécula de RNA que tem a capacidade de se combinar com um aminoácido específico e, portanto, ativá-lo; é envolvido na síntese de proteínas (tradução); o anticódon em uma molécula de tRNA reconhece o códon em uma molécula de mRNA (Capítulo 6).

S

Salmonelose. Doença diarreica causada por bacilos gram-negativos do gênero *Salmonella* (Capítulo 19).

Salpingite. Termo utilizado neste livro para se referir à inflamação da tuba uterina (Capítulo 17).

Sanitização. Processo pelo qual se torna algo sanitário (saudável); envolve geralmente a redução do número de micróbios presentes para um nível considerado seguro (Capítulo 8).

Saprófita. Microrganismo que vive em matéria orgânica morta ou em decomposição; ele é designado como *saprofítico* (Capítulo 1).

Sebo. Secreção oleosa produzida pelas glândulas sebáceas da pele (Capítulo 17).

Sepse. Presença de patógenos ou de suas toxinas na corrente sanguínea; termo frequentemente empregado como sinônimo de septicemia (Capítulo 8).

Septicemia. Doença grave que consiste em calafrios, febre, prostração e presença de patógenos ou suas toxinas no sangue (Capítulo 13).

Shigelose. Doença diarreica causada por bacilos gram-negativos do gênero *Shigella* (Capítulo 19).

Sífilis. Doença bacteriana sexualmente transmissível, causada pela espiroqueta *Treponema pallidum* (Capítulo 19).

Simbiontes. As partes de uma relação simbiótica (Capítulo 10).

Simbiose. Que vivem juntos; ou estreita associação de dois organismos diferentes (geralmente duas espécies distintas) (Capítulo 10).

Sinais de doença. Anormalidades indicadoras de doença que são descobertas pelo exame do paciente, por achados objetivos; os exemplos incluem resultados laboratoriais anormais, sons cardíacos ou respiratórios anormais, nódulos e anormalidades reveladas por radiografias, tomografia computadorizada, ressonância magnética, eletrocardiografia e ultrassonografia (Capítulo 14).

Síndrome da imunodeficiência adquirida (AIDS). Doença caracterizada por uma variedade de infecções oportunistas e neoplasias malignas, causada pelo vírus da imunodeficiência humana (HIV) (Capítulo 18).

Síndrome pulmonar por hantavírus (SPH). Doença pulmonar causada por vários hantavírus (Capítulo 18).

Síndrome respiratória aguda grave (SRAG). Doença pulmonar causada pelo vírus da SRAG (SRAG-CoV) (Capítulo 18).

Síndrome respiratório do Oriente Médio (SROM-CoV). Doença pulmonar causada por um coronavírus, observada principalmente em países da Península Arábica (Capítulo 18).

Sinergismo. Quando dois ou mais fármacos atuam juntos para produzir uma taxa de cura que é maior do que a que pode ser obtida com um dos fármacos (Capítulo 9).

Sintomas de uma doença. Indicações de doença que se manifestam no paciente; subjetivos; os exemplos incluem dores, calafrios, visão embaçada e náuseas (Capítulo 14).

Sinusite. Inflamação do revestimento de um ou mais seios paranasais (Capítulo 17).

Sistema reticuloendotelial (SRE). Conjunto de células fagocíticas, que incluem os macrófagos e as células que revestem os sinusoides do baço, dos linfonodos e da medula óssea (Capítulo 15).

Sítio de ligação de fármaco. Molécula específica presente na superfície de uma célula à qual se liga determinado fármaco (Capítulo 9).

Solução. Mistura molecular homogênea; em geral, uma substância dissolvida em água (denominada solução aquosa); o soluto mais o solvente (Capítulo 8).

Solução hipertônica. Solução que apresenta uma pressão osmótica maior do que as células colocadas nela; existe maior concentração de solutos fora da célula (Capítulo 8).

Solução hipotônica. Solução que apresenta uma pressão osmótica maior que a das células colocadas nela; existe menor concentração de solutos fora da célula (Capítulo 8).

Solução isotônica. Solução que apresenta a mesma pressão osmótica que a das células colocadas nela; quando a concentração de solutos fora da célula se torna igual à do seu interior (Capítulo 8).

Soluto. Substância dissolvida em uma solução; por exemplo, a sacarose (açúcar de mesa), quando dissolvida em água (Capítulo 8).

Solvente. Líquido no qual outra substância se dissolve (Capítulo 8).

Soro. Porção líquida do sangue que permanece após a coagulação (Capítulo 13).

Sorologia. Ramo da ciência relacionado com o soro e procedimentos sorológicos (Capítulo 13).

Substrato. Substância química sobre a qual uma enzima atua ou é modificada por ela (Capítulo 6).

Superbactérias. Termo criado pela imprensa para referir-se a micróbios particularmente resistentes a fármacos ou multirresistentes (Capítulo 9).

Superinfecção. Crescimento exagerado ou explosão populacional de um ou mais patógenos; com frequência, os que são resistentes a um agente antimicrobiano administrado a um paciente (Capítulo 9).

T

Taxa de morbidade. Número de novos casos de determinada doença que ocorreram durante um período específico de tempo para uma população especificamente definida (p. ex., por 100.000) (Capítulo 11).

Taxa de mortalidade. Número de pessoas que morreram de determinada doença durante um período específico de tempo para uma população específica (p. ex., por 100.000); também é conhecida como *taxa de morte* (Capítulo 11).

Táxon. Denominação usada para descrever vários grupos na taxonomia; os táxons habituais são os reinos, os filos (ou divisões), as classes, as ordens, as famílias, os gêneros, as espécies e as subespécies (Capítulo 3).

Taxonomia. Classificação sistemática dos seres vivos (Capítulo 3).

Técnica antisséptica. Procedimento seguido para efetuar uma antissepsia; refere-se ao uso de antissépticos (Capítulo 8).

Técnicas assépticas. Medidas tomadas para garantir a ausência de patógenos vivos (Capítulo 8).

Técnicas assépticas cirúrgicas. Procedimentos realizados e etapas seguidas para assegurar uma assepsia cirúrgica (Capítulo 12).

Técnicas de coloração estrutural. Técnicas de coloração utilizadas para corar estruturas bacterianas, como cápsulas, flagelos e endósporos (Capítulo 4).

Técnicas de imunodiagnóstico. Técnicas laboratoriais utilizadas para estabelecer o diagnóstico de doenças infecciosas utilizando os princípios da imunologia; são utilizadas para detectar a presença de antígeno ou de anticorpo em amostras de pacientes (Capítulo 16).

Técnicas estéreis. Técnicas utilizadas na tentativa de criar um ambiente estéril (desprovido de micróbios) (Capítulo 8).

Técnicas médicas de assepsia. Procedimentos seguidos e etapas para assegurar a assepsia médica (Capítulo 12).

Tecnólogos de laboratório clínico. Profissionais de laboratório que têm grau associado na tecnologia laboratorial médica, também conhecidos como *MLT* (Capítulo 13).

Tempo de geração. Tempo necessário para que uma célula se divida em duas, também denominado *tempo de duplicação* (Capítulo 3).

Tempo de morte térmica (TMT). Intervalo de tempo necessário para matar todos os microrganismos em uma cultura líquida a determinada temperatura (Capítulo 8).

Teoria celular. Teoria segundo a qual todos os organismos vivos são constituídos por células (Capítulo 3).

Terapia empírica. Tratamento ou terapia que é iniciado por um médico (ou por outro profissional de saúde) antes de receber os resultados dos exames (Capítulo 9).

Terçol. Inflamação de uma glândula sebácea que se abre em um folículo de um cílio (Capítulo 17).

Termófilo. Organismo que cresce em temperatura de 50°C ou mais; esse tipo de organismo é denominado *termofílico* (Capítulo 8).

Teste de Ames. Método de avaliação de compostos para determinar se eles são mutagênicos, (ou seja, se eles causam mutações em bactérias); utiliza uma cepa mutante de *Salmonella* (Capítulo 7).

Tétano. Doença bacteriana do sistema nervoso central, causada por uma neurotoxina produzida pelo *Clostridium tetani*, um bacilo gram-positivo anaeróbico e formador de esporos (Capítulo 19).

Tetanospasmina. Neurotoxina produzida pelo *Clostridium tetani*, o agente etiológico do tétano (Capítulo 14).

Tétrade. Agrupamento de quatro cocos (Capítulo 4).

Tetrose. Monossacarídeo que contém quatro átomos de carbono (Capítulo 6).

Tifo endêmico. Sinônimo de tifo transmitido pela pulga; causado pela *Rickettsia typhi*, um bacilo gram-negativo que é patógeno intracelular obrigatório (Capítulo 19).

Tifo epidêmico. Sinônimo de tifo transmitido por piolhos; causado pela *Rickettsia prowazekii*, um bacilo gram-negativo que é um patógeno intracelular obrigatório (Capítulo 19).

Tindalização. Processo de fervura seguida de resfriamento, em que os esporos são deixados germinar e, em seguida, as bactérias vegetativas são destruídas por nova fervura (Capítulo 3).

Tinha crural. Infecção fúngica da virilha e das áreas perineal e perianal (Capítulo 20).

Tinha da barba. Infecção fúngica da barba e do bigode (Capítulo 20).

Tinha do corpo. Infecção fúngica da face, do tronco e dos membros (Capítulo 20).

Tinha do couro cabeludo. Infecção fúngica do couro cabeludo, das sobrancelhas e dos cílios (Capítulo 20).

Tinha do pé. Também denominada *pé de atleta*; infecção fúngica das plantas dos pés e entre os dedos (Capítulo 20).

Tinha ungueal. Infecção fúngica das unhas; também denominada onicomicose (Capítulo 20).

Toxemia. Presença de toxinas no sangue (Capítulo 13).

Toxigênico. Capacidade de produzir toxina; um microrganismo com capacidade de produzir uma toxina é designado como *toxigênico* ou *toxinogênico* (Capítulo 14).

Toxina. Termo utilizado neste livro para se referir a uma substância venenosa produzida por um microrganismo (Capítulo 1).

Toxina botulínica. Neurotoxina produzida pelo *Clostridium botulinum*; causa do botulismo; também conhecida como botulina (Capítulo 14).

Toxina eritrogênica. A exotoxina produzida pelo *Streptococcus pyogenes*, que causa a escarlatina; *eritrogênica* significa "que produz vermelhidão", referindo-se ao exantema vermelho da escarlatina (Capítulo 14).

Toxina esfoliativa. Exotoxina produzida pelo *Staphylococcus aureus*, que causa a síndrome da pele escaldada estafilocócica (SPEE); também conhecida como *toxina epidermolítica* (Capítulo 14).

Toxoide. Toxina que foi alterada, de modo a destruir a sua toxidade, mas retendo a sua antigenicidade; certos toxoides são utilizados como vacinas (Capítulo 16).

Tracoma. Doença ocular bacteriana causada por *Chlamydia trachomatis*, um patógeno intracelular obrigatório (Capítulo 19).

Tradução. Processo pelo qual o mRNA, o tRNA e os ribossomos realizam a produção de proteínas a partir de aminoácidos; a tradução é também conhecida como *síntese de proteínas* (Capítulo 6).

Transcrição. Transferência do código genético de um tipo de ácido nucleico para outro; em geral, refere-se à síntese de uma molécula de mRNA utilizando um molde de DNA (Capítulo 6).

Transdução. Transferência de material genético (e sua expressão fenotípica) de uma célula bacteriana para outra por meio de bacteriófagos; na *transdução generalizada*, o bacteriófago transdutor é capaz de transferir qualquer gene da bactéria doadora; na *transdução especializada*, o bacteriófago é capaz de transferir apenas um ou alguns dos genes da bactéria doadora (Capítulo 7).

Transferrina. Glicoproteína sintetizada no fígado, que é utilizada para armazenar ferro e entregá-lo à célula hospedeira (Capítulo 15).

Transformação. Em genética microbiana, refere-se à transferência de informação genética entre bactérias por meio de captação ou absorção de DNA desnudo; as bactérias capazes de absorver DNA desnudo a partir de seu ambiente são consideradas *competentes* (Capítulo 7).

Trematódeos. Categoria de platelmintos (Capítulo 21).

Trifosfato de adenosina. Principal molécula carreadora de energia (armazenamento de energia) de uma célula (Capítulo 7).

Triglicerídeo. Lipídio composto de glicerol (álcool com três átomos de carbono) e três ácidos graxos; as gorduras e os óleos constituem exemplos de triglicerídeos (Capítulo 6).

Triose. Monossacarídeo contendo três átomos de carbono (Capítulo 6).

Tripeptídeo. Proteína que consiste em três aminoácidos unidos entre si por ligações peptídicas (Capítulo 6).

Trofozoíta. Estágio do ciclo de vida de um protozoário que é móvel, alimenta-se e se divide (Capítulo 5).

Tularemia. Doença bacteriana causada por *Francisella tularensis*, um bacilo gram-negativo (Capítulo 19).

U

Ureterite. Inflamação ou infecção de um ureter (Capítulo 17).

Uretrite. Inflamação ou infecção da uretra (Capítulo 17).

V

Vacina. Qualquer preparação que, após injeção (ou ingestão, em alguns casos), produz imunidade adquirida ativa (Capítulo 16).

Vacina atenuada. Vacina preparada a partir de um microrganismo atenuado (Capítulo 16).

Vacina autógena. Vacina preparada a partir de microrganismos ou células obtidos do próprio do corpo do indivíduo (Capítulo 16).

Vacina conjugada. Vacina preparada pela ligação de uma molécula fracamente antigênica (p. ex., material da cápsula bacteriana) a um antígeno potente (Capítulo 16).

Vacina de DNA. Tipo experimental de vacina que estimula as células do hospedeiro a produzir numerosas cópias de uma proteína microbiana inócua (antígeno); em seguida, o sistema imune do hospedeiro produz anticorpos dirigidos contra a proteína, os quais protegem a pessoa de infecção pelo patógeno que a possui; também é conhecida como *vacina gênica* (Capítulo 16).

Vacina de subunidade. Vacina que utiliza porções antigênicas (que estimulam a produção de anticorpos) de um patógeno, em vez de usar o patógeno inteiro; também conhecida como *vacina acelular* (Capítulo 16).

Vacina inativada. Vacina preparada a partir de microrganismos inativados (mortos) (Capítulo 16).

Vacinas de toxoide. Vacina preparada com um toxoide (Capítulo 16).

Vacúolo contrátil. Organela que bombeia água para fora da célula de um protozoário (Capítulo 5).

Vaginite. Inflamação da vagina (Capítulo 10).

Vaginose. Infecção da vagina, sem influxo de leucócitos (Capítulo 10).

Vaginose bacteriana (VB). Infecção vaginal causada por uma variedade de bactérias; exemplo de *infecção sinérgica* (Capítulo 17).

Variação antigênica. Capacidade de um microrganismo modificar seus antígenos de superfície (Capítulo 16).

Vasoconstrição. Diminuição no diâmetro dos vasos sanguíneos (Capítulo 15).

Vasodilatação. Aumento no diâmetro dos vasos sanguíneos (Capítulo 15).

Vetor biológico. Artrópode vetor (como pulga ou carrapato) no interior do qual um patógeno se multiplica ou sofre maturação (Capítulo 21).

Vetor mecânico. Artrópode vetor (p. ex., mosca doméstica), que meramente transporta um patógeno do "ponto A" para o "ponto B" e no interior do qual o patógeno não se multiplica nem amadurece (Capítulo 21).

Vetores. Termo utilizado neste livro para se referir a animais invertebrados (p. ex., carrapatos, ácaros, mosquitos e pulgas) capazes de transmitir patógenos entre os vertebrados (Capítulo 4).

Vias fermentativas. Vias metabólicas das quais o oxigênio não participa (Capítulo 7).

Viremia. Presença de vírus no sangue (Capítulo 13).

Vírion. Partícula viral infecciosa completa (*i. e.*, vírus que contém todas as suas partes) (Capítulo 4).

Viroides. Moléculas de RNA infecciosas (capazes de causar determinadas doenças vegetais) (Capítulo 4).

Virologia. Ramo da ciência que trata do estudo dos vírus (Capítulo 1).

Virologista. Indivíduo que estuda ou trabalha com vírus (Capítulo 1).

Viroma. Todos os vírus que estão presentes na superfície ou no interior do corpo humano (Capítulo 10).

Virulência. Medida de patogenicidade (*i. e.*, alguns patógenos são mais ou menos *virulentos* do que outros) (Capítulo 14).

Vírus. Micróbios acelulares, menores do que as bactérias; parasitas intracelulares obrigatórios; algumas vezes designados como *partículas infecciosas*, em vez de micróbios (Capítulo 4).

Vírus Chikungunya. Vírus de RNA que é transmitido por mosquitos; causa uma infecção que acomete as articulações (Capítulo 18).

Vírus da dengue. Vírus de RNA que é transmitido por mosquitos; causa uma ampla variedade de sintomas clínicos, incluindo desde febre inespecífica até febre hemorrágica grave (Capítulo 18).

Vírus da rubéola. Vírus que causa rubéola (Capítulo 18).

Vírus da varicela. Vírus que causa catapora (também conhecida como *varicela*) e herpes-zóster) (Capítulo 18).

Vírus da varíola. Vírus que causa varíola (Capítulo 18).

Vírus do sarampo. Vírus que causa sarampo (Capítulo 18).

Vírus Ebola. Vírus particularmente grande que provoca febre hemorrágica viral (Capítulo 18).

Vírus Epstein-Barr. Vírus que causa a mononucleose infecciosa; vírus oncogênico que provoca vários tipos de câncer (Capítulo 18).

Vírus oncogênicos. Vírus capazes de causar câncer, também conhecidos como *oncovírus* (Capítulo 4).

Vírus sincicial respiratório. Vírus de RNA que provoca grave doença respiratória em crianças pequenas e em indivíduos idosos (Capítulo 18).

Vírus transmitidos por artrópodes. Ver *Arbovírus*.

Vírus vaccínia. Vírus que causa varíola bovina (também conhecida como *vaccínia*); utilizado em uma vacina para produzir resistência à varíola.

Vírus Zika. Vírus de RNA que pode causar defeitos congênitos após infecção durante a gravidez (Capítulo 18).

Vulvovaginite. Inflamação da vulva (genitália externa da mulher) e da vagina (Capítulo 17).

Z

Zoonoses. Doenças infecciosas transmitidas de animais para seres humanos; também conhecida como *doenças zoonóticas* (Capítulo 11).

Zooplâncton. Animais marinhos microscópicos que são componentes do plâncton (Capítulo 1).

ÍNDICE ALFABÉTICO